Silvia Ferdinand • Martin Kaulich • Falko Wieneke

Tabellenbuch Ingenieurwissenschaften

VERLAG EUROPA-LEHRMITTEL · Nourney, Vollmer GmbH & Co. KG
Düsselberger Straße 23 · 42781 Haan-Gruiten

Europa-Nr.: 13668

Autoren:

Silvia Ferdinand | Oberstudienrätin | Bottrop
Martin Kaulich | Studiendirektor | Soest
Falko Wieneke | Dipl.-Ing, Studiendirektor | Essen

Lektorat:

Falko Wieneke, Essen

Bildbearbeitung:

Zeichenbüro des Verlages Europa-Lehrmittel, Ostfildern

Maßgebend für die Anwendung der Normen und der anderen Regelwerke sind deren neusten Ausgaben. Sie können durch die Beuth Verlag GmbH, Burggrafenstr. 6, 10787 Berlin bezogen werden.

1. Auflage 2019, korrigierter Nachdruck 2020

Druck 5 4 3 2

Alle Drucke dieser Auflage sind im Unterricht nebeneinander einsetzbar, da sie bis auf korrigierte Druckfehler und kleine Normänderungen unverändert sind.

ISBN 978-3-8085-1366-8

Satz: PER MEDIEN + MARKETING GmbH, 38102 Braunschweig
rkt, 42799 Leichlingen, www.rktypo.com
Umschlaggestaltung: braunwerbeagentur, 42477 Radevormwald
Umschlagfotos: © Sauter Feinmechanik GmbH, Metzingen,
© Fluke Deutschland GmbH, Glottertal
Druck: Lensing Druck GmbH & Co. KG, 44149 Dortmund, www.lensingdruck.de

Vorwort

Zielgruppen des Tabellenbuchs

- Lernende des Beruflichen Gymnasiums mit dem Schwerpunkt Ingenieurwissenschaften
- Lernende der Höheren Berufsfachschule mit dem Schwerpunkt Ingenieurtechnik
- Lernende der technischen Fachschule mit ingenieurwissenschaftlichen Grundlagenfächern
- Studenten im ingenieurwissenschaftlichen bzw. ingenieurtechnischem Studium

Inhalt

Das **Tabellenbuch Ingenieurwissenschaften** beinhaltet die technischen Bereiche Bautechnik, Maschinenbautechnik und Elektrotechnik. Es verknüpft die drei Bereiche und bietet die Möglichkeit, übergreifende Aufgabenstellungen zu bearbeiten. Hierdurch erhalten Lernende einen Einblick in verschiedene Bereiche der Technik und erkennen realitätsnah die Zusammenhänge zwischen den einzelnen Disziplinen.

Das Tabellenbuch findet insbesondere im Leistungskurs **Ingenieurwissenschaften** des Beruflichen Gymnasiums und in den technischen Fächern des Schwerpunkts **Ingenieurtechnik** der Höheren Berufsfachschule seinen Einsatz.

Der Inhalt des Buches ist in acht Hauptkapitel gegliedert, die in der rechten Spalte angegeben sind. Es ist auf die Bildungspläne der Zielgruppen abgestimmt.

Grundlage des Tabellenbuchs Ingenieurwissenschaften sind die Tabellenbücher Bautechnik, Metall und Elektrotechnik des Verlages. Die Autoren dieses Buches bedanken sich für die Möglichkeit, Seiten der jeweiligen Tabellenbücher zu entnehmen und für das vorliegende Buch anzupassen.

Das **Inhaltsverzeichnis** am Anfang des Buches wird durch Inhaltsverzeichnisse vor den Hauptkapiteln ergänzt.

Das **Sachwortverzeichnis** am Schluss des Buches enthält die wichtigsten Begriffe zum schnellen Auffinden der Formeln und Tabellen.

Die Autoren und der Verlag sind allen Nutzern des Tabellenbuchs Ingenieurwissenschaften für kritische Hinweise und Verbesserungsvorschläge an lektorat@europa-lehrmittel.de dankbar.

Sommer 2019 Autoren und Verlag

Inhaltsverzeichnis

8 Arbeitsschutz 563

Normen 586

Sachwortverzeichnis 587

1 Mathematisch-physikalische Grundlagen

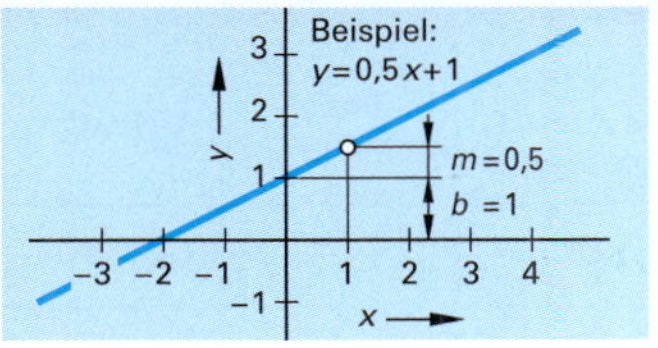

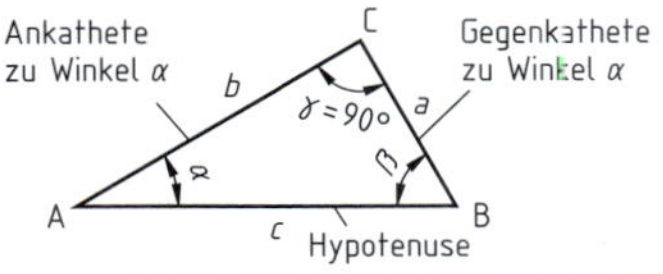

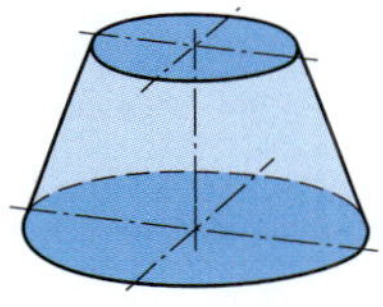

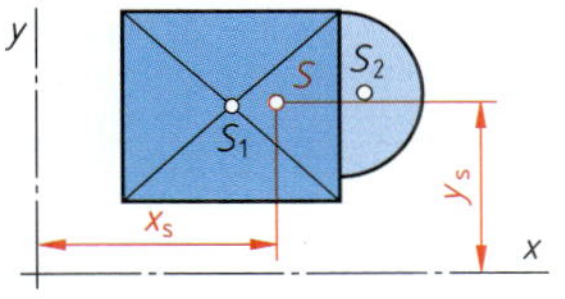

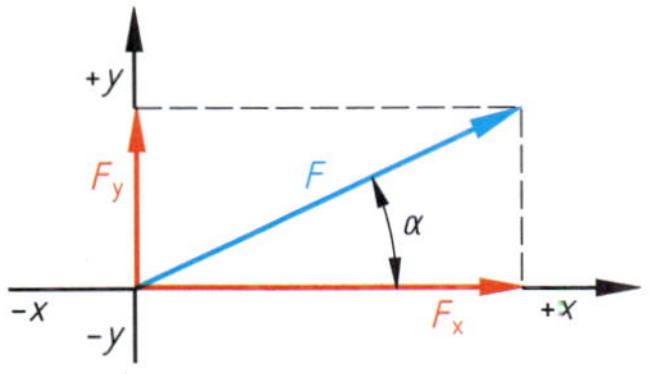

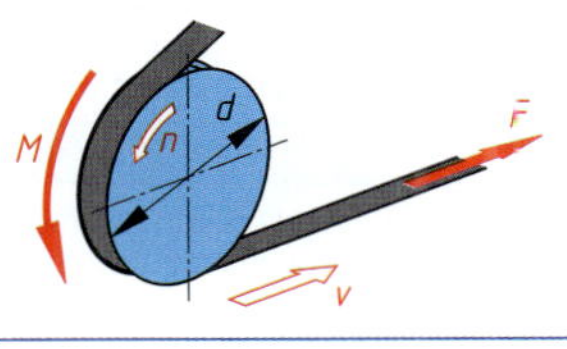

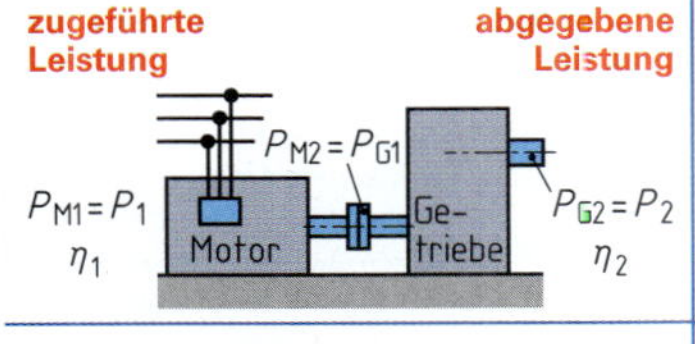

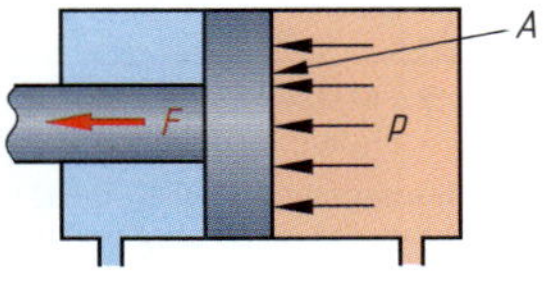

G

Einheiten im Messwesen

SI[1]-Basisgrößen und Basiseinheiten

vgl. DIN 1301-1 (2010-10), -2 (1978-02), -3 (1979-10)

Basisgröße	Länge	Masse	Zeit	Elektrische Stromstärke	Thermo-dynamische Temperatur	Stoff-menge	Lichtstärke
Basis-einheit	Meter	Kilo-gramm	Sekunde	Ampere	Kelvin	Mol	Candela
Einheiten-zeichen	m	kg	s	A	K	mol	cd

1 Die Einheiten im Messwesen sind im Internationalen Einheitensystem (SI = **S**ystème **I**nternational d'Unités) festgelegt. Es baut auf den sieben Basiseinheiten (SI-Einheiten) auf, von denen weitere Einheiten abgeleitet sind.

Größen und ihre Einheiten

Größe	Formel-zeichen	Einheit Name	Zeichen	Beziehung	Bemerkung Anwendungsbeispiele
Länge, Fläche, Volumen, Winkel					
Länge	l	**Meter**	m	1 m = 10 dm = 100 cm = 1000 mm 1 mm = 1000 µm 1 km = 1000 m	1 inch = 1 Zoll = 25,4 mm In der Luft- und Seefahrt gilt: 1 internationale Seemeile = 1852 m
Fläche	A, S	Quadrat-meter Ar Hektar	m^2 a ha	1 m^2 = 10000 cm^2 = 1000000 mm^2 1 a = 100 m^2 1 ha = 100 a = 10000 m^2 100 ha = 1 km^2	Zeichen S nur für Querschnittsflächen Ar und Hektar nur für Flächen von Grundstücken
Volumen	V	Kubikmeter Liter	m^3 l, L	1 m^3 = 1000 dm^3 = 1000000 cm^3 1 l = 1 L = 1 dm^3 = 10 dl = 0,001 m^3 1 ml = 1 cm^3	Meist für Flüssigkeiten und Gase
ebener Winkel (Winkel)	α, β, γ …	Radiant Grad Minute Sekunde	rad ° ′ ″	1 rad = 1 m/m = 57,2957…° = 180°/π $1° = \frac{\pi}{180}$ rad = 60′ 1′ = 1°/60 = 60″ 1″ = 1′/60 = 1°/3600	1 rad ist der Winkel, der aus einem um den Scheitelpunkt geschlagenen Kreis mit 1 m Radius einen Bogen von 1 m Länge schneidet. Bei technischen Berechnungen statt α = 33° 17′ 27,6″ besser α = 33,291° verwenden.
Raum-winkel	Ω	Steradiant	sr	1 sr = 1 m^2/m^2	Der Raumwinkel von 1 sr umschließt auf der Oberfläche einer Kugel mit r = 1 m die Fläche eines Kugelabschnitts mit A_O = 1 m^2.
Mechanik					
Masse	m	**Kilogramm** Gramm Megagramm Tonne	kg g Mg t	1 kg = 1000 g 1 g = 1000 mg 1 t = 1000 kg = 1 Mg 0,2 g = 1 Kt	In der Alltagssprache bezeichnet man die Masse eines Körpers auch als Gewicht. Massenangabe für Edelsteine in Karat (Kt).
längen-bezogene Masse	m'	Kilogramm pro Meter	kg/m	1 kg/m = 1 g/mm	Zur Berechnung der Masse von Stäben, Profilen, Rohren.
flächen-bezogene Masse	m''	Kilogramm pro Meter hoch zwei	kg/m^2	1 kg/m^2 = 0,1 g/cm^2	Zur Berechnung der Masse von Blechen.
Dichte	ϱ	Kilogramm pro Meter hoch drei	kg/m^3	1000 kg/m^3 = 1 t/m^3 = 1 kg/dm^3 = 1 g/cm^3 = 1 g/ml = 1 mg/mm^3	Dichte = Masse eines Stoffes pro Volumeneinheit Für homogene Körper ist die Dichte eine vom Ort unabhängige Größe.

G

Einheiten im Messwesen (Fortsetzung)

Größen und ihre Einheiten (Fortsetzung)

Größe	Formelzeichen	Einheit Name	Einheit Zeichen	Beziehung	Bemerkung Anwendungsbeispiele
Mechanik					
Trägheitsmoment, Massenmoment 2. Grades	J	Kilogramm mal Meter hoch zwei	$kg \cdot m^2$	Für homogene Vollzylinder mit Masse m und Radius r gilt: $J = \frac{1}{2} \cdot m \cdot r^2$	Das Trägheitsmoment gibt den Widerstand eines starren, homogenen Körpers gegen die Änderung seiner Rotationsbewegung um eine Drehachse an.
Kraft Gewichtskraft	F F_G, G	Newton	N	$1\ N = \frac{kg \cdot m}{s^2} = 1\ \frac{J}{m}$ $1\ MN = 10^3\ kN = 1\,000\,000\ N$	Die Kraft 1 N bewirkt bei der Masse 1 kg in 1 s eine Geschwindigkeitsänderung von 1 m/s.
Dreh-, Biege-, Torsionsmoment	M M_b M_T, T	Newton mal Meter	$N \cdot m$	$1\ N \cdot m = \frac{kg \cdot m^2}{s^2} = 1\ \frac{J}{m}$	1 N · m ist das Moment, das eine Kraft von 1 N bei einem Hebelarm von 1 m bewirkt.
Impuls	p	Kilogramm mal Meter pro Sekunde	$kg \cdot m/s$	$1\ kg \cdot m/s = 1\ N \cdot s$	Der Impuls ist das Produkt aus Masse mal Geschwindigkeit. Er hat die Richtung der Geschwindigkeit.
Druck mechanische Spannung	p σ, τ	Pascal Newton pro Millimeter hoch zwei	Pa N/mm^2	$1\ Pa = 1\ N/m^2 = 0{,}01\ mbar$ $1\ bar = 100\,000\ N/m^2 = 10\ N/cm^2 = 10^5\ Pa$ $1\ mbar = 1\ hPa$ $1\ N/mm^2 = 10\ bar = 1\ MN/m^2 = 1\ MPa$ $1\ daN/cm^2 = 0{,}1\ N/mm^2$	Unter Druck versteht man die Kraft je Flächeneinheit. Für Überdruck wird das Formelzeichen p_e verwendet (DIN 1314). 1 bar = 14,5 psi (pounds per square inch = Pfund pro Quadratinch)
Flächenmoment 2. Grades	I	Meter hoch vier; Zentimeter hoch vier	m^4 cm^4	$1\ m^4 = 100\,000\,000\ cm^4$	früher: Flächenträgheitsmoment
Energie, Arbeit, Wärmemenge	E, W	Joule	J	$1\ J = 1\ N \cdot m = 1\ W \cdot s = 1\ kg \cdot m^2/s^2$	Joule für jede Energieart, kW·h bevorzugt für elektrische Energie.
Leistung, Wärmestrom	P Φ	Watt	W	$1\ W = 1\ J/s = 1\ N \cdot m/s = 1\ V \cdot A = 1\ m^2 \cdot kg/s^3$	Leistung beschreibt die Arbeit, die in einer bestimmten Zeit verrichtet wurde.
Zeit					
Zeit, Zeitspanne, Dauer	t	**Sekunde** Minute Stunde Tag Jahr	s min h d a	$1\ min = 60\ s$ $1\ h = 60\ min = 3600\ s$ $1\ d = 24\ h = 86\,400\ s$	3 h bedeutet eine Zeitspanne (3 Std.), 3^h bedeutet einen Zeitpunkt (3 Uhr). Werden Zeitpunkte in gemischter Form, z. B. $3^h 24^m 10^s$ geschrieben, so kann das Zeichen min auf m verkürzt werden.
Frequenz	f	Hertz	Hz	$1\ Hz = 1/s$	1 Hz ≙ 1 Schwingung in 1 Sekunde.
Drehzahl Umdrehungsfrequenz	n	1 pro Sekunde 1 pro Minute	1/s 1/min	$1/s = 60/min = 60\ min^{-1}$ $1/min = 1\ min^{-1} = \frac{1}{60\ s}$	Die Anzahl der Umdrehungen pro Zeiteinheit ergibt die Drehzahl, auch Drehfrequenz genannt.
Geschwindigkeit	v	Meter pro Sekunde Meter pro Minute Kilometer pro Stunde	m/s m/min km/h	$1\ m/s = 60\ m/min = 3{,}6\ km/h$ $1\ m/min = \frac{1\ m}{60\ s}$ $1\ km/h = \frac{1\ m}{3{,}6\ s}$	Geschwindigkeit bei der Seefahrt in Knoten (kn): 1 kn = 1,852 km/h mile per hour = 1 mile/h = 1 mph 1 mph = 1,60934 km/h
Winkelgeschwindigkeit	ω	1 pro Sekunde Radiant pro Sekunde	1/s rad/s	$\omega = 2\,\pi \cdot n$	Bei einer Drehzahl von $n = 2/s$ beträgt die Winkelgeschwindigkeit $\omega = 4\,\pi/s$.
Beschleunigung	a, g	Meter pro Sekunde hoch zwei	m/s^2	$1\ m/s^2 = \frac{1\ m/s}{1\ s}$	Formelzeichen g nur für Fallbeschleunigung. $g = 9{,}81\ m/s^2 \approx 10\ m/s^2$

G

Einheiten im Messwesen (Fortsetzung)

Größen und ihre Einheiten (Fortsetzung)

Größe	Formelzeichen	Einheit Name	Einheit Zeichen	Beziehung	Bemerkung Anwendungsbeispiele
Elektrizität und Magnetismus					
Elektrische Stromstärke Elektr. Spannung Elektr. Widerstand Elektr. Leitwert	I U R G	**Ampere** Volt Ohm Siemens	A V Ω S	 1 V = 1 W/1 A = 1 J/C 1 Ω = 1 V/1 A 1 S = 1 A/1 V = 1/Ω	Bewegte elektrische Ladung nennt man Strom. Die Spannung ist gleich der Potenzialdifferenz zweier Punkte im elektrischen Feld. Den Kehrwert des elektrischen Widerstands nennt man elektrischen Leitwert.
Spezifischer Widerstand Leitfähigkeit	ϱ $\gamma, \varkappa$	Ohm mal Meter Siemens pro Meter	Ω · m S/m	$10^{-6}\,\Omega \cdot m = 1\,\Omega \cdot mm^2/m$	$\varrho = \frac{1}{\varkappa}$ in $\frac{\Omega \cdot mm^2}{m}$ $\varkappa = \frac{1}{\varrho}$ in $\frac{m}{\Omega \cdot mm^2}$
Frequenz	f	Hertz	Hz	1 Hz = 1/s 1000 Hz = 1 kHz	Frequenz öffentlicher Stromnetze: EU 50 Hz, USA 60 Hz
Elektr. Arbeit	W	Joule	J	1 J = 1 W · s = 1 N · m 1 kW · h = 3,6 MJ 1 W · h = 3,6 kJ	In der Atom- und Kernphysik wird die Einheit eV (Elektronenvolt) verwendet.
Phasenverschiebungswinkel	φ	–	–	für Wechselstrom gilt: $\cos\varphi = \frac{P}{U \cdot I}$	Winkel zwischen Strom und Spannung bei induktiver oder kapazitiver Belastung.
Elektr. Feldstärke Elektr. Ladung Elektr. Kapazität Induktivität	E Q C L	Volt pro Meter Coulomb Farad Henry	V/m C F H	 1 C = 1 A · 1 s; 1 A · h = 3,6 kC 1 F = 1 C/V 1 H = 1 V · s/A	$E = \frac{f}{Q}$; $C = \frac{Q}{U}$; $Q = I \cdot t$
Leistung Wirkleistung	P	Watt	W	1 W = 1 J/s = 1 N · m/s = 1 V · A	In der elektrischen Energietechnik: Scheinleistung S in V · A
Thermodynamik und Wärmeübertragung					
Thermodynamische Temperatur Celsius-Temperatur	T, Θ t, ϑ	**Kelvin** Grad Celsius	K °C	0 K = – 273,15 °C 0 °C = 273,15 K 0 °C = 32 °F 0 °F = – 17,77 °C	Kelvin (K) und Grad Celsius (°C) werden für Temperaturen und Temperaturdifferenzen verwendet. $t = T - T_0$; $T_0 = 273{,}15$ K Umrechnung in °F: Seite 51
Wärmemenge	Q	Joule	J	1 J = 1 W · s = 1 N · m 1 kW · h = 3600000 J = 3,6 MJ	1 kcal ≙ 4,1868 kJ
Spezifischer Heizwert	H_u	Joule pro Kilogramm Joule pro Meter hoch drei	J/kg J/m³	1 MJ/kg = 1000000 J/kg 1 MJ/m³ = 1000000 J/m³	Freiwerdende Wärmeenergie je kg (bzw. je m³) Brennstoff abzüglich der Verdampfungswärme des in den Abgasen enthaltenen Wasserdampfes.

Einheiten außerhalb des Internationalen Einheitensystems SI

Länge	Fläche	Volumen	Masse	Energie, Leistung
1 inch (in) = 25,4 mm	1 sq.in = 6,452 cm²	1 cu.in = 16,39 cm³	1 oz = 28,35 g	1 PSh = 0,735 kWh
1 foot (ft) = 0,3048 m	1 sq.ft = 9,29 dm²	1 cu.ft = 28,32 dm³	1 lb = 453,6 g	1 PS = 0,7355 kW
1 yard (yd) = 0,9144 m	1 sq.yd = 0,8361 m²	1 cu.yd = 764,6 dm³	1 t = 1000 kg	1 kcal = 4186,8 Ws
1 Seemeile = 1,852 km	1 acre = 4046,856 m²	1 gallon (US) = 3,785 l	1 short ton = 907,2 kg	1 kcal = 1,166 Wh
1 Landmeile = 1,6093 km	**Druck, Spannung**	1 gallon (UK) = 4,546 l	1 Karat = 0,2 g	1 kpm/s = 9,807 W
	1 bar = 14,5 pound/in²	1 barrel = 158,8 l	1 pound/in³ = 27,68 g/cm³	1 Btu = 1055 Ws
	1 N/mm² = 145,038 pound/in²			1 hp = 745,7 W

Formelzeichen, mathematische Zeichen

Formelzeichen

vgl. DIN 1304-1 (1994-03)

Formelzeichen	Bedeutung	Formelzeichen	Bedeutung	Formelzeichen	Bedeutung
Länge, Fläche, Volumen, Winkel					
l	Länge	r, R	Radius	α, β, γ	ebener Winkel
b	Breite	d, D	Durchmesser	Ω	Raumwinkel
h	Höhe	A, S	Fläche, Querschnittsfläche	λ	Wellenlänge
s	Weglänge	V	Volumen		
Mechanik					
m	Masse	F	Kraft	G	Schubmodul
m'	längenbezogene Masse	F_G, G	Gewichtskraft	μ, f	Reibungszahl
m''	flächenbezogene Masse	M	Drehmoment	W	Widerstandsmonent
ϱ	Dichte	M_T, T	Torsionsmoment	I	Flächenmoment 2. Grades
J	Trägheitsmoment	M_b	Biegemoment	W, E	Arbeit, Energie
p	Druck	σ	Normalspannung	W_p, E_p	potenzielle Energie
p_{abs}	absoluter Druck	τ	Schubspannung	W_k, E_k	kinetische Energie
p_{amb}	Atmosphärendruck	ε	Dehnung	P	Leistung
p_e	Überdruck	E	Elastizitätsmodul	η	Wirkungsgrad
Zeit					
t	Zeit, Dauer	f, ν	Frequenz	a	Beschleunigung
T	Periodendauer	v, u	Geschwindigkeit	g	örtliche Fallbeschleunigung
n	Umdrehungsfrequenz,	ω	Winkelgeschwindigkeit	α	Winkelbeschleunigung
	Drehzahl			Q, $\dot{V}$, q_v	Volumenstrom
Elektrizität					
Q	Ladung, Elektrizitäts-	L	Induktivität	X	Blindwiderstand
	menge	R	Widerstand	Z	Scheinwiderstand
U	Spannung	ϱ	spezifischer Widerstand	φ	Phasenverschiebungs-
C	Kapazität	γ, $\varkappa$	elektrische Leitfähigkeit		winkel
I	Stromstärke			N	Windungszahl
Wärme					
T, Θ	thermodynamische	Q	Wärme, Wärmemenge	Φ, $\dot{Q}$	Wärmestrom
	Temperatur	λ	Wärmeleitfähigkeit	a	Temperaturleitfähigkeit
ΔT, Δt,	Temperaturdifferenz	α	Wärmeübergangs-	c	spezifische Wärme-
$\Delta\vartheta$			koeffizient		kapazität
t, ϑ	Celsius-Temperatur	k	Wärmedurchgangs-	H_u	spezifischer Heizwert
α_l, α	Längenausdehnungs-		koeffizient		
	koeffizient				
Licht, elektromagnetische Strahlung					
E_v	Beleuchtungsstärke	f	Brennweite	I_e	Strahlstärke
		n	Brechzahl	Q_e, W	Strahlungsenergie
Akustik					
p	Schalldruck	L_p	Schalldruckpegel	N	Lautheit
c	Schallgeschwindigkeit	I	Schallintensität	L_N	Lautstärkepegel

Mathematische Zeichen

vgl. DIN 1302 (1999-12)

Mathem. Zeichen	Sprechweise	Mathem. Zeichen	Sprechweise	Mathem. Zeichen	Sprechweise
$\approx$	ungefähr gleich, rund, etwa	Σ	Summe	log	Logarithmus (allgemein)
$\triangleq$	entspricht	$\sim$	proportional	lg	dekadischer Logarithmus
$\ldots$	und so weiter	a^x	a hoch x, x-te Potenz von a	ln	natürlicher Logarithmus
∞	unendlich	$\sqrt{\ }$	Quadratwurzel aus	e	Eulersche Zahl (e = 2,718281…)
$=$	gleich	$\sqrt[n]{1}$	n-te Wurzel aus	sin	Sinus
$\neq$	ungleich	$\lvert x \rvert$	Betrag von x	cos	Kosinus
$\stackrel{\text{def}}{=}$	ist definitionsgemäß gleich	$\perp$	senkrecht zu	tan	Tangens
$<$	kleiner als	$\parallel$	ist parallel zu	cot	Kotangens
$\leq$	kleiner oder gleich	$\sphericalangle$	Winkel	(), [], {}	runde, eckige, geschweifte
$>$	größer als	$\cong$	kongruent zu		Klammer auf und zu
$\geq$	größer oder gleich	Δx	Delta x	$\overline{AB}$	Strecke AB
$+$	plus		(Differenz zweier Werte)	$\overset{\frown}{AB}$	Bogen AB
$-$	minus	%	Prozent, vom Hundert	a', a''	a Strich, a zwei Strich
$\cdot$	mal, multipliziert mit	‰	Promille, vom Tausend	a_1, a_2	a eins, a zwei
$-$, $/$, $:$	durch, geteilt durch, zu, pro	π	pi (Kreiszahl = 3,14159 …)		

G

Formeln, Gleichungen, Diagramme

Formeln

Die Berechnung physikalischer Größen erfolgt meist über Formeln. Sie bestehen aus:

- Formelzeichen, z. B. v_c für die Schnittgeschwindigkeit, d für den Durchmesser, n für die Drehzahl
- Operatoren (Rechenvorschriften), z. B. · für Multiplikation, + für Addition, – für Subtraktion, — (Bruchstrich) für Division
- Konstanten, z. B. π (pi) = 3,14159 …
- Zahlen, z. B. 10, 15 …

Formel für die Schnittgeschwindigkeit

$$v_c = \pi \cdot d \cdot n$$

Die Formelzeichen (Seite 13) sind Platzhalter für Größen. Bei der Lösung von Aufgaben werden die bekannten Größen mit ihren Einheiten in die Formel eingesetzt. Vor oder während der Berechnung werden die Einheiten so umgeformt, dass

- der Rechengang möglich wird oder
- das Ergebnis die geforderte Einheit erhält.

Die meisten Größen und ihre Einheiten sind genormt (Seite 10).

Das **Ergebnis** ist immer ein **Zahlenwert** mit einer **Einheit**, z. B. 4,5 m, 15 s

Beispiel:

Wie groß ist die Schnittgeschwindigkeit v_c in m/min für d = 200 mm und n = 630/min?

$$v_c = \pi \cdot d \cdot n = \pi \cdot 200\ \text{mm} \cdot 630\ \frac{1}{\text{min}} = \pi \cdot 200\ \text{mm} \cdot \frac{1\ \text{m}}{1000\ \text{mm}} \cdot 630\ \frac{1}{\text{min}} = \mathbf{395{,}84\ \frac{m}{min}}$$

Zahlenwertgleichungen

Zahlenwertgleichungen sind Formeln, in welche die üblichen Umrechnungen von Einheiten bereits eingearbeitet sind. Bei ihrer Anwendung ist zu beachten:

Die Zahlenwerte der einzelnen Größen dürfen nur in der vorgeschriebenen Einheit verwendet werden.

- Die Einheiten werden bei der Berechnung nicht mitgeführt.
- Die Einheit der gesuchten Größe ist vorgegeben.

Zahlenwertgleichung für das Drehmoment

$$M = \frac{9550 \cdot P}{n}$$

vorgeschriebene Einheiten		
Bezeichnung		Einheit
M	Dreh-moment	N · m
P	Leistung	kW
n	Drehzahl	1/min

Beispiel:

Wie groß ist das Drehmoment M eines Elektromotors mit der Antriebsleistung P = 15 kW und der Drehzahl n = 750/min?

$$M = \frac{9550 \cdot P}{n} = \frac{9550 \cdot 15}{750}\ \text{N} \cdot \text{m} = \mathbf{191\ N \cdot m}$$

Gleichungen und Diagramme

Bei Funktionsgleichungen ist y die Funktion von x, mit x als unabhängige und y als abhängige Variable. Die Zahlenpaare (x, y) einer Wertetabelle bilden ein Diagramm im x-y-Koordinatensystem.

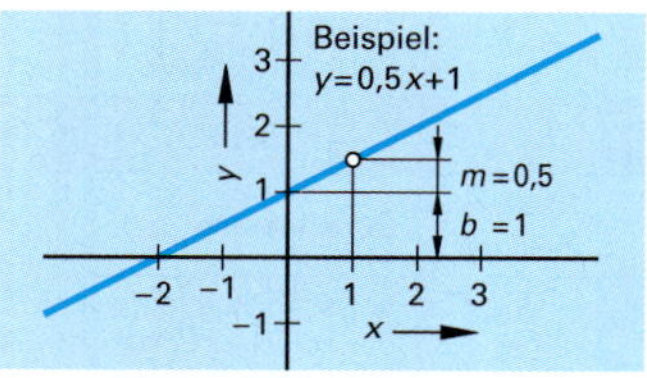

1. Beispiel:
$y = 0{,}5\,x + 1$

x	−2	0	2	3
y	0	1	2	2,5

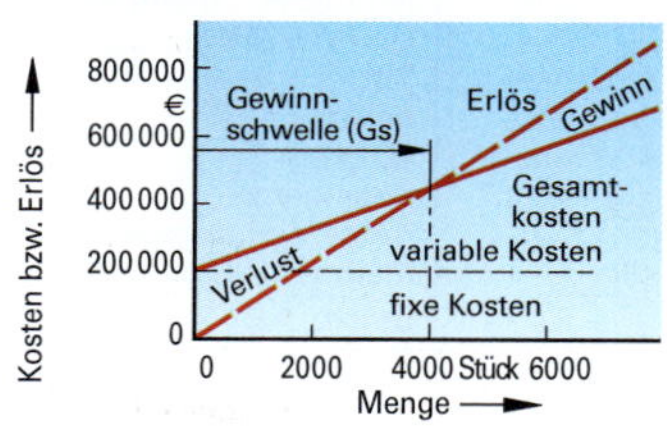

2. Beispiel:
Kostenfunktion und Erlösfunktion
K_G = 60 €/Stck · M + 200000 €
E = 110 €/Stck · M

M	0	4000	6000
K_G	200000	440000	560000
E	0	440000	660000

K_G Gesamtkosten → abhängige Variable
M Menge → unabhängige Variable
K_f Fixe Kosten → y-Koordinatenabschnitt
K_v Variable Kosten → Steigung der Funktion
E Erlös → abhängige Variable

Zuordnungsfunktion

$$y = f(x)$$

Lineare Funktion

$$y = m \cdot x + b$$

Beispiele:

Kostenfunktion

$$K_G = K_V \cdot M + K_f$$

Erlösfunktion

$$E = E/\text{Stück} \cdot M$$

Umstellen von Formeln

Umstellen von Formeln

Formeln und Zahlenwertgleichungen werden umgestellt, damit die gesuchte Größe allein auf der linken Seite der Gleichung steht. Dabei darf sich der Wert der linken und der rechten Formelseite nicht ändern. Für alle Schritte einer Formelumstellung gilt:

Veränderungen auf der linken Formelseite	=	Veränderungen auf der rechten Formelseite

Formel

$$P = \frac{F \cdot s}{t}$$

linke Formelseite = rechte Formelseite

Zur Rekonstruktion der einzelnen Schritte ist es sinnvoll, jeden Schritt rechts neben der Formel zu kennzeichnen:

$| \cdot t$ → beide Formelseiten werden mit t multipliziert.

$| : F$ → beide Formelseiten werden durch F dividiert.

Umstellung von Summen

Beispiel: Formel $L = l_1 + l_2$, Umstellung nach l_2

1	$L = l_1 + l_2$	$\mid -l_1$	l_1 subtrahieren	3	$L - l_1 = l_2$	Seiten vertauschen
2	$L - l_1 = l_1 + l_2 - l_1$		subtrahieren durchführen	4	$l_2 = L - l_1$	umgestellte Formel

Umstellung von Produkten

Beispiel: Formel $A = l \cdot b$, Umstellung nach l

1	$A = l \cdot b$	$\mid : b$	dividieren durch b	3	$\frac{A}{b} = l$	Seiten vertauschen
2	$\frac{A}{b} = \frac{l \cdot b}{b}$		kürzen mit b	4	$l = \frac{A}{b}$	umgestellte Formel

Umstellung von Brüchen

Beispiel: Formel $n = \frac{l}{l_1 + s}$, Umstellung nach s

1	$n = \frac{l}{l_1 + s}$	$\mid \cdot (l_1 + s)$	mit $(l_1 + s)$ multiplizieren	4	$n \cdot l_1 - n \cdot l_1 + n \cdot s = l - n \cdot l_1$	$\mid : n$	subtrahieren, dividieren durch n
2	$n \cdot (l_1 + s) = \frac{l \cdot (l_1 + s)}{l_1 + s}$		rechte Formelseite kürzen, Klammer auflösen	5	$\frac{s \cdot n}{n} = \frac{l - n \cdot l_1}{n}$		kürzen mit n
3	$n \cdot l_1 + n \cdot s = l$	$\mid \cdot n \cdot l_1$	$-n \cdot l_1$ subtrahieren	6	$s = \frac{l - n \cdot l_1}{n}$		umgestellte Formel

Umstellung von Wurzeln

Beispiel: Formel $c = \sqrt{a^2 + b^2}$, Umstellung nach a

1	$c = \sqrt{a^2 + b^2}$	$\mid ()^2$	Formel quadrieren	4	$a^2 = c^2 - b^2$	$\mid \sqrt{\ }$	radizieren
2	$c^2 = a^2 + b^2$	$\mid -b^2$	b^2 subtrahieren	5	$\sqrt{a^2} = \sqrt{c^2 - b^2}$	$\mid \sqrt{\ }$	Ausdruck vereinfachen
3	$c^2 - b^2 = a^2 + b^2 - b^2$		subtrahieren, Seite tauschen	6	$a = \sqrt{c^2 - b^2}$		umgestellte Formel

G

Größen und Einheiten

Zahlenwerte und Einheiten

Physikalische Größe
10 mm
Zahlenwert – Einheit

Physikalische Größen, z. B. 125 mm, bestehen aus einem

- **Zahlenwert**, der durch Messung oder Berechnung ermittelt wird, und aus einer
- **Einheit**, z. B. m, kg

Die Einheiten sind nach DIN 1301-1 genormt (Seite 10).

Sehr große oder sehr kleine Zahlenwerte lassen sich durch Vorsatzzeichen als dezimale Vielfache oder Teile vereinfacht darstellen, z. B. 0,004 mm = 4 µm.

Dezimale Vielfache oder Teile von Einheiten vgl. DIN 1301-2 (1978-02)

Vorsatz- Zeichen	Vorsatz- Name	Zehner-potenz	Mathematische Bezeichnung	Beispiele
T	Tera	10^{12}	Billion	12000000000000 N = 12 · 10^{12} N = 12 TN (Tera-Newton)
G	Giga	10^{9}	Milliarde	45000000000 W = 45 · 10^{9} W = 45 GW (Giga-Watt)
M	Mega	10^{6}	Million	8500000 V = 8,5 · 10^{6} V = 8,5 MV (Mega-Volt)
k	Kilo	10^{3}	Tausend	12600 W = 12,6 · 10^{3} W = 12,6 kW (Kilo-Watt)
h	Hekto	10^{2}	Hundert	500 l = 5 · 10^{2} l = 5 hl (Hekto-Liter)
da	Deka	10^{1}	Zehn	32 m = 3,2 · 10^{1} m = 3,2 dam (Deka-Meter)
–	–	10^{0}	Eins	1,5 m = 1,5 · 10^{0} m
d	Dezi	10^{-1}	Zehntel	0,5 l = 5 · 10^{-1} l = 5 dl (Dezi-Liter)
c	Zenti	10^{-2}	Hundertstel	0,25 m = 25 · 10^{-2} m = 25 cm (Zenti-Meter)
m	Milli	10^{-3}	Tausendstel	0,375 A = 375 · 10^{-3} A = 375 mA (Milli-Ampere)
µ	Mikro	10^{-6}	Millionstel	0,000052 m = 52 · 10^{-6} m = 52 µm (Mikro-Meter)
n	Nano	10^{-9}	Milliardstel	0,000000075 m = 75 · 10^{-9} m = 75 nm (Nano-Meter)
p	Piko	10^{-12}	Billionstel	0,000000000006 F = 6 · 10^{-12} F = 6 pF (Pico-Farad)

Umrechnung von Einheiten

Berechnungen mit physikalischen Größen sind nur dann möglich, wenn sich ihre Einheiten jeweils auf eine Basis beziehen. Bei der Lösung von Aufgaben müssen Einheiten häufig auf Basiseinheiten umgerechnet werden, z. B. mm in m, h in s, mm^2 in m^2. Dies geschieht durch Umrechnungsfaktoren, die den Wert 1 (kohärente Einheiten) darstellen.

Umrechnungsfaktoren für Einheiten (Auszug)

Größe	Umrechnungsfaktoren, z. B.	Größe	Umrechnungsfaktoren, z. B.
Längen	$1 = \frac{10\ \text{mm}}{1\ \text{cm}} = \frac{1000\ \text{mm}}{1\ \text{m}} = \frac{1\ \text{km}}{1000\ \text{m}}$	Zeit	$1 = \frac{60\ \text{min}}{1\ \text{h}} = \frac{3600\ \text{s}}{1\ \text{h}} = \frac{60\ \text{s}}{1\ \text{min}}$
Flächen	$1 = \frac{100\ \text{mm}^2}{1\ \text{cm}^2} = \frac{100\ \text{cm}^2}{1\ \text{dm}^2}$	Winkel	$1 = \frac{60'}{1°} = \frac{60''}{1'} = \frac{3600''}{1°}$
Volumen	$1 = \frac{1000\ \text{mm}^3}{1\ \text{cm}^3} = \frac{1000\ \text{cm}^3}{1\ \text{dm}^3}$	Zoll	1 inch = 25,4 mm

1. Beispiel:

Das Volumen $V = 3416\ \text{mm}^3$ ist in cm^3 umzurechnen.

Das Volumen V wird mit dem Umrechnungsfaktor multipliziert, der im Zähler die Einheit cm^3 und im Nenner die Einheit mm^3 aufweist.

$$\boldsymbol{V} = 3416\ \text{mm}^3 = \frac{1\ \text{cm}^3 \cdot 3416\ \text{mm}^3}{1000\ \text{mm}^3} = \frac{3416\ \text{cm}^3}{1000} = \mathbf{3{,}416\ cm^3}$$

2. Beispiel:

Die Winkelangabe $\alpha = 42°\,16'$ ist in Grad (°) auszudrücken.

Der Teilwinkel 16′ muss in Grad (°) umgewandelt werden. Er wird mit dem Umrechnungsfaktor multipliziert, der im Zähler die Einheit Grad (°) und im Nenner die Einheit Minute (′) hat.

$$\alpha = 42° + 16' \cdot \frac{1°}{60'} = 42° + \frac{16 \cdot 1°}{60} = 42° + 0{,}267° = \mathbf{42{,}267°}$$

G

Rechnen mit Größen, Prozentrechnung, Zinsrechnung

Rechnen mit Größen

Physikalische Größen werden mathematisch behandelt wie Produkte.

- **Addition und Subtraktion**

  Bei gleichen Einheiten werden die Zahlenwerte addiert und die Einheit im Ergebnis übernommen.

Beispiel:

$L = l_1 + l_2 - l_3$ mit $l_1 = 124$ mm, $l_2 = 18$ mm, $l_3 = 44$ mm; $L = ?$

$\mathbf{L} = 124\text{ mm} + 18\text{ mm} - 44\text{ mm} = (124 + 18 - 44)\text{ mm} = \mathbf{98\text{ mm}}$

- **Multiplikation und Division**

  Die Zahlenwerte und die Einheiten entsprechen den Faktoren von Produkten.

Beispiel:

$F_1 \cdot l_1 = F_2 \cdot l_2$ mit $F_1 = 180$ N, $l_1 = 75$ mm, $l_2 = 105$ mm; $F_2 = ?$

$$\mathbf{F_2} = \frac{F_1 \cdot l_1}{l_1} = \frac{180\text{ N} \cdot 75\text{ mm}}{105\text{ mm}} = \frac{128{,}57\text{ N} \cdot \text{mm}}{\text{mm}} = \mathbf{128{,}57\text{ N}}$$

- **Multiplizieren und Dividieren von Potenzen**

  Potenzen mit gleicher Basis werden multipliziert bzw. dividiert, indem die Exponenten addiert bzw. subtrahiert werden.

Beispiel:

$W = \frac{A \cdot a^2}{e}$ mit $A = 15\text{ cm}^2$, $a = 7{,}5$ cm, $e = 2{,}4$ cm; $W = ?$

$$\mathbf{W} = \frac{15\text{ cm}^2 \cdot (7{,}5\text{ cm})^2}{2{,}4\text{ cm}} = \frac{15 \cdot 56{,}25\text{ cm}^{2+2}}{2{,}4\text{ cm}^1} = 351{,}56\text{ cm}^{4-1} = \mathbf{351{,}56\text{ cm}^3}$$

Regeln beim Potenzieren

a Basis

$m, n \ldots$ Exponenten

Multiplikation von Potenzen

$$a^2 \cdot a^3 = a^{2+3}$$

$$a^m \cdot a^n = a^{m+n}$$

Division von Potenzen

$$\frac{a^2}{a^3} = a^{2-3}$$

$$\frac{a^m}{a^n} = a^{m-n}$$

Sonderformen

$$a^{-2} = \frac{1}{a^2}$$

$$a^{-m} = \frac{1}{a^m}$$

$$a^1 = a \qquad a^0 = 1$$

Prozentrechnung

Der **Prozentsatz** gibt den Teil des Grundwertes in Hundertstel an.
Der **Grundwert** ist der Wert, von dem die Prozente zu rechnen sind.
Der **Prozentwert** ist der Betrag, den die Prozente des Grundwertes ergeben.

P_s Prozentsatz, Prozent P_w Prozentwert G_w Grundwert

Beispiel:

Werkstückrohteilgewicht 250 kg (Grundwert); Abbrand 2% (Prozentsatz)
Abbrand in kg = ? (Prozentwert)

$$\mathbf{P_w} = \frac{G_w \cdot P_s}{100\,\%} = \frac{250\text{ kg} \cdot 2\,\%}{100\,\%} = \mathbf{5\text{ kg}}$$

Prozentwert

$$P_w = \frac{G_w \cdot P_S}{100\,\%}$$

Zinsrechnung

K_0 Anfangskapital Z Zinsen t Laufzeit in Tagen, Verzinsungszeit
K_t Endkapital p Zinssatz pro Jahr

1. Beispiel:

$K_0 = 2800{,}00$ €; $p = 6\,\frac{\%}{a}$; $t = {}^1\!/_2$ a; $Z = ?$

$$Z = \frac{2800{,}00\text{ €} \cdot 6\,\frac{\%}{a} \cdot 0{,}5\text{ a}}{100\,\%} = \mathbf{84{,}00\text{ €}}$$

2. Beispiel:

$K_0 = 4800{,}00$ €; $p = 5{,}1\,\frac{\%}{a}$; $t = 50$ d; $Z = ?$

$$Z = \frac{4800{,}00\text{ €} \cdot 5{,}1\,\frac{\%}{a} \cdot 50\text{ d}}{100\,\% \cdot 360\,\frac{d}{a}} = \mathbf{34{,}00\text{ €}}$$

Zins

$$Z = \frac{K_0 \cdot p \cdot t}{100\,\% \cdot 360}$$

1 Zinsjahr (1 a) = 360 Tage (360 d)

360 d = 12 Monate

1 Zinsmonat = 30 Tage

G

Winkelarten, Strahlensatz, Winkel im Dreieck, Satz des Pythagoras

Winkelarten

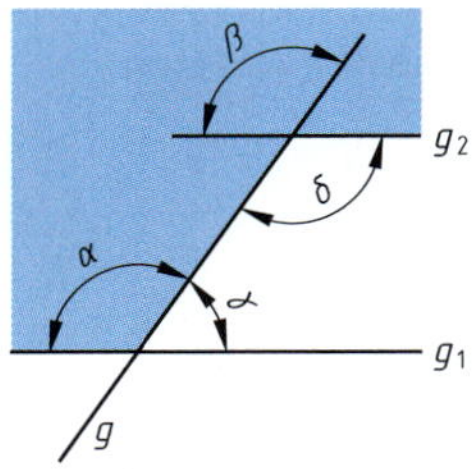

g	Gerade
g_1, g_2	parallele Geraden
α, β	Stufenwinkel
β, δ	Scheitelwinkel
α, δ	Wechselwinkel
α, γ	Nebenwinkel

Werden zwei Parallelen durch eine Gerade geschnitten, so bestehen unter den dabei gebildeten Winkeln geometrische Beziehungen.

Stufenwinkel

$$\alpha = \beta$$

Scheitelwinkel

$$\beta = \delta$$

Wechselwinkel

$$\alpha = \delta$$

Nebenwinkel

$$\alpha + \gamma = 180°$$

Strahlensatz

τ_{ta} Torsionsspannung außen
τ_{ti} Torsionsspannung innen

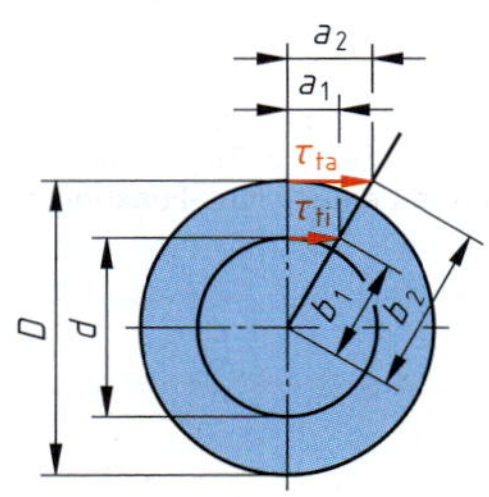

Werden zwei Geraden durch zwei Parallelen geschnitten, so bilden die zugehörigen Strahlenabschnitte gleiche Verhältnisse.

Beispiel:

$D = 40$ mm, $d = 30$ mm,
$\tau_{ta} = 135$ N/mm²; $\tau_{ti} = ?$

$$\frac{\tau_{ti}}{\tau_{ta}} = \frac{d}{D} \Rightarrow \tau_{ti} = \frac{\tau_{ta} \cdot d}{D}$$

$$= \frac{135\ \text{N/mm}^2 \cdot 30\ \text{mm}}{40\ \text{mm}} = \mathbf{101{,}25\ N/mm^2}$$

Strahlensatz

$$\frac{a_1}{a_2} = \frac{b_1}{b_2} = \frac{\frac{d}{2}}{\frac{D}{2}}$$

$$\frac{a_1}{b_1} = \frac{a_2}{b_2}$$

$$\frac{b_1}{d} = \frac{b_2}{D}$$

Winkelsumme im Dreieck

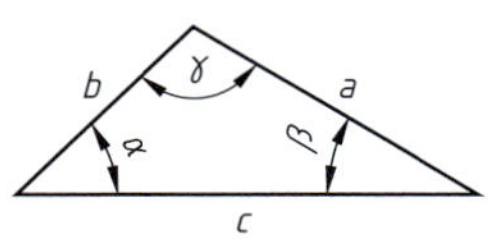

a, b, c	Dreieckseiten
α, β, γ	Winkel im Dreieck

Winkelsumme im Dreieck

$$\alpha + \beta + \gamma = 180°$$

In jedem Dreieck ist die Winkelsumme 180°.

Lehrsatz des Pythagoras

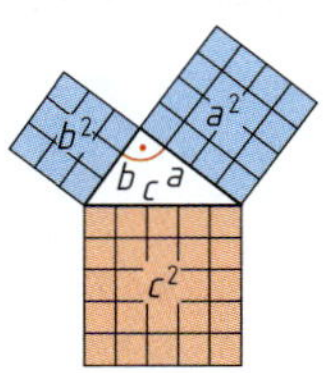

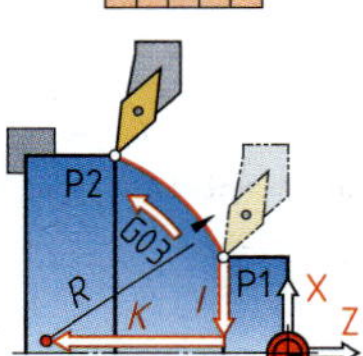

Im **rechtwinkligen Dreieck** ist das Hypotenusenquadrat flächengleich der Summe der beiden Kathetenquadrate.

a	Kathete
b	Kathete
c	Hypotenuse

Beispiel:

CNC-Programm mit $R = 50$ mm und $I = 25$ mm.
$K = ?$

$c^2 = a^2 + b^2$

$R^2 = I^2 + K^2$

$K = \sqrt{R^2 - I^2} = \sqrt{60^2\ \text{mm}^2 - 25^2\ \text{mm}^2}$

$\mathbf{K = 43{,}3\ mm}$

Quadrat über der Hypotenuse

$$c^2 = a^2 + b^2$$

Länge der Hypotenuse

$$c = \sqrt{a^2 + b^2}$$

Länge der Katheten

$$b = \sqrt{c^2 - a^2}$$

$$a = \sqrt{c^2 - b^2}$$

G

Funktionen im Dreieck

Funktionen im rechtwinkligen Dreieck (Winkelfunktionen)

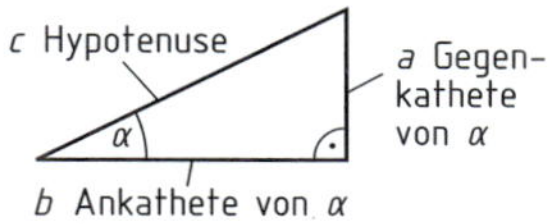

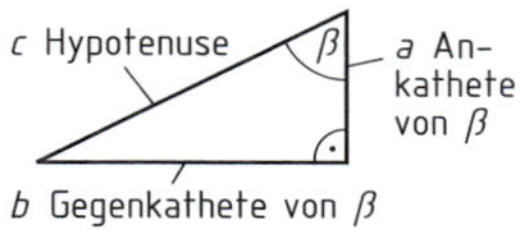

c	Hypotenuse (längste Seite)
a, b	Katheten Bezogen auf den Winkel α ist → b die Ankathete und → a die Gegenkathete
α, β, γ	Winkel im Dreieck, mit $\gamma = 90°$
sin	Schreibweise für Sinus
cos	Schreibweise für Kosinus
tan	Schreibweise für Tangens
$\sin\alpha$	Sinus des Winkels α

Beispiel:

$L_1 = 150$ mm, $L_2 = 30$ mm, $L_3 = 140$ mm; Winkel $\alpha = ?$

$$\tan\alpha = \frac{L_1 + L_2}{L_3} = \frac{180\text{ mm}}{140\text{ mm}} = 1{,}286$$

Winkel $\alpha = 52°$

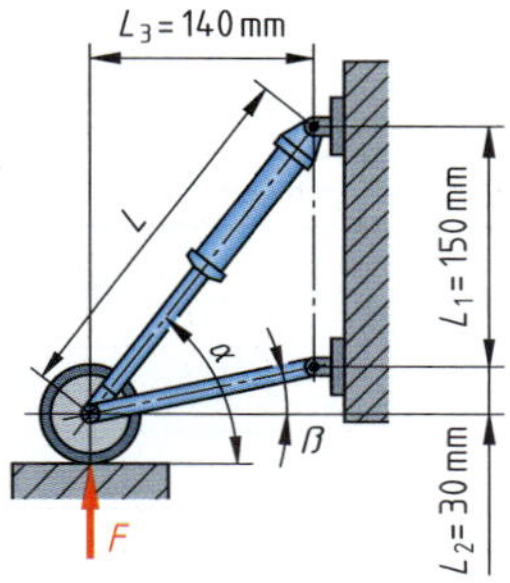

Winkelfunktionen

Sinus	$= \dfrac{\text{Gegenkathete}}{\text{Hypotenuse}}$
Kosinus	$= \dfrac{\text{Ankathete}}{\text{Hypotenuse}}$
Tangens	$= \dfrac{\text{Gegenkathete}}{\text{Ankathete}}$
Kotangens	$= \dfrac{\text{Ankathete}}{\text{Gegenkathete}}$

Bezogen auf den Winkel α ist:

$\sin\alpha = \frac{a}{c}$	$\cos\alpha = \frac{b}{c}$	$\tan\alpha = \frac{a}{b}$

Bezogen auf den Winkel β ist:

$\sin\beta = \frac{b}{c}$	$\cos\beta = \frac{a}{c}$	$\tan\beta = \frac{b}{a}$

Die Berechnung eines Winkels in Grad (°) oder als Bogenmaß (rad) erfolgt mit einer Arcus-Funktion, z. B. arcsin.

Beziehungen im schiefwinkligen Dreieck (Sinussatz, Kosinussatz)

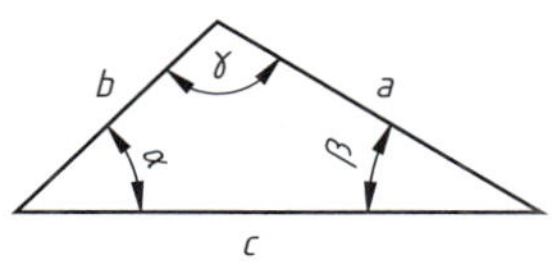

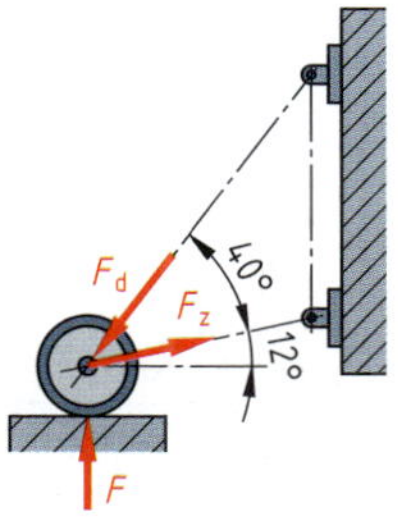

Kräfteplan

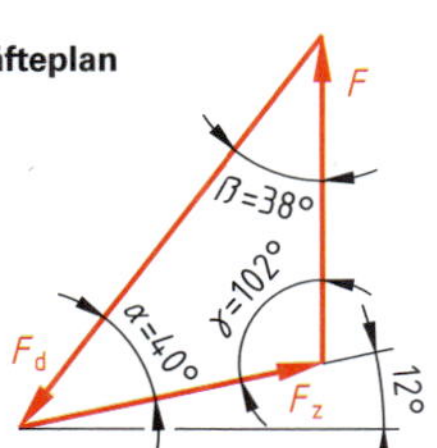

Im Sinussatz entsprechen die Seitenverhältnisse dem Sinus der entsprechenden Gegenwinkel im Dreieck. Aus einer Seite und zwei Winkeln lassen sich die anderen Werte berechnen.

Seite a — Gegenwinkel α

Seite b — Gegenwinkel β

Seite c — Gegenwinkel γ

Beispiel:

$F = 800$ N, $\alpha = 40°$, $\beta = 38°$; $F_z = ?$, $F_d = ?$

Die Berechnung erfolgt jeweils aus dem Kräfteplan.

$$\frac{F}{\sin\alpha} = \frac{F_z}{\sin\beta} \Rightarrow F_z = \frac{F \cdot \sin\beta}{\sin\alpha}$$

$$F_z = \frac{800\text{ N} \cdot \sin 38°}{\sin 40°} = \mathbf{766{,}24\ N}$$

$$\frac{F}{\sin\alpha} = \frac{F_d}{\sin\gamma} \Rightarrow F_d = \frac{F \cdot \sin\gamma}{\sin\alpha}$$

$$F_d = \frac{800\text{ N} \cdot \sin 102°}{\sin 40°} = \mathbf{1217{,}38\ N}$$

Die Berechnung eines Winkels in Grad (°) oder als Bogenmaß (rad) erfolgt mit einer Arcus-Funktion, z. B. arccos.

Sinussatz

$$a : b : c = \sin\alpha : \sin\beta : \sin\gamma$$

$$\frac{a}{\sin\alpha} = \frac{b}{\sin\beta} = \frac{c}{\sin\gamma}$$

Vielfältige Umstellungen sind möglich:

$$a = \frac{b \cdot \sin\alpha}{\sin\beta} = \frac{c \cdot \sin\alpha}{\sin\gamma}$$

$$b = \frac{a \cdot \sin\beta}{\sin\alpha} = \frac{c \cdot \sin\beta}{\sin\gamma}$$

$$c = \frac{a \cdot \sin\gamma}{\sin\alpha} = \frac{b \cdot \sin\gamma}{\sin\beta}$$

Kosinussatz

$$a^2 = b^2 + c^2 - 2 \cdot b \cdot c \cdot \cos\alpha$$

$$b^2 = a^2 + c^2 - 2 \cdot a \cdot c \cdot \cos\beta$$

$$c^2 = a^2 + b^2 - 2 \cdot a \cdot b \cdot \cos\gamma$$

Umstellung ebenfalls möglich, z. B.

$$\cos\alpha = \frac{b^2 + c^2 - a^2}{2 \cdot b \cdot c}$$

G

Teilung von Längen, Bogenlänge, zusammengesetzte Länge

Teilung von Längen

Randabstand = Teilung

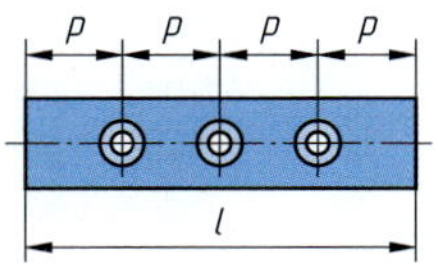

l Gesamtlänge
n Anzahl der Bohrungen
p Teilung

Teilung

$$p = \frac{l}{n+1}$$

Randabstand ≠ Teilung

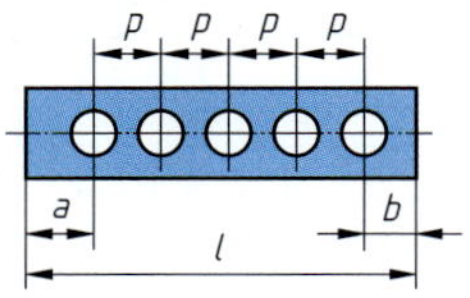

l Gesamtlänge
n Anzahl der Bohrungen
p Teilung
a, b Randabstände

Teilung

$$p = \frac{l-(a+b)}{n-1}$$

Trennung von Teilstücken

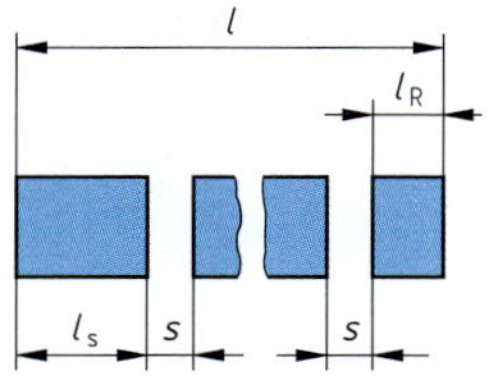

l Stablänge
s Sägeschnittbreite
z Anzahl der Teile
l_R Restlänge
l_s Teillänge

Anzahl der Teile

$$z = \frac{l}{l_s + s}$$

Restlänge

$$l_R = l - z \cdot (l_s + s)$$

Bogenlänge

Beispiel: Schenkelfeder

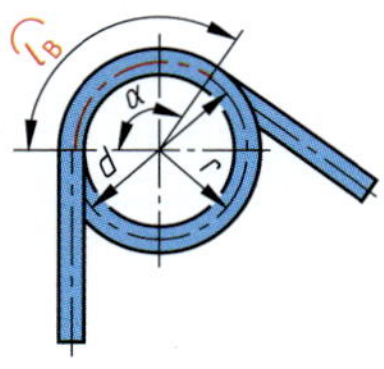

l_B Bogenlänge
α Mittelpunktswinkel
r Radius
d Durchmesser

Bogenlänge

$$l_B = \frac{\pi \cdot r \cdot \alpha}{180°}$$

$$l_B = \frac{\pi \cdot d \cdot \alpha}{360°}$$

Zusammengesetzte Länge

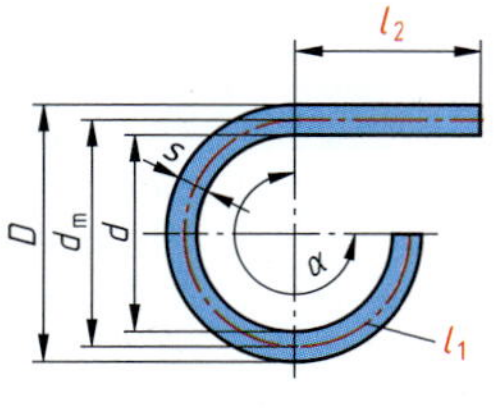

D Außendurchmesser
d Innendurchmesser
d_m mittlerer Durchmesser
s Dicke
l_1, l_2 Teillängen
L zusammengesetzte Länge
a Mittelpunktswinkel

Zusammengesetzte Länge

$$L = l_1 + l_2 + \ldots$$

G

Gestreckte Länge, Federdrahtlänge, Rohlänge

Gestreckte Längen

Kreisringausschnitt mit Angabe des Radius

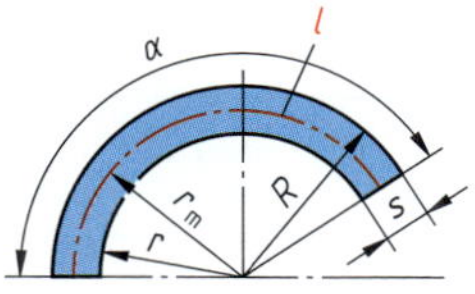

Kreisringausschnitt mit Angabe des Durchmessers

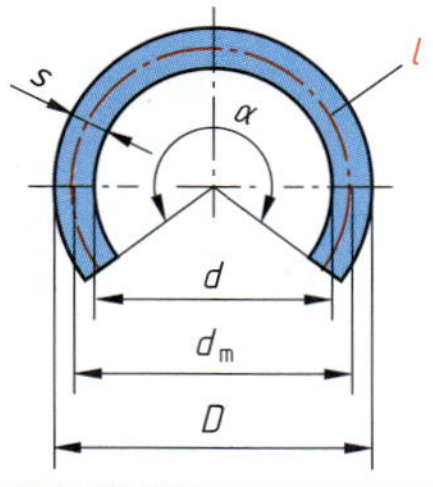

R Außenradius
r Innenradius
r_m mittlerer Radius
l gestreckte Länge
s Dicke
D Außendurchmesser
d Innendurchmesser
d_m mittlerer Durchmesser
α Mittelpunktswinkel

Gestreckte Länge

$$l = \frac{\pi \cdot r_m \cdot \alpha}{180°}$$

$$l = \frac{\pi \cdot d_m \cdot \alpha}{360°}$$

Mittlerer Radius r_m

$$r_m = R - \frac{s}{2}$$

$$r_m = r + \frac{s}{2}$$

Mittlerer Durchmesser d_m

$$d_m = D - s$$

$$d_m = d + s$$

Federdrahtlänge

Beispiel: Druckfeder

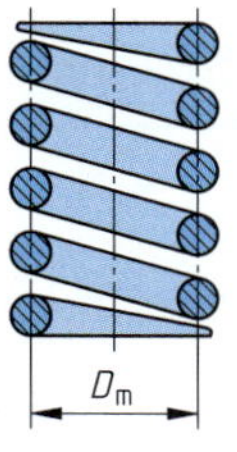

l gestreckte Länge der Schraubenlinie
D_m mittlerer Windungsdurchmesser
i Anzahl der federnden Windungen

Gestreckte Länge der Schraubenlinie

$$l = \pi \cdot D_m \cdot i + 2 \cdot \pi \cdot D_m$$

$$l = \pi \cdot D_m \cdot (i + 2)$$

Rohlänge von Schmiedeteilen und Pressstücken

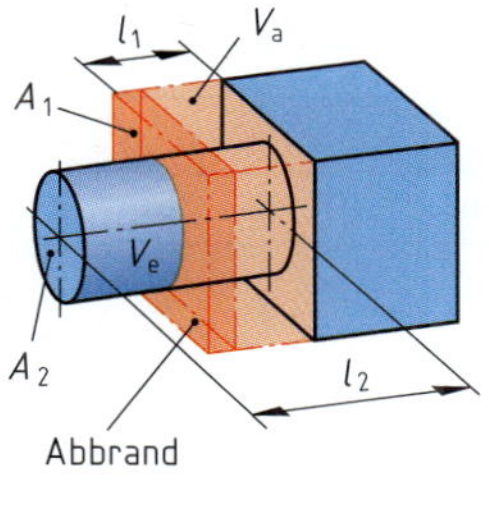

Beim Umformen ohne Abbrand ist das Volumen des Rohteiles gleich dem Volumen des Fertigteiles. Tritt Abbrand oder Gratbildung auf, wird dies durch einen Zuschlag zum Volumen des Fertigteiles berücksichtigt.

V_a Volumen des Rohteiles
V_e Volumen des Fertigteiles
q Zuschlagsfaktor für Abbrand oder Gratverluste
A_1 Querschnittsfläche des Rohteiles
A_2 Querschnittsfläche des Fertigteiles
l_1 Ausgangslänge der Zugabe
l_2 Länge des angeschmiedeten Teiles

Volumen ohne Abbrand

$$V_a = V_e$$

Volumen mit Abbrand

$$V_a = V_e + q \cdot V_e$$

$$V_a = V_e \cdot (1 + q)$$

$$A_1 \cdot l_1 = A_2 \cdot l_2 \cdot (1 + q)$$

G

Eckige Flächen

Quadrat

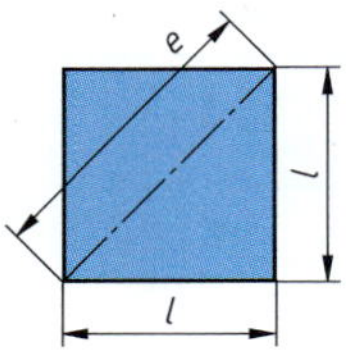

A Fläche
e Eckenmaß (Diagonallänge)
l Seitenlänge

Fläche

$$A = l^2$$

Eckenmaß

$$e = \sqrt{2} \cdot l$$

Rhombus (Raute)

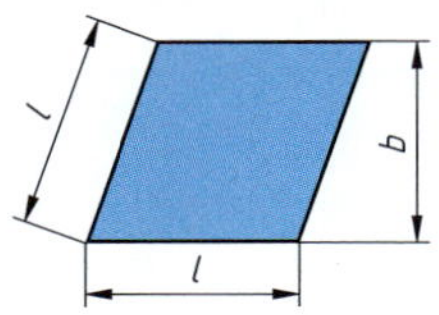

A Fläche
b Breite
l Seitenlänge

Fläche

$$A = l \cdot b$$

Rechteck

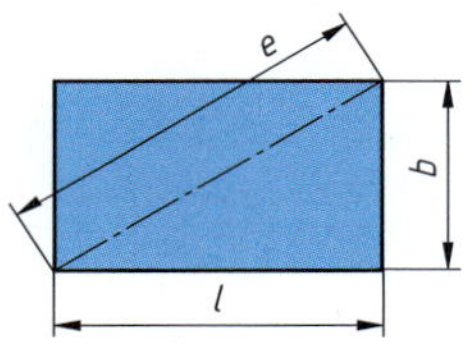

A Fläche
b Breite
l Länge
e Eckenmaß (Diagonallänge)

Fläche

$$A = l \cdot b$$

Eckenmaß

$$e = \sqrt{l^2 + b^2}$$

Rhomboid (Parallelogramm)

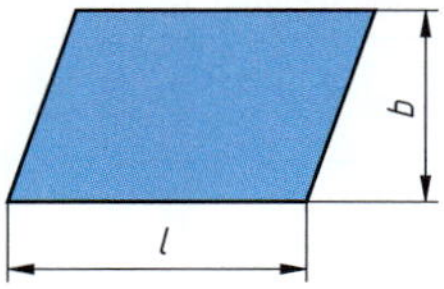

A Fläche
b Breite
l Länge

Fläche

$$A = l \cdot b$$

Trapez

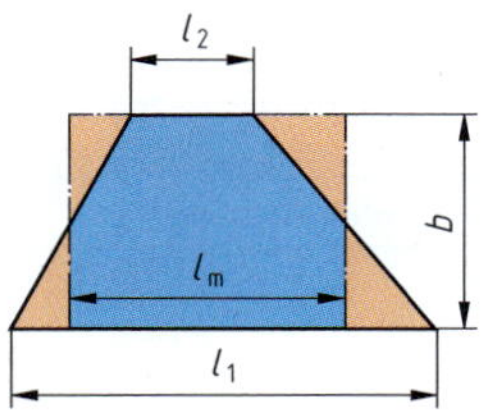

A Fläche
b Breite
l_m mittlere Länge
l_1 große Länge
l_2 kleine Länge

Fläche

$$A = l_m \cdot b$$

Mittlere Länge

$$l_m = \frac{l_1 + l_2}{2}$$

Dreieck

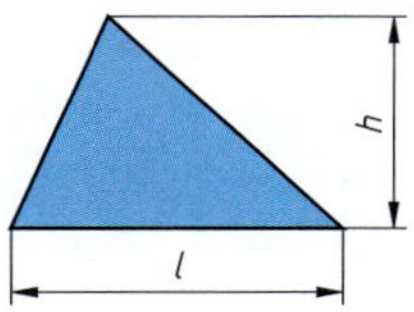

A Fläche
h Höhe
l Seitenlänge (Grundseite)

Fläche

$$A = \frac{l \cdot h}{2}$$

Dreieck, Vieleck, Kreis

Gleichseitiges Dreieck

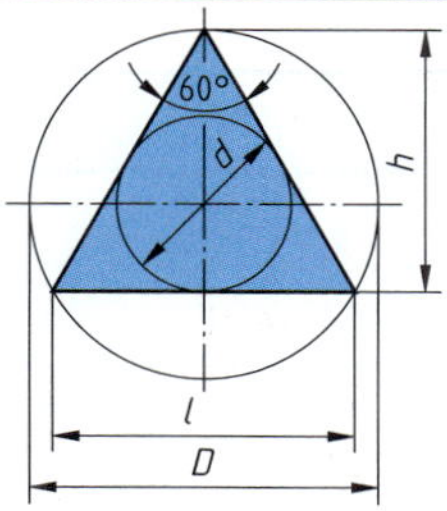

A Fläche
d Inkreisdurchmesser
l Seitenlänge
h Höhe
D Umkreisdurchmesser

Umkreisdurchmesser

$$D = \frac{2}{3} \cdot \sqrt{3} \cdot l = 2 \cdot d$$

Fläche

$$A = \frac{1}{4} \cdot \sqrt{3} \cdot l^2$$

Inkreisdurchmesser

$$d = \frac{1}{3} \cdot \sqrt{3} \cdot l = \frac{D}{2}$$

Dreieckshöhe

$$h = \frac{1}{2} \cdot \sqrt{3} \cdot l$$

Regelmäßige Vielecke

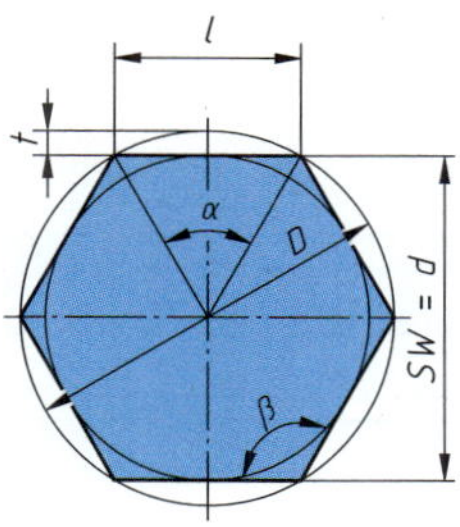

A Fläche
l Seitenlänge
D Umkreis-durchmesser
d Inkreisdurchmesser
n Eckenzahl
α Mittelpunktswinkel
β Eckenwinkel
SW Schlüsselweite
t Frästiefe

Inkreisdurchmesser

$$d = \sqrt{D^2 - l^2}$$

Fläche

$$A = \frac{n \cdot l \cdot d}{4}$$

Umkreisdurchmesser

$$D = \sqrt{d^2 + l^2}$$

Seitenlänge

$$l = D \cdot \sin\left(\frac{180°}{n}\right)$$

Eckenwinkel

$$\beta = 180° - \alpha$$

Mittelpunktswinkel

$$\alpha = \frac{360°}{n}$$

Schlüsselweite *SW*, Wellendurchmesser *D*, Fläche *A* und Frästiefe *t*

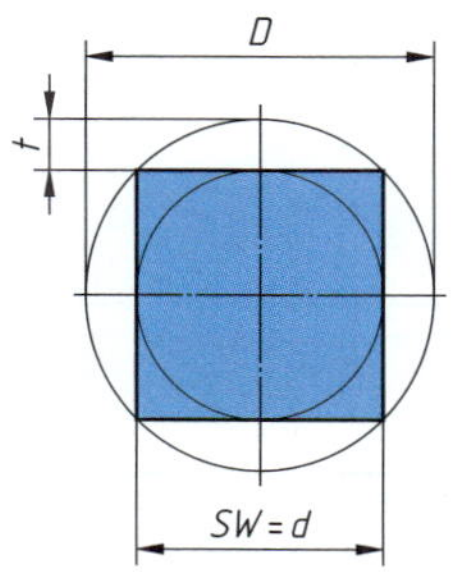

Vierkant	Sechskant	Achtkant	Zwölfkant
$D = \frac{SW}{\cos 45°}$	$D = \frac{SW}{\cos 30°}$	$D = \frac{SW}{\cos 22{,}5°}$	$D = \frac{SW}{\cos 15°}$
$A = SW^2$	$A \approx 0{,}867 \cdot SW^2$	$A \approx 0{,}828 \cdot SW^2$	$A \approx 0{,}804 \cdot SW^2$

Frästiefe

$$t = \frac{D - SW}{2}$$

Kreis

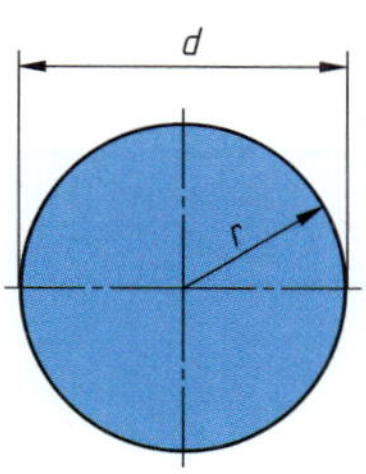

A Fläche
U Umfang
d Durchmesser
r Radius

Fläche

$$A = \pi \cdot r^2$$

$$A = \frac{\pi \cdot d^2}{4}$$

Umfang

$$U = 2 \cdot \pi \cdot r$$

$$U = \pi \cdot d$$

G

Kreisausschnitt, Kreisabschnitt, Kreisring, Ellipse

Kreisausschnitt

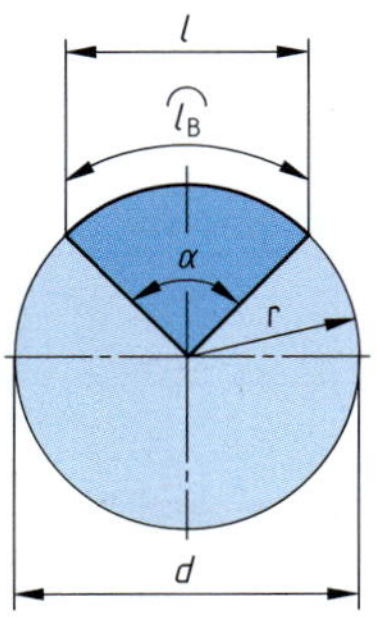

A Fläche
d Durchmesser
l Sehnenlänge
l_B Bogenlänge
r Radius
α Mittelpunktswinkel

Fläche

$$A = \frac{\pi \cdot d^2}{4} \cdot \frac{\alpha}{360°}$$

$$A = \frac{l_B \cdot r}{2}$$

Sehnenlänge

$$l = 2 \cdot r \cdot \sin \frac{\alpha}{2}$$

Bogenlänge

$$l_B = \frac{\pi \cdot r \cdot \alpha}{180°}$$

Kreisabschnitt

Kreisabschnitt mit $\alpha \leq 180°$

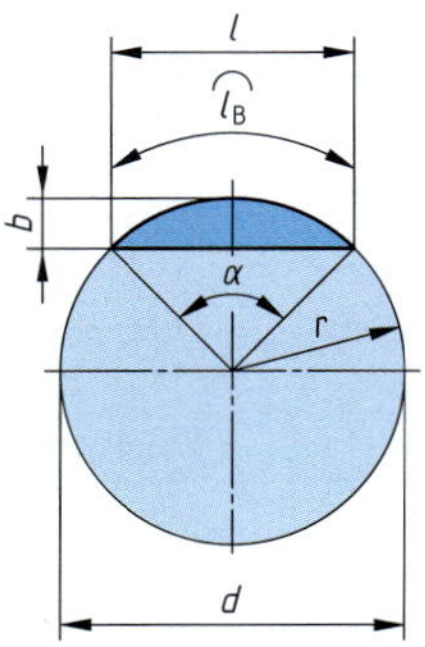

A Fläche
b Breite
d Durchmesser
r Radius
l Sehnenlänge
l_B Bogenlänge
α Mittelpunktswinkel

Radius

$$r = \frac{b}{2} + \frac{l^2}{8 \cdot b}$$

Bogenlänge

$$l_B = \frac{\pi \cdot r \cdot \alpha}{180°}$$

Fläche

$$A = \frac{\pi \cdot d^2}{4} \cdot \frac{\alpha}{360°} - \frac{l \cdot (r - b)}{2}$$

$$A = \frac{l_B \cdot r - l \cdot (r - b)}{2}$$

Sehnenlänge

$$l = 2 \cdot r \cdot \sin \frac{\alpha}{2}$$

$$l = 2 \cdot \sqrt{b \cdot (2 \cdot r - b)}$$

Breite

$$b = \frac{l}{2} \cdot \tan \frac{\alpha}{4}$$

$$b = r - \sqrt{r^2 - \frac{l^2}{4}}$$

Kreisring

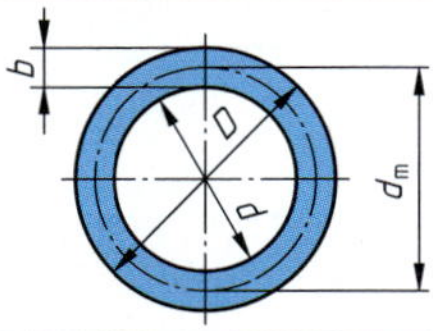

A Fläche
b Breite
d Innendurchmesser
d_m mittlerer Durchmesser
D Außendurchmesser

Fläche

$$A = \pi \cdot d_m \cdot b$$

$$A = \frac{\pi}{4} \cdot (D^2 - d^2)$$

Ellipse

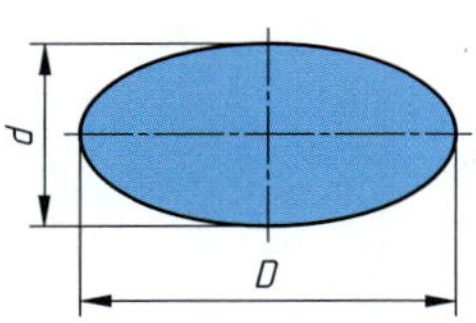

A Fläche
d Breite
D Länge
U Umfang

Fläche

$$A = \frac{\pi \cdot D \cdot d}{4}$$

Umfang

$$U \approx \pi \cdot \frac{D + d}{2}$$

Würfel, Vierkantprisma, Zylinder, Hohlzylinder, Pyramide

Würfel

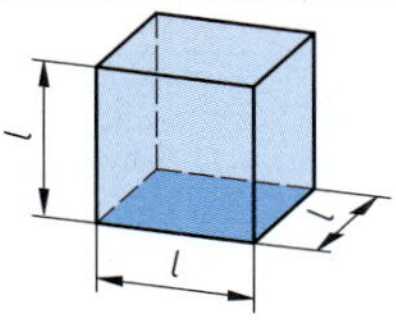

V Volumen
l Seitenlänge
A_O Oberfläche

Volumen

$$V = l^3$$

Oberfläche

$$A_O = 6 \cdot l^2$$

Vierkantprisma

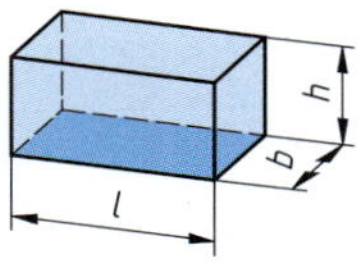

V Volumen
A_O Oberfläche
b Breite
h Höhe
l Seitenlänge

Volumen

$$V = l \cdot b \cdot h$$

Oberfläche

$$A_O = 2 \cdot (l \cdot b + l \cdot h + b \cdot h)$$

Zylinder

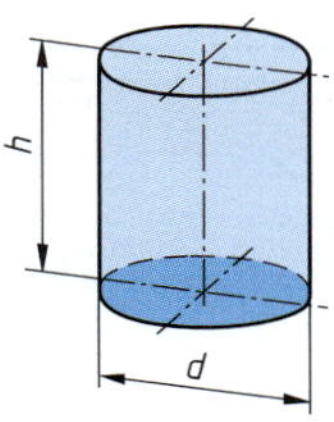

V Volumen
A_O Oberfläche
A_M Mantelfläche
d Durchmesser
h Höhe

Volumen

$$V = \frac{\pi \cdot d^2}{4} \cdot h$$

Oberfläche

$$A_O = \pi \cdot d \cdot h + 2 \cdot \frac{\pi \cdot d^2}{4}$$

Mantelfläche

$$A_M = \pi \cdot d \cdot h$$

Hohlzylinder

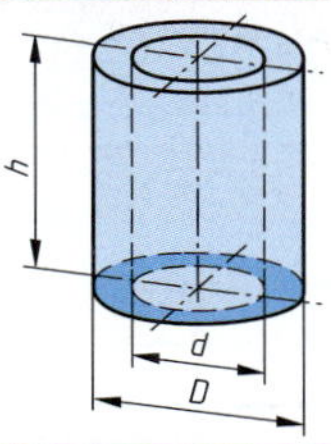

V Volumen
D, d Durchmesser
A_O Oberfläche
h Höhe

Volumen

$$V = \frac{\pi \cdot h}{4} \cdot (D^2 - d^2)$$

Oberfläche

$$A_O = \pi \cdot (D + d) \cdot \left[\frac{1}{2} \cdot (D - d) + h\right]$$

Pyramide

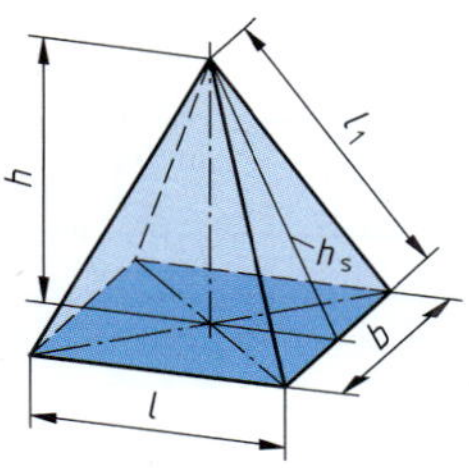

V Volumen
l Länge
l_1 Kantenlänge
h Höhe
h_s Mantelhöhe
b Breite

Volumen

$$V = \frac{l \cdot b \cdot h}{3}$$

Kantenlänge

$$l_1 = \sqrt{{h_s}^2 + \frac{b^2}{4}}$$

Mantelhöhe

$$h_s = \sqrt{h^2 + \frac{l^2}{4}}$$

G

Pyramidenstumpf, Kegel, Kegelstumpf, Kugel, Kugelabschnitt

Pyramidenstumpf

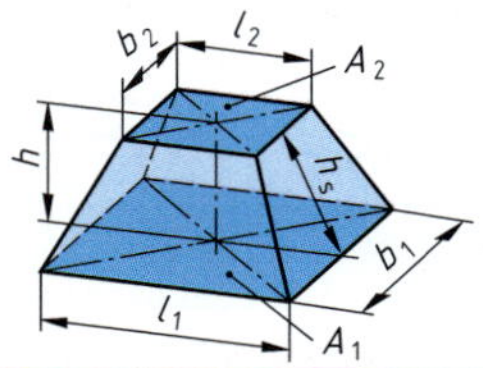

V	Volumen
l_1, l_2	Seitenlängen
b_1, b_2	Breiten
A_1	Grundfläche
A_2	Deckfläche
h	Höhe
h_s	Mantelhöhe

Volumen

$$V = \frac{h}{3} \cdot (A_1 + A_2 + \sqrt{A_1 \cdot A_2})$$

Mantelhöhe

$$h_s = \sqrt{h^2 + \left(\frac{l_1 - l_2}{2}\right)^2}$$

Kegel

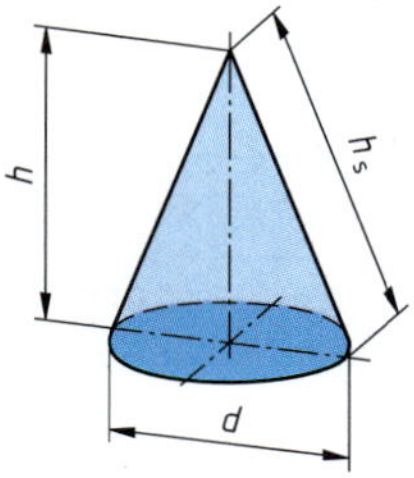

V	Volumen
A_M	Mantelfläche
d	Durchmesser
h	Höhe
h_s	Mantelhöhe

Volumen

$$V = \frac{\pi \cdot d^2}{4} \cdot \frac{h}{3}$$

Mantelfläche

$$A_M = \frac{\pi \cdot d \cdot h_s}{2}$$

Mantelhöhe

$$h_s = \sqrt{\frac{d^2}{4} + h^2}$$

Kegelstumpf

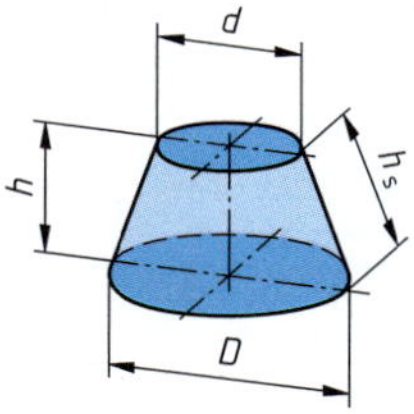

V	Volumen
A_M	Mantelfläche
d	kleiner Durchmesser
D	großer Durchmesser
h	Höhe
h_s	Mantelhöhe

Volumen

$$V = \frac{\pi \cdot h}{12} \cdot (D^2 + d^2 + D \cdot d)$$

Mantelfläche

$$A_M = \frac{\pi \cdot h_s}{2} \cdot (D + d)$$

Mantelhöhe

$$h_s = \sqrt{h^2 + \left(\frac{D - d}{2}\right)^2}$$

Kugel

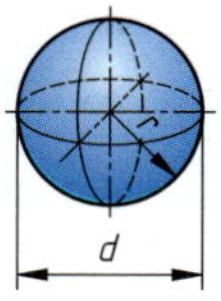

V	Volumen
A_O	Oberfläche
d	Kugeldurchmesser

Volumen

$$V = \frac{\pi \cdot d^3}{6}$$

Oberfläche

$$A_O = \pi \cdot d^2$$

Kugelabschnitt

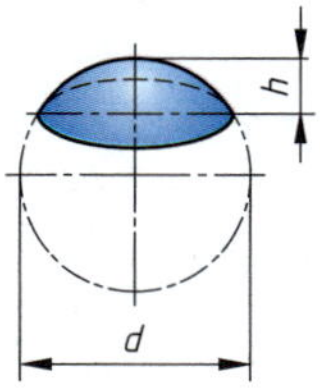

V	Volumen
d	Kugeldurchmesser
h	Höhe
A_M	Mantelfläche
A_O	Oberfläche

Volumen

$$V = \pi \cdot h^2 \cdot \left(\frac{d}{2} - \frac{h}{3}\right)$$

Oberfläche

$$A_O = \pi \cdot h \cdot (2 \cdot d - h)$$

Mantelfläche

$$A_M = \pi \cdot d \cdot h$$

Volumen zusammengesetzter Körper, Berechnung der Masse

Volumen zusammengesetzter Körper

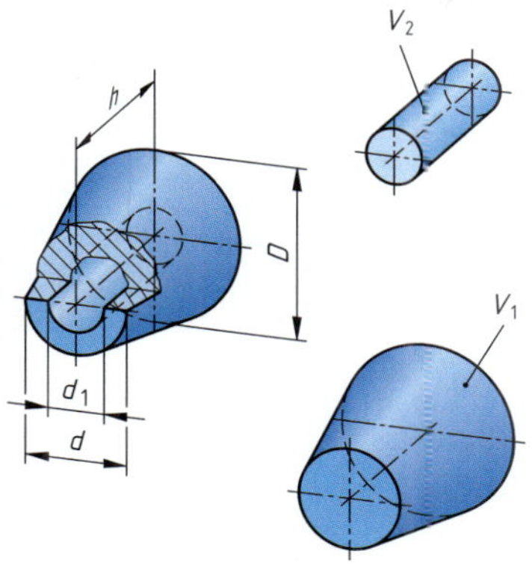

V Gesamtvolumen

V_1, V_2 Teilvolumen

Gesamtvolumen

$$V = V_1 + V_2 + \ldots - V_5 - V_6$$

Beispiel:

Kegelhülse; $D = 42$ mm; $d = 26$ mm; $d_1 = 16$ mm; $h = 45$ mm; $V = ?$

$$V_1 = \frac{\pi \cdot h}{12} \cdot (D^2 + d^2 + D \cdot d)$$

$$= \frac{\pi \cdot 45\ \text{mm}}{12} \cdot (42^2 + 26^2 + 42 \cdot 26)\ \text{mm}^2$$

$$= 41610\ \text{mm}^3$$

$$V_2 = \frac{\pi \cdot d_1^2}{4} \cdot h = \frac{\pi \cdot 16^2\ \text{mm}^2}{4} \cdot 45\ \text{mm} = 9048\ \text{mm}^3$$

$$\boldsymbol{V} = V_1 - V_2 = 41610\ \text{mm}^3 - 9048\ \text{mm}^3 = \mathbf{32562\ mm^3}$$

Berechnung der Masse

Masse, allgemein

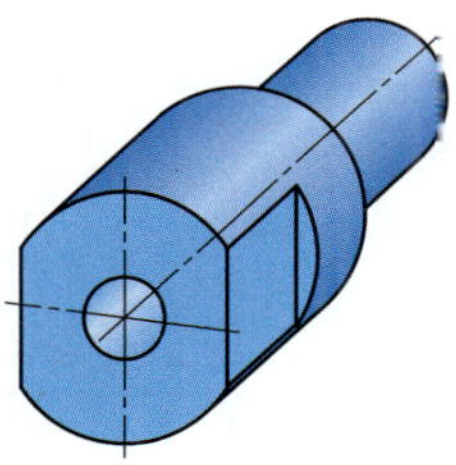

m Masse

ϱ Dichte

V Volumen

Masse

$$m = V \cdot \varrho$$

Beispiel:

Werkstück aus Aluminium; $V = 6{,}4\ \text{dm}^3$; $\varrho = 2{,}7\ \text{kg/dm}^3$; $m = ?$

$$\boldsymbol{m} = V \cdot \varrho = 6{,}4\ \text{dm}^3 \cdot 2{,}7\,\frac{\text{kg}}{\text{dm}^3}$$

$$= \mathbf{17{,}28\ kg}$$

Werte für Dichte von festen Stoffen, Flüssigkeiten und Gasen: Seiten 150 und 151

Längenbezogene Masse

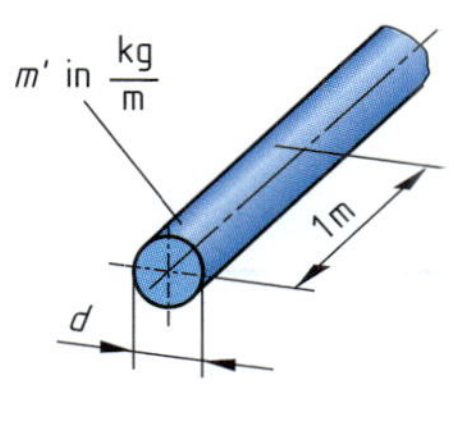

m Masse

m' längenbezogene Masse

l Länge

Längenbezogene Masse

$$m = m' \cdot l$$

Beispiel:

Rundstahl mit $d = 15$ mm; $m' = 1{,}39$ kg/m; $l = 3{,}86$ m; $m = ?$

$$\boldsymbol{m} = m' \cdot l = 1{,}39\,\frac{\text{kg}}{\text{m}} \cdot 3{,}86\ \text{m}$$

$$= \mathbf{5{,}37\ kg}$$

Anwendung: Berechnung der Masse von Profilen, Rohren, Drähten … mit Hilfe von Tabellenwerten (m' auf Seiten 334, 338 … 343)

Flächenbezogene Masse

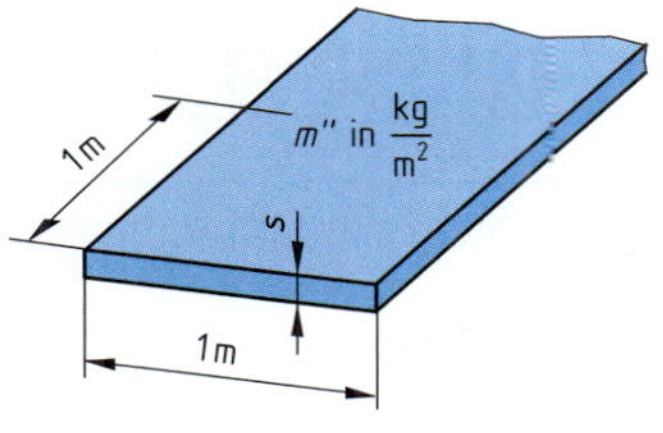

m Masse

m'' flächenbezogene Masse

A Fläche

Flächenbezogene Masse

$$m = m'' \cdot A$$

Flächenbezogene Masse für Stahlbleche

s mm	m'' kg/m²	s mm	m'' kg/m²	s mm	m'' kg/m²	s mm	m'' kg/m²
0,50	3,93	1,5	11,8	3,0	23,6	5,0	39,3
0,70	5,50	2,0	15,7	3,5	27,5	6,0	47,1
1,0	7,85	2,5	19,6	4,0	31,4	8,0	62,8

G

Linien- und Flächenschwerpunkte

Linienschwerpunkte

l, l_1, l_2 Länge der Linien

S, S_1, S_2 Schwerpunkte der Linien

x_s, x_1, x_2 waagerechte Abstände der Linienschwerpunkte von der y-Achse

y_s, y_1, y_2 senkrechte Abstände der Linienschwerpunkte von der x-Achse

Strecke

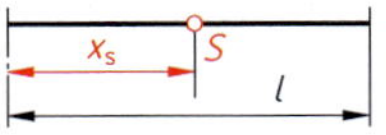

$$x_s = \frac{l}{2}$$

Kreisbogen

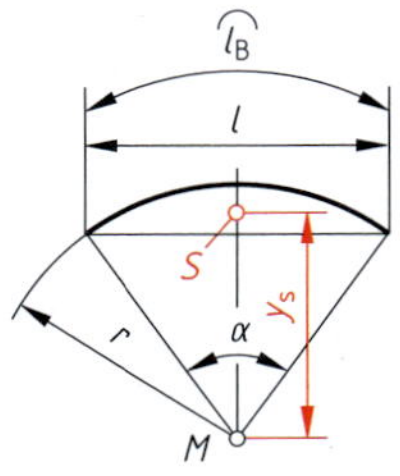

Berechnung von l und l_B:
Seite 24

allgemein

$$y_s = \frac{r \cdot l}{l_B}$$

$$y_s = \frac{l \cdot 180°}{\pi \cdot \alpha}$$

Halbkreisbogen

$$y_s \approx 0{,}6366 \cdot r$$

Viertelkreisbogen

$$y_s \approx 0{,}9003 \cdot r$$

zusammengesetzter Linienzug

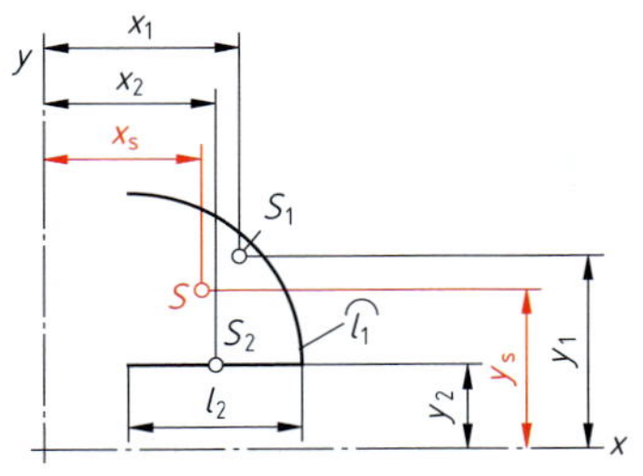

$$x_s = \frac{l_1 \cdot x_1 + l_2 \cdot x_2 + \ldots}{l_1 + l_2 + \ldots}$$

$$y_s = \frac{l_1 \cdot y_1 + l_2 \cdot y_2 + \ldots}{l_1 + l_2 + \ldots}$$

Flächenschwerpunkte

A, A_1, A_2 Flächen

S, S_1, S_2 Schwerpunkte der Flächen

x_s, x_1, x_2 waagerechte Abstände der Flächenschwerpunkte von der y-Achse

y_s, y_1, y_2 senkrechte Abstände der Flächenschwerpunkte von der x-Achse

Rechteck

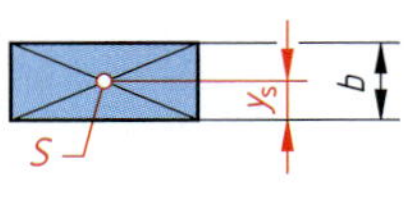

$$y_s = \frac{b}{2}$$

Dreieck

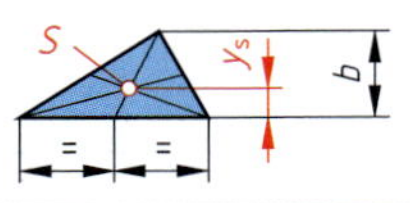

$$y_s = \frac{b}{3}$$

Kreisausschnitt

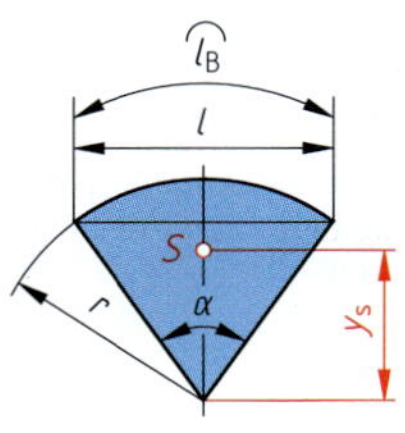

allgemein

$$y_s = \frac{2 \cdot r \cdot l}{3 \cdot l_B}$$

Halbkreisfläche

$$y_s \approx 0{,}4244 \cdot r$$

Viertelkreisfläche

$$y_s \approx 0{,}6002 \cdot r$$

zusammengesetzte Flächen

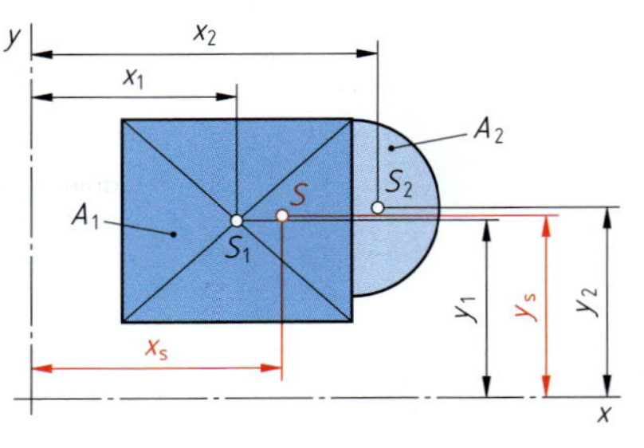

$$x_s = \frac{A_1 \cdot x_1 + A_2 \cdot x_2 + \ldots}{A_1 + A_2 + \ldots}$$

$$y_s = \frac{A_1 \cdot y_1 + A_2 \cdot y_2 + \ldots}{A_1 + A_2 + \ldots}$$

Kreisabschnitt

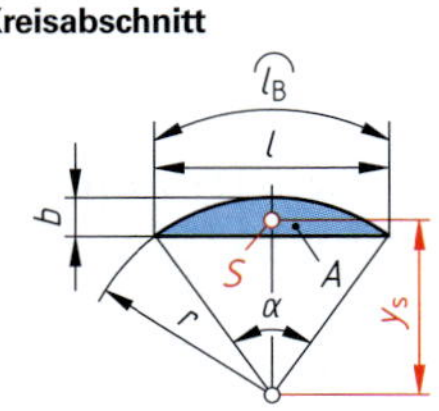

$$y_s = \frac{l^3}{12 \cdot A}$$

Berechnung von A:
Seite 24

G

Masse, Dichte, Wichte, Kraft

Masse

Die Masse m eines Körpers beschreibt die Eigenschaft, die sich sowohl in Trägheitswirkungen als auch in der Anziehung auf andere Körper äußert. Sie ist ortsunabhängig. Die Masse kann aus dem Volumen V und der Dichte ϱ berechnet werden.

Einheiten: Kilogramm kg, Gramm g, Tonne t

Masse

$$m = V \cdot \varrho$$

Dichte

Werte s. Seiten 151 und 152

Die Dichte ϱ eines Stoffes ist der Quotient aus Masse m und Volumen V. Wegen der Wärmeausdehnung ist die Dichte temperaturabhängig. Bei porigen Stoffen und Haufwerken sind unterschiedliche Volumina zu beachten.

Einheiten: 1000 kg/m³ = 1 kg/dm³ = 1 g/cm³

Dichte

$$\varrho = \frac{m}{V}$$

ϱ	Dichte, Reindichte	für feste porenfreie Stoffe, Flüssigkeiten, Gase; z. B. Metalle, Wasser, Luft
ϱ_m	Rohdichte	für porige Stoffe; Volumen ohne von außen zugängliche Hohlräume
ϱ_R	Raumdichte	für porige Stoffe; Volumen einschließlich aller Hohlräume
ϱ_S	Schüttdichte	für lose aufgeschüttete Korngemenge; z. B. lose aufgeschütteter Sand

Wichte (spezifisches Gewicht)

Die Wichte γ eines Körpers ist das Verhältnis der Gewichtskraft (Seite 31) zu seinem Volumen. Die Wichte wird auch als spezifisches Gewicht benannt.

F_G Gewichtskraft
m Masse
V Volumen
g Erdbeschleunigung

Wichte

$$\gamma = \frac{F_G}{V} = \frac{m \cdot g}{V}$$

Kraft

Die Kraft F (englisch: force) ist eine nicht sichtbare physikalische Größe.
Kräfte verursachen Wirkungen, und zwar Beschleunigungen und Formänderungen.
Die Beschleunigung a (englisch: acceleration), die ein Körper erfährt, ist der einwirkenden Kraft F proportional und erfolgt in der Kraftrichtung.

Newton'sches Gesetz

$$F = m \cdot a$$

Darstellung und Zusammensetzung von Kräften

Für die folgenden Beispiele gewählt: $\boldsymbol{M_k = 10}$ **N/mm**

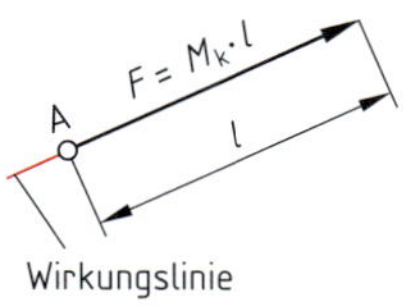

Kräfte sind die Ursache für die Bewegungsänderung oder Verformung eines Körpers.

F_1, F_2, F_i Teilkräfte
F_r resultierende Kraft
l Pfeillänge
M_k Kräftemaßstab

Darstellung von Kräften (Vektoren) durch Pfeile

Die **Größe** der Kraft F entspricht der Pfeillänge l.
Die **Lage** der Kraft wird durch den Anfangspunkt und die Wirkungslinie dargestellt.
Die **Richtung** der Kraft zeigt die Pfeilspitze.

Pfeillänge

$$l = \frac{F}{M_k}$$

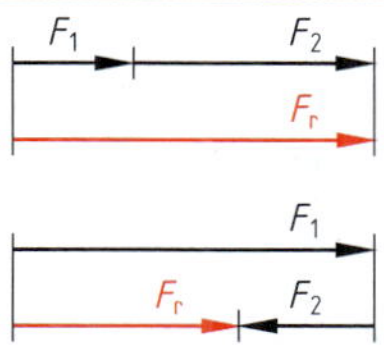

Addieren und Subtrahieren von Kräften auf gleicher Wirkungslinie

Kräfte auf gleicher Wirkungslinie lassen sich algebraisch addieren und subtrahieren.

resultierende Kraft
(Ersatzkraft mit gleicher Wirkung wie die Teilkräfte zusammen)

$$F_r = \Sigma F_i$$

Kraft und Kraftkomponenten im x-y-Koordinatensystem

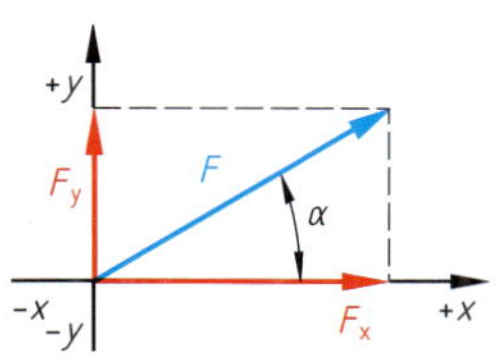

F Kraft
F_x x-Komponente der Kraft
F_y y-Komponente der Kraft
α spitzer Winkel zur x-Achse

***X*-, *Y*-Komponente**

$$F_x = F \cdot \cos \alpha$$

$$F_y = F \cdot \sin \alpha$$

Betrag der Kraft

$$F = \sqrt{F_x{}^2 + F_y{}^2}$$

G

Überlagerung (Superposition) von zwei oder mehreren Kräften

Kräftezug

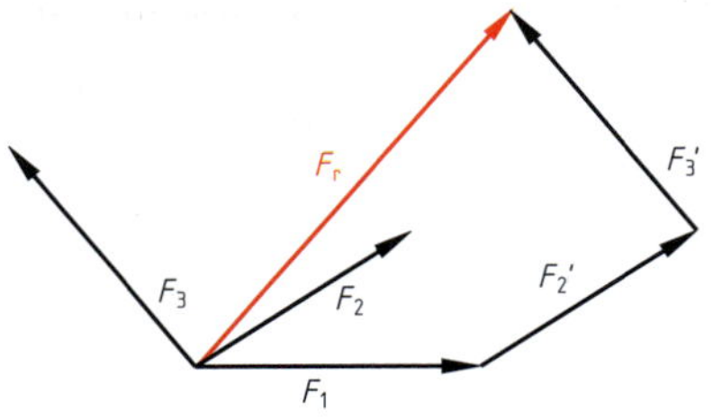

Zur **grafischen Bestimmung** der resultierenden Kraft F_r werden die Teilkräfte F_1 bis F_n durch Parallelverschiebung aneinandergereiht.

Die grafische Ermittlung darf nur angewendet werden, wenn die Teilkräfte auf einer Wirkungslinie angreifen. Die **Richtung und die Größe** der Teilkräfte dürfen nicht verändert werden. Die Reihenfolge der Aneinanderreihung beeinflusst die Größe und Richtung der Resultierenden nicht.

F_1, F_2, F_3 Teilkräfte

F_1', F_2' parallel verschobene Teilkräfte

F_r resultierende Kraft

Rechtwinklige Überlagerung von zwei Kräften; Kräfteparallelogramm

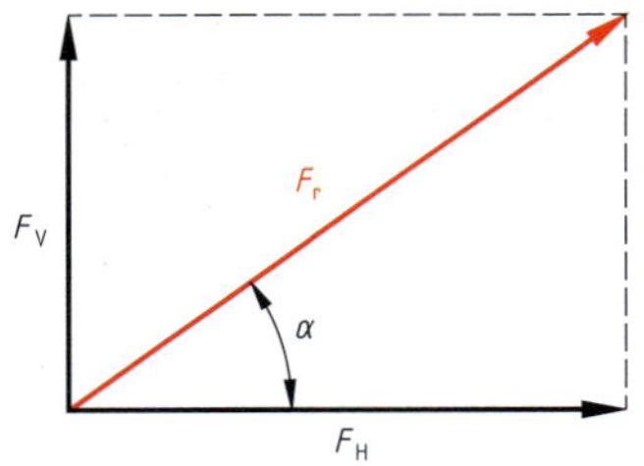

Mithilfe des **Satzes des Pythagoras** wird die Größe der resultierenden Kraft bei rechtwinkliger Überlagerung berechnet.

Eine **rechtwinklige Überlagerung** liegt vor, wenn die Teilkräfte F_H und F_V senkrecht zueinander stehen.

$$F_r = \sqrt{F_H^2 + F_V^2}$$

$$\tan \alpha = \frac{F_V}{F_H} \Rightarrow \alpha = \tan^{-1}\left(\frac{F_V}{F_H}\right)$$

$$\sin \alpha = \frac{F_V}{F_r} \Rightarrow F_V = F_r \cdot \sin \alpha$$

$$\cos \alpha = \frac{F_H}{F_r} \Rightarrow F_H = F_r \cdot \cos \alpha$$

F_r resultierende Kraft

F_H horizontale Teilkraft

F_V vertikale Teilkraft

Nichtrechtwinklige Überlagerung von zwei Kräften

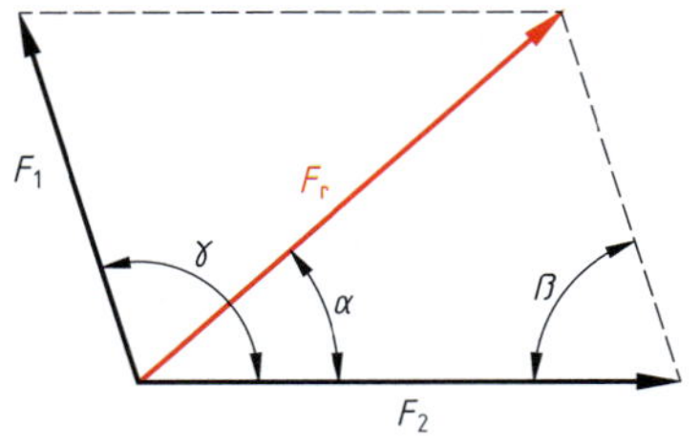

Mit Hilfe des **Kosinussatzes** wird die Größe der resultierenden Kraft bei **nichtrechtwinkliger Überlagerung** berechnet. Eine nichtrechtwinklige Überlagerung liegt vor, wenn der Winkel γ kleiner oder größer 90° ist.

$$F_r = \sqrt{F_1^2 + F_2^2 - 2 \cdot F_1 \cdot F_2 \cdot \cos \beta}$$

$$F_r = \sqrt{F_1^2 + F_2^2 + 2 \cdot F_1 \cdot F_2 \cdot \cos \gamma}$$

$$\beta = 180° - \gamma$$

F_1, F_2 Teilkräfte

F_r resultierende Kraft

Gewichtskraft, Gleichgewichtsbedingungen an der Rolle

Gewichtskraft

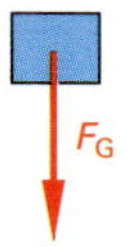

Ort	Schwere-beschleunigung
Mitteleuropa	g_{ME} = 9,81 m/s²
Erdpole	g_{EP} = 9,83 m/s²
Mond	g_{Mond} = 1,620 m/s²
Merkur	g_{Merkur} = 3,7 m/s²
Venus	g_{Venus} = 8,87 m/s²
Mars	g_{Mars} = 3,69 m/s²
Jupiter	$g_{Jupiter}$ = 23,12 m/s²
Saturn	g_{Saturn} = 8,96 m/s²
Uranus	g_{Uranus} = 8,69 m/s²
Neptun	g_{Neptun} = 11 m/s²
Pluto	g_{Pluto} = 0,62 m/s²
Sonne	g_{Sonne} = 274 m/s²

Die Größe der **Schwerebeschleunigung** g ist vom Ort abhängig. Für **bautechnische Berechnungen** wird **vereinfacht mit 10 m/s²** für die Schwerebeschleunigung der Erde gerechnet.

Für **maschinenbautechnische Berechnungen** wird mit **g = 9,81** m/s² gerechnet.

$$F_G = m \cdot g$$

F_G	Gewichtskraft	N
m	Masse	kg
g	Erdbeschleunigung	m/s²

Gleichgewichtsbedingungen an der Rolle

Feste Rolle

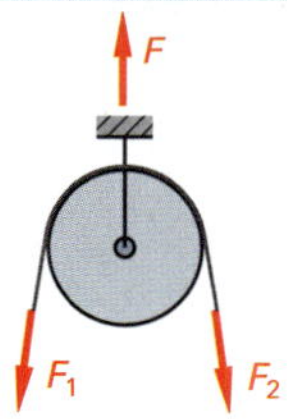

F_1, F_2
Seilkräfte

Durch eine **feste Rolle** wird die Richtung der Zugkraft F_1 zu F_2 geändert. Der Betrag der Kräfte F_1 und F_2 bleibt gleich groß. Die feste Rolle wird deshalb auch **Umlenkrolle** genannt.

$$\Sigma F = 0$$

$$F = F_1 + F_2$$

$$F_1 + F_2 - F = 0$$

$$F_1 = F_2$$

Lose Rolle

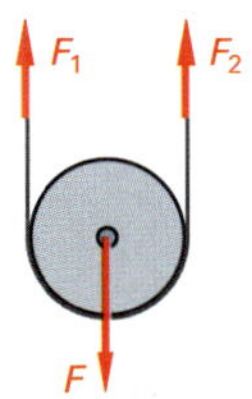

F_1, F_2
Seilkräfte

Durch eine **lose Rolle** wird der Betrag der Zugkräfte F_1 und F_2 zur Kraft F **halbiert**.

$$\Sigma F = 0$$

$$F = F_1 + F_2$$

$$-F_1 - F_2 + F = 0$$

$$F_1 = F_2$$

Kombination: Lose und feste Rolle

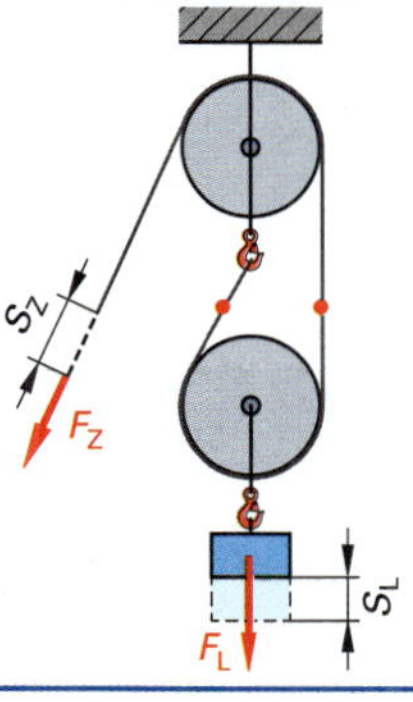

Flaschenzug mit **zwei tragenden Seilstücken**:
Der Betrag der **Zugkraft** F_z zur Gewichtskraft der Last F_2 wird halbiert. Die **Zugstecke** S_z **verdoppelt** sich zur Laststecke S_L

F_z	Zugkraft	N
F_L	Gewichtskraft der Last	N
s_z	Zugstrecke	m
s_L	Laststrecke	n
n	• Anzahl der tragenden Seilstücke	

$$F_Z = \frac{F_L}{n}$$

$$s_z = n \cdot s_L$$

$$F_Z \cdot s_z = F_L \cdot s_L$$

G

Hooke'sches Gesetz

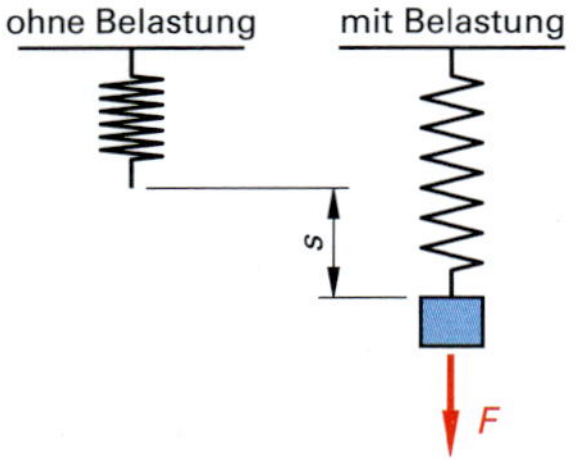

Das **Hooke'sche Gesetz** gilt nur im **elastischen Bereich**. Die Federkonstante D gibt an, welche Kraft benötigt wird, um eine bestimmte Feder um einen Meter im elastischen Bereich zu dehnen.

$$F_{Feder} = D \cdot s$$

F_{Feder}	Federkraft
D	Feder- oder Werkstoffkonstante
s	elastische Verlängerung

Elastizitätsmodul

Tabelle 1: Elastizitätsmodule für Werkstoffe

Werkstoff	Durchschnittlicher Elastizitätsmodul in N/mm^2
Al-Legierungen	70 000
Stahl	210 000
Gusseisen	120 000
Messing	100 000
Rotguss	100 000
Ti-Legierungen	120 000

Das **Elastizitätsmodul (E-Modul)** ist eine Materialkonstante. Im Gegensatz zur Federkonstante hängt das E-Modul nur vom Material und nicht von der Querschnittsfläche und der Länge des Werkstoffs ab.
Die **elastische Verlängerung** s eines Körpers ist der einwirkenden Kraft F proportional.

$$D = \frac{E \cdot A}{l} \Rightarrow E = \frac{D \cdot l}{A}$$

D	Feder- oder Werkstoffkonstante
E	E-Modul
A	Querschnittsfläche
l	Länge des Werkstoffs
s	elastische Verlängerung

$$s = \frac{F}{D}$$

$$s = \frac{F \cdot l}{A \cdot E}$$

Zwei Hooke'sche Federn parallel geschaltet

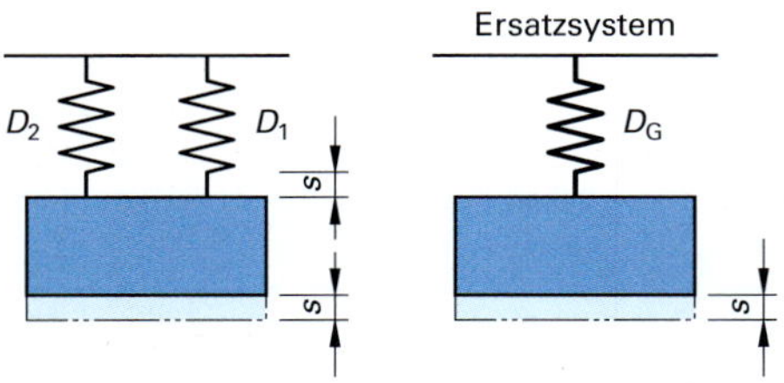

Herleitung der Gleichung:

$F_G = F_1 + F_2$ | einsetzen für $F = D \cdot s$

$D_G \cdot s = D_1 \cdot s + D_2 \cdot s$ | geteilt durch s

$$D_G = D_1 + D_2$$

F_G	gesamte Federkraft
F_1, F_2	Federkraft
D_G	gesamte Federkonstante
D_1, D_2	Federkonstante
s	elastische Verlängerung

Zwei Hooke'sche Federn in Reihe geschaltet

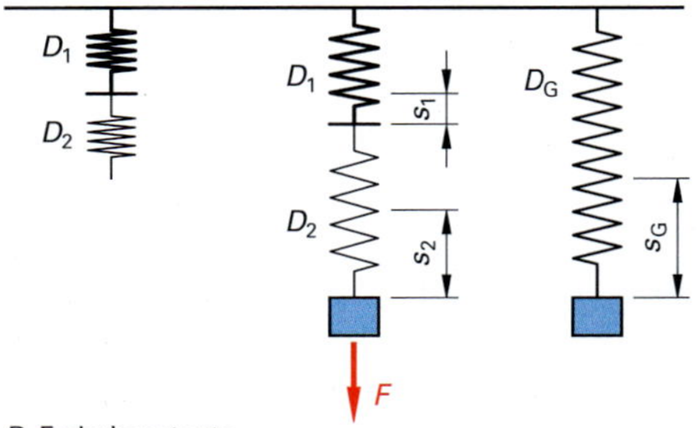

D Federkonstante

s elastische Verlängerung

Herleitung der Gleichung:

$s_G = s_1 + s_2$ | einsetzen für $s = \frac{F}{s}$

$\frac{F}{D_G} = \frac{F}{D_1} + \frac{F}{D_2}$ | geteilt durch F

$$\frac{1}{D_G} = \frac{D_1}{D_1 \cdot D_2} + \frac{D_2}{D_1 \cdot D_2}$$

$$\frac{1}{D_G} = \frac{D_1 + D_2}{D_1 \cdot D_2}$$

$$D_G = \frac{D_1 \cdot D_2}{D_1 + D_2}$$

G

Reibung

Haftreibung, Gleitreibung

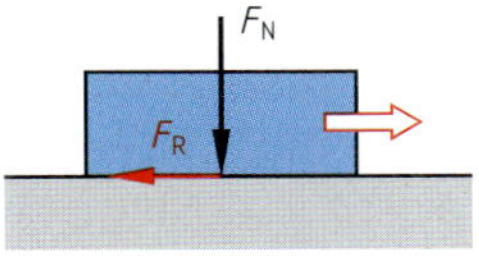

Die **Reibungskraft** F_R eines starren Körpers ist von der Oberflächenbeschaffenheit der beiden Berührungsflächen und der Masse des Körpers abhängig.

Gleitet ein Körper auf einer Auflagefläche, wirkt eine bremsende Kraft, die Gleitreibungskraft $F_{R(G)}$ auf ihn. Bevor ein ruhender Körper auf einer Auflagefläche bewegt werden kann, muss die maximale Haftreibungskraft $F_{R(H)}$ aufgebracht werden.

Reibungskraft

$$F_R = \mu \cdot F_N$$

F_R Reibungskraft
μ materialabhängiger Reibungskoeffizient

Reibungsmoment im Gleitlager

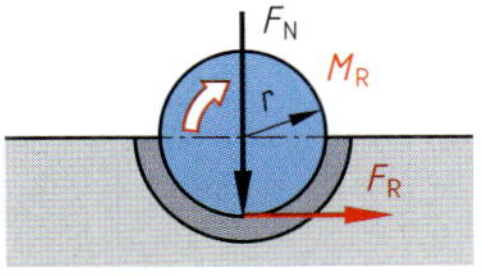

Die auftretende Reibungskraft ist von der Normalkraft F_N abhängig und von

- der Reibungsart: Haft-, Gleit- oder Rollreibung
- dem Schmierzustand
- der Werkstoffpaarung (Werkstoffkombination)
- der Oberflächenbeschaffenheit

Die Einflüsse werden in der aus Versuchen ermittelten Reibungszahl μ zusammengefasst.

Reibungsmoment

$$M_R = \frac{\mu \cdot F_N \cdot d}{2}$$

$$M_R = F_R \cdot r$$

Rollreibungszahl

$$\mu_R = \frac{f}{R}$$

Rollreibung

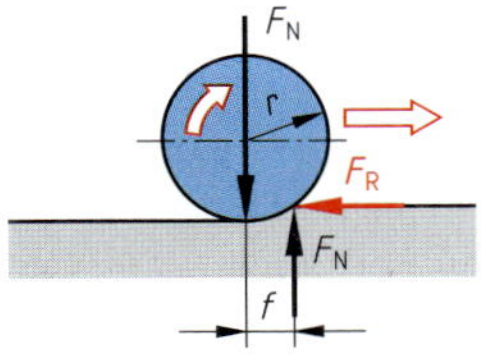

F_N Normalkraft
F_R Reibungskraft
M_R Reibungsmoment
d Durchmesser
μ_R Rollreibungszahl
r Radius
f Hebelarm der Rollreibung

Reibungskraft der Rollreibung

$$F_R = \frac{f}{R} \cdot F_N$$

$$F_R = \mu_R \cdot F_N$$

Reibungszahlen (Richtwerte)[1]

Werkstoffpaarung	Anwendungsbeispiel	Haftreibungszahl μ trocken	Haftreibungszahl μ geschmiert	Gleitreibungszahl μ trocken	Gleitreibungszahl μ geschmiert
Stahl/Stahl	Schraubstockführung	0,25	0,10	0,20	0,10 … 0,05
Stahl/Gusseisen	Maschinenführung	0,20	0,10	0,18	0,10 … 0,05
Stahl/Cu-Sn-Legierung	Welle in Massivgleitlager	0,20	0,10	0,10	0,06 … 0,03[2]
Stahl/Pb-Sn-Legierung	Welle in Verbundgleitlager	0,15	0,10	0,10	0,05 … 0,03[2]
Stahl/Polyamid	Welle in PA-Gleitlager	0,30	0,15	0,30	0,12 … 0,03[2]
Stahl/PTFE	Tieftemperaturlager	0,04	0,04	0,04	0,04[2]
Stahl/Reibbelag	Backenbremse	0,60	0,30	0,55	0,3 … 0,2
Stahl/Holz	Bauteil auf Montagebock	0,55	0,10	0,35	0,05
Holz/Holz	Unterleghölzer	0,50	0,20	0,30	0,10
Gusseisen/Cu-Sn-Legierung	Einstellleiste an Führung	0,25	0,16	0,20	0,10
Gummi/Gusseisen	Riemen auf Riemenscheibe	0,50	–	0,45	–
Wälzkörper/Stahl	Wälzlager[3], Wälzführung[3]	–	–	–	0,003 … 0,001

[1] Die Richtwerte der Reibungszahlen stellen lediglich Tendenzen dar und unterliegen insbesondere bei der Haftreibung großen Schwankungen. Verlässliche Reibzahlen können nur anwendungsspezifische Versuche liefern.

[2] Mit zunehmender Gleitgeschwindigkeit und sich einstellender Misch- und Flüssigkeitsreibung verliert die Werkstoffpaarung ihren Einfluss.

[3] Berechnung erfolgt trotz rollender Bewegung üblicherweise wie bei Haft- bzw. Gleitreibung.

Hebelarm der Rollreibung (Richtwerte)[4]

Werkstoffpaarung	Anwendungsbeispiel	Hebelarm der Rollreibung *f* in mm
Stahl/Stahl	Stahlrad auf Führungsschiene	0,5
Kunststoff/Beton	Transportrollen auf Hallenboden	5
Gummi/Asphalt	Autoreifen auf Straße	8

[4] Angaben zum Hebelarm der Rollreibung schwanken in der Fachliteratur zum Teil beträchtlich.

G

Anziehungskräfte

Kohäsion (Zusammenhangskraft)

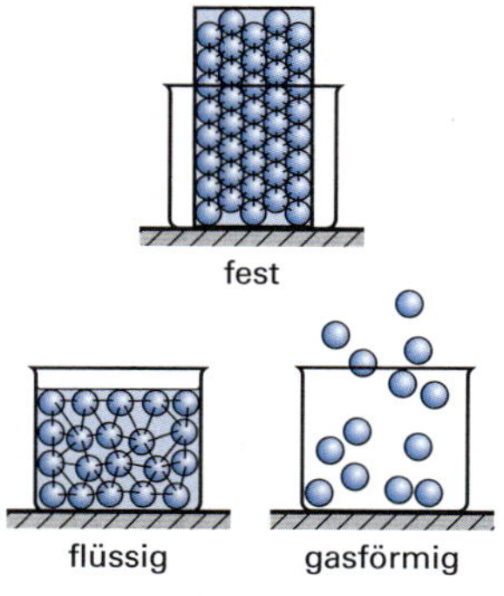

Die Anziehungskräfte zwischen den Molekülen eines Stoffes werden als Kohäsion bezeichnet. Die Größe dieser Molekularkräfte ergibt den Zusammenhang eines Stoffes oder Körpers und damit auch seine Zustandsform (Aggregatzustand). Diese lassen sich durch Energiezufuhr oder Energieentzug ineinander überführen.

Feste Stoffe:	Große Kohäsion – Moleküle befinden sich in einer bestimmten Anordnung innerhalb eines Stoffes. Durch äußere Krafteinwirkung verformen sich diese Körper oder dehnen sich bei Wärmezufuhr aus.
Flüssige Stoffe: (Flüssigkeiten)	Geringe Kohäsion – Moleküle können ihren Platz innerhalb eines Körpers ändern.
Gasförmige Stoffe: (Gase)	Keine Kohäsion – Moleküle streben auseinander (Expansion).

Adhäsion (Anhangskraft)

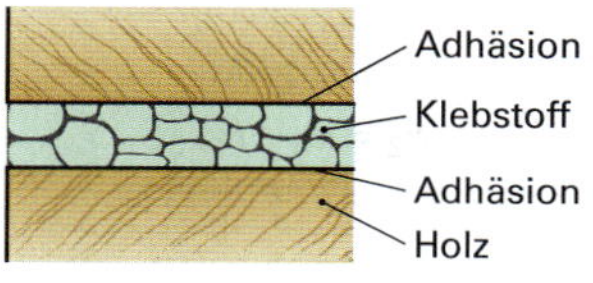

Die Anziehungskräfte der Moleküle verschiedener Stoffe wird als Adhäsion bezeichnet. Dadurch können Körper aus verschiedenen Stoffen aneinander haften.

Beispiel:

Klebstoffe auf Fügeteilen
Lacke auf Holzoberflächen
Putz auf Untergrund

Die Anhangskraft wirkt nicht zwischen allen Stoffen.

Oberflächenspannung

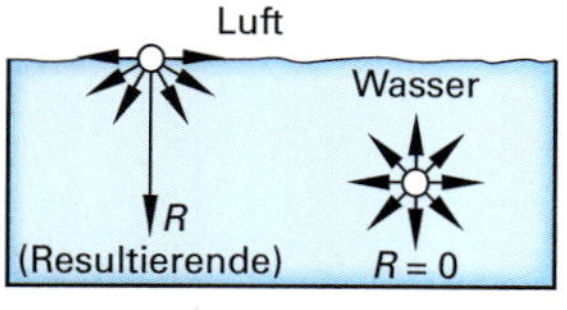

Die Kohäsionskräfte zwischen den Molekülen an der Oberfläche einer Flüssigkeit wirken verstärkt nach innen und verkleinern dadurch die Oberfläche.

Große Kohäsion einer Flüssigkeit bewirkt auch eine große Oberflächenspannung.

Die Oberflächenspannung beeinflusst die Benetzungs- und Fließfähigkeit einer Flüssigkeit, z. B. Klebstoff in einer Leimfuge.

Kapillarität (Haarröhrchenwirkung)

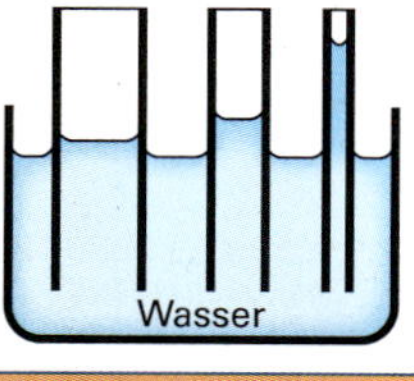

Das Verhalten von Flüssigkeiten in Kapillaren und feinen Poren von Körpern wird als Kapillarität bezeichnet.

Die kapillare Steighöhe hängt von der Wechselwirkung zwischen der Kohäsion der Flüssigkeit, der Adhäsion der verschiedenen Stoffe und den Kapillardurchmessern bzw. den Porengrößen ab.

Die Kapillarität ist die Ursache für das Aufsteigen von Wasser in Baukörpern und in feinkörnigen Böden.

Viskosität (Zähigkeit)

Die Viskosität (Zähigkeit) ist ein Maß für den inneren Widerstand einer Flüssigkeit. Diese Widerstandskraft entsteht durch Reibung zwischen den bewegten Molekülen als Folge von Kohäsionskräften.

Flüssigkeiten mit hoher Viskosität (Klebstoffe) sind zähflüssig, mit niedriger Viskosität (Wasser) dünnflüssig. Die Viskosität ist temperaturabhängig, mit steigender Temperatur nimmt sie ab (Seite 391).

G

Schiefe Ebene

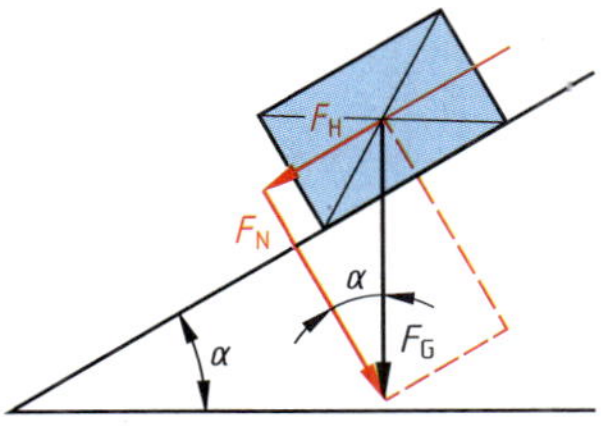

Die **schiefe Ebene** dient zum Transport eines Körpers in eine bestimmte Höhe. Der Kraftaufwand ist wesentlich geringer als beim Hochheben; dafür ist ein längerer Weg notwendig. Mithilfe des Kräfteparallelogramms (S. 30) zerlegt man die Gewichtskraft in die entsprechenden Teilkräfte.

F_G Gewichtskraft
F_H Hangabtriebskraft
F_N Normalkraft
α Neigungswinkel

$$\sin\alpha = \frac{F_H}{F_G} \Rightarrow F_H = F_G \cdot \sin\alpha$$

$$\cos\alpha = \frac{F_N}{F_G} \Rightarrow F_N = F_G \cdot \cos\alpha$$

$$\alpha = 0° \Rightarrow F_G = F_N$$

$$F_G^2 = F_N^2 + F_H^2$$

Schiefe Ebene mit Reibung

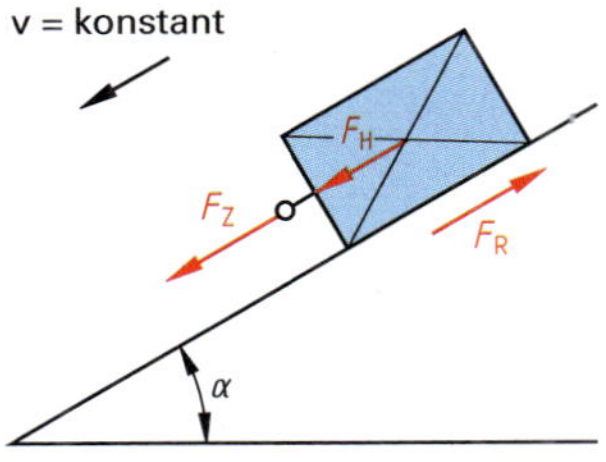

Ein Körper wird mit konstanter Geschwindigkeit auf einer schiefen Ebene mit der Zugkraft F_Z nach unten gezogen.

F_R Reibungskraft
F_H Hangabtriebskraft
F_Z Zugkraft
ΣF_α Summe der Kräfte in Richtung der schiefen Ebene

$$\Sigma F_\alpha = 0$$

$$F_R - F_H - F_Z = 0$$

$$F_Z = F_R - F_H$$

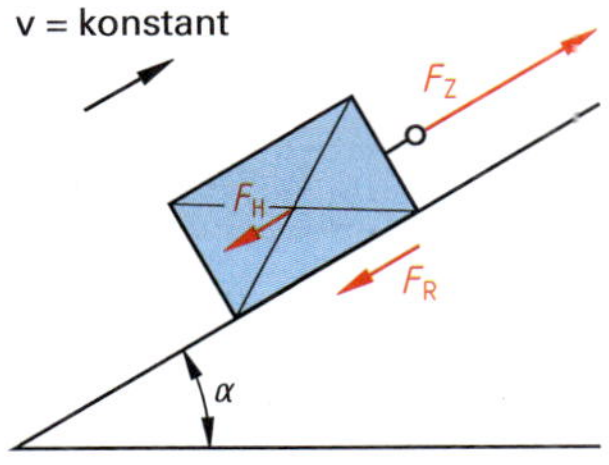

Ein Körper wird mit konstanter Geschwindigkeit auf einer schiefen Ebene mit der Zugkraft F_Z nach oben gezogen.

F_R Reibungskraft
F_H Hangabtriebskraft
F_Z Zugkraft
ΣF_α Summe der Kräfte in Richtung der schiefen Ebene

$$\Sigma F_\alpha = 0$$

$$F_Z - F_H - F_R = 0$$

Sonderfall: Der Körper ruht auf der schiefen Ebene und rutscht nicht hinunter:

Die Größe der Hangabtriebskraft F_H entspricht der Größe der Reibungskraft F_R. Die Wirkungsrichtung der beiden Kräfte ist entgegengesetzt.

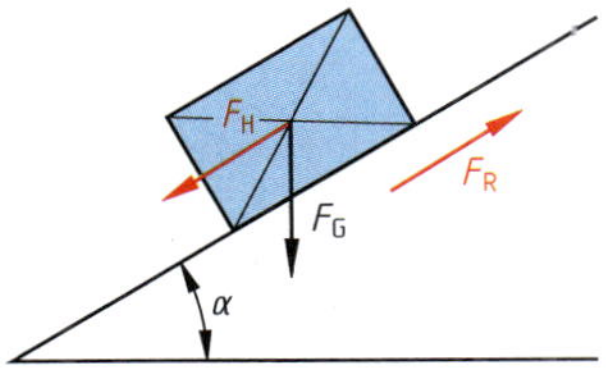

F_G Gewichtskraft
F_R Reibungskraft
F_H Hangabtriebskraft
F_Z Zugkraft
ΣF_α Summe der Kräfte in Richtung der schiefen Ebene

$$\Sigma F_\alpha = 0$$

$$F_R - F_H = 0$$

$$F_R = F_H$$

$$F_N \cdot \mu = F_H$$

$$F_G \cdot \cos\alpha \cdot \mu = F_G \cdot \sin\alpha$$

$$\cos\alpha \cdot \mu = \sin\alpha$$

$$\frac{\cos\alpha}{\sin\alpha} = \tan\alpha = \mu$$

G

Geradlinige Bewegung

Geradlinige und gleichförmige Bewegung

Bei einer gleichförmig geradlinigen Bewegung bewegt sich der Körper mit **konstanter Geschwindigkeit** auf einer geradlinigen Bahn.

s, t-Diagramm

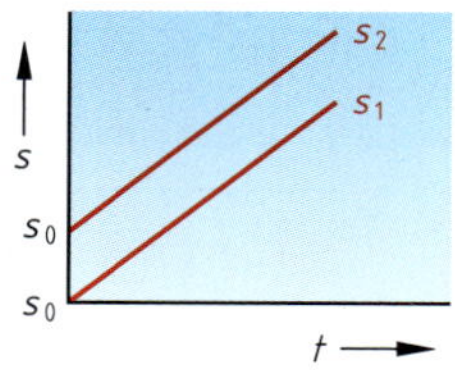

s	Weg	m
t	Zeit	s

v, t-Diagramm

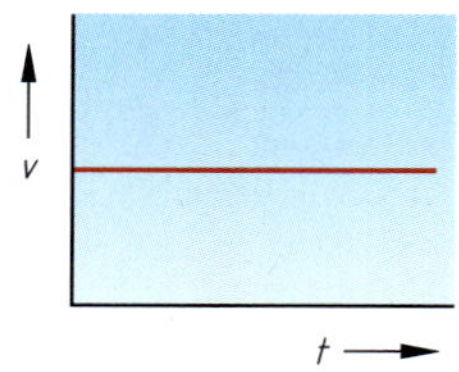

v	Geschwindigkeit	$\frac{m}{s}$
t	Zeit	s

a, t-Diagramm

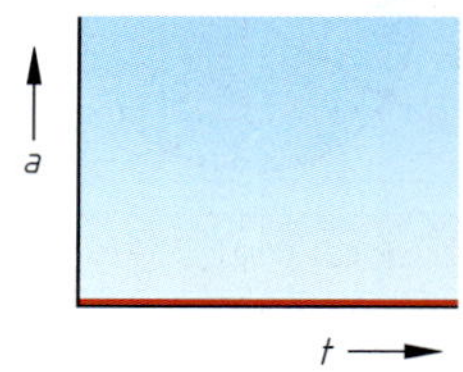

a	Beschleunigung	$\frac{m}{s^2}$
t	Zeit	s

Anfangsbedingung: zur Zeit $t = 0$ ist $s_0 = 0$

$$s(t) = v \cdot t$$

$$\dot{s} = v(t) = v_0$$

$$\ddot{s} = \dot{v} = a(t) = 0$$

Anfangsbedingung: zur Zeit $t = 0$ ist $s = s_0$

$$s(t) = s_0 + v \cdot t$$

$$\dot{s} = v(t) = v_0$$

$$\ddot{s} = \dot{v} = a(t) = 0$$

Geradlinige und konstant beschleunigte Bewegung

Bei einer beschleunigten Bewegung ändert sich die Geschwindigkeit eines Körpers während des Bewegungszeitraums, der Körper wird beschleunigt oder verzögert (negative Beschleunigung).

s, t-Diagramm

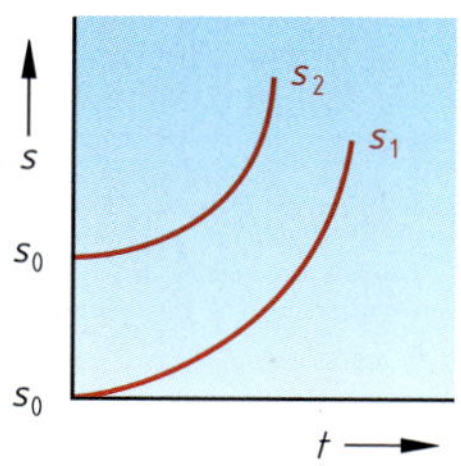

s	Weg	m
t	Zeit	s

v, t-Diagramm

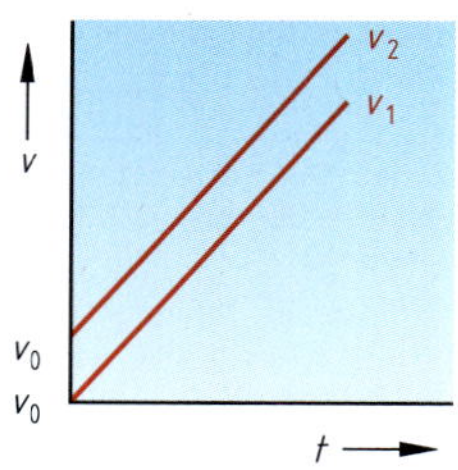

v	Geschwindigkeit	$\frac{m}{s}$
t	Zeit	s

a, t-Diagramm

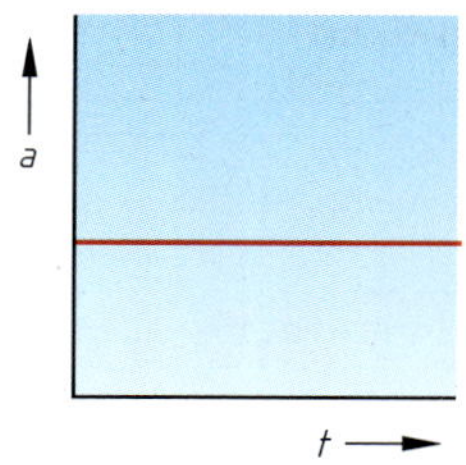

a	Beschleunigung	$\frac{m}{s^2}$
t	Zeit	s

Anfangsbedingung: zur Zeit $t = 0$ ist $s_0 = 0$ und $v_0 = 0$

$$s(t) = \frac{1}{2} a t^2$$

$$\dot{s} = v(t) = at$$

$$\ddot{s} = \dot{v} = a(t) = \text{konstant}$$

Anfangsbedingung: zur Zeit $t = 0$ ist $s = s_0$ und $v = v_0$

$$s(t) = s_0 + v_0 t + \frac{1}{2} a t^2$$

$$\dot{s} = v(t) = v_0 + at$$

$$\ddot{s} = \dot{v} = a(t) = \text{konstant}$$

Kreisförmige Bewegung, Kräfte und Momente

Kreisförmige Bewegung

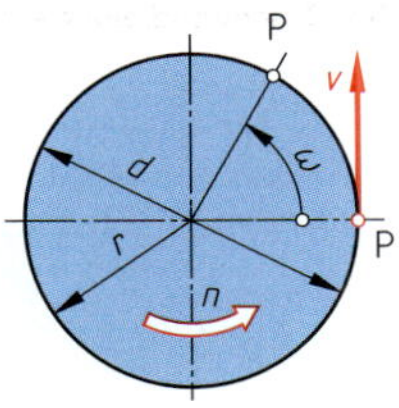

v Umfangsgeschwindigkeit, Schnittgeschwindigkeit, Bahngeschwindigkeit
ω Winkelgeschwindigkeit
n Drehzahl, Drehfrequenz
r Radius
d Durchmesser

$\frac{1}{\text{min}} = \text{min}^{-1} = \frac{1}{60\text{ s}}$

Umfangsgeschwindigkeit

$$v = \pi \cdot d \cdot n$$

$$v = \omega \cdot r$$

Winkelgeschwindigkeit

$$\omega = 2 \cdot \pi \cdot n$$

Zentripetalkraft, Zentrifugalkraft

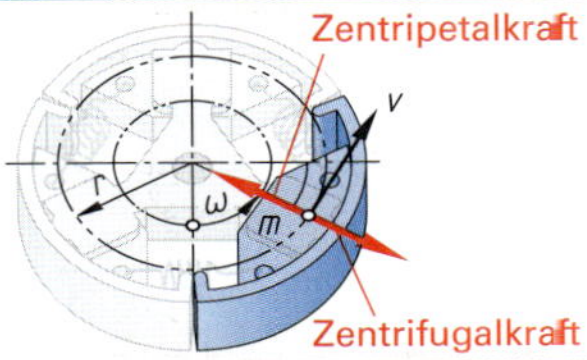

Um eine Masse auf einer gekrümmten Bahn, z.B. einem Kreis, zu bewegen, ist die Zentripetalkraft erforderlich.

F_z Zentripetalkraft, Zentrifugalkraft
ω Winkelgeschwindigkeit
m Masse
v Umfangsgeschwindigkeit
r Radius

Zentripetalkraft, Zentrifugalkraft

$$F = m \cdot r \cdot \omega^2$$

$$F_z = \frac{m \cdot v^2}{r}$$

Drehmoment und Hebel

einseitiger Hebel

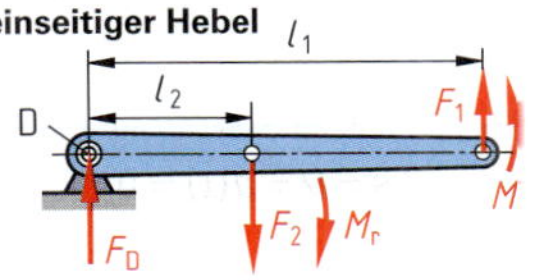

zweiseitiger Hebel

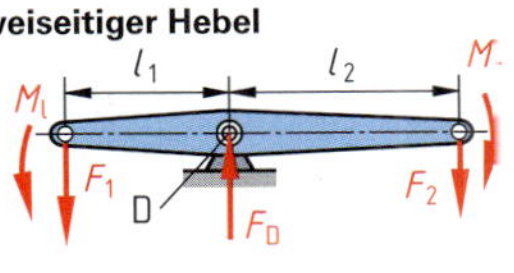

Winkelhebel

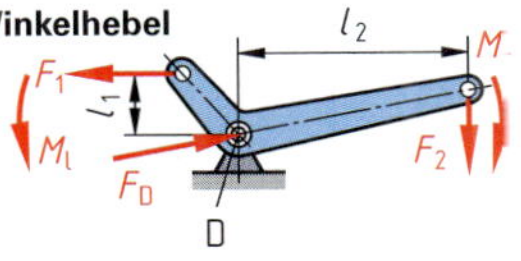

Die **wirksame Hebellänge** ist der rechtwinklige Abstand zwischen Drehpunkt und Wirkungslinie der Kraft. Bei scheibenförmigen drehbaren Teilen entspricht die Hebellänge dem Radius r.

M Drehmoment, Moment
F Kraft
l wirksame Hebellänge
ΣM_l Summe aller linksdrehenden Drehmomente
ΣM_r Summe aller rechtsdrehenden Drehmomente

Drehmoment

$$M = F \cdot l$$

Gleichgewicht der Drehmomente

$$\Sigma M_{(D)} = 0$$

$$M_l - M_r = 0$$

Hebelgesetz

$$\Sigma M_l = \Sigma M_r$$

Hebelgesetz bei nur zwei Kräften

$$F_1 \cdot l_1 = F_2 \cdot l_2$$

Drehmoment bei Zahnradtrieben

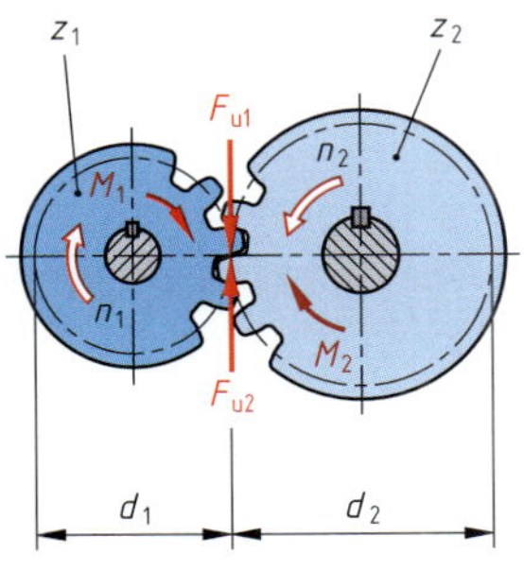

Der Hebelarm bei Zahnrädern entspricht dem halben Teilkreisdurchmesser d. Sind die Zähnezahlen zweier ineinandergreifender Zahnräder verschieden, ergeben sich unterschiedliche Drehmomente.

Treibendes Rad

F_{u1} Umfangskraft
M_1 Drehmoment
d_1 Teilkreisdurchmesser
z_1 Zähnezahl
n_1 Drehzahl

Getriebenes Rad

F_{u2} Umfangskraft
M_2 Drehmoment
d_2 Teilkreisdurchmesser
z_2 Zähnezahl
n_2 Drehzahl

i Übersetzungsverhältnis

Übersetzungen bei Zahnradtrieben: Seite 380

Drehmomente

$$M_1 = \frac{F_{u1} \cdot d_1}{2}$$

$$M_2 = \frac{F_{u2} \cdot d_2}{2}$$

$$M_2 = i \cdot M_1$$

$$\frac{M_2}{M_1} = \frac{z_2}{z_1}$$

$$\frac{M_2}{M_1} = \frac{n_1}{n_2}$$

$$\frac{M_2}{M_1} = \frac{d_2}{d_1}$$

G

Arbeit, Leistung, Energie

Mechanische Arbeit

Hubarbeit

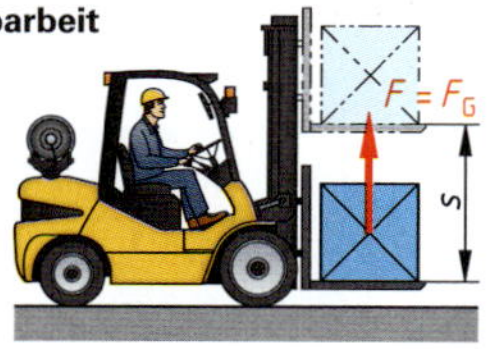

Reibungsarbeit

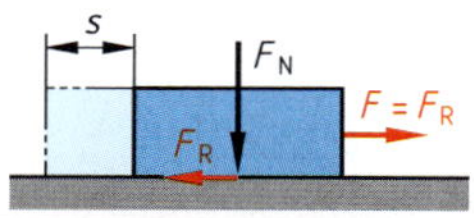

Arbeit wird verrichtet, wenn eine Kraft längs eines Weges wirkt.

- F Kraft in Wegrichtung
- F_G Gewichtskraft
- F_N Normalkraft
- F_R Reibungskraft
- W Arbeit
- m Reibungszahl
- s Kraftweg
- s, h Hubhöhe
- μ Reibungszahl

Arbeit

$$W = F \cdot s$$

Hubarbeit

$$W = F_G \cdot h$$

Reibungsarbeit

$$W = \mu \cdot F_N \cdot s$$

$$1\ \text{J} = 1\ \text{N} \cdot 1\ \text{m} = 1\ \text{W} \cdot \text{s} = 1\ \frac{\text{kg} \cdot \text{m}^2}{\text{s}^2}$$

$1\ \text{kW} \cdot \text{h} = 3{,}6\ \text{MJ}$

Leistung bei geradliniger Bewegung

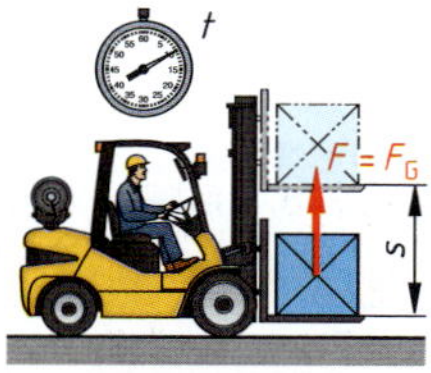

- P Leistung
- W Arbeit
- v Geschwindigkeit
- s Weg in Kraftrichtung
- t Zeit

Leistung

$$P = \frac{W}{t}$$

$$P = \frac{F \cdot s}{t}$$

$$P = F \cdot v$$

Leistung bei kreisförmiger Bewegung

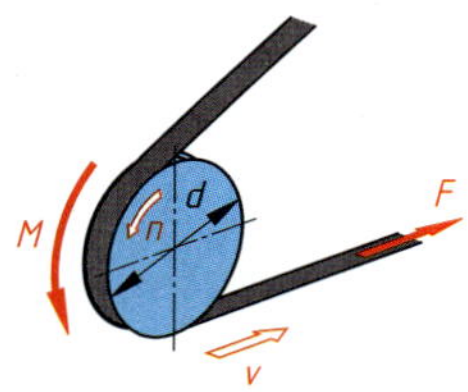

- P Leistung
- F Umfangskraft
- M Drehmoment
- d Durchmesser
- n Drehzahl

Zahlenwertgleichung:
Einsetzen → M in N · m, n in 1/min
Ergebnis → P in kW

Leistung

$$P = F \cdot \pi \cdot d \cdot n$$

$$P = M \cdot 2 \cdot \pi \cdot n$$

oder: Leistung (Zahlenwertgleichung)

$$P = \frac{M \cdot n}{9550}$$

Potenzielle Energie

Lageenergie

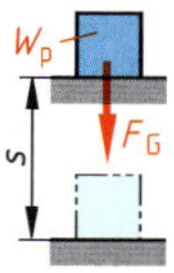

Federenergie

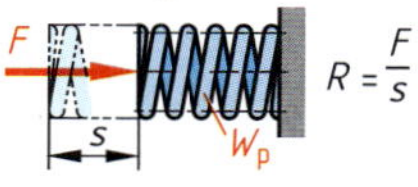

Potenzielle Energie ist gespeicherte Arbeit (Hubarbeit = Lageenergie; Verformungsarbeit = Federarbeit = Federenergie).

- W_p potenzielle Energie
- F_G Gewichtskraft
- F Federkraft
- D Federkonstante
- s Verlängerung, Verkürzung der Feder
- s, h Weg, Hub- oder Fallhöhe

Lageenergie

$$W_p = F_G \cdot s$$

Federenergie

$$W_p = \frac{R \cdot s^2}{2}$$

Kinetische Energie

geradlinige Bewegung

Kinetische Energie ist Energie der Bewegung (Beschleunigungsarbeit = kinetische Energie).

- W_k kinetische Energie
- v Geschwindigkeit
- m Masse

Kinetische Energie bei geradliniger Bewegung

$$W_k = \frac{m \cdot v^2}{2}$$

Wirkungsgrad

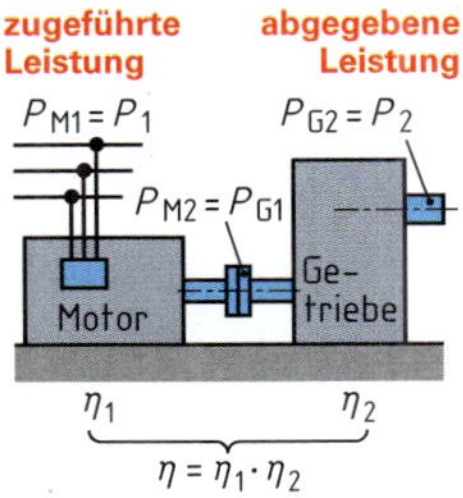

Unter dem Wirkungsgrad versteht man das Verhältnis von der abgegebenen Leistung oder Arbeit zu der zugeführten Leistung oder Arbeit.

P_1 zugeführte Leistung
P_2 abgegebene Leistung
W_1 zugeführte Arbeit
W_2 abgegebene Arbeit
η Gesamtwirkungsgrad
η_1, η_2 Teilwirkungsgrade

Wirkungsgrad

$$\eta = \frac{P_2}{P_1}$$

$$\eta = \frac{W_2}{W_1}$$

Leistung

$$\eta = \eta_1 \cdot \eta_2 \cdot \eta_3 \cdot \ldots$$

Wirkungsgrade η (Richtwerte)					
Steinkohlekraftwerk	0,41	Kfz-Dieselmotor (Teillast)	0,24	Bewegungsgewinde	0,30
Erdgaskraftwerk	0,50	Kfz-Dieselmotor (Volllast)	0,40	Zahnradgetriebe	0,97
Gasturbine	0,33	Großdieselmotor (Teillast)	0,33	Schneckengetriebe $i = 40$	0,65
Dampfturbine (Hochdruck)	0,45	Großdieselmotor (Volllast)	0,55	Reibradgetriebe	0,80
Wasserturbine	0,85	Drehstrom-Motor	0,85	Kettentrieb	0,90
Kraft-Wärmekopplung	0,75	konv. Werkzeugmaschine	0,75	Breitkeilriemengetriebe	0,85
Otto-Motor	0,27	CNC-Werkzeugmaschine	0,85	Hydrogetriebe	0,75

Auswirkung bei Temperaturänderung

Temperatur

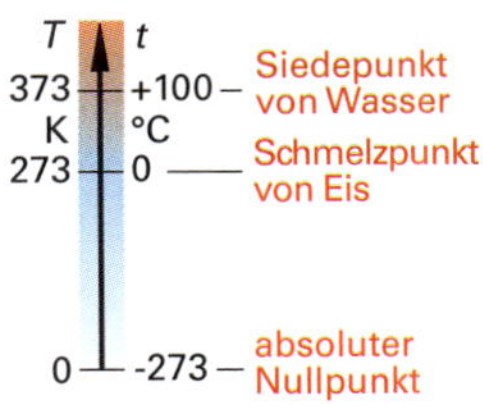

Temperaturen werden in **Kelvin** (K), **Grad Celsius** (°C) oder **Grad Fahrenheit** (°F) gemessen. Die Kelvinskale geht von der tiefstmöglichen Temperatur, dem absoluten Nullpunkt, aus, die Celsiusskale vom Schmelzpunkt des Eises.

T Temperatur in K (thermodynamische Temperatur)
t Temperatur in °C
t_F Temperatur in °F

Temperatur in Kelvin

$$T = t + 273$$

Temperatur in Fahrenheit

$$t_F = 1{,}8 \cdot t + 32$$

Längenänderung, Durchmesseränderung

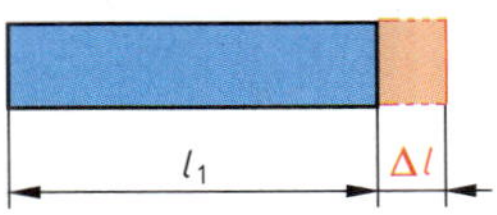

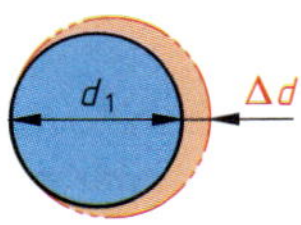

α_l Längenausdehnungskoeffizient
Δt Temperaturänderung
Δl Längenänderung
Δd Durchmesseränderung
l_1 Anfangslänge
d_1 Anfangsdurchmesser

Längenänderung

$$\Delta l = \alpha_l \cdot l_1 \cdot \Delta t$$

Durchmesseränderung

$$\Delta d = \alpha_l \cdot d_1 \cdot \Delta t$$

Längenausdehnungskoeffizienten: Seiten 150 und 151

Volumenänderung

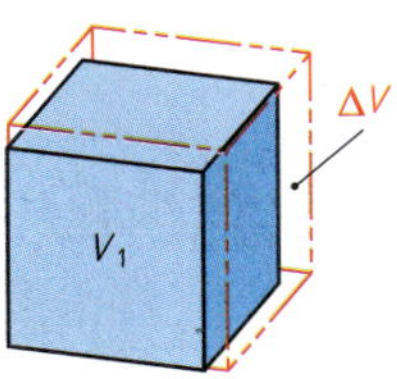

α_V Volumenausdehnungskoeffizient
ΔV Volumenänderung
V_1 Anfangsvolumen
Δt Temperaturänderung

Volumenänderung

$$\Delta V = \alpha_V \cdot V_1 \cdot \Delta t$$

Für feste Stoffe
$\alpha_V = 3 \cdot \alpha_l$

Volumenausdehnungskoeffizienten: Seite 151

G

Wärme beim Schmelzen, Verdampfen, Verbrennen

Schmelzwärme, Verdampfungswärme

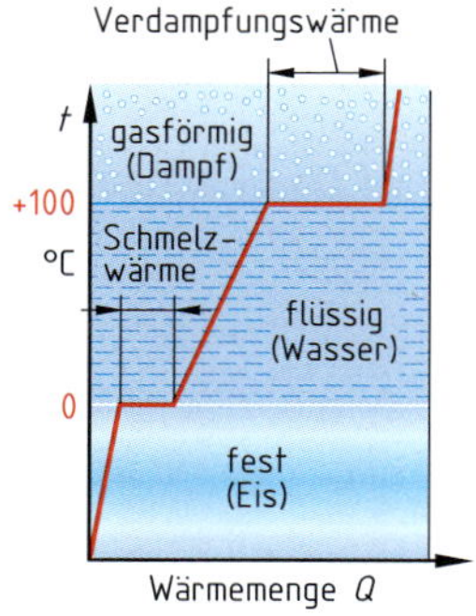

Um Stoffe vom festen in den flüssigen bzw. vom flüssigen in den gasförmigen Zustand zu überführen, wird Wärmeenergie (sog. Schmelz- bzw. Verdampfungswärme) benötigt.

Q	Schmelzwärme, Verdampfungswärme
m	Masse
q	spez. Schmelzwärme
r	spezifische Verdampfungswärme

Schmelzwärme

$$Q = q \cdot m$$

Verdampfungswärme

$$Q = r \cdot m$$

Spezifische Schmelz- und Verdampfungswärme: Seiten 150 und 151

Wärmestrom

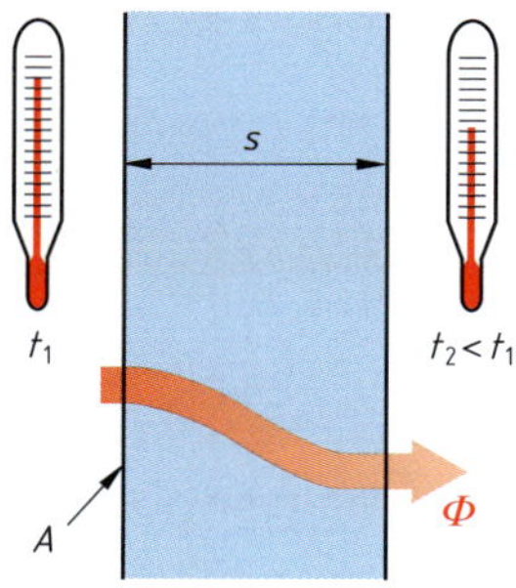

Der **Wärmestrom Φ** verläuft innerhalb eines Stoffes stets von der höheren zur niedrigeren Temperatur.

Der **Wärmedurchgangskoeffizient U** berücksichtigt neben der Wärmeleitfähigkeit eines Bauteils die Wärmeübergangswiderstände an den Grenzflächen der Bauteile.

Φ	Wärmestrom
λ	Wärmeleitfähigkeit
U	Wärmedurchgangskoeffizient
Δt, $\Delta\vartheta$, ΔT	Temperaturdifferenz
s	Bauteildicke
A	Fläche des Bauteils

Wärmestrom bei Wärmeleitung

$$\Phi = \frac{\lambda \cdot A \cdot \Delta t}{s}$$

Wärmestrom bei Wärmedurchgang

$$\Phi = U \cdot A \cdot \Delta t$$

Wärmeleitfähigkeitswerte λ: Seiten 150 u. 151, Wärmedurchgangskoeffizienten U: unten auf dieser Seite

Verbrennungswärme

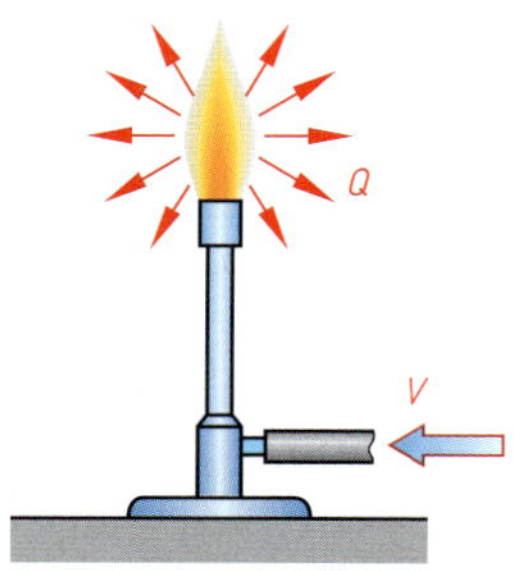

Unter dem **spezifischen Heizwert H_i (H)** eines Stoffes versteht man die bei der vollständigen Verbrennung von 1 kg oder 1 m³ des Stoffes frei werdende Wärmeenergie (Brennwert) abzüglich der Verdampfungswärme des in den Abgasen enthaltenen Wasserdampfes.

Q	Verbrennungswärme
H_i, H	spezifischer Heizwert
m	Masse fester und flüssiger Brennstoffe
V	Volumen von Brenngasen
U	Wärmedurchgangskoeffizient

Verbrennungswärme fester und flüssiger Stoffe

$$Q = H_i \cdot m$$

Verbrennungswärme von Gasen

$$Q = H_i \cdot V$$

Spezifische Heizwerte H_i (H) für Brennstoffe						Wärmedurchgangskoeffizienten U	
Feste Brennstoffe	H_i MJ/kg	**Flüssige Brennstoffe**	H_i MJ/kg	**Gasförmige Brennstoffe**	H_i MJ/m³	**Material (Beispiele)**	U W/(m²·K)
Holz	15 … 17	Spiritus	27	Wasserstoff	10	Stahlblech lackiert	≈ 5,5
Biomasse (trocken)	14 … 18	Benzol	40	Erdgas	34 … 36	Stahlblech rostfrei	≈ 4,5
Braunkohle	16 … 20	Benzin	43	Acetylen	57	Aluminiumblech	≈ 12
Koks	30	Diesel	41 … 43	Propan	93	Al, doppelwandig	≈ 4,5
Steinkohle	30 … 34	Heizöl	40 … 43	Butan	123	Polyester	≈ 3,5

Druckarten, hydraulische Kraftübersetzung

Druck

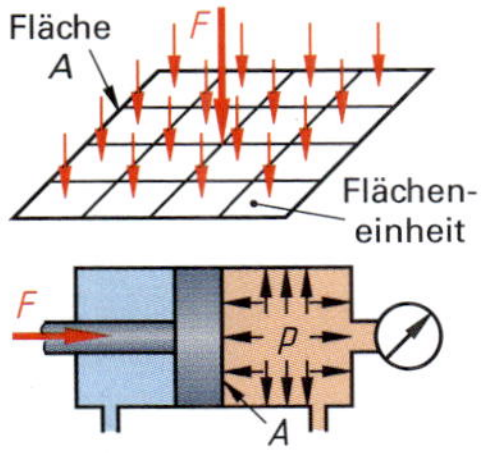

p Druck
A Fläche
F Kraft

Druck

$$p = \frac{F}{A}$$

Druckeinheiten

1 Pa $= 1\,\frac{N}{m^2} = 0{,}00001$ bar

1 bar $= 10\,\frac{N}{cm^2} = 0{,}1\,\frac{N}{mm^2}$

1 mbar = 100 Pa = 1 hPa

Überdruck, Luftdruck, absoluter Druck

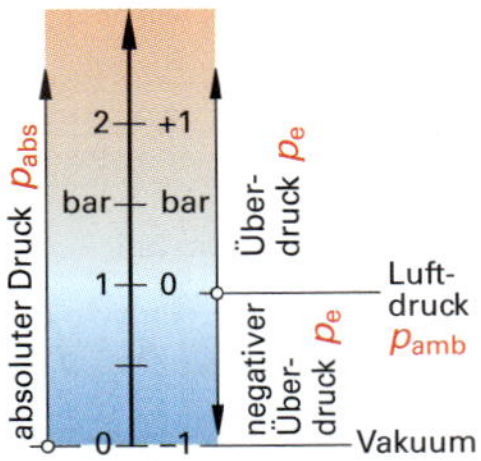

p_e Überdruck (excedens, überschreitend)
p_{amb} Luftdruck (ambient, umgebend)
p_{abs} absoluter Druck

Der Überdruck ist
positiv, wenn $p_{abs} > p_{amb}$ ist und
negativ, wenn $p_{abs} < p_{amb}$ ist (Unterdruck)

Überdruck

$$p_e = p_{abs} - p_{amb}$$

$p_{amb} = 1{,}013$ bar ≈ 1 bar
(Normal-Luftdruck)

Schweredruck, Auftriebskraft

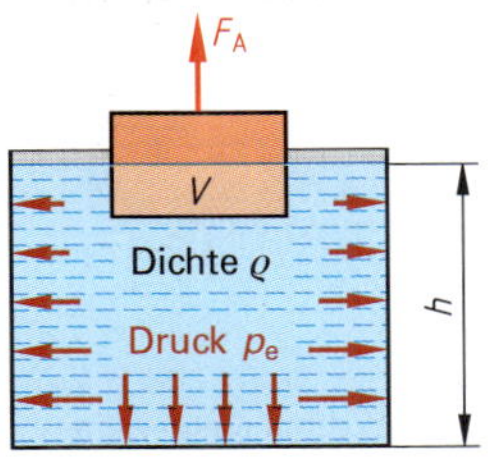

p_e Schweredruck (Eigendruck)
F_A Auftriebskraft
V Eintauchvolumen
ϱ Dichte der Flüssigkeit
h Flüssigkeitstiefe
g Fallbeschleunigung

Schweredruck

$$p_e = g \cdot \varrho \cdot h$$

Auftriebskraft

$$F_A = g \cdot \varrho \cdot V$$

$g = 9{,}81\,\frac{m}{s^2} \approx 10\,\frac{m}{s^2}$

Dichtewerte: Seite 151

Hydraulische Kraftübersetzung

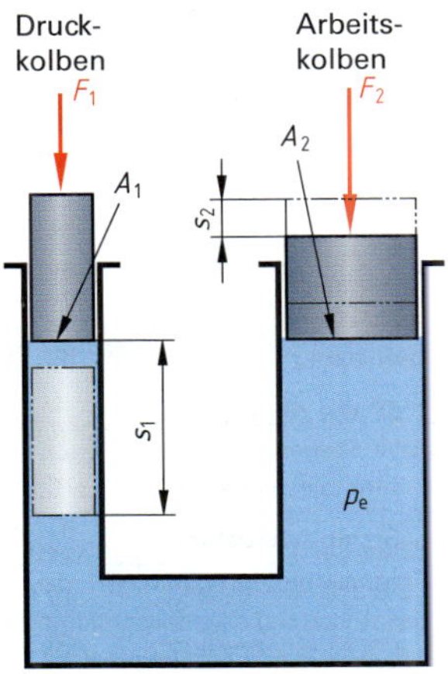

Druck breitet sich in abgeschlossenen Flüssigkeiten oder Gasen nach allen Richtungen gleichmäßig aus.

F_1, F_2 Kolbenkräfte
A_1, A_2 Kolbenflächen
s_1, s_2 Kolbenwege
i hydraulisches Übersetzungsverhältnis
p_e Überdruck

Verdrängtes Volumen

$$A_1 \cdot s_1 = A_2 \cdot s_2$$

Arbeit an beiden Kolben

$$F_1 \cdot s_1 = F_2 \cdot s_2$$

Verhältnisse: Kräfte, Flächen, Wege

$$\frac{F_2}{F_1} = \frac{A_2}{A_1} = \frac{s_1}{s_2}$$

Übersetzungsverhältnis

$$i = \frac{F_1}{F_2} = \frac{s_2}{s_1}$$

$$i = \frac{A_1}{A_2}$$

G

Druckübersetzung, Durchflussgeschwindigkeit, Zustandsänderung

Druckübersetzung

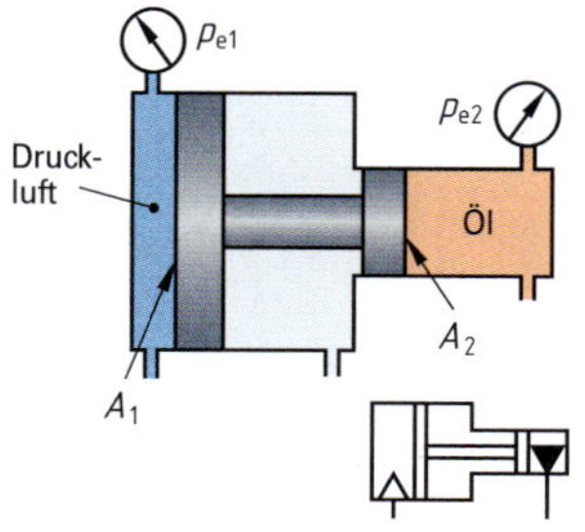

Schaltzeichen nach ISO 1219-1

A_1, A_2 Kolbenflächen

p_{e1} Überdruck an der Kolbenfläche A_1

p_{e2} Überdruck an der Kolbenfläche A_2

η Wirkungsgrad des Druckübersetzers

Überdruck

$$p_{e2} = p_{e1} \cdot \frac{A_1}{A_2} \cdot \eta$$

Durchflussgeschwindigkeiten

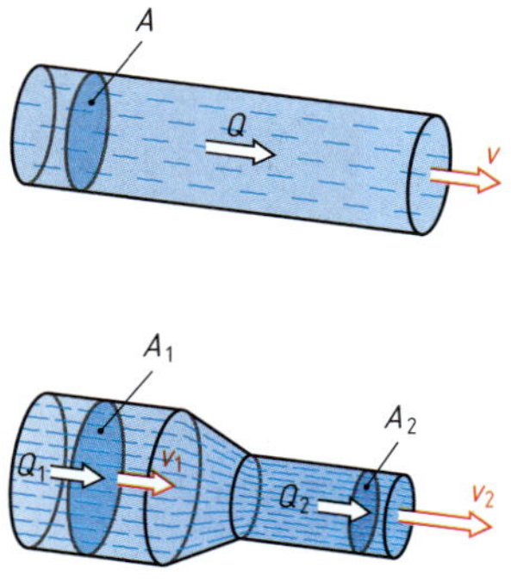

Q, Q_1, Q_2 Volumenströme

A, A_1, A_2 Querschnittsflächen

v, v_1, v_2 Durchflussgeschwindigkeiten

Kontinuitätsgleichung

In einer Rohrleitung mit wechselnden Querschnittsflächen fließt in der Zeit t durch jeden Querschnitt der gleiche Volumenstrom Q.

Volumenstrom

$$Q = A \cdot v$$

$$Q_1 = Q_2$$

Verhältnis der Durchflussgeschwindigkeiten

$$\frac{v_1}{v_2} = \frac{A_2}{A_1}$$

Zustandsänderung bei Gasen

Verdichtung

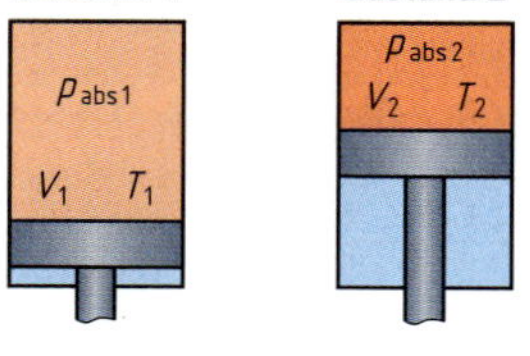

Gesetz von Boyle-Mariotte

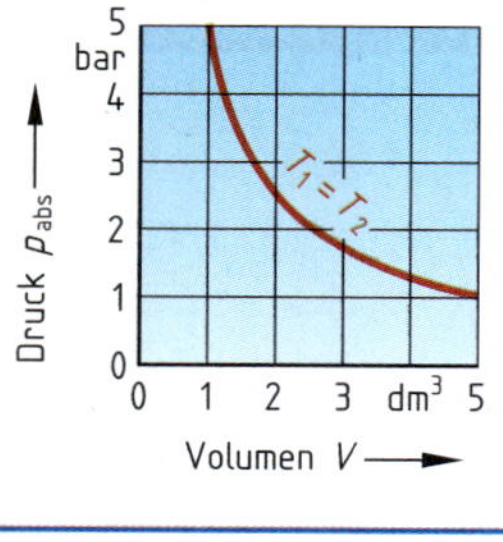

Zustand 1		Zustand 2	
p_{abs1}	absoluter Druck	p_{abs2}	absoluter Druck
V_1	Volumen	V_2	Volumen
T_1	absolute Temperatur	T_2	thermodynamische Temperatur

Berechnung der thermodynamischen Temperaturen T_1 und T_2 auf Seite 39.

Das Gesetz von Boyle-Mariotte zeigt den Zusammenhang zwischen dem Druck p_{abs} und dem Volumen V bei konstanter Temperatur (isotherm). Mit Erhöhung des Drucks verringert sich das Volumen. Bei einer Druckerhöhung von 1 bar auf 2 bar halbiert sich das Gasvolumen. Bei weiterer Druckerhöhung findet eine wesentlich geringere Volumenverringerung statt (z. B. bei einer Druckerhöhung von 2 bar auf 3 bar verringert sich das Volumen nur noch um ein Drittel).

Allgemeine Gasgleichung

$$\frac{p_{abs1} \cdot V_1}{T_1} = \frac{p_{abs2} \cdot V_2}{T_2}$$

Sonderfälle:
bei konstanter Temperatur

$$p_{abs1} \cdot V_1 = p_{abs2} \cdot V_2$$

bei konstantem Volumen

$$\frac{p_{abs1}}{T_1} = \frac{p_{abs2}}{T_2}$$

bei konstantem Druck

$$\frac{V_1}{T_1} = \frac{V_2}{T_2}$$

2 Festigkeitslehre

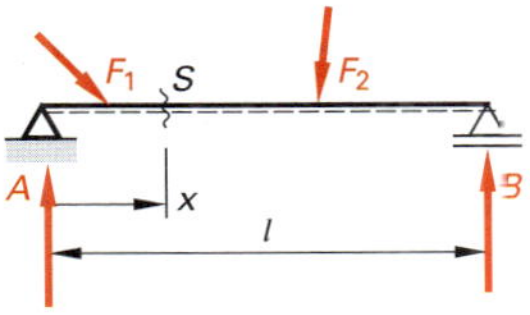

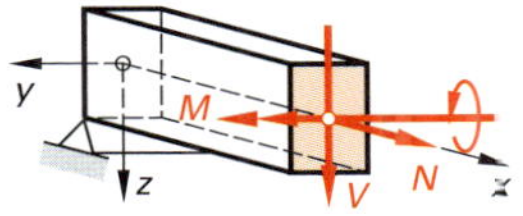

2.1 Statik

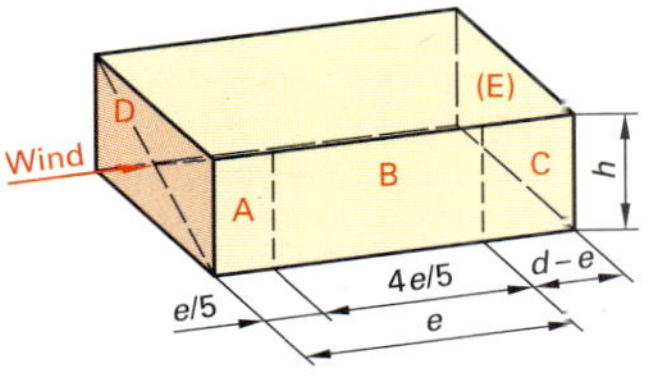

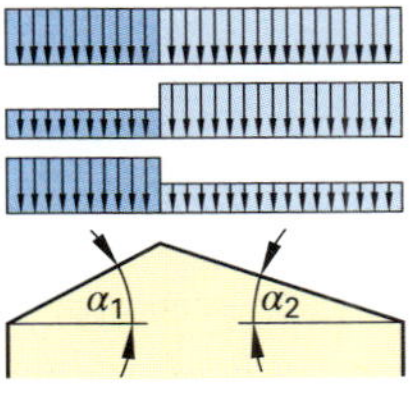

2.2 Festigkeitslehre in der Bautechnik

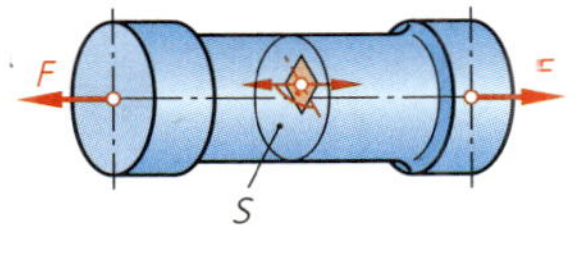

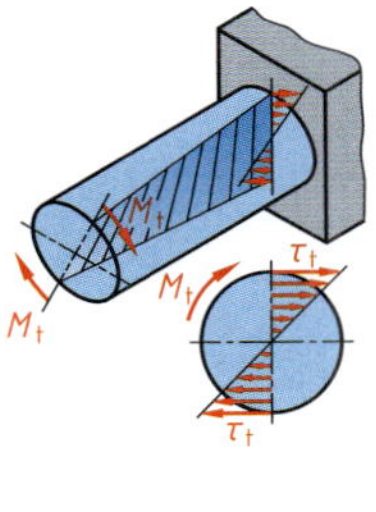

2.3 Festigkeitslehre in der Maschinenbautechnik

F

Gleichgewichtsbedingungen

Notwendigkeit des Gleichgewichts

Körper ohne **Gleichgewicht** erfahren eine Beschleunigung. Für die Standfestigkeit ruhender Körper (Statik) ist die Erfüllung des Gleichgewichts eine notwendige Bedingung.

Arten des Gleichgewichts

Das **Kräftegleichgewicht** ist erfüllt, wenn die Resultierende aller an einem Körper angreifenden Kräfte gleich NULL ist. Das Krafteck im Kräfteplan schließt sich dann.

Ist zusätzlich das resultierende Moment bzgl. eines frei wählbaren Drehpunktes gleich NULL, so ist auch das **Momentengleichgewicht** erfüllt.

Zur rechnerischen Ermittlung des Kräftegleichgewichts in der Ebene werden alle an einem Körper angreifenden Kräfte in **Vertikalkomponenten** (Teilkräfte in y-Richtung) und **Horizontalkomponenten** (Teilkräfte in x-Richtung) zerlegt.

Zentrales Kräftesystem

In einem zentralen **Kräftesystem** schneiden sich die Wirkungslinien aller Kräfte in einem Punkt. Für diesen Punkt verschwindet das resultierende Moment, sodass nur noch das Kräftegleichgewicht zu überprüfen ist.

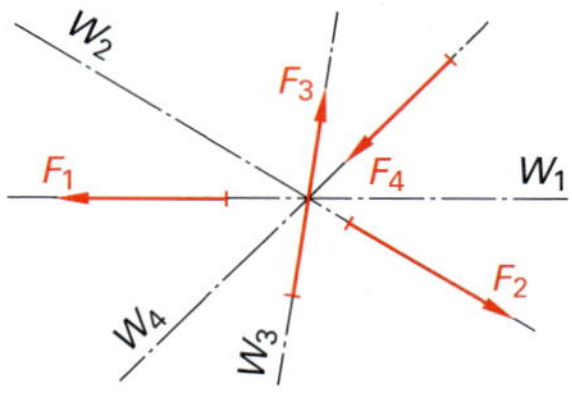

Gleichgewichtsbedingungen

$$\Sigma H = 0 \quad \text{oder} \quad \Sigma F_x = 0$$

$$\Sigma V = 0 \quad \text{oder} \quad \Sigma F_y = 0$$

$$\Sigma M = 0 \quad \text{oder} \quad \Sigma M_D = 0$$

H, F_x Sammelbezeichnung für Horizontalkräfte
V, F_y Sammelbezeichnung für Vertikalkräfte
M, M_D Sammelbezeichnung für Momente um einen Drehpunkt D

In der Bautechnik werden für die Horizontal- und Vertikalkräfte die Buchstaben H und V verwendet.

Im Maschinenbau werden Kräfte immer mit dem Buchstaben F bezeichnet. Je nach Kraftrichtung werden die Kräfte mit den Indizes x, y und z angegeben (F_x, F_y, F_z).

F

Lagerungsarten und Lagerungssymbole

In der Statik (Holzbalken, Stahlträger, Bolzen, Wellen usw.) werden Auflager durch Symbole dargestellt. Es gibt feste, bewegliche und eingespannte Lager.

Lagerungsart und Bewegungsmöglichkeit (Auflager)	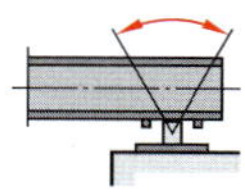 fest	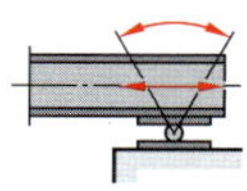 beweglich	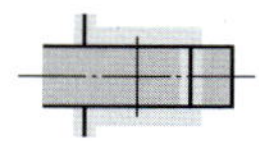 eingespannt
Symbol und Auflagerreaktionen	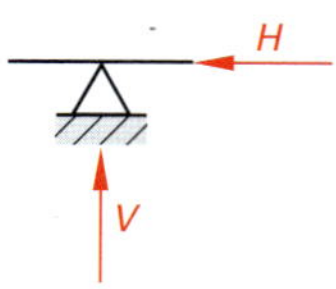	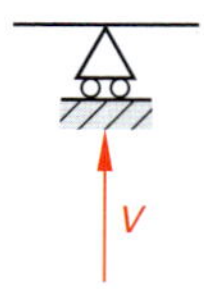	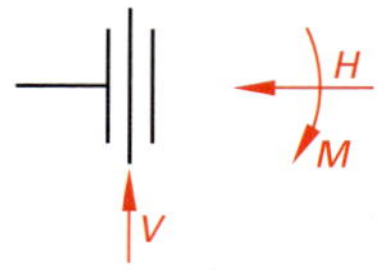

Schnittgrößen

Um die Belastungen in Bauteilen entlang ihres Verlaufs zu bestimmen, werden Schnittgrößen (Normalkraft N, Querkraft V und Biegemoment M) berechnet. Zur Erfassung der Kräfte im Innern des Stabes wird an der zu untersuchenden Stelle ein gedachter Schnitt quer zur Stabachse geführt.

Einfeldträger mit Schnitt an der Stelle S

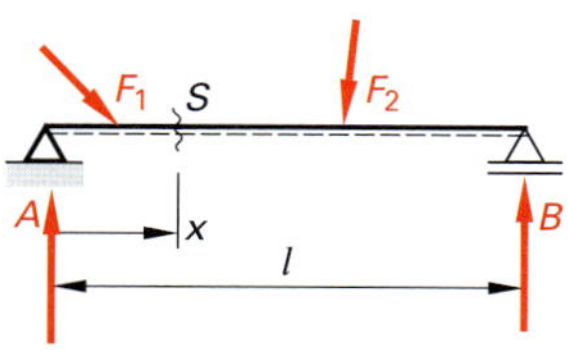

$A = F_A$
$B = F_B$

Schnittflächen (Schnittufer)

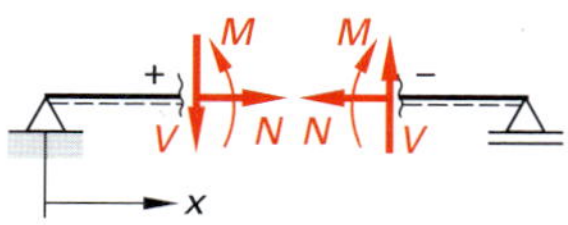

$v = F_q$

Schnittufer mit positiven Schnittgrößen M, N und V (vormals Q)

Koordinaten und Vorzeichen (DIN 1080)

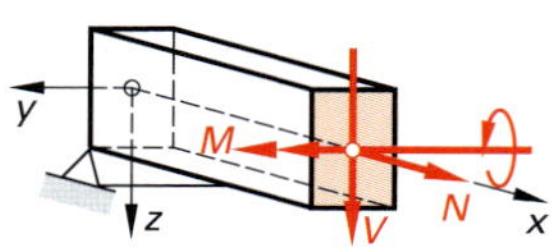

$v = F_q$

Stabkoordinaten und Schnittgrößen am positiven Schnittufer

Zustandslinien, Beanspruchungsarten, Grenzspannungen

Schnittgrößen sind von der Lage des Schnittes und damit von der Stabkoordinate *x* abhängig.

Werden die Schnittgrößen getrennt nach **Querkraft *V*, Normalkraft *N*** und **Biegemoment *M*** in das statische System eingetragen, so ergeben sich die **Zustandslinien.**

Positive Schnittgrößen werden auf der Seite der gestrichelten Zone angetragen und bei mehrfarbiger Darstellung durch eine grüne Linie gekennzeichnet.

Negative Schnittgrößen werden gegenüberliegend angetragen und durch eine rote Linie gekennzeichnet.

Zur Bestimmung der **Auflagerreaktionen** (*A*, *B*) über **Gleichgewichtsbedingungen** am statisch bestimmten ebenen Stabwerk gilt (Summe der Horizontalkräfte, Summe der Vertikalkräfte, Summe der Momente):

$$\Sigma H = 0 \qquad \Sigma V = 0 \qquad \Sigma M_D = 0$$

D beliebiger Drehpunkt

$H = F_x$ $\quad A = F_A$

$V = F_y$ oder F_z $\quad B = F_B$

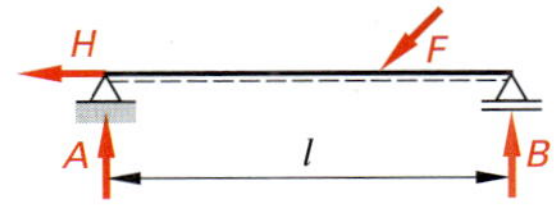

System und Belastung

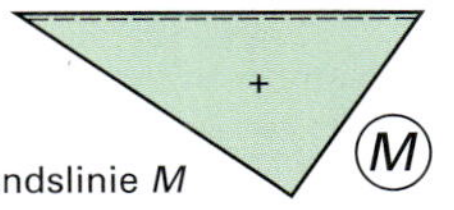

Zustandslinie *M*

Zustandslinie *V*

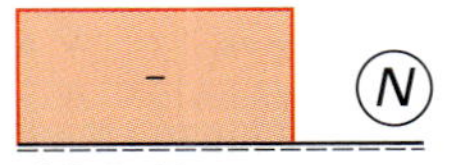

Zustandslinie *N*

Beanspruchungsarten, Grenzspannungen

Beanspruchungsart	Spannung	elastische Formänderung	Werkstoffkennwert/Grenzspannung (σ_{grenz}) für: statische Belastung (Belastungsfall I): spröde[1] (z.B. Gusseisen)	statische Belastung (Belastungsfall I): zäh[2] (z.B. Stahl)	dynamische Belastung: schwellend[3] (Belastungsfall II)	dynamische Belastung: wechselnd[3] (Belastungsfall III)
Zug 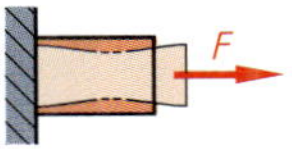	Zugspannung σ_z	Dehnung ε Bruchdehnung A	Zugfestigkeit R_m	Streckgrenze R_e 0,2-%-Dehngrenze $R_{p0,2}$	Zug-Schwellfestigkeit σ_{zSch}	Zug-Druck-Wechselfestigkeit σ_{zdW}
Druck 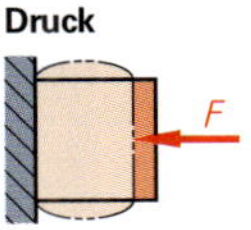	Druckspannung σ_d	Stauchung ε_d	Druckfestigkeit σ_{dB}	Quetschgrenze σ_{dF} 0,2-%-Stauchgrenze $\sigma_{d0,2}$	Druck-Schwellfestigkeit σ_{dSch}	
Biegung 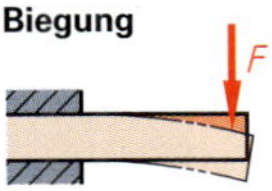	Biegespannung σ_b	Durchbiegung f	Biegefestigkeit σ_{bB}	Biegefließgrenze σ_{bF}	Biege-Schwellfestigkeit σ_{bSch}	Biege-Wechselfestigkeit σ_{bW}
Abscherung 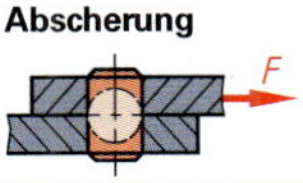	Scherspannung τ_a	–	Scherfestigkeit τ_{aB}	Scherfließgrenze τ_{aF}	–	–
Torsion (Verdrehung) 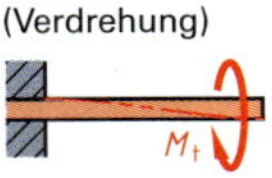	Torsionsspannung τ_t	Verdrehwinkel φ	Torsionsfestigkeit τ_{tB}	Torsionsfließgrenze τ_{tF}	Torsions-Schwellfestigkeit τ_{tSch}	Torsions-Wechselfestigkeit τ_{tW}
Knickung 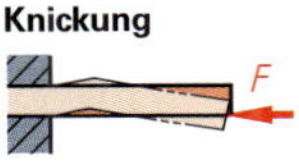	Knickspannung σ_k	–	Knickfestigkeit σ_{kB}	Knickfestigkeit σ_{kB}	–	

[1] Werkstoffkennwert, Grenzspannung gegen Bruch (Seite 67)
[2] Werkstoffkennwert, Grenzspannung gegen plastisches Fließen (Seite 67)
[3] Werkstoffkennwert, Grenzspannung gegen Dauerbruch (Werkstoffermüdung)(Seite 68)

F

Beanspruchung auf Biegung

Statisch bestimmte Träger (Kragarm und Einfeldträger)

Nr.	System und Belastung	Auflagerkräfte[1]	Biegemomente	Durchbiegung
1	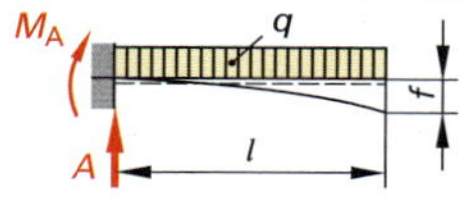	q Variable für Streckenlast F Variable für Einzellast $A = q \cdot l$	E Elastizitätsmodul I Flächenmoment 2. Grades $M_A = -\frac{q \cdot l^2}{2}$	$f = \frac{q \cdot l^4}{8\,E \cdot I}$
2	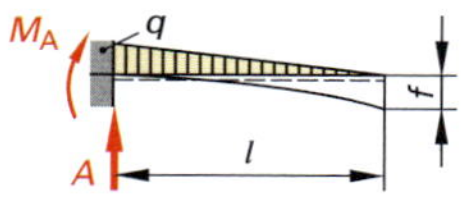	$A = \frac{q \cdot l}{2}$	$M_A = -\frac{q \cdot l^2}{6}$	$f = \frac{q \cdot l^4}{30\,E \cdot I}$
3	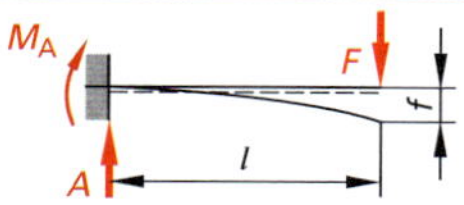	$A = F$	$M_A = -F \cdot l$	$f = \frac{F \cdot l^3}{3\,E \cdot I}$
4	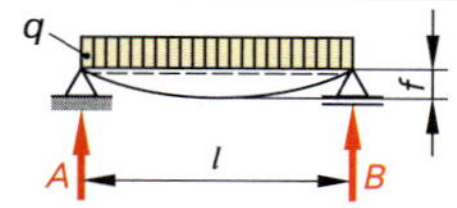	$A = B = \frac{q \cdot l}{2}$	max. $M = \frac{q \cdot l^2}{8}$ in Feldmitte	max. $f = \frac{5\,q \cdot l^4}{384\,E \cdot I}$ max. $f = \frac{M \cdot l^2}{9{,}6\,E \cdot I}$
5	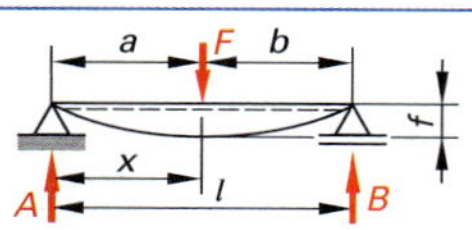	$A = \frac{F}{2}$ $B = \frac{F}{2}$ mit $a = b$	max. $M = \frac{F \cdot l}{4}$ in Feldmitte	max. $f = \frac{1}{48} \cdot \frac{F \cdot l^3}{E \cdot I}$ max. $f = \frac{1}{12}\,\frac{M \cdot l^2}{E \cdot I}$
6	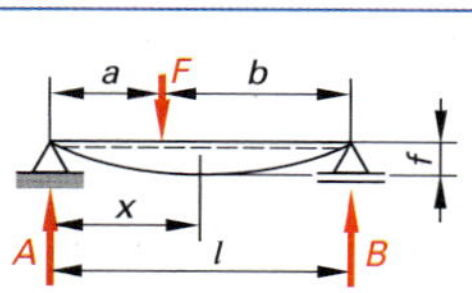	$A = F(1-\alpha)$ $B = F \cdot \alpha$ mit $\alpha = \frac{a}{l}$	max. $M = F \cdot l \cdot \alpha\,(1-\alpha)$ bei $x = a$	max. $f = \frac{F \cdot l^3}{27\,E \cdot I} \cdot \alpha\,\sqrt{3(1-\alpha^2)^3}$ für $a \leq 0{,}5$ bei $x = \frac{1}{3}\,l\,\sqrt{3(1-\alpha^2)}$

Statisch unbestimmte Träger (Einfeldträger mit ein- und beidseitiger Einspannung)

Nr.	System und Belastung	Auflagerkräfte[1]	Biegemomente	Durchbiegung
7	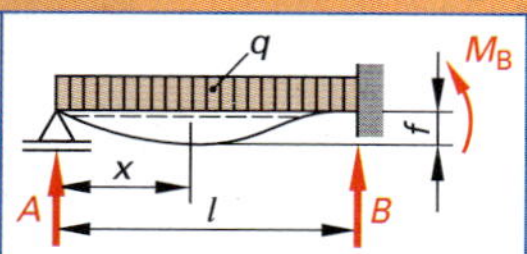	$A = \frac{3\,q \cdot l}{8}$ $B = \frac{5\,q \cdot l}{8}$	$M_B = -\frac{q \cdot l^2}{8}$ max. $M = \frac{9\,q \cdot l^2}{128}$ bei $x = 0{,}375\,l$	max. $f = \frac{2\,q \cdot l^4}{369\,E \cdot I}$ bei $x = 0{,}4215\,l$
8	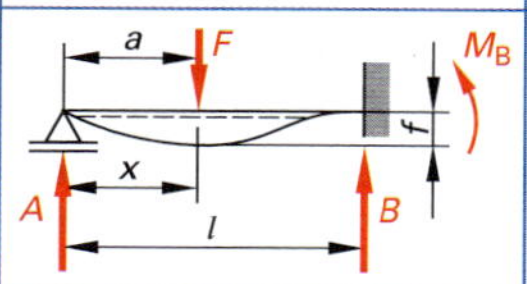	$A = \frac{F}{2}(1-\alpha)^2\,(2+\alpha)$ $B = \frac{F}{2}(3-\alpha^2)\,\alpha$ mit $\alpha = \frac{a}{l}$	$M_B = -\frac{F \cdot l}{2}(1-\alpha) \cdot \alpha \cdot (2-\alpha)$ $M_1 = \frac{F \cdot l}{2}\,\alpha \cdot (1-\alpha^2) \cdot (2+\alpha)$	$f = \frac{F \cdot l^3}{12\,E \cdot I}(1-\alpha)^3 \cdot (3+\alpha)\,\alpha^2$ bei $x = a$
9	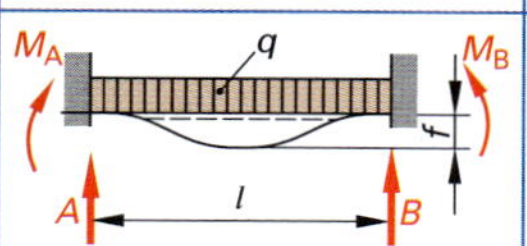	$A = B = \frac{q \cdot l}{2}$	$M_A = M_B = -\frac{q \cdot l^2}{12}$ max. $M = \frac{q \cdot l^2}{24}$ in Feldmitte	max. $f = \frac{q \cdot l^4}{384\,E \cdot I}$ in Feldmitte
10	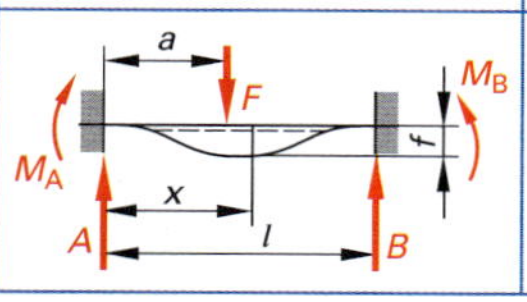	$A = F(1-\alpha)^2\,(1+2\alpha)$ $B = F \cdot \alpha^2\,(3-2\alpha)$ mit $\alpha = \frac{a}{l}$	$M_A = -F \cdot l \cdot \alpha\,(1-\alpha)^2$ $M_B = -F \cdot l \cdot \alpha^2\,(1-\alpha)$ $M_1 = 2\,F \cdot l \cdot \alpha^2\,(1-\alpha)^2$	max. $f = \frac{2\,F \cdot l^3}{3\,E \cdot I} \cdot \frac{\alpha^2\,(1-\alpha)^3}{(3-2\alpha)^2}$ für $\alpha \leq 0{,}5$ bei $x = 1/(3-2\alpha)$

[1] Im Maschinenbau werden die Auflagekräfte A, B mit F_A und F_B bezeichnet.

Flächen- und Widerstandsmomente

Einzelquerschnitte

S Schwerpunkt
A Querschnittsfläche

I_y, I_z Flächenmomente 2. Grades (früher: Trägheitsmomente)
W_p polares Widerstandsmoment
W_y, W_z axiales Widerstandsmoment

				Knickung (Biegung)			Biegung
Nr.	**Querschnitt**	***e***	***A***	I_y	I_z	I_{yz}, W_p	W_y, W_z
1	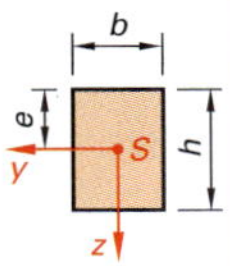	$\frac{h}{2}$	$b \cdot h$	$\frac{b \cdot h^3}{12}$	$\frac{h \cdot b^3}{12}$	–	$W_y = \frac{b \cdot h^2}{6}$ $W_z = \frac{h \cdot b^2}{6}$
2	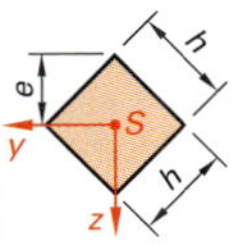	$\frac{\sqrt{2} \cdot h}{2}$	h^2	$\frac{h^4}{12}$	$\frac{h^4}{12}$	Torsion $W_p = 0{,}208 \cdot h^3$	$W_y = W_z = \frac{\sqrt{2} \cdot h^3}{12}$
3	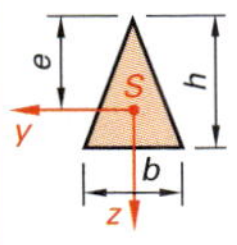	$\frac{2 \cdot h}{3}$	$\frac{b \cdot h}{2}$	$\frac{b \cdot h^3}{36}$	$\frac{h \cdot b^3}{48}$	–	$W_{yo} = \frac{b \cdot h^3}{24}$
4	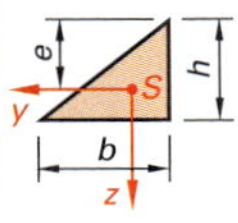	$\frac{2 \cdot h}{3}$	$\frac{b \cdot h}{2}$	$\frac{b \cdot h^3}{36}$	$\frac{h \cdot b^3}{36}$	Knickung $I_{yz} = \frac{h^2 \cdot b^2}{72}$	$W_{yu} = \frac{b \cdot h^2}{12}$
5	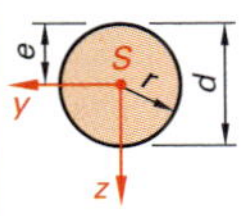	r $\frac{d}{2}$	$\pi \cdot r^2$ $\frac{\pi \cdot d^2}{4}$	$\frac{\pi \cdot r^2}{4}$ $\frac{\pi \cdot d^4}{64}$	$\frac{\pi \cdot r^2}{4}$ $\frac{\pi \cdot d^4}{64}$	Torsion $W_p = \frac{\pi \cdot d^3}{16}$	$W_y = W_z =$ $\frac{\pi \cdot r^3}{4}$ $\frac{\pi \cdot d^3}{32}$
6	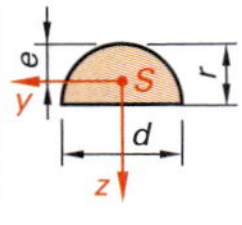	$\left(1 - \frac{4}{3\pi}\right) \cdot r$ $0{,}5756\ r$	$\frac{\pi \cdot r^2}{2}$ $\frac{\pi \cdot d^2}{8}$	$\left(\frac{\pi}{8} - \frac{8}{9\pi}\right) \cdot r^4$ $0{,}1098\ r^4$	$\frac{\pi \cdot r^4}{8}$ $\frac{\pi \cdot d^4}{128}$	–	$W_{yo} = 0{,}1907\ r^3$ $W_{yu} = 0{,}2586\ r^3$
7	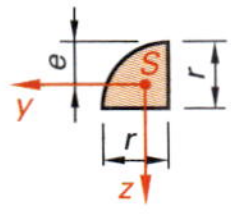	$\left(1 - \frac{4}{3\pi}\right) \cdot r$ $0{,}5756\ r$	$\frac{\pi \cdot r^2}{2}$ $\frac{\pi \cdot d^2}{16}$	$\left(\frac{\pi}{16} - \frac{4}{9\pi}\right) \cdot r^4$ $0{,}0549\ r^4$	$\left(\frac{\pi}{16} - \frac{4}{9\pi}\right) \cdot r^4$ $0{,}0549\ r^4$	Knickung $I_{yz} = \left(\frac{4}{9\pi} - \frac{1}{8}\right) \cdot r^4$ $I_{yz} = -0{,}0165\ r^4$	$W_{yo} = 0{,}0953\ r^3$ $W_{yu} = 0{,}1293\ r^3$
8	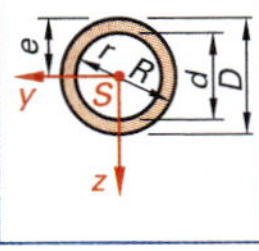	R $\frac{D}{2}$	$\pi \cdot (R^2 - r^2)$ $\frac{\pi}{4} \cdot (D^2 - d^2)$	$\frac{\pi}{4} \cdot (R^4 - r^4)$ $\frac{\pi}{64} \cdot (D^4 - d^4)$	$\frac{\pi}{4} \cdot (R^4 - r^4)$ $\frac{\pi}{64} \cdot (D^4 - d^4)$	Torsion $W_p = \frac{\pi \cdot (D^4 - d^4)}{16 \cdot D}$	$W_y = W_z =$ $\frac{\pi}{4\,R} \cdot (R4 - r4)$ $\frac{\pi}{32\,D} \cdot (D4 - d4)$

Achtung: Durch eine Spiegelung um die *y*-Achse werden W_{yo} und W_{yu} vertauscht.

F

Sicherheitskonzept in der Bautechnik

Grenzzustand der Gebrauchstauglichkeit (GZG)

Der GZG ist ein Zustand, bei dessen Überschreitung die festgelegten Nutzungsanforderungen nicht mehr erfüllt sind. Mit dem Nachweis der Gebrauchstauglichkeit (z. B. der Durchbiegung) ist rechnerisch zu zeigen, dass Verformungen das Erscheinungsbild oder die beabsichtigte Nutzung des Bauwerkes (z. B. der Geschossdecke) nicht beeinträchtigen.

$$E_D \leq C_D$$

Mit C_d wird der Nennwert des Gebrauchstauglichkeitskriteriums benannt. Die entsprechenden Werte werden in den baustoffspezifischen Normen festgesetzt.

Einwirkungskombinationen für die Gebrauchstauglichkeit

Charakteristische Kombinationen

$$E_d = E\left(\sum_{j\geq 1} G_{k,j} \oplus Q_{k,1} \oplus \sum_{i>1} \psi_{0,i} \cdot Q_{k,i}\right)$$

Quasi-ständige Kombinationen

$$E_d = E\left(\Sigma G_{k,i} \oplus \Sigma(\psi_{2,i} \cdot Q_{k,i})\right)$$

Mit G_k wird die Größe der ständigen Einwirkung benannt, mit Q_k wird die Größe der veränderlichen Einwirkung (mit E_d als Bemessungswert der Auswirkung einer Einwirkung).

Grenzzustand der Tragfähigkeit (GZT)

Der GZT ist ein Zustand, mit dem der Einsturz oder ähnliche Arten des Tragwerksversagens verbunden sind. Mit dem Nachweis der Tragfähigkeit ist rechnerisch zu zeigen, dass der Verlust des statischen Gleichgewichts, eine übermäßige Verformung und der Bruch des Tragwerks während der definierten Lebensdauer des Bauwerks nicht eintreten.

Es ist nachzuweisen (der Tragwiderstand wird nach baustoffspezifischen Normen festgesetzt):

$$E_d \leq R_d$$

mit E_d als Bemessungswert der Beanspruchung
mit R_d als Bemessungswert des Tragwiderstandes bzw. der Beanspruchbarkeit

Einwirkungskombinationen für die Tragfähigkeit

Ständige und vorübergehende Bemessungssituation (Grundkombination)

$$E_d = E\left(\sum_{j\geq 1} \gamma_{G,j} \cdot G_{k,j} \oplus \gamma_{Q,1} \cdot Q_{k,1} \oplus \sum_{i>1} \gamma_{Q,i} \cdot \psi_{0,i} \cdot Q_{k,i}\right)$$

Außergewöhnliche Bemessungssituation

$$E_d = E\left(\sum_{j\geq 1} \gamma_{G,A,j} \cdot G_{k,j} \oplus \gamma_{Q,A,1} \cdot \psi_{1,i} \cdot Q_{k,1} \oplus \sum_{i>1} \gamma_{Q,A,i} \cdot \psi_{0,i} \cdot Q_{k,i}\right)$$

γ Teilsicherheitsbeiwerte
ψ Kombinationsbeiwerte
$\oplus$ ... in Kombination mit ...

Teilsicherheitsbeiwerte (EC 0, DIN EN 1990/NA)

Für die Tragwerksplanung werden verschiedene Grenzzustände der Tragfähigkeit unterschieden. Im Grundsatz gelten die Werte für die ständige bzw. veränderliche Einwirkung. Teilsicherheitsbeiwerte für Baustoffe γ_M und Vorspannung γ_P sowie für die Bemessungssituationen in der Geotechnik sind den jeweiligen Bemessungsnormen zu entnehmen.

Nachweis-situation	ständige Einwirkung γ_G	veränderliche Einwirkung γ_Q	Baugrund		Stahlbeton-fertigteile γ	Verlust der Lagesicherheit γ_G
			γ_G	γ_Q		
günstig	1,0	0	1,0	0	1,15	0,9 (stabil)
ungünstig	1,35	1,5	1,0	1,3	1,15	1,1 (destabil)

Kombinationsbeiwerte ψ_0, ψ_1 und ψ_2 (EC 0, DIN EN 1990/NA)

Einwirkungen			ψ_0	ψ_1	ψ_2
Kategorie A, B:	Wohnräume, Aufenthaltsräume, Büroräume	Nutzlast $Q_{k,1}$ auf Decken	0,7	0,5	0,3
Kategorie C, D:	Versammlungsräume, Verkaufsräume		0,7	0,7	0,6
Kategorie E:	Lagerräume		1,0	0,9	0,8
Schneelasten $Q_{k,2}$	Orte bis 1000 m ü. NN		0,5	0,2	0
	Orte über 1000 m ü. NN		0,7	0,5	0,2
Windlasten $Q_{k,3}$			0,6	0,2	0
Temperatureinwirkungen $Q_{k,4}$			0,6	0,5	0

Sicherheitskonzept in der Bautechnik

Einwirkungen und Grundkombinationen

- **Einwirkungen** sind Lasten, Temperatureinflüsse und Zwangsverformungen (z.B. Stützensenkungen). Die Lastannahmen werden im Sinne der DIN und des Eurocodes als charakteristische Größen der Einwirkungen (Fußzeiger *k*) bezeichnet.
- Statt der Einzellastfälle wird unterteilt in die Lastgruppe aller **ständigen Einwirkungen *G***, die Lastgruppen der **veränderlichen Einwirkungen *Q*** (z.B. Verkehrslast, Wind- und Schneelast) sowie die **außergewöhnlichen Einwirkungen F_A** (z.B. Anprall-Lasten).
- G_k bezeichnet die charakteristische Größe aller ständigen Einwirkungen. Besteht die ständige Einwirkung nur aus einer Gleichstreckenlast, so kann auch g_k in kN/m oder kN/m² verwendet werden.
- $Q_{i,k}$ ($i = 1, 2, \ldots$) bezeichnet die charakteristische Größe der veränderlichen Einwirkungen *i*. Für Verkehrslast, Schneelast und Windlast können bei Gleichstreckenlasten die Bezeichnungen q_k, s_k und w_k verwendet werden.
- Die charakteristischen Größen der Einwirkungen (bisher Einzellastfälle) werden mit **Teilsicherheitsbeiwert** γ multipliziert und ergeben in der Überlagerung in den Grundkombinationen Bemessungseinwirkungen, die zur Ermittlung von Bemessungsschnittgrößen herangezogen werden.
- Werden mehrere veränderliche Einwirkungen kombiniert, so dürfen diese mit einem **Kombinationsbeiwert** γ abgemindert werden.

Zeichen und Begriffe

Große lateinische Buchstaben		Kleine lateinische Buchstaben		Indizes	
E	Elastizitätsmodul	a	Abstand, Auflagerbreite	b	Verbund
F	Kraft	b	Breite	s	Stahl
M	Moment	c	Betondeckung	c	Beton, Druck, Kriechen
N	Längskraft	d	statische Nutzhöhe oder Durchmesser	d	Bemessungswert
V	Querkraft	f	Festigkeit	k	charakteristisch
A_c	Betonquerschnitt	h	Höhe, Bauteildicke	vorh	vorhanden
A_s	Betonstahl	s	Abstand, Stababstand	ind	indirekt
G	ständige Einwirkung	l	Länge, Stützweite	erf	erforderlich
I	Flächenmoment 2. Grades	x	Höhe der Druckzone	max	maximaler Wert
Q	Verkehrslast	z	Hebelarm der inneren Kräfte	min	minimaler Wert
A_N	Querschnittsfläche netto			t	Zug, quer
				y	Fließ-, Streckgrenze

Zusammengesetzte Formelzeichen (Auswahl)

M_{Rd}	Bemessungswert des aufnehmbaren Moments	f_{ctm}	Mittelwert der zentrischen Zugfestigkeit des Betons
M_{Ed}	Bemessungswert des einwirkenden Biegemoments	$f_{ck,\,cube}$	charakteristische Würfeldruckfestigkeit des Betons
N_{Rd}	Bemessungswert der aufnehmbaren Normalkraft	f_{cm}	Mittelwert der Zylinderdruckfestigkeit des Betons
N_{Ed}	Bemessungswert der einwirkenden Normalkraft	d_s	Stabdurchmesser der Betonstahlbewehrung
R_d	Bemessungswert des Tragwiderstands	c_V	Verlegemaß der Bewehrung
V_{Ed}	einwirkende Bemessungsquerkraft	f_{tk}	charakteristischer Wert der Zugfestigkeit des Betonstahls
V_{Rd}	Querkrafttragwiderstand	$f_{tk,\,cal}$	charakteristischer Wert der Zugfestigkeit des Betonstahls für die Bemessung
γ_c	Teilsicherheitsbeiwert für Beton	f_{yd}	Bemessungswert der Streckgrenze des Betonstahls
γ_s	Teilsicherheitsbeiwert für Betonstahl	f_{yk}	charakteristischer Wert der Streckgrenze des Betonstahls
ε_c	Dehnung des Betons		
ε_{cu}	rechnerische Bruchdehnung des Betons		

F

Spannungen und Festigkeiten

Spannungen

Die **Spannung** ist eine abgeleitete Größe. Wirkt eine Kraft auf eine Fläche, so wird der Quotient aus Kraft F pro Flächeneinheit A als Spannung bezeichnet. Ihre Komponente senkrecht zur Angriffsfläche heißt Normalspannung σ, die in der Ebene der Fläche liegende Komponente Schubspannung τ.

Spannung gleich Kraft durch Fläche: $\sigma = \dfrac{N}{A}$

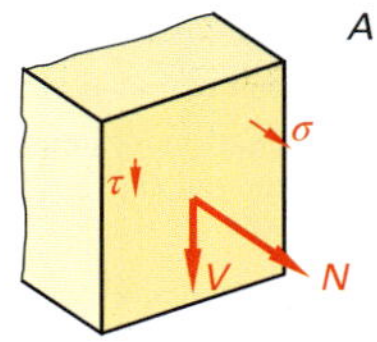

A Querschnittsfläche

Einheit der Spannung

$$1\ \text{Pa} = 1\ \frac{\text{N}}{\text{m}^2};\quad 1\ \frac{\text{MN}}{\text{m}^2} = 1\ \frac{\text{N}}{\text{mm}^2} = 1\ \text{MPa};\quad 1\ \frac{\text{kN}}{\text{cm}^2} = 10\ \text{MPa}$$

N Normalkraft
V Querkraft
σ Normalspannung
τ Schubspannung

Beanspruchungsarten

	Zug/Druck	Biegung	Schub
Art	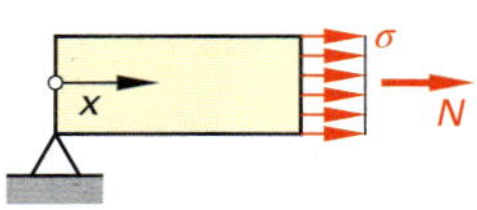 Normalspannungsverteilung σ infolge von N	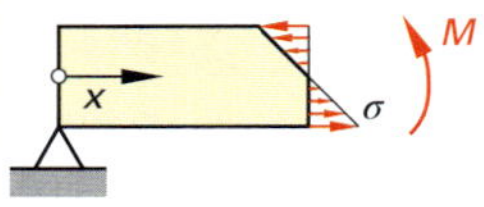 Normalspannungen σ infolge von M	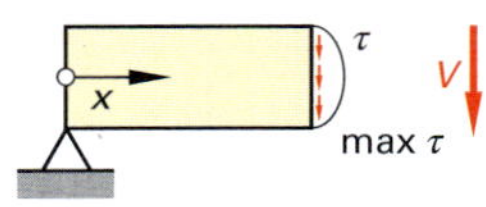 Schubspannungsverteilung infolge von V
Spannung	Zug-/Druckspannung $\sigma_{z/d} = N/A$ Druckspannungen sind negativ.	Biegespannung $\sigma_b = M_b/W$ M_b Biegemoment W Widerstandsmoment	Schubspannung $\tau = \dfrac{V \cdot S_y}{I_y \cdot b}$ (allgemeine Formel) $\max.\ \tau = 1{,}5\ \dfrac{V}{A}$ im Rechteckquerschnitt

Aufgrund äußerer Belastungen ergeben sich in einem Querschnitt innere Kräfte. Diese inneren Kräfte werden als Schnittgrößen (Moment M, Normalkraft N, Querkraft V) bezeichnet. Diese Schnittgrößen werden in Spannungen umgerechnet.

Spannungen im Balkenquerschnitt (vereinfachte Annahme)

Die **Normalkraft N** ruft bei jeder Querschnittsform eine im Querschnitt gleichmäßig verteilte **Normalspannung σ_N** hervor.

Zugkräfte (+) erzeugen Zugspannungen (+). Druckkräfte (–) erzeugen Druckspannungen (–).

Die **Querkraft V** ruft im Rechteckquerschnitt eine parabolisch verteilte **Schubspannung τ** hervor. Am oberen und unteren Querschnittsrand verschwinden die Spannungen. Im Schwerpunkt des Querschnitts sind die Schubspannungen maximal.

Ist der Querschnitt nicht rechteckig, so sind die Schubspannungen infolge der Querkraft nach allgemeiner Formel zu berechnen.

Das **Biegemoment M** ruft im Querschnitt eine über die Höhe linear verteilte **Normalspannung σ_M** hervor. Die Normalspannung verschwindet in der Schwerpunktsfaser und ist in den Randfasern betragsmäßig am größten. Die Randfasern werden durch die Koordinaten z_u (> 0) und z_o (< 0) beschrieben.

Zur Berechnung der Normalspannung infolge Biegung in den Randfasern werden **Widerstandsmomente W_u** und **W_o** nach nebenstehender Formel berechnet.

Für doppeltsymmetrische Querschnitte gilt **$W_o = W_u = W$** und für die Randfaserspannung **$\sigma_o = -\sigma_u$**.

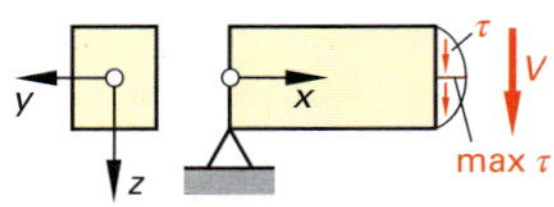

Schubspannung infolge von V

$\sigma = \dfrac{M}{I_y} \cdot z$ allgemeine Formel

$$W_o = -\frac{I_y}{z_o} \qquad W_u = \frac{I_y}{z_u}$$

$$\sigma_o = -\frac{M}{W_o} \qquad \sigma_u = \frac{M}{W_u}$$

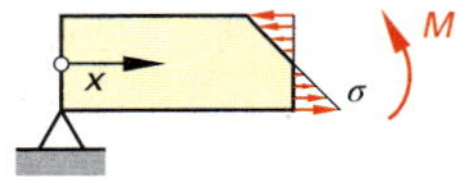

Normalspannungen σ infolge von M

Spannungen und Festigkeiten

Festigkeiten

Für den Nachweis der **Tragfähigkeit** und **Gebrauchstauglichkeit** eines Bauwerks ist die tragende Konstruktion auf

- Grenzzustand der Tragfähigkeit (GZT), Materialfestigkeiten
- Grenzzustand der Gebrauchstauglichkeit (GZG), Durchbiegungen und
- Systemversagen, Biegedrillknicken, Stabilität, Knicken, Kippen

zu untersuchen. Der Nachweis der statischen Festigkeit ist geführt, wenn keine der in den Tragwerksteilen auftretenden Spannungen die aufnehmbaren Beanspruchbarkeiten überschreiten.

Die Beanspruchbarkeiten werden durch entsprechende Normen festgesetzt.

Die sich aus den Schnittgrößen und den Querschnittswerten ergebenden Spannungen (σ_d , τ_d) werden den vom Baustoff und vom Sicherheitskonzept abhängenden Beanspruchbarkeiten (f_d) gegenübergestellt.

Die Bedingungen lauten:

$$\sigma_d \le f_d \qquad \tau_d \le f_d \qquad S_d/R_d \le f_1$$

Spannungsüberlagerung

Spannungen aus Biegung und Normalkraft sind zu überlagern.

$$\sigma = \frac{N}{A} + \frac{M}{I_y} \cdot z$$

für die Randfaser mit $z = \frac{h}{2}$

$$\sigma = \frac{N}{A} \pm \frac{M}{W}$$

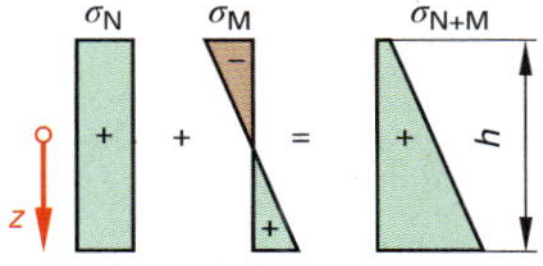

infolge N infolge M infolge $N + M$

F

Ausgewählte Beanspruchbarkeiten im Bemessungszustand ausgewählter Baustoffe

Baustoff	Sorte/Klasse/Gruppe	f_d	Bemerkungen
Beton EC 2	C16/20 C20/25 C25/30 C30/37 C35/45 C40/50 C45/55	7,6 MN/m² 9,4 MN/m² 11,8 MN/m² 14,2 MN/m² 16,5 MN/m² 18,9 MN/m² 21,3 MN/m²	Bemessungsdruckspannungen für unbewehrten Beton ohne Knicken $f_{c,d} = \frac{\alpha \cdot f_{c,k}}{\gamma_c}$ α Langzeitfaktor = 0,85 γ_c = 1,8
Stahl EC 3	S235 JR St 37 S355 JO St 52	214 N/mm² 323 N/mm²	Bemessungsstreckgrenze $\sigma_{R,d}$ $\sigma_{R,d} = f_{y,k}/\gamma_M$ mit $\gamma_M = 1,1$
Betonstahl DIN 488	B500A B500B	435 N/mm² 435 N/mm² } ($f_{y,d}$)	γ_S Sicherheitsbeiwert für Betonstahl γ_S = 1,15 nach EC 2
Holz, EC 5 VH DIN EN 338	VH (NH) C24 C30 VH (LH) D30	12,9 N/mm² 14,2 N/mm² 14,2 N/mm² } ($f_{c,0,d}$)	Druckspannungen parallel zur Faserrichtung ohne Knicken: $k_{mod} = 0,8$; $\gamma_M = 1,3$ VH Vollholz NH Nadelholz
BSH DIN EN 1194	BSH (NH) GL24 h GL28 h	14,8 N/mm² 16,3 N/mm² } ($f_{c,0,d}$)	BSH Brettschichtholz ENH europäisches Nadelholz
Mauerwerk EC 6	M6 (KSL Mz) MG II IIa III	2,7 MN/mm² 3,1 MN/mm² 3,7 MN/mm² } (f_k)	Druckspannungen für Mauerwerk aus künstlichen Steinen ohne Knicken (Grundwerte σ) Ausgenommen kurze Wände mit > 35 % Lochanteil oder Schlitzen
	M12 (KSL Mz) MG II IIa III IIIa	3,9 MN/mm² 5,0 MN/mm² 5,6 MN/mm² 6,3 MN/mm² } (f_k)	M6, M12 Festigkeitsklassen der Mauersteine MG I bis MG IIIa Mörtelgruppen MG IIIa erreicht höhere Festigkeit durch verbesserte Kornzusammensetzung

Ausgewählte Beanspruchbarkeiten im Bemessungszustand ausgewählter Baustoffe (Schub)

Baustoff	Sorte/Klasse/Gruppe	τ_d	Bemerkungen (s. auch Normalspannungen)
Beton	C25/30 C30/37 C35/45	10,7 MN/m² 12,8 MN/m² 14,9 MN/m²	Schubspannungen für Bauteile mit lotrechter Schubbewehrung: $\tau = \alpha_c \cdot f_{c,d}$ bewehrter Beton
Stahl	S235 JR S355 JO	123 N/mm² 186 N/mm²	Bemessungsschubspannung $\tau_{R,d}$
Holz	VH (NH)	1,33 N/mm²	Schubspannungen (k_{cr} berücksichtigt)

F

Formänderung, Steifigkeit und Stabilität

Dehnung eines Stabes

Wird ein Stab gezogen, so vergrößert sich seine Länge. Der Quotient aus der Längenänderung Δl und der Ausgangslänge l heißt **Dehnung** ε. Bei linearelastischem Baustoffverhalten ist die Dehnung proportional zur Zugspannung.

Der Proportionalitätsfaktor heißt **Elastizitätsmodul *E***. Das Produkt ***E · A*** heißt **Dehnsteifigkeit**.

Die Größe des E-Moduls (Seite 32) ist nur vom Material des Werkstoffes abhängig, nicht wie die Federkonstante von der Querschnittsfläche und der Länge.

$$\varepsilon = \frac{\Delta l}{l}$$

$$\sigma = \frac{F}{A}$$

Hooke'sches Gesetz

$$\sigma = E \cdot \varepsilon$$

Längenänderung

$$\Delta l = \frac{F \cdot l}{E \cdot A}$$

Biegung eines Balkens

Wird ein Balken z.B. durch Einzellasten und Gleichlasten beansprucht, ergeben sich im Balkeninneren Biegebeanspruchungen (Biegemomente). Weiterhin krümmt sich der Balken, die entstehende **Krümmung** κ ist der Kehrwert des Krümmungsradius.

Als Biegesteifigkeif eines Balkens wird das Produkt aus $E \cdot I$ bezeichnet. Die Biegesteifigkeit ist ein Kennwert für die Verformbarkeit eines Biegebalkens.

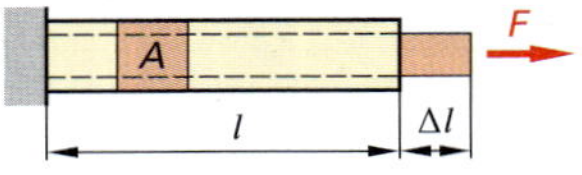

$$\kappa = \frac{1}{R}$$

$$M = E \cdot I \cdot \kappa$$

Knicken von Stäben (nach Euler-Formel und EC)

Bei Stäben, die überwiegend durch Druckkraft belastet werden und deren Querschnitte im Verhältnis zu Höhe relativ schlank sind, kommt es ab einer gewissen Last zu einem plötzlichen seitlichen Ausweichen (Knicken bzw. Biegedrillknicken). Die Knicklasten lassen sich in Abhängigkeit vom Material entsprechend der Euronormen berechnen.

Grundlage dieser Berechnungen sind die Euler'schen Knickformeln bzw. die Euler'sche Knicklast.

Da diese Formeln die Materialfestigkeiten nicht berücksichtigen, sind diese nur im linearelastischen Bereich anwendbar (z.B. Knicken im Holzbau, $\lambda > 100$).

Um die Berechnung dieser Knicklast möglichst einfach zu halten, wird der Knicknachweis in Form einer Abminderung der Beanspruchbarkeiten geführt (z.B. k_c-Faktor im Holzbau). Diese Abminderungsfaktoren sind für unterschiedliche Materialien vertafelt, sodass für den Anwender die Berechnungsformeln der Euler'schen Knicklasten verborgen bleiben.

Alle Tafelwerte beziehen sich auf den Eulerfall 2 (Normalfall), sodass bei anderen Lagerungsbedingungen die Knicklängen l_{ef} auf den Eulerfall 2 umgerechnet werden. Da die Gefahr des Knickens ein größeres Risiko als das reine Materialversagen beinhaltet, ist der Sicherheitsfaktor größer als bei reinem Materialversagen.

Unter Berücksichtigung der Sicherheiten der Einwirkungen und Widerstände ergibt sich für die Euler'sche Knicklast ein globaler Sicherheitsbeiwert von 2,69 zur Versagenslast.

Eulerfälle

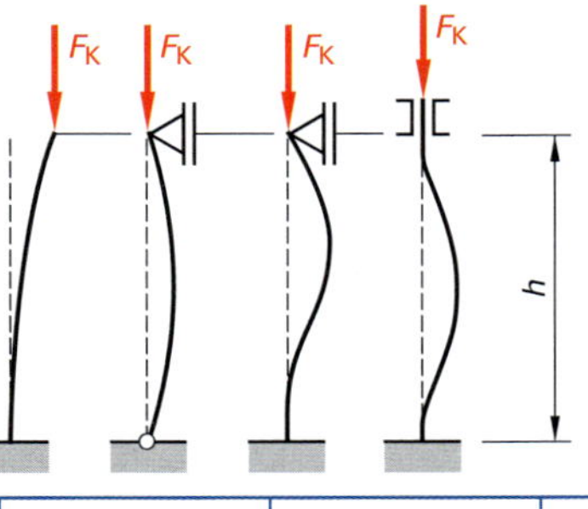

Fall 1:	Fall 2:	Fall 3:	Fall 4:
unten eingespannt; oben frei	**Normalfall:** unten und oben gehalten	unten eingespannt; oben gehalten	unten und oben eingespannt
$l_{ef} = 2\,h$	$l_{ef} = h$	$l_{ef} = \frac{h}{\sqrt{2}}$	$l_{ef} = \frac{h}{2}$

Euler'sche Knicklast

$$F_{ki} = \frac{\pi^2\, E \cdot I}{l_{ef}^2}$$

Normalfall (Fall 2)
Kritische Kraft (Fall 1)

- F_k Knickkraft
- F_{ki} Knickkraft, bei der die Knickung eintritt
- l_{ef} freie Knicklänge
- E Elastizitätsmodul (Seite 32)
- I Flächenträgheitsmoment 2. Grades (Seite 47)

Lastannahmen

Kräfte, die von außen auf ein Bauteil einwirken, werden „Lasten" genannt – nach Eurocode 1 (EC 1) „Einwirkungen". Man unterscheidet:

- Eigenlasten des Bauwerks
- Vorspannung
- Erddruck, Flüssigkeitsdruck

} **ständige Lasten**
ständige Einwirkungen *G*

- Ausbaulasten mit unbestimmten Einbauorten
- Lasten aus Schnee, Wind
- Lasten aus Personen, Fahrzeugen, Möbeln

} **nicht ständige Lasten**
Verkehrslasten/Nutzlasten
veränderliche Einwirkungen *Q*

Gesamtlast = ständige Lasten + Verkehrslasten

alt: $q = g + p$	neu: $r = g + q$	(Last je Länge oder Fläche)	in kN/m oder kN/m²
$Q = G + P$	$R = G + Q$	(Einzellasten; auch N oder F)	in N, kN oder MN

F

Wichte von Baustoffen und Bauteilen

Die Tabelle beinhaltet zur Ermittlung der Eigenlasten die Werte von charakteristischen Wichten und Flächenlasten (EC 1, DIN EN 1991-1-1/ehemals DIN 1055-1).

Die Norm DIN 1055 besteht aus elf Teilen:

Teil 1: Wichten und Flächenlasten von Baustoffen
Teil 2: Bodenkenngrößen
Teil 3: Eigen- und Nutzlasten
Teil 4: Windlasten
Teil 5: Schnee- und Eislasten
Teil 6: Einwirkungen aus Silos
Teil 7: Temperatureinwirkungen
Teil 8: Einwirkungen im Rahmen der Bauausführung
Teil 9: Außergewöhnliche Belastungen
Teil 10: Einwirkungen durch Maschinen und Kräne
Teil 100: Grundlagen der Tragwerkssplanung, Sicherheitskonzept und Bemessungsregeln

Nr.	Lagerstoffe, Baustoffe, Bauteile	Reibungswinkel c	Wichte γ_k kN/m³
Stapelgüter, Metalle, Lagerstoffe			
1.1	Aktengerüst, Schrank m. Inhalt	–	6
1.2	Bücher, Akten geschichtet		8,5
1.3	Aluminium	–	27
1.4	Blei	–	114
1.5	Kupfer-Zink-Legierung	–	85
1.6	Gusseisen	–	72,5
1.7	Kupfer	–	89
1.8	Messing	–	85
1.9	Nickel	–	89
1.10	Stahl		78,5
1.11	Zink	–	72
1.13	Zinn	–	74
1.15	Blähton, Blähschiefer	30	15
1.16	Flugasche als Füllstoff	25	10
1.17	Gips, gemahlen	25	15
1.18	Glas in Tafeln	–	25
1.19	Glas als Acrylglas	–	12
1.20	Hochofenschlacke	40	17
1.21	Hochofenschlacke, granuliert	30	13
1.22	Hüttenbims	35	9
1.23	Kalk	25	13
1.24	Kalk als Luftkalk	25	6
1.25	Kies und Sand, trocken	35	i.M. 18
1.26	Kies und Sand, nass	35	i.M. 20
1.27	Ziegelschotter, - sand, -splitt	35	15

Nr.	Lagerstoffe, Baustoffe, Bauteile	Wichte γ_k kN/m³
Mauerwerk aus natürlichen Steinen		
2.1	Basalt, Diorit, Gabbro, Melaphyr	29
2.2	Diabas, Schiefer	29
2.3	Granit, Porphyr, Syenit	28
2.4	Grauwacke, Sandstein	27
2.5	Kalkstein, Dolomit, Marmor	28
2.6	Kalkkonglomerat, Travertin	26
2.7	Gneis, Granulit, Amphibolit	30
Holz und Holzwerkstoffe		
3.1	Nadelholz, allgemein	5
3.2	Laubholz (Buche, Eiche) D30/D40 D60 D70	7 9 11
3.4	Spanplatten (DIN 68761, 68763)	6
3.5	Baufurniersperrholz (DIN 68705) (DIN 68705-5)	6 8
3.6	Holzfaserplatten, mittelharte MB (DIN EN 316)	7
3.7	Holzfaserplatte, harte HB (DIN EN 316) $\rho \geq 900$ kg/m³	10
Beton, Mörtel und Putz		
4.1	Normalbeton (DIN 1045) Stahlbeton Schwerbeton	24 25 > 26
4.2	Leichtbeton (DIN 1045) Stahlleichtbeton	5 … 20 9 … 21

Lastannahmen

Wichte von Baustoffen und Bauteilen (Fortsetzung)

Nr.	Lagerstoffe, Baustoffe, Bauteile	Rohdichte kg/m³	Wichte γ_k kN/m³
Beton, Mörtel und Putz (Fortsetzung)			
4.3	Porenbeton, gehärtet (DIN 4223) getrennt nach Rohdichteklassen	400 500 600 700	5,2 6,2 7,2 8,4
4.4	Leichtbeton mit haufwerks- porigem Gefüge (DIN 4232) und porigen Zuschlägen (DIN 4226) getrennt nach Rohdichte	1000 1400 1600 1800	10 14 16 18
4.5	Leichtbeton (DIN 4219) mit Zuschlägen aus porigem Gefüge Stahlleichtbeton (DIN 1045) getrennt nach Rohdichte	1000 1100 1200 1400	10 11 12 14
4.6	Anhydritmörtel Anhydritestrich		18 22
4.7	Drahtputz (Rapitz) mit Gipsmörtel		17
4.8	Gipsmörtel ohne Sand, Gipsputz		12
4.9	Kalkmörtel (Mauer- und Putzmörtel)		18
4.10	Kalkgipsmörtel, Gipssandmörtel		18
4.11	Kalkzement- und Kalktrassmörtel		20
4.12	Luftporenputz, Leichtputz		15
4.13	Zementestrich		22
4.14	Zementmörtel, Zementputz		21
Wandbauplatten			**kN/m²**
4.21	Drahtputz mit Kalk-, Gipsmörtel, ca. 30 mm		0,60
4.22	Rohrdeckenputz (Gips) insgesamt 20 mm		0,30
4.23	Gipskalkputz auf Holzwolle-Leichtbauplatte insgesamt 35 mm insgesamt 45 mm		 0,35 0,45
4.24	Wärmedämmputzsystem (WDPS) insgesamt 20 mm insgesamt 60 mm insgesamt 100 mm		 0,24 0,32 0,40
4.25	Gipskalkputz auf Putzträger (Ziegeldrahtgewebe, Streckmetall) insgesamt 30 mm		 0,50
4.26	Gips-Wandbauplatte je cm Dicke		0,09

Nr.	Lagerstoffe, Baustoffe, Bauteile	Rohdichte kg/m³	Wichte γ_k kN/m³
Mauerwerk aus künstlichen Steinen			
5.4	Vollklinker (DIN 105) getrennt nach Ziegelrohdichte	1800 2000 2200	18 20 22
5.5	Hochlochklinker (DIN 105)	≥ 1800	18
5.6	Vollziegel, Lochziegel (DIN 105) Ziegelrohdichte	1200 1400 1800 2000	14 15 18 20
5.7	Leichtlochziegel Typ A und Typ B (DIN 105) getrennt nach Ziegelrohdichte	700 800 900 1000	9 10 11 12
5.8	Kalksandsteine (DIN 106) getrennt nach Steinrohdichte	1000 1200 1400 1600 1800 2000 2200	12 14 15 17 18 20 22
5.9	Hüttensteine (DIN 398) getrennt nach Steinrohdichte	1000 1200 1400 1600 1800	12 14 15 17 18
5.10	Porenbeton-Plansteine PP (DIN 4165) getrennt nach Rohdichte mit Dünnbettmörtel oder Leichtmörtel	350 400 450 500 550 600 700 800	4 4,5 5 5,5 6 6,5 8 8,5
5.11	Porenbeton-Blocksteine (DIN 4165) getrennt nach Rohdichte	500 600 700 800	7 8 9 10
5.12	Lochsteine aus Leichtbeton (DIN 18149) getrennt nach Rohdichte	600 700 800 1000	8 9 10 12
5.13	Hohlblocksteine aus Leichtbeton (DIN 18151) 2K/3K/4K getrennt nach Rohdichte	500 600 700 800 900 1000	7 8 9 10 11 12
5.14	Vollsteine und Vollblöcke aus Leichtbeton (DIN 18152) getrennt nach Rohdichte Vollsteine/Vollblöcke	600 700 800 900 1000 1200	8 9 10 11 12 14

Mauerwerk aus künstlichen Steinen (einschließlich Mörtelfugen)

5.1	Steinrohdichte kg/m³	500	600	700	800	900	1000	1200	1400	1600	1800	2000	2100	2200	2400
5.2	Wichte (NM) in kN/m³	7	8	9	19	11	12	14	16	16	18	20	21	22	24
5.3	Wichte (LN/DN) in kN/m³	6	7	8	9	10	11	13	15	16	18	20	21	22	24

Lastannahmen

Wichte von Baustoffen und Bauteilen (Fortsetzung)

Nr.	Lagerstoffe, Baustoffe, Bauteile	Rohdichte kg/m³	Wichte γ_k kN/m³
Wandbauplatten			
6.1	Faserzementplatten (DIN EN 494)	2000	20
6.2	Leichtbauplatten aus Leichtbeton (DIN 18162) und Hohlwandplatten aus Leichtbeton (DIN 18148) getrennt nach Rohdichte	600 800 900 1000 1200	8 9 10 11 13
6.3	Leichtbauplatten aus Gips (DIN 18163) mit Hohlräumen und Füllstoffen getrennt nach Rohdichte	600 750 900 1200	6 7,5 9 12
6.4	Porenbeton-Bauplatten (Ppl) (DIN 4166) getrennt nach Rohdichte	500 600 700	6 7 8
6.5	Gipskartonplatten; GKB, GFK, GKBi (DIN 18180, DIN EN 520)	700 900	7 9
6.6	Glasbaustein-Wände		12,5
6.7	Porengips-Wandbauplatten		7
6.8	Ständertrennwände aus Gipskartonplatten mit Mineralwollausfachung einfache Beplankung doppelte Beplankung		**kN/m²** 0,35 0,50
6.9	Wärmedämmverbundsystem WDVS aus 20 mm Dämmputz aus 15 mm Oberputz und Schaumkunststoff bewehrt		**kN/m²** 0,24 0,30
Fußbodenbeläge und Wandbeläge			**kN/m³**
7.1	Asphaltbeton, Asphaltestrich		24
7.2	Betonwerksteinplatten, Terrazzo		24
7.3	Estriche, Anhydritestrich		22
7.4	Kunstharzestrich		22
7.5	Magnesiaestrich		22
7.6	Bodenfliesen im Mörtelbett		22
7.7	Wandfliesen im Mörtelbett		19
7.8	Kunststoffböden		15
7.9	Linoleum		13
7.10	Teppichböden		3
7.11	Sporthallen-Elastikboden		12
7.12	Sporthallen-Schwingboden		30
7.13	Glasfliesen, Glasmosaik, Glasplatten		25
7.14	Asphaltbeläge als Asphaltmastix Gussasphalt Stampfasphaltplatten		 18 23 22
7.15	Gummibeläge		15
7.16	Korkplatten (n.g.)		2
7.17	Fertigparkett (n.g.)		6

Nr.	Lagerstoffe, Baustoffe, Bauteile	Wichte γ_k kN/m³
Decken und horizontale Dachdecken (n.g.)		
8.1	Gewölbte Decken bis 2 m Stützweite	24
8.2	Schaum- und Porenbetonplatten	6,2
8.3	Stahlbetonplatten (DIN 1045)	25
8.4	Stahlbetonrippendecken mit Hohlkörper aus **Leichtbeton** (DIN 4158) mit einer 5 cm dicken Betondruckplatte	Last **kN/m²**

8.4	Rippenabstand	0,50 m		0,625 m	
	Betonrohdichte g/cm³	1,4	2,3	1,4	2,3
Deckendicke	17 cm	2,95	3,58	2,77	3,36
	19 cm	3,14	3,75	2,99	3,63
	21 cm	3,71	4,38	3,42	4,13
	23 cm	3,79	4,48	3,50	4,16
	25 cm	3,87	4,55	3,57	4,24

Nr.	Lagerstoffe, Baustoffe, Bauteile	
8.5	Stahlbetonrippendecken mit statisch-mitwirkenden Zwischenbauteilen aus **Ziegeln** (DIN 4159) o. Betondruckplatte	Last **kN/m²**

8.5	Rippenabstand	0,50 m			0,625 m		
	Ziegelrohdichte g/cm³	0,6	0,8	1,0	0,6	0,8	1,0
Deckendicke	14 cm	1,43	1,68	1,92	1,35	1,60	1,85
	19 cm	1,92	2,25	2,58	1,81	2,15	2,50
	24 cm	2,50	2,91	3,32	2,35	2,77	3,20
	29 cm	3,07	3,56	4,05	2,88	3,39	3,91
	34 cm	3,58	4,16	4,74	3,37	3,96	4,67

Nr.	Lagerstoffe, Baustoffe, Bauteile	
8.6	Stahlbetonrippendecken mit statisch mitwirkenden Zwischenbauteilen aus **Deckenziegeln** (DIN 4160) und einer 5 cm dicken Betondruckplatte	Last **kN/m²**

8.6	Rippenabstand	0,50 m	
	Ziegelrohdichte g/cm³	0,6	0,9
Deckendicke	19,0 cm	2,55	2,95
	21,5 cm	2,80	3,25
	24,0 cm	3,05	3,55
	26,5 cm	3,40	4,00
	29,0 cm	3,65	4,30

Nr.	Lagerstoffe, Baustoffe, Bauteile	
8.7	Stahlsteindecken mit Deckenziegeln (DIN 4159)	Last **kN/m²**

8.7	Ziegelrohdichte g/cm³	teilvermörtelt			vollvermörtelt		
		0,6	0,8	1,0	0,6	0,8	1,0
Deckendicke	11,5 cm	1,26	1,45	1,65	1,45	1,60	1,85
	14,0 cm	1,50	1,75	2,00	1,80	1,95	2,20
	16,5 cm	1,90	2,15	2,40	2,20	2,40	2,65
	19,0 cm	2,15	2,45	2,80	2,55	2,80	3,05
	24,0 cm	2,75	3,10	3,50	3,20	3,55	3,90
	29,0 cm	3,35	3,80	4,25	4,05	4,45	4,85

(n.g.) nicht genormt

F

Lastannahmen

Wichte von Baustoffen und Bauteilen (Fortsetzung)

Nr.	Lagerstoffe, Baustoffe, Bauteile	Wichte γ_k kN/m³	Nr.	Lagerstoffe, Baustoffe, Bauteile	Wichte γ_k kN/m³
Sperr-, Dämm- und Füllstoffe			**Sperr-, Dämm- und Füllstoffe**		
9.1	Bimskies, geschüttet	7	9.8	Faserstoffe nach DIN V 18165 T1 und T2	1
9.2	Blähglimmer, geschüttet	2	9.10	Polystyrolgranulat	6,4
9.3	Blähperlite	1	9.11	Polyurethan-Ortschaum	1
9.4	Blähschiefer, Blähton	15	9.12	Schaumkunststoffplatten nach DIN V 18164	1
9.5	Faserstoffe, geschüttet	2	9.13	Holzwoll-Leichtbauplatten nach DIN 1101 $d \leq 100$ mm $d > 100$ mm	 6 4
9.6	Hanfscheben, bituminiert	2			
9.7	Hochofenschaumschlacke	14			

Eigenlasten für Dächer

Die Tabelle beinhaltet die zur Ermittlung der charakteristischen Eigenlasten notwendigen Wichten (Auszug aus EC 1/DIN 1055-1) für 1 m² geneigte Dachfläche ohne Sparren, ohne Pfetten und ohne Mörtel. Bei Vermörtelung sind 0,1 kN/m² Zuschlag zu wählen.

Nr.	Dachdeckung	Last g_k kN/m²
10	**Dachziegel, Betondachsteine, Glasdachsteine** (DIN 456)	
10.1	Betondachsteine, Glasdachsteine mit mehrfacher Fußverrippung und hochliegendem Längsfalz ≤ 10 St/m² tiefliegendem Längsfalz > 10 St/m²	 0,50 0,55
10.2	Biberschwanzziegel, Biberschwanzbetondachsteine, Glasdachsteine als Spließdach einschl. Schindeln Doppeldach, Kronendach	 0,60 0,75
10.3	Falzziegel, Falzpfanne, Flachdachpfanne	0,55
10.4	Großformatige Pfannen	0,50
10.5	Kleinformatiger Biberschwanzziegel	0,95
10.6	Hohlpfanne mit Pappdocken	0,55
10.7	Krempziegel, Hohlpfanne	0,45
10.8	Mönch und Nonne mit Vermörtelung	0,90
10.9	Strangfalzziegel	0,60
11	**Schieferdeckung einschließlich Pappunterlagen**	
11.1	Altdeutsche Deckung auf 22 mm Schalung einfache Deckung doppelte Deckung	 0,50 0,60
11.2	Engl. Schieferdeckung mit Schalung	0,55
12	**Sonstige Deckungen**	
12.1	Schindeldach einschl. Lattung	0,25
12.2	Sprossenlose einschalige Verglasung	0,27
12.3	Kunststoffwellplatten	0,04
12.4	Schablonendeckung auf Lattung	0,45
13	**Metalldeckung einschließlich Pappunterlagen**	
13.1	Aluminium 0,7 mm, 24 mm Schalung	0,25
13.2	Verzinktes Falzblech, 24 mm Schalung	0,30
13.3	Kupferdach 0,7 mm mit 24 mm Schalung	0,35
13.4	Zinkdach und Leisten, 24 mm Schalung	0,30
13.5	Wellblechdach mit Befestigung	0,25
14	**Faserzement-Dachplatten einschließlich Lattung** (DIN EN 494)	
14.1	Deutsche Deckung, 24 mm Schalung	0,40
14.2	Doppeldeckung Doppeldeckung mit Schalung	0,38 0,48
14.3	Waagerechte Deckung Waagerechte Deckung mit Schalung	0,25 0,35
14.4	Faserzement-Wellplatten	0,20
14.5	Faserzement-Kurzwellplatten	0,24
15	**Dachabdichtungen einschließlich Klebemasse** (verlegt)	
15.1	Ausgleichsschicht, lose verlegt	0,03
15.2	Bitumen-Dachabdichtung, einlagig	0,04
15.3	Dachabdichtung, zweilagig, $d \leq 5$ mm	0,13
15.4	Dachabdichtung, dreilagig, $d = 5$ mm	0,17
15.5	Glasvlies-Bitumendachbahn	0,05
15.6	Dampfsperre	0,07
15.7	Kunststoffbahnen, lose Dampfsperre	0,02
15.8	Oberflächenschutz 5 cm dicke Kiesschüttung	1,00
15.9	Kiespressung je cm Dicke	0,20
15.10	Schutzbahnen	0,08
15.11	Polyestergewebe	0,01

Lastannahmen

Nutzlasten

Lotrechte gleichmäßig verteilte Nutzlasten (Auszug aus EC 1, DIN EN 1991-1-1)

Kategorie		Nutzung	Beispiele	q_k kN/m²	Q_k kN
A	A1	Spitzböden	Für Wohnzwecke nicht geeigneter, aber zugänglicher Dachraum bis 1,80 m lichter Höhe	1,0	1,0
	A2	Wohn- und Aufenthaltsräume	Räume mit ausreichender Querverteilung der Lasten, Räume und Flure in Wohngebäuden, Bettenräume in Krankenhäusern, Hotelzimmer einschl. zugehöriger Küchen und Bäder	1,5	–
	A3	z. B. Holzdecke	wie A2, aber ohne ausreichende Querverteilung der Lasten.	2,0	1,0
B	B1	Büroflächen, Arbeitsflächen, Flure	Flure in Bürogebäuden, Büroflächen, Arztpraxen, Stationsräume, Aufenthaltsräume einschl. der Flure, Kleinviehställe	2,0	2,0
	B2		Flure in Krankenhäusern, Hotels, Altenheimen, Internaten usw.; Küchen u. Behandlungsräume einschl. Operationsräume ohne schweres Gerät	3,0	3,0
	B3		wie B2, jedoch mit schwerem Gerät	5,0	4,0
C	C1	Räume, Versammlungsräume und Flächen, die der Ansammlung von Personen dienen können (mit Ausnahme von unter A, B, D und E festgelegten Kategorien)	Flächen mit Tischen; z. B. Schulräume, Cafes, Restaurants, Speisesäle, Lesesäle, Empfangsräume	3,0	3,0
	C2		Flächen mit fester Bestuhlung; z. B. Flächen in Kirchen, Theatern oder Kinos, Kongresssäle, Hörsäle, Versammlungsräume, Wartesäle	4,0	4,0
	C3		Frei begehbare Flächen; z. B. Museumsflächen, Ausstellungsflächen usw. und Eingangsbereiche in öffentlichen Gebäuden und Hotels, nicht befahrbare Hofkellerdecken	5,0	4,0
	C4		Sport- und Spielflächen; z. B. Tanzsäle, Sporthallen, Gymnastik- und Kraftsporträume, Bühnen	5,0	7,0
	C5		Flächen für große Menschenansammlungen; z. B. in Gebäuden wie Konzertsälen, Terrassen und Eingangsbereiche sowie Tribünen mit fester Bestuhlung	5,0	4,0
D	D1	Verkaufsräume	Flächen von Verkaufsräumen bis 50 m² Grundfläche in Wohn-, Büro- und vergleichbaren Gebäuden	2,0	2,0
	D2		Flächen in Einzelhandelsgeschäften und Warenhäusern	5,0	4,0
	D3		wie D2, jedoch mit erhöhten Einzellasten infolge hoher Lagerregale	5,0	7,0
E	E1	Fabriken und Werkstätten, Ställe, Lagerräume und Zugänge, Flächen mit erheblichen Menschenansammlungen	Flächen in Fabriken und Werkstätten mit leichtem Betrieb und Flächen in Großviehställen	5,0	4,0
	E2		Lagerflächen, einschließlich Bibliotheken	6,0	7,0
	E3		Flächen in Fabriken und Werkstätten mit mittlerem oder schwerem Betrieb, Flächen mit regelmäßiger Nutzung durch erhebliche Menschenansammlungen, Tribünen ohne feste Bestuhlung	7,5	10,0
T	T1	Treppen und Treppenpodeste	Treppen und Treppenpodeste der Kategorie A und B1 ohne nennenswerten Publikumsverkehr	3,0	2,0
	T2		Treppen und Treppenpodeste der Kategorie B1 mit erheblichem Publikumsverkehr, B2 bis E sowie alle Treppen, die als Fluchtweg dienen	5,0	2,0
	T3		Zugänge und Treppen von Tribünen ohne feste Sitzplätze, die als Fluchtweg dienen	7,5	3,0
Z		Zugänge, Balkone, Podeste u. Ä.	Dachterrassen, Laubengänge, Loggien usw., Balkone, Ausstiegspodeste	4,0	2,0

Nutzlasten sind die veränderlichen und beweglichen Einwirkungen auf das Bauteil (z.B. Personen, Einrichtungsgegenstände, unbelastete leichte Trennwände, Lagerstoffe, Maschinen und Fahrzeuge).

Waagerechte Nutzlasten, Horizontallasten (Auszug aus EC 1, DIN EN 1991-1-1)

Belastete Flächen nach Kategorie		Horizontale Nutzlast q_k in kN/m
A, B, F, H, T1, Z	Gleichmäßig verteilte Nutzlasten in Höhe des Handlaufes, max. 1,20 m hoch; keine Überlagerung mit der Windlast notwendig.	0,5
C1 bis **C4, D, E1** und **E2, G, K, T2, Z**		1,0
C5, E3, T3		2,0

F

Lastannahmen

Nutzlasten (Fortsetzung)

Lotrechte gleichmäßig verteilte Nutz- und Einzellast für Dächer

Die charakteristischen Werte gleichmäßig verteilter Nutzlasten für Dächer beziehen sich auf die Grundrissprojektion des Daches. Die Aufwandsfläche für Q_k umfasst ein Quadrat mit der Seitenlänge von 5 cm. Zwischenwerte sind linear zu interpolieren.

Kategorie	Nutzung	Dachneigung	q_k in kN/m²	Q_k in kN
H	Nicht begehbare Dächer außer für Erhaltungs- und Reparaturmaßnahmen	$\alpha < 20°$ $\alpha > 40°$	0,75 0	1,0 1,0

Bei Dächern ist in der Mitte der Sparren, Pfetten oder Obergurte von Fachwerken unter Außerachtlassung der Schnee- und Windlasten eine Einzellast von 1 kN anzunehmen.

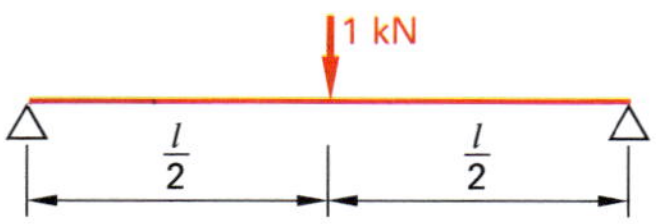

Bei Dachlatten sind zwei Einzellasten von je 0,5 kN in den äußeren Viertelpunkten der Stützweite anzunehmen. Bei Sparrenabständen $l \leq 1{,}00$ m (0,80 m; 0,70 m) und Dachlatten 40 mm/60 mm (30 mm/50 mm; 24 mm/48 mm) ist kein Nachweis erforderlich.

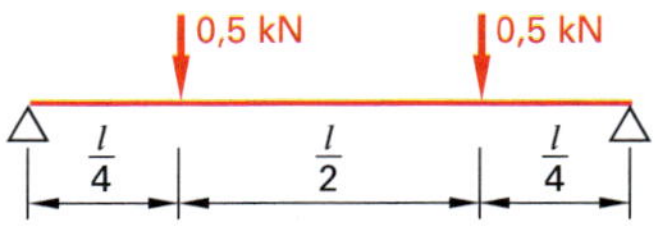

Lastenverteilung für Eigenlasten g_k, Windlasten w_k und Schneelasten s_k bei geneigten Dächern (charakteristische Werte)

Eigenlast g_k

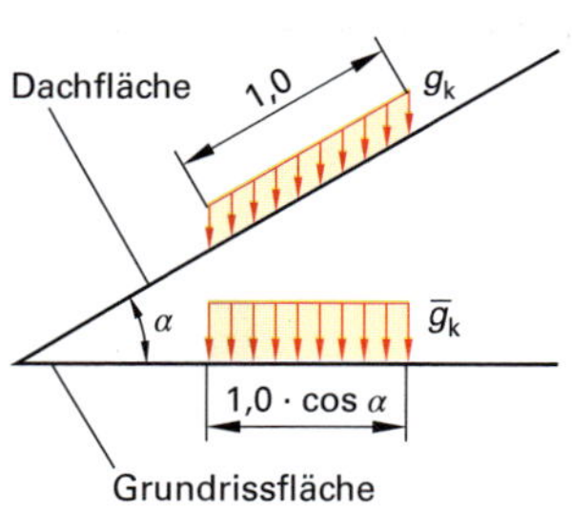

Die Lasten werden üblicherweise in kN/m² angegeben. Lasten mit Querstrich ($\bar{g}_k$, $\bar{s}_i$) sind auf die Grundfläche bezogen.

bezogen auf 1 m² (Dach-)Fläche:

$g_{\perp,k} = g_k \cdot \cos\alpha$ in kN/m² Dfl.

$g_{\parallel,k} = g_k \cdot \sin\alpha$ in kN/m² Dfl.

bezogen auf 1 m² Grundrissfläche:

$\bar{g}_k = g_k/\cos\alpha$ in kN/m² Gfl.

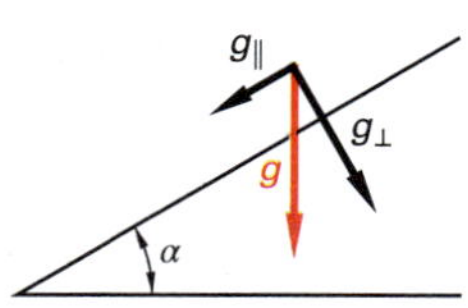

Winddruck w_k

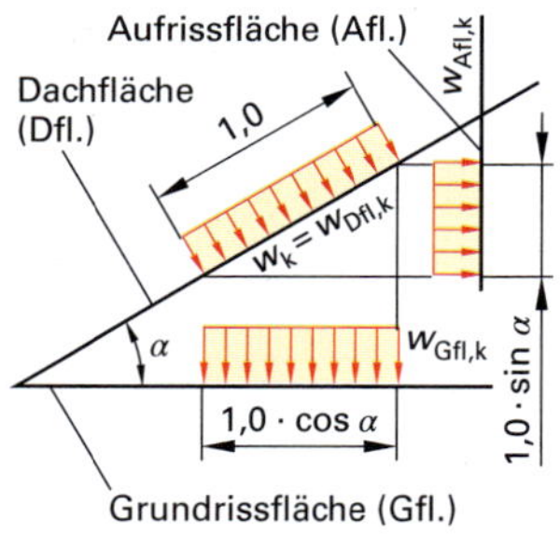

bezogen auf 1 m² (Dach-)Fläche:

$w_{Dfl,k} = w_k$ in kN/m² Dfl.

bezogen auf 1 m² Grundrissfläche:

$w_{Gfl,k} = w_k$ in kN/m² Gfl.

bezogen auf 1 m² Aufrissfläche:

$w_{Afl,k} = w_k$ in kN/m² Afl.

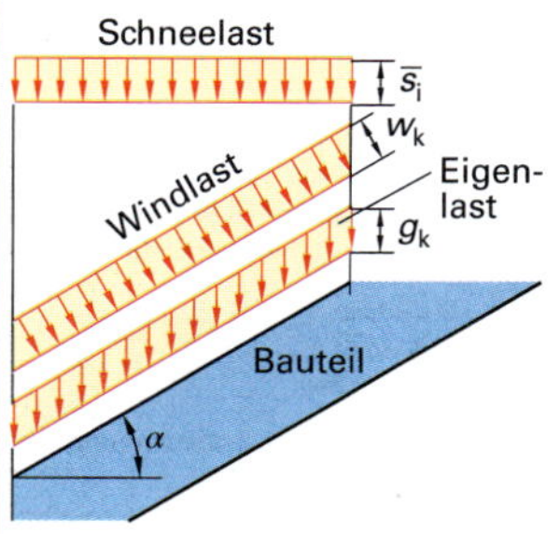

Schneelast s_k

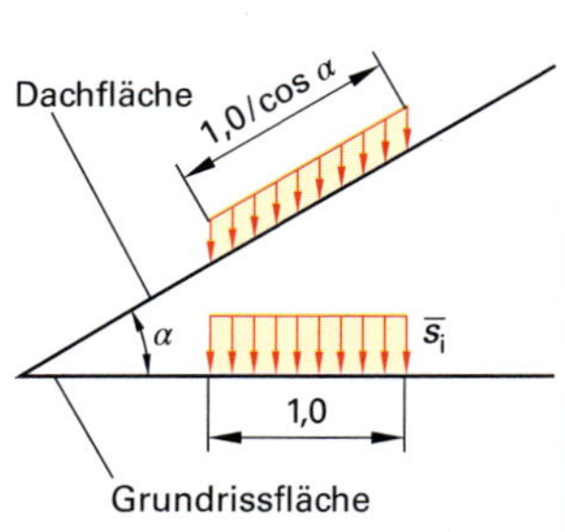

bezogen auf 1 m² (Dach-)Fläche:

$s_{\perp,k} = \bar{s}_i \cdot \cos^2\alpha$ in kN/m² Dfl.

$s_{\parallel,k} = \bar{s}_i \cdot \sin\alpha \cdot \cos\alpha$ in kN/m² Dfl.

bezogen auf 1 m² waagerechter Projektion der Dachfläche (oder Grundrissfläche):

$\bar{s}_i = \mu_i \cdot s_k$

$$w_{Afl} = \frac{w \cdot \sin\alpha}{1{,}0 \cdot \sin\alpha} = w$$

$$w_{Gfl} = \frac{w \cdot \cos\alpha}{1{,}0 \cdot \cos\alpha} = w$$

$$w_e = c_{pe} \cdot q$$

Bei Schneelasten entspricht die Grundrissfläche der waagerechten Projektion der Dachfläche.

Lastannahmen

Eigen- und Nutzlast, Trennwandzuschlag

Die charakteristischen Werte der Eigenlasten eines Bauwerks sind aus den Wichten, Rechenwerten und Flächenlasten der Baustoffe zu ermitteln. Eigenlast ist die Summe der ständig vorhandenen unveränderlichen Einwirkungen. Unbelastete leichte Trennwände bis zu einer Höchstlast von 5 kN/m dürfen bei ausreichender Querverteilung der Deckenlasten durch einen Trennwandzuschlag bei der Nutzlast berücksichtigt werden.

Trennwände bis zu einer Last von 3 kN/m	0,8 kN/m²	Bei Nutzlasten von 5 kN/m² und mehr ist kein Trennwandzuschlag erforderlich
Trennwände bis zu einer Last von 5 kN/m	1,2 kN/m²	

Nutzlast ist die veränderliche und bewegliche Einwirkung auf das Bauteil. Lasten von beweglichen Trennwänden sind als Nutzlasten anzunehmen. Windlasten sowie Schneelasten werden als Nutzlast gesondert berechnet. Die Lasten aus losen Kiesschüttungen auf Decken und/oder Dächern sowie Bodenanschüttungen gegen Außenwände im Kellergeschoss sind veränderliche Einwirkungen.

Windlasten (EC 1, DIN EN 1991-1-4/NA)

Bauwerke sind auf Windlast in Richtung ihrer Hauptachsen zu untersuchen. Gemäß Nationalem Anhang (NA) ist Deutschland in vier Windzonen eingeteilt. Die Einteilung der vier Windzonen in Deutschland ist auf Seite 61 grafisch dargestellt.
Eine genaue örtliche Zuordnung steht im Internet unter www.dibt.de, wie z. B. die Einteilung der Stadt Köln:
Windzone I: alle rechtsrheinischen Gemeinden sowie die Innenstadt
Windzone II: alle Gemeinden, soweit nicht Windzone I
Die Werte gelten in einer Höhe von 10 m im ebenen, offenen Gelände.

Es besteht zwischen der Windgeschwindigkeit (v) und dem zugehörigen Geschwindigkeitsdruck folgender Zusammenhang:

$$q = v^2/1600$$

mit v in m/s
und q in kN/m²

Regelfall

- Baukörper ist allseitig umschlossen, d. h., es ist kein Innendruck anzusetzen.
- Der Böengeschwindigkeitsdruck kann vereinfacht nach der Karte auf Seite 61 bestimmt werden.

Basiswindgeschwindigkeitsdrücke bis 10,00 m über Grund — Windzonenkarte Seite 61

Windzone	WZ I	WZ II	WZ III	WZ IV
Windgeschwindigkeit $v_{b,0}$ in m/s	22,5	25,0	27,5	30,0
Geschwindigkeitsdruck $q_{b,0}$ in kN/m²	0,32	0,39	0,47	0,56

Die Windlastzone IV umfasst das Gebiet der Deutschen Bucht; in der Windlastzone II sind oberhalb von 800 m besondere Überlegungen erforderlich; in der Windlastzone I ist oberhalb 800 m ein Erhöhungsfaktor (0,2 + Höhe/1000) zu berücksichtigen. Die Kombinationsregeln zum Nachweis der Tragfähigkeit und zum Nachweis der Gebrauchstauglichkeit sind einzeln aufzustellen.

Regelfall: Die auf Seite 61 angegebenen Werte für den Böengeschwindigkeitsdruck q_p gelten für Bauwerke bis zu einer Höhe von 25 m (vereinfachtes Verfahren) sowie mit vertikalen Wänden und mit rechteckigem Grundriss. Der Geschwindigkeitsdruck wird über die gesamte Wandhöhe in gleichbleibender Größe angesetzt. Der Wert z_e bzw. z_i für die Bezugshöhe bleibt unberücksichtigt. Für höhere Bauwerke sowie für Bauwerke auf den Nordseeinseln mit mehr als 10 m Höhe ist der Böengeschwindigkeitsdruck nach DIN EN 1991-1-4/NA zu berechnen (hier nicht näher ausgeführt).

Ermittlung des Winddrucks

Grundsätzlich wird zwischen dem an der Außenfläche und dem an der Innenfläche eines Bauwerks angreifenden (wirkenden) Winddruck unterschieden.

Winddrücke können außenseitig auf Bauwerksoberflächen als auch auf innenliegende Oberflächen wirken, wenn die Gebäudehülle durchlässig ist.

Winddruck an Außenflächen

$$w = c_{pe} \cdot q_p\,(z_e)$$

Winddruck an Innenflächen

$$w = c_{pi} \cdot q_p\,(z_i)$$

c_{pe}, c_{pi} Aerodynamischer Beiwert
z_e, z_i Bezugshöhe
q_p Geschwindigkeitsdruck gemäß Windzone

$$c_{pe} = \begin{cases} c_{pe,1} & \text{für } A \leq 1\ \text{m}^2 \\ c_{pe,1} + (c_{pe,10} - c_{pe,1}) \cdot \log A & \text{für } 1\ \text{m}^2 < A \leq 10\ \text{m}^2 \\ c_{pe,10} & \text{für } A > 10\ \text{m}^2 \end{cases}$$

$c_{pe,1}$ Außendruckbeiwert für $A \leq 1$ m²
$c_{pe,10}$ Außendruckbeiwert für $A > 10$ m²
A Lasteinzugsfläche

F

F

Lastannahmen

Wände von Baukörpern mit rechteckigem Grundriss

Außendruckbeiwert c_{pe}				
Bereiche	A		B	
h/*d*	$c_{pe,10}$	$c_{pe,1}$	$c_{pe,10}$	$c_{pe,1}$
1 (z. B. EFH)	−1,2	−1,4	−0,8	−1,1
= 5	−1,4	−1,7	−0,8	−1,1
≤ 0,25	−1,2	−1,4	−0,8	−1,1
Bereiche	D		E = C	
h/*d*	$c_{pe,10}$	$c_{pe,1}$	$c_{pe,10}$	$c_{pe,1}$
1 (z. B. EFH)	+0,8	+1,0	−0,5	−0,5
= 5	+0,8	+1,0	−0,5	−0,7
≤ 0,25	+0,8	+1,0	−0,3	−0,5

d ist die Tiefe des Baukörpers in Windrichtung.
e = *b* oder 2 *h*, der kleinere Wert ist maßgebend.

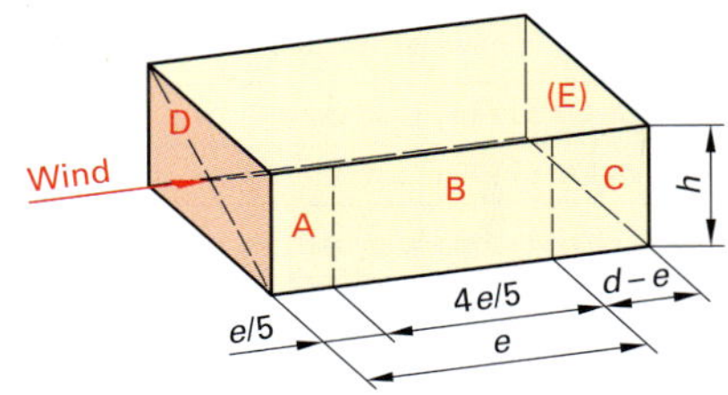

Zwischenwerte dürfen interpoliert werden.
h/*d* > 5 hier nicht definiert.

Pultdächer, Satteldächer, Walmdächer

Die Dächer sind in Bereiche einzuteilen. Die Windströmrichtung wird traufseitig $\Theta = 0°$ und giebelseitig $\Theta = 90°$ ausgewiesen. Die Beiwerte $c_{pe,1}$ gelten (vereinfacht) bis 10 m² Bezugsfläche, die Beiwerte $c_{pe,10}$ für größere Flächen.

Außendruckbeiwert c_{pe} für Pultdächer, Satteldächer und Walmdächer

Neigungswinkel α	+ Anströmrichtung Θ = 0°						– Ausströmrichtung Θ = 90°			
	F		G		H		I		J	
	$c_{pe,10}$	$c_{pe,1}$	$c_{pe,10}$	$c_{pe,1}$	$c_{pe,10}$	$c_{pe,1}$	$c_{pe,10}$	$c_{pe,1}$	$c_{pe,10}$	$c_{pe,1}$
−45°	−0,6		−0,6		−0,8		−0,7		−1,0	−1,5
−30°	−1,1	−2,0	−0,8	−1,5	−0,8		−0,6		−0,8	−1,4
−15°	−2,5	−2,8	−1,3	−2,0	−0,9	−1,2	−0,5		−0,7	−1,2
−5°	−2,3	−2,5	−1,2	−2,0	−0,8	−1,2	−0,6 +0,2		−0,6 +0,2	
5°	−1,7	−2,5	−1,2	−2,0	−0,6	−1,2	−0,6 +0,2		−0,6 +0,2	
15°	−0,9	−2,0	−0,8	−1,5	−0,3		−0,4		−1,0	−1,5
	+0,2		+0,2		+0,2					
30°	−0,5	−1,5	−0,5	−1,5	−0,2		−0,4		−0,5	
	+0,7		+0,7		−0,4					
45°	+0,7		+0,7		+0,6		−0,2		−0,3	
60°	+0,7		+0,7		+0,7		−0,2		−0,3	
75°	+0,8		+0,8		+0,8		−0,2		−0,3	

Hinweise zur Tabelle

- Für die giebelseitige Anströmrichtung gilt max. $c_{pe} = -2{,}5$.
- Bei einem Neigungswinkel zwischen +15° und +30° ändert sich der Druck schnell zwischen positiven und negativen Werten.
- Für Pultdächer gelten nur die Werte ab 5° für die Bereiche F, G, H.
- Für Walmdächer gelten nur die Werte ab 5° für die Bereiche F, G, H.
- Zwischenwerte dürfen interpoliert werden, sofern das Vorzeichen nicht wechselt.
- Die Anströmrichtung zur Giebelseite ergibt bei Pult- und Satteldächern negative Beiwerte.
- Bei Walmdächern ergeben sich die Bereiche G und F ebenso bei der Stirnseite.

Einteilung der Dachflächen für Pult-, Sattel- und Walmdächer

Beim Pultdach wird die Windströmrichtung auf die niedrige Traufe bezogen.

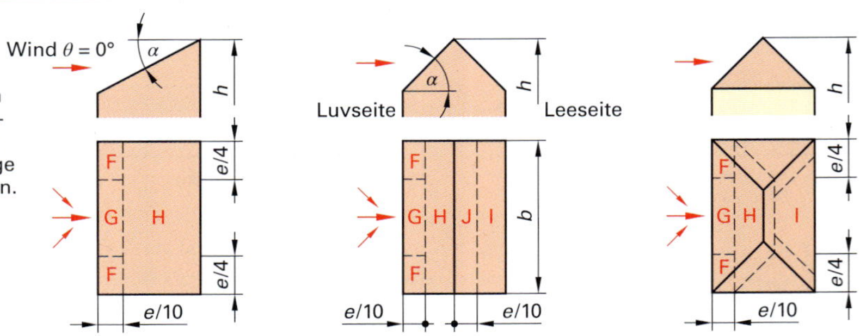

Lastannahmen

Schneelastkarte, Windzonen

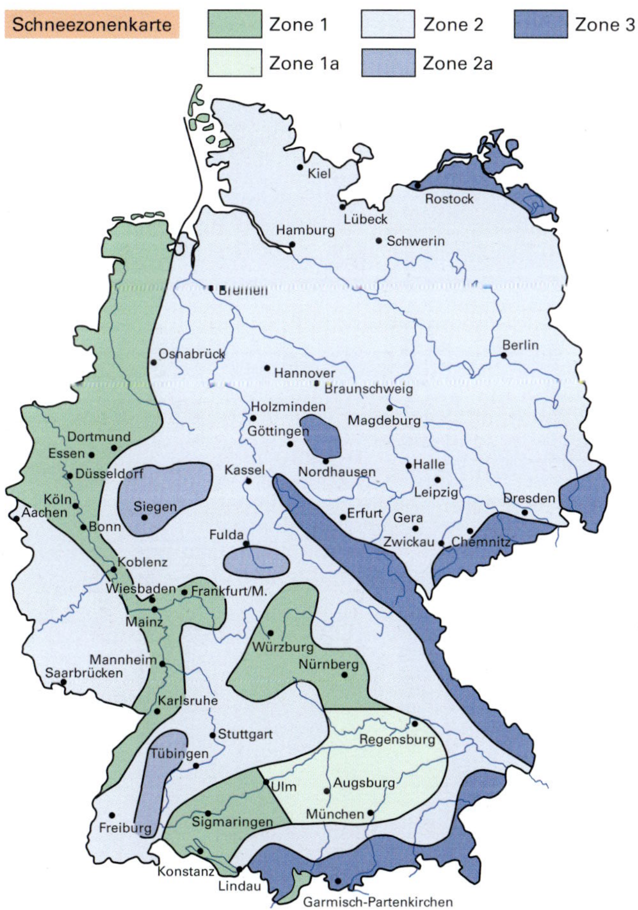

h	q_p
I	
a	0,50
b	0,65
c	0,75
II	
a	0,65
b	0,80
c	0,90
III	
a	0,80
b	0,95
c	1,10
IV	
a	0,95
b	1,15
c	1,30
II	
a	0,85
b	1,00
c	1,10
III	
a	1,05
b	1,20
c	1,30
IV	
a	1,25
b	1,40
c	1,55

Binnenland (Zonen I–IV, oberer Tabellenteil) – Küste (Zonen II–IV, unterer Tabellenteil)

Vereinfachtes Verfahren Böengeschwindigkeitsdruck

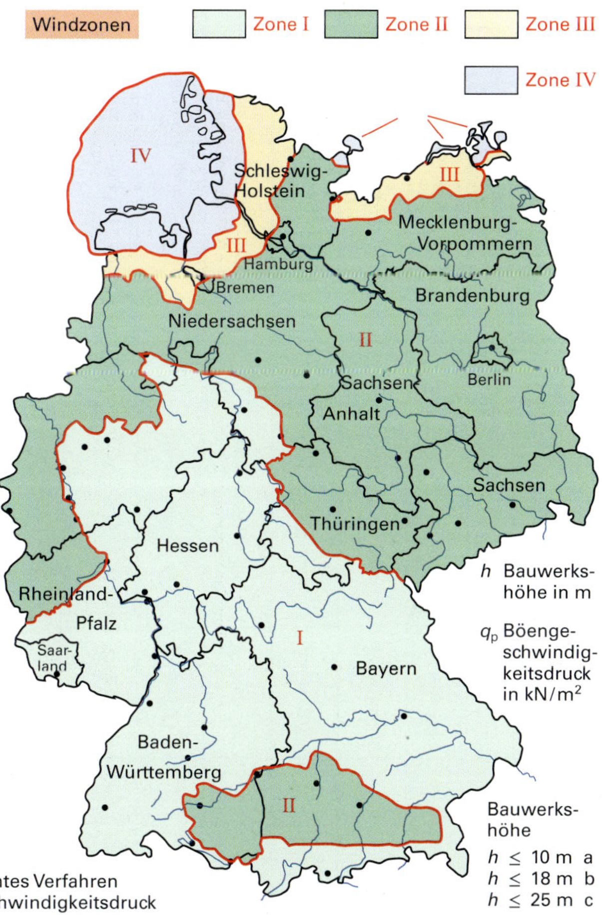

h Bauwerkshöhe in m

q_p Böengeschwindigkeitsdruck in kN/m^2

Bauwerkshöhe

$h \leq 10$ m a

$h \leq 18$ m b

$h \leq 25$ m c

F

F

Lastannahmen

Schneelasten (EC 1, DIN EN 1991-1-3/NA)

Der charakteristische Wert der Schneelast s_k auf dem Boden ist in Abhängigkeit von der Schneelastzone (Seite 61) und der Geländehöhe NN zu berechnen. Besonderheiten in den Schneelastzonen, z. B. im Oberharz, in Reit im Winkel und im Fichtelgebirge sind bei den örtlichen Behörden zu erfragen. Die festgelegten Rechenwerte sind dann als außergewöhnliche Einwirkungen zusätzlich zu berücksichtigen. Die Norm gilt für Bauwerksstandorte bis 1500 m üNN. Der Sonderfall der Norddeutschen Tiefebene wird nicht weiter betrachtet.

Charakteristischer Wert der Schneelast s_k bei einer Geländehöhe h in m

Schneelastzone	Sockelbetrag s_k (für max. h)		Formelansatz für s_k in kN/m²
Zone 1	$\geq 0{,}65$ kN/m²	für $h \leq 400$ m üNN	$0{,}19 + 0{,}91 \left(\frac{h + 140}{760}\right)^2$
Zone 1a	$\geq 0{,}81$ kN/m²	für $h \leq 400$ m üNN	$1{,}25 \left(0{,}19 + 0{,}91 \left(\frac{h + 140}{760}\right)^2\right)$
Zone 2	$\geq 0{,}85$ kN/m²	für $h \leq 285$ m üNN	$0{,}25 + 0{,}91 \left(\frac{h + 140}{760}\right)^2$
Zone 2a	$\geq 1{,}06$ kN/m²	für $h \leq 285$ m üNN	$1{,}25 \left(0{,}25 + 1{,}91 \left(\frac{h + 140}{760}\right)^2\right)$
Zone 3	$\geq 1{,}10$ kN/m²	für $h \leq 255$ m üNN	$0{,}31 + 2{,}91 \left(\frac{h + 140}{760}\right)^2$

Schneelast auf Dächern

Die Schneelast s_i auf Dächern ist abhängig von der Dachneigung α und der charakteristischen Schneelast und bezieht sich auf einen Quadratmeter der Grundrissprojektion der Dachfläche. Die Last ist lotrecht wirkend anzunehmen.

$$s_i = \mu \cdot s_k$$

s_i in kN/m² lotrechter Grundrissprojektion
μ Formbeiwert der Schneelast
s_k charakteristische Schneelast

Formbeiwerte für flache und geneigte Dächer

α	$0° \leq \alpha \leq 30°$	$30° < \alpha < 60°$	$\geq 60°$
μ_1	0,8	$0{,}8 \frac{(60° - \alpha)}{30°}$	0
μ_2	$0{,}8 + 0{,}8 \frac{\alpha}{30°}$	1,6	–

Bei Tonnendächern, Höhensprüngen im Dachbereich, Schneeüberhang an der Traufe, Schneefanggittern und Schneeanhäufungen sind besondere Nachweise und Maßnahmen notwendig.

μ_2 maßgebend bei gereihten Satteldächern

Es gelten nebenstehende Lastbilder. Bei Lastfällen für symmetrische und unsymmetrische Satteldächer ist der ungünstigste Fall für die Bemessung maßgebend.

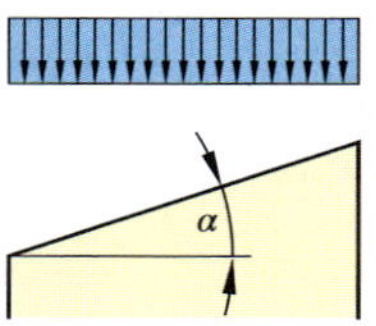

Pultdächer

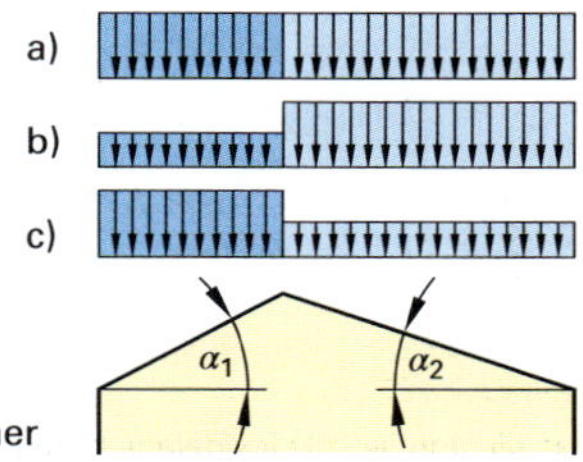

Satteldächer

a) beidseitig volle Schneelast ohne Windlast, ohne Windeinfluss — $s_i = \mu_1 \cdot s_k$

b) links halbe Schneelast — $s_i = 0{,}5 \cdot \mu_1 \cdot s_{k(\alpha 1)}$
rechts volle Schneelast — $s_i = \mu_1 \cdot s_{k(\alpha 1)}$
plus Windlast

c) links volle Schneelast — $s_i = \mu_1 \cdot s_{k(\alpha 1)}$
rechts halbe Schneelast — $s_i = 0{,}5 \cdot \mu_1 \cdot s_{k(\alpha 2)}$
plus Windlast

F

Beanspruchung auf Zug, Druck, Flächenpressung

Beanspruchung auf Zug oder Druck

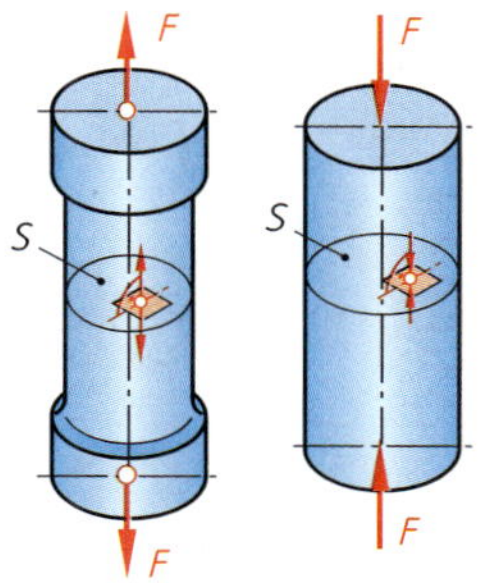

$\sigma_z = \frac{F}{S}$ (Normalspannung) $\sigma_d = \frac{F}{S}$ (Normalspannung)

- σ_z Zugspannung
- σ_d Druckspannung
- F Zugkraft
- S Querschnittsfläche
- S_{erf} erforderliche Querschnittsfläche
- σ_{zzul} zulässige Zugspannung
- σ_{dzul} zulässige Druckspannung
- R_e Streckgrenze
- ν Sicherheitszahl (Seite 67)
- σ_{dF} Quetschgrenze (Seite 67, bei Stahl $\sigma_{dF} \approx R_e$)

Zugspannung

$$\sigma_z = \frac{F}{S}$$

Druckspannung

$$\sigma_d = \frac{F}{S}$$

erforderliche Querschnittsfläche

$$S_{erf} = \frac{F}{\sigma_{zzul}}$$

erforderliche Querschnittsfläche

$$S_{erf} = \frac{F}{\sigma_{dzul}}$$

zulässige Zugspannung[1]

$$\sigma_{zzul} = \frac{R_e}{\nu}$$

zulässige Druckspannung

$$\sigma_{dzul} = \frac{\sigma_{dF}}{\nu}$$

Festigkeitswerte R_e Seiten 200 bis 207

Beanspruchung auf Flächenpressung

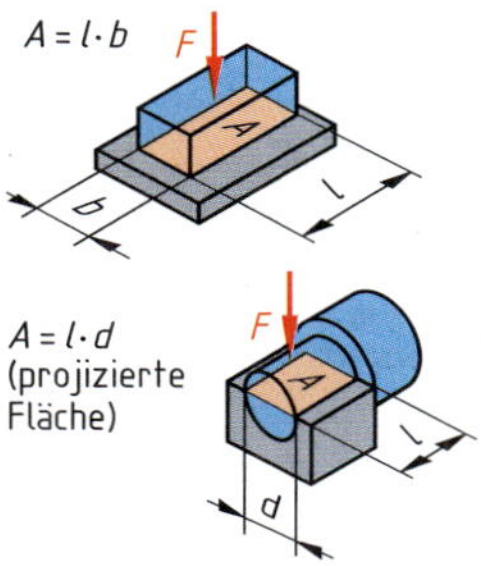

Druckspannungen an Berührungsflächen zweier Bauteile bezeichnet man als Flächenpressung.

- p Flächenpressung
- F Kraft
- A Berührungsfläche, projizierte Fläche
- A_{erf} erforderliche Berührungsfläche
- p_{zu} zulässige Flächenpressung
- R_e Streckgrenze

Flächenpressung

$$p = \frac{F}{A}$$

zulässige Flächenpressung[1)2)] **(Richtwert)**

$$p_{zul} = \frac{R_e}{1{,}2}$$

erforderliche Berührungsfläche

$$A_{erf} = \frac{F}{p_{zul}}$$

Festigkeitswerte R_e: Seiten 200 bis 207

Dimensionierung der Passfederverbindung (Beanspruchung auf Flächenpressung)

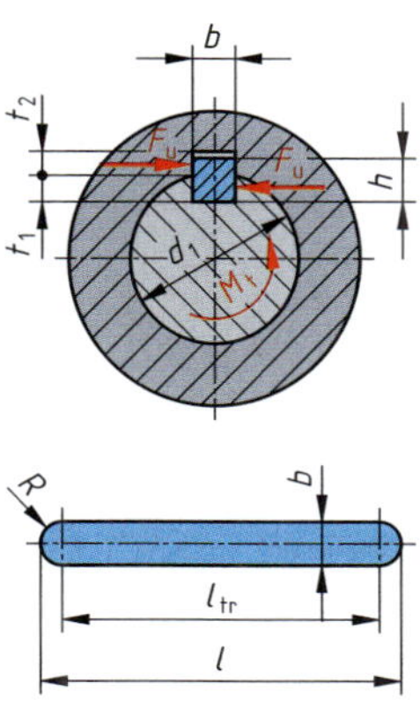

Bei Passfederverbindungen ist eine Nachprüfung der Flächenpressung an den Seitenteilen (Tragflächen) der Nuten erforderlich. Hierbei wird das Teil mit der geringsten zulässigen Flächenpressung (Nabe oder Welle) zugrunde gelegt.

- F_u Umfangskraft am Fugendurchmesser
- M_t zu übertragendes Drehmoment ($M_t = F_u \cdot d_1/2$)
- h_{tr} tragende Passfederhöhe in der Nabe $h_{tr} = h - t_1$
- h_{tr} tragende Passfederhöhe in der Welle $h_{tr} = t_1$
- l_{tr} tragende Passfederlänge
- n Anzahl der Passfedern (Regelfall: $n = 1$; Ausnahme: $n = 2$)
- φ Tragfaktor (bei einer Passfeder: $\varphi = 1$; bei zwei Passfedern: $\varphi = 0{,}75$)
- p_m mittlere Flächenpressung
- p_{zul} zulässige Flächenpressung der Nabe oder Welle (siehe oben)
- R_e Streckgrenze
- R_m Zugfestigkeit
- ν_F Sicherheit gegen Fließen $\nu_F = 1{,}1 \ldots 1{,}5$
- ν_B Sicherheit gegen Bruch $\nu_B = 1{,}5 \ldots 2{,}0$

mittlere Flächenpressung

$$p_m = \frac{F_u}{h_{tr} \cdot l_{tr} \cdot n \cdot \varphi}$$

zulässige Flächenpressung bei Stahlwerkstoffen

$$p_{zul} = \frac{R_e}{\nu_F}$$

zulässige Flächenpressung bei Gusseisenwerkstoffen

$$p_{zul} = \frac{R_m}{\nu_B}$$

[1] Die Berechnungsformel der zulässigen Spannung gilt nur für statische Belastung zäher Werkstoffe (z. B. Stahl). Für spröde Werkstoffe ist die zulässige Spannung sinngemäß zu ermitteln (Seite 67).

[2] Für die Berechnung von Maschinenelementen (z. B. Schrauben) gelten die dort jeweils festgelegten zulässigen Werte.

F

Beanspruchung auf Abscherung, Torsion, Biegung

Beanspruchung auf Abscherung[1]

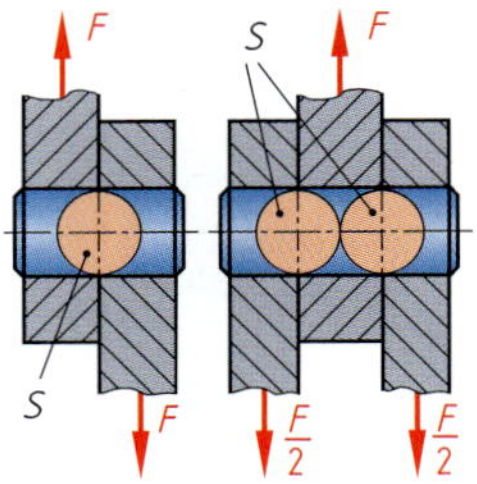

ein-schnittig **zwei-schnittig**

Festigkeitswerte R_e:
Seiten 200 bis 207

Der belastete Querschnitt darf nicht abgeschert werden.

F	Scherkraft
R_e	Streckgrenze
S	Querschnittsfläche
S_{erf}	erforderliche Querschnittsfläche
τ_a	Scherspannung
$\tau_{a\,zul}$	zulässige Scherspannung
τ_{aF}	Scherfließgrenze (Seite 67, bei Stahl $\tau_{aF} \approx 0{,}6 \cdot R_e$)
ν	Sicherheitszahl (Seite 67)

[1] Trennen durch Schneiden: $F = S \cdot \tau_{aB\,max}$

$\tau_{aB\,max}$	maximale Scherfestigkeit ($\tau_{aBmax} \approx 0{,}8 \cdot R_{m\,max}$)
$R_{m\,max}$	maximale Zugfestigkeit

Scherspannung

$$\tau_a = \frac{F}{S}$$

erforderliche Querschnittsfläche

$$S_{erf} = \frac{F}{\tau_{a\,zul}}$$

zulässige Scherspannung[2]

$$\tau_{a\,zul} = \frac{\tau_{aF}}{\nu}$$

Beanspruchung auf Torsion (Verdrehung)

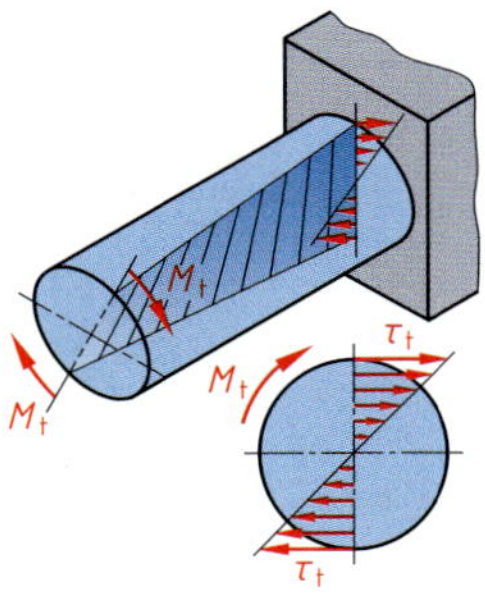

Festigkeitswerte R_e:
Seiten 200 bis 207

Die maximale Spannung in der Randzone des Bauteils wird als Torsionsspannung berechnet.

τ_t	Torsionsspannung
M_t	Torsionsmoment
R_e	Streckgrenze
W_p	polares Widerstandsmoment (Seite 67)
τ_{tzul}	zulässige Torsionsspannung
τ_{tF}	Torsionsfließgrenze (Seite 67, bei Stahl $\tau_{tF} \approx 0{,}7 \cdot R_e$)
ν	Sicherheitszahl (Seite 67)
W_{perf}	erforderliches polares Widerstandsmoment

Berechnungsformeln für polare Widerstandsmomente:

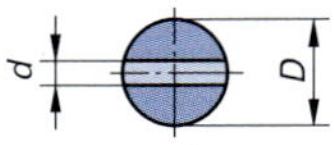

$W_p = 0{,}2 \cdot D^3 - 0{,}34\, d \cdot D^2$

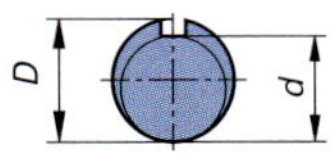

$W_p = 0{,}2 \cdot d^3$

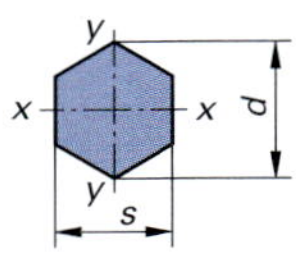

$W_p = 0{,}188 \cdot s^3$

$W_p = 0{,}123 \cdot d^3$

Torsionsspannung

$$\tau_t = \frac{M_t}{W_p}$$

zulässige Torsionsspannung[2]

$$\tau_{tzul} = \frac{\tau_{tF}}{\nu}$$

erforderliches polares Widerstandsmoment

$$W_{perf} = \frac{M_t}{\tau_{tzul}}$$

Berechnungsformeln für polare Widerstandsmomente weitere Querschnitte befinden sich auf Seite 47.

Beanspruchung auf Biegung

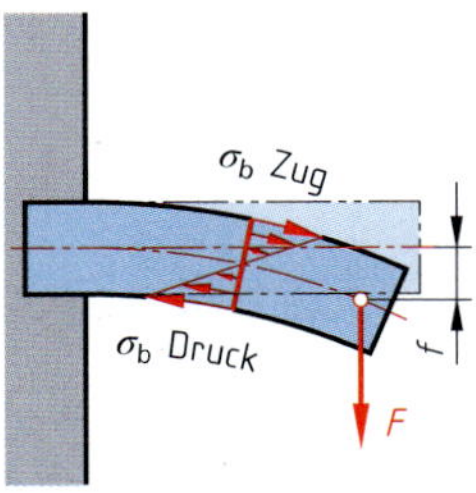

Festigkeitswerte R_e:
Seiten 200 bis 207

Die maximale Zug- oder Druckspannung in der Randzone des Bauteils wird als Biegespannung berechnet.

F	Biegekraft
f	Durchbiegung (Seite 46)
R_e	Streckgrenze
σ_b	Biegespannung
M_b	Biegemoment (Seite 46)
W	axiales Widerstandsmoment (Seite 46)
W_{erf}	erforderliches axiales Widerstandsmoment
σ_{bzul}	zulässige Biegespannung
σ_{bF}	Biegefließgrenze (Seite 67, bei Stahl $\sigma_{bF} \approx 1{,}2 \cdot R_e$)
ν	Sicherheitszahl (Seite 67)

Biegespannung

$$\sigma_b = \frac{M_b}{W}$$

erforderliches axiales Widerstandsmoment

$$W_{erf} = \frac{M_b}{\sigma_{bzul}}$$

zulässige Biegespannung[2]

$$\sigma_{bzul} = \frac{\sigma_{bF}}{\nu}$$

[2] Die Berechnungsformel der zulässigen Spannung gilt nur für statische Belastung zäher Werkstoffe (z. B. Stahl). Für spröde Werkstoffe ist die zulässige Spannung sinngemäß zu ermitteln.

Knickung, zusammengesetzte Beanspruchung

Knickung

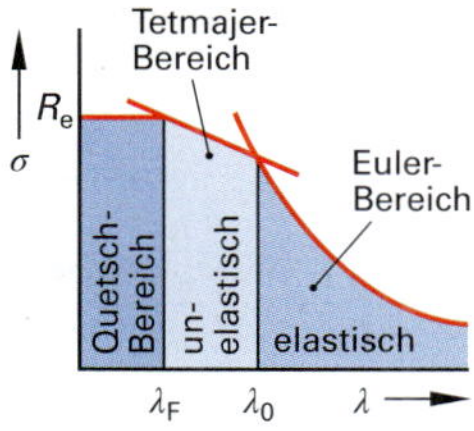

Belastungsfall und freie Knicklänge

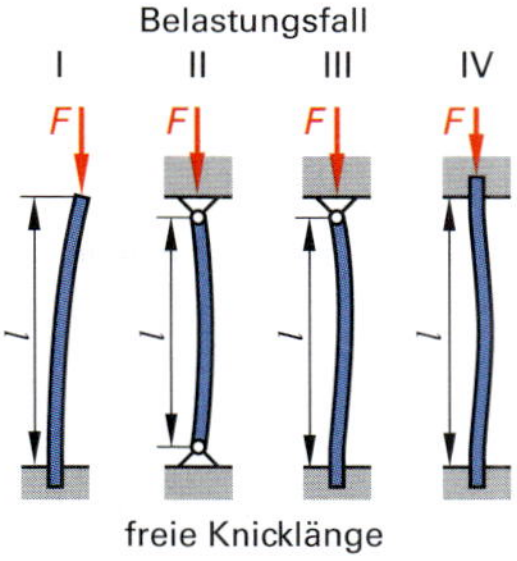

$l_k = 2 \cdot l$ $l_k = l$ $l_k = 0{,}7 \cdot l$ $l_k = 0{,}5 \cdot l$

Für druckbeanspruchte schlanke Stäbe ($\lambda > \lambda_F$) besteht die Gefahr, dass sie ausknicken.

λ	Schlankheitsgrad
λ_0	Grenzschlankheitsgrad
λ_F	Mindestschlankheitsgrad für Knicken (bei weichem Stahl $\lambda_F \approx 60$)
l	Länge
l_k	freie Knicklänge
i	Bezugsradius
I	Flächenmoment 2. Grades (Seite 47)
S	Querschnittsfläche
σ_k	Knickspannung (bei der Knickung eintritt)
E	Elastizitätsmodul (Seite 67)
F_k	Knickkraft (bei der Knickung eintritt)
I_{erf}	erforderliches axiales Flächenmoment 2. Grades (Seite 47)
σ_{dzul}	zulässige Druckspannung
F_{dzul}	zulässige Druckkraft
ν	Sicherheitszahl (für Knickung im Maschinenbau 3...10)

[2] **Entwurfsberechnungen** müssen nach den Euler-Gleichungen errechnet oder angenommen werden. Falls sich damit $\lambda < \lambda_0$ ergibt, σ_k nach Tetmajer ermitteln. Falls ν unzureichend, Abmessungen neu annehmen.

Schlankheitsgrad[1]

$$\lambda = \frac{l_k}{i}$$

Bezugsradius

$$i = \sqrt{\frac{I}{S}}$$

zulässige Druckspannung

$$\sigma_{dzul} = \frac{\sigma_k}{\nu}$$

zulässige Druckkraft

$$F_{dzul} = \frac{F_k}{\nu}$$

Knickspannung, -kraft (nach Euler)

$$\sigma_k = \frac{E \cdot \pi^2}{\lambda^2}; \; F_k = \frac{E \cdot I_{erf} \cdot \pi^2}{l_k^2}$$

erforderliches axiales Flächenmoment 2. Grades (nach Euler)[2]

$$I_{min} = \frac{\nu \cdot F \cdot l_k 2}{E \cdot \pi^2}$$

[1] $\lambda < \lambda_F$: keine Berechnung auf Knickung
$\lambda_F < \lambda < \lambda_0$: Knickspannung nach Tetmajer
$\lambda > \lambda_0$: Knickspannung nach Euler

Werkstoff	Grenzschlankheitsgrad λ_0	Knickspannung (nach Tetmajer)
S235JR	104	$\sigma_k = 310 - 1{,}14 \cdot \gamma$
E295, E335	89	$\sigma_k = 335 - 0{,}62 \cdot \gamma$
EN-GJL-200	80	$\sigma_k = 776 - 12 \cdot \lambda + 0{,}053 \cdot \lambda^2$
5-%-Ni-Stahl	86	$\sigma_k = 470 - 2{,}30 \cdot \gamma$

Zusammengesetzte Beanspruchung (Auftreten mehrerer Beanspruchungsarten)

Resultierende Spannung

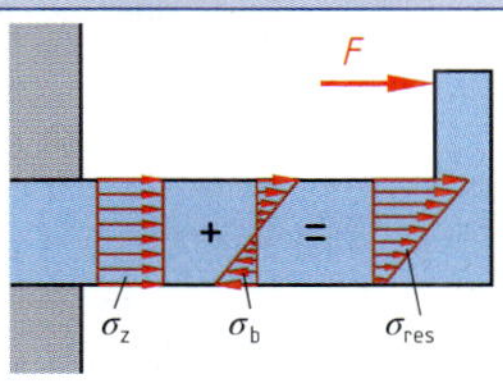

Nur Normalspannungen σ (z.B. Zug/Druck und Biegung) oder nur Schubspannungen σ (z.B. Torsion und Abscherung), die gleichzeitig auftreten, werden jeweils als resultierende Spannungen zusammengefasst.

σ_{res}, τ_{res}	resultierende Normal-, Schubspannung
σ_b, $\sigma_{z,d}$	Biege-, Zug-, Druckspannung
τ_t, τ_a	Torsions-, Scherspannung

Grenzspannung: jeweils niedrigere Grenzspannung

resultierende Normalspannung

$$\sigma_{res} = \sigma_b \pm \sigma_{z,d}$$

resultierende Schubspannung

$$\tau_{res} = \tau_t \pm \tau_a$$

Vergleichsspannung

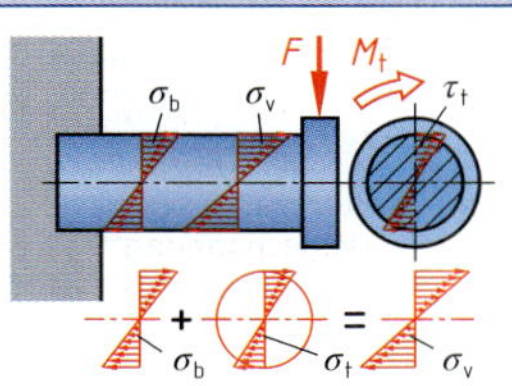

Bei Normalspannungen σ (z.B. Biegung) und gleichzeitigen Schubspannungen τ (z.B. Torsion) wird eine vergleichbare Normalspannung (Vergleichsspannung) mit gleicher Wirkung wie Normal- und Schubspannung gemeinsam gebildet.

σ_v	Vergleichsspannung
σ, τ	Normal-, Schubspannung
α_0	Anstrengungsverhältnis[3]

Vergleichsspannung (Gestaltänderungsenergiehypothese für zähe Werkstoffe)

$$\sigma_v = \sqrt{\sigma^2 + 3 \cdot (\alpha_0 \cdot \tau)^2}$$

[3] **Anstrengungsverhältnis α_0** (Umrechnung Belastungsfall Schubspannung in Belastungsfall Normalspannung), näherungsweise für Stahl: $\alpha_0 \approx 0{,}7$ bei Biegung wechselnd und Torsion statisch oder schwellend, $\alpha_0 \approx 1{,}0$, wenn Biegung und Torsion gleicher Lastfall, $\alpha_0 \approx 1{,}5$ bei Biegung statisch oder schwellend und Torsion wechselnd.

F

Beispiel zur Biegebelastung, Belastungsfälle

Beispiel zur Biegebelastung auf Bauteilen durch Querkräfte als Punktlasten

Beispiel:
F_1 = 1,6 kN; l_1 = 180 mm; l_2 = 300 mm; l_3 = 240 mm

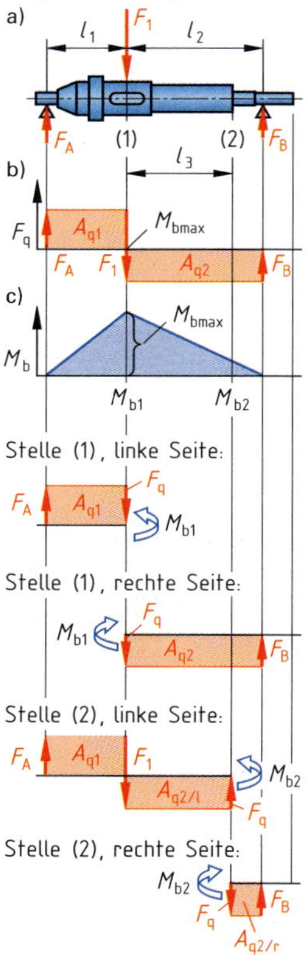

Für die Dimensionierung eines biegebeanspruchten Bauteils mit gleichbleibendem Querschnitt ist das größte Biegemoment M_b maßgebend. Unterschiedliche Querschnitte erfordern die Biegemomentbestimmung an verschiedenen Stellen (x), z. B. (1), (2), (3), ... des Bauteils. Hierzu wird das Bauteil an den jeweiligen Stellen gedanklich durchtrennt (freigeschnitten) und die inneren Schnittgrößen (M_b und F_q) bestimmt. Dies erfolgt grafisch anhand der Querkraftflächen A_q oder rechnerisch anhand der Gleichgewichtsbedingungen.

Gleichgewichtsbedingungen
(in der Ebene)

$$\Sigma F = 0$$

$$\Sigma M_{(x)} = 0$$

Arbeitsschritt	Beispiel (Abbildung links)
Freischneiden des gesamten Bauteils, d. h. Ermittlung aller angreifender Kräfte F_1, F_2, F_3 ... sowie F_A, F_B	a) F_1 = 1,6 kN; Berechnung Auflagerkräfte (Seite 34) ergibt: F_A = 1 kN; F_B = 0,6 kN
Verlauf der Querkräfte F_q ergibt Querkraftflächen $A_q = F_q \cdot l$ ($\triangleq M_b$). An den Nulldurchgängen der Querkraft sind Biegemomentspitzen.	b) Kräfteverlauf über der Bauteillänge l von links beginnend einzeichnen. Vorzeichenregel der Momente siehe Fußnote [1].
Ermittlung der Biegemomentspitzen oder einer für den Spannungsnachweis erforderlichen Zwischenstelle. **Linke und rechte Seite der Schnittstelle liefern dabei gleiche Ergebnisse.** (Querkraft F_q bewirkt Abscherung[2]) **Stelle (1) grafisch anhand A_q:** linke Seite: $M_{b(1)} = A_{q1} = F_A \cdot l_1$ rechte Seite: $M_{b(1)} = A_{q2} = F_B \cdot l_2$ **Stelle (1) rechnerisch mit $\Sigma M_{(1)} = 0$:** linke Seite: $\Sigma M_{(1)} = 0 = M_{b(1)} - F_A \cdot l_1$ rechte Seite: $\Sigma M_{(1)} = 0 = -M_{b(1)} + F_B \cdot l_2$ **Stelle (2) grafisch anhand A_q:** linke Seite: $M_{b(2)} = A_{q1} + A_{q2/l}$ $= F_A \cdot l_1 + (F_A - F_1) \cdot l_3$ rechte Seite: $M_{b(2)} = A_{q2/r} = F_B \cdot (l_2 - l_3)$ **Stelle (2) rechnerisch mit $\Sigma M_{(2)} = 0$:** linke Seite: $\Sigma M_{(2)} = 0 = M_{b(2)} - F_A \cdot (l_1 + l_3) + F_1 \cdot l_3$ rechte Seite: $\Sigma M_{(2)} = 0 = -M_{b(2)} + F_B \cdot (l_2 - l_3)$	c) Biegemomentspitze bei (1) und einer Zwischenstelle (2) **wahlweise** grafisch oder rechnerisch von linker oder rechter Seite der Schnittstelle ermitteln. **z. B. Stelle (1) rechnerisch, linke Seite:** $M_{b(1)} = F_A \cdot l_1$ = 1 kN · 0,18 m $\boldsymbol{M_{b(1)}}$ **= 180 Nm** **z. B. Stelle (1) grafisch, rechte Seite:** $M_{b(1)} = A_{q2} = F_B \cdot l_2$ = 0,6 kN · 0,3 m $\boldsymbol{M_{b(1)}}$ **= 180 Nm** **z. B. Stelle (2) grafisch, linke Seite:** $M_{b(2)} = A_{q1} + A_{q2/l}$ $= F_A \cdot l_1 + (F_A - F_1) \cdot l_3$ = 1 kN · 0,18 m + (–0,6 kN) · 0,24 m $\boldsymbol{M_{b(2)}}$ **= 36 Nm** **z. B. Stelle (2) rechnerisch, rechte Seite:** $M_{b(2)} = F_B \cdot (l_2 - l_3)$ = 0,6 kN · (0,3 m – 0,24 m) $\boldsymbol{M_{b(2)}}$ **= 36 Nm**

[1] linksdrehende Momente positiv (+) und rechtsdrehende Momente negativ (–). Für die Festigkeitsrechnung wird nur der Betrag des Biegemomentes (ohne Vorzeichen) verwendet.

[2] Die Scherspannung bleibt bei der Festigkeitsrechnung biegebeanspruchter Bauteile meist unberücksichtigt.

Belastungsfälle

S Spannungsverhältnis
σ_o Oberspannung
σ_u Unterspannung
σ_m Mittelspannung
σ_a Ausschlagspannung (Spannungsamplitude)

Spannungsverhältnis

$$S = \frac{\sigma_u}{\sigma_o}$$

statische Belastung	dynamische Belastung	
ruhend S = 1	**schwellend $S = 0$**	**wechselnd $S = -1$**
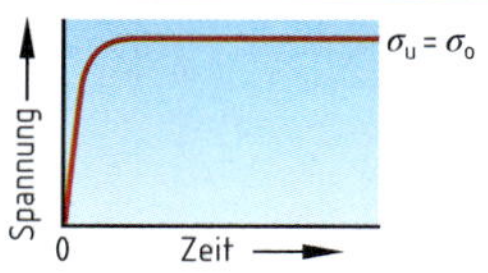	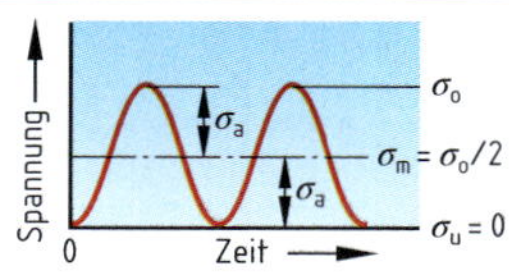	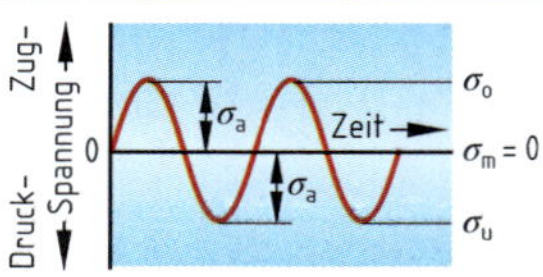
Belastungsfall I Größe und Richtung der Belastung sind gleichbleibend, z. B. bei einer Gewichtsbelastung an einer Aufhängung.	**Belastungsfall II** Die Belastung steigt auf einen Höchstwert an und geht auf null zurück, z. B. bei Kranseilen und Federn.	**Belastungsfall III** Die Belastung wechselt zwischen einem positiven und einem gleich großen negativen Höchstwert, z. B. bei umlaufenden Achsen.

F

Sicherheitskonzept bei statischer Belastung

Statische Festigkeitsrechnung, zul. Spannung, Vordimensionierung, Spannungsnachweis

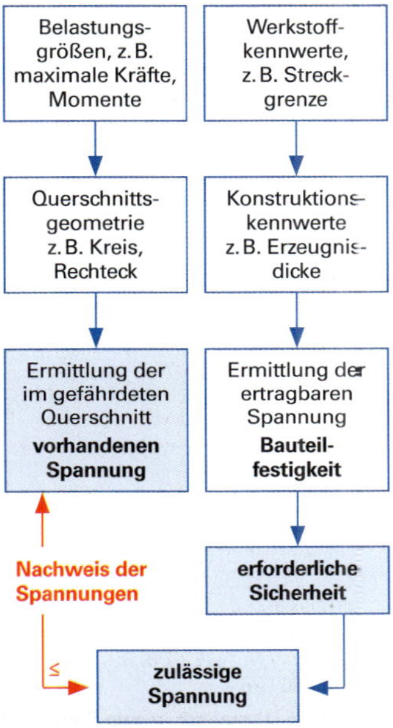

Aus Sicherheitsgründen dürfen Bauteile auch bei **Maximalbelastung** nur mit einem Teil (Sicherheitszahl) der Bauteilfestigkeit, ab welcher eine bleibende Verformung oder der Bruch eintritt, belastet werden.

$\sigma(\tau)_{grenz}$ Grenzspannung je nach Beanspruchungsart (Seite 45 und Tabelle unten)

$\sigma(\tau)_{zul}$ zulässige Spannung

$\sigma(\tau)_{vorh}$ vorhandene Spannung

ν Sicherheitszahl (Tabelle unten)

Zulässige Spannung
(Vordimensionierung)

$$\sigma_{zul} = \frac{\sigma_{grenz}}{\nu}; \quad \tau_{zul} = \frac{\tau_{grenz}}{\nu}$$

Nachweis der Spannungen
(allgemein)

$$\sigma_{vorh} \leq \sigma_{zul}$$
$$\tau_{vorh} \leq \tau_{zul}$$

- **Vordimensionierung (überschlägige Ermittlung des erforderlichen Bauteilquerschnitts)**

Bei noch unbekannter Bauteildicke ist die Bauteilfestigkeit nicht genau zu ermitteln. Der überschlägig erforderliche Bauteilquerschnitt wird deshalb mit einer erhöhten Sicherheitszahl und Richtwerten anhand der Nennstreckgrenze (Mindeststreckgrenze für kleinste Erzeugnisdicke) aus den nachfolgenden Tabellen bestimmt.

- **Spannungsnachweis (Nachweis vorhandener Bauteilquerschnitte)**

Im Nachweis sind die vorhandenen Spannungen mit der unter Berücksichtigung der Bauteilfestigkeit und einer erforderlichen Sicherheit (Sicherheitszahl) ermittelten zulässigen Spannung zu vergleichen.

Statische Festigkeitswerte (Grenzspannungen) und Sicherheitszahlen (Richtwerte)[1]

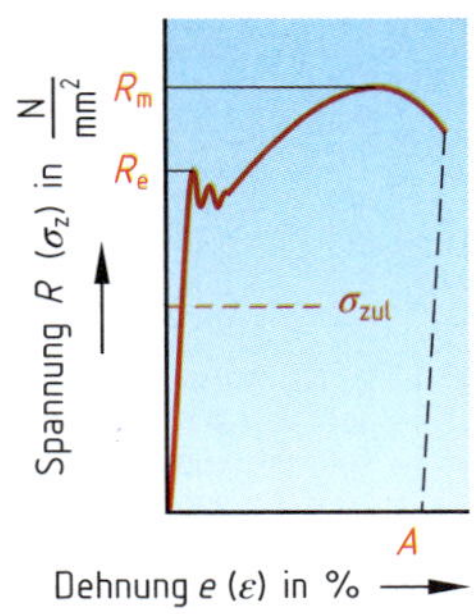

Beanspruchungsart	zähe (duktile) Werkstoffe				spröde Werkstoffe			
	Kennwert	St, GE, Cu-Leg.	AW-Leg.	AC-Leg.	Kennwert	GJL	GJM	GJS
Zug	Streckgrenze R_e bzw. Dehngrenze $R_{p0,2}$				Zugfestigkeit R_m			
Druck	σ_{dF}	R_e	$R_{p0,2}$	$1,5 \cdot R_{p0,2}$	σ_{dB}	$2,5 \cdot R_m$	$1,5 \cdot R_m$	$1,3 \cdot R_m$
Biegung	σ_{bF}	$1,2 \cdot R_e$	$R_{p0,2}$	$R_{p0,2}$	σ_{bB}	R_m	R_m	R_m
Torsion	τ_{tF}	$0,7 \cdot R_e$	$0,6 \cdot R_{p0,2}$	$0,65 \cdot R_{p0,2}$	τ_{tB}	$0,8 \cdot R_m$	$0,7 \cdot R_m$	$0,65 \cdot R_m$
Scherung	τ_{aF}	$0,6 \cdot R_e$	$0,6 \cdot R_{p0,2}$	$0,75 \cdot R_{p0,2}$	τ_{aB}	$0,8 \cdot R_m$	$0,7 \cdot R_m$	$0,65 \cdot R_m$
Sicherheitszahl	gegen Fließen				gegen Bruch			
	Spannungsnachweis: $\nu \approx 1,5$				Spannungsnachweis: $\nu \approx 2,0$			
	Vordimensionierung: $\nu \approx 1,7$				Vordimensionierung: $\nu \approx 2,1$			

σ_{dF} Quetschgrenze
σ_{bF} Biegefließgrenze
τ_{tF} Torsionsfließgrenze
τ_{aF} Scherfließgrenze

σ_{dB} Druckfestigkeit gegen Bruch
σ_{bB} Biegefestigkeit gegen Bruch
τ_{tB} Torsionsfestigkeit gegen Bruch
τ_{aB} Scherfestigkeit gegen Bruch

[1] Vordimensionierung: R_e = Nennstreckgrenze (Mindeststreckgrenze für die kleinste Erzeugnisdicke)
Spannungsnachweis: R_e = Streckgrenze für die entsprechende Erzeugnisdicke des Bauteils

Elastizitätsmodul *E* in kN/mm² (Mittelwerte)

Werkstoff	Stahl, Stahlguss	EN-GJL-150	EN-GJL-300	EN-GJS-400	GE200	EN-GJMW-350-4	CuZn40	Al-Leg.	Ti-Leg.
E-Modul	210	85	125	175	210	170	90	70	120

F

Sicherheitskonzept bei dynamischer Belastung

Dynamische Festigkeitsrechnung allgemein, Vordimensionierung

Allgemein:

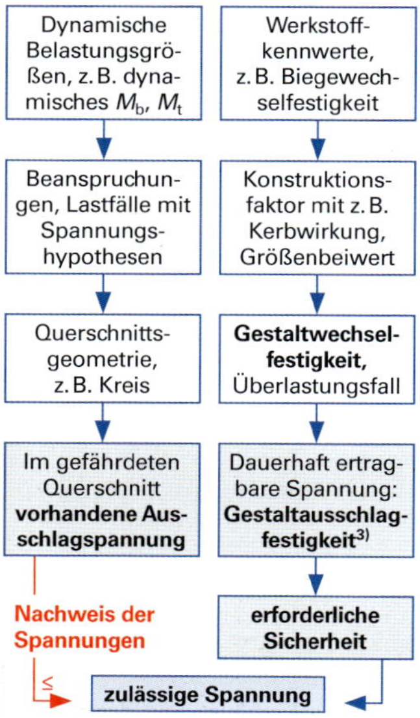

[3] Die Spannung im Bauteil muss wegen der Gefahr des Dauerbruchs durch Werkstoffermüdung unterhalb der Gestaltausschlagfestigkeit liegen (Sicherheitszahl).

Vordimensionierung:

Bei noch unbekannter Bauteilgeometrie kann die Gestaltwechsel- bzw. Gestaltausschlagfestigkeit nicht ermittelt werden. Der überschlägig erforderliche Bauteilquerschnitt wird deshalb anhand der jeweiligen Grenzspannung (Werkstoffkennwert) und der stark erhöhten Sicherheitszahl bestimmt.

$\sigma(\tau)_{grenz}$ Grenzspannung (Seite 45 und Tabelle unten)
ν_D Sicherheitszahl (Tabelle unten)

Eine zusammengesetzte Beanspruchung aus Biegung und Torsion wird als Vergleichsmoment berücksichtigt.

M_b, M_t Biege-, Torsionsmoment
M_v Vergleichsmoment
α_0 Anstrengungsverhältnis (Seite 65)
$\sigma(\tau)_{grenz}$ Grenzspannung (Seite 45 und Tabelle unten)
d Entwurfsdurchmesser Vollachse, Vollwelle

[1] Dimensionierungsformeln fassen Sicherheitszahl, Belastung, Belastungskombination und z. T. Konstruktionserfahrungen zusammen.

[2] Bei noch unbekannten Längenabmessungen als Erfahrungswerte:
$M_v \approx 1{,}17 \cdot M_t$ (Lagerabstand normal)
$M_v \approx 2{,}1 \cdot M_t$ (Lagerabstand groß)

Zulässige Spannung (Vordimensionierung)

$$\sigma_{zul} = \frac{\sigma_{grenz}}{\nu_d};\ \tau_{zul} = \frac{\tau_{grenz}}{\nu_D}$$

Vergleichsmoment (zäher Werkstoff)

$$M_v = \sqrt{M_b^2 + 0{,}75 \cdot (\alpha_0 \cdot M_t)^2}$$

Achsendurchmesser[1]

$$d \approx 3{,}4 \cdot \sqrt[3]{M_b/\sigma_{grenz}}$$

Wellendurchmesser[1] (nur Torsion)

$$d \approx 2{,}7 \cdot \sqrt[3]{M_t/\tau_{grenz}}$$

Wellendurchmesser[1)2)] (Torsion und Biegung)

$$d \approx 3{,}4 \cdot \sqrt[3]{M_v/\sigma_{grenz}}$$

Berechnungsbeispiel Seite 70

Dynamische Festigkeitswerte (Grenzspannungen) in N/mm² und Sicherheitszahlen (Richtwerte)[1]

Dauerfestigkeitsschaubild nach Smith:

Bei gleichem Maßstab der Achsen werden die zu einer bestimmten Mittelspannung σ_m gehörenden Werte σ_o und σ_u für die jeweilige Ausschlagfestigkeit σ_A eingetragen.

Beispiel: 41Cr4, Biegung

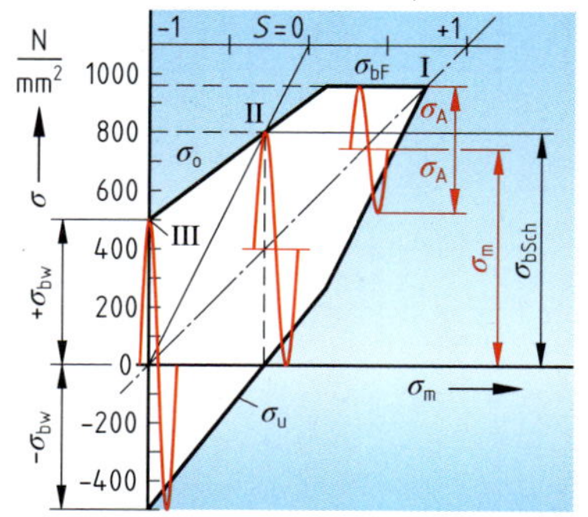

Ablesung:
- Wechselfestigkeit bei $\sigma_m = 0$ ($S = -1$)
- Schwellfestigkeit bei $\sigma_u = 0$ ($S = 0$)
- obere Begrenzung bei Fließgrenze

Werkstoff[2]	σ_{zSch} σ_{dSch}	σ_{zdW}	σ_{bSch}	σ_{bW}	τ_{tSch}	τ_{tW}
S235	235	145	280	180	160	110
S275	275	165	330	205	190	125
E295	295	190	355	235	205	140
E360	360	270	430	335	250	200
C10E	310	200	370	250	215	150
17Cr3	540	320	655	400	380	240
16MnCr5	640	400	800	500	480	300
20MnCr5	725	480	910	600	590	360
18CrNiMo7-6	725	480	910	600	590	360
C22E	340	200	405	250	235	150
C45E	490	280	590	350	340	210
C60E	580	340	690	425	400	250
41Cr4	650	400	800	500	525	300
30CrNiMo8	750	500	930	625	625	375
GE200	200	150	240	190	140	110
GE300	300	240	360	260	210	155
EN-GJS-400	240	140	345	220	195	115
EN-GJS-500	270	155	380	240	225	130
EN-GJS-600	330	190	470	270	275	160
EN-GJS-700	355	205	520	300	305	175

Sicherheitszahl	**zähe (duktile) Werkstoffe**	**spröde Werkstoffe**
	Spannungsnachw. $\nu_D \approx 1{,}5$	Spannungsnachw. $\nu_D \approx 1{,}7$
	Vordimensionier. $\nu_D \approx 3 \dots 4$	Vordimensionier. $\nu_D \approx 3 \dots 6$

[1] Schwellfestigkeitswerte nur für die Vordimensionierung, da Spannungsnachweis Wechselfestigkeitsnachweis.
[2] Werkstoffzustände: Baustähle normalgeglüht; Vergütungsstähle vergütet; Einsatzstähle einsatzgehärtet.

Gestaltfestigkeit

Gestaltfestigkeit, vereinfachter dynamischer Spannungsnachweis

Die **Gestaltwechselfestigkeit** ist die Wechselfestigkeit eines dynamisch beanspruchten Bauteilquerschnitts unter zusätzlicher Berücksichtigung der festigkeitsmindernden Einflüsse.

Die wesentlichen Einflüsse sind dabei

- die Form des Bauteils (auftretende Kerbwirkungen)
- Bearbeitungsqualität (Oberflächenrauigkeit)
- Rohteilabmessungen (Bauteildicke)

Die **Gestaltausschlagfestigkeit** berücksichtigt zusätzlich die vorhandene Mittelspannung (Smith-Diagramm, Seite 68) und die Art der betrieblichen Überbeanspruchung.

Spannungsnachweis allgemein: Die vorhandene höchste Ausschlagspannung darf nur einen Teil (Sicherheitszahl) der Gestaltausschlagfestigkeit betragen, ab welcher es in diesem Querschnitt zur Werkstoffermüdung und zum Dauerbruch kommt.

Vereinfachter Spannungsnachweis: Für zähe Werkstoffe wird die Gestaltausschlagfestigkeit mit der Gestaltwechselfestigkeit gleichgesetzt ($\sigma_{GA} = \sigma_{GW}$, $\tau_{GA} = \tau_{GW}$), da sich diese bis zur Fließgrenze nur wenig unterscheiden.

Für Spannungsverhältnisse $S > 0$ sind zudem die Sicherheiten gegen Fließen zu überprüfen (Seiten 63 bis 66).

Berechnungsbeispiel Seite 70.

$\sigma(\tau)_{GW}$	Gestaltwechselfestigkeit
$\sigma(\tau)_{W}$	Wechselfestigkeit (Seiten 45 und 68)
b_1	Oberflächenbeiwert (Diagramm unten)
b_2	Größenbeiwert (Diagramm unten)
β_k	Kerbwirkungszahl (Tabelle unten)
$\sigma(\tau)_{avorh}$	vorhandene Ausschlagspannung
$\sigma(\tau)_{zul}$	zulässige Spannung
$\sigma(\tau)_{GA}$	Gestaltausschlagfestigkeit
ν_D	Sicherheit gegen Dauerbruch (Seite 68)

Gestaltwechselfestigkeit (dyn. Beanspruchung)

$$\sigma_{GW} = \frac{\sigma_W \cdot b_1 \cdot b_2}{\beta_k}$$

$$\tau_{GW} = \frac{\tau_W \cdot b_1 \cdot b_2}{\beta_k}$$

Nachweis der Spannungen (allgemein)

$$\sigma_{avorh} \le \sigma_{zul}$$
$$\tau_{avorh} \le \tau_{zul}$$

zulässige Spannung vereinfachter Nachweis (dyn. Beanspruchung)

$$\sigma_{zul} = \frac{\sigma_{GW}}{\nu_D} = \frac{\sigma_{GA}}{\nu_D}$$

$$\tau_{zul} = \frac{\tau_{GW}}{\nu_D} = \frac{\tau_{GA}}{\nu_D}$$

Kerbwirkung und Richtwerte für Kerbwirkungszahlen β_k für Stahl

Beispiel: Spannungsverteilung bei Zugbeanspruchung

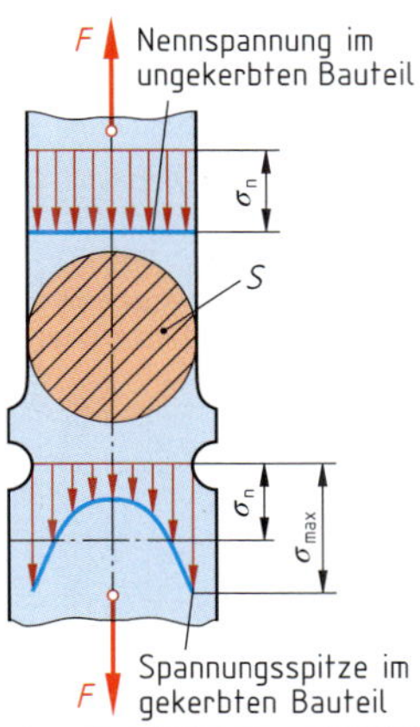

Ungekerbte Querschnitte weisen einen ungestörten Kraftfluss und damit eine gleichmäßige Spannungsverteilung auf. Querschnittsveränderungen führen zu Verdichtungen der Kraftlinien und somit zu Spannungsspitzen. Die Festigkeitsminderung, die sich daraus ergibt, wird in erster Linie von der Kerbform, aber auch von der Kerbempfindlichkeit des Werkstoffes beeinflusst.

Form der Kerbe	R_m N/mm²	Kerbwirkungszahl β_k Biegung	Kerbwirkungszahl β_k Verdrehung
Welle mit Rundkerbe	300 … 800	1,2 … 2,0	1,1 … 1,9
Welle mit Einstich für Sicherungsring	300 … 800	2,2 … 3,5	2,2 … 3,4
Welle mit Absatz	300 … 1200	1,1 … 3,0	1,1 … 2,0
Passfedernut in Welle (Schaftfräser)	400 … 1200	1,8 … 2,6	1,3 … 2,4
Passfedernut in Welle (Scheibenfräser)	400 … 1200	1,5 … 1,9	1,3 … 2,4
Scheibenfedernut in Welle	400 … 1200	1,9 … 3,2	1,8 … 3,0
Keilwelle	400 … 1200	1,4 … 2,3	1,8 … 3,0
Zahnwelle	400 … 1200	1,6 … 2,6	1,8 … 3,0
Übergangsstelle Pressverband	400 … 1200	1,8 … 2,9	1,2 … 1,8
Welle, Achse mit Querbohrung	400 … 1200	1,7 … 2,0	1,7 … 2,0
Flachstab mit Bohrung	400 … 1200	1,3 … 1,6	Zugbelastung 1,5 … 1,9

Oberflächenbeiwert b_1 und Größenbeiwert b_2 für Stahl

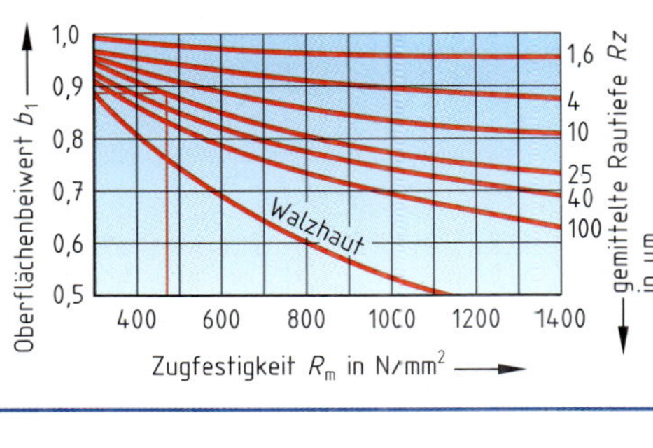

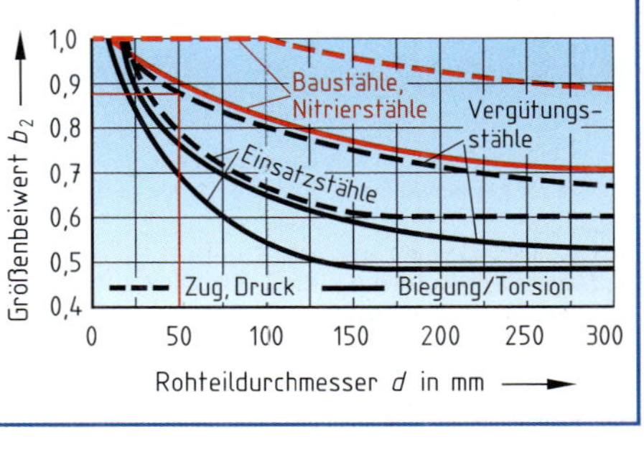

F

Festigkeitsberechnungen (Beispiele)

Beispiele zur Vordimensionierung

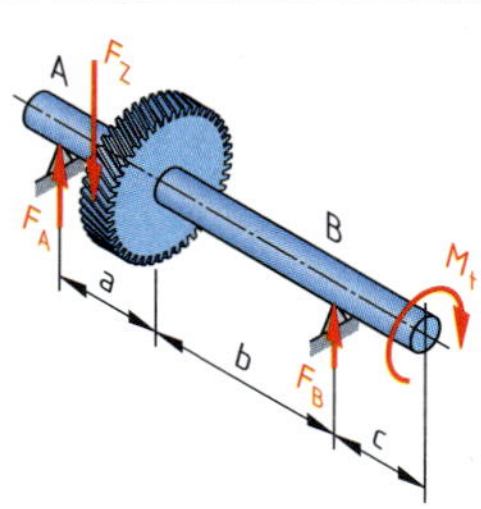

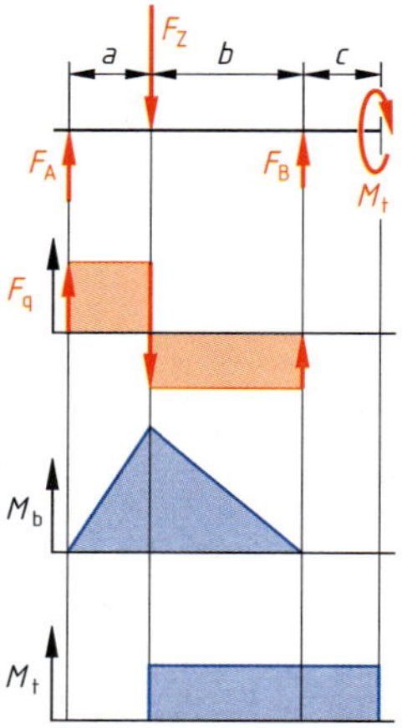

Die Vorgelegewelle einer Födereinrichtung aus 16MnCr5 überträgt eine Nennleistung $P = 5{,}5$ kW bei $n = 900$ 1/min. Die Momenteinleitung erfolgt biegefrei durch eine Kupplung. Die Zahnkraft $F_z = 2$ kN und die Torsionsbelastung wirken, infolge schwankender Beladung der Fördereinrichtung im Betrieb, schwellend.

a) Vordimensionierung bei noch unbekannten Abständen *a, b, c*:
Belastung $M_t = ?$; M_v für normalen Lagerabstand = ?; Entwurfsdurchmesser $d = ?$

b) Vordimensionierung mit Abständen $a = 50$ mm, $b = 80$ mm, $c = 50$ mm:
Biegemoment $M_b = ?$; Anstrengungsverhältnis $a_0 = ?$
Vergleichsmoment $M_v = ?$; Entwurfsdurchmesser der Welle $d = ?$

Lösung a):

$P = \frac{M \cdot n}{9550}$ (Seite 39): $\boldsymbol{M_t} = M = 9550 \cdot \frac{P}{n} = 9550 \cdot \frac{5{,}5}{900} = \mathbf{58{,}4\ Nm}$

Vordimensionierung (Seite 68):

$\boldsymbol{M_v} \approx 1{,}17 \cdot M_t = 1{,}17 \cdot 58{,}4\ \text{Nm} = \mathbf{68{,}3\ Nm}$; $\sigma_{grenz} = \sigma_{bW} = \mathbf{500\ N/mm^2}$

$$\boldsymbol{d} = 3{,}4 \cdot \sqrt[3]{\frac{M_v}{\sigma_{grenz}}} = 3{,}4 \cdot \sqrt[3]{\frac{68300\ \text{Nmm}}{500\ \text{N/mm}^2}} = 17{,}5\ \text{mm} \rightarrow \boldsymbol{d = 20\ \text{mm}}$$

Lösung b):

Biegebelastungsfall (Seite 46):

$$\boldsymbol{M_b} = F \cdot \frac{a \cdot b}{l} = F_z \cdot \frac{a \cdot b}{l} = 2000\ \text{N} \cdot \frac{50\ \text{mm} \cdot 80\ \text{mm}}{130\ \text{mm}} = 61533\ \text{Nmm} = \mathbf{61{,}5\ Nm}$$

Zusammengesetzte Beanspruchung von Biegung und Torsion (Seite 65) mit Biegung wechselnd (umlaufende Welle), Torsion schwellend ergibt $\alpha_0 = 0{,}7$

Vordimensionierung, Vergleichsmoment (Seite 68):

$$\boldsymbol{M_v} = \sqrt{M_b^2 + 0{,}75 \cdot (\alpha_0 \cdot M_t)^2} = \sqrt{(61{,}5\ \text{Nm})^2 + 0{,}75 \cdot (0{,}7 \cdot 58{,}4\ \text{Nm})^2} = \mathbf{71\ Nm}$$

$\sigma_{grenz} = \sigma_{bW} = 500\ \text{N/mm}^2$

$$\boldsymbol{d} = 3{,}4 \cdot \sqrt[3]{\frac{M_v}{\sigma_{grenz}}} = 3{,}4 \cdot \sqrt[3]{\frac{71000\ \text{Nmm}}{500\ \text{N/mm}^2}} = 17{,}7\ \text{mm} \rightarrow \boldsymbol{d = 20\ \text{mm}}$$

Beispiel zum vereinfachten Spannungsnachweis

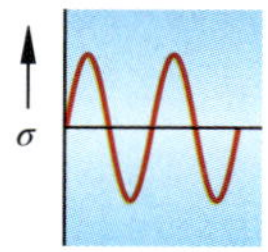

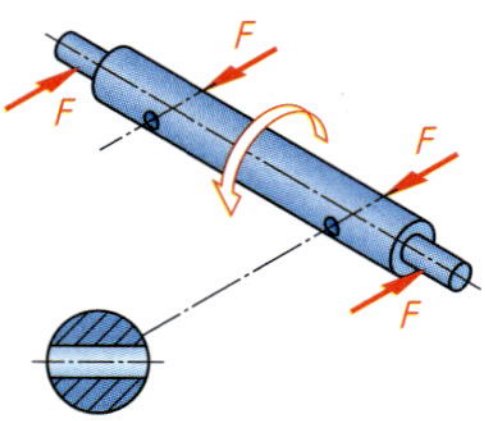

Umlaufende Achse einer Fördereinrichtung aus E295,
Rohteildurchmesser $d = 50$ mm, gefährdeter Querschnitt im Querbohrungsbereich, Oberflächenrauigkeit $Rz = 25$ µm, ermittelte vorhandene Biege-Ausschlagspannung $\sigma_{avorh} = 55\ \text{N/mm}^2$.

Gestaltausschlagfestigkeit $\sigma_{GA} = ?$, zulässige Spannung $\sigma_{zul} = ?$
vorhandene Spannung zulässig?

Lösung:

$\sigma_{bW} = 235\ \text{N/mm}^2$ (Seite 68); $R_m = 470\ \text{N/mm}^2$ (Seite 200);
$b_1 = 0{,}88$, $b_2 = 0{,}88$; $\beta_k \approx 1{,}8$ (Diagramme, Tabelle Seite 69); $\nu_D = 1{,}5$ (Seite 68)

$$\boldsymbol{\sigma_{GA}} = \sigma_{GW} = \frac{\sigma_W \cdot b_1 \cdot b_2}{\beta_k} = \frac{235\ \text{N/mm}^2 \cdot 0{,}88 \cdot 0{,}88}{1{,}8} = \mathbf{101{,}1\ N/mm^2}$$

$$\boldsymbol{\sigma_{zul}} = \frac{\sigma_{GA}}{\nu_D} = \frac{101{,}1\ \text{N/mm}^2}{1{,}5} = \mathbf{67{,}4\ N/mm^2}$$

Vorhandene Biege-Ausschlagspannung $\sigma_{avorh} = 55\ \text{N/mm}^2$ zulässig, da $\leq \sigma_{zul}$.

Beispiel zur Ablesung des Dauerfestigkeitsschaubildes

Schaubild Seite 68, Werkstoff 41Cr4, Biegung:

Biegefließgrenze $\sigma_{bF} = ?$; Biegeschwellfestigkeit $\sigma_{bSch} = ?$; Biegewechselfestigkeit $\sigma_{bW} = ?$; Biegeausschlagfestigkeit σ_{bA} (bei einer Mittelspannung $\sigma_m = 740\ \text{N/mm}^2$) = ?

Lösung:

Ablesung bei *I* bzw. S = 1:	Biegefließgrenze $\boldsymbol{\sigma_{bF} = 960\ \text{N/mm}^2}$
Ablesung bei *II* bzw. S = 0:	Biegeschwellfestigkeit $\boldsymbol{\sigma_{bSch} = 800\ \text{N/mm}^2}$
Ablesung bei *III* bzw. S = –1:	Biegewechselfestigkeit $\boldsymbol{\sigma_{bW} = 500\ \text{N/mm}^2}$
Ablesung bei $\sigma_m = 740\ \text{N/mm}^2$:	Biegeausschlagfestigkeit $\boldsymbol{\sigma_{bA} = 220\ \text{N/mm}^2}$

3 Technische Kommunikation

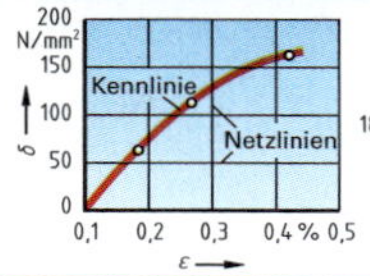

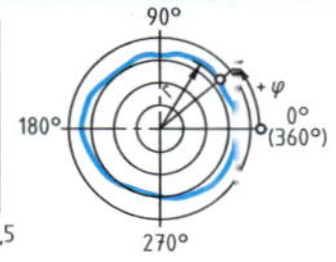

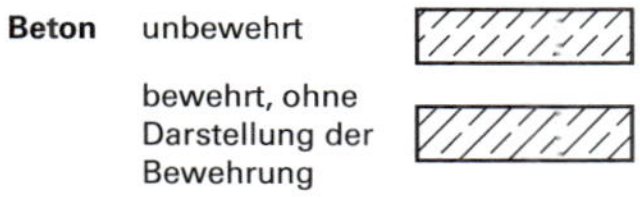

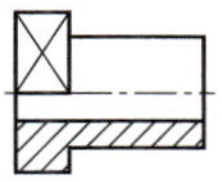

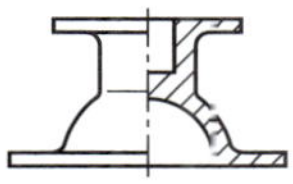

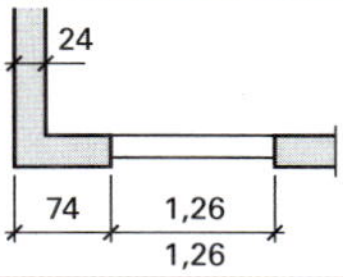

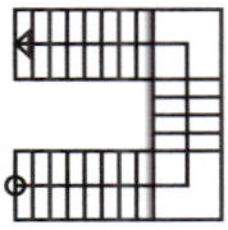

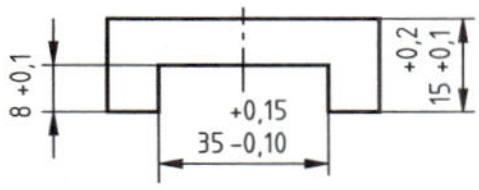

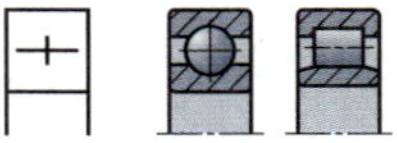

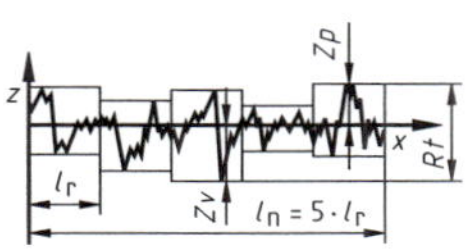

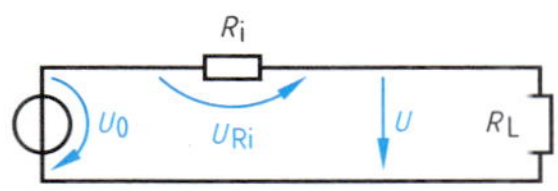

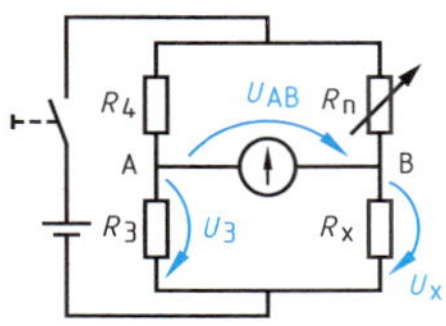

Schutzklasse I: Schutzmaßnahme mit Schutzleiter

Kartesisches Koordinatensystem, Polarkoordinatensystem

Kartesisches Koordinatensystem

vgl. DIN 461: 1973-03

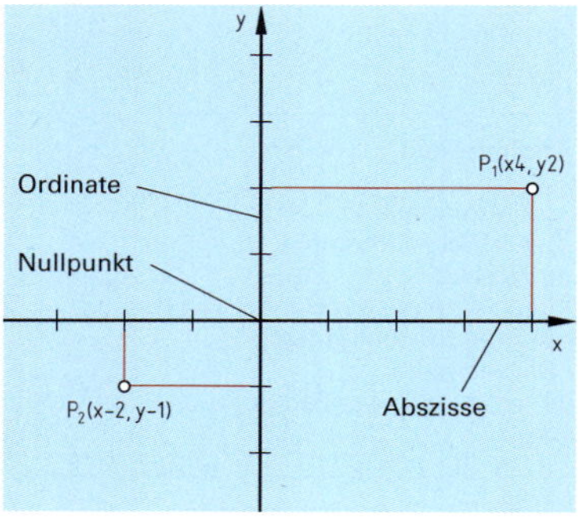

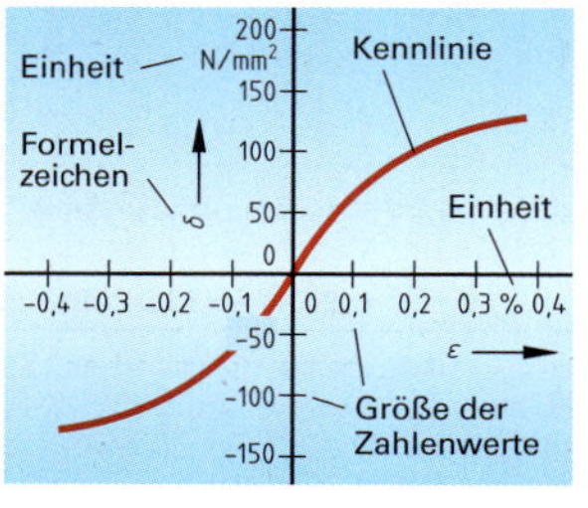

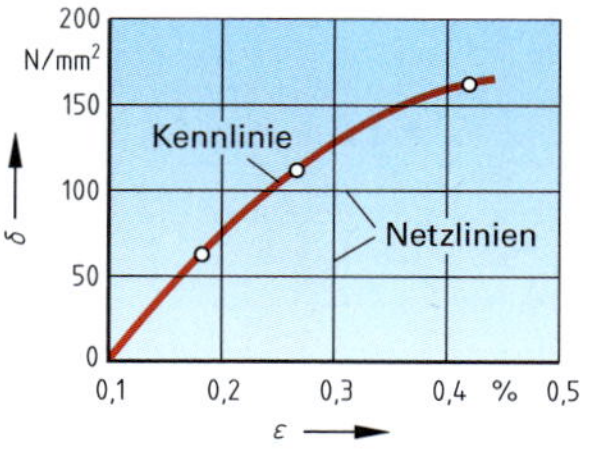

Koordinatenachsen

- Abszisse (waagrechte Achse; *x*-Achse}
- Ordinate (senkrechte Achse; *y*-Achse)

Abzutragende Werte

- Positive: vom Nullpunkt nach rechts bzw. oben
- Negative: vom Nullpunkt nach links bzw. unten

Kennzeichnung der positiven Achsrichtungen mit

- Pfeilspitzen an den Achsen oder
- Pfeilen parallel zu den Achsen

Formelzeichen werden kursiv eingetragen an der

- Abszisse unterhalb der Pfeilspitze
- Ordinate links neben der Pfeilspitze

bzw. vor den Pfeilen parallel zu den Achsen.

Skalen sind meist linear, manchmal auch logarithmisch geteilt.

Größen für Zahlenwerte. Sie stehen bei den Skalen-Teilstrichen. Alle negativen Zahlenwerte erhalten ein Minuszeichen.

Einheiten der Zahlenwerte stehen zwischen den beiden letzten positiven Zahlen von Abszisse und Ordinate oder hinter den Formelzeichen.

Netzlinien erleichtern den Eintrag der Zahlenwerte.

Kennlinien (Kurven) verbinden die im Diagramm eingetragenen Zahlenwerte.

Linienbreiten. Die Linien werden im Verhältnis Netzlinien : Achsen : Kennlinien = 1 : 2 : 4 gezeichnet

Diagramm-Ausschnitte werden gezeichnet, wenn vom Nullpunkt aus nicht in jeder Richtung Zahlenwerte abzutragen sind. Der Nullpunkt darf auch unterdrückt werden.

K

Polarkoordinatensystem

vgl. DIN 461: 1973-03

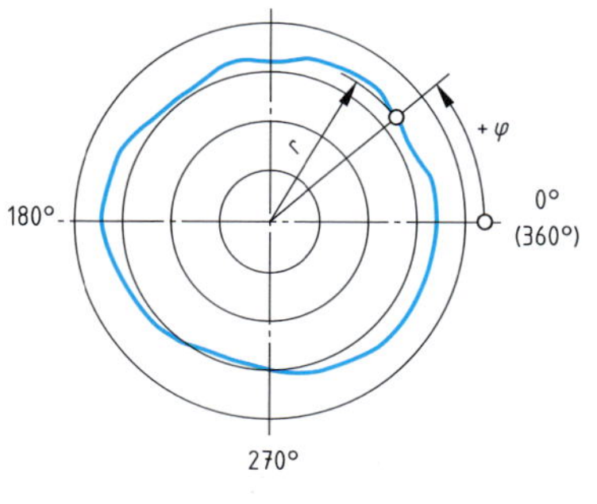

Polarkoordinatensysteme besitzen eine 360°-Teilung.

Nullpunkt (Pol). Schnittpunkt von waagrechter und senkrechter Achse

Winkelzuordnung. Die waagrechte Achse rechts vom Nullpunkt wird dem Winkel 0° zugeordnet

Winkelabtrag. Positive Winkel werden entgegen dem Uhrzeigersinn abgetragen.

Radius. Der Radius entspricht der Größe des abzutragenden Wertes. Zum leichteren Abtragen der Werte können um den Nullpunkt konzentrische Kreise gezogen werden.

Schriftzeichen

Beschriftung, Schriftzeichen

vgl. DIN EN ISO 3098-1: 2015-06 und DIN EN ISO 3098-2:2000-11

Die Beschriftung von technischen Zeichnungen kann nach Schriftform A (Engschrift) oder nach Schriftform B erfolgen. Beide Formen dürfen senkrecht (V = vertikal) oder um 15° nach rechts geneigt (S = schräg) ausgeführt werden. Um eine gute Lesbarkeit zu gewährleisten, soll der Abstand zwischen den Schriftzeichen zwei Linienbreiten betragen. Der Abstand darf auf eine Linienbreite verringert werden, wenn bestimmte Schriftzeichen zusammentreffen, z.B. LA, TV, Tr.

Schriftform B, V (vertikal)

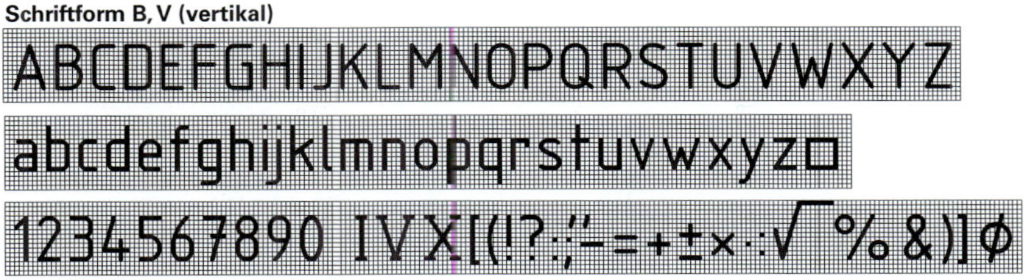

Schriftform B, S (schräg)

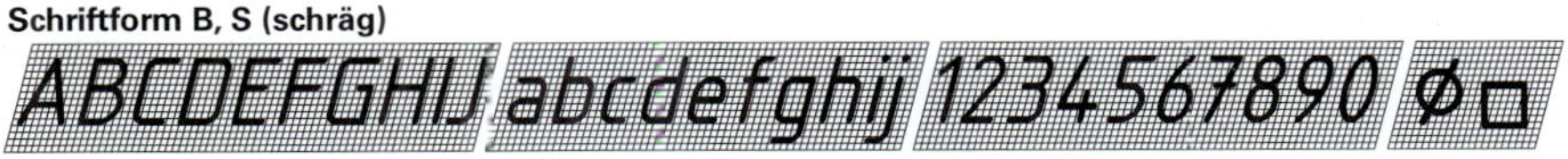

Schriftform A, V (vertikal)

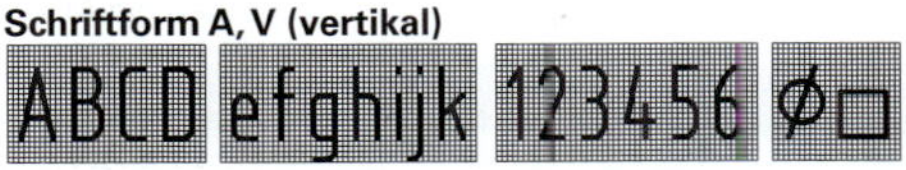

Schriftform A, S (schräg)

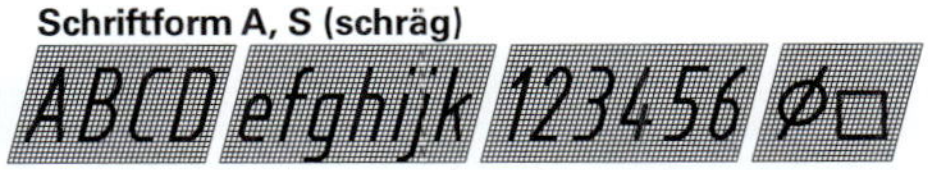

Maße

vgl. DN EN ISO 3098-1: 2015-06

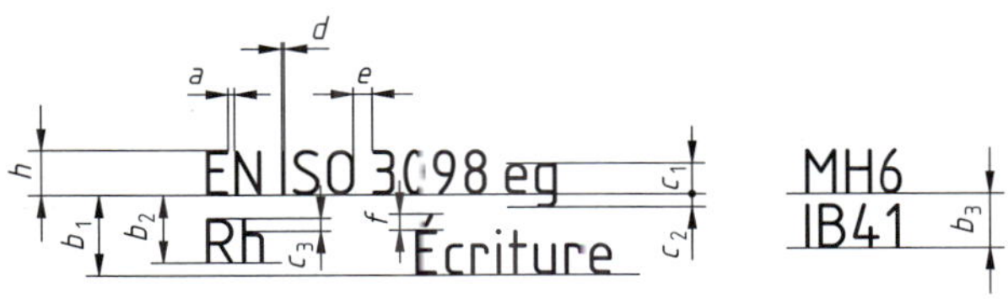

b_1 bei diakritischen[1] Zeichen
b_2 ohne diakritische Zeichen
b_3 bei Großbuchstaben und Zahlen

[1] diaktritisch = zur weiteren Unterscheidung, insbesondere von Buchstaben, dienend

Schrifthöhe *h* bzw. Höhe der Großbuchstaben (Nennmaße) in mm	1,8	2,5	3,5	5	7	10	14	20

Verhältnis der Maße zur Schrifthöhe *h*

vgl. DIN EN ISO 3098-1: 2015-06

Schriftform	*a*	b_1	b_2	b_3	c_1	c_2	c_3	*d*	*e*	*f*
A	$\frac{2}{14}\cdot h$	$\frac{25}{14}\cdot h$	$\frac{21}{14}\cdot h$	$\frac{17}{14}\cdot h$	$\frac{10}{14}\cdot h$	$\frac{4}{14}\cdot h$	$\frac{4}{14}\cdot h$	$\frac{1}{14}\cdot h$	$\frac{6}{14}\cdot h$	$\frac{5}{14}\cdot h$
B	$\frac{2}{10}\cdot h$	$\frac{19}{10}\cdot h$	$\frac{15}{10}\cdot h$	$\frac{13}{10}\cdot h$	$\frac{7}{10}\cdot h$	$\frac{3}{10}\cdot h$	$\frac{3}{10}\cdot h$	$\frac{1}{10}\cdot h$	$\frac{6}{10}\cdot h$	$\frac{4}{10}\cdot h$

Griechisches Alphabet

vgl. DIN EN ISO 3098-3: 2000-11

Α	α	Alpha	Ζ	ζ	Zeta	Λ	λ	Lambda	Π	π	Pi	Φ	φ	(ph) Phi
Β	β	Beta	Η	η	Eta	Μ	μ	Mü	Ρ	ρ, ϱ	Rho[1]	Χ	χ	Chi
Γ	γ	Gamma	Θ	θ, ϑ	Theta[1]	Ν	ν	Nü	Σ	σ	Sigma	Ψ	ψ	Psi
Δ	δ	Delta	Ι	ι	Jota	Ξ	ξ	Ksi	Τ	τ	Tau	Ω	ω	Omega
Ε	ε	Epsilon	Κ	κ, ϰ	Kappa[1]	Ο	ο	Omikron	Υ	υ	Ypsilon			

[1] Buchstaben mit alternativen Glyphen

Römische Ziffern

I = 1	II = 2	III = 3	IV = 4	V = 5	VI = 6	VII = 7	VIII = 8	IX = 9
X = 10	XX = 20	XXX = 30	XL = 40	L = 50	LX = 60	LXX = 70	LXXX = 80	XC = 90
C = 100	CC = 200	CCC = 300	CD = 400	D = 500	DC = 600	DCC = 700	DCCC = 800	CM = 900
M = 1000	MM = 2000	**Beispiele:** MDCLXXXVII = 1687			MCMXCIX = 1999		MMXVIII = 2018	

K

Maßstäbe in Bauzeichnungen, Maßstäbe und Radien im Maschinenbau

Maßstäbe in Bauzeichnungen

Bauzeichnungen für Entwurf und Bauvorlage nach DIN 1356		Üblicher Maßstab
Lagepläne	Darstellung des Baukörpers in den örtlichen Gegebenheiten	1 : 1000 1 : 500
Vorentwurfszeichnungen	Raumaufteilung, Bauglieder sowie Eingliederung des Baukörpers in die Örtlichkeit in vorläufiger Anordnung und Abmessung	1 : 500 1 : 200
Entwurfszeichnung	Darstellung der Bauaufgabe in genauen Abmessungen	1 :100
Zeichnungen für die Bauvorlage (Bauantragszeichnungen)	Lageplan sowie Entwurfszeichnungen, ergänzt durch Zeichnungen gemäß Vorschriften der zuständigen Baugenehmigungsbehörde	Maßstab je nach Erfordernis und Bauvorlagenverordnung
Bauzeichnungen für die Bauausführung noch DIN 1356		**Üblicher Maßstab**
Ausführungszeichnungen	Enthalten alle für die Bauausführung erforderlichen Maße und Angaben	1 : 50
Teilzeichnungen (Detailzeichnungen)	Darstellung von Teilbereichen des Baukörpers/Bauteils in allen Einzelheiten der Konstruktion (Sondermaßstab 1 : 25)	1 : 20 1 : 5 1 : 10 1 : 1
Sonderzeichnungen	Darstellung besonderer Konstruktionselemente (z. B. Lüftungsschächte, Klima-, Heizungs- und Sanitäranlage)	Maßstab je nach Erfordernis
Abrechnungszeichnungen	Enthalten die für die Abrechnung notwendigen Angaben (in der Regel dienen auch die oben genannten Bauzeichnungen diesem Zweck)	Maßstab je nach Erfordernis
Bestandszeichnungen	Darstellung eines vorhandenen Baukörpers/Bauteils	Maßstab je nach Erfordernis

Der Maßstab 1 : *n* gibt an, in welchem Verhältnis die Abmessungen des Originals **(Originalmaße)** in der Zeichnung **(Zeichnungsmaße)** wiedergegeben werden sollen. Die Verhältniszahl *n* verdeutlicht, welches Vielfache bzw. welcher Teil des Zeichnungsmaßes dem Originalmaß entspricht.

Verhältniszahl, Originalabmessungen (Originalmaß) und die Abmessungen der Abbildung (Zeichnungsmaß) stehen in folgender Beziehung zueinander:

$$\text{Originalmaß} = \text{Zeichnungsmaß} \times \text{Verhältniszahl}$$

$$\text{Verhältniszahl} = \frac{\text{Originalmaß}}{\text{Zeichnungsmaß}}$$

$$\text{Zeichnungmaß} = \frac{\text{Orginalmaß}}{\text{Verhältniszahl}}$$

Je geringer die Verhältniszahl, desto größer die Aussagekraft der Zeichnung.

Maßstäbe nach DIN ISO 5455 und DIN 1356.

Maßstäbe und Radien für Zeichnungen im Maschinenbau

Maßstäbe im Maschinenbau vgl. DIN ISO 5455: 1979-12

Natürlicher Maßstab	Verkleinerungsmaßstäbe				Vergrößerungsmaßstäbe		
1 : 1	1 : 2 1 : 5 1 : 10	1 : 20 1 : 50 1 : 100	1 : 200 1 : 500 1 : 1000	1 : 2000 1 : 5000 1 : 10000	2 : 1 20 : 1	5 : 1 50 : 1	10 : 1

Radien im Maschinenbau vgl. DIN 250: 2002-04

						0,2				0,3		**0,4**		0,5		**0,6**		0,8	
1		1,2		**1,6**		**2**		**2,5**		3		**4**		5		**6**		8	
10		12		**16**	18	**20**	22	**25**	28	**32**	36	**40**	45	**50**	56	**63**	70	**80**	90
100	110	**125**	140	**160**	180	**200**	Die **fett** gedruckten Tabellenwerte sind zu bevorzugen.												

Zeichenblätter, Schriftfelder

Zeichnungvordrucke

vgl. DIN EN ISO 5457: 2010-11 und DIN EN ISO 216: 2007-12

Format	A0	A1	A2	A3	A4	A5	A6
Abmessungen der Formate[1] in mm	841 × 1169	594 × 841	420 × 594	297 × 420	210 × 297	148 × 210	105 × 148
Abmessungen der Zeichenfläche in mm	821 × 1159	574 × 811	400 × 564	277 × 390	180 × 277	–	–

[1] Die Abmessungen Höhe : Breite der Zeichnungsvordrucke verhalten sich wie 1 : $\sqrt{2}$ (= 1 : 1,414)

Faltung auf DIN-Format A4

vgl. DIN 824: 1981-03

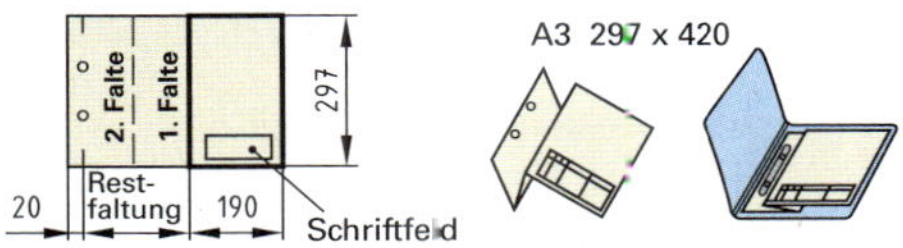

1. Falte: Rechten Streifen (190 mm breit) nach rückwärts einschlagen.

2. Falte: Restblatt so falten, dass die Kante der 1. Falte vom linken Blattrand einen Abstand von 20 mm hat.

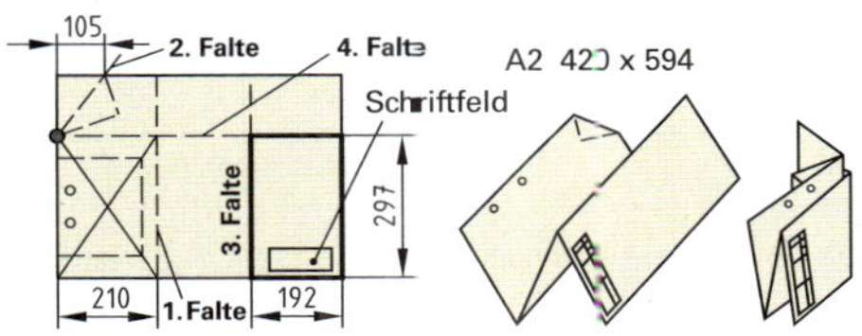

1. Falte: Linken Streifen (210 mm breit) nach rechts einschlagen.

2. Falte: Dreieck in 297 mm Höhe bei 105 mm Breite nach links umlegen.

3. Falte: Rechten Streifen (192 mm breit) nach rückwärts einschlagen.

4. Falte: Faltpaket in 297 mm Höhe nach rückwärts einschlagen.

Schriftfelder

vgl. DIN EN ISO 7200: 2004-05

Die Breite des Schriftfeldes beträgt 180 mm. Die Maße für die einzelnen Datenfelder (Feldbreiten und Feldhöhen) sind, im Gegensatz zur Vorgängernorm, nicht mehr vorgeschrieben. Die Tabelle unten auf dieser Seite enthält Beispiele für mögliche Feldmaße.

Beispiel für ein Schriftfeld:

Verantwortl. Abtlg.	Technische Referenz	Erstellt durch	Genehmigt von	
AB 131 **11**	Susanne Müller **12**	Christiane Schmid **13**	Wolfgang Maier **14**	**15**
Schuler AG **1** Bergstadt		Dokumentenart Zusammenbauzeichnung **9**	Dokumentenstatus freigegeben **10**	
		Titel, Zusätzlicher Titel **2** **3** Kreissägewelle komplett mit Lagerung	A225-03300-012 **4**	
			Änd. **5** A | Ausgabedatum **6** 2019-01-15 | Spr. **7** de | Blatt **8** 1/3	

Zeichnungsspezifische Angaben, wie z. B. Maßstab, Projektionssinnbild, Toleranzen und Oberflächenangaben, werden außerhalb des Schriftfeldes auf dem Zeichnungsvordruck angegeben.

Datenfelder in Schriftfeldern

Feld-Nr.	Feldname	Höchstzahl der Zeichen	Feldbezeichnung erforderlich	Feldbezeichnung optional	Feldmaße (mm) Breite	Feldmaße (mm) Höhe
1	Eigentümer der Zeichnung	nicht festgelegt	ja	–	69	27
2	Titel (Zeichnungsname)	25	ja	–	60	18
3	Zusätzlicher Titel	25	–	ja	60	
4	Sachnummer	16	ja	–	51	9
5	Änderungsindex (Zeichnungsversion)	2	–	ja	7	
6	Ausgabedatum der Zeichnung	10	ja	–	25	
7	Sprachenzeichen (de = deutsch)	4	–	ja	10	
8	Blatt-Nummer und Anzahl der Blätter	4	–	ja	9	
9	Dokumentenart	30	ja	–	60	
10	Dokumentenstatus	20	–	ja	51	
11	Verantwortliche Abteilung	10	–	ja	26	
12	Technische Referenz	20	–	ja	43	
14	Zeichnungs-Ersteller	20	ja	–	44	
14	Genehmigende Person	20	ja	–	43	
15	Klassifikation/Schlüsselwörter	nicht festgelegt	–	ja	24	

Linienarten und Linienbreiten in der Bautechnik

Linien werden in der Zeichnungsgrundnorm **DIN EN ISO 128-20** (früher DIN 15), DIN EN ISO 10628 und in der Fachnorm DIN 1356 Bauzeichnungen festgelegt. Nachfolgende Ausführungen beziehen sich auf die DIN 1356.

In Bauzeichnungen sind die Linienarten nach folgender Tabelle zu verwenden. Die Linienbreiten **breit, mittelbreit und schmal** stufen sich nach dem Verhältnis **2 : 1 : 0,7** und entsprechen den Anforderungen der Mikroverfilmung (vgl. Liniengruppe III).

Werden die Linien nicht in Tusche, sondern in Bleistift gezogen, so sollen die Breiten annähernd eingehalten werden. Es ist im Sinne der Anschaulichkeit zweckmäßig, die angegebenen Linienbreiten zu verwenden. Für Blattgrößen DIN A4 und DIN A3 sind folgende Linien empfohlen:

Breite Linien 0,5 mm – in Ausnahmefällen 0,7 mm

Schmale Linien 0,25 mm – in Ausnahmefällen 0,35 mm.

Überdecken sich in einer Zeichnung zwei oder mehrere Linien verschiedener Art, ist folgende Reihenfolge einzuhalten:

① Sichtbare Kanten oder Umrisse
② Verdeckte Kanten oder Umrisse
③ Schnittebenen
④ Mittellinien
⑤ Schwerelinien
⑥ Maßhilfslinien

Linienbreiten für grafische Darstellungen können etwa im Verhältnis

Netz : Achsen : Kurven = 1 : 2 : 3

gezeichnet werden.

Normhinweis:
Ausführungen von Linien mit CAD-System nach DIN EN ISO 128-21

K

Linienarten nach DIN 1356	Anwendungsbereich		Linienbreiten in mm			
		Maßstab	≤ 1 : 100		≥ 1 : 50	
		Liniengruppe	I	II	III[1]	IV[2]
Volllinie (breit)	Begrenzung von Schnittflächen		0,5	**0,5**	**1,0**	1,0
Volllinie (mittelbreit)	Sichtbare Kanten und sichtbare Umrisse von Bauteilen, Begrenzung von Schnittflächen von schmalen oder kleinen Bauteilen		0,25	**0,35**	**0,5**	0,7
Volllinie (schmal)	Maßlinien, Maßhilfslinien, Hinweislinien, Lauflinien, Begrenzung von Ausschnittdarstellungen, vereinfachte Darstellungen		0,18	**0,25**	**0,35**	0,5
Strichlinie	Verdeckte Kanten und verdeckte Umrisse von Bauteilen		0,25	**0,35**	**0,5**	0,7
Strichpunktlinie (breit)	Kennzeichnung der Lage der Schnittebenen		0,5	**0,5**	**1,0**	1,0
Strichpunktlinie (schmal)	Achsen		0,18	**0,25**	**0,35**	0,5
Punktlinie	Bauteile vor bzw. über der Schnittebene		0,25	**0,35**	**0,5**	0,7
Maßzahlen 1...	Schriftgröße		2,5	**3,5**	**5,0**	7,0

[1] Die Liniengruppe I ist nur dann anzuwenden, wenn eine Zeichnung mit der Liniengruppe III angefertigt, im Verhältnis 2 : 1 verkleinert wurde und die Verkleinerung weiterbearbeitet werden soll. In der Zeichnung mit der Liniengruppe III ist dann die Schriftgröße 5,0 mm zu wählen.

[2] Die Liniengruppe IV ist für Ausführungszeichnungen anzuwenden, wenn eine Verkleinerung z. B. vom Maßstab 1 : 50 in den Maßstab 1 : 100 vorgesehen ist und die Verkleinerung den Anforderungen der Mikroverfilmung zu entsprechen hat. Die Verkleinerung kann dann gegebenenfalls mit den Breiten der Liniengruppe II weiterbearbeitet werden.

Linien in Zeichnungen der Maschinentechnik

vgl. DIN ISO 128-24: 1999-12

Nr.	Benennung, Darstellung	Beispiele für die Anwendung	
01.1	Volllinie, schmal	• Maß- und Maßhilfslinien • Hinweis- und Bezugslinien • Gewindegrund • Schraffuren • Lagerichtung von Schichtungen (z. B. Trafoblech) • Umrisse eingeklappter Schnitte • kurze Mittellinien • Lichtkanten bei Durchdringungen • Ursprungskreise und Maßlinienbegrenzungen	• Diagonalkreuze zur Kennzeichnung ebener Flächen • Umrahmungen von Einzelheiten • Projektions- und Rasterlinien • Biegelinien an Rohteilen und bearbeiteten Teilen • Kennzeichnung sich wiederholender Einzelheiten (z. B. Fußkreisdurchmesser bei Verzahnungen)
	Freihandlinie, schmal	• Vorzugsweise manuell dargestellte Begrenzung von Teil- oder unterbrochenen Ansichten und Schnitten, wenn die Begrenzung keine Symmetrie- oder Mittellinie ist	
	Zickzacklinie, schmal	• Vorzugsweise mit Zeichenautomaten dargestellte Begrenzung von Teil- oder unterbrochenen Ansichten und Schnitten, wenn die Begrenzung keine Symmetrie- oder Mittellinie ist	
01.2	Volllinie, breit	• sichtbare Kanten und Umrisse • Gewindespitzen • Grenze der nutzbaren Gewindelänge • Schnittpfeillinien • Oberflächenstrukturen (z. B. Rändel)	• Hauptdarstellungen in Diagrammen, Kanten und Fließbildern • Systemlinien (Stahlbau) • Formteillinien in Ansichten
02.1	Strichlinie, schmal	• verdeckte Kanten	• verdeckte Umrisse
02.2	Strichlinie, breit	• Kennzeichnung von Bereichen mit zulässiger Oberflächenbehandlung (z. B. Wärmebehandlung)	
04.1	Strich-Punktlinie (langer Strich), schmal	• Mittellinien • Symmetrielinien	• Teilkreise bei Verzahnungen • Lochkreise
04.2	Strich-Punktlinie (langer Strich), breit	• Kennzeichnung von Bereichen mit (begrenzter) geforderter Oberflächenbehandlung (z. B. Wärmebehandlung)	• Kennzeichnung von Schnittebenen
05.1	Strich-Zweipunktlinie (langer Strich), schmal	• Umrisse benachbarter Teile • Endstellungen beweglicher Teile • Schwerlinien • Umrisse vor der Formgebung • Teile vor der Schnittebene • Umrisse alternativer Ausführungen	• Umrisse von Fertigteilen in Rohteilen • Umrahmung besonderer Bereiche oder Felder • projizierte Toleranzzone

Linienbreiten und Liniengruppen

vgl. DIN ISO 128-24: 1999-12

Linienbreiten. In Zeichnungen werden meist zwei Linienarten verwendet. Sie stehen zueinander im Verhältnis 1 : 2.

Liniengruppen. Die Liniengruppen sind im Verhältnis 1 : $\sqrt{2}$ (≈ 1 : 1,4) gestuft.

Auswahl. Linienbreiten und Liniengruppen werden entsprechend der Zeichnungsart und -größe sowie dem Zeichnungsmaßstab und den Anforderungen für die Mikroverfilmung und/oder das Reproduktionsverfahren ausgewählt.

Liniengruppe	zugehörige Linienbreiten (Maße in mm) für		
	breite Linien	schmale Linien	Maß- und Toleranzangaben, grafische Sinnbilder
0,25	0,25	0,13	0,18
0,35	0,35	0,18	0,25
0,5	0,5	0,25	0,35
0,7	0,7	0,35	0,5

K

Schraffuren in der Bautechnik

Für die Kennzeichnung der verschiedenen Baustoffe bzw. Bauteile wurden die in der folgenden Tabelle zusammengestellten Schraffuren und farblichen Darstellungen festgelegt. Die Kennzeichnung erfolgt wahlweise als Schraffur (Schwarz-Weiß-Darstellung) oder durch farbiges Anlegen der Schnittflächen.

Baustoffe bzw. Bauteile (Schraffuren nach DIN ISO 128-50)		**Darstellungsart DIN 1356: 1995-02**	
		schwarz-weiß	farbig
Beton	unbewehrt		olivgrün
	bewehrt, ohne Darstellung der Bewehrung		blaugrün
Betonfertigteile	ohne Darstellung der Bewehrung	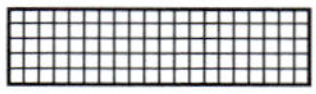	violett
Mauerwerk	künstlicher Stein		braunrot
	natürlicher Stein	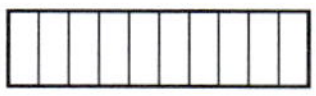	blaugrau
Mörtel und Putz		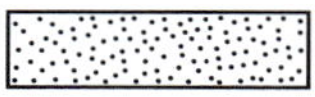	**weiß**
Erdreich	aufgefüllt	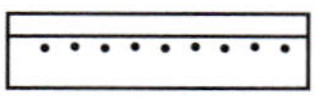	–
	gewachsen		–
Holz	Hirnholz quer zur Faser	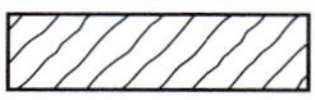	braun
	Längsholz längs zur Faser	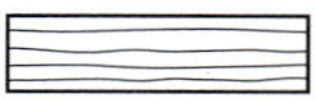	braun
Stahl			**schwarz**
Sperrstoffe	gegen Feuchtigkeit		schwarzweiß
Dämmstoffe	zur Wärme- und Schalldämmung		grau
Alte Bauteile	im Schnitt		blaugrau
Neue Bauteile	im Schnitt	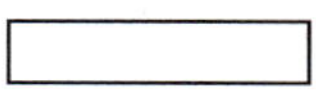	nach Baustoff
	in der Ansicht	–	gelb lasiert
Abzubrechende Bauteile	im Schnitt		gelb
	in der Ansicht	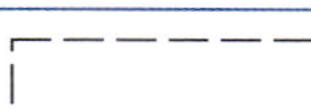	gelb umrandet
Abzutragender Boden			gelb umrandet

Hinweise

Nach DIN 1356: 1995-02 sind nur die Kennzeichnungen der Schnittflächen für Boden (Erdreich), Kies, Sand, Beton (unbewehrt), Beton (bewehrt, Stahlbeton), Mauerwerk, Holz (quer zur Faser), Holz (längs zur Faser), Metall (Stahl), Mörtel und Putz, Dämmstoffe, Abdichtungen (Sperrstoffe), Dichtstoffe als Schraffur in Abstimmung mit DIN 201 (alt) festgelegt.

Die neue DIN ISO 128-50: 2002-05 findet in der Baupraxis kaum Anwendung. Die links aufgeführten Darstellungsarten und Farben ergeben sich aus der alten DIN 1356: 1974-07 und der Praxis. Weitere Darstellungsarten zur Kennzeichnung von Baustoffen und Bauteilen sind auf Seite 79 aufgeführt.

Die Darstellung von Bauteilen in Zeichnungen für Holzbearbeitung erfolgt nach DIN 919.

Schraffuren

Vollholz und Plattenwerkstoffe nach DIN 919

Vollholz Hirnholz

Vollholz Längsholz

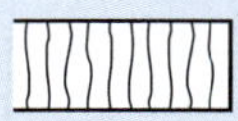
Trägerplatten allgemein

Kurzzeichen Nenndicke in mm

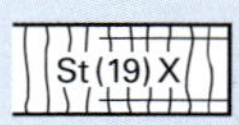

Furnierte oder beschichtete Platten

Art der Furnierung (Holzart) bzw. Beschichtung (Dekor) ist durch Kurzzeichen der Holzart oder Beschichtung anzugeben

K

Schraffuren in der Bautechnik

Werkstoffe werden durch Schraffuren symbolisch gekennzeichnet. Schraffiert werden nur geschnittene Werkstücke. Maßzahlen und Beschriftungen in den Schnittflächen sind bei der Schraffur auszusparen. Der Abstand der Schraffurlinien ist der Größe der Querschnittsfläche anzupassen. Holz und Holzwerkstoffe werden freihändig schraffiert (Ausnahme: Computerzeichnungen). Vollholz wird als Hirnholz unter 45° und als Längsholz parallel zum Faserverlauf des Holzes schraffiert. Bei verleimten Werkstücken werden die Hirnholzflächen in gleicher Richtung, aber mit unterschiedlichen Abständen schraffiert, bei nicht verleimten wird die Schraffurrichtung gewechselt.

Holzwerkstoffe

Materialien: Lagenwerkstoffe wie Furniersperrholz und Furnierschichtholz, Verbundwerkstoffe wie Stab- und Stäbchensperrholz, Span- und Faserwerkstoffe sowie Holzwerkstoffe mit Kunststoff beschichtet. Symbolisch werden hier die Leistenteilungen des Stabsperrholzes im Schnitt dargestellt. Der Abstand der Schraffurlinien beträgt ca. eine halbe Plattendicke. Beschriftungen, Symbole und Begleitlinien geben das Material und die Modifizierung an.

Hinweis: Im deutschsprachigen Raum können zum besseren Verständnis bei Kunden und Beschäftigten die Kurzzeichen der in der DIN aufgeführten Handelsnamen verwendet werden (z. B. EI für Eiche, FI für Fichte).

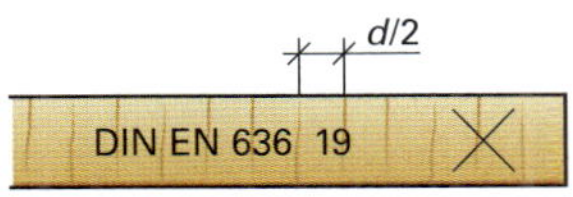

Stabsperrholz 19 mm dick, roh, Hirnholzkante (Kreuz-Symbol)

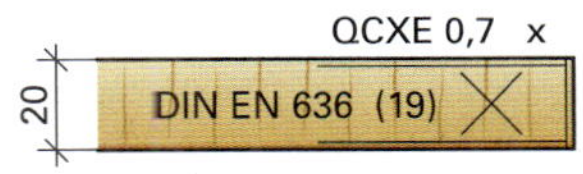

Stabsperrholz 19 mm dick, Eiche furniert, Furnierkante

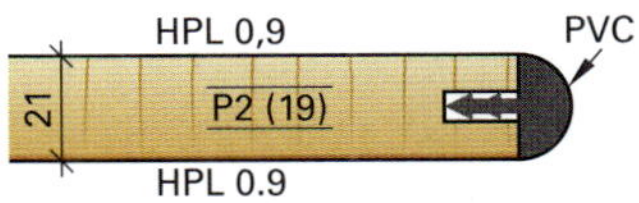

Nachträglich mit HPL-Platten beschichtete Spanplatte, 19 mm roh

Stabsperrholz 19 mm dick, roh, Längsholzkante (Pfeil-Symbol)

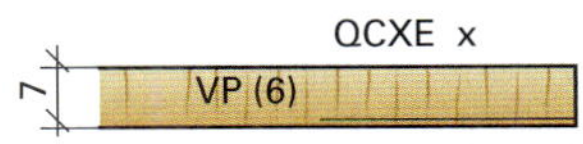

Furniersperrholz 6 mm dick, beidseitig in Eiche furniert

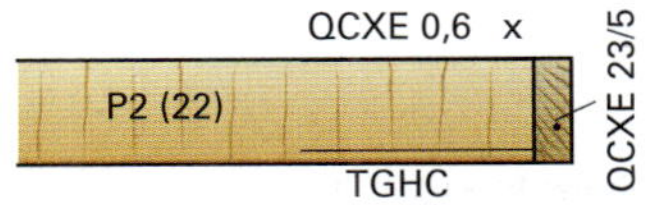

Spanplatte 22 mm dick, furniert, Hirnholz, Anleimer angeleimt

Mit Kunststoff beschichtete Holzwerkstoffe kommen fertig in den Handel oder werden nachträglich beschichtet. Die Linien an der Materialbeschriftung geben an, ob die Holzwerkstoffe einseitig, zweiseitig, dreiseitig oder vierseitig beschichtet sind.

Das eingeschriebene Plattenmaß ist Rohmaß. Die Bemaßung berücksichtigt die nachträgliche Furnierung. Das Außenmaß ist einzuhalten, deshalb steht das Innenmaß in Klammern

Verbundplatten

①
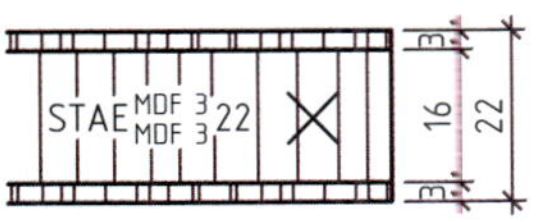

②
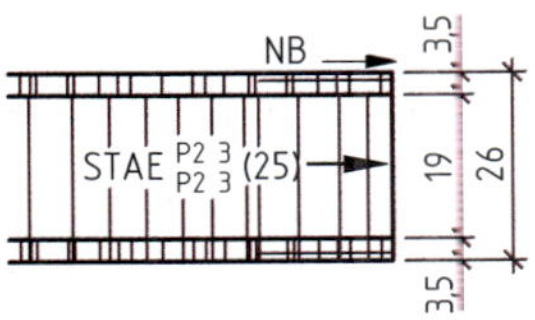

③
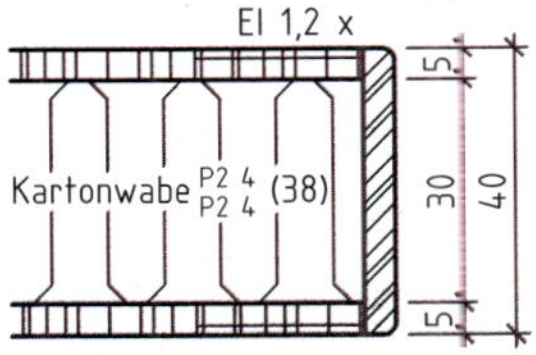

④
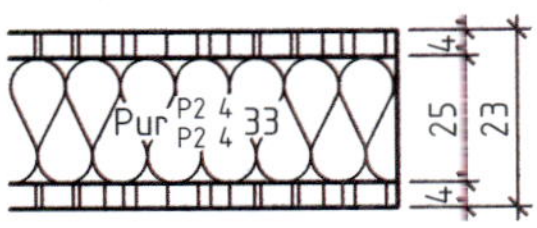

Verbundplatten mit wabenförmiger oder schaumförmiger Mittellage werden mit einer besonderen Schraffur dargestellt. Decklagen sind Holzwerkstoffe, Kunststoff- und Metallplatten.

① Verbundplatte mit 16 mm dicker Stäbchenmittellage und 3 mm dicken MDF-Decklagen. Die Mittellage zeigt im Schnitt Hirnholz.

② Verbundplatte mit 19 mm dicker Stäbchenmittellage und 3 mm dicken Spanplattendecks, die mit Nussbaum (NB ≙ JGRG) furniert sind. Mittellage zeigt im Schnitt Langholz.

③ Verbundplatte mit Mittellage aus 30 mm hohen Kartonwaben und 4 mm dicken Spanplattendecks, die mit Eiche (EI ≙ JGRG) furniert sind. Die Plattenkante erhält einen Anleimer.

④ Verbundplatte mit 25 mm dicker PUR-Schaummittellage und 4 mm dicken Spanplattendecks.

Hinweis:

Die bei den Platten genannten Maße sind die Rohmaße der Platten. Bei den in der Zeichnung angeschriebenen Maßen handelt es sich um die Dicke der furnierten Situation.

Schnittdarstellungen im Maschinenbau

vgl. DIN ISO 128-40, -44 und -50: 2002-05

Schnittarten

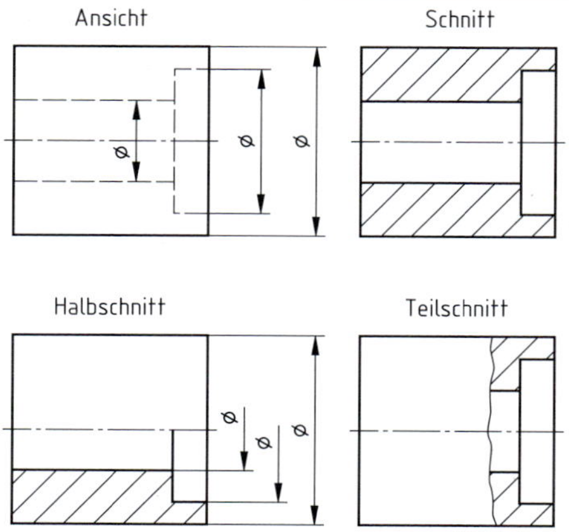

Schnittdarstellung. Mit einer Schnittdarstellung können die innere Form eines Werkstückes oder einzelne Bereiche davon klar erkennbar gezeigt werden.

Schnitt. Beim Schnitt denkt man sich den vorderen Teil eines Werkstücks, der die Sicht auf das Innere verdeckt, herausgeschnitten. Der Schnitt zeigt auch die Umrisse des Werkstücks. Er kann beliebig verlaufen. Meist wird er jedoch in Richtung der Längsachse oder senkrecht zu ihr gelegt.

Halbschnitt. Von einem symmetrischen Werkstück wird eine Hälfte als Ansicht, die andere als Schnitt dargestellt. Bei waagrechter Mittellinie wird die Schnitthälfte bevorzugt unterhalb, bei senkrechter Mittellinie rechts von dieser angeordnet.

Teilschnitt. Ein Teilschnitt zeigt nur einen Teil des Werkstückes im Schnitt.

K

Begriffe

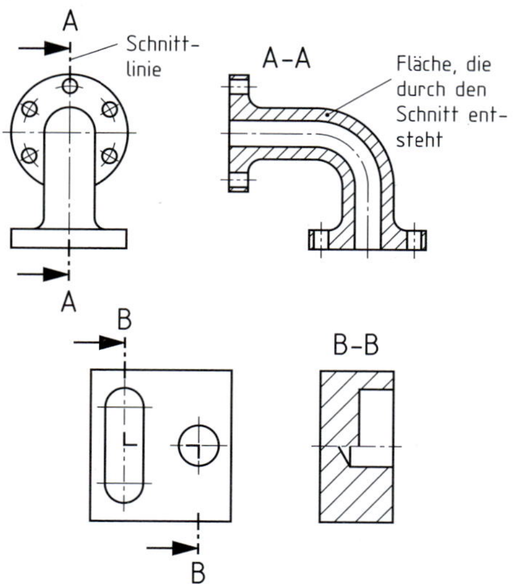

Schnittebene. Die Schnittebene ist eine gedachte Ebene, in der das Werkstück durchschnitten ist. Komplizierte Werkstücke können auch in zwei oder mehreren Schnittebenen dargestellt werden.

Die beim gedachten Durchschneiden des Werkstückes entstehende Fläche wird durch eine Schraffur gekennzeichnet.

Schnittlinie. Sie markiert die Lage der Schnittebene, bei zwei oder mehreren Schnittebenen den Schnittverlauf. Die Schnittlinie wird mit einer breiten Strich-Punktlinie gezeichnet.

Bei zwei oder mehreren Schnittebenen wird der Verlauf der Schnittlinie an den Enden der jeweiligen Schnittebene mit kurzen breiten Volllinien angedeutet.

Kennzeichnung der Schnittlinie. Sie erfolgt mit gleichen Großbuchstaben. Pfeile, die mit breiten Volllinien gezeichnet werden, geben die Blickrichtung auf die Schnittebene an. Im Gegensatz zu den Maßpfeilen (Seite 90) beträgt der Schenkelwinkel bei Pfeilen zur Kennzeichnung der Schnittlinie 30°.

Kennzeichnung des Schnittes. Der Schnitt wird mit den gleichen Großbuchstaben wie die Schnittlinie gekennzeichnet.

Schraffur bei Schnitten

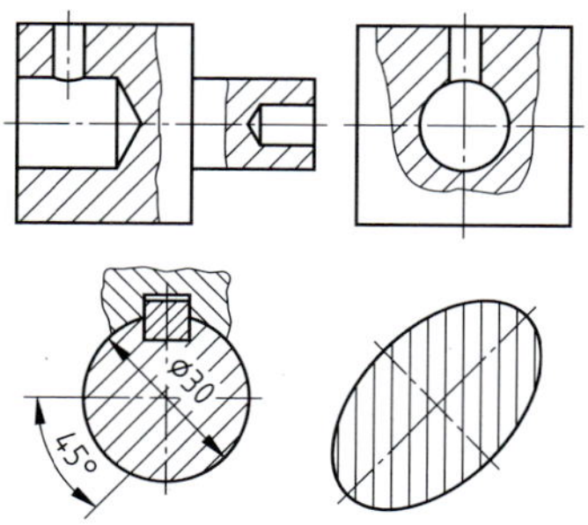

Schraffurlinien. Die Schraffurlinien werden mit parallelen schmalen Volllinien, vorzugsweise unter einem Winkel von 45° zur Mittellinie oder zu den Hauptumrisslinien, gezeichnet. Für Beschriftungen wird die Schraffur unterbrochen.

Schraffiert werden bei

- Einzelteilen: alle Schnittflächen in gleicher Richtung und in gleichem Abstand,
- aneinander grenzenden Teilen: die Teile in unterschiedlichen Richtungen oder Abständen,
- großen Schnittflächen: vorzugsweise die Randzonen.

Schnittdarstellungen im Maschinenbau

vgl. DIN ISO 128-40, -44 und -50: 2002-05

Besondere Schnitte

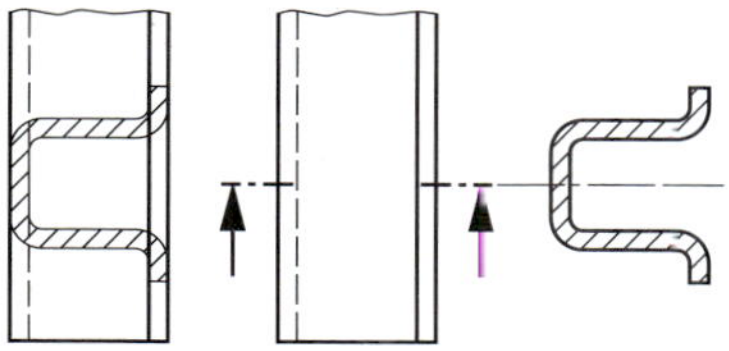

Profilschnitte. Sie dürfen

- in eine Ansicht gedreht eingezeichnet werden.
  Die Umrisslinien des Schnittes werden mit schmalen Volllinien dargestellt.
- aus einer Ansicht herausgezogen werden.
  Der Schnitt muss mit der Ansicht durch eine schmale Strich-Punktlinie verbunden sein.

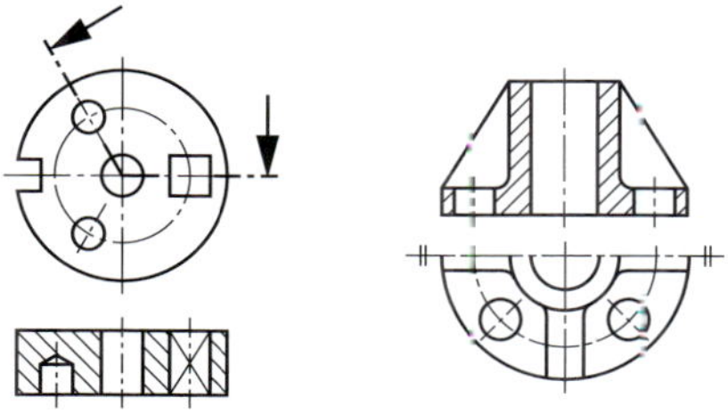

Schnitte von Ebenen, die sich schneiden. Schneiden sich zwei Ebenen, so darf eine Schnittebene in die Projektionsebene gedreht werden.

Einzelheiten bei Rotationsteilen. Gleichmäßig angeordnete Einzelheiten außerhalb der Schnittfläche, z. B. Bohrungen, dürfen in die Schnittebene gedreht werden.

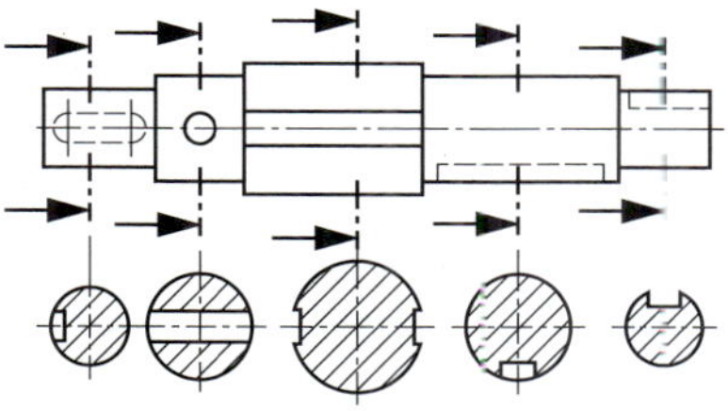

Umrisse und Kanten. Hinter der Schnittebene liegende Umrisse und Kanten werden nur gezeichnet, wenn sie zur Verdeutlichung der Zeichnung beitragen.

Teile, die nicht geschnitten werden

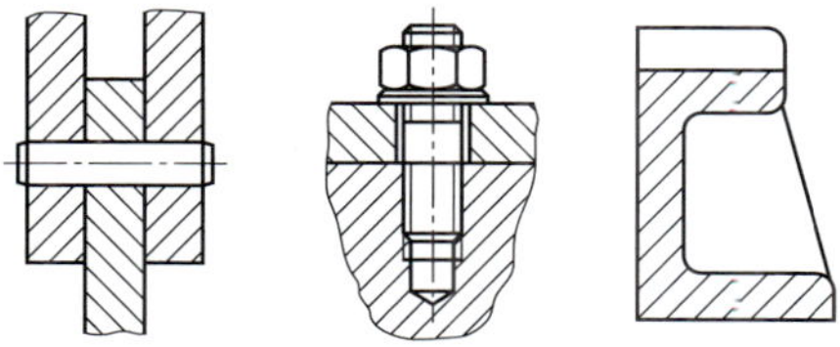

In Längsrichtung werden nicht geschnitten:

- Teile ohne Hohlräume, z. B. Schrauben, Stifte, Wellen
- Bereiche eines Einzelteils, die sich vom Grundkörper abheben sollen, z. B. Rippen.

Zeichnerische Hinweise

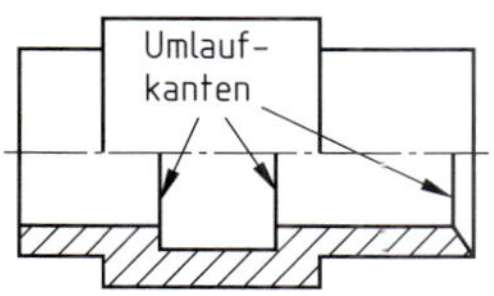

Werkstückkanten

- **Umlaufkanten.** Kanten, die durch das Schneiden sichtbar werden, müssen dargestellt werden.
- **Verdeckte Kanten.** In Schnitten werden verdeckte Kanten nicht dargestellt.
- **Kanten auf der Mittellinie.** Fällt bei einem Schnitt eine Kante auf die Mittellinie, so wird sie dargestellt.

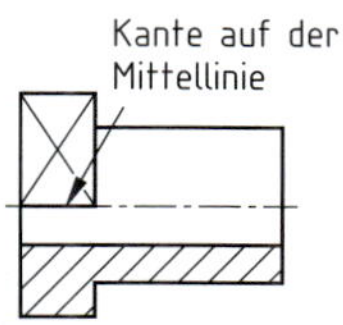

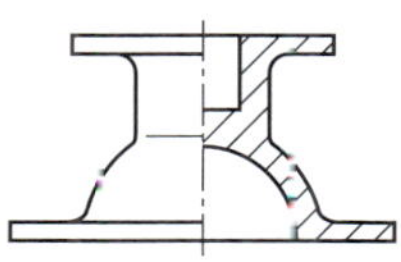

Halbschnitte bei symmetrischen Werkstücken

Die Schnitthälften symmetrischer Werkstücke werden vorzugsweise bei

- waagrechter Mittellinie unterhalb
- senkrechter Mittellinie rechts

der Mittellinie gezeichnet.

Projektionsmethoden

Rechtwinklige Parallelprojektion (Dreitafelprojektion)

Den Ausführungszeichnungen im Bauwesen liegt eine Darstellungsweise (rechtwinklige Parallelprojektion) zugrunde, die das gesamte Bauwerk bzw. Bauwerksteile (Körper) in seinen wesentlichen Ansichten zeigt (nach **DIN ISO 5456-1 … 4**, früher nach **DIN ISO 128-30** bzw. DIN 5 und DIN 6).

Ausgangspunkt dieser Darstellungsweise ist die Stellung des Körpers in einer gedachten Raumecke. Als Annahme gilt, dass der Körper von allen Projektionsebenen den gleichen Abstand einnimmt.

Die Ansichten des Körpers ergeben sich, indem der Betrachter durch Verlängerung des Sehstrahls (Projektionslinie) die Eckpunkte auf der jeweiligen Projektionsebene markiert und dem Original entsprechend verbindet. Der Projektionsstrahl trifft die Eckpunkte des Körpers sowie die Oberfläche der Projektionsebene stets senkrecht.

K

Durch Klappung der Projektionsebenen aus der dreidimensionalen Darstellung in eine zweidimensionale Zeichenebene erfolgt gleichzeitig eine Überlagerung der Projektionsstrahlen; die Projektionsstrahlen erscheinen als Konstruktionslinien. Die so jedem Eckpunkt zugeordneten Projektionsstrahlen werden auf den Projektionsebenen für Vorderansicht und Seitenansicht sowie Draufsicht zum Schnitt gebracht und markieren dort die Lage des jeweiligen Eckpunktes. Das endgültige Bild entsteht durch – dem Original entsprechende – Verbindung der markierten Punkte; die Nummerierung der verdeckt liegenden Eckpunkte wird eingeklammert.

Projektionsmethode 1 • Draufsicht D liegt unterhalb von V • Seitenansicht SL liegt rechts von V	Sinnbild 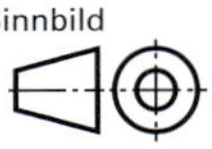
Projektionsmethode 3 • Drauchsicht D liegt oberhalb von V • Seitenansicht SL liegt links von V	Sinnbild 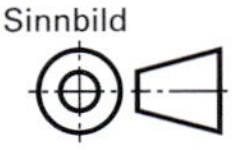

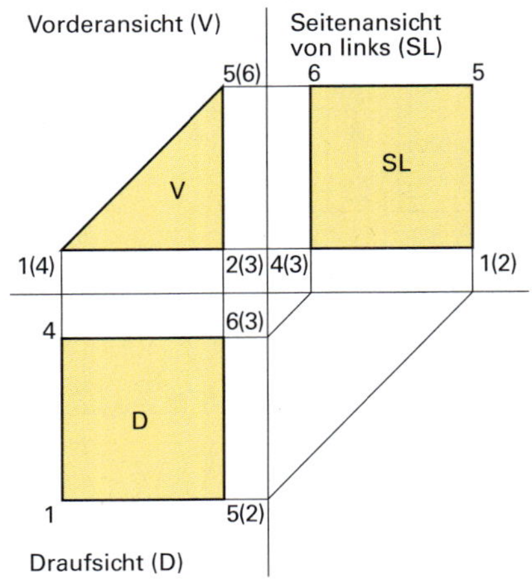

Konstruktion fehlender Ansichten

Dreitafelprojektion

Bezogen auf die Vorderansicht (V) sind die anderen Ansichten folgendermaßen angeordnet (Projektionsmethode 1):

- **Die Draufsicht (D) liegt unterhalb.**
- **Die Seitenansicht von links (SL) liegt rechts.**
- **Die Untersicht liegt oberhalb.**
- **Die Rückansicht darf links oder rechts liegen.**
- **Die Seitenansicht von rechts liegt links.**

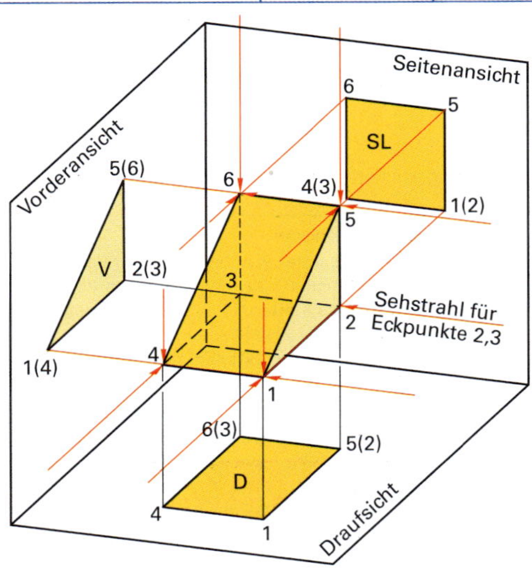

Dreidimensionale Raumecke

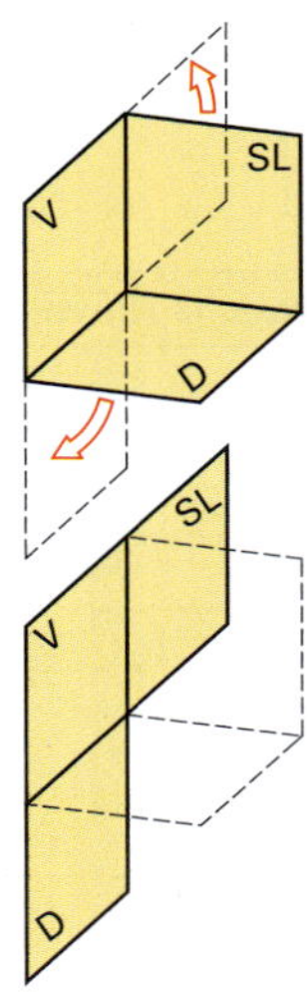

Klappung der Projektionsebenen zur eindimensionalen Zeichenebene

Projektionsmethoden

Grundregeln für die Darstellung

vgl. DIN ISO 128-30: 2002-05 und DIN ISO 5456-2: 1998-04

Auswahl der Vorderansicht. Als Vorderansicht wird die Ansicht gewählt, die bezüglich Form und Abmessungen die meisten Informationen liefert.

Weitere Ansichten. Wenn für die eindeutige Darstellung oder die vollständige Bemaßung eines Werkstückes weitere Ansichten erforderlich sind, ist zu beachten:

- Die Auswahl der Ansichten wird im Maschinenbau auf das Notwendige beschränkt.
- In den zusätzlichen Ansichten sollen möglichst wenig verdeckt darzustellende Kanten und Umrisse vorhanden sein.

Lage weiterer Ansichten. Die Lage weiterer Ansichten ist von der Projektionsmethode abhängig. Bei Zeichnungen nach den Projektionsmethoden 1 und 3 (Seite 82) muss das Sinnbild für die Projektionsmethode im Schriftfeld angegeben werden.

Axonometrische Darstellungen[1]

vgl. DIN ISO 5456-3: 1998-04

Isometrische Projektion

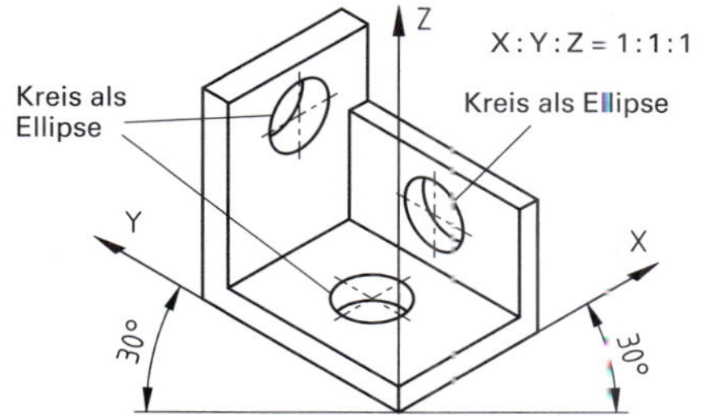

Näherungskonstruktion der Ellipse:

1. Rhombus tangential um Bohrung zeichnen, Rhombusseiten halbieren ergibt die Schnittpunkte M1, M2 und N.
2. Verbindungslinien von M1 nach 1 und von M2 nach 2 ziehen ergibt die Schnittpunkte 3 und 4.
3. Kreisbögen mit Radius *R* um 1 und 2 und mit Radius *r* um 3 und 4.

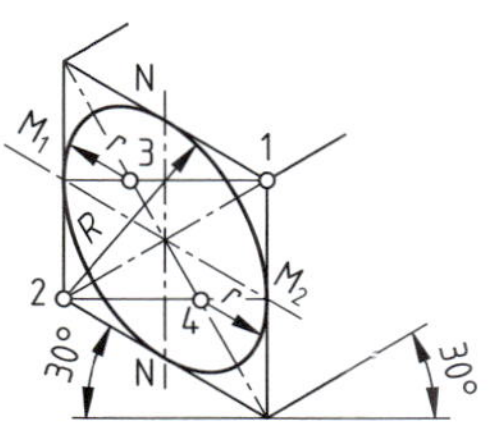

Dimetrische Projektion

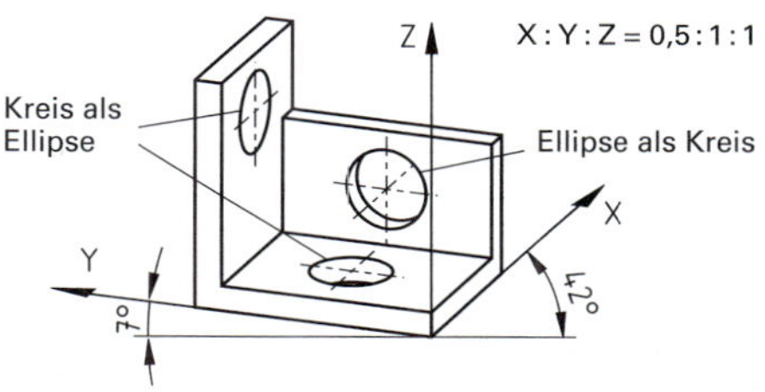

Konstruktion der Ellipsen:

1. Hilfskreis mit Radius $r = d/2$ zeichnen.
2. Höhe *d* in beliebige Anzahl gleicher Strecken teilen und Felder (1 bis 3) zeichnen.
3. Hilfskreis-Durchmesser in gleiche Felderzahl teilen.
4. Aus Hilfskreis Streckenlängen *a*, *b* usw. in Rhombus übertragen.

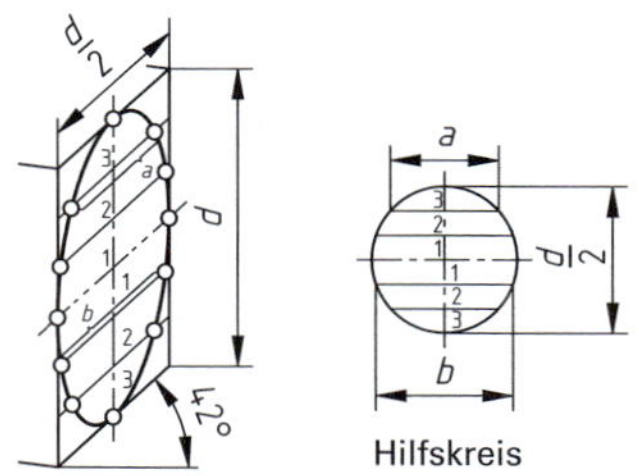

Kavalier-Projektion

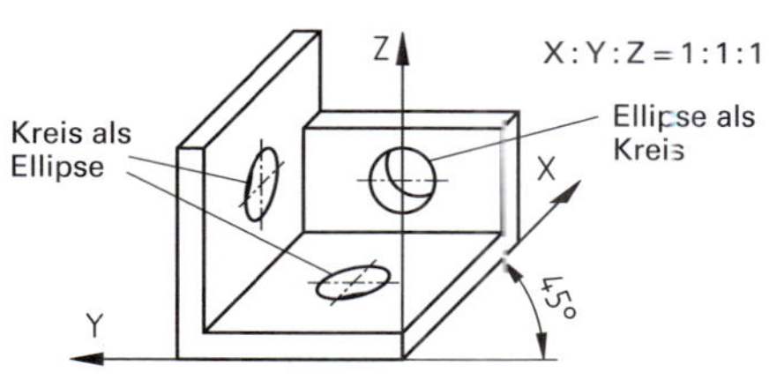

Kabinett-Projektion

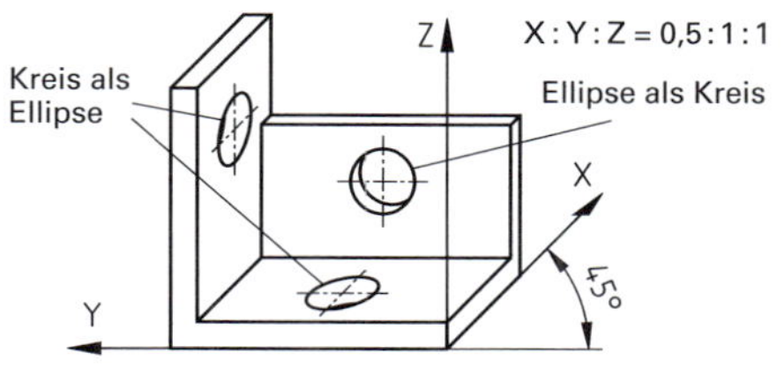

Ellipsenkonstruktion wie bei der dimetrischen Projektion (oben)

[1] Axonometrische Darstellungen: einfache, bildliche Darstellungen.

K

Bemaßung in Bauzeichnungen

Die tatsächlichen Abmessungen eines Bauteils müssen ohne zeitintensive Berechnung aus der Zeichnung zu entnehmen sein. Ausführungsfehler am Bauteil werden vermieden, wenn die zur Herstellung erforderlichen Maße eindeutig und übersichtlich angeordnet sind. Die Bemaßungsregeln für Bauzeichnungen sind in der DIN 1356 zusammengefasst. Darüber hinausgehende Regelungen ergeben sich nach DIN 406. Im Allgemeinen sind im Mauerwerksbau Rohbaumaße anzugeben.

Rohbaumaße in m

vgl. DIN 4172

Achtelmeter **am** (Kopfzahl)	Pfeilermaß in m	Anbaumaß in m	Öffnungsmaß in m
0,5	0,0525	0,0625	0,0725
1	0,115	0,125	0,135
1,5	0,1775	0,1875	0,1975
2	0,24	0,25	0,26
2,5	0,3025	0,3125	0,3225
3	0,365	0,375	0,385
3,5	0,4275	0,4375	0,4475
4	0,49	0,50	0,51
4,5	0,5525	0,5625	0,5725
5	0,615	0,625	0,635
5,5	0,6775	0,6875	0,6975
6	0,74	0,75	0,76
6,5	0,8025	0,8125	0,8225
7	0,865	0,875	0,885
7,5	0,9275	0,9375	0,9475
8	0,99	1,00	1,01

Kurzzeichen und Symbole

Zur Verbesserung der Lesbarkeit von technischen Zeichnungen, zur Übersichtlichkeit und zur Vereinfachung der Bemaßung sind fachübergreifende Kurzzeichen und Symbole zu bevorzugen.

Symbol	Bedeutung	Symbol	Bedeutung
⌀ 52	Durchmesser 52 mm	$\overset{\frown}{26}$	Bogenmaß 26 mm
□52	Quadrat Seitenlänge 52 mm	(26)	Hilfsmaß
[14/8]	Rechteck, Breite/Höhe 14 cm/8 cm	<u>27</u>	nicht maßstäblich
R 26	Radius 26 mm	*d* = 27	(Material-) Dicke 27 cm
⌀—	ringsum	√	Oberflächenbeschaffenheit
◺14 %	Neigung 14 %		

K

Bemaßungsbestandteile

Die Bemaßung ist grundsätzlich unter dem Bauteil und neben der rechten Bauwerkskante anzuordnen. Bei komplexen Bauwerken ist die Einhaltung dieser Regel nicht möglich, sodass eine andere übersichtliche Anordnung der Maße zu wählen ist. Maßlinien innerhalb des Bauteils sind so anzuordnen, dass die Fläche im mittleren Bereich der Räume für weitere Angaben frei bleibt.

In der Regel sind mehrere parallel verlaufende Maßlinien notwendig. Auf der dem Bauteil nächstliegenden Maßlinie sind die kleinsten Teilmaße anzugeben. Die äußerste Maßlinie kennzeichnet die Außenmaße des Bauteils bzw. des Bauwerks.

Grundform für die Maßeintragung in Zeichnungen ist **DIN 406**. Im Bauwesen gilt aber grundsätzlich die **Zeichenfachnorm DIN 1356**: 1995-02.

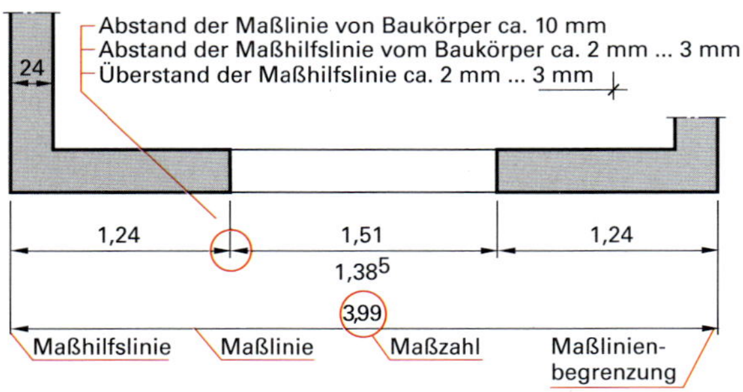

Bemaßungsbestandteile

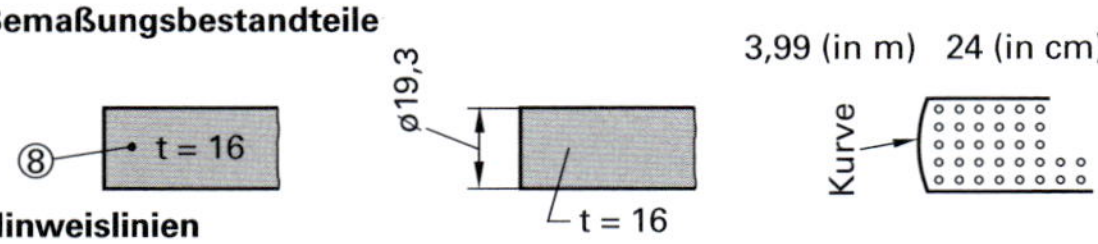

Hinweislinien

Beispiel

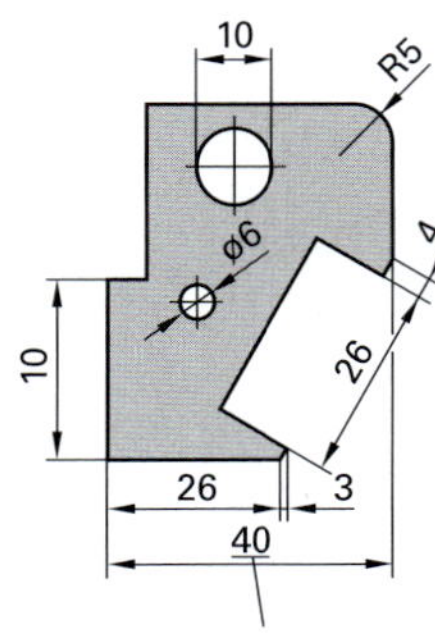

unmaßstäbliche Maße

In Ausnahmefällen dürfen unmaßstäblich dargestellte Objekte durch Unterstreichen der Maßzahl (<u>40</u>) gekennzeichnet werden.

Bemaßung in Bauzeichnungen

Bemaßungsbestandteile

Maßhilfslinien und Maßlinien sind als schmale Volllinien zu zeichnen. Maßlinien verlaufen stets parallel und in einem Abstand von 10 mm zur Außenkante des Baukörpers. Der Abstand der Maßlinien untereinander beträgt 7 mm.

Maßbegrenzungen liegen im Schnittpunkt von Maßlinie und Maßhilfslinie; sie können

- als Kreis
- als kurzer Strich unter 45° von links unten nach rechts oben
- als Maßpfeil } nach DIN 406: 1994-12 möglich
- als Punkt } nach DIN 1356: 1995-02 Ausnahme

gezeichnet werden. Die Verwendung von Maßpfeilen ist weniger gebräuchlich, da sehr arbeitsintensiv. Für die Maßbegrenzung bei Kreisbögen sind Maßpfeile alternativ zu verwenden.

Maßzahlen sind über und parallel zur Maßlinie anzuordnen. Darüber hinaus sind Maßzahlen:

- von unten oder von rechts lesbar (oder in Leselage des Schriftfeldes nach DIN 406 Vereinfachung)
- nicht durch Maßlinien zu kreuzen oder zu berühren
- für Maße ≥ 1 m als Meterangabe (z. B. 1,25); für Maße unter einem Meter als Zentimeterangabe (z. B. 99) einzutragen.
- ohne Maßeinheit einzutragen
- bei Platzmangel unmittelbar rechts neben der Maßhilfslinie anzuordnen
- bei zwei dicht aneinanderliegenden Maßen einmal links unten und einmal rechts oben einzutragen
- Anstelle des Punktes darf auch ein Komma gesetzt werden.

Maßbegrenzungen

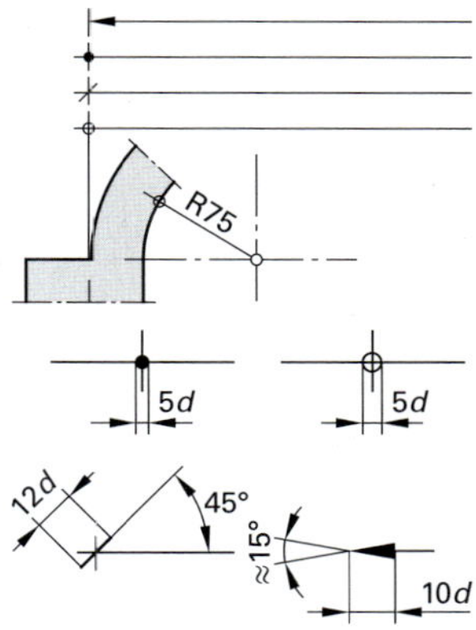

d: Linienbreite der schmalen Volllinie

Schreibrichtung von Maßen

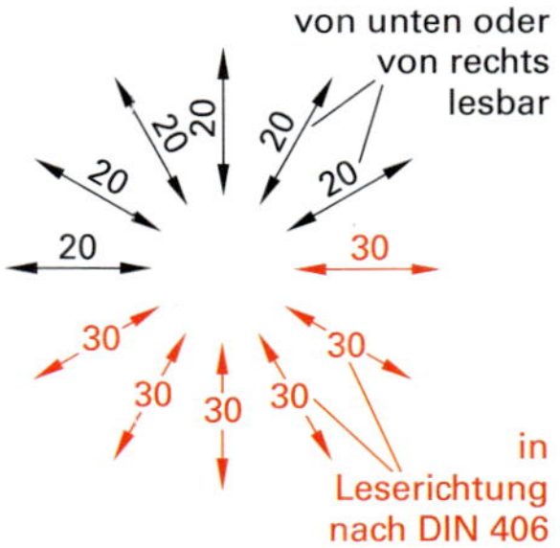

Anordnung der Maßzahlen

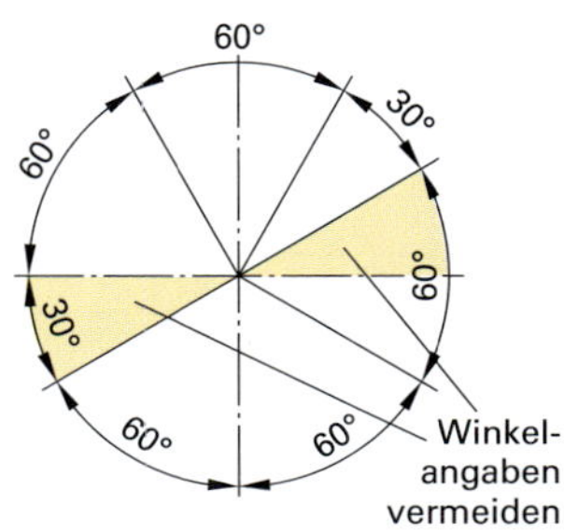

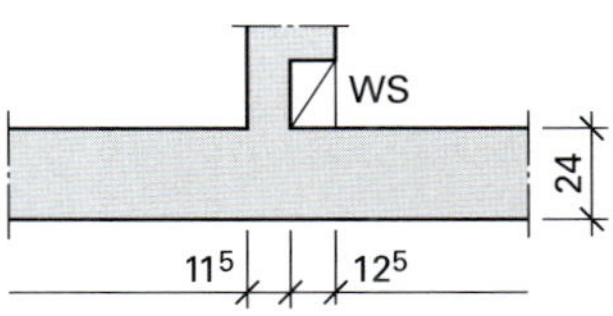

dicht liegende Maße bei Platzmangel

Umfang und Anordnung von Maßangaben

Art, Umfang und Anordnung von Maßangaben sind abhängig vom Zweck bzw. der Art der Bauzeichnung. In Ausführungszeichnungen sind wesentlich umfangreichere Maßangaben zugeordnet als z. B. in Entwurfszeichnungen.

Höhenmaße

Geschosshöhen, Brüstungshöhen und Durchgangshöhen sind grundsätzlich zwischen den Kanten zu kennzeichnen. Die Höhenangabe besteht aus Höhenkote, entsprechendem Pfeil und Maßbegrenzungslinie.

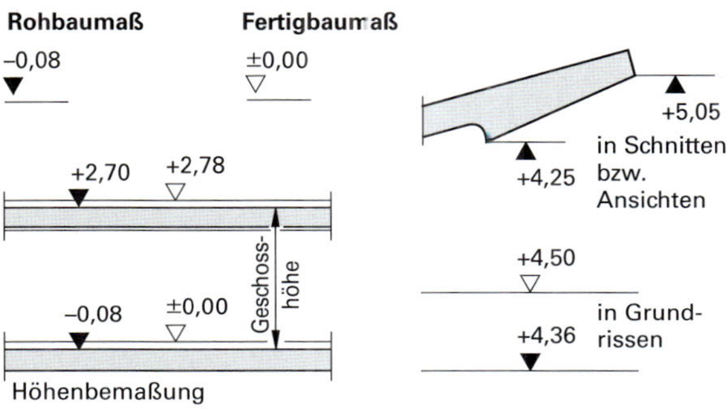

Höhenbemaßung

Wand- und Deckenöffnungen

Die Breite von Türen, Fenstern und sonstigen Öffnungen wird über, die Höhe unter die Maßlinie bzw. die Achslinie geschrieben (z. B. 1,51/1,38⁵; also 1,51 m breit und 1,385 m hoch).

K

Treppen

Grundlagen zur Auslegung von Treppen

Bequemlichkeit und Sicherheit beim Begehen einer Treppe sind vom Steigungsverhältnis (dem Verhältnis von Auftrittsbreite *a* zur Steigungshöhe *s*) und der Treppenneigung abhängig. Dem Steigungsverhältnis ist eine durchschnittliche Schrittlänge von 63 cm zugrunde gelegt. Anzahl der Steigungen *n* und Steigungshöhe *s* richten sich nach dem zu überwindenden Höhenunterschied.
Als Orientierung für die Planungsmaße sollten die gewählten Abmessungen in allen Fällen der Schrittmaßformel und der Gehsicherheitsformel entsprechen. Gebäudetreppen sind nach DIN 18065: 2015-03 auszuführen.

Schrittmaßformel (nach DIN 18065)

2 Steigungen + 1 Auftritt = 59 cm bis 65 cm
$2\,s + a = 63$ cm (üblich)

Gehsicherheitsformel (Empfehlung)

Auftrittsbreite + Steigung = 46 cm (± 1 cm)
$a + s = 46$ cm (üblich)

Bequemlichkeitsregel (Empfehlung)

Auftrittsbreite – Steigung = 12 cm
$a - s = 12$ cm

Steigungsverhältnis $= \dfrac{\text{Steigungshöhe}}{\text{Auftrittsbreite}}$

Anzahl der Steigungen $n = \dfrac{\text{Geschosshöhe}}{\text{Steigungshöhe}}$

Anzahl der Auftritte = Anzahl der Steigungen – 1

Lauflänge = Anzahl der Auftritte × Auftrittsbreite

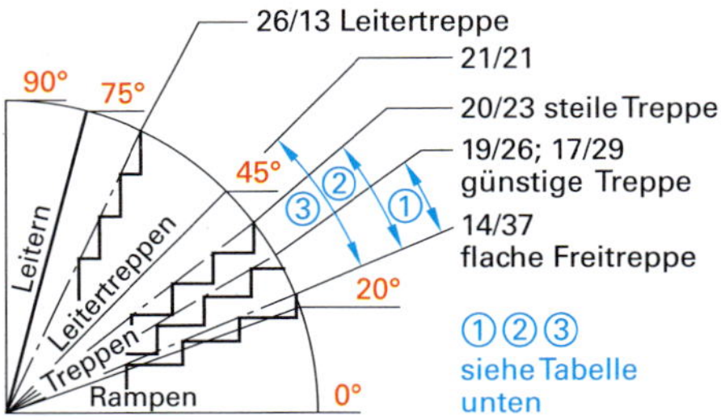

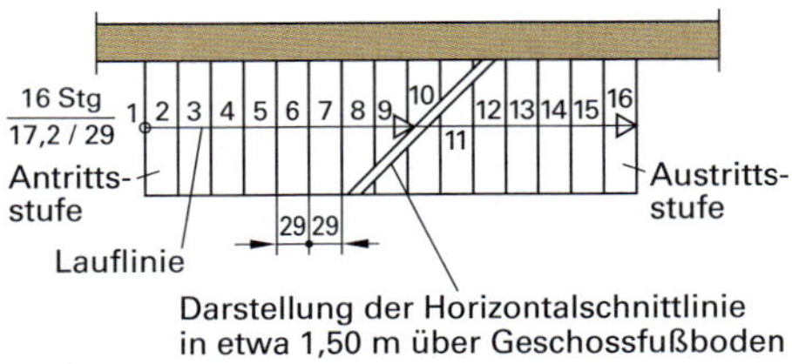

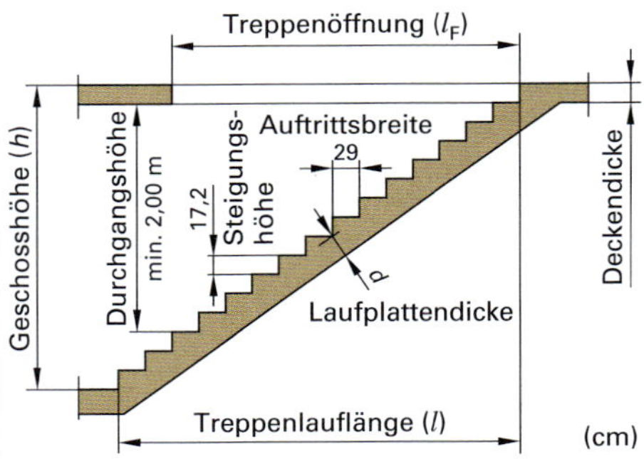

Richtwerte für Wohnhaustreppen

Geschosshöhe (*h*)	Steigungsanzahl (*n*)	Steigungshöhe (*s*) cm	Auftrittsanzahl (*n* – 1)	Auftrittsbreit (*a*) cm	Lauflänge (*l*) m
2,25 m Kellertreppen	12	18,7	11	25	2,75
	13	17,3	12	26	3,12
2,75 m	14	19,6	13	23,9	3,11
	15	18,3	14	26,5	3,71
	16	17,2	15	28,8	4,32

Maßliche Anforderungen (DIN 18065) (Fertigmaße im Endzustand) Maße in cm

Gebäudeart	Treppenart		min. nutzbare Laufbreite	Steigung *s* min.	Steigung *s* max.	Auftritt *a* min.	Auftritt *a* max.
Grenzmaße für Gebäude und Wohngebäude im Allgemeinen	baurechtlich notwendige Treppen	①	100	14	19	26	37
	baurechtlich nicht notwendige (zusätzliche) Treppen	③	50	14	21	21	37
Grenzmaße für Wohngebäude bis 2 Wohnungen und innerhalb von Wohnungen	baurechtlich notwendige Treppen	②	80	14	20	23	37
	baurechtlich nicht notwendige (zusätzliche) Treppen	②	50	14	21	21	37

Durch die Toleranzen dürfen die angegebenen Minimal- und Maximalmaße nicht unterschritten und/oder überschritten werden. Bei notwendigen Treppen ist sicherzustellen, dass die Maße im fertigen Zustand den Transport von Personen durch den Rettungsdienst erlauben.

K

Treppen

Treppen – Vereinfachte Darstellung

vgl. DIN 1356: 1995-02

einläufige Treppen

Treppenlauf
gerade einläufige Treppe
Draufsicht

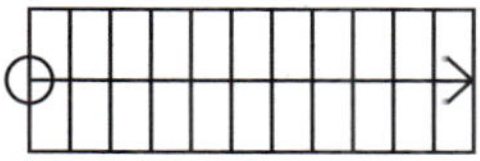

oberstes Geschoss

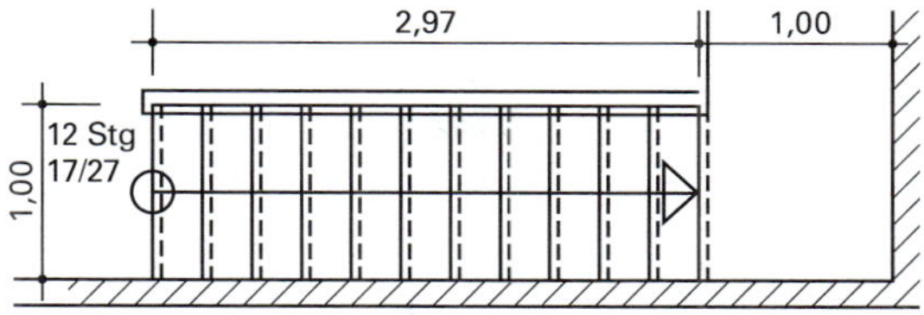

Treppenlauf horizontal geschnitten mit darunterliegendem Lauf

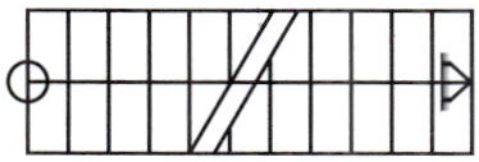

Normalgeschoss

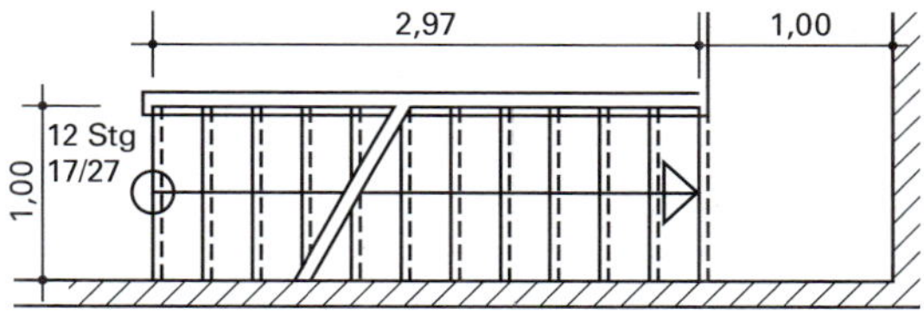

Treppenlauf horizontal geschnitten mit Darstellung oberhalb der Schnittebene

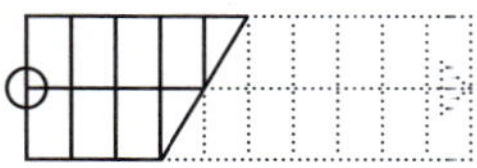

unterstes Geschoss

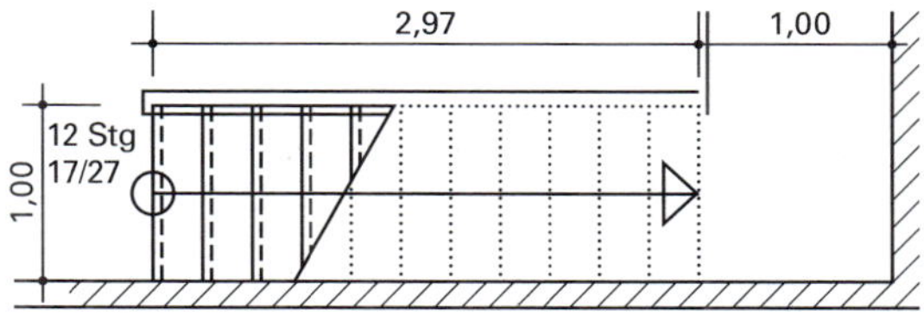

zweiläufige Treppen

Treppenlauf
zweiläufig gegenläufige Treppe
mit Zwischenpodest

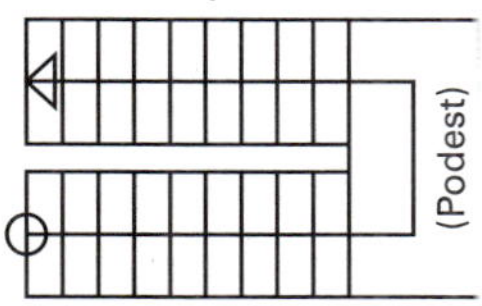

dreiläufige Treppe

dreiläufige U-Treppe mit zwei Zwischenpodesten

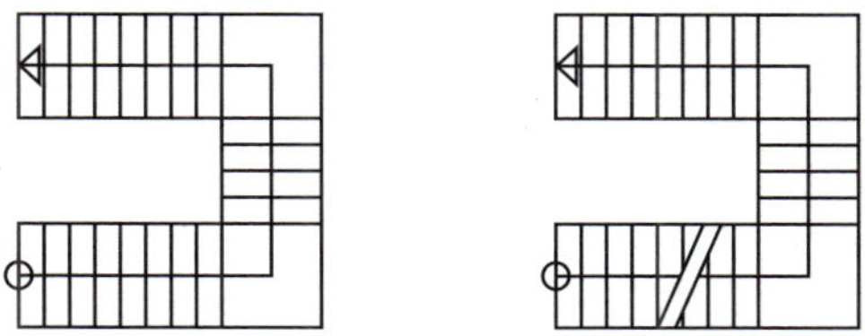

Treppenlauf horizontal geschnitten mit darunterliegendem Lauf

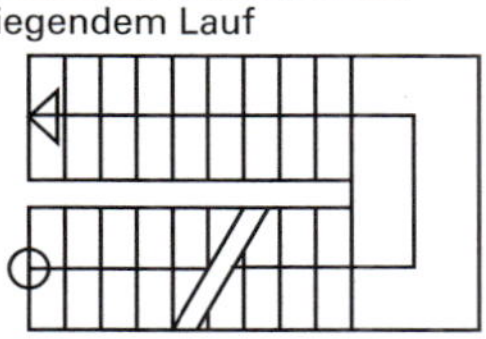

gewendelte Treppe

1 Antritt (Antrittsstufe)

11 Austritt (Austrittsstufe)

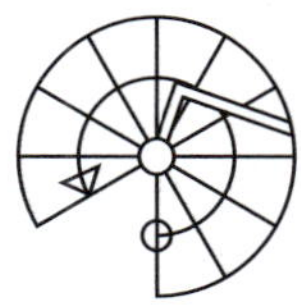

z. B. Wendeltreppe, Spindeltreppe, Bogentreppe aus gleichen keilförmigen Stufen, mit 11 Steigungen

Treppenlauf horizontal geschnitten mit Darstellung oberhalb der Schnittebene

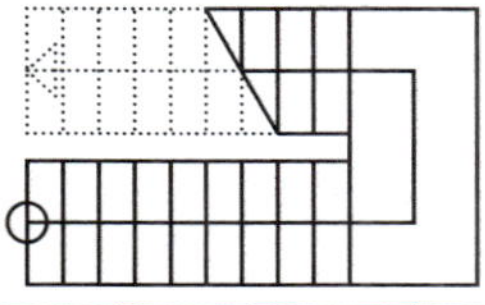

Rampe

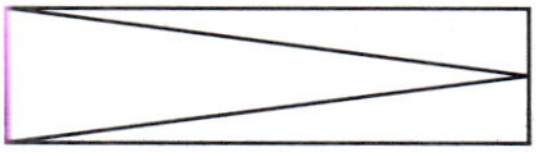

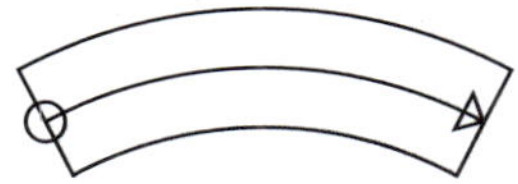

z. B. barrierefreie Erschließung bei flacher Neigung bis max. 6 % Steigung, ohne Quergefälle, bei mehr als 6 m Rampenlänge ist ein Zwischenpodest mit $l \geq 1{,}50$ m notwendig

K

Treppen

Berechnung gerader Treppen

Geschosshöhe = Lichte Geschosshöhe + Dicke der Decke + Fußbodenaufbau EG – Fußbodenaufbau UG

Podestflächen: Am An- bzw. Austritt von Treppenläufen sowie bei längeren Treppenläufen nach mehr als 18 Steigungen erforderlich.

Podestlänge = $(a + 2\ s) + a$

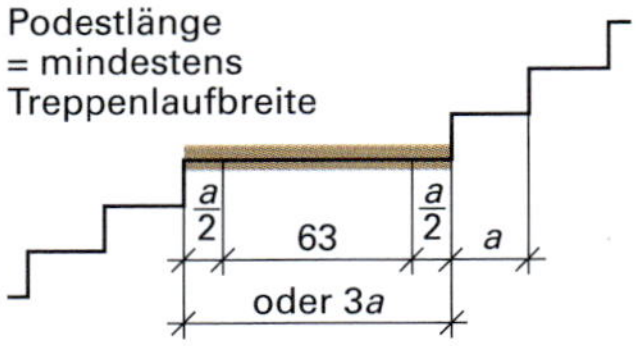

Die lichte **Treppendurchgangshöhe** muss mindestens **200 cm** betragen.

Bezeichnung an Stufen

Der Auftritt wird gemessen von der Vorderkante einer Stufe zur Vorderkante der nachfolgenden Stufe, bis zu einer Tiefe des Kantenprofils von maximal 8 mm (R 8). Ansonsten wird der Auftritt bis zur Profiltiefe gemessen.

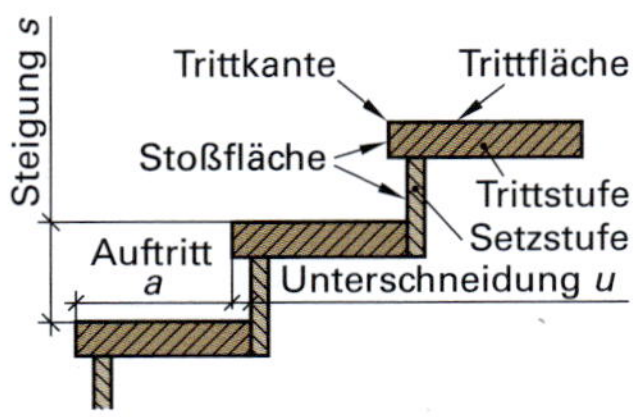

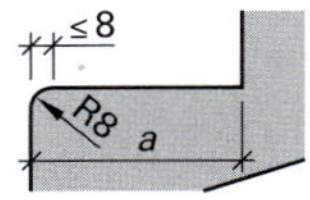

K

Treppen-Lichtraumprofil, Maße und Benennung

vgl. DIN 18065

Gehbereiche, Lauflinie

Die lichte Treppendurchgangshöhe richtet sich nach der Landesbauordnung bzw. der DIN.

Bei nutzbaren Laufbreiten bis 100 cm hat der Gehbereich eine Breite von 2/10 der Laufbreite und liegt im Mittelbereich der Treppen, Krümmungsradien der Begrenzungslinien des Gehbereiches müssen mindestens 30 cm betragen.

Bei Laufbreiten über 100 cm (außer Spindeltreppen) beträgt die Breite des Gehbereiches 20 cm.

Der Abstand des Gehbereiches von der inneren Begrenzung der Laufbreite beträgt 40 cm.

Der Auftritt ist in der Lauflinie zu messen. Im Krümmungsbereich der Lauflinie ist der Auftritt gleich der Sehne, die sich durch die Schnittpunkte der gekrümmten Lauflinie mit den Stufenvorderkanten ergibt.

Die Lauflinie kann vom Planer bei Treppen mit gewendelten Läufen frei innerhalb des Gehbereiches gewählt werden. Sie ist stetig und hat keine Knickpunkte. Ihre Richtung entspricht der Laufrichtung der Treppe. Krümmungsradien der Lauflinie müssen mindestens 30 cm betragen. Nach höchstens 18 Stufen soll ein Zwischenpodest eingeplant werden.

Treppen-Lichtraumprofil

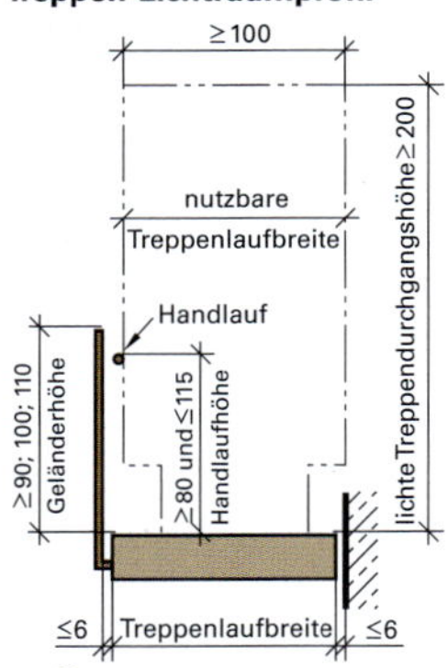

① Gebäude allgemein

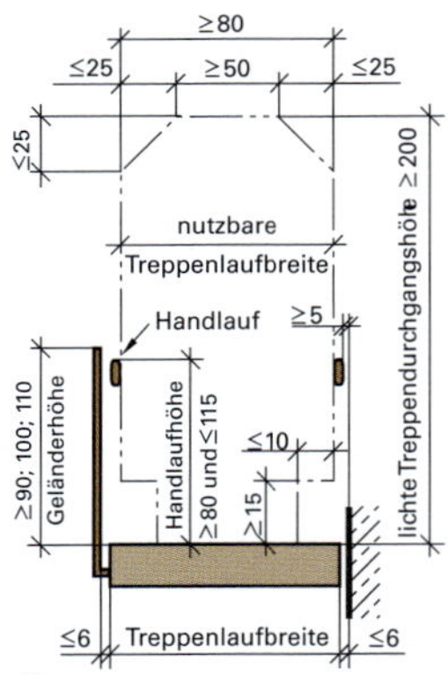

② Wohngebäude bis zu 2 Wohnungen und innerhalb von Wohnungen

Nutzbare Treppenlaufbreite (Gebäude allgemein)

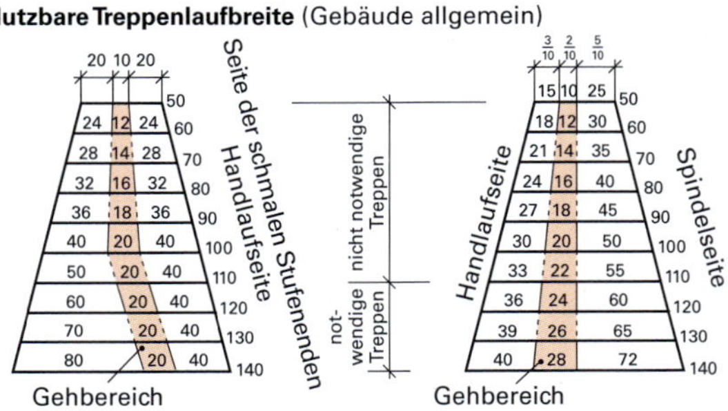

Diagramm des Gehbereichs für gewendelte Treppen

Diagramm des Gehbereichs für Spindeltreppen

Dachformen

Die jeweilige Dachform eines Hauses wird durch die Anzahl, Form und Lage der Dachflächen zueinander bestimmt. Das heutige Angebot an Deckungs- und Dichtungsstoffen lässt viele Varianten der ursprünglichen Dachformen zu.

Dachformen

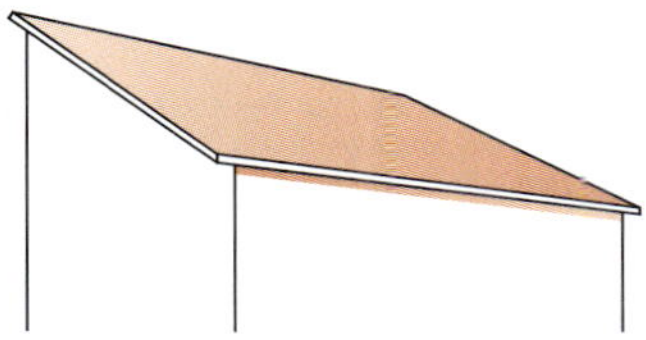
Pultdach

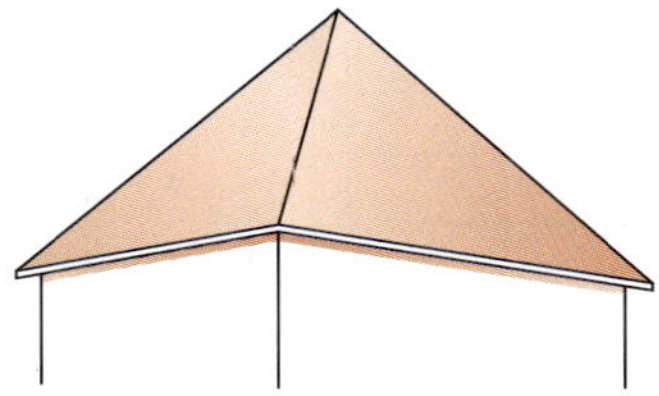
Zeltdach

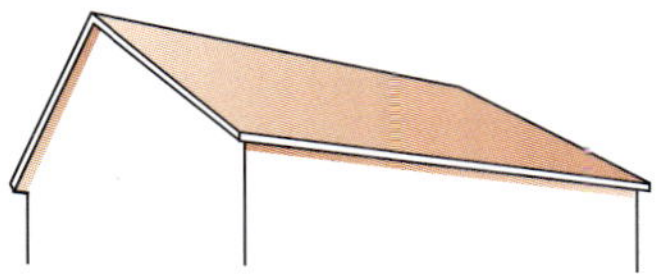
Satteldach

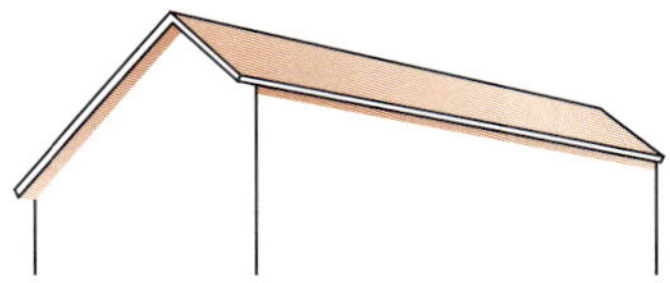
einhüftiges Satteldach

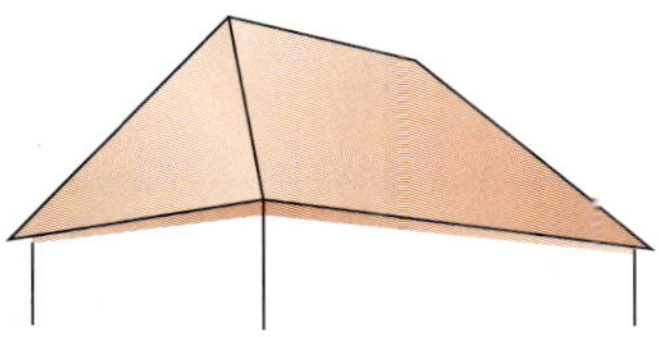
Walmdach

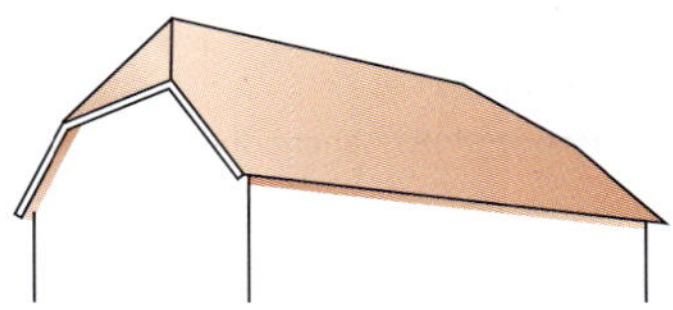
Krüppelwalmdach

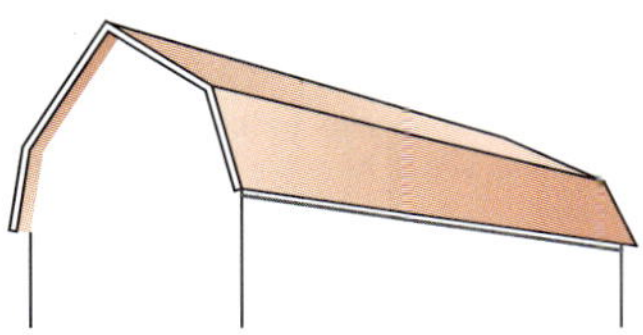
Mansarddach

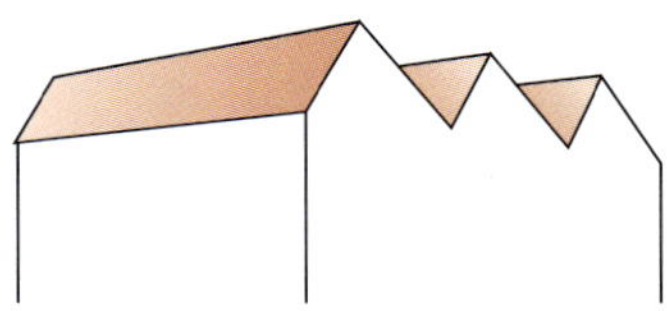
Sheddach

Dachteile, Dachlinien, Dachpunkte

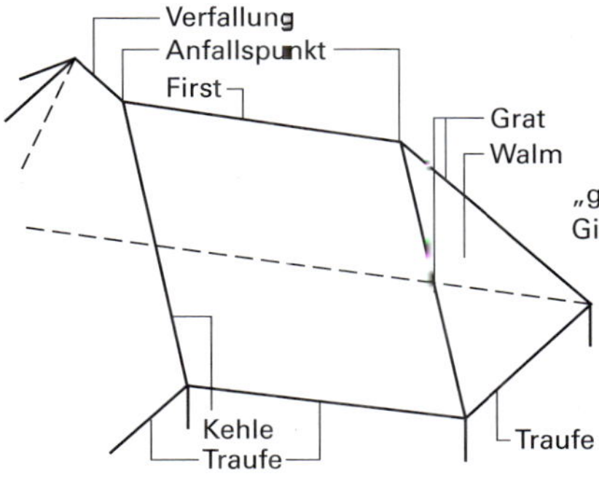

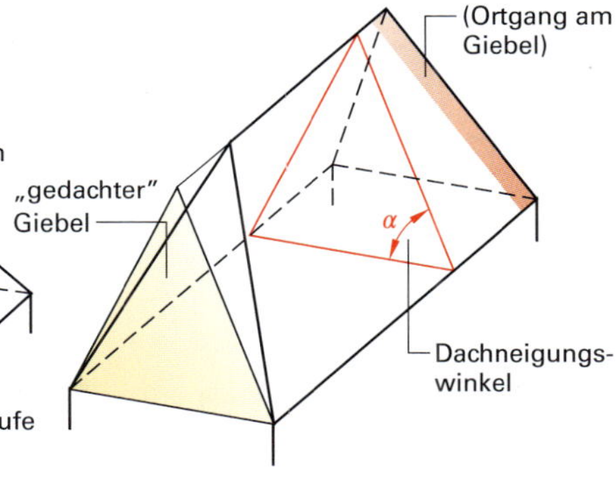

K

Maßeintragung in Zeichnungen der Maschinenbautechnik

Maßlinien, Maßlinienbegrenzung, Maßhilfslinien, Maßzahlen

vgl. DIN 406-11: 1992-12

Maßlinien

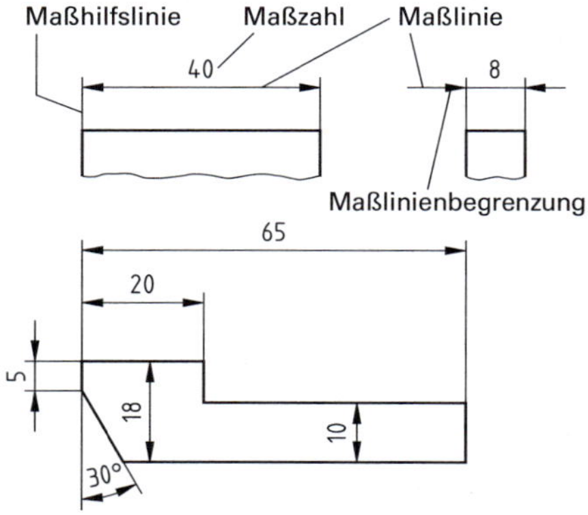

Ausführung. Maßlinien werden mit schmalen Volllinien gezeichnet.

Eintrag. Maßlinien werden bei
- Längenmaßen parallel zur bemaßenden Länge
- Winkel- und Bogenmaßen als Kreisbogen um den Mittelpunkt des Winkels bzw. des Kreisbogens

eingetragen.

Platzmangel. Bei Platzmangel dürfen Maßlinien
- von außen an Maßhilfslinien gezogen
- innerhalb des Werkstückes eingetragen
- an Körperkanten angesetzt

werden.

Abstände. Maßlinien sollen einen Mindestabstand von
- 10 mm von Körperkanten und
- 7 mm untereinander

haben.

Maßlinienbegrenzung

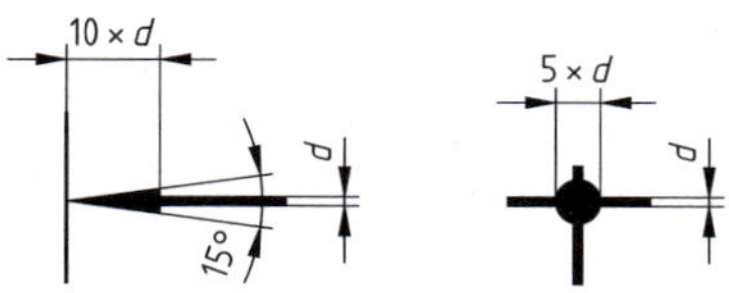

Maßpfeile. Im Regelfall begrenzen Maßpfeile die Maßlinien.
- Pfeillänge: 10 x Maßlinienbreite
- Schenkelwinkel: 15°

Punkte. Sie werden bei Platzmangel verwendet.
- Durchmesser: 5 x Maßlinienbreite

Maßhilfslinien

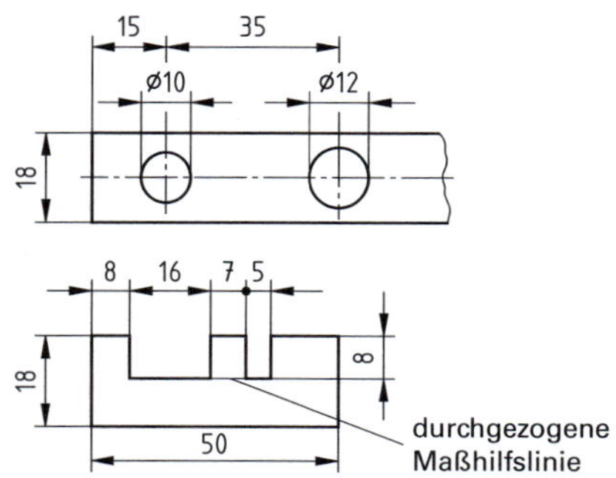

Ausführung. Maßhilfslinien werden rechtwinklig zur zu bemaßenden Länge mit schmalen Volllinien dargestellt.

Besonderheiten
- **Symmetrische Elemente.** Innerhalb symmetrischer Elemente dürfen Mittellinien als Maßhilfslinien verwendet werden.
- **Unterbrochen** werden Maßhilfslinien z. B. für den Maßeintrag.
- **Innerhalb einer Ansicht** darf die Maßhilfslinie zur Bemaßung auseinander liegender gleicher oder ähnlicher Formelemente durchgezogen werden.
- **Zwischen zwei Ansichten** dürfen Maßhilfslinien nicht durchgezogen werden.

Maßzahlen

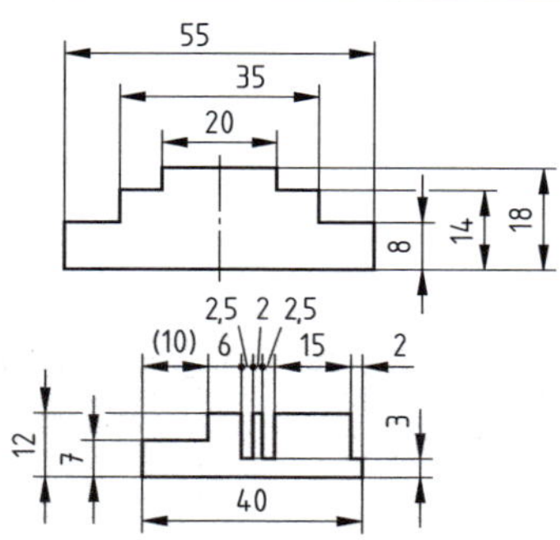

Eintrag. Maßzahlen werden eingetragen
- in Normschrift nach DIN EN ISO 3098 (Seite 73)
- in einer Mindesthöhe von 3,5 mm
- oberhalb der Maßlinie
- von unten und von rechts lesbar
- bei mehreren parallelen Maßlinien: versetzt untereinander.

Platzmangel. Bei Platzmangel darf die Maßzahl
- an einer Hinweislinie
- über der Verlängerung der Maßlinie

eingetragen werden.

Maßeintragung in Zeichnungen der Maschinenbautechnik

Durchmesser, Radius, Kugel, Fasen, Neigung, Verjüngung, Bogenmaße vgl. DIN 406-11: 1992-12

Durchmesser, Radius, Kugel (sphärisch)

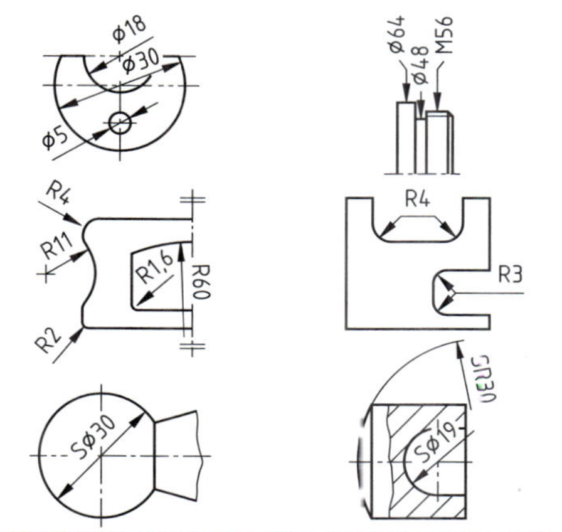

Durchmesser

Sinnbild. Bei allen Durchmessern wird als Sinnbild Ø vor die Maßzahl gesetzt. Seine Gesamthöhe entspricht der Höhe der Maßzahlen.

Platzmangel. Bei Platzmangel werden die Maße von außen an die Formelemente gesetzt.

Radius

Sinnbild. Bei Radien wird der Großbuchstabe R vor die Maßzahl gesetzt.

Maßlinien. Die Maßlinien sind
- vom Mittelpunkt des Radius oder
- aus der Richtung des Mittelpunktes

zu zeichnen.

Kugel (sphärisch)

Sinnbild. Bei kugeligen Formelementen wird vor die Durchmesser- oder Radiusangabe der Großbuchstabe S gesetzt.

Fasen, Senkungen

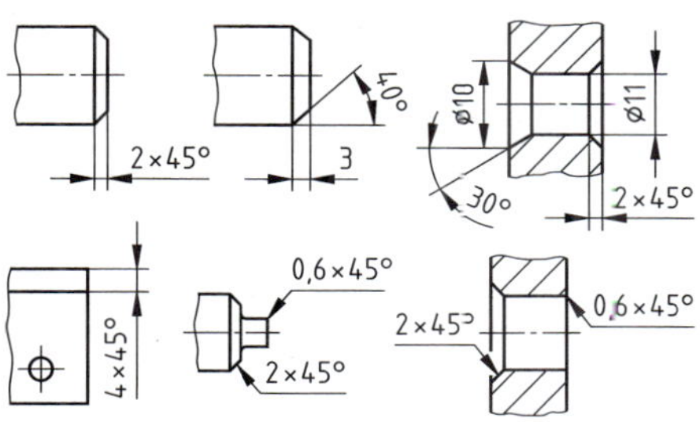

45°-Fasen und Senkungen von 90° können unter Angabe des Winkels und der Fasenbreite vereinfacht bemaßt werden. Die Maße dürfen bei gezeichneten und nicht gezeichneten Fasen mit einer Hilfslinie eingetragen werden.

Andere Fasenwinkel. Bei Fasen mit einem von 45° abweichenden Winkel sind
- der Winkel und die Fasenbreite oder
- der Winkel und der Fasendurchmesser

einzutragen.

Neigung, Verjüngung

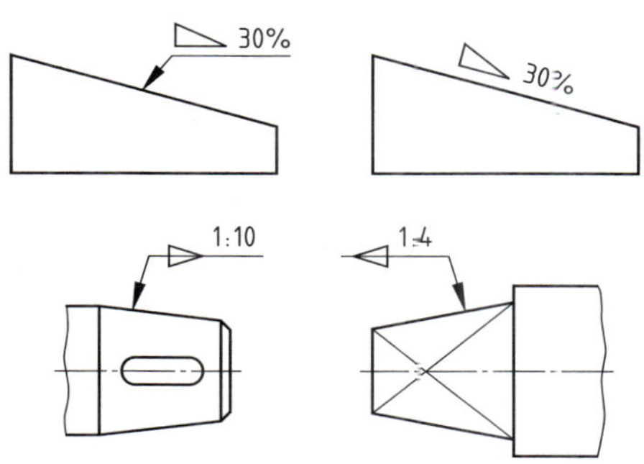

Neigung

Sinnbild. Vor der Maßzahl wird das Sinnbild ⊿ angegeben.

Lage des Sinnbildes. Das Sinnbild wird so angeordnet, dass dessen Neigung der Neigung des Werkstückes entspricht. Vorzugsweise wird das Sinnbild mit einer Bezugs- und Hinweislinie mit der geneigten Fläche verbunden.

Verjüngung

Sinnbild. Vor der Maßzahl wird das Sinnbild ▷ auf einer Bezugslinie angegeben.

Lage des Sinnbildes. Die Lage des Sinnbildes muss der Richtung der Werkstückverjüngung entsprechen. Mit einer Hinweislinie wird die Bezugslinie des Sinnbildes mit dem Umriss der Verjüngung verbunden.

Winkelmaße

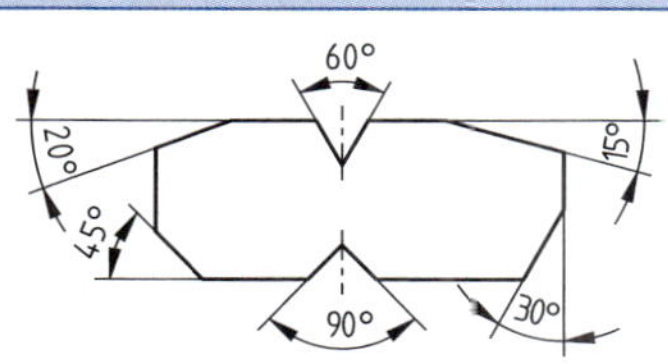

Maßhilfslinien. Die Maßhilfslinien zeigen zum Scheitelpunkt des Winkels.

Maßzahlen. Diese werden im Regelfall tangential zur Maßlinie so eingetragen, dass sie oberhalb der waagrechten Mittellinie mit ihrem Fuß, unterhalb mit ihrem Kopf zum Scheitelpunkt des Winkels zeigen.

Maßeintragung in Zeichnungen der Maschinenbautechnik

Nuten, Gewinde, Teilungen

vgl. DIN 406-11: 1992-12 und DIN ISO 6410-1: 1993-12

Nuten

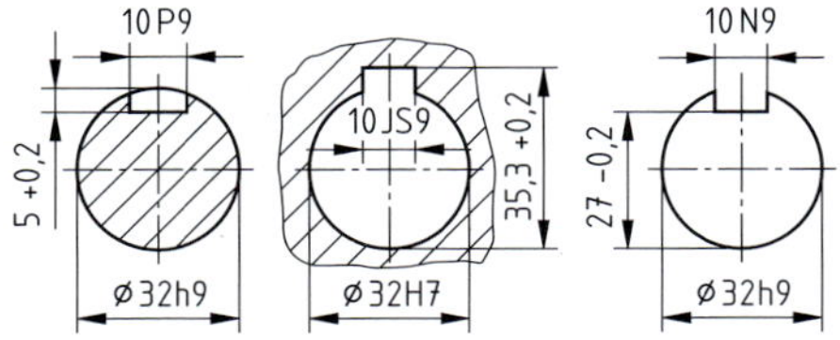

geschlossene Nut offene Nut offene Nut

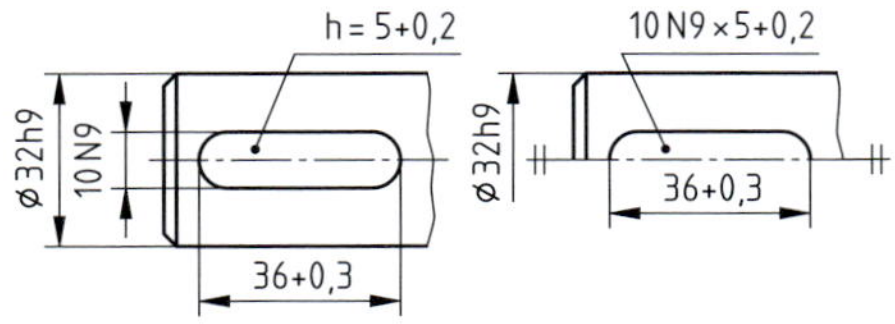

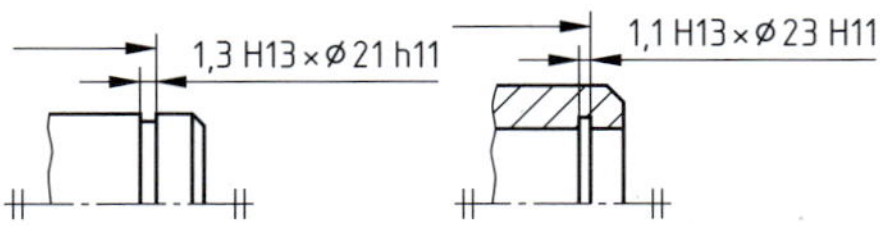

Nuttiefe. Die Nuttiefe wird bei
- geschlossenen Nuten von der Nutseite
- offenen Nuten von der Gegenseite

bemaßt.

Vereinfachte Bemaßung. Bei nur in der Draufsicht dargestellten Nuten erfolgt der Eintrag der Nuttiefe
- mit dem Buchstaben h oder
- in Kombination mit der Nutbreite.

Bei **Nuten für Sicherungsringe** darf die Nuttiefe ebenfalls durch Kombination mit der Nutbreite eingetragen werden.

Grenzabmaße für die Toleranzklassen JS9, N9, P9 und H11: Seite 115

Nutenmaße
- für Keile: Seite 372
- für Passfedern: Seite 373
- für Sicherungsringe: Seite 389

K

Gewinde

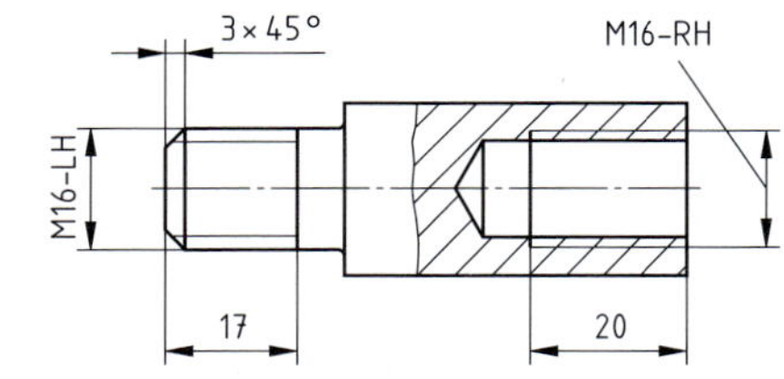

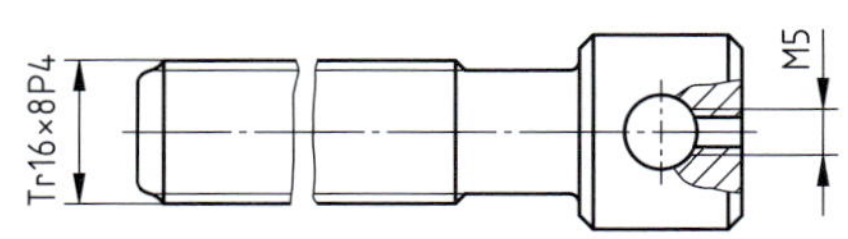

Kurzbezeichnungen. Für genormte Gewinde werden Kurzbezeichnungen verwendet.

Linksgewinde. Linksgewinde werden mit LH gekennzeichnet. Befinden sich an einem Werkstück sowohl Links- als auch Rechtsgewinde, so erhalten diese den Zusatz RH.

Mehrgängige Gewinde. Bei mehrgängigen Gewinden werden hinter dem Nenndurchmesser die Gewindesteigung und die Teilung angegeben.

Längenangaben. Diese geben die nutzbare Gewindelänge an. Die Tiefe des Grundloches (Seite 350) wird im Regelfall nicht bemaßt.

Fasen. Fasen an Gewinden werden nur dann bemaßt, wenn ihr Durchmesser nicht dem Gewindekern- bzw. dem Gewindeaußendurchmesser entspricht.

Teilungen

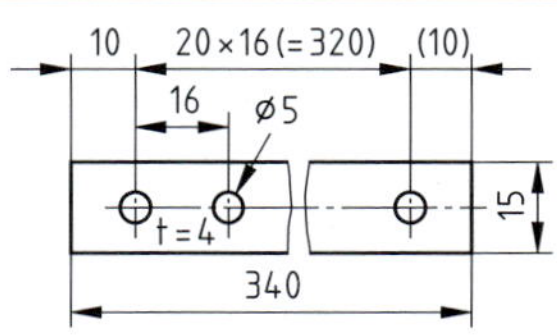

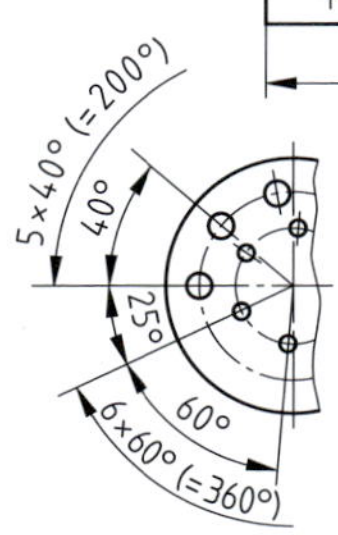

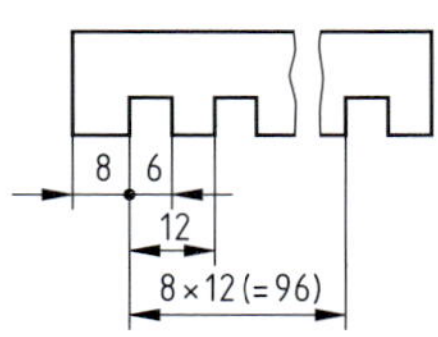

Gleiche Formelemente. Bei Teilungen gleicher Formelemente, die untereinander dieselben Abstände oder Winkel aufweisen, werden
- die Anzahl der Elemente
- der Abstand der Elemente
- die Gesamtlänge bzw. der Gesamtwinkel (in Klammern)

angegeben.

Maßeintragung in Zeichnungen der Maschinenbautechnik

Toleranzangaben

vgl. DIN 406-12: 1992-12, DIN ISO 2768-1: 1991-06 und DIN ISO 2768-2: 1991-04

Toleranzangaben durch Abmaße

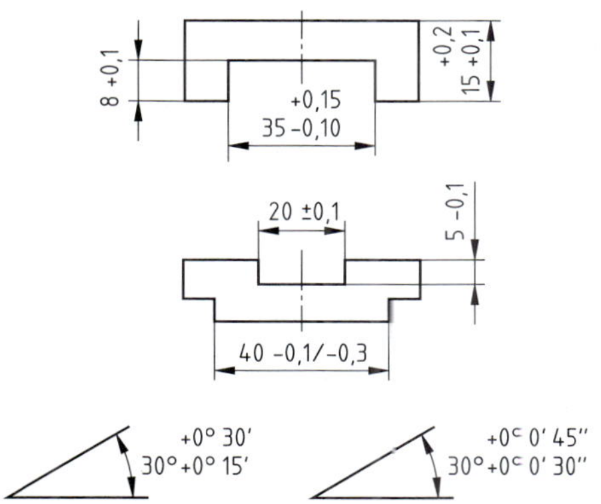

Eintrag. Der Eintrag der Abmaße erfolgt

- hinter dem Nennmaß
- bei zwei Abmaßen auch so, dass das obere Abmaß über dem unteren steht
- bei gleich großem oberem und unterem Abmaß durch ein ±-Zeichen vor dem Zahlenwert, der nur einmal eingetragen wird
- bei Winkelmaßen mit der Angabe der Einheit

Toleranzangaben durch Toleranzklassen

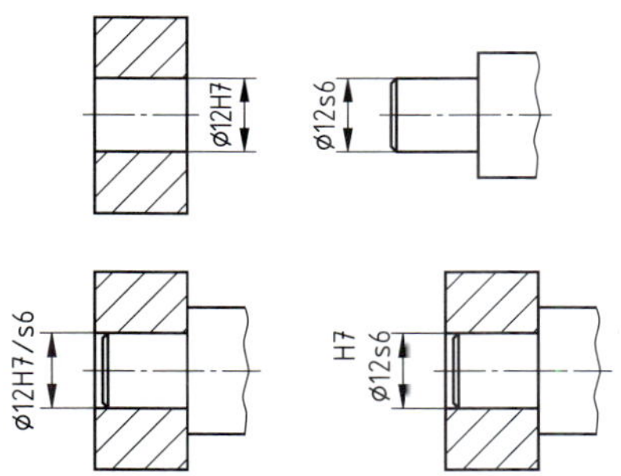

Eintrag. Der Eintrag der Toleranzklassen erfolgt bei

- einzelnen Nennmaßen: hinter dem Nennmaß
- gefügt dargestellten Teilen: Die Toleranzklasse des Innenmaßes (Bohrung) steht vor oder über der Toleranzklasse des Außenmaßes (Welle).

Toleranzangaben für bestimmte Bereiche

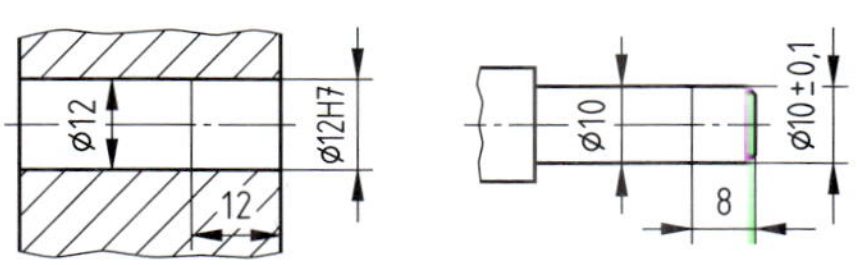

Gültigkeitsbereich. Der Bereich, in dem eine eingetragene Toleranz gültig ist, wird durch eine schmale Volllinie begrenzt.

Toleranzangaben durch Allgemeintoleranzen

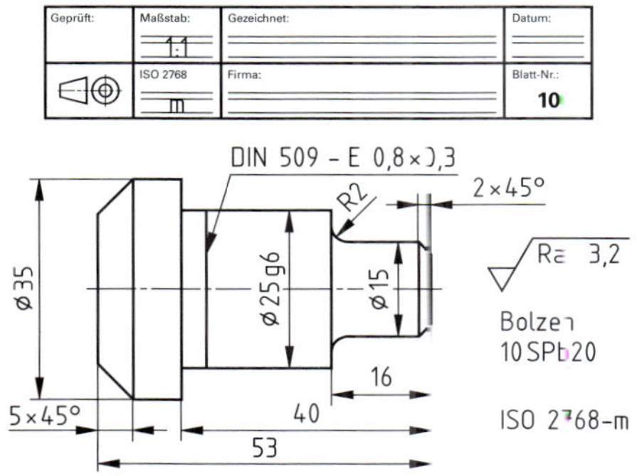

Anwendung. Allgemeintoleranzen werden verwendet für

- Längen- und Winkelmaße
- Form und Lage.

Sie gelten für Maße ohne einzelnen Toleranzeintrag.

Zeichnungseintrag. Der Hinweis auf Allgemeintoleranzen (Seite 116) kann erfolgen:

- in der Nähe der Einzelteilzeichnung
- bei Schriftfeldern nach DIN 6771 (zurückgezogen): im Schriftfeld.

Angaben. Es werden angegeben:

- die Normblatt-Nummer
- die Toleranzklasse für Längen- und Winkelmaße
- bei Bedarf die Toleranzklasse für Form- und Lagetoleranzen.

Maßeintragung in Zeichnungen der Maschinenbautechnik

Hinweis- und Bezugslinien, Maßarten

vgl. DIN 406-10 und -11: 1992-12

Hinweis- und Bezugslinien

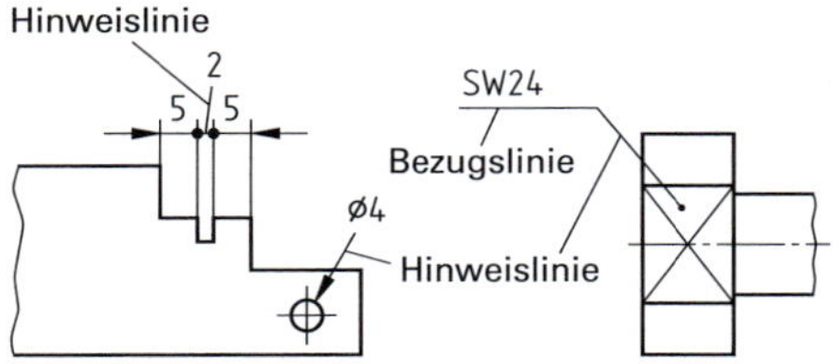

Hinweislinien. Hinweislinien werden mit schmalen Volllinien dargestellt. Sie enden

- mit einem Pfeil, wenn sie auf Körperkanten
- mit einem Punkt, wenn sie auf eine Fläche
- ohne Kennzeichnung, wenn sie auf andere Linien

zeigen.

Bezugslinien. Bezugslinien werden in Leserichtung mit schmalen Volllinien gezeichnet. Sie dürfen an Hinweislinien angebracht werden.

Maßarten

K

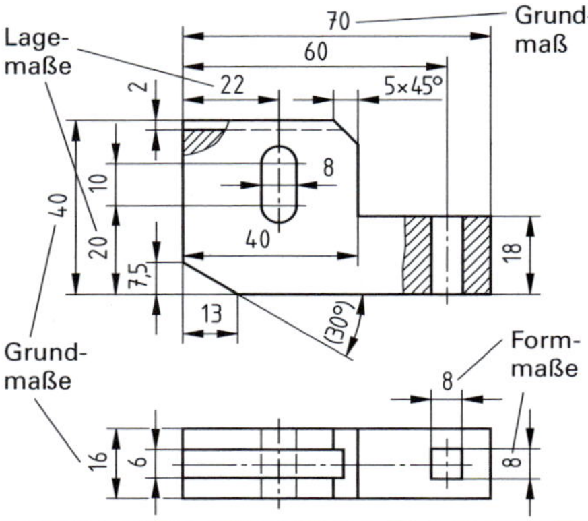

Grundmaße. Grundmaße geben die

- Gesamtlänge
- Gesamtbreite
- Gesamthöhe

eines Werkstückes an.

Formmaße. Mit Formmaßen werden z. B. die

- Maße von Nuten
- Maße von Absätzen

festgelegt.

Lagemaße. Mit ihnen wird z. B. die Lage von

- Bohrungen
- Nuten
- Langlöchern

vorgeschrieben.

Parallelbemaßung, Quadrat, Schlüsselweite

Parallelbemaßung

vgl. DIN 406-11: 1992-12

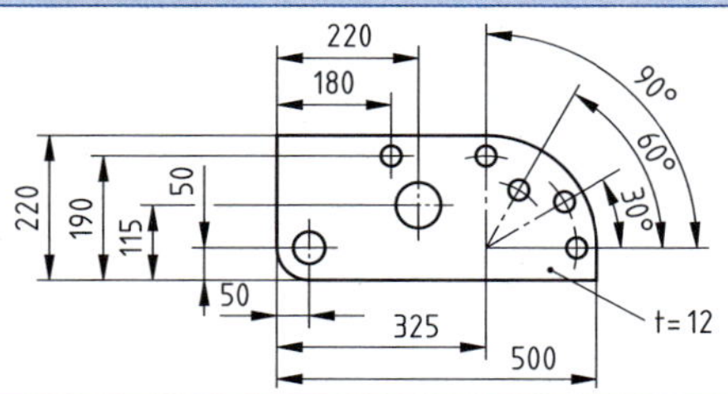

Maßlinien. Mehrere Maßlinien werden bei

- Längenmaßen parallel
- Winkelmaßen konzentrisch

zueinander eingetragen.

Quadrat, Schlüsselweite

vgl. DIN ISO 128-22: 1999-11

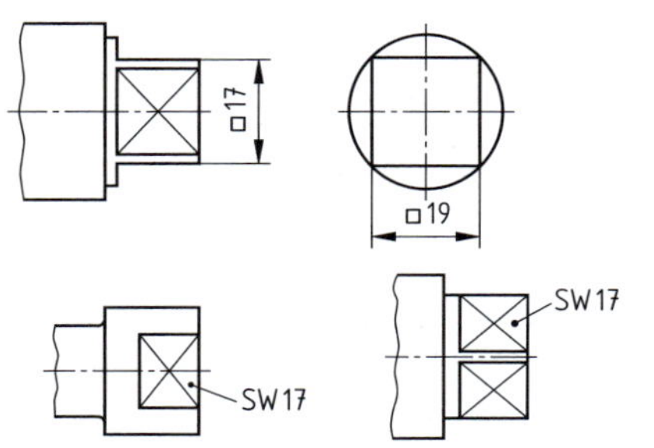

Quadrat

Sinnbild. Bei quadratischen Formelementen wird das Sinnbild vor die Maßzahl gesetzt. Die Größe des Sinnbilds entspricht der Größe der Kleinbuchstaben.

Bemaßung. Quadratische Formen sollen vorzugsweise in der Ansicht bemaßt werden, in der ihre Form erkennbar ist. Es ist nur eine Seitenlänge des Quadrates anzugeben.

Schlüsselweite

Sinnbild. Bei Schlüsselweiten werden die Großbuchstaben SW vor die Maßzahl gesetzt, wenn der Abstand der Schlüsselflächen nicht bemaßt werden kann.

Maßeintragung in Zeichnungen der Maschinenbautechnik

Vereinfachte Darstellung von Löchern

vgl. DIN ISO 15786: 2014-12

Lochgrund, Linienarten bei vereinfachter Darstellung

vollständige Darstellung, vollständige Bemaßung	vollständige Darstellung, vereinfachte Bemaßung	vereinfachte Darstellung, vereinfachte Bemaßung

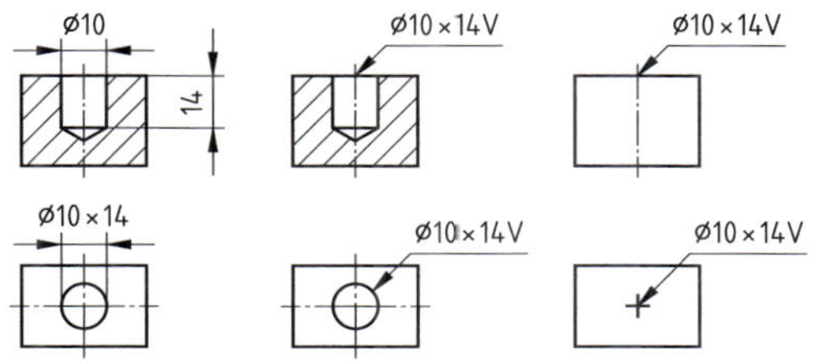

Lochgrund

Die Form des Lochgrundes wird, falls erforderlich, durch ein Sinnbild angegeben.

So bedeuten z. B. die Sinnbilder
V: werkstoffabhängige Bohrerspitze
U: flacher Lochgrund (zylindrische Senkung)

Linienarten

Vereinfacht werden Löcher in
- achsparalleler Lage durch eine schmale Strichpunktlinie (Mittellinie)
- der Draufsicht durch ein Kreuz (breite Volllinien)

dargestellt.

K

Gestufte Löcher, Senkungen und Fasen, Innengewinde

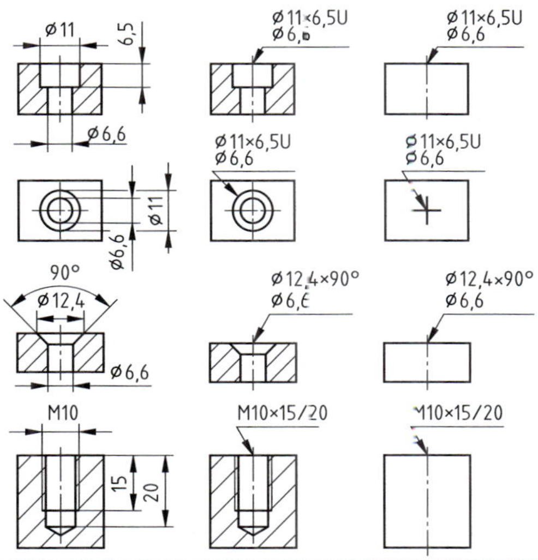

Gestufte Löcher

Bei zwei oder mehreren gestuften Löchern werden die Maße untereinander geschrieben. Dabei wird der größte Durchmesser in der ersten Zeile genannt.

Senkungen und Fasen

Bei Senkungen und Bohrungsfasen werden der größte Senkdurchmesser und der Senkungswinkel angegeben.

Innengewinde

Die Gewindelänge und die Bohrlochtiefe werden durch einen Schrägstrich getrennt. Löcher ohne Tiefenangabe werden durchgebohrt.

Beispiele

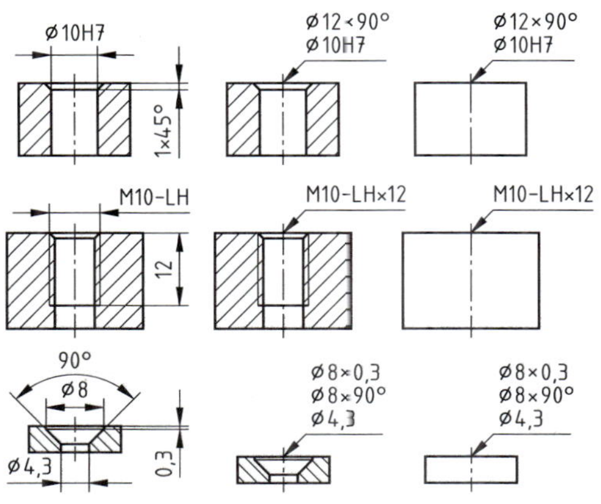

Bohrung Ø 10H7
Bohrung durchgehend
Fase 1 x 45°

Linksgewinde M10
Gewindelänge 12 mm
durchgebohrtes Kernloch

Zylindrische Ansenkung Ø 8
Senktiefe 0,3 mm
Durchgangsbohrung Ø 4,3 mit
kegeliger Ansenkung 90°
Senkdurchmesser Ø 8

Darstellung von Dichtungen und Wälzlagern

Darstellung von Wälzlagern

vgl. DIN ISO 8826-1: 1990-12 und DIN ISO 8826-2: 1995-10

Darstellung			Elemente für detaillierte vereinfachte Darstellung	
vereinfacht	**bildlich**	**Erläuterung**	**Element**	**Erläuterung, Verwendung**
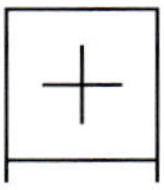	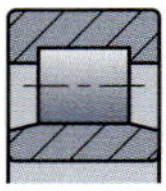	Für allgemeine Zwecke wird ein Wälzlager durch ein Quadrat oder Rechteck und ein freistehendes, aufrechtes Kreuz dargestellt.		Lange, gerade Linie; zur Darstellung der Achse des Wälzelements bei Lagern ohne Einstellmöglichkeit.
				Lange gebogene Linie; zur Darstellung der Achse des Wälzelements bei Lagern mit Einstellmöglichkeit (Pendellager).
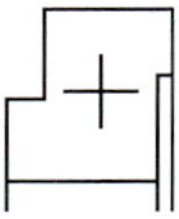	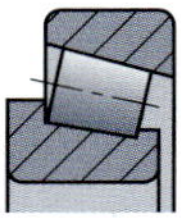	Falls erforderlich, kann das Wälzlager durch die Umrisse und ein freistehendes, aufrechtes Kreuz dargestellt werden.		Kurze gerade Linie; zur Darstellung der Lage und Anzahl der Reihen von Wälzelementen.
				Kreis; zur Darstellung von Wälzelementen (Kugel, Rolle, Nadel), die rechtwinklig zu ihrer Achse gezeichnet sind.

K

Beispiele für die detaillierte vereinfachte Darstellung von Wälzlagern

Darstellung einreihiger Wälzlager			Darstellung zweireihiger Wälzlager		
detailliert, vereinfacht	**bildlich**	**Bezeichnung**	**Darstellung**	**Abbildung**	**Bezeichnung**
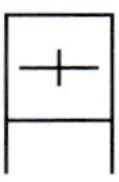	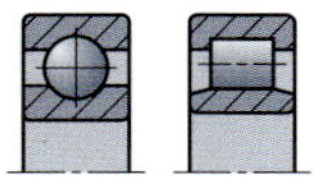	Radial-Rillenkugellager, Zylinderrollenlager	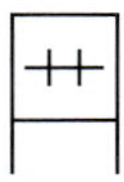	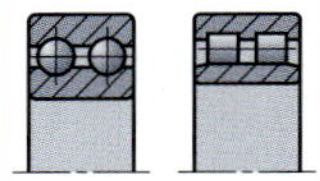	Radial-Rillenkugellager, Zylinderrollenlager
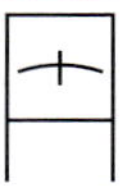	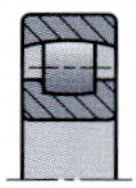	Radial-Pendelrollenlager (Tonnenlager)	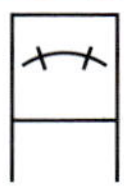	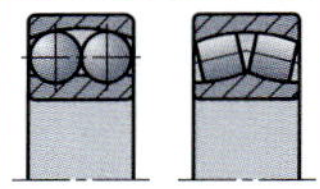	Pendelkugellager, Radial-Pendelrollenlager
	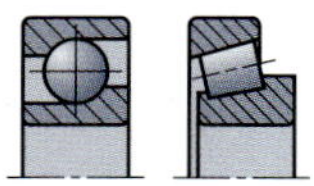	Schrägkugellager, Kegelrollenlager		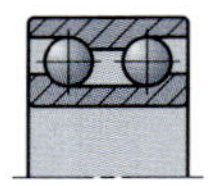	Schrägkugellager
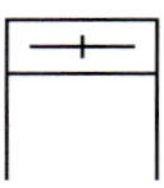	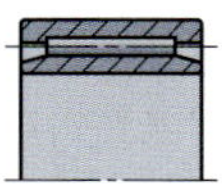	Nadellager, Nadelkranz	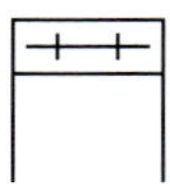	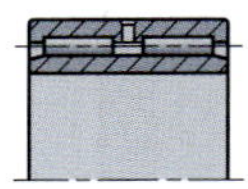	Nadellager, Nadelkranz
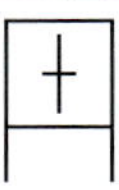	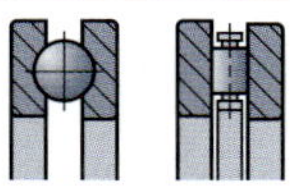	Axial-Rillenkugellager, Axial-Rollenlager	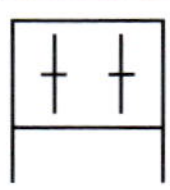	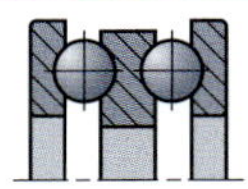	Axial-Rillenkugellager, zweiseitig wirkend
	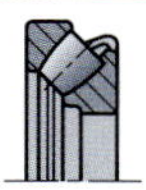	Axial-Pendelrollenlager	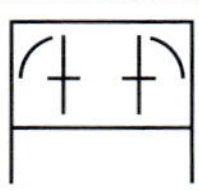	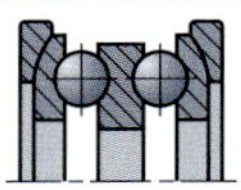	Axial-Rillenkugellager mit kugeligen Gehäusescheiben, zweiseitig wirkend

Kombinierte Lager			Darstellung rechtwinklig zur Wälzkörperachse	
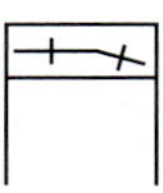	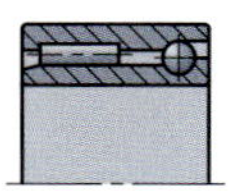	Kombiniertes Radial-Nadellager mit Schrägkugellager	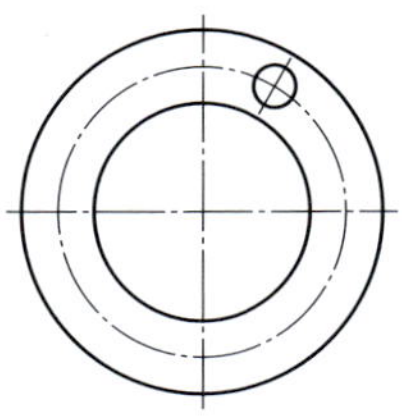	Wälzlager mit beliebiger Wälzkörperform (Kugeln, Rollen, Nadeln)
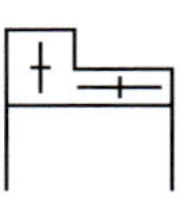	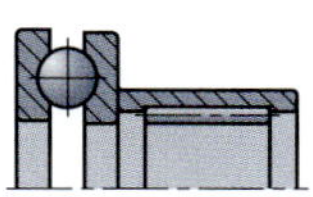	Kombiniertes Axial-Kugellager mit Radial-Nadellager		

Darstellung von Dichtungen und Wälzlagern

Vereinfachte Darstellung von Dichtungen

vgl. DIN ISO 9222-1: 1990-12 und DIN ISO 9222-2: 1991-03

Darstellung		
vereinfacht	**bildlich**	**Erläuterung**
		Für allgemeine Zwecke wird eine Dichtung durch ein Quadrat oder Rechteck und ein freistehendes, diagonales Kreuz dargestellt. Die Dichtrichtung kann durch einen Pfeil angegeben werden.
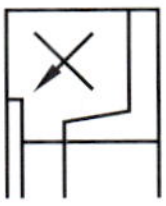		Falls erforderlich, kann die Dichtung durch die Umrisse und ein freistehendes, diagonales Kreuz dargestellt werden.

Elemente für detaillierte vereinfachte Darstellung	
Element	**Erläuterung, Verwendung**
	Lange Linie parallel zur Dichtfläche; für das fest sitzende (statische) Dichtelement.
	Lange diagonale Linie; für das dynamische Dichtelement; z. B. die Dichtlippe. Die Dichtrichtung kann durch einen Pfeil angegeben werden.
	Kurze diagonale Linie; für Staublippen, Abstreifringe.
	Kurze Linie, die zur Mitte des Sinnbilds zeigt; für den statischen Teil von U- und V-Ringen, Packungen.
	Kurze Linie, die zur Mitte des Sinnbilds zeigt; für Dichtlippen von U- und V-Ringen, Packungen.
	T und U; für berührungsfreie Dichtungen.

Beispiele für die detaillierte vereinfachte Darstellung von Dichtungen

Wellendichtringe und Kolbenstangendichtungen				Profildichtungen, Packungssätze, Labyrinthdichtungen			
		Bezeichnung bei					
detailliert, vereinfacht	**bildlich**	**Drehbewegung**	**geradliniger Bewegung**	**detailliert, vereinfacht**	**bildlich**	**detailliert, vereinfacht**	**bildlich**
		Wellendichtring ohne Staublippe	Stangendichtung ohne Abstreifer	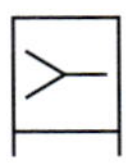	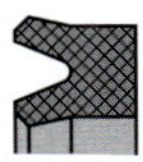	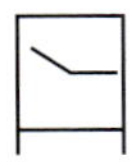	
		Wellendichtring mit Staublippe	Stangendichtung mit Abstreifer	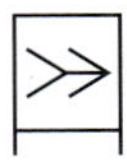		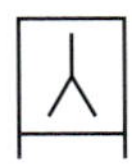	
		Wellendichtring, doppelt wirkend	Stangendichtung, doppelt wirkend	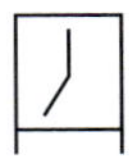		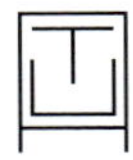	

Beispiele für die vereinfachte Darstellung von Dichtungen und Wälzlagern

Rillenkugellager und Radial-Wellendichtring mit Staublippe[1)]

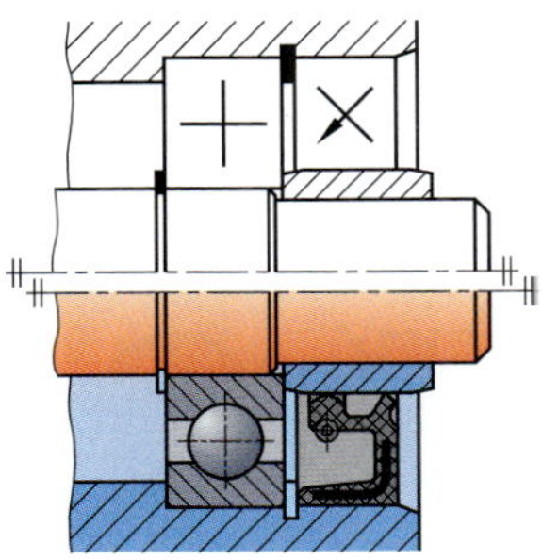

Zweireihiges Rillenkugellager und Radial-Wellendichtring[2)]

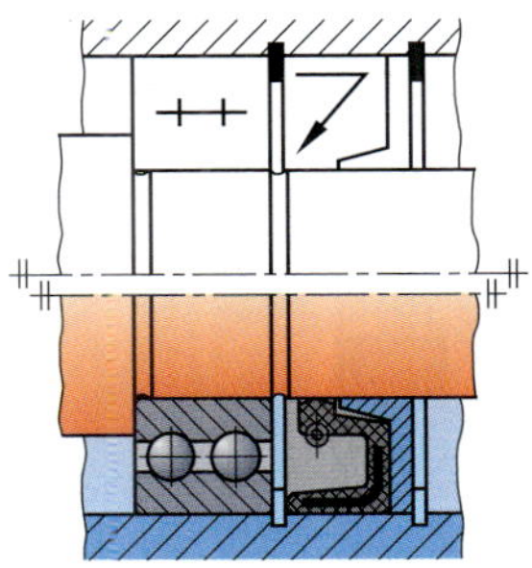

Packungssatz[2)]

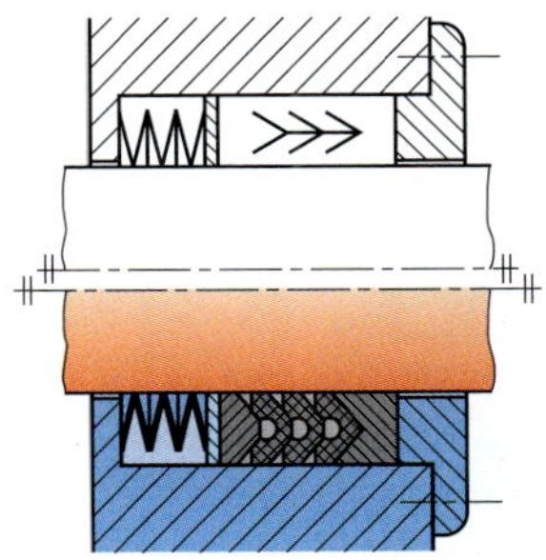

[1)] Obere Hälfte: vereinfachte Darstellung; untere Hälfte: bildliche Darstellung.
[2)] Obere Hälfte: detaillierte vereinfachte Darstellung; untere Hälfte: bildliche Darstellung.

K

Darstellung von Sicherungsringen, Federn und Keilwellen

Darstellung von Sicherungsringen und Nuten von Sicherungsringen

	Darstellung	Einbaumaße	Abmaße
Sicherungsringe für Wellen (Seite 389)	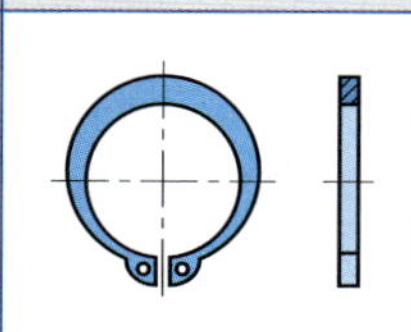	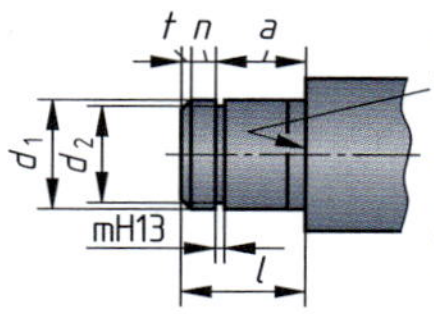 Bezugsfläche für Bemaßung[1)] a = Wälzlagerbreite + Sicherungsringbreite	Abmaße für d_2: oberes Abmaß: 0 (null) unteres Abmaß: negativ Abmaße für a: oberes Abmaß: positiv unteres Abmaß: 0 (null)
Sicherungsringe für Bohrungen (Seite 389)	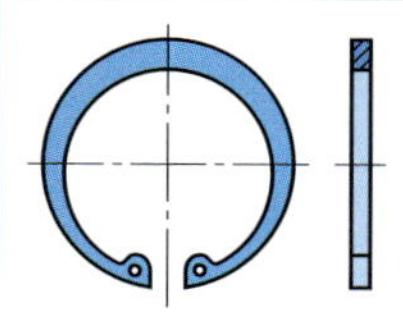	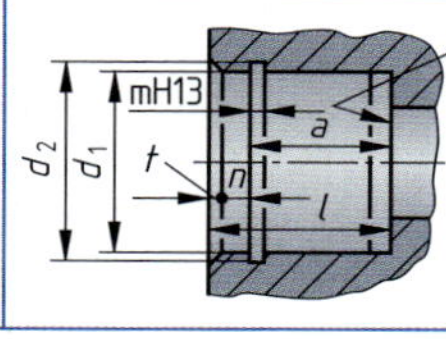 Bezugsfläche für Bemaßung[1)]	Abmaße für d_2: oberes Abmaß: positiv unteres Abmaß: 0 (null) Abmaße für a: oberes Abmaß: positiv unteres Abmaß: 0 (null)

[1)] Bezugsfläche für die Bemaßung der Nuten ist aus Funktionsgründen die Anlagefläche des zu sichernden Bauteils.

Darstellung von Federn

vgl. DIN ISO 2162-1: 1994-08

Benennung	Darstellung Ansicht	Darstellung Schnitt	Sinnbild	Benennung	Darstellung Ansicht	Darstellung Schnitt	Sinnbild
Zylindrische Schrauben-Druckfeder (runder Draht)	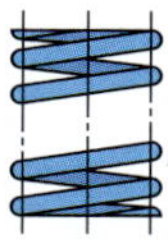	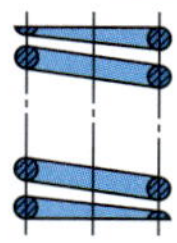	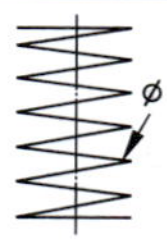	Zylindrische Schrauben-Zugfeder	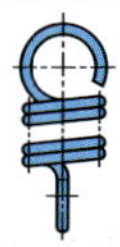		
Zylindrische Schrauben-Drehfeder	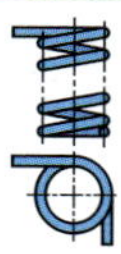	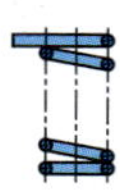		Zylindrische Schrauben-Druckfeder (quadr. Draht)	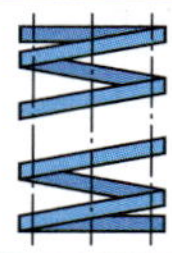	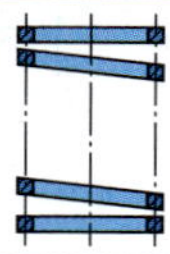	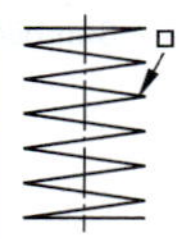
Tellerfeder (einfach)			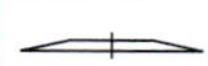	Tellerfederpaket (Teller wechselsinnig geschichtet)	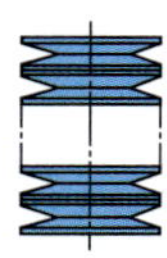	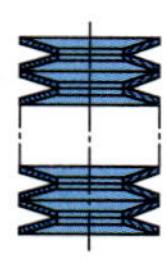	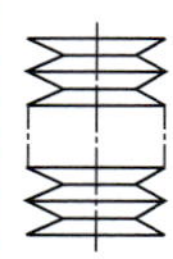
Tellerfederpaket (gleichsinnig geschichtet)	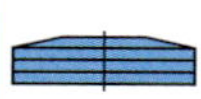	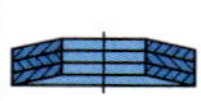	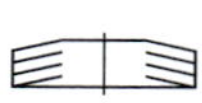				

Darstellung von Keilwellen und Kerbverzahnungen

vgl. DIN ISO 6413: 1990-03

	Welle	Nabe	Verbindung
Keilwellen oder Keilnaben mit geraden Flanken Symbol: ⎍	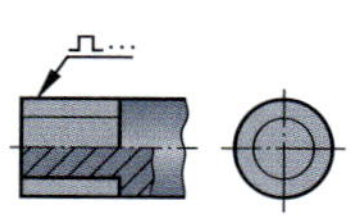	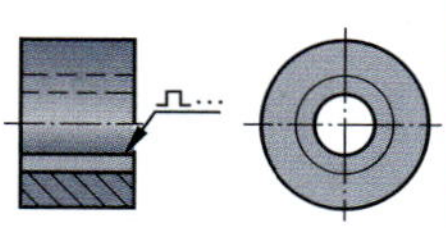	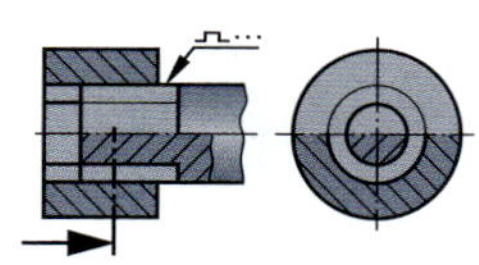
Zahnwellen oder Zahnnaben mit Evolventenflanken oder Kerbverzahnungen Symbol: Λ	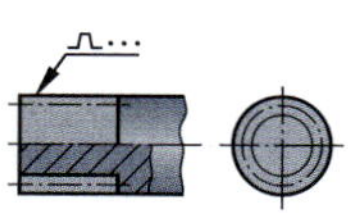	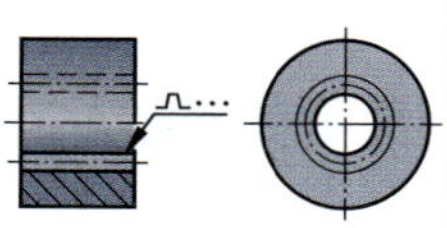	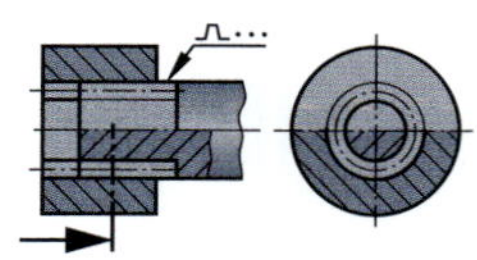

⇒ **Keilwelle ISO 14-6 x 26 f7 x 30**: Keilwellenprofil mit geraden Flanken nach ISO 14, Keilzahl N = 6, Innendurchmesser d = 26f7, Außendurchmesser D = 30

Butzen an Drehteilen, Werkstückkanten

Butzen an Drehteilen

vgl. DIN 6785: 2014-06

Butzenmaße

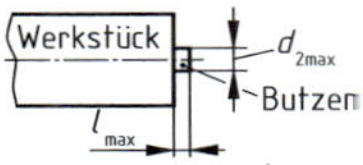

Beispiel

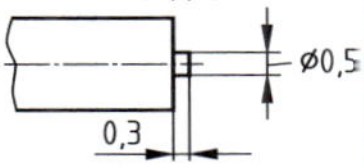

Zeichnungseintrag

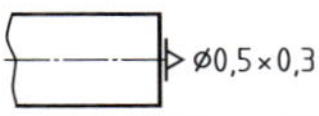

Butzenmaße	Größtdurchmesser des Fertigteils in mm							
	bis 3	über 3 bis 5	über 5 bis 8	über 8 bis 12	über 12 bis 18	über 18 bis 26	über 26 bis 40	über 40 bis 60
$d_{2\,max}$ in mm	0,3	0,5	0,8	1,0	1,5	2,0	2,5	3,5
l_{max} in mm	0,2	0,3	0,5	0,6	0,9	1,2	2,0	3,0

Werkstückkanten

vgl. DIN ISO 13715: 2000-12

Kante	Werkstückkante liegt bezüglich der ideal-geometrischen Form innerhalb	außerhalb	im Bereich
Außenkante 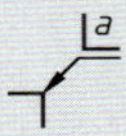	Abtragung 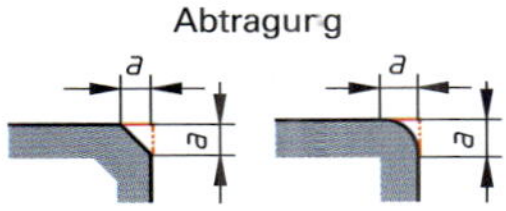	Grat 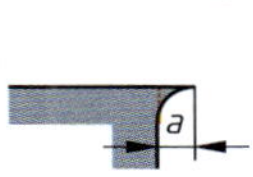	scharfkantig 
Innenkante 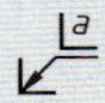	Abtragung 	Übergang 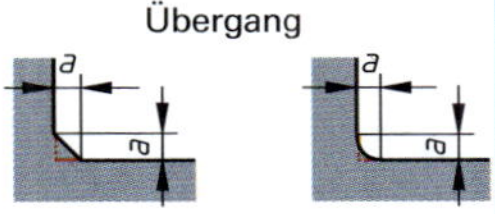	scharfkantig 
Maß *a* (mm)	– 0,1; – 0,3; – 0,5; – 1,0; – 2,5	+ 0,1; + 0,3; + 0,5; + 1,0; + 2,5	– 0,05; – 0,02; + 0,02; + 0,05

Sinnbildliche Darstellung von Werkstückkanten

Sinnbild zur Kennzeichnung von Werkstückkanten	Sinnbildelement	Bedeutung für Außenkante	Bedeutung für Innenkante	Grat- und Abtragungsrichtung	Außenkante	Innenkante
Feld für Maßeintrag 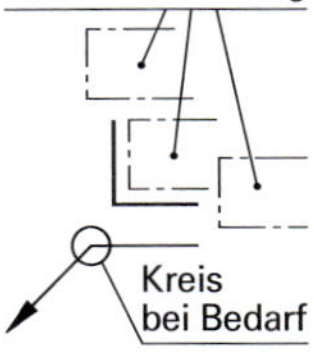 Kreis bei Bedarf	+	Grat zugelassen, Abtragung nicht zugelassen	Übergang zugelassen, Abtragung nicht zugelassen	Festlegung zugelassen für	Grat	Abtragung
	–	Abtragung gefordert, Grat nicht zugelassen	Abtragung gefordert, Übergang nicht zugelassen	Beispiel	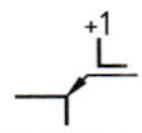	
	±[1]	Grat oder Übergang zugelassen	Abtragung oder Übergang zugelassen	Bedeutung		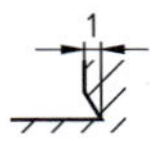

[1] nur mit einer Maßangabe zulässig

Beispiele zur Kennzeichnung von Werkstückkanten

Sammelangaben

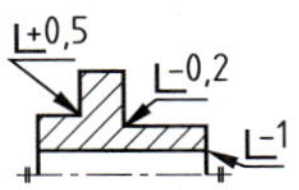

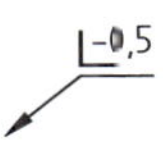

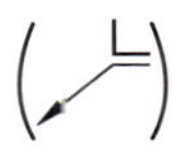

Sammelangaben gelten für alle Kanten, für die kein eigener Kantenzustand eingetragen ist.

Kanten, für die die Sammelangabe nicht gilt, müssen in der Zeichnung gekennzeichnet werden.

Hinter der Sammelangabe werden die Ausnahmen in Klammern gesetzt oder durch das Grundsinnbild angedeutet.

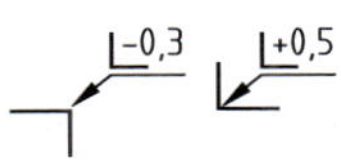

Sammelangaben, die nur für Außen- bzw. Innenkanten gelten, werden durch entsprechende Sinnbilder eingetragen.

Beispiele

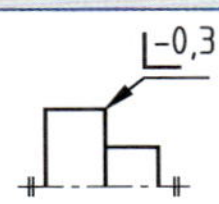

Außenkante ohne Grat. Die zugelassene Abtragung liegt zwischen 0 und 0,3 mm.

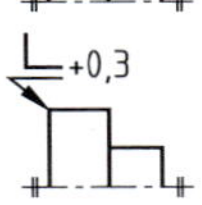

Außenkante mit zugelassenem Grat von 0 bis 0,3 mm (Gratrichtung bestimmt)

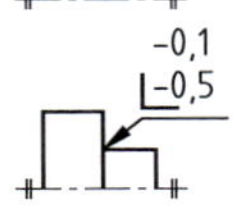

Innenkante mit zugelassener Abtragung zwischen 0,1 und 0,5 mm (Abtragungsrichtung unbestimmt)

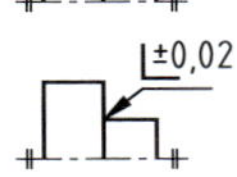

Innenkante mit zugelassener Abtragung zwischen 0 und 0,02 mm oder zugelassenem Übergang bis 0,02 mm (scharfkantig)

K

Freistiche für Werkstückecken

Freistichform[1]

vgl. DIN 509: 2006-12

Form E
für weiter zu bearbeitende Zylinderfläche

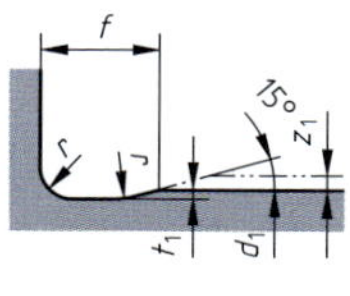

Form F
für weiter zu bearbeitende Plan- und Zylinderfläche

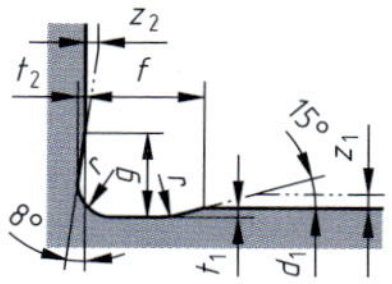

Form G
für kleinen Übergang (bei geringer Beanspruchung)

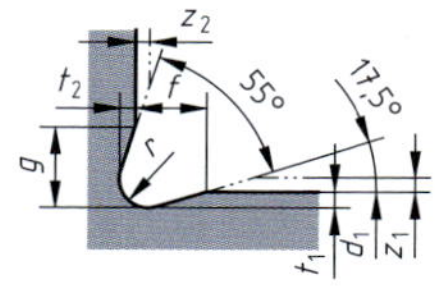

Form H
für weiter zu bearbeitende Plan- und Zylinderfläche

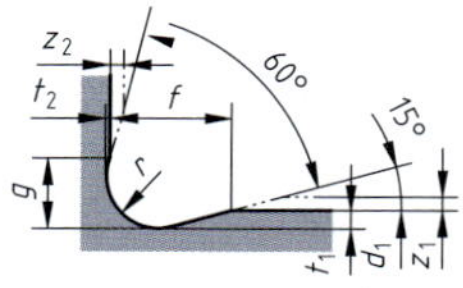

z_1, z_2 = Bearbeitungszugabe

⇒ **Freistich DIN 509 – E 0,8 x 0,3**: Form E, Radius r = 0,8 mm, Einstichtiefe t_1 = 0,3 mm

Freistichmaße und Senkungsmaße

Form	r[2] ± 0,1 Reihe 1	r[2] ± 0,1 Reihe 2	t_1 +0,1 0	t_2 +0,05 0	f +0,2 0	g	Zuordnung zum Durchmesser d_1[3] für Werkstücke: mit üblicher Beanspruchung	Zuordnung zum Durchmesser d_1[3] für Werkstücke: mit erhöhter Beanspruchung	Mindestmaß a für Senkung am Gegenstück[4]: Freistich $r \times t_1$	Form E	Form F	Form G	Form H
E und F	–	0,2	0,1	0,1	1	(0,9)	> Ø 1,6 … Ø 3	–	0,2 x 0,1	0,2	0	–	–
	0,4	–	0,2	0,1	2	(1,1)	> Ø 3 … Ø 18	–	0,4 x 0,2	0,3	0	–	–
	–	0,6	0,2	0,1	2	(1,4)	> Ø 10 … Ø 18	–	0,6 x 0,2	0,5	0,15	–	–
	–	0,6	0,3	0,2	2,5	(2,1)	> Ø 18 … Ø 80	–	0,6 x 0,3	0,4	0	–	–
	0,8	–	0,3	0,2	2,5	(2,3)	> Ø 18 … Ø 80	–	0,8 x 0,3	0,6	0,05	–	–
	–	1	0,2	0,1	2,5	(1,8)	–	> Ø 18 … Ø 50	1,0 x 0,2	0,9	0,45	–	–
	–	1	0,4	0,3	4	(3,2)	> Ø 80	–	1,0 x 0,4	0,7	0	–	–
	1,2	–	0,2	0,1	2,5	(2)	–	> Ø 18 … Ø 50	1,2 x 0,2	1,1	0,6	–	–
	1,2	–	0,4	0,3	4	(3,4)	> Ø 80	–	1,2 x 0,4	0,9	0,1	–	–
	1,6	–	0,3	0,2	4	(3,1)	–	> Ø 50 … Ø 80	1,6 x 0,3	1,4	0,6	–	–
	2,5	–	0,4	0,3	5	(4,8)	–	> Ø 80 … Ø 125	2,5 x 0,4	2,2	1,0	–	–
	4	–	0,5	0,3	7	(6,4)	–	> Ø 125	4,0 x 0,5	3,6	2,1	–	–
G	0,4	–	0,2	0,2	(0,9)	(1,1)	> Ø 3 … Ø 18	–	0,4 x 0,2	–	–	0	–
H	0,8	–	0,3	0,05	(2,0)	(1,1)	> Ø 18 … Ø 80	–	0,8 x 0,3	–	–	–	0,35
	1,2	–	0,3	0,05	(2,4)	(1,5)	–	> Ø 18 … Ø 50	1,2 x 0,3	–	–	–	0,65

1) Alle Freistichformen gelten sowohl für Wellen als auch für Bohrungen.
2) Freistiche mit Radien der Reihe 1 sind zu bevorzugen.
3) Die Zuordnung zum Durchmesserbereich gilt nicht bei kurzen Ansätzen und dünnwandigen Teilen. Bei Werkstücken mit unterschiedlichen Durchmessern kann es zweckmäßig sein, die Freistiche bei allen Durchmessern in gleicher Form und Größe auszuführen.
4) Senkungsmaß a am Gegenstück

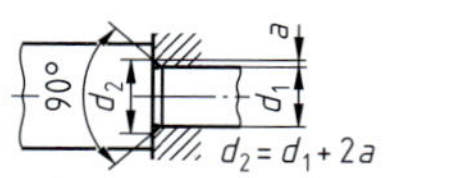

Zeichnungsangabe bei Freistichen für Werkstücke

In Zeichnungen werden Freistiche meist vereinfacht mit der Bezeichnung dargestellt. Sie können jedoch auch vollständig gezeichnet und bemaßt werden.

Beispiel: Welle mit Freistich DIN 509 – F1,2 x 0,2

vereinfachte Angabe

vollständige Angabe

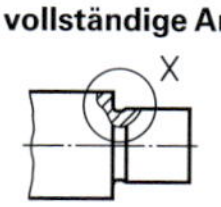

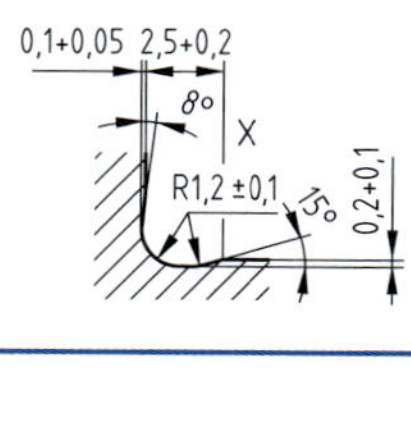

Beispiel: Bohrung mit Freistich DIN 509 – E1,2 x 0,2

vereinfachte Angabe

vollständige Angabe

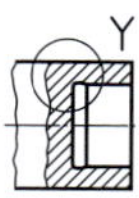

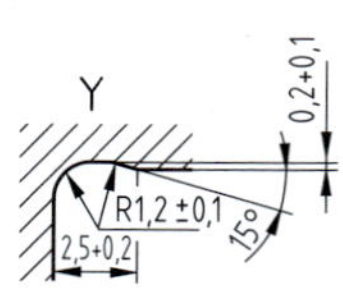

Ausläufe und Freistiche für Gewinde

Gewindeausläufe für metrische ISO-Gewinde

vgl. DIN 76-1: 2016-08

Außengewinde

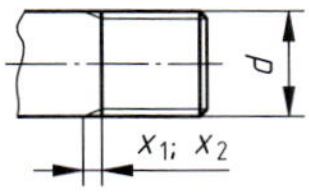

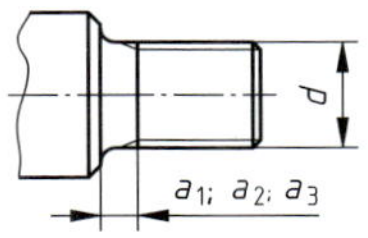

Innengewinde

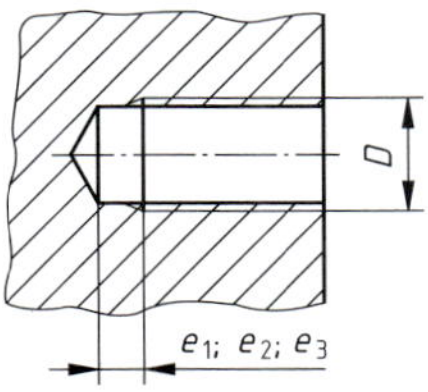

Steigung[1]	Nenn-Ø (Regelgewinde)	Gewindeauslauf[2]			Steigung[1]	Nenn-Ø (Regelgewinde)	Gewindeauslauf[2]		
P	d; D	x_1 max.	a_1 max.	e_1	P	d; D	x_1 max.	a_1 max.	e_1
0,2	–	0,5	0,6	1,3	1,25	M8	3,2	3,75	6,2
0,25	M1	0,6	0,75	1,5	1,5	M10	3,8	4,5	7,3
0,3	–	0,75	0,9	1,8	1,75	M12	4,3	5,25	8,3
0,35	M1,6	0,9	1,05	2,1	2	M16	5	6	9,3
0,4	M2	1	1,2	2,3	2,5	M20	6,3	7,5	11,2
0,45	M2,5	1,1	1,35	2,6	3	M24	7,5	9	13,1
0,5	M3	1,25	1,5	2,8	3,5	M30	9	10,5	15,2
0,6	–	1,5	1,8	3,4	4	M36	10	12	16,8
0,7	M4	1,75	2,1	3,8	4,5	M42	11	13,5	18,4
0,75	–	1,9	2,25	4	5	M48	12,5	15	20,8
0,8	M5	2	2,4	4,2	5,5	M56	14	16,5	22,4
1	M6	2,5	3	5,1	6	M64	15	18	24

[1] Für Feingewinde sind die Maße des Gewindeauslaufs nach der Steigung P zu wählen.

[2] Regelfall; gilt immer dann, wenn keine anderen Angaben gemacht sind.
Ist ein kurzer Gewindeauslauf erforderlich, so gilt:
$x_2 \approx 0{,}5 \cdot x_1$; $a_2 \approx 0{,}67 \cdot a_1$; $e_2 \approx 0{,}625 \cdot e_1$
Ist ein langer Gewindeauslauf erforderlich, so gilt:
$a_3 \approx 1{,}3 \cdot a_1$; $e_3 \approx 1{,}6 \cdot e_1$

Gewindefreistiche für metrische ISO-Gewinde

vgl. DIN 76-1: 2016-08

Außengewinde
Form A und Form B

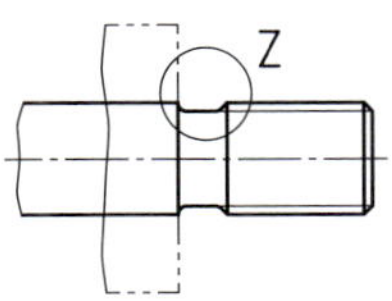

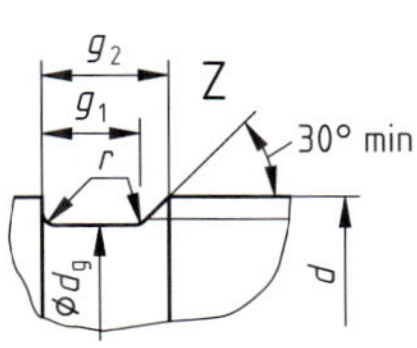

Innengewinde
Form C und Form D

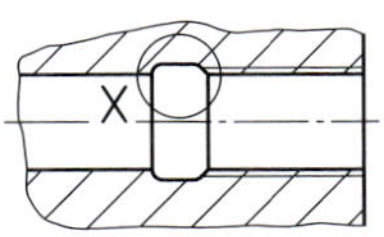

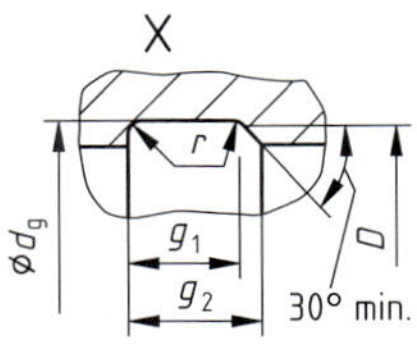

Steigung[1]	Nenn-Ø (Regel-Gewinde)		Außengewinde					Innengewinde				
				Form A[2]		Form B[3]			Form C[2]		Form D[3]	
P	d; D	r	d_g h13[4]	g_1 min.	g_2 max.	g_1 min.	g_2 max.	d_g H13	g_1 min.	g_2 max.	g_1 min.	g_2 max.
0,2	–	0,1	$d-0{,}3$	0,45	0,7	0,25	0,5	$D+0{,}1$	0,8	1,2	0,5	0,9
0,25	M1	0,12	$d-0{,}4$	0,55	0,9	0,25	0,6	$D+0{,}1$	1	1,4	0,6	1
0,3	M1,4	0,16	$d-0{,}5$	0,6	1,05	0,3	0,75	$D+0{,}1$	1,2	1,6	0,75	1,25
0,35	M1,6	0,16	$d-0{,}6$	0,7	1,2	0,4	0,9	$D+0{,}2$	1,4	1,9	0,9	1,4
0,4	M2	0,2	$d-0{,}7$	0,8	1,4	0,5	1	$D+0{,}2$	1,6	2,2	1	1,6
0,45	M2,5	0,2	$d-0{,}7$	1	1,6	0,5	1,1	$D+0{,}2$	1,8	2,4	1,1	1,7
0,5	M3	0,2	$d-0{,}8$	1,1	1,75	0,5	1,25	$D+0{,}3$	2	2,7	1,25	2
0,6	M3,5	0,4	$d-1$	1,2	2,1	0,6	1,5	$D+0{,}3$	2,4	3,3	1,5	2,4
0,7	M4	0,4	$d-1{,}1$	1,5	2,45	0,8	1,75	$D+0{,}3$	2,8	3,8	1,75	2,75
0,75	M4,5	0,4	$d-1{,}2$	1,6	2,6	0,9	1,9	$D+0{,}3$	3	4	1,9	2,9
0,8	M5	0,4	$d-1{,}3$	1,7	2,8	0,9	2	$D+0{,}3$	3,2	4,2	2	3
1	M6	0,6	$d-1{,}6$	2,1	3,5	1,1	2,5	$D+0{,}5$	4	5,2	2,5	3,7
1,25	M8	0,6	$d-2$	2,7	4,4	1,5	3,2	$D+0{,}5$	5	6,7	3,2	4,9
1,5	M10	0,8	$d-2{,}3$	3,2	5,2	1,8	3,8	$D+0{,}5$	6	7,8	3,8	5,6
1,75	M12	1	$d-2{,}6$	3,9	6,1	2,1	4,3	$D+0{,}5$	7	9,1	4,3	6,4
2	M16	1	$d-3$	4,5	7	2,5	5	$D+0{,}5$	8	10,3	5	7,3
2,5	M20	1,2	$d-3{,}6$	5,6	8,7	3,2	6,3	$D+0{,}5$	10	13	6,3	9,3
3	M24	1,6	$d-4{,}4$	6,7	10,5	3,7	7,5	$D+0{,}5$	12	15,2	7,5	10,7
3,5	M30	1,6	$d-5$	7,7	12	4,7	9	$D+0{,}5$	14	17,7	9	12,7
4	M36	2	$d-5{,}7$	9	14	5	10	$D+0{,}5$	16	20	10	14
4,5	M42	2	$d-6{,}4$	10,5	16	5,5	11	$D+0{,}5$	18	23	11	16
5	M48	2,5	$d-7$	11,5	17,5	6,5	12,5	$D+0{,}5$	20	26	12,5	18,5
5,5	M56	3,2	$d-7{,}7$	12,5	19	7,5	14	$D+0{,}5$	22	28	14	20
6	M64	3,2	$d-8{,}3$	14	21	8	15	$D+0{,}5$	24	30	15	21

⇒ DIN 76-C: Gewindefreistich Form C

[1] Für Feingewinde sind die Maße des Gewindefreistichs nach der Steigung P zu wählen.

[2] Regelfall; gilt immer dann, wenn keine anderen Angaben gemacht sind.

[3] Nur für Fälle, bei denen ein kurzer Gewindefreistich erforderlich ist.

[4] Für Gewinde bis 3 mm Nenndurchmesser: h12

K

Darstellung von Gewinden und Schraubenverbindungen

Darstellung von Gewinden

vgl. DIN ISO 6410-1: 1993-12

Innengewinde

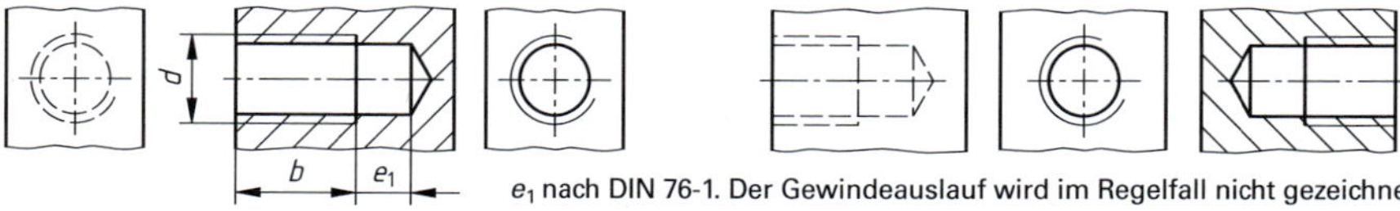

e_1 nach DIN 76-1. Der Gewindeauslauf wird im Regelfall nicht gezeichnet.

Bolzengewinde

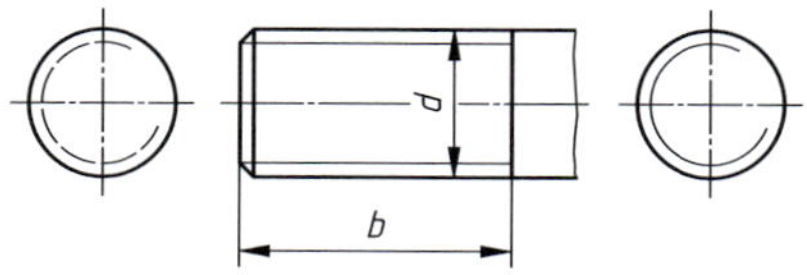

Bolzen in Innengewinde

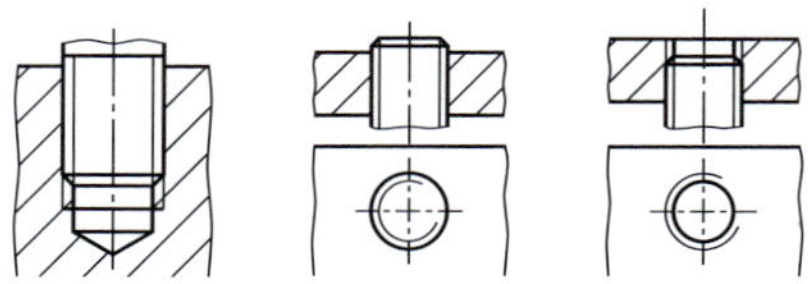

Gewindefreistich

bildlich

sinnbildlich

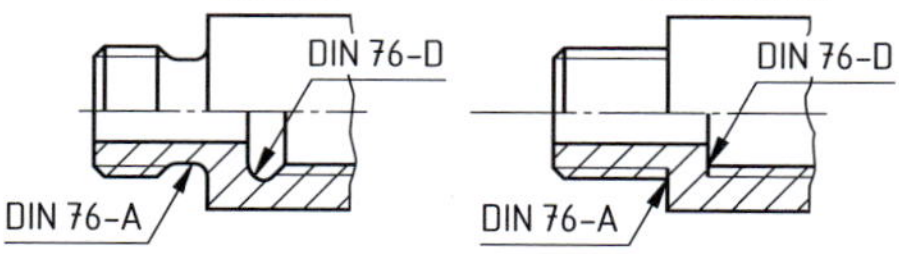

Rohrgewinde und Rohrverschraubung

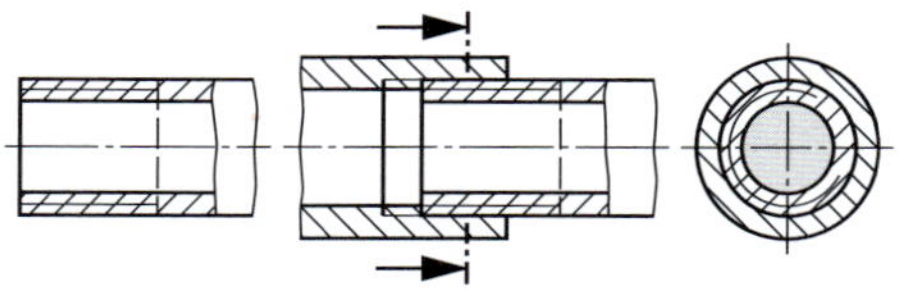

Darstellung von Schraubenverbindungen

Sechskantschraube und Mutter

ausführlich

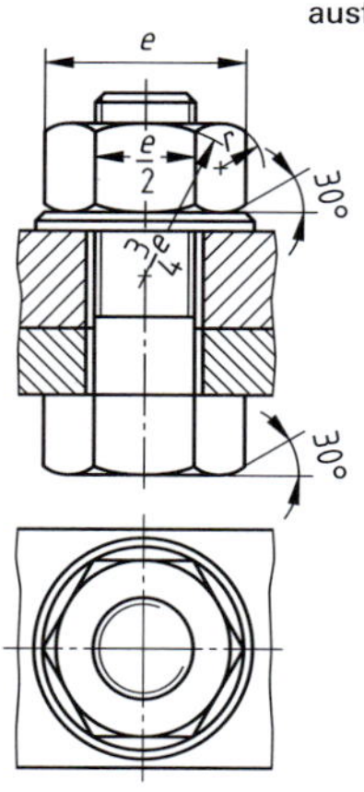

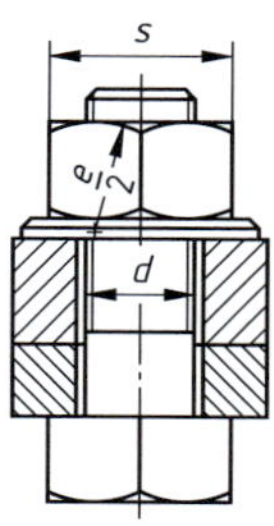

- h_1 Schraubenkopfhöhe
- h_2 Mutternhöhe
- h_3 Scheibenhöhe
- e Eckenmaß
- s Schlüsselweite
- d Gewinde-Nenn-ø

vereinfacht

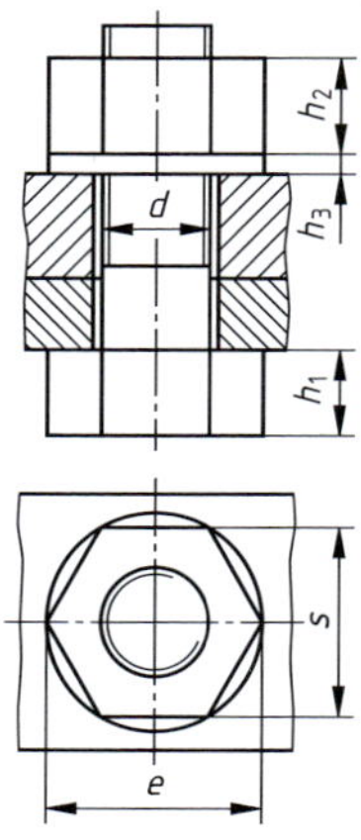

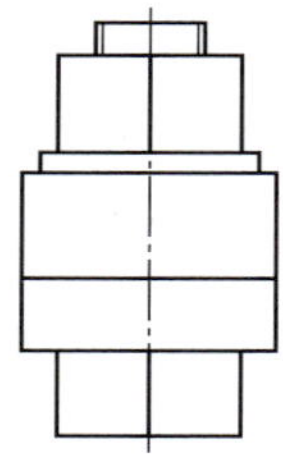

$h_1 \approx 0{,}7 \cdot d$
$h_2 \approx 0{,}8 \cdot d$
$h_3 \approx 0{,}2 \cdot d$
$e \approx 2 \cdot d$
$s \approx 0{,}87 \cdot e$

K

Verbindung mit Zylinderschraube

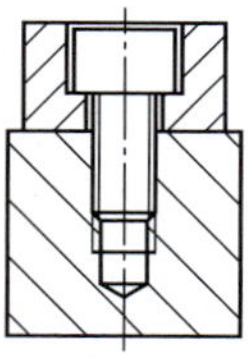

Verbindung mit Sechskantschraube

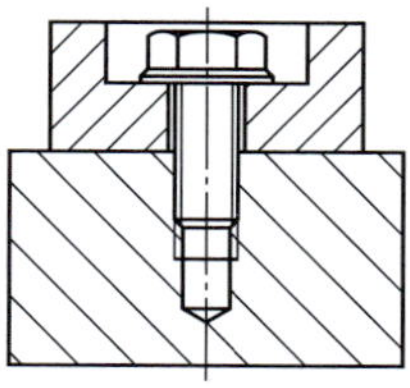

Verbindung mit Senkschraube

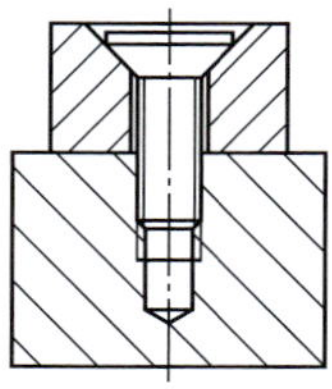

Verbindung mit Stiftschraube

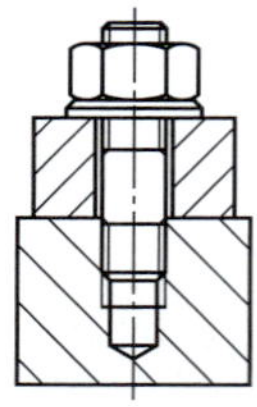

Zentrierbohrungen, Rändel

Zentrierbohrungen

vgl. DIN 332-1: 1986-04

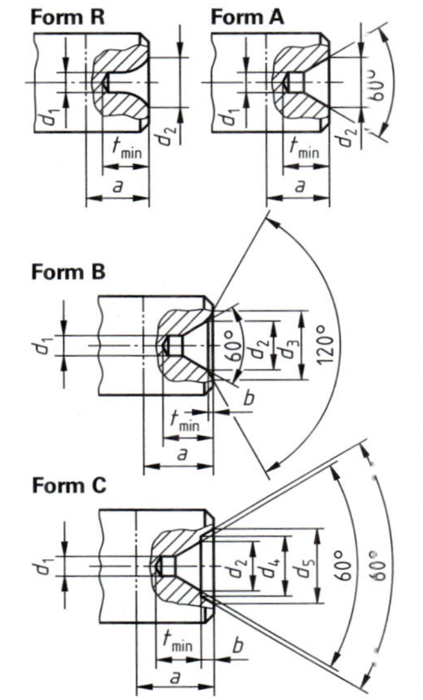

Form		Nennmaße									
	d_1 / d_2	1 / 2,12	1,25 / 2,65	1,6 / 3,35	2 / 4,25	2,5 / 5,3	3,15 / 6,7	4 / 8,5	5 / 10,6	6,3 / 13,2	8 / 17
R	t_{min}	1,9	2,3	2,9	3,7	4,6	5,8	7,4	9,2	11,4	14,7
	a	3	4	5	6	7	9	11	14	18	22
A	t_{min}	1,9	2,3	2,9	3,7	4,6	5,9	7,4	9,2	11,5	14,8
	a	3	4	5	6	7	9	11	14	18	22
B	t_{min}	2,2	2,7	3,4	4,3	5,4	6,8	8,6	10,8	12,9	16,4
	a	3,5	4,5	5,5	6,6	8,3	10	12,7	15,6	20	25
	b	0,3	0,4	0,5	0,6	0,8	0,9	1,2	1,6	1,4	1,6
	d_3	3,15	4	5	6,3	8	10	12,5	16	18	22,4
C	t_{min}	1,9	2,3	2,9	3,7	4,6	5,9	7,4	9,2	11,5	14,8
	a	3,5	4,5	5,5	6,6	8,3	10	12,7	15,6	20	25
	b	0,4	0,6	0,7	0,9	0,9	1,1	1,7	1,7	2,3	3
	d_4	4,5	5,3	6,3	7,5	9	11,2	14	18	22,4	28
	d_5	5	6	7,1	8,5	10	12,5	16	20	25	31,5
Form	**R:** gewölbte Laufflächen, ohne Schutzsenkung **A:** gerade Laufflächen, ohne Schutzsenkung **B:** gerade Laufflächen, kegelförmige Schutzsenkung **C:** gerade Laufflächen, kegelstumpfförmige Schutzsenkung										

Zeichnungsangabe bei Zentrierbohrungen

vgl. DIN ISO 6411: 1997-11

Zentrierbohrung **ist** am Fertigteil erforderlich	Zentrierbohrung **darf** am Fertigteil vorhanden sein	Zentrierbohrung **darf** am Fertigteil **nicht** vorhanden sein
	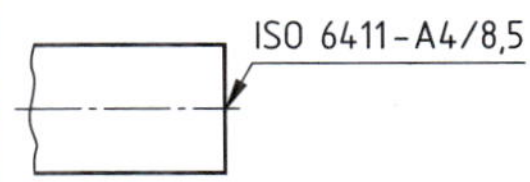	

⇒ **< ISO 6411 – A4/8,5:** Zentrierbohrung ISO 6411: Zentrierbohrung ist am Fertigteil erforderlich. Form und Maße der Zentrierbohrung nach DIN 332: Form *A*; $d_1 = 4$ mm; $d_2 = 8{,}5$ mm.

Rändel

vgl. DIN 82: 1973-01

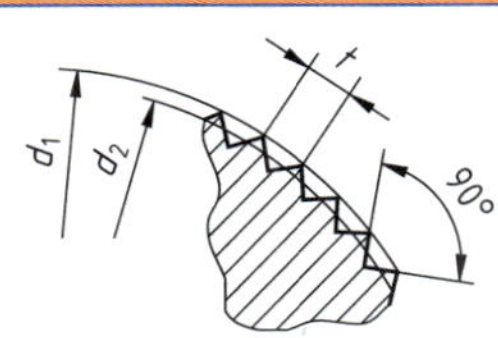

d_1 Nenndurchmesser
d_2 Ausgangsdurchmesser
t Teilung

Genormte Teilungen
t: 0,5; 0,6; 0,8; 1,0; 1,2; 1,6 mm

Zeichnungsangabe (Beispiel):

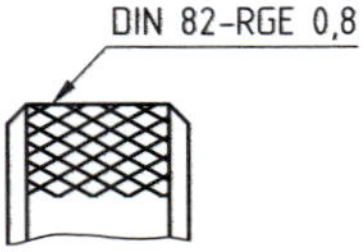

Kurzzeichen	Darstellung	Benennung	Spitzenform	Ausgangsdurchmesser d_2
RAA	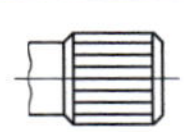	Rändel mit achsparallelen Riefen	–	$d_2 = d_1 - 0{,}5 \cdot t$
RBR	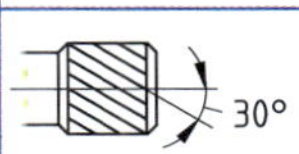	Rechtsrändel	–	$d_2 = d_1 - 0{,}5 \cdot t$
RBL	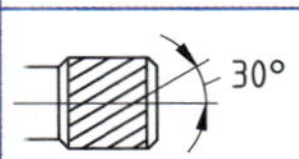	Linksrändel	–	$d_2 = d_1 - 0{,}5 \cdot t$
RGE	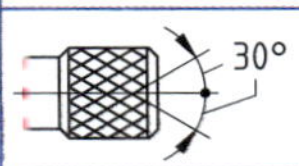	Links-Rechts-Rändel	erhöht	$d_2 = d_1 - 0{,}67 \cdot t$
RGV			vertieft	$d_2 = d_1 - 0{,}33 \cdot t$
RKE	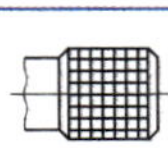	Kreuzrändel	erhöht	$d_2 = d_1 - 0{,}67 \cdot t$
RKV			vertieft	$d_2 = d_1 - 0{,}33 \cdot t$

⇒ **DIN 82-RGE 0,8:** Links-Rechts-Rändel, Spitzen erhöht, $t = 0{,}8$ mm

K

K

Gestaltabweichungen und Rauheitskenngrößen

Gestaltabweichungen

vgl. DIN 4760: 1982-06

Gestaltabweichungen sind die Abweichungen der Ist-Oberfläche (messtechnisch erfassbare Oberfläche) von der geometrisch idealen Oberfläche, deren Nennform durch die Zeichnung definiert ist.

Ordnung: Gestaltabweichung (Profilschnitt überhöht dargestellt)	**Beispiele**	**Mögliche Entstehungsursachen**
1. Ordnung: Formabweichung 	Geradheits-, Rundheits-abweichung	Durchbiegungen des Werkstückes oder der Maschine bei der Herstellung des Werkstücks, Fehler oder Verschleiß in den Führungen der Werkzeugmaschine
2. Ordnung: Welligkeit 	Wellen	Schwingungen der Maschine, Lauf- oder Formabweichungen eines Fräsers bei der Herstellung des Werkstücks
3. Ordnung: Rauheit 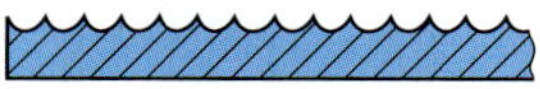	Rillen	Form der Werkzeugschneide, Vorschub oder Zustellung des Werkzeuges bei der Herstellung des Werkstücks
4. Ordnung: Rauheit 	Riefen, Schuppen, Kuppen	Vorgang der Spanbildung (z. B. Reißspan), Oberflächenverformung durch Strahlen bei der Herstellung des Werkstücks
5. und 6. Ordnung: Rauheit Nicht mehr als einfacher Profilschnitt darstellbar	Gefüge-struktur, Gitteraufbau	Kristallisationsvorgänge, Gefügeänderungen durch Schweißen oder Warmumformungen, Veränderungen durch chemische Einwirkungen, z. B. Korrosion, Beizen

Oberflächenprofile und Kenngrößen

vgl. DIN EN ISO 4287: 2010-07 und DIN EN ISO 4288: 1998-04

Oberflächenprofil	**Kenngrößen**	**Erläuterungen**
Primärprofil (Ist-Profil; P-Profil) 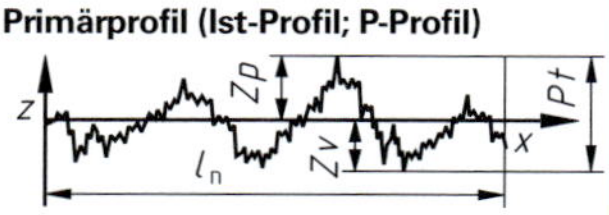	**Gesamthöhe des Profils *Pt***	Das **Primärprofil** ist die Ausgangsbasis für das Welligkeits- und Rauheitsprofil. Die **Gesamthöhe des Profils *Pt*** ist die Summe aus der Höhe der größten Profilspitze *Zp* und der Tiefe des größten Profiltales *Zv* innerhalb der Messstrecke l_n.
Welligkeitsprofil (W-Profil) 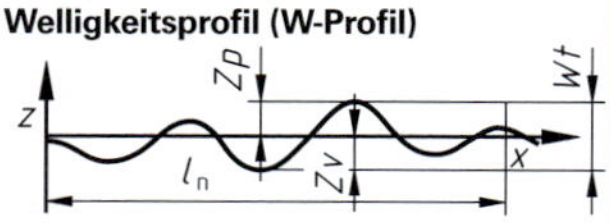	**Gesamthöhe des Profils *Wt***	Das **Welligkeitsprofil** entsteht durch Tiefpassfilterung, d. h. durch Unterdrücken der Rauheit (kurzwellige Profilanteile). Die **Gesamthöhe des Profils *Wt*** ist die Summe aus der Höhe der größten Profilspitze *Zp* und der Tiefe des größten Profiltales *Zv* innerhalb der Messstrecke l_n.
Rauheitsprofil (R-Profil) 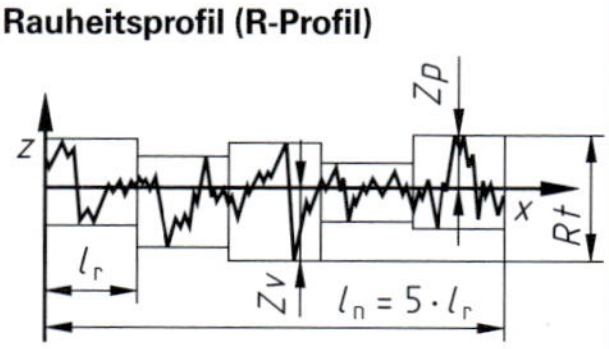	**Gesamthöhe des Profils *Rt***	Das **Rauheitsprofil** entsteht durch Hochpassfilterung, d. h. durch Unterdrücken der Welligkeit (langwellige Profilanteile). Die **Gesamthöhe des Profils *Rt*** ist die Summe aus der Höhe der größten Profilspitze *Zp* und der Tiefe des größten Profiltales *Zv* innerhalb der Messstrecke l_n.
	Rp, Rv	**Höhe der größten Profilspitze *Zp*, Tiefe des größten Profiltales *Zv*** innerhalb der Einzelmessstrecke l_r.
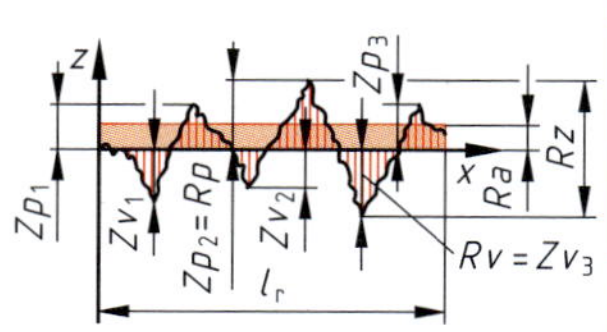	**Größte Höhe des Profils *Rz***	***Rz*** ist die größte **Höhe des Profils** innerhalb der Einzelmessstrecke l_r. Zur Ermittlung von *Rz* wird in der Regel der *Rz*-Wert aus fünf Einzelmessstrecken arithmetisch gemittelt (z. B. *Rz* 16). Ansonsten wird die Anzahl Einzelmessstrecken dem Kennzeichen angefügt (z. B. *Rz*3 16).
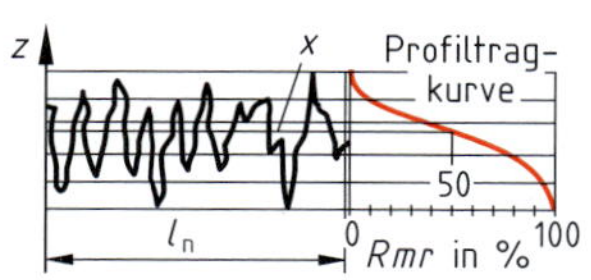	**Arithmetischer Mittelwert der Profilordinaten *Ra***	Der **arithmetische Mittelwert der Profilordinaten *Ra*** ist der arithmetische Mittelwert der Beträge aller Ordinatenwerte $Z(x)$[1] innerhalb einer Einzelmessstrecke l_r. Zur **Ermittlung von *Ra*** wird in der Regel der *Ra*-Wert aus fünf Einzelmessstrecken gemittelt. Ansonsten wird die Anzahl dem Kennzeichen angefügt (z. B. *Ra*7 0,8).
l_n Messstrecke l_r Einzelmessstrecke	**Materialanteil des Profils *Rmr***	Der **Materialanteil des Profils *Rmr*** ergibt sich als Quotient aus der Summe der tragenden Materiallängen in einer vorgegebenen Schnitthöhe und der Messstrecke l_n.
[1] $Z(x)$ Höhe des Profils an beliebiger Position x; Ordinatenwert	**Mittellinie (*x*-Achse) *x***	Die **Mittellinie (*x*-Achse) *x*** ist die Linie, die den langwelligen Profilanteilen (Welligkeit) entspricht, die durch die Profilfilterung unterdrückt werden.

Oberflächenangaben

Messstrecken für die Rauheit

vgl. DIN EN ISO 4288: 1998-04

Periodische Profile (z. B. Drehprofile)	Aperiodische Profile (z. B. Schleif- und Läppprofile		Grenzwellenlänge	Einzel-/Gesamtmessstrecke	Periodische Profile (z. B. Drehprofile)	Aperiodische Profile (z. B. Schleif- und Läppprofile		Grenzwellenlänge	Einzel-/Gesamtmessstrecke
Rillenbreite *RSM* mm	*Rz* µm	*Ra* µm	mm	l_r, l_n mm	Rillenbreite *RSM* mm	*Rz* µm	*Ra* µm	mm	l_r, l_n mm
>0,01 ... 0,04	bis 0,1	bis 0,02	0,08	0,08/0,4	>0,13 ... 0,4	>0,5 ... 10	>0,1 ... 2	0,8	0,8/4
>0,01 ... 0,04	>0,1 ... 0,5	>0,02 ... 0,1	0,25	0,25/1,25	>0,4 ... 1,3	>10 ... 50	>2 ... 10	2,5	2,5/12,5

Angabe der Oberflächenbeschaffenheit

vgl. DIN EN ISO 1302: 2002-06

Sinnbild	Bedeutung
	Alle Fertigungsverfahren sind erlaubt.
	Materialabtrag vorgeschrieben, z. B. drehen, fräsen.
	Materialabtrag unzulässig oder Oberfläche verbleibt im Anlieferungszustand.
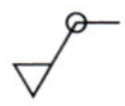	Alle Flächen rund um die Kontur müssen die gleiche Oberflächenbeschaffenheit aufweisen.

Zusätzliche Angaben

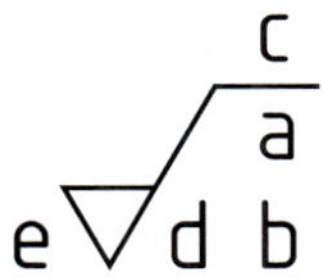

a Oberflächenkenngröße[1] mit Zahlenwert in µm, Übertragungscharakteristik[2]/Einzelmessstrecke in mm

b Zweite Anforderung an die Oberflächenbeschaffenheit (wie bei a beschrieben)

c Fertigungsverfahren

d Sinnbild für die geforderte Rillenrichtung (siehe Seite 106)

e Bearbeitungszugabe in mm

Beispiele

Sinnbild	Bedeutung
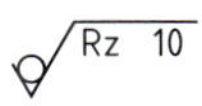	• materialabtragende Bearbeitung nicht zulässig • *Rz* = 10 µm (obere Grenze) • Regelübertragungscharakteristik[3] • Regelmessstrecke[4] • „16 %-Regel"[5]
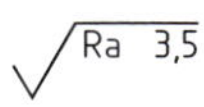	• Bearbeitung kann beliebig erfolgen • Regelübertragungscharakteristik[3] • *Ra* = 3,5 µm (obere Grenze) • Regelmessstrecke[4] • „16 %-Regel"[5]
	• Bearbeitung materialabtragend • *Rz* = 0,5 µm (obere Grenze) • Regelübertragungscharakteristik[3] • Regelmessstrecke[4] • „max.-Regel"[5]
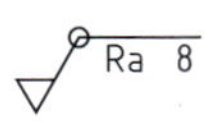	• Bearbeitung materialabtragend • *Ra* = 8 µm (obere Grenze) • Regelübertragungscharakteristik[3] • Regelmessstrecke[4] • „16 %-Regel"[5] • gilt rund um die Kontur
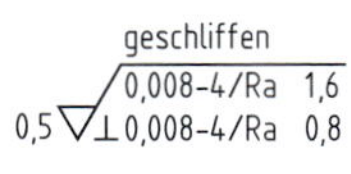	• Bearbeitung materialabtragend • Fertigungsverfahren Schleifen • *Ra* = 1,6 µm (obere Grenze) • *Ra* = 0,8 µm (untere Grenze) • für beide *Ra*-Werte: „16 %-Regel"[5] • Übertragungscharakteristik jeweils 0,008 bis 4 mm • Regelmessstrecke[4] • Bearbeitungszugabe 0,5 mm • Oberflächenrillen senkrecht

1) **Oberflächenkenngröße**, z. B. *Rz*, besteht aus dem Profil (hier: Rauheitsprofil *R*) und der Kenngröße (hier: *z*).

2) **Übertragungscharakteristik**: Wellenlängenbereich zwischen dem Kurzwellenfilter λ_s und dem Langwellenfilter λ_c. Die Wellenlänge des Langwellenfilters entspricht der Einzelmessstrecke l_r. Ist keine Übertragungscharakteristik eingetragen, dann gilt die Regelübertragungscharakteristik[3].

3) **Regelübertragungscharakteristik**: Die Grenzwellenlängen zur Messung der Rauheitskenngrößen sind abhängig vom Rauheitsprofil und werden Tabellen entnommen.

4) **Regelmessstrecke** l_n = 5 x Einzelmessstrecke l_r

5) **„16 %-Regel"**: Nur 16 % aller gemessenen Werte dürfen die gewählte Kenngröße überschreiten.

6) **„max.-Regel"** („Höchstwert-Regel"): Kein Messwert darf über dem festgelegten Höchstwert liegen.

Oberflächenangaben

Angabe der Oberflächenbeschaffenheit

vgl. DIN EN ISO 1302: 2002-06

Sinnbilder für die Rillenrichtung

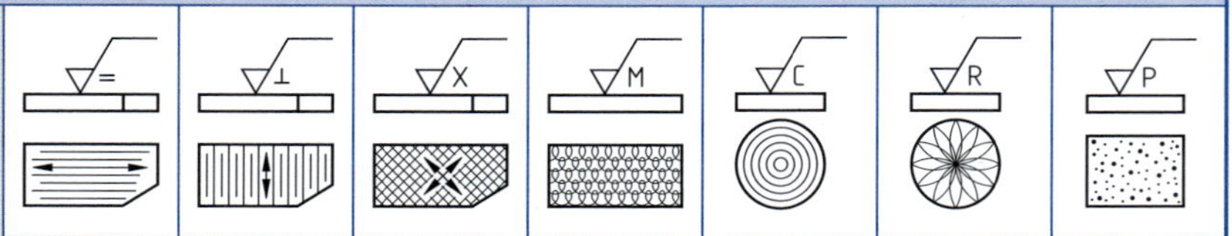

Darstellung der Rillenrichtung	(siehe Abbildung)						
Sinnbild	=	⊥	X	M	C	R	P
Rillenrichtung	parallel zur Projektionsebene	senkrecht zur Projektionsebene	gekreuzt in zwei schrägen Richtungen	viele Richtungen	annähernd zentrisch zum Mittelpunkt	annähernd radial zum Mittelpunkt	nichtrillige Oberfläche, ungerichtet oder muldig

Größen der Sinnbilder

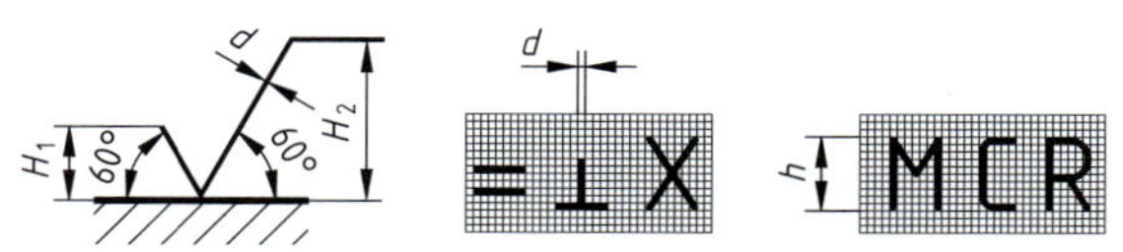

	Schrifthöhe h in mm						
	2,5	3,5	5	7	10	14	20
d	0,25	0,35	0,5	0,7	1,0	1,4	2,0
H_1	3,5	5	7	10	14	20	28
H_1	8	11	15	21	30	42	60

Anordnung der Sinnbilder in Zeichnungen

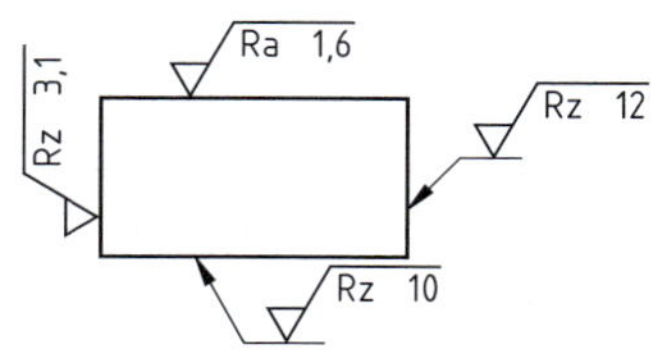

Lesbarkeit
von unten oder von rechts

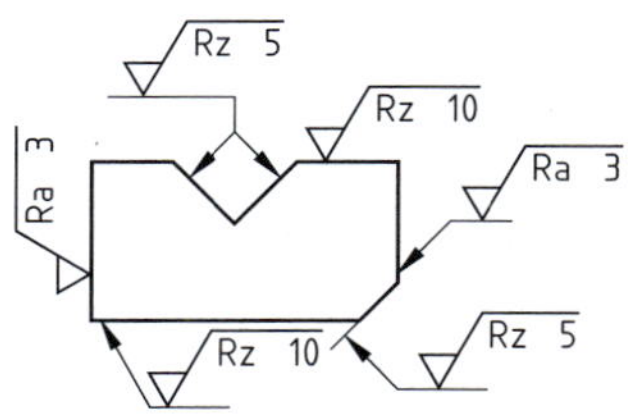

Anordnung
direkt auf der Oberfläche oder mit Bezugs- und Hinweislinie

Beispiele für den Zeichnungseintrag

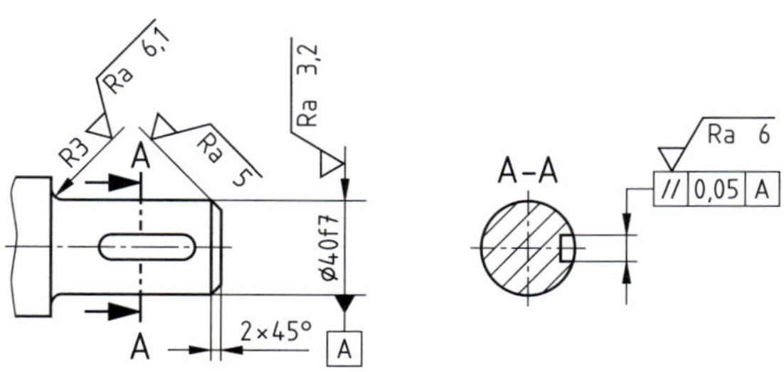

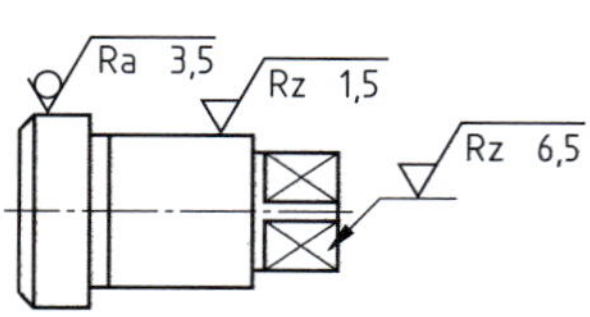

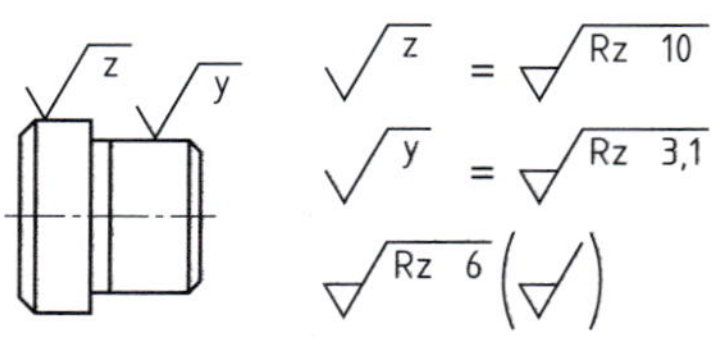

Zuordnung von Rauheitswerten, Rauheit von Oberflächen

Empfohlene Zuordnung von Rauheitswerten zu ISO-Toleranzgraden[1)]

<table>
<tr><th rowspan="3">Nennmaß-bereich über … bis mm</th><th colspan="14">Empfohlene Werte für Rz und Ra in µm bei ISO-Toleranzgrad</th></tr>
<tr><th colspan="2">5</th><th colspan="2">6</th><th colspan="2">7</th><th colspan="2">8</th><th colspan="2">9</th><th colspan="2">10</th><th colspan="2">11</th></tr>
<tr><th>Rz</th><th>Ra</th><th>Rz</th><th>Ra</th><th>Rz</th><th>Ra</th><th>Rz</th><th>Ra</th><th>Rz</th><th>Ra</th><th>Rz</th><th>Ra</th><th>Rz</th><th>Ra</th></tr>
<tr><td>1 … 6</td><td rowspan="2">2,5</td><td rowspan="2">0,4</td><td rowspan="3">4</td><td rowspan="4">0,8</td><td rowspan="3">6,3</td><td rowspan="3">0,8</td><td>6,3</td><td rowspan="3">1,6</td><td>10</td><td>1,6</td><td>16</td><td>3,2</td><td>25</td><td>6,3</td></tr>
<tr><td>6 … 10</td><td rowspan="2">10</td><td rowspan="3">16</td><td rowspan="4">3,2</td><td rowspan="2">25</td><td rowspan="4">6,3</td><td rowspan="2">40</td><td rowspan="4">12,5</td></tr>
<tr><td>10 … 18</td><td rowspan="2">4</td><td rowspan="4">0,8</td></tr>
<tr><td>18 … 80</td><td>6,3</td><td>10</td><td rowspan="3">1,6</td><td>16</td><td rowspan="3">3,2</td><td rowspan="2">40</td><td rowspan="2">63</td></tr>
<tr><td>80 … 250</td><td rowspan="2">6,3</td><td rowspan="2">10</td><td rowspan="2">1,6</td><td rowspan="2">16</td><td rowspan="2">25</td><td>25</td></tr>
<tr><td>250 … 500</td><td>40</td><td>6,3</td><td>63</td><td>12,5</td><td>100</td><td>25</td></tr>
</table>

Erreichbare Rauheit von Oberflächen[1)]

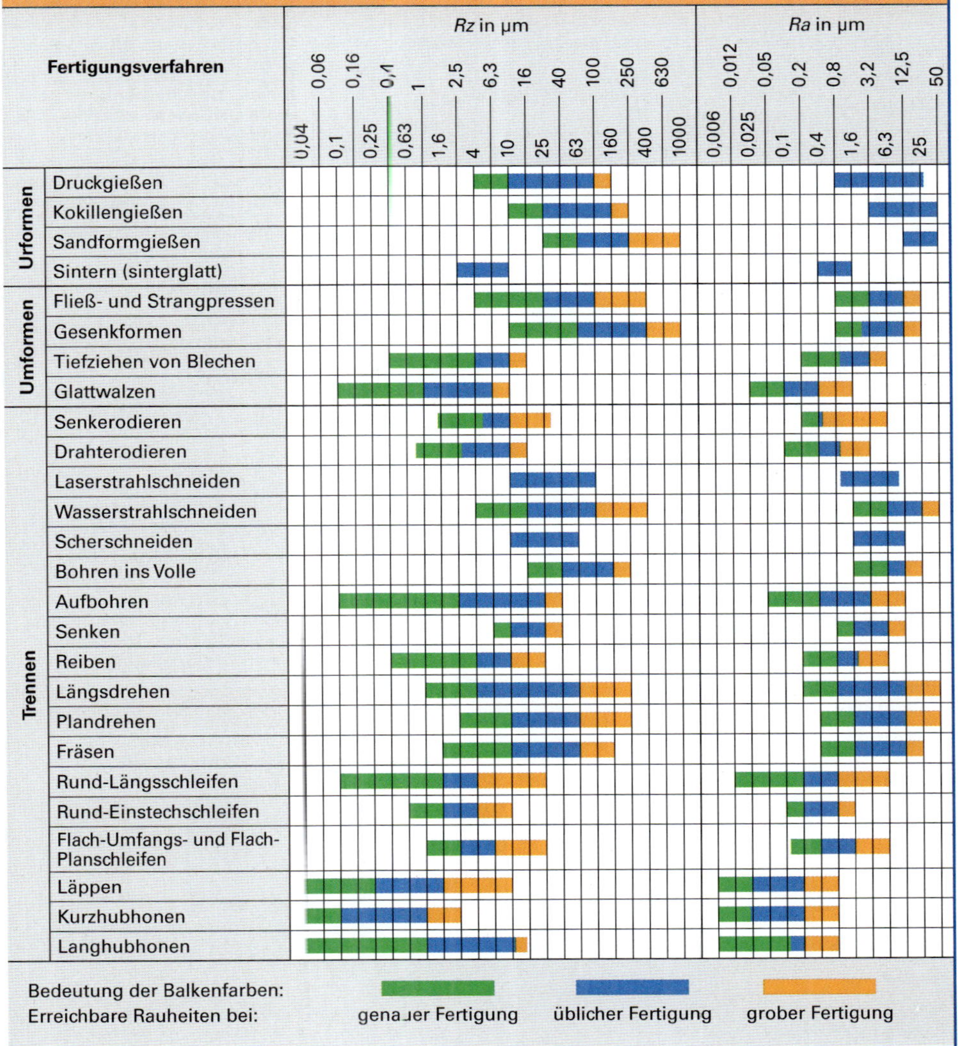

1) Rauheitswerte, sofern sie nicht in DIN 4766-1 (zurückgezogen) enthalten sind, nach Angaben der Industrie.

K

ISO-System für Grenzmaße und Passungen

Begriffe

vgl. DIN EN ISO 286-1: 2010-11

Bohrung

- N Nennmaß
- G_{oB} Höchstmaß Bohrung
- G_{uB} Mindestmaß Bohrung
- ES oberes Grenzabmaß Bohrung
- EI unteres Grenzabmaß Bohrung
- T_B Toleranz Bohrung

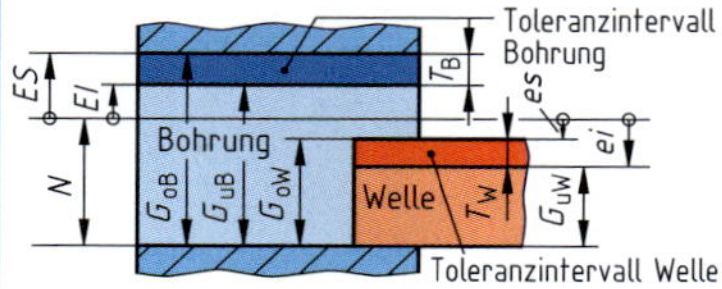

Welle

- N Nennmaß
- G_{oW} Höchstmaß Welle
- G_{uW} Mindestmaß Welle
- es oberes Grenzabmaß Welle
- ei unteres Grenzabmaß Welle
- T_W Toleranz Welle

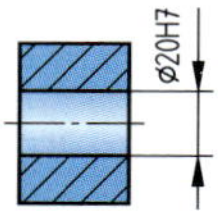

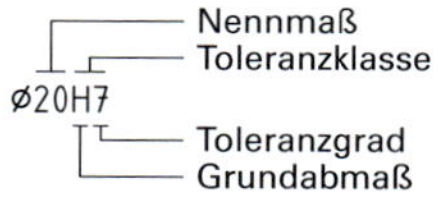

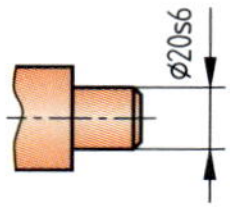

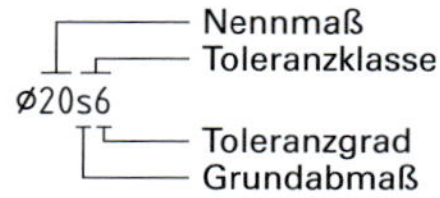

Bezeichnung	Erklärung
Nennmaß	Theoretisch genaues Maß eines geometrischen Elements.
Grenzabmaß	Oberes bzw. unteres Abmaß, bezogen auf das Nennmaß
Toleranzintervall	Bereich zwischen Mindestmaß und Höchstmaß
Toleranz	Differenz zwischen Höchst- und Mindestmaß bzw. zwischen oberem und unterem Grenzabmaß
Grundtoleranzgrad	Gruppe von Toleranzen mit gleichem Genauigkeitsniveau, z. B. IT7. (IT = Grundtoleranz, 7 = Gradnummer)

Bezeichnung	Erklärung
Toleranzgrad	Zahl (Gradnummer) des Grundtoleranzgrades, z. B. 7 bei IT7
Grundtoleranz	Die einem Grundtoleranzgrad, z. B. IT7, und einem Nennmaßbereich, z. B. 30 ... 50 mm, zugeordnete Toleranz
Grundabmaß	Grenzabmaß, das am nächsten beim Nennmaß liegt. Grundabmaße werden mit Buchstaben, z. B. H, h, gekennzeichnet
Toleranzklasse	Kombination eines Grundabmaßes mit einem Toleranzgrad, z. B. H7
Passung	Geplanter Fügezustand zwischen Bohrung und Welle

Grenzmaße, Grenzabmaße und Toleranzen

vgl. DIN EN ISO 286-1: 2010-11

Bohrung

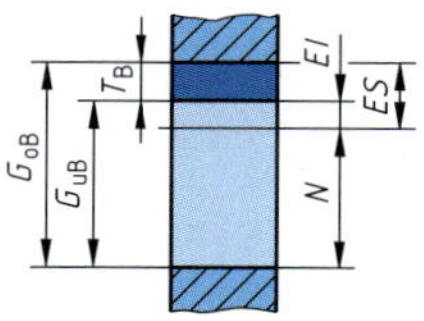

$$G_{oB} = N + ES$$

$$G_{uB} = N + EI$$

$$T_B = ES - EI$$

$$T_B = G_{oB} - G_{uB}$$

Beispiel

Bohrung Ø 50+0,3/+0,1; G_{oB} = ?; T_B = ?
$G_{oB} = N + ES$ = 50 mm + 0,3 mm = 50,30 mm
$T_B = ES - EI$ = 0,3 mm – 0,1 mm = 0,2 mm

Welle

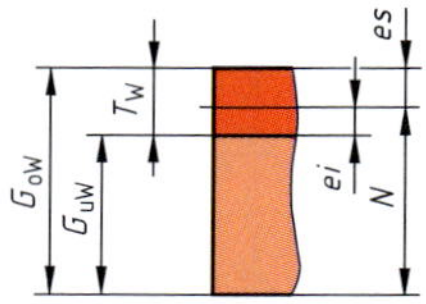

$$G_{oW} = N + es$$

$$G_{uW} = N + ei$$

$$T_W = es - ei$$

$$T_W = G_{oW} - G_{oW}$$

Beispiel

Welle Ø 20e8; G_{uW} = ?; T_W = ?; Werte f. ei u. es: S. 109
ei = – 73 µm = – 0,073 mm; es = – 40 µm = – 0,040 mm
$G_{uW} = N + ei$ = 20 mm + (– 0,073 mm) = 19,927 mm
$T_W = es - ei$ = – 40 µm – (– 73 µm) = 33 µm

Passungen

vgl. DIN EN ISO 286-1: 2010-11

Spielpassung

- P_{SH} Höchstspiel
- P_{SM} Mindestspiel

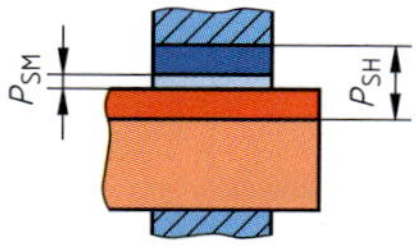

Übergangspassung

- P_{SH} Höchstspiel
- $P_{ÜH}$ Höchstübermaß

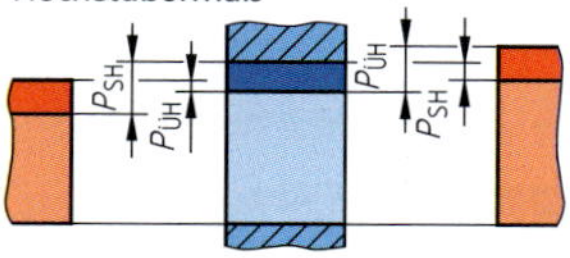

Übermaßpassung

- $P_{ÜH}$ Höchstübermaß
- $P_{ÜM}$ Mindestübermaß

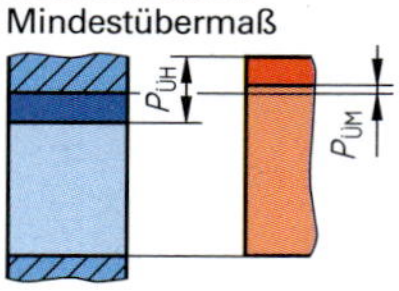

$$P_{SM} = G_{uB} - G_{oW}$$

$$P_{SH} = G_{oB} - G_{uW}$$

$$P_{ÜH} = G_{uB} - G_{oW}$$

$$P_{ÜM} = G_{oB} - G_{uW}$$

Beispiel

Passung Ø 30 H8/f7; P_{SH} = ?; P_{SM} = ?
Werte für ES, EI, es, ei: Seite 113
$G_{oB} = N + ES$ = 30 mm + 0,033 mm = 30,033 mm
$G_{uB} = N + EI$ = 30 mm + 0 mm = 30,000 mm
$G_{oW} = N + es$ = 30 mm + (– 0,020 mm) = 29,980 mm
$G_{uW} = N + ei$ = 30 mm + (– 0,041 mm) = 29,959 mm
$P_{SH} = G_{oB} - G_{uW}$ = 30,033 mm – 29,959 mm = 0,074 mm
$P_{SM} = G_{uB} - G_{oW}$ = 30,000 mm – 29,980 mm = 0,02 mm

ISO-System für Grenzmaße und Passungen

Passungssysteme

vgl. DIN EN ISO 286-1: 2010-11

Passungssystem Einheitsbohrung (alle Bohrungsmaße besitzen das Grundabmaß H)

Grundabmaße für Wellen

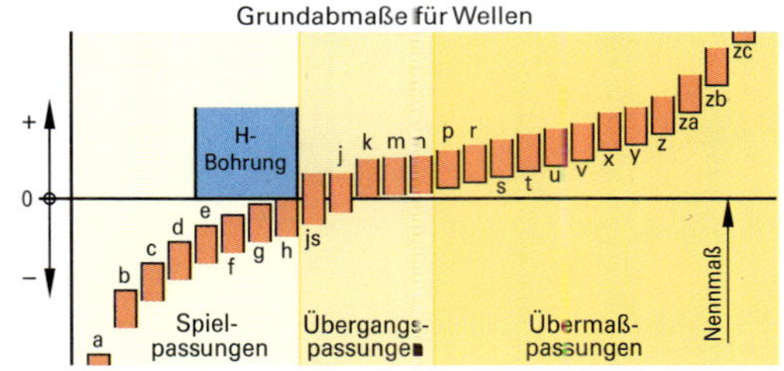

Beispiele für Nennmaß 25, Toleranzgrad 7

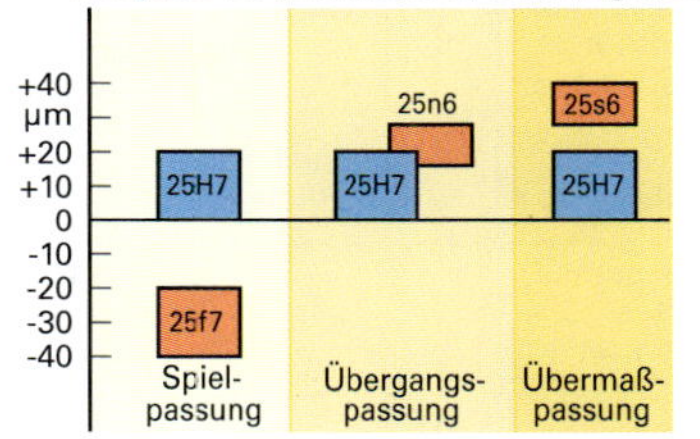

Passungssystem Einheitswelle (alle Wellenmaße besitzen das Grundabmaß h)

Grundabmaße für Bohrungen

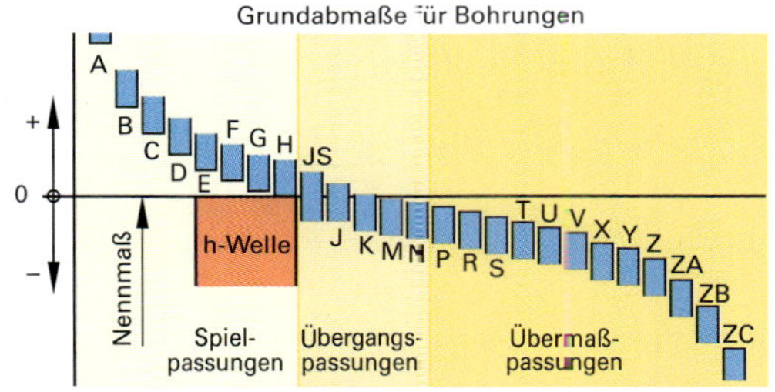

Beispiele für Nennmaß 25, Toleranzgrad 6

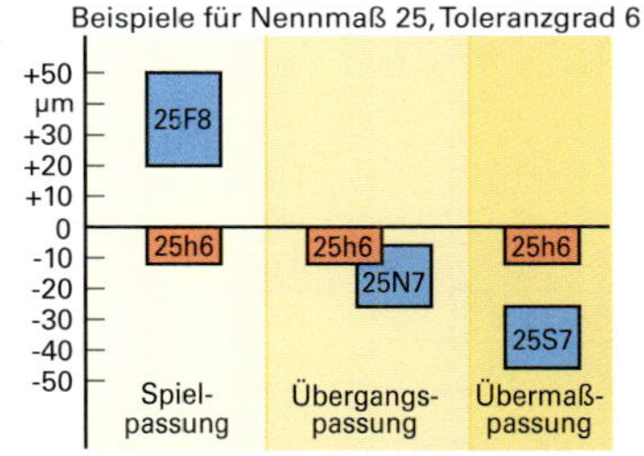

Grundtoleranzen

vgl. DIN EN ISO 286-1: 2010-11

Nennmaßbereich über ... bis mm	Grundtoleranzgrade IT1	IT2	IT3	IT4	IT5	IT6	IT7	IT8	IT9	IT10	IT11	IT12	IT13	IT14	IT15	IT16	IT17	IT18
	Grundtoleranzen µm											mm						
bis 3	0,8	1,2	2	3	4	6	10	14	25	40	60	0,1	0,14	0,25	0,4	0,6	1	1,4
3…6	1	1,5	2,5	4	5	8	12	18	30	48	75	0,12	0,18	0,3	0,48	0,75	1,2	1,8
6…10	1	1,5	2,5	4	6	9	15	22	36	58	90	0,15	0,22	0,36	0,58	0,9	1,5	2,2
10…18	1,2	2	3	5	8	11	18	27	43	70	110	0,18	0,27	0,43	0,7	1,1	1,8	2,7
18…30	1,5	2,5	4	6	9	13	21	33	52	84	130	0,21	0,33	0,52	0,84	1,3	2,1	3,3
30…50	1,5	2,5	4	7	11	16	25	39	62	100	160	0,25	0,39	0,62	1	1,6	2,5	3,9
50…80	2	3	5	8	13	19	30	46	74	120	190	0,3	0,46	0,74	1,2	1,9	3	4,6
80…120	2,5	4	6	10	15	22	35	54	87	140	220	0,35	0,54	0,87	1,4	2,2	3,5	5,4
120…180	3,5	5	8	12	18	25	40	63	100	160	250	0,4	0,63	1	1,6	2,5	4	6,3
180…250	4,5	7	10	14	20	29	46	72	115	185	290	0,46	0,72	1,15	1,85	2,9	4,6	7,2
250…315	6	8	12	16	23	32	52	81	130	210	320	0,52	0,81	1,3	2,1	3,2	5,2	8,1
315…400	7	9	13	18	25	36	57	89	140	230	360	0,57	0,89	1,4	2,3	3,6	5,7	8,9
400…500	8	10	15	20	27	40	63	97	155	250	400	0,63	0,97	1,55	2,5	4	6,3	9,7
500…630	9	11	16	22	32	44	70	110	175	280	440	0,7	1,1	1,75	2	4,4	7	11
630…800	10	13	18	25	36	50	80	125	200	320	500	0,8	1,25	2,8	3,2	5	8	12,5
800…1000	11	15	21	28	40	56	90	140	230	360	560	0,9	1,4	2,3	3,6	5,6	9	14
1000…1250	13	18	24	33	47	66	105	165	260	420	660	1,05	1,65	2,6	4,2	6,6	10,5	16,5
1250…1600	15	21	29	39	55	78	125	195	310	500	780	1,25	1,95	3,1	5	7,8	12,5	19,5
1600…2000	18	25	35	46	65	92	150	230	370	600	920	1,5	2,3	3,7	6	9,2	15	23
2000…2500	22	30	41	55	78	110	175	280	440	700	1100	1,75	2,8	4,4	7	11	17,5	28
2500…3150	26	36	50	68	96	135	210	330	540	860	1350	2,1	3,3	5,4	8,6	13,5	21	33

Die Grenzabmaße der Toleranzgrade für die Grundabmaße h, js, H und JS können aus den Grundtoleranzen abgeleitet werden: **h**: *es* = 0; *ei* = – IT **js**: *es* = + IT/2; *ei* = – IT/2 **H**: *ES* = + IT; *EI* = 0 **JS**: ES = + IT/2; *EI* = – IT/2

K

ISO-Passungen

Grundabmaße für Wellen (Auswahl)

vgl. DIN EN ISO 286-1: 2010-11

Grundabmaße	a	c	d	e	f	g	h	j	k		m	n	p	r	s
genormte Grundtoleranzgrade	IT9 bis IT13	IT8 bis IT12	IT5 bis IT13	IT5 bis IT10	IT3 bis IT10		IT1 bis IT18	IT5 bis IT8	IT3 bis IT13		IT3 bis IT9		IT3 bis IT10		
Tabelle gültig für ...	alle genormten Grundtoleranzen				IT4 bis IT9	IT4 bis IT8	IT1 bis IT18	IT7	IT4 bis IT7	IT8 bis IT13	IT4 bis IT7		IT4 bis IT8		IT4 bis IT9
Nennmaß über ... bis mm	unteres Grenzabmaß *es* in µm							oberes Grenzabmaß *ei* in µm							
bis 3	−270	−60	−20	−14	−6	−2	0	−4	0	0	+2	+4	+6	+10	+14
3...6		−70	−30	−20	−10	−4	0	−4	+1	0	+4	+8	+12	+15	+19
6...10	−280	−80	−40	−25	−13	−5	0	−5	+1	0	+6	+10	+15	+19	+23
10...18	−290	−95	−50	−32	−16	−6	0	−6	+1	0	+7	+12	+18	+23	+28
18...30	−300	−110	−65	−40	−20	−7	0	−8	+2	0	+8	+15	+22	+28	+35
30...40	−310	−120	−80	−50	−25	−9	0	−10	+2	0	+9	+17	+26	+34	+43
40...50	−320	−130													
50...65	−340	−140	−100	−60	−30	−10	0	−12	+2	0	+11	+20	+32	+41	+53
65...80	−360	−150												+43	+59
80...100	−380	−170	−120	−72	−36	−12	0	−15	+3	0	+13	+23	+37	+51	+71
100...120	−410	−180												+54	+79
120...140	−460	−200	−145	−85	−43	−14	0	−18	+3	0	+15	+27	+43	+63	+92
140...160	−520	−210												+65	+100
160...180	−580	−230												+68	+108
180...200	−660	−240	−170	−100	−50	−15	0	−21	+4	0	+17	+31	+50	+77	+122
200...225	−740	−260												+80	+130
225...250	−820	−280												+84	+140
250...280	−920	−300	−190	−110	−56	−17	0	−26	+4	0	+20	+34	+56	+94	+158
280...315	−1050	−330												+98	+170
315...355	−1200	−360	−210	−125	−62	−18	0	−28	+4	0	+21	+37	+62	+108	+190
355...400	−1350	−400												+114	+208
400...450	−1500	−440	−230	−135	−68	−20	0	−32	+5	0	+23	+23	+68	+126	+232
450...500	−1650	−480												+132	+252

Berechnung von Grenzabmaßen

Mithilfe der Tabellen auf dieser Seite und auf Seite 111 und den unten stehenden Formeln können die Grenzabmaße für die in der Tabellenzeile „Tabelle gültig für ..." (oben und Seite 111) angegebenen Grundtoleranzgrade berechnet werden. Die dazu erforderlichen Werte für die Grundtoleranzen IT sind in der Tabelle Seite 109 enthalten.

Formeln

- für Wellenabmaße

$$ei = es - IT$$

$$es = ei + IT$$

- für Bohrungsabmaße

$$EI = ES - IT$$

$$ES = EI + IT$$

Beispiel 1

Welle (Außenmaß) ⌀ 40g5;
es = ?; ei = ?

es (Tabelle oben) = − 9 µm
IT5 (Tabelle Seite 109) = 11 µm
$ei = es - \mathrm{IT} = -9\ \mu m - 11\ \mu m = -20\ \mu m$

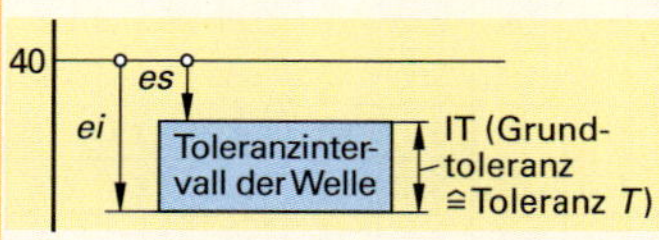

Beispiel 2

Bohrung (Innenmaß) ⌀ 100K6;
ES = ?; EI = ?

ES (Tabelle Seite 111) = − 3 µm + Δ
(Wert Δ für Grundtoleranzgrad IT6 nach Tabelle Seite 111 unten: 7 µm)

$ES = -3\ \mu m + 7\ \mu m = 4\ \mu m$
IT6 (Tabelle Seite 109) = 22 µm
$EI = ES - \mathrm{IT} = +4\ \mu m - 22\ \mu m = -18\ \mu m$

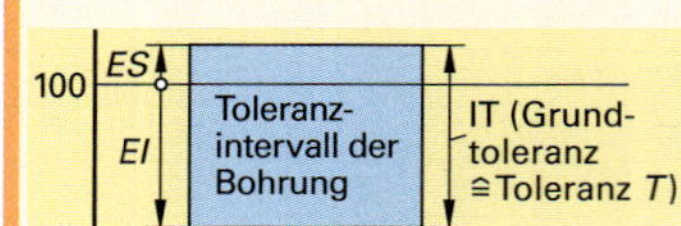

ISO-Passungen

Grundabmaße für Bohrungen (Auswahl)[1]

vgl. DIN EN ISO 286-1: 2010-11

Grundabmaße	A	C	D	E	F	G	H	J	K	M[1]	N	P, R, S	P	R	S
genormte Grundtoleranzgrade	IT9 bis IT13	IT8 bis IT13	IT6 bis IT13	IT5 bis IT10	IT3 bis IT10		IT1 bis IT18	IT6 bis IT8	IT3 bis IT10		IT3 bis IT11	IT3 bis IT10			
Tabelle gültig für …	alle genormten Grundtoleranzen				IT5 bis IT9	IT5 bis IT8	IT1 bis IT18	IT8	IT5 bis IT8			IT3 bis IT7	IT8 und IT9	IT8	IT8 und IT9
Nennmaß über … bis mm	unteres Grenzabmaß *EI* in µm							oberes Grenzabmaß *ES* in µm (Δ-Werte: Tabelle unten)							
bis 3	+270	+60	+20	+14	+6	+2	0	+6	0	−2	−4	Werte für obere Grenzabmaße *ES*: wie Grundtoleranzgrade über IT7, plus Δ	−6	−10	−14
3…6		+70	+30	+20	+10	+4	0	+10	−1 + Δ	−4 + Δ	−8 + Δ		−12	−15	−19
6…10	+280	+80	+40	+25	+13	+5	0	+12	−1 + Δ	−6 + Δ	−10 + Δ		−15	−19	−23
10…18	+290	+95	+50	+32	+16	+6	0	+15	−1 + Δ	−7 + Δ	−12 + Δ		−18	−23	−28
18…30	+300	+110	+65	+40	+20	+7	0	+20	−2 + Δ	−8 + Δ	−15 + Δ		−22	−28	−35
30…40	+310	+120	+80	+50	+25	+9	0	+24	−2 + Δ	−9 + Δ	−17 + Δ		−26	−34	−43
40…50	+320	+130													
50…65	+340	+140	+100	+60	+30	+10	0	+28	−2 + Δ	−11 + Δ	−20 + Δ		−32	−41	−53
65…80	+360	+150												−43	−59
80…100	+380	+170	+120	+72	+36	+12	0	+34	−3 + Δ	−13 + Δ	−23 + Δ		−37	−51	−71
100…120	+410	+180												−54	−79
120…140	+460	+200	+145	+85	+43	+14	0	+41	−3 + Δ	−15 + Δ	−27 + Δ		−43	−63	−92
140…160	+520	+210												−65	−100
160…180	+580	+230												−68	−108
180…200	+660	+240	+170	−100	+50	+15	0	+47	−4 + Δ	−17 + Δ	−31 + Δ		−50	−77	−122
200…225	+740	+260												−80	−130
225…250	+820	+280												−84	−140
250…280	+920	+300	+190	+110	+56	+17	0	+55	−4 + Δ	−20 + Δ	−34 + Δ		−56	−94	−158
280…315	+1050	+330												−98	−170
315…355	+1200	+360	+210	+125	+62	+18	0	+60	−4 + Δ	−21 + Δ	−37 + Δ		−62	−108	−190
355…400	+1350	+400												−114	−208
400…450	+1500	+440	+230	+135	+68	+20	0	+66	−5 + Δ	−23 + Δ	−40 + Δ		−68	−126	−232
450…500	+1650	+480												−132	−252

Werte für Δ[2] in µm

Grundtoleranzgrad	Nennmaß über … bis in mm: bis 3	3 bis 6	6 bis 10	10 bis 18	18 bis 30	30 bis 50	50 bis 80	80 bis 120	120 bis 180	180 bis 250	250 bis 315	315 bis 400	400 bis 500
IT3	0	1	1	1	1,5	1,5	2	2	3	3	4	4	5
IT4	0	1,5	1,5	2	2	3	3	4	4	4	4	5	5
IT5	0	1	2	3	3	4	5	5	6	6	7	7	7
IT6	0	3	3	3	4	5	6	7	7	9	9	11	13
IT7	0	4	6	7	8	9	11	13	15	17	20	21	23
IT8	0	6	7	9	12	14	16	19	23	26	29	32	34

[1] Sonderfall: Für Toleranzklasse M6, Nennmaßbereich 250 … 315 mm, ist *ES* = − 9 µm (statt −11 µm, die sich bei Berechnung ergeben).

[2] Berechnungsbeispiele: Seite 110

K

ISO-Passungen

System Einheitsbohrung

vgl. DIN EN ISO 286-2: 2010-11

Nennmaßbereich über … bis mm	für Bohrung	für Wellen – Beim Fügen mit einer H6-Bohrung entsteht eine Spiel-, Übergangs-, Übermaßpassung					für Bohrung	für Wellen – Beim Fügen mit einer H7-Bohrung entsteht eine Spielpassung			Übergangspassung				Übermaßpassung	
	H6	h5	j5	k6	n5	r5	**H7**	**f7**	g6	**h6**	j6	k6	m6	**n6**	r6	**s6**
bis 3	+6 0	0 −4	±2	+6 0	+8 +4	+14 +10	+10 0	−6 −16	−2 −8	0 −6	+4 −2	+6 0	+8 +2	+10 +4	+16 +10	+20 +14
3…6	+8 0	0 −5	+3 −2	+9 +1	+13 +8	+20 +15	+12 0	−10 −22	−4 −12	0 −8	+6 −2	+9 +1	+12 +4	+16 +8	+23 +15	+27 +19
6…10	+9 0	0 −6	+4 −2	+10 +1	+16 +10	+25 +19	+15 0	−13 −28	−5 −14	0 −9	+7 −2	+10 +1	+15 +6	+19 +10	+28 +19	+32 +23
10…14	+11 0	0 −8	+5 −3	+12 +1	+20 +12	+31 +23	+18 0	−16 −34	−6 −17	0 −11	+8 −3	+12 +1	+18 +7	+23 +12	+34 +23	+39 +28
14…18																
18…24	+13 0	0 −9	+5 −4	+15 +2	+24 +15	+37 +28	+21 0	−20 −41	−7 −20	0 −13	+9 −4	+15 +2	+21 +8	+28 +15	+41 +28	+48 +35
24…30																
30…40	+16 0	0 −11	+6 −5	+18 +2	+28 +17	+45 +34	+25 0	−25 −50	−9 −25	0 −16	+11 −5	+18 +2	+25 +9	+33 +17	+50 +34	+59 +43
40…50																
50…65	+19 0	0 −13	+6 −7	+21 +2	+33 +20	+54 +41	+30 0	−30 −60	−10 −29	0 −19	+12 −7	+21 +2	+30 +11	+39 +20	+60 +41	+72 +53
65…80						+56 +43									+62 +43	+78 +59
80…100	+22 0	0 −15	+6 −9	+25 +3	+38 +23	+66 +51	+35 0	−36 −71	−12 −34	0 −22	+13 −9	+25 +3	+35 +13	+45 +23	+73 +51	+93 +71
100…120						+69 +54									+76 +54	+101 +79
120…140	+25 0	0 −18	+7 −11	+28 +3	+45 +27	+81 +63	+40 0	−43 −83	−14 −39	0 −25	+14 −11	+28 +3	+40 +15	+52 +27	+88 +63	+117 +92
140…160						+83 +65									+90 +65	+125 +100
160…180						+86 +68									+93 +68	+133 +108
180…200	+29 0	0 −20	+7 −13	+33 +4	+51 +31	+97 +77	+46 0	−50 −96	−15 −44	0 −29	+16 −13	+33 +4	+46 +17	+60 +31	+106 +77	+151 +122
200…225						+100 +80									+109 +80	+159 +130
225…250						+104 +84									+113 +84	+169 +140
250…280	+32 0	0 −23	+7 −16	+36 +4	+57 +34	+117 +94	+52 0	−56 −108	−17 −49	0 −32	+16 −16	+36 +4	+52 +20	+66 +34	+126 +94	+190 +158
280…315						+121 +98									+130 +98	+202 +170
315…355	+36 0	0 −23	+7 −18	+40 +4	+62 +37	+133 +108	+57 0	−62 −119	−18 −54	0 −36	+18 −18	+40 +4	+57 +21	+73 +37	+144 +108	+226 +190
355…400						+139 +114									+150 +114	+244 +208
400…450	+40 0	0 −27	+7 −20	+45 +5	+67 +40	+153 +126	+63 0	−68 −131	−20 −60	0 −40	+20 −20	+45 +5	+63 +23	+80 +40	+166 +126	+272 +232
450…500						+159 +132									+72 +132	+292 +252

Grenzabmaße in µm für Toleranzklassen[1]

[1] Die **fett** gedruckten Toleranzklassen entsprechen der Reihe 1 in DIN 7157 (Seite 117); sie sind bevorzugt zu verwenden.

ISO-Passungen

System Einheitsbohrung (Fortsetzung) vgl. DIN EN ISO 286-2: 2010-11

Nennmaßbereich über … bis mm	Grenzabmaße in µm für Toleranzklassen[1]													
	für Bohrung	für Wellen: Beim Fügen mit einer H6-Bohrung entsteht eine						für Bohrung	für Wellen: Beim Fügen mit einer H11-Bohrung entsteht eine					
		Spielpassung				Übermaßpassung			Spielpassung					
	H8	d9	e8	**f7**	**h9**	**u8**[2]	**u8**[2]	**H11**	a11	c11	d9	d11	h9	h11
bis 3	+14 0	−20 −45	−14 −28	−6 −16	0 −25	+31 +18	+34 +20	+60 0	−270 −330	−60 −120	−20 −45	−20 −80	0 −25	0 −60
3…6	+18 0	−30 −60	−20 −38	−10 −22	0 −30	+41 +23	+46 +28	+75 0	−270 −345	−70 −145	−30 −60	−30 −105	0 −30	0 −75
6…10	+22 0	−40 −76	−25 −47	−13 −28	0 −36	+50 +28	+56 +34	+90 0	−280 −370	−80 −170	−40 −76	−40 −130	0 −36	0 −90
10…14	+27 0	−50 −93	−32 −59	−16 −34	0 −43	+60 +33	+67 +40	+110 0	−290 −400	−95 −205	−50 −93	−50 −160	0 −43	0 −110
14…18							+72 +45							
18…24	+33 0	−65 −117	−40 −73	−20 −41	0 −52	+74 +41	+87 +54	+130 0	−300 −430	−110 −240	−65 −117	−65 −195	0 −52	0 −130
24…30						+81 +48	+97 +64							
30…40	+39 0	−80 −142	−50 −89	−25 −50	0 −62	+99 +60	+119 +80	+160 0	−310 −470	−120 −280	−80 −142	−80 −240	0 −62	0 −160
40…50						+109 +70	+136 +97		−320 −480	−130 −290				
50…65	+46 0	−100 −174	−60 −106	−30 −60	0 −74	+133 +87	+168 +122	+190 0	−340 −530	−140 −330	−100 −174	−100 −290	0 −74	0 −190
65…80						+148 +102	+192 +146		−360 −550	−150 −340				
80…100	+54 0	−120 −207	−72 −126	−36 −71	0 −87	+178 +124	+232 +178	+220 0	−380 −600	−170 −390	−120 −207	−120 −340	0 −87	0 −220
100…120						+198 +144	+264 +210		−410 −630	−180 −400				
120…140						+233 +170	+311 +248		−460 −710	−200 −450				
140…160	+63 0	−145 −245	−85 −148	−43 −83	0 −100	+253 +190	+343 +280	+250 0	−520 −770	−210 −460	−145 −245	−145 −395	0 −100	0 −250
160…180						+273 +210	+373 +310		−580 −830	−230 −480				
180…200						+308 +236	+422 +350		−660 −950	−240 −530				
200…225	+72 0	−170 −285	−100 −172	−50 −96	0 −115	+330 +258	+457 +385	+290 0	−740 −1030	−260 −550	−170 −285	−170 −460	0 −115	0 −290
225…250						+356 +284	+497 +425		−820 −1110	−280 −570				
250…280	+81 0	−190 −320	−110 −191	−56 −108	0 −130	+396 +315	+556 +475	+320 0	−920 −1240	−300 −620	−190 −320	−190 −510	0 −130	0 −320
280…315						+431 +350	+606 +525		−1050 −1370	−330 −650				
315…355	+89 0	−210 −350	−125 −214	−62 −119	0 −140	+479 +390	+679 +590	+360 0	−1200 −1560	−360 −720	−210 −350	−210 −570	0 −140	0 −360
355…400						+524 +435	+749 +660		−1350 −1710	−400 −760				
400…450	+97 0	−230 −385	−135 −232	−68 −131	0 −155	+587 +490	+837 +740	+400 0	−1500 −1900	−440 −840	−230 −385	−230 −630	0 −155	0 −400
450…500						+637 +540	+917 +820		−1650 −2050	−480 −880				

[1] Die **fett** gedruckten Toleranzklassen entsprechen der Reihe 1 in DIN 7157 (Seite 117); sie sind bevorzugt zu verwenden.
[2] DIN 7157 empfiehlt: Nennmaße bis 24 mm: H8/x8; Nennmaße über 24 mm: H8/u8.

K

ISO-Passungen

System Einheitswelle

vgl. DIN EN ISO 286-2: 2010-11

Nennmaßbereich über … bis mm	Grenzabmaße in µm für Toleranzklassen[1]															
	für Welle	für Bohrungen: Beim Fügen mit einer h5-Welle entsteht eine					für Welle	für Bohrungen: Beim Fügen mit einer h6-Welle entsteht eine								
		Spielpass.	Übergangspassung		Übermaßpassung			Spielpassung			Übergangspassung				Übermaßpassung	
	h5	H6	J6	M6	N6	P6	**h6**	**F8**	G7	**H7**	J7	K7	M7	N7	R7	S7
bis 3	0 −4	+6 0	+2 −4	−2 −8	−4 −10	−6 −12	0 −6	+20 +6	+12 +2	+10 0	+4 −6	0 −10	−2 −12	−4 −14	−10 −20	−14 −24
3 … 6	0 −5	+8 0	+5 −3	−1 −9	−5 −13	−9 −17	0 −8	+28 +10	+16 +4	+12 0	+6 −6	+3 −9	0 −12	−4 −16	−11 −23	−15 −27
6 … 10	0 −6	+9 0	+5 −4	−3 −12	−7 −16	−12 −21	0 −9	+35 +13	+20 +5	+15 0	+8 −7	+5 −10	0 −15	−4 −19	−13 −28	−17 −32
10 … 18	0 −8	+11 0	+6 −5	−4 −15	−9 −20	−15 −26	0 −11	+43 +16	+24 +6	+18 0	+10 −8	+6 −12	0 −18	−5 −23	−16 −34	−21 −39
18 … 30	0 −9	+13 0	+8 −5	−4 −17	−11 −24	−18 −31	0 −13	+53 +20	+28 +7	+21 0	+12 −9	+6 −15	0 −21	−7 −28	−20 −41	−27 −48
30 … 40 40 … 50	0 −11	+16 0	+10 −6	−4 −20	−12 −28	−21 −37	0 −16	+64 +25	+34 +9	+25 0	+14 −11	+7 −18	0 −25	−8 −33	−25 −50	−34 −59
50 … 65	0 −13	+19 0	+13 −6	−5 −24	−14 −33	−26 −45	0 −19	+76 +30	+40 +10	+30 0	+18 −12	+9 −21	0 −30	−9 −39	−30 −60	−42 −72
65 … 80															−32 −62	−48 −78
80 … 100	0 −15	+22 0	+16 −6	−6 −28	−16 −38	−30 −52	0 −22	+90 +36	+47 +12	+35 0	+22 −13	+10 −25	0 −35	−10 −45	−38 −73	−58 −93
100 … 120															−41 −76	−66 −101
120 … 140	0 −18	+25 0	+18 −7	−8 −33	−20 −45	−36 −61	0 −25	+106 +43	+54 +14	+40 0	+26 −14	+12 −28	0 −40	−12 −52	−48 −88	−77 −117
140 … 160															−50 −90	−85 −125
160 … 180															−53 −93	−93 −133
180 … 200	0 −20	+29 0	+22 −7	−8 −37	−22 −51	−41 −70	0 −29	+122 +50	+61 +15	+46 0	+30 −16	+13 −33	0 −46	−14 −60	−60 −106	−105 −151
200 … 225															−63 −109	−113 −139
225 … 250															−67 −113	−123 −169
250 … 280	0 −23	+32 0	+25 −7	−9 −41	−25 −57	−47 −79	0 −32	+137 +56	+69 +17	+52 0	+36 −16	+16 −36	0 −52	−14 −66	−74 −126	−138 −190
280 … 315															−78 −130	−150 −202
315 … 355	0 −25	+36 0	+29 −7	−10 −46	−26 −62	−51 −87	0 −36	+151 +62	+75 +18	+57 0	+39 −18	+17 −40	0 −57	−16 −73	−87 −144	−169 −226
355 … 400															−93 −150	−187 −244
400 … 450	0 −27	+40 0	+33 −7	−10 −50	−27 −67	−55 −95	0 −40	+165 +68	+83 +20	+63 0	+43 −20	+18 −45	0 −63	−17 −80	−103 −166	−209 −272
450 … 500															−109 −172	−229 −292

[1] Die **fett** gedruckten Toleranzklassen entsprechen der Reihe 1 in DIN 7157 (Seite 117); sie sind bevorzugt zu verwenden.

K

ISO-Passungen

System Einheitswelle (Fortsetzung)

vgl. DIN EN ISO 286-2: 2010-11

Nennmaß-bereich über ... bis mm	Grenzabmaße in µm für Toleranzklassen[1]													
	für Welle	für Bohrungen: Beim Fügen mit einer h9-Welle entsteht eine								für Welle	für Bohrungen: Beim Fügen mit einer h11-Welle entsteht eine			
		Spielpassung					Übergangs-passung				Spielpassung			
	h9	**C11**	**D10**	**E9**	**F8**	**H8**	J9/JS9[2]	N9[3]	**P9**	**h11**	A11	**C11**	**D10**	**H11**
bis 3	0 −25	+120 +60	+60 +20	+39 +14	+20 +6	+14 0	+12,5 −12,5	−4 −29	−6 −31	0 −60	+330 +270	+120 +60	+60 +20	+60 0
3...6	0 −30	+145 +70	+78 +30	+50 +20	+28 +10	+18 0	+15 −15	0 −30	−12 −42	0 −75	+345 +270	+145 +70	+78 +30	+75 0
6...10	0 −36	+170 +80	+98 +40	+61 +25	+35 +13	+22 0	+18 −18	0 −36	−15 −51	0 −90	+370 +280	+170 +80	+98 +40	+90 0
10...18	0 −43	+205 +95	+120 +50	+75 +32	+43 +16	+27 0	+21,5 −21,5	0 −43	−18 −61	0 −110	+400 +290	+205 +95	+120 +50	+110 0
18...30	0 −52	+240 +110	+149 +65	+92 +40	+53 +20	+33 0	+26 −26	0 −52	−22 −74	0 −130	+430 +300	+240 +110	+149 +65	+130 0
30...40	0 −62	+280 +120	+180 +80	+112 +50	+64 +25	+39 0	+31 −31	0 −62	−26 −88	0 −160	+470 +310	+280 +120	+180 +80	+160 0
40...50		+290 +130									+480 +320	+290 +130		
50...65	0 −74	+330 +140	+220 +100	+134 +60	+76 +30	+46 0	+37 −37	0 −74	−32 −106	0 −190	+530 +340	+330 +140	+220 +100	+190 0
65...80		+340 +150									+550 +360	+340 +150		
80...100	0 −87	+390 +170	+260 +120	+159 +72	+90 +36	+54 0	+43,5 −43,5	0 −87	−37 −124	0 −220	+600 +380	+390 +170	+260 +120	+220 0
100...120		+400 +180									+630 +410	+400 +180		
120...140		+450 +200									+710 +460	+450 +200		
140...160	0 −100	+460 +210	+305 +145	+185 +85	+106 +43	+63 0	+50 −50	0 −100	−43 −143	0 −250	+770 +520	+460 +210	+305 +145	+250 0
160...180		+480 +230									+820 +580	+480 +230		
180...200		+530 +240									+950 +660	+530 +240		
200...225	0 −115	+550 +260	+355 +170	+215 +100	+122 +50	+72 0	+57,5 −57,5	0 −115	−50 −165	0 −290	+1030 +740	+550 +260	+355 +170	+290 0
225...250		+570 +280									+1110 +820	+570 +280		
250...280	0 −130	+620 +300	+400 +190	+240 +110	+137 +56	+81 0	+65 −65	0 −130	−56 −186	0 −320	+1240 +920	+620 +300	+400 +190	+320 0
280...315		+650 +330									+1370 +1050	+650 +330		
315...355	0 −140	+720 +360	+440 +210	+265 +125	+151 +62	+89 0	+70 −70	0 −140	−62 −202	0 −360	+1560 +1200	+720 +360	+440 +210	+360 0
355...400		+760 +400									+1710 +1350	+760 +400		
400...450	0 −155	+840 +440	+480 +230	+290 +135	+165 +68	+97 0	+77,5 −77,5	0 −155	−68 −223	0 −400	+1900 +1500	+840 +440	+480 +230	+400 0
450...500		+880 +480									+2050 +1650	+880 +480		

[1] Die **fett** gedruckten Toleranzklassen entsprechen der Reihe 1 in DIN 7157 (Seite 117); sie sind bevorzugt zu verwenden.

[2] Die Toleranzintervalle J9/JS9, J10/JS10 usw. sind jeweils gleich groß und liegen symmetrisch zur Nulllinie.

[3] Die Toleranzklasse N9 ist für Nennmaße ≤ 1 mm nicht anzuwenden.

K

K

Allgemeintoleranzen, Wälzlagerpassungen

Allgemeintoleranzen[1] für Längen- und Winkelmaße
vgl. DIN ISO 2768-1: 1991-06

Toleranzklasse	Längenmaße – Grenzabmaße in mm für Nennmaßbereiche: 0,5 bis 3	über 3 bis 6	über 6 bis 30	über 30 bis 120	über 120 bis 400	über 400 bis 1000	über 1000 bis 2000	über 2000 bis 4000
f (fein)	±0,05	±0,05	±0,1	±0,15	±0,2	±0,3	±0,5	–
m (mittel)	±0,1	±0,1	±0,2	±0,3	±0,5	±0,8	±1,2	±2
c (grob)	±0,2	±0,3	±0,5	±0,8	±1,2	±2	±3	±4
v (sehr grob)	–	±0,5	±1	±1,5	±2,5	±4	±6	±8

Toleranzklasse	Gebrochene Kanten (Rundungen, Fasen) – Grenzabmaße in mm für Nennmaßbereiche: 0,5 bis 3	über 3 bis 6	über 6	Winkelmaße – Grenzabmaße in Grad und Minuten für Nennmaßbereiche (kürzerer Winkelschenkel): bis 10	über 10 bis 50	über 50 bis 120	über 120 bis 400	über 400
f (fein) / m (mittel)	±0,2	±0,5	±1	±1°	±0° 30′	±0° 20′	±0° 10′	±0° 5′
c (grob)	±0,4	±1	±2	±1° 30′	±1°	±0° 30′	±0° 15′	±0° 10′
v (sehr grob)				±3°	±2°	±1°	±0° 30′	±0° 20′

Allgemeintoleranzen[1] für Form und Lage
vgl. DIN ISO 2768-2: 1991-04

Toleranzen in mm für

Toleranzklasse	Geradheit und Ebenheit – Nennmaßbereiche in mm: bis 10	über 10 bis 30	über 30 bis 100	über 100 bis 300	über 300 bis 1000	über 1000 bis 3000	Rechtwinkligkeit – Nennmaßbereiche in mm (kürzerer Winkelschenkel): bis 100	über 100 bis 300	über 300 bis 1000	über 1000 bis 3000	Symmetrie – Nennmaßbereiche in mm (kürzeres Formelement): bis 100	über 100 bis 300	über 300 bis 1000	über 1000 bis 3000	Lauf
H	0,02	0,05	0,1	0,2	0,3	0,4	0,2	0,3	0,4	0,5	0,5				0,1
K	0,05	0,1	0,2	0,4	0,6	0,8	0,4	0,6	0,8	1	0,6		0,8	1	0,2
L	0,1	0,2	0,4	0,8	1,2	1,6	0,6	1	1,5	2	0,6	1	1,5	2	0,5

[1] Allgemeintoleranzen gelten für Maße ohne einzelne Toleranzeintragung. Zeichnungseintrag Seite 93.

Toleranzen für den Einbau von Wälzlagern
vgl. DIN 5425-1: 1984-11 (Norm zurückgezogen)

Radiallager

Innenring (Welle): Lastfall	Passung	Belastung	Grundabmaße für Welle[2] bei Kugellager	Rollenlager	Außenring (Gehäuse): Lastfall	Passung	Belastung	Grundabmaße für Gehäuse[2] bei Kugellager	Rollenlager
Umfangslast 	Übergangs- oder Übermaß-passung erforderlich	niedrig	h, k	k, m	Punktlast 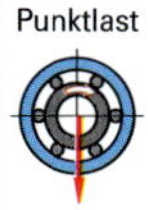	Spiel-passung zulässig	beliebig groß	J, H, G, F	
		mittel	j, k, m	k, m, n, p					
		hoch	m, n	n, p, r					
Punktlast 	Spielpas-sung zulässig	beliebig groß	j, h, g, f		Umfangslast 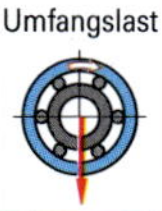	Übergangs- oder Übermaß-passung erforderlich	niedrig	J	K
							mittel	K, M	M, N
							hoch	–	N, P

Axiallager

Belastungsart	Lager-Bauform	Wellenscheibe (Welle): Lastfall	Grundabmaße für Welle[2]	Gehäusescheibe (Gehäuse): Lastfall	Grundabmaße für Gehäuse[2]
Kombinierte Radial-/Axial-Last	Schrägkugellager Pendelrollenlager Kegelrollenlager	Umfangslast	j, k, m	Punktlast	H, J
		Punktlast	j	Umfangslast	K, M
Reine Axial-Last	Kugellager Rollenlager	–	h, j, k	–	H, G, E

[2] Grundtoleranzgrade: für Wellen meist IT6, für Bohrungen meist IT7. Bei erhöhten Anforderungen an die Laufruhe und die Laufgenauigkeit werden auch kleinere Toleranzgrade verwendet.

Passungsempfehlungen, Passungsauswahl

Passungsempfehlungen[1]

vgl. DIN 7157: 1966-01, zurückgezogen

aus Reihe 1	C11/h9, D10/h9, E9/h9, F8/h9, H8/f7, F8/h6, H7/f7, H8/h9, H7/h6, H7/n6, H7/r6, H8/x8 bzw. u8
aus Reihe 2	C11/h11, D10/h11, H8/d9, H8/e8, H7/g6, G7/h6, H11/h9, H7/j6, H7/k6, H7/s6

Passungsauswahl (Beispiele)

vgl. DIN 7157: 1966-01, zurückgezogen

Einheitsbohrung[2]		Merkmal/Anwendungsbeispiele	Einheitswelle[2]	
		Spielpassungen		
0 H8 d9	H8/d9	**Großes Passungsspiel:** Distanzbuchsen auf Wellen	**D10/h9**	D10 0 h9
0 H8 e8	H8/e8	**Merkliches Passungsspiel:** Die Teile können sehr leicht von Hand gegeneinander verschoben werden. Hebellagerungen, Stellringe auf Wellen	**E9/h9**	E9 0 h9
0 H8 f7	**H8/f7**	**Größeres Passungsspiel:** Die Teile können leicht von Hand gegeneinander verschoben werden. Wellen-Gleitlagerungen	**F8/h9**	F8 0 h9
0 H7 f7	**H7/f7**	**Kleines Passungsspiel:** Die Teile sind noch leicht von Hand gegeneinander verschiebbar. Gleitlager allgemein, Schieberäder, Steuerkolben in Zylindern	**F8/h6**	F8 0 h6
0 H7 g6	H7/g6	**Geringes Passungsspiel:** Die Teile können noch von Hand gegeneinander verschoben werden. Aufnahmebolzen in Bohrungen, Wellen in Gleitlagern	G7/h6	G7 0 h6
0 H8 h9	**H8/h9**	**Kaum merkliches Passungsspiel:** Die Teile können mit Handkraft gegeneinander verschoben werden. Distanzbuchsen, Stellringe auf Wellen	**H8/h9**	0 H8 h9
0 H7 h6	**H7/h6**	**Ganz geringes Passungsspiel:** Ein Verschieben der Teile mit Handkraft ist eventuell noch möglich. Zentrierungen für Lagerdeckel, Schneidstempel in Stempelplatte	**H7/h6**	0 H7 h6
		Übergangspassungen		
0 H7 j6	H7/j6	**Eher Passungsspiel als Passungsübermaß:** Ein Verschieben der Teile mit Handkraft ist eventuell noch möglich. Zahnräder auf Wellen, Passfederverbindung	nicht festgelegt	
n6 0 H7	**H7/n6**	**Eher Passungsübermaß als Passungsspiel:** Zum Verschieben der Teile ist eine geringe Presskraft erforderlich. Bohrbuchsen, Auflagebolzen in Vorrichtungen	nicht festgelegt	
		Übermaßpassungen		
r6 0 H7	**H7/r6**	**Geringes Passungsübermaß:** Zum Verschieben der Teile ist eine größere Presskraft erforderlich. Buchsen in Gehäusen	nicht festgelegt	
s6 0 H7	H7/s6	**Reichliches Passungsübermaß:** Zum Verschieben der Teile ist eine große Presskraft erforderlich. Gleitlagerbuchsen, Kränze auf Schneckenradkörpern	nicht festgelegt	
u8 0 H8	**H8/u8**	**Großes Passungsübermaß:** Die Teile lassen sich nur durch Dehnen oder Schrumpfen fügen. Schrumpfringe, Räder auf Achsen, Kupplungen auf Wellen	nicht festgelegt	
x8 0 H8	**H8/x8**	**Sehr großes Passungsübermaß:** Die Teile lassen sich nur durch Dehnen oder Schrumpfen fügen. Schrumpfringe, Räder auf Achsen, Kupplungen auf Wellen	nicht festgelegt	

[1] Von diesen Passungsempfehlungen soll nur in Ausnahmefällen, z. B. beim Einbau von Wälzlagern, abgewichen werden.
[2] Die fett gedruckten Passungen sind Toleranzklassenkombinationen nach Reihe 1. Sie sind bevorzugt zu verwenden.

K

Geometrische Tolerierung

Tolerierung von Form, Richtung, Ort und Lauf

vgl. DIN EN ISO 1101: 2014-04

Aufbau der Toleranzangaben

Bezug

- **Kennzeichnung**

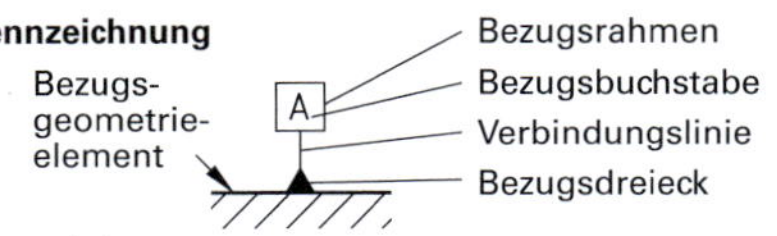

- **Bezug** ist

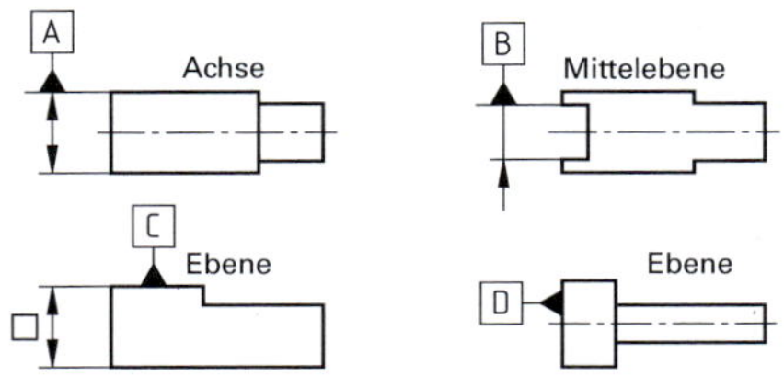

Toleriertes Element

- **Kennzeichnung**

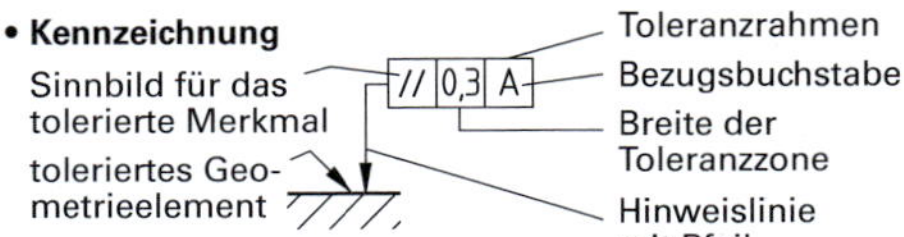

- **Toleranz** gilt für

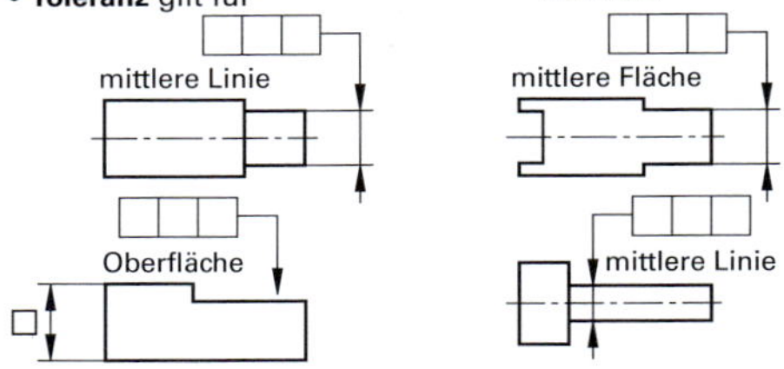

Zeichnungseintrag für Bezüge und tolerierte Elemente

Bezüge	Einfachbezug	Gemeinsamer Bezug	Mehrfachbezug (zwei oder drei Elemente)
Beispiel	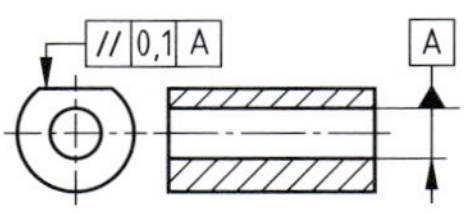	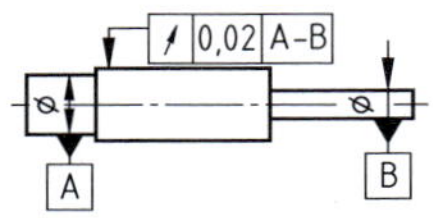	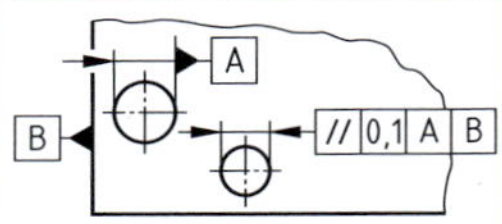
Bezug im Toleranzrahmen	einzelner Bezugsbuchstabe	Bezugsbuchstaben durch Bindestrich getrennt	Reihenfolge der Bezugsbuchstaben nach ihrer Wichtigkeit

Beispiele

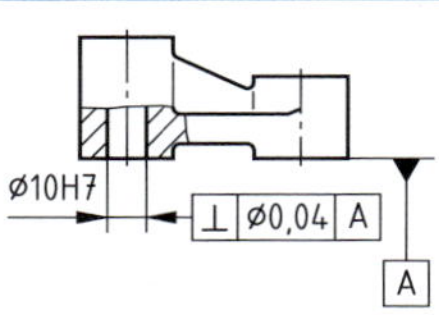

Die mittlere Linie der Bohrung muss rechtwinklig zur Auflagefläche verlaufen (Toleranzwert 0,04 mm).

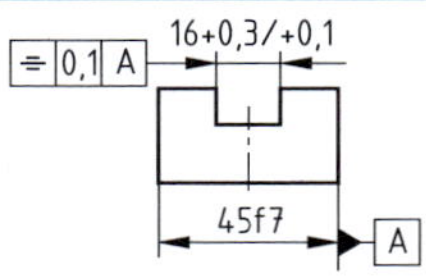

Die mittlere Fläche der Nut muss symmetrisch zur Mittelebene der Außenflächen verlaufen (Toleranzwert 0,1 mm).

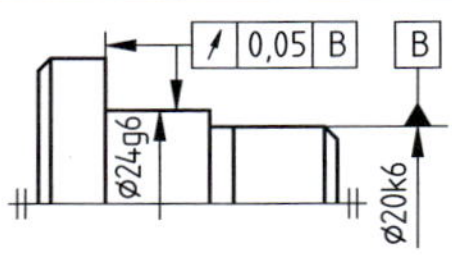

Zur Achse ⌀20k6 muss die zylindrische Fläche ⌀24g6 rund und die ebene Fläche plan laufen (Toleranzwert 0,05 mm).

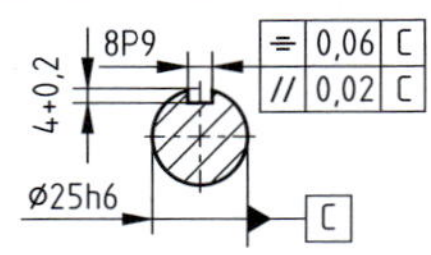

Zur Achse ⌀25h6 muss die Nut symmetrisch (Toleranzwert 0,06 mm) und parallel (Toleranzwert 0,02 mm) liegen.

Angaben in Zeichnungen

vgl. DIN EN ISO 1101: 2014-04

Toleriertes Merkmal und Sinnbild		Zeichnungsangabe	Erklärung	Toleranzzone
Formtoleranzen				
Geradheit	—	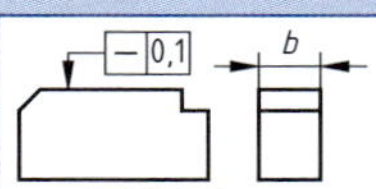	Die Linie muss an jeder Stelle der Breite *b* zwischen zwei Geraden vom Abstand *t* = 0,1 mm liegen.	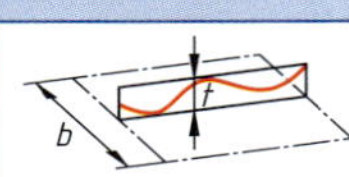
		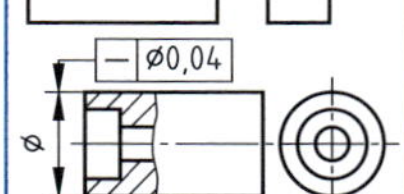	Die mittlere Linie des Zylinders muss sich innerhalb eines Zylinders vom Durchmesser *t* = 0,04 mm befinden.	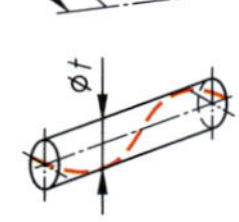
Ebenheit	▱	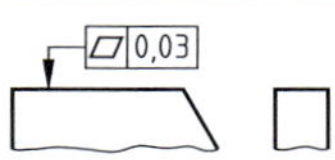	Die Oberfläche muss zwischen zwei parallelen Ebenen vom Abstand *t* = 0,03 mm liegen.	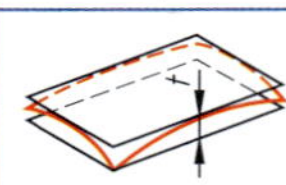

Geometrische Tolerierung

Angaben in Zeichnungen (Fortsetzung)

vgl. DIN EN ISO 1101: 2014-04

Toleriertes Merkmal und Sinnbild		Zeichnungsangabe	Erklärung	Toleranzzone
Formtoleranzen (Fortsetzung)				
Rundheit	○	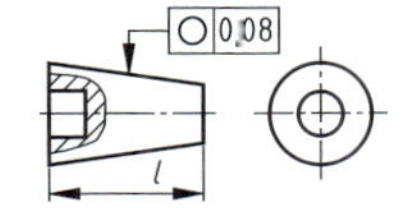	Die Umfangslinie des Kegelquerschnittes muss an jeder Stelle der Kegellänge l innerhalb zweier konzentrischer Kreise vom radialen Abstand $t = 0{,}08$ mm liegen.	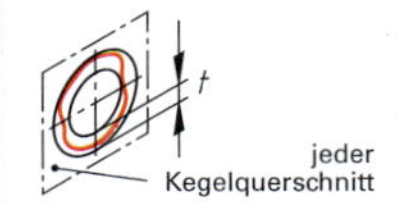
Zylinderform	⌭	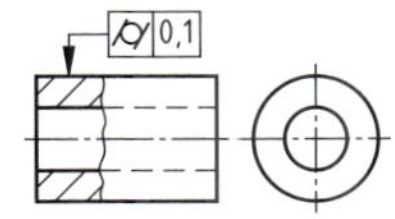	Die Mantelfläche des Zylinders muss zwischen zwei koaxialen Zylindern liegen, die einen radialen Abstand von $t = 0{,}1$ mm haben.	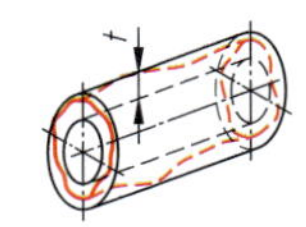
Profilform (Linie)	⌒	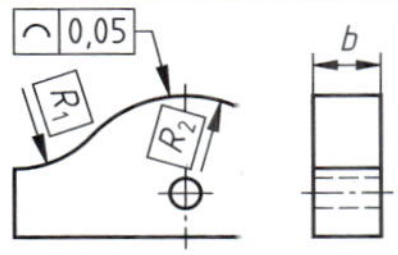	Die Profillinie muss an jeder Stelle der Werkstückdicke b zwischen zwei Hülllinien liegen, deren Abstand durch Kreise vom Durchmesser $t = 0{,}05$ mm begrenzt ist. Die Mittelpunkte der Kreise befinden sich auf einer Linie von geometrisch idealer Form.	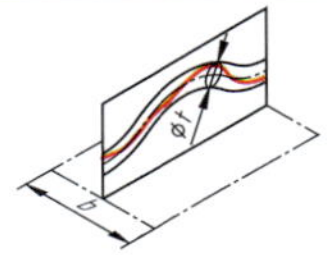
Profilform (Fläche)	⌓	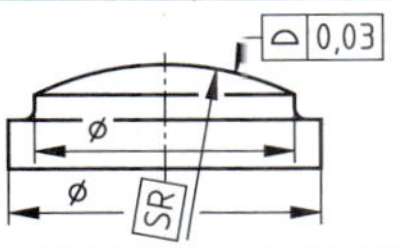	Die Kugeloberfläche muss sich zwischen zwei Hüllflächen befinden, deren Abstand $t = 0{,}03$ mm durch Kugeln gebildet wird. Die Kugelmittelpunkte liegen auf der geometrisch idealen Fläche.	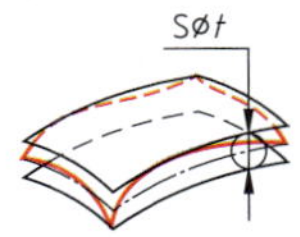
Richtungstoleranzen				
Parallelität	//	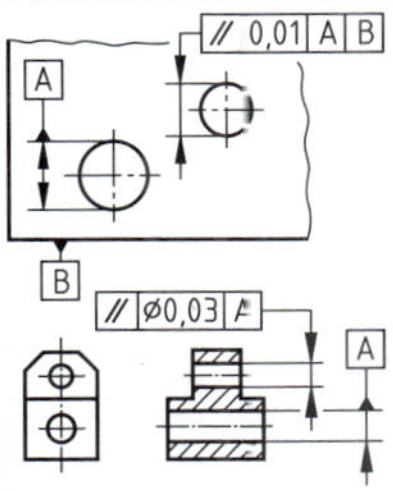	Die mittlere Linie der Bohrung muss zwischen zwei parallelen Ebenen vom Abstand $t = 0{,}01$ mm liegen. Die Ebenen liegen parallel zur Bezugsachse A und zur Bezugsebene B und in der festgelegten (hier senkrechten) Richtung. Die mittlere Linie der Bohrung muss innerhalb eines Zylinders vom Durchmesser $t = 0{,}03$ mm liegen, dessen Achse parallel zur Bezugsachse A ist.	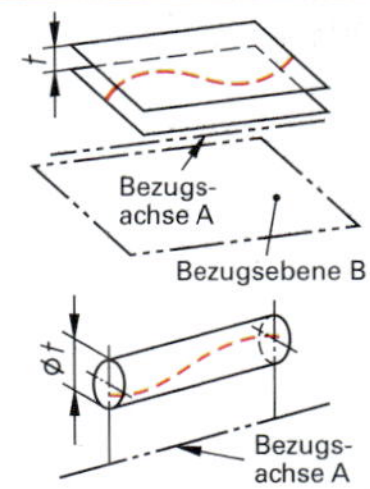
Rechtwinkligkeit	⊥	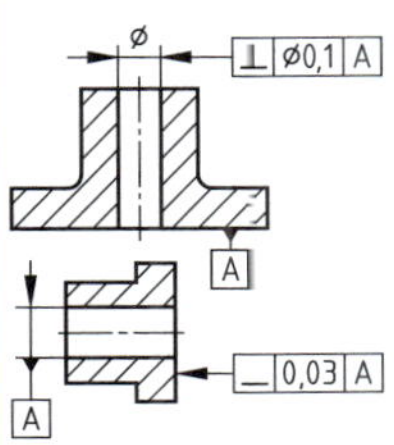	Die mittlere Linie der Bohrung muss innerhalb eines zur Bezugsebene A rechtwinkligen Zylinders vom Durchmesser $t = 0{,}1$ mm liegen. Die Oberfläche (Planfläche) muss zwischen zwei zur Bezugsachse A senkrechten Ebenen vom Abstand $t = 0{,}03$ mm liegen.	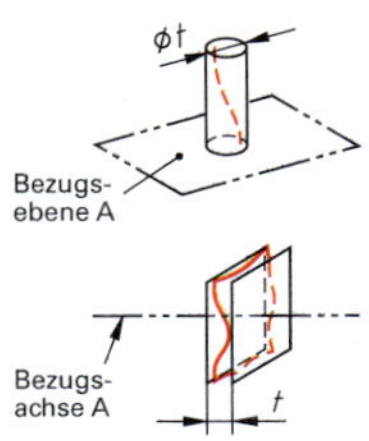
Neigung	∠	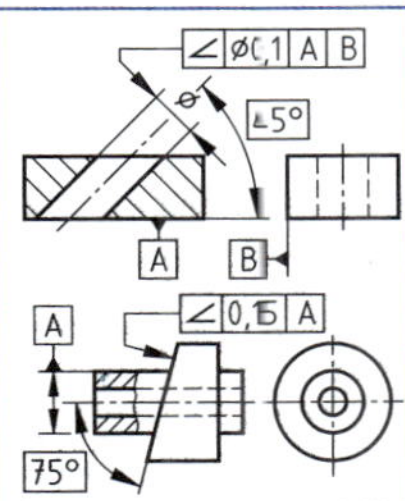	Die mittlere Linie der Bohrung muss innerhalb eines Zylinders vom Durchmesser $t = 0{,}1$ mm liegen. Die Zylinderachse liegt parallel zur Bezugsebene B und ist im theoretisch genauen Winkel von $\alpha = 45°$ zur Bezugsebene A geneigt. Die geneigte Oberfläche muss zwischen zwei parallelen Ebenen vom Abstand $t = 0{,}15$ mm liegen, die im theoretisch genauen Winkel von $\alpha = 75°$ zur Bezugsachse A geneigt sind.	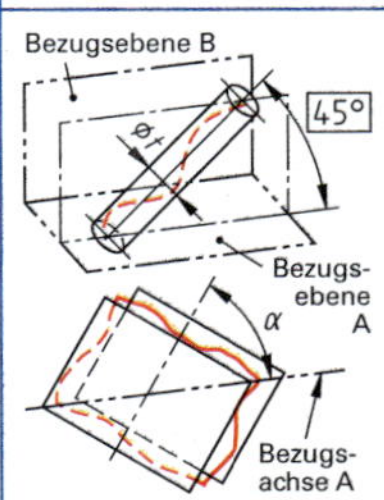

K

Geometrische Tolerierung

Angaben in Zeichnungen (Fortsetzung)

vgl. DIN EN ISO 1101: 2014-04

Toleriertes Merkmal und Sinnbild		Zeichnungsangabe	Erklärung	Toleranzzone
Ortstoleranzen				
Position	⌖	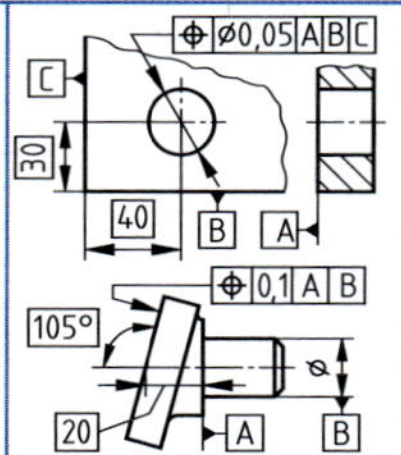	Die mittlere Linie der Bohrung muss innerhalb eines Zylinders vom Durchmesser $t = 0{,}05$ mm liegen. Dessen Achse muss mit dem theoretisch genauen Ort der Bohrungsachse zu den Bezugsebenen A, B und C übereinstimmen. Die Oberfläche muss zwischen zwei parallelen Ebenen vom Abstand $t = 0{,}1$ mm symmetrisch zum theoretisch genauen Ort der tolerierten Fläche, bezogen auf die Bezugsebene A und die Bezugsachse B, liegen.	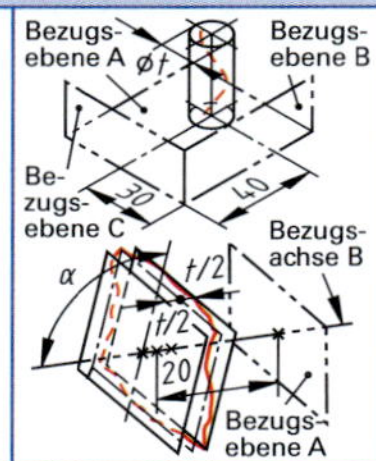
Konzentrizität	◎	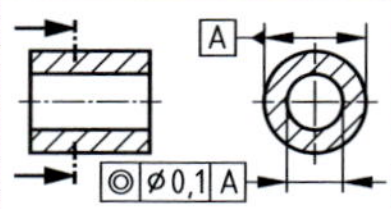	Der Mittelpunkt der Bohrung muss innerhalb eines Kreises vom Durchmesser $t = 0{,}1$ mm liegen, konzentrisch zum Bezugspunkt A im Querschnitt.	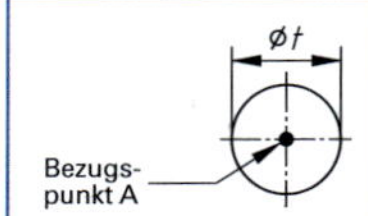
Koaxialität	◎	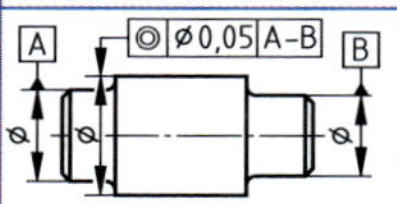	Die mittlere Linie des Durchmessers muss sich innerhalb eines Zylinders vom Durchmesser $t = 0{,}05$ mm befinden, dessen Achse auf der gemeinsamen Bezugsachse A–B liegt.	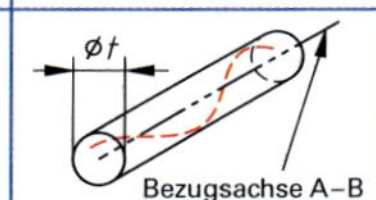
Symmetrie	⌯	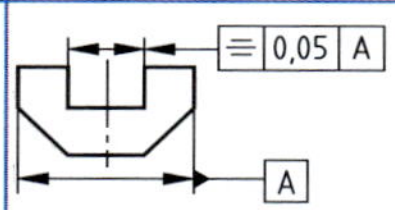	Die mittlere Fläche der Nut muss zwischen zwei parallelen Ebenen vom Abstand $t = 0{,}05$ mm liegen, die symmetrisch zur Bezugsmittelebene A angeordnet sind.	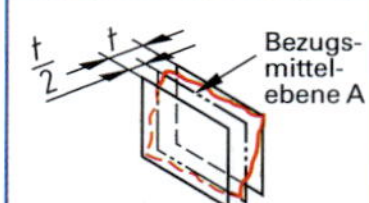
Lauftoleranzen				
Rundlauf radial	↗	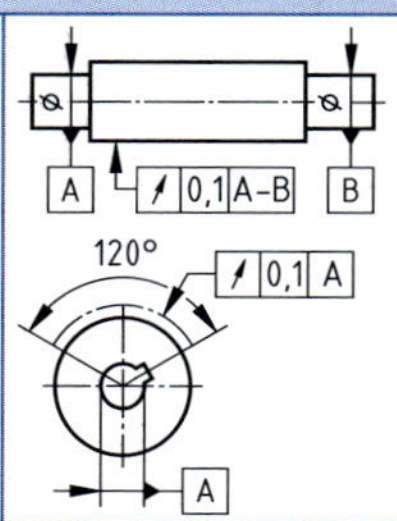	Die Umfangslinie muss in jedem Querschnitt rechtwinklig zur gemeinsamen Bezugsachse A–B zwischen zwei in der gleichen Ebene liegenden konzentrischen Kreisen liegen, die einen radialen Abstand von $t = 0{,}1$ mm besitzen. Die 120°-Umfangslinie muss in jedem Querschnitt rechtwinklig zur Bezugsachse A zwischen zwei in der gleichen Ebene liegenden konzentrischen Kreisen liegen, die einen radialen Abstand von $t = 0{,}1$ mm besitzen.	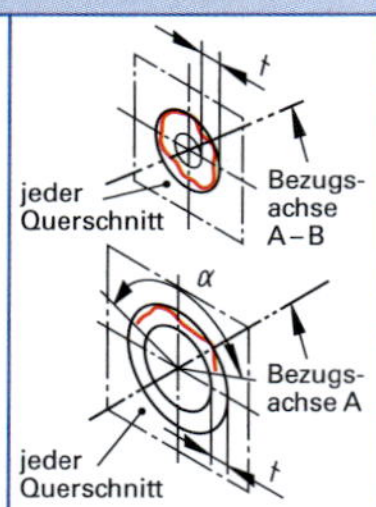
Rundlauf axial	↗	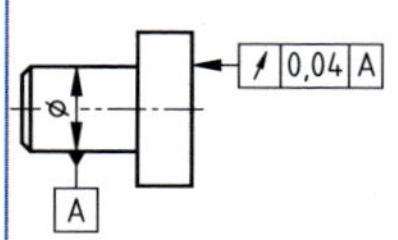	Die Umfangslinie muss an jedem Durchmesser der Planfläche zwischen zwei Kreisen liegen, die einen axialen Abstand von $t = 0{,}04$ mm haben. Die jeweilige Durchmesserachse muss mit der Bezugsachse A übereinstimmen.	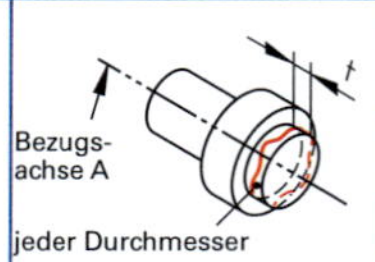
Gesamtlauf radial	⌰	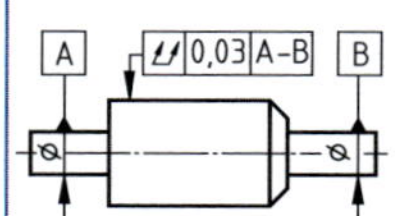	Die Oberfläche (Mantelfläche) muss zwischen zwei koaxialen Zylindern liegen, die einen radialen Abstand von $t = 0{,}03$ mm haben. Die Achsen der Zylinder müssen mit der gemeinsamen Bezugsachse A–B übereinstimmen.	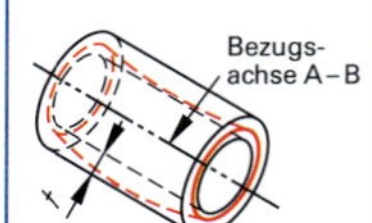
Gesamtlauf axial	⌰	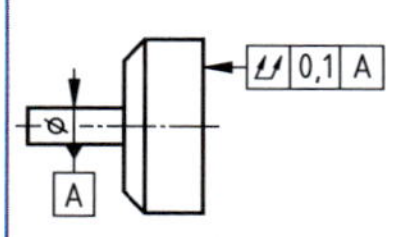	Die Oberfläche (Planfläche) muss zwischen zwei parallelen Ebenen vom Abstand $t = 0{,}1$ mm liegen, die rechtwinklig zur Bezugsachse A sind.	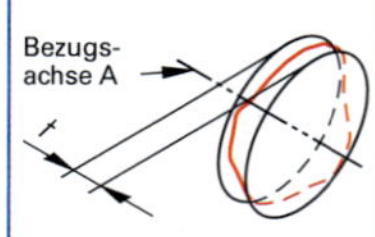

Grafische Darstellung von Kennlinien

Ansicht	Beschreibung	Ergänzungen, Bemerkungen

xy-Koordinaten (rechtwinklige/kartesische Koordinaten)

vgl. DIN EN ISO 1101: 2014-04

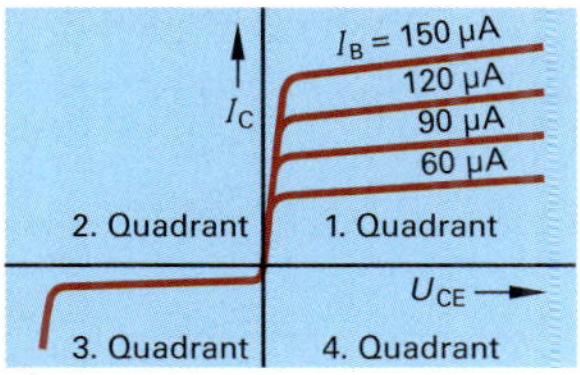

Quadranten

In einem rechtwinkligen Achsenkreuz (Koordinatensystem) zeigt ein Graph (eine Schaulinie) die abhängige Variable in der Senkrechten und die unabhängige Variable (Veränderliche) in der Waagrechten: $y = f(x)$. Werden drei Größen in einem Achsenkreuz dargestellt, hält man die dritte Größe als konstanten *Parameter*. Dabei entsteht eine *Kurvenschar* mit verschiedenen Parametern.

Quadrant	*x*-Achse	*y*-Achse
1	+	+
2	−	+
3	−	−
4	+	−

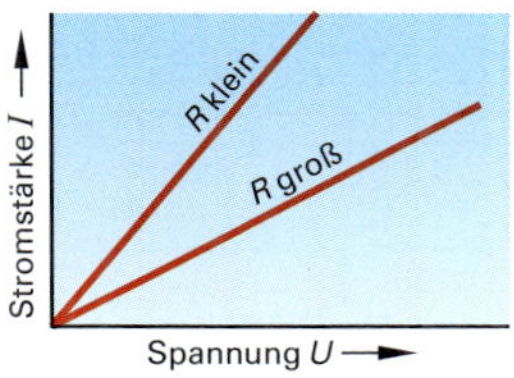

Widerstandskennlinien

Waagrechte Achse (*x*-Achse, Abszisse) für die unabhängige Variable, z. B. die Ursache oder die Zeit.

Formelzeichen und Einheit unter der Achse, Pfeilspitze zeigt in positive Achsrichtung. Zunehmende Werte werden nach rechts, abnehmende nach links abgetragen.

Senkrechte Achse (*y*-Achse, Ordinate) für die abhängige Variable: $y = f(x)$.

Formelzeichen und Einheit links neben der Achse. Zunehmende Werte nach oben und abnehmende nach unten abtragen.

Pfeile auch parallel zu den Achsen möglich, Formelzeichen dann am Beginn der Pfeile.

Beschriftung muss von unten lesbar sein, nur ausnahmsweise von rechts (z. B. bei langen Ausdrücken).

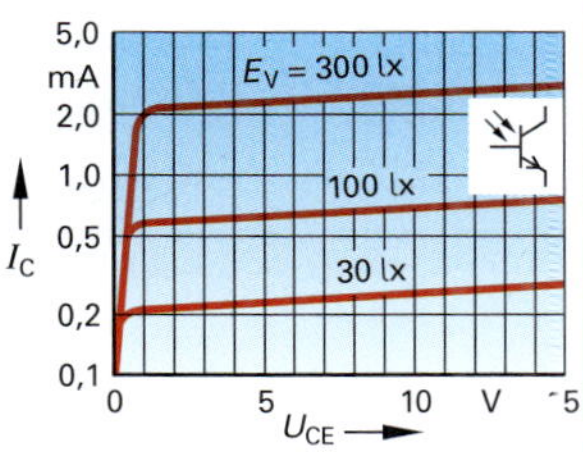

Fototransistorkennlinien

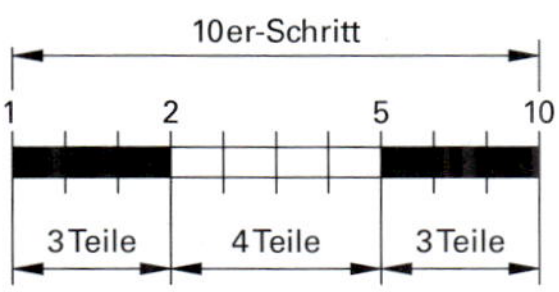

Logarithmische Teilung

Darstellung mit Netzlinien

Bei der quantitativen Darstellung sind die Achsen in gleichmäßigen oder unterschiedlichen Schritten aufgeteilt. Negative Werte sind mit dem Minuszeichen und die Nullpunkte beider Achsen mit einer Null zu kennzeichnen.

Umfassen die Werte einer Achse einen großen Bereich, teilt man sie im logarithmischen Maßstab. Der Abstand von 1 bis 10 ist gleich groß wie der Abstand von 10 bis 100 oder der Abstand von 100 bis 1000.

Für die Darstellung der Zwischenwerte 2 und 5 bzw. 20 und 50 usw. teilt man den 10er-Schritt im Verhältnis 3 : 4 : 3.

Einfach-logarithmisch → 1 Achse logarithmisch

Zweifach-logarithmisch → 2 Achsen logarithmisch.

Das Einheitenzeichen schreibt man bei allen Diagrammen a) zwischen die letzten beiden Zahlen, b) hinter das Formelzeichen oder c) als Bruch: Formelzeichen dividiert durch Einheit.

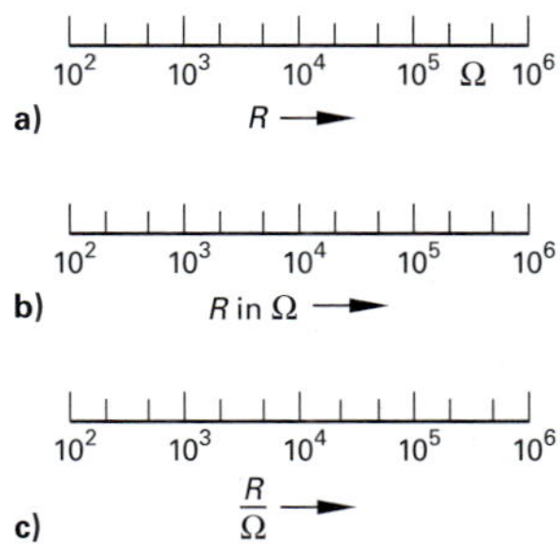

Alternativen der Achsenbeschriftung

Polarkoordinaten

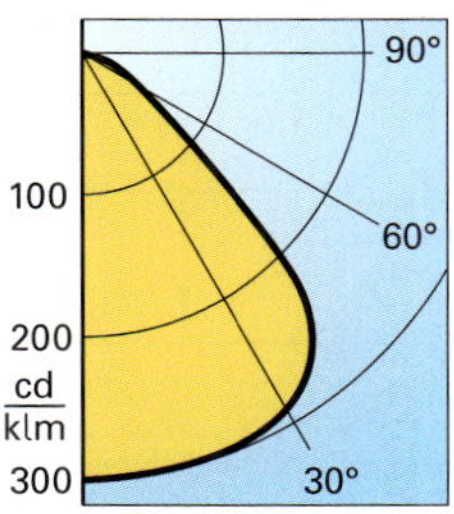

Verteilung der Lichtstärke einer Leuchte

Zur Darstellung von *Richtkennlinien* verwendet man Polarkoordinaten. Sie dienen zur Darstellung der Abhängigkeit einer Größe von einem Winkel.

Umrechnung:

$x = r \cdot \cos \varphi$

$y = r \cdot \sin \varphi$

$r = \sqrt{x^2 + y^2}$

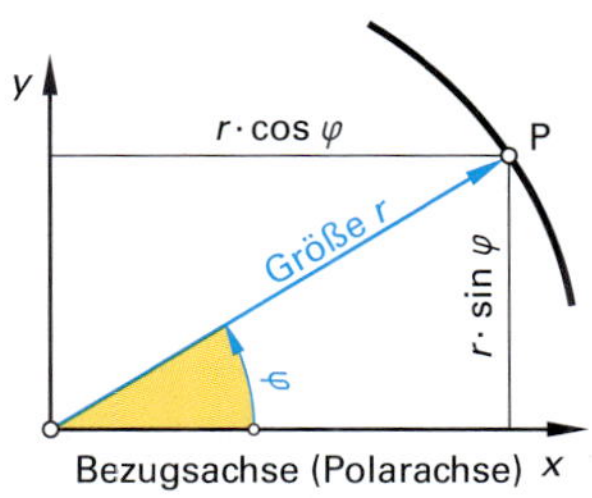

Polarkoordinaten (Aufbau)

K

Schaltpläne als funktionsbezogene Dokumente

vgl. EN 61082-2

Dokument	Erklärung	Beispiel
Schaltskizze (nicht genormt)	Meist allpolige Darstellung zur Erklärung der Wirkungsweise oder Anordnung von elektrischen Einrichtungen, z.B. bei Elektroherden, Warmwasserspeichern oder Haushaltgeräten. Dabei werden Schaltzeichen, nicht genormte Sinnbilder und auch Ansichten verwendet.	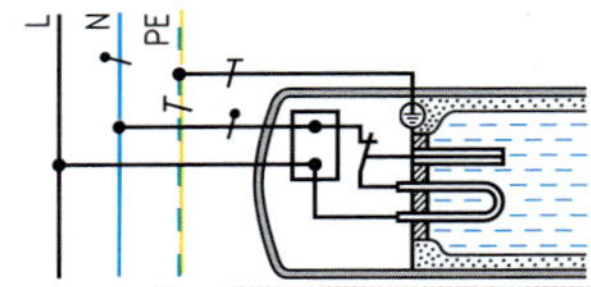
Übersichtsschaltplan	Meist einpolige Darstellung einer Schaltung. Dabei werden einfache Schaltzeichen und Blocksymbole verwendet. Leiterzahl und Betriebsmittelzahl sind je nach Aufgabe des Planes angegeben oder nicht angegeben.	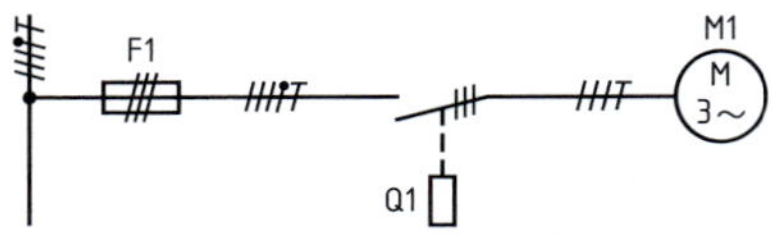
Stromlaufplan in zusammenhängender Darstellung	Allpolige Darstellung der Stromkreise einer Funktionseinheit, Baueinheit oder Anlage mit allen Einzelheiten. Teile desselben Betriebsmittels müssen räumlich zusammenhängend gezeichnet werden. Größe, Form und räumliche Lage der Betriebsmittel bleiben unberücksichtigt. Dabei sind die Teile und Verbindungen mit genormten Symbolen (Schaltzeichen) dargestellt.	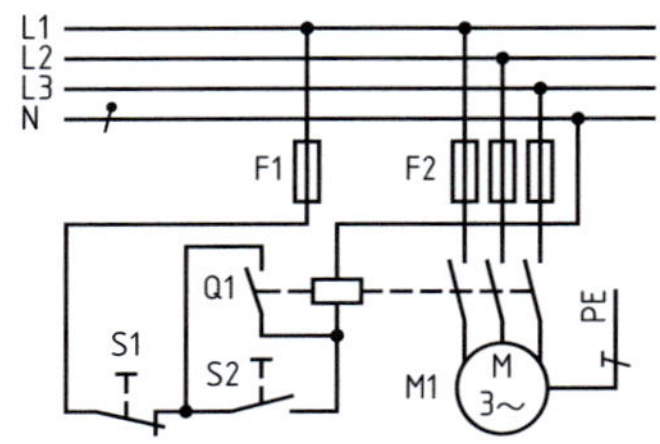
Stromlaufplan in aufgelöster Darstellung	Allpolige Darstellung der Stromkreise nach Stromwegen aufgelöst. Mechanisch zusammengehörige Teile werden durch ihre Betriebsmittelkennzeichnung zueinander in Verbindung gebracht. Stromwege möglichst senkrecht. Leiterverlauf senkrecht und waagrecht. Es werden genormte Symbole verwendet.	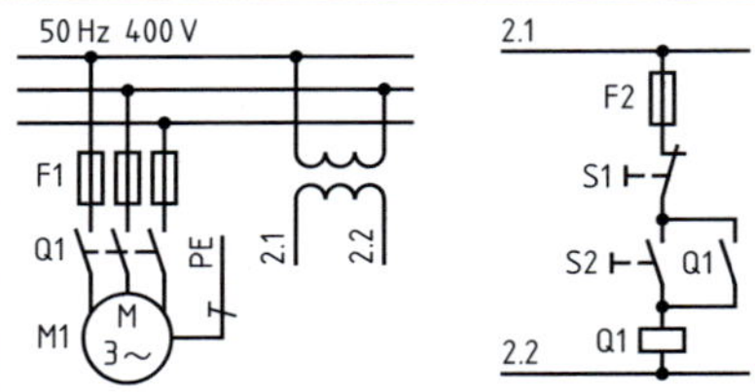
Stromlaufplan in halb zusammenhängender Darstellung	Allpolige Darstellung der Stromkreise, wobei Symbole der Teile mit mechanischer Wirkverbindung auseinandergezogen dargestellt sind. Diese Teile werden durch das Symbol für mechanische Verbindung (gestrichelte Linie) miteinander verbunden. Anwendung: Steuerungen	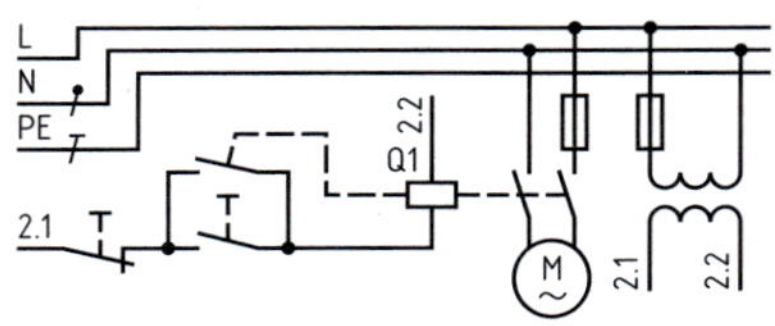
Blockschaltplan	Meist einpoliger Übersichtsschaltplan, bei dem Blocksymbole vorkommen. Gibt es kein infrage kommendes genormtes Symbol, so können Rechtecke oder Quadrate mit Text verwendet werden. Anwendung: Elektronische Schaltungen, z.B. integrierte Schaltkreise	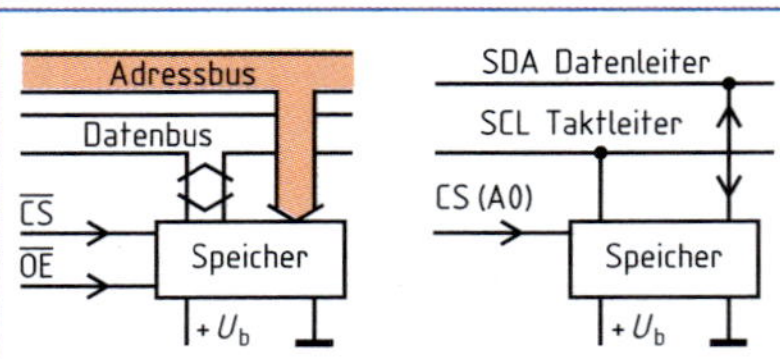
Ersatzschaltplan	Allpolige Darstellung einer vereinfachten Schaltung, die dasselbe Verhalten zeigt wie die ursprüngliche Schaltung. Dabei werden einfache Symbole (Schaltzeichen) verwendet.	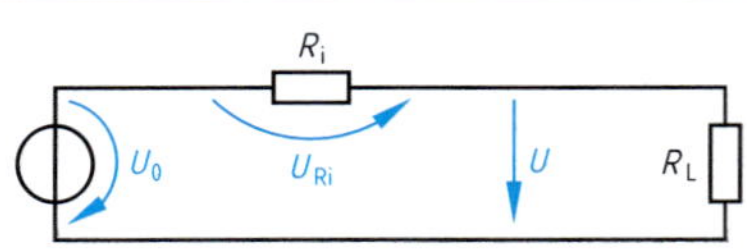

Ausführungsrichtlinien

1. Darstellung im stromlosen Zustand, Schalter in Grundstellung. Ausnahme: Überwachungsschaltungen nach Ruhestromprinzip
2. Klemmen müssen nur eingetragen werden, wenn es für den Zweck der Zeichnung erforderlich ist.
3. Falls erforderlich sind Kombinationen der Schaltpläne zulässig.

Kennzeichnungen in Schaltplänen

Kennzeichnung von Leitern und Leiteranschlüssen

vgl. EN 60617-2

Leiter		Kennzeichnung alphanumerisch	Kennzeichnung durch Symbol	Leiter	Kennzeichnung alphanumerisch	Kennzeichnung durch Symbol
Wechselstromnetz	Außenleiter Außenleiter 1, 2, 3 Neutralleiter	L L1, L2, L3 N	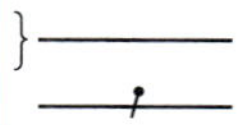	Schutzpotenzialausgleichsleiter	PB PBE PBU	
Gleichstromnetz	Positiv Negativ Mittelleiter	L + L – M	+ –	Erder	E	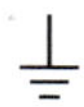
Schutzleiter (Protection Earth)		PE	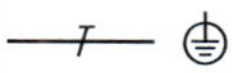	Masse	GND, GD, MM	
PEN-Leiter (Funktion PE + N)		PEN	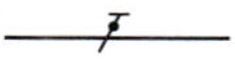	E (earthed) geerdet, U (unearthed) ungeerdet		

Zusätzlich können angegeben werden: Frequenz, Spannung, Stromart, Querschnitt, Leitung

Bisherige Kennbuchstaben der Betriebsmittel

nach zurückgezogener DIN 40719-2: 1978

Hinweis: Die nachfolgenden Kennbuchstaben und Kennzeichen auf dieser Seite stammen aus einer zurückgezogenen, also veralteten Norm. Sie kommen aber in bisher erstellten Dokumenten vor.

Kennzeichnungen nach geltender Norm siehe folgende Seiten

Kennbuchstabe	Betriebsmittel	Beispiele	Kennbuchstabe	Betriebsmittel	Beispiele
A	Baugruppen	Verstärker als Baugruppe	**N**	Verstärker, Regler	Messverstärker
B	Umsetzer	Sensor, Quarz, Mikrofon	**P**	Messgerät	Spannungsmesser, Oszilloskop
C	Kapazitäten	Kondensator	**Q**	Starkstrom-Schaltgeräte	Schutzschalter, Selbstschalter
D	Binäre Elemente, Speicher, Verzögerungseinrichtungen	UND-Element, ODER-Element, Magnetbandgerät, Flipflop	**R**	Widerstände	Heißleiter, Potenziometer
E	Verschiedenes	Beleuchtung, Heizung	**S**	Schalter, Wähler	Taster, Drehwähler
F	Schutzeinrichtungen	Sicherung, Auslöser	**T**	Transformatoren	Spannungswandler
G	Generatoren, Stromversorgungen	Maschinengenerator, Oszillator	**U**	Modulatoren	Frequenzwandler
H	Meldeeinrichtungen	Meldegerät, z. B. Signallampe	**V**	Röhren, Halbleiter	Dioden, Transistoren
K	Relais, Schütze	Hilfsschütz, Leistungsschütz	**W**	Übertragungswege	Kabel, Antenne
L	Induktivitäten	Spule	**X**	Klemmen	Steckdose
M	Motoren	Drehstrommotor, Gleichstrommotor	**Y**	Elektrisch betätigte Mechanik	Bremse, Ventil
			Z	Abschluss, Filter	Hochpass

Bisherige Kennbuchstaben der Funktion

A	Hilfsfunktion, AUS	G	Prüfung	M	Hauptfunktion	T	Zeitmessung, Verzögerung
B	Bewegungsrichtung	H	Meldung	N	Messung	V	Beschleunigung, Bremsen
C	Zählung	I	Integration	P	Proportional	W	Addieren
D	Differenzieren	K	Tastbetrieb	Q	Zustand, z. B. Stopp	X	Multiplizieren
E	EIN	L	Leiterkennzeichnung	R	Löschen, Rückstellen	Y	Analog
F	Schutz			S	Speichern, Aufzeichnen	Z	Digital

Bisherige Vorzeichen für die Art der Kennzeichnung von elektrischen Betriebsmitteln

Vorzeichen	Bedeutung	Vorzeichen	Bedeutung
–	Art, Zählnummer, Funktion	+	Ort
=	Anlage	:	Anschluss

Die Kennzeichnung erfolgt durch alphanumerische Zeichen, z. B. – M2B. Meist wird die Kennzeichnung nach Art, Zählnummern und Funktion angewendet. Wenn keine Verwechslungsgefahr besteht, können dabei die Vorzeichen und sogar überflüssige Buchstaben der alphanumerischen Zeichen entfallen.

Kennbuchstaben der Objekte (Betriebsmittel) in Schaltplänen

vgl. DIN EN 81346-2

Kennbuch-stabe	Zweck des Objekts	Beispiele
A	Zwei oder mehr Zwecke. Nur für Objekte verwenden, wenn kein Hauptzweck erkennbar ist.	Sensorbildschirm, Touch-Bildschirm
B	Umwandlung einer Eingangsvariablen in ein zur Weiterverarbeitung bestimmtes Signal	Sensor, Mikrofon, Messwandler, Messwiderstand, Videokamera, Näherungsschalter, thermisches Überlastrelais, Motorschutzrelais, Bewegungsmelder
C	Speichern von Energie, Information, Material	Kondensator, Festplatte, Pufferbatterie, RAM, ROM, Puffer, Magnetband-Aufzeichnungsgerät, Chipkarte, USB-Stick, Laufwerke (z. B. für Blue-Ray, DVD, CD)
E	Bereitstellung von Strahlung oder Wärmeenergie	Glühlampe, Leuchtstofflampe, Heizkörper, Glühofen, Warmwasserspeicher, Laser, Leuchte, Kühlschrank
F	Direkter (selbsttätiger) Schutz eines Energieflusses oder Signalflusses vor unerwünschten Zuständen, einschließlich der Ausrüstung für Schutzzwecke	Schmelzsicherung, Leitungsschutzschalter, RCD, thermischer Überlastauslöser, Überspannungsableiter, faradayscher Käfig, Abschirmung, Schutzvorrichtung
G	Erzeugen eines Energieflusses oder Materialflusses oder von Signalen, die als Informationsträger verwendet werden.	Generator, Batterie, Pumpe, Ventilator, Lüfter, Stromversorgungseinheit, Solarzelle, Brennstoffzelle, Ventilator, Hebezeuge, Fördereinrichtung
K	Verarbeitung (Empfang, Verarbeitung und Bereitstellung) von Signalen oder Informationen (aber nicht Objekte für Schutzzwecke, Kennbuchstabe F).	Hilfsschütz, Transistor, Zeitrelais, Verzögerungsglied, Binärelement, Regler, Filter, Operationsverstärker, Mikroprozessor, Mikrocontroller, Zähler, Multiplexer, Computer, Router, Switch
M	Bereitstellung von mechanischer Energie für Antriebszwecke	Elektromotor, Linearmotor, Verbrennungsmotor, Turbine, Hubmagnet, Stellantrieb
P	Darstellung von Informationen	Messgeräte, Klingel, Lautsprecher, Signallampe, LED, LCD, Drucker, Manometer, Uhr, elektromechanische Anzeige, Bildschirmgeräte, Beamer
Q	Kontrolliertes Schalten eines Energieflusses, Signalflusses oder Materialflusses	Leistungsschalter, Leistungsschütz, Motoranlasser, Thyristor, Leistungstransistor, IGBT, Motorstarter, Bremse, Stellventil, Kupplung, Trennschalter
R	Begrenzung oder Stabilisierung von Energiefluss, Signalfluss oder Materialfluss	Widerstand, Drosselspule, Diode, Z-Diode, Rückschlagventil, Schaltung zur Spannungsstabilisierung oder zur Stromstabilisierung, Konstanthalter
S	Umwandeln einer manuellen Betätigung in ein Signal zur Weiterverarbeitung	Steuerschalter, Tastatur, Maus, Taster, Wahl Schalter, Quittierschalter, Lichtgriffel
T	Umwandlung von Energie oder eines Signals unter Beibehaltung der Energieart oder der Information Verändern der Form eines Materials.	Leistungstransformator, Gleichrichter, Modulator, Demodulator, AC-Umsetzer, DC-Umsetzer, Frequenzumformer, Verstärker, Antenne, Telefonapparat, ADU (ADC), DAU (DAC)
U	Halten von Objekten in definierter Lage	Isolator, Kabel wanne, Mast, Spannvorrichtung, Fundament, Montagegestell
V	Verarbeitung von Materialien oder Produkten	Rauchgasfilter, Staubsauger, Waschmaschine, Zentrifuge, Drehmaschine
W	Leiten von Energie oder Signalen	Leiter, Leitung, Kabel, Lichtwellenleiter, Busleitung, Systembus, Sammelschiene
X	Verbinden von Objekten	Steckdose, Klemme, Kupplung, Steckverbinder, Klemmleiste
D, J. Y, Z	für spätere Normung vorgesehen	Reserve, falls die oben angeführte Einteilung nicht ausreichend ist.
I, O	nicht für Kennzeichnung anwendbar	Es besteht Verwechslungsgefahr mit I für Input = Eingang und O für Output = Ausgang.

Im Schaltplan werden die Objekte (Betriebsmittel) mit demselben Kennbuchstaben durchnummeriert, z.B. C1, C2 usw. Maßgebend für den Kennbuchstaben ist der *Verwendungszweck*. So wird ein Transistor zur Signalverarbeitung mit z.B. K1 bezeichnet, ein Transistor zum Steuern oder Schalten einer Last mit Q1.

Wenn die Objekte je nach Betrachtung (Aspekt) verschieden zu werten sind, können vor den Kennbuchstaben Vorzeichen gesetzt werden, und zwar mit der Bedeutung

= Funktionsbezogenheit, – Produktbezogenheit, + Ortsbezogenheit, # sonstiger Aspekt.

Bei Bedarf wird an den Kennbuchstaben als 2. Buchstabe ein Buchstabe für die Unterklasse angehängt (folg. Seite).

Kontaktkennzeichnung in Stromlaufplänen

Stromlaufplan, Art der Schaltung	Erklärung der Ergänzung

Ergänzung durch Schaltzeichen von Schützen und Relais — vgl. EN 61082

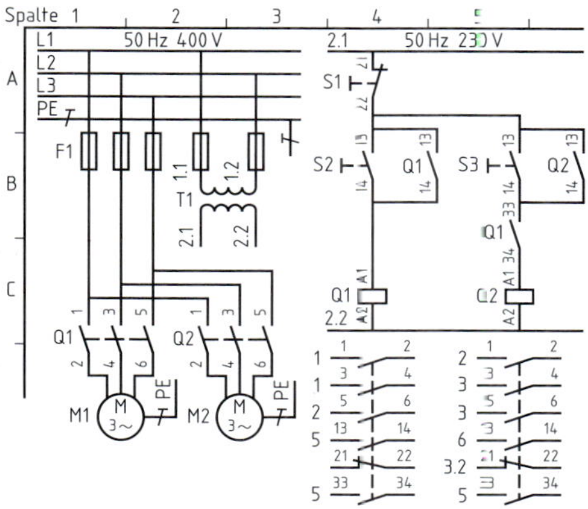

Folgeschaltung mit zwei Schützen

Die Stromlaufpläne können durch die Angabe der Koordinaten 1, 2, 3... und A, B, C... in Felder eingeteilt werden, die den Betriebsmitteln zugeordnet sind. Die senkrechten Spalten (Streifen), z.B. bei 1, bezeichnet man als *Stromwege*.

In umfangreichen Stromlaufplänen müssen Schütze an einer Stelle zusammenhängend angegeben werden. Nach Norm wird im Steuerstromkreis unter die jeweilige Schützspule das *vollständige Schaltzeichen* des betreffenden Schützes gesetzt. In das Schaltzeichen trägt man die Anschlusskennzeichnungen aller Schützkontakte ein und den *Stromweg*, in dem dieser Kontakt liegt. Eine 1 im Schaltzeichen bedeutet, dass der Kontakt in der Spalte 1 liegt. Sind Kontakte in einem *anderen* Stromlaufplan enthalten, so wird dessen Nummer vor die Stromwegangabe gesetzt. 3.2 bedeutet, dass der betreffende Kontakt im Plan 3 in der Spalte 2 liegt.

In der nebenstehenden Folgeschaltung kann M2 nur arbeiten, wenn M1 schon eingeschaltet ist.

Ergänzung durch Kontakttabellen (Kontaktspiegel)

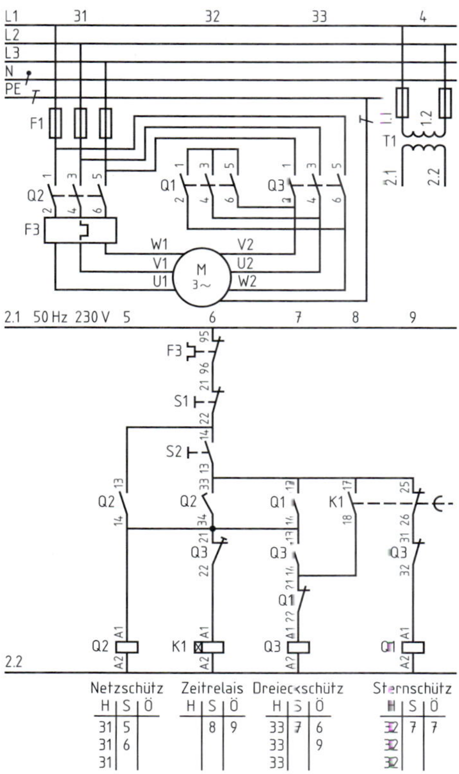

Stern-Dreieck-Schützschaltung bei leichtem Anlauf

In der Praxis werden anstelle der zusätzlichen Schaltzeichen häufig nicht genormte *Kontakttabellen* unter die Schützspulen gesetzt. Dabei werden die Stromwege (Spalten des Stromlaufplanes) mit 1, 2, 3... nummeriert. Über die Stromwege des Hauptstromkreises gibt man zusätzlich die Anzahl der Hauptkontake an. 31 bedeutet, dass im Stromweg 1 die Anzahl der Hauptkontakte 3 beträgt. Die Stromwege der Steuerstromkreise werden ohne Zusatz nummeriert.

Aus den Kontakttabellen kann die Anzahl der Hauptkontakte (H), der Schließer (S) und der Öffner (Ö) *abgezählt* und der Stromweg (Spalte des Stromlaufplanes) entnommen werden, in dem diese Kontakte liegen. Das Schütz Q2 enthält drei Hauptkontakte im Stromweg (Spalte) 1. Deshalb stehen in der Kontakttabelle unter H dreimal 31. Q2 enthält einen Schließer im Stromweg 5 und einen im Stromweg 6. Deshalb stehen unter S eine 5 und eine 6. Öffner von Q2 sind nicht angeschlossen. Deshalb ist die Spalte unter Ö leer.

Bei der Ergänzung durch Kontakttabellen ist meist nur die Anzahl der verwendeten Kontakte ersichtlich, während bei der Ergänzung durch Schaltzeichen durch die fehlenden Ziffern erkennbar ist, wie viele Kontakte noch verfügbar sind.

Wenn die Anzahl der nicht angeschlossenen Kontakte aus der Kontakttabelle erkennbar sein soll, muss in diese für jeden nicht verwendeten Kontakt das Zeichen „-" eingetragen werden.

Die Kontakte der Befehlsgeräte werden so verbunden, dass der Verdrahtungsaufwand klein ist, also nicht immer in Reihenfolge der Zahlen. Das ist zulässig, weil bei Doppelunterbrechung die Kontakte gleichwertig sind.

Nach EN 61082 werden Anschlussbezeichnungen und Spannungsangaben von senkrechten Stromwegen von rechts lesbar eingetragen.

K

K

Stromkreise und Schaltzeichen

Beispiel	Erklärung	Schaltplan
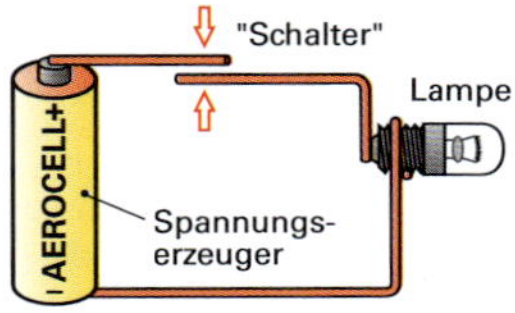 **Beispiel 1: Ansicht eines physikalischen Stromkreises**	Der physikalische Stromkreis enthält einen Generator (Spannungserzeuger) mit mehreren Polen, eine Last (Verbraucher), mehrere Leiter zwischen Generator und Last sowie mindestens einen Schalter. Generator, Last und Schalter werden im Schaltplan durch Symbole (Schaltzeichen) dargestellt.	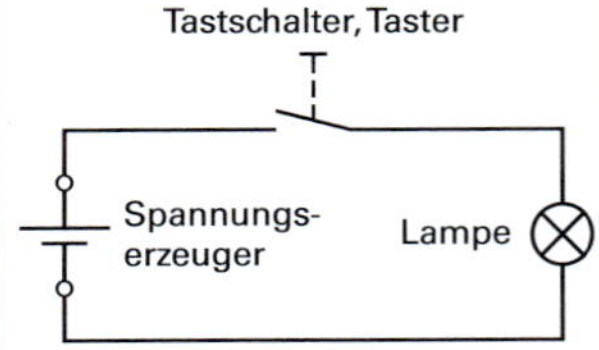 **Allpoliger Schaltplan zum Beispiel 1**
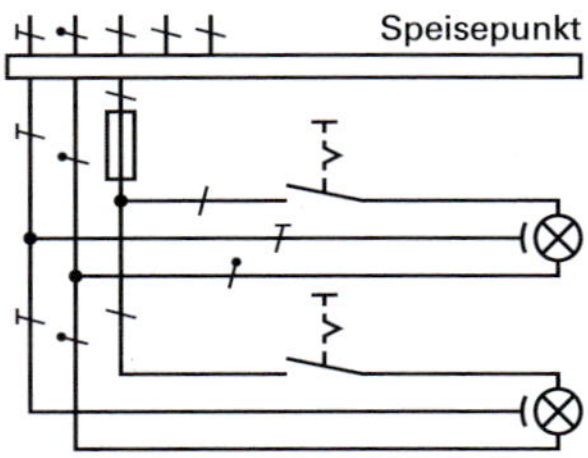 **Beispiel 2: Allpoliger Schaltplan eines Endstromkreises einer Wohnhausinstallation**	In der Installationstechnik versteht man unter Endstromkreis die Betriebsmittel nach der letzten Überstromschutzeinrichtung und unter Verteilungsstromkreis die Betriebsmittel vor dem Endstromkreis und der davor liegenden Überstromschutzeinrichtung. Vereinfacht ist die Darstellung in einem einpoligen Schaltplan als Übersichtsschaltplan oder Installationsplan mit ähnlichen Symbolen.	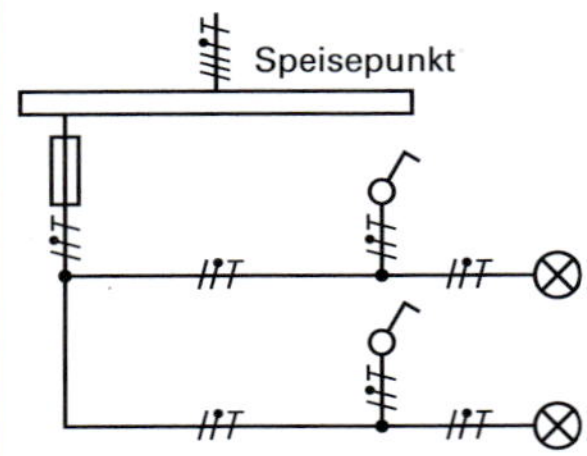 **Einpoliger Übersichtsplan von Beispiel 2**

Allgemeine Schaltzeichen

vgl. EN 60617-4

Schaltzeichen	Benennung	Schaltzeichen	Benennung	Schaltzeichen	Benennung
	1. Verbindung, 2. Anschluss, 3. Kennzeichen für Gasfüllung	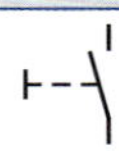	Schließer, handbetätigt		Überspannungsableiter
	a) lösbarer Anschluss b) Dose		Öffner, handbetätigt	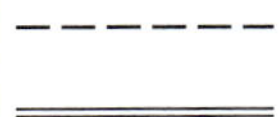	mechanische Verbindung (alternative Darstellung)
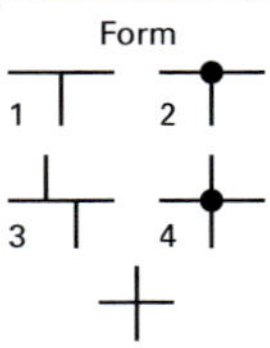	Leiterabzweig, einfach Leiterabzweig, doppelt Leiterkreuzung		Sicherung, allgemein	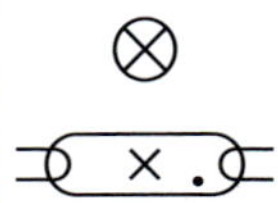	Leuchte, allgemein Leuchtstofflampe
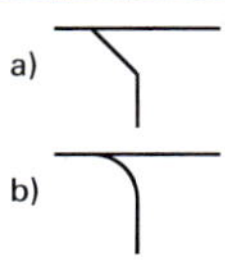	Verbindungen mit Richtungsangabe des hinzukommenden a) Leiters b) Leiterbündels	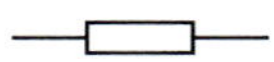	Widerstand, allgemein	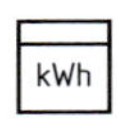	kWh-Zähler, allgemein
	1. Messinstrument 2. Ständer einer Maschine 3. Läufer einer Maschine 4. Hülle, Gehäuse		Glimmlampe	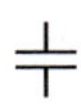	Kondensator
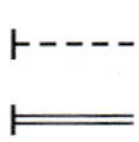	Handantrieb (alternative Darstellung)	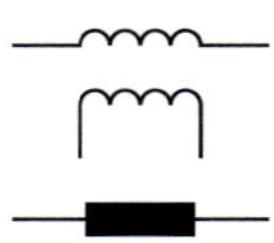	Induktivität, Spule, Wicklungsstrang desgleichen, nicht genormt		Galvanisches Element (langer Strich: Pluspol, kurzer Strich: Minuspol)
			Drosselspule mit Eisenkern	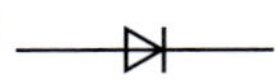	Halbleiterdiode
		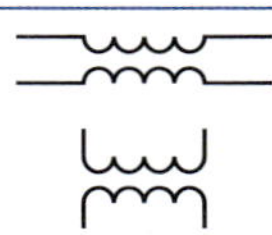	Transformator (Umspanner) für Einphasen-Wechselstrom, Übertrager	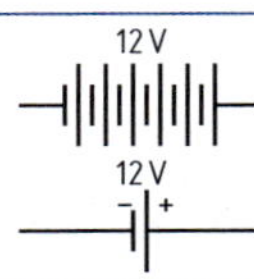	Akkumulatorenbatterie 12 V (alternative Darstellung)
			Dauermagnet		

Allgemeine Schaltzeichen

Allgemeine Schaltzeichen (Fortsetzung) — vgl. EN 60617-2

Schaltzeichen	Benennung
	Veränderbarkeit, allgemein
	Einstellbarkeit, allgemein
Arten der Veränderbarkeit oder Einstellbarkeit:	
	stetig
	stufig
	unter einfluss einer physikalischen Größe, linear
	desgleichen, nicht linear
Beispiele	
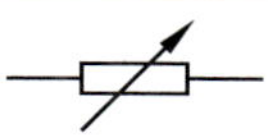	Widerstand, veränderbar
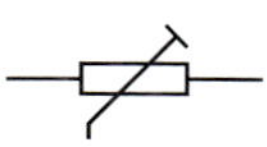	einstellbar als Spannungsteiler

Schaltzeichen	Benennung
Form 1 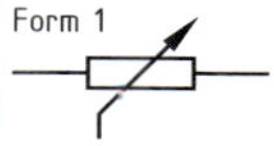 Form 2 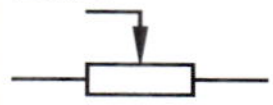	Widerstand mit beweglichem Kontakt als Potenziometer
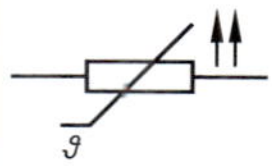	PTC-Widerstand
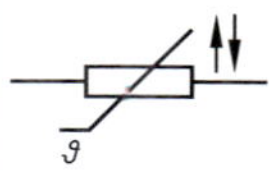	NTC-Widerstand
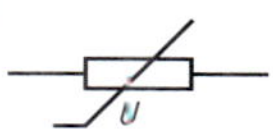	VDR-Widerstand U-abhängig (gegensinnig)
	**Induktivität** stetig veränderbar
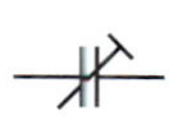	**Kondensator** einstellbar

Schaltzeichen	Benennung
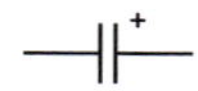	Kondensator gepolt, z. B. Elektrolytkondensator
	ungepolter Elektrolytkondensator (nur bei Bedarf)
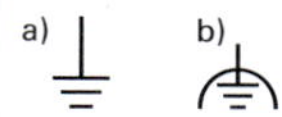	1) Erdung, allgemein 2) desgl., fremdspannungsarm
	Körper, Masse (alternative Darstellungen)
	Schutzleiteranschluss (je nach Norm)
	Idealer Spannungserzeuger (Spannungsquelle)
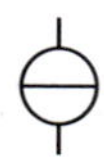	Idealer Stromerzeuger (Stromquelle)

Schaltzeichen für Schaltgeräte — vgl. EN 60617-7

Schaltzeichen	Benennung
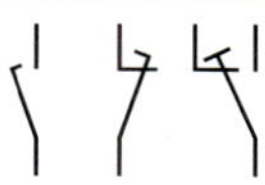	verlängerte Kontaktgabe: a) Schließer b) Öffner c) Wechsler
	Steckerstift
	Steckerbuchse
Kennzeichen	
	selbsttätiger Rückgang (nur bei Bedarf)
	nicht selbsttätiger Rückgang (nur bei Bedarf)
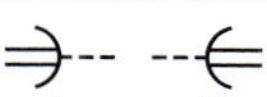	Verzögerung a) nach links b) nach rechts
	mechanische Verriegelung
	Bei Bedarf: a) Schützfunktion b) Auslöserfunktion

Schaltzeichen	Benennung
	Kennzeichen für „betätigt"
	zwangsgeführte Betätigung, z. B. bei NOT-AUS
	a) selektiv (verzögert) b) kurzzeitverzögert
Beispiele	
	Öffner, Ausschaltglied
	Wechsler, Umschaltglied
	Zweiweg-Schließer
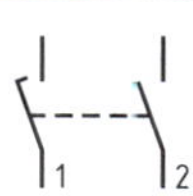	Doppelschaltglieder: Schließer 1 schließt vor 2

Schaltzeichen	Benennung
	Wechsler ohne Unterbrechung
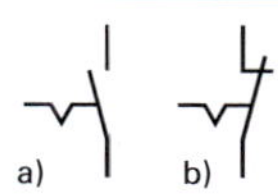	Nicht von selbst zurückgehender a) Schließer b) Öffner
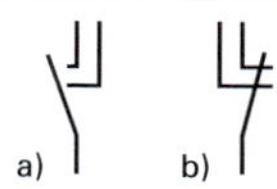	a) Zwillingsschließer b) Zwillingsöffner

K

Zusatzschaltzeichen, Schalter in Energieanlagen

Antriebe

Schaltzeichen	Benennung
	Handantrieb, allgemein
	desgl., durch Drücken
	desgl., durch Ziehen
	desgl., durch Drehen
	desgl., durch Kippen
	desgl. abnehmb., z. B. Steckschlüssel
	anderer Antrieb, z. B. Pedal
	Antrieb für NOT-AUS-Schalter
	Näherungsbetätigung Berührungsbetätigung
	elektromagnetischer Antrieb mit Anzugsverzögerung
	desgleichen mit Abfallverzögerung
	Antrieb für Stromstoßrelais
	thermische Betätigung, z. B. beim Motorschutzrelais
	desgleichen, bei Drehstromgerät
	elektromagnetische Betätigung, z. B. für Überstromschutz (nicht allgemein verbreitet)

Elektronische Schalter

Schaltzeichen	Benennung
a) b)	a) elektronischer Schalter b) elektronisches Schütz
	Halbleiterschütz

Trenn-, Last- und Leistungsschalter

Schaltzeichen	Benennung
a) b)	a) Trennschalter, Leerschalter b) Lasttrennschalter
	Leistungsschalter
	Lastschalter mit selbsttätiger Auslösung, z. B. durch Messrelais
	Leistungskontakt eines Schützes (nur bei Bedarf zur Unterscheidung)

temperaturabhängige Schalter

Schaltzeichen	Benennung
a) b)	a) Thermokontakt, z. B. mit Bimetall b) Öffner Motorschutzrelais
	gasgefüllter Starter für Leuchtstofflampe mit Thermokontakt

Stellungsangabe

Schaltzeichen	Benennung
1 2 3 4	allgemein, z. B. mit Nummerierung (Stellung 2 ist Grundstellung)
1 2 3 4	desgl., alternative Darstellung

Sperren und Rasten

Schaltzeichen	Benennung
	Schaltschloss mit mechanischer Freigabe
	desgl., mit elektromechanischer Freigabe
	Raste
	Sperre, in einer Richtung
	desgl., in beiden Richtungen

Sicherungen

Schaltzeichen	Benennung
Netz	Sicherung mit Kennzeichnung des Netzanschlusses
	Sicherungstrennschalter

Absperrorgane (Ventile)

Schaltzeichen	Benennung
	Absperrorgan, allgemein, z. B. geschlossen
	Absperrorgan, offen

Kupplungen, Bremsen

Schaltzeichen	Benennung
	Kupplung, entkuppelt
	desgl., gekuppelt
	Bremse, eingelegt
	Bremse, gelöst (gelüftet)

Beispiele

Schaltzeichen	Benennung
1 2 3 4 2,3	Handantrieb mit 4 Stellungen (2 und 3 sind Raststellungen)
	Ventil mit Fühler und Antrieb durch Nocken
n >	Fliehkraftkupplung, bei Drehzahl > *n* kuppelnd
	thermisch betätigter Öffner eines Motorschutzrelais mit Raste
	Öffner eines durch Dauermagnet betätigten Näherungsschalters

Messinstrumente und Messgeräte

vgl. EN 60617-8

Schaltzeichen	Benennung
	Messinstrument oder Messwerk anzeigend
	Messgerät, allgemein, insbesondere aufzeichnend
	integrierendes Messgerät, insbesondere Zähler
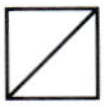	Signalumformer, allgemein
	desgl., mit galvanischer Trennung
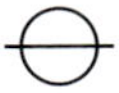	Messwerk mit Pfad
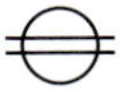	Messwerk mit Summen- oder Differenzbildung
	Messwerk zur Produktbildung
	Messwerk zur Quotientenbildung
Kennzeichen	
	Anzeige, allgemein
	Anzeige mit beidseitigem Ausschlag
	Anzeige durch Vibration
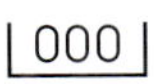	Anzeige digital (numerisch)
	Registrierung schreibend
	Trägheit klein
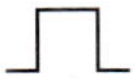	Trägheit groß
	Impulszähler

Schaltzeichen	Benennung
	Größtwertanzeige
	Kleinstwertanzeige
	Drehfeldrichtung
	Richtung der Messwertübertragung
	Kontakangabe
	Uhrzeit
Beispiele	
	Messinstrument ohne Kennzeichnung der Messgröße
	Messinstrument mit beidseitigem Ausschlag
	Strommesser, allgemein
	Spannungsmesser, allgemein
	Spannungsmesser mit Darstellung der Innenschaltung
	Spannungsmesser mit Angabe der Einheit Millivolt
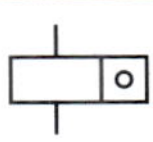	Impulszähler, elektrisch betätigt
	Mehrfachinstrument mit Angabe der Einheiten
	Nullindikator für Wechselstrom
	Synchronoskop (Synchronanzeige)
	Strommesser mit großer Trägheit und Schleppzeiger für Größtwert

Schaltzeichen	Benennung
	Zweifachlinienschreiber für Wirkleistung und Blindleistung
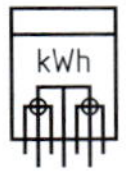	Dreileiter-Drehstromzähler
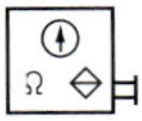	Widerstandsmessbrücke
	Messgerät zur Kurvenbildanzeige, Oszilloskop

Messkategorien

Nach EN 61010-1 sind Messgeräte der Kategorie CAT I bis CAT IV der Stromversorgung in den Bereichen einsetzbar, die angegeben sind. Die Kategorie ist ein Maß für die Gefährdung beim Messen, z. B. wegen der Folgen eines Kurzschlusses oder wegen der Umwelteinflüsse.

CAT I
Stromkreise, die vom Netz getrennt sind, z. B. Batterien, geschützte Elektronikbaugruppen

CAT II
Steckdosen, die mehr als 10 m von CAT-III-Quellen entfernt sind, Geräte mit Anschluss an Steckdosen, Geräte mit Motoren im Büro oder Haushalt

CAT III
Fest installierte Verbraucher, Motorantriebe mit direktem Netzanschluss, Motorantriebe mit Anschluss an netzgespeiste Umrichter, Verteiler, Steckdosen für 3AC

CAT IV
Leitungen und Kabel im Freien, Hausanschluss, kWh-Zähler

Beispiel
Die Angabe „600 V CAT III" auf dem Messgerät bedeutet, dass das Gerät maximal bis zu einer Bemessungsspannung von 600 V in den Bereichen CAT I bis CAT III einsetzbar ist, nicht jedoch für Messungen im Freien.

K

Schaltzeichen für Installationsschaltpläne und Installationspläne

Schaltzeichen	Benennung
	Leitung, a) allgemein, b) Starkstromleitung, c) ausgeführte Leitung
	bewegbar, desgl.
	unterirdisch, Erdkabel
	Freileitung
	auf Putz
	im Putz
	unter Putz
	isoliert in Rohr
	Leiter im Gewässer, Seekabel
	Leitung nach oben
	Leitung nach unten
	Leitung nach oben und unten
	Abzweigdose für Ton- und Fernsehrundfunk
	Dose, allgemein
	Anschlussdose
IP 44	Starkstrom-Hausanschlusskasten, Schutzart IP 44
	Verteilung
IP 42	Schalter, z. B. dreipolig, Schutzart IP 42
	Leitungsschutzschalter
	Motorschutzschalter
	RCD, Fehlerstrom-Schutzschalter
	Sterndreieckschalter

Schaltzeichen	Benennung
	Schutzleiter PE
	Neutralleiter N, Mittelleiter M
	PEN-Leiter
	desgl. bei senkrecht gezeichneten Leitungen
	Fernsprechleitung
	Rundfunkleitung
	nachträglich zu verlegende Leitung
	Lichtwellenleitung LWL
	LWL-Buchse LWL-Stecker
a) b) c)	Ausschalter a) einpolig b) zweipolig c) dreipolig
	Dimmer (Ausschalter)
	Sensorschalter (Ausschalter)
	Gruppenschalter, 1-polig
	Serienschalter
	Wechselschalter, beleuchtet
	Kreuzschalter
	Taster
	Leuchttaster
PIR	Bewegungsmelder (Passiv-Infrarot)
a) b)	Einfachsteckdose a) ohne, b) mit Schutzkontakt
	Zweifachsteckdose

Schaltzeichen	Benennung
3	Mehrfachsteckdose, z. B. 3 Dosen
3, N, PE	Schutzkontaktsteckdose für Drehstrom
	geschirmte Leitung
	koaxiale Leitung, geschirmt
	Leitung mit zwei Leitern
	Zusammenfassung von Leitungen
5	desgleichen, vereinfacht dargestellt
	Steckdose, abschaltbar
	Steckdose, verriegelt
	Steckdose mit Trenntrafo, z. B. f. Rasierapparat
35 A	Zähler mit Leitungsschutzschalter 35 A
	Schaltuhr, z. B. für Stromtarifumsch.
	Zeitrelais, z. B. Treppenhausautomat
	Stromstoßschalter
	Leuchtenauslass, allgemein
	Leuchte, allgemein
	Leuchte für Leuchtstofflampe
	desgl. für 2 Lampen
	Scheinwerfer, allgemein
	Punktleuchte
	Sicherheitsleuchte in Bereitschaftsschaltung

Schaltzeichen für Installationsschaltpläne und Installationspläne

Schaltzeichen	Benennung
5 × 36 W	Leuchtband, z. B. mit fünf 36-W-Lampen
10 × 5 × 36 W	Leuchtfeld, z. B. mit 10×5 36-W-Lampen
Elektro-Hausgeräte	
E	Elektrogerät, schaltbar
	Küchenmaschine
	Elektroherd, allgemein
	Mikrowellenherd
	Backofen
	Wärmeplatte
	Infrarotgrill
	Ventilator
	Warmwasserspeicher
	Durchlauferhitzer
	Warmwassergerät
	Waschmaschine
	Wäschetrockner
	Geschirrspülmaschine
*	Kühlgerät
***	Gefriergerät
*	Klimagerät
Heizung, Lüftung, Motor	
	Raumbeheizung, allgemein
	Speicherheizgerät, allgemein
	Infrarotstrahler
M	Motor, allgemein
	Lüfter, Verdichter
Signal- und Fernmeldegeräte	
	Fernmeldesteckdose
	Antennensteckdose
TV	Steckdose für Fernsehen
FX	Steckdose für Faxgerät
TP	Steckdose für Telefon
HVt	Hauptverteiler
Vt	Verteiler auf Putz
	Telefon, allgemein
4	Handapparat mit vier Anschlüssen
	Fernwirkgeber, allgemein
	Fernwirkzentrale, allgemein
Signalgeräte	
	Wecker
	Gong
	Schnarre, Summer
	Sirene
	Hupe
6	Signallampentafel, z. B. für 6 Meldungen
	Ruf- und Abstelltafel
	Türöffner
a) b)	elektrische Uhr, a) z. B. Nebenuhr b) Hauptuhr
	Zeiterfassungsgerät
	Strahlungsmelder
	Wächtermelder
Lx <	Dämmerungsschalter
Rundfunk, Fernsehen	
	Lautsprecher
	Rundfunkempfangsgerät
	Fernsehempfangsgerät
	Antenne, allgemein
	Verstärker

K

Installationsschaltpläne

Installation eines Wohnhauses

Nur Muster für die zeichnerische Darstellung, nicht für die Ausführung der Installation.

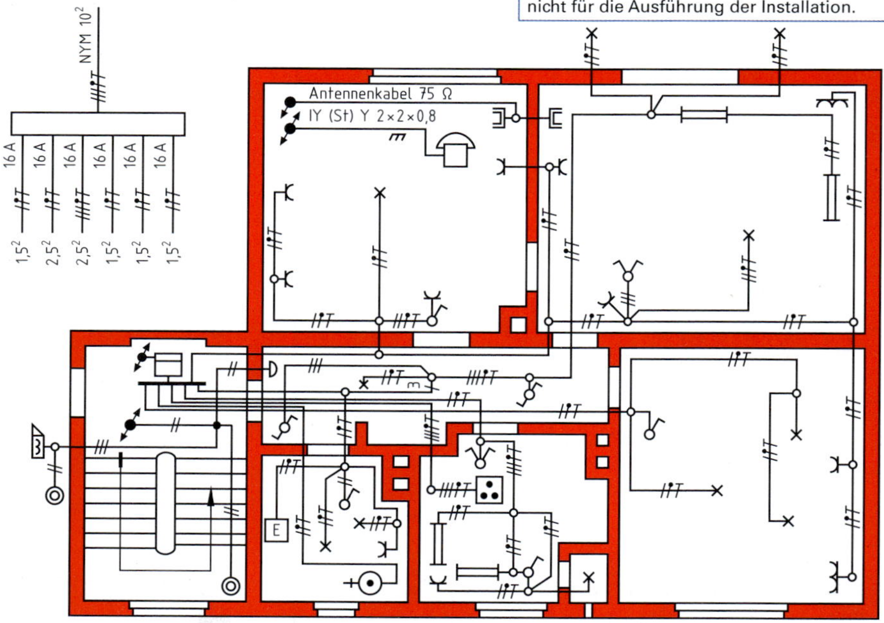

M 1:200, verlegt H07V-U 1,5² im Rohr, soweit nicht anders angegeben.

Installation einer Werkstatt

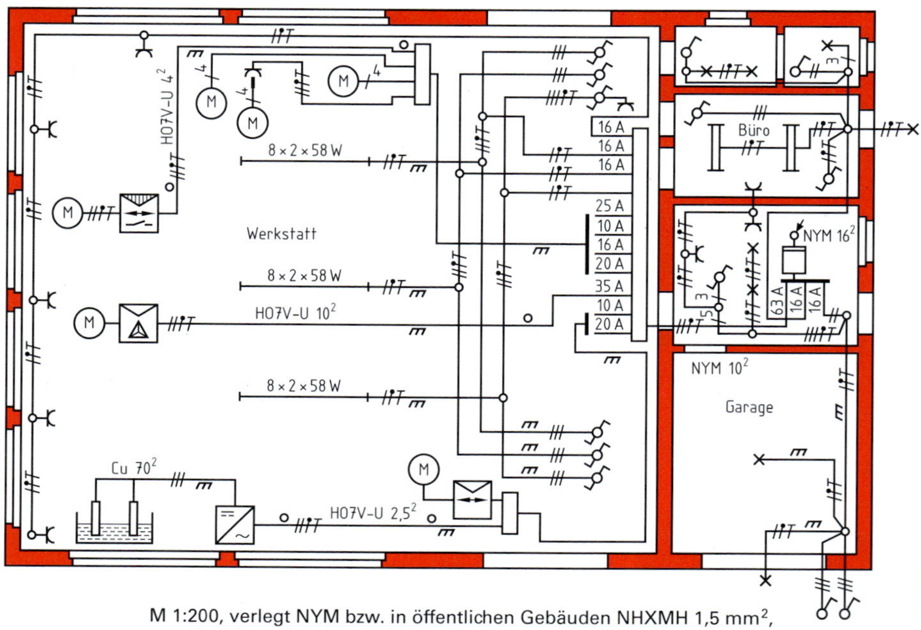

M 1:200, verlegt NYM bzw. in öffentlichen Gebäuden NHXMH 1,5 mm², soweit nicht anders angegeben.

Spulen, Transformatoren, drehende Generatoren

Drosselspulen

Schaltzeichen	Benennung
	Einphasen-Drosselspule
	alternative Darstellungen
	insbesondere für Übersichtsschaltplan
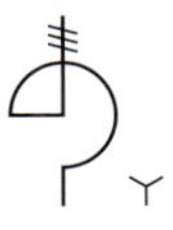	Dreiphasen-Drosselspule in Sternschaltung für Übersichtsschaltplan

Einphasentransformatoren

Schaltzeichen	Benennung
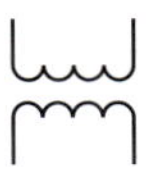	Transformator mit getrennter Wicklung, auch Spannungswandler
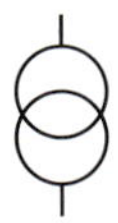	alternative Darstellungen, insbesondere für Übersichtsschaltplan
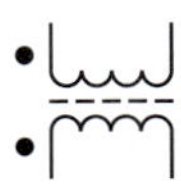	alternative Darstellung, mit Schirm und Kennzeichnung der Phasenlage
	Einphasentransformator, Spannung in Stufen einstellbar
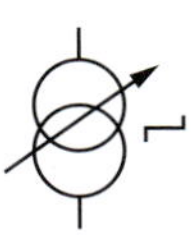	alternative Darstellung
	Einphasentransformator mit veränderbarer Kopplung, Phasenlage gekennzeichnet
	Spartransformator
	alternative Darstellung
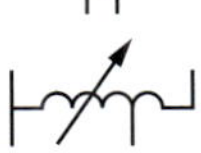	desgleichen, Spannung einstellbar

Dreiphasentransformatoren

Schaltzeichen	Benennung
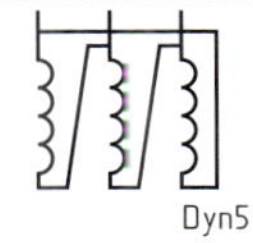 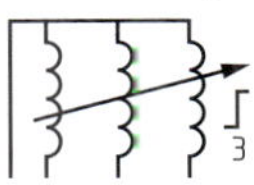	Drehstromtransformator in Schaltung Dyn5, Unterspannungswicklung in drei Stufen einstellbar
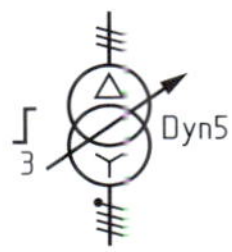	alternative Darstellung, insbesondere für Übersichtsschaltplan
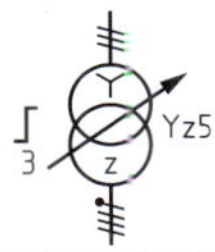	3AC-Trafo, Yz5, 3 Stufen, Stern-Zickzackschaltung, siehe auch Seite 521
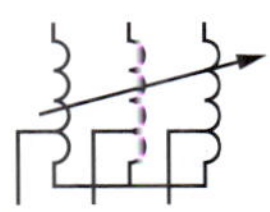	Drehstromspartransformator, stufenlos einstellbare Spannung
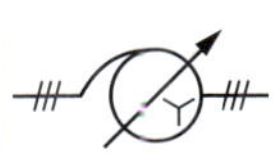	alternative Darstellung

Messwandler

Schaltzeichen	Benennung
	Stromwandler
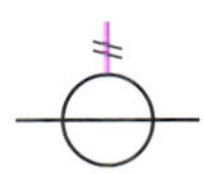	alternative Darstellung, insbesondere für Übersichtsschaltplan
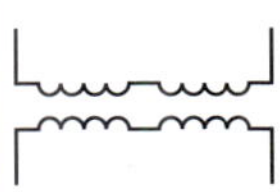	Spannungswandler in V-Schaltung
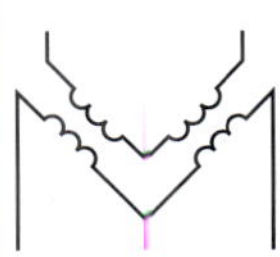	desgleichen, Darstellung mit erkennbarer V-Form
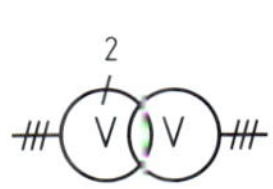	desgleichen, für Übersichtsschaltplan

Drehende Generatoren

Schaltzeichen	Benennung
Darstellung nach DIN EN 60617-6 	**Wicklungen** allgemein, fremd erregt, im Nebenschluss
	im Reihenschluss
	Wendepolwicklung, Kompensationswicklung

Hinweis:
In DIN EN 60034-8 (VDE 0530-8) sind alle Wicklungen von drehenden Maschinen einheitlich mit drei Locken (Halbkreisen) dargestellt, also anders als oben angegeben.

Schaltzeichen	Benennung
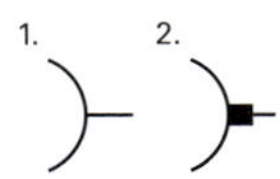	Kohlebürste, z. B. am Stromwender, alternative Darstellungen
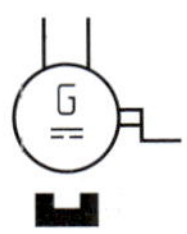	Kurbelinduktor (Gleichspannungsgenerator mit Handantrieb)
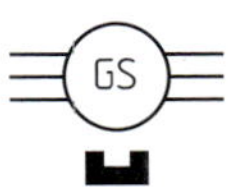	Drehstrom-Synchrongenerator mit Dauermagneterregung, Wicklungsenden herausgeführt
	desgleichen, aber in Schaltung Y mit herausgeführtem Sternpunkt
	desgleichen, aber in Schaltung Δ und mit Erregerwicklung
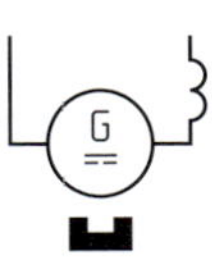	fremderregter Gleichstromgenerator mit Dauermagneterregung und Wendepolwicklung
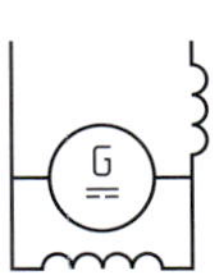	Doppelschlussgenerator

K

Vergleich von Schaltzeichen

USA, z. B. ANSI, NEMA	Europa, praxisüblich, z. B. DIN EN	Benennung
Allgemeine Betriebsmittel		
a) b) RES		Widerstand, Wirkwiderstand (RES von Resistanz)
a) b)		Kondensator
a) b)		Diode
a) b)		Z-Diode
	a) b)	Steckerverbindung
a) b) c)		Schmelzsicherung
		gepolte Suppressordiode
a) * b)		Leuchtmelder
a) b)	a) b)	Masse
a) * b)		elektromechanischer Antrieb, z. B. für Schütz
a) SO b) SO		Antrieb mit Anzugsverzögerung
a) SR b) SR		Antrieb mit Abfallverzögerung
	G	Rechteckgenerator
MTR	M 3~	Drehstrommotor (MTR von Motor)

USA, z. B. ANSI, NEMA	Europa, praxisüblich, z. B. DIN EN	Benennung
Schaltglieder		
a) b)	a) b)	Schließer
a) b)		Öffner
a) b)		Wechsler
	a) b)	Schließer mit Verzögerung beim Schließen
Steuergeräte		
PB		schließender Taster, druckbetätigt
PB		öffnender Taster, druckbetätigt
LS		Endschalter (Schließer)
LS		Endschalter (Öffner)
PB		Schalter mit Raste, druckbetätigt
		Näherungsschalter (Schließer)
a) P b)	p >	Druckwächter, öffnend (p von pressure)
PB		Taster mit Schließer und Öffner
		Schwimmerschalter, öffnend

ANSI American National Standards Institute, NEMA National Electrical Manufactures Association, DIN EN Deutsches Institut für Normung Europa-Norm.
* steht für Kennbuchstabe, z. B. Farbe oder Gerät. PB Pushbutton = Druckknopf, LS Limit switch = Grenzschalter

Vergleich von Schaltzeichen

USA, z. B. ANSI, NEMA	Europa, praxisüblich, z. B. DIN EN	Benennung
Relais, Schütze, Schalter, Beispiel		
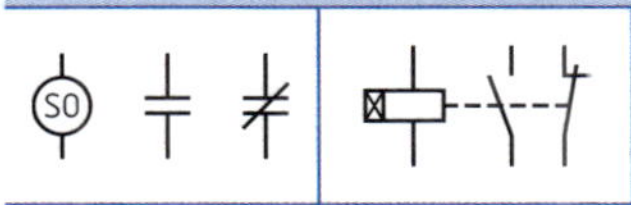		anzugsverzögertes Relais 1 Öffner, 1 Schließer
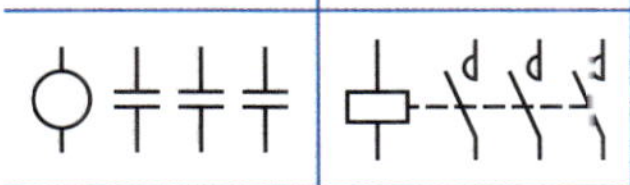		Schütz mit 3 Schließern
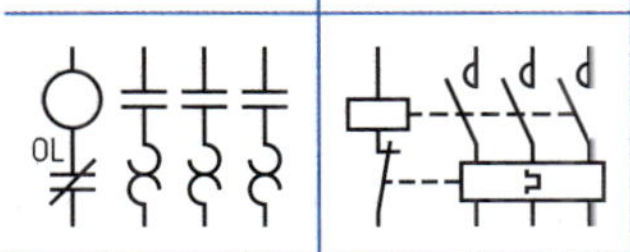		dreipoliges Schütz mit Motorschutzrelais
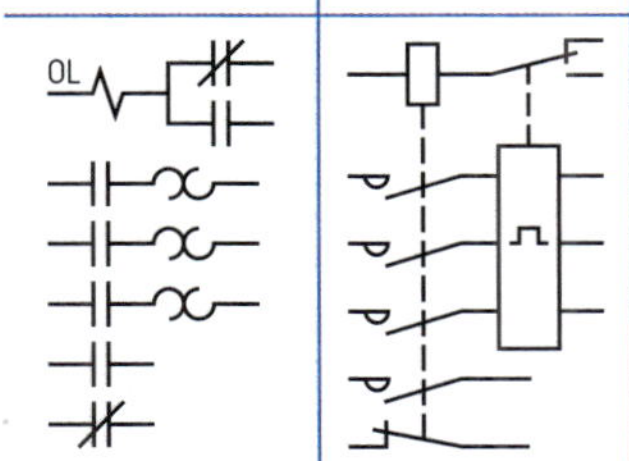		dreipoliges Schütz mit 2 Hilfskontakten und Motorschutzrelais
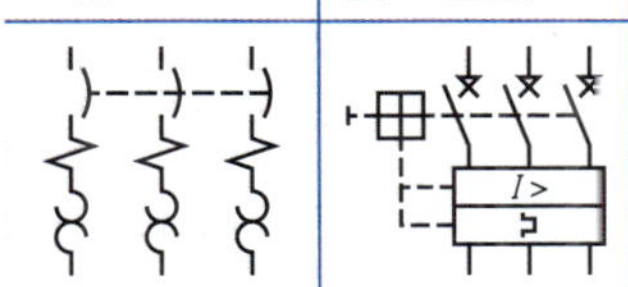		Motorschutzschalter mit Kurzschluss- und Überlast-Auslöser
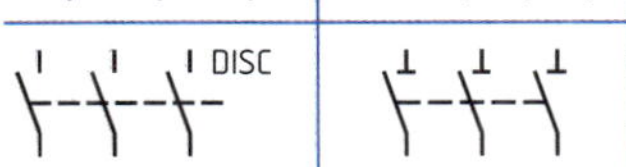		dreipoliger Trennschalter
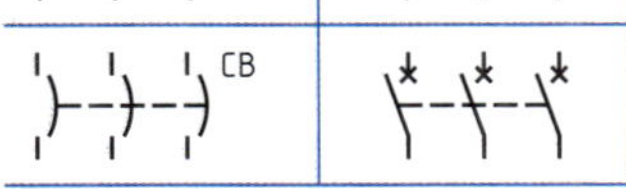		dreipoliger Leistungsschalter

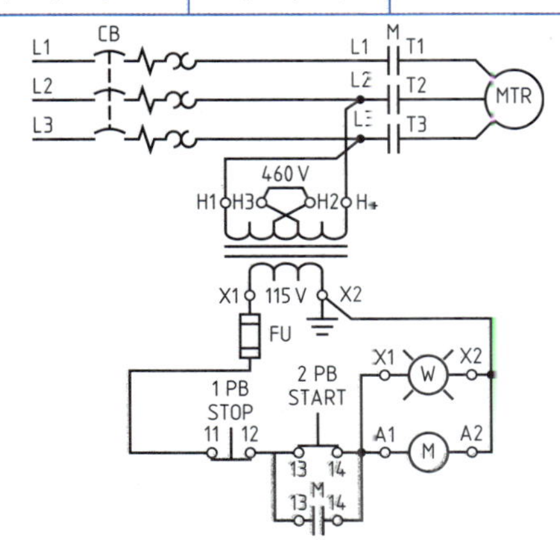

Schaltplanbeispiel: Motorstarter (nach Moeller)

USA, z. B. ANSI, NEMA	Europa, praxisüblich, z. B. DIN EN	Benennung
Analoge und binäre Elemente		
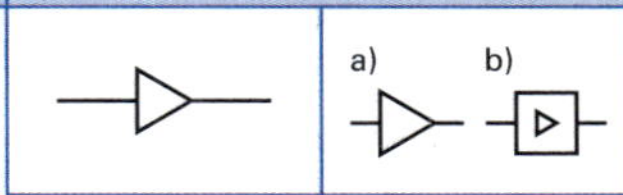		Verstärker, allgemein
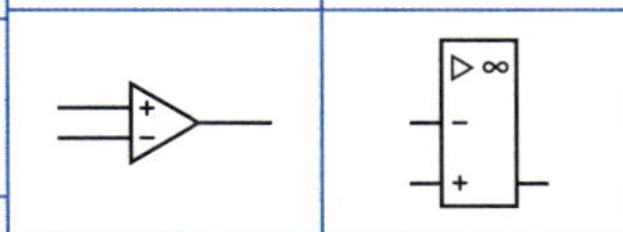		Operationsverstärker
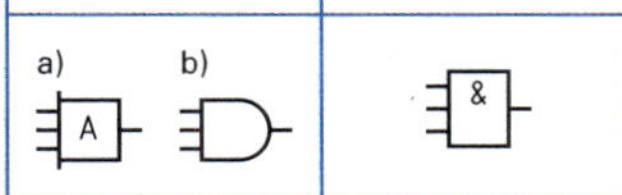		UND-Element
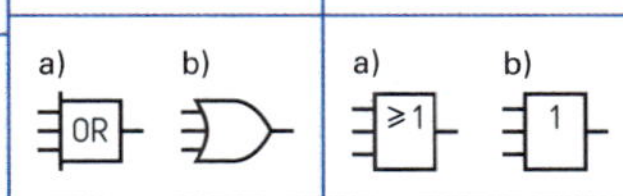		ODER-Element
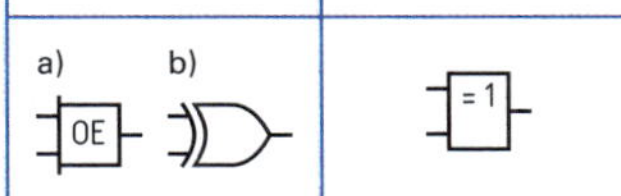		XOR-Element, Antivalenz
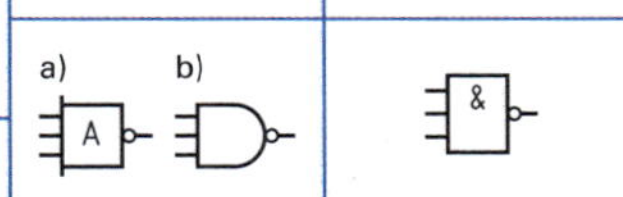		NAND-Element
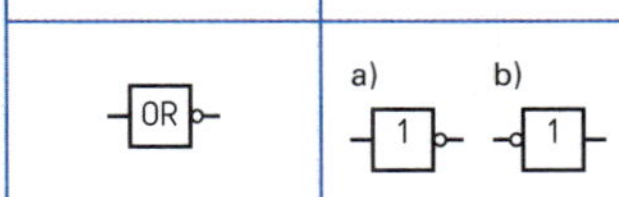		NICHT-Element, Inverter
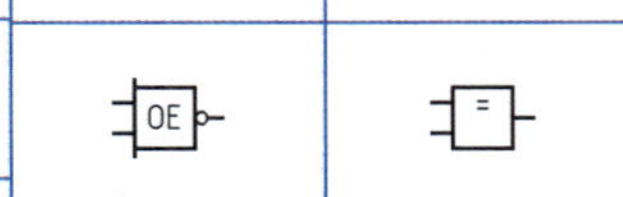		XNOR-Element, Äquivalenz
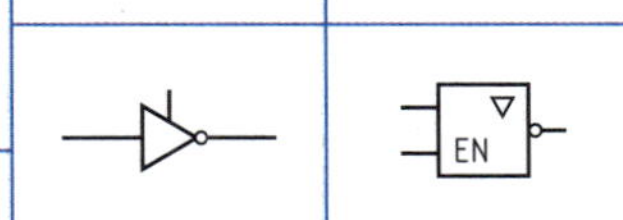		Inverter mit Tristate-Ausgang (H, L und hochohmig)
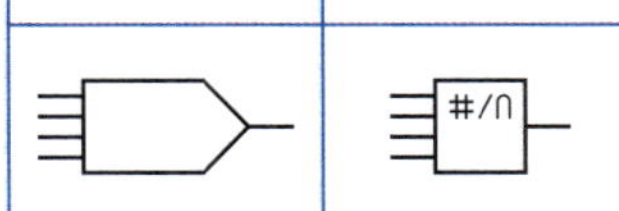		Digital-Analog-Umsetzer, DAC
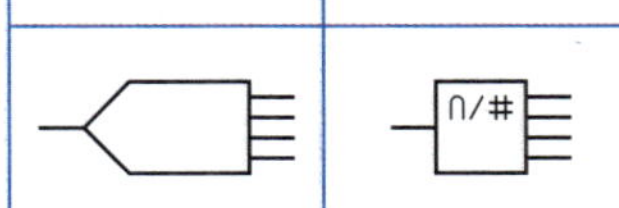		Analog-Digital-Umsetzer, ADC
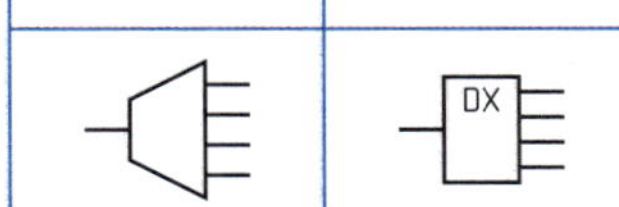		Demultiplexer
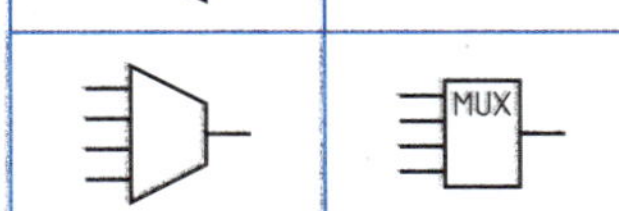		Multiplexer

ANSI American National Standards Institute, NEMA National Electrical Manufactures Association, EN Europa-Norm, CB Circuit Breaker, DISC Disconnector, MTR von Motor.

Kurzzeichen an elektrischen Betriebsmitteln (Beispiele)

Kurzzeichen	Erklärung
Prüfzeichen	
CE	Bescheinigung des Herstellers für Übereinstimmung mit EU-Richtlinien
GS	„Geprüfte Sicherheit" Sicherheitszeichen zum Produktsicherheitsgesetz
◁VDE▷	VDE-Kabelkennzeichen
◁HAR▷	Zusatz bei harmonisierten VDE-Bestimmungen
	Zulassungszeichen der Physikalisch-Technischen Bundesanstalt (PTB) für Messeinrichtungen
	Funkschutzzeichen. Im freien Ausschnitt: Funkstörgrad G, N, K oder Zahl
VDE EMC	EMC-Funkschutzzeichen (C von compatible = verträglich)
	Geräte zugelassen in:
DVE	Deutschland
ÖVE	Österreich
+S	Schweiz
	Frankreich
	USA
Schweißmaschinen	
42V	Die Klemmenspannung von 42 V darf im Leerlauf nicht überschritten werden.
S	Schweißgleichrichter für Arbeiten in engen Räumen.
Kondensatoren	
F	Flammsicher
FP	Flammsicher und platzsicher

Kurzzeichen	Erklärung
Kleintransformatoren	
	Gekapselter Sicherheitstransformator, nicht kurzschlussfest
	Offener Sicherheitstransformator
	Sicherheitstransformator, kurzschlussfest
	Steuertransformator, nicht kurzschlussfest
	Steuertransformator, kurzschlussfest
	Spielzeugtransformator (auch Kinderkochgerät, Kinderbügeleisen)
	Klingeltransformator
	Handleuchtentransformator
	Auftautransformator
med	Transformator für medizinische und zahnmedizinische Geräte
	Trenntransformator
	Transformator, nicht kurzschlussfest
	Transformator, unbedingt kurzschlussfest
	Rasiersteckdosen-Einheit

Kurzzeichen	Erklärung
Schutzklassen	
	Schutzklasse I: Schutzmaßnahme mit Schutzleiter
	Schutzklasse II: doppelte oder verstärkte Isolierung
	Schutzklasse III: SELV, PELV
Leuchten	
F	Flammschutzzeichen; Entzündungstemperatur mindestens 200 °C
D	Leuchte mit begrenzter Oberflächentemperatur für feuergefährdete Betriebssstätten
	Leuchte für rauen Betrieb
	Stoßfeste Glühlampe
	Vorschaltgerät wird im Fehlerfall nicht zu heiß.
Sonstige Zeichen	
	Träge Sicherung
	Sicherung eingebaut
H	Gerätedosen, Verbindungsdosen, Kleinverteiler für Hohlwandinstallation
B	Gerätedosen, Verbindungsdosen, Leuchtenanschlussdosen für Installation in Beton
Elektromedizin	
	Hochspannungsteil eines Gerätes
	Anschlussstelle für Betriebserdung
CATH	Patientenanschluss an einen Elektrokardiographien, der bei Herzkatheteruntersuchungen nicht mit dem Patienten verbunden sein darf.
CORT	Patientenanschluss an einen Elektroencephalographen, der während einer Untersuchung am Gehirn nicht mit dem Patienten verbunden sein darf.

K

Hydraulische und pneumatische Elemente

Leitungen

Symbol	Benennung
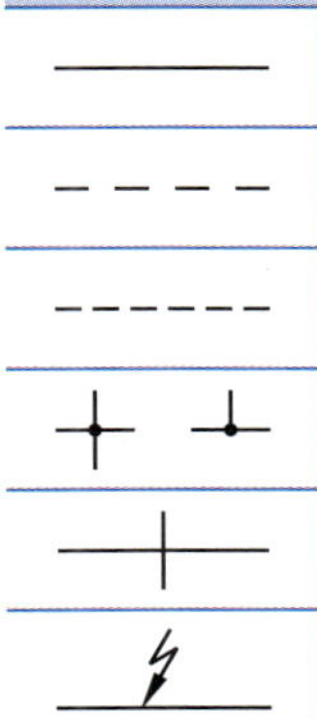	Arbeitsleitung
	Steuerleitung
	Leckleitung, Entlüftungsleitung
	Leitungsverbindung
	Leitungskreuzung
	Elektrische Leitung

Funktionszeichen

Symbol	Benennung
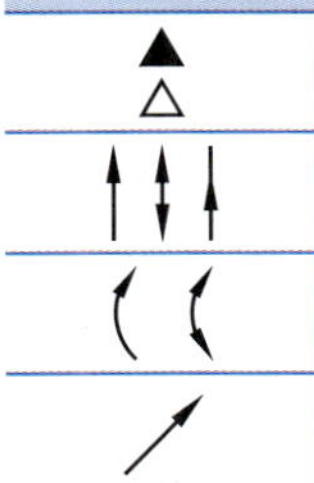	hydraulisch, pneumatisch
	Strömungsrichtungen
	Drehrichtungen
	Verstellbarkeit

Pumpen, Verdichter, Motoren

Symbol	Benennung
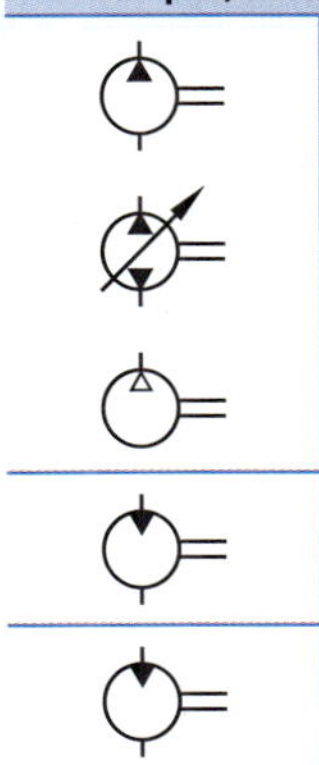	Konstantpumpe mit 1 Stromrichtung
	Verstellpumpe mit 2 Stromrichtungen
	Verdichter (Kompressor)
	Hydraulikmotor mit einer Stromrichtung
	Pneumatikmotor mit einer Stromrichtung

Zylinder

Symbol	Benennung
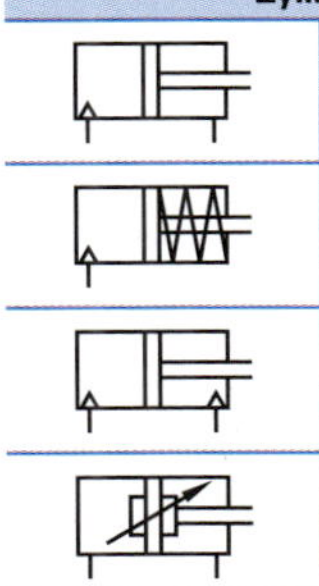	einfach wirkend
	mit Rückholfeder
	doppelt wirkend
	beidseitig Endlagendämpfung, einstellbar

Wegeventile

Symbol	Benennung
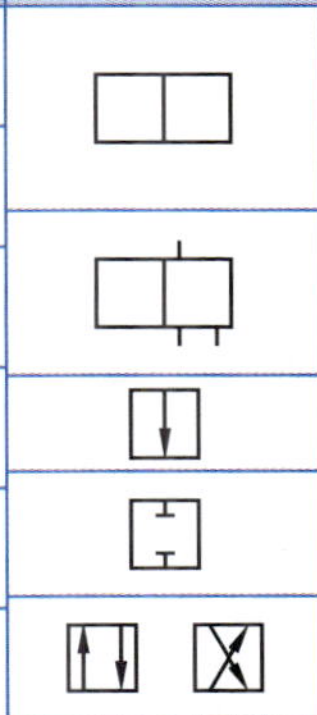	Anzahl der Rechtecke = Anzahl der Schaltungen; 2 Schaltstellungen
	Anschlüsse werden mit Strichen markiert
	1 Durchflussweg
	2 gesperrte Anschlüsse
	2 Durchflusswege

Kurzbezeichnungen

Die erste Zahl gibt die Anzahl der gesteuerten Anschlüsse und die zweite Zahl die Anzahl der Schaltstellungen an.

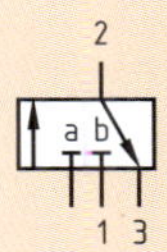

Beispiel:

3/2 Wegeventil
- 2 Schaltstellungen (a und b)
- 3 Anschlüsse (1 … 3)

Symbol	Benennung
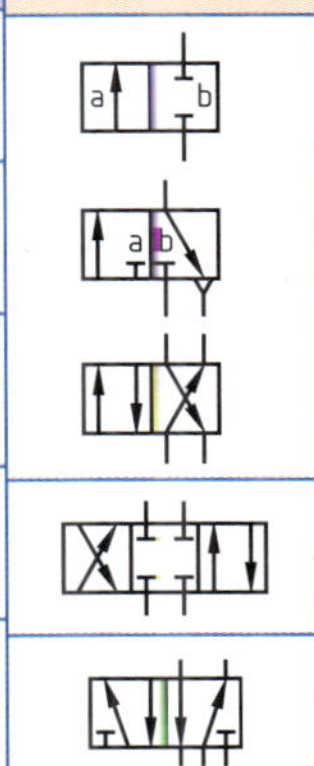	2/2-Wegeventil
	3/2-Wegeventil
	4/2-Wegeventil
	4/3-Wegeventil
	5/2-Wegeventil

Sperrventile

Symbol	Benennung
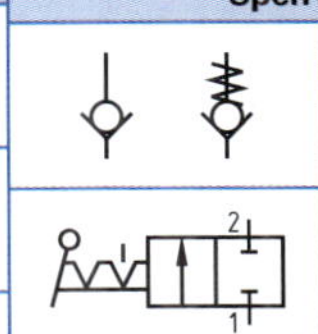	Rückschlagventile
	2/2-Wegeventil mit Sperr-Ruhestellung

Druckventil

Symbol	Benennung
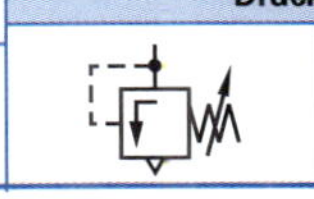	Druckbegrenzungsventil

Stromventile

Symbol	Benennung
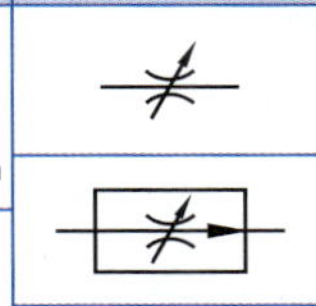	Drosselventil, verstellbar
	2-Wege-Stromregelventil

Wegeventilbetätigung

Symbol	Benennung
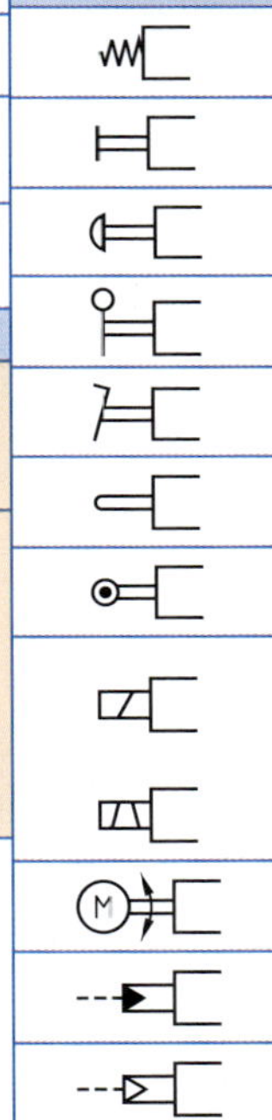	mit Feder
	durch Muskelkraft, allgemein
	mit Druckknopf
	mit Hebel
	mit Pedal
	mit Taster
	mit Tastrolle
	durch Elektromagnet mit 1 Wicklung
	2 gegensinnige Wicklungen
	durch Elektromotor
	Hydraulische Vorsteuerung
	Pneumatische Vorsteuerung

Energieübertragung

Symbol	Benennung
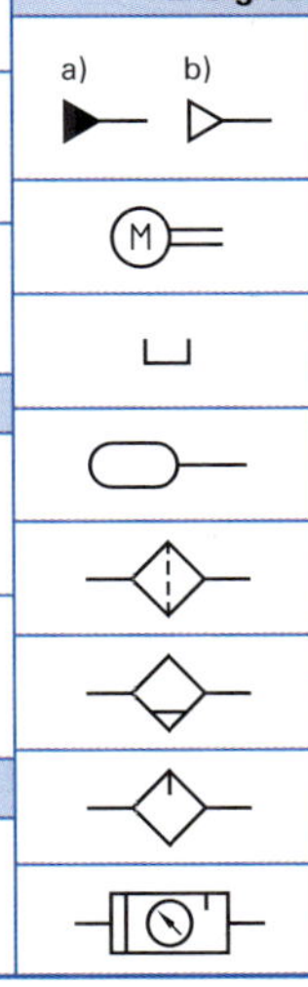	Druckquelle, a) hydraulisch b) pneumatisch
	Elektromotor
	Behälter
	Speicher
	Filter
	Wasserabscheider
	Öler
	Aufbereitungseinheit

K

Elektrische Messgeräte und Messwerke

<table>
<tr><th>Aufbau</th><th>Erklärung, Prinzip</th><th>Bemerkungen, Daten</th></tr>
<tr><td>
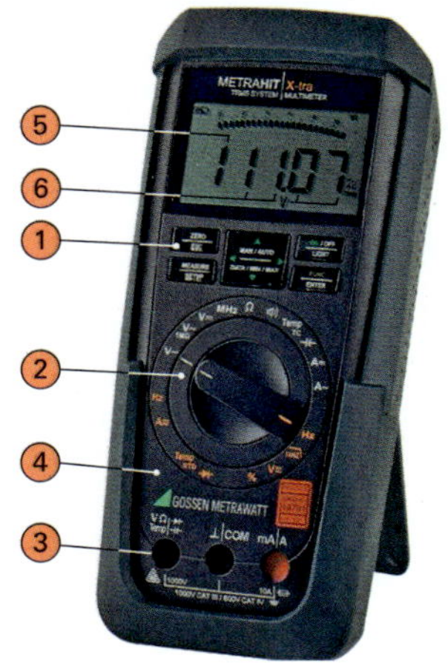

① Funktionstasten
② Schalter für Messgröße, Messbereich
③ verriegelbare Anschlussbuchsen
Digitalmultimeter
</td><td>
Effektivwertmessung
• ④ TRMS-Messgeräte (TRMS von True Root Mean Square = wahrer quadratischer Wurzelmittelwert) sind umschaltbar für den Gleichanteil und den Wechselanteil eines Messsignals.
• RMS-Messgeräte (RMS von Root Mean Square = quadratischer Wurzelmittelwert) messen nur den Wechselspannungsanteil (Wechselspannungskopplung).
Anzeige
Die Stellenzahl gibt an, wie viele Ziffern die auf dem Display darstellbare Zahl haben kann.
• ⑤ Halbe Stelle: 0 oder 1
• Dreiviertel Stelle: 0 bis 3
• ⑥ Volle Stelle: 0 oder 1
• Beispiel: $5\frac{1}{2}$stellig:
Anzeige von 000000 bis 199999
Neue Messgeräte besitzen $4^6/_7$ Stellen. Digitalmultimeter mit analoger Balkenanzeige (Bargraph) ermöglichen die Anzeige von Änderungstendenzen von Messwerten. Die Messrate des Bargraph ist mit bis 40 Aktualisierungen je Sekunde höher als die der Digitalanzeige.
</td><td>
Vorteile:
• kleine Messabweichung und höhere Auflösung als bei einem analogen Multimeter
• hohe Eingangsimpedanz von mindestens 10 MΩ
• integrierter Mikroprozessor ermöglicht über Funktionstasten Bedienfunktionen, wie z. B. Min/Max, relativer Bezugswert
• viele Messgrößen, z. B. auch Temperatur, Kapazität
Genauigkeitsangabe:
Beispiel: Anzeige
U = 13,982 V mit ± (0,5 % + 2 Digit)
• Erste Fehlerangabe gibt den maximalen Fehler, z. B. 0,5 %, bezogen auf den angezeigten Wert an.
• Zweite Fehlerangabe, z. B. 2 Digits, gibt Grundfehler im Messbereich an, bezogen auf die Auflösung, d. h., die Änderung der kleinsten (rechten) Stelle.
Absoluter Fehler:
$F = \pm\,(13{,}982\,\text{V} \cdot \frac{0{,}5\,\%}{100\,\%} + 0{,}002\,\text{V})$
$= \mathbf{\pm\,0{,}072\,V}$
</td></tr>
<tr><td>
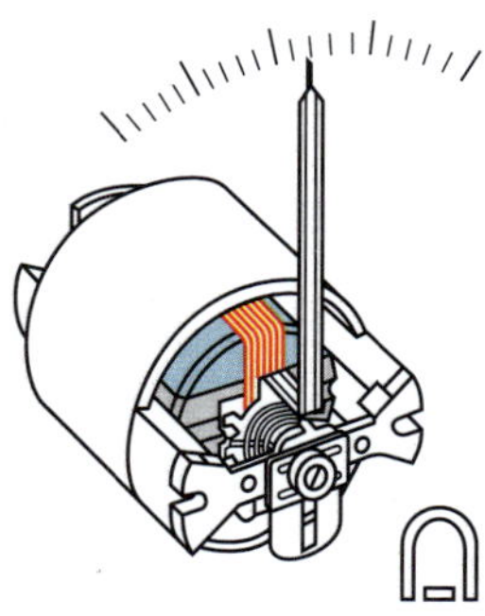
Drehspulmesswerk
</td><td>
Drehspule, auf Aluminiumrahmen gewickelt, im homogenen Magnetfeld zwischen zylindrischem Dauermagnet und äußerem Weicheisenrohr. Zeiger fest mit der Drehspule verbunden. Stromzuführung über gegensinnig gewickelte Spiralfedern (Spitzenlagerung) oder Spannband (keine Lagerreibung).

Spulenstrom verursacht proportionales Drehmoment, das die Spule so weit dreht, bis das von den Federn oder von den Spannbändern erzeugte Rückstellmoment gleich groß ist. Messwerk misst arithmetischen Mittelwert. Kleiner Eigenverbrauch 1 μW bis 100 μW.
</td><td>
Eignet sich für Gleichstrom- und Gleichspannungsmessung (lineare Skale). Riditung des Zeigerausschlags abhängig von Stromrichtung (Nullpunkt in Skalenmitte möglich).
Für Wechselstrommessung ist Gleichrichtung nötig.
Genauigkeitsangabe bei analogen Messgeräten: Am Messgerät ist die Klasse angegeben (0,1–0,2–0,5–1–2,5–5). Die Klasse entspricht dem größtmöglichen Messfehler in Prozent des Messbereich-Endwertes.
Beispiel: Messbereich 25 V, angegebene Klasse 0,5, Ablesung 14 V.
Messfehler ± 25 V · 0,5 % =
± 25 V · 5/100 = ± 1,25 V
</td></tr>
<tr><td>
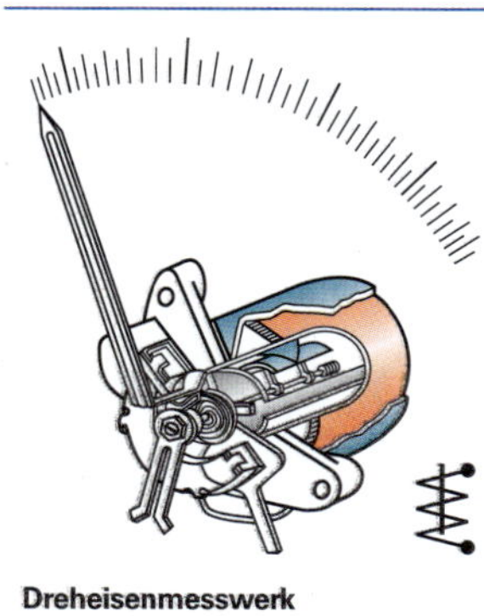
Dreheisenmesswerk
</td><td>
In der Spule ist ein fest angeordnetes, trapez- oder dreieckförmiges Weicheisenplättchen und ein drehbar gelagertes zweites Plättchen, das mit der Zeigerachse verbunden ist.

Der Spulenstrom magnetisiert die Weicheisenplatten gleichsinnig, die sich dadurch abstoßen. Ändert sich die Stromrichtung, stoßen sich die Platten ebenfalls ab.

Gegenmoment durch Spiralfeder und Spannband. Keine beweglichen Strom führenden Teile.
</td><td>
Vorteile: Messwerk misst Effektivwert. Für Gleich- und Wechselstrom geeignet. Mechanisch und elektrisch robust sowie zuverlässig. Bis zum 10-fachen Bemessungsstrom überlastbar.

Nachteile: Gleichmäßige Skalenteilung beginnt erst nach dem 1. oder 2. Zehntel der Skale. Hoher Eigenverbrauch (0,5 VA bis 1 VA als Strom- und 2 VA bis 5 VA als Spannungsmesser).
</td></tr>
</table>

K

Piktogramme für die Messtechnik

Symbol	Benennung	Symbol	Benennung	Symbol	Benennung
	Auslöseprüfung bzw. interne Last zum Auslösen eines Fehlerstrom-Schutzschalters (RCD/FI)	True RMS	Anzeige des Echteffektivwertes bei nichtsinusförmigen Spannungen/Strömen		interner Messwertspeicher
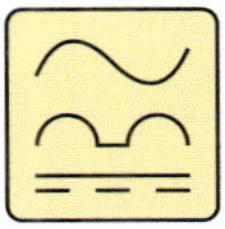	Kurvenform des Prüfstromes (RCD/FI) einstellbar	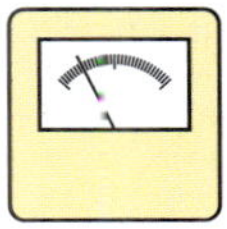	analoge Anzeige	Data Hold	Momentanwertspeicher DATA HOLD
	RCD/FI-Prüfung mit ansteigendem Prüfstrom	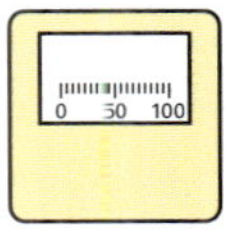	analoge Balkenanzeige	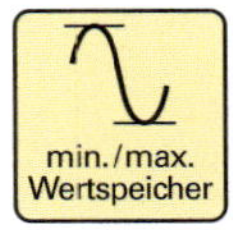	Minimal- oder Maximal-Wert-speicher
	Anzeige der Drehfeldrichtung	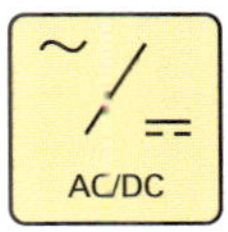	Messung von AC- und DC-Größen	Peak Hold	Spitzenwertspeicher
I_Δ	Differenzstrommessung	Hintergrundbeleuchtung	Anzeige mit Hintergrundbeleuchtung		Messzubehör mit Sicherheitsstecktechnik
	Anschluss für Stromzangenadapter	Auto/ Manuell Range	automatische und manuelle Messbereichswahl	4 mm	Messzubehör mit 4-mm-Sicherheitssteck-technik
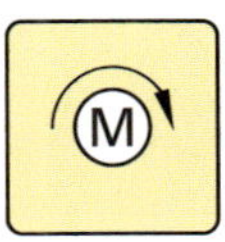	Erkennung der Motordrehrichtung	akustische Buchsenkontrolle	akustische Buchsenkontrolle	K type	Thermoelement NiCr/Ni (Typ „K")
	Netz- oder Batteriebetrieb	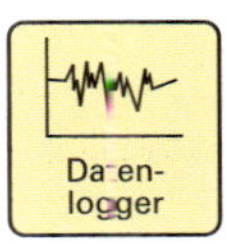	integrierte Messwertaufzeichnung	CAT III 1000 V	Bemessungsspannung gemäß IEC 61010 Messkreiskategorie III 1000 V gegen Erde
	optischer und akustischer Durchgangsprüfer	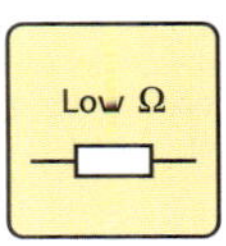	Niederohmmessung gemäß DIN VDE 0413	Prüfspannung 500 V	Isolationsprüfspannung (z. B. 500 V)
	zwei unterschiedliche akustische Signale 12 V bis 230 V/ 400 bis 690 V	V Berührungslos	berührungslose Spannungserkennung		Batterietest

K

Mess-Schaltungen zur Widerstandsbestimmung

Schaltung | Erklärung | Formeln

Indirekte Widerstandsbestimmung

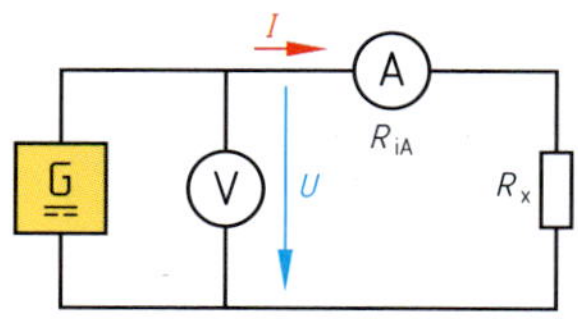

Spannungsfehlerschaltung

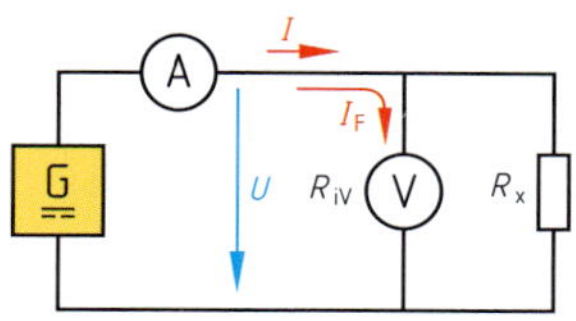

Stromfehlerschaltung

Bei nicht digitalen Messgeräten wird die *Spannungsfehlerschaltung* für große Widerstände verwendet ($R_x >$ etwa 20 R_{iA} des Strommessers).

> Spannungsfall am Strommesser bei Messen mit Digitalmultimeter:
> $U =$ 12 mV bei $I =$100 µA
> $U =$ 600 mV bei $I =$ 10 A

Ist $R_x < 20\ R_{iA}$, sind die die im rechten Feld angegebenen Formeln anzuwenden, um den Spannungsfall des Strommessers in der Rechnung zu berücksichtigen.

Die *Stromfehlerschaltung* wird für kleine Widerstände verwendet ($R_x <$ etwa $^1/_{20}$ R_{iV} des Spannungsmessers). Bei größeren Widerständen wird das Messergebnis durch den Fehlerstrom I_F verfälscht. In diesem Fall sind ebenfalls Formeln anzuwenden, um hier den Fehlerstrom in der Rechnung zu berücksichtigen.

Bei Verwendung von digitalen Messgeräten ist die Schaltungsart meist beliebig.

gesuchter Widerstand

Bei $R_x > 20\ R_{iA}$:

$$R_x \approx \frac{U}{I}$$

Bei $R_x < 20\ R_{iA}$:

$$R_x = \frac{U - U_F}{I} \qquad R_x = \frac{U}{I} - R_{iA}$$

Bei $R_x < {}^1/_{20}\ R_{iV}$:

$$R_x \approx \frac{U}{I}$$

Bei $R_x > {}^1/_{20}\ R_{iA}$:

$$R_x = \frac{U}{I - I_F} \qquad R_x = \frac{U}{I - U/R_{iV}}$$

$$R_x = \frac{U}{I}$$

Widerstandsmessung mit Konstantstromquelle

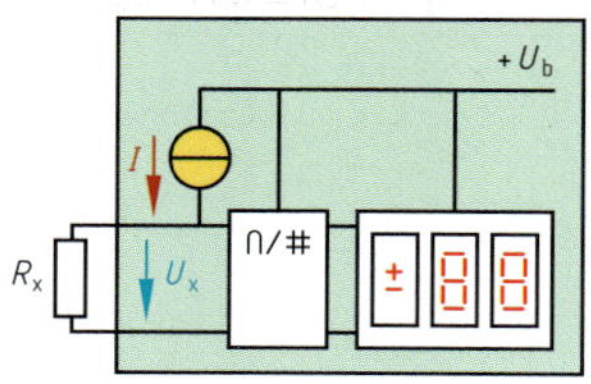

Digitalmultimeter

Die Widerstandsmessung wird auf eine Spannungsmessung zurückgeführt. Durch Verwenden einer Konstantstromquelle wird $U_x \sim R_x$. Durch umschaltbare Konstantströme kann man verschiedene Widerstandsbereiche einstellen,

z. B. I = 1 mA ⇒ Anzeige von kΩ
I = 1 µA ⇒ Anzeige von MΩ

Bei konstantem I:

$U_x = I \cdot R_x$

gesuchter Widerstand

$$R_x \sim U_x$$

Brückenschaltung

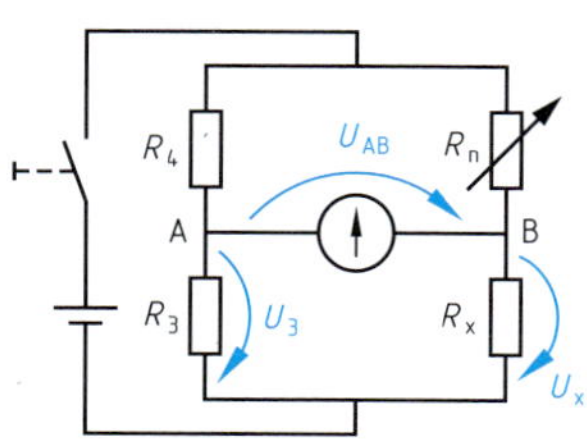

Wheatstone-Messbrücke (Prinzipschaltung)

Bei der abgeglichenen Brücke ist der Brückenpfad stromlos und spannungslos.

Die Spannungsteiler $R_3 R_4$ und $R_x R_n$ sind bei abgeglichener Brücke unbelastet und auf gleiches Teilerverhältnis eingestellt.

Vorteil: Sehr genaue Widerstandsbestimmung möglich.

Wird z. B. in Sensoren mit Dehnungsmessstreifen verwendet.

Bei Abgleich:

$U_{AB} = U_3 - U_x = 0$

$\frac{R_4}{R_3} = \frac{R_n}{R_x}$

gesuchter Widerstand

$$R_x = R_n \frac{R_3}{R_4}$$

I	Stromstärke	R_x	gesuchter Widerstand	U_3	Spannung an R_3
I_F	Fehlerstrom	R_n	Abgleichwiderstand	U_x	gemessene Spannung
R_{iV}	Innenwiderstand des Spannungsmessers	R_3, R_4	Wirkwiderstände	U	Spannung am Spannungsmesser
R_{iA}	Innenwiderstand des Strommessers	U_{AB}	Brückenspannung	U_F	Fehlerspannung
		U_b	Betriebsspannung		

K

Messbereichserweiterung

Messbereichserweiterung von Messinstrumenten

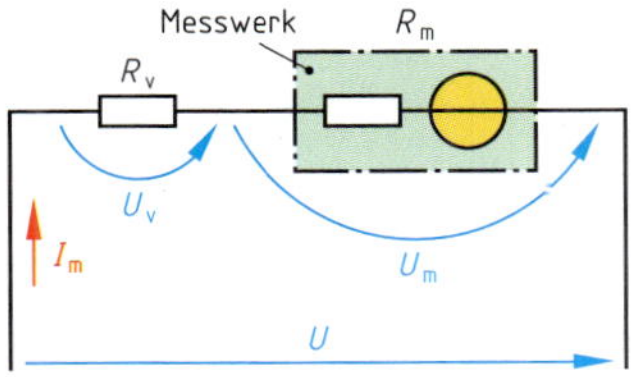

Prinzip des Spannungsmessers

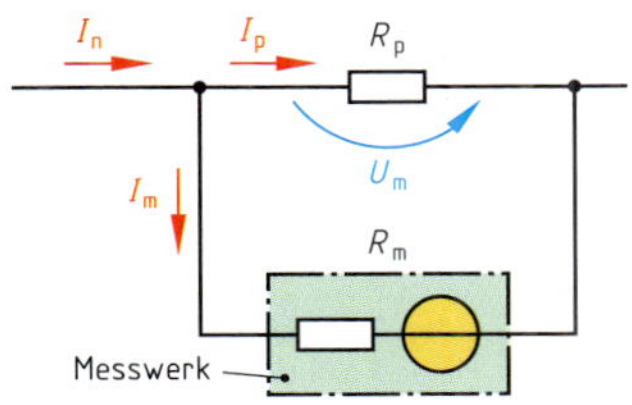

Prinzip des Strommessers

Messbereichserweiterung kann beim Spannungsmesser durch Vorschalten eines Vorwiderstandes oder Spannungsteilers erfolgen.

Für n-fache Messbereichserweiterung mit R_v:

$$n = \frac{U_n}{U_m}$$

Analoge Messinstrumente sind ihrem Wirkprinzip nach Strommesser. Die Spannungsmessung wird auf eine Strommessung zurückgeführt. Digitale Messinstrumente besitzen AD-Umsetzer.

Für n-fache Messbereichserweiterung mit R_p:

$$n = \frac{I_n}{I_m}$$

Vorwiderstand

$$R_v = \frac{U_n - U_m}{I_m}$$

$$R_v = (n - 1) \cdot R_m$$

Parallelwiderstand

$$R_p = \frac{U_m}{I_n - I_m}$$

$$R_p = \frac{R_m \cdot I_m}{I_n - I_m}$$

$$R_p = \frac{R_m}{n - 1}$$

K

Messwandler

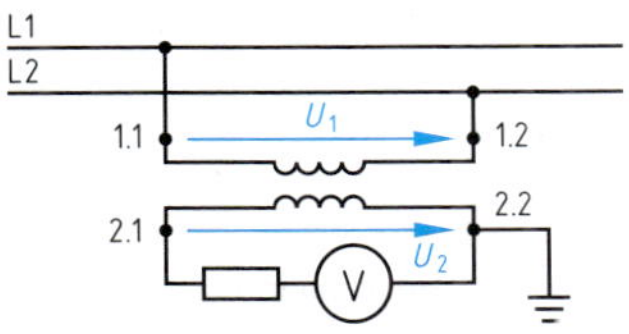

Messbereichserweiterung mit Stromwandler bei Hochspannung

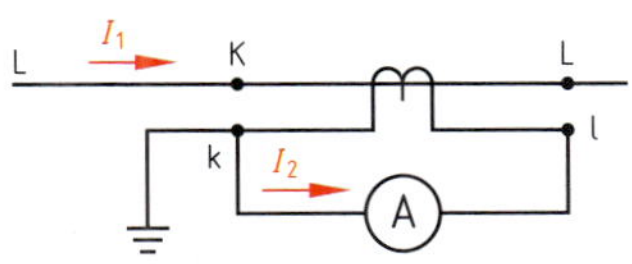

Messbereichserweiterung mit Stromwandler bei Hochspannung

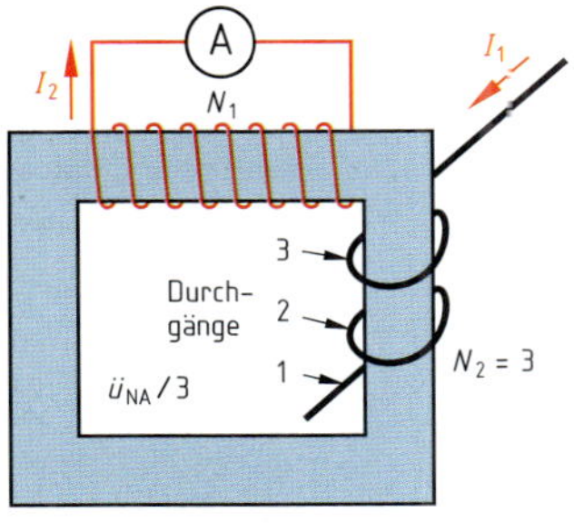

Messbereichsverkleinerung mit Durchsteckstromwandler

Bei hohen Wechselspannungen werden Spannungswandler, bei großen Wechselströmen Stromwandler verwendet. Erdung der Stromwandler ist bei Niederspannung nur zulässig, wenn das die Messaufgabe erfordert (VDE 0100-557).

Beim Durchsteckstromwandler wird $ü_{NA}$ für einfaches Durchstecken angegeben. Bei z Durchgängen wird $ü_{NA}$ um z verkleinert zu $ü_{NA}/z$.

Beim Durchsteckstromwandler:

$$I_2 = \frac{I_1 \cdot z}{ü_{NA}}$$

Beim Spannungswandler:

$$ü_{NV} = \frac{U_{1N}}{U_{2N}} = \frac{N_1}{N_2}$$

$$U_1 = ü_{NV} \cdot U_2$$

Beim Stromwandler:

$$ü_{NA} = \frac{I_{1N}}{I_{2N}} = \frac{N_1}{N_2}$$

$$I_1 = ü_{NA} \cdot I_2$$

Bei Wirkverbrauchsmessung:

$$c_a = ü_{NV} \cdot ü_{NA}$$

$$W_1 = c_a \cdot W_2$$

c_a Ablesekonstante
I_m Messwerkstrom bei Vollausschlag
I_n Messbereich der zu messenden Stromstärke
n Faktor der Messbereichserweiterung
N_1 Windungszahl der Eingangswicklung
N_2 Windungszahl der Ausgangswicklung
R gesuchter Widerstand
R_m Messwerkwiderstand
R_p Parallelwiderstand
R_v Vorwiderstand
U_m Spannung für Vollausschlag des Messwerks bzw. Messinstruments
U_n Messbereich der zu messenden Spannung
$ü_N$ Bemessungsübersetzung
W_1 elektrische Arbeit am Wandlereingang
W_2 elektrische Arbeit am Wandlerausgang
z Anzahl der Durchgänge beim Durchsteckstromwandler

Indizes:
A Strom-
N Bemessungs-
V Spannungs-

Bedeutung weiterer Formelzeichen aus den Bildern erkennbar.

Messungen in elektrischen Anlagen

Schaltung	Erklärung	Bemerkungen
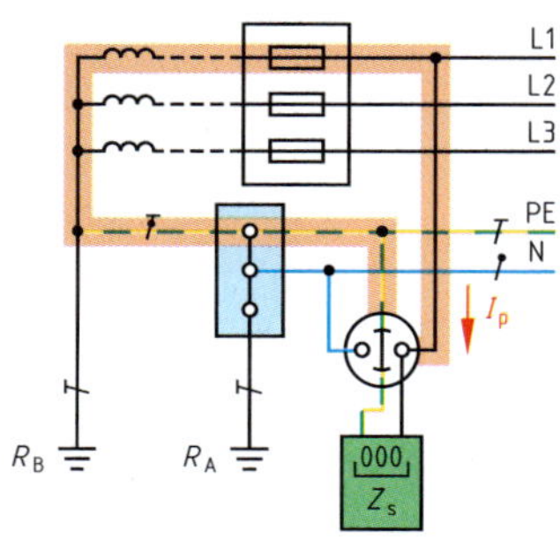 **Messung der Schleifenimpedanz**	Die Netzschleifenimpedanz Z_s setzt sich zusammen aus z. B. • Leitungswiderständen, • Trafoimpedanz des Ortsnetztrafo, • Übergangswiderstand der Sicherungen, Schalter, Zählerspulen Den geforderten Abschaltstrom bestimmen die Überstrom-Schutzeinrichtung und der Abschaltfaktor *m*. Abschaltströme: siehe Überstrom-Schutzeinrichtungen	In Anlagen mit RCD kann die Netzschleifenimpedanz ohne Auslösung des RCD nicht gemessen werden. Man misst daher indirekt über die Auslöseüberprüfung des RCD oder man misst den Netz-Innenwiderstand Z_i durch Anschluss am Messgerät von N anstelle von PE. $Z_i \approx Z_s$
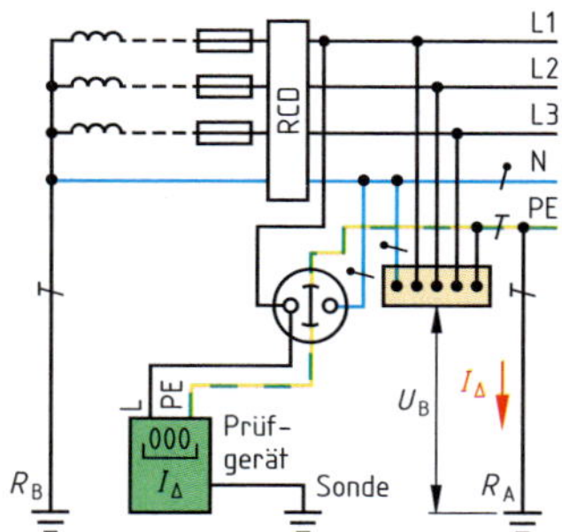 **Messung des Auslösestroms von RCD**	Man kann am Prüfgerät folgende Messmethoden einstellen: **1. Messung mit ansteigendem Prüfstrom** Die RCD wird bei jeder Messung zur Auslösung gebracht. **2. Impulsmessung** Das Prüfgerät gibt einen Messimpuls von 200 ms und löst die RCD aus. **3. Messung ohne Auslösung** Die Berührungsspannung wird vom Gerät errechnet.	Das Messgerät muss so beschaffen sein, dass keine Berührungsspannung über U_B = 50 V bzw. 25 V für die Dauer von über 200 ms auftreten kann. Soll eine Schalterauslösung bei der Messung der Berührungsspannung unbedingt unterbleiben, so ist eine vorherige Vorstrommessung zwingend erforderlich. Sie wird mit einer Messzange ausgeführt (Seite 144).
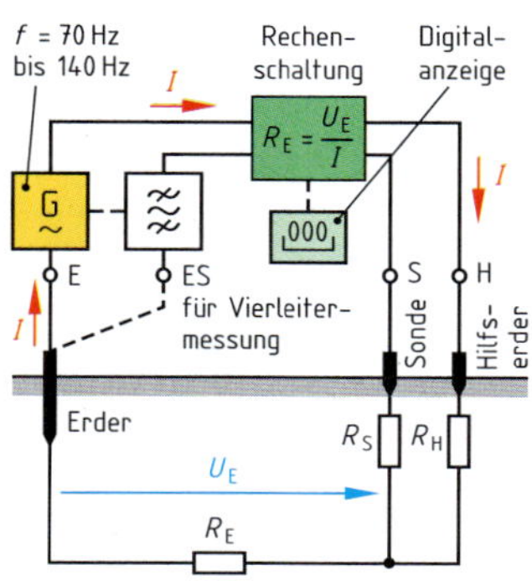 **Vierleiterschaltung für Erdungsmessung**	Die Messung des Erdungswiderstandes erfordert ein Messgerät nach dem Kompensationsverfahren. Der Gebrauchsfehler darf höchstens 30 % vom angezeigten Wert innerhalb des vom Hersteller angegebenen Messbereiches bei folgenden Nenngebrauchsbedingungen betragen: • Umgebungstemperatur 0 °C bis 30 °C • Beliebige Gebrauchslage • Hilfserderwiderstand H mit $R_H \leq 50$ kΩ • Kleine Störspannungsempfindlichkeit	Anordnung von Erder und Sonden bei der Messung des Erdausbreitungswiderstandes: 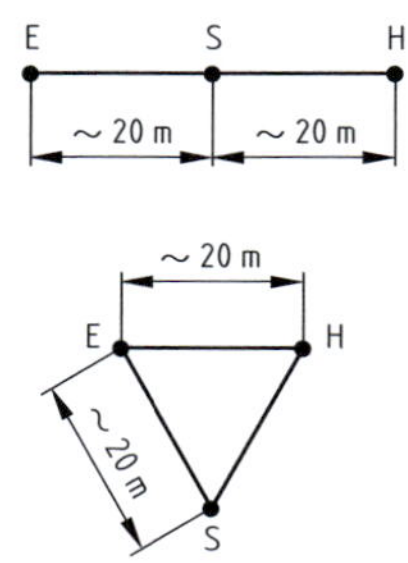

I	Messstrom	R_A	Anlagenerder	U_B	Berührungsspannung
I_N	Bemessungsstrom	R_B	Betriebserder	U_E	Erderspannung
I_Δ	Auslösefehlerstrom	R_E	Erdausbreitungswiderstand	Z_i	Netz-Innenwiderstand
I_p	Prüfstrom	R_S	Sondenwiderstand	Z_S	gemessene Schleifenimpedanz
		R_H	Hilfserderwiderstand		

Messungen in elektrischen Anlagen

Schaltung	Erklärung	Bemerkungen

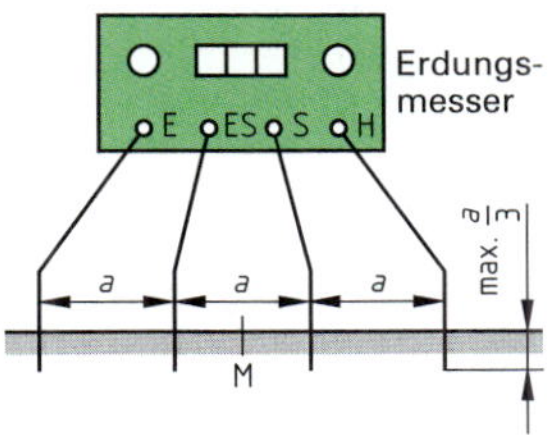

spezifischer Erdwiderstand

$$\varrho_E = 2\,\pi \cdot a \cdot R$$

Messung des spezifischen Widerstandes

Der spezifische Erdungswiderstand ist die geologisch-physikalische Größe, die zur Berechnung von Erdungsanlagen dient.

Zur Ermittlung wird die Messmethode von Wenner herangezogen, die den spezifischen Erdwiderstand bis zu einer Tiefe, die dem Abstand *a* zweier Spieße entspricht, erfasst.

Je nach der zu erfassenden Tiefe wird man zwischen 2 m und 30 m wählen.

Der spezifische Erdwiderstand ist abhängig von der Bodenzusammensetzung, der Feuchtigkeit und der Temperatur des Erdreichs.

Bodenart	Spezifischer Erdwiderstand ϱ_E (Ω · m)
Feuchte Humuserde, Moorboden, Sumpf	30
Ackerboden, Lehm- und Tonböden	100
Sandige Lehmböden	150
Feuchter Sandboden	300
Trockener Sandboden	1000

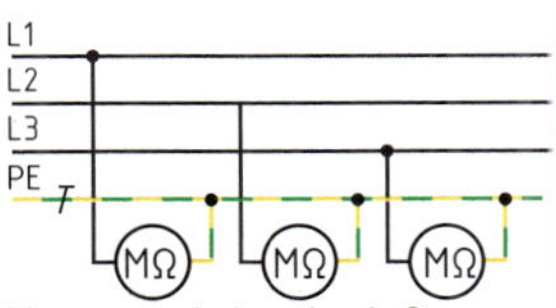

Messung zwischen den Außenleitern und dem PE-Leiter

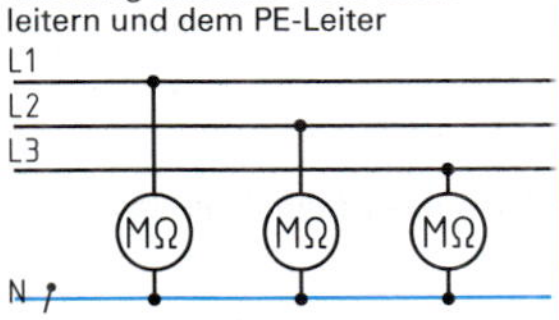

Messung zwischen den Außenleitern und dem Neutralleiter

Messung des Isolationswiderstandes

Vorbereitung zur Messung:

- Anlage spannungslos machen
- alle Schalter einschalten, um die Schalterleitung mit zu messen
- alle Verbraucher abklemmen, Glühlampen entfernen
- Überspannungsschutz abtrennen bei Messung mit 500 V

In Anlagen mit RCD muss auch der Isolationswiderstand zwischen N- und PE-Leiter überprüft werden.

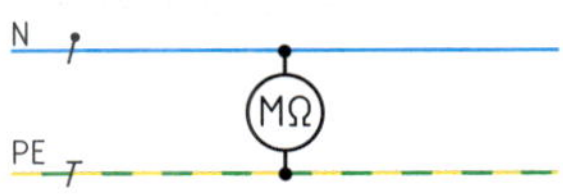

Messung zwischen Neutralleiter und dem Schutzleiter

Mindestwerte der Isolation:

Bei SELV und PELV $R_{iso} \geq 0{,}5$ MΩ bei Messspannung DC 250 V.

Sonst $R_{iso} > 1$ MΩ bei Bemessungsspannungen bis AC 500 V und Messspannung DC 500 V und Bemessungsspannungen bis AC 1000 V bei Messspannung DC 1000 V.

Messgerät muss bei der Messspannung 1 mA abgeben können.

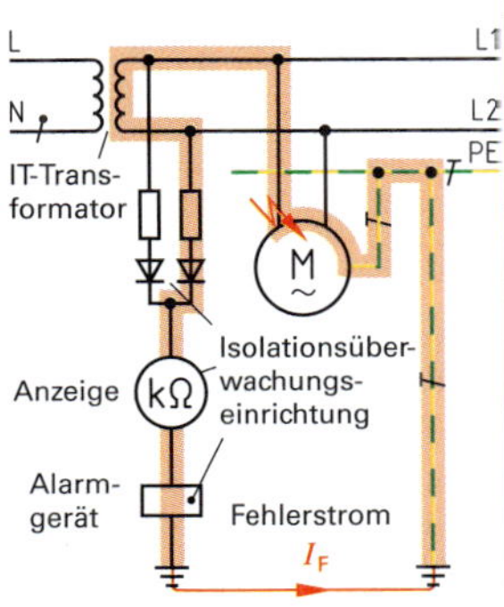

Isolationsüberwachung im IT-System

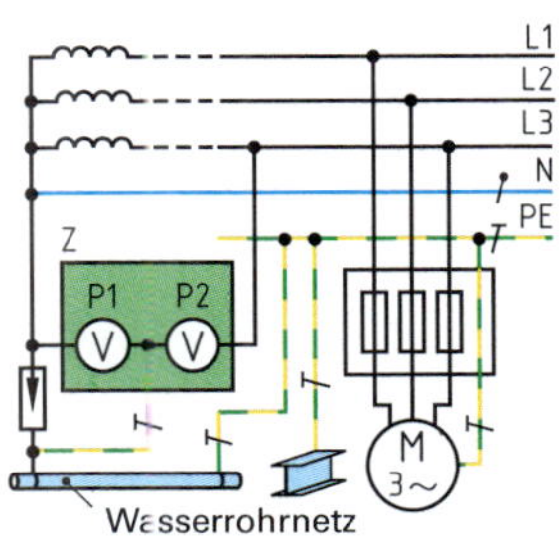

Störung	Anzeige P1	Anzeige P2
keine	115 V	115 V
Erdschluss N	0 V	230 V
Erdschluss L3	230 V	0 V
Erdschluss L1/L2	230 V	400 V

Störungsanzeige bei verschiedenen Erdschlüssen

Wird eine Messeinrichtung zwischen IT-System und Erde gelegt, so kann erst ein Strom fließen, wenn an einer anderen Stelle des Systems durch einen Isolationsfehler eine Erdverbindung zustande kommt. Die Höhe des Fehlerstromes ist ein Maß für den Isolationswiderstand.

Der erste Fehler wird nur gemeldet.

Der zweite Fehler führt zu einer Anlagenabschaltung.

a gleichmäßiger Sondenabstand
I_F Fehlerstrom
ϱ_E spezifischer Erdwiderstand in Ωm
R gemessener Widerstand in Ω
R_{iso} Isolationswiderstand
Z Isolationsüberwachungseinrichtung

K

Messungen in elektrischen Anlagen

Schaltung	Erklärung

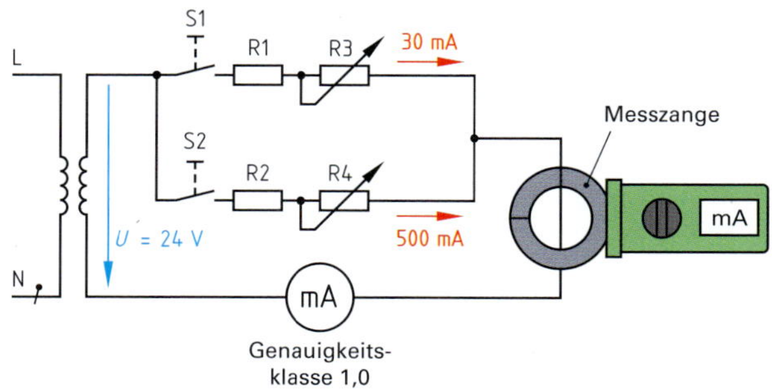

Bestimmung des Messfehlers bei Zangenstrommessung

Zangenmessgeräte werden zur unterbrechungsfreien Messung aller Ströme und auch zur Messung sehr hoher Ströme eingesetzt.

Der Messfehler liegt bei einigen Prozent.

Die Abweichung kann mit dieser Mess-Schaltung ermittelt werden und gilt für alle späteren Messungen. Die Auflösung von Stromzangen sollte mindestens 0,01 A betragen.

Man unterscheidet: TR-MS-AC/DC-Zange, Leckstromzange, Oberwellenprüfzange, Erdungsprüfzange

www.fluke.de

K

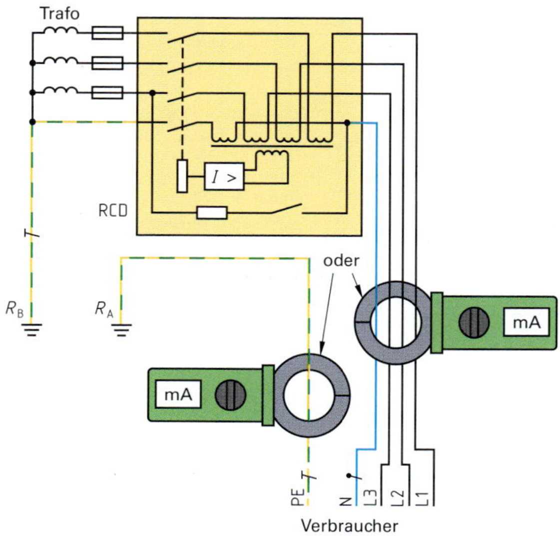

RCD-Vorstrommessung

Die Vorstrom-Messung (Schutzleiterstrom-/Differenzstrommessung) mit Messzange ist in allen Systemen möglich, wo RCD eingesetzt sind, die aus ungeklärten Gründen gelegentlich auslösen. Sie ersetzt eine Isolationsmessung L gegen PE, bei der die Anlage (Versorgung) unterbrochen werden müsste. Bei dieser Vorstrom-Messung wird auch der Fehlerstrom erfasst, der durch kapazitive oder induktive Widerstände gegen den Schutzleiter oder gegen Erde entsteht.

Die unterbrechungsfreie, direkte Vorstrom-Messung kann auf zwei Arten durchgeführt werden:

1. Umgreifen des Schutzleiters PE nahe an der Stelle, an der der PE-vor der RCD mit dem N-Leiter verbunden ist.
2. Umgreifen aller aktiven Leiter. Mit der Messzange werden die gleichen Leiter umgriffen, die über den Summenstromwandler der Fehlerstrom-Schutzschaltung geführt werden.

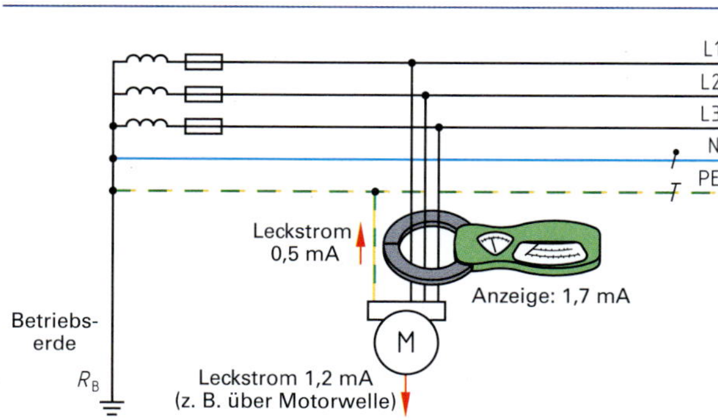

Leckstrommessung

Die in den DIN-VDE-Bestimmungen vorgeschriebene Prüfung des Isolationswiderstandes ist bei Wiederholungsprüfungen nicht ohne Weiteres durchführbar. Deshalb ist hier die Leckstrommessung mit der Differenzstrommethode eine einfache und sinnvolle Ersatzmessung. Es werden alle aktiven Leiter, bei Drehstromsystemen die Leiter L1, L2, L3 und N und bei einphasigen Systemen die beiden Leiter L und N umgriffen.

Man verwendet hochauflösende (μA) Ministromzangen für Leckströme ab 10 μA.

*R*1, *R*2 Vorwiderstände *R*3, *R*4 Drehpotenziometer

Elektrizitätszähler

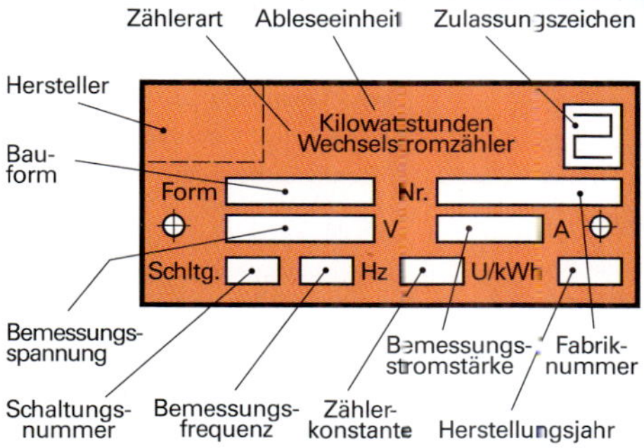

Zählerkonstanten

C_z in Umdrehungen je kWh

120; 150; 187,5; 240; 300; 375; 480; 600; 750; 960

Es werden auch dekadische Vielfache (10-fach, 100-fach usw.) oder dekadische Teile (1/10, 1/100 usw.) von C_z verwendet, z. B. 1200; 60.

Die Zählerkonstante gibt an, wieviel Umdrehungen der Zähler je kWh benötigt.

Beispiel: c_z = 120 U/kWh

Nach 120 vollständigen Umdrehungen des Zählers wurde 1 kWh elektrische Energie durch den Elektrizitätszähler gemessen.

Bemessungsströme (Nennströme) I_N in A:

5; 10; 15; 20; 30; 40; 50. Bei größeren Stromstärken werden Stromwandler verwendet.

Fehlergrenzen

Einphasenzähler und Mehrphasenzähler mit symmetrischer Belastung			Mehrphasenzähler bei unsymmetrischer Belastung		
Stromstärke	Leistungsfaktor	Fehlergrenze in %	Stromstärke	Leistungsfaktor	Fehlergrenze in %
$0{,}05 \cdot I_N$	1	±2,5	von $0{,}2 \cdot I_N$ bis I_N	1	±3
von $0{,}1 \cdot I_N$ bis I_{max}	1	±2,0	I_N	0,5 induktiv	±3
$0{,}1 \cdot I_N$	0,5 induktiv	±2,5	von I_N bis I_{max}	1	±4
von $0{,}2 \cdot I_N$ bis I_{max}	0,5 induktiv	±2,0			

Zählerschaltungen (Auswahl, siehe auch vorhergehende Seite)

Schaltung 1000

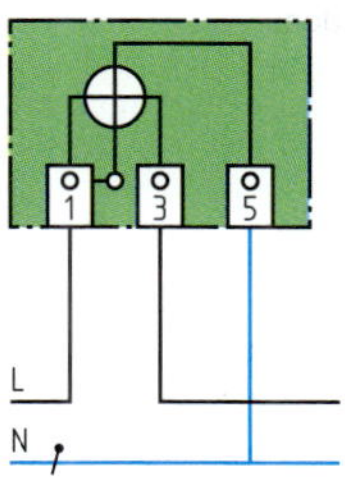

Anschluss einpolig

Schaltung 1101

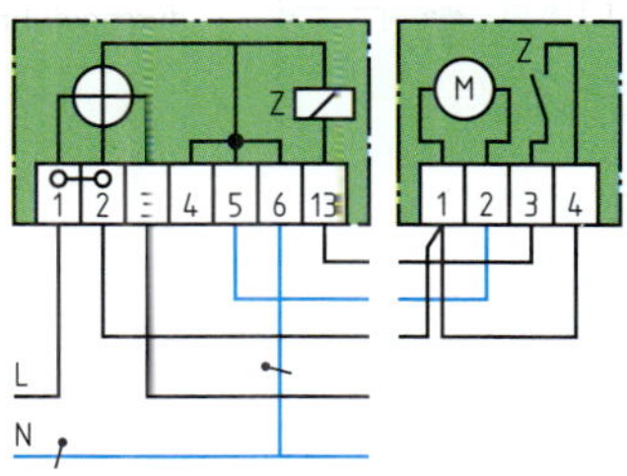

Anschluss einpolig mit Zweitarifeinrichtung

Schaltung 4000

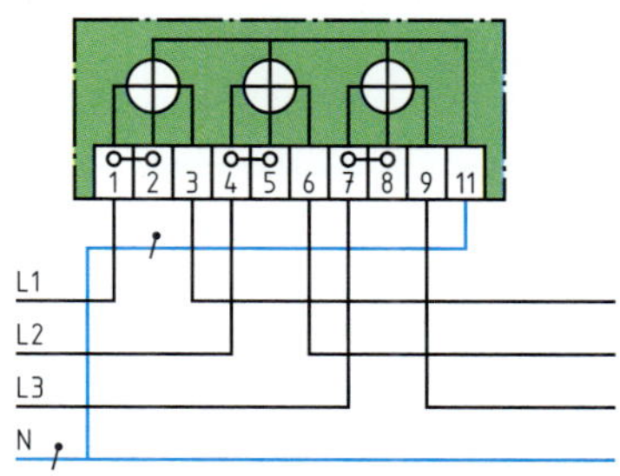

Anschluss dreipolig

K

Kennzeichnung der Elektrizitätszähler durch vier Dezimalziffern

Ziffern	an 1. Stelle Grundart	an 2. Stelle Zusatzeinrichtungen
0	–	kein Zusatzgerät
1	einpolige Wirklast mit L und N	mit Zweitarifeinrichtung
2	zweipolige Wirklast mit zwei L	mit Maximumeinrichtung
3	Dreileiter 3AC Wirklast mit L1, L2, L3	mit Zweitarif- und Maximumeinrichtung
4	Vierleiter 3AC Wirklast mit L1, L2, L3, N	mit Maximumeinrichtung und elektrischer Rückstellung
5	Dreileiter 3AC Blindlast 60° Abgleich	mit Zweitarif- u. Maximumeinrichtung und el. Rückstellung
6	Dreileiter 3AC Blindlast 90° Abgleich	–
7	Vierleiter 3AC Blindlast 90° Abgleich	–
Ziffern	**an 3. Stelle Zähleranschluss**	**an 4. Stelle Schaltung der Zusatzeinrichtung**
0	direkter Anschluss	ohne äußeren Anschluss
1	Anschluss über Messwandler	einpoliger innerer Anschluss
2	Anschluss über I- und U-Messwandler	mit äußerem Anschluss

Elektronische kWh-Zähler

Aufbau	Erklärung	Daten, Komponenten
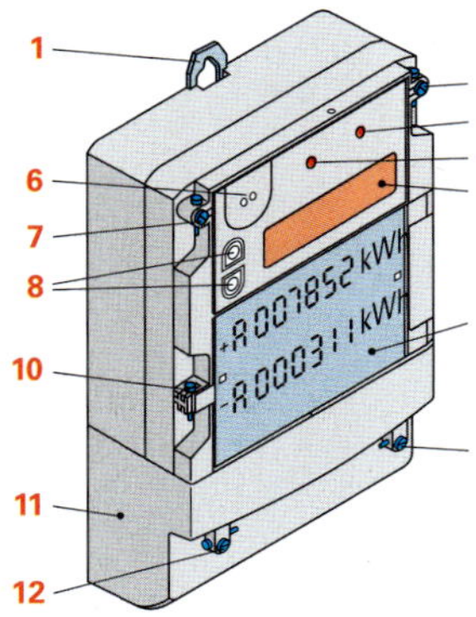 **Elektronische Zähler für Wechselgrößen**	1 Aufhängung 2 Herstellerplombe 3 Blindverbrauch-LED 4 Wirkverbrauch-LED 5 LCD-Anzeige 6 Optische Schnittstelle 7 Schraube mit Eichplombe 8 Abruftasten (AUF-AB) 9 Tarifdaten 10 Werkplombe für Fronttür 11 Klemmdeckel 12 Klemmdeckelschrauben mit Werkplomben	Messsystem: Digital mit Stromwandlereingang Genauigkeit: Klasse A, B Spannungsbereich: 3 × 57 V/100 V bis 3 × 240 V/415 V Leistungsaufnahme je Phase: 0,65 W, 3,6 VA Frequenz: 50 Hz oder 60 Hz Zählerkonstante: 5000 Impulse/kWh bis 200000 Impulse/kWh Energie und Leistung sind als Wirkgrößen (kWh, kW), Blindgrößen (kvarh, kvar) und Scheingrößen (kVAh, kVA) messbar. info@vdn-berlin.de
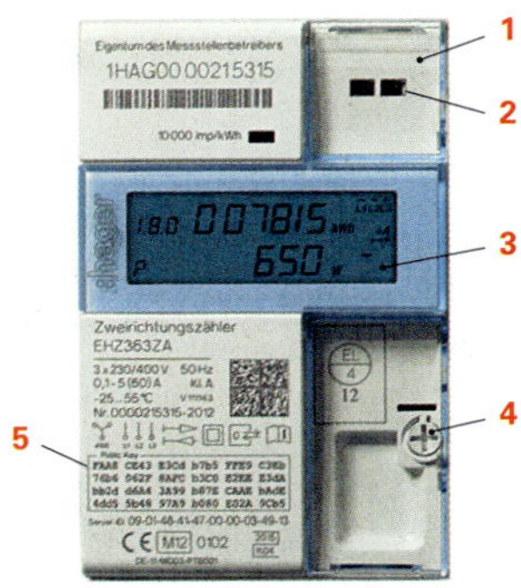 **Elektronischer Haushaltszähler**	1 Datenschnittstelle mit Schutzklappe 2 Optischer Impulsausgang 3 Display mit Anzeige von • Gesamte Energien • Phasenbelegung • Lastflussrichtung 4 Plombierung 5 Public Key für die Verarbeitung von Rechnungsdaten, Zählerständen, Zählernummern. Genauigkeitsklassen: A 9% bis 10% B 5% bis 6% C 2% bis 2,6% (wird nicht im Haushaltsbereich verwendet)	Genauigkeit: Klasse A, B Nennspannung: 3 × 230V/400V Anlaufstrom: 0,02 A Grenzstrom: 25 A Nennfrequenz: 50 Hz, jede Phasenlage ist zulässig Anschlussart: direkt Datenschnittstelle: Infrarot-Sender mit bis 4 Datensätzen je Sekunde Drehstromzähler: gemessen wird nur Wirkenergie Zweirichtungszähler: positive (bezogene) und negative (gelieferte) Wirkenergie werden getrennt angezeigt. Richtungsanzeige auf dem Display. www.hager.de
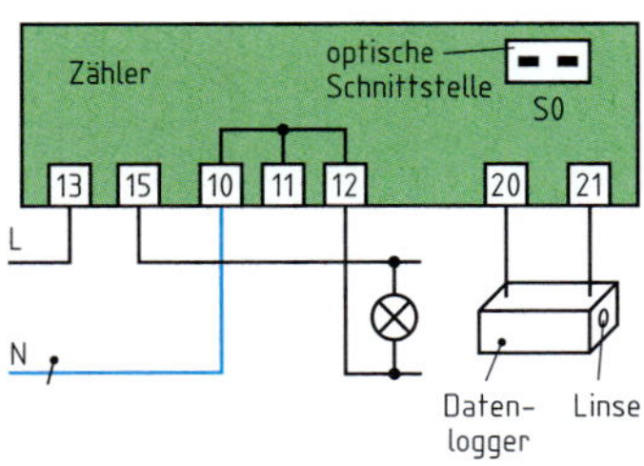 **Anschlussplan für 2-Leiter-AC-Netz**	**Optische Schnittstelle**: Ein Auswertegerät (Datenlogger) nimmt die Stromzählimpulse von der Zähler-IRED auf und gibt sie z. B. per Funk an ein WLAN. Daten-Auswertung z. B. mit dem PC. **S0-Schnittstelle**: Das Auswertegerät oder ein Messumformer versorgt die Schnittstelle über eine Zweidrahtleitung mit der Betriebsspannung.	Impulszahl bei Haushaltszählern: 10000 Impulse/kW Für größere Ströme müssen Stromwandler verwendet werden. Wandlerverhältnisse: von 1:5 bis 1:1500, Einstellung am Zähler Betriebsspannung S0-Schnittstelle: DC 5 V bis 30 V S0-Schnittstellen werden für Wasserzähler, Gaszähler, Wärmezähler und kWh-Zähler verwendet.
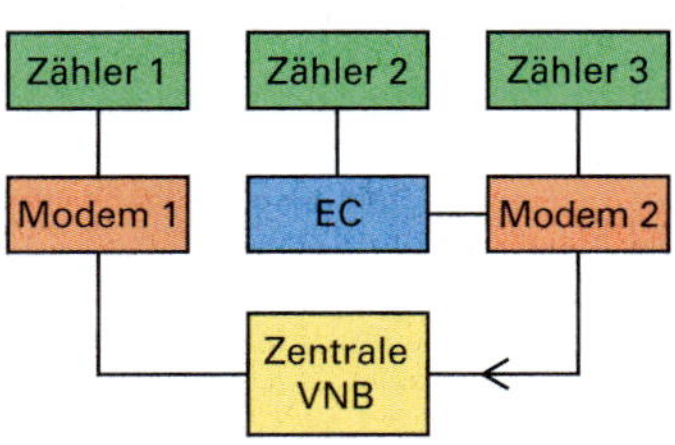 **Fernwirken mit elektronischen Zählern**	Die Zähler können über Modems mit der VNB-Zentrale verbunden werden. Damit entfällt das direkte Ablesen der Zähler durch Beauftragte des VNB oder durch Kunden. An die Modems können z. B. bis zu 3 Zähler mit S0-Schnittstelle angeschlossen werden. Auch für Wärmemengenzähler, Gaszähler und Wasserzähler.	Erfassung und Fernauslesung von Daten für kWh-Zähler. Sind zwischen Zähler und Modem spezielle Erfassungscomputer (EC) geschaltet, können Daten in Intervallen von Minuten, Stunden und Tagen für den Datenaustausch mit dem VNB gespeichert werden. Realisierung von Smart-Grid-Netzen möglich.

K

Oszilloskope

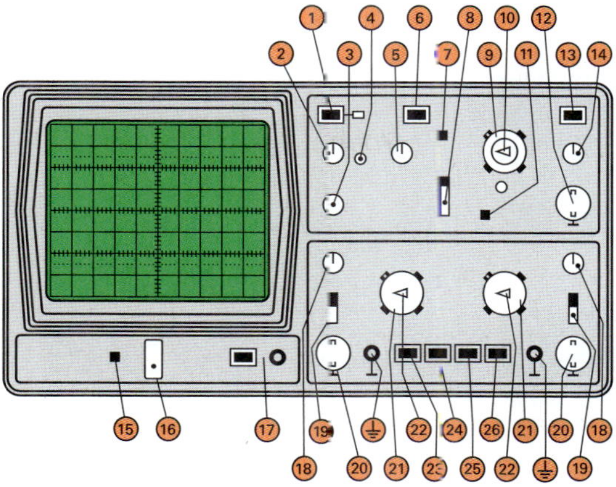

Einsteller an dem rechten Anschlag drehen für Messen mit den angegebenen Skalenwerten.

Zweikanaloszilloskop für Frequenzen bis 20 MHz

Zubehör: Tastköpfe 1:1, 10:1, 100:1, 10:1 (HF), auch kombiniert 1:1/10:1
Trennverstärker 1:1,1:10, 1:100 mit Potenzialtrennung.

1	POWER on/off	Drucktaste
2	INTENS.	Drehknopf
3	FOCUS	Drehknopf
4	TR	Trimmpotenziometer
5	X-Position	Drehknopf
6	X-Y	Drucktaste
7	SLOPE +/-	Drucktaste
8	TRIG.	Schiebeschalter
9	TIME/DIV	Drehschalter (18-stufig)
10	Variable Zeitbasis	Drehknopf
11	EXT	Drucktaste
12	TRIG. INR	BNC-Buchse
13	AT/NORM.	Drucktaste
14	LEVEL	Drehknopf
15	X-MAG. X10	Drucktaste
16	CALIBRATOR 0,2 V-2 V	Kontaktstift
17	COMPONENT TESTER	Drucktaste und 4-mm-Buchse
18	Y-POS. I, II	Drehknöpfe
19	CH. I, II	Schiebeschalter
20	CH, I, II	BNC-Buchsen mit getrennten Massebuchsen
21	Y-Eingangsteiler	Drehschalter (12-stufig)
22	Variable Y-Verstärkung	Drehknopf
23	INV. I	Drucktaste
24	CH I/II-TRIG. I/II	Drucktaste
25	DUAL	Drucktaste
26	ADD-CHOP.	Drucktaste

Englische Bezeichnung	Deutsche Bezeichnung, Wirkung	Englische Bezeichnung	Deutsche Bezeichnung, Wirkung
Allgemeine Bezeichnungen		**Zeitablenkung, Triggerung**	
AC	Wechselspannung	$\overline{Y}$ und INVERT	invertierender Eingang
CAL	kalibriert	+/-	positive/negative Flanke
CH(ANNEL)	Kanal	AUTO, AT	freischwingend
CHOP(PED)	bei Zweikanalbetrieb (s. u.)	DLY'D TRIG	verzögerte Triggerung
DEFL(ECTION)	Ablenkung	DLY-TIME	Verzögerungszeit
FOCUS	Schärfe	EXT(ERNAL)	von außen
HOR(IZONTAL)	Horizontal-	HF/LF	hohe/tiefe Frequenzen
ILLUM(INATION)	Rasteraufhellung	INT(ERNAL)	intern, geräteeigen
INP(UT)	Eingang	LEVEL	Pegel der Triggerung
INTENS(ITY)	Helligkeit	MAINS, LINE	Triggerung mit Netzfrequenz
INVERT, INV	Signalumkehr	MODE	Art des Triggersignals
MAG(NIFICATION)	Vergrößerung	NORM(AL)	normal triggerbar
POWER(ON)	Netzschalter	SINGLE SWEEP	einmalige Ablenkung
VOLT/DIV	VOLT je Teileinheit	SLOPE	Anstieg des Triggersignals
X-Y	XY-Betrieb	SOURCE	Quelle des Triggersignals
Y-POS(ITION)	Senkrechte Verschiebung	TIME/DIV	Zeit je Teileinheit
		TRIG I/II	Triggerung durch Kanal I/II

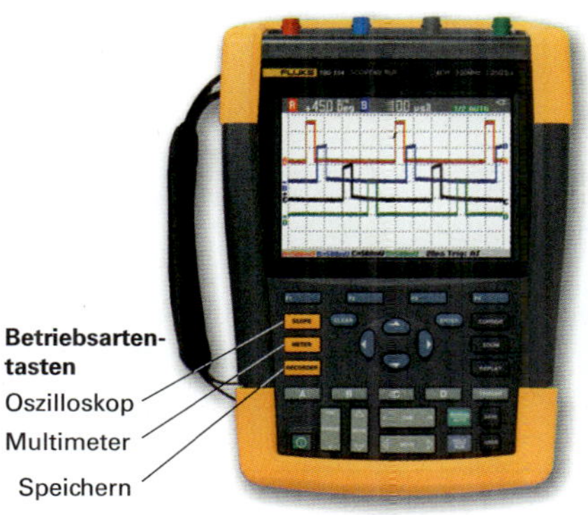

Zweikanaloszilloskop
- Eingangsempfindlichkeit 2 mV/div bis 100 V/div
- Zeitbasisbereich von 2 ns/div bis 2 min/div
- 2 elektrisch isolierte Eingänge
- Abtastrate bis 2,5 Gsample/s
- Auflösung 400 ps
- Speicher für 10000 Samples/je Kanal, zoombar
- Triggerarten z. B.: Freilauf, Ein-Flanken, verzögert Zwei-Flanken, wählbare Impulsbreite

Digitalmultimeter
- Auflösung 5000 Digits
- V DC, V AC, V AC+DC, Effektivwerte, Widerstand, Durchgängigkeit, Strom mit Zange oder Shunt

Scope-Record (Datenlogger)
- Aufzeichnen von Signalform-Sampledaten bis zu 48 h
- bis 30000 Signalwerte bei Multimeterbetrieb
- bis 10000 Signalwerte je Kanal bei Oszilloskopbetrieb

K

Messen mit dem Oszilloskop

Mess-Schaltung	Schirmbild	Anwendung, Erklärung, Auswertung
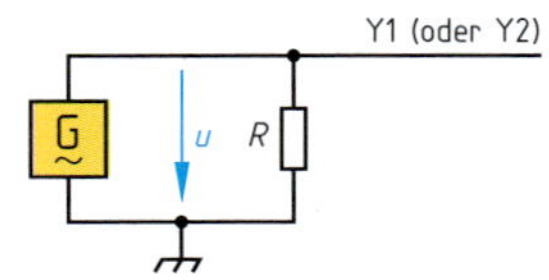 **Spannungsmessung**	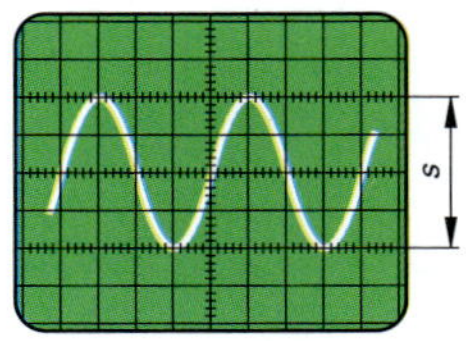	Die Messspannung wird zwischen Eingang Y und Masse angeschlossen. $\hat{\underline{u}}$ Messspannung (Spitze-Talwert) s Auslenkung in DIV A_y Ablenkkoeffizient in y-Richtung in V/DIV $\hat{u}$ Höchstwert der Spannung $\hat{\underline{u}} = s \cdot A_y$ Bei AC: $\hat{u} = \frac{1}{2} \cdot s \cdot A_y$
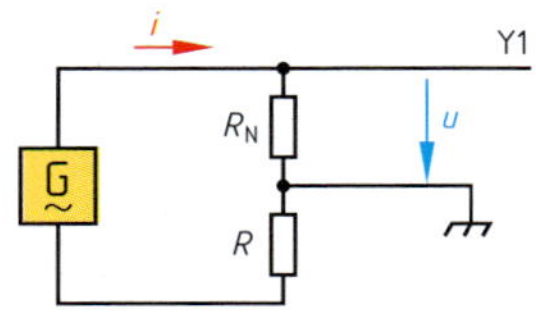 **Strommessung**	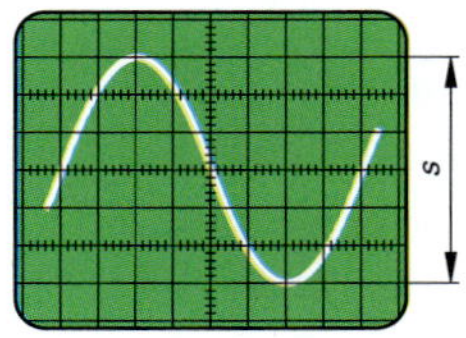	$\hat{\underline{i}}$ Mess-Strom (Spitze-Talwert) R_N Normalwiderstand $\hat{i}$ Höchstwert der Stromstärke $\hat{\underline{i}} = \frac{\hat{\underline{u}}}{R_N}$ Bei AC: $\hat{i} = \frac{1}{2} \cdot \hat{\underline{i}}$
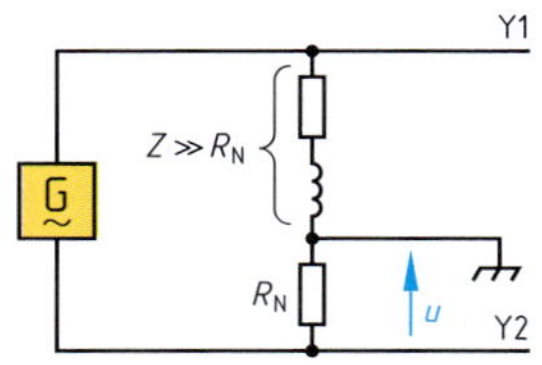 **Phasenlagenmessung (G erdfrei)**	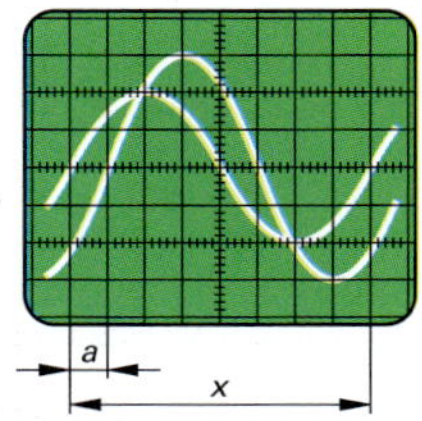	$\frac{a}{x} = \frac{\Delta t}{T}$ $\frac{\Delta t}{T} = \frac{\varphi}{360°}$ Δt Zeitdifferenz T Periodendauer a Abstand in Teilen x Periode in Teilen φ Phasenverschiebungswinkel $\varphi = \frac{a}{x} \cdot 360°$
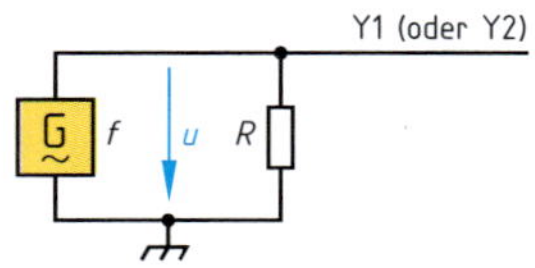 **Frequenzmessung**	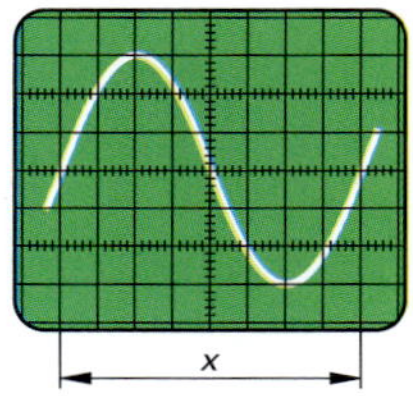	Aus dem Abstand x wird die Periodendauer t_M berechnet. t_M zu messende Zeit, z. B. Periodendauer x Periode in Teilen A_x Zeitkoeffizient in ms/Teil oder µs/Teil $t_M = x \cdot A_x$ $f = \frac{1}{t_M}$ Auf geeichte Zeitbasis-Einstellung achten!
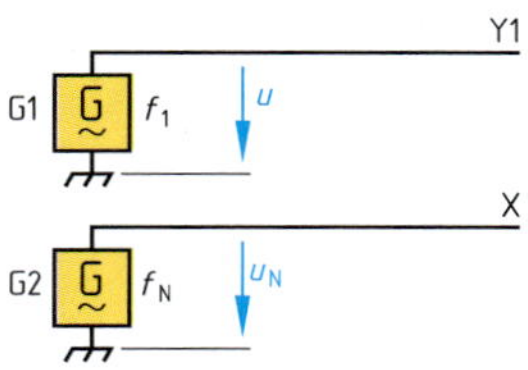 **Frequenzvergleich**	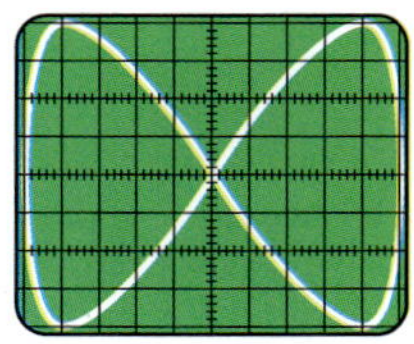 $n = 1$ $m = 2$	Verhalten sich die Frequenzen ganzzahlig zueinander, steht das Bild. Aus den Anzahlen der Berührpunkte der Seiten wird im Verfahren nach Lissajous[1] die Frequenz bestimmt. f_1 Messfrequenz f_N Normalfrequenz m, n Zahl der Seitenberührpunkte $\frac{f_1}{f_N} = \frac{m}{n}$ $f_1 = \frac{m}{n} \cdot f_N$
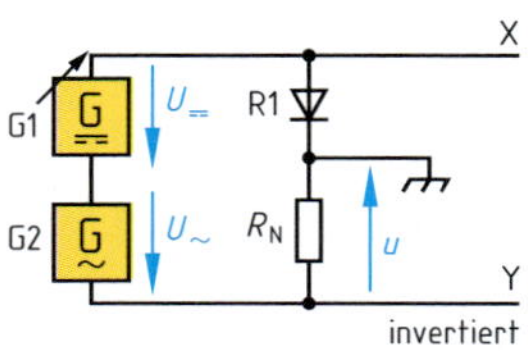 **Kennlinienaufnahme**	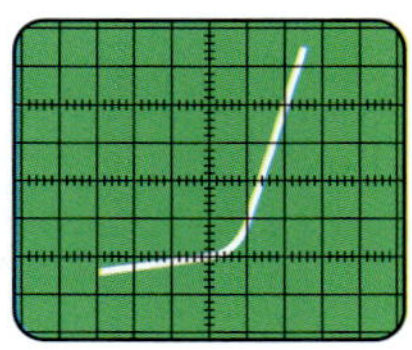	Die Leuchtspur des Elektronenstrahls zeichnet die Kennlinie z. B. mit 50 Hz. Mit der überlagerten Gleichspannung $U_=$ kann der Arbeitspunkt A auf der Kennlinie verschoben werden. G1, G2 müssen für diesen X-Y-Betrieb erdfrei sein. 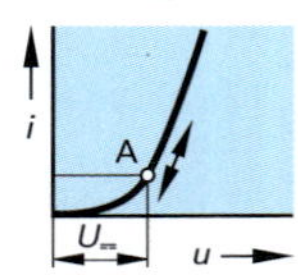

DIV von Division = Teilung, X Eingang, Y_1, Y_2 Kanaleingänge

[1] Lissajous, franz. Physiker, 1822 bis 1880

4 Werkstoffe

Wolfram (W)	19,27	3390
Zink (Zn)	7,13	419,5
Zinn (Sn)	7,29	231,9

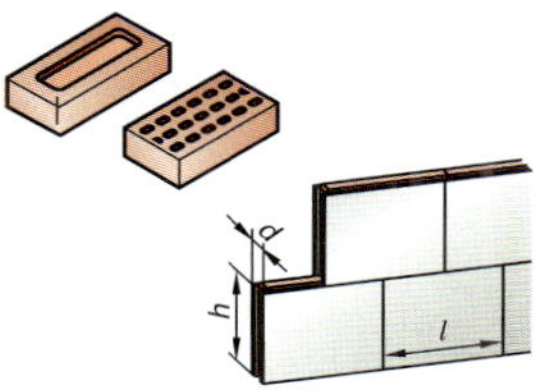

Unlegierte Stähle	Legierte Stähle	Nichtrost. Stähle

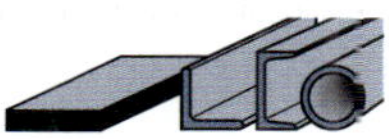

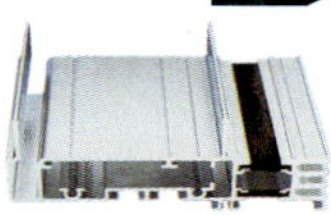

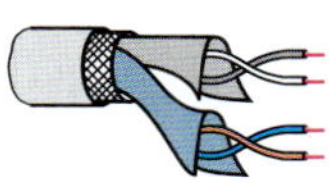
S/FTP

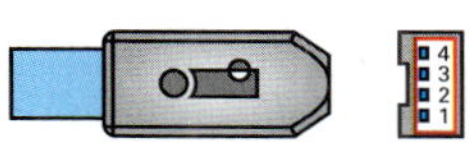

4-polig

Kabel NYY

Stoffwerte

Feste Stoffe

Stoff	Dichte ϱ kg/dm³	Schmelztemperatur bei 1,013 bar ϑ °C	Siedetemperatur bei 1,013 bar ϑ °C	Spezif. Schmelzwärme bei 1,013 bar q kJ/kg	Wärmeleitfähigkeit bei 20 °C λ W/(m · K)	Mittlere spezif. Wärmekapazität bei 0…100 °C c kJ/(kg · K)	Spezif. Widerstand bei 20 °C ϱ_{20} Ω · mm²/m	Längenausdehnungskoeffizient 0…100 °C α_l 1/°C od. 1/K
Aluminium (Al)	2,7	659	2467	356	204	0,94	0,028	0,0000238
Antimon (Sb)	6,69	630,5	1637	163	22	0,21	0,39	0,0000108
Asbest	2,1…2,8	≈ 1300	–	–	–	0,81	–	–
Beryllium (Be)	1,85	1280	≈ 3000	–	165	1,02	0,04	0,0000123
Beton	1,8…2,2	–	–	–	≈ 1	0,88	–	0,00001
Bismut (Bi)	9,8	271	1560	59	8,1	0,12	1,25	0,0000125
Blei (Pb)	11,3	327,4	1751	24,3	34,7	0,13	0,208	0,000029
Cadmium (Cd)	8,64	321	765	54	91	0,23	0,077	0,00003
Chrom (Cr)	7,2	1903	2642	134	69	0,46	0,13	0,0000084
Cobalt (Co)	8,9	1493	2880	268	69,1	0,43	0,062	0,0000127
CuAl-Legierungen	7,4…7,7	1040	2300	–	61	0,44	–	0,0000195
CuSn-Legierungen	7,4…8,9	900	2300	–	46	0,38	0,02…0,03	0,0000175
CuZn-Legierungen	8,4…8,7	900…1000	2300	167	105	0,39	0,05…0,07	0,0000185
Eis	0,92	0	100	332	2,3	2,09	–	0,000051
Eisen, rein (Fe)	7,87	1536	3070	276	81	0,47	0,13	0,000012
Eisenoxid (Rost)	5,1	1570	–	–	0,58 (pulv.)	0,67	–	–
Fette	0,92…0,94	30…175	≈ 300	–	0,21	–	–	–
Gips	2,3	1200	–	–	0,45	1,09	–	–
Glas (Quarzglas)	2,4…2,7	520…550¹⁾	–	–	0,8…1,0	0,73	10^{18}	0,0000005
Gold (Au)	19,3	1064	2707	67	310	0,13	0,022	0,0000142
Grafit (C)	2,26	≈ 3550	≈ 4800	–	168	0,71	–	0,0000078
Gusseisen	7,25	1150…1200	2500	125	58	0,50	0,6…1,6	0,0000105
Hartmetall (K 20)	14,8	> 2000	≈ 4000	–	81,4	0,80	–	0,000005
Holz (lufttrocken)	0,20…0,72	–	–	–	0,06…0,17	2,1…2,9	–	≈ 0,00004²⁾
Iridium (Ir)	22,4	2443	> 4350	135	59	0,13	0,053	0,0000065
Iod (I)	5,0	113,6	183	62	0,44	0,23	–	–
Kohlenst. (Diamant)	3,51	≈ 3550	–	–	–	0,52	–	0,00000118
Koks	1,6…1,9	–	–	–	0,18	0,83	–	–
Konstantan	8,89	1260	≈ 2400	–	23	0,41	0,49	0,0000152
Kork	0,1…0,3	–	–	–	0,04…0,06	1,7…2,1	–	–
Korund (Al2O3)	3,9…4,0	2050	2700	–	12…23	0,96	–	0,0000065
Kupfer (Cu)	8,96	1083	≈ 2595	213	384	0,39	0,0179	0,0000168
Magnesium (Mg)	1,74	650	1120	195	172	1,04	0,044	0,000026
Magnesium-Leg.	≈ 1,8	≈ 630	1500	–	46…139	–	–	0,0000245
Mangan (Mn)	7,43	1244	2095	251	21	0,48	0,39	0,000023
Molybdän (Mo)	10,22	2620	4800	287	145	0,26	0,054	0,0000052
Natrium (Na)	0,97	97,8	890	113	126	1,3	0,04	0,000071
Nickel (Ni)	8,91	1455	2730	306	59	0,45	0,095	0,000013
Niob (Nb)	8,55	2468	≈ 4800	288	53	0,273	0,217	0,0000071
Phosphor, gelb (P)	1,82	44	280	21	–	0,80	–	–
Platin (Pt)	21,5	1769	4300	113	70	0,13	0,098	0,000009
Polystyrol	1,05	–	–	–	0,17	1,3	10^{10}	0,00007
Porzellan	2,3…2,5	≈ 1600	–	–	1…4	0,75…0,9	10^{12}	0,000004
Quarz, Flint (SiO2)	2,1…2,5	1480	2230	–	9,9	0,8	–	0,000008
Schaumgummi	0,06…0,25	–	–	–	0,04…0,06	–	–	–
Schwefel (S)	2,07	113	344,6	49	0,2	0,70	–	–
Selen, rot (Se)	4,4	220	688	83	0,2	0,33	–	–
Silber (Ag)	10,5	961,5	2180	105	407	0,23	0,015	0,0000193

¹⁾ Transformationstemperatur (Übergang starr, fest nach plastisch, zähflüssig) ²⁾ quer zur Faser

Stoffwerte

Feste Stoffe (Fortsetzung)

Stoff	Dichte ϱ kg/dm³	Schmelztemperatur bei 1,013 bar ϑ °C	Siedetemperatur bei 1,013 bar ϑ °C	Spezif. Schmelzwärme bei 1,013 bar q kJ/kg	Wärmeleitfähigkeit bei 20 °C λ W/(m · K)	Mittlere spezif. Wärmekapazität bei 0 … 100 °C c kJ/(kg · K)	Spezif. Widerstand bei 20 °C ϱ_{20} $\Omega \cdot mm^2/m$	Längenausdehnungskoeffizient 0 … 100 °C α_l 1/°C od. 1/K
Silicium (Si)	2,33	1 423	2 355	1658	83	0,75	$2{,}3 \cdot 10^9$	0,000 004 2
Siliciumkarbid (SiC)	3,2	zerfällt über 3 000 °C in C und Si			110[1]	0,7[1]	–	0,000 004 7
Stahl, unlegiert	7,85	≈ 1 500	2 500	205	48 … 58	0,49	0,14 … 0,18	0,000 011 9
Stahl, legiert	7,9	≈ 1 500	–	–	14	0,51	0,7	0,000 016 1
Steinkohle	1,35	–	–	–	0,24	1,02	–	–
Tantal (Ta)	16,6	2 996	5 400	172	54	0,14	0,124	0,000 006 5
Titan (Ti)	4,5	1 670	3 280	88	15,5	0,52	0,42	0,000 009
Uran (U)	19,1	1 133	≈ 3 800	356	28	0,12	–	–
Vanadium (V)	6,12	1 890	≈ 3 380	343	31,4	0,50	0,2	–
Wolfram (W)	19,27	3 390	5 500	54	130	0,13	0,055	0,000 004 5
Zink (Zn)	7,13	419,5	907	101	113	0,4	0,06	0,000 029
Zinn (Sn)	7,29	231,9	2 687	59	65,7	0,24	0,114	0,000 023

Flüssige Stoffe

Stoff	Dichte bei 20 °C ϱ kg/dm³	Zündtemperatur ϑ °C	Gefrier- bzw. Schmelztemperatur bei 1,013 bar ϑ °C	Siedetemperatur bei 1,013 bar ϑ °C	Spezif. Verdampfungswärme[2] r kJ/kg	Wärmeleitfähigkeit bei 20 °C λ W/(m · K)	Spezif. Wärmekapazität bei 20 °C c kJ/(kg · K)	Volumenausdehnungskoeffizient α_V 1/°C od. 1/K
Äthyläther $(C_2H_5)_2O$	0,71	170	– 116	35	377	0,13	2,28	0,001 6
Benzin	0,72 … 0,75	220	– 30 … – 50	25 … 210	419	0,13	2,02	0,001 1
Dieselkraftstoff	0,81 … 0,85	220	– 30	150 … 360	628	0,15	2,05	0,000 96
Heizöl EL	≈ 0,83	220	– 10	> 175	628	0,14	2,07	0,000 96
Maschinenöl	0,91	400	– 20	> 300	–	0,13	2,09	0,000 93
Petroleum	0,76 … 0,86	550	– 70	> 150	314	0,13	2,16	0,001
Quecksilber (Hg)	13,5	–	– 39	357	285	10	0,14	0,000 18
Spiritus 95 %	0,81	520	– 114	78	854	0,17	2,43	0,001 1
Wasser, destilliert	1,00[3]	–	0	100	2256	0,60	4,18	0,000 18

[1] starke Schwankungen bei unterschiedlichen Herstellungsbedingungen
[2] bei Siedetemperatur und 1,013 bar [3] bei 4 °C

Gasförmige Stoffe

Stoff	Dichte bei 0 °C u. 1,013 bar ϱ kg/dm³	Dichtezahl[4] ϱ/ϱ_L	Schmelztemperatur bei 1,013 bar ϑ °C	Siedetemperatur bei 1,013 bar ϑ °C	Wärmeleitfähigkeit bei 20 °C λ W/(m · K)	Wärmeleitzahl[5] λ/λ_L	Spezifische Wärmekapazität bei 20 °C u. 1,013 bar kJ/(kg · K) c_p[6]	c_v[7]
Acetylen (C_2H_2)	1,17	0,905	– 84	– 82	0,021	0,81	1,64	1,33
Ammoniak (NH_3)	0,77	0,596	– 78	– 33	0,024	0,92	2,06	1,56
Butan (C_4H_{10})	2,70	2,088	– 135	– 0,5	0,016	0,62	–	–
Frigen (CF_2Cl_2)	5,51	4,261	– 140	– 30	0,010	0,39	–	–
Kohlenoxid (CO)	1,25	0,967	– 205	– 190	0,025	0,96	1,05	0,75
Kohlendioxid (CO_2)	1,98	1,531	– 57[8]	– 78	0,016	0,62	0,82	0,63
Luft	1,293	1,0	– 220	– 191	0,026	1,00	1,005	0,716
Methan (CH_4)	0,72	0,557	– 183	– 162	0,033	1,27	2,19	1,68
Propan (C_3H_8)	2,00	1,547	– 190	– 43	0,018	0,69	–	–
Sauerstoff (O_2)	1,43	1,106	– 219	– 183	0,026	1,00	0,91	0,65
Stickstoff (N_2)	1,25	0,967	– 210	– 196	0,026	1,00	1,04	0,74
Wasserstoff (H_2)	0,09	0,07	– 259	– 253	0,180	6,92	14,24	10,10

[4] Dichtezahl = Dichte eines Gases ϱ geteilt durch die Dichte der Luft ϱ_L.
[5] Wärmeleitzahl = Wärmeleitfähigkeit λ eines Gases durch die Wärmeleitfähigkeit λ_L der Luft.
[6] bei konstantem Druck [7] bei konstantem Volumen [8] bei 5,3 bar

W

W

Periodisches System der Elemente

Ordnungszahl (= Protonenzahl) – 11 Na – Kurzzeichen
Natrium – Elementname; Zustand bei 273 K (0 °C) und 1,013 bar:
fest: Schwarze Schrift
flüssig: Braune Schrift
gasförmig: Blaue Schrift
Relative Atommasse – 22,989

Radioaktive Elemente in Rot, z. B. 222
künstlich hergestellte Elemente in Klammern, z. B. (261)

1) Leichtmetalle $\rho \leq 5\ kg/dm^3$; Schwermetalle $\rho > 5\ kg/dm^3$

Periode	Hauptgruppen 1 (I A)	2 (II A)	Nebengruppen 3 (III B)	4 (IV B)	5 (V B)	6 (VI B)	7 (VII B)	8 (VIII B)	9 (VIII B)	10 (VIII B)	11 (I B)	12 (II B)	Hauptgruppen 13 (III A)	14 (IV A)	15 (V A)	16 (VI A)	17 (VII A)	18 (VIII A)
1	1 H Wasserstoff 1,008																	2 He Helium 4,002
2	3 Li Lithium 6,941	4 Be Beryllium 9,012											5 B Bor 10,811	6 C Kohlenstoff 12,011	7 N Stickstoff 14,007	8 O Sauerstoff 15,999	9 F Fluor 18,998	10 Ne Neon 20,179
3	11 Na Natrium 22,989	12 Mg Magnesium 24,305											13 Al Aluminium 26,982	14 Si Silicium 28,086	15 P Phosphor 30,974	16 S Schwefel 32,066	17 Cl Chlor 35,453	18 Ar Argon 39,948
4	19 K Kalium 39,098	20 Ca Calcium 40,078	21 Sc Scandium 44,956	22 Ti Titan 47,867	23 V Vanadium 50,942	24 Cr Chrom 51,996	25 Mn Mangan 54,938	26 Fe Eisen 55,845	27 Co Cobalt 58,933	28 Ni Nickel 58,693	29 Cu Kupfer 63,546	30 Zn Zink 65,390	31 Ga Gallium 69,723	32 Ge Germanium 75,610	33 As Arsen 74,922	34 Se Selen 78,960	35 Br Brom 79,904	36 Kr Krypton 83,798
5	37 Rb Rubidium 85,468	38 Sr Strontium 87,620	39 Y Yttrium 88,906	40 Zr Zirconium 91,224	41 Nb Niob 92,906	42 Mo Molybdän 95,962	43 Tc Technetium (98)	44 Ru Ruthenium 101,070	45 Rh Rhodium 102,906	46 Pd Palladium 106,420	47 Ag Silber 107,868	48 Cd Cadmium 112,410	49 In Indium 114,820	50 Sn Zinn 118,710	51 Sb Antimon 121,760	52 Te Tellur 127,600	53 I Iod 126,905	54 Xe Xenon 131,290
6	55 Cs Cäsium 132,905	56 Ba Barium 137,330	57 … 71 Lanthanoide	72 Hf Hafnium 178,490	73 Ta Tantal 180,948	74 W Wolfram 183,850	75 Re Rhenium 186,207	76 Os Osmium 190,230	77 Ir Iridium 192,220	78 Pt Platin 195,080	79 Au Gold 196,967	80 Hg Quecksilber 200,590	81 Tl Thallium 204,383	82 Pb Blei 207,200	83 Bi Bismut 208,980	84 Po Polonium 210	85 At Astat 210	86 Rn Radon 222
7	87 Fr Francium 223	88 Ra Radium 226,025	89 … 103 Actinoide	104 Rf Rutherfordium (263)	105 Db Dubnium (263)	106 Sg Seaborgium (266)	107 Bh Bohrium (264)	108 Hs Hassium (269)	109 Mt Meitnerium (268)	110 Ds Darmstadtium (281)	111 Rg Roentgenium (280)	112 Cn Copernicium (277)	113 Nh Nihonium (287)	114 Fl Flerovium (289)	115 Mc Moscovium (288)	116 Lv Livermorium (293)	117 Ts Tennessin (292)	118 Og Oganesson (294)

57 La Lanthan 138,906	58 Ce Cer 140,120	59 Pr Praseodym 140,908	60 Nd Neodym 144,240	61 Pm Promethium 145	62 Sm Samarium 150,360	63 Eu Europium 151,960	64 Gd Gadolinium 157,250	65 Tb Terbium 158,925	66 Dy Dysprosium 162,500	67 Ho Holmium 164,930	68 Er Erbium 167,260	69 Tm Thulium 168,934	70 Yb Ytterbium 173,040	71 Lu Lutetium 174,967
89 Ac Actinium 227,028	90 Th Thorium 232,038	91 Pa Protactinium 231,036	92 U Uran 238,029	93 Np Neptunium 237	94 Pu Plutonium 244	95 Am Americum (243)	96 Cm Curium (247)	97 Bk Berkelium (247)	98 Cf Californium (251)	99 Es Einsteinium (252)	100 Fm Fermium (257)	101 Md Mendelevium (258)	102 No Nobelium (260)	103 Lr Lawrencium (262)

- Nichtmetalle
- Halbmetalle
- Leichtmetalle[1]
- Schwermetalle[1]
- Edelmetalle
- Halogene
- Edelgase

Ziegel und Klinker

Herstellung und Begriffe

Ziegel werden aus einem Gemisch von Lehm, Ton und Sand unter Wasserzugabe in die gewünschte Form gepresst. Durch Kerneinsätze in der Strangpresse werden je nach Ziegelart unterschiedliche Lochungen erzeugt. In der Trocknungskammer werden die Rohlinge bei 100 °C getrocknet. Durch das langsame Entziehen des Wassers werden Schwindrisse vermieden. Im Tunnelofen werden die Rohlinge bei Temperaturen von 900 °C bis 1 200 °C gebrannt.

Klinker werden bei Temperaturen bis zur Sinterung bei 1500 °C gebrannt. Dabei schmelzen die Bestandteile zu einer glasigen Masse mit nahezu geschlossenen Poren. Die geschlossenen Poren verhindern das Eindringen von Wasser, weshalb die Klinker sehr frostbeständig sind.

Definitionen:

- **Vollziegel (Mz)** haben einen Gesamtlochanteil von ≤ 15 % in der Lagerfläche (siehe Zeichnung). Mit der Ausnahme von Grifflöchern ist der Einzelquerschnitt der Löcher ≤ 6 cm².Mulden in Vollziegel verkleinern die Lagerfläche um maximal 20 %.
- **Hochlochziegel (HLz)** werden als LD-Ziegel oder als HD-Ziegel hergestellt. Die Löcher haben senkrecht zur Lagerfläche mit einen Gesamtlochquerschnitt von 15 % bis 50 %.
- **LD-Ziegel** (LD = Low Density = geringe Dichte) auch **P-Ziegel** (P = protectet = geschützt) genannt sind Ziegel mit einer niedrigen Brutto-Trockendichte (≤ 1000 kg/m³) für die Verwendung in geschützten Mauerwerk. Geschütztes Mauerwerk ist gegen eindringendes Wasser geschützt.
- **HD-Ziegel** (HD = High Density = hohe Dichte) auch **U-Ziegel** (U = unprotectet= ungeschützt) genannt sind Ziegel mit einer hohen mit einer niedr gen Brutto-Trockendichte (> 1000 kg/m³ für die Verwendung in ungeschützten Mauerwerk.
- **Langlochziegel (Lz)** sind Ziegel mit einem oder mehreren Löchern, die den Stein parallel zur Lagerfläche ganz durchdringen.
- **Mulden** sind Vertiefungen in der Lagerfläche, die 20 % des Gesamtvolumens des Mauerziegels ($l \times b \times h$) nicht überschreiten dürfen.
- **Grifflöcher** sind geformte Löcher zur Handhabung des Mauerziegels.
- **Füllziegel** sind Mauerziegel mit Lochung zur Verfüllung mit Beton oder Mörtel.
- **Kammern** sind Aussparungen, die den Mauerstein nicht durchdringen.

Die Bezeichnung, die Festigkeitsklasse, die Rohdichte, das Format sowie die Lochung sind in der DIN 105 und in der DIN EN 771-1 geregelt.

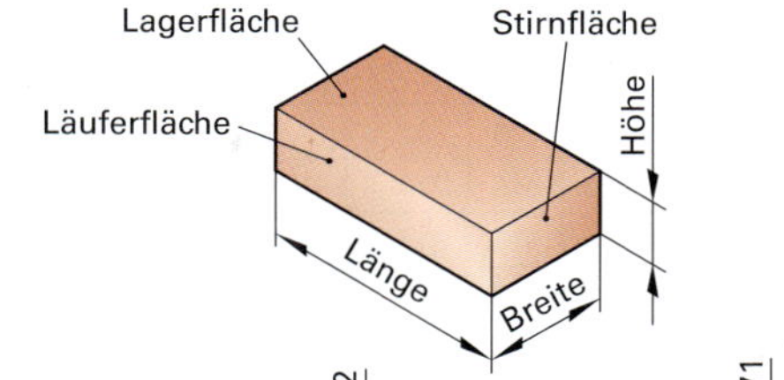

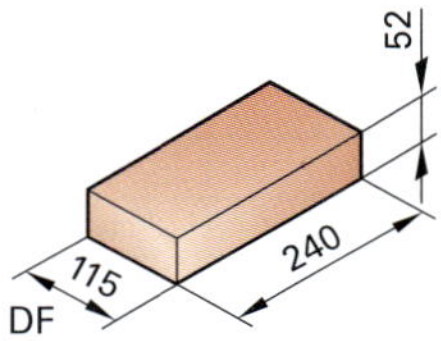

Vollziegel (Mz)

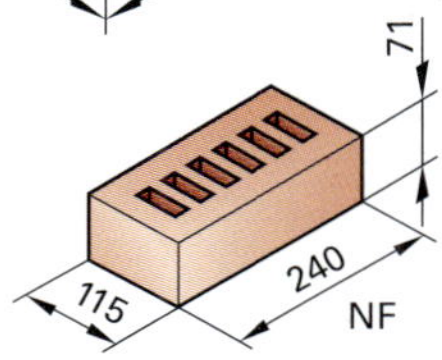

Vollziegel mit Löchern

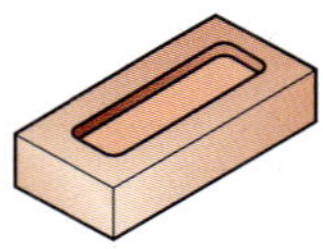
Mauerziegel mit Mulde

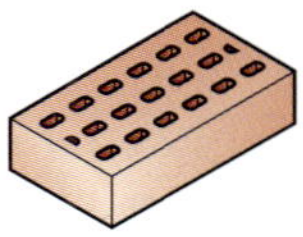
Hochlochziegel

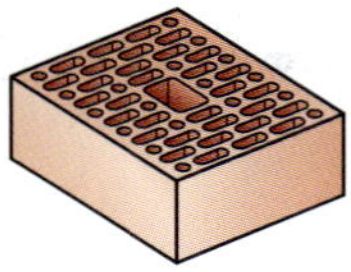
Hochlochziegel

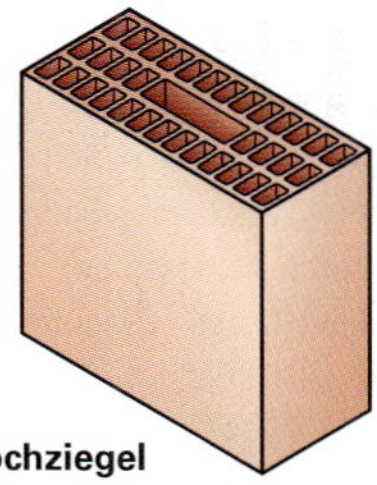
Hochlochziegel

Ziegelarten, Kurzzeichen

Ziegelart	Kurzzeichen	Brutto-Trockenrohdichte kg/dm³
Vollziegel	Mz	1,6 ... 2,0
Vormauer-Vollziegel	VMz	1,6 ... 2,0
Hochlochziegel	HLz¹⁾	1,0 ... 1,6
Vormauer-Hochlochziegel	VHLz¹⁾	1,0 ... 1,6
Vollklinker	KMz	1,8 ... 2,2
Hochlochklinker	KHLz¹⁾	1,0 ... 1,8
Keramikvollklinker	KK	1,8 ... 2,4
Keramik-Hochlochklinker	KHK	1,6 ... 2,2
Wärmedämmziegel	WDz	0,5 ... 0,8
Langlochziegel	LLz	0,5 ... 1,0

¹⁾ Hochlochziegel erhalten gegebenenfalls zusätzlich entsprechend der Lochungsart die Buchstaben A, B oder C.

Ziegel und Klinker

Steinformate

Format-Kurz-zeichen	Maße in mm			Maße in am[3]	Wanddicke mm
	l	*b*	*h*		
DF[1]	240	115	52	2 · 1 · ½	115/240
NF[2]	240	115	71	2 · 1 · ⅔	115/240
2DF	240	115	113	2 · 1 · 1	115/240
3DF	240	175	113	2 · 1 ½ · 1	175/240
4DF	240	240	113	2 · 2 · 1	240
5DF	240	300	113	2 · 2 ½ · 1	240/300
6DF	240	365	113	2 · 3 · 1	240/365
8DF	240	240	238	2 · 2 · 2	240
10DF	240	300	238	2 · 2 ½ · 2	240/300
12DF	240	365	238	2 · 3 · 2	240/365
14DF	425	240	238	3 ½ · 2 · 2	240
15DF	365	300	238	3 · 2 ½ · 2	300/365
16DF	490	240	238	4 · 2 · 2	240
18DF	365	365	238	3 · 3 · 2	365
20DF	490	300	238	4 · 2 ½ · 2	300
21DF	425	365	238	3 ½ · 3 · 2	365
24DF	490	365	238	4 · 3 · 2	365

[1] DF Dünnformat [3] am Achtelmeter

[2] NF Normalformat

Maßtoleranzen für HD-Ziegel bezogen auf Mittelwert:

Klasse T1: ± 0,40 · $\sqrt{\text{Sollmaß}}$ oder ± 3 mm

Klasse T2: ± 0,25 · $\sqrt{\text{Sollmaß}}$ oder ± 2 mm

gesamte Maßspanne:

Klasse R1: 0,6 · $\sqrt{\text{Sollmaß}}$

Klasse R2: 0,3 · $\sqrt{\text{Sollmaß}}$

Druckfestigkeit, Kennzeichnung

Druck-festigkeits-klasse	Kleinster Einzelwert N/mm²	Kennzeichnung der Steine[2]
2	2,0 (2,5)	grün
4	4,0 (5)	blau
6	6,0 (7,5)	rot
8	8,0 (10)	ohne, [1]
10	10,0 (12,5)	ohne, [1]
12	12,0 (15)	ohne
16	16,0 (20)	ohne, [1]
20	20,0 (25)	gelb
28	28,0 (35)	braun
36	36,0 (45)	ein violetter Streifen
48	48,0 (60)	zwei schwarze Streifen
60	60,0 (75)	drei schwarze Streifen

[1] Farbaufdruck der Festigkeitsklasse.
[2] Jeder 200. Stein, ab 10 DF jeder 50. Stein oder auf der Verpackung oder auf Beipackzettel.
Klammerwert in rot entspricht der mittl. Druckfestigkeit

LD-Ziegel

(englisch: Low Density) sind Mauerziegel mit niedriger Brutto-Trockenrohdichte für die Verwendung in geschütztem Mauerwerk.
Brutto-Trockenrohdichte <1000 kg/m³

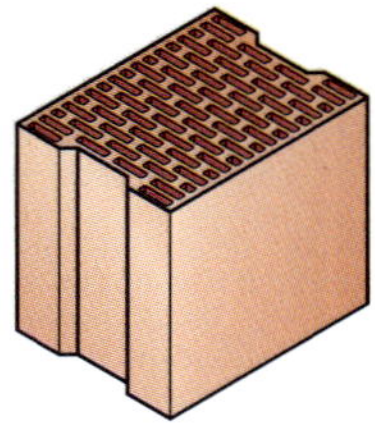

Hochlochziegel mit Mörteltasche

Hochlochziegel mit Grifföffnung

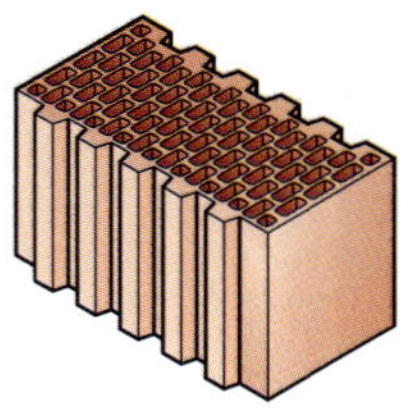

Hochlochziegel mit Nut- und Federsystem

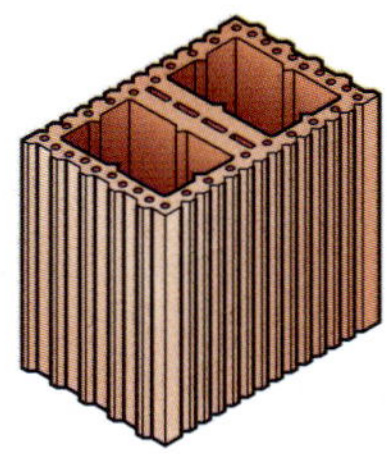

Füllziegel

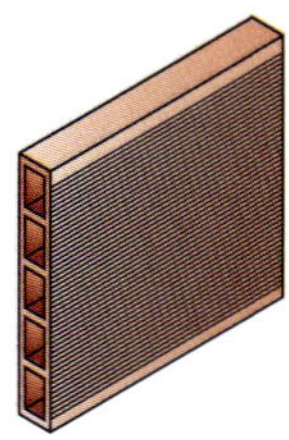

Langlochziegel

Langlochziegel mit Putzrillen

Langlochziegel mit Mörteltaschen

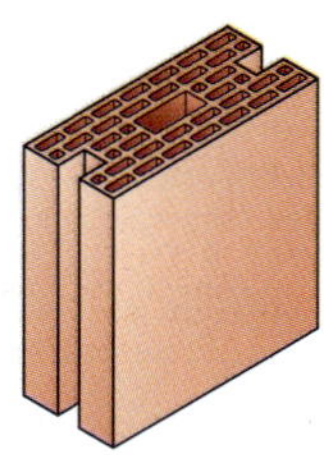

Mauertafelziegel

Hinweis: Die DIN EN 771-1 „Festlegung für Mauersteine – Teil 1: Mauerziegel" enthält nur die Anforderungen für Mauerziegel.

Kalksandsteine

Herstellung und Begriffe

Für die Herstellung von Kalksandsteinen werden Sand und Branntkalk (CaO) im Massenverhältnis 12:1 mit Wasser gemischt, zu Rohlingen gepresst und im Härtekessel unter Dampfdruck von 16 bar bei einer Temperatur von 200 °C innerhalb von 5 bis 8 Stunden gehärtet.

Kalksandsteine sind nach DIN EN 771-2 unterteilt. Die Restnorm DIN V 106 ergänzt die europäische Norm so, dass die bisherige Nutzung der Mauerwerksbaustoffe uneingeschränkt möglich ist.

- Die Formate der üblichen Kalksandsteine entsprechen denen der Ziegel (siehe Seite 154).

Definitionen:

- **Kalksand-Vollsteine (KS)** haben keine Löcher oder einen Lochanteil < 15% senkrecht zur Lagerfläche. Außer von Grifföffnungen sind die Steine 5-seitig geschlossen. Steinhöhe ≤ 113 mm.
- **Kalksand-Lochsteine (KS L)** haben einen Lochanteil zwischen 15% und 50%. Die obere Lagerfläche ist mit Ausnahme von Grifföffnungen geschlossen. Steinhöhe ≤ 113 mm.
- **Kalksand-Blocksteine (KS)** haben die gleichen Eigenschaften wie Vollsteine. Die Steinhöhe ist jedoch > 113 mm.
- **Kalksand-Hohlblocksteine (KS L)** haben die gleichen Eigenschaften wie Lochsteine. Die Steinhöhe ist jedoch > 113 mm.
- **Kalksand-Vormauersteine (KS-Vm)** haben mindestens die Druckfestigkeitsklasse 10 und den Nachweis des Frostwiderstandes erbracht.
- **Kalksand-Verblender (KS-Vb)** haben mindestens die Druckfestigkeitsklasse 16 und haben höhere Anforderungen hinsichtlich der Grenzabmaße und des Frostwiderstandes als Vormauersteine.
- **Plansteine (KS-R-Plansteine)** haben erhöhte Anforderungen an die Grenzabmaße der Höhe sowie der Planparallelität und eignen sich für Dünnbettmörtel.
- **Planelemente (KS XL-PE oder KS XL-RE)** sind großformatige Vollsteine mit einer Höhe von > 249 mm und einer Länge von ≥ 498 mm, deren Querschnitt durch Lochung bis 15% der Lagerfläche gemindert sein kann. Sie müssen hinsichtlich der Maßhaltigkeit für Dünnbettmörtel geeignet sein.
- **Bauplatten (KS-BP)** für nichttragende innere Wände haben ein umlaufendes Nut-Feder-System.
  Übliche Abmessungen: l = 498 mm
  b = 50 mm oder 70 mm
  h = 249 mm

Kalksand-Vollstein
KS NF

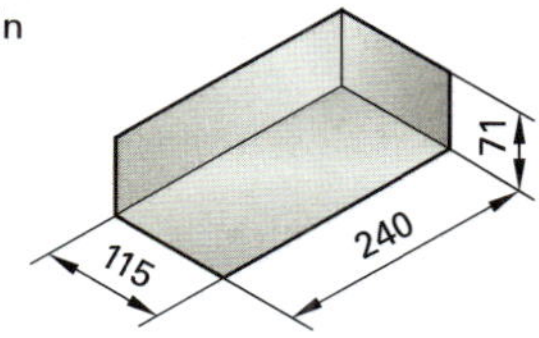

Kalksand-Lochstein
KS L 2DF ($1\frac{1}{2}$ NF)
auch als KS Vb

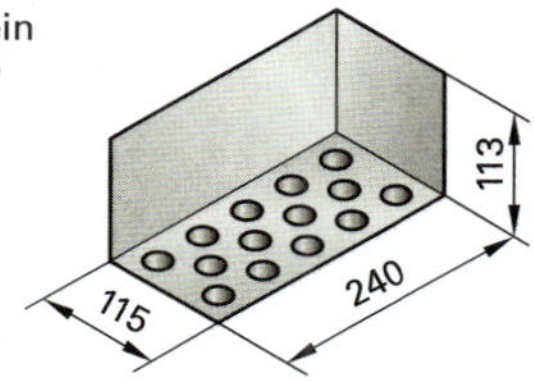

Kalksand-Lochstein
mit Griffloch
KS L 3DF ($2\frac{1}{4}$ NF)

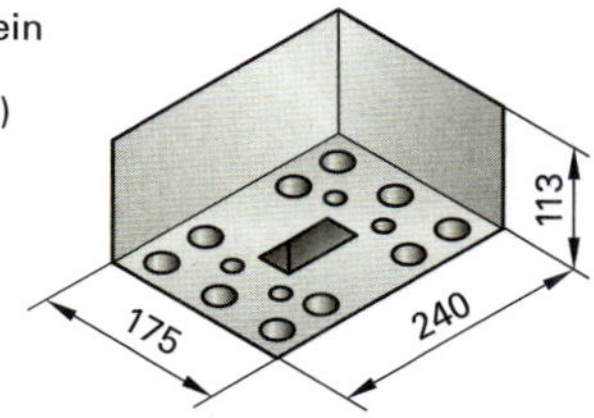

Kalksand-Hohlblockstein
KS L

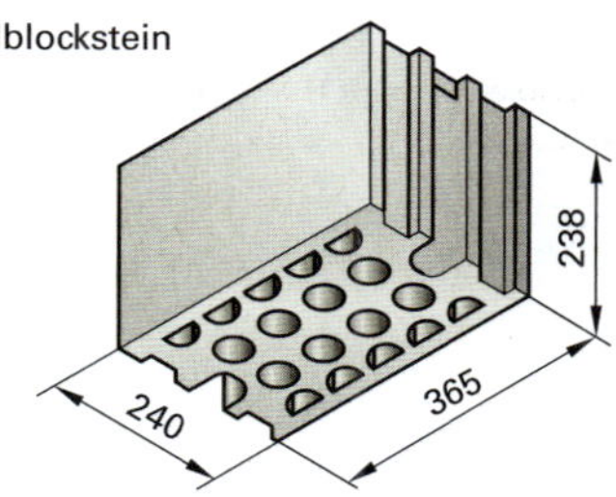

Druckfestigkeit, Kennzeichnung

Druckfestigkeitsklasse	Kennzeichnung außenliegender Steine oder auf Verpackung oder Begleitzettel
4	Stempelaufdruck oder blau
6	Stempelaufdruck oder rot
8	Stempelaufdruck oder rot
10	Stempelaufdruck oder grün
12	keine Kennzeichnung erforderlich
16	Stempelaufdruck oder 2 grüne Streifen
20	Stempelaufdruck oder gelb
28	Stempelaufdruck oder braun
36	Stempelaufdruck oder violett
48	Stempelaufdruck oder 2 schwarze Streifen
60	Stempelaufdruck oder 3 schwarze Streifen

Mauersteine aus Beton/Betonsteine

Mauersteine aus Beton bestehen aus dicken oder porigen Gesteinskörnungen und Zement als Bindemittel (DIN EN 771-3).

Sie werden unterteilt in
- Hohlblöcke aus Leichtbeton (DIN V 18 151-100)
- Hohlblöcke aus Normalbeton (DIN V 18 153-100)
- Leichtbeton-Vollsteine und -Vollblöcke (DIN V 18 152-100)

Begriffe	Kurzzeichen	Begriffsfestlegung
Vollstein	V	Mauerstein für Dickbettmörtel, Sollhöhe 52 mm bis 240 mm
Vollblock	Vbl	sechsseitig geschlossener Mauerstein aus Leichtbeton, Sollhöhe 238 mm
Vollblock	Vbl S	vier- oder fünfseitig geschlossener Mauerstein mit Schlitzen
Vollblock	Vbl SW	5-seitig geschl. Mauerstein mit Schlitzen u. besonderen Wärmedämmeigenschaften
Plan-Vollblock	Vbl SW-P	wie davor, jedoch für Vermauerung mit Dünnbettmörtel, Fugenhöhe 1 mm ... 3 mm
Hohlblock	Hbl	fünfseitig geschlossener Mauerstein mit Kammern senkrecht zur Lagerfläche
Plan-Hohlblock	Hbl-P	wie davor, jedoch zur Vermauerung mit Dünnbettmörtel.

Außenmaße der Hohlblöcke in mm

Form	Formatkurzzeichen	Systemlänge	Breite ± 3 mm	Höhe Hbl ± 4 mm	Höhe Hbl-P ± 1 mm
1 K Hbl	10 DF	500	150		
1 K Hbl	9 DF	375	175		
2 K Hbl	12 DF	500	175		
2 K Hbl	14 DF	500	200		
2 K Hbl	8 DF	250			
3 K Hbl	12 DF	375	240		
4 K Hbl	16 DF	500			
2 K Hbl	10 DF	250			238
3 K Hbl	15 DF	375		238	oder
4 K Hbl	20 DF	500	300		248
5 K Hbl					
3 K Hbl	12 DF	250			
4 K Hbl	18 DF	375	365		
5 K Hbl	24 DF	500			
6 K Hbl					
5 K Hbl	14 DF	250	425		
6 K Hbl	16 DF	250	490		

Druckfestigkeitsklasse, Kennzeichnung

Druckfestigkeitsklasse	Druckfestigkeit		Kennzeichnung1)	
	Mittelwert N/mm2	Mindestwert N/mm2	Anzahl der Nuten	Farbkennzeichnung
2	2,5	2,0	–	grün
4	5,0	4,0	1	blau
6	7,5	6,0	2	rot
8	10,0	8,0	–	„8" in schwarz
12	15,0	12,0	3	schwarz

1) Jede Lieferung, jeder 50. Stein entweder Nuten oder Farbkennzeichnung.

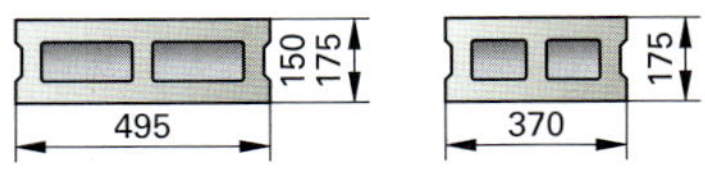

Einkammer-Hohlblock, 1K Hbl

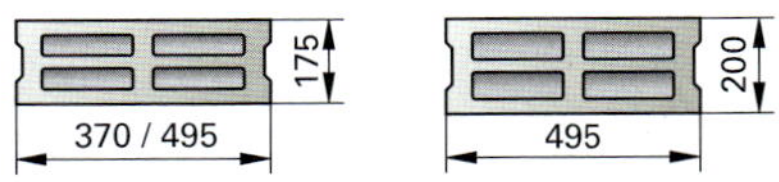

Zweikammer-Hohlblock, 2K Hbl

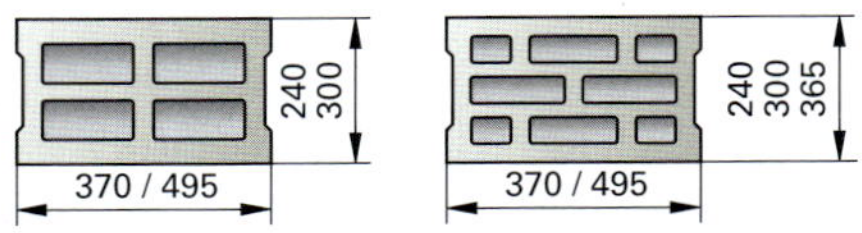

Zweikammer-Hbl Dreikammer-Hohlblock

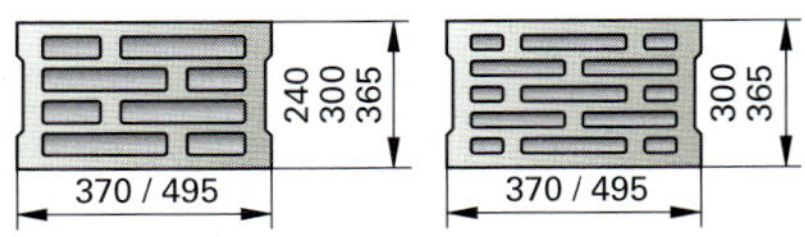

Vierkammer-Hbl Fünfkammer-Hohlblock

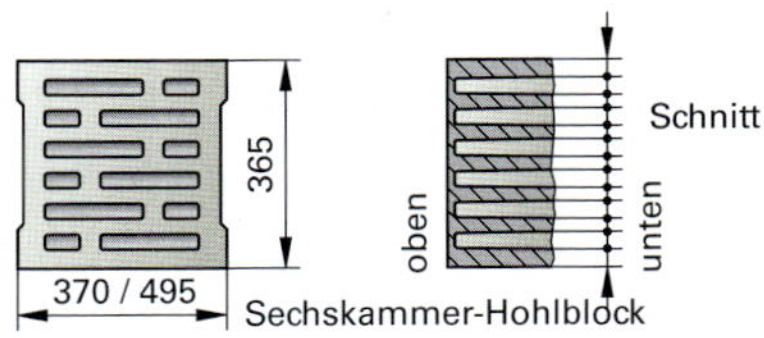

Sechskammer-Hohlblock

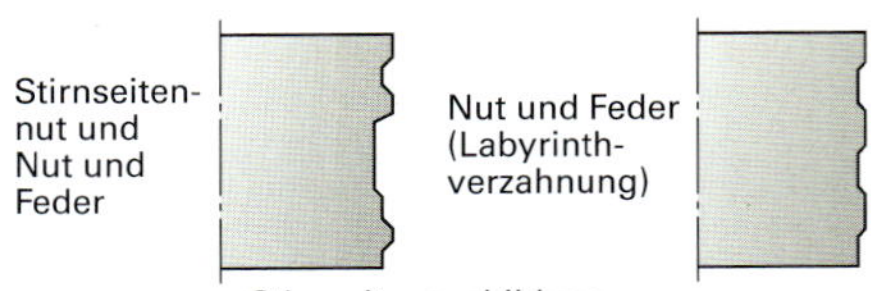

Stirnseitenausbildung

Beispiel für Bezeichnungen: Hohlblock DIN 18 151 – 3 K Hbl – P 2 – 0,50 – 10 DF – 247 / 300 / 248 – N + F

3-Kammer-Hohlblock nach DIN 18 151 zur Vermauerung mit Dünnbettmörtel (P = Planstein), mit der Festigkeitsklasse 2, mit der Rohdichteklasse 0,50, des Formates 10 DF mit der Länge 247 mm, der Breite 300 mm und der Höhe 248 mm mit Nut und Feder (N + F).

Porenbetonsteine

Herstellung und Begriffe

Porenbetonsteine werden aus feingemahlenen oder feinkörnigen kieselsandhaltigen Stoffen (z.B. Sand) mit Zement oder Kalk als Bindemittel, Wasser und porenbildenden Zusatzmitteln (z.B. auf Aluminiumbasis) hergestellt und unter Dampfdruck gehärtet. Infolge dieser Poren beträgt die Rohdichte nur 0,3 kg/dm³ … 1,0 kg/dm³ und die Wärmeleitfähigkeit λ = 0,2 W/m · K. Porenbetonsteine sind Vollsteine.

Porenbetonsteine werden nach DIN EN 771-4 unterschieden. Die Restnorm DIN V 4165-100 ergänzt die europäische Norm so, dass die bisherige Nutzung der Mauerwerksbaustoffe uneingeschränkt möglich ist.

Planstein PP	Quaderförmiger Vollstein, eventuell mit Griffhilfen oder Hantierlöchern, für Dünnbettmörtel; Steinhöhe ≤ 249 mm
Planelement PPE	Quaderförmiger Vollstein, eventuell mit Griffhilfen oder Hantierlöchern, für Dünnbettmörtel; Steinhöhe > 249 mm, Länge ≥ 499 mm
Blockstein PB	Großformatiger Vollstein, der in Normal- oder Leichtmauermörtel zu versetzen ist. (Die Anwendung dieser Steine geht zurück.)
Bauplatte Ppl	Porenbetonstein für nichttragende innere Trennwände mit erhöhten Anforderungen hinsichtlich der Grenzabmaße.

Druckfestigkeits-, Rohdichteklassen, Kennzeichnung

Druckfestigkeitsklasse-Farbkennzeichnung	Druckfestigkeit N/mm² Mittelwert minimal	Druckfestigkeit N/mm² Kleinster Einzelwert	Rohdichteklasse	Mittlere Rohdichte kg/dm³
2 grün	2,5	2,0	0,35 0,40 0,45 0,50	> 0,30 bis 0,35 > 0,35 bis 0,40 > 0,40 bis 0,45 > 0,45 bis 0,50
4 blau	5,0	4,0	0,55 0,60 0,65 0,70 0,80	> 0,50 bis 0,55 > 0,55 bis 0,60 > 0,60 bis 0,65 > 0,65 bis 0,70 > 0,70 bis 0,80
6 rot	7,5	6,0	0,65 0,70 0,80	> 0,60 bis 0,65 > 0,65 bis 0,70 > 0,70 bis 0,80
8 keine[1]	10,0	8,0	0,80 0,90 1,00	> 0,70 bis 0,80 > 0,80 bis 0,90 > 0,90 bis 1,00

Formate/Maße

	Länge mm	Breite mm	Höhe mm
Porenbeton-Plansteine	249 624	115 120 125 150 175 200	124 249
(beide)		240	
Porenbeton-Planelemente	499 1499	250 300 365 375 400 500	374 624

[1] Keine Farbkennzeichnung – dafür Aufstempelung von Festigkeits- und Rohdichteklassen.

Beispiel Bezeichnung

Porenbeton-Planstein DIN 4165 – PP2 – 0,45 – 499 × 240 × 249

Porenbeton-Planstein zur Vermauerung mit Dünnbettmörtel, Festigkeitsklasse 2, Rohdichteklasse 0,45, Steinlänge 499 mm, Steinbreite 240 mm, Steinhöhe 249 mm

Hüttensteine

Hüttensteine nach DIN 398 werden aus schnell gekühlter, granulierter Hochofenschlacke (Hüttensand) und Bindemitteln (Kalk, Zement) hergestellt. Die Rohstoffe werden unter Wasserzugabe gemischt, in Formen gepresst und – je nach dem verwendeten Bindemittel – an der Luft, unter Dampf oder kohlendioxidhaltigem Gas gehärtet. Die Formate und Druckfestigkeiten entsprechen denen von Kalksandsteinen. Das Kurzzeichen von Hüttensteinen ist HS.

Eigenschaften von Hüttensteinen

Rohdichte	Druckfestigkeit	Wärmeleitzahl
1,0 kg/dm³ … 2,0 kg/dm³	7,5 N/mm² … 35 N/mm²	0,58 W/m · K … 0,76 W/m · K

W

Bindemittel

Als Bindemittel bezeichnet man die aufbereiteten (... gebrannten) Stoffe, die natürliche oder künstliche Zuschläge nach Zugabe von Wasser druck- und zum Teil wasserfest miteinander verbinden. Bindemittel erhärten an der Luft (Aufnahme von Kohlendioxid [CO_2] = **Karbonaterhärtung**) oder/und durch die chemische Bindung des Wassers (**hydraulische Erhärtung**).

Zemente

Zement nach **DIN 1164** und **DIN EN 197-1** ist ein hydraulisches Bindemittel für Beton, Mauer- und Putzmörtel, das in Verbindung mit Wasser sowohl an der Luft als auch unter Wasser erhärtet und wasserfest bleibt.

Zementarten und Zusammensetzung nach DIN EN 197-1 + A1

Hauptzementart	Benennung Normalzementarten	Kurzzeichen	Hauptbestandteile (Masse-%)										Dichten[4] ρ kg/dm³
			Portlandzementklinker K	Hüttensand S	Silicastaub D	Puzzolan[1] P	Puzzolan[1] Q	Flugasche[2] V	Flugasche[2] W	Gebrannter Schiefer T	Kalkstein[3] L	Kalkstein[3] LL	
CEM I	Portlandzement	CEM I	95 ... 100	–	–	–	–	–	–	–	–	–	3,10
CEM II	Portlandhüttenzement	CEM II/A-S	80 ... 94	6 ... 20	–	–	–	–	–	–	–	–	3,05
		CEM II/B-S	65 ... 79	21 ... 35	–	–	–	–	–	–	–	–	
	Portlandsilicastaubzement	CEM II/A-D	90 ... 94	–	6 ... 10	–	–	–	–	–	–	–	~ 3,20
	Portlandpuzzolanzement	CEM II/A-P	80 ... 94	–	–	6 ... 20	–	–	–	–	–	–	2,90
		CEM II/B-P	65 ... 79	–	–	21 ... 35	–	–	–	–	–	–	
		CEM II/A-Q	80 ... 94	–	–	–	6 ... 20	–	–	–	–	–	
		CEM II/B-Q	65 ... 79	–	–	–	21 ... 35	–	–	–	–	–	
	Portlandflugaschezement	CEM II/A-V	80 ... 94	–	–	–	–	6 ... 20	–	–	–	–	2,98
		CEM II/B-V	65 ... 79	–	–	–	–	21 ... 35	–	–	–	–	
		CEM II/A-W	80 ... 94	–	–	–	–	–	6 ... 20	–	–	–	
		CEM II/B-W	65 ... 79	–	–	–	–	–	21 ... 35	–	–	–	
	Portlandschieferzement	CEM II/A-T	80 ... 94	–	–	–	–	–	–	6 ... 20	–	–	3,05
		CEM II/B-T	65 ... 79	–	–	–	–	–	–	21 ... 35	–	–	
	Portlandkalksteinzement	CEM II/A-L	80 ... 94	–	–	–	–	–	–	–	6 ... 20	–	3,05
		CEM II/B-L	65 ... 79	–	–	–	–	–	–	–	21 ... 35	–	
		CEM II/A-LL	80 ... 94	–	–	–	–	–	–	–	–	6 ... 20	
		CEM II/B-LL	65 ... 79	–	–	–	–	–	–	–	–	21 ... 35	
	Portlandkompositzement	CEM II/A-M	80 ... 94	← 6 ... 20 →									2,95
		CEM II/B-M	65 ... 79	← 21 ... 35 →									
CEM III	Hochofenzement	CEM III/A	35 ... 64	36 ... 65	–	–	–	–	–	–	–	–	3,00
		CEM III/B	20 ... 34	66 ... 80	–	–	–	–	–	–	–	–	
		CEM III/C	5 ... 19	81 ... 95	–	–	–	–	–	–	–	–	
CEM IV	Puzzolanzement	CEM IV/A	65 ... 89	–	← 11 ... 35 →					–	–	–	~ 2,90
		CEM IV/B	45 ... 64	–	← 36 ... 55 →					–	–	–	
CEM V	Kompositzement	CEM V/A	40 ... 64	18 ... 30	–	← 18 ... 30 →			–	–	–	–	
		CEM V/B	20 ... 58	31 ... 50	–	← 31 ... 50 →			–	–	–	–	

[1] **P** natürliches Puzzolan, **Q** getempertes (temperaturbehandeltes) Puzzolan. [2] **V** kieselsäurereiche Flugasche, **W** kalkreiche Flugasche.
[3] **L** hoher organischer Kohlenstoffgehalt, **LL** niedriger organischer Kohlenstoffgehalt.
[4] Die Schüttdichten aller Zementarten beträgt: lose eingelaufen 0,9 ... 1,2 kg/dm³, eingerüttelt 1,6 ... 1,9 kg/dm³.

Zementbestandteile

Portlandzementklinker (K) ist ein selbstständig hydraulischer Stoff. Ausgangsmaterialien sind Kalkstein und Ton im Verhältnis 3 : 1, die bei ca. 1450 °C bis zur Sinterung im Drehrohrofen gebrannt werden. Fein gemahlen und mit Wasser angemacht erhärtet der PZ-Klinker i. W. zu Calciumsilikaten.

Zemente

Zementbestandteile

Hüttensand (S) ist schnell gekühlte, granulierte Hochofenschlacke, feinkörnig und glasig. Er benötigt zum Abbinden einen Anreger (z. B. Kalk im Zementklinker), entwickelt eine niedrige Hydratationswärme und ist sehr widerstandsfähig gegenüber chemischen Angriffen.

Natürliche Puzzolane (P) (Trass, Lava, Phonolith) sind vulkanische Stoffe, die einen hohen Anteil an Kieselsäure und Tonerde aufweisen. In Verbindung mit Wasser und Kalkhydrat entwickeln sie hydraulische Eigenschaften und bilden dann wasserunlösliche Verbindungen. Natürlich getemperte Puzzolane werden mit **Q** gekennzeichnet.

Flugasche (V) ist ein künstliches Puzzolan, das als Verbrennungsrückstand in industriellen Großfiltern bei der Abgasreinigung von Kohlekraftwerken anfällt. Es ist wie das natürliche P erst dann hydraulisch, wenn die reaktionsfähige Kieselsäure mit Wasser und Kalkhydrat in Verbindung kommt. Kalkreiche Flugasche wird mit **W** gekennzeichnet.

Gebrannter Ölschiefer (T) ist ein fein gemahlener, bitumenhaltiger, kalkhaltiger Schiefer, der durch Brennen bei ca. 800 °C zum **selbstständig hydraulischen Zusatzstoff** wird.

Kalkstein (L ≤ 0,5 M.-%; LL ≤ 0,2 M.-% an organischem Kohlenstoff TOC) ist ein Sedimentgestein mit einem definierten Tongehalt (Methylenblau-Adsorption) und einem $CaCO_3$-Anteil von mind. 75 Masse-%.

Silikastaub (D), auch Mikrosilica genannt, ist glasartig erstarrtes Siliziumdioxid (SiO_2), das entsteht, wenn Filterstaub aus der Herstellung von Siliziummetall abkühlt. Dabei bilden sich Kugeln mit einem Durchmesser von 0,1 µm.

Besondere Eigenschaften der Normzemente

LH Niedrige Hydratationswärme	Wärmemenge nach 7 Tagen ≤ 270 J/g. Kalkarmer Zement reagiert langsamer mit Wasser als kalkreicher.	DIN 197-1 + A1
VLH Sehr niedrige Hydratationswärme	Wärmemenge nach 7 Tagen ≥ 220 J/g Hochofenzement VLH III/B, VLH III/C Puzzolanzement VLH IV/A, VLH IV/B Kompositzement VLH V/A, VLH V/B	DIN 14216
HS **H**oher **S**ulfatwiderstand	Bei CEM I Begrenzung des C_3A auf 3 %, des Al_2O_3 auf 5 % CEM III/B Hüttensandanteil ≥ 66 M.-%	DIN 1164-10
NA **N**iedrig wirksamer **A**lkaligehalt	Bei CEM I Begrenzung des Natriumoxids (Na_2O) CEM II mit ≥ 50 M.-% Hüttensand	DIN 1164-10

Bezeichnung der Zemente: Zemente (CEM) sind mindestens nach der Zementart und dem Zahlenwert für die Normfestigkeit zu kennzeichnen, z. B.

Zement DIN 1164 CEM III/B - 32,5 N - HS Zement DIN EN 197-1 CEM III/B – 32,5 N – LH	III: B: 32,5: N: LH: HS:	Hochofenzement mit hohem Anteil an Zumahlstoff (Hüttensand) der Festigkeitsklasse 32,5 (N/mm²) normal erhärtender Zement Niedrige Hydratationswärme Hoher Sulfatwiderstand

Festigkeitsklassen und Kennfarben

Festigkeitsklasse	Norm	Druckfestigkeit in N/mm² bzw. MPa				Kennfarbe	Erstarrungsbeginn	Raumbeständigkeit
		Anfangsfestigkeit		Normfestigkeit				
		2 Tage	7 Tage	28 Tage				
22,5	DIN EN 14 216	–	–	≥ 22,5	≤ 42,5	–	≥ 75 min	≤ 10 mm
32,5 L	DIN EN 197-4	–	≥ 12	≥ 32,5	≤ 52,5	hellbraun	≥ 75 min	≤ 10 mm
32,5 N	DIN EN 197-1	–	≥ 16					
32,5 R	DIN EN 197-1	≥ 10	–					
42,5 L	DIN EN 197-4	–	≥ 16	≥ 42,5	≤ 62,5	grün	≥ 60 min	≤ 10 mm
42,5 N	DIN EN 197-1	≥ 10	–					
42,5 R	DIN EN 197-1	≥ 20	–					
52,5 L	DIN EN 197-4	≥ 10	–	≥ 52,5	–	rot	≥ 45 min	≤ 10 mm
52,5 N	DIN EN 197-1	≥ 20	–					
52,5 R	DIN EN 197-1	≥ 30	–					

R Rapid (schnellhärtende Zemente); **N** Normalhärtende Zemente; **L** langsamhärtende Zemente.

W

Baukalke

Baukalke nach **DIN EN 459** sind Bindemittel für Mauer- und Putzmörtel, die je nach Zusammensetzung

① langsam an der Luft erhärten (Aufnahme von CO_2 ⇒ Karbonaterhärtung) ⇒ **Luftkalke**

② unter Wasser erstarren und erhärten (chemische Bindung des Wassers = hydraulische Erhärtung). Atmosphärisches Kohlendioxid trägt zum Erhärtungsprozess bei ⇒ **hydraulische Kalke**.

- **Rohstoffe:** Kalkstein ($CaCO_3$), Dolomitstein ($CaCO_3 \cdot MgCO_3$), Kalkmergel (Kalkstein + Hydraulefaktoren)
- **Technologische Merkmale:** gut verarbeitbar; ergiebig; hohes Wasserrückhaltevermögen; geschmeidig; geringere Festigkeit als Zement
- **Klassifizierung:** Die Ziffer hinter den Luftkalken gibt den Mindestanteil an Calcium und Magnesium in % an (CaO- und MgO-Anteil), die Ziffer hinter den hydraulischen Kalken gibt die Druckfestigkeit in N/mm² nach 28 Tagen an.

Kalkarten, Eigenschaften und Anwendungsgebiete

Baukalke	Luftkalke	Hydraulische Kalke (HL) und natürliche hydraulische Kalke (NHL)		
	Weißkalke (CL) Dolomitkalke (DL)	HL 2 und NHL 2	HL 3,5 und NHL 3,5	HL 5 und NHL 5
Erhärtung	Karbonaterhärtung (CO_2 aus der Luft)	Diese Kalke erstarren und erhärten unter Wasser (hydraulische Erhärtung). CO_2 trägt zum Erstarrungsprozess bei.		
Zusammensetzung	Kalkstein/ Dolomitstein ≥ 70 % ($CaMg(CO_3)_2$-Anteil)	HL: Kalkmergel, eine Verbindung aus Calciumhydroxiden, Calciumsilikaten und Calciumaluminaten. Wie Zement, jedoch mit ≥ 3 M.-% freiem CaO (Karbonaterhärtung) NHL: mehr oder weniger ton- oder kieselsäurehaltiger Kalkstein		
Eigenschaften	nicht feuchtigkeitsbeständig, geringe Festigkeit, kräftiges Löschen	vollständiges, aber träges Löschen, Festigkeit ~ 1 N/mm²; 1,8-fache Ergiebigkeit	unvollständiges Löschverhalten, mittlere Festigkeit	druckfest und wasserfest
Anwendungsbereiche	nichttragendes MW, Innenputz, Zusatz zum Zementmörtel, nicht für dichte Steine	Kellermauerwerk, Innen- und Außenputz, auch für schwach saugende Mauersteine	Kellermauerwerk, stärker belastetes MW, Putz, schwach und nicht saugende Mauersteine	Kellermauerwerk, stark belastetes MW, Putz, Mauerwerk mit hoher Feuchtigkeitsbelastung
Schüttdichte ρ in kg/dm³	CL 0,3 … 0,6 DL 0,4 … 0,6	HL 2 0,4 … 0,8 NHL 2 0,4 … 0,8	HL 3,5 0,5 … 0,9 NHL 3,5 0,5 … 0,9	HL 5 0,6 … 1,0 NHL 5 0,6 … 1,0
Druckfestigkeit f_c in N/mm² bzw. MPa	„…weisen eine Druckfestigkeit auf…"	7 Tage: – 28 Tage: 2 … 7	7 Tage: ≥ 1,5 28 Tage: 3,5 … 10	7 Tage: ≥ 2 28 Tage: 5 … 15

Baukalkarten

Benennung	Kurzzeichen
Weißkalk 90[1]	CL 90
Weißkalk 80	CL 80
Weißkalk 70	CL 70
Dolomitkalk 85	DL 85
Dolomitkalk 80	DL 80
Hydraulischer Kalk 2[2]	HL 2
Hydraulischer Kalk 3,5	HL 3,5
Hydraulischer Kalk 5	HL 5
Natürlicher hydraulischer Kalk 2	NHL 2
Natürlicher hydraulischer Kalk 3,5	NHL 3,5
Natürlicher hydraulischer Kalk 5	NHL 5

Bezeichnung der Baukalke

Baukalke sind mit der Benennung, der DIN-Nummer und dem Kurzzeichen zu bezeichnen

Bezeichnung für Weißkalk 90 (CL 90):
Weißkalk DIN EN 459 - CL 90 Q[3]

Bezeichnung für hydraulischen Kalk 5 (HL 5)
Hydraulischer Kalk DIN EN 459 - HL 5

Bezeichnung für natürlichen hydraulischen Kalk 3,5 (NHL 3,5)
Natürlicher hydraulischer Kalk DIN EN 459 - NHL 3,5-Z[4]

[1] Die Ziffer hinter den Luftkalken gibt den ($CaMg(CO_3)_2$-Anteil) in % an.
[2] Die Ziffer hinter den hydraulischen Kalken gibt die Druckfestigkeit in N/mm² an.
[3] Ungelöschter Kalk.
[4] Hydraulischer/puzzolanischer Zusatz.

Gesteinskörnungen

Gesteinskörnung	Körniges Material für die Verwendung im Bauwesen. Gesteinskörnungen können natürlich, industriell hergestellt oder recycelt sein.
Natürliche Gesteinskörnung	Gesteinskörnung aus mineralischen Vorkommen, die ausschließlich einer mechanischen Aufbereitung unterzogen worden ist.
Industriell hergestellte Gesteinskörnung	Gesteinskörnung mineralischen Ursprungs, die in einem industriellen Prozess unter Einfluss einer thermischen oder sonstigen Veränderung entstanden ist.
Recycling-Gesteinskörnung	Gesteinskörnung aus aufbereitetem anorganischem Material, das zuvor als Baustoff eingesetzt war.
Feine Gesteinskörnung	Bezeichnung für kleinere Korngruppen mit $D \leq 4$ mm und $d = 0$
Grobe Gesteinskörnung	Bezeichnung für Korngrößen mit $\frac{D}{d} \leq 2$ oder $D \leq 11{,}2$ mm
Natürlich zusammengesetzte Gesteinskörnung 0/8	Bezeichnung für natürliche Gesteinskörnung glazialen (während der Eiszeit entstandenes Gestein) und/oder fluvialen (von einem Fließgewässer mitgeführtes zerkleinertes Gestein) Ursprungs mit $D \leq 8$ mm und $d = 0$.
Korngemisch	Gesteinskörnung, die aus einer Mischung grober Gesteinskörnung und feiner Gesteinskörnung besteht mit $D \leq 45$ mm und $d = 0$.
Größt- und Kleinstkorn	Die obere bzw. untere Korngröße einer Korngruppe bzw. Lieferkörnung.
Kornzusammensetzung	Korngrößenverteilung, ausgedrückt durch die Siebdurchgänge als Massenanteil (bzw. Volumenanteil) in Prozent durch eine festgelegte Anzahl von Sieben.
Korngruppe Lieferkörnung	Bezeichnung einer Gesteinskörnung mittels unterer (d) und oberer (D) Siebgröße, ausgedrückt d/D.
Kornklasse	Bereich zwischen zwei benachbarten Prüfkorngrößen, z. B. 4 mm bis 8 mm (4/8).
Unter- und Überkorn	Unterkorn ist der Anteil, der bei der Prüfsiebung durch das untere Prüfsieb d der jeweiligen Korngruppe hindurchfällt (max. 20 M.-%); Überkorn der Anteil, der auf einem entsprechenden oberen Sieb D liegen bleibt (max. 20 M.-%).
Füllkorn	Körner mit einer Korngröße, die gerade in die Zwickel zwischen den nächstgrößeren passt
Einkorn	Körner aus nahezu gleicher Korngröße (ca. 33 % Haufwerksporen)
Haufwerk	Aus Einzelkörnern ohne Verkittung bestehendes Kornvolumen (lose geschüttet oder verdichtet)
Füller (Gesteinsmehl)	Gesteinskörnung, deren überwiegender Teil durch das 0,063-mm-Sieb hindurchgeht und den Baustoffen zur Erreichung bestimmter Eigenschaften zugegeben werden kann
Kategorie	Niveau für die Eigenschaft einer Gesteinskörnung, ausgedrückt als eine Bandbreite von Werten oder als Grenzwert, z. B. wird die Eigenschaft der Kornzusammensetzung beschrieben mit **G_C 85/20**: **G** = Grading (Kornzusammensetzung – **C** = coarse (grobkörnig) – **85** = mind. 85 M.-% Siebdurchgang auf dem oberen Sieb D (Überkorn max. 15 M.-%) – **20** = max. 20 M.-% Unterkorn (Siebdurchgang unteres Sieb d max. 20 M.-%)
Kernfeuchte	Wassermenge, die in den Gesteinsporen enthalten ist, auch Porenfeuchte genannt
Oberflächenfeuchte	Wassermenge, die an der Kornoberfläche haftet – ist beim Zugabewasser des Betons zu berücksichtigen (Zugabewasser + Oberflächenfeuchte = Wasseranspruch des Frischbetons)
Eigenfeuchte	Summe aus Kernfeuchte und Oberflächenfeuchte
Siebsatz	Der Prüfsiebsatz für Gesteinskörnungen besteht i. d. R. aus Einzelsieben mit Maschen oder quadratischen Öffnungen. Der **Grundsiebsatz** umfasst die Siebgrößen: **0,063; 0,125; 0,25; 0,5; 1; 2; 4; 8; 16; 31,5 (32); 63 mm.** Der **Ergänzungssiebsatz 1** enthält zusätzlich zum Grundsiebsatz die Siebgrößen **5,6 (5); 11,2 (11); 22,4 (22) und 45 mm.** Die Zahlen in Klammern können zur vereinfachten Benennung von Lieferkörnungen verwendet werden. Der **Ergänzungssiebsatz 2** enthält zusätzlich zum Grundsiebsatz die Siebgrößen **6,3 (6); 10; 12,5 (12); 14; 20 und 40 mm.**
Mehlkorn	Anteile der Körnung bis max. 0,125 mm, Zement, mineralische Zusatzstoffe
Siebdurchgang/ Siebrückstand	Menge der Gesteinskörnung, die durch das Sieb fällt/ Menge der Gesteinskörnung, die auf dem Sieb liegen bleibt

Gesteinskörnungen

Arten und Anforderungen

Durch die Vorgabe der Bauproduktverordnung der Europäischen Gemeinschaft gibt es verschiedene Anforderungsklassen für Gesteinskörnungen, die in 5 europäischen Normen enthalten sind. Die Umsetzung dieser Anforderungen in das deutsche Regelwerk ist in den **nationalen Anwendungsdokumenten (NA)** enthalten: DIN **(V) 20000** für den allgemeinen Hochbau, **TL Gestein StB** für den Straßen- und Ingenieurbau.

Europäische Anforderungsnormen DIN EN/(Nationales Anwendungsdokument NA)	
DIN EN 12620	Gesteinskörnungen für Beton/(DIN V 20000-103, TL Gestein-StB)
DIN EN 13043	Gesteinskörnung für Asphalt und Oberflächenbehandlungen für Straßen .../ (TL Gestein-StB)
DIN EN 13055-1	Leichte Gesteinskörnungen für Beton, Mörtel und Einpressmörtel/ (DIN V 20000-104)
DIN EN 13139	Gesteinskörnungen für Mörtel/(DIN V 20000-103)
DIN EN 13242	Gesteinskörnungen für ungebundene und hydraulisch gebundene Gemische .../ (TL Gestein-StB)

Art der Gesteinskörnung	Norm	nicht gebrochen	Rohdichte (kg/dm³)	gebrochen	Rohdichte (kg/dm³)
Leichte Gesteinskörnung $\varrho \leq 2 \frac{kg}{dm^3}$	DIN 4226-2	Naturbims } Lava } Tuff	0,2 ... 1,3 1,3 ... 2,0	Hüttenbims Blähbeton } Blähschiefer }	0,5 ... 1,5 0,7 ... 1,7
Normale Gesteinskörnung $2 \frac{kg}{dm^3} < \varrho \leq 3 \frac{kg}{dm^3}$	DIN 4226-1	Quarzit Kalkstein Granit Basalt	2,6 ... 2,7 2,4 ... 2,8 2,6 ... 2,8 2,8 ... 3,0	Hochofenschlacke Schmelzgranulat Hüttensand	2,5 ... 2,6 2,6 ... 2,7 2,5
Schwere Gesteinskörnung $\varrho > 3 \frac{kg}{dm^3}$	DIN 4226-1	Schwerspat } Baryt } Magnetit Hämatit	4,0 ... 4,3 4,6 ... 4,8 4,9 ... 5,3	Schwermetall-schlacke Sintererz Stahlsand	~ 3,5 4,4 ... 5,3 7,5
Rezyklierte Gesteinskörnung	DIN 4226-100	–	–	Betonsplitt Betonbrechsand } Mauerwerksbruch }	≥ 2,0

Allgemeine Anforderungen an die Kornzusammensetzung nach DIN EN 12620

Gesteinskörnungen	Korngröße	Durchgang in Massenanteil in Prozent[1] 2 *D*	1,4 *D*	*D*	*d*	*d*/2	Kategorie G[2]	Korngruppe *d*/*D* z. B.
Grob (Kies) (Kies-Sand)	$D/d \leq 2$ oder $D \leq 11{,}2$ mm	100 100	98 ... 100 98 ... 100	85 ... 99 80 ... 99	0 ... 20 0 ... 20	0 ... 5 0 ... 5	G_C 85/20 G_C 80/20	4/8 2/4
	$D/d > 2$ und $D \leq 11{,}2$ mm	100	98 ... 100	90 ... 99	0 ... 15	0 ... 5	G_C 90/15	4/16 4/32
Fein (Sand)	$D > 4$ mm und $d = 0$	100	95 ... 100	85 ... 99	–	–	G_F 85	0/4 0/2
natürlich zusammengesetzte Gesteinskörnungen	$D = 8$ mm und $d = 0$	100	98 ... 100	90 ... 99	–	–	G_{NG} 90	0/8
Korngemisch	$D \leq 45$ mm und $d = 0$	100 100	98 ... 100 98 ... 100	90 ... 99 85 ... 99	–	–	G_A 90 G_A 85	0/16 0/32

D Siebweite des oberen Begrenzungssiebes *d* Siebweite des unteren Begrenzungssiebes

[1] Erklärung: Bei einer **groben Gesteinskörnung**, z. B. Korngruppe 4/8, dürfen max. 15 M.-%/müssen mind. 1 M.-% auf dem oberen Sieb als Überkorn liegen bleiben (Siebdurchgang 8 mm: 85 M.-% bis 99 M.-%) und max. 20 M.-% als Unterkorn durch das untere Sieb ($D/d = 2$) hindurchfallen (Siebrückstand 4 mm: 0 M.-% bis 20 M.-%).

[2] G = Grading ⇒ Kornzusammensetzung/Korngrößenverteilung;
C = Coarse ⇒ grobkörnig; F = Fine ⇒ feinkörnig; NG = Natural Grading ⇒ natürlich zusammengesetzte Gesteinskörnung; A = All-in ⇒ (Korn-)Gemisch

W

Kornzusammensetzung für Betone

Sieblinien[1] nach DIN 1045-2/DIN EN 12620

für Beton und Stahlbeton mit einem Größtkorn von 8 mm, 16 mm, 32 mm, 63 mm

① grobkörnig (zu grob, unterhalb A)
② Ausfallkörnung (günstig für Ausfallkörnung, zwischen U und B)
③ grob bis mittelkörnig (günstig zwischen A und B)
④ mittel- bis feinkörnig (brauchbar, zwischen B und C)
⑤ feinkörnig (zu fein, oberhalb von C)

Regelsieblinien für Korngemisch 0/8

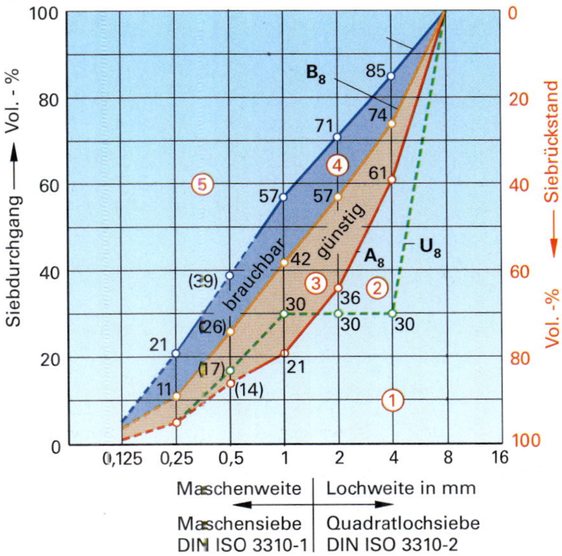

Regelsieblinien für Korngemisch 0/16

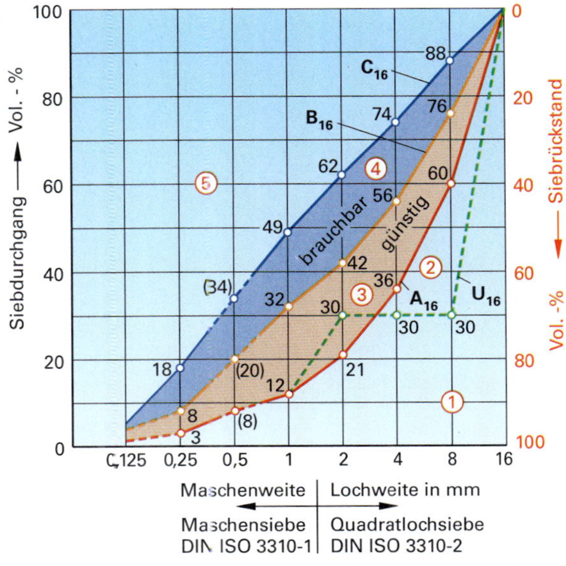

[1] Bei Sand und Kies mit annähernd gleichen Rohdichten ist die Angabe in Massenprozenten üblich und ausreichend.

W

W

Kornzusammensetzung für Betone

Sieblinien

Regelsieblinien für Korngemisch 0/32

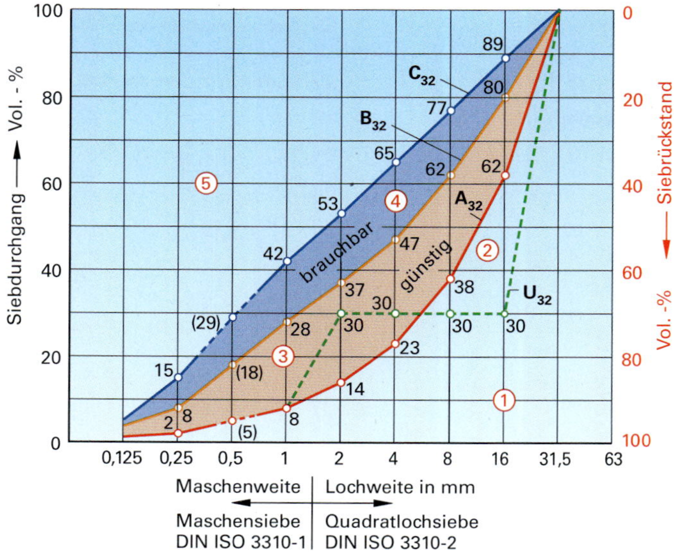

Regelsieblinien für Korngemisch 0/63

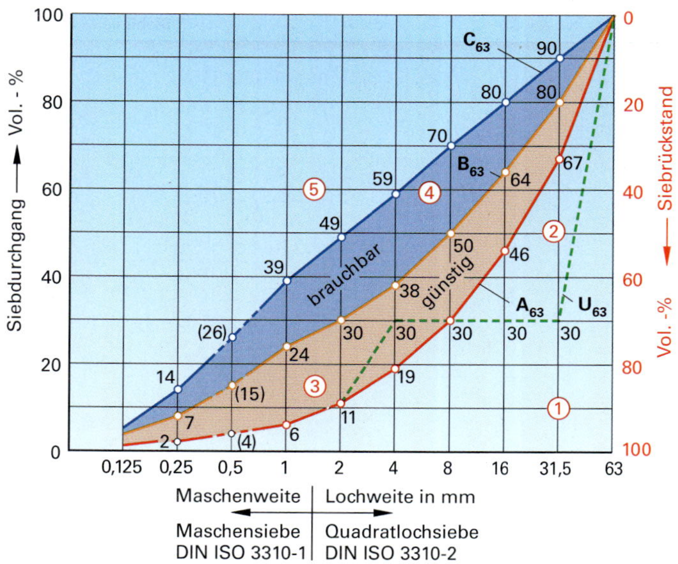

Betontechnologische Forderungen

- Die Gesteinskörnung soll ein dichtes, hohlraumarmes Kornhaufwerk bilden.
- Die Oberfläche des Korngemisches soll klein sein.
- Die Gesteinskörnung soll einen gut verarbeitbaren und gut verdichtbaren Beton ermöglichen.

Konstruktive Forderung

- Der Größtkorndurchmesser soll $\leq \frac{1}{3}$ des kleinsten Bauteilmaßes sein.
- Die Gesteinskörnung soll kleiner sein als der Abstand der Bewehrungsstäbe untereinander und von der Schalung.

Kornzusammensetzung für Betone

Siebversuch

Durch den Siebversuch wird die Kornzusammensetzung der Gesteinskörnung bestimmt.

Größtkorn	PM = Probemenge, MP = Messprobe		
	$2{,}00\ kg/dm^3 \leq \rho \leq 3{,}00\ kg/dm^3$		
mm	PM (kg)	MP (kg)	
bis 4	0,5	0,2	Die minimale Masse der Messprobe von Gesteinskörnungen mit anderen Größen kann von nebenstehenden Massen interpoliert werden.
8	2,5	0,6	
16	10,5	2,6	
32	35,5	10	
63	85,5	40	

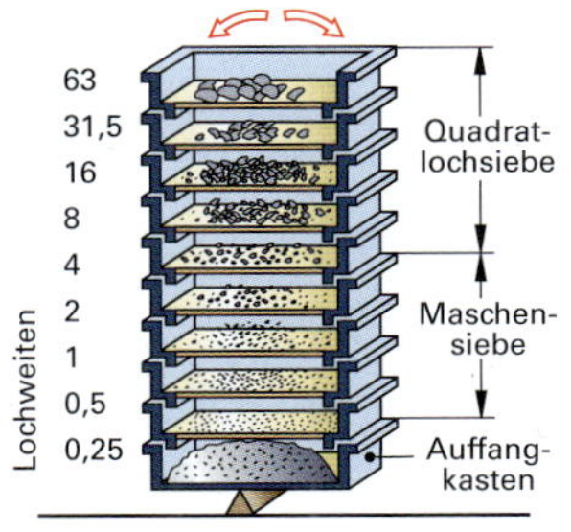

Prüfsiebsatz

Körnungsziffer *k*: Sie ist die Summe aller prozentualen Sieb-Rückstände (ab Sieb 0,25 mm) dividiert durch 100 und gibt einen Anhaltswert für den Wasserbedarf

$$k = \frac{\Sigma\ \text{Sieb-Rückstände}}{100}$$

Durchgangssumme *D*: Sie ist die Summe aller prozentualen Sieb-Durchgänge (bis Sieb 63 mm).

$$D = \Sigma\ \text{Sieb-Durchgänge}$$
$$D = (\text{Anzahl aller Siebe} - k) \cdot 100$$

Feinheitsziffer *F*: Sie lässt sich mit guter Genauigkeit aus der Körnungsziffer errechnen

$$F = 30 \cdot k + 25$$

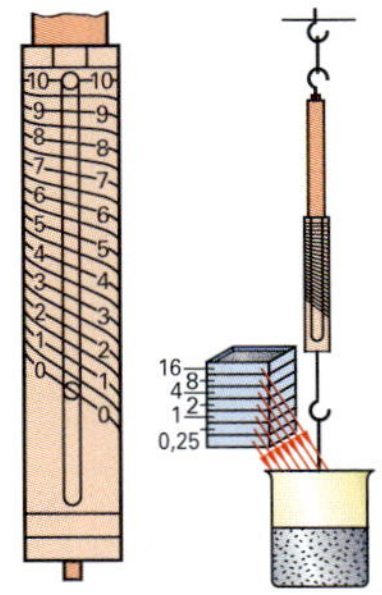

Sieblinien – Prozentwaage

Wasseranspruch

Regelsieblinie	Körnungsziffer *k*	**Wasseranspruch *w*** (l/m³) für 1 m³ Frischbeton F1	F2	F3
A8	3,64	155	190	210
B8	2,89	175	205	225
C8	2,27	200	230	250
U8	3,87			
A16	4,61	140	170	190
B16	3,66	150	185	205
C16	2,75	185	215	235
U16	4,88			
A32	5,48	130	155	175
B32	4,20	140	175	195
C32	3,30	165	200	220
U32	5,65			
A63	6,15	120	145	160
B63	4,91	135	160	180
C63	3,72	145	180	200
U63	6,57			

Anhaltswerte für hohen Wasseranspruch
Quelle: Bauberatung Zement

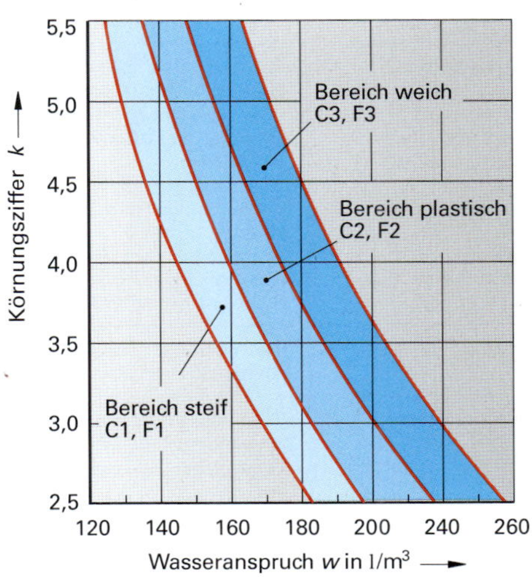

Wasseranspruch in Abhängigkeit der Körnungsziffer

$$w = \frac{1100}{k+3} + a$$

Richtwerte für durchschnittlichen Wasserbedarf nach TIETZE;
Quelle: Backe, Hiese; Baustoffkunde

$a = 0$	bei Konsistenz ***steif***	**F1**
$a = 20$	bei Konsistenz ***plastisch***	**F2**
$a = 40$	bei Konsistenz ***weich***	**F3**
k	Körnungsziffer der Gesteinkörnung	

W

Beton

Grundlagen zum Werkstoff Beton

Beton nach Eigenschaften	Grundangaben (für die Leistungsbeschreibung) a) Bezug auf die Norm DIN 1045-2, b) Druckfestigkeitsklasse, c) Expositionsklasse(n), d) Festigkeitsentwicklung, e) Konsistenzklasse, f) Rohdichteklasse (nur für Leicht- und Schwerbeton)
Beton nach Zusammensetzung	Beton, bei dem die Zusammensetzung des Betons und die verwendeten Ausgangsstoffe dem Hersteller gegenüber festgelegt sind und bei welchem der Hersteller für die Bereitstellung eines Betons mit der festgelegten Zusammensetzung verantwortlich ist
Erstprüfung	Prüfung, die bei Produktionsbeginn einer neuen Betonsorte oder einer Produktionseinrichtung als erste Prüfung unter Produktionsbedingungen durchgeführt wird, um zu ermitteln, wie ein neuer Beton oder eine neue Betonfamilie zusammengesetzt sein und hergestellt werden müssen, um alle festgelegten Anforderungen im frischen und erhärteten Zustand zu erfüllen
Expositionsklasse	Klassifizierung der chemischen und physikalischen Umgebungsbedingungen, denen der Beton ausgesetzt werden kann und die auf den Beton, die Bewehrung oder auf metallische Einbauteile einwirken können und die nicht als Lastannahmen in die Tragwerksplanung eingehen
Festbeton	Beton, der sich in einem festen Zustand befindet und eine betimmte Festigkeit entwickelt hat
Fremdüberwachungsprüfung	Prüfung, die unter der Verantwortung einer Zertifizierungsstelle durchgeführt wird, um das Vertrauen in die Prüfungsergebnisse der Produktionslenkung sicherzustellen
Frischbeton	Beton, der fertig gemischt ist, sich noch in einem verarbeitbaren Zustand befindet und durch das gewählte Verfahren verdichtet werden kann
hochfester Beton	Beton mit einer Festigkeitsklasse ab C55/67 im Fall von Normalbeton oder Schwerbeton und einer Festigkeitsklasse ab LC55/60 im Fall von Leichtbeton
Kubikmeter Beton	verdichteter Frischbeton mit einem Volumen von 1 m^3
Leichtbeton LC	Beton mit einer Trockenrohdichte von nicht weniger als 800 kg/m^3 und nicht mehr als 2000 kg/m^3; er wird ganz oder teilweise unter Verwendung von Leichtzuschlag hergestellt. Gesteinskörnung: Blähschiefer, Blähton, Bims
Normalbeton C	Beton mit einer Trockenrohdichte über 2000 kg/m^3, höchstens aber 2600 kg/m^3. Gesteinkörnung: Quarz, Grauwacke, Basalt, Granit, Kalkstein
Normalzuschlag	Zuschlag mit einer Kornrohdichte $\varrho > 2000$ kg/m^3 und $\varrho < 3000$ kg/m^3, bestimmt nach DIN 4226-3
Ortbeton	Beton, der als Frischbeton in Bauteile in ihrer endgültigen Lage eingebracht wird und dort erhärtet
Schwerbeton HC	Beton mit einer Trockenrohdichte über 2600 kg/m^3 Gesteinskörnung: Schwerspat, Eisenerz, Stahlschrott
Standardbeton	Beton niedriger Festigkeit für eingeschränkte Anwendungsfälle, für den in dieser Norm ein auf der sicheren Seite liegender Mindestzementgehalt vorgeschrieben ist
Transportbeton	Beton, der im frischen Zustand dem Verwender von einer Person oder Stelle, die nicht der Verwender ist, geliefert wird; Transportbeton im Sinne dieser Norm ist auch: – Beton, der vom Verwender außerhalb der Baustelle hergestellt wird – Beton, der auf der Baustelle hergestellt wird, jedoch nicht vom Verwender
Wasserzementwert w/z	Masseverhältnis des wirksamen Wassergehalts zum Zementgehalt im Frischbeton
äquivalenter w/z-Wert	Massenverhältnis des wirksamen Wassergehalts zum Zementgehalt und zu den anderen anrechenbaren Zusatzstoffen f, z. B. für Flugasche $w/z_{(eq)} = w/(z + 0{,}4 \cdot f)$
wu-Beton	wasserundurchlässiger Beton, übernimmt neben der tragenden auch eine abdichtende Funktion; XC4 für Bauteildicke $d \leq 40$ cm
Zertifizierungsstelle	anerkannte unparteiliche Stelle, die die Übereinstimmung des Betons mit dieser Norm feststellt, die Ergebnisse bewertet und ein Zertifikat erteilt

W

Beton

Einteilung des Betons in Klassen

nach DIN EN 1992-1/DIN EN 206

Umweltbedingungen	Frischbeton	Festbeton	Betonkategorien	
7 Expositionsklassen: X0: Kein Korrosions- oder Angriffsrisiko XC: Bewehrungskorrosion durch Karbonatisierung XD: Bewehrungskorrosion durch Chloride aus Meerwasser XS: Bewehrungskorrosion durch Chloride aus Meerwasser XF: Betonangriff durch Frost XA: Betonangriff durch aggressive chemische Umgebung XM: Betonangriff durch Verschleißbeanspruchung	**Konsistenzklassen** mit 4 Messverfahren • Setzmaß • Setzzeit • Verdichtungsmaß • Ausbreitungsmaß	**Druckfestigkeitsklassen** • je 16 Klassen für C, HC • 14 Klassen für LC	Kategorie 1	≤ C 16/20 • Normalbeton • Standardbeton mit Auflagen X0, XC1,XC2
	4 Klassen bezogen auf das Größtkorn des Zuschlags (8, 16, 32, 63 mm)	**3 Rohdichteklassen** • Normalbeton C • Leichtbeton LC • Schwerbeton HC	Kategorie 2	alle Festigkeitsklassen alle Betone alle X

Beton: Definition

Baustoff, erzeugt durch Mischen von Zement, groben und feinen Gesteinskörnungen und Wasser, mit oder ohne Zugabe von Zusatzstoffen oder Zusatzmitteln. Er erhält seine Eigenschaften durch das Erhärten des Zementleims.

Technologische Merkmale

Beton ist sehr druckfest (max. Nennfestigkeit $f_{ck,\,cube}$ = 115 N/mm²), wasserundurchlässig (wu-Beton), widerstandsfähig gegen chemische/physikalische Angriffe (siehe Expositonsklassen), formbar und gut verarbeitbar.

Einteilung des Betons nach Expositionsklassen

Der Beton muss so zusammengesetzt und hergestellt werden, dass unter Berücksichtigung des gewählten Ausführungsverfahrens für die Betonarbeiten die festgelegten Anforderungen für Frischbeton und Festbeton, einschließlich Konsistenz, Rohdichte, Festigkeit, Dauerhaftigkeit und Schutz des eingebetteten Stahls gegen Korrosion, erfüllt werden.

Klasse	Umgebung	Beispiele	max w/z –	min f_{ck} N/mm²	min z 1) kg/m³	min z 2) kg/m³	min p %
Kein Korrosions- oder Angriffsrisiko: Bauteile ohne Bewehrung oder eingebettetes Metall in nicht Beton angreifender Umgebung.							
X0	alle Klassen außer XF, XA, XM	Fundamente ohne Bewehrung und ohne Frost; Innenbauteile ohne Bewehrung	–	C12/15 C8/10	–	–	–
Bewehrungskorrosion durch Karbonatisierung: Beton, der Bewehrung oder anderes eingebettetes Metall enthält und Luft sowie Feuchtigkeit ausgesetzt ist							
XC1	trocken oder ständig nass	Bauteile in Innenräumen mit üblicher Luftfeuchte; Beton, der ständig unter Wasser ist	0,75	C16/20	240	240	–
XC2	nass, selten trocken	Teile von Wasserbehältern, Gründungsbauteile					
XC3	mäßige Feuchte	Bauteile, zu denen die Außenluft häufig oder ständig Zugang hat; Innenräume mit hoher Luftfeuchtigkeit	0,65	C20/25	260	240	–
XC4	wechselnd nass und trocken	Außenbauteile mit direkter Beregnung; Bauteile in Wasserwechselzonen (Tide)	0,60	C25/30	280	270	–
Bewehrungskorrosion verursacht durch Chloride außer Meerwasser: Beton, der Bewehrung oder anderes eingebettetes Metall enthält und chloridhaltigem Wasser einschließlich Taumittel ausgesetzt ist.							
XD1	mäßige Feuchte	Bauteile im Sprühnebelbereich von Verkehrsflächen	0,55	C*) 30/37	300	270	–
XD2	nass, selten trocken	Solebäder; Bauteile, die chloridhaltigen Industrieabwässern ausgesetzt sind	0,50	C*) 35/45	320	270	–
XD3	wechselnd nass und trocken	Teile von Brücken mit häufiger Spritzwasserbeanspruchung: Fahrbahndecken; Parkdecks	0,45	C*) 35/45	320	270	–

Legende und Erklärungen siehe Seite 168 unten

Beton

Einteilung des Betons nach Expositionsklassen

Klasse	Umgebung	Beispiele	max w/z –	min f_{ck} N/mm^2	min z [1)] kg/m^3	min z [2)] kg/m^3	min p %
Bewehrungskorrosion durch Chloride aus Meerwasser: Beton, der Bewehrung oder anderes eingebettetes Metall enthält, Chloriden aus Meerwasser oder salzhaltiger Seeluft ausgesetzt ist							
XS1	salzhaltige Luft, kein Meerwasserkontakt	Außenbauteile in Küstennähe	0,55	C*) 30/37	300	270	–
XS2	unter Wasser	Bauteile in Häfen, die ständig unter Wasser liegen	0,50	C*) 35/45	320	270	–
XS3	Tidebereiche, Spritzwasser- und Sprühnebelbereiche	Kaimauern in Hafenanlagen	0,45	C*) 35/45	320	270	–
Betonangriff durch Frost ohne und mit Taumittel: durchfeuchteter Beton, der in erheblichem Umfang Frost-Tau-Wechseln ausgesetzt ist							
XF1	mäßige Wassersättigung, ohne Taumittel	Außenbauteile	0,60	C 25/30	280	270	–
XF2	mäßige Wassersättigung mit Taumitteln	Bauteile im Sprühnebelbereich von taumittelbehandelten Verkehrsflächen	0,55	C 25/30	300	–	mit LP[3)]
		Bauteile im Sprühnebelbereich von Meerwasser	0,50	C 35/45	320	–	–
XF3	hohe Wassersättigung ohne Taumittel	offene Wasserbehälter	0,55	C 25/30	300	270	mit LP[3)]
		Bauteile in der Wechselzone von Süßwasser	0,50	C 35/45	320	270	–
XF4	hohe Wassersättigung mit Taumittel	Verkehrsflächen; Bauteile im Spritzwasserbereich; Räumerlaufbahnen von Kläranlagen; …	0,50	C 30/37	320	–	mit LP[3)]
Betonangriff durch aggressive chemische Umgebung: Beton, der chemischem Angriff durch Böden, Grundwasser und Meerwasser ausgesetzt ist							
XA1	chemisch schwach angreifende Umgebung	Behälter von Kläranlagen; Güllebehälter 6,5 ≥ pH-Wert ≥ 5,5	0,60	C 25/30	280	270	–
XA2	chemisch mäßig angreifende Umgebung	Bauteile, die mit Meerwasser in Berührung kommen; Bauteile in stark Beton angreifenden Böden 5,5 > pH-Wert ≥ 4,5	0,50	C*) 35/45	320	270	–
XA3	chemisch stark angreifende Umgebung	Industrieabwasseranlagen mit sehr stark chemisch angreifenden Abwässern 4,5 > pH-Wert ≥ 4,0	0,45	C*) 35/45	320	270	–
Betonangriff durch Verschleißbeanspruchung: Beton, der einer erheblichen mechanischen Beanspruchung ausgesetzt ist							
XM1	mäßige Verschleißbeanspruchung	tragende oder aussteifende Industrieböden mit Beanspruchung durch luftbereifte Fahrzeuge	0,55	C*) 30/37	300	270	–
XM2	starke Verschleißbeanspruchung	tragende oder aussteifende Industrieböden mit Beanspruchung durch luftbereifte und vollgummibereifte Gabelstapler	0,55	C*) 30/37	300	270	–
		Flächen mit schwerem Gabelstapler	0,45	C*) 35/45	320	270	–
XM3	sehr starke - Verschleißbeanspruchung	tragende oder aussteifende Industrieböden mit Beanspruchung durch elastomer- oder stahlrollenbereifte Gabelstapler; Oberflächen, die häufig mit Kettenfahrzeugen befahren werden	0,45	C*) 35/45	320	270	–

1) Bei 63 mm Größtkorn darf der Zementgehalt (min z) um 30 kg/m^3 verringert werden.
2) Bei Anrechnung von Zusatzstoffen.
3) Besondere Hinweise in der DIN 1045 / DIN EN 206-1. *) bei LP wegen XF eine Festigkeitsklasse niedriger

X = Umgebungsbedingungen, **0 … 4** = kein … extremer Angriff
C, D, S = Bewehrungskorrosion durch **C**arbonatisierung, **D**eicing-**S**alt (Streusalz), **S**eawater (Meersalz/salzhaltige Seeluft),
F, A, M = Betonangriff durch **F**reezing (Frost), Chemical **A**ttack (chemischen Angriff), **M**echanical Abrasion (Verschleiß)

Beton

Konsistenzklassen des Frischbetons

Die Konsistenz des Betons kann nach mehreren Verfahren geprüft werden. Die Bezeichnung der Konsistenzklasse des Betons ist an das jeweilige Prüfverfahren gebunden.

Das bevorzugte Prüfverfahren ist die Prüfung des Ausbreitmaßes *d*.

Hochfester Beton muss eine Konsistenzklasse F3 oder weicher haben.

Setzmaß-Klassen (slump)			**Setzzeit-Klassen (Vébé)**		
Klasse	Setzmaß (mm)	Konsistenzbereich	Klasse	Setzzeit (s)	Konsistenzbereich
S1	10 … 40	plastisch	V0	≥ 31	sehr steif
S2	50 … 90	weich	V1	30 … 21	steif
S3	100 … 150	(sehr) weich	V2	20 … 11	plastisch
S4	160 … 210	sehr weich	V3	10 … 6	weich
S5	≥ 220	fließfähig	V4	5 … 3	fließfähig
Verdichtungsmaß-Klassen			**Ausbreitmaß-Klassen**		
Klasse	Verdichtungsmaß *c*	Konsistenzbereich	Klasse	Ausbreitmaß *d* (mm)	Konsistenzbereich
C0	≥ 1,46	sehr steif	–		
C1	1,45 … 1,26	steif	F1 (*KS*)	≤ 340	steif
C2	1,25 … 1,11	plastisch	F2 (*KP*)	350 … 410	plastisch
C3	1,10 … 1,04	weich	F3 (*KR*)	420 … 480	weich
–			F4 (*KF*)	490 … 550	sehr weich
–			F5 (*KF*)	560 … 620	fließfähig
–			F6	≥ 630	sehr fließfähig

Druckfestigkeitsklassen des Festbetons

Festigkeitsklassen für Normalbeton [C], Schwerbeton [HC] und Leichtbeton [LC]

$f_{ck,\,cyl}$ charakteristische Zylinderfestigkeit; $f_{ck,\,cube}$ charakteristische Würfelfestigkeit;

$f_{c,\,cube}$ Entwurfsfestigkeit: = $f_{ck,\,cube}$ – Vorhaltemaß (8 N/mm²)

Festigkeitsklassen für C und HC	$f_{ck,\,cyl}$ in N/mm²	$f_{ck,cube}$ in N/mm²	$f_{c,cube}$ in N/mm²	Festigkeitsklasse für LC	$f_{ck,\,cyl}$ in N/mm²	$f_{ck,\,cube}$ in N/mm²
C8/10	8	10	≥ 18	LC8/9	8	9
C12/15	12	15	≥ 23	LC12/13	12	13
C16/20	16	20	≥ 28	LC16/18	16	18
C20/25	20	25	≥ 33	LC20/22	20	22
C25/30	25	30	≥ 38	LC25/28	25	28
C30/37	30	37	≥ 45	LC30/33	30	33
C35/45	35	45	≥ 53	LC35/38	35	38
C40/50	40	50	≥ 58	LC40/44	40	44
C45/55	45	55	≥ 63	LC45/50	45	50
C50/60	50	60	≥ 68	LC50/55	50	55
C55/67	55	67	≥ 75	LC55/60	55	60
C60/75	60	75	≥ 83	LC60/66	60	66
C70/85	70	85	≥ 93	LC70/77	70	77
C80/95	80	95	≥ 103	LC80/88	80	88
C90/105	90	105	≥ 113			
C100/115	100	115	≥ 123			

$f_{ck,\,cyl}$ = die am Zylinder (*d/h* = 150 mm/300 mm) bestimmte Festigkeit; sie ist mit der im EC 2 verwendeten charakteristischen Festigkeit (*Normfestigkeit*) identisch; 28 Tage Wasserlagerung

$f_{ck,\,cube}$ = die am 150-mm-Würfel bestimmte Festigkeit

W

Beton

Feuchtigkeitsklassen

Feuchtigkeitsklassen	Abkürzung	Beispiele
trocken Beton, der nach normaler Nachbehandlung nicht längere Zeit feucht und während der Nutzung trocken bleibt	**WO**	• Innenbauteile eines Hochbaus • Bauteile, auf die Außenluft, aber kein Niederschlag, Oberflächenwasser, Bodenfeuchte einwirken und/oder die nicht ständig einer relativen Luftfeuchte > 80 % ausgesetzt sind
feucht Beton, der während der Nutzung häufig oder längere Zeit feucht ist	**WF**	• Ungeschützte Außenbauteile (gegen Eindringen von Feuchtigkeit ungeschützt) • Innenbauteile des Hochbaus für Feuchträume, in denen die relative Luftfeuchte überwiegend > 80 % ist • Bauteile mit häufiger Taupunktunterschreitung • massige Bauteile, deren kleinstes Maß > 0,50 m ist
feucht + Alkalizufuhr von außen Beton wie **WF**, der jedoch häufiger oder langzeitiger Alkalizufuhr von außen ausgesetzt ist	**WA**	• Bauteile mit Meerwassereinwirkung • Bauteile mit Tausalzeinwirkung ohne zusätzliche hohe dynamische Beanspruchung • Bauteile von Industriebauten und landwirtschaftlichen Bauwerken mit Alkalisalzeinwirkung
feucht + Alkalizufuhr von außen + starke dynamische Beanspruchung	**WS**	• Bauteile unter Tausalzeinwirkung mit zusätzlicher hoher dynamischer Beanspruchung (z. B. Betonfahrbahnen)

Rohdichteklassen (Dichten in kg/m³)

Beton		**Trockenrohdichte**		**Gesteinskörnung**	
Leichtbeton (LC)		$800\ kg/m^3 \le \rho \le 2000\ kg/m^3$		Blähschiefer, Blähton, Bims	
D 1,0	D 1,2	D 1,4	D 1,6	D 1,8	D 2,0
$800 < \rho \le 1000$	$1000 < \rho \le 1200$	$1200 < \rho \le 1400$	$1400 < \rho \le 1600$	$1600 < \rho \le 1800$	$1800 < \rho \le 2000$
Normalbeton (C) (Beton)		$2000\ kg/m^3 < \rho \le 2600\ kg/m^3$		Quarz, Grauwacke, Basalt, Granit, Kalkstein	
Schwerbeton (HC)		$\rho > 2600\ kg/m^3$		Schwerspat, Eisenerz, Stahlschrott	

Wasserzementwert

Walz-Diagramm

Betonfestigkeit in Abhängigkeit des Wasserzementwerkes:

Zusammenhang zwischen **Betondruckfestigkeit, Normfestigkeit des Zementes und Wasserzementwertes *w/z***

Das Diagramm dient im Wesentlichen zum Verständnis der Zusammenhänge, um eine Abschätzung der zu erwartenden Festigkeit vorzunehmen.

Die Druckfestigkeit des Zementes hat bei hochfesten Betonen keinen Einfluss mehr auf die Betonfestigkeit, wie dem Diagramm zu entnehmen ist.

Die Betonfestigkeit $f_{c,dry,cube}$ wird nach dem nationalen Anhang zur DIN EN 12390-2 an Probewürfeln mit der Kantenlänge 150 mm ermittelt. Die Probewürfel bleiben vorher einen Tag in ihrer Form und anschließend werden diese sechs Tage wassergelagert und bis zum Prüftermin luftgelagert.

Die Betonfestigkeit $f_{c,dry,cube}$ kann aus der Betonfestigkeit $f_{c,cube}$ (siehe Seite 169) berechnet werden:

$$f_{c,dry,cube} = \frac{1}{0{,}92}\, f_{c,\,cube}$$

für Normalbeton bis zur Festigkeitsklasse C55/67

$$f_{c,dry,cube} = \frac{1}{0{,}95}\, f_{c,\,cube}$$

für hochfesten Beton ab Festigkeitsklasse C60/75

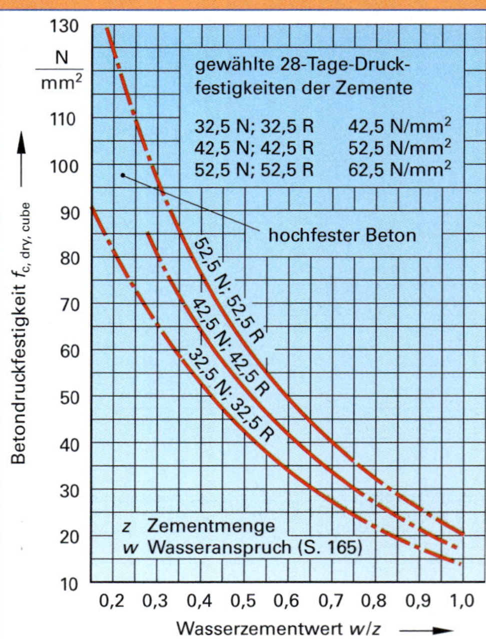

Beton

Leistungsbeschreibung und Lieferformen

Standardbeton

Transportbeton wird in **Standardbeton, Beton nach Eigenschaften** und **Beton nach Zusammensetzung** unterschieden. Die Zusammensetzungen und die Eigenschaften des **Standardbetons** sind in der Norm geregelt und vorgegeben.

Beim **Beton nach Eigenschaften** „fordert" der Planer bestimmte Betoneigenschaften. Das Betonwerk muss die richtigen Ausgangsstoffe auswählen und den Beton herstellen. Verantwortlich für das Erreichen der Anforderungen sind beim Beton nach Eigenschaften der Hersteller (Betonwerk).

Stellt das Betonwerk **Beton nach Zusammensetzung** her, muss der „Planer" vorher die Ausgangsstoffe und die Zusammensetzung nach der der Beton vom Werk hergestellt werden soll, angeben. Für das Erreichen der Anforderungen des Betons sowie für die durchzuführenden Betonprüfungen sind der „Planer" verantwortlich.

Die Leistungsbeschreibung muss enthalten:

Grundangaben
- **Druckfestigkeitsklasse**
- **Expositionsklasse**
- **Größtkorn der Gesteinskörnung**
- **Konsistenz**
- **Festigkeitsentwicklung,** falls erforderlich

Normalbeton ohne Betonzusatzmittel und Betonzusatzstoffe gilt als **Standardbeton**, wenn der Zementgehalt mindestens den Bedingungen der Tabelle auf dieser Seite unten und den folgenden Anforderungen entspricht. Er darf nur verwendet werden für die Expositionsklassen **X0**, **XC1** und **XC2**.

Beton nach Eigenschaften

Die Leistungsbeschreibung muss enthalten:

Grundangaben
- **Bezug auf die DIN 1045-2**
- **Druckfestigkeitsklasse**
- **Expositionsklasse**
- **Größtkorn der Gesteinskörnung**
- **Art der Verwendung** (unbewehrter Beton, Stahlbeton, Spannbeton)
- **Konsistenz**

Ggf. zusätzliche Angaben
- **Zement**
- **Besondere Anforderungen an die Gesteinskörnung**
- **Luftporen**
- **Festigkeitsentwicklung**
- **Wärmeentwicklung**
- **Verzögertes Ansteifen**

Beton nach Zusammensetzung

Die Leistungsbeschreibung muss enthalten:

Grundangaben
- **Bezug auf die DIN 1045-2**
- **Zement:** Art, Festigkeitsklasse, Gehalt
- **Wasserzementwert oder Konsistenz**
- **Größtkorn der Gesteinskörnung**
- **Gesteinskörnung:** Art, Größtkorn, Sieblinie
- **Zusätze:** Art, Menge, Herkunft

Ggf. zusätzliche Angaben
- **Herkunft aller Ausgangsstoffe**
- **Zusätzliche Anforderungen an die Gesteinskörnung**
- **Frischbetontemperatur**
- **Besondere technische Anforderungen**

Standardbetonrezepte

Normalbeton ohne Betonzusatzmittel und Betonzusatzstoffe gilt als Standardbeton, wenn der Zementgehalt mindestens den Bedingungen der Tabelle entspricht.

Mindestzementgehalt für Standardbeton nach DIN 1164-1
Größtkorn von 32 mm, Zement der Festigkeitsklasse 32,5, Expositionsklassen X0, XC1, XC2

Festigkeitsklasse des Betons	Mindestzementgehalt in kg je m^3 verdichteten Betons für Konsistenzbereich		
	steif	plastisch	weich
C8/10	210	230	260
C12/15	270	300	330
C16/20	290	320	360

Der Zementgehalt **muss vergrößert** werden
- um 10 % bei einem Größtkorn der Gesteinskörnung von 16 mm
- um 20 % bei einem Größtkorn der Gesteinskörnung von 8 mm

Der Zementgehalt **darf verringert** werden
- um max. 10% bei Zement der Festigkeitsklasse 42,5
- um max. 10% bei einem Größtkorn der Gesteinskörnung von 63 mm

W

W

Beton

Standardbetonrezepte

Die Festigkeitsklassen C8/10, C12/15 und C16/20 gehören zu den Standardbetonen. Die Tabellenwerte der Betonrezepte dürfen nur für Betonteile mit Expositionsklassen X0 (nur C8/10 und C12/15), XC1 und XC2 verwendet werden.

Betonrezepte für 1 m³ unbewehrten Frischbeton der Festigkeitsklasse C8/10

Festigkeitsklasse des Zementes CEM	Größtkorn der Gesteinskörnung (mm)	Konsistenz	Zement z (kg)	Zugabewasser w_Z (l)	Gesteinskörnung feucht g (kg)
32,5	16	steif plastisch weich	231 253 286	107 130 153	1937 1864 1780
	32	steif plastisch weich	210 230 260	83 107 130	2011 1937 1856
42,5	16	steif plastisch weich	210 230 260	106 129 152	1956 1883 1802
	32	steif plastisch weich	189 207 234	83 106 129	2029 1959 1880

Betonrezepte für 1 m³ unbewehrten Frischbeton der Festigkeitsklasse C12/15

Festigkeitsklasse des Zementes CEM	Größtkorn der Gesteinskörnung (mm)	Konsistenz	Zement z (kg)	Zugabewasser w_Z (l)	Gesteinskörnung feucht g (kg)
32,5	16	steif plastisch weich	297 330 363	109 133 156	1878 1793 1709
	32	steif plastisch weich	270 300 330	86 109 133	1956 1875 1793
42,5	16	steif plastisch weich	270 300 330	108 132 155	1902 1820 1739
	32	steif plastisch weich	243 270 297	85 108 131	1980 1902 1824

Betonrezepte für 1 m³ unbewehrten Frischbeton der Festigkeitsklasse C16/20

Festigkeitsklasse des Zementes CEM	Größtkorn der Gesteinskörnung (mm)	Konsistenz	Zement z (kg)	Zugabewasser w_Z (l)	Gesteinskörnung feucht g (kg)
32,5	16	steif plastisch weich	319 352 396	110 134 158	1878 1774 1679
	32	steif plastisch weich	290 320 360	87 110 134	1937 1856 1766
42,5	16	steif plastisch weich	290 320 360	109 132 156	1883 1802 1712
	32	steif plastisch weich	261 288 324	85 109 133	1965 1885 1798

Beton

Betonzusätze

- **Betonzusatzmittel:** Zusatzmittel (in der Regel flüssige Stoffe) werden dem Beton in geringer Menge zugegeben (≤ 50 g bzw. cm^3 je kg Zement), sie haben daher keinen Einfluss auf den Stoffraum des Betons. Die Ausführungen sind nach DIN 1045-2 geregelt.

Zusatzmittel und Wirkung	Farben
Betonverflüssiger (BV) vermindern die Oberflächenspannung des Wassers. Bei gleichem Wassergehalt verbessern sie die Verarbeitbarkeit des Frischbetons. Bei gleich guter Verarbeitbarkeit setzen sie den Wasseranspruch herab und erhöhen damit Festigkeit und Dichtigkeit des Festbetons.	Gelb
Fließmittel (FM) vermindern den Wasseranspruch und/oder verbessern die Verarbeitbarkeit zur Herstellung von Beton mit fließfähiger Konsistenz (Fließbeton). Die hohe Verflüssigungswirkung klingt schnell ab (30 – 60 min).	Grau
Luftporenbildner (LP) erzeugen gleichmäßig verteilte Luftporen (∅ ≤ 0,3 mm), die den Frost- und Frosttauwiderstand erhöhen. 1 Vol.-% Poren ersetzt ungefähr 15 kg/m^3 Mehlkorn.	Blau
Dichtungsmittel (DM) vermindern die Wasseraufnahme des Festbetons.	Braun
Verzögerer (VZ) verlängern die Verarbeitungszeit, verzögern den Erstarrungsvorgang und verlangsamen die Wärmeentwicklung.	Rot
Beschleuniger (BE) werden auch als Frostschutzmittel angewendet.	Grün
Einpresshilfen (EH): hohe Fließfähigkeit, geringerer Wasseranspruch	Weiß
Stabilisierer (ST): Zusammenhaltevermögen, Verarbeitbarkeit, Verringerung des Blutens	Violett
Chromatreduzierer (CR) reduzieren den wasserlöslichen Chromanteil in zementhaltigen Produkten; dadurch werden allergische Hautreaktionen unterbunden.	Rosa
Recyclinghilfen (RH) sollen eine Wiederverwendung von Waschwasser, das beim Reinigen von Mischfahrzeugen anfällt, ermöglichen.	
Schaumbildner (SB) dienen der Herstellung von Schaumbeton bzw. Betons mit porosiertem Zementleim durch hohen Luftporengehalt.	Orange

Diagramm zum Fließmittel

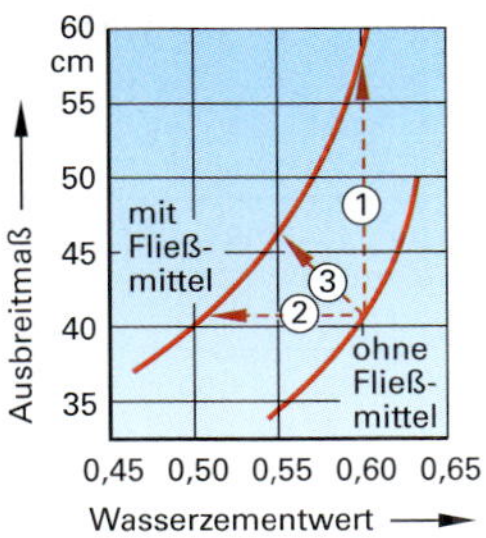

Anwendungsmöglichkeiten von FM

① Verflüssigung bis zum Fließbeton bei
⇒ filigranen Bauteilen (leichter Betoneinbau mit kürzeren Betonierzeiten)

② niedriger Wasserzementwert bei gleicher Konsistenz
⇒ Verbesserung der Betonqualität (Dauerhaftigkeit, Festigkeit, Verformungseigenschaften),
⇒ Erhöhung der Frühfestigkeit (z. B. in Betonfertigteilen)
⇒ Verringerung des Schwindmaßes

③ Wassereinsparung und gleichzeitig Verflüssigung
⇒ einfacher Betoneinbau und gleichzeitige Verbesserung der Betonqualität
⇒ breites Anwendungsfeld im konstruktiven Ingenieurbau

- **Betonzusatzstoffe:** Zusatzstoffe (in der Regel pulverförmige Stoffe) werden im Gegensatz zu den Zusatzmitteln in größeren Mengen zugegeben und bei der Stoffraumrechnung berücksichtigt. Die Ausführungen sind nach DIN 1045-2 und DIN EN 12620 (Gesteinsmehl), DIN EN 12878 (Pigmente), DIN EN 450-1 (Flugasche), DIN 51043 (Trass) und DIN EN 13263-1 (Silikastaub) geregelt.

Zusatzstoffart	Typ	Spezifische Oberfläche cm^2/g	Dichte kg/dm^3	Schüttdichte kg/dm^3	Anmerkungen
Quarzmehl	I[1]	≥ 1000	~ 2,65	1,3 … 1,5	verbessern die Sieblinie und die Verarbeitbarkeit des Betons
Kalksteinmehl		≥ 3500	2,6 … 2,7	1,0 … 1,3	
Pigmente		50000 … 200000	4,0 … 5,0	–	mineralische Farbstoffe
Flugasche	II[2]	2000 … 8000	2,2 … 2,4	0,9 … 1,1	künstliches Puzzolan
Trass		≥ 5000	2,4 … 2,6	0,7 … 1,0	natürliches Puzzolan, vulkanisches Gesteinsmehl
Silikastaub		180000 … 220000	~ 2,2	0,3 … 0,6	künstliches Puzzolan, extrem feinkörniger, mineralischer Zusatz
Silikasuspension		–	~ 1,4	–	wie Silikastaub, nur wässrig

[1] inaktive Zusatzstoffe; [2] aktive Zusatzstoffe (selbstständig oder latent hydraulische Stoffe)

Beton

Betonzusammensetzung – Mischungsentwurf

Der rechnerischen Abschätzung der Betonzusammensetzung liegt die sog. Stoffraumgleichung zugrunde. Sie besagt, dass das Volumen von 1 m^3 verdichtetem Frischbeton sich aus der Summe der Volumenanteile an **Zement (z), Wasser (w), Gesteinskörnung (g), Betonzusatzstoffen (f) und Luftporen (p)** ergibt.
(z Zement in kg/m^3; **g** Gesteinkörnung in kg/m^3; w Wasser in kg/m^3)

Stoffraumgleichung für 1 m³ Frischbeton

$$1000 = \frac{z}{\varrho_z} + \frac{g}{\varrho_g} + \frac{w}{\varrho_w} + \frac{f}{\varrho_f} + p$$

Menge der Gesteinskörnung

$$g = \varrho_g \cdot \left(1000 - \frac{z}{\varrho_z} - \frac{w}{\varrho_w} - \frac{f}{\varrho_f} - p\right)$$

$1000 \mathrel{\hat=} 1\ m^3 = 1000\ dm^3$; z in kg, g in kg, w in kg; $\varrho_z, \varrho_g, \varrho_w$ in kg/dm^3

- **Rohdichten der Zemente**
- **Rohdichte von Flugasche i. M.** $\varrho_f = 2{,}45$ kg/dm^3
- **Rohdichte der Gesteinskörnung i. M.** $\varrho_g = 2{,}60$ kg/dm^3
- **Der Luftporengehalt für 1 m³ Frischbeton beträgt i. M.** $p = 1{,}5\,\% \ldots 2{,}0\,\%$ oder 15 $dm^3/m^3 \ldots 20\ dm^3/m^3$

Flugasche *f* und/oder **Silikastaub *s*** dürfen dem **Zement *z*** anteilig zugemischt werden:
Äquivalenter Wasserzementwert $(\omega)_{eq}$

Flugasche f	Silicastaub s	Flugasche f + Silicastaub s
$(\omega)_{eq} = w/(z + 0{,}4\ f)$ mit $f \le 0{,}33\ z$ $z = \frac{w}{\omega \cdot (1 + 0{,}4 \cdot 0{,}33)}$	$(\omega)_{eq} = w/(z + 1{,}0\ s)$ mit $s \le 0{,}11\ z$ $z = \frac{w}{\omega \cdot (1 + 1{,}0 \cdot 0{,}11)}$	$(\omega)_{eq} = w/(z + 0{,}4\ f + 1{,}0\ s)$ mit $f \le 0{,}33\ z$ und $s \le 0{,}11\ z$ $z = \frac{w}{\omega \cdot (1 + 0{,}4 \cdot 0{,}33 + 1{,}0 \cdot 0{,}11)}$

W

Transportbeton

Transportbeton ist Beton, der „außerhalb der Baustelle“ oder Beton, der „auf der Baustelle, aber nicht vom Verwender“ hergestellt wird. Er wird im Transportbetonwerk zusammengesetzt, in geeigneten Fahrzeugen zur Baustelle befördert und dort einbaufertig übergeben.

Transport von Beton zur Baustelle und Übergabe

• Frischbeton steifer Konsistenz (F1) darf mit Fahrzeugen ohne Mischer transportiert werden.	• Fahrzeuge ohne Mischer sollen 45 Minuten nach der ersten Wasserzugabe vollständig entladen sein!
• Fahrzeuge mit Mischer sollen 90 Minuten nach der ersten Wasserzugabe vollständig entladen sein!	• Bei kühler Witterung und bei Frost muss der Transportbeton eine „gewisse Mindesttemperatur“ aufweisen .
• Im Allgemeinen ist jede Zugabe von Zusatzmitteln und Wasser bei und nach Lieferung verboten.	• Derjenige, der eine „nicht zulässige Zugabe“ veranlasst (Wasser, Verflüssiger, ...) ist auf dem Lieferschein zu vermerken!

Verdichten von Beton

Damit der Festbeton seine gewünschten Eigenschaften erreicht, muss er sachgemäß verdichtet werden. Luft, die nach dem Einbringen des Betons noch im Frischeton vorhanden ist, soll beim Verdichten entweichen. Beim Verdichten werden die Hohlräume zwischen den größeren Zuschlagskörnern mit kleineren Bestandteilen des Frischbetons ausfüllt. Mögliche Verdichtungsverfahren sind: Rütteln, Stochern und Stampfen, Klopfen an der Schalung und Walzen. Die Dauer der Verdichtung wirkt sich entscheidend auf die Eigenschaften des späteren Festbetons aus.

Nachbehandlung von Beton

Die Nachbehandlung garantiert in erster Linie die Oberflächenhärte und Dichtigkeit des Betons. Die DIN 1045-3 mit DIN EN 13 670 fordert die Nachbehandlung während der ersten Tage der Hydratation, um das Frühschwinden gering zu halten und eine ausreichende Festigkeit und Dauerhaftigkeit des Betons sicherzustellen.

Zweck der Nachbehandlung Der junge Beton ist zu schützen gegen ...	**Arten der Nachbehandlung** Schutzmaßnahmen gegen vorzeitiges Austrocknen
• vorzeitiges Austrockenen • extreme Temperaturen • mechanische Beanspruchungen • chemische Angriffe • schädliche Erschütterungen	• Belassen in der Schalung • Abdecken mit Kunststofffolien • Aufbringen wasserspeichernder Abdeckungen (Jutegewebe, Strohmatte, Sandschichten) • Aufbringen flüssiger Nachbehandlungsmittel (Curingmittel) • kontinuierliches Besprühen mit Wasser

Beton

Nachbehandlung von Beton

Mindestdauer der Nachbehandlung in Tagen
Für alle Expositionsklassen außer X0, XC1, XM

Oberflächen-/morgendliche Lufttemperatur ϑ in °C	Festigkeitsentwicklung des Betons $r = f_{cm2}/f_{cm28}$ [1]			
	$r \geq 0{,}50$	$r \geq 0{,}30$	$r \geq 0{,}15$	$r < 0{,}15$
$\vartheta \geq 25$	1	2	2	3
$25 > \vartheta \geq 15$	1	2	4	5
$15 > \vartheta \geq 10$	2	4	7	10
$10 > \vartheta \geq 5$	3	6	10	15

Festigkeitsentwicklung von Beton bei 20 °C
(2 Tage-/28 Tage-Festigkeit)

Festigkeitsentwicklung	Schätzwert des Festigkeitsverhältnisses $r = f_{cm2}/f_{cm28}$ [1]
Schnell	$\geq 0{,}5$
Mittel	$\geq 0{,}3$ bis $< 0{,}5$
Langsam	$\geq 0{,}15$ bis $< 0{,}3$
Sehr langsam	$< 0{,}15$

[1] Zwischenwerte dürfen ermittelt werden.

Betonprüfungen

Prüfung der Konsistenz

Verdichtungsversuch
In einem Blechbehälter mit quadratischer Grundfläche 20 cm × 20 cm und einer Höhe $h = 40$ cm wird lose über eine Längsseite einer trapezförmigen Kelle Beton eingefüllt. Mit einem Stahllineal soll vorsichtig das Prüfmaterial bündig von der Oberkante abgezogen werden. Der Beton wird nun so lange verdichtet, bis keine Setzungen mehr zu beobachten sind.
Das Abstichmaß s_i wird an allen 4 Ecken festgestellt, um das Mittel s_m zu bilden.

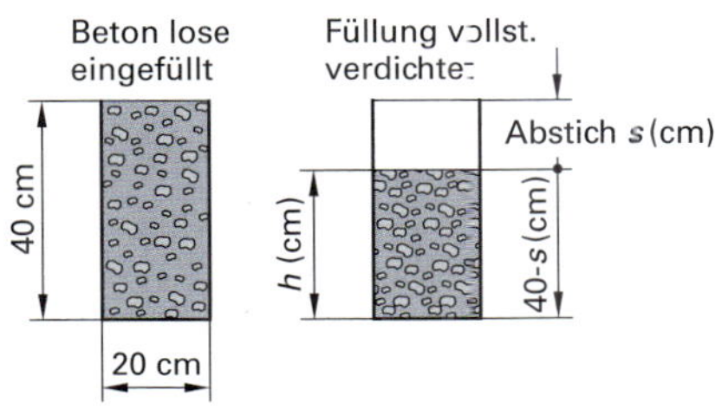

Ausbreitungsversuch
In einem Blechbehälter von der Form eines Kegelstumpfes, aufgesetzt auf den „Ausbreittisch", wird der Beton in 2 Schichten eingefüllt und mit einem Stampfer verdichtet. 30 Sekunden nach dem bündigen Abziehen mit einem Stahllineal hebt der Prüfer die Form langsam ab und die Tischplatte 4 cm bis zum Anschlag hoch und lässt sie dann fallen (15-mal innerhalb von 15 sec. … 45 sec.). Das Ausbreitmaß ist durch Mittelung der Durchmesser a_1 und a_2 anzugeben.

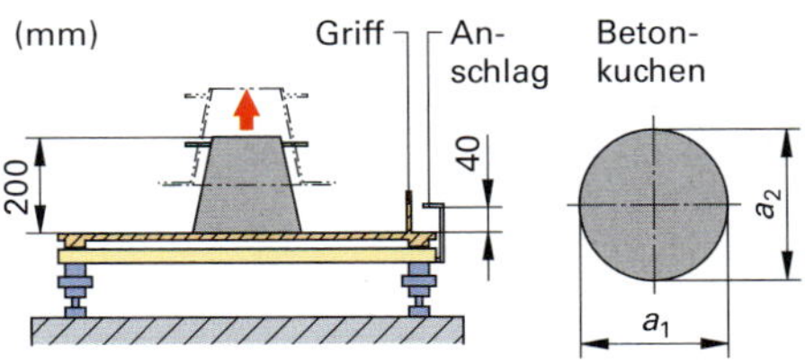

Prüfung auf Druckfestigkeit

Umrechnung der Würfeldruckfestigkeit

Würfelgröße:

$f_{c,\,dry\,(150\,mm)} = 0{,}97 \cdot f_{c,\,dry\,(100\,mm)}$

Lagerungsbedingungen:

Normalbeton $\leq$ C50/60

$f_{c,\,cube} = 0{,}92 \cdot f_{c,\,dry}$

hochfester Normalbeton $\geq$ C55/67

$f_{c,\,cube} = 0{,}95 \cdot f_{c,\,dry}$

Würfelgröße und Lagerungsbedingungen:

10er-Würfel, C30/37, Luftlagerung

$f_{c,\,cube\,(150\,mm)} = 0{,}97 \cdot 0{,}92 \cdot f_{c,\,dry\,(100\,mm)}$

$f_{c,\,dry}$ $\Rightarrow$ **7 Tage Wasser-, 21 Tage Luftlagerung**

$f_{c,\,cube}$ $\Rightarrow$ **28 Tage Wasserlagerung**

Prüfwürfelform 15 cm/15 cm/15 cm

Prüfzylinderform $d = 15$ cm, $h = 30$ cm

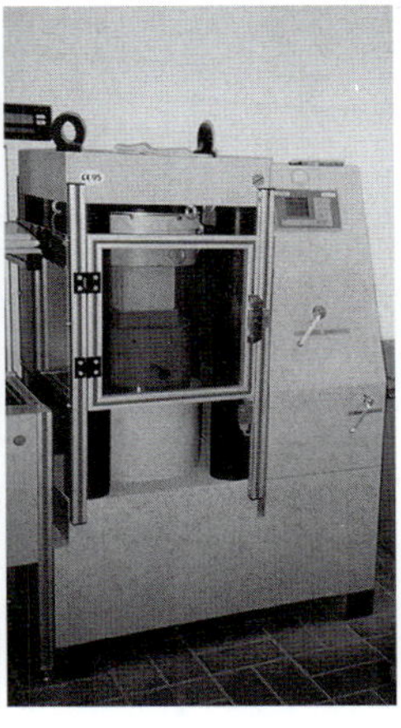

W

Beton

Betondeckung c der Bewehrung[1]

Die Betondeckung *c* ist der minimale Abstand zwischen der Oberfläche des Bewehrungsstabs und der nächstgelegenen Betonoberfläche. Die Anforderungen an die Betondeckung ist in der DIN EN 1992-1-1 und in der DIN 1992-1-1/NA geregelt. Die Mindestbetondeckung c_{min} muss eingehalten werden,

- um die Übertragung der Verbundkräfte zwischen Beton und Bewehrung sicherzustellen,
- um den einbetonierten Beton vor Korrosion zu schützen,
- um den Feuerwiderstand des Stahlbetonbauteils zu gewährleisten.

Die Mindestbetondeckung ist von der Expositionsklasse, von dem Stabdurchmesser und der Feuerwiderstandsklasse abhängig.

Das Verlegemaß der Bewehrung c_v eines Stahlbetonbauteils ist so festzulegen, dass das Nennmaß für die Betondeckung C_{nom} für alle Bewehrungselemente eingehalten wird. Für die Berechnung der Nutzhöhe *d* für statische Bauteilbemessung ist das Verlegemaß c_v maßgebend.

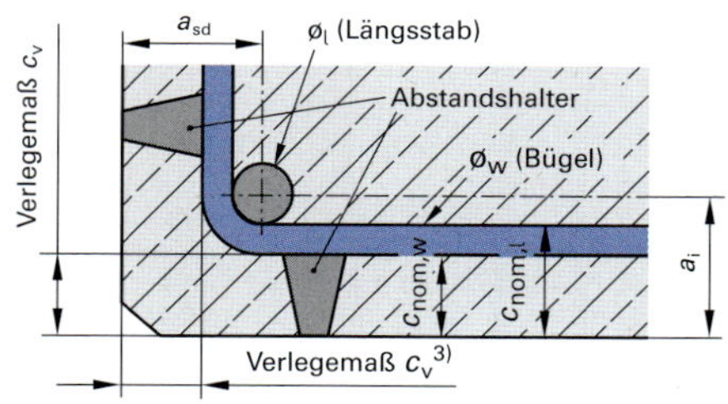

a_{sd} seitlicher Achsabstand der Tragbewehrung zur Betonoberfläche
a_i vertikaler Achsabstand der Tragbewehrung zur Betonoberfläche
$c_{nom,w}$ Nennmaß der Betondeckung der außenliegenden Querbewehrung (Bügel)
$c_{nom,l}$ Nennmaß der Betondeckung der Tragbewehrung

Verlegemaß $c_v \geq c_{nom,w}$, $\geq c_{nom,l} - Ø_w$ — DIN EN 1992-1-1

$\geq a_i - \frac{Ø_l}{2} - Ø_w$, $\geq a_{sd} - \frac{Ø_l}{2} - Ø_w$ — DIN EN 1992-1-2

W

Expositionsklasse[2]	Stabdurchmesser d_s [mm]	Mindestmaße c_{min} [cm]	Nennmaße Verlegemaß c_{nom} [cm]
XC1	bis 10	1,0	2,0
	12, 14	1,5	2,5
	16, 20	2,0	3,0
	25	2,5	3,5
	28	3,0	4,0
	32	3,5	4,5
	40	4,0	5,0
XC2, XC3	bis 20	2,0	3,5
	25	2,5	3,5
	28	3,0	4,0
	32	3,5	4,5
	40	4,0	5,0
XC4	bis 25	2,5	4,0
	28	3,0	4,0
	32	3,5	4,5
	40	4,0	5,0
XD1, XD2, XD3	bis 40	4,0	5,5
XS1, XS2, XS3	bis 40	4,0	5,5

[1] Betondeckung: Abstand zwischen Betonoberfläche und Außenkante Stahl
[2] Bei mehreren zutreffenden Expositionsklassen für ein Bauteil ist jeweils die Expositionsklasse mit der höchsten Anforderung maßgebend.
[3] Das Verlegemaß c_V ergibt sich als größtes Maß aus den Nennmaßen der Betondeckung für die Längsstäbe und die Querbewehrungen (Bügel) bzw. aus den erforderlichen Betondeckungen für den Brandschutz.

- **Abmessungen: Nennmaß = Mindestmaß + Vorhaltemaß** $c_{nom} = c_{min} + \Delta c_{dev}$

c_{nom} Nennmaß für die Betondeckung; maßgebend für die Statik zur Berechnung der Nutzhöhe *d* (statische Höhe)

c_{min} Mindestmaß für die Betondeckung Kontrollmaß für das erhärtete Betonbauteil

Δc_{dev} Vorhaltemaß zu Sicherstellung von c_{nom}

XC1:	$\Delta c_{dev} = 1{,}0$ cm
XC2, XC3 bis 20 mm:	$\Delta c_{dev} = 1{,}5$ cm
XC4 bis 25 mm:	$\Delta c_{dev} = 1{,}5$ cm
XC2, XC3, XC4:	$\Delta c_{dev} = 1{,}0$ cm
XD, XS:	$\Delta c_{dev} = 1{,}5$ cm

- **Verlegemaß c_V:** Ist mindestens gleich c_{nom} und ist in der Bewehrungszeichnung anzugeben

Vergrößerung der Betondeckung

- Bei Bauteilen aus Leichtbeton (LB):
  $c_{LB,min} = c_{min} + 0{,}5$ cm
  $c_{LB,min} = d_g + 0{,}5$ cm
- Betonieren gegen unebene Flächen (z. B. bei architektonischer Gestaltung, Waschbeton und strukturierten Flächen):
  $\Delta c'_{dev} = \Delta c_{dev} + 2{,}0$ cm

Verminderung der Betondeckung

- Bauteile mit hoher Druckfestigkeit: Wenn f_{ck} um zwei Festigkeitsklassen höher liegt als gefordert: um höchstens 0,5 cm – außer XC1
- Bauteile mit kraftschlüssiger Verbindung von Fertigteil/Ortbeton: Verminderung möglich
  im Fertigteilbau auf $c_{min} = 0{,}5$ cm
  im Ortbeton auf $c_{min} = 1{,}0$ cm

Betonstähle

Betonstähle B nach **DIN 488/DIN EN 1992-1-1/NA** sind Stähle mit annähernd kreisförmigem Querschnitt zur Bewehrung von Beton.

Unterscheidung der Betonstähle

Lieferform	Betonstabstahl, Betonstahlmatten, Betonstahl in Ringen, Bewehrungsdraht
Festigkeit	B500A B = Betonstahl, 500 = Streckgrenze (f_{yk}) in N/mm², A/B = Duktilität B500B
Oberfläche	gerippt (2 Rippen, 3 Rippen, 4 Rippen)
Herstellung	– warmgewalzt, ohne Nachbehandlung – warmgewalzt und wärmebehandelt – warmgewalzt und kaltgereckt – kaltverformt Das Herstellverfahren bleibt dem Herstellerwerk überlassen, sofern die Nachweise nach DIN 488-6 erbracht werden.
Duktilität (Dehnfähigkeit)	Gruppe **A**: Normale Duktilität → charakt. Dehnung $\varepsilon_{uk} \geq 25$ ‰ mit $(f_t/f_y)_k \geq 1{,}05$ Gruppe **B**: Hohe Duktilität → charakt. Dehnung $\varepsilon_{uk} \geq 50$ ‰ mit $(f_t/f_y)_k \geq 1{,}08$
Bauaufsichtliche Zulassung	Gruppe **C**: Bauaufsichtlich zugelassene (DIBt) Betonstähle erfüllen i.d.R. besondere Anforderungen, z.B.: sehr hohe Duktilität (B500 mit $\varepsilon_{uk} \geq 75$ ‰), Feuerverzinkung, …

Einteilung der Betonstähle nach DIN 488 und bauaufsichtlicher Zulassung

Lieferform und Bezeichnung	**Darstellung** Alle Stähle sind schweißgeeignet (DIN EN 1992-1-1/NA)	Bemessungswert f_{yd}	Streckgrenze f_{yk}	Zuggrenze f_t
	Gerippte Stahlsorten			
Betonstabstahl (DIN 488-2) B500A B500B Ø mm 6, 8, 10, 12, 14, 16, 20, 25, 28, 32, 40	**B500A** (3 Rippenreihen) 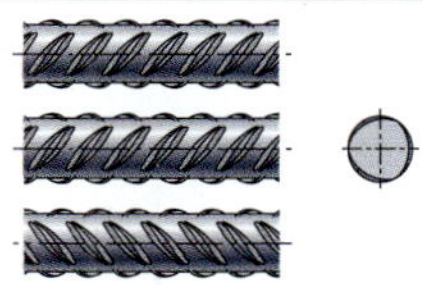	435 $\frac{N}{mm^2}$	500 $\frac{N}{mm^2}$	für **A** ≥ 525 $\frac{N}{mm^2}$
Betonstahlmatten (DIN 488-4) B500A B500B Ø mm 6, 7, 8, 9, 10	**B500B** (2 Rippenreihen) 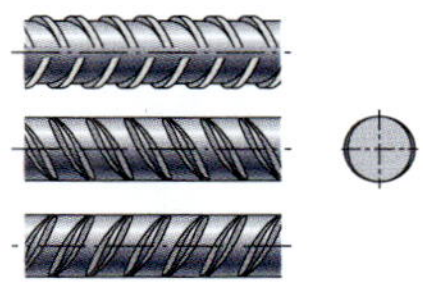			für **B** ≥ 540 $\frac{N}{mm^2}$
Betonstahl in Ringen (DIN 488-3) B500A B500B Ø mm 4…16	**B500B** (4 Rippenreihen) 			
	Profilierte oder glatte Stahlsorten (Ring/Stab)			
Bewehungsdraht (DIN 488-3) B500A B500B Ø mm 4…16	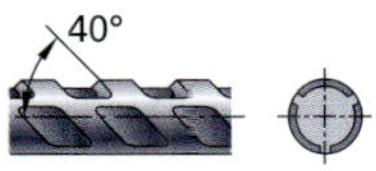 40° **B500A+P**  **B500A+G**			für **C** ≥ 575 $\frac{N}{mm^2}$

Kennwerte von geripptem Betonstahl

Durchmesser d_s in mm	6	8	10	12	14	16	20	25	28	32	40
Querschnitt A_s in cm²	0,283	0,503	0,785	1,13	1,54	2,01	3,14	4,91	6,16	8,04	12,57
Gewicht m in kg/m	0,22	0,395	0,617	0,888	1,21	1,58	2,47	3,85	4,83	6,31	9,86

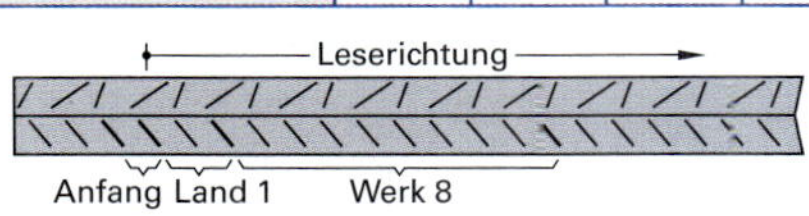

Land 1: Deutschland
Werk 8: Baustahlgewebe, Produktionsgesellschaft mbH Aalen

W

Betonstähle

Spannungs-Dehnungs-Diagramm (σ-ε-Diagramm)

nach DIN EN 10002-1

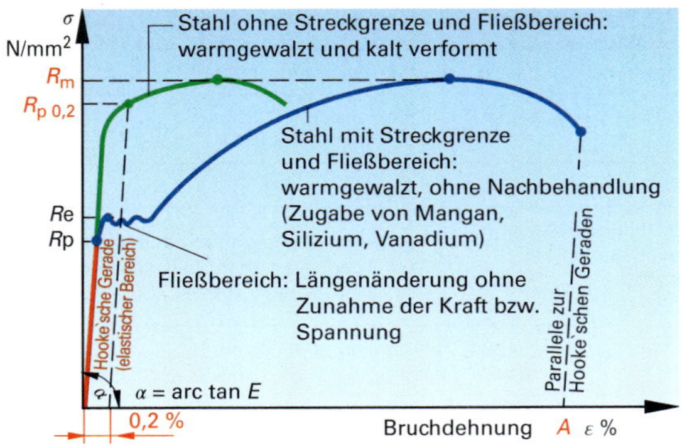

F	Zugkraft
F_m	Höchstzugkraft
L	Messlänge
L_o	Anfangslänge
S_o	Anfangsquerschnitt
ε	Dehnung
A	Bruchdehnung
σ_z	Zugspannung
R_m	Zugfestigkeit (resistance) f_{tk} nach DIN 1992-1-1
R_e	Streckgrenze f_{yk} nach DIN 1992-1-1
$R_{p\,0,2}$	Dehngrenze bei 0,2 % Dehnung
E	Elastizitätsmodul
R_p	Proportionalitätsgrenze

Spannung

$$\sigma_z = \frac{F}{S_o}$$

Dehnung

$$\varepsilon = \frac{L - L_o}{L_o} \cdot 100\,\%$$

Hooke'sches Gesetz

$$E = \frac{\sigma_z}{\varepsilon} \cdot 100\,\%$$

W

Betonstähle

Betonstahlmatten bestehen aus rechtwinklig sich kreuzenden, kalt verformten Einzelstäben, die scherfest miteinander verschweißt sind. Die Durchmesser der Einzelstäbe liegen zwischen 6,0 mm (5,0 mm = Mindest-Ø) und 14,0 mm (DIN 488-1), Doppelstäbe sind nur in Längsrichtung möglich.
Bei den Betonstahlmatten unterscheidet man in Lagermatten, Listenmatten, Vorratsmatten und Sonderformen.

Lagermatten für den schnellen Einsatz	Lagermatten sind im Allgemeinen standardisierte normalduktile Betonstahlmatten (B500A) mit festgelegten Abmessungen (B = 2,30 m (2,35 m bei der Q636A); L = 6,00 m) und festgelegtem Aufbau. Das Lieferprogramm umfasst 11 Matten, 6 Q-Matten (quadratische Maschenweiten) und 5 R-Matten (rechteckige Maschenweiten) (s.u.).
Listenmatten punktgenau: Bewehrung nach Bedarf	Listenmatten sind i.d.R. hochduktile Betonstahlmatten (B500B), die vom Anwender nach dessen individuellen Anforderungen konstruiert werden. Länge L (3,00 m … 12,00 m), Breite B (1,85 m … 3,00 m), Stabdurchmesser und Stababstand können nach statischen und konstruktiven Gesichtspunkten frei gewählt werden.
Vorratsmatten bewehrte Standards	Vorratsmatten sind standardisierte, i.d.R. hochduktile Betonstahlmatten bis Ø 14 mm, die die Vorteile der Lagermatten (schnelle Verfügbarkeit) und Listenmatten (passgenauer Querschnitt) miteinander verknüpfen. Sie werden häufig direkt vom Werk zur Verwendungsstelle geliefert.
Sonderformen aus Mattenstahl	Um die Bewehrungsarbeit zu erleichtern werden speziell gebogene Formen angeboten: z.B. Unterstützungskörbe für die obere Bewehrung, Bügelkörbe für stabförmige Bauteile, Listenmatten für Randbereiche von Flächentragwerken.
Normbezeichnung	Betonstahlmatte DIN 488-4 – B500B – 125 × 12/10-2/2 – 125 × 8/7-2/2

Mattenaufbau bei Baustahlgewebe-Lagermatten B500A (am Beispiel der R424A)

150 ×	9,0 /	8,0 –	2 / 2	Überstand	250 ×	8,0	Überstand
Stababstand	Ø innen	Ø Rand	links / rechts	oben / unten	Stababstand	Ø	links / rechts
in Längsrichtung mm	mm	mm	Anzahl Randstäbe	125 / 125 mm	**in Querrichtung** mm	mm	25 / 25 mm

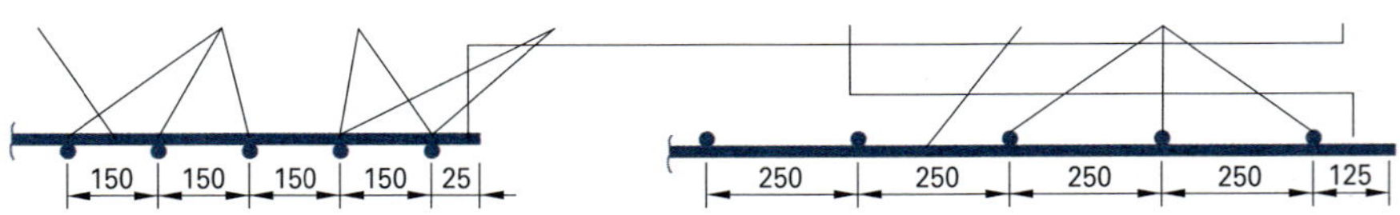

Holz

Holz ist ein leichter Baustoff, gut zu bearbeiten, hat eine relativ hohe Festigkeit, ist wärmedämmend, im Vergleich preiswert und findet vielfältige Verwendung im Bauwesen.

Aufbau des Holzes und Bauholzarten

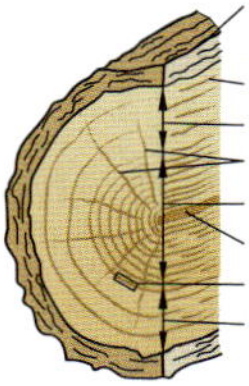

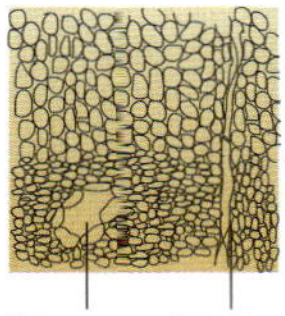

Ausschnitt (Jahresringgrenze)

Kernholzbaum Splintholzbaum Reifholzbaum

Chemische Zusammensetzung	Anteile	Holzsubstanzen Kohlen-, Wasserstoff-Verbindungen	Anteile
Kohlenstoff C	50 %	Cellulose (Zellstoff)	~ 50 %
Sauerstoff O	44 %	Lignin („Holzstoff“)	~ 25 %
Wasserstoff H	5 %	Zucker	~ 20 %
Stickstoffe, Phosphate, Nitrate	1 %	Fette, Harze, u. a.	~ 5 %

NADELHÖLZER (NH) langfaserig

Kurzzeichen nach DIN 4086 in rot nach DIN EN 13556 in blau

- besonders geeignet für Biegebeanspruchung
- wachsen schnell und sehr gleichmäßig
- leichter Werkstoff und preiswert

Holzart	Eigenschaften	Verwendung
Fichte $\rho = 0{,}47\ \text{kg/dm}^3$ $\sigma_B = 68\ \text{N/mm}^2$ $\sigma_D = 40\ \text{N/mm}^2$ (FI) (PCAB)	weich; gute Festigkeits- und Elastizitätswerte bei geringem Gewicht; schwindet mäßig; nicht witterungsfest; leicht zu bearbeiten; problemlos zu verleimen; Harztaschen	Rundholz, Schnittholz; Brettschichtholz; Brettschichtträger; für sämtliche Zimmererarbeiten
Kiefer $\rho = 0{,}52\ \text{kg/dm}^3$ $\sigma_B = 80\ \text{N/mm}^2$ $\sigma_D = 45\ \text{N/mm}^2$ (KI) (PNSY)	mittelschwer und mäßig hart; bessere Festigkeits- und Elastizitätswerte als Fichte; zäh; schwindet mäßig; gute Warnfähigkeit; Kernholz sehr dauerhaft; leicht zu bearbeiten	Rundholz; Schnittholz; Furniere; Bau- und Konstruktionsholz; Wasserbau; Holzwerkstoffe
Lärche $\rho = 0{,}59\ \text{kg/dm}^3$ $\sigma_B = 93\ \text{N/mm}^2$ $\sigma_D = 48\ \text{N/mm}^2$ (LA) (LADC)	härtestes und schwerstes Nadelholz; beste Festigkeits- und Elastizitätswerte; zäh; schwindet mäßig; neigt zum Drehwuchs; Kernholz sehr witterungsbeständig und wasserfest; harzig; langsam trocknend; gut leimbar	Rundholz; Schnittholz; Bau- und Konstruktionsholz für den Außen- und Innenbereich; Erd-, Brücken-, Wasserbau
Tanne $\rho = 0{,}45\ \text{kg/dm}^3$ $\sigma_B = 68\ \text{N/mm}^2$ $\sigma_D = 40\ \text{N/mm}^2$ (TA) (ABAL)	wie Fichte; aber spröder und filziger; nicht so harzig; astiger als Fichte und besser geeignet bei wechselnder Feuchtigkeit; schlechter bearbeitbar	wie Fichte; Bau- und Konstruktionsholz; Erd- und Wasserbau; Holzwerkstoffe

LAUBHÖLZER (LH) kurzfaserig

Kurzzeichen nach DIN 4086 in rot nach DIN EN 13556 in blau

- besonders geeignet für Druckbeanspruchung
- wachsen langsam und nicht immer gleichmäßig
- höheres Eigengewicht und teurer als NH

Holzart	Eigenschaften	Verwendung
Rotbuche $\rho = 0{,}72\ \text{kg/dm}^3$ $\sigma_B = 120\ \text{N/mm}^2$ $\sigma_D = 60\ \text{N/mm}^2$ Laubholz Gruppe A (BU) (FASY)	homogen und schwer; hart, zäh, wenig elastisch; sehr gute Festigkeitswerte; hohe Abriebfestigkeit; schwindet und arbeitet stark; pilzanfällig; nicht witterungsbeständig; leicht zu bearbeiten; gut leimbar	Innenausbau, vorzugsweise Treppen; Schicht-Sperrhölzer, Span- und Faserplatten
Eiche $\rho = 0{,}69\ \text{kg/dm}^3$ $\sigma_B = 105\ \text{N/mm}^2$ $\sigma_D = 60\ \text{N/mm}^2$ Laubholz Gruppe A (EI) (QCXE)	hart und schwer; ausgezeichnete Festigkeits- und Elastizitätswerte; schwindet nur wenig; Kernholz sehr dauerhaft, unter Wasser unbegrenzt haltbar; Splintholz extrem schnell vergänglich; leicht zu bearbeiten; gut leimbar	Rundholz; Schnittholz; bestes Konstruktionsholz; Wasserbau
Rüster (Ulme) $\rho = 0{,}68\ \text{kg/dm}^3$ $\sigma_B = 80\ \text{N/mm}^2$ $\sigma_D = 50\ \text{N/mm}^2$ (RÜ) (ULCR)	elastisch, zäh und langfaserig; ziemlich hart und schwer	gutes Bauholz; geringe Mengen
Robinie $\rho = 0{,}76\ \text{kg/dm}^3$ $\sigma_B = 130\ \text{N/mm}^2$ $\sigma_D = 65\ \text{N/mm}^2$ (ROB) (ROPS)	wertvollste einheimische Holzart; sehr hart, sehr zäh und sehr elastisch; sehr biegsam; überdurchschnittlicher Abnutzungswiderstand; neigt zum Werfen und Verziehen; schwindet und quillt wenig	Konstruktionsholz für starke Beanspruchungen im Erd- und Wasserbau; Brückenbau; Holzschrauben

W

Holz

Holzeigenschaften

Holzfeuchtigkeit

Der Feuchtigkeitsgehalt u wird auf das Darrgewicht bezogen, das durch Darren im Trockenschrank bei 103 °C bestimmt wird.

Holz und Holzwerkstoffe

Zur Vermeidung von Schwindrissen und Maßänderungen sind folgende Einbaufeuchten u einzuhalten:

$u = 20\%$ in den Nutzungsklassen 1 und 2
$u = 25\%$ in der Nutzungsklasse 3

Berechnung der Holzfeuchte

$$\text{Holzfeuchte } u = \frac{m_u - m_o}{m_o} \cdot 100\,\%$$

m_u Masse der feuchten Holzprobe
m_o Masse der darrtrockenen Holzprobe

Festigkeit von Holz

Die Festigkeit wird stark von der Holzfeuchtigkeit beeinflusst. Die Prüffeuchte u beträgt 12 %.
Halb trockenes Holz (≈ 25 %) hat nur noch ⅓ der Druckfestigkeit des darrgetrockneten Holzes (0 %).

Die Druckfestigkeit parallel zur Faser ($\sigma_{D\parallel}$) ist größer als die Druckfestigkeit quer zur Faser ($\sigma_{D\perp}$)

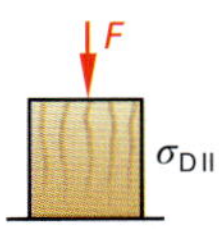

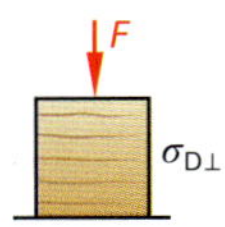

Die Zugfestigkeit in Faserrichtung ($\sigma_{Z\parallel}$) ist größer als die Druckfestigkeit, aber auch anfälliger gegen Holzfehler, daher die zulässige Spannung geringer.

Die Biegefestigkeit (σ_B) wird an einem geradfaserigen Stab (Last$_\perp$ zur Faser) mit quadratischem Querschnitt bestimmt.

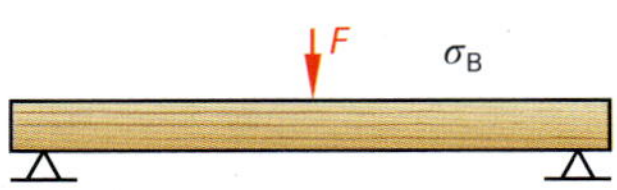

Die Scherfestigkeit (τ_a) wird in Faserrichtung tangential und radial geprüft.

Bauschnittholz und Konstruktionsvollholz

Schnittholzgrößen

Schnittholzart	Schnittholzeinteilung					
	DIN 4074 / DIN 68365		TG		DIN 68252	
	Dicke/Höhe	Breite	Dicke/Höhe	Breite	Dicke/Höhe	Breite
Balken	–	–	–	–	Querschnittsfläche > 200 cm²	
Kreuzholz	–	–	Querschnittsfläche > 32 cm²		Querschnittsfläche > 32 cm² 4 Stück kerngetrennt	
Kantholz	$b \le h \le 3\,b$	$b > 40$ mm	–	–	$d \ge 60$ mm	$b \le 3\,d$
Bohle	d > 40 mm	$b > 3\,d$	Querschnitts-fläche ≥ 32 cm²	$b > 80$ mm	$d \ge 40$ mm	$b > 2\,d$
Brett	$d \le 40$ mm	$b \ge 80$ mm	Querschnitts-fläche > 32 cm²	$b \ge 80$ mm	8 mm ≤ d $d \le 40$ mm	$b > 80$ mm
Latte	$d \le 40$ mm	$b < 80$ mm	Querschnitts-fläche < 32 cm²	$b < 80$ mm	Querschnitts-fläche < 32 cm²	$b < 80$ mm

Balken z. B. 10/20

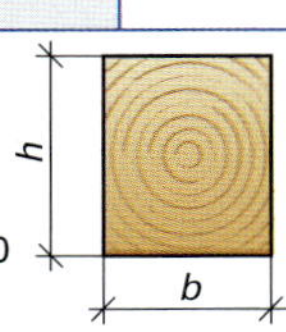

Kreuz-holz

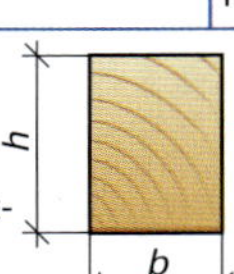

Kantholz z. B. 8/10

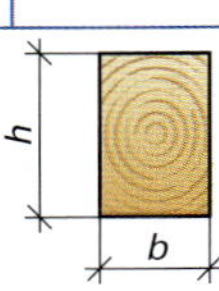

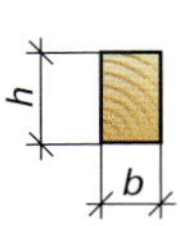

Latte 4/6

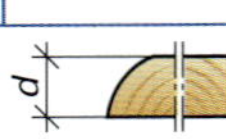

Bohle

Brett

TG: Tegernseer Gebräuche b Breite d Dicke h Höhe

Holz

Nadelholz

Sortierklassen DIN 4074-1 (Kanthölzer und vorwiegend hochkant (K) biegebeanspruchte Bohlen und Bretter)

Sortiermerkmale (visuelle Sortierung)	**Sortierklassen (Nadelschnittholz)** S7, S7 K	S10, S10 K	S13, S13 K
Äste	≤ ⅗ Ästigkeit	≤ ⅖ Ästigkeit	≤ ⅕ Ästigkeit
Faserneigung	≤ 12%	≤ 12%	≤ 7%
Markröhre	zulässig	zulässig	nicht zulässig
Jahrringbreite – allgemein – Douglasie	≤ 6 mm ≤ 8 mm	≤ 6 mm ≤ 8 mm	≤ 4 mm ≤ 6 mm
Risse – Schwindrisse – Blitzrisse/Ringschäle	≤ ½ der kurzen Kante nicht zulässig	≤ ½ der kurzen Kante nicht zulässig	≤ ⅖ der kurzen Kante nicht zulässig
Baumkante *K*	≤ ¼ der Querschnittsseite	≤ ¼ der Querschnittsseite	≤ ⅕ der Querschnittsseite
Krümmung – Längskrümmung – Verdrehung	≤ 8 mm bei 2 m Länge ≤ 1 mm je 25 mm Breite/2 m	≤ 8 mm bei 2 m Länge ≤ 1 mm je 25 mm Breite/2 m	≤ 8 mm bei 2 m Länge ≤ 1 mm je 25 mm Breite/2 m
Verfärbung – Bläue – nagelfeste braune und rote Streifen – Rotfäule/Weißfäule	zulässig ≤ ⅖ Umfang nicht zulässig	zulässig ≤ ⅖ Umfang nicht zulässig	zulässig ≤ ⅕ Umfang nicht zulässig
Druckholz	≤ ⅖ Umfang	≤ ⅖ Umfang	≤ ⅕ Umfang
Insektenfraß	Fraßgänge bis 2 mm von Frischholzinsekten zulässig		
Sonstige Merkmale	sind in Anlehnung an die übrigen Sortiermerkmale sinngemäß zu berücksichtigen		

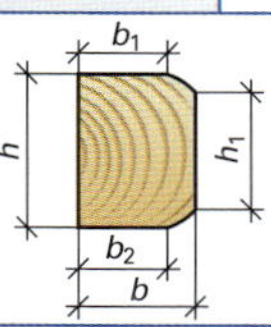

Baumkante *K*

$K = \frac{h - h_1}{h} \leq \ldots$ $\quad K = \frac{b - b_1}{b} \leq \ldots$ $\quad K = \frac{b - b_2}{b} \leq \ldots$

Sortierklassen DIN 4074-1 (Bohlen, Bretter)

Sortiermerkmale (visuelle Sortierung)	**Sortierklassen (Nadelschnittholz)** S7	S10	S13
Äste – Einzelast – Astansammlung – Schmalseitenast	≤ ½ der Breite ≤ ⅔ der Breite –	≤ ⅓ der Breite ≤ ½ der Breite ≤ ⅔ der Breite	≤ ⅕ der Breite ≤ ⅓ der Breite ≤ ⅓ der Breite
Faserneigung	≤ 16%	≤ 12%	≤ 7%
Markröhre	zulässig	zulässig	nicht zulässig
Jahrringbreite – allgemein – Douglasie	≤ 6 mm ≤ 8 mm	≤ 6 mm ≤ 8 mm	≤ 4 mm ≤ 6 mm
Risse – Schwindrisse – Blitzrisse/Ringschäle	zulässig nicht zulässig	zulässig nicht zulässig	zulässig nicht zulässig
Baumkante *K*	≤ ⅓ der Querschnittsseite	≤ ⅓ der Querschnittsseite	≤ ¼ der Querschnittsseite
Krümmung – Längskrümmung – Verdrehung – Querkrümmung	≤ 12 mm bei 2 m Länge ≤ 2 mm je 25 mm Breite/2 m ≤ 1/20 der Breite	≤ 8 mm bei 2 m Länge ≤ 1 mm je 25 mm Breite/2 m ≤ 1/30 der Breite	≤ 8 mm bei 2 m Länge ≤ 1 mm je 25 mm Breite/2 m ≤ 1/50 der Breite

Alle übrigen Sortiermerkmale wie oben.

Bezeichnung der Hölzer

In der Reihenfolge: Schnittholzart – DIN 4074 – Sortierklasse – trockensortiert (soweit zutreffend) – Holzart (DIN 4076-5)

Bezeichnung eines visuell sortierten Kantholzes
Sortierklasse S10, trockensortiert (TS), aus Fichte (FI): **Kantholz DIN 4074 – S10 TS – FI**

Bezeichnung einer visuell sortierten Bohle,
als Kantholz sortiert (K) Sortierklasse S13, aus Kiefer (KI): **Bohle DIN 4074 – S13 K – KI**

W

Holz

Laubholz

Sortierklassen DIN 4074-5 (Kanthölzer und vorwiegend hochkant (K) biegebeanspruchte Bohlen und Bretter)

Sortiermerkmale (visuelle Sortierung)	**Sortierklassen (Laubschnittholz)** **LS7, LS7 K**	**LS10, LS10 K**	**LS13, LS13 K**
Äste – allgemein – Eiche	 ≤ 3/5 Ästigkeit ≤ 3/5 Ästigkeit	 ≤ 2/5 Ästigkeit ≤ 2/5 Ästigkeit	 ≤ 1/5 Ästigkeit ≤ 1/6 Ästigkeit
Faserneigung	≤ 16%	≤ 12%	≤ 7%
Markröhre	nicht zulässig	nicht zulässig	nicht zulässig
Jahrringbreite	–	–	–
Risse – Schwindrisse – Blitzrisse/ Frostrisse/Ringschäle[1]	 ≤ 3/5 der kurzen Kante nicht zulässig	 ≤ 1/2 der kurzen Kante nicht zulässig	 ≤ 2/5 der kurzen Kante nicht zulässig
Baumkante K	≤ 1/3 der Querschnittsseite	≤ 1/3 der Querschnittsseite	≤ 1/4 der Querschnittsseite
Krümmung – Längskrümmung – Verdrehung	 ≤ 12 mm bei 2 m Länge ≤ 2 mm je 25 mm Breite/2 m	 bis 8 mm bei 2 m Länge ≤ 1 mm je 25 mm Breite/2 m	 bis 8 mm bei 2 m Länge ≤ 1 mm je 25 mm Breite/2 m
Verfärbung, Fäule – nagelfeste braune und rote Streifen – Fäule	 ≤ 3/5 Umfang nicht zulässig	 ≤ 2/5 Umfang nicht zulässig	 ≤ 1/5 Umfang nicht zulässig
Insektenfraß	nicht zulässig		
Sonstige Merkmale	sind in Anlehnung an die übrigen Sortiermerkmale sinngemäß zu berücksichtigen		

W

Riss R

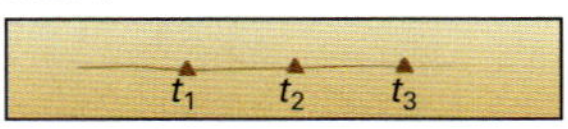

$$r = \frac{t_1 + t_2 + t_3}{3}$$

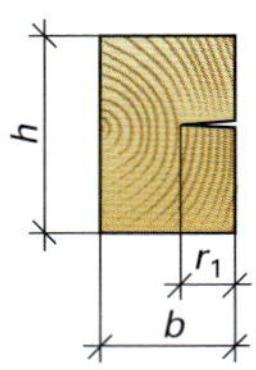

$$R = \frac{r_1}{b} \leq \ldots \qquad R = \frac{r_4 + r_2}{b} \leq \ldots$$

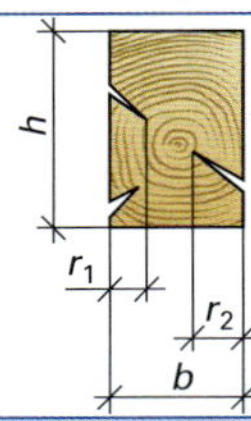

Sortierklassen DIN 4074-5 (Bohlen, Bretter)

Sortiermerkmale (visuelle Sortierung)	**Sortierklassen (Laubschnittholz)** **LS7**	**LS10**	**LS13**
Äste – Einzelast – Astansammlung – Schmalseitenast	 ≤ 1/2 der Breite ≤ 2/3 der Breite –	 ≤ 1/3 der Breite ≤ 1/2 der Breite ≤ 2/3 der Breite	 ≤ 1/5 der Breite ≤ 1/3 der Breite ≤ 1/3 der Breite
Faserneigung	≤ 16%	≤ 12%	≤ 7%
Markröhre	nicht zulässig	nicht zulässig	nicht zulässig
Jahrringbreite	–	–	–
Risse – Schwindrisse – Blitzrisse Frostrisse/Ringschäle[1]	 zulässig nicht zulässig	 zulässig nicht zulässig	 zulässig nicht zulässig
Baumkante K	≤ 1/3 der Querschnittsseite	≤ 1/4 der Querschnittsseite	≤ 1/8 der Querschnittsseite
Krümmung – Längskrümmung – Verdrehung – Querkrümmung	 ≤ 12 mm bei 2 m Länge ≤ 2 mm je 25 mm Breite/2 m ≤ 1/20 der Breite	 ≤ 8 mm bei 2 m Länge ≤ 1 mm je 25 mm Breite/2 m ≤ 1/30 der Breite	≤ 8 mm bei 2 m Länge ≤ 1 mm je 25 mm Breite/2 m ≤ 1/50 der Breite

Alle übrigen Sortiermerkmale wie oben.

[1] Ringschäle ist ein Riss, der dem Verlauf der Jahresringe folgt.

Bezeichnung der Hölzer

In der Reihenfolge: Schnittholzart – DIN 4074 – Sortierklasse – trockensortiert (soweit zutreffend) – Holzart (DIN 4076-5)

Bezeichnung eines visuell sortierten Kantholzes, Sortierklasse LS13, trockensortiert (TS), aus Buche (BU): **Kantholz DIN 4074 – LS13 TS – BU**

Bezeichnung einer Bohle, als Kantholz sortiert (K), Sortierklasse S10, aus Eiche (EI): **Bohle DIN 4074 – LS10 K – EI**

Holz

Konstruktionsvollholz KVH®/Massivholz MH®[1] (Fichte, Tanne, Kiefer, Lärche, Douglasie)

Sortiermerkmal	Anforderungen an KVH® und MH® Sichtbarer Bereich KVH - Si / MH-Plus - Si	Anforderungen an KVH® und MH® Nicht sichtbarer Bereich KVH - NSi / MH-Fix - NSi	HOLZBAU DEUTSCHLAND BUND DEUTSCHER ZIMMERMEISTER
Sortierklasse	DIN 4074-1 Sortierklasse mind. S10 TS	DIN 4074-1 Sortierklasse mind. S10 TS	Die für die Tragfähigkeit maßgebenden Materialeigenschaften ergeben sich aus der DIN EN 1995-1-1/NA.
Holzeinbaufeuchte	$u = 15\,\% \pm 3\,\%$	$u = 15\,\% \pm 3\,\%$	$u \geq 20\,\%$ bei Bauschnittholz
Einschnittart/Markröhre auf Wunsch herzfrei	herzgetrennt (auf Wunsch herzfrei) 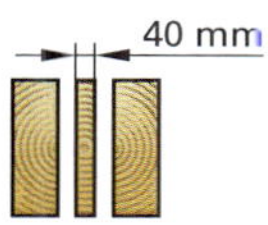	herzgetrennt 	**herzgetrennt:** Bei einem ideal gewachsenen Stamm würde die Markröhre bei zweistieligem Einschnitt durchschnitten. **herzfrei:** Herzbohle mit $d \geq 40$ mm
Baumkante	nicht zulässig	schräg gemessen ≤ 10 % der kleineren Querschnittsseite	
Maßhaltigkeit des Querschnitts	DIN EN 336, Maßhaltigkeitsklasse 2 $b \leq 10$ cm = ± 1 mm $b > 10$ cm = ± 1,5 mm		Die Maßhaltigkeit für die Längenabmessungen ist zu vereinbaren.
Äste 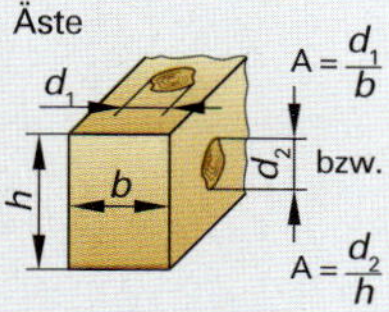	S10: $A \leq \frac{2}{5}$ S13: $A \leq \frac{1}{5}$ nicht über 70 mm	S10: $A \leq \frac{2}{5}$ S13: $A \leq \frac{1}{5}$ nicht über 70 mm	Astigkeit wird nach DIN 4074-1 ermittelt. Bei maschineller Sortierung gilt: Für **KVH/MH - NSi** bleiben die Astgrößen nicht unberücksichtigt, für **KVH/MH - Si** gilt $A \leq 2/5$.
Rindeneinschluss	nicht zulässig	DIN 4074-1	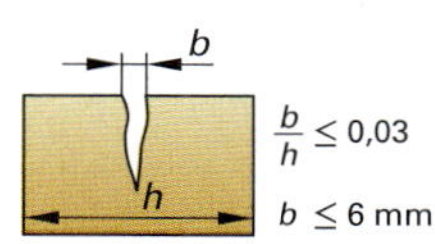
Risse radiale Schwindrisse (Trockenrisse)	Rissbreite $b \leq 3\,\%$ der jeweiligen Querschnittsseite, nicht mehr als 6 mm	DIN 4074-1	
Harzgallen	Breite $b \leq 5$ mm	DIN 4074-1	
Verfärbungen	nicht zulässig	DIN 4074-1	 Borkenkäfer
Insektenbefall	nicht zulässig	DIN 4074-1	
Verdrehung	Das zulässige Maß der Verdrehung wird nicht näher definiert, da bei Einhaltung aller anderen Kriterien keine untolerierbaren Verdrehungen zu erwarten sind.		
Längskrümmung	bei herzgetrenntem Einschnitt ≤ 8 mm/2,000 m bei herzfreiem Einschnitt ≤ 4 mm/2,000 m	bei herzgetrenntem Einschnitt ≤ 8 mm/2,000 m	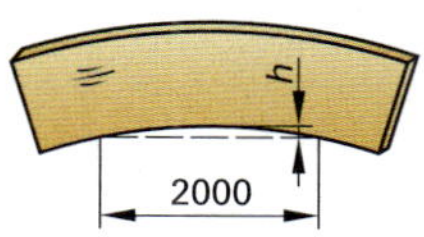
Oberflächenbeschaffenheit	gehobelt und gefast	egalisiert und gefast	egalisieren = Holzoberfläche gleichmäßig machen
Ausschreibungstext von KVH	… m³ Konstruktionsvollholz NSi (Nicht Sichtbar), Festigkeitsklasse C24 nach DIN EN 14081-1 und DIN 20000-5, $u = 15\,\% + 3\,\%$, Einschnittart herzgetrennt, Oberfläche egalisiert und gefast, Maßhaltigkeitsklasse 2 nach DIN EN 336		

[1] Entsprechend den BDZ-Vereinbarungen mit der Überwachungsgemeinschaft Konstruktionsvollholz e. V. (KVH®) und der Herstellergemeinschaft MH Massivholz e. V. (MH®) vom 11.2003 (Stand 10.2008).

W

Holz

Sortierklassen und Festigkeitsklassen

Nach Eurocode 5 werden Festigkeitsklassen für Bauschnittholz nach DIN EN 338, Balkenschichtholz nach BDZ-Vereinbarungen und Brettschichtholz nach DIN EN 1194 eingeführt. Eurocode 5 gestattet, dass das Bauholz auch weiterhin nach nationalen Vorschriften sortiert werden kann. Es ist dann aber nach einheitlichen Regeln in eine der unten aufgeführten Festigkeitsklassen einzustufen.

Sortierklassen (SK)		Festigkeitsklassen (FK)		
3 visuelle **S**K für NH: Nadelholz[1]	**S**	**NH:**	Nadelholz	12 FK: C14 … C50
3 visuelle **S**K für **L**H: Laubholz[2]	**LS**	**LH:**	Laubholz	8 FK: D8 … D70
Hochkant biegebeanspruchte Bretter/Bohlen	**K**	**KVH:**	Konstruktionsvollholz	2 FK: C24, C30
Maschinelle SK mit dem Zusatz	**M**	**BSH:**	Brettschichtholz	4 FK: GL24 … GL32

[1] Apparativ unterstützte visuelle Sortierung (Eignung nach DIN 4074-1) für S15

[2] Apparativ unterstützte visuelle Sortierung (Eignung nach DIN 4074-5) für LS15

Nadelholz und Pappel: Zuordnung von visuellen Sortierklassen zu den Festigkeitsklassen
(Maschinell sortiertes Holz darf direkt in die Festigkeitsklassen eingestuft werden.)

Holzart	Kurzbezeichnung DIN EN 13556 (DIN 4076-alt)	Sortierklassen DIN 4074-1	Festigkeitsklassen DIN EN 338
Douglasie **Tanne** **Lärche**	PSMN (DGA) ABAL (TA) LADC (LA)	S7 S7 K	C16
Fichte **Kiefer**	PCAB (FI) PNSY (KI)	S7 S7 K	C18
Pappel	POAL (PA)	LS10 und höher LS10 K und höher	C22
Douglasie **Fichte** **Kiefer** **Tanne** **Lärche**	PSMN (DGA) PCAB (FI) PNSY (KI) ABAL (TA) LADC (LA)	S10 S10 K	C24
Pappel	POAL (PA)	LS13	C27
Douglasie **Fichte** **Kiefer** **Tanne** **Lärche**	PSMN (DGA) PCAB (FI) PNSY (KI) ABAL (TA) LADC (LA)	S10 S10 K	C30
Douglasie	PSMN (DGA)	S13 S13 K	C35

Laubholz: Zuordnung von visuellen Sortierklassen zu den Festigkeitsklassen
(Maschinell sortiertes Holz darf direkt in die Festigkeitsklassen eingestuft werden.)

Holzart	Kurzbezeichnung	Sortierklassen DIN 4074-5	Festigkeitsklassen DIN EN 338
Eiche **Ahorn**	QCXE (EI) ACCM (AH)	LS10 und höher LS10 K und höher	D30
Buche	FASY (BU)	LS10 und höher LS10 K und höher	D35
Esche	FXEX (ES)	LS10 und höher LS10 K und höher	D40
Buche	FASY (BU)	LS13 und höher LS13 K und höher	D40

Balken und Brettschichtholz

Holzart	Kurzbezeichnung	Sortierklassen DIN 4074-1		Festigkeitsklassen DIN EN 1995
Balkenschichtholz	KVH, MH	S10TS	trocken sortiert (TS)	C24
	Duo-/Triobalken	S13TS		C30
Brettschichtholz	BSH	S10 S10 S13 S13		GL24 c (BS 11) GL24 h (BS 11) GL28 c (BS 14) GL32 h (BS 16)

W

Holzwerkstoffe

Holzwerkstoffe sind Platten, die aus Furnieren zu Sperrholz verleimt oder aus Spänen, Fasern oder Holzwolle gepresst und verklebt werden. Holzwerkstoffklassen (HWK 20, 100, 100G) gibt es nicht mehr. An ihre Stelle sind die **Nutzungsklassen NKL** getreten, mit denen sich auch die Bezeichnungen geändert haben. Die nachfolgende Tabelle gibt einen Überblick der wichtigsten Holzwerkstoffe mit ihren neuen Bezeichnungen und Einsatzbereichen.

Nutzungsklassen		**Einsatzbereich**		
		nichttragend	tragend	hochbelastbar
NKL 1 trocken	Spanplatten DIN EN 312	P1 + P2	P4	P6
	Bausperrhölzer DIN EN 636-1/-2/-3	DIN EN 636-1/G	DIN EN 636-1/S	
	OSB DIN EN 300	OSB/1	OSB/2	
	Furnierschichtholzplatten (LVL) EN 14279		LVL/1	
	MDF DIN EN 622-5	MDF	MDF.LA	
	poröse Faserplatten (SB) DIN EN 622-4	SB	SB.LS	
	mittelharte Faserplatten (MB) DIN EN 622-3	MBL + MBH	MBH.LA1	MBH.LA2
	harte Faserplatten (HB) DIN EN 622-2	HB	HB-LA	
NKL 2 feucht	Spanplatten DIN EN 312	P3	P5	P7
	Bausperrhölzer DIN EN 636-1/-2/-3	DIN EN 636-2/G	DIN EN 636-2/S	
	OSB DIN EN 300		OSB/3	OSB/4
	Furnierschichtholzplatten (LVL) EN 14279		LVL/2	
	MDF DIN EN 622-5	MDF.H	MDF.HLS	
	poröse Faserplatten (SB) DIN EN 622-4	SB.H	SB.HLS	
	mittelharte Faserplatten (MB) DIN EN 622-3	MBL.H + MBH.H	MBH.HLS1	MBH.HLS2
	harte Faserplatten (HB) DIN EN 622-2	HB.H	HB-HLA1	HB-HLA2
NKL 3 außen	Bausperrhölzer DIN EN 636-1/-2/-3	DIN EN 636-3/G	DIN EN 636-3/S	P1 … P7 = Spanplatten für allgem. Zwecke im Trockenbereich … tragende Zwecke im Feuchtbereich, G = allgem. Verwendung, S = tragend
	Furnierschichtholzplatten (LVL) EN 14279		LVL/3	
	poröse Faserplatten (SB) DIN EN 622-4	SB.E		
	mittelharte Faserplatten (MB) DIN EN 622-3	MBL.E + MBH.E		
	harte Faserplatten (HB) DIN EN 622-2	HB.E		
	zementgebundene Spanplatten DIN EN 634-2		Klasse 1 + 2	

Bausperrholz

Sperrholzterminologie (DIN EN 313-2)

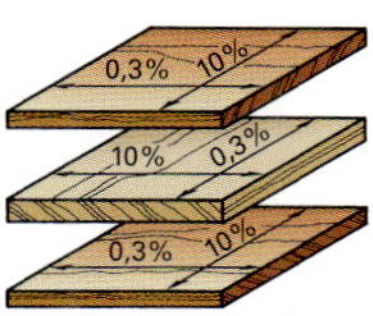

Furniersperrholz **FU**

besteht aus parallel zur Plattenebene liegenden Furnieren (kreuzweise verleimte Schälfurniere)

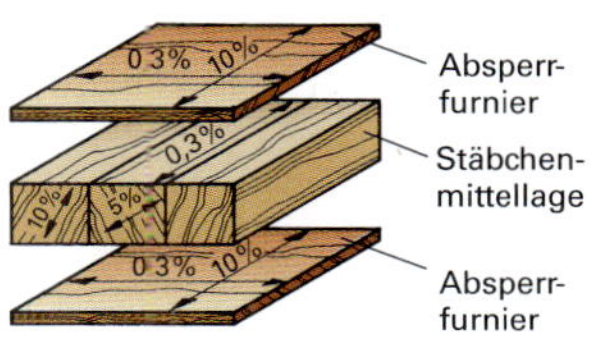

Stabsperrholz **ST**

Mittellage besteht aus verklebten oder nicht verklebten 7 mm bis 30 mm breiten Vollholzstäben

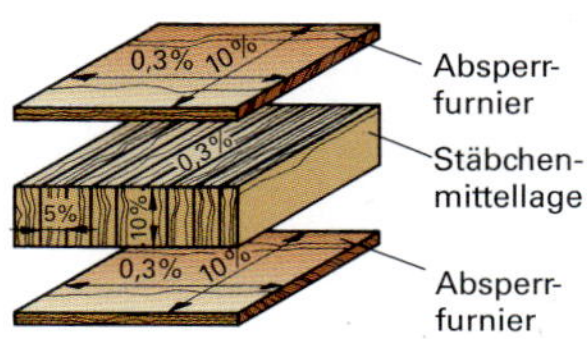

Stäbchensperrholz **STAF**

Mittellage besteht aus maximal 7 mm breiten, hochkant angeordneten, verklebten Schälfurnieren

Vorzugsmaße für Sperrholz (für Hersteller nicht bindend)		
Maße in mm	Furniersperrholz	Stab- und Stäbchensperrholz
Dicke	4, 5, 6, 8, 10, 12, 15, 18, 20, 22, 25, 30, 35, 40, 50	13, 16, 19, 22, 25, 28, 30, 38
Länge und Breite	1220, 1250, 1500, 1530, 1700, 1830, 2050, 2200, 2440, 2500, 3050	1220, 1530, 1830, 2050, 2500, 4100 2440, 2500, 3500, 5100, 5200, 5400

W

Holzwerkstoffe

Spanplatten

Spanplatten werden durch Verpressen von kleinen Teilen aus Holz und/oder anderen lignozellulosehaltigen Teilchen mit Klebstoff hergestellt. Die Späne liegen vorzugsweise parallel zur Plattenebene.

Einteilung der Spanplatten nach DIN EN 312 – (2003) (Auszug)
Diese Norm legt Anforderungen an kunstharzgebundene, unbeschichtete Spanplatten fest.

Plattentypen	P1	P2	P3	P4	P5	P6	P7
Verwendung	Allgemeine Zwecke	Inneneinrichtungen (Möbel)	Nicht tragende Zwecke	Tragende Zwecke		Hochbelastbar Tragende Zwecke	
	Trockenbereich		Feuchtbereich[1]	Trockenbereich	Feuchtbereich[1]	Trockenbereich	Feuchtbereich[1]

[1] Der Feuchtbereich ist durch die Nutzungsklasse 2 nach DIN EN 1995-1-1 definiert (Temperatur 20 °C und relative Luftfeuchtigkeit der umgebenden Luft, die nur einige Wochen pro Jahr einen Wert von 85 % übersteigt.

Allgemeine Anforderungen an alle Plattentypen bei Auslieferung (Auszug)

- Grenzabmaße
  - Dicke (geschliffene Platte) ± 0,3 mm
  - Länge und Breite ± 5 mm
- Plattenfeuchte 5 % bis 13 %

- Formaldehydabgabe nach DIN EN 13986
  - Klasse **E1** Perforatorwert: Gehalt ≤ 8 mg/100 g absolut trockene Platte
  - Klasse **E2** Perforatorwert: Gehalt > 8 mg/100 g ≤ 30 mg/100g absolut trockene Platte

Anforderungen an die mechanischen Eigenschaften und an die Quellung
(DIN EN 312) – Ausgesuchte Werte für 2 Plattentypen (P2 und P5)

Plattentyp	Eigenschaft	Einheiten	Dickenbereich (mm, Nennmaß) > 3 bis 4	> 4 bis 6	> 6 bis 13	> 13 bis 20	> 20 bis 25	> 25 bis 32	> 32 bis 40	> 40
P2	Biegefestigkeit	N/mm²	13	14	13	13	11,5	10	8,5	7
P5			20	19	18	16	14	12	10	9
P2	Querzugfestigkeit	N/mm²	0,45	0,45	0,40	0,35	0,30	0,25	0,20	0,20
P5			0,50	0,50	0,45	0,45	0,40	0,35	0,30	0,25
P2	Dickenquellung	%	–	–	–	–	–	–	–	–
P5			13	12	11	10	10	10	9	9

Kennzeichnung

- Hersteller, Handelsmarke oder Zeichen
- Nummer EN 312
- Plattentyp
- Nenndicke
- Formaldehyd-Klasse
- Chargennummer oder Herstellungswoche und -jahr

Farb-Kennzeichnung der Spanplatten
(freiwillig):

Weiß, Weiß, Blau	P1	Gelb, Gelb, Grün	P5
Weiß, Blau	P2	Gelb, Blau	P6
Weiß, Grün	P3	Gelb, Blau	P7
Gelb, Gelb, Blau	P4		

Zementgebundene Spanplatten

vgl. DIN EN 633, DIN EN 634

Plattenförmiger Werkstoff, hergestellt durch Verpressen von kleinen Teilen aus Holz (63,5 %), Zement (25 %), Wasser (10 %) und Zusatzstoffen (1,5 %).

Klassifizierung (üblich)

- **Bindemittel**
  Portlandzement
  Magnesiazement
- **Färbung**
  eingefärbt
  eigenfarbig
- **Oberflächenbeschaffenheit**
  roh – eben oder strukturiert
  geschliffen
  beschichtet
  beplankt (z. B. dekoratives Laminat, harzgetränktes Dekorpapier usw.)
- **Form**
  plane Oberfläche
  profilierte Oberfläche
  profilierte Schmalflächen

Abmessungen

Standardformat
2600 mm × 1250 mm
3100 mm × 1250 mm

Dicken
8 mm, 10 mm, 12 mm, 16 mm, 18 mm, 20 mm, 24 mm, 28 mm, 32 mm, 40 mm

Holzwerkstoffe

Holzfaserplatten

Holzfaserplatten, mit der Dicke von 1,5 mm und größer, werden aus Lignozellulosefasern unter Anwendung von Druck und/oder Hitze hergestellt. Der Holzwerkstoff kann auch als kunststoffbeschichtete Holzfaserplatte im Innenausbau (z. B. als MDF oder Leicht-MDF) verwendet werden.

Begriffe vgl. DIN EN 316

Kurzzeichen	Benennung	Rohdichte in kg/m³	Erklärung
SB	Poröse Faserplatte	< 400	Isolier- oder Dämmplatte
SB.I	Poröse Faserplatte mit zusätzlichen Eigenschaften		mit Bitumenzusatz
MB.L	Mittelharte Faserplatte geringer Dichte	400 … 560	nach dem Nassverfahren hergestellt (ebenfalls die porösen und harten Faserplatten)
MB.H	Mittelharte Faserplatte hoher Dichte	560 … 900	
MB.I	Mittelharte Faserplatte; hohe Dichte, zusätzliche Eigenschaften		z. B. Feuerschutz, Feuchteresistenz
HB	Harte Faserplatte	≥ 900	Hartplatte
HB.I	Harte Faserplatte mit zusätzlichen Eigenschaften		z. B. Feuerschutz, Feuchteresistenz, Resistenz gegen biologische Angriffe, besondere Bearbeitbarkeit
MDF	Mitteldichte Faserplatte	≥ 600	nach dem Trockenverfahren hergestellt
MDF.I	Mitteldichte Faserplatte mit zusätzlichen Eigenschaften		z. B. Feuerschutz, Feuchteresistenz, Resistenz gegen biologische Angriffe

Harte und mittelharte Holzfaserplatten für das Bauwesen vgl. DIN 68 754 und DIN EN 622-3

Plattentyp	Zulässige Maßabweichungen				Dickenquellung und Festigkeit			
	Dicke in mm	Abweichung in mm von der Dicke	Breite	Länge	Plattendicke (mm)	Dickenquellung %	Biegefestigkeit (N/mm²)	Querzugfestigkeit (N/mm²)
HB	≤ 6	± 0,4	± 3	± 5	≤ 4	20	40	0,7
	> 6	± 0,6	bei einer Schenkellänge > 1000 mm		> 4	18	35	0,6
MB	5 … 16	±0,7			5 … 16	15	12	0,1

Poröse und harte Holzfaserplatten vgl. DIN 68750 und DIN EN 622-4

Normtyp	Dicke	Herstellungstoleranz Dicke	Breite	Länge	Dickenquellung	Dicke (mm)	Biegefestigkeit (N/mm²)
SB	< 8 mm	± 6%	± 3 mm	± 5 mm	8%	< 10 10 … 15 >15	2,0 1,8 1,5
	> 8 mm	± 5%					
HB	< 4 mm	± 8%	± 3 mm	± 5 mm	18%	–	40
	> 4 mm	± 7%					

Platten müssen rechtwinklig, parallel und vollkantig sein. Abweichung vom rechten Winkel maximal 2 mm, bezogen auf 1000 mm Schenkellänge.

Anforderungen an Platten Typ MDF vgl. DIN EN 622-5

Eigenschaft	Einheit	Nenndickenbereich in mm								
		1,8 bis 2,5	> 2,5 bis 4,0	> 4 bis 6	> 6 bis 9	> 9 bis 12	> 12 bis 19	> 19 bis 30	> 30 bis 45	> 45
Dickenquellung	%	45	35	30	17	15	12	10	8	6
Querzugfestigkeit	N/mm²	0,65	0,65	0,65	0,65	0,60	0,55	0,55	0,50	0,50
Biegefestigkeit	N/mm²	23	23	23	23	22	20	18	17	15
Elastizitätsmodul	N/mm²	–	–	2700	2700	2500	2200	2100	1900	1700

Holzschutz

Unter Holzschutz versteht man Maßnahmen zum Schutz von Holz/Holzwerkstoffen gegenüber der zerstörenden Wirkung durch Pilze und Insekten. Brandschutz ist kein Holzschutz im engeren Sinne.

Holzschutz

Schutz vor Insekten	Schutz vor Pilzen	Brandschutz
• DIN 68800 • DIN EN 335 • DIN EN 350 • DIN EN 351 • DIN EN 460 • DIN EN 599	• DIN 68800 • DIN EN 335 • DIN EN 350 • DIN EN 351 • DIN EN 460 • DIN EN 599	• DIN 68800 • DIN 4102 • DIN EN 13501

Begriffe zum Holzschutz

Holzschutz	Vorbeugende oder bekämpfende, konstruktive und/oder chemische Maßnahmen zur Erhaltung von verbautem Holz
natürlicher Holzschutz	Berücksichtigung der Inhaltsstoffe und Eigenschaften von Holzarten
baulicher Holzschutz vgl. DIN 68800-2	Fachliche Konstruktion und Werkstoffe besonders im Hinblick auf die Feuchtigkeitsbelastung
physikalischer Holzschutz	Hydrophobierende Imprägnierungen und Anstrichstoffe verhindern das Eindringen von Wasser in das Holz. Als bekämpfender Holzschutz: Heißluftverfahren
chemischer Holzschutz vgl. DIN 68800-3	Die Anwendung von fungiziden (wirksam gegen Pilze) und bioziden (insektiziden) Wirkstoffen sowie Feuerschutzmittel

Holzschädlinge

W

Pilze befallen nur feuchtes Holz ($u \geq 20\,\%$), Insekten dagegen vorwiegend lufttrockenes Holz ($u \geq 12\,\%$).

Pilze und Insekten	Holzschädlinge	Holzfeuchten
Holz verfärbende Pilze	**Bläuepilze:** wachsen auf Splintholz der Nadel- und Laubhölzer, ebenso Schimmelpilze ⇒ keine Festigkeitsminderung	mind. 20 %
Holz zerstörende Pilze Braunfäule: würfelförmig zerstörtes, braun verfärbtes Holz	**Hausschwamm:** gefährlicher Schädling, breitet sich schnell aus, zerstört Laub- und Nadelholz vollständig (außer Eiche)	20 % … 28 %
	Weißer Porenschwamm: greift vorwiegend Nadelhölzer an, kann durch Trockenlegung vernichtet werden ⇒ feuchte Keller, Alt- und Neubauten	40 % … 50 %
Holz zerstörende Insekten Hölzer imprägnieren oder mit Heißluft behandeln, Kernholz verwenden	**Hausbock:** bevorzugt Dachböden, Nadelsplintholz. Larve entwickelt sich 4 bis 5 Jahre, ernährt sich von Zellulose und Eiweiß. 	mind. 9 %
	Pochkäfer (kleiner Holzwurm): verbautes Holz, besonders Treppen. Dicht liegende Fraßgänge.	mind. 11 %
	Splintholzkäfer: Nur an Laubhölzern.	mind. 7 %

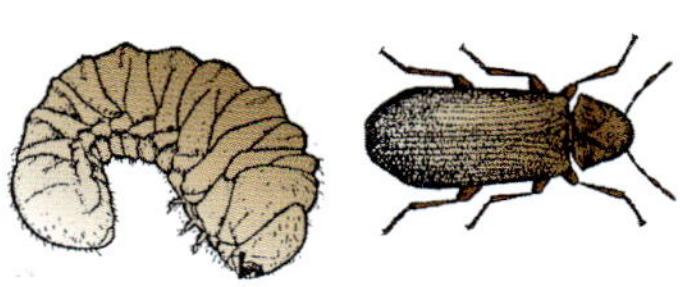

Poch- und Nagekäfer

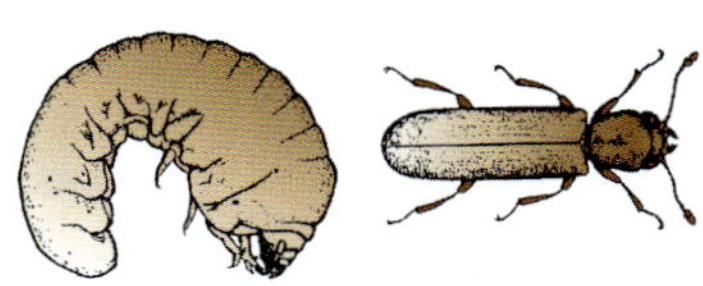

Splintholzkäfer

Holzschutzmittel

Ölige oder **salzhaltige Holzschutzmittel** sind prüfzeichenpflichtig (Institut für Bautechnik, Berlin), ebenso Feuerschutzmittel. Je nach Wirksamkeit unterscheidet man:

- **P** ≙ wirksam gegen **P**ilze (Fäulnisschutz)
- **Iv** ≙ gegen **I**nsekten **v**orbeugend wirksam
- **Ib** ≙ gegen **I**nsekten **b**ekämpfend wirksam
- **B** ≙ gegen Ver**b**lauung am verarbeiteten Holz wirksam
- **W** ≙ für Holz, das der **W**itterung ausgesetzt ist
- **E** ≙ für Holz, das **e**xtremer Beanspruchung ausgesetzt ist (Erdkontakt, Wasser)
- **M** ≙ Mittel zur Bekämpfung von Schwamm im **M**auerwerk (Schwammsperrmittel)

Holzschutz

Holzschutzmittel

Ölige Holzschutzmittel Holzfeuchte $u \leq 30\,\%$	Wirksamkeit	Salzhaltige Holzschutzmittel Holzfeuchte $u \leq 30\,\%$	Wirksamkeit
Steinkohlenteeröl: Kreosole dürfen nur bei tränkreifem Holz angewendet werden; i. d. R. $u \leq 30\,\%$ Außenbau, auch bei Erdfeuchtigkeit und ständigem Kontakt mit Wasser. Heißanstrich bis Kesseldrucktränkung. Starker, penetranter Geruch.	P, Iv, W, E	**B-Salz:** Anorganische Borverbindungen; nicht für Holz, das der Witterung und der Erdfeuchtigkeit ausgesetzt ist.	P, Iv, zum Teil auch M
		CF-Salz: Alkalifluoride und Bichromat; für Holz mit geringer Auswaschbeanspruchung, kein dauernder Erdkontakt.	P, Iv, W
Bindemittelfreie Präparate: Organische Fungizide und Insektizide in organischen Lösemitteln. Innen- und Außenbau.	P, Iv, W teilweise Ib	**CK-Salz:** Kupfersalz, Bichromat, Arsen-, Bor- oder Fluorverbindungen; nach Anwendung nicht auswaschbar, auch für Hölzer, die in fließendem Wasser oder ständigem Erdkontakt stehen.	P, Iv, W, E, teilweise auch L (Leimverträglichkeit)

Es werden im Bauwesen nur DIBt-Holzschutzmittel oder RAL-Holzschutzmittel eingesetzt.

Der beste Schutz vor Holzschädlingen ist, ihnen keine Möglichkeiten zur Entwicklung wie Feuchtigkeit, Sauerstoff, Temperatur und Nahrung zu geben. Die Gebrauchsbedingungen, unter denen Holz gegenüber Organismen anfällig ist, werden in fünf Gefährdungsklassen unterteilt.

Gebrauchsklassen

vgl. DIN 68800

Feuchtebedingungen und Auftreten von Organismen in Gefährdungsklassen bei Vollholz vgl. DIN EN 335

Gebrauchsklasse	allgemeine Gebrauchsbedingungen	Exposition	Holzfeuchte u %	Gefährdung durch Insekten	Gefährdung durch Pilze	Gefährdung durch Moderfäule	Auswaschbeanspruchung
0	unter Dach, keiner Bewitterung und Feuchtigkeit ausgesetzt, keine Bauschäden durch Insekten	trocken, ∅ rel. Luftfeuchte ≤ 85 %	≤ 20 %	nein	nein	nein	nein
1	unter Dach, keiner Bewitterung und Feuchtigkeit ausgesetzt	trocken, ∅ rel. Luftfeuchte ≤ 85 %	≤ 20 %	ja	nein	nein	nein
2	unter Dach, nicht der Bewitterung ausgesetzt, hohe Umgebungsfeuchte aber keine dauernde Befeuchtung	gelegentlich feucht, ∅ rel. Luftfeuchte > 85 %, zeitweise Befeuchtung durch Kondensation	> 20 %	ja	ja	nein	nein
3 3.1	nicht unter Dach, mit Bewitterung, ohne ständigen Erd- und Wasserkontakt, rasche Rücktrocknung	gelegentlich feucht, Anreicherung von Wasser im Holz auch begrenzt nicht zu erwarten	> 20 %	ja	ja	nein	ja
3.2	nicht unter Dach, mit Bewitterung, ohne ständigen Erd- und Wasserkontakt	häufig feucht, Anreicherung von Wasser im Holz begrenzt zu erwarten	> 20 %	ja	ja	nein	ja
4	Kontakt mit Erde oder Süßwasser, vorwiegend bis ständig einer Befeuchtung ausgesetzt	vorwiegend bis ständig feucht	> 20 %	ja	ja	ja	ja
5	Holz oder Holzprodukte, ständig Meerwasser ausgesetzt	ständig feucht	> 20 %	ja	ja	ja	ja

Maßgebend für die Zuordnung von Holzbauteilen zu einer Gebrauchsklasse ist die jeweilige Holzfeuchte. Bauteile, bei denen über längere Zeit Ablagerungen oder Beanspruchung durch Spritzwasser zu erwarten sind, werden in die Gebrauchsklasse 4 eingestuft.

Brandschutz für Holzbauteile

Brandschutz kann auf zweierlei Art erfolgen, durch Feuerschutzmittel oder durch Beplankung. Die Ausführung und Einstufung wird in der DIN 68800 „Holzschutz im Hochbau", in der DIN 4102 „Brandverhalten von Baustoffen und Bauteilen" und in der DIN EN 1995-1-2 (Brandschutztechnischer Nachweis) beschrieben.

W

Bauglas, Glas

Glas besteht aus etwa 60 % Quarzsand (SiO_2), 20 % Soda (Na_2CO_3) oder Pottasche (K_2CO_3), 10 % Kalkstein ($CaCO_3$) und 10 % Dolomit ($CaCO_3 \cdot MgCO_3$). Diese Rohstoffe werden fein gemahlen, gemischt und bei ≈ 1500 °C geschmolzen. Nach Abkühlung auf ~ 1000 °C entsteht eine dickflüssige, formbare Glasschmelze. Durch Zugabe von Metalloxiden kann Glas gefärbt oder getrübt werden. Die Abkühlung auf Normaltemperatur erfolgt ohne Kristallisation.

Herstellungsverfahren

Ziehverfahren	Endloses Glasband wird aus der Schmelzwanne gezogen und nach Abkühlung in Tafeln geschnitten.
Walzverfahren	Die Glasschmelze fließt auf Walzen und wird von diesen auf die gewünschte Dicke gewalzt.
Pressverfahren	Eine abgewogene Menge der Glasschmelze wird zwischen einer Metallform und einer Gegenform gepresst. Verfahren zur Herstellung von Glasbausteinen, Glasdachziegeln, Flaschen usw.
Glasfaserherstellung	Die Glasschmelze wird durch feine Düsen gepresst, gezogen, abgekühlt und auf drehenden Trommeln zu dünnen Fäden aufgewickelt.

Begriffe zu Glasarten und Glaserzeugnissen vgl. DIN 1259

Flachglas	Oberbegriff für alle ebenen und gebogenen Scheiben	
Sicherheitsglas ist ein Flachglas, das nach Aufbau und Sicherheitswirkung unterschieden wird.	**Drahtglas**	Durch die Drahtnetzeinlage bleibt im Bruchfall das Scheibengefüge erhalten.
VSG 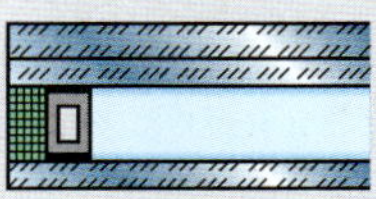	**Einscheiben-Sicherheitsglas (ESG)**	Durch die Vorspannung verfügt es über eine stark erhöhte Schlag- und Biegefestigkeit sowie Temperaturwechselbeständigkeit. Beim Bruch zerfällt es in eine Vielzahl kleiner Krümel.
	Verbund-Sicherheitsglas (VSG)	Die Glasscheiben werden durch organische Zwischenfolien, meistens aus Polyvinylbutyral, fest verbunden. Beim Bruch haften die Glasstücke fest an der Folie.
	Angriffhemmende Verglasung	Alte Bezeichnung Panzerglas, der ein- oder mehrschichtige Aufbau richtet sich nach den Widerstandsklassen der DIN EN 356, DIN EN 1063 und DIN EN 13541: durchwurfhemmende, durchbruchhemmende, durchschusshemmende oder sprengwirkungshemmende Verglasung
Schallschutzglas	In der Regel ein Mehrscheiben-Isolierglas mit abgestimmten Glasdicken und Zwischenräumen, als Verbundglas mit organischer Zwischenschicht. Die Anforderungen aller Schalldämmklassen sind in der DIN 4109 bzw. VDI-Richtlinie 2719 festgelegt. Bei Mehrscheiben-Isolierglas ist die DIN EN 1279 anzuwenden.	

W

Eigenschaften von Baugläsern vgl. DIN EN 572

Rohdichte ϱ	2,4 kg/dm³ … 2,9 kg/dm³
Ritzhärte nach Mohs	6 … 7
Wärmeleitfähigkeit λ	0,81 W/(m · K) … 1,05 W/(m · K)
Erweichungstemperatur	600 °C
Festigkeit Druck / Zug	900 N/mm² / 45 N/mm²
Elastizitätsmodul E	75000 N/mm²
Querdehnzahl ν	0,20 … 0,25 (Poisson-Zahl)

Bestimmung der Scheibendicke

Staudruck 0,8 kN/m² ≙ Gebäudehöhe 8 m … 20 m
4-seitige Lagerung

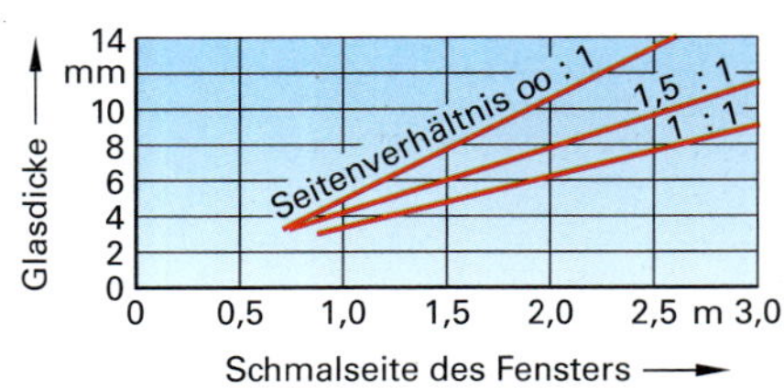

Kennwerte von Flachglas (ohne Beschichtung)

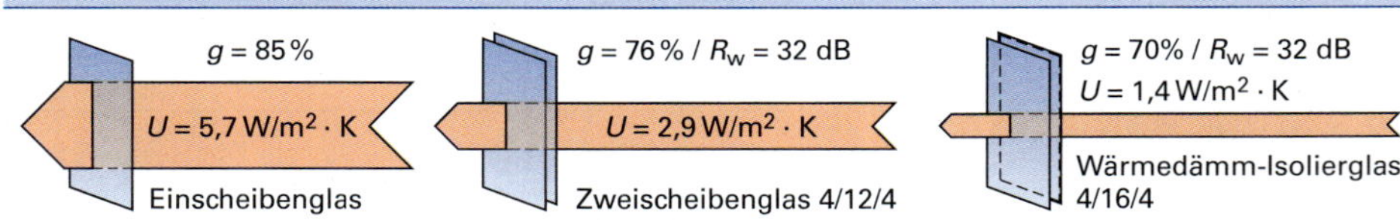

Kunststoffe in der Bautechnik

Einteilung und Arten der Kunststoffe

Gruppe	Thermoplaste (Thermomere)	Duroplaste (Duromere)	Elastoplaste (Elastomere)
Molekülaufbau	 unvernetzt	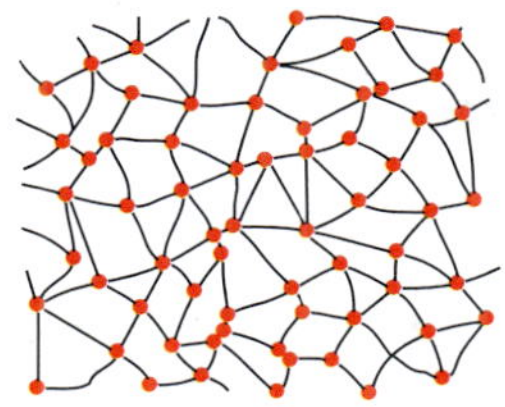 engmaschig vernetzt	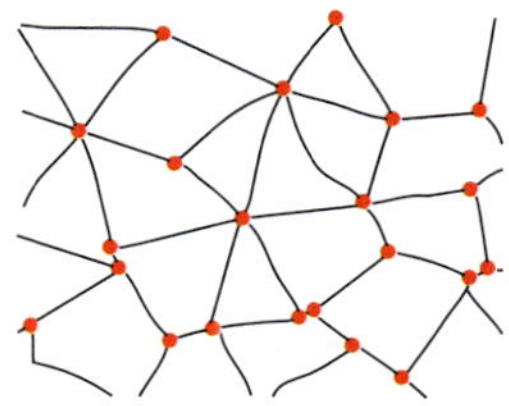 weitmaschig vernetzt
Eigenschaften	je nach Temperatur hart, verformbar-weich bis zähflüssig	hart; durch Verbindung von flüssigen Vorprodukten mit Härtern	gummi-elastisch; in großem Temperaturbereich; Bruchdehnung 100 % ... 1000 %
Bearbeitung, Bearbeitungseigenschaften	kalt: Sägen, Hobeln, Bohren warm: Biegen, Ziehen; Strangpressen = Extrudieren heiß: Spritzen, Gießen, Schweißen	Sägen, Feilen, Hobeln klebbar, nicht schmelzbar, nicht schweißbar	nicht schmelzbar nicht schweißbar Sie werden bei der Herstellung den spezifischen Anforderungen angepasst.

Beispiele für die obere Einteilung	Bezeichnung	Kurzzeichen	Bezeichnung	Kurzzeichen	Bezeichnung	Kurzzeichen
	Polyethylen (Polyethen)	PE	Polyester, ungesättigt	UP	Polyurethan-Kautschuk	PUR
	Polystyrol (Polyphenylethen)	PS	Polyester, glasfaserverstärkt	GF-UP	Styrol-Butadien-Kautschuk	SBR
	Polyvinylchlorid (Polychlorethen)	PVC	Epoxidharz	EP	Nitril-Kautschuk	NBR
	Polyisobutylen) (Polyisobuthen)	PIB	Polyurethan	PU	Butyl-Kautschuk	BR
	Polycarbonat	PC	Phenol-Formaldehydharz	PF	Polysulfid-Kautschuk	SR
	Polyamid	PA	Harnstoff-Formaldehydharz	UF	Silikon-Kautschuk	SI
	Polypropylen	PP	Melamin-Formaldehydharz	MF	Chloropren-Kautschuk	CR

Silikone

Silikonöle, Silikonkautschuke, Silikonharze; wasserabstoßend, temperaturbeständig von – 90 °C bis 280 °C; verwendet zum wasserdichten Verschließen von Fugen und zum Abdichten von Glasfälzen im Fensterbau

Vergleich Kunststoffe – Metalle

Merkmale	**Metalle**	**Kunststoffe**	**Auswirkungen (bez. auf Eigenschaften der Kunststoffe)**
Kleinste Teilchen	Atome der Metalle	Makromoleküle unterschiedlicher Größe aus Nichtmetallen	niedrige Dichte
Bindungskraft der Teilchen	große gegenseitige Anziehung zwischen Metallionen und freien Elektronen	schwache Bindung zwischen Molekülen, keine freien Elektronen	große Wärmedehnung, geringe Festigkeit, elektrische Nichtleiter
Bindungsart der Teilchen	kristallin (Metallgitter)	amorph (richtungslose Anordnung der Moleküle, wattebauschartig verfilzt) oder teilkristallin räumliche Vernetzung	**Thermoplaste:** bei höherer Temperatur plastisch verformbar, zäh, elastisch, durch Recken höhere Zugfestigkeit, keine definierten Schmelz- und Siedepunkte **Duroplaste:** hart, spröde

W

Kunststoffe in der Bautechnik

Eigenschaften und Anwendungsbereiche von Kunststoffen

Kurzzeichen DIN 7728	Chemische Bezeichnung	Handelsname®	Dichte	Zugfestigkeit bzw. Streckspannung	Anwendungs-Grenztemperaturen	Chemische Beständigkeit bei 20 °C: Mineralöle	Benzin	verd. Säuren	verd. Laugen	Anwendungsbeispiele
			g/cm^2	N/mm^2	°C					
PE	Polyethylen	Hostalen Lupolen	0,92 …0,96	9…28	100 …120	◐	◐	●	●	Rohre, Behälter, Kabelisolierungen, textile Fasern, Folien
PP	Polypropylen	Hostalen PP Novolen	0,91	33	140	◐	◐	●	●	Rohre, Behälter, textile Fasern, Seile
PS	Polystrol	Hostyren	1,05	56	85	◐	○	▲	●	Beschläge
	Polystrol Hartschaum	Styropor Styrodur	0,01 …0,03			◐	○	◐	▲	Wärmedämmung, Trittschalldämmung
PVC hart	Polyvinylchlorid, hart	Hostalit, Vinoflex	1,38	55	70	●	▲	●	●	Wasserleitungen, Behälter, Dränrohre
PVC schlagzäh	Polyvinylchlorid schlagzäh	Hostalit Z Vinnol K	1,35	50	70	●	▲	▲	●	Fensterrahmen, Dachrinnen
PVC weich	Weich-Polyvinylchlorid	Dynadur Trodal	1,2 …1,3	10 …30	40 …60	▲	▲	▲	▲	Schläuche, Folien, Fußbodenbeläge, Unterspannbahnen, Fugenbänder
PTFE	Polytetrafluorethylen	Hostaflon TF Teflon	2,1 …2,2	20 …40	260	●	●	●	●	Gleitbahnenlager, Brückenlager, Beschichtungen
PMMA	Polymethylmethacrylester	Plexiglas Resorit Degalan	1,18	70	70 …90	●	●	◐	◐	Acrylglas, Leuchten, Badewannen
PC	Polycarbonat	Makrolon	1,20	50	90 …130	●	●	▲	▲	Schusssichere Verglasungen, Duschkabinenwände
PA	Polyamid	Ulramid	1,01 …1,14	50 …70	60 …140	●	●	◐	●	Schutzhelme, Schläuche
UP	Polyesterharz	Leguval Palatal	1,2 …1,3	30	120	●	●	●	●	Bindemittel für Kunstharzmörtel
EP	Epoxidharz	Compacta Epoxin Epobit	1,2	40 …60	120					Zweikomponentenkleber, Metallkleber, Rostschutzbeschichtung, glasfaserverstärkte Kunststoffe
PU	Polyurethan Ceresit	Baydur Desmodur	1,26	–	100 …130	▲	▲	▲	▲	Zweikomponentenkleber, Dichtungsmassen, Risseüberbrückende Beschichtung
	Polyurethanschaum	Herathan	0,04	–	80 …100	▲	▲	▲	▲	Wärmedämmmaterial
UR	Harnstoff-Formaldehydharz-Ortschaum		0,008 … 0,015	–	80 …100	▲	▲	▲	▲	Wärmedämmortschaum
SI	Silikon-Kautschuk	Baysilon Bostik	1,25	–	110 …150	◐	◐	◐	◐	Dauerelastische Dichtungsmassen

● beständig ▲ weitgehend beständig ◐ bedingt beständig △ wenig beständig ○ nicht beständig

Einteilung der Stähle

Unlegierte Stähle
Kein Element darf den Grenzgehalt nach Tabelle (siehe unten) erreichen.

- **Qualitätsstähle**[1] SGN 01 ... 07, 91 ... 97
  - z. B. Baustähle, Vergütungsstähle, Automatenstähle, Druckbehälterstähle, Feinkornbaustähle
- **Edelstähle**[1] SGN 10 ... 13, 15 ... 18
  - z. B. Einsatzstähle, Vergütungsstähle, Werkzeugstähle, Stähle für Flammhärtung und Induktionshärtung

Niedriglegierte Stähle
Mindestens ein Element erreicht oder überschreitet den Grenzgehalt nach Tabelle (siehe unten).

- **Qualitätsstähle**[1] SGN 08, 09, 98, 99
  - z. B. Schienenstähle, Elektrobleche, -bänder, Dualphasenstähle, Stähle mit kornfeinenden Elementen (B, Nb, Ti, V)

Hochlegierte Stähle
Nichtrostende Stähle
Mindestens 10,5% Chrom, höchstens 1,2% Kohlenstoff.

- **Edelstähle**[1] SGN 20 ... 89
  - z. B. Einsatzstähle, Vergütungsstähle, Werkzeugstähle, Schnellarbeitsstähle, Nichtrostende Stähle

Wärmebehandlung nicht vorgesehen (Qualitätsstähle, unlegiert)

Merkmale R_e und R_m

Verwendungszweck und Bezeichnungsgruppen

- S Stahlbaustähle
- E Maschinenbaustähle
- H Flacherzeugnisse aus höherfesten Stählen
- D Flacherzeugnisse zum Kaltumformen
- P Druckbehälterstähle
- T Verpackungsblech, -band
- L Leitungsrohrstähle
- B Betonstähle
- Y Spannstähle
- M Elektroblech, -band
- R Schienenstähle
- T Verpackungsblech, -band

Beispiele: S185, E335

Kennzeichnung: N/mm²

Wärmebehandlung vorgesehen (Edelstähle, unlegiert)

Merkmale C-Gehalt und Legierungsanteile

Chemische Zusammensetzung und Bezeichnungsgruppen mit Beispielen

Unlegierte Stähle mit einem Mn-Gehalt von < 1%	Unlegierte Stähle mit einem Mn-Gehalt von ≥ 1%; Unlegierte Automatenstähle
C15E, C45	28Mn6, 11SMn30

je nach Stahl für Wärmebehandlung vorgesehen (legierte Stähle)

Merkmale C-Gehalt und Legierungsanteile

Chemische Zusammensetzung und Bezeichnungsgruppen mit Beispielen

Legierte Stähle mit einem Legierungselement-Gehalt < 5% (ausgenommen Automatenstähle)	Hochlegierte Stähle mit einem mittleren Gehalt an Legierungselementen > 5%; Nichtrostende Stähle	Schnellarbeitsstähle
20MoCr4, 42CrMo 4	X37CrMoV5-1, X20Cr13	HS 6-5-2, HS 10-4-3-10

Bedeutung der Bezeichnungsbestandteile:

N/mm²	C-Gehalt-Kennzahl	Element	Faktor	Mittlerer Legierungs-element-Gehalt in %	Wolfram Molybdän Vanadium Kobalt in %
		Cr, Co, Mn, Ni, Si, W	4		
		Al, Be, Cu, Mo, Nb, Pb, Ta, Ti, V, Zr	10		
		C, Ce, N, P, S	100		
		B	1000		

Kennzahl = mittlerer Gehalt x Faktor

Grenzgehalte für die Einteilung in legierte und unlegierte Stähle

Element	Al	B	Bi	Co	Cr	Cu	La	Mn	Mo	Nb	Ni	Pb	Se	Si	Te	Ti	V	W	Zr
Grenzgehalte in %	0,30	0,0008	0,10	0,30	0,30	0,40	0,10	1,65	0,08	0,06	0,30	0,40	0,10	0,60	0,10	0,05	0,10	0,30	0,05

Als Stahl bezeichnet man Werkstoffe, die hauptsächlich aus Eisen bestehen und weniger als 2% C enthalten.

Al	Aluminium	Ce	Cer	Mn	Mangan	P	Phosphor	Ta	Tantal
B	Bor	Co	Kobalt	Mo	Molybdän	Pb	Blei	Ti	Titan
Be	Beryllium	Cr	Chrom	N	Stickstoff	S	Schwefel	V	Vanadium
Bi	Wismut	Cu	Kupfer	Nb	Niob	Se	Selen	W	Wolfram
C	Kohlenstoff	La	Lanthan	Ni	Nickel	Si	Silicium	Zr	Zirkonium

R_e Streckgrenze R_m Zugfestigkeit SGN Stahlgruppennummer

[1] Bezeichnung nach Werkstoffnummer: Beispiel 1.7321
1: Hauptgruppennummer für Stahl; 73: Stahlgruppennummer (SGN); 21: Stahlsortennummer (Zählnummer)

W

Bezeichnungssystem der Stähle

vgl. DIN EN 10027-1 (2017-01)

Bezeichnung nach dem Verwendungszweck

Die Kurznamen für Stähle bestehen aus Hauptsymbolen und Zusatzsymbolen. Hauptsymbole werden nach dem Verwendungszweck oder nach der chemischen Zusammensetzung gebildet. Die Zusatzsymbole sind von der Stahlgruppe bzw. Erzeugnisgruppe abhängig.

Beispiel: Ritzelwelle

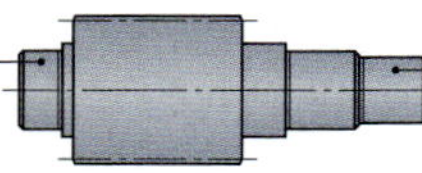

Hauptsymbol | Zusatzsymbole

S355JR+AR — Kurzname — DIN EN 10027-1

Werkstoff (Beispiele): unlegierter Baustahl — Stahlgruppe — DIN EN 10025-2

42CrMo4+N — Bezeichnung nach der chemischen Zusammensetzung (Seite 196)

Rohteil: Rundstahl, warmgewalzt — DIN EN 10060

Hauptsymbole bei Bezeichnung nach dem Verwendungszweck

Verwendungszweck	Hauptsymbol[1]		Verwendungszweck	Hauptsymbol[1]	
Stähle für den Stahlbau	S	235[2]	Spannstähle	Y	1770[3]
Stähle für den Maschinenbau	E	360[2]	Flacherzeugnisse zum Kaltumformen	D	X52[4]
Stähle für den Druckbehälterbau	P	265[2]	Schienenstähle	R	260[5]
Stähle für Leitungsrohre	L	360[2]	Flacherzeugnisse aus höherfesten Stählen	H	C420[6]
Betonstähle	B	500[2]	Elektroblech und -band	M	400-50[7]
Verpackungsblech und -band	T	S550[2]	Bei **Stahlguss** wird dem Hauptsymbol ein G vorangestellt.		

W

1) Das Hauptsymbol setzt sich zusammen aus dem Kennbuchstaben und einer Zahl bzw. einem weiteren Buchstaben und einer Zahl.
2) Streckgrenze R_e für kleinste Erzeugnisdicke
3) Nennwert für Mindestzugfestigkeit R_m
4) Walzzustand C, D, X gefolgt von zwei Symbolen
5) Mindesthärte nach Brinell HBW
6) Walzzustand C, D, X und Mindeststreckgrenze R_e bzw. Walzzustand CT, DT, XT und Mindestzugfestigkeit R_m
7) Höchstzulässiger Ummagnetisierungsverlust in W/kg × 100 und Nenndicke × 100, durch Bindestrich getrennt

Stähle für den Stahlbau

Bezeichnungsbeispiel: **S 235 JR + N**

S — Kennbuchstabe Stahlbau; 235 — Streckgrenze R_e für kleinste Erzeugnisdicke; JR + N — Zusatzsymbole

Erzeugnisgruppe (Auswahl)	**Norm**	**Zusatzsymbole**
Warmgewalzte unlegierte Baustähle	DIN EN 10025-2	Kerbschlagarbeit in J bei °C: JR 27 20°; J2 27 – 20°; J0 27 0°; K2 40 – 20° C besondere Kaltumformbarkeit +AR Lieferzustand wie gewalzt +N normalgeglüht
Normalgeglühte/normalisierend gewalzte, schweißgeeignete Feinkornbaustähle	DIN EN 10025-3	N normalgeglüht oder normalisierend gewalzt, Werte für Kerbschlagarbeit festgelegt bei – 20 °C NL wie N, aber Werte für Kerbschlagarbeit festgelegt bei – 50 °C
Thermomechanisch gewalzte, schweißgeeignete Baustähle	DIN EN 10025-4	M thermomechanisch gewalzt, Werte für Kerbschlagarbeit festgelegt bei – 20 °C ML wie M, aber Werte für Kerbschlagarbeit festgelegt bei – 50 °C
Warmgewalzte Baustähle mit höherer Streckgrenze im vergüteten Zustand	DIN EN 10025-6	Q vergütet, Werte für Kerbschlagarbeit festgelegt bei – 20 °C QL vergütet, Werte für Kerbschlagarbeit festgelegt bei – 40 °C QL1 vergütet, Werte für Kerbschlagarbeit festgelegt bei – 60 °C
Stähle für Blankstahlerzeugnisse	DIN EN 10277-1, 2	JR, J2, C wie bei DIN EN 10025-2 (oben) +C kaltgezogen +SH gewalzt und geschält +SL geschliffen
Warmgewalzte Hohlprofile aus unlegierten Baustählen und Feinkornbaustählen	DIN EN 10210-1	JR, J0, J2 und K2 wie bei DIN EN 10025-2 N, NL wie bei DIN EN 10025-3 H Hohlprofil

⇒ **S235JR+N:** Stahlbaustahl R_e = 235 N/mm², Kerbschlagarbeit 27 J bei 20 °C, normalgeglüht (+N)

Bezeichnungssystem der Stähle

vgl. DIN EN 10027-1 (2017-01)

Bezeichnung nach dem Verwendungszweck (Fortsetzung)

Stähle für den Maschinenbau

Bezeichnungsbeispiel: **E 355 + AR**

- E: Kennbuchstabe Maschinenbau
- 355: Streckgrenze für kleinste Erzeugnisdicke
- +AR: Zusatzsymbole

Erzeugnisgruppe (Auswahl)	**Norm**	**Zusatzsymbole**
Warmgewalzte unlegierte Baustähle	DIN EN 10025-2	GC besondere Kaltumformbarkeit +AR Lieferzustand wie gewalzt +N normalgeglüht
Stähle für Blankstahlerzeugnisse	DIN EN 10277-1, 2	GC besondere Kaltumformbarkeit +C kaltgezogen +SH gewalzt und geschält +SL geschliffen
Rohre, nahtlos kalt gezogen	DIN EN 10305-1	+A geglüht +C zugblank/hart +LC zugblank/weich +N normalgeglüht +SR zugblank und spannungsarmgeglüht
Nahtlose Rohre aus unlegiertem und legiertem Stahl	DIN EN 10297-1	J2 Kerbschlagarbeit 27J bei – 20 °C K2 Kerbschlagarbeit 40J bei – 20 °C +AR Lieferzustand wie gewalzt +N normalgeglüht +QT vergütet

⇒ **E355+AR:** Maschinenbaustahl, Streckgrenze R_e = 355 N/mm², Lieferzustand wie gewalzt (+AR)

Flacherzeugnisse zum Kaltumformen

Bezeichnungsbeispiel: **D C 04 – A – m**

- D: Kennbuchstabe Flacherzeugnis zum Kaltumformen
- C: Kennbuchstabe für Walzzustand – X Walzzustand nicht festgelegt, C kaltgewalzt, D warmgewalzt
- 04: Kennzahl Stahlsorte Flacherzeugnisse zum Kaltumformen
- A – m: Zusatzsymbole (eigene Festlegung für jede Erzeugnisgruppe)

Erzeugnisgruppe (Auswahl)	**Norm**	**Zusatzsymbole**
Kaltgewalzte Flacherzeugnisse aus weichen Stählen zum Kaltumformen	DIN EN 10130	**Oberflächenart und -ausführung** A Fehler, die die Umformbarkeit und die Haftung von Oberflächenbezügen nicht beeinträchtigen, sind zulässig. B bessere Seite muss soweit fehlerfrei sein, dass Aussehen von Qualitätslackierung oder Überzug nicht beeinträchtigt wird. b besonders glatt g glatt m matt r rau
Kontinuierlich schmelztauchveredeltes Band und Blech aus weichen Stählen zum Kaltumformen Stähle für Blankstahlerzeugnisse Rohre, nahtlos kalt gezogen Nahtlose Rohre aus unlegiertem und legiertem Stahl	DIN EN 10346 DIN EN 10277-1, 2 DIN EN 10305-1 DIN EN 10297-1	D Schmelztauchüberzug **Überzüge** (gefolgt von Auflagemasse in g/m², z. B. Z140) +AS Al-Si-Leg. +AZ Al-Zn-Leg. +Z Zink +ZA Zn-Al-Leg. +ZF Zn-Fe-Leg. +ZM Zn-Mg-Leg. **Ausführung des Überzugs aus Zink (+Z):** N übliche Zinkblume M kleine Zinkblume **Oberflächenart:** A übliche Oberfläche B verbesserte Oberfläche C beste Oberfläche

⇒ **DC04 – A – m:** Flacherzeugnis zum Kaltumformen (D), kaltgewalzt (C), Stahlsorte 04, Oberflächenart A, Oberflächenausführung matt (m)

Flacherzeugnisse aus höherfesten Stählen zum Kaltumformen

Bezeichnungsbeispiel: **H C 300 B – A – g**

- H: Kennbuchstabe Flacherzeugnis höherfester Stahl zum Kaltumformen
- C: Kennbuchstabe für Walzzustand – X Walzzustand nicht festgelegt, C kaltgewalzt, D warmgewalzt
- 300: 300 Streckgrenze R_e = 300 N/mm²; T500 Mindestzugfestigkeit R_m = 500 N/mm²
- B – A – g: Zusatzsymbole (eigene Festlegung für jede Erzeugnisgruppe)

Erzeugnisgruppe (Auswahl)	**Norm**	**Zusatzsymbole**
Kaltgewalztes Band und Blech aus mikrolegierten Stählen	DIN EN 10268	B bake-hardening-Stahl Y höherfester IF-Stahl I isotroper Stahl LA niedriglegierter/mikrolegierter Stahl **Oberflächenart und -ausführung** für Walzbreiten < 600 mm wie bei DIN EN 10139 für Walzbreiten ≥ 600 mm wie bei DIN EN 10130

⇒ **HC260I – A – g:** Kaltgewalztes Flacherzeugnis aus höherfestem Stahl (H), kaltgewalzt (C), Mindeststreckgrenze R_e = 260 N/mm² (260), isotroper Stahl (I), Oberflächenart A, glatte Oberfläche (g)

W

Bezeichnungssystem der Stähle

vgl. DIN EN 10027-1 (2017-01)

Bezeichnung nach der chemischen Zusammensetzung

Hauptsymbole nach der chemischen Zusammensetzung werden nach vier verschiedenen Bezeichnungsgruppen gebildet. Die Zusatzsymbole sind von der Stahlgruppe bzw. Erzeugnisgruppe abhängig.

Beispiel: Ritzelwelle

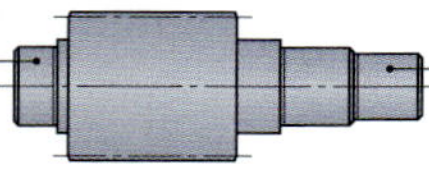

Haupt-symbol **Zusatz-symbol**

Werkstoff (Beispiele)		Rohteil
42CrMo4+N	Vergütungsstahl	Rundstahl, warmgewalzt
Kurzname	Stahlgruppe	
DIN EN 10027-1	DIN EN 10083-1	DIN EN 10060

Bezeichnungsgruppen, -beispiele und -anwendung der Hauptsymbole[1)]

Unlegierte Stähle Mangangehalt < 1 % außer Automatenstähle	**Niedriglegierte Stähle, Automatenstähle,** unlegierte Stähle mit Mangangehalt ≥ 1 %	**Hochlegierte Stähle** Mittlerer Gehalt eines Legierungselementes ≥ 5 %	**Schnellarbeitsstähle**
C15E **Anwendung für (z. B.):** unlegierte Einsatzstähle, unlegierte Vergütungsstähle, unlegierte Werkzeugstähle	**42CrMo4** **Anwendung für (z. B.):** Automatenstähle, legierte Einsatzstähle, legierte Vergütungsstähle, legierte Werkzeugstähle, Federstähle	**X12CrNi18-8** **Anwendung für (z. B.):** **Nichtrostende Stähle** korrosionsbeständige, hitzebeständige, warmfeste Stähle **Hochlegierte Werkzeugstähle** Kaltarbeitsstähle, Warmarbeitsstähle	**HS 10-4-3-10** HS: Kennbuchstaben Schnellarbeitsstahl 10-4-3-10: Prozentualer Gehalt der Legierungselemente in der Reihenfolge W-Mo-V-Co 10 → 10 % Wolfram (W) 4 → 4 % Molybdän (Mo) 3 → 3 % Vanadium (V) 10 → 10 % Cobalt (Co)

[1)] Bei Stahlguss wird dem Hauptsymbol der Buchstabe **G** vorangestellt.
Bei pulvermetallurgisch hergestelltem Stahl werden dem Hauptsymbol die Buchstaben **PM** voran gestellt.

Unlegierte Stähle mit einem Mangangehalt < 1 %, außer Automatenstähle

Bezeichnungsbeispiel: **C15 E+S+BC**

Hauptsymbole (C15)	Zusatzsymbole (E+S+BC)
C Kennbuchstabe (Kohlenstoffgehalt) 15 Kennzahl für den Kohlenstoffgehalt C_{mittel} = 15/100 ≙ 0,15%	z. B. für besondere Verwendung, Regelung des Schwefelgehaltes, besondere Kaltumformbarkeit, Wärmebehandlungszustände. Die Zusatzsymbole sind für jede Stahlgruppe separat festgelegt. (Seite 197)

⇒ **C45E+S+BC:** unlegierter Vergütungsstahl, 0,45 % C-Gehalt, vorgeschriebener max. Schwefelgehalt (E), behandelt auf Scherbarkeit (+S), gestrahlt (+BC) (Zusatzsymbole Seite 197, Vergütungsstähle)

Niedriglegierte Stähle, Automatenstähle, unlegierte Stähle mit einem Mangangehalt > 1 %

Bezeichnungsbeispiel: **18CrNiMo7-6+TH+BC**

Hauptsymbole (18CrNiMo7-6)

18 Kennzahl für den Kohlenstoffgehalt
C_{mittel} = 18/100 ≙ 0,18%
Cr, Ni, Mo Legierungselemente (geordnet nach Massenanteilen)
7-6 Legierungsanteile
Cr_{mittel} = 7/4 ≙ 1,75%
Ni_{mittel} = 6/4 ≙ 1,5%
Mo = geringer Gehalt

Faktoren für Legierungsanteile

Legierungselemente	Faktor
Cr, Co, Mn, Ni, Si, W	4
Al, Be, Cu, Mo, Nb, Pb, Ta, Ti, V, Zr	10
C, Ce, N, P, S	100
B	1000

Zusatzsymbole (+TH+BC)

z. B. für besondere Verwendung, Wärmebehandlungszustand, Härtespanne, Oberflächenausführung, Verformungsgrade.
Die Zusatzsymbole sind für jede Stahlgruppe separat festgelegt. (Seite 197)

⇒ **17CrNiMo6-4+TH+BC:** Legierter Einsatzstahl, 0,17 % C-Gehalt (17), 1,5 % Cr-Gehalt (6), 1,0 % Ni-Gehalt (4), geringer Mo-Gehalt, behandelt auf Härtespanne (+TH), und gestrahlt (+BC) (Zusatzsymbole Seite 197, Einsatzstähle)

W

Bezeichnungssystem der Stähle

vgl. DIN EN 10027-1 (2017-01)

Bezeichnung nach der chemischen Zusammensetzung (Fortsetzung)

Stahlgruppe (Auswahl)	**Norm**	**Zusatzsymbole**
Einsatzstähle, warmgeformt Vergütungsstähle, warmgeformt	DIN EN 10084 DIN EN 10083-1 10083-2 10083-3	E vorgeschriebener maximaler Schwefelgehalt R vorgeschriebener Legierungsbereich für Schwefel **Behandlungszustände:** +U unbehandelt +A weichgeglüht +N normalgeglüht +S behandelt auf Scherbarkeit +TH behandelt auf Härtespanne (nur bei Einsatzstählen) +FP behandelt auf Ferrit-Perlit-Gefüge und Härtespanne (nur bei Einsatzstählen) +QT vergütet (nur bei Vergütungsstählen) +H normale Härtbarkeit +HH engere Härtetoleranz oberer Bereich +HL engere Härtetoleranz unterer Bereich **Oberflächenausführungen:** +HW (oder ohne Kennbuchstabe) warmgeformt +BC warmgeformt und gestrahlt +PI warmgeformt und gebeizt +RM warmgeformt und vorbearbeitet
Automatenstähle, warmgeformt	DIN EN 10087	in der Regel keine Zusatzsymbole vorgesehen (in Sonderfällen bei direkthärtenden Sorten: +QT vergütet)
Nitrierstähle, warmgewalzt	DIN EN 10085	**Behandlungszustände:** +A weichgeglüht +QT vergütet **Oberflächenausführungen:** (ohne Kennbuchstabe) wie gewalzt oder geschmiedet +PI zusätzlich gebeizt +BC zusätzlich gestrahlt
Werkzeugstähle (außer Schnellarbeitsstähle)	DIN EN ISO 4957	U für Werkzeuge +A (oder ohne Kennbuchstabe) weichgeglüht +A+C geglüht und kaltgezogen +QT vergütet +U unbehandelt
Blankstahlerzeugnisse aus Automatenstahl, Einsatzstahl, Vergütungsstahl	DIN EN 10277-1 10277-3, 4, 5	+C kaltgezogen +SH gewalzt und geschält +SL geschliffen E, R, +A, +FP, +QT wie bei DIN EN 10083, 10084 (oben)

⇒ **16MnCr5+A:** legierter Einsatzstahl, 0,16 % C-Gehalt (16), 1,25 % Mn-Gehalt (5), geringer Cr-Gehalt, weichgeglüht (+A)

Hochlegierte Stähle, mindestens ein Legierungselement liegt über 5 % (ohne Schnellarbeitsstähle)

Bezeichnungsbeispiel: **X4CrNi18 +2D**

Hauptsymbole

X Kennbuchstabe für Bezeichnungsgruppe
4 Kennzahl für mittleren Kohlenstoffgehalt
$C_{mittel} = 4/100 \mathrel{\hat{=}} 0{,}04\ \%$
Cr, Ni Hauptlegierungselemente (Cr > Ni)
18-12 Legierungsanteile in %
Chrom = 18 %, Nickel = 12 %

Zusatzsymbole

Angaben über Wärmebehandlungszustände, Walzzustand, Ausführungsart, Oberflächenbeschaffenheit.
Die Zusatzsymbole sind für jede Stahl- und Erzeugnisgruppe separat festgelegt.

Stahlgruppe/ Erzeugnisgruppe (Auswahl)	**Norm**	**Zusatzsymbole** (Auswahl)	
		Behandlungszustand	Ausführungsart/Oberflächenbeschaffenheit
Korrosionsbeständige Bleche und Bänder, warmgewalzt	DIN EN 10088-2	+A geglüht +QT vergütet +QT650 vergütet auf $R_m = 650\ N/mm^2$ +AT lösungsgeglüht +P1300 ausscheidungsgehärtet auf z. B. $R_m = 1300\ N/mm^2$ +SR spannungsarm geglüht +C850 kaltverfestigt (nur Ausführungsart 2H) auf z. B. $R_m = 850\ N/mm^2$	+1 warmgewalzte Erzeugnisse 1U nicht wärmebeh., nicht entzundert 1C wärmebehandelt, nicht entzundert 1E wärmebehandelt, mechanisch entzundert 1D wärmebehandelt, gebeizt, glatt 1G geschliffen
Korrosionsbeständige Bleche und Bänder, kaltgewalzt	DIN EN 10088-2		+2 kaltgewalzte Erzeugnisse 2A wärmebeh., blankgebeizt, nachgewalzt +2C, E, D, G wie warmgewalzte Erzeugnisse 2B wie D, zusätzl. aber kalt nachgewalzt 2R blankgeglüht 2Q gehärtet und angelassen, zunderfrei 2H kaltverfestigt (mit unterschiedlichen Festigkeitsstufen), blanke Oberfläche

⇒ **X2CrNi18-9+AT+2D:** Legierter Stahl, 0,02 % C-Gehalt (2), 18 % Cr-Gehalt, 9 % Ni-Gehalt, lösungsgeglüht (+AT), kaltgewalzt (–2), wärmebehandelte, gebeizte, glatte Oberfläche (D)

W

Stähle – Übersicht

Untergruppen, Lieferzustände	Norm	Haupteigenschaften		Anwendungsbereiche	Erzeugnisformen[1] B	S	P	D
Unlegierte Baustähle, warmgewalzt				Seite 200				
Stähle für den Stahl- und Maschinenbau	DIN EN 10025-2	• gut spanend bearbeitbar • schweißbar, außer S185 • kalt und warm umformbar		Schweißkonstruktionen im Stahl- und Maschinenbau, einfache Maschinenteile	•	•	•	•
Stähle für den Maschinenbau		• spanend bearbeitbar • nicht schweißbar • kalt und warm umformbar		Maschinenteile ohne Wärmebehandlung, z. B. durch härten, vergüten	•	•	–	•
Schweißgeeignete Feinkornbaustähle								
normalgeglüht	DIN EN 10025-3	• schweißbar • warm umformbar	z. B. S275 N	Schweißkonstruktionen mit hoher Zähigkeit, Sprödbruch- und Alterungsbeständigkeit im Maschinen- und Stahlbau	•	•	•	•
thermomechanisch gewalzt	DIN EN 10025-4	• schweißbar • warm umformbar	z. B. S275 M		•	•	–	•
Vergütete Baustähle mit höherer Streckgrenze								
legierte Stähle	DIN EN 10025-6	• schweißbar • warm umformbar	z. B. S500 Q	hochfeste Schweißkonstruktionen im Maschinen- und Stahlbau	•	–	–	–
Einsatzstähle				Seite 201				
unlegierte Stähle	DIN EN 10084	• im ungehärteten Zustand gut spanend bearbeitbar • warm umformbar • nach Randaufkohlung oberflächenhärtbar		Kleinteile mit verschleißfester Oberfläche	•	•	–	•
legierte Stähle				dynamisch beanspruchte Teile mit verschleißfester Oberfläche	•	•	–	•
Vergütungsstähle				Seite 202				
unlegierte Qualitätsstähle	DIN EN 10083-2	• im weichgeglühten Zustand gut spanend bearbeitbar • warm umformbar • vergütbar (unsichere Ergebnisse bei unlegierten Qualitätsstählen)		Teile mit höherer Festigkeit, die nicht vergütet werden	•	•	–	•
unlegierte Edelstähle				Teile mit höherer Festigkeit und guter Zähigkeit	•	•	–	•
legierte Stähle	DIN EN 10083-3			hoch beanspruchte Teile mit guter Zähigkeit	•	•	–	•
Stähle für Flamm- und Induktionshärtung				Seite 203				
unlegierte Stähle	DIN EN 10083-2, DIN EN 10083-3	• im weichgeglühten Zustand gut spanend bearbeitbar • warm umformbar • direkt härtbar; Härtung einzelner Werkstückbereiche ist möglich, z. B. Zahnflanken • Vergüten der Werkstücke vor dem Härten		Teile mit geringen Kernfestigkeiten und gehärteten Teilbereichen	•	•	–	•
legierte Stähle				Teile mit hoher Kernfestigkeit, gehärteten Teilbereichen und größeren Abmessungen	•	•	–	•
Nitrierstähle				Seite 203				
legierte Stähle	DIN EN 10085	• im weichgeglühten Zustand gut spanend bearbeitbar • härtbar durch Nitridbildner, geringster Härteverzug • Vergüten der Werkstücke vor dem Nitrieren		Teile mit erhöhter Dauerfestigkeit, auf Verschleiß beanspruchte Teile, auf Temperatur beanspruchte Teile bis 500 °C	•	•	–	•
Federstähle				Seite 207				
unlegierte und legierte Stähle	DIN EN 10270, DIN EN 10089	• kalt oder warm umformbar • großes elastisches Formänderungsvermögen • hohe Dauerfestigkeit		Blattfedern, Schraubenfedern, Tellerfedern, Drehstabfedern	–	–	–	•

[1] Erzeugnisformen: B Bleche, Bänder; D Drähte; S Stäbe, z. B. Flach-, Vierkant- und Rundstäbe; P Profile, z. B. U-Profile, L-Profile, T-Profile

W

Stähle – Übersicht

Untergruppen, Lieferzustände	Norm	Haupteigenschaften	Anwendungsbereiche	Erzeugnisformen[1] B	S	P	D
Automatenstähle			Seite 203				
nicht wärmebehandelbare Stähle	DIN EN 10087	• bestens spanend bearbeitbar (kurzspanig) • nicht schweißbar • beim Einsatzhärten oder Vergüten ggf. nicht gleichmäßiges Ansprechen auf die Wärmebehandlung	Massendrehteile mit geringen Anforderungen an die Festigkeit	–	•	–	•
Automateneinsatzstähle			wie unlegierte Einsatzstähle; besser spanend bearbeitbar	–	•	–	•
Automatenvergütungsstähle			wie unlegierte Vergütungsstähle; besser spanend bearbeitbar, weniger dauerfest	–	•	–	•
Werkzeugstähle			Seite 204				
Kaltarbeitsstähle, unlegiert	DIN EN ISO 4957	• im weichgeglühten Zustand gut spanend bearbeitbar • spanlos kalt und warm umformbar • Durchhärtung bis max. 10 mm Durchmesser	gering beanspruchte Werkzeuge für spanende und spanlose Formgebung bei Arbeitstemperaturen bis 200 °C	•	•	•	•
Kaltarbeitsstähle, legiert		• im weichgeglühten Zustand spanend bearbeitbar • warm umformbar • größere Einhärtetiefe, höhere Festigkeit, verschleißfester als unlegierte Kaltarbeitsstähle	höher beanspruchte Werkzeuge für spanende und spanlose Formgebung bei Arbeitstemperaturen über 200 °C	•	•	–	•
Warmarbeitsstähle		• im weichgeglühten Zustand spanend bearbeitbar • warm umformbar • Härteannahme über den gesamten Querschnitt	Werkzeuge zur spanlosen Formgebung für Arbeitstemperaturen über 200 °C	•	•	–	•
Schnellarbeitsstähle		• im weichgeglühten Zustand spanend bearbeitbar • warm umformbar • Härteannahme über den gesamten Querschnitt	Schneidstoff für spanende Werkzeuge, Arbeitstemperaturen bis 600 °C, hoch beanspruchte Umformwerkzeuge	•	•	–	•
Korrosionsbeständige Stähle			Seite 205 bis 207				
Ferritische Stähle	DIN EN 10088-2, DIN EN 10088-3	• spanend bearbeitbar • gut kalt umformbar • schweißbar • keine Festigkeitssteigerung durch Wärmebehandlung	gering beanspruchte nichtrostende Teile; Teile mit hoher Beständigkeit gegen chlorbedingte Spannungsrisskorrosion	•	•	•	•
Austenitische Stähle		• spanend bearbeitbar • sehr gut kalt umformbar • schweißbar • keine Festigkeitssteigerung durch Wärmebehandlung	nicht rostende Teile mit hoher Korrosionsbeständigkeit, breitester Anwendungsbereich aller nichtrostenden Stähle	•	•	•	•
Martensitische Stähle		• spanend bearbeitbar • im Zustand weichgeglüht kalt umformbar • bei niedrigem Kohlenstoffgehalt schweißbar • vergütbar	höher beanspruchte nichtrostende Teile, die auch vergütet werden können	•	•	•	•

[1] Erzeugnisformen: B Bleche, Bänder; D Drähte; S Stäbe, z. B. Flach-, Vierkant- und Rundstäbe; P Profile, z. B. U-Profile, L-Profile, T-Profile

W

Stähle

Unlegierte Baustähle, warmgewalzt (Auswahl)

vgl. DIN EN 10025-2 (2005-04)

Stahlsorte Kurzname	Werkstoffnummer	DO[1]	Kerbschlagarbeit bei °C	Kerbschlagarbeit *KV* J	Zugfestigkeit R_m[2] N/mm²	Streckgrenze R_e in N/mm² für Erzeugnisdicken in mm ≤ 16	> 16 ≤ 40	> 40 ≤ 63	> 63 ≤ 80	Bruchdehnung A[3] %	Eigenschaften, Verwendung
Stähle für den Stahl- und Maschinenbau											
S185	1.0035	–	–	–	290…510	185	175	175	175	18	nicht schweißbar, einfache Stahlkonstruktionen
S235JR	1.0038	FN	20	27	360…510	235	225	215	215	26	einfache Maschinenteile, Schweißkonstruktionen im Stahl- und Maschinenbau; Hebel, Bolzen, Achsen, Wellen
S235J0	1.0114	FN	0								
S235J2	1.0117	FF	−20								
S275JR	1.0044	FN	20	27	410…560	275	265	255	245	23	
S275J0	1.0143	FN	0								
S275J2	1.0145	FF	−20								
S355JR	1.0045	FN	20	27	470…630	355	345	335	325	22	hoch beanspruchte Schweißkonstruktionen im Stahl-, Kran- und Brückenbau
S355J0	1.0553	FN	0								
S355J2	1.0577	FF	−20								
S355K2	1.0596	FF	−20	40	470…630	355	345	335	325	22	
S450J0	1.0590	FF	0	27	550…720	450	430	410	390	17	
Stähle für den Maschinenbau											
E295	1.0050	FN	–	–	470…610	295	285	275	265	20	Achsen, Wellen, Bolzen
E335	1.0060	FN	–	–	570…710	335	325	315	305	16	Verschleißteile; Ritzel, Schnecken, Spindeln
E360	1.0070	FN	–	–	670…830	360	355	345	335	11	

W

[1] DO Desoxidationsart: – dem Hersteller freigestellt; FN beruhigt vergossener Stahl; FF voll beruhigt vergossener Stahl

[2] Die Werte gelten für Erzeugnisdicken von 3 mm bis 100 mm.

[3] Die Werte gelten für Erzeugnisdicken von 3 mm bis 40 mm und Längsproben mit $L_0 = 5{,}65 \cdot \sqrt{S_0}$ (Seite 398).

Die in der Tabelle erfassten Stahlsorten sind unlegierte Qualitätsstähle nach DIN EN 10020.

Technologische Eigenschaften

Schweißbarkeit

Stähle mit den Gütegruppen JR – J0 – J2 – K2 sind nach allen Verfahren schweißbar. Zunehmende Festigkeit und steigende Erzeugnisdicke erhöhen die Gefahr von Kaltrissen.

Die Stähle S185, E295, E335 und E360 sind nicht schweißbar, weil die chemische Zusammensetzung nicht festgelegt ist.

Warmumformbarkeit

Die Stähle sind warm umformbar. Nur Erzeugnisse, die im normalgeglühten (+N) oder normalisierend gewalzten (+N) Zustand bestellt und angeliefert werden, müssen den Anforderungen nach obiger Tabelle entsprechen. Der Behandlungszustand ist bei der Bestellung anzugeben.

Beispiel: S235J0+N oder 1.0114+N

Kaltumformbarkeit

Zur Kaltumformung (Abkanten, Walzprofilieren, Kaltziehen) geeignete Stahlsorten erhalten im Kurznamen das Zusatzsymbol C oder GC und jeweils eine eigene Werkstoffnummer.

Stahlsorten zur Kaltumformung

Kurzname	Werkstoffnummer	geeignet zum[1] A	W	K	Kurzname	Werkstoffnummer	geeignet zum[1] A	W	K	Kurzname	Werkstoffnummer	geeignet zum[1] A	W	K
S235JRC S235J0C S235J2C	1.0122 1.0115 1.0119	•	•	•	S275JRC S275J0C S275J2C	1.0128 1.0140 1.0142	•	•	•	S355J0C S355J2C S355K2C	1.0554 1.0579 1.0594	•	•	•
E295GC	1.0533	–	–	•	E335GC	1.0543	–	–	•	E360GC	1.0633	–	–	•

[1] Umformverfahren: A Abkanten W Walzprofilieren K Kaltziehen • gut geeignet – nicht geeignet

Stähle

Einsatzstähle, warmgewalzt (Auswahl) vgl. DIN EN 10084 (2008-06)

Stahlsorte		Härte HB im Lieferzustand[2]		Kerneigenschaften nach der Einsatzhärtung[3]			Härteverfahren[4]		Eigenschaften, Verwendung
Kurzname[1]	Werkstoffnummer	+A	+FP	Zugfestigkeit R_m N/mm²	Streckgrenze R_e N/mm²	Bruchdehnung A %	D	E	
Unlegierte Einsatzstähle									
C10E C10R	1.1121 1.1207	131	90 … 125	490 … 640	295	16	•	•	Kleinteile mit mittlerer Beanspruchung; Hebel, Zapfen, Bolzen, Rollen, Spindeln, Press- und Stanzteile
C15E C15R	1.1141 1.1140	143	103 … 140	590 … 780	355	14	•	•	
Legierte Einsatzstähle									
17Cr3 17CrS3	1.7016 1.7014	174	–	700 … 900	450	11	•	•	Teile mit wechselnder Beanspruchung, z. B. im Getriebebau; Zahnräder, Kegel- und Tellerräder, Antriebsritzel, Wellen, Gelenkwellen
16MnCr5 16MnCrS5 16MnCrB5	1.7131 1.7139 1.7160	207 207	140 … 187 140 … 187	780 … 1080 ≥ 900	590 –	10 –	○	•	
16NiCr4 16NiCrS4	1.5714 1.5715	217	156 … 207	980 … 1270	≥ 735	10	–	•	
18CrMo4 18CrMoS4	1.7243 1.7244	207	140 … 187	930 … 1300	≥ 685	9	○	•	
20MoCr3 20MoCrS3	1.7320 1.7319	217	145 … 185	780 … 1080	590	10	•	–	
20MoCr4 20MoCrS4	1.7321 1.7323	207	140 … 187	780 … 1080	590	10	•	–	
17CrNi6-6 22CrMoS3-3	1.5918 1.7333	229 217	156 … 207 152 … 201	≥ 1100 ≥ 1000	– –	9 –	– ○	• •	
15NiCr13 10NiCr5-4	1.5752 1.5805	229 192	166 … 207 137 … 187	920 … 1230 ≥ 900	785 –	10 –	– –	• •	Teile mit hoher wechselnder Beanspruchung, z. B. im Getriebebau; Zahnräder, Kegel- und Tellerräder, Antriebsritzel, Wellen, Gelenkwellen
20NiCrMo2-2 20NiCrMoS2-2	1.6523 1.6526	212	149 … 194	≥ 800	≥ 500	10	•	•	
17NiCrMo6-4 17NiCrMoS6-4 20NiCrMoS6-4	1.6566 1.6569 1.6571	229	149 … 201 149 … 201 154 … 207	≥ 1000 ≥ 1000 ≥ 1100	– – –	– – –	–	•	
20MnCr5 20MnCrS5	1.7147 1.7149	217	152 … 201	980 … 1270	≥ 685	8	○	•	Teile mit größeren Abmessungen; Ritzelwellen, Zahnräder, Tellerräder
18NiCr5-4 14NiCrMo13-4 20NiCrMo13-4 18CrNiMo7-6	1.5810 1.6657 1.6660 1.6587	223 241 255 229	156 … 207 166 … 217 197 … 241 159 … 207	≥ 1100 1030 … 1080 ≥ 1400 ≥ 1100	– – – –	– 10 – 8	– – – –	• • • •	

[1] Stahlsorten mit Schwefelzusatz, z. B. 16MnCrS5, weisen eine verbesserte Zerspanbarkeit auf.

[2] Lieferzustand: +A weich geglüht; +FP behandelt auf Ferrit-Perlitgefüge und Härtespanne

[3] Die Festigkeitswerte gelten für Proben mit 30 mm Nenndurchmesser.

[4] Härteverfahren: D Direkthärtung: Die Werkstücke werden direkt aus der Aufkohlungstemperatur abgeschreckt.
E Einfachhärtung: Nach der Aufkohlung lässt man die Werkstücke in der Regel auf Raumtemperatur abkühlen. Zum Härten werden sie erneut erwärmt.
• gut geeignet ○ bedingt geeignet – nicht geeignet

Wärmebehandlung der Einsatzstähle: Seite 395

Stähle

Vergütungsstähle (Auswahl) vgl. DIN EN 10083-2 (2006-10) und DIN EN 10083-3 (2007-01)

Stahlsorte Kurzname	Werkstoffnummer	H[1)]	B[2)]	Zugfestigkeit R_m in N/mm² > 16 ≤ 40	Zugfestigkeit R_m in N/mm² > 40 ≤ 100	Streckgrenze R_e in N/mm² > 16 ≤ 40	Streckgrenze R_e in N/mm² > 40 ≤ 100	Bruchdehnung A in % > 16 ≤ 40	Bruchdehnung A in % > 40 ≤ 100	Eigenschaften, Verwendung
Unlegierte Vergütungsstähle[3)] vgl. DIN EN 10083-2 (2006-10)										
C22E	1.1151	156	+N	410	410	210	210	25	25	Teile mit geringer Beanspruchung und kleinen Vergütungsdurchmessern; Schrauben, Bolzen, Achsen, Wellen, Zahnräder
			+QT	470…620	–	290	–	22	–	
C35	1.0501	183	+N	520	520	270	270	19	19	
C35E	1.1181		+QT	600…750	550…700	380	320	19	20	
C45	1.0503	207	+N	580	580	305	305	16	16	
C45E	1.1191		+QT	650…800	630…780	430	370	16	17	
C55	1.0535	229	+N	640	640	330	330	12	12	
C55E	1.1203		+QT	750…900	700…850	490	420	14	15	
C60	1.0601	241	+N	670	670	340	340	11	11	
C60E	1.1221		+QT	800…950	750…900	520	450	13	14	
28Mn6	1.1170	223	+N	600	600	310	310	18	18	
			+QT	700…850	650…800	490	440	15	16	
Legierte Vergütungsstähle vgl. DIN EN 10083-3 (2007-01)										
38Cr2	1.7003	207	+QT	700…850	600…750	450	350	15	17	Teile mit mittlerer Beanspruchung; Getriebewellen, Schnecken, Zahnräder
46Cr2	1.7006	223		800…950	650…800	550	400	14	15	
34Cr4	1.7033	223	+QT	800…950	700…850	590	460	14	15	
37Cr4	1.7034	235		850…1000	750…900	630	510	13	14	
25CrMo4	1.7218	212	+QT	800…950	700…850	600	450	14	15	
25CrMoS4	1.7213									
41Cr4	1.7035	241	+QT	900…1100	800…950	660	560	12	14	Teile mit hoher Beanspruchung und größeren Vergütungsdurchmessern; Wellen, Zahnräder, größere Schmiedeteile
41CrS4	1.7039									
34CrMo4	1.7220	223	+QT	900…1100	800…950	650	550	12	14	
34CrMoS4	1.7226									
42CrMo4	1.7225	241	+QT	1000…1200	900…1100	750	650	11	12	
42CrMoS4	1.7227									
50CrMo4	1.7228	248	+QT	1000…1200	900…1100	780	700	10	12	
51CrV4	1.8159					800				
30NiCrMo16-6	1.6747	270	+QT	1080…1230	1080…1230	880	880	10	10	Teile mit höchster Beanspruchung und großen Durchmessern
34CrNiMo6	1.6582	248		1100…1300	1000…1200	900	800		11	
36NiCrMo16	1.6773	269	+QT	1250…1450	1100…1300	1050	900	9	10	
30CrNiMo8	1.6580	248								
20MnB5	1.5530	–	+QT	750…900	–	600	–	15	–	mit Bor legiert; warmgeformte Teile mit verbesserter Härtbarkeit
30MnB5	1.5531			800…950	–	650	–	13	–	
27MnCrB5-2	1.7182	–	+QT	900…1150	800…1000	750	700	14	15	
39MnCrB6-2	1.7189			1050…1250	1000…1200	850	800	12	12	

1) H Brinellhärte HBW im Anlieferungszustand „weichgeglüht (+A)"

2) B Behandlungszustand: +N normalgeglüht; +QT vergütet
Bei den unlegierten Vergütungsstählen gelten die Behandlungszustände +N und +QT jeweils für die Qualitäts- und die Edelstähle, zum Beispiel für C45 und C45E.

3) Die unlegierten Vergütungsstähle C35, C45, C55 und C60 sind Qualitätsstähle, die Stähle C22E, C35E, C45E, C55E und C60E werden als Edelstähle hergestellt.

Wärmebehandlung der Vergütungsstähle: Seite 395

Stähle

Vergütungsstähle zum Randschichthärten (Auswahl)

Nitrierstähle, warmgewalzt (Auswahl) vgl. DIN EN 10085 (2001-07)

Stahlsorte Kurzname	Werkstoffnummer	weichgeglüht Härte HB	Zugfestigkeit[1] R_m N/mm²	Streckgrenze[1] R_e N/mm²	Bruchdehnung[1] A %	Eigenschaften, Verwendung
31CrMo12 31CrMoV9	1.8515 1.8519	248 248	980…1180 1000…1200	785 800	11 10	Verschleißteile bis 250 mm Dicke Verschleißteile bis 100 mm Dicke
34CrAlMo5-10 41CrAlMo7-10	1.8507 1.8509	248 248	800…1000 900…1100	600 720	14 13	Verschleißteile bis 80 mm Dicke warmfeste Verschleißteile bis 500 °C
34CrAlNi7-10	1.8550	248	850…1050	650	12	große Teile; Kolbenstangen, Spindeln

[1] Festigkeitswerte: Die Werte für die Zugfestigkeit R_m, die Streckgrenze R_e und die Bruchdehnung A gelten für Erzeugnisdicken von 40…100 mm im vergüteten Zustand.

Wärmebehandlung der Nitrierstähle: Seite 395

Stähle für Flamm- und Induktionshärtung, warmgewalzt (Auswahl) vgl. DIN EN 10083[2]

Stahlsorte Kurzname	Werkstoffnummer	weichgeglüht Härte HB	B[3]	Zugfestigkeit[3] R_m N/mm²	Streckgrenze R_e in N/mm² Nenndicken in mm ≤ 16	> 16 ≤ 40	> 40 ≤ 100	Bruchdehnung A %	Eigenschaften, Verwendung
C45E[2] C60E[2]	1.1191 1.1221	207 241	+QT	650 … 800 800 … 950	490 580	430 520	370 450	16 13	Verschleißteile mit hoher Kernfestigkeit und guter Zähigkeit; Kurbelwellen, Getriebewellen, Nockenwellen, Schnecken, Zahnräder
37Cr4 46Cr2	1.7034 1.7006	235 223	+QT	850…1000 800 … 950	750 650	630 550	510 400	13 14	
41Cr4 42CrMo4	1.7035 1.7225	241	+QT	900…1100 1000…1200	800 900	660 750	560 650	12 11	

[2] Die bisherige Norm DIN 17212 wurde ersatzlos zurückgezogen. Flamm- und induktionshärtbare Stähle siehe Vergütungsstähle DIN EN 10083-3 (Seite 202). Für unlegierte Edelstähle nach DIN EN 10083-2 ist das Härteergebnis nur dann gesichert, wenn die Stähle mit der Austenitkorngröße ≤ 5 bestellt werden.

[3] B Behandlungszustand: +QT vergütet

Automatenstähle, warmgewalzt (Auswahl) vgl. DIN EN 10087 (1999-01)

Stahlsorte Kurzname[4]	Werkstoffnummer	B[5]	für Erzeugnisdicken von 16…40 mm: Härte HB	Zugfestigkeit[4] R_m N/mm²	Streckgrenze R_e N/mm²	Bruchdehnung A %	Eigenschaften, Verwendung
11SMn30 11SMnPb30	1.0715 1.0718	+U	112…169	380…570	–	–	• Zur Wärmebehandlung nicht geeignete Stähle Kleinteile mit geringer Beanspruchung; Hebel, Zapfen
11SMn37 11SMnPb37	1.0736 1.0737	+U	112…169	380…570	–	–	
10S20 10SPb20	1.0721 1.0722	+U	107…156	360…530	–	–	• Einsatzstähle verschleißfeste Kleinteile; Wellen, Bolzen, Stifte
15SMn13	1.0725	+U	128…178	430…600	–	–	
35S20 35SPb20	1.0726 1.0756	+U +QT	154…201 –	520…680 600…750	– 380	– 16	• Vergütungsstähle größere Teile mit höherer Beanspruchung; Spindeln, Wellen, Zahnräder
44SMn28 44SMnPb28	1.0762 1.0763	+U +QT	187…238 –	630…820 700…850	– 420	– 16	
46S20 46SPb20	1.0727 1.0757	+U +QT	175…225 –	590…760 650…800	– 430	– 13	

[4] Stahlsorten mit Bleizusätzen, z. B. 11SMnPb30, sind besser zerspanbar.

[5] B Behandlungszustand: +U unbehandelt; +QT vergütet

W

W

Stähle

Werkzeugstähle, warmgewalzt (Auswahl) vgl. DIN EN ISO 4957 (2001-02), Ersatz für DIN 17350

Stahlsorte Kurzname	Werkstoff-nummer	Härte HB[1] max	Härte-temperatur °C	A[2]	Anlass-temperatur °C	Anwendungsbeispiele, Eigenschaften
Kaltarbeitsstähle, unlegiert						
C45U	1.1730	205	800 ... 830	W	180 ... 300	ungehärtete Aufbauteile für Werkzeuge, Schraubendreher, Meißel, Messer
C70U	1.1520	180	790 ... 820	W	180 ... 300	Zentrierdorne, kleine Gesenke, Schraubstockbacken, Abgratstempel
C80U	1.1525	190	780 ... 810	W	180 ... 300	Gesenke mit flachen Gravuren, Meißel, Kaltschlagmatrizen, Messer
C105U	1.1545	210	770 ... 800	W	180 ... 300	einfache Schneidwerkzeuge, Prägestempel, Reißnadeln, Lochdorne, Spiralbohrer
Kaltarbeitsstähle, legiert						
21MnCr5	1.2162	225	810 ... 840	Ö	150 ... 220	komplizierte einsatzgehärtete Kunststoffpressformen; gut polierbar
60WCrV8	1.2550	215	880 ... 920	Ö	150 ... 300	Schnitte für Stahlblech von 6 ... 15 mm, Kaltlochstempel, Meißel, Körner
90MnCrV8	1.2842	225	780 ... 810	Ö	150 ... 250	Schneidplatten, Stempel, Kunststoffpressformen, Reibahlen, Messzeuge
102Cr6	1.2067	220	830 ... 860	Ö	100 ... 180	Bohrer, Fräser, Reibahlen, kleine Schneidplatten, Spitzen für Drehmaschinen
X38CrMo16	1.2316	230	1000 ... 1040	Ö	150 ... 300	Werkzeuge für die Verarbeitung von chemisch angreifenden Thermoplasten
40CrMnNiMo8-6-4	1.2712	235	840 ... 870	Ö	180 ... 220	Kunststoffformen aller Art
45NiCrMo16	1.2767	285	840 ... 870	Ö, L	160 ... 250	Biege- und Prägewerkzeuge, Schermesser für dickes Schneidgut
X153CrMoV12	1.2379	255	1000 ... 1030	Ö, L	180 ... 250	bruchempfindliche Schneidwerkzeuge, Fräser, Räumwerkzeuge, Schermesser
X210CrW12	1.2436	255	960 ... 980	Ö, L	180 ... 250	Hochleistungs-Schneidwerkzeuge, Räumwerkzeuge, Presswerkzeuge
Warmarbeitsstähle						
55NiCrMoV7	1.2714	248	840 ... 870	Ö	400 ... 500	Kunststoffpressformen, kleine und mittelgroße Gesenke, Warmschermesser
X37CrMoV5-1	1.2343	225	1010 ... 1040	Ö, L	550 ... 650	Druckgießformen für Leichtmetalle, Strangpresswerkzeuge
32CrMoV12-28	1.2365	225	1020 ... 1050	Ö, L	520 ... 620	Druckgießformen für Schwermetalle, Strangpresswerkzeuge für alle Metalle
X38CrMoV5-3	1.2367	225	1030 ... 1070	Ö, L	570 ... 670	hochwertige Gesenke, hoch beanspruchte Werkzeuge zur Schraubenherstellung
Schnellarbeitsstähle						
HS6-5-2C[3]	1.3343	265	1190 ... 1220	Ö, L	540 ... 560	Spiralbohrer, Reibahlen, Fräser, Gewindebohrer, Kreissägeblätter
HS6-5-2-5	1.3243	265	1180 ... 1220	Ö, L	550 ... 570	Höchstbeanspruchte Spiralbohrer, Fräser, Schruppwerkzeuge mit hoher Zähigkeit
HS10-4-3-10	1.3207	300	1200 ... 1240	Ö, L	550 ... 570	Drehmeißel für Automatenbearbeitung, hohe Abspanleistung
HS2-9-2	1.3348	265	1180 ... 1210	Ö, L	540 ... 580	Fräser, Spiral- und Gewindebohrer, hohe Schneidhärte, Warmfestigkeit, Zähigkeit

[1] Anlieferungszustand: geglüht [2] A Abschreckmittel; W Wasser; Ö Öl; L Luft [3] höherer C-Gehalt als HS6-5-2

Bezeichnung der Werkzeugstähle: Seiten 196, 197; Wärmebehandlung der Werkzeugstähle: Seite 395

Stähle

Nichtrostende Stähle (Auswahl)

vgl. DIN EN 10088-2 und 10088-3 (2014-12)

Stahlsorte Kurzname	Werkstoffnummer	L[1] B	L[1] S	A[2]	Dicke d mm	Zugfestigkeit R_m N/mm²	Dehngrenze $R_{p0,2}$ N/mm²	Bruchdehnung A %	Eigenschaften, Verwendung
Austenitische Stähle (sehr zäh, nicht härt- und vergütbar, nicht magnetisierbar)									
X10CrNi18-8	1.4310	•		C	≤ 8	600…950	250	40	Federn für Temperaturen bis 300 °C, Fahrzeugbau
			•	–	≤ 40	500…750	195	40	
X2CrNi18-9	1.4307	• •		C P	≤ 8 ≤ 75	520…700 500…650	220 200	45	Behälter für Haushalt, chemische und Lebensmittelindustrie
			•	–	≤ 160	500…700	175	45	
X2CrNi19-11	1.4306	• •		C P	≤ 8 ≤ 75	520…700 500…700	220 200	45	Geräte und Teile, die organischen und Fruchtsäuren ausgesetzt sind
			•	–	≤ 160	460…680	180	45	
X2CrNiN18-10	1.4311	• •		C P	≤ 8 ≤ 75	550…750 540…750	290 270	40	Geräte des Molkerei- und Brauereigewerbes, Druckgefäße
			•	–	≤ 160	550…760	270	40	
X5CrNi18-10	1.4301	• •		C P	≤ 8 ≤ 75	540…750	230 210	45	gut polierbar; Tiefziehteile in der Nahrungsmittelindustrie
			•	–	≤ 160	500…700	190	45	
X8CrNiS18-9	1.4305	•		P	≤ 75	500…700	190	35	Automobilindustrie, Armaturen, gute Spanbarkeit
			•	–	≤ 160	500…750	190	35	
X6CrNiTi18-10	1.4541	• •		C P	≤ 8 ≤ 75	530…720 500…700	220 200	40	Gebrauchsgegenstände im Haushalt, Teile in der Fotoindustrie
			•	–	≤ 160	500…700	190	40	
X4CrNi18-12	1.4303	•		C	≤ 8	500…650	220	45	Chemische Industrie; Schrauben, Muttern
			•	–	≤ 160	500…700	190	45	
X5CrNiMo17-12-2	1.4401	• •		C P	≤ 8 ≤ 75	530…680 520…670	240 220	40 45	Teile in der Farben-, Öl- und Textilindustrie
			•	–	≤ 160	500…700	200	40	
X6CrNiMoTi17-12-2	1.4571	• •		C P	≤ 8 ≤ 75	540…690 520…670	240 220	40	Teile in der Textil-, Kunstharz- und Gummiindustrie
			•	–	≤ 160	500…700	200	40	
X2CrNiMo18-14-3	1.4435	• •		C P	≤ 8 ≤ 75	550…700 520…670	240 220	40 45	Teile mit erhöhter chemischer Beständigkeit in der Zellstoffindustrie
			•	–	≤ 160	500…700	200	40	
X2CrNiMo17-12-2	1.4404	• •		C P	≤ 8 ≤ 75	530…680 520…670	240 220	40 45	beständig gegen nichtoxidierende Säuren und halogenhaltige Medien
			•	–	≤ 160	500…700	200	40	
X2CrNiMoN17-13-5	1.4439	• •		C P	≤ 8 ≤ 75	580…780	290 270	35 40	beständig gegen Chlor und höhere Temperaturen; chemische Industrie
			•	–	≤ 160	580…800	280	35	
X1NiCrMoCu25-20-5	1.4539	• •		C P	≤ 8 ≤ 75	530…730 520…720	240 220	35	beständig gegen Phosphor-, Schwefel- und Salzsäure; chemische Industrie
			•	–	≤ 160	700…800	200	40	

[1] L Lieferformen, Normzuordnung: B Bleche, Bänder → DIN EN 10088-2; S Stäbe, Profile → DIN EN 10088-3
[2] A Anlieferungszustand: C kaltgewalzte Bänder; P warmgewalzte Bleche

W

Stähle

Nichtrostende Stähle (Fortsetzung) vgl. DIN EN 10088-2 und 10088-3 (2014-12)

Stahlsorte Kurzname	Werkstoffnummer	L[1] B	L[1] S	A[2]	Dicke d mm	Zugfestigkeit R_m N/mm²	Dehngrenze $R_{p0,2}$ N/mm²	Bruchdehnung A %	Eigenschaften, Verwendung
Ferritische Stähle (zäh, nicht härt- und vergütbar, magnetisierbar)									
X2CrNi12	1.4003	• •		C P	≤ 8 ≤ 25	450 … 650	280 250	20 18	Fahrzeug- und Containerbau, Fördertechnik
			•	–	≤ 100	450 … 600	260	20	
X6Cr13	1.4000	• •		C P	≤ 8 ≤ 25	400 … 600	240 220	19	beständig gegen Wasser und Dampf; Haushaltsgeräte, Beschläge
			•	–	≤ 25	400 … 630	230	20	
X6Cr17	1.4016	• •		C P	≤ 8 ≤ 25	450 … 600	260 240	20	gut kalt umformbar, polierbar; Bestecke, Stoßstangen
			•	–	≤ 100	400 … 630	240	20	
X2CrTi12	1.4512	•		C	≤ 8	450 … 650	280	23	Katalysatoren
X6CrMo17-1	1.4113	•		C	≤ 8	450 … 630	260	18	Automobilbau; Zierleisten, Radkappen
			•	–	≤ 100	440 … 660	280	18	
X3CrTi17	1.4510	•		C	≤ 8	450 … 600	260	20	Schweißteile im Nahrungsmittelbereich
X2CrMoTi18-2	1.4521	• •		C P	≤ 8 ≤ 12	420 … 640 420 … 620	300 280	20	Schrauben, Muttern, Heizkörper

[1] Lieferformen, Normzuordnung; B Bleche, Bänder → DIN EN 10088-2; S Stäbe, Profile → DIN EN 10088-3
[2] A Anlieferungszustand: C kaltgewalzte Bänder; P warmgewalzte Bleche

W

Stahlsorte Kurzname	Werkstoffnr.	L[3] B	L[3] S	A[4]	Dicke d mm	W[5]	Zugfestigkeit R_m N/mm²	Dehngrenze $R_{p0,2}$ N/mm²	Bruchdehnung A %	Eigenschaften, Verwendung
Martensitische Stähle (härt- und vergütbar, magnetisierbar)										
X12Cr13	1.4006	• •		C P	≤ 8 ≤ 75	A QT650	≤ 600 650 … 850	– 450	20 12	beständig gegen Wasser und Dampf, Lebensmittelindustrie
			•	–	≤ 160	QT650	650 … 850	450	15	
X20Cr13	1.4021	• •		C P	≤ 8 ≤ 75	A QT750	≤ 700 750 … 950	– 550	15 10	Achsen, Wellen, Pumpenteile, Schiffsschrauben
			•	–	≤ 160	QT800	800 … 950	600	12	
X30Cr13	1.4028	• •		C P	≤ 8 ≤ 75	A QT800	≤ 740 800 … 1 000	– 600	15 10	Schrauben, Muttern, Federn, Kolbenstangen
			•	–	≤ 160	QT850	850 … 1 000	650	10	
X46Cr13	1.4034	•		C	≤ 8	A	≤ 780	245	12	Tafel- und Maschinenmesser
			•	–	≤ 160	QT800	850 … 1 000	650	10	
X39CrMo17-1	1.4122	•		C	≤ 8	A	≤ 900	280	12	Wellen, Spindeln, Armaturen bis 600 °C
			•	–	≤ 60	QT900	900 … 1 100	800	11	
X3CrNiMo13-4	1.4313	•		P	≤ 75	QT900	900 … 1 100	800	11	hohe Zähigkeit; Pumpen, Turbinenlaufräder, Reaktorbau
			• •	–	– ≤ 160	A QT900	≤ 1 100 900 … 1 100	320 800	– 12	

[3] L Lieferformen, Normzuordnung; B Bleche, Bänder → DIN EN 10088-2; S Stäbe, Profile → DIN EN 10088-3
[4] A Anlieferungszustand: C kaltgewalzte Bänder; P warmgewalzte Bleche
[5] W Wärmebehandlungszustand: A geglüht; QT750 → vergütet auf Mindestzugfestigkeit R_m = 750 N/mm²

Stähle

Nichtrostende Stähle (Fortsetzung)
vgl. DIN EN 10088-2 und 10088-3 (2014-12)

Stahlsorte Kurzname	Werkstoffnummer	L[1] B	L[1] S	A[2]	Dicke d mm	Zugfestigkeit R_m N/mm²	Dehngrenze $R_{p0,2}$ N/mm²	Bruchdehnung A %	Eigenschaften, Verwendung
Duplexstähle (austenitisch-ferritisch, hochfest, säurebeständig, magnetisierbar)									
X2CrNiN23-4	1.4362	•		C	≤ 8	650 … 850	450	20	Bau- und chemische Industrie, Bewehrungen, gut schweißbar („Lean"-Duplexstahl)
		•		P	≤ 75		400	25	
			•	–	≤ 160	600 … 830	400	25	
X2CrNiMoN22-5-3	1.4462	•		C	≤ 8	700 … 950	500	20	Papier-/Zellstoffindustrie, Offshore-Technik, keine Spannungsrisskorrosion („Standard"-Duplexstahl)
		•		P	≤ 75		460	25	
			•	–	≤ 160	650 … 880	450	25	
X2CrNiMoN25-6-3	1.4410	•		C	≤ 8	750 … 1 000	550	20	Chemische Industrie, Offshore-Technik, lochfraßbeständig („Super"-Duplexstahl)
		•		P	≤ 75		530	25	
			•	–	≤ 160	730 … 930	530	25	
X2CrNiMoCuN24-4-3-2	1.4507	•		C	≤ 8	750 … 1 000	550	20	Ölindustrie, Petrochemie, spaltkorrosionsbeständig („Hyper"-Duplexstahl)
		•		P	≤ 75		530	25	
			•	–	≤ 160	700 … 900	500	25	

[1] Lieferformen, Normzuordnung; B Bleche, Bänder → DIN EN 10088-2; S Stäbe, Profile → DIN EN 10088-3
[2] A Anlieferungszustand: C kaltgewalzte Bänder; P warmgewalzte Bleche

Stahldraht für Federn, patentiert gezogen
vgl. DIN EN 10270-1 (2012-01)

Drahtsorte	Mindestzugfestigkeit R_m in N/mm² für Nenndurchmesser d in mm: 0,5	1,0	1,5	2,0	3,0	4,0	5,0	10,0	geeignet für Zug-, Druck- und Drehfedern (Drahtsorte DH auch für Formfedern) mit folgender Beanspruchung:
SL	–	1 720	1 600	1 520	1 410	1 320	1 260	1 060	niedrige statische
SM	2 200	1 980	1 850	1 760	1 630	1 530	1 460	1 240	mittlere statische **oder** (selten) dynamische
SH	2 480	2 330	2 090	1 980	1 840	1 740	1 660	1 410	hohe statische **oder** niedrige dynamische
DM	2 200	1 980	1 850	1 760	1 630	1 530	1 460	1 240	mittlere dynamische
DH	2 480	2 330	2 090	1 980	1 840	1 740	1 660	1 410	hohe statische **oder** mittlere dynamische

Drahtdurchmesser *d* in mm (Auswahl) — Lieferformen: in Ringen, auf Spulen oder Stäbe im Bündel

alle Sorten	0,3 – 0,4 – 0,5 – 0,53 – 0,56 – 0,6 – 0,63 – 0,65 – 0,7 – 0,75 – 0,8 – 0,9 – 1,0 – 1,1 – 1,2 – 1,25 – 1,3 – 1,4 … 2,0 – 2,1 – 2,25 – 2,4 – 2,5 – 2,6 – 2,8 – 3,0 – 3,2 … 4,0 – 4,25 – 4,75 – 5,0 – 5,3 – 5,6 – 6,0 – 6,5 … 10,0

Drahtoberfläche

Kurzzeichen	Drahtoberfläche	Kurzzeichen	Drahtoberfläche	Kurzzeichen	Drahtoberfläche
b	blank	cu	verkupfert	Z	mit Zinküberzug
wh	weiß, nassblank	ph	phosphatiert	ZA	mit Zink/Aluminium-Überzug

⇒ **Federdraht EN 10270-1 DM 3,2 ph**: Drahtsorte DM, d = 3,2 mm, phosphatierte Oberfläche (ph)

Federstahl, warm gewalzt, vergütbar (Auswahl)
vgl. DIN EN 10089 (2003-04), Ersatz für DIN 17221

Stahlsorte Kurzname	Werkstoffnummer	warmgewalzt Härte HB	weichgeglüht +A Härte HB	im vergüteten Zustand (+QT) Zugfestigkeit R_m N/mm²	Dehngrenze $R_{p0,2}$ N/mm²	Bruchdehnung A %	Eigenschaften Verwendung
38Si7	1.5023	240	217	1 300 … 1 600	1 150	8	federnde Schraubensicherungen
55Cr3	1.7176	> 310	248	1 400 … 1 700	1 250	3	größere Zug- und Druckfedern
61SiCr7	1.7108	310	248	1 550 … 1 850	1 400	5,5	Blattfedern, Tellerfedern
51CrV4	1.8159	> 310	248	1 400 … 1 700	1 200	6	hochbeanspruchte Federn

Drahtdurchmesser *d* in mm (Auswahl) — Lieferformen: gerichtete Stäbe, Drahtringe

5,0 – 5,5 – 6,0 – 6,5 … 10,0 – 10,5 … 19,0 – 19,5 – 20,0 – 21,0 – 22,0 – 23,0 … 27,0 – 28,0 – 29,0 – 30,0

⇒ **Rundstab EN 10089-20 x 8000 – 51CrV4 +A:** Stabdurchmesser d = 20 mm, Stablänge l = 8 000 mm, Stahlsorte 51CrV4, Anlieferungszustand weichgeglüht (+A)

W

Gusseisenwerkstoffe – Übersicht

Art	Norm	Beispiele/ Werkstoffnummer	Zugfestigkeit R_m N/mm²	Eigenschaften	Anwendungsbeispiele
Gusseisen					Seite 209
mit Lamellengrafit	DIN EN 1561	EN-GJL-150 (GG-15)[1] 5.1200	100 bis 450	sehr gute Gießbarkeit, gute Druckfestigkeit, Dämpfungsfähigkeit und Notlauffähigkeit sowie gute Korrosionsbeständigkeit	für konturenreiche, komplizierte Werkstücke; sehr vielseitig einsetzbar. Maschinengestelle, Getriebegehäuse
mit Kugelgrafit	DIN EN 1563	EN-GJS-400 (GGG-40)[1] 5.3105	350 bis 900	sehr gute Gießbarkeit, hohe Festigkeit auch bei dynamischer Belastung, oberflächenhärtbar	verschleißbeanspruchte Werkstücke; Kupplungsteile, Fittings, Motorenbau
mit Vermikulargrafit	ISO 16112	ISO 16112/JV/300	300 bis 500	sehr gute Gießbarkeit, hohe Festigkeit ohne teure Legierungszusätze	Fahrzeugteile, Motorenbau, Getriebegehäuse
Bainitisches Gusseisen	DIN EN 1564	EN-GJS-800-10 5.3400	800 bis 1 400	durch Wärmebehandlung und gesteuerte Abkühlung entstehen Bainit und Austenit mit hoher Festigkeit bei guter Zähigkeit	hoch beanspruchte Bauteile, z. B. Radnaben, Zahnkränze, ADI-Guss[2]
verschleißbeständiger Guss, Hartguss	DIN EN 12513	EN-GJN-HB340 5.5600	> 1 000	Verschleißfestigkeit durch Martensit und Karbide, auch mit Cr und Ni legiert	verschleißfestes Gusseisen, z. B. Abrichtrollen, Baggerschaufeln, Laufräder für Pumpen
Temperguss					Seite 210
entkohlend geglüht (weiß)	DIN EN 1562	EN-GJMW-350-4 (GTW-35)[1] 5.4200	270 bis 570	Entkohlung der Randschicht durch Tempern. Hohe Festigkeit und Zähigkeit, plastisch verformbar.	formgenaue, dünnwandige, stoßbeanspruchte Teile; Hebel, Bremstrommeln
nicht entkohlend geglüht (schwarz)	DIN EN 1562	EN-GJMB-450-6 (GTS-45)[1] 5.4205	300 bis 800	Flockiger Grafit im ganzen Querschnitt durch Tempern. Hohe Festigkeit und Zähigkeit bei größeren Wandstärken.	formgenaue, dickwandige, stoßbeanspruchte Teile; Hebel, Kardangabeln
Stahlguss					Seite 210
für allgemeine Verwendung	DIN EN 10293[3]	GE240 1.0446	380 bis 600	unlegierter und niedriglegierter Stahlguss für allgemeine Verwendung	mechanische Mindestwerte von –10 °C bis 300 °C
mit verbesserter Schweißeignung	DIN EN 10293[4]	G20Mn5 1.6220	430 bis 650	geringer Kohlenstoffgehalt mit Mangan und Mikrolegierung	Schweißverbundkonstruktionen, Feinkornbaustähle mit großer Wanddicke
Vergütungsstahlguss	DIN EN 10293[5]	G30CrMoV6-4 1.7725	500 bis 1 250	feines Vergütungsgefüge mit hoher Zähigkeit	Ketten, Panzerungen
für Druckbehälter	DIN EN 10213	GP280GH 1.0625	420 bis 960	Sorten mit hoher Festigkeit und Zähigkeit bei tiefen und bei hohen Temperaturen	Druckbehälter für heiße bzw. kalte Medien, warmfest und kaltzäh; nichtrostend
nichtrostend	DIN EN 10283	GX6CrNi26-7 1.4347	450 bis 1 100	Beständigkeit gegenüber chemischer Beanspruchung und Korrosion	Pumpenlaufräder in Säuren, Duplex-Stahl
hitzebeständig	DIN EN 10295	GX25CrNiSi18-9 1.4825	400 bis 550	Beständigkeit gegenüber verzundernden Gasen	Turbinenteile, Ofenroste

[1] bisherige Bezeichnung
[2] ADI → Austempered Ductile Iron („angelassenes zähes Eisen")
[3] Ersatz für DIN 1681
[4] Ersatz für DIN 17182
[5] Ersatz für DIN 17205

W

Gusseisenwerkstoffe

Gusseisen mit Lamellengrafit

vgl. DIN EN 1561 (2012-01)

Zugfestigkeit R_m als kennzeichnende Eigenschaft

Sorte Kurzname	Werkstoffnummer	Wanddicke mm	Zugfestigkeit R_m N/mm²
EN-GJL-100 EN-GJL-150	5.1100 5.1200	5 ... 40 2,5 ... 200	100 110 ... 150
EN-GJL-200 EN-GJL-250	5.1300 5.1301	2,5 ... 200 5 ... 200	160 ... 200 200 ... 250
EN-GJL-300 EN-GJL-350	5.1302 5.1303	10 ... 200 10 ... 200	240 ... 300 280 ... 350

⇒ **EN-GJL-100:** Gusseisen mit Lamellengrafit, Mindestzugfestigkeit R_m = 100 N/mm²

Härte HB als kennzeichnende Eigenschaft

Sorte Kurzname	Werkstoffnummer	Wanddicke mm	Brinellhärte HB30
EN-GJL-HB155 EN-GJL-HB175	5.1101 5.1201	2,5 ... 50 2,5 ... 100	max. 155 115 ... 175
EN-GJL-HB195 EN-GJL-HB215	5.1304 5.1305	5 ... 100 5 ... 100	125 ... 195 145 ... 215
EN-GJL-HB235 EN-GJL-HB255	5.1306 5.1307	10 ... 100 20 ... 100	160 ... 235 180 ... 255

⇒ **EN-GJL-HB215:** Gusseisen mit Lamellengrafit, maximale Brinellhärte = 215 HB

Eigenschaften
Gut gießbar und zerspanbar, schwingungsdämpfend, korrosionsbeständig, hohe Druckfestigkeit (ca. das Dreifache der Zugfestigkeit), gute Gleiteigenschaften

Anwendungsbeispiele
Maschinengestelle, Lagergehäuse, Gleitlager, druckfeste Teile, Turbinengehäuse
Die Härte als kennzeichnende Eigenschaft gibt Hinweise auf die Zerspanbarkeit.

Gusseisen mit Kugelgrafit

vgl. DIN EN 1563 (2012-03)

Ferritisches bis perlitisches Gusseisen[3]

Sorte Kurzname	Werkstoffnummer	Zugfestigkeit R_m N/mm²	Dehngrenze $R_{p0,2}$ N/mm²	Dehnung A %	Brinellhärte HB	Eigenschaften, Anwendungsbeispiele
EN-GJS-350-22-LT[1)] EN-GJS-350-22-RT[2)] EN-GJS-350-22	5.3100 5.3101 5.3102	350 350 350	220 220 220	22 22 22	– – < 160	gut bearbeitbar, geringe Verschleißfestigkeit; Gehäuse
EN-GJS-400-18-LT[1)] EN-GJS-400-18-RT[2)] EN-GJS-400-18 EN-GJS-400-15	5.3103 5.3104 5.3105 5.3106	400 400 400 400	240 250 250 250	18 18 18 15	– – 130 ... 175 –	
EN-GJS-450-10 EN-GJS-500-7 EN-GJS-600-3	5.3107 5.3200 5.3201	450 500 600	310 320 370	10 7 3	160 ... 210 170 ... 230 190 ... 270	gut bearbeitbar, mittlere Verschleißfestigkeit; Fittings, Pressenkörper
EN-GJS-700-2 EN-GJS-800-2 EN-GJS-900-2	5.3300 5.3301 5.3302	700 800 900	420 480 600	2 2 2	225 ... 305 245 ... 335 270 ... 360	gute Oberflächenhärte; Zahnräder, Lenk- und Kupplungsteile, Ketten

Mischkristallverfestigtes ferritisches Gusseisen[4]

Sorte Kurzname	Werkstoffnummer	Zugfestigkeit R_m N/mm²	Dehngrenze $R_{p0,2}$ N/mm²	Dehnung A %	Brinellhärte HB	Eigenschaften, Anwendungsbeispiel
EN-GJS-450-18 EN-GJS-500-14 EN-GJS-600-10	5.3108 5.3109 5.3110	450 500 600	350 400 470	18 14 10	170 ... 200 185 ... 215 200 ... 230	gut bearbeitbar, höhere Dehnung; Windkraftanlagen

⇒ **EN-GJS-400-18:** Gusseisen mit Kugelgrafit, Mindestzugfestigkeit R_m = 400 N/mm²; Bruchdehnung A = 18 %

1) LT für tiefe Temperaturen
2) RT für Raumtemperatur
3) Ferritische Sorten weisen höchste Werte für die Kerbschlagarbeit auf. Perlitische Sorten sind geeigneter für verschleißbeanspruchte Anwendungen. Die maßgebende Wanddicke für die Angaben beträgt < 30 mm.
4) Mischkristallverfestigte ferritische Sorten haben bei gleicher Zugfestigkeit eine höhere Dehngrenze und eine höhere Dehnung. Außerdem sind die Schwankungen in der Härte geringer. Die Tabellenwerte sind gültig für Wanddicken unter 30 mm.

Gusseisenwerkstoffe

Temperguss[1]

vgl. DIN EN 1562 (2012-05)

Sorte Kurzname	Werkstoffnummer	Zugfestigkeit R_m N/mm²	Dehngrenze $R_{p0,2}$ N/mm²	Bruchdehnung A %	Brinellhärte HB	Eigenschaften, Anwendungsbeispiele
Entkohlend geglühter Temperguss (weißer Temperguss)						
EN-GJMW-350-4	5.4200	350	–	4	230	Alle Sorten sind gut gießbar und gut spanend bearbeitbar. Werkstücke mit kleiner Wanddicke, z.B. Hebel, Kettenglieder
EN-GJMW-400-5	5.4202	400	220	5	220	
EN-GJMW-450-7	5.4203	450	260	7	220	
EN-GJMW-550-4	5.4204	550	340	4	250	
EN-GJMW-360-12	5.4201	360	190	12	200	Zum Schweißen besonders geeignet

⇒ **EN-GJMW-350-4:** Entkohlend geglühter Temperguss, R_m = 350 N/mm², A = 4%

Sorte Kurzname	Werkstoffnummer	Zugfestigkeit R_m N/mm²	Dehngrenze $R_{p0,2}$ N/mm²	Bruchdehnung A %	Brinellhärte HB	Eigenschaften, Anwendungsbeispiele
Nicht entkohlend geglühter Temperguss (schwarzer Temperguss)						
EN-GJMB-300-6	5.4100	300	–	6	... 150	Alle Sorten sind gut gießbar und gut spanend bearbeitbar. Werkstücke mit größerer Wanddicke, z.B. Gehäuse, Kardangabeln, Kolben
EN-GJMB-350-10	5.4101	350	200	10	... 150	
EN-GJMB-450-6	5.4205	450	270	6	150 ... 200	
EN-GJMB-500-5	5.4206	500	300	5	165 ... 215	
EN-GJMB-550-4	5.4207	550	340	4	180 ... 230	
EN-GJMB-600-3	5.4208	600	390	3	195 ... 245	
EN-GJMB-650-2	5.4300	650	430	2	210 ... 260	
EN-GJMB-700-2	5.4301	700	530	2	240 ... 290	
EN-GJMB-800-1	5.4302	800	600	1	270 ... 320	

⇒ **EN-GJMB-350-10:** Nicht entkohlend geglühter Temperguss, R_m = 350 N/mm², A = 10%

[1] Bisherige Bezeichnungen: Seite 208

W

Stahlguss für allgemeine Anwendungen (Auswahl)

vgl. DIN EN 10293 (2015-04)[2]

Sorte Kurzname	Werkstoffnummer	Zugfestigkeit R_m N/mm²	Dehngrenze $R_{p0,2}$ N/mm²	Dehnung A %	Kerbschlagarbeit K_v J	Eigenschaften, Anwendungsbeispiele
GE200[3]	1.0420	380 ... 530	200	25	27	für Werkstücke mit mittlerer dynamischer Beanspruchung; Radsterne, Hebel
GE240[3]	1.0446	450 ... 600	240	22	27	
GE300[3]	1.0558	600 ... 750	300	15	27	
G17Mn5[4]	1.1131	450 ... 600	240	24	70	verbesserte Schweißeignung; Schweißverbundkonstruktionen
G20Mn5[3]	1.6220	480 ... 620	300	20	50	
GX4CrNiMo16-5-1[4]	1.4405	760 ... 960	540	15	60	
G28Mn6[3]	1.1165	520 ... 670	260	18	27	für Werkstücke mit hoher dynamischer Beanspruchung; Wellen
G10MnMoV6-3[4]	1.5410	600 ... 750	500	18	60	
G34CrMo4[4]	1.7230	700 ... 850	540	12	35	
G32NiCrMo8-5-4[4]	1.6570	850 ... 1 000	700	16	50	Korrosionsgeschützte Werkstücke mit hoher dynamischer Beanspruchung.
GX23CrMoV12-1[4]	1.4931	740 ... 880	540	15	27	

[2] DIN 17182 „Stahlgusssorten mit verbesserter Schweißeignung und Zähigkeit" wurde ersatzlos zurückgezogen.
[3] normalgeglüht [4] vergütet

Stahlguss für Druckbehälter (Auswahl)

vgl. DIN EN 10213 (2016-10)

Sorte Kurzname	Werkstoffnummer	Zugfestigkeit R_m N/mm²	Dehngrenze[5] $R_{p0,2}$ N/mm²	Bruchdehnung A %	Kerbschlagarbeit K_v J	Eigenschaften, Anwendungsbeispiele
GP240GH	1.0619	420 ... 600	> 240	22	27	für hohe und tiefe Temperaturen; Dampfturbinen, Heißdampfarmaturen, auch korrosionsbeständig
G17CrMo5-5	1.7357	490 ... 690	> 315	20	27	
GX8CrNi12	1.4107	540 ... 690	> 355	18	45	
GX4CrNiMo16-5-1	1.4405	760 ... 960	> 540	15	60	

[5] Werte bei einer Wanddicke bis 40 mm

Aluminium, Aluminium-Knetlegierungen – Übersicht

Legierungsgruppe	Werkstoffnummer	Haupteigenschaften	Hauptanwendungsbereiche	Erzeugnisformen[1] B	S	R
Reinaluminium						Seite 213
Al (Al-Gehalt > 99,00 %)	AW-1000 bis AW-1990 (Serie 1000)	• sehr gut kalt umformbar • schweiß- und hartlötbar • schwer spanend bearbeitbar • korrosionsbeständig • für dekorative Zwecke anodisch oxidierbar	Behälter, Rohrleitungen und Einrichtungen in der Nahrungsmittel- und chemischen Industrie, elektrische Leiter, Reflektoren, Zierleisten, Kennzeichen im Fahrzeugbau	•	•	•
Aluminium, Aluminium-Knetlegierungen, nicht aushärtbar (Auswahl)						Seite 213
AlMn	AW-3000 bis AW-3990 (Serie 3000)	• kalt umformbar • schweiß- und lötbar • im kalt verfestigten Zustand gut spanend bearbeitbar Im Vergleich mit Serie 1000: • höhere Festigkeit • verbesserte Laugenbeständigkeit	Dachdeckungen, Fassadenverkleidungen und tragende Konstruktionen in der Bautechnik, Teile für Kühler und Klimaanlagen in der Fahrzeugtechnik, Getränke- und Konservendosen in der Verpackungsindustrie	•	•	•
AlMg	AW-5000 bis AW-5990 (Serie 5000)	• gut kalt umformbar mit hoher Kaltverfestigung • bedingt schweißbar • im kalt verfestigten Zustand und bei höheren Legierungsanteilen gut spanend bearbeitbar • witterungs- und seewasserbeständig	Leichtbauwerkstoff für Aufbauten von Nutzfahrzeugen, Tank- und Silofahrzeuge, Metallschilder, Verkehrszeichen, Rollläden und Rolltore, Fenster, Türen, Beschläge in der Bautechnik, Maschinengestelle, Teile im Vorrichtungs- und Formenbau	•	•	•
AlMgMn		• gut kalt umformbar mit hoher Kaltverfestigung • gut schweißbar • gut spanend bearbeitbar • seewasserbeständig		•	•	•
Aluminium, Aluminium-Knetlegierungen, aushärtbar (Auswahl)						Seite 214
AlMgSi	AW-6000 bis AW-6990 (Serie 6000)	• gut kalt und warm umformbar • korrosionsbeständig • gut schweißbar • im ausgehärteten Zustand gut spanend bearbeitbar	tragende Konstruktionen in der Bautechnik, Fenster, Türen, Maschinentische, Hydraulik- und Pneumatikteile; mit Pb-, Sn- oder Bi-Anteilen: sehr gut spanend bearbeitbare Automatenlegierungen	•[2]	•[2]	•[2]
AlCuMg	AW-2000 bis AW-2990 (Serie 2000)	• hohe Festigkeitswerte • gute Warmfestigkeit • bedingt korrosionsbeständig • bedingt schweißbar • im ausgehärteten Zustand gut spanend bearbeitbar	Leichtbauwerkstoff im Fahrzeug- und Flugzeugbau; mit Pb-, Sn- oder Bi-Anteilen: sehr gut spanend bearbeitbare Automatenlegierungen	•[2]	•[2]	•[2]
AlZnMgCu	AW-7000 bis AW-7990 (Serie 7000)	• höchste Festigkeit aller Al-Legierungen • beste Korrosionsbeständigkeit im Zustand warm ausgehärtet • bedingt schweißbar • im ausgehärteten Zustand gut spanend bearbeitbar	hochfester Leichtbauwerkstoff im Flugzeug- und Maschinenbau, Werkzeuge und Formen zur Kunststoffformung, Schrauben, Fließpressteile	•	•	•

[1] Erzeugnisformen: B Bleche; S Stangen; R Rohre
[2] Automatenlegierungen werden nur als Stangen oder als Rohre geliefert.

W

Aluminium, Aluminium-Knetlegierungen

Kurznamen für Aluminium und Aluminium-Knetlegierungen

vgl. DIN EN 573-2 (1994-12)

Die Kurznamen gelten für Halbzeuge, z. B. Bleche, Stangen, Rohre, Drähte und für Schmiedeteile.

Bezeichnungsbeispiele: **EN AW - Al 99,98**
EN AW - Al Mg1SiCu - H111

EN Europäische Norm
AW Aluminium-Halbzeug

Chemische Zusammensetzung, Reinheitsgrad

Al 99,98 → Reinaluminium, Reinheitsgrad 99,98% Al
Al Mg1SiCu → 1% Mg, geringe Anteile Si und Cu

Werkstoffzustand (Auszug) vgl. DIN EN 515 (1917-05)

Zustand	Kurzzeichen	Bedeutung der Kurzzeichen	Bedeutung der Werkstoffzustände
Herstellzustand	F	Die Halbzeuge werden ohne Festlegung mechanischer Grenzwerte hergestellt, z. B. Zugfestigkeit, Streckgrenze, Bruchdehnung.	Halbzeuge ohne Nachbehandlung
weich geglüht	O O1 O2	Weichglühen kann durch Warmumformung ersetzt werden. lösungsgeglüht, langsame Abkühlung auf Raumtemperatur, thermomechanisch umgeformt, höchste Umformbarkeit	Wiederherstellung der Umformbarkeit nach einer Kaltumformung
kalt verfestigt	H12 bis H18	kalt verfestigt mit folgenden Härtegraden: H12 ¼-hart, H14 ½-hart, H16 ¾-hart, H18 4/4-hart	Einhaltung garantierter mechanischer Kennwerte, z. B. Zugfestigkeit, Streckgrenze
	H111 H112	geglüht mit nachfolgender geringer Kaltverfestigung geringe Kaltverfestigung	
wärmebehandelt	T1 T2 T3	lösungsgeglüht, entspannt und kalt ausgelagert, nicht nachgerichtet abgeschreckt wie T1, kalt umgeformt und kalt ausgelagert lösungsgekühlt, kalt umgeformt und kalt ausgelagert	Erhöhung der Zugfestigkeit, der Streckgrenze und der Härte, Verringerung der Kaltumformbarkeit
	T3510 T3511	lösungsgeglüht, entspannt und kalt ausgelagert wie T3510, nachgerichtet zur Einhaltung der Grenzabmaße	
	T4 T4510	lösungsgeglüht, kalt ausgelagert lösungsgeglüht, entspannt und kalt ausgelagert, nicht nachgerichtet	
	T6 T6510	lösungsgeglüht, warm ausgelagert lösungsgeglüht, entspannt und warm ausgelagert, nicht nachgerichtet	
	T8 T9	lösungsgeglüht, kalt umgeformt, warm ausgelagert lösungsgeglüht, warm ausgelagert, kalt umgeformt	

W

Werkstoffnummern für Aluminium und Aluminium-Knetlegierungen

vgl. DIN EN 573-1 (2005-02)

Die Werkstoffnummern gelten für Halbzeuge, z. B. Bleche, Stangen, Rohre, Drähte und für Schmiedeteile.

Bezeichnungsbeispiele: **EN AW - 1050A**
EN AW - 5154

EN Europäische Norm
AW Aluminium-Halbzeug

Nationale Legierungsvariante
Die Originallegierung wurde durch ein anderes Land registriert. Die nationale Variante weicht in der Zusammensetzung geringfügig von der Originallegierung ab.

Legierungsgruppen

Ziffer	Gruppe	Ziffer	Gruppe
1	Rein-Al	5	AlMg
2	AlCu	6	AlMgSi
3	AlMn	7	AlZn
4	AlSi	8	sonstige

Legierungsabweichungen

Ziffer	Legierung
0	Originallegierung
1 … 9	Legierungen, die von der Originallegierung abweichen

Sorten-Nummer

Innerhalb einer Legierungsgruppe, z. B. AlCu, AlMgSi, AlMn oder AlMg, wird jeder Sorte eine eigene Nummer zugewiesen.

Aluminium, Aluminium-Knetlegierungen

Aluminium und Aluminium-Knetlegierungen, nicht aushärtbar (Auswahl)

vgl. DIN EN 485-2 (2016-10), DIN EN 754-2 (2013-12), 755-2 (2016-10)

Kurzname (Werkstoffnummer)[1]	Lieferformen[2] S	Lieferformen[2] B	A[3]	Werkstoffzustand[4]	Dicke/Durchmesser mm	Zugfestigkeit R_m N/mm²	Dehngrenze $R_{p\,0,2}$ N/mm²	Bruchdehnung A %	Verwendung, Beispiele
Al 99,5 (1050A)	•	–	p z z	F, H112 O, H111 H14	alle ≤ 80 ≤ 40	≥ 60 60 … 95 100 … 135	≥ 20 – ≥ 70	25 25 6	Apparatebau, Druckbehälter, Schilder, Verpackungen, Zierleisten
	–	•	w	O, H111	0,5 … 1,5 1,5 … 3,0 3,0 … 6,0	65 … 95 65 … 95 65 … 95	≥ 20 ≥ 20 ≥ 20	22 26 29	
Al Mn1 (3103)	•	–	p z z	F, H112 O, H111 H14	alle ≤ 80 ≤ 40	≥ 95 95 … 130 130 … 165	≥ 35 ≥ 35 ≥ 110	25 25 6	Apparatebau, Fließpressteile, Fahrzeugaufbauten, Wärmetauscher
	–	•	w	O, H111	0,5 … 1,5 1,5 … 3,0 3,0 … 6,0	90 … 130 90 … 130 90 … 130	≥ 35 ≥ 35 ≥ 35	19 21 24	
Al Mn1Cu (3003)	•	–	p z z	F, H112 O, H111 H14	alle ≤ 80 ≤ 40	≥ 95 95 … 130 130 … 165	≥ 35 ≥ 35 ≥ 110	25 25 6	Dachdeckungen, Fassaden, tragende Konstruktionen im Metallbau
	–	•	w	O, H111	0,5 … 1,5 1,5 … 3,0 3,0 … 6,0	95 … 135 95 … 135 95 … 135	≥ 35 ≥ 35 ≥ 35	17 20 23	
Al Mg1 (B) (5005)	•	–	p z z	F, H112 O, H111 H14	≤ 100 ≤ 80 ≤ 40	≥ 100 100 … 145 ≥ 140	≥ 40 ≥ 40 ≥ 110	18 18 6	Dachdeckungen, Fassaden, Fenster, Türen, Beschläge
	–	•	w	O, H111	0,5 … 1,5 1,5 … 3,0 3,0 … 6,0	100 … 145 100 … 145 100 … 145	≥ 35 ≥ 35 ≥ 35	19 20 22	
Al Mg2Mn0,3 (5251)	•	–	p z z	F, H112 O, H111 H14	alle ≤ 80 ≤ 30	≥ 160 150 … 200 200 … 240	≥ 60 ≥ 60 ≥ 160	16 17 5	Einrichtungen und Geräte der Nahrungsmittelindustrie
	–	•	w	O, H111	0,5 … 1,5 1,5 … 3,0 3,0 … 6,0	160 … 200 160 … 200 160 … 200	≥ 60 ≥ 60 ≥ 60	14 16 18	
Al Mg3 (5754)	•	–	p z z	F, H112 O, H111 H14	≤ 150 ≤ 80 ≤ 25	≥ 180 180 … 250 240 … 290	≥ 80 ≥ 80 ≥ 180	14 16 4	Apparatebau, Flugzeugbau, Karosserieteile, Formenbau
	–	•	w	O, H111	0,5 … 1,5 1,5 … 3,0 3,0 … 6,0	190 … 240 190 … 240 190 … 240	≥ 80 ≥ 80 ≥ 80	14 16 18	
Al Mg5 (5019)	•	–	p z z	F, H112 O, H111 H14	≤ 200 ≤ 80 ≤ 40	≥ 250 250 … 320 270 … 350	≥ 110 ≥ 110 ≥ 180	14 16 8	optische Geräte, Verpackungen
Al Mg3Mn (5454)	–	•	w	O, H111	0,5 … 1,5 1,5 … 3,0 3,0 … 6,0	215 … 275 215 … 275 215 … 275	≥ 85 ≥ 85 ≥ 85	13 15 17	Behälterbau, auch Druckbehälter, Rohrleitungen, Tank- und Silofahrzeuge
	–	•	w	H12	0,5 … 1,5 1,5 … 3,0	250 … 305 250 … 305	≥ 190 ≥ 190	4 5	
Al Mg4,5Mn0,7 (5083)	•	–	p z z	F, H111 O, H111 H12	≤ 200 ≤ 80 ≤ 30	≥ 270 270 … 350 ≥ 280	≥ 110 ≥ 110 ≥ 200	12 16 6	Formen- und Vorrichtungsbau, Maschinengestelle

[1] Zur Vereinfachung sind alle Kurznamen und Werkstoffnummern ohne den Zusatz „EN AW-" geschrieben.
[2] Lieferformen: S Rundstäbe; B Bleche, Bänder
[3] A Anlieferungszustand: p stranggepresst; z gezogen; w gewalzt
[4] Werkstoffzustand: vorherige Seite

W

Aluminium, Aluminium-Knetlegierungen

Aluminium-Knetlegierungen, aushärtbar (Auswahl)

vgl. DIN EN 485-2 (2016-10), DIN EN 754-2 (2013-12), 755-2 (2016-10)

W

Kurzname (Werkstoffnummer)[1]	Lieferformen[2] S	B	A[3]	Werkstoffzustand[4]	Dicke/ Durchmesser mm	Zugfestigkeit R_m N/mm²	Dehngrenze $R_{p\,0,2}$ N/mm²	Bruchdehnung A %	Verwendung, Beispiele
Al Cu4PbMgMn (2007)	•	–	p z z	T4, T4510 T3 T3	≤ 80 ≤ 30 30 … 80	≥ 370 ≥ 370 ≥ 340	≥ 250 ≥ 240 ≥ 220	8 7 6	Automatenlegierungen, auch bei hohen Spanleistungen gut zerspanbar, z. B. für Drehteile, Frästeile
Al Cu4PbMg (2030)	•	–	p z z	T4, T4510 T3 T3	≤ 80 ≤ 30 30 … 80	≥ 370 ≥ 370 ≥ 340	≥ 250 ≥ 240 ≥ 220	8 7 6	
Al MgSiPb (6012)	•	–	p z z	T5, T6510 T3 T6	≤ 150 ≤ 80 ≤ 80	≥ 310 ≥ 200 ≥ 310	≥ 260 ≥ 100 ≥ 260	8 10 8	
Al Cu4SiMg (2014)	•	–	p z z	O, H111 T3 T4	≤ 200 ≤ 80 ≤ 80	≤ 250 ≥ 380 ≥ 380	≤ 135 ≥ 290 ≥ 220	12 8 12	Teile in der Hydraulik, der Pneumatik, im Fahrzeug- und Flugzeugbau, tragende Konstruktionen im Metallbau
	–	•	w	O	0,5 … 1,5 1,5 … 3,0 3,0 … 6,0	≤ 220 ≤ 220 ≤ 220	≤ 140 ≤ 140 ≤ 140	12 13 16	
Al Cu4Mg1 (2024)	•	–	p z z	O, H111 T3 T6	≤ 200 10 … 80 ≤ 80	≤ 250 ≥ 425 ≥ 425	≤ 150 ≥ 290 ≥ 315	12 9 5	Teile im Fahrzeug- und Flugzeugbau, tragende Konstruktionen im Metallbau
	–	•	w	O	0,5 … 1,5 1,5 … 3,0 3,0 … 6,0	≤ 220 ≤ 220 ≤ 220	≤ 140 ≤ 140 ≤ 140	12 13 13	
Al MgSi (6060)	•	–	p z z	T4 T4 T6	≤ 150 ≤ 80 ≤ 80	≥ 120 ≥ 130 ≥ 215	≥ 60 ≥ 65 ≥ 160	16 15 12	Fenster, Türen, Fahrzeugaufbauten, Maschinentische, optische Geräte
Al Si1MgMn (6082)	•	–	p z z	O, H111 T4 T6	≤ 200 ≤ 80 ≤ 80	≤ 160 ≥ 205 ≥ 310	≤ 110 ≥ 110 ≥ 255	14 14 10	Beschläge, Teile im Formen- und Vorrichtungsbau, Maschinentische, Geräte in der Nahrungsmittelindustrie
	–	•	w	O	0,5 … 1,5 1,5 … 3,0 3,0 … 6,0	≤ 150 ≤ 150 ≤ 150	≤ 85 ≤ 85 ≤ 85	14 16 18	
Al Zn4,5Mg1 (7020)	•	–	p z	T6 T6	≤ 50 ≤ 80	≥ 350 ≥ 350	≥ 290 ≥ 280	10 10	Teile im Fahrzeug- und Flugzeugbau, Maschinentische, Aufbauten von Schienenfahrzeugen
	–	•	w	O	0,5 … 1,5 1,5 … 3,0 3,0 … 6,0	≤ 220 ≤ 220 ≤ 220	≤ 140 ≤ 140 ≤ 140	12 13 15	
Al Zn5Mg3Cu (7022)	•	–	p z	T6, T6510 T6	≤ 80 ≤ 80	≥ 490 ≥ 460	≥ 420 ≥ 380	7 8	Teile in der Hydraulik, Pneumatik und im Flugzeugbau, Schrauben
	–	•	w	T6	3,0 … 12,5 12,5 … 25,0 25,0 … 50,0	≥ 450 ≥ 450 ≥ 450	≥ 370 ≥ 370 ≥ 370	8 8 7	
Al Zn5,5MgCu (7075)	•	–	p z z	O, H111 T6 T73	≤ 200 ≤ 80 ≤ 80	≤ 275 ≥ 540 ≥ 455	≤ 165 ≥ 485 ≥ 385	10 7 10	Teile im Fahrzeug-, Flugzeug-, Formen- und Vorrichtungsbau, Schrauben
	–	•	w	O	0,4 … 0,8 0,8 … 1,5 1,5 … 3,0	≤ 275 ≤ 275 ≤ 275	≤ 145 ≤ 145 ≤ 145	10 10 10	

[1] Zur Vereinfachung sind alle Kurznamen und Werkstoffnummern ohne den Zusatz „EN AW-“ geschrieben.
[2] Lieferformen: S Rundstäbe; B Bleche, Bänder
[3] A Anlieferungszustand: p stranggepresst; z gezogen; w gewalzt
[4] Werkstoffzustand: Seite 212

Aluminium-Gusslegierungen

Bezeichnung von Aluminium-Gussstücken

vgl. DIN EN 1780-1...3 (2003-01), DIN EN 1706 (2013-12)

Aluminium-Gussstücke werden durch Kurznamen oder durch Werkstoffnummern bezeichnet.

Bezeichnungsbeispiele:

Kurzname	Werkstoffnummer
EN AC - Al Mg5KF	**EN AC - 51300KF**

EN Europäische Norm
AC Aluminium-Gussstück

K → Gießverfahren
F → Werkstoffzustand
(Tabelle unten)

K → Gießverfahren
F → Werkstoffzustand
(Tabelle unten)

Chemische Zusammensetzung

Beispiel	Legierungsanteile
AlMg5 AlSi6Cu	5% Mg 6% Si, Anteile Cu
AlCu4MgTi	4% Cu, Anteile Mg und Ti

Legierungsgruppen

Ziffern	Gruppe	Ziffern	Gruppe
21 41	AlCu AlSiMgTi	46 47	AlSi9Cu AlSi(Cu)
42 44	AlSi7Mg AlSi	51 71	AlMg AlZnMg

Sorten-Nummer

Innerhalb einer Legierungsgruppe erhält jede Sorte eine eigene Nummer.

Gießverfahren

Buchstabe	Gießverfahren
S K D L	Sandguss Kokillenguss Druckguss Feinguss

Werkstoffzustand

Buchstabe	Bedeutung
F O	Gusszustand, ohne Nachbehandlung weich geglüht
T1 T4	kontrolliertes Abkühlen nach dem Gießen, kalt ausgelagert lösungsgeglüht und kalt ausgelagert
T5 T6	kontrolliertes Abkühlen nach dem Gießen, warm ausgelagert lösungsgeglüht und warm ausgelagert

Aluminium-Gusslegierungen (Auswahl)

vgl. DIN EN 1706 (2013-12)

Kurzname (Werkstoffnummer)[1]	V[2]	W[3]	Festigkeitswerte im Gusszustand (F): Härte HB	Zugfestigkeit R_m N/mm²	Dehngrenze $R_{p\,0,2}$ N/mm²	Bruchdehnung A %	Eigenschaften[4]: G	D	Z	Verwendung
AC-AlMg3 (AC-51100)	S K	F F	50 50	140 150	70 70	3 5	–	–	•	korrosionsbeständig, polierbar, für dekorative Zwecke anodisch oxidierbar; Beschlagteile, Haushaltsgeräte, Schiffbau, chemische Industrie
AC-AlMg5 (AC-51300)	S K	F F	55 60	160 180	90 100	3 4	–	–	•	
AC-AlMg5(Si) (AC-51400)	S K	F F	60 65	160 180	100 110	3 3	–	–	•	
AC-AlSi12(B) (AC-44100)	S K L	F F F	50 55 50	150 170 150	70 80 80	4 5 4	•	•	○	beständig gegen Witterungseinflüsse, für komplizierte, dünnwandige und druckdichte Teile; Pumpen- und Motorengehäuse, Zylinderköpfe, Teile im Flugzeugbau
AC-AlSi7Mg (AC-42000)	S K L	T6 T6 T6	75 90 75	220 260 240	180 220 190	1 1 1	○	•	○	
AC-AlSi12(Cu) (AC-47000)	S K	F F	50 55	150 170	80 90	1 2	•	•	–	
AC-AlCu4Ti (AC-21100)	S K	T6 T6	95 95	300 330	200 220	3 7	–	–	•	höchste Festigkeitswerte, schwingungs- und warmfest; einfache Gussstücke

[1] Zur Vereinfachung sind alle Kurznamen und Werkstoffnummern ohne den Zusatz „EN" geschrieben, z. B. AC-AlMg3 statt EN AC-AlMg3 oder AC-51000 statt EN AC-51000.
[2] V Gießverfahren (Tabelle oben)
[3] W Werkstoffzustand (Tabelle oben)
[4] G Gießbarkeit, D Druckdichtheit, Z Zerspanbarkeit; • sehr gut, ○ gut, – bedingt gut

W

Schwermetalle – Übersicht

Schwermetalle sind Nichteisenmetalle mit einer Dichte ϱ > 5 kg/dm³. Als Grenze zu den Leichtmetallen wird in der Fachliteratur aber auch $\varrho \geq 4{,}5$ kg/dm³ verwendet.

- Konstruktionswerkstoffe im Maschinen- und Anlagenbau: Kupfer, Zinn, Zink, Nickel, Blei und ihre Legierungen
- Legierungsmetalle: Chrom, Vanadium, Cobalt (Einfluss der Legierungsmetalle: Seite 134)
- Edelmetalle: Gold, Silber, Platin

Reinmetalle: Homogenes Gefüge; geringe Festigkeiten; untergeordnete Bedeutung als Konstruktionswerkstoffe; Anwendung meist aufgrund werkstofftypischer Eigenschaften, wie z. B. guter elektrischer Leitfähigkeit.

Schwermetall-Legierungen: Verbesserte Eigenschaften gegenüber ihren Grundmetallen, wie z. B. höhere Festigkeit, höhere Härte, bessere Zerspanbarkeit und Korrosionsbeständigkeit; Konstruktionswerkstoffe für unterschiedlichste Einsatzbereiche. Nach der Herstellung werden sie in **Knetlegierungen und Gusslegierungen** eingeteilt.

Übersicht über gängige Schwermetalle und Schwermetall-Legierungen

Metall, Legierungsgruppe	Haupteigenschaften	Anwendungsbeispiele
Kupfer (Cu)	hohe elektrische Leitfähigkeit und Wärmeleitfähigkeit, hemmt Bakterien, Viren und Pilze, korrosionsbeständig, optisch ansprechend, gut recycelbar	Rohre in Heizungs- und Sanitärtechnik, Kühl- und Heizschlangen, elektrische Leitungen, elektrotechnische Bauteile, Kochgeschirr, Fassadenverkleidungen
CuZn (Messing)	verschleißfest, korrosionsbeständig, gut warm und kalt umformbar, gut zerspanbar, polierbar, goldglänzend, mittlere Festigkeiten	• Knetlegierungen: Tiefziehteile, Schrauben, Federn, Rohre, Instrumententeile • Gusslegierungen: Armaturengehäuse, Gleitlager, Feinmechanikteile
CuZnPb	sehr gut zerspanbar, bedingt kalt umformbar, sehr gut warm umformbar	Automatendrehteile, Feinmechanikteile, Fittings, Warmpressteile
CuZn-Mehrstoff	gut warm umformbar, hohe Festigkeiten, verschleißbeständig, witterungsbeständig	Armaturengehäuse, Gleitlager, Flansche, Ventilteile, Wassergehäuse
CuSn (Bronze)	sehr korrosionsbeständig, gute Gleiteigenschaften, gute Verschleißfestigkeit, Festigkeit durch Kaltumformen stark veränderbar	• Knetlegierungen: Beschläge, Schrauben, Federn, Metallschläuche • Gusslegierungen: Spindelmuttern, Schneckenräder, Massivgleitlager
CuAl	hohe Festigkeit und Zähigkeit, sehr korrosionsbeständig, meerwasserbeständig, warmfest, hohe Kavitationsbeständigkeit	• Knetlegierungen: hoch belastete Druckmuttern, Schalträder • Gusslegierungen: Armaturen in chemischer Industrie, Pumpenkörper, Propeller
CuNi(Zn)	äußerst korrosionsbeständig, silberartiges Aussehen, gut zerspanbar, polierbar, kalt umformbar	Münzen, elektrische Widerstände, Wärmetauscher, Pumpen, Ventile in Meerwasserkühlsystemen, Schiffsbau
Zink (Zn)	beständig gegen atmosphärische Korrosion	Korrosionsschutz von Stahlteilen
ZnTi	gut umformbar, durch Weichlöten fügbar	Dachverkleidungen, Regenrinnen, Fallrohre
ZnAlCu	sehr gut gießbar	dünnwandige, feingliedrige Druckgussteile
Zinn (Sn)	gute chemische Beständigkeit, ungiftig	Beschichtung von Stahlblechen
SnPb	dünnflüssig	Weichlote
SnSb	gute Notlaufeigenschaften	kleine, maßgenaue Druckgussteile, Gleitlager mit mittlerer Belastung
Nickel (Ni)	korrosionsbeständig, warmfest	Korrosionsschutzschicht auf Stahlteilen
NiCu	äußerst korrosionsbeständig und warmfest	Apparate, Kondensatoren, Wärmetauscher
NiCr	äußerst korrosionsbeständig, sehr warmfest und zunderbeständig, z. T. aushärtbar	chemische Anlagen, Heizrohre, Kesseleinbauten in Kraftwerken, Gasturbinen
Blei (Pb)	schirmt gegen Röntgen- und Gammastrahlen ab, korrosionsbeständig, giftig	Abschirmungen, Kabelummantelungen, Rohre für chemischen Apparatebau
PbSn	dünnflüssig, weich, gute Notlaufeigenschaften	Weichlote, Gleitschichten
PbSbSn	dünnflüssig, korrosionsbeständig, gute Lauf- und Gleiteigenschaften	Gleitlager, kleine, maßgenaue Druckgussteile wie Pendel, Teile für Messgeräte, Zähler

W

Bezeichnungssystem von Schwermetallen

Systematische Bezeichnung (Auszug)

vgl. DIN 1700 (1954-07)[1]

Beispiel: **NiCu30Fe F45**
GD - Sn80Sb

Herstellung, Verwendung

E	Elektrowerkstoff
G	Sandguss
GC	Strangguss
GD	Druckguss
GK	Kokillenguss
GZ	Schleuderguss
L	Lot
S	Schweißzusatzlegierung

Chemische Zusammensetzung

Beispiel	Bemerkung
NiCu30Fe	Ni-Cu-Legierung, 30 % Cu, Anteile Eisen
Sn80Sb	Sn-Sb-Legierung, 80 % Sn, ca. 20 % Sb

Besondere Eigenschaften

F45	Mindestzugfestigkeit $R_m = 10 \cdot 45$ N/mm² = 450 N/mm²
a	ausgehärtet
g	geglüht
h	hart
ka	kalt ausgehärtet
ku	kalt umgeformt
ta	teilausgehärtet
wa	warm ausgehärtet
wu	warm umgeformt
zh	ziehhart

[1] Die Norm wurde zurückgezogen. In Einzelnormen werden die Werkstoff-Kurzzeichen jedoch noch verwendet.

Systematische Bezeichnung von Kupferlegierungen

vgl. DIN EN 1982 (2008-08) und 1173 (2008-08)

Beispiele: **CuZn31Si - R620**
CuZn38Pb2
CuSn11Pb2 - C - GS

Chemische Zusammensetzung

Beispiel	Bedeutung
CuZn31Si	Cu-Legierung, 31 % Zn, Anteile Si
CuZn38Pb2	Cu-Legierung, 38 % Zn, 2 % Pb
CuSn11Pb2	Cu-Legierung, 11 % Sn, 2 % Pb

Gießverfahren

GS	Sandguss	GM	Kokillenguss
GZ	Schleuderguss	GC	Strangguss
GP	Druckguss		

Erzeugnisformen

C	Werkstoff in Form von Gussstücken
B	Werkstoff in Blockmetallform
	Knetlegierung (ohne Kennbuchstabe)

Werkstoffzustand (Auswahl)

Beispiel	Bedeutung	Beispiel	Bedeutung
A007	Bruchdehnung A = 7 %	Y450	Dehngrenze R_p = 450 N/mm²
D	gezogen, ohne Festlegung mechanischer Eigenschaften	M	Herstellzustand, ohne Festlegung mechanischer Eigenschaften
H160	Vickershärte HV_{min} = 160	R620	Mindestzugfestigkeit R_m = 620 N/mm²

Werkstoffnummern für Kupfer und Kupferlegierungen

vgl. DIN EN 1412 (2017-01)

Beispiel: **C W 024 A**

- C Kupferwerkstoff
- C Gusswerkstoff / B Werkstoff in Blockform / W Knetwerkstoff
- Zahl aus Zahlenbereich ohne bestimmte Bedeutung (Zählnummer)
- Kennbuchstabe für die Werkstoffgruppe

Zahlenbereich und Kennbuchstabe für Werkstoffgruppen

Werkstoffgruppe	Bereich	Buchstabe	Werkstoffgruppe	Bereich	Buchstabe
Kupfer	000 … 099	A oder B	Kupfer-Nickel-Legierungen	350 … 399	H
Kupferlegierungen, Anteil der Legierungselemente < 5 %	100 … 199	C oder D	Kupfer-Nickel-Zink-Legierungen Kupfer-Zinn-Legierungen	400 … 449 450 … 499	J K
Kupferlegierungen, Anteil der Legierungselemente ≥ 5 %	200 … 299	E oder F	Kupfer-Zink-Zweistoff-Leg. Kupfer-Zink-Blei-Legierungen	500 … 599 600 … 699	L oder M N oder P
Kupfer-Aluminium-Legierung	300 … 349	G	Kupfer-Zink-Mehrstoff-Leg.	700 … 799	R oder S

Werkstoffnummern für Gussstücke aus Zinklegierungen

vgl. DIN EN 12844 (1999-01)

Beispiel: **Z P 04 1 0**

- Z Zinklegierung
- P Gussstück
- Al-Gehalt: 04 ≙ 4 % Aluminium
- Cu-Gehalt: 1 ≙ 1 % Kupfer
- Gehalt des nächsthöheren Legierungselementes: 0 = nächsthöheres Legierungselement < 1 %

Kupferlegierungen

Kupfer-Knetlegierungen (Auswahl)

Bezeichnung, Kurzname (Werkstoffnummer)[1]	Z[2]	D[3] mm	Härte HB	Zugfestigkeit R_m N/mm²	Dehngrenze $R_{p\,0,2}$ N/mm²	Bruchdehnung A %	Eigenschaften, Anwendungsbeispiele
Kupfer-Zink-Legierungen							vgl. DIN EN 12163 (2016-11)
CuZn30 (CW505L)	R280	4 … 80	–	280	≤ 250	45	sehr gut kalt umformbar, warm umformbar, zerspanbar, sehr gut lötbar, sehr gut polierbar; Tiefziehteile, Instrumententeile, Hülsen
	R460	4 … 10[4]	–	460	310	9	
	H070	4 … 80	70 … 115	–	–	–	
	H135	4 … 10[4]	≥ 135	–	–	–	
CuZn37 (CW508L)	R290	4 … 80	–	290	≤ 230	45	sehr gut kalt umformbar, gut warm umformbar, zerspanbar, sehr gut polierbar; Tiefziehteile, Schrauben, Federn, Druckwalzen
	R460	4 … 8[4]	–	460	330	8	
	H070	4 … 80	70 … 110	–	–	–	
	H140	4 … 8[4]	≥ 140	–	–	–	
CuZn40 (CW509L)	R360	6 … 80[4]	–	360	≤ 300	20	sehr gut warm umformbar, zerspanbar; Niete, Schrauben, Beschläge
	H070	6 … 80[4]	70 … 100	–	–	–	
Kupfer-Zink-Legierungen (Mehrstofflegierungen)							vgl. DIN EN 12163 (2016-11), DIN EN 12164 (2016-11)
CuZn21Si3P (CW724R)	R500	6 … 80	–	500	≤ 450	15	sehr gut zerspanbar, bleifrei, hoch belastbar, sehr korrosionsbeständig; Drehteile, Gesenkschmiedeteile, Trinkwasseranwendungen
	R670	2 … 20	–	670	400	10	
	H130	6 … 80	130 … 180	–	–	–	
	H170	2 … 20	≥ 170	–	–	–	
CuZn31Si1 (CW708R)	R460	5 … 40	–	460	240	22	gut kalt umformbar, warm umformbar, zerspanbar, gute Gleiteigenschaften; Gleitelemente, Lagerbuchsen, Führungen
	R530	5 … 14	–	530	350	12	
	H120	5 … 40	120 … 160	–	–	–	
	H140	5 … 14	≥ 140	–	–	–	
CuZn40Mn1Pb1 (CW720R)	R440	40 … 80[4]	–	440	180	20	gut warm umformbar, gut zerspanbar, mittlere Festigkeit; Automatenteile, Ventile, Wälzlagerkäfige
	R500	5 … 40	–	500	270	12	
	H100	40 … 80[4]	100 … 140	–	–	–	
	H130	5 … 40	≥ 130	–	–	–	
Kupfer-Zink-Blei-Legierungen							vgl. DIN EN 12164 (2016-11)
CuZn36Pb3 (CW603N)	R340	10 … 80	–	340	≤ 280	20	sehr gut zerspanbar, begrenzt kalt umformbar; Automatendrehteile
	R480	2 … 14[4]	–	480	350	8	
CuZn38Pb2 (CW608N)	R360	6 … 80[4]	–	360	≤ 300	20	sehr gut zerspanbar, gut kalt und warm umformbar; Automatenteile
	R500	2 … 14[4]	–	500	350	8	
CuZn40Pb2 (CW617N)	R360	6 … 80[4]	–	360	≤ 350	20	sehr gut zerspanbar, gut warm umformbar; Platinen, Zahnräder
	R500	2 … 14[4]	–	500	350	5	
Kupfer-Zinn-Legierungen							vgl. DIN EN 12163 (2016-11), DIN EN 12164 (2016-11)
CuSn5Pb1 (CW458K)	R450	2 … 12[4]	–	450	350	10	hohe Festigkeit und Härte; gut kalt umformbar, korrosionsbeständig; Bauteile in Einspritzsystemen, Schrauben, Zahnräder, Spindeln
	R720	2 … 4[4]	–	720	620	–	
	H115	2 … 12[4]	115 … 150	–	–	–	
	H180	2 … 4[4]	180 … 210	–	–	–	
CuSn6 (CW452K)	R340	2 … 60	–	340	≤ 270	45	gute Festigkeit, kalt umformbar, sehr korrosionsbeständig, gut lötbar; Federn, Metallschläuche, gewellte Rohre, Pumpenteile
	R420	2 … 40	–	420	220	30	
	H080	2 … 60	80 … 110	–	–	–	
	H120	2 … 40	120 … 155	–	–	–	
CuSn8P (CW459K)	R390	2 … 60	–	390	≤ 280	45	sehr korrosionsbeständig, sehr gute Gleiteigenschaften, hohe Festigkeit, verschleißfest, dauerschwingfest; hoch belastete Gleitlager
	R550	2 … 12	–	550	400	15	
	H085	2 … 60	85 … 125	–	–	–	
	H160	2 … 12	160 … 190	–	–	–	

[1] Werkstoffnummern nach DIN EN 1412: Seite 217.

[2] Z Werkstoffzustand nach DIN EN 1173: Seite 217. Im Herstellzustand M sind alle Legierungen bis zum Durchmesser $D = 80$ mm lieferbar.

[3] D Durchmesser bei Rundstangen, Schlüsselweite bei Vier-, Sechs- und Achtkantstangen.

[4] D nur Durchmesser; Bereich der genormten Schlüsselweiten weicht vom genormten Durchmesserbereich ab.

Kupferlegierungen

Kupfer-Knetlegierungen (Fortsetzung)

Bezeichnung, Kurzname (Werkstoffnummer)[1]	Z[2]	D[3] mm	Härte HB	Zugfestigkeit R_m N/mm²	Dehngrenze $R_{p\,0,2}$ N/mm²	Bruchdehnung A %	Eigenschaften, Anwendungsbeispiele
Kupfer-Aluminium-Legierungen							vgl. DIN EN 12163 (2016-11)
CuAl10Ni5Fe4 (CW307G)	R680	10 … 120	–	680	320	10	korrosionsbeständig, verschleißfest, zunderbeständig, dauer-, warmfest; Kondensatorböden, Steuerteile für Hydraulik
	R740	10 … 80	–	740	400	8	
	H170	10 … 120	170 … 210	–	–	–	
	H200	10 … 80	≥ 200	–	–	–	
CuAl11Fe6Ni6 (CW308G)	R740	10 … 120	–	740	420	5	korrosionsbeständig, verschleißfest, hohe Festigkeit, dauer-, warmfest, gute Gleiteigenschaften; Schrauben, Schneckenräder, Gleitsteine
	R830	10 … 80	–	830	550	–	
	H220	10 … 120	220 … 260	–	–	–	
	H240	10 … 80	≥ 240	–	–	–	
Kupfer-Nickel-Zink-Legierungen							vgl. DIN EN 12163 (2016-11)
CuNi12Zn24 (CW403J)	R380	2 … 50	–	380	≤ 290	38	sehr gut umformbar, zerspanbar, gut polierbar; Tiefziehteile, Bestecke, Kunstgewerbe, Kontaktfedern
	R640	2 … 4	–	640	500	–	
	H085	2 … 50	85 … 125	–	–	–	
	H190	2 … 4	≥ 190	–	–	–	
CuNi18Zn20 (CW409J)	R400	2 … 50	–	400	290	35	gut kalt umformbar, zerspanbar, anlaufbeständig, gut polierbar; Membranen, Kontaktfedern, Steckverbinder, Abschirmbleche
	R660	2 … 4	–	660	550	–	
	H095	2 … 50	95 … 135	–	–	–	
	H200	2 … 4	≥ 200	–	–	–	

[1] Werkstoffnummern nach DIN EN 1412: Seite 217.
[2] Z Werkstoffzustand nach DIN EN 1173: Seite 217.
[3] *D* Durchmesser bei Rundstangen, Schlüsselweite bei Vier-, Sechs- und Achtkantstangen.

Kupfer-Gusslegierungen

vgl. DIN EN 1982 (2008-08)

Bezeichnung, Kurzname (Werkstoffnummer)[4]	Zugfestigkeit R_m N/mm²	Dehngrenze $R_{p\,0,2}$ N/mm²	Bruchdehnung A %	Härte HBW	Eigenschaften, Verwendung
CuZn15As-C (CC760S)	160	70	20	45	sehr gut weich- und hartlötbar, meerwasserbeständig; Flansche
CuZn33Pb2-C (CC750S)	180	70	12	45	gut zerspanbar, beständig gegen Brauchwasser bis 90 °C; Armaturen
CuZn25Al5Mn4Fe-C (CC762S)	750	450	8	180	sehr hohe Festigkeit und Härte, gut zerspanbar; Gleitlager
CuSn12-C (CC483K)	260	140	7	80	hohe Verschleißfestigkeit; Spindelmuttern, Schneckenräder
CuSn11Pb2-C (CC482K)	240	130	5	80	verschleißfest, gute Notlaufeigenschaften; Gleitlager
CuSn5Zn5Pb5-C (CC491K)	200	90	13	60	meerwasserbeständig, weich- und hartlötbar; Armaturen, Gehäuse
CuAl10Fe2-C (CC331G)	500	180	18	100	mechanisch beanspruchte Teile; Hebel, Gehäuse, Kegelräder
CuAl10Fe5Ni5-C (CC333G)	600	250	13	140	auf Festigkeit und Korrosion beanspruchte Teile; Pumpen

[4] Werkstoffnummern nach DIN EN 1412: Seite 217. Weitere Cu-Gusslegierungen für Gleitlager: Seite 381.
Die Festigkeitswerte gelten für getrennt gegossene Sandgussprobestäbe.

Feinzink-Gusslegierungen

vgl. DIN EN 12844 (1999-01)

ZP3 (ZP0400)	280	200	10	83	sehr gut gießbar; Vorzugslegierungen für Druckgussstücke
ZP5 (ZP0410)	330	250	5	92	
ZP2 (ZP0430)	335	270	5	102	gut gießbar; sehr gut zerspanbar, universell einsetzbar; Spritzgieß-, Blas- und Tiefziehformen für Kunststoffe, Blechformwerkzeuge
ZP8 (ZP0810)	370	220	8	100	
ZP12 (ZP1110)	400	300	5	100	
ZP27 (ZP2720)	425	300	2,5	120	

Verbundwerkstoffe, keramische Werkstoffe

Verbundwerkstoffe

Verbund-werkstoff	Grund-werk-stoff[1]	Faser-anteil %	Dichte ϱ g/cm³	Zug-festig-keit σ_B N/mm²	Reiß-dehnung ε_R %	Elastizi-täts-modul E N/mm²	Ge-brauchs-tempe-ratur bis °C	Anwendungsbeispiele
GFK (glasfaser-verstärkter Kunststoff)	EP	60	–	365	3,5	–	–	Wellen, Gelenke, Pleuel, Bootskörper, Rotorblätter
	UP	35	1,5	130	3,5	10800	50	Behälter, Tanks, Rohre, Lichtkuppeln, Karosserieteile
	PA 66	35	1,4	160[2]	5[3]	5000	190	großflächige, steife Gehäuse-teile, Kraftstromstecker
	PC	30	1,42	90[2]	3,5[3]	6000	145	Gehäuse für Drucker, Rechner, Fernsehgeräte
	PPS	30	1,56	140	3,5	11200	260	Lampenfassungen und Spulen in der Elektrotechnik
	PAI	30	1,56	205	7	11700	280	Lager, Ventilsitzringe, Dichtungen, Kolbenringe
	PEEK	30	1,44	155	2,2	10300	315	Leichtbauwerkstoff in der Luft- und Raumfahrt, Metallersatz
CFK (kohlen-stofffaser-verstärkter Kunststoff)	PPS	30	1,45	190	2,5	17150	260	wie GFK-PPS
	PAI	30	1,42	205	6	11700	180	wie GFK-PAI
	PEEK	30	1,44	210	1,3	13000	315	wie GFK-PEEK

[1] EP Epoxid; UP ungesättigter Polyester; PA 66 Polyamid 66, teilkristallin; PC Polycarbonat; PPS Polyphenylensulfid; PAI Polyamidimid; PEEK Polyetheretherketon

[2] σ_y Streckspannung

[3] ε_S Dehnung bei Streckspannung

Keramische Werkstoffe

Werkstoff Bezeich-nung	Werkstoff Kurz-name	Dichte ϱ g/cm³	Biege-festig-keit σ_b N/mm²	Elastizi-täts-modul E N/mm²	Längenaus-dehnungs-koeffizient α 1/K	Eigenschaften, Anwendungsbeispiele
Alu-minium-silikat	C130	2,5	160	100000	0,000005	hart, verschleißfest, chemisch und thermisch beständig, hoher Isolationswiderstand; Isolatoren, Katalysatoren, feuerfeste Gehäuse
Alu-minium-oxid	C799	3,7	300	300000	0,000007	hart, verschleißfest, chemisch und thermisch beständig; Schneidkeramik, Ziehsteine, Biomedizin
Zirkoni-umdioxid	ZrO_2	5,5	800	210000	0,000010	bruchunempfindlich, hochfest, thermisch und chemisch beständig, verschleißfest; Ziehringe, Strangpressmatrizen
Silicium-karbid	SiC	3,1	600	440000	0,000005	hart, verschleißfest, temperaturwechselbeständig, korrosionsbeständig auch bei hohen Temperaturen; Schleifmittel, Ventile, Lager, Brennkammern
Silicium-nitrid	Si_3N_4	3,2	900	330000	0,000004	bruchunempfindlich, temperaturwechselbeständig, hochfest; Schneidkeramik, Leit- und Laufschaufeln für Gasturbinen
Alu-minium-nitrid	AlN	3,0	200	300000	0,000005	hohe Wärmeleitfähigkeit, hohes elektrisches Isolationsvermögen; Halbleiter, Gehäuse, Kühlkörper, Isolierteile

W

Sintermetalle

Bezeichnungssystem der Sintermetalle

vgl. DIN 30910-1 (1990-10)

Bezeichnungsbeispiel: **Sint - A 1 0 sinterglatt**

- Sint: Sintermetall
- A: Kennbuchstabe für Werkstoffklasse
- 1: 1. Kennziffer für chemische Zusammensetzung
- 0: 2. Kennziffer für weitere Unterscheidung ohne Systematik
- sinterglatt: Behandlungszustand

Kennbuchstabe für Werkstoffklasse

Kenn-buchstabe	Raumerfüllung R_x in %	Einsatzgebiet
AF	< 73	Filter
A	75 ± 2,5	Gleitlager
B	80 ± 2,5	Gleitlager Formteile mit Gleiteigenschaften
C	85 ± 2,5	Gleitlager, Formteile
D	90 ± 2,5	Formteile
E	94 ± 1,5	Formteile
F	> 95,5	sintergeschmiedete Formteile

1. Kennziffer für chemische Zusammensetzung

Kenn-ziffer	Chemische Zusammensetzung Massenanteil in %
0	**Sintereisen, Sinterstahl,** Cu < 1 % mit oder ohne C
1	**Sinterstahl,** 1 % bis 5 % Cu, mit oder ohne C
2	**Sinterstahl,** Cu > 5 %, mit oder ohne C
3	**Sinterstahl,** mit oder ohne Cu bzw. C, andere Legierungselemente < 6 %, z. B. Ni
4	**Sinterstahl,** mit oder ohne Cu bzw. C, andere Legierungselemente > 6 %, z. B. Ni, Cr
5	**Sinterlegierungen,** Cu > 60 %, z. B. Sinter-CuSn
6	**Sinterbuntmetalle,** außerhalb Kennziffer 5
7	**Sinterleichtmetalle,** z. B. Sinteraluminium
8 u. 9	**Reserveziffern**

Behandlungszustand

Behandlungszustand des Werkstoffes		Behandlungszustand der Oberfläche	
• gesintert • kalibriert • wärmebehandelt	• dampfbehandelt • sintergeschmiedet • isostatisch gepresst	• sinterglatt • kalibrierglatt • sinterschmiedeglatt	• mechanisch bearbeitet • oberflächenbehandelt

Sintermetalle (Auswahl)

vgl. DIN 30910-2, -6 (1990-10), DIN 30910-3 (2004-11), DIN 30910-4 (2010-03)

Kurzname	Härte HB_{min}	Zugfestigkeit R_m N/mm²	chemische Zusammensetzung	Eigenschaften, Anwendungsbeispiele
Sint-AF 40 Sint-AF 50	– –	80 ... 200 40 ...160	Sinterstahl, Cr 16 ...19 %, Ni 10 ...14 % Sinterbronze, Sn 9 ...11 %, Rest Cu	Filterteile für Gas- und Flüssigkeitsfilter
Sint-A 00 Sint-A 20 Sint-A 50 Sint-A 51	> 25 > 30 > 25 > 20	> 60 > 80 > 70 > 60	Sintereisen, C < 0,3 %, Cu < 1 % Sinterstahl, C < 0,3 %, Cu 15 ... 25 % Sinterbronze, C < 0,2 %, Sn 9 ...11 %, Rest Cu Sinterbronze, C 0,2 ... 2 %, Sn 9 ...11 %, Rest Cu	Lagerwerkstoffe mit besonders großem Porenraum für beste Notlaufeigenschaften; Lagerschalen, Lagerbuchsen
Sint-B 00 Sint-B 10 Sint-B 50	> 30 > 40 > 30	> 80 > 150 > 90	Sintereisen, C < 0,3 %, Cu < 1 % Sinterstahl, C < 0,3 %, Cu 1 ... 5 % Sinterbronze, C < 0,2 %, Sn 9 ...11 %, Rest Cu	Gleitlager mit sehr guten Notlaufeigenschaften; niedrig beanspruchte Formteile
Sint-C 00 Sint-C 10 Sint-C 40 Sint-C 50	> 40 > 55 > 100 > 35	> 120 > 200 > 300 > 140	Sintereisen, C < 0,3 %, Cu < 1 % Sinterstahl, C < 0,3 %, Cu 1...1,5 % Sinterstahl, Cr 16 ...19 %, Ni 10 ...14 %, Mo 2 % Sinterbronze, C < 0,2 %, Sn 9 ...11 %, Rest Cu	Gleitlager, Formteile mittlerer Beanspruchung mit guten Gleiteigenschaften; Kfz-Teile, Hebel, Kupplungsteile
Sint-D 00 Sint-D 10 Sint-D 30 Sint-D 40	> 50 > 60 > 80 > 130	> 170 > 250 > 460 > 400	Sintereisen, C < 0,3 %, Cu < 1 % Sinterstahl, C < 0,3 %, Cu 1 ... 5 % Sinterstahl, C < 0,3 %, Cu 1 ... 5 %, Ni 1 ... 5 % Sinterstahl, Cr 16 ...19 %, Ni 10 ...14 %, Mo 2 %	Formteile für höhere Beanspruchung; verschleißfeste Pumpenteile, Zahnräder, z. T. korrosionsbeständig
Sint-E 00 Sint-E 10 Sint-E 73	> 60 > 100 > 55	> 240 > 340 > 200	Sintereisen, C < 0,3 %, Cu < 1 % Sinterstahl, C < 0,3 %, Cu 1 ... 5 % Sinteraluminium, Cu 4 ... 6 %	Formteile der Feinmechanik; für Haushaltsgeräte, für Elektroindustrie
Sint-F 00 Sint-F 31	> 140 > 180	> 600 > 770	Sinterschmiedestahl, C- und Mn-haltig Sinterschmiedestahl, C-, Ni-, Mn-, Mo-haltig	Dichtringe, Flansche für Schalldämpfersysteme

W

Kunststoffe in der Maschinenbautechnik

Übersicht über die Kunststoffe

Allgemeine Eigenschaften

Vorteile:
- geringe Dichte
- elektrisch isolierend
- wärme- und schalldämmend
- dekorative Oberfläche
- kostengünstige Formgebung
- witterungs- und chemikalienbeständig

Nachteile:
- im Vergleich zu Metallen geringere Festigkeit und Wärmebeständigkeit
- zum Teil brennbar
- zum Teil unbeständig gegen Lösungsmittel
- nur begrenzt wiederverwertbar

Einteilung	Thermoplaste	Duroplaste	Elastomere
Bearbeitung	warm umformbar schweißbar im Allgemeinen klebbar zerspanbar	nicht umformbar nicht schweißbar klebbar zerspanbar	nicht umformbar nicht schweißbar klebbar zerspanbar bei tiefen Temperaturen
Verarbeitung	Spritzgießen Spritzblasen Extrudieren	Pressen Spritzpressen Spritzgießen, Gießen	Pressen Spritzgießen Extrudieren
Recycling	gut recycelbar	nicht recycelbar, evtl. als Füllstoff verwertbar	nicht recycelbar

Struktur — **Temperaturverhalten**

amorphe Thermoplaste

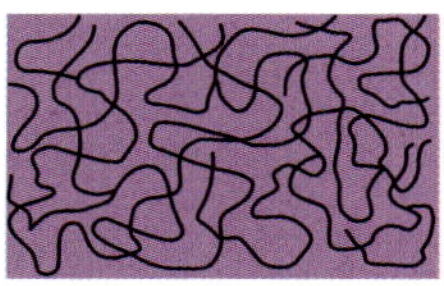

Makromoleküle ohne Vernetzung

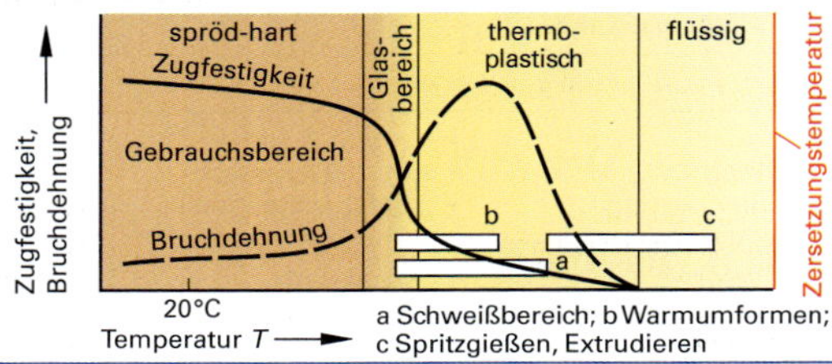

teilkristalline Thermoplaste

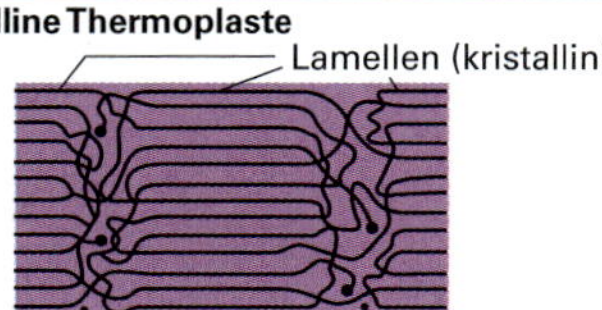

amorphe Zwischenschichten

kristalline Bereiche haben größere Bindungskräfte

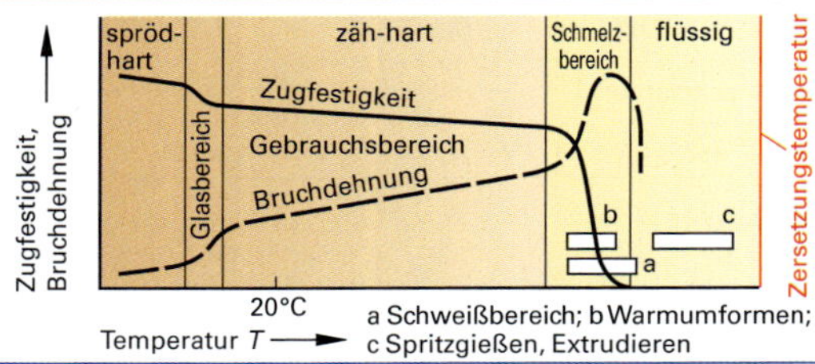

Duroplaste

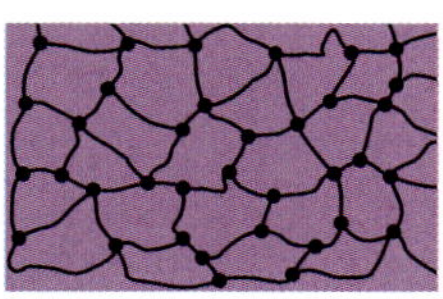

Makromoleküle mit vielen Vernetzungsstellen

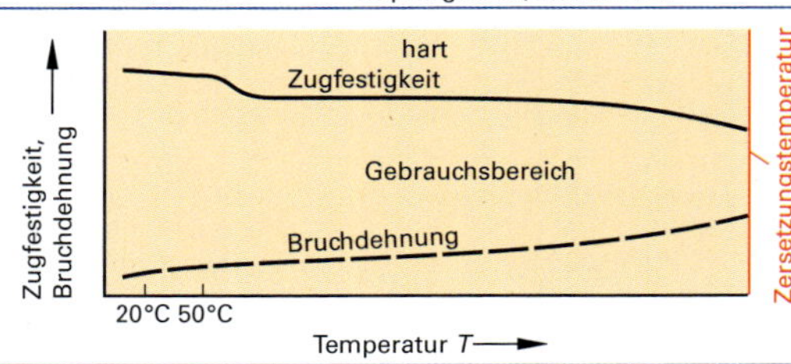

fadenförmige Elastomere

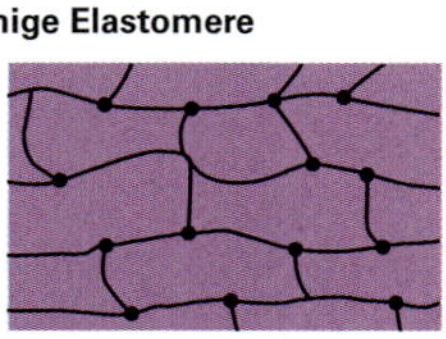

Makromoleküle in ungeordnetem Zustand mit wenig Vernetzungsstellen

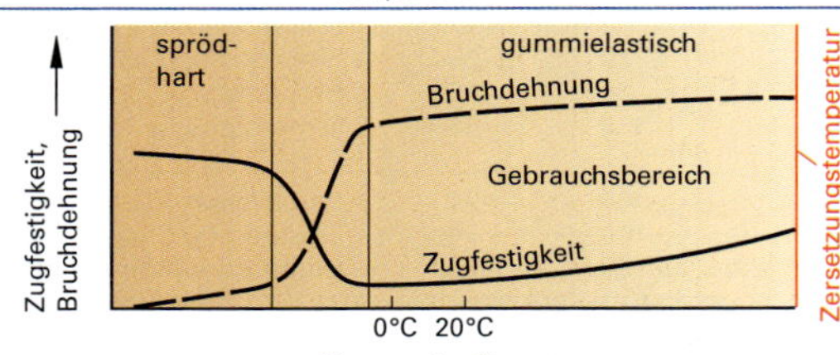

W

Kunststoffe in der Maschinenbautechnik

Basis-Polymere

Kurzzeichen für Basis-Polymere (Auszug) vgl. DIN EN ISO 1043-1 (2016-09)

Kurzzeichen	Bedeutung	Art[1]	Kurzzeichen	Bedeutung	Art[1]	Kurzzeichen	Bedeutung	Art[1]
ABS	Acrylnitril-Butadien-Styrol	–	PAK	Polyacrylat	T	PTFE	Polytetrafluorethylen	T
AMMA	Acrylnitril-Methylmethacrylat	T	PAN	Polyacrylnitril	T	PUR	Polyurethan	D[2]
			PB	Polybuten	T	PVAC	Polyvinylacetat	T
			PBT	Polybutylenterephthalat	T	PVB	Polyvinylbutyrat	T
ASA	Acrylnitril-Styrol-Acrylat	T	PC	Polycarbonat	T	PVC	Polyvinylchlorid	T
CA	Celluloseacetat	T	PE	Polyethylen	T	PVDC	Polyvinylidenchlorid	T
CAB	Celluloseacetatbutyrat	T	PEEK	Polyetheretherketon	T	PVF	Polyvinylfluorid	T
CF	Cresol-Formaldehyd	D	PET	Polyethylenterephthalat	T	PVFM	Polyvinylformal	T
CMC	Carboxymethylcellulose	AN	PF	Phenol-Formaldehyd	D	PVK	Poly-N-vinylcarbazol	T
CN	Cellulosenitrat	AN	PI	Polyimid	T	SAN	Styrol-Acrylnitril	T
CP	Cellulosepropionat	T	PMMA	Polymethylmethacrylat	T	SB	Styrol-Butadien	T
EC	Ethylcellulose	AN	POM	Polyoxymethylen; Polyformaldehyd	T	SI	Silikon	D
EP	Epoxid	D				SMS	Styrol-α-Methylstyrol	T
EVAC	Ethylen-Vinylacetat	E	PP	Polypropylen	T	UF	Urea-Formaldehyd	D
MF	Melamin-Formaldehyd	D	PPS	Polyphenylensulfid	T	UP	Ungesättigter Polyester	D
PA	Polyamid	T	PS	Polystyrol	T	VCE	Vinylchlorid-Ethylen	T

[1] AN abgewandelte Naturstoffe; E Elastomere; D Duroplaste; T Thermoplaste; [2] auch T, E

Kennbuchstaben zur Kennzeichnung besonderer Eigenschaften vgl. DIN EN ISO 1043-1 (2016-09)

K[1]	Bedeutung	K[1]	Bedeutung	K[1]	Bedeutung	K[1]	Bedeutung
B	Block, bromiert	F	flexibel; flüssig	N	normal; Novolak	T	Temperatur
C	chloriert; kristallin	H	hoch	O	orientiert	U	ultra; weichmacherfrei
D	Dichte	I	schlagzäh	P	weichmacherhaltig	V	sehr
E	verschäumt; epoxidiert	L	linear, niedrig	R	erhöht; Resol; hart	W	Gewicht
		M	mittel, molekular	S	gesättigt; sulfoniert	X	vernetzt, vernetzbar

⇒ **PVC-P**: Polyvinylchlorid, weichmacherhaltig; **PE-LLD**: Lineares Polyethylen niedriger Dichte

[1] Kennbuchstabe

Füll- und Verstärkungsstoffe

vgl. DIN EN ISO 1043-2 (2012-03)

Kurzzeichen für Material[1]

Kurzzeichen	Material	Kurzzeichen	Material	Kurzzeichen	Material	Kurzzeichen	Material
A	Aramid	G	Glas	N	organ. Naturstoffe	T	Talk
B	Bor	K	Calciumcarbonat	P	Glimmer	W	Holz
C	Kohlenstoff	L	Cellulose	Q	Silikat	X	nicht festgelegt
D	Aluminiumtrihydrat	M	Mineral	S	Synthetische Stoffe	Z	andere
E	Ton	ME	Metall[2]				

Kurzzeichen für Form und Struktur

Kurzzeichen	Form, Struktur	Kurzzeichen	Form, Struktur	Kurzzeichen	Form, Struktur	Kurzzeichen	Form, Struktur
B	Perlen, Kugeln, Bällchen	H	Whisker	NF	Nanofaser	W	Gewebe
		K	Wirkwaren	P	Papier	X	nicht festgelegt
C	Chips, Schnitzel	L	Lagen	R	Roving	Y	Garn
D	Pulver	LF	Langfaser	S	Flocken	Z	andere
F	Fasern	M	Matte, dick	T	gedrehtes Garn		
G	Mahlgut	N	Faservlies (dünn)	V	Furnier		

⇒ **GF**: Glasfaser; **CH**: Kohlenstoff-Whisker; **MD**: mineralisches Pulver

[1] Die Materialien können zusätzlich gekennzeichnet werden, z. B. durch ihr chemisches Symbol oder ein anderes Symbol aus entsprechenden internationalen Normen.

[2] Bei Metallen (ME) muss die Art des Metalls durch das chemische Symbol angegeben werden.

W

Kunststoffe in der Maschinenbautechnik

Duroplaste

Kurzzeichen, chemische Bezeichnung	Handelsnamen (Auswahl)	Aussehen, Dichte[1) g/cm³	Bruch-spannung N/mm²	Schlag-zähigkeit kJ/mm²	Gebrauchs-temperatur[1) °C
PF Phenol-Formaldehyd	Bakelite, Kerit, Supraplast, Vyncolit, Ridurid	gelbbraun 1,25	40 ... 90	4,5 ... 5,0	140 ... 150
MF Melamin-Formaldehyd-harz	Bakelite, Resopal, Hornit	farblos 1,45	30	6,5 ... 7,0	100 ... 130
UF Urea-Formaldehydharz	Bakelite UF, Resamin, Urecoll	farblos 1,5	35 ... 55	4,5 ... 7,5	80
UP Ungesättigtes Polyesterharz	Palatal, Rütapal, Polylite, Bakelite, Ampal, Resipol	gelblich, glasklar 1,12 ... 1,27	50 ... 80	5,0 ... 10,0	50
EP Epoxidharz	Epoxy, Rütapox, Araldit, Grilonit, Supraplast, Bakelite	gelb, trüb 1,15 ... 1,25	55 ... 80	10,0 ... 22,0	80 ... 100

Kurzzeichen, chemische Bezeichnung	mechanische Eigenschaften	elektrische Eigenschaften	Kontakt mit Lebensmitteln
PF Phenol-Formaldehyd	hart, spröde, Festigkeit vom Füllstoff abhängig	Isoliereigenschaften befriedigend	nicht zugelassen
MF Melamin-Formaldehyd-harz	hart, spröde, weniger kerbempfindlich als UF, kratzfest, hohe Nachschwindung	Isoliereigenschaften befriedigend, kriechstromfest	teilweise zugelassen
UF Urea-Formaldehydharz	hart, spröde, kerbempfindlich	Isoliereigenschaften befriedigend	nicht zugelassen
UP Ungesättigtes Polyesterharz	spröde bis zäh, hohe Festigkeit und Steifigkeit, witterungsbeständig	Isoliereigenschaften gut; Kriechstromfestigkeit sehr gut	teilweise zugelassen
EP Epoxidharz	spröde bis zäh, hohe Festigkeit und Steifigkeit, witterungsbeständig	Isoliereigenschaften sehr gut; kriechstromfest	weitgehend unbedenklich

Kurzzeichen, chemische Bezeichnung	beständig gegen	nicht beständig gegen	Verarbeitung[2) k	z	Verwendung
PF Phenol-Formaldehyd	Öl, Fett, Alkohol, Benzol, Benzin, Wasser	starke Säuren und Laugen	++	+	Gehäuse, Lager, Griffe, Pumpen, Zündanlagen, Zahnräder, Lager; Topf- und Pfannengriffe
MF Melamin-Formaldehyd-harz	Öl, Fett, Alkohol, schwache Säuren und Laugen	starke Säuren und Laugen	+	+	hellfarbige Elektroartikel: Schalter, Stecker, Klemmen; Geschirr
UF Urea-Formaldehydharz	Lösungsmittel, Öl, Fett	starke Säuren und Laugen, kochendes Wasser	+	+	hellfarbige Verschraubungen; Sanitärartikel; elektrotechnisches Installationsmaterial
UP Ungesättigtes Polyesterharz	Benzin, UV-Licht, Witterung, mineralische Schmierstoffe	Mineralsäuren, Aceton, organische Säuren, starke Laugen	+	++	Silos, Heizöl- und Getränketanks, Karosserien, Spoiler, Sportboote, Relais, Tennisschläger
EP Epoxidharz	verdünnte Säuren und Laugen, Alkohol, Benzin, Öl, Fett	starke Säuren und Laugen; Aceton	++	+	Gießharze: Lehren, Modelle; Laminate: Fahrzeugindustrie; Formmassen: Präzisionsteile mit Metalleinlagen

[1) unverstärkt
[2) k kleben, z zerspanen, + gut, ++ sehr gut

W

Kunststoffe in der Maschinenbautechnik

Thermoplaste

Kurzzeichen, chemische Bezeichnung	Handelsnamen (Auswahl)	Dichte g/cm³, Gefüge	beständig gegen	nicht beständig gegen	Gebrauchs-temperatur °C
Transparente Kunststoffe[1]					
PC Polycarbonat	Makrolon, Lexan, Tecanat, Calibre	1,20 ... 1,24 amorph	Benzin, Fett, Öl, Wasser (< 60 °C)	Laugen, Aceton, Benzol, Wasser (> 60 °C)	−100 ... +115
PET Polyetylenterephthalat	Arnite, Rynite, Valox, Hostadur	1,33 ... 1,38 teilkristallin	Öl, Fett, Treibstoffe	heißes Wasser, Aceton, konzentrierte Säuren u. Laugen	−20 ... +115
PMMA Polymethylmethacrylat	Acrylite, Plexiglas, Plexidur, Perspex	1,19 amorph	wässrige Säuren und Laugen, Fett, Licht	benzolhaltiges Benzin, Spiritus, Nitrolack, konz. Säuren	−40 ... +80
PS Polystyrol	Vestyron, Luran, Empera, Styron	1,05 amorph	Laugen, Alkohol, Wasser, alterungsbeständig	Benzin, Aceton, UV-empfindlich	−20 ... +70
SAN Styrol-Acrylnitril	Luran, Lustran, Kibisan, Tyril	1,08 amorph	Benzin, Öl, schwache Säuren und Laugen	Aceton, UV-empfindlich	−40 ... +90
Technische Kunststoffe[1]					
ABS Acrylnitril-Butadien-Styrol	Lustran, Magnum, Terluran, Tarodur	1,02 ... 1,07 amorph	Benzin, Mineralöl, Fett, Wasser	konzentrierte Mineralsäuren, Benzol	−30 ... +80
CA Celluloseacetat	Tenite, Acetat, Vuscacelle, Cellolux, Dexel	1,26 ... 1,29 amorph	Fett, Öl, Benzin, Wasser, Benzol	starke Säuren, Laugen, Alkohol	0 ... +70
PA 6 Polyamid 6	Durethan B, Ultramid, Vydyne, Ertalon, Taramid	1,12 ... 1,15 teilkristallin	Benzin, Öl, Fett, schwache Laugen	starke Laugen, Phenole, Mineralsäuren	−40 ... +85
PA 66 Polyamid 66	Acromid, Durethan A, Acromit A, Ultramid A	1,12 ... 1,14 teilkristallin	Benzin, Öl, Fett, schwache Laugen	starke Laugen, Phenole, Mineralsäuren	−30 ... +95
PE HD Polyethylen, hohe Dichte	Hostalen, Lupolen, Vestolen	0,94 ... 0,96 teilkristallin	Wasser, Alkohol, Öl, Benzin	starke Oxidationsmittel	−50 ... +80
POM Polyoxymethylen, Polyformaldehyd	Tenac, Delrin, Hostaform, Ultraform	1,41 ... 1,43 teilkristallin	Benzin, Mineralöl, Waschlauge, Alkohol	starke Säuren, UV-Strahlung, Wasser bei > 65 °C	−50 ... +110
PP Polypropylen	Hostalen, Vestolen, Inspire	0,90 ... 0,92 teilkristallin	Waschlaugen, schwache Säuren, Alkohol	Benzin, Benzol	0 ... +110
PVC-P Polyvinylchlorid, weich	Vestolit, Coroplast	1,20 ... 1,35 amorph	Alkohol, Öl, Benzin	Benzol, organische Lösungsmittel	−20 ... +60
PVC-U Polyvinylchlorid, hart	Hostalit, Vestolit, Vinidur	1,37 ... 1,44 amorph	Benzin, Öl, Säuren, Laugen, Alkohol	Benzol, Salpetersäure	−5 ... +60
Hochleistungskunststoffe[1]					
PEEK Polyetheretherketon	Hostalec, Ketron, Victrex	1,27 amorph 1,32 teilkrist.	die meisten Chemikalien	UV-Strahlung, konz. Salpetersäure	−80 ... +250
PI Polyimid	Kinel, Meldin, Vespel	1,43 amorph	Alkohol, Kerosin, verdünnte Säuren	heißes Wasser, Witterungseinflüsse, Säuren, Laugen	−250 ... +240
PPS Polyphenylensulfid	Techtron, Ryton, Tedur	1,43 teilkristallin	konzentrierte Salz-, Schwefelsäuren	konz. Salpetersäure, UV-Strahlung	−50 ... +220
PSU Polysulfon	Mindel, Tecason, Ultrason, Udel	1,24 amorph	Fett, Öl, Benzin, Alkohol	Benzol, UV-Strahlung, heißes Wasser	−50 ... +150
PTFE Polytetrafluorethylen	Teflon, Hostalon, Polyflon	2,14 ... 2,20 teilkristallin	fast alle aggressiven Stoffe, UV-Strahlung	Alkalimetalle	−200 ... +260

[1] Einteilung im Handel gebräuchlich

W

Kunststoffe in der Maschinenbautechnik

Thermoplaste (Fortsetzung)

Kurzzeichen	Streckspannung N/mm²	Streckdehnung %	Verarbeitung[3] k	s	z	allgemeine Eigenschaften	Anwendungsbeispiele
Transparente Kunststoffe							
PC	65	80	+	+	++	hart, abriebfest, schlagzäh, z. T. für Lebensmittel zugelassen	Linsen, Brillengläser, Schaugläser, Geschirr, Gehäuse, Schutzbrillen, Kfz-Leuchten, CDs, Helme
PET	90	15	+	+	+	hohe Härte, hohe Verschleiß- und Druckfestigkeit	Verpackungen, Kurvenscheiben, Zahnräder, Gleitlager, Gehäuse, Sanitärtechnik, Magnetband
PMMA	60…80	5,5	+	+	++	gute optische Eigenschaften, hart, spröde, kratzfest	Brillengläser, Skalen, Rückleuchten, Becher, Gehäuse, Bedienknöpfe
PS	50	3	++	+	++	hart, spröde, kerbempfindlich	Leuchten, Kämme, Zahnbürsten, Spulenkörper, Relais, durchsichtige Verpackungen
SAN	60…70	2…3	++	+	+	steif, schlagzäh, kratzfest, oberflächenhart	transp. Gehäuseteile u. Verpackungen, Skalenscheiben, Geschirr, Warndreieck
Technische Kunststoffe							
ABS	37	4	+	+	++	sehr schlagzäh (auch bei −40 °C), hart, kratzfest	Gehäuse u. Bedienteile für Audio- u. Videogeräte, Kühlerblenden, Spoiler, Spielzeug
CA	37	–	+	+	+	gute Festigkeit, zäh, schlagzäh, kratzfest	Griffe, Kugelschreiber, Kämme, Spielzeug, Schaltknöpfe
PA 6	45	> 200	+	+	++	gute Festigkeit, abriebfest, sehr gute Gleiteigenschaften	Zahnräder, Gleitlager, Kupplungselemente, Nockenscheiben, Motorradhelme
PA 66	55	> 100	+	+	++	härter als PA 6, belastbarer, geringere Wasseraufnahme	Wälzlagerkäfige, Lagerbuchsen, Schrauben, Ölfilter, Ansaugrohre, Motorradhelme
PE HD	20…30	9	–	+	–	bruchsicher auch bei Frost, nicht kratzfest, guter elektr. Isolator	Handgriffe, Dichtungen, Kraftstoffbehälter, Gleitelemente, Wasserrohre
POM	65…70	35	–	++	++	sehr gute Festigkeit und Formbeständigkeit, zäh, abriebfest	dünnwandige Präzisionsteile, Zahnräder, Gleitelemente, Pumpenteile, Gehäuse
PP	30	8	–	+	+	wie PE HD, jedoch bei Frost nicht beständig	Lüfterflügel, Pumpengehäuse, Spoiler, Lkw-Kotflügel, Trafogehäuse, Kofferschalen, Spielzeug
PVC-P (weich)	17…29	240…350	+	+	–	weich, flexibel, abriebfest, geringer Temperaturbereich	Schläuche, Rohre, Dichtungen, Kabelisolierungen, Spielzeug, Koffer
PVC-U (hart)	50…60	10…50	++	++	+	hohe Festigkeit und Härte, kerbempfindlich	Armaturen, Rohre, Behälter, Öl- und Getränkeflaschen, Dachrinnen, Kabelkanäle
Hochleistungskunststoffe							
PEEK	110	20…25	+	+	+	hohe Zug- und Biegefestigkeit, schlagzäh, kerbempfindlich	Trägermaterial für gedruckte Schaltungen, Ersatz für Metalle, Implantate, Ventile
PI	74	8[2]	+	+	+	hohe Härte und Festigkeit, geringe Zähigkeit, verschleißfest	Zahnräder, Bauteile für Strahltriebwerke, Turbinenschaufeln, Kolbenringe, Gleitlager
PPS	78[1]	5[2]	+	+	++	große Festigkeit bei hohen Temperaturen, geringe Zähigkeit	oft mit Fasern verstärkt, Ventile, Pumpen-, Vergaserteile, Brennstoffzellen, Sensoren
PSU	80[1]	10[2]	+	+	+	hohe Festigkeit, gute Zähigkeit und Wärmebeständigkeit	mechanisch und/oder thermisch hochbeanspruchte Konstruktionsteile, Tageslichtprojektoren
PTFE	20…40[1]	250…400	–	–	+	hohe chem. Beständigkeit, guter elektrischer Isolator	wartungsfreie Lager, Kolbenringe, Dichtungen, Isolatoren, Ventile, Pumpen

[1] Zugfestigkeit; [2] Reißdehnung; [3] k klebbar, s schweißbar, z zerspanbar; ++ sehr gut, + gut, – nicht oder nur bedingt

W

Kunststoffe in der Maschinenbautechnik

Elastomere (Kautschuke)

Kurzzeichen[1]	Bezeichnung	Dichte g/cm³	Zugfestigkeit[2] N/mm²	Bruchdehnung %	Anwendungstemperatur °C	Eigenschaften, Verwendungsbeispiele
BR	Butadien-Kautschuk	0,94	2 (18)	450	– 60 … + 90	hohe Abriebfestigkeit; Reifen, Gurte, Keilriemen
CO	Epichlorhydrin-Kautschuk	1,27 …1,36	5 (15)	250	– 30 … +120	schwingungsdämpfend, öl- und benzinbeständig; Dichtungen, wärmebeständige Dämpfungselemente
CR	Chloropren-Kautschuk	1,25	11 (25)	400	– 30 … +110	öl- und säurebeständig, schwer entflammbar; Dichtungen, Schläuche, Keilriemen
CSM	Chlorsulfoniertes Polyethylen	1,25	18 (20)	300	– 30 … +120	alterungs- und wetterbeständig, ölbeständig; Isolierwerkstoff, Formartikel, Folien
EPDM	Ethylen-Propylen-Kautschuk	0,86	4 (25)	500	– 50 … +120	guter elektrischer Isolator, gegen Öl und Benzin unbeständig; Dichtungen, Profile, Stoßfänger, Kühlwasserschläuche
FKM	Fluor-Kautschuk	1,85	2 (15)	450	– 10 … +190	abriebfest, beste thermische Beständigkeit; Luft- und Raumfahrt, Kfz-Industrie; Radialwellendichtringe, O-Ringe
IIR	Isobuten-Isopren-Kautschuk	0,93	5 (21)	600	– 30 … +120	wetter- und ozonbeständig; Kabelisolierungen, Autoschläuche
IR	Isopren-Kautschuk	0,93	1 (24)	500	– 60 … + 60	wenig ölbeständig, hohe Festigkeit; Lkw-Reifen, Federelemente
NBR	Acrylnitril-Butadien-Kautschuk	1,00	6 (25)	450	– 20 … +110	abriebfest, öl- und benzinbeständig, elektr. Leiter; O-Ringe, Hydraulikschläuche, Radialwellendichtringe, Axialdichtungen
NR	Naturkautschuk Isopren-Kautschuk	0,93	22 (27)	600	– 60 … +70	wenig ölbeständig, hohe Festigkeit; Lkw-Reifen, Federelemente
PUR	Polyurethan-Kautschuk	1,25	20 (30)	450	– 30 … +100	elastisch, verschleißfest; Zahnriemen, Dichtungen, Kupplungen
SIR	Styrol-Isopren-Kautschuk	1,25	1 (8)	250	– 80 … +180	guter elektr. Isolator, wasserabweisend; O-Ringe, Zündkerzenkappen, Zylinderkopf- und Fugendichtungen
SBR	Styrol-Butadien-Kautschuk	0,94	5 (25)	500	– 30 … +80	wenig öl- und benzinbeständig; Pkw-Reifen, Schläuche, Kabelummantelungen

[1] vgl. DIN ISO 1629 (2015-03) [2] Klammerwert = mit Zusatz- oder Füllstoffen verstärktes Elastomer

Schaumstoffe

vgl. DIN 7726 (zurückgezogen)

Schaumstoffe bestehen aus offenen, geschlossenen oder einer Mischung aus geschlossenen und offenen Zellen. Ihre Rohdichte ist niedriger als diejenige der Gerüstsubstanz. Man unterscheidet harten, halbharten, weichen, elastischen, weich-elastischen und Integral-Schaumstoff.

Steifigkeit, Härte	Rohstoff-Basis des Schaumstoffes	Zellstruktur	Dichte kg/m³	Temperatur-Anwendungsbereich °C[3]	Wärmeleitfähigkeit W/(K · m)	Wasseraufnahme in 7 Tagen Vol.-%
hart	Polystyrol	überwiegend geschlossenzellig	15 … 30	75 (100)	0,035	2 … 3
	Polyvinylchlorid		50 …130	60 (80)	0,038	< 1
	Polyethersulfon		45 … 55	180 (210)	0,05	15
	Polyurethan		20 …100	80 (150)	0,021	1 … 4
	Phenolharz	offenzellig	40 …100	130 (250)	0,025	7 … 10
	Harnstoffharz		5 … 15	90 (100)	0,03	20
halbhart bis weich-elastisch	Polyethylen	überwiegend geschlossenzellig	25 … 40	bis 100	0,036	1 … 2
	Polyvinylchlorid		50 … 70	– 60 … + 50	0,036	1 … 4
	Melaminharz		10,5… 11,5	bis 150	0,033	ca. 1
	Polyurethan Polyester-Typ	offenzellig	20 … 45	– 40 … +100	0,045	–
	Polyurethan Polyether-Typ					

[3] Gebrauchstemperatur langzeitig, in Klammern kurzzeitig

Kunststoffe in der Maschinenbautechnik

Polyblends

Polyblends (kurz Blends) sind Mischungen verschiedener Thermoplaste. Die besonderen Eigenschaften dieser Mischpolymerisate ergeben sich aus vielfältig möglichen Kombinationen der Eigenschaften der Ausgangsstoffe.

Kurzzeichen	Bezeichnung	Bestandteile	Besondere Eigenschaften	Anwendungsbeispiele
S/B	Styrol/Butadien	90% Polystyrol, 10% Butadien-Kautschuk	spröd-hart, bei tiefen Temperaturen nicht schlagzäh	Stapelkästen, Lüftergehäuse, Radiogehäuse
ABS	Acrylnitril/Butadien/Styrol	90% Styrol-Acrylnitril, 10% Nitrilgummi	spröd-hart, schlagzäh auch bei tiefen Temperaturen	Telefone, Armaturenbretter, Radkappen
PPE + PS	Polyphenylenether + Polystyrol	unterschiedliche Zusammensetzung; kann ggf. mit 30% Glasfaser verstärkt werden	hohe Härte, hohe Kaltschlagzähigkeit bis –40 °C, physiologisch unbedenklich	Kühlergrill, Computerteile, medizinische Geräte, Sonnenkollektoren, Zierleisten
PC + ABS	Polycarbonat + Acrylnitril/Butadien/Styrol	unterschiedliche Zusammensetzung	hohe Festigkeit, Härte, Zähigkeit, Wärmeformbeständigkeit, schlagzäh, stoßfest	Armaturenbretter, Kotflügel, Büromaschinengehäuse, Lampengehäuse im Kfz
PC + PET	Polycarbonat + Polyethylenterephthalat	unterschiedliche Zusammensetzung	besonders schlagzäh und stoßfest	Schutzhelme für Motorradfahrer, Kraftfahrzeugteile

Verstärkungsfasern

W

Bezeichnung	Dichte kg/dm³	Zugfestigkeit N/mm²	Bruchdehnung %	Besondere Eigenschaften	Anwendungsbeispiele
Glasfaser GF	2,52	3400	4,5	isotrop[1], gute Festigkeit, hohe Warmfestigkeit, billig	Karosserieteile, Flugzeugbau, Segelboote
Aramidfaser AF[3]	1,45	3400 ... 3800	2,0 ... 4,0	leichteste Verstärkungsfaser, zäh, bruchzäh, stark anisotrop[1], radardurchlässig	hoch beanspruchte Leichtbauteile, Sturzhelme, durchschusssichere Westen
Kohlenstofffaser CF	1,6 ... 2,0	1750 ... 5000[2]	0,35 ... 2,1[2]	stark anisotrop[1], hochfest, leicht, korrosionsbeständig, guter Stromleiter	Automobilteile im Rennsport, Segel für Rennyachten, Luft- und Raumfahrt

Als Einbettungsmaterial (sog. Matrix) kommen vor allem Duroplaste (z. B. UP- und EP-Harze) sowie Thermoplaste mit hohen Gebrauchstemperaturen (z. B. PSU, PPS, PEEK, PI) zur Anwendung.

[1] isotrop = in allen Richtungen gleiche Werkstoffkennwerte; anisotrop = Werkstoffeigenschaften in Faserrichtung unterscheiden sich von denen quer zur Faser

[2] hängt wesentlich von den sich während der Herstellung ausbildenden Fehlstellen in der Faser ab

[3] Handelsname „Kevlar"

Schichtpressstoffe[4]

vgl. DIN EN 60893-3 (2013-03)

Harztypen		Typen des Verstärkungsmaterials	
Harztyp	Bezeichnung	Kurzname	Bezeichnung
EP	Epoxidharz	CC	Baumwollgewebe
MF	Melamin-(Formaldehyd)-Harz	CP	Zellulosepapier
PF	Phenol-(Formaldehyd)-Harz	CR	Kombiniertes Verstärkungsmaterial
UP	Ungesättigtes Polyesterharz	GC	Glasgewebe
SI	Siliconharz	GM	Glasmatte
PI	Polimidharz	WV	Holzfurniere
Nenndicken t in mm	0,4; 0,5; 0,6; 0,8; 1,0; 1,2; 1,5; 2; 2,5; 3; 4; 5; 6; 8; 10; 12; 14; 16; 20; 25; 30; 35; 40; 45; 50; 60; 70; 80; 90; 100		

⇒ **Tafel IEC 60893 – 3 – 4 – PF CP 201, 10 x 500 x 1 000:** Tafel aus Phenol-(Formaldehyd)-Harz/Zellulosepapier (PF CP 201) der IEC-Norm[5] 60893-3-4 mit t = 10 mm, b = 500 mm, l = 1 000 mm

[4] Verwendung in der Elektrotechnik, z. B. als Isolator, im Maschinenbau als Lagerschalen, Rollen, Zahnräder

[5] IEC = International Electronical Commission (internationale Norm)

Leitende Werkstoffe der Elektrotechnik (Nichteisenmetalle)

NE-Leichtmetall (Dichte < 5 kg/dm³) Zahlenwerte für 20 °C

Aluminium für elektrotechnische Zwecke (E-Al) Dichte $\varrho = 2{,}7$ kg/dm³

Benennung nach DIN EN 573	Zustand	Reingehalt %	Elektrische Leitfähigkeit $\frac{m}{\Omega \cdot mm^2}$	Spezifischer Widerstand ϱ_{20} $\frac{\Omega \cdot mm^2}{m}$	Verwendung
EN AW-Al 99,5	Weichgeglühter Draht	99,5	35,4 34,8	0,02825 0,02874	Freileitungen, Bleche Wicklungsdrähte
EN AW-Al 99,3	Drähte für isolierte Leitungen und Kabel	99,3	34,5	0,02899	isolierte Leitungen und Kabel, Fahrdrähte, Stromschienen, Erder

NE-Schwermetall (Dichte ≥ 5 kg/dm³) Zahlenwerte für 20 °C

Kupfer für elektrotechnische Zwecke (E-Cu) Dichte $\varrho = 8{,}96$ kg/dm³

Benennung	Zustand	Drahtdurchmesser mm	Elektrische Leitfähigkeit $\frac{m}{\Omega \cdot mm^2}$	Spezifischer Widerstand ϱ_{20} $\frac{\Omega \cdot mm^2}{m}$	Verwendung
E-Cu F 20 bis E-Cu F 37	Weichgeglühter, unverzinnter Draht	–	57	0,01754	Stromschienen, Fahrdrähte, isolierte Leitungen und Kabel, Antennen, Wicklungsdrähte und Freileitungsdrähte
	Weichgeglühter, verzinnter Draht	< 0,1 0,1 … 0,3 ≥ 0,3	54 55,5 56,5	0,01852 0,01802 0,01770	
	Kaltgezogener Draht $R_m > 300$ N/mm²	< 1 ≥ 1	55 56	0,01818 0,01786	R_m Zugfestigkeit

Sonstige NE-Schwermetalle

Kurzzeichen	Mindestgehalt %	Benennung, Eigenschaften, Verwendung	Kurzzeichen	Mindestgehalt %	Benennung, Eigenschaften, Verwendung
Zinn (Sn) Dichte $\varrho = 7{,}3$ kg/dm³ und Zink (Zn) Dichte $\varrho = 7{,}2$ kg/dm³					
Sn 98,0 Sn 99,0	98,0 Sn 99,0 Sn	Verzinnen von Drähten, Barren, Platten oder Stangen	Sn 99,75 Sn 99,9	99,75 Sn 99,9 Sn	Lieferart: in Blöcken, Barren, Platten oder Stangen
Zn 99,995 Zn 99,99 Zn 99,95	99,995 Zn 99,99 Zn 99,95 Zn	Tiefzieh-Messing, Tiefzieh-Neusilber, Verzinkung	Zn 99,5 Zn 98,5 Zn 97,5	99,5 Zn 98,5 Zn 97,5 Zn	Hüttenzink für Verzinkung, Zinkbleche und -bänder, Legierungswerkstoff
Blei (Pb) Dichte $\varrho = 11{,}3$ kg/dm³					
Pb 98,5 Pb 99,75	98,5 Pb 99,75 Pb	Umschmelzblei, Bleilötungen für Legierungen	Pb 99,985 Pb 99,99	99,985 Pb 99,99 Pb	Feinblei, für Bleifarben; optische Gläser
Pb 99,9	99,9 Pb	Hüttenblei; für Legierungen	Pb 99,9 Cu	99,9 Pb	Feinblei; für chemische Geräte
Pb 99,94	99,94 Pb	Hüttenblei; für Hartblei			

Werkstoffe für elektrische Widerstände (Widerstandslegierungen)

Kurzzeichen	Zusammensetzung % Al	Cr	Cu	Fe	Mn	Ni	Spezif. Widerstand ϱ_{20} $\frac{\Omega \cdot mm^2}{m}$	Belastbarkeit bis °C	Temp.-koeffizient α in $\frac{1}{K}$ 20 … 60 °C	Mittlere Wärmedehnung 10^{-6}/K 20 … 400 °C	Handelsname, z. B.	Verwendung, Eigenschaften
CuMn 12 Ni CuNi20Mn10 CuNi 44	– – –	– – –	Rest Rest Rest	– – –	12 10 1	2 20 44	0,43 0,49 0,49	60 300 600	±0,000 01 ±0,000 02 ±0,000 04	19,5 17,5 15	Manganin Isabellin Konstantan	Präzisions-, Mess- und Vorschaltwiderstände (temperaturunabhängig)
CuMn 2 Al CuNi 30 Mn CuMn 12 NiAl	0,8 – 1,2	– – –	Rest Rest Rest	– – –	2 3 12	– 30 5	0,125 0,40 0,50	200 500 500	– – –	18 16 19	ISA 13 Nickelin ISA 50	Anlass-, Stell- und Belastungswiderstände (temperaturabhängig)
NiCr 80 20 NiCr 60 15	– –	20 15	– –	– 20	– –	Rest Rest	1,12 1,13	1 200 1 150	– –	15 15	Cronix Cronifer II	Elektr. Öfen, Lötkolben, hochbel. Widerstände

W

Magnetisierungskennlinien

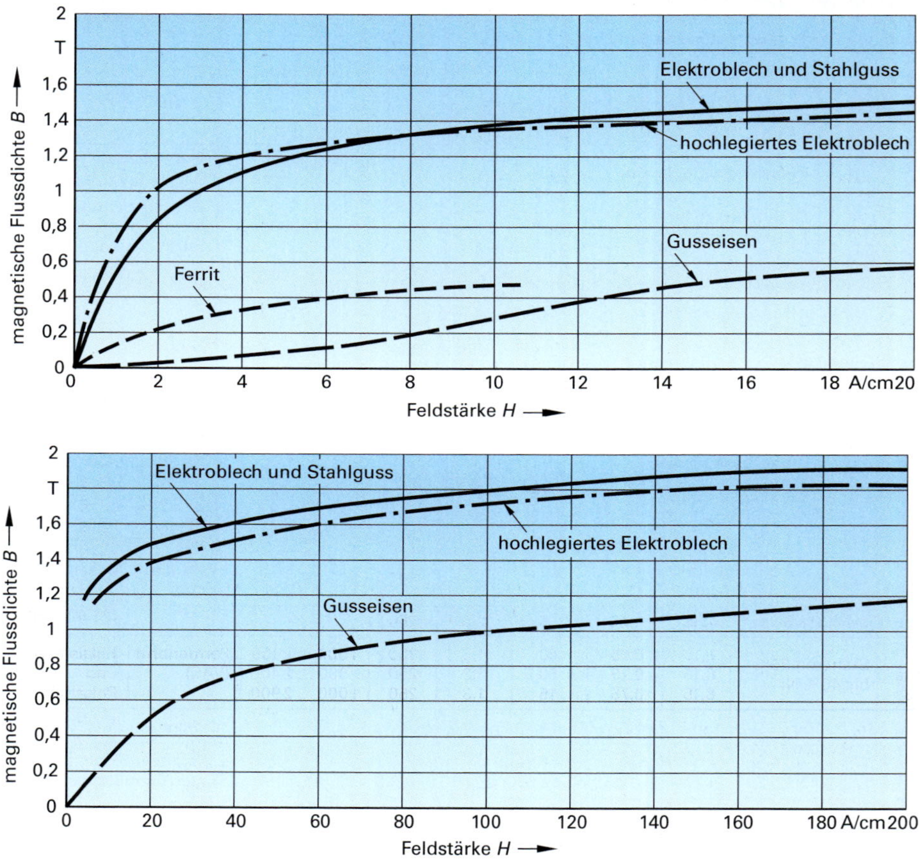

Magnetisierungskennlinien der wichtigsten ferromagnetischen Werkstoffe

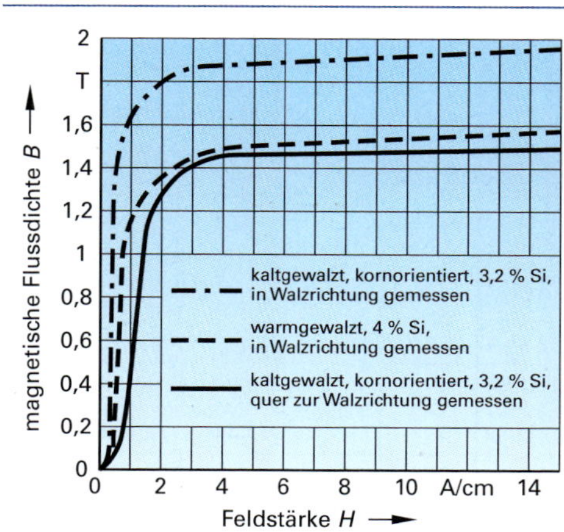

Magnetisierungskennlinien von Transformatorenblechen

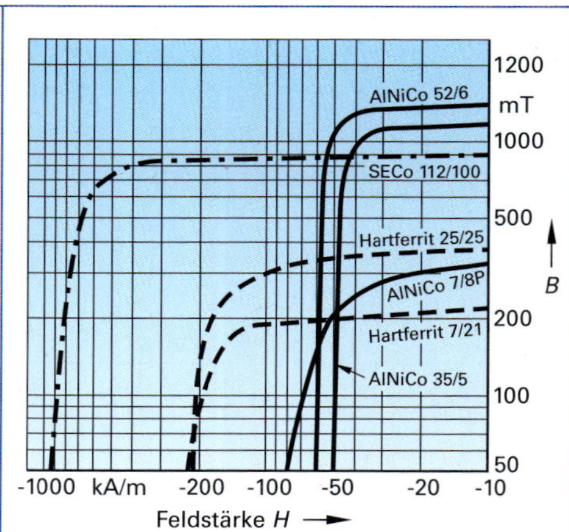

Entmagnetisierungskennlinien von Dauermagnetwerkstoffen

W

Magnetwerkstoffe

Elektroblech, kaltgewalzt, nicht kornorientiert, schlussgeglüht

Sorte	Bemessungsdicke	Ummagnetisierungsverlust P[1] W/kg bei		Magnetische Flussdichte in T (Tesla) bei einer Feldstärke H in A/m			Biegezahl	Dichte
	mm	1,5 T	1,0 T	2500	5000	10000	mind.	kg/dm³
V 250-35 A	0,35	2,50	1,00	1,49	1,60	1,70	2	7,60
V 270-35 A		2,70	1,10	1,49	1,60	1,70	2	7,60
V 300-35 A		3,00	1,20	1,49	1,60	1,70	3	7,65
V 330-35 A		3,30	1,30	1,49	1,60	1,70	3	7,65
V 310-50 A	0,50	3,10	1,25	1,49	1,60	1,70	3	7,60
V 350-50 A		3,50	1,50	1,50	1,60	1,70	5	7,65
V 400-50 A		4,00	1,70	1,51	1,61	1,71	5	7,65
V 470-50 A		4,70	2,00	1,52	1,62	1,72	10	7,70
V 700-50 A		7,00	3,00	1,58	1,68	1,76	10	7,60

[1] Ummagnetisierungsverlust P 1,5 T bzw. 1,0 T ist die bei einer Wechselfeldmagnetisierung von 50 Hz auftretende Verlustleistung in W/kg bei Raumtemperaturen 18 °C bis 28 °C; auch $P_{1,0}$ bzw. $P_{1,5}$.

Magnetische Werkstoffe für Übertrager (Übertragerbleche)

Blechsorte	Zusammensetzung	Dichte kg/dm³	Spezif. W derst. $\frac{\Omega \cdot mm^2}{m}$	Koerzitivfeldstärke A/m	Flussd. bei Sättigung T	Curie-Temp.[2] °C	Permeabilität μ_{16}[3] bzw. μ_4	Handelsnamen	Verwendung
A 0	Stahl mit 2,5% bis 4,5% Si	7,7	0,40	100	2,03	750	400 … 450	Trafoperm (VAC) Hyperm 4 (Krupp)	Übertrager, Relais, Ringkerne, Messwandler, Fehlerstromschalter
A 2		7,63	0,55	60	2,0	750	700 … 850		
A 3		7,57	0,68	35	1,92	750	500 … 850		
C 2	Stahl mit 3,5% bis 4,5% Si	7,55	0,5	30	2,0	750	550 … 1300		
C 5		7,65	0,45	15	2,0	750	–		
D 1	Stahl mit 36% bis 40% Ni	8,15	0,75	60	1,3	250	1500 … 2100	Permenorm (VAC)	Relaisteile und Polschuhe
D 1a		8,15	0,75	50	1,3	250	900 … 2400		
D 3		8,15	0,75	15	1,3	250	1000 … 2900		
F 3	Ni-Fe-Legierung mit ≈ 50% Ni	8,25	0,45	10	1,5	470	μ_4 = 1200 … 4000	Permenorm (VAC) Hyperm 50 (Krupp)	Magnetverstärker, Zähl- und Speicherkerne
E 3	Ni-Fe-Legierung mit ≈ 75% Ni und weiteren Zusätzen (Mn, Si, Mo, Cu, Cr)	8,6	0,50	2	0,75	400	μ_4 = 2500 … 20000	Mumetall, Permalloy (VAC) Hyperm 766 (Krupp)	NF- und HF-Übertrager, Filter, Drosseln, magnetische Abschirmungen
E 4		8,7	0,55	1	0,70	270 bis 400	μ_4 = 4000 … 40000		

[2] Bei der Curie-Temperatur (Curiepunkt) findet eine sprunghafte Entmagnetisierung statt.

[3] μ_{16} bzw. μ_4 bedeutet, dass die Permeabilitätswerte bei der Feldstärke 1,6 $\frac{A}{m}$ bzw. 0,4 $\frac{A}{m}$ ermittelt wurden.

Dauermagnetwerkstoffe

Werkstoff	Chemische Zusammensetzung in Masse-%, Rest Fe					$(B \cdot H)_{max}$-Wert	Remanenzflussdichte	Koerzitivfeldstärke	Permeabilitätszahl	Dichte
	Al	Co	Cu	Ni	Ti	kJ/m³	mT	kA/m	μ_r	kg/dm³
AlNiCo 9/5	11 … 13	bis 5	2 … 4	21 … 28	bis 1	9	550	47	4 … 5	6,8
AlNiCo 18/9	6 … 8	24 … 34	3 … 6	13 … 19	5 … 9	18	600	86	3 … 4	7,2
AlNiCo 52/6	8 … 9	23 … 26	3 … 4	13 … 16	–	52	1250	56	1,5 … 3	7,2
AlNiCo 35/5	8 … 9	23 … 26	3 … 4	13 … 16	–	35	1120	48	3 … 4,5	7,2
AlNiCo 7/8p	6 … 8	24 … 34	3 … 6	13 … 19	5 … 9	7,9	340	84	2 … 3	5,5
PtCo 60/40	77 … 78 Pt 22 … 23 Co					60	600	400	1,1	15,5
FeCoVCr 4/1	51 … 54 Co, 3 … 15 V, bis 6 Cr Rest Fe					4,0	1000	5	9 … 25	8,2
SECo 112/110	Seltenerdmetall-Kobalt-Legierung					112	750	1000	1,1	8,1
Hartferrit 7/21	Zusammensetzung: $MeO \cdot x \cdot Fe_2O_3$ mit Me = Ba, Sr, Pb mit x = 4,5 … 6,5					6,5	190	210	1,2	4,9
Hartferrit 25/25						25	370	250	1,1	4,8
Hartferrit 9/19p						9,0	220	190	1,1	3,4

W

Lote, Thermobimetalle, Kohlebürsten

Bleifreie Weichlote für Schwermetalle (Biolote)

Kurzzeichen	Zusammensetzung %	Schmelztemperatur °C	Verwendung
S-Sn42Bi58	42Sn, 58Bi	138	für temperaturempfindliche Bauteile
S-Sn95,5Ag4Cu0,5	95,5Sn, 4Ag, 0,5Cu	217	Elektrogeräte, Elektronik
S-Sn96Ag4	96Sn, 4Ag	221	Elektronik, Feinwerktechnik, Automobilbereich
S-Sn95Sb5	95Sn, 5Sb	240	Elektrogerätebau, Feinwerktechnik
S-Sn97Cu3	97Sn, 3Cu	250	Heizungs-, Kältetechnik, Feinmechanik

Hartlote für Schwermetalle

Kurzzeichen	Zusammensetzung %	Arbeitstemperatur °C	Verwendung
B-Ag44CuZn-675/735	44Ag, 30Cu, 26Zn	730	St, Cu, Cu-Leg., Ni, Ni-Leg. für dynamische Betriebsbelastungen
B-Ag50CdZnCu-620/640	50Ag, 19Cd, 15Cu, 16Zn	630	Cu-Legierungen, Edelstähle, Edelmetalle
B-Ag40ZnCdCu-595/630	40Ag, 20Cd, 19Cu, 21Zn	610	St., gehärteter St., Cu, Cu-Leg., Ni, Ni-Leg.
B-Ag72Cu-780	72Ag, 28Cu	780	Schutzgaslötungen: Cu, Cu-Leg., Ni, Ni-Leg.
B-Ag49ZnCuMnNi-680/705	49Ag, 16Cu, 32Zn, 7,5Mn, 4,5Ni	690	Hartmetalle und schwer benetzbare Stoffe

Thermobimetalle

W

Kurzzeichen	Bestandteile	Spezifische Ausbiegung α in 10^{-6}/K ± 5%	Anwendungsgrenze °C	Spezifischer Widerstand ϱ_{20} bei 20 °C $\mu\Omega \cdot m$ ± 5%	Dichte ϱ bei 20 °C kg/dm³	Verwendung
TB 20110[1]	MnCuNi	20,8	350	1,10	7,8	Temperaturregler, Blinkschalter, Überstromschalter, Zündhilfen für Leuchtstofflampen, Brandmelder, Thermometer, thermische Auslöser
TB 1577	NiMn 20 6	15,5	450	0,78	8,1	
TB 1577	X 60 NiMn 14 7					
TB 1170	NiMn 20 6	11,7	450	0,70	8,1	
TB 1170	X 60 NiMn 14 7					
TB 1075	NiCr 16 11	10,8	550	0,75	8,0	
TB 0965	NiMn 20 6	9,0	450	0,65	8,2	
TB 1555	NiMn 20 6	15,0	450	0,55	8,2	
TB 1435	NiMn 20 6	14,8	450	0,35	8,3	
TB 1425	NiMn 20 6	14,0	450	0,25	8,3	

[1] **TB 20110:** Bezeichnung eines Thermobimetalls mit der spezifischen Ausbiegung $\alpha = 20{,}0 \cdot 10^{-6}$/K und dem spezifischen Widerstand ϱ von 1,10 $\mu\Omega \cdot m$ bei 20 °C.

Kohlebürsten

Sorte	Zulässige Stromdichte J A/cm²	Spez. Widerstand ϱ_{20} bei 20 °C $\frac{\Omega \cdot mm^2}{m}$	Maximale Umfangsgeschwindigkeit v in m/s	Verwendungsbeispiele
Harte Kohlen	8	40 … 60	15 … 30	Kleinmotoren, Universalmotoren für Haushaltsgeräte, elektrische Handbohrmaschinen
Grafitkohlen	12	10 … 100	20 … 50	Ortsfeste Maschinen bis 100 kW, Maschinen mit Stahlschleifringen
Edelkohlen (Elektrografitkohlen)	12	15 … 50	40 … 60 (bis 90)	Bahnmotoren, Schweißmaschinen, Schaltkontakte für Maschinen mit Kupfer-, Messing- und Bronzeschleifringen
Metallhaltige Kohlen (Bronzekohlen)	25	0,1 … 5	20 … 40	Kleinstmotoren, Fahrzeuglichtmaschinen, Scheibenwischermotoren, Maschinen mit Schleifringen aus Kupfer, Messing oder Bronze bei J >10 A/cm²

Kontaktwerkstoffe, Freileitungen

Kontaktwerkstoffe

Werkstoff	Leitfähigkeit γ_{20} $\frac{m}{\Omega \cdot mm^2}$	Schmelztemp. °C	Dichte ϱ kg/dm³	Eigenschaften, Zusammensetzung	Verwendung
Kupfer (E-Cu)	56	1085	8,9	Durch Lichtbogen entsteht eine schlecht leitende Oxidschicht; billig	Kontaktstücke für Walzenschalter
Silber (Feinsilber)	60	960	10,5	Leitende Oxidschicht, nicht schwefelbeständig, geringe Härte, geringer Übergangswiderstand	Für Kontakte allgemein, z. B. in Schützen und Relais
Gold (Feingold)	45,7	1063	19,3	Chemisch beständig, weich, Kontakte kleben leicht	Kontaktstücke der Fernmeldetechnik
Wolfram	18,2	3370	19	Hoher Schmelzpunkt, geringer Abbrand, sehr hart, verschleißfest	Unterbrecherkontaktstücke, Reglerkontaktstücke
Quecksilber	1,04	−38,9	13,5	Wartungsfrei, chemisch beständig, hohe Lebensdauer, giftig	Explosionssichere Schaltgeräte, Hg-Schaltröhren
Kohle	0,03 … 12	–	1,6 … 5,4	Verschweißt nicht, keine Oxidschicht, selbstschmierend, verwendbar bis 400 °C	Kohlebürsten, Schleifstücke, Druckkontakte, Stromabnehmer
Silberbronze	30 … 50	700 … 1100	8,9 … 9,2	Gute Federeigenschaften 1 bis 7% Ag; 0,2% Cd; Rest Cu	Stromführende Federn, Kontaktmesser, Schweißelektrode
Hartsilber	52 … 56	920	10,4	Lichtbogenfest, hart 3 bis 4% Cu; Rest Ag	Schütz- und Relaiskontaktstücke, Kontaktbimetall
Silber-Cadmium	16	880	10,1	Cd wirkt lichtbogenlöschend 5 bis 20% Cd; Rest Ag	Gleichstromkontaktstücke, Lichtschalter, Thermostate

W

Freileitungswerkstoffe

Werkstoffe	Cu	Al	Aldrey (E-AlMgSi)	Al/St 1,4	Al/St 1,7	Al/St 4,3	Al/St 6	Al/St 7,7	Al/St 11,3
Mindestquerschnitt in mm²	10	16	16	16/2,5					
Dichte in kg/dm³	8,9	2,7	2,7	4,91	4,66	3,75	3,5	3,36	3,2
Zulässige Zugspannung $\sigma_{z\,zul}$ in N/mm²	190	80	120	200	190	115	110	100	–
Längenausdehnungskoeffizient α in 10^{-6}/K	17	23	23	15	15,3	17,8	19	19,4	20,9
Leitfähigkeit γ_{20} $\frac{m}{\Omega \cdot mm^2}$	56	35,38	30,5	Für den Aluminiumanteil mindestens 35,4					

Die Zahlen bei den Angaben Al/St 1,4 … Al/St 11,3 geben das Verhältnis des Aluminiumquerschnitts zum Stahlquerschnitt an, z. B. Al/St = 105/75 = 1,4.

Aluminium-Stahl-Seile

Bem.-querschnitt Al/St mm²	Querschnittsverhältnis Al/St ≈	Seil-∅ mm	Aluminium-Anteil Drahtzahl	Aluminium-Anteil ∅ mm	Stahl-Anteil Drahtzahl	Stahl-Anteil ∅ mm	Masse ≈ kg/1000 m	Bruchlast kN	Dauerbelastbarkeit[1] A
25/4	6	6,8	6	2,25	1	2,25	97	9,02	140
35/6	6	8,1	6	2,7	1	2,7	140	12,70	170
50/8	6	9,6	6	3,2	1	3,2	196	17,18	210
70/12	6	11,7	26	1,85	7	1,44	284	26,31	290
95/15	6	13,6	26	2,15	7	1,67	383	35,17	350
105/75	1,4	17,5	14	3,1	19	2,25	899	106,69	–
120/20	6	15,5	26	2,44	7	1,9	494	44,94	410
185/30	6	19	26	3,0	7	2,33	744	66,28	535
1045/45	23,1	43,0	72	4,3	7	2,87	3249	217,87	1580

[1] Die Werte gelten für eine Windgeschwindigkeit von 0,6 m/s und Sonneneinwirkung bei einer Ausgangstemperatur von 35 °C und einer Seil-Endtemperatur von 80 °C.

W

Isolierstoffe

Einteilung nach Herkunft

Isolierstoffart	Natürliche Stoffe	Abgewandelte Stoffe	Synthetische Stoffe
Anorganische Isolierstoffe	Glimmer, Marmor, Speckstein; Gase zur Isolation, z. B. Luft	Glas, keramische Stoffe, z. B. Porzellan, Ton, Schamotte, Steatit (gebrannter Speckstein)	Synthetischer Glimmer, Titandioxid, Bariumtitanat
Organische Isolierstoffe	Faserstoffe, z. B. Baumwolle, Zellstoff, Seide; Naturharze; Fette, Öle, Mineralöle	Zellulose, Celluloid, Cellulosetriester, Celluloseester, Papier, Pressspan, Vulkanfiber, Gummi, Kunsthorn	Thermoplaste (Plastomere), Duroplaste (Duromere), Elastomere; Silikone

Einteilung nach Anordnung der Moleküle

Thermoplaste		Duroplaste	Elastomere
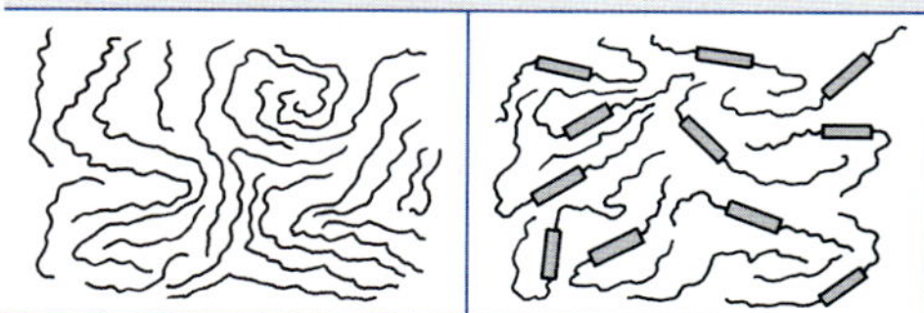		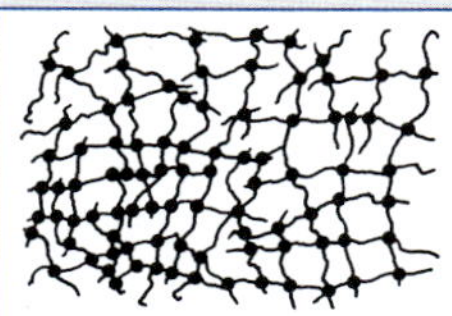	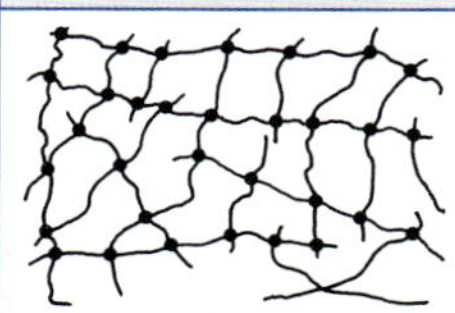
Fadenmoleküle wie in einem Wattebausch verfilzt, in Kälte hart und spröde; bei höherer Temperatur mehrfach umformbar und schweißbar; in geeigneten Flüssigkeiten lösbar; oberhalb der Zersetzungstemperatur wird der Werkstoff zerstört	Unverzweigte Fadenmoleküle mit dazwischen liegenden kristallinen Bereichen; Kristallisation durch Recken (Strecken) in Vorzugsrichtung gefördert; chemische Beständigkeit, Elastizität, Härte und Zugfestigkeit verstärkt	Makromoleküle, die vielfach räumlich vernetzt sind; Moleküle nur zwischen den Querverbindungen verschiebbar (hohe Rückstellkräfte); Duroplaste erweichen nicht durch Erwärmen, sind nicht schweißbar und nicht löslich	Ungeordnete Fadenmoleküle, die weitmaschiger und weniger vernetzt sind als die Duroplaste; Gummi-elastisches Verhalten in weitem Temperaturbereich; thermisch nicht umformbar, in bestimmten Lösungsmitteln quellend

Glimmer und Glimmererzeugnisse

Spaltglimmer	Feinglimmer	Mikanit	Mikafolium
Aus Blockglimmer durch Spalten parallel zu den Schichtebenen hergestellt	Chemisch oder physikalisch in elastische und biegsame Schuppen unterteilt	Spaltglimmer, der durch ein Bindemittel, z. B. Kunstharz, Silikon oder Epoxidharz, zusammengehalten wird	Dünner Träger, auf den Feinglimmerfolie einlagig oder zweilagig geklebt ist

Lebensdauer von Isolierstoffen

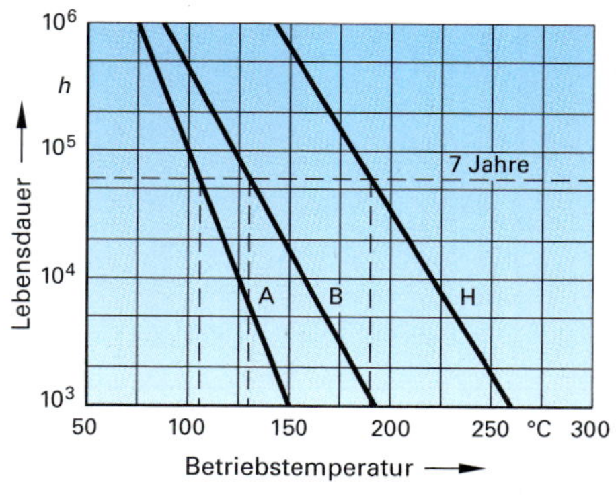

Die Lebensdauer eines Isolierstoffes hängt von seiner Betriebstemperatur ab.
Die Lebensdauer verringert sich, wenn die Temperatur zunimmt: Bei Isolierstoffen der thermischen Klasse A halbiert sich die Lebensdauer bei einer Temperaturzunahme von 8 K, bei Klasse B von 10 K und für Klasse H von 12 K.

Beispiel:
Hat ein Isolierstoff der thermischen Klasse B bei 100 °C eine Lebensdauer von $4{,}2 \cdot 10^5$ h (= 48 Jahre), beträgt sie bei 110 °C noch 24 Jahre und bei 120 °C nur 12 Jahre.

Die höchstzulässige Temperatur (Grenztemperatur) eines Isolierstoffs bestimmt die thermische Klasse. Dem nebenstehenden Diagramm liegt die Annahme zugrunde, dass der Isolierstoff bei seiner Grenztemperatur betrieben eine Lebensdauer von 7 Jahren besitzt.
Eine höhere bzw. niedrigere Lebensdauer verschiebt die Schaulinien nach oben bzw. nach unten.

Isolierstoffe

Werkstoff	Dichte ϱ kg/dm³	Festigkeit Zug N/mm²	Festigkeit Druck N/mm²	Durchschlagfestigkeit E_d kV/mm	Permittivitätszahl ε_ϱ	Spez. Widerstand ϱ_{20} $\Omega \cdot$ cm	Verlustfaktor tan δ in 10^{-3} = W/kvar bei 50 Hz	Verlustfaktor tan δ in 10^{-3} = W/kvar bei 1 MHz	Wärmeleitfähigkeit λ_{20} $\frac{kJ}{m \cdot h \cdot K}$
Gase bei Normtemperatur (0 °C) und Normdruck (1 013 hPa), Flüssigkeiten									
Luft	1,293 kg/m³	–	–	2,1	1	–	–	–	0,092
Stickstoff	1,25	–	–	2,3	1	–	–	–	0,084
Wasserstoff	0,09	–	–	1,3	1	–	–	–	0,703
Argon	1,78	–	–	–	1	–	–	–	0,067
Wasser (4 °C, rein)	1,0	–	–	–	80	–	–	–	2,093
Isolieröl (Mineralöl)	0,87	–	–	20	2 ... 2,4	10^{13}	5	–	0,544
Silikonöl	0,94	–	–	–	–	–	–	–	0,795
Feste Isolierstoffe									
Schichtstoffe									
Pressspan	1,2 ... 1,4	70	–	10 ... 13	2,5 ... 4	–	–	–	–
Lackpapier	1,5	–	–	5 ... 10	3 ... 6	–	10	–	–
Hartpapier (mit Phenolharz)	1,4	70 ... 100	100 ... 140	20 ... 30	4 ... 8	10^{10}	100	70	1,005
Hartgewebe (mit Phenolharz)	1,35	70 ... 100	bis 200	6,5	4 ... 8	10^{8}	300	–	1,214
Lackglasseide	1,4	150	180	–	–	10^{12}	–	–	–
Silikonglasseide	1,5	50	200	30	–	10^{11}	10	–	–
Glimmererzeugnisse									
Naturglimmer	2,5 ... 3,2	300	–	30 ... 70	6 ... 8	10^{17}	0,2 ... 1,5	0,1 ... 0,3	2,428
Mikanit	2 ... 2,6	–	–	20 ... 30	5	–	10	–	–
Mikafolium	2	–	–	30	4	–	–	–	–
Samikafolium	2	–	–	25	4,2	–	–	–	1,005
Mykalex	2,8 ... 3,3	30 ... 60	120 ... 400	15	8	10^{10}	–	1 ... 1,8	–
Synthetischer Glimmer	3	300	–	20	6,3	10^{14}	–	–	1,256
Zellulosekunststoffe									
Zelluloseacetat	1,2 ... 1,3	40	50	15	4 ... 7	10^{11}	30	60	0,921
Zelluloseacetobutyrat	1,2	43	60	20	3,5	10^{13}	10	17	0,754
Duroplaste									
Phenolharz (PF)	1,25	50	300	20	5	10^{12}	300	30	0,712
Melaminharz (MF)	1,5	60	–	10 ... 15	6 ... 10	–	–	–	–
Pressmassen mit anorganischer Füllung	1,3 ... 1,4	–	–	5 ... 20	6	–	–	–	–
Polyesterharz (UP)	1,3	40	–	10 ... 15	3	10^{11}	30	–	0,879
Epoxidharz (EP)	1,1 ... 1,4	70	120	35	3,7 ... 4,2	10^{16}	7	–	–
Thermoplaste									
Polycarbonat (PC)	1,2	60	80	20	2,8	10^{15}	1	10	0,712
Polyisobutylen (PIB)	0,93	20 ... 60	–	23	2,2	10^{15}	0,4	0,4	–
Weitere Thermoplaste siehe Seite „Kunststoffe als Isolierstoffe"									
Fluorkunststoffe									
Polytetrafluorethylen (PTFE)	2,1	25	15	20 ... 40	2	10^{18}	0,5	0,5	0,879
Silikone (SI)									
Silikonharz	1,65	90	150	20 ... 70	3	10^{15}	0,5 ... 1	–	–
Silikonkautschuk	1,2 ... 2,3	30	–	20 ... 30	2,5	10^{14}	20	–	–
Kautschuk									
Naturkautschuk (weich)	1,1	25	–	25	2,5	bis 10^{16}	2	12	0,628
Synthetischer Kautschuk	1,2	25	–	25	2,4	10^{14}	6	12	–
Glas und Keramik									
Hartglas	2,5 ... 3,8	100	900	10 ... 40	4 ... 8	10^{13}	1 ... 4	4,6	3,768
Quarzglas	2,1 ... 2,5	20	250	35 ... 40	4	10^{18}	0,5	–	35,588
Porzellan	2,3 ... 2,6	30 ... 50	400 ... 500	35	5 ... 6	10^{12}	20	6 ... 12	3,349
Steatit Typ 221	2,7	60 ... 90	1 000	30 ... 45	6	10^{12}	1 ... 1,5	0,3 ... 0,5	5,862
Rutil Typ 311	3,7	–	30 ... 90	10 ... 20	40 ... 60	10^{12}	0,3 ... 2	0,3 ... 2	–
Bariumtitanat Typ 350	5	–	–	3 ... 50	bis 3 000	–	–	2,5 ... 25	–
Korund Typ 710	3,8	–	bis 3 000	–	9	–	–	–	43,961

Hilfsstoffe

Gips (Calciumsulfat $CaSO_4 \cdot 2\,H_2O$)

Art	Gewinnung	Verarbeitung	Eigenschaften, Verwendung
Baugips	Naturgips wird erhitzt (gebrannt). Er verliert dabei einen großen Teil seines Kristallwassers. Brenntemperatur 120 °C bis 180 °C. Der gebrannte Gips wird gemahlen.	Gipspulver in Wasser einstreuen und rühren, bis ein milchiger Brei entsteht (Gipsmörtel). Kleine Mengen anmachen und schnell verarbeiten. Mit zuviel Wasser angemachter und zu lang gerührter Gips hat wenig Festigkeit und trocknet mit Rissen.	Gips dient z. B. zum Füllen von Löchern, zum Eingipsen von Dosen und Kleinteilen. Er bekommt keine Risse beim Trocknen. Gips darf nicht im Freien verwendet werden, weil er durch Feuchtigkeit gelöst wird.
Estrichgips	Brenntemp. über 1 000 °C	Sehr langs. Abbinden; große Härte	Für Fußböden und Kunststeine

Zement

Art	Gewinnung	Verarbeitung	Eigenschaften, Verwendung
Portlandzement	3 Teile Kalkstein und 1 Teil Ton werden gemahlen und in Trommelöfen bis zum Beginn des Sinterns gebrannt. Die entstandenen Klinker werden unter Zugabe von geringen Mengen Gips zu Zementpulver gemahlen.	Zur Herstellung von Zementmörtel mischt man 1 Teil Portlandzement mit 2 bis 3 Teilen feinkörnigem Sand (Quarzsand) und gibt so viel Wasser zu, dass ein zäher Brei entsteht. Nicht mit Gips mischen! Mit zu wenig Wasser angemachter Zement haftet schlecht, zu nasser Zementmörtel fließt. Frisch angemacht reagiert er stark basisch.	Abbindezeit 3 bis 24 Stunden; volle Festigkeit nach 1 bis 2 Tagen; wird zum Füllen größerer Löcher und zum Befestigen von Stahlkonstruktionen verwendet; lang oder unsachgemäß gelagerter Zement wird unbrauchbar
Tonerdezement	Aus Kalk ($CaCO_3$) und Bauxit (Al_2O_3)	Erreicht bereits nach 24 Stunden seine volle Festigkeit und kann bei Temperaturen bis herab zu –10 °C verarbeitet werden	

W

Flussmittel

Aufgabe	Flussmittel sollen auf vorgereinigten Lötstellen die noch vorhandene Oxidschicht entfernen und die Bildung einer neuen Oxidschicht verhindern. Die Wirktemperatur der Flussmittel liegt unterhalb der Arbeitstemperatur (AT). Korrosionswirksame Rückstände müssen entfernt werden.		
Weichlöten	Stark korrodierend 3.2.2 (F-SW 11) 3.2.1 (F-SW 12)	Bedingt korrodierend 3.2.1 (F-SW 13), 3.1.1 (F-SW 21) 3.2.1 (F-SW 13), 3.1.1 (F-SW 21) 2.1.3 (F-SW 23), 2.1.2 (F-SW 25) 1.2.2 (F-SW 28)	Nicht korrodierend 1.1.1 (F-SW 31) 1.2.3 (F-SW 33)
Hartlöten	Wirktemperaturen von 550 °C bis 850 °C FH 10, FH 11, FH 12 Für Stahl und Hartmetalle	Wirktemperaturen von 600 °C bis 1 100 °C FH 20, FH 21, FH 30, FH 40 Für Metalle	Wirktemperaturen von 600 °C bis 900 °C FL 10, FL 20
Flussmitteltypen	Harze Kolophonium, ohne Kolophonium	organische wasserlösliche, nicht wasserlöslich	anorganische Salze, Säuren, alkalische

Schmiermittel und Kühlmittel

Schmiermittel

Art	Dichte ϱ in kg/dm³	Bemerkungen
für Feinmech. Motorenöl Getriebeöl	0,9 0,91 0,91	kleine Viskosität mittlere Viskosität große Viskosität
Getriebefett Wälzlagerfett	0,92 … 0,94 0,92	Schmierfette sind Aufquellungen von Metallseifen.
Feste Schmierstoffe Grafit (C), Molybdändisulfid (MoS_2), Talkum	 2,26 – 2,7	Werden meist anderen Schmiermitteln beigemischt

Kühlmittel

Art	Dichte ϱ in kg/dm³	spez. Wärmekapazität c in $\frac{kJ}{kg \cdot K}$	Verwendung
Flüssigkeiten Wasser Öl	 1 0,9	 4,187 1,884	Umlaufkühlung, Metallbearbeitung
Bohröl Bohremulsion	(Seife gelöst in Mineralöl) (Bohröl + Wasser)		
Gase Luft Wasserstoff	g/dm³ 1,293 0,09	 1,005 14,277	Gebläsekühlung, Konvektionskühlung, Umlaufkühlung

Leitungen und Kabel

Kurzzeichen	Beispiel	Aderzahl	Kurzzeichen	Beispiel	Aderzahl
JZ-602	 **Schleppkettensteuerleitung RC von Robotics Cable**	1	PUR	 **PUR-Spiralkabel**	2 … 5
LiYY	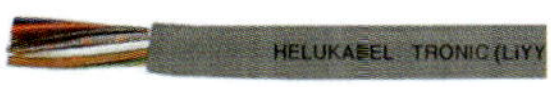 **PVC-Datenleitung**	2 … 100	FRNC	 **Doppeltgeschirmtes SAT-Koaxialkabel für Digital-TV**	1
H05V-K	 **PVC-Einzelader-Verdrahtungsleiter**	1	A-DF(ZN) 2Y4Y	 **LWL-Außenkabel**	2 … 144
SiHF	 **Silikon-Schlauchleitung**	2 … 25	UTP 4x 2x AWG	 **LAN-Kabel**	4x2
FZ-LSi	 **Leuchtröhrenleitung**	1	H05VV-F	 **PVC-Schlauchleitung**	2 … 5
HL-NV24 Niedervolt	 **Halogenleuchten-Leitung**	2	NYY	 **Energiekabel und Steuerkabel**	3 … 5
HL-NV480 Hochvolt	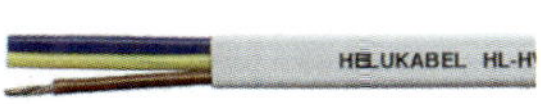 **Halogenleuchten-Leitung**	3	H05RR-F	 **Gummischlauchleitung**	2 … 5
NHXH-FE180	 **Sicherheitskabel, halogenfrei**	3	N2XSY	 **VPE-isoliertes Einleiter-Mittelspannungskabel**	1

Bei nicht genormten Leitungen sind die Herstellerbezeichnungen angegeben. www.lappkabel.de

W

Starkstromleitungen

Kennfarben der Adern von isolierten Starkstromleitungen und Kabeln

Aderzahl	Mehraderleitungen mit Schutzleiter	Mehraderleitungen ohne Schutzleiter
1	gnge, bl, sw oder weitere Farben, jedoch nicht gelb oder grün oder mehrfarbig	
2	gnge – sw (nur festverlegt ab 10 mm^2)	br – bl (flexibel, für Geräte Schutzklasse II)
3	gnge – br – bl	br – sw – gr
4	gnge – br – sw – gr	bl – br – sw – gr
5	gnge – bl – br – sw – gr	bl – br – sw – gr – sw
mehr als 5	gnge – sw mit Zahlenaufdruck 1, 2, 3, 4, 5 …	sw mit Zahlenaufdruck 1, 2, 3, 4, 5, 6 …

Klammerangaben enthalten Kurzzeichen nach IEC 757 bl (BU) blau, br (BN) braun, gnge (GNYE) grün-gelb, sw (BK) schwarz, gr (GY) grau (siehe Seite 244)

Buchstaben-Kurzzeichen für nicht harmonisierte isolierte Starkstromleitungen

W

Kurzzeichen	Bedeutung	Beispiel	Kurzzeichen	Bedeutung	Beispiel
A	Ader Aluminium	N4G**A** NYRAM**A**	PL	Pendelschnur (Pendel-Litze)	N**PL**
B BU	Bleimantel Bleimantel mit Umhüllung	N**B**UY NY**BU**Y	R RU	Rohrdraht Rohrdraht mit Umhüllung	NY**R**AMZ NY**RU**ZY
C	Abschirmung (C = kapazitiver Schutz)	NSH**C**ÖU	S SA SL SS St T TK	Sonderleitung Schnurleitung Schweißleitung sehr starke Ausführung statischer Schirm Leitungstrosse Theaterkabel	N**S**GAÖU N**SA** N**SL**F N**SS**HÖU (N)YM(St) N**T**M N**TK**
F	Flachleitung, feindrähtig Stegleitung	NI**F**LÖU NYI**F**			
FF	feinstdrähtig	NSL**FF**ÖU			
G	Gummi-Isolation	N2**G**SA	U	Umhüllung	NYR**U**ZY
H	Hochfrequenzschutz	N**H**YRUZY	V	Verdrehungsbeanspruchung, verdrehungssicher	NMH**V**ÖU
I	Stegleitung (Imputzleitung) Illuminationsleitung	NY**I**F N**I**FL	W Y	wetterfeste Tränkmasse wärmebeständige Leitung Kunststoffisolierung, Kunststoffmantel	NFY**W** NYFA**W** N**Y**IF NYBU**Y**
J	International gekennzeichneter grüngelber Schutzleiter	NYM-**J**			
K	Kabel, Leitung	NT**K**	Z	Zinkmantel Zwillingsader Zugentlastung	NYRAM**Z** NYFA**ZW** NYM**Z**
L LR	Leitung Leuchtröhrenleitung	NY**L** NY**LR**ZY			
M MA MZ	Mantelleitung Metallmantel aus Aluminium Metallmantel aus Zink	NY**M** NYRA**MA** NYRA**MZ**	E M Ö R U ÖU	eindrähtig mehrdrähtig öl- und benzinbeständig gerillter Metallmantel flammwidrig, hitzefest ölbeständig und flammwidrig	– NYM2x10**M** NSSH**ÖU** NYRUZY**R** NSSH**ÖU** NIFL**ÖU**
N	Genormte Leitung	**N** …			
O	Leitung ohne grüngelben Schutzleiter	NYM-**O**	W 4	erhöhte Wärmebeständigkeit wärmebest. Gummimischung	NYFA**W** N**4**GA

Angabe, ob Schutzleiter vorhanden

Anhang bei Leitung mit Schutzleiter	Anhang bei Leitung ohne Schutzleiter
Nach DIN VDE 0250: Anhang – J	Nach DIN VDE 0250: Anhang – O
Nach DIN VDE 0281/0282: Anhang – G	Nach DIN VDE 0281/0282: Anhang – X

Beispiele:

NYM-J 3X2,5: Mantelleitung 3 x 2,5 mm^2

H07RN-F4G1,5: Schwere Gummischlauchleitung 4 x 1,5 mm^2

Hinweis:

Nach DIN VDE 0100-410 (2017-01) muss in Niederspannungsanlagen jeder Stromkreis einen geerdeten Schutzleiter enthalten, also bei Mehraderleitungen eine grüngelbe Ader. Leitungen zur festen Verlegung gibt es meist nur mit Schutzleiter.

Starkstromleitungen

Schlüssel für harmonisierte Starkstromleitungen

Kennzeichen der Bestimmung
- Harmonisierte Bestimmung — H
- Anerkannter nationaler Typ — A

Bemessungsspannung (Nennspannung) U_0/U
- 100/100 V — 01
- 300/300 V — 03
- 300/500 V — 05
- 450/750 V — 07

Isolierwerkstoff
- PVC — V
- Natur- und/oder Styrol-Butadienkautschuk — R
- Silikon-Kautschuk — S

Mantelwerkstoff
- PVC — V
- Natur- und/oder Styrol-Butadienkautschuk — R
- Polychloroprenkautschuk — N
- Glasfasergeflecht — J
- Textilgeflecht — T

… **Bemessungsquerschnitt des Leiters**

Schutzleiter
- X — ohne Schutzleiter
- G — mit Schutzleiter (grün-gelbe Ader)

… — **Aderzahl**

Leiterart
- D — feindrähtig für Schweißleitungen
- E — feinstdrähtig für Schweißleitungen
- U — eindrähtig
- R — mehrdrähtig
- K — feindrähtig bei Leitungen für feste Verlegung
- F — feindrähtig bei flexiblen Leitungen
- H — feinstdrähtig bei flexiblen Leitungen
- Y — Lahnlitze (Litze aus dünnen Flachdrähten)

Besonderheiten im Aufbau
- H — flache, aufteilbare Leitung
- H2 — flache, nicht aufteilbare Leitung

Beispiele:

H07V-U 1,5 BK (NYA) Kunststoffaderleitung, 1,5 mm², schwarz

H05V-K 0,75 BN (NYAF) Kunststoffverdrahtungsleitung, feindrähtig, 0,75 mm², braun

Anerkannte nationale Typen isolierter Leitungen erhalten anstelle des Anfangsbuchstabens H den Buchstaben A.

Beispiel: A07RN-F 3 x 2,5 (NMHÖU)

Leitungen für feste Verlegung

Kurzzeichen	Bezeichnung U_0/U	Aufbau der Leitung	Aderzahl, Querschnitt in mm²		Verwendung
Kunststoffaderleitung					
H07V-U H07V-R H07V-K	PVC-Aderleitung (Verdrahtungsleitung) 450/700	eindrähtig, ein- oder mehrdrähtige oder feindrähtige Leiter, Kunststoffisolierhülle feindrähtig für feste Verlegung	1 x 1,5 bis 1 x 16 1 x 6 bis 1 x 400 1 x 1,5 bis 1 x 240		Bei geschützter Verlegung in Geräten sowie in und an Leuchten; zugelassen für Verlegung in Rohren, auf und unter Putz Betriebstemperatur bis 90 °C.
Mantelleitungen					
NYM	PVC-Mantelleitung 300/500	PVC-isolierte Kupferleiter, Adern verseilt, Füllmantel, Kunststoffaußenmantel Bei hoher Personenkonzentration besser NHX MH verwenden (folgende Seite)	1 x 1,5, 3 bis 12 x 1,5 1 x 2,5, 3 bis 5 x 35		In allen Räumen für feste Verlegung über, unter, in und auf Putz
Stegleitungen					
NYIF NYIFY	Stegleitung 230/400	PVC-isolierte Kupferleiter, Adern mit Abstand flach nebeneinander gelegt, gemeinsamer Steg aus Gummi (F) oder Kunststoff (FY)	3 x 1,5 bis 5 x 1,5 3 x 2,5 bis 5 x 2,5 3 x 4,0 bis 4 x 4,0		In trockenen Räumen für feste Verlegung in oder unter Putz Nicht zulässig in Holzhäusern und landwirtschaftlichen Gebäuden
Kunststoff-Fassungsadern					
H05V-U H05V-K	PVC-Verdrahtungsleitung 300/500	eindrähtiger Kupferleiter, Kunststoffisolierhülle feindrähtig	1 1	0,5 bis 1 1	In allen Räumen für feste Verlegung über, unter in und auf Putz in Rohren

U_0 Spannung zwischen Außenleiter und Erde; U Spannung zwischen zwei Außenleitern;
U_0/U Spannungsverhältnis, wird hier Bemessungsspannung (Nennspannung) genannt

W

Weitere Leitungen für feste Verlegung

Kurzzeichen	Bezeichnung	Aufbau der Leitung	Aderzahl	Querschnitt in mm^2	Nennspannung U_0/U	Verwendung
Kunststoff-Leuchtröhrenleitungen						
NYL	PVC-Leuchtröhrenleitung	Blanker, feindrähtiger Cu-Leiter, Kunststoffisolierhülle, gelb	1	1,5	4/8 kV	Für feste Verlegung in Leuchtröhrenanlagen (Buchstabenleitung)
NYLC	Geschirmte Leuchtröhrenleitung	Wie NYL, mit Außenbeflechtung aus verzinnten Cu-Drähten, mit Beidraht	1	1,5	4/8 kV	In Räumen mit Hochfrequenzanlagen
Leitungen für feste Verlegung mit Gummiisolation oder Silikonisolation						
H05S-U H05S-K	Silikonaderleitung mit erhöhter Wärmebeständigkeit, ohne Beflechtung	Einadriger Kupferleiter, Isolierhülle aus Silikon Feindrähtiger Kupferleiter, Isolierhülle aus Silikon	1	0,5 bis 2,5	300/500 V	Bei erhöhten Umgebungstemperaturen zur festen Verlegung in und an Leuchten und in Geräten; Verlegung in Rohren auf oder unter Putz
H05Z-K H07Z-K	Aderleitung, Isolierung vernetztes Polymer	Feindrähtige Aderleitung halogenfrei, selbstverlöschend, schwache Rauchentwicklung	1	bis 1 bis 1,5 bis 70	300/500 V 450/750 V 0,6/1 kV	Verdrahtung von Schaltanlagen, Verteilern, Geräten und Leuchten; zulässige Betriebstemperatur am Leiter 90 °C
N7YA N7YAF	ETFE-Aderleitung mit erhöhter Wärmebeständigkeit	Eindrähtiger Kupferleiter Feindrähtiger Kupferleiter	1 1	0,25 bis 6	450/750 V	Bei Umgebungstemperaturen > 55 °C; Leitertemperatur bis 135 °C; Leitungen in Betriebsmitteln und in Rohren
NIFLÖU	Illuminationsflachleitung	Feindrähtiger, verzinnter Cu-Leiter, Gummihülle, 2 Adern flach in rechteckigem Gummimantel (Adernabstand 7 mm)	2	1,5	300/500 V	Im Freien für freitragende Verlegung außerhalb des Handbereichs zum Anschluss von Illuminationsfassungen bei geringer mech. Beanspruchung
NHXH FE	Sicherheitskabel für Niederspannung	Kupferleitung mit teils keramikhaltiger Isolation	1 bis 24	1 bis 400	0,6/1 kV	Besonderer Schutz gegen Feuer und Brandschäden; halogenfrei; FE, Flammeinwirkung bis 750 °C
NHXMH	Starkstromleitung	Kupferleitung, Aderisolation aus PE; ersetzt in öffentlichen Räumen mit vielen Personen, z. B. Bahnhöfen, die Mantelleitung NYM (DIN VDE 0250-214)	3 bis 24	1,5 bis 10	300/500 V	Feste Verlegung; halogenfrei, selbstverlöschend, schwache Brandfortleitung, schwache Rauchentwicklung; zulässige Betriebstemperatur am Leiter 70 °C
N2XH	Niederspannungskabel	Kupferleiter, Aderisolation aus PE	1 bis 4	4 bis 240	0,6/1 kV	Feste Verlegung; halogenfrei, selbstverlöschend, schwache Brandfortleitung, schwache Rauchentwicklung; zulässige Betriebstemperatur am Leiter 90 °C
NYPLYW	Pendelschnur mit erhöhter Wärmebeständigkeit	Feindrähtiger Cu-Leiter, Isolierhülle aus PVC; Bis 90 °C Leitertemperatur	2 bis 4	0,75	230/400 V	Für Schnur- und Zugpendel sowie für feste Verlegung in und an Leuchten

U_0 Spannung zwischen Außenleiter und Erde; U Spannung zwischen zwei Außenleitern; U_0/U Spannungsverhältnis, wird hier Bemessungsspannung (Nennspannung) genannt; ETFE Ethylen-Tetrafluorethylen

Leitungen zum Anschluss ortsveränderlicher Betriebsmittel

Kurzzeichen	Bezeichnung	Aufbau der Leitung	Aderzahl	Querschnitt in mm^2	Nennspannung U_0/U	Verwendung
Zwillingsleitungen						
H03VH-Y	Leichte Zwillingsleitung	Zweiadrig, Isolierhülle über beide Leiter aus thermoplastischem Kunststoff.	2	etwa 0,1	300/300 V	Zum Anschluss besonders leichter Handgeräte, z. B. elektrischer Rasierapparate
H03VH-H	Zwillingsleitung	Wie H03VH-Y	2	0,5 und 0,75	300/300 V	Bei sehr kleiner mechanischer Beanspruchung in Haushalten, Büroräumen und Küchen für leichte Handgeräte
Gummischlauchleitungen						
H05RN-F	Gummischlauchleitung, leichte Ausführung	Verzinnte feindrähtige Kupferleiter, Trennschicht um den Leiter erlaubt, Isolierhülle aus Gummi, gummiertes Gewebeband um jeden Leiter zulässig, Mantel aus Gummi	2 bis 5	0,75 bis 2,5	300/500 V	Bei kleiner mechanischer Beanspruchung in Haushalt, Küche und Büroräumen für leichte Handgeräte (Staubsauger, Bügeleisen, Küchengeräte, Lötkolben, Toaster) und in Möbeln
H07RN-F	Gummischlauchleitung, schwere Ausführung	Feindrähtige Kupferleiter, Trennschicht über Leiter, bei verzinnten Leitern nicht erforderlich; Isolierhülle aus Gummi, gummiertes Gewebeband um jede Ader zulässig; Mantel aus Polychloropren.	1	1,5 bis 400	450/750 V	Bei mittlerer mechanischer Beanspruchung in trockenen u. feuchten Räumen, im Freien, in explosionsgefährdeten Betrieben, z. B. für große Kochkessel, Heizplatten, Handleuchten, Elektrowerkzeuge, Heimwerkergeräte; auch fest verlegbar, z. B. in Möbeln
			2	1 … 25		
			3 und 4	1 bis 95		
			5	1 … 25		
Kunststoffschlauchleitungen						
H03VV-F	Leichte Kunststoffschlauchleitung (runde Ausführung)	Blanker, feindrähtiger Kupferleiter, Kunststoffisolierhülle, Außenmantel rund	2 und 3	0,5 und 0,75	300/300 V	Bei geringer mechanischer Beanspruchung in Haushalten, Küchen und Büroräumen, für leichte Handgeräte, z. B. für Rundfunkgeräte, Tischleuchten, Stehleuchten, Büromaschinen
H03VVH2-F	Flache Ausführung	Außenmantel flach				
H05VV-F	Mittlere Kunststoffschlauchleitung	Isolierhülle über jedem Leiter, Zwickelfüllung, Trennschicht um die verseilten Adern zulässig, Kunststoffmantel	2 bis 5	1 bis 2,5	300/500 V	Bei mittlerer mech. Beanspruchung in Haushalten, Küchen und Büroräumen, für Hausgeräte auch in feuchten Räumen, z. B. Waschmaschinen, Kühlschränke, Heimwerkergeräte
Silikon-Aderschnüre						
N2GSA	Silikon-Aderschnur	Feindrähtige Cu-Leiter, Isolierhülle aus Silikon	2 und 3	0,75 bis 1,5	300/300 V	Bei geringer mechanischer Beanspruchung in Hausgeräten und in gewerblichen Betrieben
Sonstige Leitungen zum Anschluss ortsveränderlicher Stromverbraucher						
H01N2-D	Schweißleitung	Blanker, feindrähtiger Cu-Leiter, Gewebeband, Gummimantel	1	16 bis 120 und 25 bis 70	100/200 V	Hochbewegliche Elektrodenanschlussleitung an Schweißgeräten
NFLG	Gummischlauchleitung mit Tragorgan	Feindrähtiger umsponnener Cu-Leiter, Gummiisolierhülle, Gewebeband, Tragorgan aus Faserstoff	ab 6	0,75 bis 6	300/500 V	Aufzugs- und Förderanlagen, Leitungen an Werkzeugmaschinen, in Innenräumen und feuchten Räumen

U_0 Spannung zwischen Außenleiter und Erde, U Spannung zwischen zwei Außenleitern,
U_0/U Spannungsverhältnis, wird hier Nennspannung (Bemessungsspannung) genannt.

W

Leitungen und Kabel für Melde- und Signalanlagen

Schlüssel der Leitungen und Kabel für Melde- und Signalanlagen

A-	2Y	C	Y	X	P	A
Typ	Isoliermaterial der Ader	Schirm	Material von Mantel/Schutzhülle	Verseil-Elemente, Aderzahl, Durchmesser in mm	Verseilart, Anordnung	Bewehrung

Es werden meist nicht alle Positionen angegeben.

Kurzzeichen	Bedeutung	Kurzzeichen	Bedeutung	Kurzzeichen	Bedeutung
Typ		3Y 4Y 5Y 8Y 9Y 11Y, PUR	Polystyrol PS Polyamid PA Polytetrafluor-ethylen PTFE Polyimid PJ Polypropylen PP Polyurethan PU	**Mantel, Schutzhülle**	
A- FL- J- (sprich i) Li- Lif- RG- S-	Außenkabel Flachleitung Installations-leitung Litzenleiter hochflexibel Koaxialleitung Schaltkabel	**Schirm**		Y, 2Y ... G, 26 bis 86 H L M	siehe Isolier-material Gummi halogenfrei Aluminium Bleimantel
Isoliermaterial		C oder Cb (K) (L) (mS) (St)	Kupfergeflecht Cu-Band über PE-Mantel Aluminiumband Stahlband statischer Schirm	**Verseilart, Anordnung**	
Y Yu Yw 2Y 02Y oder 2X 2HX	PVC (Polyvinylchlorid) PVC, flammwidrig PVC, wärme-beständig PE (Polyethylen) VPE (vernetztes PE) VPE, flammwidrig	**Bewehrung**		P St, Stl bis StVI	Paarverseilung Sternvierer (nach Frequenz ansteigend)
		A B	Al-Drähte Stahlband	Bd Lg rd se	Bündelverseilung Lagenverseilung rund sektorförmig

W

Leitungen und Kabel für Melde- und Signalanlagen zur festen Verlegung

Kurzzeichen	Bedeutung	Aufbau	Verwendung
Y	Kunststoff-Aderleitung (Installationsdraht)	Ader: Cu-Draht 0,6 mm oder 0,8 mm, PVC-Isolierung oder PE-Isolierung 1 Ader oder verseilt 2 bis 4 Adern	In trockenen Räumen zur festen Verlegung in Isolationsrohren aP und uP
YR	Kunststoff-Mantelleitung	Ader: Cu-Draht, ∅ 0,8 mm, Isolierung wie bei Y, Mantel aus PVC oder PE, 2 bis 24 Adern	In trockenen und feuchten Räumen zur festen Verlegung aP und uP
YRE	Schwachstrom-Erdkabel	Aufbau wie YR, aber verstärkter Mantel; Aderzahl 4 bis 16	Wie YR und zusätzlich zur Verlegung im Erdboden
IFY	Klingel-Stegleitung	Ader: Wie bei Y 2 oder 3 Adern	In trockenen Räumen zur festen Verlegung iP und uP
A 2Y (St) 2Y	Außen-Kunststoffkabel	Aufbau wie bei YRE Aderzahl 2 x 2 bis 100 x 2	Zur festen Verlegung oberirdisch und unterirdisch
J-Y (St) Y	Installations-Kunststoffkabel	Adern wie bei Y, Aufbau wie YR, aber verstärkter Mantel mit Schirm; Aderzahl 2 x 2 bis 80 x 2.	Wie YR Qualitätsleitung, z. B. für KNX-TP
JE-Y (St) Y	Installations-leitung	Aufbau wie YR, aber verstärkter Mantel mit Schirm	Wie J-Y(St)Y bei erhöhten Anforderungen
YCYM	Installations-Kunststoffkabel mit Cu-Schirm	Aufbau wie J-Y (St)Y, aber mit Cu-Schirm	Wie JE-Y(St)Y, z. B. für KNX-TP mit 2 x 2 x 0,8

aP auf Putz; iP im Putz; uP unter Putz.

Leitungen in Datennetzen

Aufbau und Art der Leitungen

Art	Aufbau, Daten	Bemerkungen
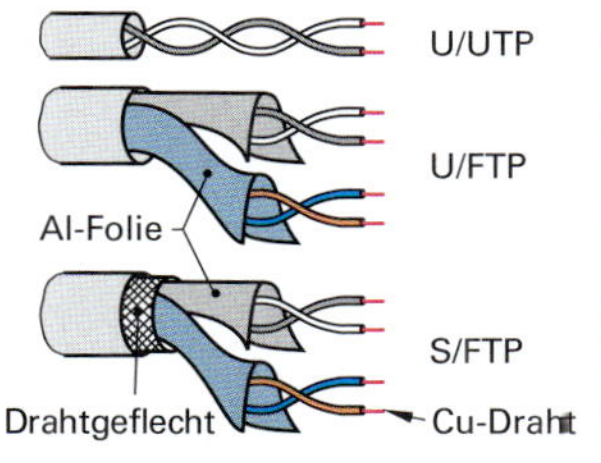 **Doppelader-Leitungen Twisted Pair**	Geschirmte Doppelader U/FTP, ungeschirmte Doppelader U/UTP, Leitung mit Gesamtschirm und mit Doppelader-Schirmung S/FTP, Leitung mit Gesamtschirm aber ohne Doppelader-Schirmung F/UTP. Leitungen enthalten mehrere Doppeladern, je nach Qualität in 7 Kategorien. P von Pair, S von Shielded, T von Twisted, U von Unshielded, F von foiled. Leitungslänge ≤ 25 m bis ≤ 100 m, Wellenwiderstand 85 Ω bis 115 Ω.	Baumförmige oder sternförmige Punkt-zu-Punkt-Verbindung Bei Ethernet Anschluss ab einem Repeaterport (oder Hub) zur Ethernet-Karte des PC oder zu einem Mini-Receiver U/UTP bzw. U/FTP **Anwendungsbeispiel:** Twisted-Pair-Ethernet (100 BASE-T, 1 000 Base-T)
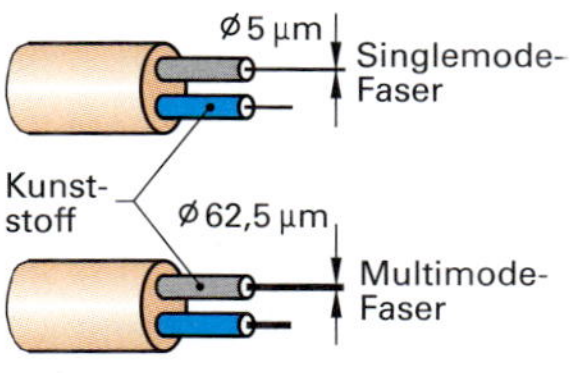 **Doppelfaserkabel**	Multimode-Doppelfaserkabel (Mm) oder Singlemode-Doppelfaserkabel (Sm); baumförmige oder sternförmige Punkt-zu-Punkt-Verbindung Anschluss an zwei Repeater-Ports, meist Verwendung für Primärverkabelung Anwendung z.B. bei Faseroptik-Ethernet (LWL-Ethernet)	Art / Faser / Leitung: 10 BASE-F / Mm / ≤ 1 000 m 100 BASE-FX / Mm, Sm / ≤ 400 m 1 000 BASE-SX (850 nm) / Mm / ≤ 250 m 1 000 BASE-LX (1 300 nm) / Mm, Sm / ≤ 500 m, ≤ 2 000 m 10 GBASE-ER (1 550 nm) / Sm / ≤ 40 km
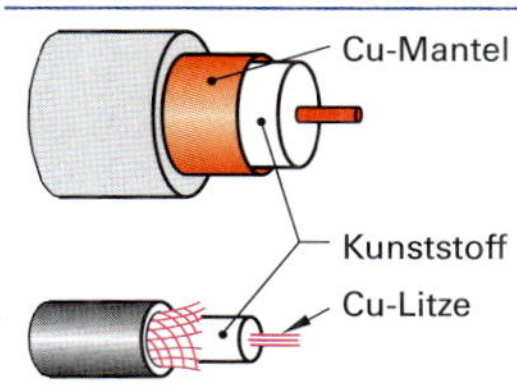 **Koaxialkabel**	Bei 10 BASE-5 Anschluss über Transceiver und Transceiverkabel an die Busleitung Bei 10 BASE-2 Anschluss über Einfach-Transceiver (T-Stück) und Transceiverkabel an die Busleitung oder über Thin-Wire-Dosen; Abschlusswiderstände notwendig. Thick-Wire-Ethernet für 10 BASE-5, Thin-Wire-Ethernet (Cheapernet) für 10 BASE-2	Wird für Neuanlagen nicht mehr verwendet Wellenwiderstand 50 Ω Bei 10 BASE-5 Teilnehmeranzahl ≤ 100, Leitungslänge ≤ 500 m Bei 10 BASE-2 Teilnehmeranzahl ≤ 30, Leitungslänge ≤ 185 m

U/FTP 100 BASE- T

T: Maximale Leitungslänge etwa (in 100 m) oder Kennbuchstaben, z.B. T (Twisted), F (Fibre = Faser), X (extended)

U/FTP: Name

100: Bitrate (etwa) in Mbit/s

U/F unshielded/foiled (ungeschirmt/foliengeschirmt); TP twisted pair (Doppelader)

Angabe der Leitungsqualität

Begriff	Erklärung	Daten
Kategorie 5 (Qualitätsstufe 5)	Leitung geeignet für Frequenzen bis 100 MHz und Bitraten bis 100 Mbit/s	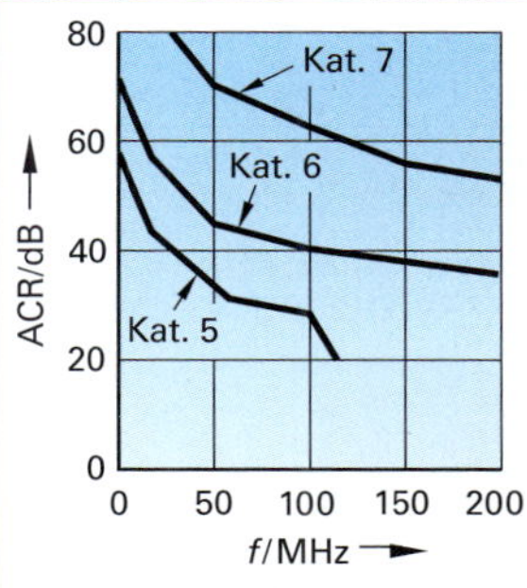 **Eignung von Datenleitungen**
Nebensprechen, Nebensprechdämpfung in dB (NEXT)	Unerwünschter Übergang des Signals von einer Doppelader zur nächsten	
ACR (Attenuation-to-Crosstalk-Ratio), Signaldynamik in dB	Verhältnis von Dämpfung zu Nebensprechen. ACR = A – NEXT	
Kategorie 6 (Qualitätsstufe 6)	Geeignet für Duplexbetrieb, Frequenz bis 250 MHz	
Kategorie 7 (Qualitätsstufe 7) (in Vorbereitung Kategorie 8)	Doppelte Bandbreite von Kat. 5; Unterstützt Gigabit-Ethernet; ACR-Wert mindestens 10 dB bei 600 MHz	

W

Code zur Farbkennzeichnung, Starkstromkabel

Code zur Farbkennzeichnung

Farbe	Kurzzeichen IEC 757	Kurzzeichen, üblich	Farbe	Kurzzeichen IEC 757	Kurzzeichen, üblich
Schwarz	BK (Black)	sw	Violett	VT (Violett)	vi
Braun	BN (Brown)	br	Grau	GY (Grey)	gr
Rot	RD (Red)	rt	Weiß	WH (White)	ws
Orange	OG (Orange)	or	Rosa	PK (Pink)	rs
Gelb	YE (Yellow)	ge	Gold	GD (Gold)	–
Grün	GN (Green)	gn	Türkis	TQ (Turquoise)	tk
Blau	BU (Blue)	bl	Silber	SR (Silver)	–

Starkstromkabel

Kurzzeichen	Bezeichnung	Verwendung
Kabel mit Isolation und Mantel aus Kunststoff		
NYY	Kabel mit Isolierung und Schutzhülle aus PVC	Innenräume, Kabelkanäle, Erde
NAYY	Wie NYY, jedoch Leiter aus Aluminium	Schaltanlagen in Kraftwerken u. ä.
NYCY	Wie NYY mit konzentrischem Mittelleiter unter Schutzhülle	Hausanschluss, Straßenbeleuchtung
NYCWY	Wie NYY mit mehrdrähtigem Kupferleiter und wellenförmig aufgebrachtem konzentrischem Leiter	Meist in Ortsnetzen
NYSY	Wie NYY mit Kupferschirm unter der Schutzhülle	Bei schwierigen Verlegeverhältnissen, Schachtanlagen, Seekabel
NYFGbY	Wie NYY mit Flachdrahtbewehrung und Gegenwendel aus Stahlband	
2XFGY	Kabel mit Isolierung aus vernetztem PE und Schutzhülle aus PVC	Seekabel, bei rauen Betriebsbedingungen
NA2XS(F)2Y	Kabel mit Abschirmung	Erdkabel für Industrienetze
Kabel mit glattem Aluminiummantel		
NKLY	Kabel mit Aluminiummantel und Kunststoffschutzhülle	Kabel in Ortsnetzen für Niederspannung
NKLDEY	Wie NKLY; Al-Mantel mit Dehnungselementen u. Kunststofffolie	
NAKLDEY	Wie NKLDEY, jedoch mit Aluminiumleitern	
NHEKLY	Dreimantel-H-Kabel mit Al-Mantel und Kunststoffschutzhülle	
Kabel mit Kunststoffisolation und Bleimantel		
NYK	Kabel mit Kunststoffisolierung und blankem Bleimantel	Energie- und Steuerkabel in Kraftwerken und Schaltanlagen
NYKA	Wie NYK, aber mit äußerer Schutzhülle	
NYKY	Wie NYK, aber mit äußerer Schutzhülle aus Kunststoff	
NYKFGbY	Wie NYKY, aber mit Flachdrahtbewehrung und Gegenwendel aus Stahlband	Tankstellen und Raffinerien

Kennzeichnung der Adern in mehr- und vieladrigen Kabeln

vgl. DIN-VDE 0293-308

Zahl der Adern	Kabel mit Schutzleiter	Kabel ohne Schutzleiter	Kabel mit konzentrischem Leiter
2	gnge/sw (ab 10 mm^2)	bl/br	bl/br
3	gnge/bl/br	br/sw/gr	br/sw/gr
4	gnge/br/sw/gr	bl/br/sw/gr	bl/br/sw/gr
5	gnge/bl/br/sw/gr	bl/br/sw/gr/sw	bl/br/sw/gr/sw
6 und mehr	gnge/weitere Adern sw mit Zahlenaufdruck	Adern schwarz mit Zahlenaufdruck	Adern schwarz mit Zahlenaufdruck

Farbkurzzeichen: gnge = grün-gelb, bl = blau, br = braun, sw = schwarz, gr = grau
Bei Kabeln mit massegetränkter Papierisolierung gilt naturfarben als braun und grün-naturfarben als grün-gelb.

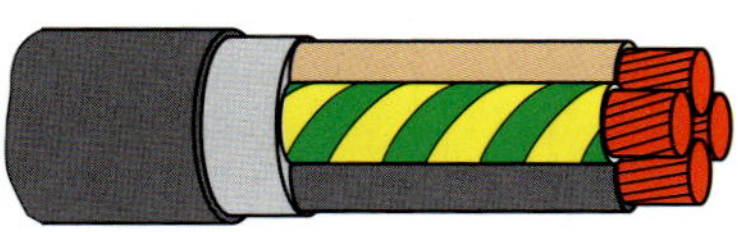

Kabel NYY

Kabel NAYCWY

W

Steckvorrichtungen der Energietechnik

Steckvorrichtungen in Installationen

System, Marktname	Schuko	Perilex		„IEC-, EUROPA (CEE)-, RUND-, INDUSTRIESTECKVORRICHTUNGEN"											
Typische Form der Steckdose	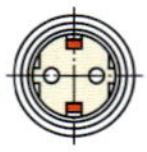		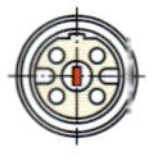					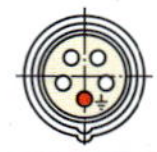							
Empfohlene Kernfarbe	–			Violett		Blau		Rot							
Phasen, Stromstärke	1 16 A	3 N 16 A	3 N 25 A	1 16 o. 32 A		1 16 o. 32 A		3 N 16 bis 125 A				3 16 bis 125 A			
Polzahl	2 P + PE	3 P + N + PE		zweipolig 2 P		dreipolig 2 P + PE		fünfpolig 3 P + N + PE				vierpolig 3 P + PE			
Bemess.spg. Frequenz 50 Hz	250 –	400/230 V –		bis 50 V –		230 V –		400 V/230 V –				400 V –			
Bem.strom-stärke (A)	10/16	16	25	16	32	16	32	16	32	63	125	16	32	63	125
Klemmbereich (mm²)	1,5 ... 2,5	1,5 ... 4	2,5 ... 10	4 ... 2 x 6		1,5 ... 4	2,5 ... 10	1,5 ... 4	2,5 ... 10	6 ... 25	25 ... 70	1,5 ... 4	2,5 ... 10	6 ... 25	25 ... 70
Überstrom-schutz	Der Bemessungsstrom der vorgeschalteten Überstrom-Schutzeinrichtung darf den Bemessungsstrom der Steckvorrichtung nicht übersteigen.														
Vorzugs-weise Ver-wendung	Hausinstallation und ähnliche Zwecke			Industrielle und ähnliche Zwecke											
	Landwirtschaft, Baustellen	Hotels, Laboratorien, textilverarbeitende Betriebe, Großküchen		Landwirtschaft, Baustellen								Schifffahrt			

CEE-Industriesteckvorrichtung

Polzahl	Lage (Uhrzeigerstellungen) der Schutzkontaktbuchse zur Unverwechselbarkeitsnut									
3	Frequenz Hz Spannung V	50, 60 110 bis 130	50, 60 220 bis 240	50, 60 380 bis 415	50, 60 500	50, 60 750	50, 60[1]	Gleichstrom > 50 bis 250	Gleichstrom > 250	
	Lage der Schutzkontakt-buchse	 4 h	 6 h	 9 h	 7 h	 5 h	 12 h	 3 h	 8 h	
	Kennfarbe	gelb	blau	rot	schwarz	schwarz		blau		
4	Frequenz Hz Spannung V	50, 60 110 bis 130	50, 60 220 bis 240	50, 60 380 bis 415	60 440	50, 60 500	50, 60 750	50, 60[1]	100 bis 300 50 bis 440	> 300 bis 500 50 bis 440
	Lage der Schutzkontakt-buchse	 4 h	 9 h	 6 h	 11 h für Schiffe	 7 h	 5 h	 12 h	 10 h nicht für 63 A und 125 A	 2 h
	Kennfarbe	gelb	blau	rot	rot	schwarz	schwarz		grün	grün
5	Frequenz Hz Spannung V	50, 60, 110 bis 130	50, 60 127/220 bis 138/240	50, 60 220/380 bis 240/415	50, 60 500	50, 60 750	60 250/440			
	Lage der Schutzkontakt-buchse	 4 h	 9 h	 6 h	 7 h	 5 h	 11 h für Schiffe			
	Kennfarbe	gelb	blau	rot	schwarz	schwarz	rot			

[1] Alle Spannungen nach Trenntransformatoren

Internationale einphasige Steckvorrichtungen

Form	Verwendungsgebiet	Form	Verwendungsgebiet
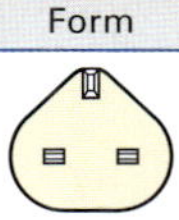	Alle Commonwealth-Länder, Afrika, Asien, Großbritannien, Mittlerer Osten (Kombistecksystem British Standard für Steckdosen mit Rund- und Rechteck-Kontaktöffnungen)	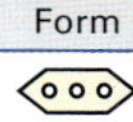	Italien
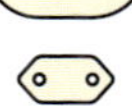	Europa, Südamerika, Afrika		Nord-/Mittel-/Südamerika, Japan, Süd-/Ost-Asien, Osteuropa
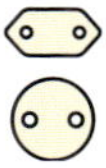	Hongkong, Indien, China, Großbritannien		Australien, Neuseeland, China u. a. (Kombistecksystem durch auswechselbaren Steckerstift für Steckdosen mit und ohne Kinderschutz)

W

Steckverbinder

Art	Ansicht, Kurzzeichen

Vierpolige oder mehrpolige Steckverbinder

Western-Typen

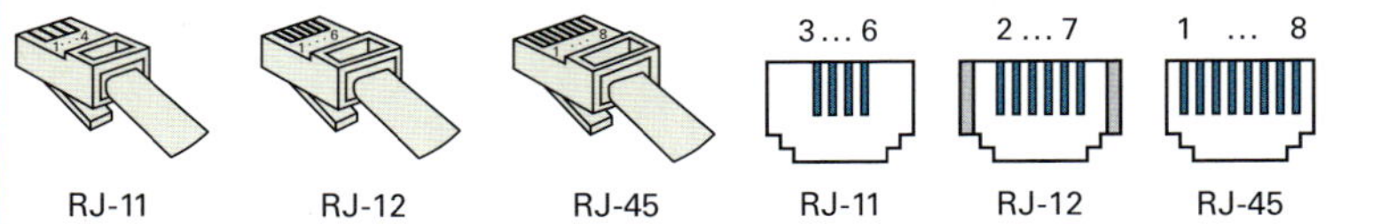

USB-Typen 2.0

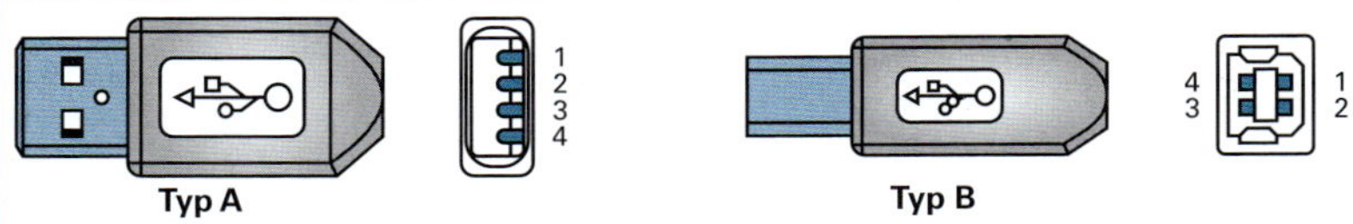

USB-Typen 3.0 mit 2.0

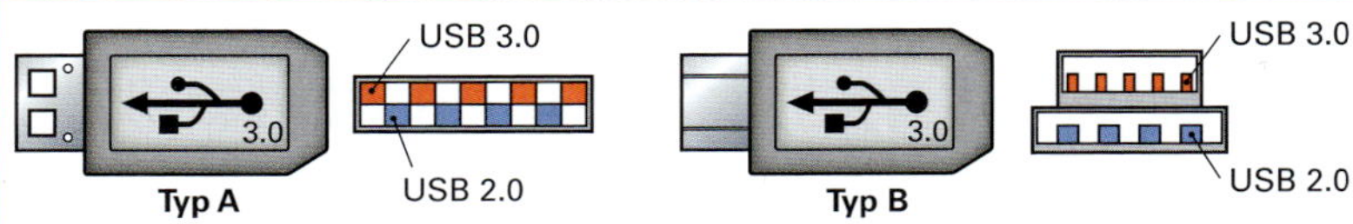

Firewire-Typen (IEEE 1394)

V-Typen, DB-Typen

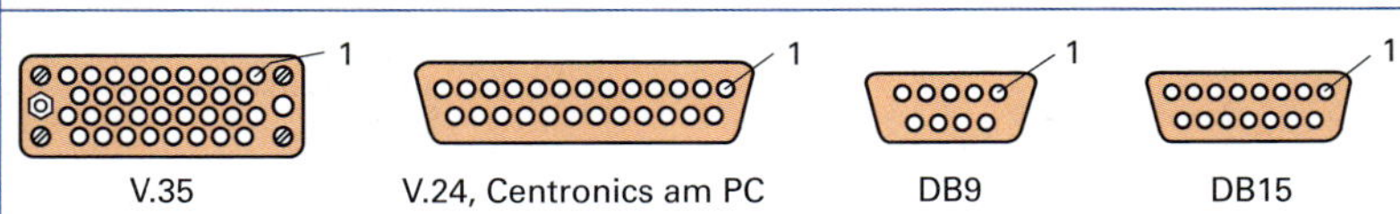

LWL-Steckverbinder

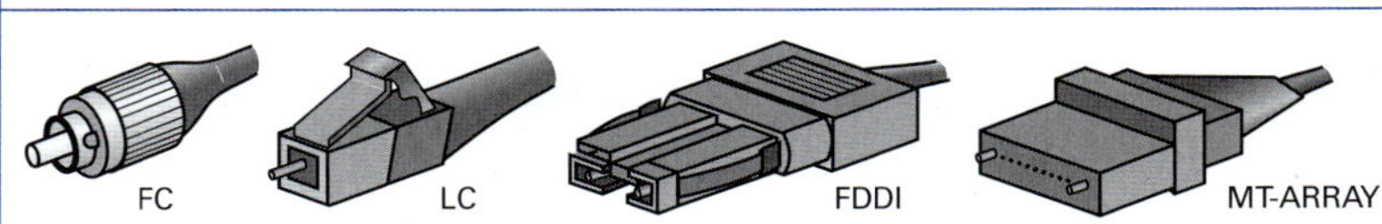

DIN-Typen (Buchsen)

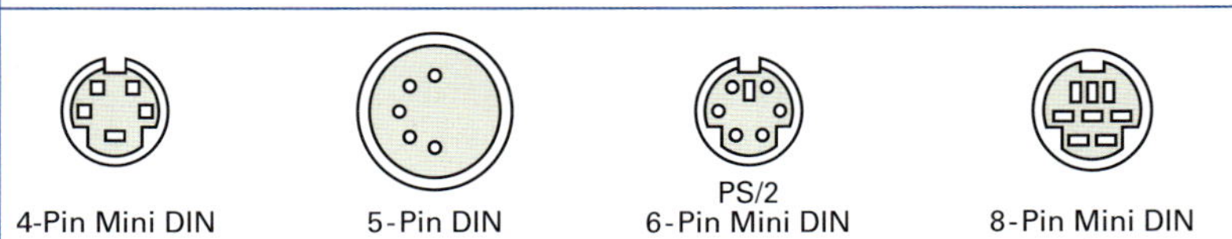

Einpolige oder zweipolige Verbinder

Koax-Typen und Twinax-Typ

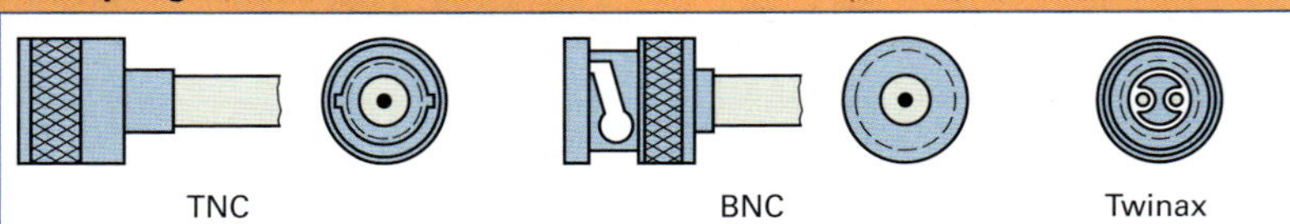

Glasfaser-Steckverbinder

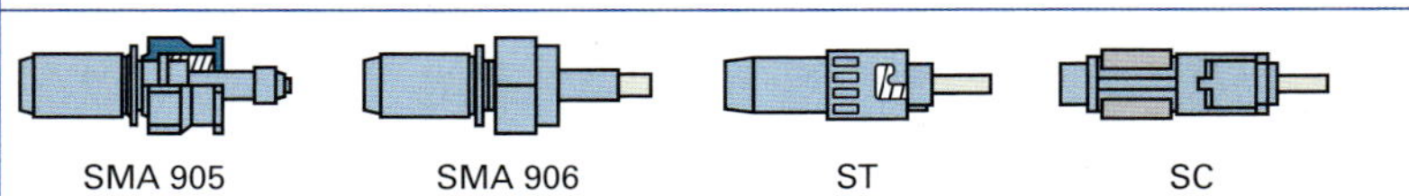

Bei Duplex-Leitungen sind zwei Stecker auf jeder Seite.

W

5 Bautechnik

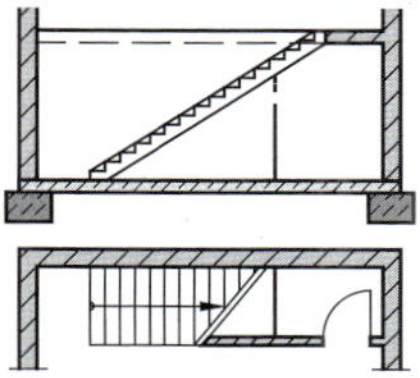

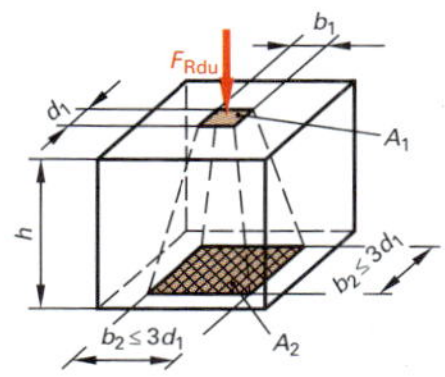

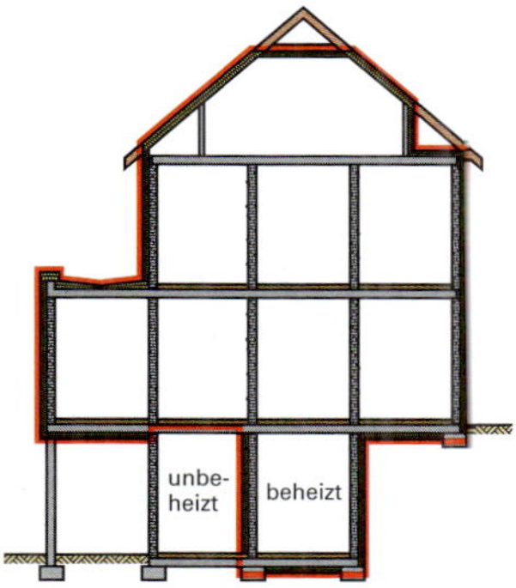

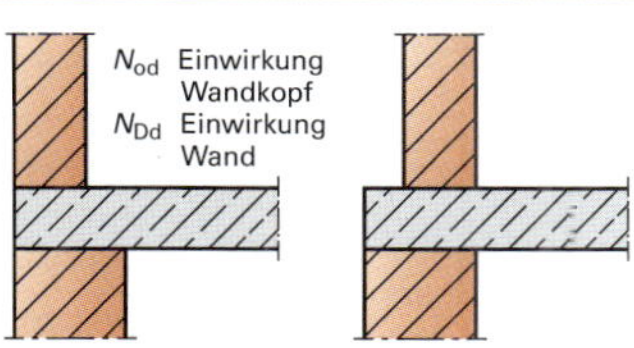

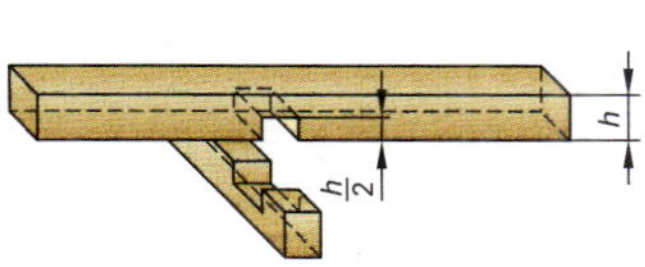

B

Kosten von Hochbauten

vgl. DIN 276

Kostenermittlung und Kostenüberprüfung sind im Bauwesen von großer Bedeutung. Als eine allgemeingültige Grundlage dienen die Kostengliederung nach DIN 276 und die Berechnungsgrundlagen für die Grundflächen und Rauminhalte im Bauwesen, Teil 1 Hochbau nach DIN 277-1. Beide DIN-Normen sind grundsätzlich miteinander verknüpft und schaffen einheitliche Begriffe, die mit der Neufassung der Wohnflächenverordnung (WoFlV) von 11/2003 vergleichbar sind. Mengen und Bezugseinheiten sind nach DIN 276 geregelt (früher DIN 277-3). Die DIN 283 „Wohnungen" wurde ersatzlos gestrichen. Die Berechnung der Flächen für den öffentlich geförderten Wohnungsbau muss nach der WoFlV durchgeführt werden. Privatrechtlich kann DIN 283 zugrunde gelegt werden.

- Kosten sind die Aufwendungen für Güter (z.B. Materialien, Gegenstände, Einbauteile) und Leistungen (z.B. des Architekten, der Ingenieure, der Bauschaffenden und die Spesen), einschließlich Mehrwertsteuer.
- Hochbauten sind alle aus Baustoffen und Bauteilen hergestellten und fest mit dem Baugrund verbundenen Anlagen.
- Baugrundstücke sind Flächen nach öffentlich-rechtlichen Vorschriften bebauter oder bebaubarer Grundstücke.
- Erschließung ist die Gesamtheit aller Maßnahmen, die zur baulichen Nutzung führen (z.B. Anschluss für Gas-, Wasser- und Stromversorgung, Verkehrsanschlüsse, Ausbau von Park-, Abstell- und Grünflächen).

Straßen- und Tiefbauvorhaben sind hier nicht erfasst.

Zuständig für die Aufgaben, die mit dem Bau, der Erneuerung oder der Unterhaltung der Straßen zusammenhängen, sind die Straßenbaulastträger – Bund, Länder, Landkreise, Städte, Gemeinden.

Kostengruppen

Kostengruppen

In einer Kostengruppe werden zusammengehörige Kosten nach den Kriterien der Planung zusammengefasst. Die Kostengruppen gliedern sich in der ersten Ebene (erste Ziffer) in folgende acht Kostengruppen:

- 100 Grundstück,
- 200 Vorbereitende Maßnahmen,
- 300 Bauwerk, Baukonstruktionen,
- 400 Bauwerk, Technische Anlagen,
- 500 Außenanlagen und Freiflächen,
- 600 Ausstattung und Kunstwerke,
- 700 Baunebenkosten,
- 800 Finanzierung.

Die Kostengruppen sind in der zweiten Ebene durch die zweite Ziffer und in der dritten durch die dritte Ziffer untergliedert.

Kosten des Baugrundstückes (Gruppe 100)

- Wert des Grundstückes
  richtet sich nach dem Verkehrswert zum Zeitpunkt der Kostenermittlung; ist abhängig von der Lage, der Grundstücksgröße, der Bebaubarkeit, der Verkehrslage, der Wohnlage, der Nachbarschaft von Gewerbefläche und Geschäftshäusern, den Umwelteinflüssen, der Erschließung

B

- Erwerb (Kauf) des Grundstückes
  beinhaltet auch alle Nebenkosten wie Maklergebühr, Gutachtergebühren, Grunderwerbssteuer, Gebühren für notarielle Beurkundungen, Kosten für Vermessungs- und Katasterunterlagen
- Freimachen des Grundstückes (rechtlicher, finanzieller Aspekt)
  bedingt Kosten für Miet- oder Pachtablösungen, Abfindungszahlungen, Beschränkung wie Wegerecht.

Kostengruppe Grundstück		
erste Ebene	zweite Ebene	dritte Ebene
100 Grundstück	110 Grundstückswert	
	120 Grundstückskosten	121 Vermessungsgebühren
		122 Gerichtsgebühren
		123 Notargebühren
		124 Grunderwerbskosten
		125 Untersuchungen
		126 Wertermittlungen
		127 Genehmigungsgebühren
		128 Bodenordnung
		129 Sonstiges zur KG 120

Kosten der Erschließung (Gruppe 200)

- Herrichtung des Grundstückes (sächlicher Aspekt, Dienstleistungen)
  bedingt Kosten für die Tätigkeiten wie Roden, Abtrennen von Versorgungsleitungen, genehmigte Abbrucharbeiten.
- Öffentliche Erschließung
  bedingt anteilige Kosten für die Herstellung von Wegen, Straßen, Versorgungsleitungen, Grünflächen und öffentliche Anlagen.
- Nicht öffentliche Erschließung
  bedingt Kosten, auch wenn ohne öffentlich-rechtliche Verpflichtung oder ohne Beauftragung Maßnahmen durchgeführt werden, um diese zu einem späteren Zeitpunkt in den Gebrauch der Allgemeinheit zu überführen.

Kosten für Hochbauten

vgl. DIN 276

Kostengruppen

Kostengruppe: Vorbereitende Maßnahmen		
erste Ebene	zweite Ebene	dritte Ebene (Beispiele)
200 Vorber. Maßnahmen	210 Herrichten	212 Abbruchmaßnahmen
		215 Kampfmittelräumung
	220 Öffentliche Erschließung	221 Abwasserentsorgung
		225 Stromversorgung

Kosten des Bauwerks (Gruppe 300)

- Baukonstruktionen bedingen Kosten für die Bauleistungen der gesamten Rohbau- und Ausbaumaßnahmen des Bauwerks einschließlich der Baustellereinrichtung.
- Besondere Bauausführungen bedingen Kosten z. B. für Aufwendungen für besondere Gründungen, Gebäudeabdichtungen und Luftschutzanlagen.

Bauwerk-technische Anlagen (Gruppe 400)

- für alle beweglichen oder festen technischen Anlagen, die zur Ingebrauchnahme des Bauwerks erforderlich sind.
- Installationen bedingen Kosten hinsichtlich lüftungstechnischer Anlagen, Heizungs- und Brauchwasseranlagen, Blitzschutzanlagen, elektrischer Kabel und Leitungsanlagen, Gas-, Wasser- und Abwasseranlagen, Fernmeldetechniken, sofern diese in das Objekt eingebaut werden.
- Zentrale Betriebstechnik bedingt Kosten für die Teile technischer Anlagen, die zum Betrieb der Installationen erforderlich sind, z. B. Behälter, Pumpen, Filter, Regeltechnik, Aufbereitungsanlagen, Rauchgasentstauber, Wärmetauscher, Raumlufttechnik, Abfallbeseitigungsanlagen.
- Betriebliche Einbauten bedingen Kosten für alle mit dem Bauwerk fest verbundenen Einbauten, z. B. feste Kücheneinrichtungen, Laboreinrichtungen und Einbauten im Zusammenhang mit den Installationen und der Betriebstechnik.

Kosten der Außenanlagen (Gruppe 500)

- z. B. Einfriedungen, Geländegestaltung, Geländeaufbereitung, Versorgungsanlagen auf dem Grundstück, Baukunst im Freien, Gartenzonen, Tiergehege, Verkehrsanlagen, Grünanlagen.

Kosten für zusätzliche Maßnahmen (Gruppe 600)

- die bei der Herstellung des Bauwerks verursacht werden, z. B. für besondere Sicherheitsmaßnahmen, Schutzmaßnahmen und Witterungseinflüsse. Gemäß DIN auch Kosten für besondere Ausstattung und Kunstwerke.

Baunebenkosten (Gruppe 700)

- für die Planung, Durchführung und Bauaufsicht gemäß Vergütungsgrundlage bzw. Baugebührenordnung sowie Gutachten, Beratung, Kunst am Bau, Finanzierung.

Kostenermittlung

Kostenschätzung – Kostenberechnung
Kostenplanung
Bedarfsangaben wie Flächengröße, Rauminhalte, Nutzungseinheiten, Planunterlagen, Erläuterungen

Kostenanschlag – Kostenfestsetzung
Kostenkontrolle
Finanzierung aus Eigenmitteln, Bauspardarlehen, Hypotheken, Steuervorteilen, Abschreibungen, Zuschüssen, Sonderdarlehen

Vergütungsgrundlage

- Honorarordnung für Architekten und Ingenieure HOAI
- Honorarzonen I ... V nach Planungsaufwand z. B. III Einfamilienhaus
- Landeshonorarordnung LHO Ministerialerlass für die Gebührenrechnung bei öffentlichen Bauvorhaben
- Gesonderte Gebührenordnungen
- Gebühren der öffentlichen Hand

Objektüberwachung (Bauüberwachung) nach HOAI § 15

(1) **Überwachen der Ausführung des Objektes** auf Übereinstimmung mit der Baugenehmigung
(2) **Überwachen der Ausführung von Tragwerken** auf Übereinstimmung mit dem Standsicherheitsnachweis
(3) **Koordinieren** der an der Objektüberwachung fachlich Beteiligten
(4) Überwachen und Detailkorrektur von Fertigteilen
(5) Aufstellen und Überwachen eines Zeitplanes (**Balkendiagramm**)
(6) Führen eines **Bautagebuches**
(7) **Gemeinsames Aufmaß** mit den bauausführenden Unternehmern
(8) **Abnahme der Bauleistungen** u. unter Feststellung von Mängeln
(9) **Rechnungsprüfung**
(10) **Kostenfeststellung** nach DIN 276 oder nach Wohnungsrecht
(11) Antrag auf **behördliche Abnahme** und Teilnahme daran
(12) **Übergabe des Objektes** einschließlich Zusammenstellung und Übergabe der erforderlichen Unterlagen
(13) Auflisten der **Gewährleistungsfristen**
(14) Überwachen der Beseitigung der **festgestellten Mängel**
(15) **Kostenkontrolle** durch Überprüfung der Leistungsabrechnung

B

Grundflächen

vgl. DIN 277

- Die Größe der Flächen ist in m^2 anzugeben. Waagerechte Flächen werden in ihren tatsächlichen Abmessungen gemessen. Schräg liegende Flächen z.B. Treppen, Rampen, Tribünen oder Zuschauerräume, werden in ihrer lotrechten Projektion auf eine gedachte waagerechte Ebene gemessen.

- Die Fläche des **Baugrundstückes** kann in bebaute und unbebaute Fläche aufgegliedert werden (UF = GF – BF).

- Als **bebaute Fläche** gilt die von Hochbauten bedeckte Grundstücksfläche, die sich aus der lotrechten Projektion der äußeren Abmessungen des Bauwerks auf die Grundstücksfläche ergibt.

- **Brutto-Grundfläche** eines Bauwerks ist die Summe der Grundfläche aller Grundrissebenen. Dabei wird die Berechnung für jede Grundrissebene getrennt durchgeführt. Für die Ermittlung der Brutto-Grundfläche jeder Grundrissebene sind die jeweiligen äußeren Abmessungen in Fußbodenhöhe maßgebend. Konstruktive und gestalterische Vor- und Rücksprünge bleiben unberücksichtigt.

- **Grundflächen** (sowohl Brutto-Grundflächen wie Netto-Grundflächen) werden nach Merkmalen der unterschiedlichen Raumumschließung getrennt ermittelt:

R	**Regelfall der Raumumschließung** (ehemals a, S. 251) Beispiel: Innenräume, Garagen
S	**Sonderfall der Raumumschließung** (ehemals b und c, S. 251) Beispiel: Loggien, Terrassen

- **Netto-Raumfläche** ist die nutzbare Grundfläche zwischen begrenzenden Bauteilen. Sie errechnet sich aus den lichten Fertigmaßen in Höhe des Fußbodens ohne Berücksichtigung von Fußleisten, Sockelleisten o.Ä. Die Grundflächen von Fensteröffnungen, Türöffnungen, Nischen und Aussparungen sind bei der Ermittlung der Grundrissfläche nicht einzubeziehen.

- **Konstruktionsfläche KGF** ist die Grundfläche der begrenzenden Bauteile sowie Stützen, Pfeiler, Schornsteine, Lichtschächte o.Ä. Die Grundflächen von Fensteröffnungen, Türöffnungen, Nischen und Aussparungen gehören zur Konstruktionsfläche.

- Die Grundflächen von Installations- und Aufzugsschächten mit einem lichten Querschnitt von über 1 m^2 werden den jeweiligen Ebenen der **Netto-Raumfläche** zugeordnet, auf denen sie begehbar sind. Ansonsten werden diese der KGF zugerechnet.

- **Nutzungsflächen** werden nach Zweckbestimmung und Nutzung unterteilt (z.B. als Kellerfläche, Wohnfläche, Bürofläche).

- Technikfläche ist die **Netto-Grundfläche** von Räumen der betrieblichen Anlagen wie Abwasseraufbereitungsanlagen, Abwasserbeseitigungsanlagen, Wasserversorgungsanlagen, Heizungsanlage, Anlagen für Lüftungen o.Ä.

- Verkehrsfläche ist die **Netto-Grundfläche**, die der Verkehrserschließung im Gebäude dient, z.B. Flächen von Treppenräumen, Fluren, Rampen, Dielen o.Ä.

B

Grundstücksfläche GF
- Bebaute Fläche BF
- Unbebaute Fläche UF
- Außenanlagenfläche AF

Brutto-Grundfläche BGF (=)
- Innen-Grundfläche IGF
- Netto-Grundfläche NGF
- Netto-Raumfläche NRF

Netto-Raumfläche NRF (+)
- Nutzungsfläche NUF
- Technikfläche TF
- Verkehrsfläche VF

Konstruktionsgrundfläche KGF
- Außenwand-Konstruktionsgrundfläche AKF
- Innenwand-Konstruktionsgrundfläche IKF
- Trennwandgrundfläche TGF

Grundflächen nach DIN 277

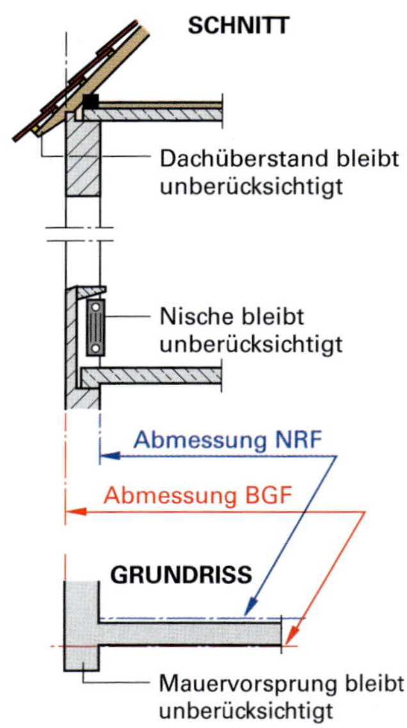

Begrenzungsmaße

Rauminhalte

vgl. DIN 277

- Der Rauminhalt ist in m³ anzugeben. Grundlage für die Berechnung der Rauminhalte sind die ermittelten Grundflächen. Der Brutto-Rauminhalt (BRI) von Bauwerken ergibt sich durch deren äußere Bezugsflächen als das Produkt der Brutto-Raumflächen mit der maßgeblichen Höhe. Die Höhe ist aus der nebenstehenden Tabelle zu entnehmen.

- Der Netto-Rauminhalt (NRI) ergibt sich aus den inneren Bezugsflächen. Für eine Beurteilung der Gebäudekosten reicht i. d. R. die Angabe des Brutto-Rauminhaltes aus. Konstruktive und gestalterische Vorsprünge und Rücksprünge sowie untergeordnete Bauteile (z.B. Kellerlichtschächte, Außentreppen, Kriechkeller, Dachüberstände, Lichtkuppeln, Dachgauben) bleiben unberücksichtigt. Merkmale der Umschließung sind nur gemäß Regelfall (R) oder Sonderfall (S) zu untergliedern.

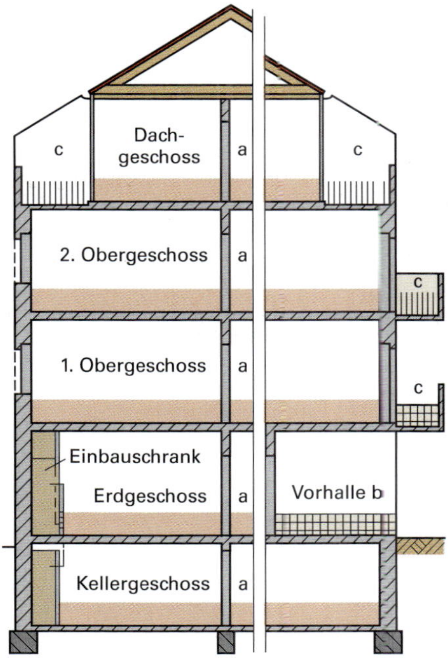

Merkmale der Umschließung und Überdeckung nach alter DIN 277

Im Gegensatz zur BauNVO (S. 256) werden nach DIN 277-1 alle vorhandenen Grundflächen erfasst, einschließlich der unterhalb der Geländeoberfläche. Im Bebauungsplan können Festsetzungen für das Maß der baulichen Nutzung für Teile baulicher Anlagen oberhalb und unterhalb der Geländeoberfläche getroffen werden.

Merkmale der Umschließung		
R	**Regelfall der Raumumschließung**	
a	Brutto-Rauminhalte von allseitig umschlossenen und überdeckten Bauwerken	
S	**Sonderfall der Raumumschließung**	
b	Brutto-Rauminhalte von nicht allseitig in voller Höhe umschlossenen, jedoch überdeckten Bauwerken	
c	Brutto-Rauminhalte von Bauwerken, die umschlossen, jedoch nicht überdeckt sind	
Als Höhe wird angesetzt		
a_1	im untersten Geschoss	**Höhe** = Raumhöhe + Dicke der begrenzenden unteren und oberen Bauteile
a_2	im Normalgeschoss	**Höhe** = Raumhöhe + Dicke des begrenzenden oberen Bauteils
a_3	im Dachgeschoss	**Höhe** = Raumhöhe + Dicke der begrenzenden unteren und oberen Bauteile
a_4	in Geschossen, deren Unterfläche zugleich Außenfläche ist	**Höhe** = Raumhöhe + Dicke der begrenzenden unteren und oberen Bauteile
b_1	im untersten Geschoss	**Höhe** = Raumhöhe + Dicke des unteren Bauteils (Decke/Sohle)
b_2	zwischen allseitig umschlossenen und überdeckten Geschossen	**Höhe** = Raumhöhe
b_3	in Geschossen, unter nicht allseitig umschlossenen Geschossen, und in Geschossen, deren Unterfläche zugleich Außenfläche ist	**Höhe** = Raumhöhe des oberen Bauteils (Decke/Dach)
b_4	in Geschossen, unter nicht allseitig umschlossenen Geschossen	**Höhe** = Raumhöhe + Dicke der begrenzenden unteren und oberen Bauteile (Decken)
b_5	in eingeschossigen Bauwerken	**Höhe** = Raumhöhe + Dicke der begrenzenden unteren und oberen Bauteile
c_1	über einem Geschoss	**Höhe** = lichte Höhe des umschließenden Bauteils
c_2	auskragende Teile	**Höhe** = Gesamthöhe des umschließenden Bauteils
c_3	unterer Balkon	**Höhe** = Raumhöhe + Dicke der begrenzenden Bauteile

B

Rauminhalte

vgl. DIN 277

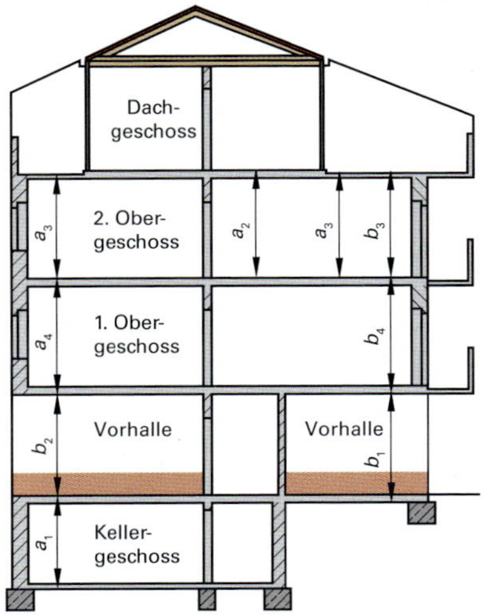

Brutto-Rauminhalte nach Merkmal ⓐ und ⓑ

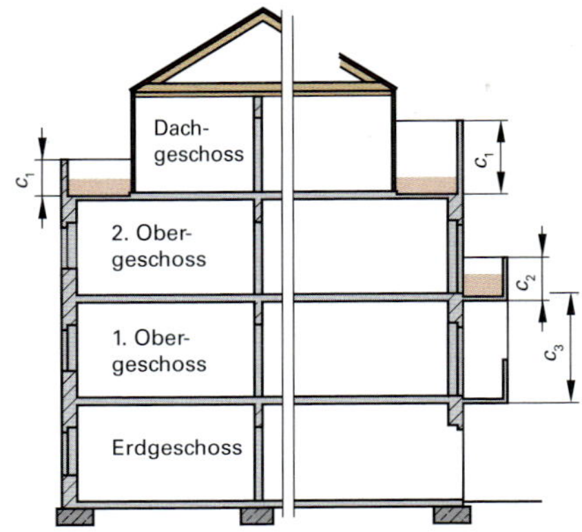

Brutto-Rauminhalte nach Merkmal ⓒ

Wohnungen und Wohnflächen

Eine Wohnung ist die Summe der Räume, die zur Erfüllung eines Haushaltes gehören. Unterschieden werden:

- Wohn- und Schlafräume mit mindestens 10 m²
- Küchen oder Wohnküchen, Letztere mit mindestens 12 m²
- Diele, Windfang, Vorraum, Flur, beheizte Wintergärten mit höchstens 6 m²

Berechnet werden:

- die Grundflächen von Wohnräumen, Schlafräumen, Küchen und Nebenräumen für jeden einzelnen Raum oder
- die Grundflächen aus den Rohbaumaßen unter Berücksichtigung von 3 % Abzug

Einzubeziehen sind:

- Nischen, die bis zum Fußboden herunterreichen und mehr als 13 cm tief sind
- Erker und Wandschränke mit mehr als 0,5 m² Grundfläche
- Raumteile unter Treppen, soweit die lichte Höhe mindestens 2 m beträgt

Nicht einzubeziehen sind:

- Türnischen
- Schornstein- und Mauervorlagen mit mehr als 0,1 m² Grundfläche
- Stützen und Streben, Öfen und Heizkörper
- Fenster- und Türöffnungen

Die Grundflächen sind anzurechnen:	
VOLL	Grundflächen mit einer lichten Höhe von mehr als 2,00 m
ZUR HÄLFTE	Grundflächen mit einer lichten Höhe zwischen 1,00 m und 2,00 m sowie nicht beheizte Wintergärten
ZU EINEM VIERTEL	Grundflächen von Balkonen, Loggien und gedeckten Freisitzen
NICHT	Grundflächen mit einer lichten Höhe unter 1,00 m und nicht gedeckte Freisitze

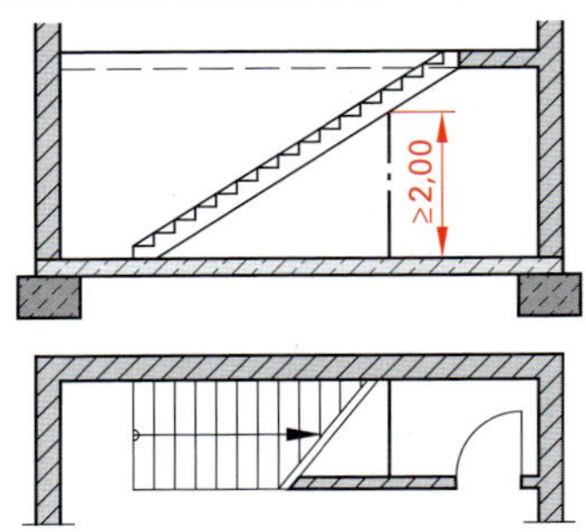

Treppenraum

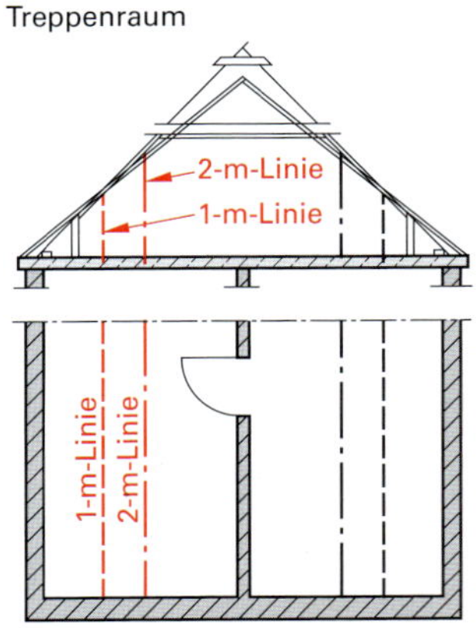

Dachraum

Problempunkte Dach- und Treppenraum

B

Wohnflächenverordnung

Die Wohnflächenverordnung (WoFIV) lässt dem Bauherrn mehrere Möglichkeiten der Flächenberechnung. Das gewählte Verfahren ist für den Rechtsnachfolger verbindlich. Im öffentlich geförderten Wohnungsbau ist die wohnungswirtschaftliche Berechnung nach der WoFIV durchzuführen, in anderen Fällen ist wahlweise nach **DIN 277** oder **DIN 283** (obwohl ersatzlos zurückgezogen) oder nach der WoFIV zu verfahren. In Zweifelsfällen sollte von der Bewilligungsbehörde für den öffentlich geförderten Wohnungsbau Auskunft darüber eingeholt werden, welche Berechnungsgrundlage zu verwenden ist.

In einigen Kommunen wird bereits die neue Wohnflächenverordnung als Grundlage der Berechnung vorgegeben. Informationen sind i. d. R. unter http://www.Name der Kommune.de mit Link Hochbauamt o.Ä. abzurufen.

Auszug Wohnflächenverordnung 11/2003

§1 Anwendungsbereich, Berechnung der Wohnfläche

(1) Wird nach dem Wohnraumförderungsgesetz die Wohnfläche berechnet, sind die Vorschriften dieser Verordnung anzuwenden.

(2) Zur Berechnung der Wohnfläche sind die nach §2 zur Wohnfläche gehörenden Grundflächen nach §3 zu ermitteln und nach §4 auf die Wohnfläche anzurechnen.

§2 Zur Wohnfläche gehörende Grundflächen

(1) Die Wohnfläche einer Wohnung umfasst die Grundflächen der Räume, die ausschließlich zu dieser Wohnung gehören. Die Wohnfläche eines Wohnheims umfasst die Grundfläche der Räume.

(2) Zur Wohnfläche gehören auch die Grundflächen von

1. Wintergärten, Schwimmbädern und ähnlichen nach allen Seiten geschlossenen Räumen sowie
2. Balkonen, Loggien, Dachgärten und Terrassen, wenn sie ausschließlich zu der Wohnung oder dem Wohnheim gehören.

(3) Zur Wohnfläche gehören **nicht** die Grundflächen folgender Räume:

1. Zubehörräume, insbesondere:
   a) Kellerräume,
   b) Abstellräume und Kellerersatzräume außerhalb der Wohnung,
   c) Waschküchen, d) Bodenräume,
   e) Trockenräume, f) Heizungsräume und
   g) Garagen
2. Räume, die nicht den an ihre Nutzung zu stellenden Anforderungen des Bauordnungsrechts der Länder genügen, sowie
3. Geschäftsräume.

§3 Ermittlung der Grundfläche

(1) Die Grundfläche ist nach den lichten Maßen zwischen den Bauteilen zu ermitteln; dabei ist von der Vorderkante der Bekleidung der Bauteile auszugehen. Bei fehlenden begrenzenden Bauteilen ist der bauliche Abschluss zugrunde zu legen.

(2) Bei der Ermittlung der Grundfläche sind einzubeziehen die Grundflächen von

1. Tür- und Fensterbekleidungen sowie Tür- und Fensterumrahmungen,
2. Fuß-, Sockel- und Schrammleisten,
3. fest eingebauten Gegenständen, wie z.B. Öfen, Heiz- und Klimageräten, Herden, Bade- oder Duschwannen,
4. freiliegenden Installationen,
5. Einbaumöbeln und
6. nicht ortsgebundenen, versetzbaren Raumteilern.

(3) Bei der Ermittlung der Grundflächen bleiben **außer Betracht** die Grundflächen von

1. Schornsteinen, Vormauerungen, Bekleidungen, freistehenden Pfeilern und Säulen, wenn sie eine Höhe von mehr als 1,50 m aufweisen und ihre Grundfläche mehr als 0,1 m^2 beträgt,
2. Treppen mit über drei Steigungen und deren Treppenabsätze,
3. Türnischen und
4. Fenster- und offenen Wandnischen, die nicht bis zum Fußboden herunterreichen und 0,13 m oder weniger tief sind.

(4) Die Grundfläche ist durch Ausmessung im fertiggestellten Wohnraum oder aufgrund einer Bauzeichnung zu ermitteln. Wird die Grundfläche aufgrund einer Bauzeichnung ermittelt, muss diese die Ermittlung der lichten Maße zwischen den Bauteilen im Sinne des Absatzes 1 ermöglichen.
Ist die Grundfläche nach einer Bauzeichnung ermittelt worden und ist abweichend von dieser Bauzeichnung gebaut worden, ist die Grundfläche durch Ausmessung im fertiggestellten Wohnraum oder aufgrund einer berichtigten Bauzeichnung neu zu ermitteln.

§4 Anrechnung der Grundflächen

Die Grundflächen

1. von Räumen und Raumteilen mit einer lichten Höhe von mindestens zwei Metern sind **vollständig**
2. von Räumen und Raumteilen mit einer lichten Höhe von mindestens einem Meter und weniger als zwei Metern sind **zur Hälfte**
3. von unbeheizbaren Wintergärten, Schwimmbädern und ähnlichen nach allen Seiten geschlossenen Räumen sind **zur Hälfte**
4. von Balkonen, Loggien, Dachgärten und Terrassen sind i. d. R. **zu einem Viertel** höchstens jedoch zur Hälfte

anzurechnen.

Kommentar

- Fertigmaße sind die lichten Maße zwischen den Wänden einschließlich der Bekleidung (z.B. Putz) ohne Berücksichtigung von Wandgliederungen, Scheuerleisten, Öfen, Heizkörper, Herden und dergleichen.
- Die Berechnung nach der Zweiten Berechnungsverordnung nach Rohbaumaßen – 3% für Putz und Fliesen gibt es nicht mehr.
- Raumteile unter Treppen sind bis zu 2 Meter lichte Höhe der Grundfläche zugerechnet (§3 (3) 2).
- Häufigste Anwendung unter Dachschrägen ist, die Grundfläche bis zur lichten Höhe von 1,50 m zu ermitteln. Das Ergebnis ist rechnerisch das Gleiche (zu §4 (2)).

B

Baugesetzbuch

Öffentlich-rechtliche Regelungen über die Zulässigkeit des Bauens bilden den Rechtsrahmen, um die Sicherheit und Ordnung bei der Nutzung von Grund und Boden und bei der Errichtung und Nutzung von Bauten zu gewährleisten.

Übersicht und Abkürzungsverzeichnis

Baugesetzbuch einschl. Städtebauförderungsgesetz	BauGB	Landesbauordnungen	LBO
		Bauvorlagenverordnung	BauVorlVO
Baunutzungsverordnung	BauNVO	Garagenverordnung	GarVO
Planzeichenverordnung	PlanzV	Allgemeine Durchführungsverordnung zur Landesbauordnung	DVBauO
Raumordnungsgesetz	ROG		
Bürgerliches Gesetzbuch	BGB	Denkmalschutzgesetz	DSchG

Bauplanung

Bauleitplanung

Die städtebauliche Entwicklung ist zentraler Inhalt des BauGB, die insbesondere durch die **Bauleitplanung** gesichert wird.

§ 1 Aufgabe, Begriff und Grundsätze der Bauleitplanung

(1) Aufgabe der Bauleitplanung ist es, die bauliche und sonstige Nutzung der Grundstücke in der Gemeinde nach Maßgabe dieses Gesetzes vorzubereiten und zu leiten.

(2) Bauleitpläne sind der Flächennutzungsplan (vorbereitender Bauleitplan) und der Bebauungsplan (verbindlicher Bauleitplan).

(3) Die Gemeinde hat die Bauleitpläne aufzustellen, soweit es [...] erforderlich ist.

(6) Bei der Aufstellung der Bauleitpläne sind öffentliche und private Belange gegeneinander und untereinander gerecht abzuwägen.

§ 2 Aufstellung der Bauleitpläne, Verordnungsermächtigung

(1) Die Bauleitpläne sind von der Gemeinde in eigener Verantwortung aufzustellen. Die Gemeinde hat den Beschluss, einen Bauleitplan aufzustellen, ortsüblich bekannt zu machen.

Flächennutzungsplan

B

ZWEITER ABSCHNITT, Vorbereitender Bauleitplan
§ 5 Inhalt des Flächennutzungsplans (Auszug aus BauGB)

(2) Im Flächennutzungsplan können insbesondere dargestellt werden:

1. die für die Bebauung vorgesehenen Flächen nach der allgemeinen Art ihrer baulichen Nutzung (Bauflächen), nach der besonderen Art ihrer baulichen Nutzung (Baugebiete) sowie nach dem allgemeinen Maß der baulichen Nutzung; Bauflächen, für die eine zentrale Abwasserbeseitigung nicht vorgesehen ist, sind zu kennzeichnen;
2. die Ausstattung des Gemeindegebiets mit Einrichtungen und Anlagen zur Versorgung mit Gütern und Dienstleistungen des öffentlichen und privaten Bereichs, insbesondere mit den der Allgemeinheit dienenden baulichen Anlagen und Einrichtungen des Gemeinbedarfs, wie mit Schulen und Kirchen sowie mit sonstigen kirchlichen und sozialen, gesundheitlichen und kulturellen Zwecken dienenden Gebäuden und Einrichtungen, sowie die Flächen für Sport- und Spielanlagen;
3. die Flächen für den überörtlichen Verkehr und für die örtlichen Hauptverkehrszüge;
4. die Flächen für Versorgungsanlagen, für die Abfallentsorgung und Abwasserbeseitigung, für Ablagerungen sowie für Hauptversorgungs- und Hauptwasserleitungen;
5. die Grünflächen, wie Parkanlagen, Kleingärten, Sport-, Spiel-, Zelt- und Badeplätze, Friedhöfe;
6. die Flächen für Nutzungsbeschränkungen oder für Vorkehrungen zum Schutz gegen schädliche Umwelteinwirkungen im Sinne des Bundes-Immissionsschutzgesetzes;
7. die Wasserflächen, Häfen und die für die Wasserwirtschaft vorgesehenen Flächen sowie die Flächen, die im Interesse des Hochwasserschutzes und der Regelung des Wasserabflusses freizuhalten sind;
8. die Flächen für Aufschüttungen, Abgrabungen oder für die Gewinnung von Steinen, Erden und anderen Bodenschätzen;
9. a) die Flächen für die Landwirtschaft und b) Wald;
10. die Flächen zum Schutz, zur Pflege und zur Entwicklung von Natur und Landschaft.

(3) Im Flächennutzungsplan sollen gekennzeichnet werden:

1. Flächen, bei deren Bebauung besondere bauliche Vorkehrungen gegen äußere Einwirkungen oder bei denen besondere bauliche Sicherungsmaßnahmen gegen Naturgewalten erforderlich sind;
2. Flächen, unter denen der Bergbau umgeht oder die für den Abbau von Mineralien bestimmt sind;
3. für bauliche Nutzungen vorgesehene Flächen, deren Böden erheblich mit umweltgefährdenden Stoffen belastet sind.

Elemente des Baurechts

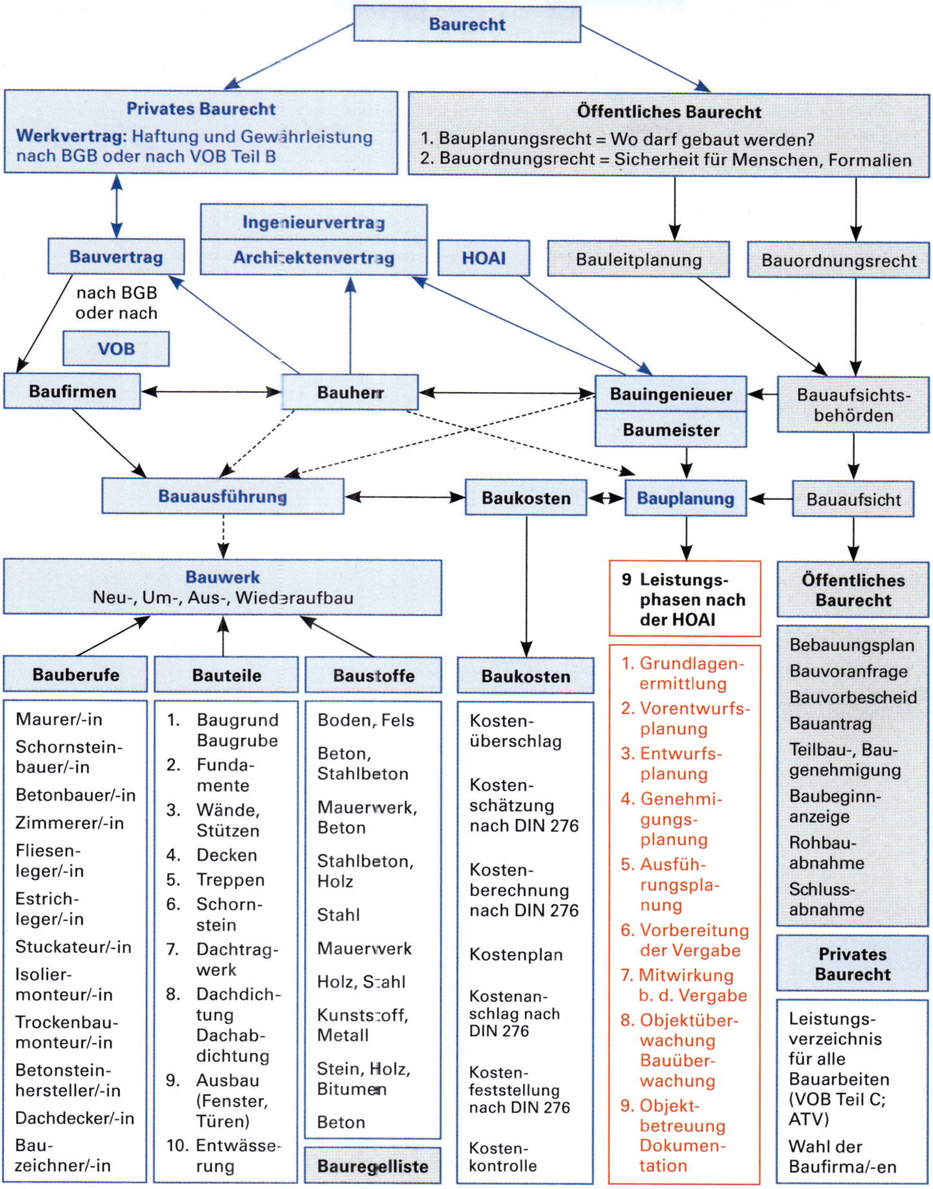

B

Die **Bauregelliste** enthält geregelte und bauaufsichtlich zugelassene Bauprodukte. Sie wird vom Deutschen Institut für Bautechnik (DIBt) erstellt und mit den obersten Bauaufsichtsbehörden herausgegeben. Grundlage sind die Landesbauordnungen. Die Verwendbarkeit von Produkten ergibt sich aus der Übereinstimmung mit den bekannt gemachten technischen Regeln, der bauaufsichtlichen Zulassung, den bauaufsichtlichen Prüfzeugnissen und der Prüfung im Einzelfall. Die Verwendbarkeit wird durch den Übereinstimmungsnachweis (Übereinstimmungszeichen – Ü-Zeichen) bestätigt. Die Bauregelliste besteht aus drei Teilen.

Bauregelliste A	Bauregelliste B	Bauregelliste C
Bauprodukte/Bauarten	Bauprodukte auf der Grundlage europäischer technischer Regeln	nicht geregelte Bauprodukte ohne bauaufsichtlichen Verwendbarkeitsnachweis

Elemente des Baurechts

EU-Bauproduktenverordnung

Die Bauproduktenverordnung (Eu-BauPVO) beschreibt die Voraussetzungen für das Inverkehrbringen sowie den freien Warenverkehr von Bauprodukten im Sinne der Bauproduktenverordnung. Sie gewährleistet damit ein einheitliches Qualitätsniveau bei der Bewertung und Überprüfung der Leistungsbeständigkeit und regelt die Angaben der Leistungen in Bezug auf ihre wesentlichen Merkmale und die Verwendung der CE-Kennzeichnung. Sie ersetzt die bisherige Bauproduktrichtlinie.

Die geforderte Prüfung kann als Musterprüfung oder als Einzelprüfung erfolgen. Die Leistungserklärung enthält die Beschreibung der Leistungsfähigkeit eines Bauproduktes und ist die Grundlage der CE-Kennzeichnung. Ohne Leistungserklärung erfolgt keine CE-Kennzeichnung. Die Kennzeichnung ist sichtbar an den Bauprodukten oder der Verpackung anzubringen oder in den Begleitpapieren mit zu übergegeben.

CE

CE-Kennzeichnung

Landesbauordnungen

Die Landesgesetzgebung regelt in der Landesbauordnung LBO das Bauordnungsrecht. Die einzelnen Landesbauordnungen weisen Unterschiede auf, auch wenn sie im wesentlichen Aufbau der Musterbauordnung (MBO) entsprechen.

Wichtig: Die Erteilung der Baugenehmigung erfolgt ausschließlich in der Schriftform.

Gliederung der Landesbauordnung (Beispiel LBO Baden-Württemberg)

1. Allgemeine Vorschriften
2. Das Grundstück und seine Bebauung
3. Allg. Anforderungen an die Bauausführung
4. Bauprodukte und Bauarten
5. Der Bau und seine Teile
6. Einzelne Räume, Wohnungen und besondere Anlagen
7. Am Bau Beteiligte, Baurechtsbehörden
8. Verwaltungsverfahren, Baulasten
9. Rechtsvorschriften, Ordnungswidrigkeiten

Baunutzungsverordnung

Die Baunutzungsverordnung (BauNVO) regelt Art und Umfang der baulichen Nutzung. Es werden im Flächennutzungsplan die für die Bebauung vorgesehenen Flächen wie unten ausgewiesen.

1 Wohnbauflächen	W	5 Kleinsiedlungsgebiete	WS	10 Mischgebiete	MI
2 gemischte Bauflächen	M	6 reine Wohngebiete	WR	11 Kerngebiete	MK
3 gewerbliche Bauflächen	G	7 allgemeine Wohngebiete	WA	12 Gewerbegebiete	GE
4 Sonderbauflächen	S	8 besondere Wohngebiete	WB	13 Industriegebiete	GI
		9 Dorfgebiete	MD	14 Sondergebiete	SO
allgemeine Art der baulichen Nutzung (Bauflächen)		besondere Art der baulichen Nutzung (Baugebiete)			

B

Baugebiete:	**Kurze Erklärung**
Kleinsiedlungsgebiete (WS)	Sie dienen der Unterbringug von Kleinsiedlungen einschließlich Wohngebäuden mit entsprechenden Nutzgärten und landwirtschaftlichen Nebenerwerbsstellen.
Reine Wohngebiete (MK)	Neben Wohngebäuden sind in Ausnahmen beispielsweise Läden oder nicht störende Handwerksbetriebe zur Deckung des täglichen Bedarfs erlaubt. Auch Betreuungseinrichtungen, kulturelle, kirchliche und sportliche Anlagen sind in diesem Bereich möglich.
Allgemeine Wohngebiete (WA)	Es dient im Wesentlichen dem Wohnen. Läden, Gaststätten und nicht störende Handwerksbetriebe sind zulässig.
Besondere Wohngebiete (WB)	Sie dienen vorwiegend dem Wohnen und zusätzlich der Unterbringung von Gewerbebetrieben, solange sie mit der Wohnnutzung vereinbar sind.
Dorfgebiete (MD)	Hier sind land- und forstwirtschaftliche Betriebe vorgesehen, auf deren Belange auch immer Rücksicht zu nehmen ist; außerdem beispielsweise Wohngebäude und Gewerbebetriebe.
Mischgebiete (MI)	Es dient dem Wohnen und der Unterbringung von Gewerbebetrieben, die das Wohnen nicht wesentlich stören (z.B. Tankstellen).
Kerngebiete (MK)	Hier haben Handelsbetriebe, Wirtschaft, Verwaltung und Kultur ihren hauptsächlichen Sitz. Wohnungen sind nur ausnahmsweise gestattet, das gleiche gilt für Tankstellen.

Maß der baulichen Nutzung (BauNVO)

Bei der Bestimmung des Maßes der baulichen Nutzung dürfen, auch wenn eine Geschossflächenzahl oder eine Baumassenzahl nicht dargestellt wird, folgende Obergrenzen nicht überschritten werden.

Zulässiges Maß der baulichen Nutzung (Auszug)			
Baugebiet	**GRZ**	**GFZ**	**BMZ**
in Kleinsiedlungsgebieten (WS)	0,2	0,4	–
in reinen Wohngebieten (WR) allgemeinen Wohngebieten (WA) Ferienhausgebieten	0,4	1,2	–
in besonderen Wohngebieten (WB)	0,6	1,6	–
in Dorfgebieten (MD) Mischgebieten (MI)	0,6	1,2	–
in Kerngebieten (MK)	1,0	3,0	–
in Gewerbegebieten (GE) Industriegebieten (GI) sonstigen Sondergebieten	0,8	2,4	10,0
in Wochenendhausgebieten	0,2	0,2	–

Soweit es erforderlich ist, wird das Maß der baulichen Nutzung durch folgende Angaben festgelegt:

- Geschossflächenzahl (**GFZ**) oder Größe der Geschossfläche, der Baumassenzahl oder der Baumasse
- Grundflächenzahl (**GRZ**) oder Größe der Grundflächen der baulichen Anlagen
- Zahl der Vollgeschosse (**Z**)

- **Vollgeschosse**
  sind Geschosse, die nach landesrechtlichen Vorschriften als Vollgeschosse angerechnet werden, sind laut BauNVO § 6:
  (5) sind [...] Geschosse, deren Deckenoberkante im Mittel mehr als 1,60 m über die Geländeoberfläche hinausragt und die eine Höhe von mindestens 2,30 m haben. Ein gegenüber den Außenwänden des Gebäudes zurückgesetztes oberstes Geschoss (Staffelgeschoss) ist nur dann ein Vollgeschoss, wenn es diese Höhe über mehr als zwei Drittel der Grundfläche des darunter liegenden Geschosses hat. Ein Geschoss mit geneigten Dachflächen ist ein Vollgeschoss, wenn es diese Höhe über mehr als drei Viertel seiner Grundfläche hat. Die Höhe der Geschosse wird von Oberkante Fußboden bis Oberkante Fußboden der darüberliegenden Decke, bei Geschossen mit Dachflächen bis Oberkante Dachhaut gemessen.
  (6) sind Geschosse über der Geländeoberfläche sind Geschosse, deren Deckenoberkante im Mittel mehr als 1,60 m über die Geländeoberfläche hinausragt. Hohlräume zwischen der obersten Decke und dem Dach, in denen Aufenthaltsräume nicht möglich sind, gelten nicht als Geschosse.
- **Grundflächenzahl**
  ist eine dimensionslose Zahl, die angibt, wie viel m^2 Grundfläche je m^2 Grundstücksfläche zulässig sind:

$$\text{GRZ} = \frac{\text{Grundfläche}}{\text{Grundstücksfläche}}$$

- **Geschossflächenzahl**
  ist eine dimensionslose Zahl, die angibt, wie viel m^2 Geschossfläche je m^2 Grundstücksfläche zulässig sind:

$$\text{GFZ} = \frac{\text{Geschossfläche}}{\text{Grundstücksfläche}}$$

- **Baumassenzahl**
  ist eine dimensionslose Zahl, die angibt, wie viel m^3 Baumasse je m^2 Grundstücksfläche zulässig sind
- **Bauweise**
  im Bebauungsplan wird, soweit es erforderlich ist, die Bauweise als offene oder geschlossene festgesetzt. In offener Bauweise werden die Gebäude mit Bauwich (seitlicher Abstand) als Einzelhäuser, Doppelhäuser oder Hausgruppen errichtet. In geschlossener Bauweise werden die Gebäude ohne seitlichen Grenzabstand errichtet. Auf die **Baulinie** muss, auf die **Baugrenze** darf gebaut werden.

Planzeichen (BauNVO)

Zahl der Vollgeschosse (Z)		**Geschossflächenzahl GFZ**		Baulinie	–––·–––·–––·–––·–– zinnoberrot
als Höchstgrenze	römische Ziffer, z. B. IV	als Dezimalzahl im Kreis	z. B. (0,6)	Baugrenze	–––·––– –––·––– –––·–– ultramarinblau
zwingend	römische Ziffer im Kreis, z. B. (V)	als Dezimalzahl mit GFZ	z. B. GFZ 0,6	**Bauweisen**	**o** offen
Grundflächenzahl	**GRZ**	**Baumassenzahl**	**BMZ**		**g** geschlossen
als Dezimalzahl	z. B. 0,4	als Dezimalzahl im Rechteck	z. B. [2,5]		in Reihe, d. h. nur Hausgruppen zugelassen
als Dezimalzahl mit GRZ	z. B. GRZ 0,4	als Dezimalzahl mit BMZ	z. B. BMZ 2,5		nur Einzel- oder Doppelhäuser zugelassen

Bemessung von Beton

Bemessung auf Druck – unbewehrter Beton

Die folgenden Ausführungen basieren auf der DIN EN 1992 „Bemessung und Konstruktion von Stahlbeton- und Spannbetontragwerken" (EC 2) mit:
Teil 1-1: Allgemeine Bemessungsregeln für den Hochbau und dem jeweiligen Nationalen Anhang (NA) in Verbindung mit DIN EN 1990 (EC 0), DIN EN 1991 (EC 1) und **Beton** nach DIN EN 206-1/A1 + A2 und DIN 1045-2 sowie **Betonstahl** nach DIN 488-T2 + T4 oder bauaufsichtlicher Zulassung

Beton und Stahl verbinden sich auf physikalische Weise zu Stahlbeton:

- Zement und Wasser hydratisieren zu Calciumhydroxid, das den Stahl dauerhaft vor Korrosion schützt, wenn der Beton ausreichend dicht und die Betondeckung genügend dick ist.
- Die Haftung zwischen Beton und Stahl ist ausreichend groß (gerippte Oberfläche).
- Die Wärmedehnungszahlen (α_T) beider Baustoffe sind annähernd gleich groß:
  Stahl bei Erwärmung um 1 Kelvin: 0,010 mm/m · K
  Beton bei Erwärmung um 1 Kelvin: 0,010 mm/m · K

Festigkeitswerte des Betons in N/mm² vgl. DIN EN 1992-1-1/NA

Kenngröße	Festigkeitsklasse C									Erläuterungen
	12/15	16/20	20/25	25/30	30/37	35/45	40/50	45/55	50/60	
Druckfestigkeit[1) $f_{ck,cyl}$ f_{cm}	12 20	16 24	20 28	25 33	30 38	35 43	40 48	45 53	50 58	charakteristischer Wert (Zylinderdruckfestigkeit) mittlere Druckfestigkeit $f_{cm} = f_{ck} + 8$ (in N/mm²)
Bemessungswert $f_{cd,pl}$	5,6	7,5	9,3	11,7	14,0	16,3	16,3	16,3	16,3	unbewehrter Beton $f_{cd,pl} = \alpha_{cc,pl} \cdot f_{ck}/\gamma_c$ mit $\alpha_{cc,pl} = 0{,}7$ und $\gamma_c = 1{,}5$
Bemessungswert f_{cd}	6,8	9,1	11,3	14,2	17,0	19,8	22,7	25,5	28,3	bewehrter Beton $f_{cd} = \alpha \cdot f_{ck}/\gamma_c$ mit $\alpha = 0{,}85$ und $\gamma_c = 1{,}5$
Zugfestigkeit f_{ctm}	1,6	1,9	2,2	2,6	2,9	3,2	3,5	3,8	4,1	$f_{ctm} = 0{,}30 \cdot f_{ck}^{2/3}$
Bemessungswert f_{ctd}	0,6	0,7	0,9	1,0	1,1	1,2	1,4	1,5	1,6	$f_{ctd} = 0{,}7 \cdot f_{ctm}/1{,}8$
E-Modul E_{cm}	25800	27400	28800	30500	31900	33300	34500	35700	36800	$E_{cm} = 9500 \cdot (f_{ck} + 8)^{1/3}$

1) Der maßgebende Festigkeitswert für die rechnerischen Nachweise ist allein die Zylinderdruckfestigkeit $f_{ck,cyl}$, da diese der vorhandenen einachsigen Druckfestigkeit im Bauwerk am ehesten entspricht.

B

Bauteile aus unbewehrtem Beton

- Eine klaffende Fuge darf höchstens bis zum Schwerpunkt des Querschnittes entstehen.
- Die Lastverteilung kann bis zu einem Winkel von 26,5° in Rechnung gestellt werden.
- Die Lastverteilung entspricht einer Neigung von 1 : n = 1 : 2 zur Lastrichtung.
- Die Lastverteilung bei unbewehrten Fundamenten darf mit 1 : n in Rechnung gestellt werden, die n-Werte sind von der Betonfestigkeit und der Bodenpressung abhängig.

Teilflächenbelastung bei Fundamenten

Wird nur eine Teilfläche eines Querschnittes belastet, darf mit einer größeren zulässigen Teilflächenbelastung F_{Rdu} gerechnet werden, wenn im Beton unterhalb der Belastungsfläche A_1 die Spaltzugkräfte z. B. durch Bewehrung aufgenommen werden. Die Maße der rechnerischen Lastverteilungsfläche A dürfen maximal das Dreifache der Belastungsfläche sein.
Bei einer örtlichen Krafteinleitung darf die aufnehmbare Teilflächenbelastung F_{Rdu} für Normalbeton ermittelt werden aus:

$$F_{Rdu} \quad A_1 \cdot f_{cd} \sqrt{\frac{A_2}{A_1}} \le 3{,}0 \cdot f_{cd} \cdot A_1$$

f_{cd} siehe Tabelle oben

$h \ge b_2 - b_1$
$h \ge d_2 - d_1$

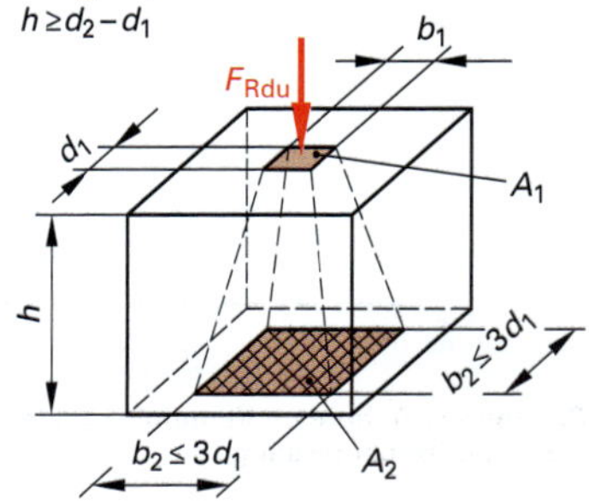

Bemessung von Beton

Bemessung für Biegung (*M*) mit/ohne Längskraft (*N*)

$E_d \leq R_d$
($M_{Ed} \leq M_{Rd}$ und $N_{Ed} \leq N_{Rd}$)
Beanspruchung $E_d \leq$ Widerstand R_d

Es ist nachzuweisen, dass der Bemessungswert der äußeren Beanspruchung E_d (hier M_{Ed}, N_{Ed}) den Bemessungswert des Bauteilwiderstands (aufnehmbare Momente M_{Rd} und Längskräfte N_{Rd}) nicht überschreitet.

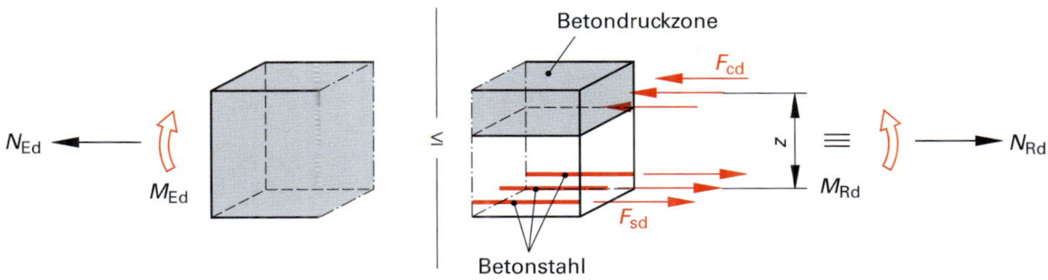

Beanspruchung E_d

erhält man durch Multiplikation der Lasten (z.B. ständige Einwirkung G_k, g_k und veränderliche Einwirkung Q_k, q_k) mit **lastabhängigen Teilsicherheitsbeiwerten** γ_F.

⇒ Verkehrslast von Decken: $q_d = q_k \cdot \gamma_k = 5{,}0 \cdot 1{,}5 = 7{,}5$ **kN/m²**

Tragfähigkeit des Bauteils/Bauteilwiderstand R_d

R_d ergibt sich durch Division der Baustofffestigkeit (z.B. Streckgrenze des Betonstahls f_{yk} = 500 N/mm²) mit **materialabhängigen Teilsicherheitsbeiwerten** γ_M

Beispiel: $\gamma_s = 1{,}15 \Rightarrow f_{yd} = \frac{f_{yk}}{\gamma_s} = \frac{500}{1{,}15} = 435$ **N/mm²)**

Werkstoffgesetz für Betone der Festigkeitsklassen C12/15 bis C50/60

Parabel-Rechteck-Diagramm

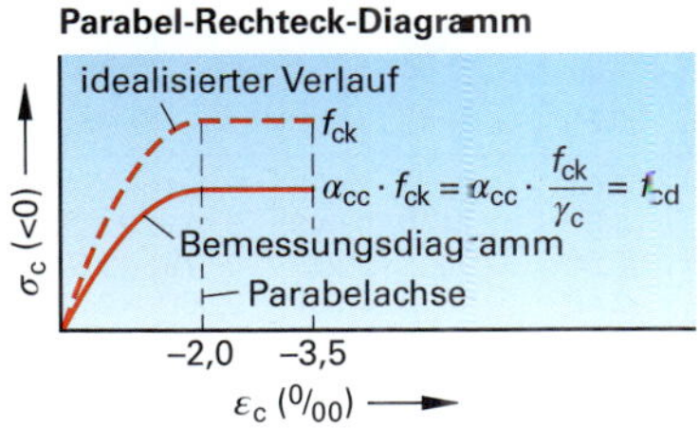

Spannungs-Dehnungs-Kennlinie für die Querschnittsbemessung

idealisierte Darstellung des Verformungsverhaltens von Beton; min. Stauchung $\varepsilon_{cu} = -3{,}5$ ‰

α_{cc}	= 0,85 (Abminderungsfaktor für Dauerbelastung)
f_{ck}	charakteristische Betonfestigkeit
γ_c	= 1,5 (Teilsicherheitsbeiwert)
f_{cd}	zul. Druckspannung für die Bemessung (σ_c)
ε_c	Betondehnung bzw. -stauchung

Werkstoffgesetz für Betonstahl B500

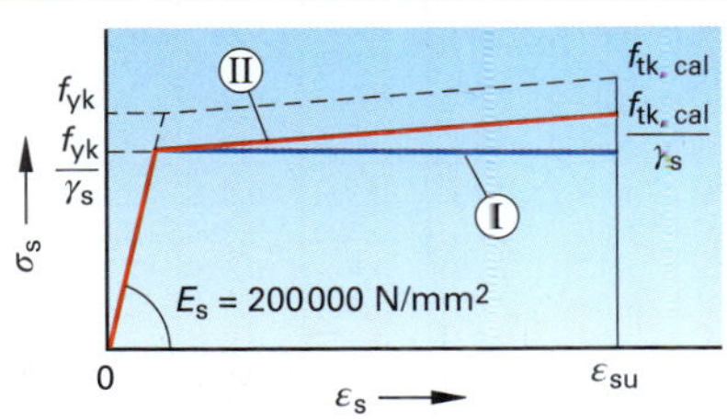

Spannungs-Dehnungs-Kennlinie für die Querschnittsbemessung

f_{yk}	= 500 N/mm² (Streckgrenze)
f_{tk}	= 550 N/mm² (max. Zugfestigkeit)
$f_{tk,cal}$	= 525 N/mm²
γ_s	= 1,15 (Teilsicherheitsbeiwert)
(I)	⇒ Begrenzung auf 435 N/mm² (f_{yk}/γ_s)
(II)	⇒ max. Anstieg auf 457 N/mm² bei ε_{su} = 25 ‰
ε_{su}	= 25 % für normalduktilen Betonstahl (A)
ε_{su}	= 50 % für hochduktilen Betonstahl (B)

B

Bemessung von Beton

Bemessungstafel – k_d-Verfahren

Dimensionsgebundene Bemessungstafel für Rechteckquerschnitte ohne Druckbewehrung; C12/15 bis C50/60 und B500A/B500B mit $\gamma_s = 1{,}15$

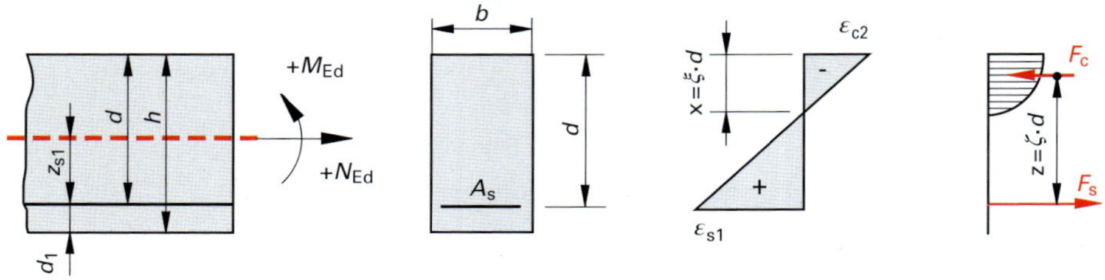

Balken im Längsschnitt	Balken im Querschnitt	Stauchung/Dehnung	Spannungen
h Höhe des Balkens d statische Höhe von OK Balken bis Achse Stahl z_{s1} Hebelarm; Achse Stahl bis zur 0-Linie M_{Ed} Bemessungsmoment N_{Ed} Bemessungsnormalkraft	b Breite des Balkens (1,00 m bei Decken) d statische Höhe von OK Balken bis Achse Stahl A_s Stahlquerschnitt (cm²) c_{nom} Betondeckung	ε_{c2} Betonstauchung am oberen Rand ε_{s1} Stahldehnung in der Schwerachse des Stahls x Höhe der Betondruckzone $d_{s,Bü}$ Durchmesser des Bügels	F_c resultierende Betondruckkraft F_s resultierende Stahlzugkraft z Hebelarm der inneren Kräfte $d_{s,l}$ Durchmesser des Tragstabs

$$k_d = \frac{d}{\sqrt{\frac{M_{Eds}}{b}}}$$

b in m
d in cm
A in cm²
M in kNm
N in kN
mit $z_{S1} = d - h/2$
N_{Ed} ist als Druckkraft negativ einzusetzen

$$A_s = k_s \cdot \frac{M_{Eds}}{d} + \frac{N_{E,d}}{43{,}5}$$

$$d = h - c_{nom} - d_{s,Bü} - 0{,}5\, d_{s,l}$$

$$M_{Eds} = M_{Ed} - N_{Ed} \cdot z_{S1}$$

B

Dimensionsgebundene Bemessungstafel (k_d-Verfahren) Biegung mit/ohne Längskraft

k_d für Betonfestigkeitsklasse Normalbeton C									k_s	ξ	ζ	ε_{c2}	ε_{s1}
12/15	16/20	20/25	25/30	30/37	35/45	40/50	45/55	50/60				‰	‰
14,37	12,44	11,13	9,95	9,09	8,41	7,87	7,42	7,04	2,32	0,025	0,991	– 0,64	25,00
7,90	6,84	6,12	5,47	5,00	4,63	4,33	4,08	3,87	2,34	0,048	0,983	– 1,26	25,00
5,87	5,08	4,55	4,07	3,71	3,44	3,22	3,03	2,88	2,36	0,069	0,975	– 1,84	25,00
4,94	4,27	3,82	3,42	3,12	2,89	2,70	2,55	2,42	2,38	0,087	0,966	– 2,38	25,00
4,38	3,80	3,40	3,04	2,77	2,57	2,40	2,26	2,15	2,40	0,104	0,958	– 2,89	25,00
4,00	3,47	3,10	2,78	2,53	2,35	2,20	2,07	1,96	2,42	0,120	0,950	– 3,40	25,00
3,63	3,14	2,81	2,51	2,29	2,12	1,99	1,87	1,78	2,45	0,147	0,939	– 3,50	20,29
3,35	2,90	2,60	2,32	2,12	1,96	1,84	1,73	1,64	2,48	0,174	0,927	– 3,50	16,56
3,14	2,72	2,43	2,18	1,99	1,84	1,72	1,62	1,54	2,51	0,201	0,916	– 3,50	13,90
2,97	2,57	2,30	2,06	1,88	1,74	1,63	1,53	1,46	2,54	0,227	0,906	– 3,50	11,91
2,85	2,47	2,21	1,97	1,80	1,67	1,56	1,47	1,40	2,57	0,250	0,896	– 3,50	10,52
2,72	2,36	2,11	1,89	1,72	1,59	1,49	1,41	1,33	2,60	0,277	0,885	– 3,50	9,12
2,62	2,27	2,03	1,82	1,66	1,54	1,44	1,36	1,29	2,63	0,302	0,875	– 3,50	8,10
2,54	2,20	1,97	1,76	1,61	1,49	1,39	1,31	1,24	2,66	0,325	0,865	– 3,50	7,26
2,47	2,14	1,91	1,71	1,56	1,44	1,35	1,27	1,21	2,69	0,350	0,854	– 3,50	6,50
2,41	2,08	1,86	1,67	1,52	1,41	1,32	1,24	1,18	2,72	0,371	0,846	– 3,50	5,93
2,35	2,03	1,82	1,63	1,49	1,38	1,29	1,21	1,15	2,75	0,393	0,836	– 3,50	5,40
2,28	1,98	1,77	1,58	1,44	1,34	1,25	1,18	1,12	2,79	0,422	0,824	– 3,50	4,79
2,23	1,93	1,73	1,54	1,41	1,30	1,22	1,15	1,09	2,83	0,450	0,813	– 3,50	4,27
2,18	1,89	1,69	1,51	1,38	1,28	1,19	1,13	1,07	2,87	0,477	0,801	– 3,50	3,83
2,14	1,85	1,65	1,48	1,35	1,25	1,17	1,10	1,05	2,91	0,504	0,790	– 3,50	3,44
2,10	1,82	1,62	1,45	1,33	1,23	1,15	1,08	1,03	2,95	0,530	0,780	– 3,50	3,11
2,06	1,79	1,60	1,43	1,30	1,21	1,13	1,07	1,01	2,99	0,555	0,759	– 3,50	2,81
2,03	1,75	1,57	1,40	1,28	1,19	1,11	1,05	0,99	3,04	0,585	0,757	– 3,50	2,48
1,99	1,72	1,54	1,38	1,26	1,17	1,09	1,03	0,98	3,09	0,617	0,743	– 3,50	2,17

Bemessung von Beton

Bemessung der Querkraft

Beanspruchung $V_{Ed} \leq$ Widerstand V_{Rd}

Vereinfachtes Stabwerkmodell zur Erklärung des Kräfteverlaufs

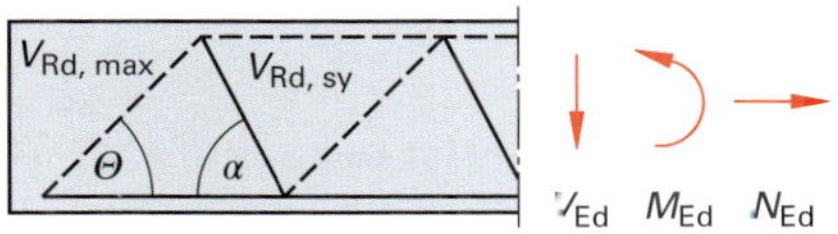

- - - - - - Druckstreben
—— Zugstreben

ϑ Winkel der Betondruckstrebe
α Winkel der Querkraftbewehrung
($\alpha = 90°$ bei Bügeln, $\alpha = 45°$ bei aufgebogenen Längsstäben)

Es ist nachzuweisen, dass der **Bemessungswert** der einwirkenden **Querkraft V_{Ed}** den **Bemessungswert** der aufnehmbaren **Querkraft V_{Rd}** (Bauteilwiderstand) nicht überschreitet.

$V_{Rd,\,max}$ ⇒ idealisierte Betondruckstrebe unter dem Winkel ϑ (höchster Bauteilwiderstand)
$V_{Rd,\,sy}$ ⇒ idealisierte Zugstrebe; Kraft, die durch die Bewehrung aufgenommen werden muss ($45° \leq \alpha \leq 90°$)
V_{Ed} ⇒ die am aktuellen statischen System auftretende Querkraft
M_{Ed} ⇒ das am aktuellen statischen System auftretende Biegemoment
N_{Ed} ⇒ die am aktuellen statischen System auftretende Normalkraft (hier Längszugkraft)

Die Querkraft-Beanspruchung eines Balkens wird vereinfacht als Stabwerkmodell beschrieben. Der Kräfteverlauf wird in dem Modell aus horizontalen, vertikalen und geneigten Druck- und Zugkräften angenommen. In dem Modell wird die Richtung der Kräfte durch die Streben in der Zeichnung festgelegt. Ein kleiner Winkel θ der Druckstreben verringert die Zugkraft in den vertikalen Streben. Die Größe der vertikalen Zugkraft in den Zugstreben bestimmt den erforderlichen Bügelquerschnitt.

Maßgebender Schnitt für die Bemessungsquerkraft V_{Ed}

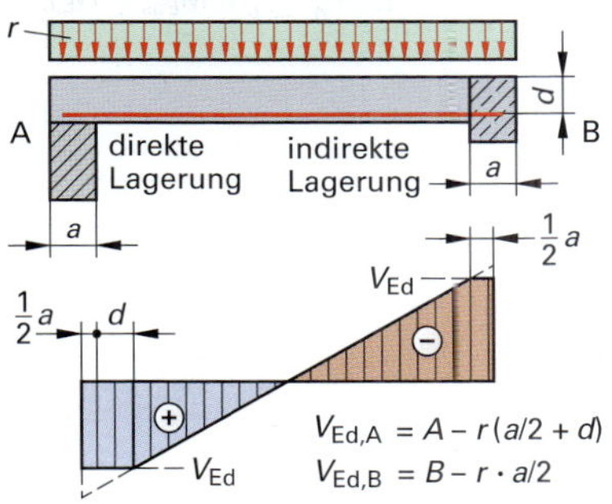

Direkte Lagerung: V_{Ed} wird im Abstand d vom Auflagerrand ermittelt.
Indirekte Lagerung: V_{Ed} wird am Auflagerrand ermittelt.

Die von der Querkraft V verursachte Schubspannung τ im Querschnitt hat ihr Maximum im Bereich der Nulllinie. Diese Spannung wird durch Querkraftbewehrung aufgenommen.

Grundwert τ_0 der Schubspannung

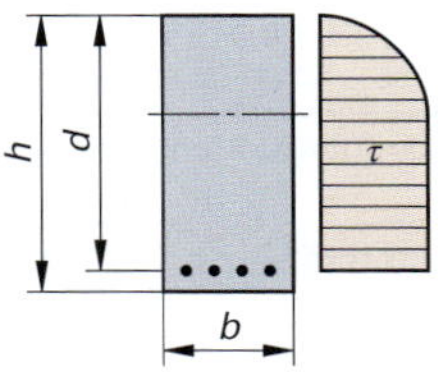

$$\tau_0 = \frac{V}{b \cdot z}$$

V Querkraft ohne Vorzeichen
b Breite des Bauteils
z Hebelarm der inneren Kräfte (S. 262)

Maximale Querkrafttragfähigkeit bei Bauteilen

Die maximal aufnehmbare Querkraft $V_{Rd,max}$ wird durch die Tragfähigkeit der Druckstrebe bestimmt:

$$V_{Rd,\,max} = \frac{b_w \cdot z \cdot 0{,}75 \cdot f_{cd}}{\cot\theta + \tan\theta}$$

b_w Balkenbreite
z Hebelarm der inneren Kräfte
f_{cd} Bemessungswert der Betonfestigkeit
θ Neigungswinkel der Druckstreben

Erforderliche Querkraftbewehrung $a_{sw,\,erf}$

Die mindestens erforderliche Querschnittsfläche der Bügel in einem Stahlbetonbalken wird durch folgende Formel berechnet:

$$a_{sw} = \frac{A_{sw}}{sw} = \frac{V_{Ed}}{f_{ywd} \cdot z \cdot \cot\theta}$$

f_{ywd} Bemessungswert der Betonstahlstreckgrenze
A_{sw} Querschnittsfläche der Querkraftbewehrung
sw Abstand der Bügel in Richtung der Biegezugbewehrung

B

Bemessung der Querkraft

Erforderliche Querkraftbewehrung $a_{sw, erf}$

Die errechnete Querkraftbewehrung $a_{sw, erf}$ (S. 261) muss mit der nach DIN EN 1992-1-1/NA1 vorgesehenen Mindestquerkraftbewehrung $a_{sw, min}$ verglichen und ggf. erhöht werden.
In **Balken ist immer eine Mindestquerkraftbewehrung $a_{sw, min}$ anzuordnen!** Die erforderliche Größe dieser Bewehrung steigt mit wachsender Betonfestigkeit an.

$$a_{sw, erf} = 0{,}019 \frac{V_{Ed}}{z} \geq a_{sw, min}$$

⇒ gilt für reine Biegung $\vartheta = 40°$
⇒ gilt für Biegung mit Längsdruck $\vartheta = 40°$

$$a_{sw, erf} = 0{,}023 \frac{V_{Ed}}{z} \geq a_{sw, min}$$

⇒ gilt für Biegung mit Längszug $\vartheta = 45°$
⇒ V in kN, z in m, a_s in cm²/m

Hebelarm der inneren Kräfte

Im Allgemeinen darf näherungsweise der Wert des Hebelarms der inneren Kräfte mit 90% der statischen Höhe angenommen werden.

$$z = 0{,}9 \cdot d$$

Eine exakte Berechnung ergibt sich aus $z = \zeta \cdot d$, darin ist ζ ein Bemessungsbeiwert laut Tabelle (S. 260) und d die statische Höhe des Querschnittes von OK Balken bis Achse Stahl.

Mindestbewehrung $a_{sw, min}$ in cm² für lotrechte Bügel ($\alpha = 90°$)

Beton	C12/15	C16/20	C20/25	C25/30	C30/37	C35/45	C40/50	C45/55	C50/60
$\frac{a_{sw, min}}{b}$	0,051 cm/m	0,061 cm/m	0,070 cm/m	0,083 cm/m	0,093 cm/m	0,102 cm/m	0,112 cm/m	0,121 cm/m	0,131 cm/m

Mindestbewehrung $a_{sw, min}$ in cm² für aufgebogene Längsstäbe ($\alpha = 45°$)

Beton	C12/15	C16/20	C20/25	C25/30	C30/37	C35/45	C40/50	C45/55	C50/60
$\frac{a_{sw, min}}{b}$	0,036 cm/m	0,043 cm/m	0,049 cm/m	0,059 cm/m	0,066 cm/m	0,072 cm/m	0,079 cm/m	0,086 cm/m	0,093 cm/m

50% der erforderlichen Querkraftbewehrung müssen aus Bügeln bestehen. b in cm.

B

Stababstände s für Einzelstäbe und Stabbündel

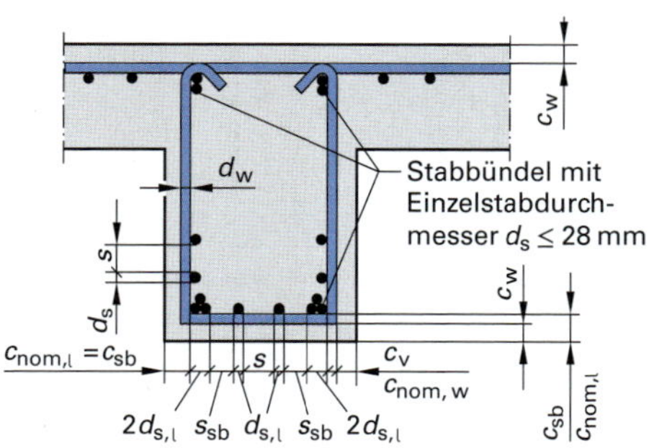

Betondeckung c und gegenseitiger Abstand s der Bewehrung.

Stabbündel (sb)
Nach DIN bestehen Stabbündel aus zwei bis drei Einzelstäben, die auf der Baustelle zusammengerödelt werden können.

Einzelstabdurchmesser $d_{s,l} \leq 28$ mm
Vergleichsdurchmesser $d_{sn} = d_s \cdot \sqrt{n_b} \leq 55$ mm

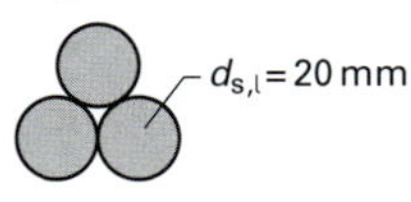

n Anzahl der Einzelstäbe
$d_{sn} = 20\text{ mm} \cdot \sqrt{3} = 34{,}6$ mm
n_b Anzahl der Bewehrungsstäbe

Bei allen Nachweisen wird der Vergleichsdurchmesser d_{sn} eingesetzt, auch bei der Begrenzung des Mindestabstandes.

$s \geq 2\text{ cm} \geq d_{s,l}$	$s \geq d_g + 5$ mm	$s_{sb} \geq 2\text{ cm} \geq d_{sn}$

$d_{s,w}$ Bügeldurchmesser
$d_{s,l}$ Durchmesser des Tragstabs
s Abstand der Stäbe untereinander
c_w Betondeckung Bügel
c Betondeckung Tragstab
s_{sb} Abstand der Stabbündel untereinander
c_{sb} Betondeckung des Stabbündels wie bei Einzelstäben (siehe Bild links)
d_g Größtkorndurchmesser > 16 mm

Biegen von Betonstählen

Haken, Winkelhaken, Schlaufen und Bügel haben wegen der gekrümmten Stabenden den Vorteil, dass bei Zugstäben die Verankerungslänge gegenüber geraden Stabenden verkürzt werden darf. Um beim Biegen Risse im Stahl und Abplatzungen im Beton zu vermeiden, müssen untenstehende Mindestwerte eingehalten werden.

wenn $a \geq 4 \cdot d_s$ ⇒ Tabellenwert unten
wenn $a < 4 \cdot d_s$ ⇒ $D_{min} \geq 20 \cdot d_s$

Neue Kurzzeichen:
d_{br} (nach DIN 1045) ≙ D_{min} (nach EC 2)

Biegungen an geschweißten Bewehrungen

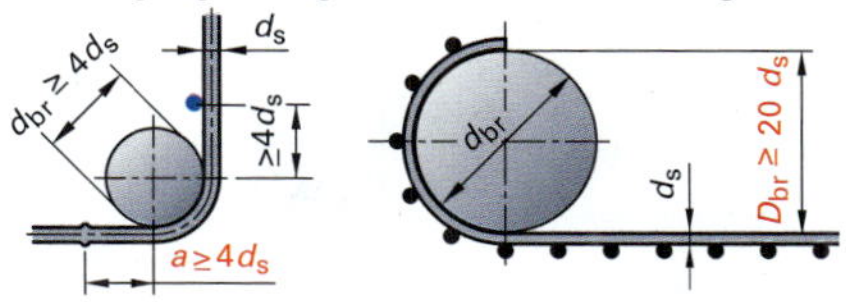

Schweißstoss bei Betonstabstahl

Schweißung innerhalb des Biegebereiches

a = Abstand zwischen Schweißstelle und Biegeanfang

Mindestwerte der Biegerollendurchmesser D_{min}

Bei Leichtbeton LC sind die Werte um 50% zu erhöhen!	Haken, Winkelhaken, Schlaufen, Bügel		Schrägstäbe oder andere gebogene Stäbe		
	Stabdurchmesser		Mindestwerte der Betondeckung rechtwinklig zur Biegeebene		
	$d_s < 20$ mm	$d_s \geq 20$ mm	> 100 mm > 7 d_s	> 50 mm > 3 d_s	≤ 50 mm ≤ 3 d_s
Mindestwerte der Biegerollendurchmesser D_{min}	4 d_s	7 d_s	10 d_s	15 d_s	20 d_s

Hin- und Rückbiegen von Betonstählen bedeutet zusätzliche Gefügeschädigung für den Betonstahl. Beim Kaltbiegen sind folgende Bedingungen zu beachten:

- Stabdurchmesser $d_s \leq 14$ mm
- mehrfaches Hin- und Herbiegen unzulässig
- Rollendurchmesser $D_{min} \geq 6\ d_s$ bei vorwiegend ruhender Einwirkung

Querkraftbewehrung

- Die Querkraftbewehrung sollte mit der Bauteilachse einen Winkel von **45° ≤ α ≤ 90°** bilden.
- Sie kann aus **Bügeln** (mind. 50%), **Schrägstäben** und **angeschweißten Querstäben** bestehen.
- Die Verankerung muss in der **Druckzone** erfolgen.
- Bügel müssen die **Zugbewehrung** umfassen.

Das freie Hakenende muss mind. **5 d_s** lang sein; der Winkelhaken beim Bügel sogar **10 d_s**. Damit der Stahlbetonbauer an der Biegemaschine nicht jede Hakenlänge berechnen muss, wird dem Außenmaß des Bewehrungsstabes l die Hakenlänge l_H zugegeben

Haken, allgemein und für Bügel

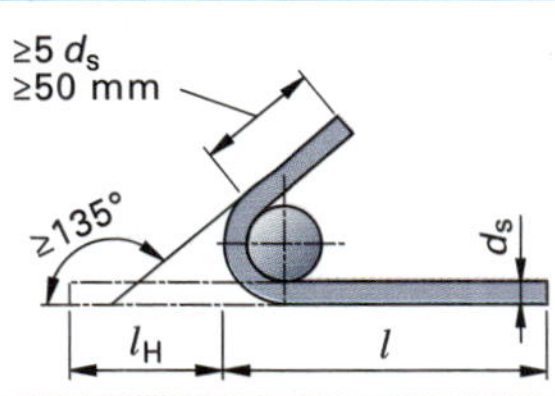

Winkelhaken, allgemein

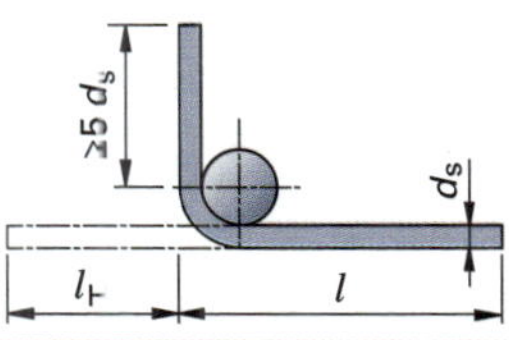

Winkelhaken, für Bügel

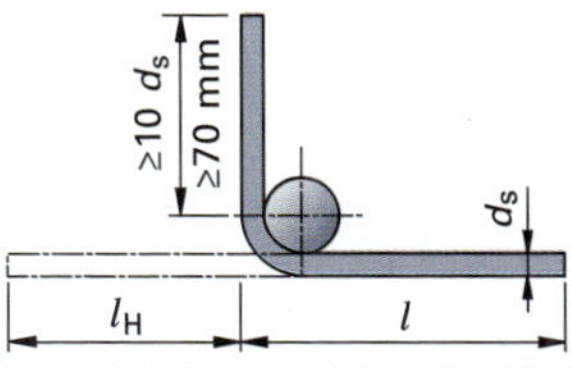

Längenzugaben l_H für Betonstahl B500A und B500B					
10 d_s	**13 d_s**	**7 d_s**	**8 d_s**	**12 d_s**	**13 d_s**
⌀ < 20	20 ≤ ⌀ ≤ 32	⌀ < 20	20 ≤ ⌀ ≤ 32	⌀ < 20	20 ≤ ⌀ ≤ 32

Schnittlängen bei Aufbiegungen

Biegemaße sind Außenmaße.
Ausnahme: Schräge Aufbiegungen sind Achsmaße.

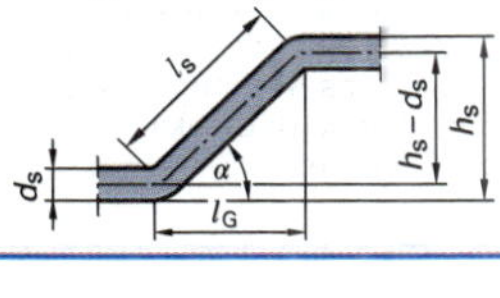

Geometrie der schrägen Aufbiegung
Berechnung der schrägen Aufbiegung l_S (Schmiege) und des Grundmaßes l_G

α	l_s	l_G
45 °	$1{,}414 \cdot (h_s - d_s)$	$1{,}000 \cdot (h_s - d_s)$
60 °	$1{,}154 \cdot (h_s - d_s)$	$0{,}577 \cdot (h_s - d_s)$

B

Querkraftbewehrung/Bügel

Querschnittswerte $a_{sbü}$ für zweischnittige Bügel je Längeneinheit in cm²/m

Bügelabstand $s_{bü}$	Ø 6	Ø 8	Ø 10	Ø 12	Ø 14	Ø 16	Bügel pro Meter ≙ 1,0 m/$s_{bü}$
10 cm	5,65	10,05	15,71	22,62	30,79	40,21	10,0
15 cm	3,77	6,70	10,47	15,08	20,53	26,81	6,7
20 cm	2,83	5,03	7,85	11,31	15,39	20,11	5,0
25 cm	2,26	4,02	6,28	9,05	12,32	16,08	4,0
30 cm	1,89	3,35	5,24	7,54	10,26	13,40	3,3

Größte Längs- und Querabstände s_{max} von Bügelschenkeln und Querkraftzulagen

Querkraftausnutzung	Festigkeitsklasse des Betons	≤ C50/60 ≤ LC50/55	> C50/60 > LC50/55	≤ C50/60 ≤ LC50/55	> C50/60 > LC50/55
		Längsabstand		Querabstand	
1	$V_{Ed} \leq 0{,}30\ V_{Rd,\,max}$	0,7 *h* bzw. 300 mm	0,7 *h* bzw. 200 mm	*h* bzw. 800 mm	*h* bzw. 600 mm
2	$0{,}30\ V_{Rd,\,max} < V_{Ed} \leq 0{,}60\ V_{Rd,\,max}$	0,5 *h* bzw. 300 mm	0,5 *h* bzw. 200 mm	*h* bzw. 600 mm	*h* bzw. 400 mm
3	$V_{Ed} > 0{,}60\ V_{Rd,\,max}$	0,25 *h* bzw. 200 mm			

Der Längsabstand von Schrägstäben darf folgenden Wert nicht überschreiten: $s_{max} = 0{,}5\ h \cdot (1 + \cot \alpha)$
Mit guter Näherung kann die Zeile 2 für s_{max} verwendet werden ⇒ Berechnung von $V_{Rd,\,max}$ dann entbehrlich.

Konstruktionshinweise für Balken und Platten

Auflagerungsarten und Stützweiten l_{eff} bei Balken und Platten

B

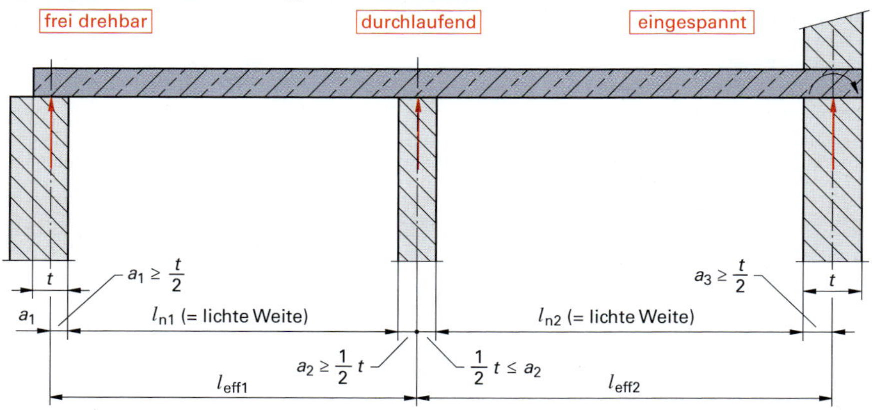

Balken $b/h \leq 5$ und $l_{eff}/h \geq 3$

- Auflagertiefe $a \geq$ **10 cm**
- $A_{s,\,Auflager} \geq \frac{1}{4} A_{S,\,Feld}$ als konstruktive Randbewehrung
- Eine Querkraftbemessung ist durchzuführen.
- $A_{s,\,max} = A_{s1} + A_{s2} = 0{,}08\ A_c$
- $A_{s,\,max} = \frac{f_{ctm}}{f_{yk}} \cdot \frac{b \cdot h^2}{6 \cdot 0{,}9 \cdot d}$
- Druckbewehrung A_{s2} bei hochbelasteten Querschnitten möglich (A_{s1} Zugbewehrung, A_{s2} Druckbewehrung)

Stützweiten

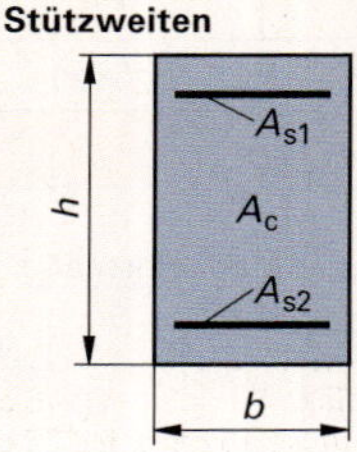

Einfeldträger

$l_{eff} = l_n + a$

Mehrfeldträger Endfeld

$l_{eff} = l_n + a_1 + a_2$

Mittelfeld

$l_{eff} = l_n + a$

Querschnittstafeln für Balken- und Plattenbewehrungen

Querschnitte von Balkenbewehrungen A_s in cm^2

Durchmesser d_s (mm)	Gewicht kg/m	Stabanzahl n: 1	2	3	4	5	6	7	8	9	10
6	0,222	0,28	0,57	0,85	1,13	1,41	1,70	1,98	2,26	2,54	2,83
8	0,395	0,50	1,01	1,51	2,01	2,51	3,02	3,52	4,02	4,52	5,03
10	0,617	0,79	1,57	2,36	3,14	3,93	4,71	5,50	6,28	7,07	7,85
12	0,888	1,13	2,26	3,39	4,52	5,65	6,79	7,92	9,05	10,2	11,3
14	1,21	1,54	3,08	4,62	6,16	7,7	9,24	10,8	12,3	13,9	15,4
16	1,58	2,01	4,02	6,03	8,04	10,1	12,1	14,1	16,1	18,1	20,1
20	2,47	3,14	6,28	9,42	12,6	15,7	18,8	22,0	25,1	28,3	31,4
25	4,83	4,91	9,82	14,7	19,6	24,50	29,5	34,4	39,3	44,2	49,1
28	4,83	6,16	12,3	18,5	24,6	30,8	36,9	43,1	49,3	55,4	61,6

Größte Anzahl der Stahleinlagen in einer Lage

Balkenbreite b_0 in cm	Durchmesser der Stahleinlagen d_s in mm: 10	12	14	16	20	25	28
10	2	2	1	1	1	1	1
15	3	3	3	3	2	2	2
20	5	5	(5)	4	4	3	3
25	7	6	6	(6)	5	4	3
30	(9)	8	7	7	6	5	4
35	10	(10)	9	8	(8)	6	5
40	12	11	10	10	9	7	6
45	(14)	(13)	12	11	10	8	7
50	15	14	13	(13)	11	9	8
60	(19)	17	16	15	14	11	10
Bügel-∅ $d_{sbü}$	$d_{sbü}$ = 8 mm					$d_{sbü}$ = 10 mm	

Betondeckung der Bügel: $c_{bü}$ = 2,0 cm. Bei den Werten in ( ) werden die geforderten Abstände geringfügig unterschritten.

Kennwerte von Betonstahl

Durchmesser d_s mm	Querschnitt A_s cm^2	Masse pro Meter kg/m
6	0,283	0,222
8	0,503	0,395
10	0,785	0,617
12	1,13	0,888
14	1,54	1,21
16	2,01	1,58
20	3,14	2,47
25	4,91	3,85
28	6,16	4,83
32	8,04	6,31
40	12,57	9,86

B

Querschnitte von Plattenbewehrungen a_s in cm^2/m

Stababstand s cm	Stabdurchmesser in mm: 6	8	10	12	14	16	20	25	28	Stäbe n pro m
6,0	4,71	8,38	13,09	18,85	25,66	33,52	53,36	81,83	102,67	16,7
6,5	4,35	7,73	12,08	17,40	23,68	30,95	48,33	75,54	94,77	15,4
7,0	4,04	7,18	11,22	16,16	21,99	28,73	44,87	70,14	88,00	14,3
7,5	3,77	6,70	10,47	15,08	20,52	26,81	41,88	65,47	82,13	13,4
8,0	3,53	6,28	9,82	14,14	19,24	25,14	39,26	61,38	77,00	12,5
8,5	3,33	5,91	9,24	13,31	18,11	23,66	36,95	57,76	72,47	11,8
9,0	3,14	5,59	8,73	12,57	17,10	22,34	34,90	54,56	68,44	11,1
9,5	2,98	5,29	8,27	11,90	16,20	21,17	33,06	51,68	64,84	10,5
10,0	2,83	5,00	7,85	11,31	15,39	20,11	31,41	49,10	61,60	10,0
10,5	2,69	4,79	7,48	10,77	14,66	19,15	29,91	46,76	58,67	9,5
11,0	2,57	4,57	7,14	10,28	13,99	18,28	28,55	44,64	56,00	9,1
11,5	2,46	4,37	6,83	9,84	13,39	17,49	27,31	42,70	53,57	8,7
12,0	2,36	4,19	6,54	9,42	12,83	16,76	26,17	40,92	51,33	8,3
12,5	2,26	4,02	6,28	9,05	12,32	16,09	25,13	39,28	49,28	8,0
15,0	1,89	3,35	5,24	7,54	10,26	13,41	20,94	32,73	41,07	6,7
17,5	1,62	2,87	4,49	6,46	8,79	11,49	17,95	28,06	35,20	5,7
20,0	1,41	2,51	3,93	5,65	7,69	10,05	15,71	24,55	30,80	5,0

Abstand s_l der Längsbewehrung:
max $s_l \leq$ 150 mm bei Plattendicke $h \leq$ 15 cm
150 mm $\leq s_l \leq$ 250 bei Plattendicke 15 cm $\leq h \leq$ 25 cm
max $s_l \leq$ 250 mm bei Plattendicke $h >$ 25 cm

Querbewehrung:
$a_{sq} \geq 0{,}20 \cdot a_s$ ($\geq$ 20% der Längsbewehrung)
max $s_q \leq$ 250 mm
$d_{sq} \geq$ 5 mm

Betonstahlmatten

Für Betonstahlmatten gelten die Bestimmungen und Anwendungsregeln nach DIN EN 1992-1-1/NA.

Listenmatte – B500A **Normalduktile**, geschweißte Betonstahlmatten aus kaltverformten Stäben und flexiblen Stababständen Listenmatten aus kaltverformten Stäben sind in DIN 488 oder in bauaufsichtlichen Zulassungen geregelt.	**Listenmatte – B500B** **Hochduktile**, geschweißte Betonstahlmatten aus warmgewalzten Stäben mit Sonderrippungen und flexiblen Stababständen Listenmatten aus warmgewalzten Stäben mit Sonderrippungen sind in bauaufsichtlichen Zulassungen geregelt.
Vorratsmatte – B500A **Normalduktile**, geschweißte Betonstahlmatten aus kaltverformten Stäben Die Vorratsmatte ist eine gegenüber der Lagermatte erweiterte, standardisierte Betonstahlmatte in verschiedenen Varianten mit Ein-Ebenen-Stoß. Vorratsmatten aus kaltverformten Stäben sind in DIN 488 oder in bauaufsichtlichen Zulassungen geregelt.	**Vorratsmatte – B500B** **Hochduktile**, geschweißte Betonstahlmatten aus warmgewalzten Stäben mit Sonderrippungen Die Vorratsmatte ist eine gegenüber der Lagermatte erweiterte, standardisierte Betonstahlmatte in verschiedenen Varianten mit Ein-Ebenen-Stoß. Vorratsmatten aus warmgewalzten Stäben mit Sonderrippungen sind in bauaufsichtlichen Zulassungen geregelt.
Lagermatte – B500A **Normalduktile**, geschweißte Betonstahlmatten aus kaltverformten Stäben Die Lagermatte ist eine standardisierte Betonstahlmatte in verschiedenen Varianten. Lagermatten aus kaltverformten Stäben sind in DIN 488 oder in bauaufsichtlichen Zulassungen geregelt.	**Lagermatte – B500B** **Hochduktile**, geschweißte Betonstahlmatten aus warmgewalzten Stäben mit Sonderrippung Die Lagermatte ist eine standardisierte Betonstahlmatte in verschiedenen Varianten. Lagermatten aus warmgewalzten Stäben mit Sonderrippungen sind in bauaufsichtlichen Zulassungen geregelt.

Lagermattenprogramm

Mattentyp	Querschnitt längs / quer (cm^2/m)	Länge / Breite (m)	Gewicht je Matte / je m^2 (kg)	Mattenaufbau in Längs- und Querrichtung: Stababstände (mm)	Stabdurchmesser Innen-/Randbereich (mm)	Anzahl der Längsrandstäbe links	rechts	Überstände Anfang/Ende links/rechts (mm)
Q188A	1,88		41,7	150	6,0			75
	1,88		3,02	150	6,0			25
Q257A	2,57		56,8	150	7,0			75
	2,57		4,12	150	7,0			25
Q335A	3,35	6,00 / 2,30	74,3	150	8,0			75
	3,35		5,38	150	8,0			25
Q424A	4,24		84,4	150	9,0 / 7,0	4	4	75
	4,24		6,12	150	9,0			25
Q524A	5,24		100,9	150	10,0 / 7,0	4	4	75
	5,24		7,31	150	10,0			25
Q636A	6,36	6,00 / 2,35	132,0	100	9,0 / 7,0	4	4	62,5
	6,28		9,36	125	10,0			25
R188A	1,88		33,6	150	6,0			125
	1,13		2,43	250	6,0			25
R257A	2,57		41,2	150	7,0			125
	1,13		2,99	250	6,0			25
R335A	3,35	6,00 / 2,30	50,2	150	8,0			125
	1,13		3,64	250	6,0			25
R424A	4,24		67,2	150	9,0 / 8,0	2	2	125
	2,01		4,87	250	8,0			25
R524A	5,24		75,7	150	10,0 / 8,0	2	2	125
	2,01		5,49	250	8,0			25

Bauphysik – Übersicht

Wärmeschutz dämmen	DIN 4108-2: 2013-02	Mindestanforderungen an den Wärmeschutz
	DIN 4108-Bbl. 2: 2006-03	Wärmeschutz, Wärmebrücken
	DIN EN ISO 10211: 2008-04	Wärmebrücken
	DIN EN ISO 12567: 2010-02	Wärmetechnisches Verhalten von Fenstern und Türen
Wärmedämmstoffe EnEV	DIN EN ISO 13788: 2013-05	Wärme- und feuchtetechnisches Verhalten, Berechnungsverfahren
	DIN EN ISO 6946: 2008-04	Berechnungsverfahren Wärmedurchlasswiderstand
Feuchtigkeitsschutz	DIN 4108-3: 2014-11	Klimabedingter Feuchteschutz
	DIN 4108-4: 2013-02	Wärme- und feuchtetechnische Werte
	DIN EN 12524 zurückgezogen	Baustoffe, wärme- und feuchtetechnische Bemessungswerte
sperren, abdichten Abdichtungsmittel Abdichtungsstoffe	DIN EN 13162: 2015-03	Wärmedämmstoffe für Gebäude, Mineralwolle
	DIN EN 13163: 2015-04	Wärmedämmstoffe für Gebäude, aus expandiertem Polystyrol (EPS)
Schallschutz **Akustik**	DIN 4109: 2018-01	Schallschutz im Hochbau
	DIN ISO 9613-1: 1999-10	Akustik, Dämpfung des Schalls
	DIN 18005-1: 2002-07	Schallschutz im Städtebau
	Bundesimmissions-schutzgesetz	16. BImSchV
dämmen, absorbieren Schallabsorption Schalldämmung	DIN EN ISO 10140-1,2,3,4,5	Akustik
	DIN 4109-Bbl.: 2010-12	Ausführungsbeispiele
	DIN 18041: 2004-05	Hörsamkeit in kleinen und mittleren Räumen
Brandschutz Landesbau-ordnungen	Bauregelliste A, B	Deutsches Institut für Bautechnik
	Sonderheft 31	Deutsches Institut für Bautechnik
	DIN 4102-1: 1998-05	Brandverhalten von Baustoffen und Bauteilen, Begriffe, Anforderungen
	DIN EN 13501-2: 2016-11	Klassifizierung von Brandverhalten
	Musterbauordnung	Ergänzende Anforderungen
Ausführungs-beispiele	MBO	Durchführungsanforderungen spezifische Anforderungen veröffentlicht unter: www.is-argebau.de

Wirkung der bauphysikalischen Einflüsse auf den Menschen

Die **Behaglichkeit** ist eine wesentliche Größe bei der Optimierung des Raumklimas an Arbeitsplätzen in Büros, Praxen, öffentlichen Gebäuden und Produktionswerkstätten. Dabei sind gesetzliche Vorschriften einzuhalten, u.a. um eine möglichst hohe Zufriedenheit bei den Mitarbeitern zu erreichen.

Die Behaglichkeit in Wohnungen ist nicht geregelt. Es gibt keinen thermischen Raumzustand, mit dem zeitgleich alle anwesenden Personen zufrieden sind, da die Empfindungsmechanismen für Wärme und Kälte verschieden sind. Die Behaglichkeit ist von der Raumtemperatur und der relativen Luftfeuchtigkeit abhängig.

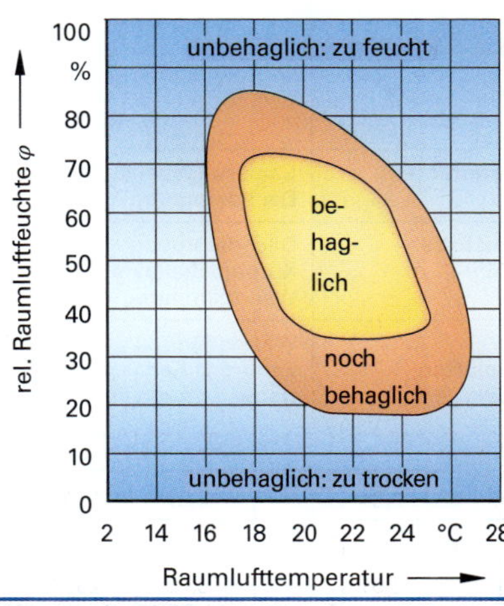

B

Dämmstoffe

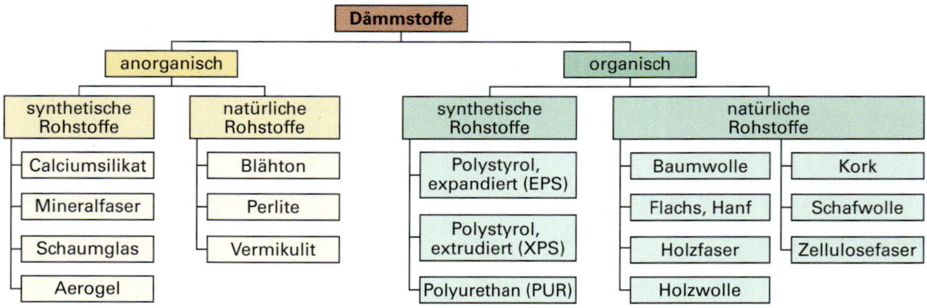

In der Bautechnik und in der Holztechnik dürfen nur genormte oder bauaufsichtlich zugelassene Dämm-, Dichtungs- und Sperrstoffe verwendet werden. Die Baustoffe sind auszuzeichnen:

- Herstellungsnorm
- Baustoffklasse hinsichtlich Brandverhalten
- Güteüberwachung

Baustoff	Verwendung	Eigenschaften Brandverhalten	Bestandteile Herstellungsnorm
Anorganische Dämmstoffe	**A_1, A_2 nicht brennbar**	**B brennbar**	
Blähperlit $\mu = 3 \ldots 5$	Leichtzuschlag für feuerdämmende Ummantelung	hitze-, alterungs-, säurebeständig, **porig**, A1	Abfallglimmer
Schaumglas dampfdicht	Wärmedämmung, Feuchtigkeitsschutz, Dachdämmung	unbrennbar, korrosionsbeständig, **porig** A1 (ohne Kaschierung)	aufgeschäumtes Glas [DIN 18174]
Mineralische und pflanzliche Faserdämmstoffe $\mu = 1 \ldots 2$ μ Wasserdampf-Diffusionswiderstandszahl	als loser Füllstoff zum Ausstopfen von Hohlräumen zur Wärmedämmung, als trittfeste Platten zur Wärme- und Trittschalldämmung unter schwimmendem Estrich, Wanddämmung	schallschluckend, wärmedämmend, nicht brennbar, fäulnisfest, **faserig** A1 oder A2 oder B1 Dickenabweichung bis 15 mm beachten	dünne Fasern aus geschmolzenem Glas, Mergel, Hochofenschlacke [DIN 18165] [DIN 18165-2 neu] [ ] Norm zurückgezogen
Organische Dämmstoffe			
Polystyrol-Hartschaum (PS) (einschl. Extruder- und Partikelschaum) (Schaumkunststoffe) $\mu = 20/250$	Wärmedämmung, Trittschalldämmung, Dachdämmung	maßhaltig, verrottungsfest, entflammbar oder schwer entflammbar, wasserabweisend, **porig** B1	aus Rohöl und Treibmitteln zu Platten geformt [DIN 18164] [DIN 18164-2 neu]
Polyurethan-Hartschaum (PUR) $\mu = 40/200$	Flachdachwärmedämmung	elastisch bei Temperaturschwankungen, alterungsbeständig, **porig** B1 oder B2	mit oder ohne beidseitig gasdiffusionsdichten Deckschichten [DIN 18164]
Polyisocyanurat (PIR)	Sanierungsbaustoff, Dachdämmung	ähnlich dem Polyurethan	Hartschaumplatte
Korkdämmstoffe (Korkplatten) $\mu = 5 \ldots 10$	Dachdämmung, Körperschalldämmung, Wanddämmung	fäulnisfest, elastisch, oft imprägniert, **faserig** B2	zu Granulat gemahlene Korkrinde [DIN 18161]
Holzwolle-Leichtbauplatten (Holzfaserplatten) $\mu = 2/5$	Wärmedämmung, verlorene Schalung, Putzträger	saugend, schwer entflammbar, schallschluckend, nicht wetterfest, biegefest B1 (ab 25 mm Dicke)	Nadelholzwolle und mineralisches Bindemittel DIN 1101 DIN EN 13168
Mehrschichtige Leichtbauplatten (Verbundbauplatten) $\mu = 20/50$	Vorsatzschale, leichte Trennwände, Putzträger	saugend, schwer entflammbar, nicht wetterbeständig B1	Kern aus Schaumkunststoff mit ein oder zwei Holzwolle-Leichtbauplatten DIN 1104, DIN 18184

Dichtstoffe und Sperrstoffe

Baustoff	Verwendung und Eigenschaften	Bestandteile, Herstellungsnorm
Bitumenhaltige Abdichtungsstoffe		
reines Bitumen Bitumen mit Kunststoff Bitumen mit Füllstoff Der Ausdruck „bituminöse Stoffe" soll zukünftig nicht mehr verwendet werden. Neuer Begriff: bitumige Stoffe.	senkrechte Abdichtungen nach DIN 18195 und bei Decken und Dächern	durch Destillation von Erdöl
	als **Lösung oder Emulsion** entweder als Voranstrich einmal kalt und zweimal heißflüssiger Deckanstrich oder als Voranstrich einmal kalt und dreimal kaltflüssiger Deckanstrich als **Spachtelmasse** einmal Voranstrich und zweimal Spachtelmasse	
nackte Bitumenbahnen **Bitumendachbahnen** (einschließlich Dichtungsbahnen)	als **fabrikfertige Bitumenbahnen** einmal Voranstrich und eine Lage Bahn mit heißer Klebemasse aufbringen, bei nackten Bitumenbahnen ein zusätzlicher Bitumenanstrich	Rohfilzpappe, Quadratmetergewicht 333 g/m² oder 500 g/m² [DIN 52128], DIN 52129, [DIN 52130 und DIN 18190]
Bitumen-schweißbahnen	können im Schweißverfahren aufgebracht werden	Jutegewebe oder Glasgewebe mit Bitumen getränkt [DIN 52131]
Abdichtungen mit Kunststoffdichtungsbahnen		
Ethylencopolymerisat-Bitumen (ECB)	senkrechte Abdichtungen nach DIN 18195 und bei Dächern	[DIN 16729]
PVC-Weichbahnen	bitumenverklebte oder mechanisch eingebrachte Bahnen	[DIN 16735]
Polyisobutylen-Bahnen (PIB)	Wandflächen (auch Dachflächen) heiß vorstreichen und mit heiß zu verarbeitender Klebemasse im Flämmverfahren aufbringen, Warm- oder Quellschweißen, geschlossene Außenhaut	[DIN 16934 und DIN 16735]
Abdichtungsmaterialien und Dampfsperren		
bauaufsichtlich zugelassene mineralische **Dichtungsschlämme**	senkrechte Abdichtung nach DIN 18195	bauaufsichtliche Zulassung lieferfirmenabhängig
	streich- oder spachtelfähige Masse wird auf geeignete Grundierung oder Voranstrich aufgetragen	
Sperrmörtel	als Sperrputz wasserabweisend und dicht	DIN 18550
Sperrbeton	Beton mit hohem Wassereindringwiderstand, dessen Wirkung durch geeignete Zusammensetzung, gute Verarbeitung und Verwendung von Betonzusatzmitteln als WU-Beton definiert ist	DIN 1045-2, [DIN 4117], DIN 1047
Mauerwerk	als Ersatz für eine o.g. Abdichtung im Bereich der sichtbaren Außenwand (Sockel)	DIN EN 1996-1-1/NA, DIN 105 KMZ in Mörtelgruppe III
Bitumendachbahnen **Dichtungsbahnen** für Bauwerksabdichtungen	waagerechte Abdichtungen nach DIN 18195	Trägerbahn aus Rohfilzpappe, Jutegewebe oder Kunststofffaser, auch Aluminium- oder Kupferfolien
	die Auflageflächen sind mit Mörtel der Mörtelgruppe II oder III abzugleichen	
Vaporex normal, bituminiert, besandet, $\mu = 31\,200$	bei innenseitiger Wärmedämmschicht in Feuchträumen aufkleben mit Kunstharzkleber	Fertigung in Bahnen oder Planen. Durch Schmelzprozesse von Glas, Kunststoff, Bitumen oder Metall entstandene dichte Stoffe. Dampfsperren sind Schichten mit $sd \geq 100$ m. PE-Folien mit $d = 1{,}2$ mm und $\mu \geq 100000$. Al-Folien mit $d = 1{,}0$ mm sind praktisch dampfdicht.
Vaporex super	Sperrschicht aus Aluminiumfolie und zwei Kunststofffolien, bituminiert und besandet; bei Räumen, die hohe Raumluftfeuchte erwarten lassen und für die gleichzeitig Dampfdichtheit zu fordern ist	
Nepa-Dampfbremse PVC-Folie	im Fertighausbau und bei Leichtbaukonstruktionen; kleben, einspannen oder nageln, alterungsbeständig	
Polyethylenfolie	bei Dächern, Decken und Außenwänden; kleben, einspannen oder nageln, alterungsbeständig	**Hilfsstoffe** aus Ölpapier, Rohglasvlies, Vliese aus Chemiefasern, PE-Folie und Lochglasvlies-Bitumenbahnen werden für Trennschichten und Trennlagen verwandt.
Aluminiumfolie	bei Dächern und Außenwänden, praktisch dampfdicht; einlagig aufkleben, oft als Kaschierung auf Wärmedämmmatten, alterungsbeständig	

B

Wärmeschutztechnische Rechenwerte

Rechenwerte der Wärmeleitfähigkeit von Baustoffen, Bauteilen und Luftschichten nach DIN 4108-4, DIN EN 12524 und DIN EN 10456. Bemessungswerte sind auch den technischen Produktspezifikationen, den Landesbauordnungen oder der Bauregelliste A Teil 1 zu entnehmen. Es ist jeweils der für die Baukonstruktion ungünstigste Wert einzusetzen.

Nr.	Baustoff, Bauteil	Rohdichte ϱ kg/m³	Wärmeleitfähigkeit λ W/(m·K)	μ [–]
1	**Stapelgüter, Metalle, Lagerstoffe**			
1.1	Aluminium	2800	160	pdd[1]
1.2	Blei	11300	35	pdd[1]
1.3	Kupfer	8900	380	pdd[1]
1.4	Messing	8400	120	pdd[1]
1.5	Nickel	8900	59	pdd[1]
1.6	Stahl	7800	50	pdd[1]
1.7	Zink	7200	110	pdd[1]
1.8	Boden, feucht	≤1800	1,50	50
1.9	Lehmbaustoff	500 700 1000	0,14 0,21 0,35	5/10
1.10	Naturglas, Floatglas	2500	2,00	pdd[1]
1.11	Kunststein	1750	1,30	40/50
1.12	Blähperlite	≤ 100	0,06	9
1.13	Blähglimmer	≤ 100	0,07	3
1.14	Blähton, Blähschiefer	≤ 400	0,16	3
1.15	Hüttenbims	≤ 600	0,13	3
1.16	Schaumlava	≤1200	0,22	3
2	**Putz-, Mauermörtel und Estrich**			
2.1	Zementmörtel	2000	1,60	15/35
2.2	Mauernormalmörtel NM	1800	1,20	15/35
2.3	Dünnbettmauermörtel DM	1600	1,00	15/35
2.4	Leichtmörtel LM 36	≤1000	0,36	15/35
2.5	Leichtmörtel LM 21	≤ 700	0,21	15/35
2.6	Leichtmauermörtel	400 700 1000	0,14 0,25 0,38	5/20
2.7	Zementestrich	2000	1,40	15/35
2.8	Magnesia-Estrich	1400 2300	0,47 0,70	15/35
2.9	Anhydrit-Estrich	2100	1,2	15/35
2.10	Kalk-, Kalkzementputz	1800	1,00	15/35
2.11	Kalkgipsputz	1400	0,70	10
2.12	Gipsputz	1200	0,51	10
2.13	Kunstharzputz	1100	0,70	50/200
3	**Fußbodenbeläge**			
3.1	Korkfußboden	> 400	0,065	20/40
3.2	Kunststofffußboden (PVC)	1500	0,23	1000
3.3	Filzunterlage	120	0,05	10000
3.4	Teppichboden	200	0,06	5
3.5	Linoleum	1200	0,17	800/1000
3.6	Asphaltmastix	2000	0,70	50000

B

Zusätzliche Werte – aber nicht nach DIN 4108 festgelegt

Spanplatten als

Flachpressplatte DIN EN 312
Strangpressplatte DIN EN 312
Plattentypen V 20, V 100, V 100 G
λ = 0,13 W/(mm·K) μ = 50/100
λ = 0,29 W/(m·K) (Plattenebene)

Bau-Furniersperrholz

nach DIN EN 635
Plattentypen BFU 20, 100, 100 G
λ = 0,15 W/(m·K) μ = 50/400

Holzfaserplatten

harte Platten λ = 0,17 W/(m·K)
ϱ = 900 kg/m³ … 1100 kg/m³
poröse Platten
λ = 0,06 W/(m·K) ϱ = 300 kg/m³
λ = 0,07 W/(m·K) ϱ = 400 kg/m³
nach DIN EN 316 μ = 5
λ in WLG 040 bis 070

Formelzeichen

Wasserdampfdiffusionswiderstandszahl	μ
Rohdichte	ϱ
Wärmeleitfähigkeit	λ
Temperaturdehnzahl	α_ϑ
Elastizitätsmodul	E

Erläuterungen

Temperaturdehnzahl mm/m·K
- wird auch Längenausdehnungskoeffizient genannt
- hier in mm pro Meter Länge und einer Temperaturdifferenz von 1 K ≙ 1 °C angegeben

Elastizitätsmodul N/mm²
- nur in den DIN-Vorschriften der jeweiligen Baustoffe angegeben
- bei Holz (DIN 1052, EC 5) ist parallel II und quer ⊥ zur Faser zu unterscheiden
- bei Mauerwerk ist die Steinart, Steinfestigkeit und die Mörtelgruppe zu berücksichtigen

Rohdichte kg/m³
- kg/m³ volumenbezogen
- dient zur Ermittlung der flächenbezogenen Masse in kg/m²

Wärmeleitfähigkeitsgruppe
- WLG 025, entspricht 0,025 W/(m·K)

[1] pdd: praktisch dampfdicht

Wärmeschutztechnische Rechenwerte

Nr.	Baustoff, Bauteil	Rohdichte ϱ kg/m³	Wärmeleitfähigkeit λ W/(m·K)	μ [–]
4	**Beton, Betonbauteile**			
4.1	Leichtbeton, Beton	1800 2000 2400	1,15 1,35 2,00	60/100 60/100 80/130
4.2	Stahlbeton	2400	2,3 ... 2,5	80/130
4.3	Leichtbeton mit geschl. Gefüge (Zwischenwerte können interpoliert werden)	800 1000 1200 1400 1600 2000	0,39 0,49 0,62 0,79 1,00 1,60	70/150
4.4	Porenbeton, dampfgehärtet	400 500 600 700 1000	0,13 0,15 0,19 0,22 0,31	5/10
5	**Leichtbeton** mit haufwerksporigem Gefüge			
5.1	Leichtbeton, nicht porige Zuschläge	1600 1800 2000	0,81 1,10 1,40	3/10 3/10 5/10
5.2	Leichtbeton, porige Zuschläge ohne Quarzsand	600 800 1000 1200 1400 1600	0,22 0,28 0,36 0,46 0,57 0,75	5/15
5.3	Leichtbeton aus Blähton	500 700 900 1000 1400 1600	0,16 0,23 0,30 0,35 0,55 0,68	5/15
6	**Mauerwerk** einschließlich Mörtelfugen			
6.1	Vollklinker, Hochlochklinker	1800 2000 2200	0,81 0,96 1,20	50/100
6.2	Vollziegel, Hochlochziegel, Füllziegel	1200 1400 1600 1800	0,50 0,58 0,68 0,81	5/10
6.3	Hochlochziegel mit Lochung A, B λ bei Leichtbaumörtel verringern um 0,05 W/(mK)	550 600 650 700 800 900 1000	0,32 0,33 0,35 0,36 0,39 0,42 0,45	5/10
6.4	Wärmedämmziegel WDz oder LD-Ziegel	550 650 750 850	0,19 0,20 0,22 0,23	
6.5	Kalksandsteine	1000 1200 1400 1600 1800 2000 2200	0,50 0,56 0,70 0,79 0,99 1,10 1,30	5/10 15/25

Nr.	Baustoff, Bauteil		Rohdichte ϱ kg/m³	Wärmeleitfähigkeit λ W/(m·K)	μ [–]
6	**Mauerwerk** (Fortsetzung)				
6.6	Hüttensteine		1000 1200 1400 1600	0,47 0,52 0,58 0,64	70/100
6.7	Porenbeton, Plansteine		350 450 550 650	0,11 0,15 0,18 0,21	5/10
6.8	Betonsteine, Hohlblöcke λ bei Leichtbaumörtel LM 36 verringern um 0,03 W/(mK)		450 500 550 650 1400 1600	0,28 0,30 0,31 0,34 0,72 0,76	5/10
6.9	Betonsteine, Vollblöcke λ bei Leichtbaumörtel LM 36 verringern um 0,03 W/(mK)		450 500 600 700 800 1000	0,18 0,20 0,22 0,25 0,27 0,32	5/10
7	**Dichtungsbahnen, Abdichtungsstoffe**				
7.1	Bitumendachbahn	Dachbahnen	1200	0,17	10000
7.2	Nackte Bitumenbahn	Dachbahnen	1200	0,17	2000/20000
7.3	Kunststoffdachbahn	Dachbahnen	–		50000
7.4	Glasvlies-Bitumendachbahn	Dachbahnen	–	0,17	50000/75000
7.5	Kunststoffdachbahn ECB	Dachbahnen	–		70000/90000
7.6	Kunststoffdachbahn PVC-P	Dachbahnen	–		10000/30000
7.7	PTFE-Folie $d \geq 0{,}05$ mm	Folien	–		10000
7.8	PE-Folie $d \geq 0{,}05$ mm	Folien	–		50000
7.9	PP-Folie $d \geq 0{,}05$ mm	Folien	–		1000
8	**Holz und Holzwerkstoffe/Gipsbauplatte**				
8.1	Konstruktionsholz		500 700	0,13 0,18	20/50 50/200
8.2	Sperrholz		300 500 700	0,09 0,13 0,17	50/150 70/200 90/220
8.3	Zementgebundene Spanplatte		1200	0,23	30/50
8.4	Spanplatte		300 600 900	0,10 0,14 0,18	10/50 15/50 20/50
8.5	OSB-Platte		650	0,13	30/50
8.6	Holzfaserplatten einschl. MDF		250 400 600	0,07 0,10 0,14	3/5 5/10 12/20
8.7	Gipsbauplatte		800	0,25	4/10

B

Wärme- und feuchteschutztechnische Bemessungswerte

Die Wärmedämmstoffe sind nach DIN EN 13162 bis DIN EN 13171 aufgelistet. Der λ-Nennwert wird in Stufen von 0,001 W/(m·K) angegeben und mit einem Sicherheitswert von 1,2 multipliziert (Nennwert λ × Sicherheitswert 1,2 = Bemessungswert λ_D). Für die noch vorhandenen (wenigen) deutschen Produktnormen gilt weiterhin WLG = Bemessungswert.

Nr.	Dämmstoff	Nennwert λ W/(m·K)	Bemessungswert λ_D	μ [–]
D1	Mineralwolle (**MW**) nach DIN EN 13162	0,030 0,031 … 0,050	0,036 0,037 … 0,060	1
D2	Expandierter Polystyrolschaum (**EPS**) nach DIN EN 13163	0,030 0,031 … 0,050	0,036 0,037 … 0,060	20/100
D3	Extrudierter Polystyrolschaum (**XPS**) nach DIN EN 13164	0,026 0,027 … 0,040	0,031 0,032 … 0,048	80/250
D4	Polyurethan-Hartschaum (**PU**) nach DIN EN 13165	0,020 0,021 … 0,040	0,024 0,025 … 0,048	40/200
D5	Phenolharz-Hartschaum (**PF**) nach DIN EN 13166	0,020 0,021 … 0,035	0,024 0,025 … 0,042	10/60
D6	Schaumglas (**CG**) nach DIN EN 13167	0,038 0,039 … 0,055	0,046 0,047 … 0,066	dampfdicht
D7	Holzwolleplatten (**WW**) nach DIN EN 13168	0,060 0,061 … 0,100	0,072 0,073 … 0,120	2/5
D8	Holzwolle-Mehrschichtplatten mit expandiertem Polystyrolschaum (**EPS**) nach DIN EN 13163	0,030 0,031 0,032 0,033 0,034 … 0,050	0,036 0,037 0,038 0,040 0,041 … 0,060	20/50
D9	Holzwolle-Mehrschichtplatten mit Mineralwolle (**MW**) nach DIN EN 13162	0,030 0,031 0,032 … 0,050	0,036 0,037 0,038 … 0,060	1
D10	Blähperlit (**EPB**) nach DIN EN 13169	0,045 0,046 … 0,065	0,054 0,055 … 0,078	5
D11	Expandierter Kork (**ICB**) nach DIN EN 13170	0,040 0,041 … 0,055	0,049 0,050 … 0,067	5/10
D12	Holzfaserdämmstoff (**WF**) nach DIN EN 13171	0,032 0,033 … 0,060	0,043 0,044 … 0,072	5

Produkteigenschaften

Produkteigenschaft	Kurzzeichen	Beschreibung
Druckbelastbarkeit	**dk** **dg** **dm** **dh** **ds** **dx**	keine Belastbarkeit geringe Belastbarkeit mittlere Belastbarkeit hohe Belastbarkeit sehr hohe Belastbarkeit extrem hohe Belastbarkeit
Wasseraufnahme	**wk** **wf** **wd**	keine Anforderung durch flüssiges Wasser durch flüssiges Wasser und/oder Diffusion
Zugfestigkeit	**zk** **zg** **zh**	keine Anforderung geringe Anforderung hohe Anforderung
schalltechnische Eigenschaften	**sk** **sh** **sm** **sg**	keine Anforderung Trittschalldämmung: Zusammendrückbarkeit erhöht mittel gering
Verformung	**tk** **tf** **tl**	keine Anforderung Stabilität unter Feuchte und Temperatur Last und Temperatur

Anwendungsgebiete

Bereich	Kurzzeichen	Beschreibung
Decke und Dach	**DAD**	Außendämmung von Dach oder Decke, vor Bewitterung geschützt, Dämmung unter Deckung
	DAA	Außendämmung unter Abdichtungen
	DUK	Außendämmung, der Bewitterung ausgesetzt (Umkehrdach)
	DZ	Zwischensparrendämmung, zweischaliges Dach, nicht begehbare, oberste Geschossdecken
	DI	Innendämmung der Decke (unterseitig) oder des Daches, Dämmung unter den Sparren/Tragkonstruktion, abgehängte Decke usw.
	DEO	Innendämmung der Decke oder Bodenplatte (oberseitig) unter Estrich ohne Schallschutzanforderungen
	DES	Innendämmung mit Schallschutzanforderungen
Wand	**WAB**	Außendämmung der Wand hinter Bekleidung
	WAA	Außendämmung der Wand hinter Abdichtung
	WAP	Außendämmung der Wand unter Putz
	WZ	Dämmung von zweischaligen Wänden
	WH	Dämmung von Holzrahmen- und Holztafelbauweise
	WI	Innendämmung der Wand
	WTH	Dämmung zwischen Haustrennwänden mit Schallschutzanforderungen
	WTR	Dämmung von Raumtrennwänden

Wärmeschutz

Wärmeleitfähigkeit

$$\lambda = \frac{\text{Wärmemenge} \cdot \text{Baustoffdicke}}{\text{Zeit} \cdot \text{Fläche} \cdot \text{Temperatur}}$$

$$[\lambda] = \frac{\text{Ws} \cdot \text{m}}{\text{s} \cdot \text{m}^2 \cdot \text{K}}$$

λ in $\frac{\text{W}}{\text{m} \cdot \text{K}}$

Wärmedurchlasswiderstand

$$= \frac{\text{Schichtdicke des Bauteils}}{\text{Wärmeleitfähigkeit}}$$

$$R = \frac{d}{\lambda}$$

R in $\frac{\text{m}^2 \cdot \text{K}}{\text{W}}$

d in m

λ in $\frac{\text{W}}{\text{m} \cdot \text{K}}$

Wärmedurchlasswiderstand bei mehrschichtigen Bauteilen:

Wärmedurchlasswiderstand = Summe der Wärmedurchlasswiderstände der einzelnen Bauteilschichten

$$R = \frac{d_1}{\lambda_1} + \frac{d_2}{\lambda_2} + \frac{d_3}{\lambda_3} + \frac{d_4}{\lambda_4} + \dots \frac{d_n}{\lambda_n}$$

R in $\frac{\text{m}^2 \cdot \text{K}}{\text{W}}$

d in m

λ in $\frac{\text{W}}{\text{m} \cdot \text{K}}$

Wärmedurchgangswiderstand = Wärmeübergangswiderstand innen
+ Wärmedurchlasswiderstand
+ Wärmeübergangswiderstand außen

$$R_T = R_{si} + R + R_{se}$$

R_T, R_{si}, R, R_{se} in $\frac{\text{m}^2 \cdot \text{K}}{\text{W}}$

Wärmedurchgangskoeffizient

$$= \frac{1}{\text{Wärmedurchgangswiderstand}}$$

$$U = \frac{1}{R_T} \text{ bzw. } U = \frac{1}{R_{si} + R + R_{se}}$$

U in $\frac{\text{W}}{\text{m}^2 \cdot \text{K}}$

Mittlerer Wärmedurchgangskoeffizient

$$U_m = \frac{U_1 \cdot A_1 + U_2 \cdot A_2 + \dots U_n \cdot A_n}{\Sigma A}$$

U in $\frac{\text{W}}{\text{m}^2 \cdot \text{K}}$

Wärmestrom

$$\Phi = U \cdot A \cdot \Delta\vartheta$$

$$\Delta\vartheta = \vartheta_i \cdot \vartheta_e$$

Φ in W

Speicherbare Wärmeenergiemenge:

Wärmeenergiemenge

$$Q = m'c\,\Delta\vartheta$$

$$m' = d \cdot \varrho$$

Q = $\frac{\text{J}}{\text{m}^2}$

m' in $\frac{\text{kg}}{\text{m}^2}$

c in $\frac{\text{J}}{\text{kgK}}$

$\Delta\vartheta$ in °C oder K

ϱ in $\frac{\text{kg}}{\text{m}^3}$

d in m

B

Wärmeschutz

Wärmetechnische Mindestanforderungen

Bei Temperaturunterschieden zwischen dem beheizten Gebäudeinneren und dem unbeheizten Gebäudeinneren bzw. der winterlichen Außenluft kommt es zur Wärmeübertragung durch die Umfassungsbauteile. Diese Wärmeübertragung ist durch ausreichend große Widerstände bzw. kleine Wärmeleitfähigkeiten zu begrenzen. Die inneren Bauteiloberflächen sollen behaglich warm sein und frei von gesundheitsschädlichem Tauwasser. Für den winterlichen Wärmeschutz werden an die Außenbauteile eines Bauwerks Mindestanforderungen definiert. Danach dürfen die Anforderungen der Tabelle für den **Wärmedurchlasswiderstand *R*** nicht unterschritten werden.

Alle nationalen Regelwerke benutzen die internationalen Symbole.

Der Heizenergieverbrauch eines Gebäudes wird durch eine Vielzahl von Einflüssen bei der baulichen Gestaltung und der Gebäudenutzung bestimmt. Der bauliche Wärmeschutz ist die sicherste und nachhaltigste Maßnahme des energiesparenden Bauens.

Bei Erfüllung der Tabellenwerte und der Lüftungsrandbedingungen nach DIN 1946-6 (2009-05) *Lüftung von Wohnungen* ist zu erwarten, dass sich im Gebäude ein hygienisches Raumklima einstellt und Tauwasserfreiheit sichergestellt sowie das Risiko der Schimmelbildung verringert ist.

Mindestwerte der Wärmedurchlasswiderstände *R* für wärmeübertragende Bauteile
(mit einer flächenbezogenen Gesamtmasse von ≥ 100 kg/m²) nach DIN 4108-2

Bauteile		Wärmedurchlasswiderstand *R* in m²·K/W
Außenwände einschl. Nischen und Brüstungen unter Fenstern, Fensterstürzen und Wärmebrücken		1,20
Wände von Aufenthaltsräumen gegen Bodenräume, Durchfahrten, offene Hausflure, Garagen		1,20
Wohnungstrennwände, Wände zu fremdgenutzten Räumen		0,07
Treppenraumwände zum Treppenraum	mit Innentemperaturen $\vartheta \leq 10$ °C, aber Treppenraum frostfrei	0,25
	mit Innentemperaturen $\vartheta \geq 10$ °C, z.B. in Verwaltungsgebäuden, Geschäftshäusern, Unterrichtsgebäuden, Hotels, Gaststätten und Wohngebäuden	0,07
Wände von Aufenthaltsräumen, die an das Erdreich grenzen		1,20
Wohnungstrenndecken, Decken zwischen fremden Arbeitsräumen, Decken unter ausgebauten Dachräumen mit gedämmten Dachschrägen und Abseitenwänden	allgemein	0,35
	in zentralbeheizten Bürogebäuden	0,17
Decken unter nicht ausgebauten Dachräumen, Decken unter belüfteten Räumen zwischen Dachschrägen und Abseitenwänden bei ausgebauten Dachräumen, wärmegedämmten Dachschrägen		0,90
Decken und Dächer, die Aufenthaltsräume nach oben gegen die Außenluft abgrenzen, Decken und Dächer unter Terrassen, Umkehrdächer		1,20
Kellerdecken, Decken gegen abgeschlossene, unbeheizte Hausflure		0,90
Decken, die Aufenthaltsräume nach unten gegen die Außenluft abgrenzen, z.B. über Garagen, Durchfahrten und belüfteten Kriechkellern		1,75
Unterer Abschluss nicht unterkellerter Aufenthaltsräume, wenn unmittelbar an das Erdreich (bis zu einer Raumtiefe von 5 m) oder über einem nicht belüfteten Hohlraum an das Erdreich grenzend		0,90

B

Mindestwerte der Wärmedurchlasswiderstände *R* für leichte Bauteile (mit einer flächenbezogenen Gesamtmasse von < 100 kg/m², sowie für Rahmen und Skelettbauarten) nach DIN 4108-2

Bauteile		Wärmedurchlasswiderstand *R* in m²·K/W
Außenwände, Decken unter nicht ausgebauten Dachräumen und Dächern (< 100 kg/m²)		1,75
Rahmen und Skelettbauarten	im Gefachbereich	1,75
	für das gesamte Bauteil im Mittel (R_m)	1,00
Rollladenkästen		1,00
Deckel von Rollladenkästen		0,55
Nichttransparenter Teil der Ausfachung von Fensterwänden und Fenstertüren	bei > 50% der Gesamtausfachungsfläche	1,20
	bei < 50% der Gesamtausfachungsfläche	1,00

Grundsatz: Der Mindestwärmeschutz muss an jeder Stelle des Bauteils vorhanden sein. Dies gilt insbesondere für Nischen, Brüstungen, Fensterstürze und Rohrkanäle. Werden die Anforderungen der Tabellen bereits von einer oder mehreren Schichten erfüllt, erübrigt sich ein weiterer Nachweis.

Wärmeschutz

Wärmeübertragung ebener Bauteile

Wärmeübergangswiderstände treten an den Bauteiloberflächen auf. Es wird unterschieden zwischen äußerem Wärmeübergangswiderstand R_{se} (unbeheizte Seite) und innerem Wärmeübergangswiderstand R_{si} (beheizte Seite).

- Nach DIN EN ISO 6946 darf vereinfacht mit R_{si} = 0,13 m²·K/W und R_{se} = 0,04 m²·K/W gerechnet werden.
- Bei innen liegenden Bauteilen ist zu beiden Seiten mit demselben Wärmeübergangswiderstand R_{si} zu rechnen.
- Der äußere Wärmeübergangswiderstand R_{se} zum Erdreich (abwärts) beträgt $R_{se} = 0$.
- Luftschichten sind nach unten stehender Tabelle zu berücksichtigen.
- Wenn die Dämmung im Dachbereich bis zum Fußpunkt heruntergezogen wird, können eine Abseitenwand und der zugehörige Dachraum unberücksichtigt bleiben.
- Als horizontale Richtung des Wärmestromes gilt die Richtung von ± 30° zur horizontalen Ebene (vgl. Abbildung). Wärmestrom aufwärts/abwärts für Decken und Dächer mit einer Neigung < 60°, Wärmestrom horizontal für Wände und Decken ≥ 60°.
- Als Berechnungswerte werden unterschieden: Berechnung für den Wärmeschutz (rote Werte), Berechnung für den Feuchteschutz (Tauwasser) (grüne Werte) und Berechnung, um Schimmel (Wärmebrücken) (blaue Werte) zu verhindern.

Wärmeübergangswiderstände	Wärmeschutz DIN EN ISO 6946			Wärmebrücken nach DIN 4108-2	
	aufwärts	horizontal	abwärts	beheizte Räume	unbeheizte Räume
R_{si} in m²·K/W	0,100	0,125	0,167	0,250	0,167
R_{se} in m²·K/W	0,043	0,043	0,043	0,043	0,043

Wärmeübergangswiderstände	Tauwasser nach DIN 4108-3		
	aufwärts	horizontal	abwärts
R_{si} in m²·K/W	0,125	0,25	0,167
R_{se} in m²·K/W	0,043	0,043	0,043
R_{si} an belüfteter Luftschicht	0,083	0,083	0,083
R_{se} an das Erdreich	0	0	0

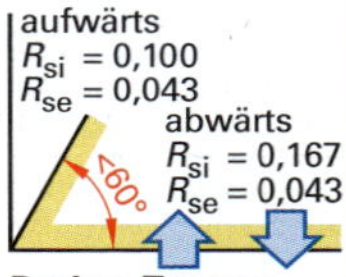

Decken, Treppen und Dächer
Wärmestrom aufwärts/abwärts
Neigung 0° bis < 60°

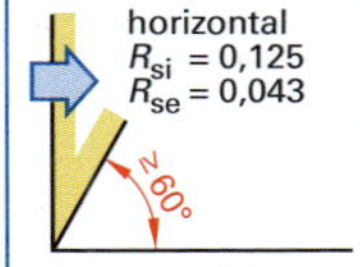

Wände und Dächer
Wärmestrom horizontal
Neigung 60° bis 90°

B

Luftschichten

- **Ruhende Luftschichten** bezeichnen Luftschichten, die nicht mit der das Bauteil umgebenden Luft in Verbindung stehen. Kleine Öffnungen sind erlaubt, wenn diese keinen Luftstrom zulassen und nicht größer als 500 mm² je Meter (vertikale Luftschichten) und 500 mm² je Quadratmeter Oberfläche (horizontale Luftschichten) sind.

Wärmedurchlasswiderstand R_g in m²·K/W ruhender Luftschichten (nach DIN EN ISO 6946)

Dicke der Luftschicht in mm	Richtung des Wärmestromes		
	aufwärts	horizontal	abwärts
0	0,00	0,00	0,00
5	0,11	0,11	0,11
7	0,13	0,13	0,13
10	0,15	0,15	0,15
15	0,16	0,17	0,17
25	0,16	0,18	0,19
50	0,16	0,18	0,21
100	0,16	0,18	0,22
300	0,16	0,18	0,23

Zwischenwerte können interpoliert werden.

Die Werte unter „horizontal" gelten auch für einen Wärmestrom von ± 30° zur horizontalen Ebene.

- Als stark belüftet werden Luftschichten mit Öffnungen ab 1500 mm² je Meter (vertikale Luftschichten) und ab 1500 mm² pro Quadratmeter Oberfläche bezeichnet. Bei Außenbauteilen mit **stark belüftetem** Gefachebereich erbringen die Bauteile zwischen der Luftschicht und der Außenluft keinen wesentlichen Anteil zum Wärmeschutz. Sie werden beim rechnerischen Ansatz nicht berücksichtigt. Hier ist $R_{se} = R_{si}$ = 0,125 m²·K/W.
- **Schwach belüftet** bedeutet, dass der Luftaustausch durch Öffnungen mit der Umgebungsluft begrenzt ist. Folgende Werte begrenzen die Fläche pro Meter Länge der Öffnungen von vertikalen Luftschichten in horizontaler Richtung: 500 mm² < A < 1500 mm². Für horizonale Luftschichten gilt: 500 mm² < A < 1500 mm² pro Quadratmeter Oberfläche. Für solche Luftschichten darf für den Wärmedurchgangswiderstand R_g die Hälfte des entsprechenden Tabellenwertes angesetzt werden, allerdings nur bis zum maximal regulären Tabellenwert 0,15 m²·K/W.
- **Bei zweischaligem Mauerwerk** nach DIN EN 1996-1-1/NA dürfen Luftschicht und Vorsatzschale in die Berechnung mit einbezogen werden. Die Luftschicht (Hinterlüftung) wird als ruhend eingestuft, wenn die Verbindungsöffnung 500 mm²/m nicht überschreitet.
Empfohlen wird, Luftschicht und Vorsatzschale nicht zu berücksichtigen und mit $R_{se} = R_{si}$ = 0,125 m²·K/W zu rechnen.

Wärmeschutz

Wärmekapazität

Die Materialkonstante **spezifische Wärmekapazität c** gibt die Wärmemenge in J an, die benötigt wird um die Masse 1 kg eines Stoffes um ein Kelvin zu erwärmen.
Der **Wärmeeindringkoeffizient b** ist ein Maß für den Wärmeenergietransport beim Kontakt von zwei Körpern. Diese Materialeigenschaft ist abhängig von der Wärmeleitfähigkeit, der Dichte und der spezifischen Wärmekapazität der Materialien.

Rechenwerte der spezifischen Wärmekapazität *c* und des Wärmeeindringkoeffizienten *b*

Material	*c* in J/kgK	*b* in $\frac{W \cdot s^{0,5}}{m^2K}$	Material	*c* in J/kgK	*b* in $\frac{W \cdot s^{0,5}}{m^2K}$
Aluminium	800	20785	Hohlblocksteine	1000	380
Stahl	400	13735	Porenbeton	1000	340
Beton	1000	2245	Kork	1700	160
Leichtbeton	1000	930	Schaumkunststoffe	1500	35
Zementestrich	1000	1670	Mineralfasern	1000	30
Kalkputz	1000	1250	Holz	2100	400
Kalksandstein	1000	990	Holzwerkstoffe	2100	400
Mauerziegel	1000	900	Luft	1000	14
Leichthochlochziegel	1000	510	Wasser	4200	1630

Einzelbauteile

- Bei Fußbodenheizungen gehen nur die Schichten unterhalb der Estrichplatte in die Berechnung ein.
- Bei ausgebauten Dachräumen ist die Wärmedämmung in den Abseiten bis zum Dachfußpunkt zu führen.
- Genügt beim ausgebauten Dachgeschoss die obere Geschossdecke den Mindestanforderungen mit $R = 0{,}90\ m^2 \cdot K/W$ bzw. $R = 1{,}75\ m^2 \cdot K/W$, ist ein weiterer Wärmeschutznachweis des Daches nicht gefordert.
- Holzwolle mit $d < 15$ mm darf zur Berechnung von *R* nicht berücksichtigt werden.

B

Rippen und Gefache

- Die Rippenhöhe ist in Abhängigkeit von der Anordnung der Dämmschicht (Dämmhöhe) zu berücksichtigen. Das heißt, der Sparren darf nur in der Dicke der Dämmschicht wärmetechnisch berücksichtigt werden.

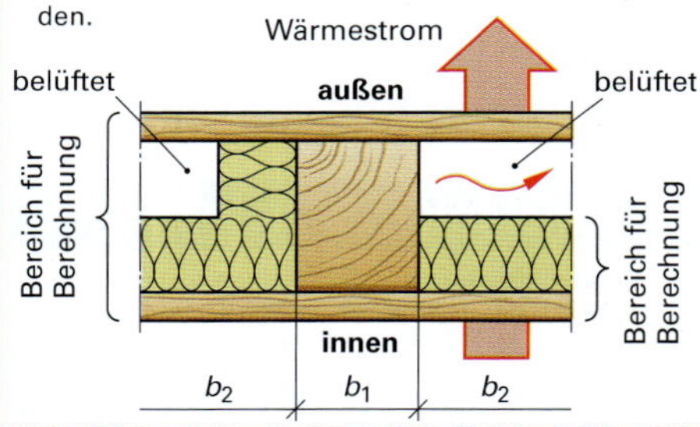

Temperaturverlauf

Durch ein Bauteil mit der Fläche $A = 1{,}00\ m^2$ fließt bei einer beidseitig angrenzenden Luftschicht mit ϑ_{Le} (Temperatur der Luftschicht außen) bzw. ϑ_{Li} (Temperatur der Luftschicht innen) ein Wärmestrom der Dichte *q* (in W/m^2).

$$q = U \cdot (\vartheta_{Li} - \vartheta_{Le})$$

$$\Delta\vartheta = q \cdot d/\lambda$$

Daraus ergeben sich die Oberflächentemperaturen auf der Innenseite ϑ_{si}, auf der ersten, zweiten bis *n*-ten Schicht $\vartheta_1, \vartheta_2 \ldots \vartheta_n$ und auf der Außenseite ϑ_{se}.

$\vartheta_{si} = \vartheta_{Li} - R_{si} \cdot q$ $\quad$ $\vartheta_1 = \vartheta_{si} - (d/\lambda_1) \cdot q$

$\vartheta_2 = \vartheta_1 - (d/\lambda_2) \cdot q$ $\quad$ $\vartheta_3 = \vartheta_2 - (d/\lambda_3) \cdot q$

$\vartheta_{se} = \vartheta_n - R_{se} \cdot q$

Hinweis: Als Formelzeichen für die Celsius-Außentemperatur wird auch Θ verwandt.

Indizes: L Luftschicht $\quad$ i innen (interior)
e außen (exterior) $\quad$ s Oberfläche (surface)

Abdichtungen

- Bei der Berechnung des Wärmedurchlasswiderstandes werden nur die Schichten von innen nach außen bis zur Bauwerksabdichtung berücksichtigt (z.B. beim Flachdach). Davon ausgenommen sind Dämmschichten, die beim Umkehrdach auf der Dachhaut liegen, sowie Perimeterdämmungen.
- Im Erdreich liegende äußere Wärmedämmschichten, z.B. aus extrudiertem Polystyrol oder Schaumglas, werden als sog. Perimeterdämmung (Boden PB, Wand PW) bezeichnet und bei der U_G-Wert-Ermittlung dann voll angerechnet, wenn diese Dämmung nicht ständig im Grundwasser liegt. Die Dämmplatten müssen dichtgestoßen, im Verbund gelegt und mit Bitumenkleber angeklebt werden.

q	Wärmestromdichte	$\frac{W}{m^2}$
U	Wärmedurchgangskoeffizient	$\frac{W}{m^2 \cdot K}$
$\Delta\vartheta$	Temperaturdifferenz	K
d	Dicke der Bauteilschicht	m
λ	Wärmeleitfähigkeit	$\frac{W}{m \cdot K}$

Wärmeschutz

Anforderungen an den Wärmeschutz im Sommer

DIN 4108-2 und die EnEV 2014 fordern gleichermaßen bei Gebäuden den Nachweis für die Begrenzung des Sonneneintragskennwertes S. Dieser Wert S ist abhängig vom Gesamtenergiedurchlassgrad g aller Fenster A_{wj} des Raumes und von den Abminderungsfaktoren F_c für Sonnenschutzvorrichtungen und der Raumgröße A_G. Der Höchstwert S_{zul} darf nicht überschritten werden.

Die Klimazonen, sommerkühl (Region A, z.B. Mittelgebirge, Voralpenland, Küstengebiete, **max Θ_i = 25 °C), gemäßigt (B, 26 °C) und sommerheiß (C,** südlich von Main und Mosel, **27 °C) sind der DIN 4108-2, Bild 3, zu entnehmen.**

mit $S_{vorh} = \Sigma(A_{Wj} \cdot g_{totalj})/A_g$

$S_{vorh} \leq S_{zul}$ mit $S_{zul} = \Sigma S_x$

mit $g_{total} = g \cdot F_c$

Verglasung	g-Werte
Doppelverglasung ohne Beschichtung	0,85
mit einer Infrarot reflektierenden Schicht	0,62
mit zwei Infrarot reflektierenden Schichten	0,62
Dreifachverglasung ohne Beschichtung	0,62
mit zwei Infrarot reflektierenden Schichten	0,52

Sonnenschutzvorrichtung (Anhaltswerte)

Sonnenschutzvorrichtung (muss fest installiert sein)	Abminderungsfaktoren F_c $g \leq 0{,}40$ **zweifach**	$g > 0{,}40$ **drei-/zweifach**
Ohne Sonnenschutzvorrichtung	1,00	1,00
Innenliegend oder zwischen den Scheiben		
weiß oder hoch reflektierende Oberflächen mit geringer Transparenz	0,65	0,70/0,65
helle Farben oder geringe Transparenz	0,75	0,80/0,75
dunkle Farben oder höhere Transparenz	0,90	0,90/0,85
Außenliegend		
Fensterläden, Rollläden, ¾ geschlossen	0,35	0,30
Fensterläden, Rollläden, geschlossen	0,15	0,10
Jalousie und Raffstore, drehbare Lamellen		
Jalousie und Raffstore, drehbare Lamellen, 45° Lamellenstellung	0,30	0,25
Jalousie und Raffstore, drehbare Lamellen, 10° Lamellenstellung	0,20	0,15
Markise, parallel zur Verglasung	0,30	0,25
Vordächer, Markisen allgemein, freistehende Lamellen	0,55	0,50

Einflussgrößen Sonneneintragskennwert S_x

Nachtlüftung	⇓ Bauart	Klimazonen A	B	C
ohne	leicht	0,071	0,056	0,041
ohne	mittel	0,080	0,067	0,054
ohne	schwer	0,087	0,074	0,061
erhöhte	leicht	0,098	0,088	0,078
erhöhte	mittel	0,114	0,103	0,092
erhöhte	schwer	0,125	0,113	0,101
hohe	leicht	0,128	0,117	0,105
hohe	mittel	0,160	0,152	0,143
hohe	schwer	0,181	0,171	0,160

Passive Kühlung	
bei leichter Bauart	**+0,02**
bei mittlerer Bauart	**+0,04**
bei schwerer Bauart	**+0,06**
alternative Sonnenschutzverglasung $g \leq 0{,}4$	**+0,03**
Fensterneigung 0° ≤ Neigung ≤ 60°, gegenüber der Horizontalen	**−0,035 · f_{neig}**
Nord-, Nordost- und Nordwest orientierte Fenster, Neigung > 60°	**+0,10 · f_{nord}**

Grundsätzlich ist der sommerliche Wärmeeingang abhängig von folgenden Faktoren:

- Stand des Gebäudes
- Orientierung des Gebäudes und der Fenster nach der Himmelsrichtung
- Gesamtenergiedurchlass der Fenster
- Neigung der Dachschrägen und der Dachflächenfenster
- Bauart der Innenbauteile
- Wärmespeicherfähigkeit der umschließenden Bauteile
- Lüftung in den Räumen (Nachtlüftung)
- Wärmeleiteigenschaften der Wände

Auf einen Nachweis kann verzichtet werden, wenn:

- der auf die Gebäudenutzfläche (Netto-Grundrissfläche) A_{NGF} bezogene Fensterflächenanteil f_{AG} < 35% beträgt,
- der von Nordwest über Süd bis Nordost ermittelte Fensterflächenanteil f_{AG} < 10% beträgt,
- alle anderen Nordorientierungen der Fensterflächenanteile f_{AG} < 15% betragen,
- für alle Orientierungen die horizontalen und bis 60° geneigten Fensterflächenanteile $f_{AG} \leq$ 7% betragen.

Die Netto-Grundrissfläche A_{NGF} eines Raumes wird mit den lichten Raummaßen ermittelt, die Fensterflächen mit den Rohbaumaßen der Fensteröffnungen. Bei den Fenstern wird ein Rahmenanteil von maximal 30% angenommen.

Energieeinsparverordnung (EnEV)

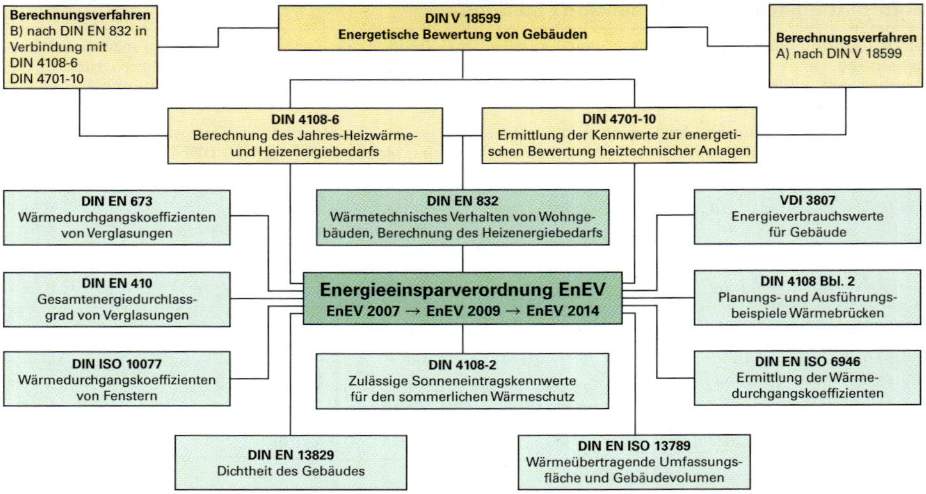

Höchstwerte nach EnEV 2007

Zu errichtende Wohngebäude sind so auszuführen, dass der Jahres-Primärenergiebedarf für Heizung, Lüftung und Wasseraufbereitung sowie die spezifischen auf die wärmeübertragende Umfassungsfläche bezogenen Transmissionswärmeverluste die Höchstwerte nach untenstehender Tabelle nicht überschreiten. Das Berechnungsverfahren nach dem vereinfachten Jahresbilanz-Verfahren ist auf den S. 282 und 283 dargestellt.

Höchstwerte des Jahres-Primärenergiebedarfs und des Transmissionswärmeverlustes (nach EnEV) $Q''_{p,vorh} \leq Q''_{p,zul}$

Verhältnis A/V_e	Q''_p in kWh/(m²·a) bezogen auf die Gebäudenutzfläche: Wohngebäude mit fossiler Warmwasserbereitung[1]	Q''_p in kWh/(m²·a) bezogen auf die Gebäudenutzfläche: Wohngebäude mit Warmwasserbereitung aus elektrischem Strom	Transmissionswärmeverlust H'_T in W/(m²·K): Nichtwohngebäude mit einem Fensterflächenanteil ≤ 30 % und Wohngebäude
≤ 0,2	$66{,}00 + 2600/(100 + A_N)$	83,80[2]	1,05[3]
0,3	$73{,}53 + 2600/(100 + A_N)$	91,33	0,80
0,4	$81{,}06 + 2600/(100 + A_N)$	98,86	0,68
0,5	$88{,}58 + 2600/(100 + A_N)$	106,39	0,60
0,6	$96{,}11 + 2600/(100 + A_N)$	113,91	0,55
0,7	$103{,}64 + 2600/(100 + A_N)$	121,44	0,51
0,8	$111{,}17 + 2600/(100 + A_N)$	128,97	0,49
0,9	$118{,}70 + 2600/(100 + A_N)$	136,50	0,47
1	$126{,}23 + 2600/(100 + A_N)$	144,03	0,45
≥ 1,05	$130{,}00 + 2600/(100 + A_N)$	147,79	0,44

Zwischenwerte

1) $Q''_p = 50{,}94 + 75{,}29 \cdot A/V_e + 2600/(100 + A_N)$ in kWh/(m²·a)

2) $Q''_p = 68{,}74 + 75{,}29 \cdot A/V_e$ in kWh/(m²·a)

3) $H'_T = 0{,}3 + 3 + 0{,}15/(A/V_e)$ in W/(m²·K)
und bei einem Fensteranteil > 30 %
$H'_T = 0{,}35 + 0{,}24/(A/V_e)$ in W/(m²·K)

Definition der Bezugsgrößen A, A_N und V_e

Die wärmeübertragende **Umfassungsfläche A** des Gebäudes ist mit den Abmessungen der äußeren Begrenzungsflächen des beheizten Gebäudeteils zu berechnen.

Das **Gebäudevolumen V_e** wird mit den Außenmaßen der fertigen, wärmeübertragenden Umfassungsfläche ermittelt. Darin sind alle Räume inbegriffen, die entweder direkt oder indirekt durch Raumverbund (z. B. Flure, Dielen) beheizt werden.

Die **Gebäudenutzfläche A_N** in m² wird für Geschosshöhen h_G von mehr als 2,5 m und weniger als 3 m wie folgt ermittelt:

2,50 m < h_G < 3,00 m

$$A_N = 0{,}32 \cdot V_e$$

Ist die Geschosshöhe h_G unter 2,5 m oder über 3 m so gilt:

2,5 m > h_G > 3 m

$$A_N = \left(\frac{1}{h_G} - 0{,}04\right) \cdot V_e$$

B

Energieeinsparverordnung (EnEV)

Höchstwerte nach EnEV 2009 und 2014

Der Höchstwert des Jahres-Primärenergiebedarfs Q_p eines zu errichtenden Wohngebäudes ist der auf die Gebäudenutzfläche bezogene Jahres-Primärenergiebedarf eines Referenzgebäudes.

Vier Aspekte bestimmen die Qualität der Energieeffizienzhäuser:
- Die Gebäudeform
- Die Wärmedämmwerte
- Die Wärmebrücken mindernde Architektur
- Die Luftdichtheit

Planungshinweise zur Gebäudeform
- Kompakter Baukörper
- Vermeidung von Vor- und Rücksprüngen
- Einfache Dachformen, Verzicht auf Erker und Gauben
- Süd-/Westorientierung der Fensterflächen

Referenzgebäude

- **Gleiche Ausrichtung**
- **Gleiche Nutzfläche**
- **Gleiche Geometrie**
- **Gleiche Nutzung**

Der zulässige Transmissionswärmeverlust H'_T ist grundsätzlich von den Referenzgebäuden nach untenstehender Grafik abhängig. Bei der Berechnung ist die Verwendung eines EDV-gestützten Nachweisverfahrens (z.B. Ziegel EnEV-Nachweisprogramm 2012) oder des Diagrammverfahrens nach Beiblatt 1 der DIN 4701-10 sinnvoll. Das zuständige Bundesministerium plant, ein vereinfachtes Verfahren „EnEVEasy“ für ein Modellgebäude zu veröffentlichen.

RMH/Baulücke Erweiterungen	Gebäude, freistehend $A_N > 350\ m^2$	DHH/REH einseitig angebaut	Gebäude, freistehend $A_N \leq 350\ m^2$
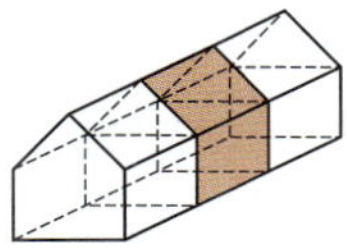	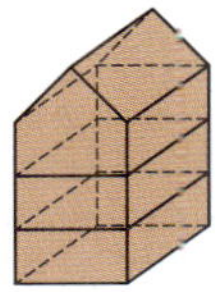	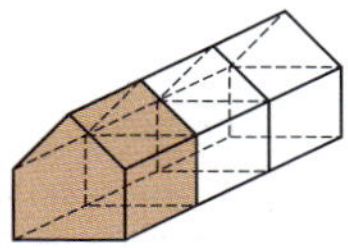	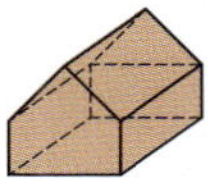
$H'_T = 0{,}65\ W/(m^2 \cdot K)$	$H'_T = 0{,}50\ W/(m^2 \cdot K)$	$H'_T = 0{,}45\ W/(m^2 \cdot K)$	$H'_T = 0{,}40\ W/(m^2 \cdot K)$

Anforderungen an zu errichtende Wohngebäude

Der §3 der EnEV regelt die Anforderungen, die an ein Gebäude gestellt werden: Auszug aus der EnEV:

Zu errichtende Wohngebäude sind so auszuführen, dass der Jahres-Primärenergiebedarf für Heizung, Warmwasserbereitung, Lüftung und Kühlung den Wert des Jahres-Primärenergiebedarfs eines Referenzgebäudes gleicher Geometrie, Gebäudenutzfläche und Ausrichtung mit der in Tabelle Seite 280 angegebenen technischen Referenzausführung nicht überschreitet.

Im Sinne der Energieeinsparverordnung (2007, 2009 wie 2014) sind
- **Gebäude mit normalen Innentemperaturen** solche Gebäude, die auf eine Innentemperatur von mindestens 19 °C und jährlich mehr als 4 Monate beheizt werden.
- **Wohngebäude** solche Gebäude, die ganz oder überwiegend zum Wohnen genutzt werden, auch Wohn-, Alten- und Pflegeheime; Nachweisverfahren ist nach EnEV 2014 das Monatsbilanz-Verfahren.
- **Wohngebäude** solche Gebäude, deren Fensterflächenanteil 30 % der Umfassungsfläche nicht überschreiten.
- **Gebäude mit niedrigen Innentemperaturen** solche Gebäude, die auf eine Innentemperatur von mindestens 12 °C und weniger als 19 °C und jährlich mehr als 4 Monate beheizt werden.
- **Gebäude im Altbestand** mit normalen Innentemperaturen bei Sanierung, Erweiterung und Ausbau nach dem Bauteilverfahren mit normalen Innentemperaturen unter Beachtung der maximalen Wärmedurchgangskoeffizienten zu berechnen.

Beispiel Lage der Systemgrenzen

Die beheizte Umfassungsfläche A wird nach DIN EN ISO 13789 ermittelt und umschließt alle Räume, die beheizt werden. Die durchschnittliche Geschosshöhe h_G eines Wohngebäudes wird mit mindestens

2,50 m und höchstens
3,00 m angenommen.

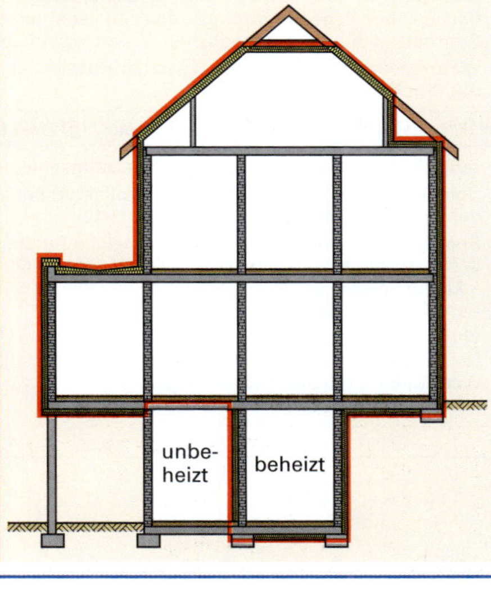

B

Energieeinsparverordnung (EnEV)

Ausführung des Referenzgebäudes (Neubau, Wohngebäude)

Höchstwerte der Wärmedurchgangskoeffizienten U in W/(m²·K)

Bauteil/System Innentemperatur ≥ 19 °C		Anforderungen nach EnEV 2009	erstmaliger Einbau, Ersatz oder Erneuerung ab 05/2014	EnEV 2014 – Absenkung es Primärenergiebedarfgrenzwertes um 25 % ab 01/2016
Außenwand, Geschossdecke gegen Außenluft	Wärmedurchgangskoeffizient in W/(m²·K)	$U = 0{,}28$	$U = 0{,}24$	$U = 0{,}21$
Außenwand gegen Erdreich, Bodenplatte, Wände und Decken zu unbeheizten Räumen	Wärmedurchgangskoeffizient	$U = 0{,}35$	$U = 0{,}30$	$U = 0{,}26$
Dach, oberste Geschossdecke, Wände zu Abseiten	Wärmedurchgangskoeffizient	$U = 0{,}20$	$U = 0{,}20$	$U = 0{,}15$
Fenster, Fenstertüren	Wärmedurchgangskoeffizient	$U = 1{,}30$	$U = 1{,}30$	$U = 0{,}97$
Dachflächenfenster	Wärmedurchgangskoeffizient	$U = 1{,}40$	$U = 1{,}40$	$U = 1{,}05$
Lichtkuppeln/Glasdächer	Wärmedurchgangskoeffizient	$U = 2{,}70$	$U = 2{,}00$	$U = 2{,}00$
Außentüren	Wärmedurchgangskoeffizient	$U = 1{,}80$	$U = 1{,}80$	$U = 1{,}35$

Höchstwerte der Luftdichte der Gebäudehülle

Um die Luftdichtheit der Ausführung der Gebäudehülle zu überprüfen, wird der Blower-Door-Test eingesetzt. Bei diesem Test wird mit einem Ventilator ein Überdruck oder Unterdruck erzeugt, um die Luftwechselrate n mit einem Messgerät zu ermitteln. Mit diesem Test können auch Leckagen lokalisiert werden.

Luftdichtheit der Gebäudehülle • Die Luftwechselzahl n gibt an, wie oft das vorhandene Netto-Raumvolumen in einer Stunde mit der Außenluft ausgetauscht wird, z. B. $n_{50} \leq 3{,}0$ m³/(m³·h). • Nassverputztes Mauerwerk mit mindestens einer verputzten Oberfläche ist grundsätzlich luftdicht.	Bemessungswert n_{50} Berechnungsverfahren B nach DIN EN 13829 bei einer Druckdifferenz von 50 Pa (Blower-Door-Test)

B

Heizungsanlage – Referenzausführung/Wert (Maßeinheit)

- Wärmeerzeugung durch Brennwertkessel (verbessert), Heizöl EL. Aufstellung:
  - für Gebäude bis zu 500 m² Gebäudenutzfläche innerhalb der thermischen Hülle
  - für Gebäude mit mehr als 500 m² Gebäudenutzfläche außerhalb der thermischen Hülle
- Auslegungstemperatur 55 °C/45 °C, zentrales Verteilsystem innerhalb der wärmeübertragenden Umfassungsfläche, innen liegende Stränge und Anbindeleitungen, Pumpe auf Bedarf ausgelegt (geregelt, Δp konstant), Rohrnetz hydraulisch abgeglichen, Wärmedämmung der Rohrleitungen
- Wärmeübergabe mit freien statischen Heizflächen, Anordnung an normaler Außenwand, Thermostatventile mit Proportionalbereich 1 °C

Warmwasserbereitung – Referenzausführung/Wert (Maßeinheit)

• zentrale Warmwasserbereitung mit Heizungsanlage • Solaranlage (Kombisystem mit Flachkollektor) entsprechend den Vorgaben nach DIN V 18599-8 (2011-12) • Speicher, indirekt beheizt (stehend), gleiche Aufstellung wie Wärmeerzeuger, Auslegung nach DIN V 4701-10 (2003-08) als – kleine Solaranlage bei $A_N < 500$ m² (bivalenter Solarspeicher) – große Solaranlage bei $A_N \geq 500$ m² • Verteilsystem innerhalb der wärmeübertragenden Umfassungsfläche, innen liegende Stränge, gemeinsame Installationswand, Wärmedämmung der Rohrleitungen	EnEV2014 schreibt die Wärmedämmung von Wärmeverteilungs- und Warmwasserleitungen sowie Armaturen vor.
	Innendurchmesser $d \leq 22$ mm Dicke d. Dämmschicht ≥ 20 mm
	Innendurchmesser 22 mm < $d \leq 35$ mm ⇒ 30 mm Dicke d. Dämmschicht 30 mm
	Innendurchmesser $d > 35$ mm Dicke d. Dämmschicht ≥ Innen-∅

Anlagenaufwandszahl e_p

In der DIN 4701-10/11 (2012-07) *Energetische Bewertung heiztechnischer Anlagen* werden Heizanlagen grafisch im Diagrammverfahren, Tabellenverfahren und im detaillierten Verfahren erfasst. Abhängig von der beheizten Nutzfläche A_N und dem Jahres-Heizwärmebedarf ist die Anlagenaufwandszahl zu ermitteln. Wichtig ist daher eine Verwendung produktspezifischer Kennwerte. Die Grafik zeigt Vergleichswerte von Anlagen bei 150 m² bis 500 m² Gebäudenutzfläche bei einem mittleren Jahres-Heizwärmebedarf von $q = 60$ kWh/(m²·a).

Diagramm für 150 m² ≤ A_N ≤ 500 m²

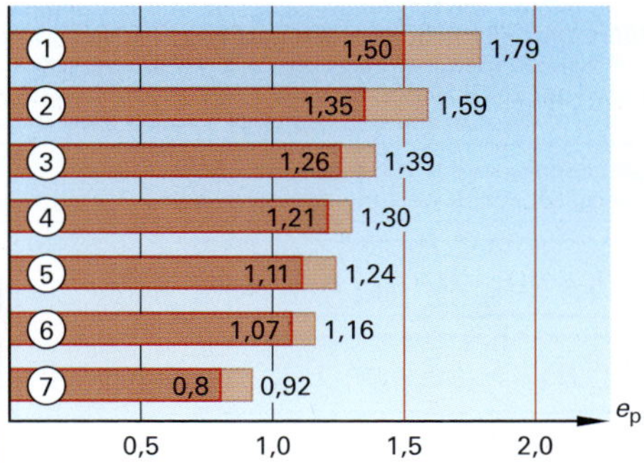

NT Niedrigtemperatur(-kessel)
TW Trinkwasser(-erwärmung)
BW Brennwert(-kessel)
① NT-Kessel + TW-Speicher, HK 70/55 °C außerhalb thermischer Hülle, Zirkulation
② wie 1) jedoch BW- statt NT-Kessel
③ wie 2) innerhalb thermischer Hülle
④ wie 3) ohne Zirkulation
⑤ wie 3) mit Lüftungsanlage
⑥ wie 2) mit solarer Wasseraufbereitung
⑦ Erdreich-/Wärmepumpe + TW-Speicher Fußbodenheizung 35/28 °C

Anhaltswerte für die Anlagenaufwandszahl

Niedertemperatur-Kessel 70/55 °C mit Horizontal-Verteilung und Kesselaufstellung im Keller	1,4 … 2,0
Niedertemperatur-Kessel 70/55 °C komplett im beheizten Bereich aufgestellt (NT-Kessel)	1,3 … 1,8
Brennwert-Kessel 55/45 °C komplett im beheizten Bereich aufgestellt	1,2 … 1,6
Brennwert-Kessel 55/45 °C komplett im beheizten Bereich aufgestellt und solare Trinkwassererwärmung	1,1 … 1,15
Brennwert-Kessel 55/45 °C komplett im beheizten Bereich aufgestellt und Lüftungsanlage mit Wärmerückgewinnung (BW-Kessel)	1,15 … 1,5

Tabellenverfahren für die zwei häufigsten Anlagentypen nach DIN 4701-10

Niedrigtemperaturkessel 70 °C/55 °C
Verteilung innerhalb thermischer Hülle
mit Zirkulation, zentral; keine Lüftungsanlage

A_N in m²	q in kWh/(m²·a) 40	50	60	70	80	90
	Anlagenaufwandszahl e_p					
100	1,64	1,57	1,52	1,48	1,45	1,42
120	1,60	1,54	1,49	1,45	1,42	1,40
150	1,55	1,49	1,45	1,42	1,39	1,37
170	1,53	1,47	1,43	1,40	1,38	1,36
200	1,50	1,45	1,41	1,38	1,36	1,35
250	1,47	1,42	1,39	1,37	1,35	1,33
300	1,44	1,40	1,37	1,35	1,33	1,32
350	1,43	1,39	1,36	1,34	1,33	1,31
400	1,42	1,38	1,36	1,34	1,32	1,31

Brennwert-Kessel 55 °C/45 °C
Verteilung innerhalb thermischer Hülle
mit Zirkulation, zentral; keine Lüftungsanlage

A_N in m²	q in kWh/(m²·a) 40	50	60	70	80	90
	Anlagenaufwandszahl e_p					
100	1,56	1,49	1,43	1,40	1,36	1,34
120	1,52	1,45	1,41	1,37	1,34	1,32
150	1,46	1,41	1,36	1,33	1,31	1,29
170	1,44	1,39	1,35	1,32	1,30	1,28
200	1,41	1,36	1,33	1,30	1,28	1,26
250	1,39	1,34	1,31	1,29	1,27	1,25
300	1,36	1,32	1,29	1,27	1,25	1,24
350	1,35	1,31	1,28	1,26	1,25	1,23
400	1,34	1,30	1,28	1,26	1,24	1,23

Energiekennwerte – Brennwert – Heizwert – Primärenergiefaktoren

Brennstoff	Heizwert H_i	Brennwert H_s	H_s/H_i	Taupunkt	Tauwasser	f_P
Heizöl EL	10,08 kWh/l	10,68 kWh/l	~ 1,06	bei ~ 47 °C	~ 0,9 l/l	1,1
Erdgas LL	8,83 kWh/l	9,78 kWh/l	~ 1,11	bei ~ 57 °C	~ 1,5 l/m³	1,1
Erdgas E	10,35 kWh/l	11,46 kWh/l	~ 1,11	bei ~ 57 °C	~ 1,6 l/m³	1,1

Sinkt die Temperatur der Verbrennungsgase unter die Taupunkttemperatur, bildet sich Kondenswasser.

Nachweisverfahren nach EnEV 2014

Mit der WSVO 1995 wurde die Berechnung des Jahres-Heizwärmebedarfs durch Bilanzierung der Wärmeverluste infolge von Wärmetransmission und Lüftung unter Berücksichtigung der internen Wärmegewinne eingeführt. Die EnEV geht über den Nachweis des Heizwärmebedarfs hinaus, indem eine zusätzliche Berechnung des Jahres-Heizenergiebedarfs und des dafür benötigten Jahres-Primärenergiebedarfs verlangt wird. Seit Inkrafttreten der EnEV 2009 stehen dazu zwei Berechnungsverfahren zur Verfügung, zum einen nach DIN V 4108-6 und DIN 4701-10, zum anderen nach DIN V 18599. Zwei Bereiche sind zu unterscheiden:

Berechnung des Jahres-Heizwärmebedarfs zur energetischen Bewertung der Bautechnik

$$H_T = \Sigma\,(F_{xi} \cdot U_i \cdot A_i) + \Delta U_{WB} \cdot A$$ in W/K

$$H'_T = H_T/A < 0{,}75 \cdot H'_{T,ref}$$ in W/(m²·K)

A_i Fläche des Bauteils in m² (insgesamt die wärmeübertragende Umfassungsfläche)
U_{WB} Wärmebrückenzuschlag in W/(m²·K)
U_i *U*-Wert der Bauteile in W/(m²·K)
F_{xi} Temperaturkorrekturfaktor (S. 283)

$$H_V = 0{,}34 \cdot n \cdot V$$ in W/K

V Beheiztes Volumen (S. 283)
n gemäß Dichtheitsprüfung (S. 283)

e_p Anlagenaufwandszahl (Anlagetechnik, gem. DIN 4701-10, Bbl. 1, Primärenergiefaktoren f_p eingerechnet) (S. 281)

A_{WF} Wohnfläche nach WFIVO,
$A_{WF} = A_{NF}/1{,}35$ bis zu 2 Wohnungen
$A_{WF} = A_{NF}/1{,}2$ sonst

Die Nutzfläche A_{NF} nach DIN 277 wird nur bei Umbau oder Erweiterung benötigt.

$A_{W,i}$ Fensterflächen in m²
g_i Gesamtenergiedurchlassgrad (S. 283)

Berechnung des Jahres-End- und Primär-Energiebedarfs (inklusive der Anlagentechnik)

$$Q_p = (Q_h + Q_w) \cdot e_p < 0{,}75 \cdot Q_{p,ref}$$ in kWh/a

$$Q_h = (H_T + H_V) - \eta \cdot (Q_S - Q_i)$$ in kWh/a

$$Q_w = q_w \cdot A_N$$ in kWh/a

Q_w Jahres-Warmwasserheizbedarf
mit q_w = 12,5 kWh/(m²·a) pauschal[1)]
mit q_w = 12 kWh/(m²·a) für EFH[2)]
mit q_w = 16 kWh/(m²·a) ab ZweiFH[2]

[1)] nach DIN 4701-10, EnEV [2)] DIN V 18599

η Ausnutzungsgrad der Energiegewinnung (i. d. R. $\eta = 0{,}95$) (S. 283)

$$Q_i = q_i \cdot A_{WF} \cdot t$$ in kWh/a

q_i = 5 W/m² bei EFH, q_i = 6 W/m² sonst

$$Q_S = 0{,}024 \cdot (t_M \cdot I_i) \cdot [F_f \cdot F_S \cdot F_C] \cdot g_i \cdot A_{W,i}$$ in kWh/a

(vgl. 0,024 · 24 h = 0,567 pauschal S. 283)

$(t_M \cdot I_i)$ Anzahl der Tage im Monat, Strahlungsintensität je nach Himmelsrichtung und Referenzort der Region
F_f Rahmenanteil Fenster 30 % → 0,7
F_S Verschattungsfaktor, i. d. R. → 0,9
F_C Abminderung Sonnenschutz → 1,0

B

Bauteilverfahren (BT-Verfahren)

Dieses Berechnungsverfahren gilt nur für Gebäude im Bestand. Die Anlagentechnik wird bei diesem Berechnungsverfahren nicht berücksichtigt. Die Außenbauteile, bei denen eine Änderung, ein Ausbau oder eine Erweiterung vorgenommen wird, dürfen die ***U*-Werte** gemäß Tabelle auf Seite 280 nicht überschreiten. Alternativ ist nachzuweisen, dass das geänderte Wohngebäude insgesamt den Jahres-Primärenergiebedarf Q_p des Referenzgebäudes (S. 279) und den Höchstwert des Transmissionswärmeverlustes H'_T um nicht mehr als 40% überschreitet. Für die Bewertung sind folgende Randbedingungen und Maßnahmen einzuhalten:

- Wird mehr als die Hälfte von der Außenwand eines Gebäudes mit einer innenliegenden Wärmedämmung versehen, sind Wärmebrücken durch die Erhöhung der Wärmedurchgangskoeffizienten um ΔU_{WB} = 0,15 W/m² K für die gesamte wärmeübertragende Umfassungsfläche zu berücksichtigen.
- Offensichtliche Undichtheiten (wie z. B.: beheizte Dachgeschosse, Fenster ohne funktionstüchtige Lippendichtung) muss die Lufwechselrate mit n = 1,0 h^{-1} angenommen werden.
- Der Abminderungsfaktor für den Rahmenanteil von Fenstern ist bei der Ermittlung der solaren Gewinne mit FF=0,6 anzusetzen.

Monatsbilanz-Verfahren (MB-Verfahren)

Der Jahres-Heizwärmebedarf wird aus der Summe der monatlichen Bilanzen der Wärmeverluste und Wärmegewinne ermittelt. Dazu gibt die DIN V 4108-6 für Deutschland 15 Referenzregionen (Klimaregionen) mit monatlichen Außentemperaturen und Sonneneinstrahlungen nach orientierten Gebäudeflächen vor. Zudem ist der nach dem EnEV-2014-Verfahren berechnete Jahres-Primärenergiebedarf des Referenzgebäudes für Neubauten mit dem Faktor 0,75 (Reduzierung) zu multiplizieren. Auf Seite 283 ist ein Struktogramm zur Ermittlung des Jahres-Primärenergiebedarfs, als vereinfachtes Verfahren ohne genaue Ermittlung der Strahlungsintensität und der Außentemperaturen in den Referenzorten der 15 Regionen, dargestellt.

Vereinfachtes Jahresbilanz-Verfahren nach EnEV

Jahres-Primärenergiebedarf Q_p
Der Jahres-Primärenergiebedarf ist vereinfacht wie folgt zu ermitteln:

$$Q_{p,vorh} = (Q_h + Q_w)\, e_p$$

Q_h Jahres-Heizwertbedarf in kWh/a
Q_w Zuschlag für Warmwasser in kWh/a
e_p Anlagenaufwandszahl (S. 270)

Nach EnEV 2014 ist der maximal zulässige Primärenergiebedarf für Neubauten ab dem 01.01.2016 mit dem Faktor 0,75 zu multiplizieren.

Warmwasserbereitung Q_w
Als Nutz-Wärmebedarf für die Warmwasserbereitung Q_w mit $q_w = 12{,}5$ kWh/(m²·a) gilt:

$$Q_W = q_W \cdot A_N$$

Transmissionswärmeverlust H_T
Die Berechnung des Transmissionswärmeverlustes erfolgt gemäß DIN 4108 aus den Wärmedurchlasskoeffizienten U_i, den Bezugsflächen A_i und den Temperaturkorrekturfaktoren F_{xi}.

$$H_T = \Sigma(F_{xi} \cdot U_i \cdot A_i) + 0{,}05 \cdot A \qquad H'_T = H_T/A$$

Beheiztes Volumen

Bei Gebäuden bis 3 Vollgeschossen gilt:

$$V = 0{,}76 \cdot V_e$$

In allen übrigen Fällen:

$$V = 0{,}80 \cdot V_e$$

Wärmebrücken
Die Wärmebrücken sind besonders zu berücksichtigen und nachzuweisen. Im vereinfachten Fall gilt für die gesamte wärmeübertragende Umfassungsfläche:

$$\Delta U_{WB} = 0{,}05\ \text{W/(m}^2\cdot\text{K)}$$

Lüftungswärmeverlust H_V
Der Lüftungswärmeverlust ermittelt sich nach folgender Formel:

$$H_V = 0{,}34 \cdot n \cdot V$$

mit Dichtheitsprüfung $n = 0{,}6$
ohne Dichtheitsprüfung $n = 0{,}7$
mit Undichtheiten $n = 1{,}0$

Solare Wärmegewinne Q_S
Die solaren Wärmegewinne werden nach der Orientierung der Fensterflächen, der solaren Einstrahlung und dem Gesamtenergiedurchlassgrad berechnet.

$$Q_S = \Sigma(I_j \cdot 0{,}567 \cdot A_{N,i} \cdot g_i)$$

Dachflächenfenster mit einer Neigung ≥ 30° sind hinsichtlich der Orientierung wie senkrechte Fenster zu berechnen.

Temperaturkorrekturfaktoren F_{xi}

Wärmestrom nach außen über Bauteil	Temperatur-korrekturfaktor F_{xi}	
Fenster, Außenwand	F_w, F_{AW}	1,0
Dach (als Systemgrenze)	F_D	1,0
Oberste Geschossdecke (Dachraum nicht ausgebaut)	F_{DG}	0,8
Abseitenwand (Drempelwand)	F_u	0,8
Wände und Decken zu unbeheizten Räumen	F_u	0,5
Wände und Decken zu niedrig beheizten Räumen	F_{nb}	0,35
Unterer Gebäudeabschluss Kellerdecke/-wände zu unbeheiztem Keller; Fußboden auf Erdreich; Keller gegen Erdreich	F_G	0,45 ... 0,7
Fenster/Glasvorbau	F_u	0,5 ... 0,8

Solare Einstrahlung I_j nach Orientierung

Südost bis Südwest	270 kWh/(m²·a)
Nordwest bis Nordost	100 kWh/(m²·a)
Übrige Richtungen	155 kWh/(m²·a)
Dachflächenfenster mit Neigung < 30°	225 kWh/(m²·a)

Die Fläche der Fenster A_i mit der Orientierung j (Süd, West, Ost, Nord und horizontal) ist nach den lichten Fassadenöffnungsmaßen zu ermitteln.

Interne Wärmegewinne Q_i
Die internen Wärmegewinne in kWh/a werden pauschal gerechnet.

$$Q_i = 22 \cdot A_N \cdot 22\ \text{kWh/(m}^2\cdot\text{a)}$$

Jahres-Heizwärmebedarf Q_h
Unter Berücksichtigung der Heizgradtage gilt der Faktor $f_{Gt} = 66$ für die Berechnung des Heizwärmebedarfes in kWh/a.

$$Q_h = 66 \cdot (H_T + H_V) - 0{,}95 \cdot (Q_S + Q_i)$$

Gesamtenergiedurchlassgrad g
Die Energiedurchlässigkeit von Verglasungen wird durch den Energiedurchlassgrad g ausgedrückt; z. B. 0,58 bedeutet, dass 58 % der auf die Verglasung auftretenden Wärmeenergie hindurchgeht. Niedrige Energiedurchlassgrade sind anzustreben und i. d. R. den Produktspezifikationen oder der Bauregelliste zu entnehmen.

g-Werte üblicher Fenstergläser (Richtwerte)

Einfachverglasung	$g = 0{,}87$
Doppelverglasung	$g = 0{,}80 ... 0{,}85$
Wärmeschutzverglasung	$g = 0{,}58 ... 0{,}62$
Dreifachverglasung	$g = 0{,}52 ... 0{,}62$
Sonnenschutzverglasung	$g = 0{,}35 ... 0{,}55$

Energieausweis

Ausstellung eines Energieausweises (4 Seiten)
Die Berechtigung zur Ausstellung von Energieausweisen für neue Gebäude ist im Landesrecht, für bestehende Gebäude in § 21 EnEV geregelt. Benötigt wird i. d. R. eine einschlägige Ausbildung oder einschlägige Zusatzqualifikationen.

Einschlägige Ausbildung
Diplom, Bachelor, Master in den Fachrichtungen Architektur, Bauingenieurwesen, Technische Gebäudeausrüstung, Physik, Bauphysik, Verfahrenstechnik, Maschinenbau, Gebäudemanagement

Einschlägige Zusatzqualifikation
Energiesparendes Bauen
Energieberater (mit Fortbildungszertifikat)
öffentlich bestellter Sachverständiger
(Schornsteinfegermeister, Zimmerermeister)

ENERGIEAUSWEIS für Wohngebäude

gemäß den §§ 16 ff. Energieeinsparverordnung (EnEV)

Gültig bis: max. 10 Jahre — Registriernummer vom DiBZ — 1

Gebäude

Gebäude		
Gebäudetyp		Gebäudefoto (freiwillig)
Adresse		
Gebäudeteil		
Baujahr Gebäude		
Baujahr Anlagentechnik		
Anzahl Wohnungen		
Gebäudenutzfläche (A_N)		
Anlass der Ausstellung des Energieausweises	□ Neubau □ Vermietung / Verkauf □ Modernisierung (Änderung / Erweiterung)	□ Sonstiges (freiwillig)

B

Hinweise zu den Angaben über die energetische Qualität des Gebäudes

Die energetische Qualität eines Gebäudes kann durch die Berechnung des **Energiebedarfs** unter standardisierten Randbedingungen oder durch die Auswertung des **Energieverbrauchs** ermittelt werden. Als Bezugsfläche dient die energetische Gebäudenutzfläche nach der EnEV, die sich in der Regel von den allgemeinen Wohnflächenangaben unterscheidet. Die angegebenen Vergleichswerte sollen überschlägige Vergleiche ermöglichen (**Erläuterungen – siehe Seite 4**).

□ Der Energieausweis wurde auf der Grundlage von Berechnungen des **Energiebedarfs** erstellt. Die Ergebnisse sind auf **Seite 2** dargestellt. Zusätzliche Informationen zum Verbrauch sind freiwillig.

□ Der Energieausweis wurde auf der Grundlage von Auswertungen des **Energieverbrauchs** erstellt. Die Ergebnisse sind auf **Seite 3** dargestellt.

Datenerhebung Bedarf/Verbrauch durch □ Eigentümer □ Aussteller

□ Dem Energieausweis sind zusätzliche Informationen zur energetischen Qualität beigefügt (freiwillige Angabe).

Hinweise zur Verwendung des Energieausweises

Der Energieausweis dient lediglich der Information. Die Angaben im Energieausweis beziehen sich auf das gesamte Wohngebäude oder den oben bezeichneten Gebäudeteil. Der Energieausweis ist lediglich dafür gedacht, einen überschlägigen Vergleich von Gebäuden zu ermöglichen.

Aussteller

.... Datum .... Unterschrift des Ausstellers

Energieausweis

Gegenüber der EnEV 2009 sind die Anforderungen in der EnEV 2014 erhöht worden. Die Umsetzung der Verordnung soll stärker überprüft werden. Mietern und Käufern muss für das Objekt ein Energieausweis vorgelegt werden. In das Formblatt werden Angaben zur Nutzung erneuerbarer Energien zur Deckung des Wärme- und Kältebedarfs aufgrund des Erneuerbare-Energien-Wärmegesetzes (EEWärmeG) aufgenommen.

ENERGIEAUSWEIS für Wohngebäude

gemäß den §§ 16 ff. Energieeinsparverordnung (EnEV)

Berechneter Energiebedarf des Gebäudes (2)

Energiebedarf

Endenergiebedarf ____ kWh/(m²·a)

CO_2-Emissionen [1] ____ kg/(m²·a)

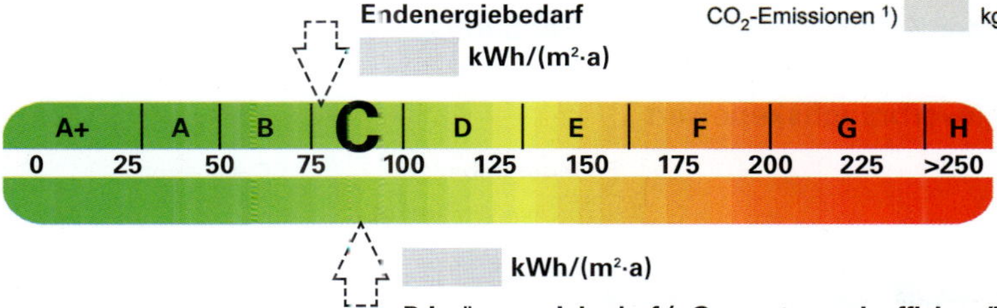

____ kWh/(m²·a)

Primärenergiebedarf („Gesamtenergieeffizienz")

Nachweis der Einhaltung des § 3 oder § 9 Abs. 1 EnEV [2]

Primärenergiebedarf			**Energetische Qualität der Gebäudehülle**		
Gebäude Ist-Wert		kWh/(m²·a)	Gebäude Ist-Wert H_T'		W/(m²·K)
EnEV-Anforderungswert		kWh/(m²·a)	EnEV-Anforderungswert H_T'		W/(m²·K)

Endenergiebedarf

Energieträger	Jährlicher Endenergiebedarf in kWh/(m²·a) für Heizung	Warmwasser	Hilfsgeräte [3]	Gesamt in kWh/(m²·a)

Sonstige Angaben

Einsetzbarkeit alternativer Energieversorgungssysteme

- □ nach § 5 EnEV vor Baubeginn geprüft

Alternative Energieversorgungssysteme werden genutzt für:

- □ Heizung □ Warmwasser
- □ Lüftung □ Kühlung

Lüftungskonzept

Die Lüftung erfolgt durch:

- □ Fensterlüftung □ Schachtlüftung
- □ Lüftungsanlage ohne Wärmerückgewinnung
- □ Lüftungsanlage mit Wärmerückgewinnung

Vergleichswerte Endenergiebedarf

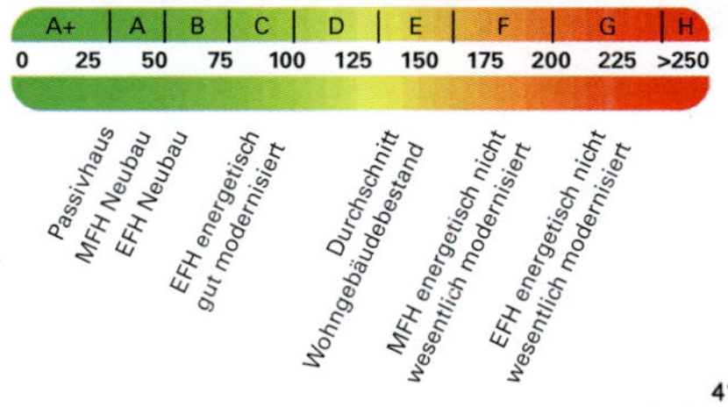

Erläuterungen zum Berechnungsverfahren

Das verwendete Berechnungsverfahren ist durch die Energieeinsparverordnung vorgegeben. Insbesondere wegen standardisierter Randbedingungen erlauben die angegebenen Werte keine Rückschlüsse auf den tatsächlichen Energieverbrauch. Die ausgewiesenen Bedarfswerte sind spezifische Werte nach der EnEV pro Quadratmeter Gebäudenutzfläche (A_N).

1) freiwillige Angabe
2) nur in den Fällen des Neubaus und der Modernisierung auszufüllen
3) ggf. einschließlich Kühlung
4) EFH – Einfamilienhäuser, MFH – Mehrfamilienhäuser

B

Energieausweis

Die EnEV erlaubt bei nicht oder unvollständig vorhandenen Daten von bestehenden Wohngebäuden, die fehlenden Daten durch eine vereinfachte Datenermittlung zu beschreiben. Mindestanforderungen an eine korrekte Datenermittlung sind:

- Prüfung der Bestandspläne oder Aufmaß des untersuchten Gebäudes
- Fotografische Dokumentation des untersuchten Gebäudes
- Feststellung der beheizten Gebäudebereiche
- Ermittlung der wärmeübertragenden Umfassungsfläche
- Feststellung aller unterschiedlicher Bauteilaufbauten
- Ermittlung zur Anlagentechnik für Heizung und Warmwasser

ENERGIEAUSWEIS für Wohngebäude

gemäß den §§ 16 ff. Energieeinsparverordnung (EnEV)

Erfasster Energieverbrauch des Gebäudes — 3

Energieverbrauchskennwert

Endenergiebedarf

kWh/(m²·a)

CO_2-Emissionen [1] kg/(m²·a)

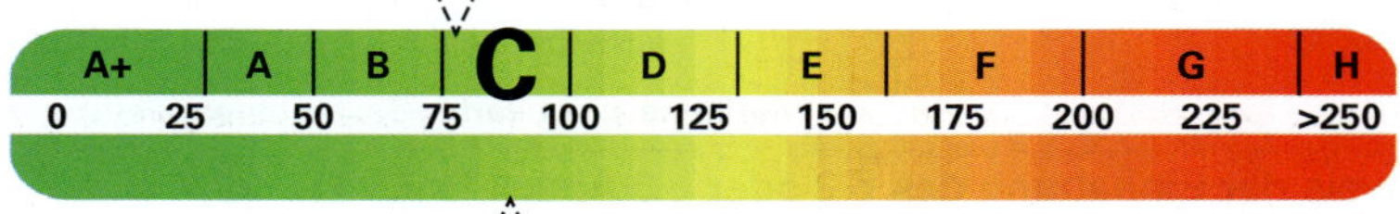

kWh/(m²·a)

Primärenergiebedarf („Gesamtenergieeffizienz")

Verbrauchserfassung – Heizung und Warmwasser

Energieträger	Zeitraum von	Zeitraum bis	Energieverbrauch [kWh]	Anteil Warmwasser [kWh]	Klimafaktor	Energieverbrauchskennwert in kWh/(m²·a) (zeitlich bereinigt, klimabereinigt) Heizung	Warmwasser	Kennwert
							Durchschnitt	

Vergleichswerte Endenergiebedarf

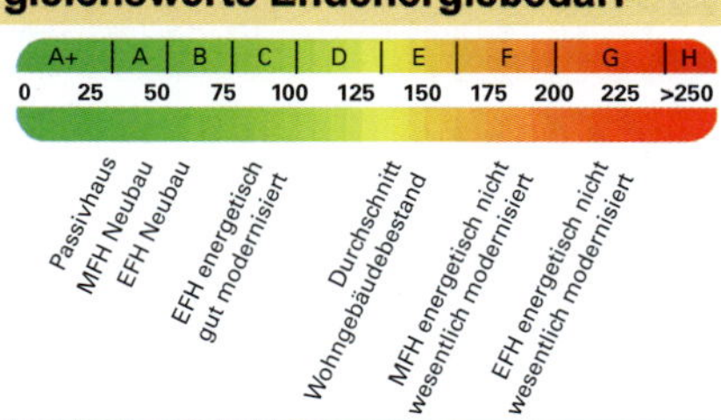

Die modellhaft ermittelten Vergleichswerte beziehen sich auf Gebäude, in denen die Wärme für Heizung und Warmwasser durch Heizkessel im Gebäude bereitgestellt wird.
Soll ein Energieverbrauchskennwert verglichen werden, der keinen Warmwasseranteil enthält, ist zu beachten, dass auf die Warmwasserbereitung je nach Gebäudegröße 20 – 40 kWh/(m²·a) entfallen können.
Soll ein Energieverbrauchskennwert eines mit Fern- oder Nahwärme beheizten Gebäudes verglichen werden, ist zu beachten, dass hier normalerweise ein um 15 – 30 % geringerer Energieverbrauch als bei vergleichbaren Gebäuden mit Kesselheizung zu erwarten ist.

Erläuterungen zum Verfahren

Das Verfahren zur Ermittlung von Energieverbrauchskennwerten ist durch die Energieeinsparverordnung vorgegeben. Die Werte sind spezifische Werte pro Quadratmeter Gebäudenutzfläche (A_N) nach Energieeinsparverordnung. Der tatsächliche Verbrauch einer Wohnung oder eines Gebäudes weicht insbesondere wegen des Witterungseinflusses und sich ändernden Nutzerverhaltens vom angegebenen Energieverbrauchskennwert ab.

B

Energieausweis

Einhaltung der EnEV
Entweder die EnEV wird konsequent beachtet und eingehalten oder der Bauherr beantragt eine Befreiung bei der zuständigen Bauaufsichtsbehörde. Für die Einhaltung der EnEV-Vorschriften ist zunächst der Bauherr verantwortlich. Daneben stehen die beteiligten Planer und Ausführenden in ihrem Zuständigkeitsbereich mit in der Verantwortung.

ENERGIEAUSWEIS für Wohngebäude

gemäß den §§ 16 ff. Energieeinsparverordnung (EnEV)

Erläuterungen 4

Energiebedarf – Seite 2
Der Energiebedarf wird in diesem Energieausweis durch den Jahres-Primärenergiebedarf und den Endenergiebedarf dargestellt. Diese Angaben werden rechnerisch ermittelt. Die angegebenen Werte werden auf der Grundlage der Bauunterlagen bzw. gebäudebezogener Daten und unter Annahme von standardisierten Randbedingungen (z. B. standardisierte Klimadaten, definiertes Nutzerverhalten, standardisierte Innentemperatur und innere Wärmegewinne usw.) berechnet. So lässt sich die energetische Qualität des Gebäudes unabhängig vom Nutzerverhalten und der Wetterlage beurteilen. Insbesondere wegen standardisierter Randbedingungen erlauben die angegebenen Werte keine Rückschlüsse auf den tatsächlichen Energieverbrauch.

Primärenergiebedarf – Seite 2
Der Primärenergiebedarf bildet die Gesamtenergieeffizienz eines Gebäudes ab. Er berücksichtigt neben der Endenergie auch die so genannte „Vorkette" (Gewinnung, Verteilung, Umwandlung) der jeweils eingesetzten Energieträger (z. B. Heizöl, Gas, Strom, erneuerbare Energien etc.). Kleine Werte signalisieren einen geringen Bedarf und damit eine hohe Energieeffizienz und eine die Ressourcen und die Umwelt schonende Energienutzung. Zusätzlich können die mit dem Energiebedarf verbundenen CO_2-Emissionen des Gebäudes freiwillig angegeben werden.

Endenergiebedarf – Seite 2
Der Endenergiebedarf gibt die nach technischen Regeln berechnete, jährlich benötigte Energiemenge für Heizung, Lüftung und Warmwasserbereitung an. Er wird unter Standardklimabedingungen errechnet und ist ein Maß für die Energieeffizienz eines Gebäudes und seiner Anlagentechnik. Der Endenergiebedarf ist die Energiemenge, die dem Gebäude bei standardisierten Bedingungen unter Berücksichtigung der Energieverluste zugeführt werden muss, damit die standardisierte Innentemperatur, der Warmwasserbedarf und die notwendige Lüftung sichergestellt werden können. Kleine Werte signalisieren einen geringen Bedarf und damit eine hohe Energieeffizienz.
Die Vergleichswerte für den Energiebedarf sind modellhaft ermittelte Werte und sollen Anhaltspunkte für grobe Vergleiche der Werte dieses Gebäudes mit den Vergleichswerten ermöglichen. Es sind ungefähre Bereiche angegeben, in denen die Werte für die einzelnen Vergleichskategorien liegen. Im Einzelfall können diese Werte auch außerhalb der angegebenen Bereiche liegen.

Energetische Qualität der Gebäudehülle – Seite 2
Angegeben ist der spezifische, auf die wärmeübertragende Umfassungsfläche bezogene Transmissionswärmeverlust (Formelzeichen in der EnEV: H_T'). Er ist ein Maß für die durchschnittliche energetische Qualität aller wärmeübertragenden Umfassungsflächen (Außenwände, Decken, Fenster etc.) eines Gebäudes. Kleine Werte signalisieren einen guten baulichen Wärmeschutz.

Energieverbrauchskennwert – Seite 3
Der ausgewiesene Energieverbrauchskennwert wird für das Gebäude auf der Basis der Abrechnung von Heiz- und ggf. Warmwasserkosten nach der Heizkostenverordnung und/oder auf Grund anderer geeigneter Verbrauchsdaten ermittelt. Dabei werden die Energieverbrauchsdaten des gesamten Gebäudes und nicht der einzelnen Wohn- oder Nutzeinheiten zugrunde gelegt. Über Klimafaktoren wird der erfasste Energieverbrauch für die Heizung hinsichtlich der konkreten örtlichen Wetterdaten auf einen deutschlandweiten Mittelwert umgerechnet. So führen beispielsweise hohe Verbräuche in einem einzelnen harten Winter nicht zu einer schlechteren Beurteilung des Gebäudes. Der Energieverbrauchskennwert gibt Hinweise auf die energetische Qualität des Gebäudes und seiner Heizungsanlage. Kleine Werte signalisieren einen geringen Verbrauch. Ein Rückschluss auf den künftig zu erwartenden Verbrauch ist jedoch nicht möglich; insbesondere können die Verbrauchsdaten einzelner Wohneinheiten stark differieren, weil sie von deren Lage im Gebäude, von der jeweiligen Nutzung und vom individuellen Verhalten abhängen.

Einteilung in Energieeffizienzklassen

A+	A	B	C	D	E	F	G	H
<30	<50	<75	<100	<130	<160	<200	<250	≥250

Endenergie in kWh/(m²·a)

B

Feuchteschutz und Tauwasserschutz

Jedes Bauwerk muss durch bauliche Maßnahmen vor dem Eindringen von Wasser und Feuchtigkeit geschützt werden. Ständig feuchte Baustoffe verlieren ihre Festigkeit und Wärmedämmfähigkeit. Wasser und Feuchtigkeit sammeln sich im Erdreich und fallen im Bauwerksinneren an. Man unterscheidet Außenwasser und Innenwasser.

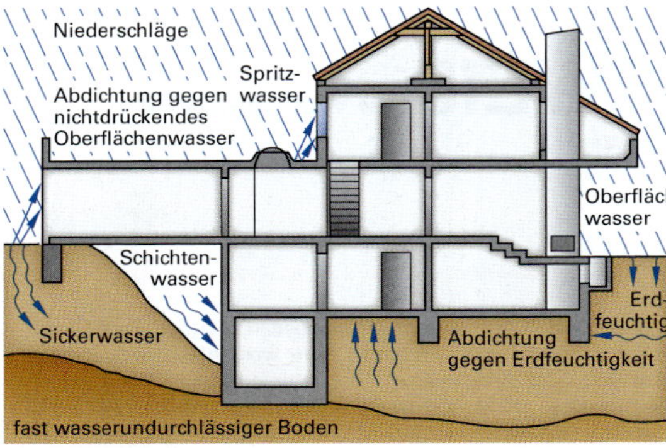

Außenwasser

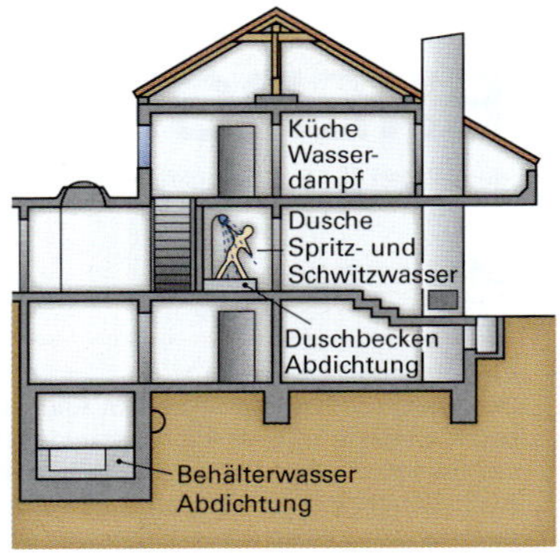

Innenwasser

Nicht drückendes Wasser bezeichnet das Niederschlagswasser, das im Erdreich versickert, und die aufsteigende Feuchtigkeit aus dem Grundwasser. Gegen aufsteigende Feuchtigkeit sind waagerechte und gegen seitlich einwirkende Feuchtigkeit sind senkrechte Sperrschichten anzuordnen, vgl. auch Baumaterialien, Dichtungsbahnen.

Drückendes Wasser beinhaltet alles Schichtenwasser, das sich zwischen bindigen oder sonst wasserundurchlässigen Bodenschichten sammelt und auf Bauteile einen Druck ausübt. Bauteile, die durch drückendes Wasser gefährdet sind, müssen eine wasserdruckhaltende Abdichtung (schwarze Wanne) oder eine aus wasserundurchlässigem Beton hergestellte Wanne (weiße Wanne) erhalten.

B

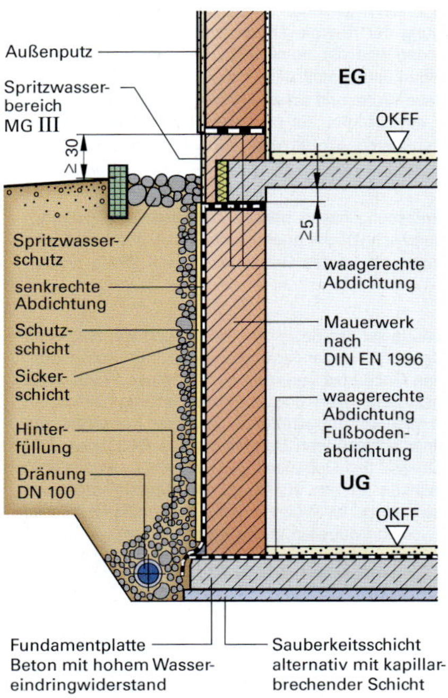

Abdichtung gegen nicht drückendes Wasser

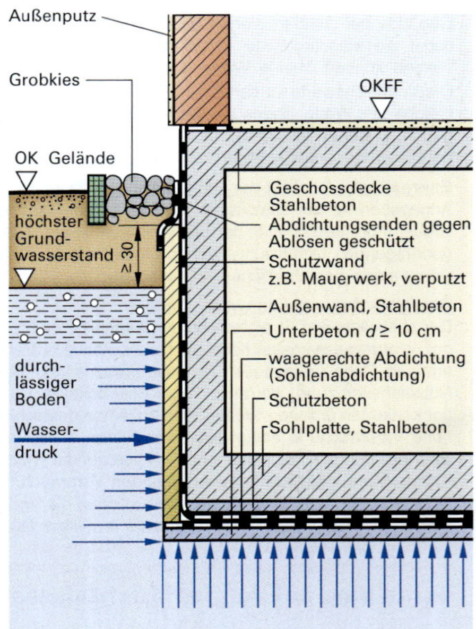

Abdichtung gegen drückendes Wasser

Bauliche Schutzmaßnahmen

Bauwerksabdichtungen nach DIN 18195 (2011-03)

Bauwerksabdichtungen werden benötigt bei nicht wasserdichten Bauwerken oder Bauteilen, die auf Bodenfeuchte, nicht drückendes Wasser, von außen drückendes Wasser und von innen drückendes Wasser beansprucht werden. Die **DIN 18195 „Bauwerksabdichtungen"** regelt in 10 Teilen u. a.:

(1) Grundsätze, Zuordnungen der Abdichtungsarten, (2) Stoffe – auch DIN 1045 und DIN EN 1992, DIN 1053 und DIN EN 1996, DIN 18550, (3) Untergrund und Verarbeitung, (4) Abdichtungen gegen Bodenfeuchte, (5) Abdichtung gegen nicht drückendes Wasser auf Deckenflächen, (6) Abdichtung gegen von außen drückendes Wasser, (7) Abdichtung gegen von innen drückendes Wasser. Die **DIN 4108, Teil 3**, beschreibt u. a. die Belastung der Bauteile durch Schlagregen in mm/m^2 pro Jahr. Die Beanspruchungsgruppen I, II und III sind unter Berücksichtigung der regionalen klimatischen Bedingungen festgelegt. **I gering** < 600 mm; **II mittel** 600 mm ... 800 mm; **III stark** > 800 mm

Abdichtungen dürfen nur auf Bauwerksflächen aufgebracht werden, die frostfrei, fest, eben, frei von Nestern und Rissen, Graten und Verunreinigungen sind. Nicht verschlossene Vertiefungen größer als 5 mm sind mit Mörtel zu verschließen.

Die Abdichtungen sind durch Schutzschichten gegen mechanische Beschädigungen zu schützen. Senkrechte Abdichtungen werden durch Noppenbahnen, Wellbahnen, Wärmedämmplatten oder Dränplatten geschützt. Waagerechte oder leicht geneigte Abdichtungen erhalten mindestens 5 cm dicken Schutzestrich oder werden durch Gummigranulatmatten (ca. 6 mm), zweilagige synthetische Vliesbahnen (ca. 300 kg/m^2) oder Kunststoffdichtungsbahnen geschützt.

Abdichtungsstoff	Anwendungsbereich	Verarbeitungshinweise für Abdichtungen gegen Bodenfeuchtigkeit
Bitumen-Voranstrichmittel	Abdichtung von Außenwänden	1 × kaltflüssiger Voranstrich bei Deckaufstrichmittel oder bei Bitumenbahnen
Bitumen- und Polymerbitumenbahnen	Abdichtung von Außenwänden *horizontale Abdichtung der Bodenplatte mit Schutzschicht*	1 × Voranstrich mindestens eine Lage mit Klebemasse aufkleben
Kunststoff- und Elastomer-Dichtungsbahnen	Abdichtung von Außenwänden *horizontale Abdichtung der Bodenplatte mit Schutzschicht*	1 × Voranstrich mindestens eine Lage PIB-Bahnen mit Aufstrich aus Bitumenklebemasse, im Schweißverfahren aufzukleben
Elastomer-Dichtungsbahnen mit Selbstklebeschicht	Abdichtung von Außenwänden *horizontale Abdichtung der Bodenplatte mit Schutzschicht*	1 × Voranstrich Dichtungsbahn aufkleben, Überlappung verschweißen
Klebemassen und Deckaufstrichmittel	Abdichtung von Außenwänden	1 × Voranstrich und 2 × heißflüssiger Deckanstrich
Asphaltmastix und Gussasphalt	*horizontale Abdichtung der Bodenplatte mit Schutzschicht*	*Feuchtigkeitsbrücken im Bereich der Putzflächen vermeiden*
bitumenverträgliche Kunststoffdichtungsbahnen aus Ethylen-Vinyl-Acetat-Terpolymer (EVA)	Abdichtung von Außenwänden	wie Kunststoffdichtungsbahnen, sowohl mit Bitumenklebemasse als auch im Schweißverfahren aufzukleben
kunststoffmodifizierte Bitumendickbeschichtung (KBM)	Abdichtung von Außenwänden *horizontale Abdichtung der Bodenplatte mit Schutzschicht*	2 Arbeitsgänge frisch in frisch, Gesamtdicke mindestens 3 mm Trockenschicht
kaltselbstklebende Bitumendichtungsbahnen (KSK)	Abdichtung von Außenwänden *horizontale Abdichtung der Bodenplatte mit Schutzschicht*	1 × Voranstrich mindestens eine Lage

Feuchtigkeitsbeanspruchungsklassen für den Innenbereich	
A01	**Wandflächen,** die nur zeitweise mit Spritzwasser beansprucht werden
A02	**Waagerechte Flächen,** die nur zeitweise mit Spritzwasser beansprucht sind
B0	**Außenbauteile,** mit nicht drückender Wasserbeanspruchung
0	Wand- und Bodenflächen, die nur zeitweise und geringfügig durch Spritzwasser beansprucht werden
Abdichtungsstoffe: Polymerdispersionen, Reaktionsharzbeschichtungen, Kunststoff-Mörtel-Kombinationen	

B

Bauliche Schutzmaßnahmen

Bauwerksabdichtungen nach DIN 18195 (2011-03) (Fortsetzung)

Bauwerke werden gemäß DIN 18195-1 durch Grundwasser, Stauwasser, Schichtenwasser, Sickerwasser, Haftwasser, Kapillarwasser und Niederschläge sowie Brauchwasser in Innenräumen beansprucht. **Bodenfeuchte** (Kapillarwasser, Haftwasser, nicht stauendes Sickerwasser) ist als Mindestbeanspruchung immer anzusetzen. In DIN 18195-4 (2011-12) sind die Abdichtungsmaßnahmen gegen Bodenfeuchte geregelt. Bei der Planung von Abdichtungsarbeiten sind folgende Arten zu unterscheiden:

- Horizontalsperre (waagerechte Querschnittsabdichtung) unter und innerhalb der Wand
- Horizontale (waagerechte) Abdichtung von Bodenplatten
- Vertikale (senkrechte) Abdichtung an erdberührten Wänden (Umfassungswände, außen)
- Sperrschichten im Sockelbereich (als Spritzwasser-Schutzzone)

Die folgenden Prinzipskizzen sind Empfehlungen und gehen geringfügig über Mindestanforderungen nach DIN 18195-4 hinaus. Darüber hinaus wird empfohlen, die senkrechten Abdichtungen und die Abdichtungen, die nicht sofort nach der Anordnung durch andere Bauteile überdeckt werden, durch Schutzschichten nach DIN 18195-10 (senkrecht: expandierte oder extrudierte Polystyrolhartschaumplatten, Noppenbahnen mit Gleitschicht, Schaumglasplatten; waagerecht: 5 cm dicker Schutzestrich) zu schützen.

Abdichtung bei Bodenfeuchte/ nicht stauendes Sickerwasser

a) Dichtung mit Bitumenbahnen einschließlich KMB
b) Dichtung auf Zementbasis/durch wasserundurchlässigen Beton (WU-Beton) unter Verwendung von Arbeitsfugenbändern

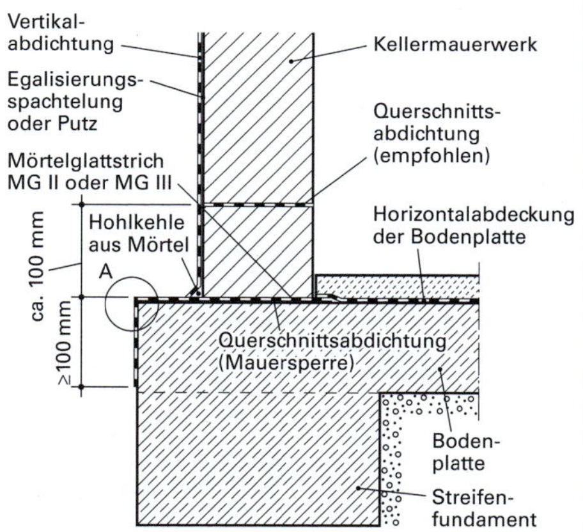

Abdichtung eines nicht unterkellerten Bauwerks, erhöhte Anforderung und abgedichtete Platte

a) Bodenplatte mit freitragender, nicht auf dem Boden aufliegender Decke, Zwischenraum mit Querbelüftung
b) Bodenplatte als Stahlbetonplatte auf der kapillarbrechenden Schicht aus grobkörnigem Material, vor dem Betonieren mit PE-Folie abgedeckt

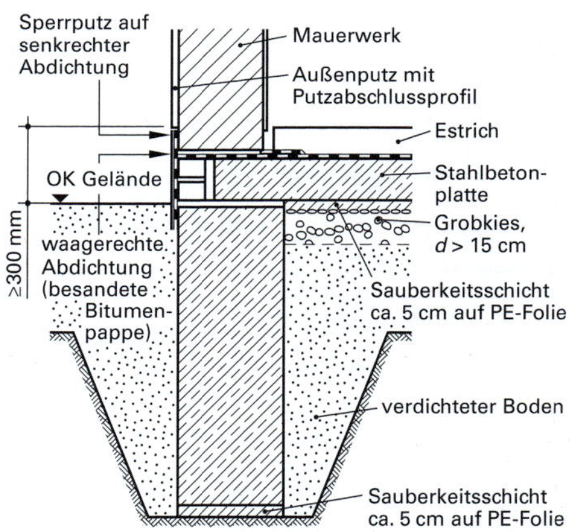

Wand-/Bodenanschlüsse/Innenecken – Detail A

a) aus kunststoffmodifiziertem Mörtel oder Zementmörtel
b) mittels Ab-/Ausrundung bei Bitumenbahnen auf vorgestrichenen Wandflächen einlagig aufgeklebt
c) Dreikantleiste bei Beschichtung mit kunststoffmodifizierten Bitumen-Dickbeschichtungen (KMB)

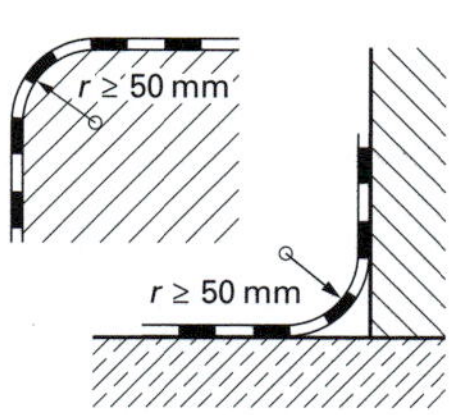

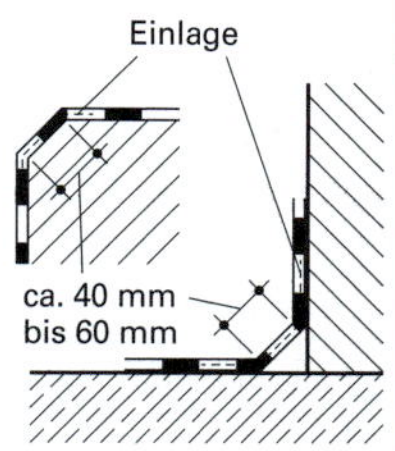

Ausführungshinweise

- **Waagerechte Abdichtungen in und unter Wände**
  Die einlagig einzubauenden Bahnen dürfen nicht aufgeklebt werden und müssen sich mindestens 200 mm überdecken. Die Überdeckungen dürfen miteinander verklebt werden.
- Bei **horizontalen Abdichtungen** in Wänden muss die Abdichtung durch den ggf. vorhandenen Innenputz geführt werden. Bei Wänden aus Beton sind die Fundamente und Wände aus BU-Beton herzustellen.
- **Senkrechte Abdichtungen**
  Aufbau: Voranstrich, Klebemasse, Abdichtung, Deckaufstrichmittel, Schutzschicht (gegen mechanische Beschädigungen)

B

Klimabedingter Feuchtigkeitsschutz

Feuchteschutztechnische Größen

Größe	Kurzzeichen	Zusammenhang	Einheit
Sättigungsdruck	p_s	$p = \frac{F}{A}$	1 N/m² = 1 Pa
Teildruck im Raum	p_i		
Teildruck im Freien	p_e		
Feuchte:			
Luft, absolut	$m_{w,vorh.}$	$\varrho = \frac{m_{w,vorh.}}{m_{w,s}} \cdot 100\,\%$	g/m³
Luft, relativ	ϱ		%
Wasserdampfsättigungsmenge	$m_{w,s}$		g/m³
Wasserdampf-Diffusionsstromdichte	g_i	$g_i = \frac{p_i - p_e}{Z}$	kg/(m²·h)
Wasserdampf-Diffusionswiderstandszahl	μ	Stoffkennwert	[–]
Wasserdampf-Diffusions-Leitkoeffizient in der Luft	δ_o	$\delta_o = 2 \cdot 10^{-10} \frac{\text{kg}}{\text{Pa} \cdot \text{s} \cdot \text{m}}$	kg/(Pa · s · m)

Größe	Kurzzeichen	Zusammenhang	Einheit
diffusionsäquivalante Luftschichtdicke	s_d	$s_d = \mu \cdot d$	m
flächenbezogene Wassermasse	m		kg/m²
Tauwassermasse	m_c	$m_c = t_T \cdot (g_i - g_e)$	
verdunstende Wassermasse	m_{ev}	$m_{ev} = t_V \cdot (g_i + g_e)$	
Dauer der Tauperiode	t_T	2160 Std.	h
Dauer der Verdunstungsperiode	t_V	2160 Std.	h
Wasserdampf-Diffusionsdurchlasswiderstand	Z, Z_i, Z_e	gebunden in m²·h·Pa/kg	
Temperaturdifferenz	$\Delta\vartheta$	$\Delta\vartheta_{Schicht} = (\vartheta_i - \vartheta_e) \cdot \frac{R_{Schicht}}{R_T}$	K

Feuchteschutztechnische Berechnungen

Die DIN 4108 unterscheidet zwischen den Normalfällen und den Sonderfällen. Bei den in der Tabelle aufgeführten Normalfällen ist kein Nachweis der Tauwasserbildung erforderlich, da bei üblicher Nutzung der Räume und Einhaltung der Wärmeschutzvorgaben Schäden vermieden werden können.

B

Bauteile, für die kein Nachweis des Tauwasserausfalles erforderlich ist

Außenbauteile, Außenwände

Mauerwerk

- einschalig, beidseitig verputzt oder verblendet
- zweischalig nach DIN EN 1996 mit oder ohne Wärmedämmung
- einschalig mit raumseitiger Wärmedämmung $s_d \geq 0{,}50$ m
- einschalig mit außenseitiger Wärmedämmung und Außenputz $s_d \geq 4{,}0$ m
- einschalig mit außenseitiger Wärmedämmung und hinterlüfteter Bekleidung

Großformatige Platten

- Porenbeton, Kunstharzputz außen $s_d \geq 4{,}0$ m
- Normalbeton, gefügedichter Leichtbeton
- Beton oder Leichtbeton mit außenseitiger Wärmedämmschicht mit Außenputz oder hinterlüfteter Bekleidung

Holztafelbauart

- mit Innendämmung (über Fachwerk und Gefache aus Holzwolle-Leichtbauplatten nach DIN 1101)
- mit Außendämmung (über Fachwerk und Gefache) mit s_d > 2 m oder hinterlüfteter Außenwandverkleidung

Dächer (Auszug)

Nicht belüftete Dächer

- einschalige Dächer aus Porenbeton ohne Dampfsperre
- Dächer mit Dampfsperre $s_d \geq 100$ m unter oder in der Wärmedämmschicht
- Umkehrdächer mit dampfdurchlässiger Auflast, z.B. aus Kies

Belüftete Dächer

- mit einer Dachneigung < 5° und unterhalb der Dämmung eine diffusionshemmende Schicht mit $s_d \geq 100$ m
- mit einer Dachneigung ≥ 5°
  a) Höhe des freien Zwischenraums über der Wärmedämmung mindestens 2 cm
  b) Lüftungsquerschnitt bezogen auf die Dachfläche
     Traufe 2 ‰ mindestens 200 cm²/m
     First 0,5 ‰ mindestens 50 cm²/m
  c) Bauteilschichten unterhalb der Belüftungsschicht mit $s_d \geq 2$ m
- **Hinweis**

Bauteilschicht		
	$s_d \leq 0{,}5$ m	diffusionsoffen
	$0{,}5 \text{ m} < s_d$	diffusionshemmend
	$s_d \geq 1500$ m	diffusionsdicht

Feuchteschutztechnische Berechnungen

Hauptforderung nach DIN 4108-3

$$m_{ev} > m_c$$

sowie zusätzliche Forderungen der DIN 4108-3 (vgl. Tabelle unten)

Formeln

$$m_c = t_T\,(g_i - g_e)$$

$$m_{ev} = t_V\,(g_i + g_e)$$

$$g_i = \frac{p_i - p_{isw}}{Z_i}$$

$$g_e = \frac{p_{sw} - p_e}{Z_e}$$

Für die oben stehenden Formeln für g_i und g_e ist bei der Verdunstungsperiode die gegenläufige Diffusionsstromrichtung zu beachten (also zum Raum $p_{sw} - p_i$ bzw. $p_{sw} - p_e$).

$$Z = 1{,}5 \cdot 10^6\,(\mu_1 \cdot d_1 + \mu_2 \cdot d_2 + \ldots + \mu_n \cdot d_n)$$

bei mehrteiligen Bauteilen aus der Dicke der Bauteile und der Wasserdampf-Diffusionswiderstandszahl

Berechnung des Tauwasserausfalls (Glaser-Diagramm, Diffusionsdiagramm) nach DIN 4108

Klimabedingungen für das Perioden-Bilanzverfahren

- Tauperiode t_c = 90 d = 2160 h = 7,776 · 10^6 s; ca. Dezember bis Februar, 90 Tage

Temperatur		Rel. Luftfeuchtigkeit	Wasserdampfteildruck
innen	20 °C	50%	p_i = 1168 Pa
außen	–5 °C	80%	p_e = 321 Pa

- Verdunstungsperiode t_{ev} = 90 d = 2160 h = 7,776 · 10^6 s; ca. Juni bis August, 90 Tage

Wasserdampfteildruck	Innenklima	Außenklima	$p_i = p_e$ = 1200 Pa
Sättigungsdampfdruck	für Aufenthaltsräume		
Decken	unter nicht ausgebauten Dachräumen		1700 Pa
Dächer	die gegen Außenluft abschließen		2000 Pa
Wände	die gegen Außenluft abschließen		1700 Pa

- Der s_d-Wert von ruhenden Luftschichten ist konstant mit 0,01 m anzusetzen.

Zusätzliche Forderungen der DIN 4108-3

Die während der Wintermonate (Tauperiode) anfallende Kondensatmenge (auch Tauwasser genannt) darf nicht größer sein, als die Verdunstungsmenge in den Sommermonaten (Verdunstungsperiode), so legt die DIN 4108-3 ihre Hauptforderung fest. Weiter gibt die DIN an, dass die anfallende Tauwassermenge während der Tauperiode nur ein bestimmtes Maß erreichen darf. In der folgenden Tabelle ist das Maß in Abhängigkeit des Bauteils oder des Materials des Bauteils direkt am Taupunkt angegeben.

Bauteil:	Bedingung:
Wände und Dächer	$m_c \leq 1{,}0$ kg/m²
Bauteile, deren Berührflächen an nicht wasseraufnahmefähiger Schichten grenzen • z.B. Folien, Metalle, Normalbeton, Dämmungen aus Mineralwolle und aufgeschäumten Kunststoffen (EPS, XPS oder PU)	$m_c \leq 0{,}5$ kg/m²
Bauteile aus dem Werkstoff Holz	maximale Zunahme um 5 Masse-% nach DIN 68800
Bauteile aus Holzwerkstoffen • z.B. Stabsperrholz, Furnierholz, Spanplatten Bauteile aus Leichtbauplatten nach DIN 1101 sowie Bauteile aus Mehrschicht-Leichtbauplatten nach DIN EN 1368 sind von der %-Regelung ausgenommen.	maximale Zunahme um 3 Masse-% nach DIN 68800

B

Wasserdampfsättigungsdruck und -menge

Wasserdampf-Sättigungsmenge c_s der Luft in Abhängigkeit von der Temperatur Θ_L

Θ_L in °C	c_s g/m³	Θ_L in °C	c_s g/m³	Θ_L in °C	c_s g/m³	Θ_L in °C	c_s g/m³	Θ_L in °C	c_s g/m³
– 20	0,88	– 10	2,14	0	4,84	10	9,4	20	17,3
– 19	0,96	– 9	2,33	1	5,2	11	10,0	21	18,3
– 18	1,05	– 8	2,54	2	5,6	12	10,7	22	19,4
– 17	1,15	– 7	2,76	3	6,0	13	11,4	23	20,8
– 16	1,27	– 6	2,99	4	6,4	14	12,1	24	21,8
– 15	1,38	– 5	3,24	5	6,8	15	12,8	25	23,0
– 14	1,51	– 4	3,51	6	7,3	16	13,6	26	24,4
– 13	1,65	– 3	3,81	7	7,8	17	14,5	27	26,8
– 12	1,80	– 2	4,13	8	8,3	18	15,4	28	27,2
– 11	1,98	– 1	4,47	9	8,8	19	16,3	29	28,7
– 10	2,14	0	4,84	10	9,4	20	17,3	30	30,0

Taupunkttemperatur Θ_s der Luft in Abhängigkeit von der Lufttemperatur Θ_L in °C und der relativen Luftfeuchte φ

Lufttemperatur Θ_L	Taupunkttemperatur Θ_s in °C bei einer relativen Luftfeuchte von													
	30%	35%	40%	45%	50%	55%	60%	65%	70%	75%	80%	85%	90%	95%
20 °C	1,9	4,1	6,0	7,7	9,3	10,7	12,0	13,2	14,4	15,4	16,4	17,4	18,3	19,2
19 °C	1,0	3,2	5,1	6,8	8,3	9,8	11,1	12,3	13,4	14,5	15,5	16,4	17,3	18,2
18 °C	0,2	2,3	4,2	5,9	7,4	8,8	10,1	11,3	12,5	13,5	14,5	15,4	16,3	17,2
17 °C	– 0,6	1,4	3,3	5,0	6,5	7,9	9,2	10,4	11,5	12,5	13,5	14,5	15,3	16,2
16 °C	– 1,4	0,5	2,4	4,1	5,6	7,0	8,2	9,4	10,5	11,6	12,6	13,5	14,4	15,2
15 °C	– 2,2	– 0,3	1,5	3,2	4,7	6,1	7,3	8,5	9,6	10,6	11,6	12,5	13,4	14,2
14 °C	– 2,9	– 1,0	0,6	2,3	3,7	5,1	6,4	7,5	8,6	9,6	10,6	11,5	12,4	13,2
13 °C	– 3,7	– 1,9	– 0,1	1,3	2,8	4,2	5,5	6,6	7,7	8,7	9,6	10,5	11,4	12,2
12 °C	– 4,5	– 2,6	– 1,0	0,4	1,9	3,2	4,5	5,7	6,7	7,7	8,7	9,6	10,4	11,2
11 °C	– 5,2	– 3,4	– 1,8	– 0,4	1,0	2,3	3,5	4,7	5,8	6,7	7,7	8,6	9,4	10,2
10 °C	– 6,0	– 4,2	– 2,6	– 1,2	0,1	1,4	2,6	3,7	4,8	5,8	6,7	7,6	8,4	9,2

B

Sättigungsdruck und -menge in Abhängigkeit von der Temperatur

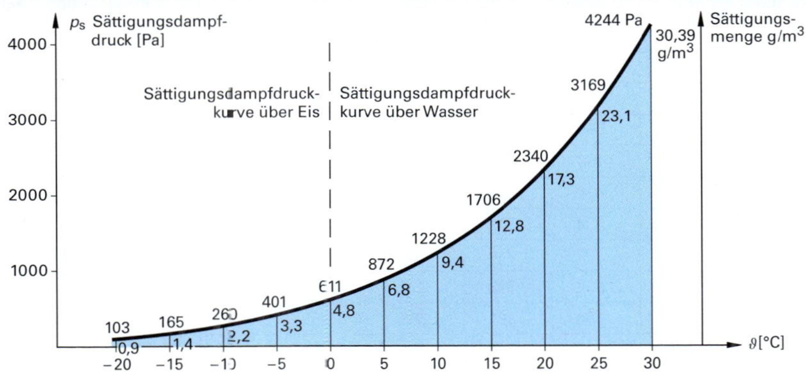

Wasserdampfsättigungsdruck p_{sat} in Abhängigkeit von der Temperatur

	Wasserdampfsättigungsdruck in Pascal [Pa]									
°C	,0	,1	,2	,3	,4	,5	,6	,7	,8	,9
30	4241	4265	4289	4314	4339	4364	4389	4414	4439	4464
29	4003	4026	4050	4073	4097	4120	4144	4168	4192	4216
28	3778	3800	3822	3844	3867	3889	3912	3934	3957	3980
27	3563	3584	3605	3626	3648	3669	3691	3712	3734	3756
26	3359	3379	3399	3419	3440	3460	3480	3501	3522	3542
25	3166	3185	3204	3223	3242	3261	3281	3300	3320	3340
24	2982	3000	3018	3036	3055	3073	3091	3110	3128	3147
23	2808	2825	2842	2859	2876	2894	2911	2929	2947	2964
22	2642	2659	2675	2691	2708	2724	2741	2757	2774	2791
21	2486	2501	2516	2532	2547	2563	2579	2594	2610	2626
20	2337	2351	2366	2381	2395	2410	2425	2440	2455	2470
19	2196	2210	2224	2238	2252	2266	2280	2294	2308	2323
18	2063	2076	2089	2102	2115	2129	2142	2155	2169	2182
17	1937	1949	1961	1974	1986	1999	2012	2024	2037	2050
16	1817	1829	1841	1852	1864	1878	1888	1900	1912	1924
15	1704	1715	1726	1738	1749	1760	1771	1783	1794	1806
14	1598	1608	1619	1629	1640	1650	1661	1672	1683	1693
13	1497	1507	1517	1527	1537	1547	1557	1567	1577	1587
12	1402	1411	1420	1430	1439	1449	1458	1468	1477	1487
11	1312	1321	1330	1338	1347	1356	1365	1374	1383	1393
10	1227	1236	1244	1252	1261	1269	1278	1286	1295	1303
9	1147	1155	1163	1171	1179	1187	1195	1203	1211	1219
8	1072	1080	1087	1094	1102	1109	1117	1124	1132	1140
7	1001	1008	1015	1022	1029	1036	1043	1050	1058	1065
6	935	941	948	954	961	967	974	981	988	994
5	872	878	884	890	897	903	909	915	922	928
4	813	819	824	830	836	842	848	854	860	866
3	757	763	768	774	779	785	790	796	801	807
2	705	710	715	721	726	731	736	741	747	752
1	656	661	666	671	676	680	685	690	695	700
0	611	615	619	624	629	633	638	642	647	652
–0	611	605	601	596	591	586	581	576	571	567
–1	562	557	553	548	544	539	535	530	526	521
–2	517	513	509	504	500	496	492	488	484	479
–3	475	471	468	464	460	456	452	448	444	441
–4	437	433	430	426	422	419	415	412	408	405
–5	401	398	394	391	388	384	381	378	375	371
–6	368	365	362	359	356	353	350	347	344	341
–7	338	335	332	329	326	323	320	318	315	312
–8	309	307	304	301	299	296	294	291	288	286
–9	283	281	278	276	274	271	269	266	264	262
–10	259	257	255	252	250	248	246	244	241	239

Luftfeuchte

Luftfeuchtigkeit

Die relative Luftfeuchtigkeit φ gibt das Verhältnis der vorhandenen Wasserdampfmenge (absolute Wasserdampfmenge) und der maximal möglichen Wasserdampfmenge (Sättigungsmenge) in Prozent an. Die Sättigungsmenge der Luft ist von der Temperatur abhängig (vgl. Tabelle und Diagramm auf der Seite 293)

Vier Fälle des Glaserdiagramms

Das Glaser Verfahren ist ein graphisches Modell zur Bestimmung des Tauwasserpunktes p_c und der Berechnung der anfallenden Tauwassermenge in der Tauperiode (Wintermonate) sowie der Verdunstungsmenge in der Verdunstungsperiode (Sommermonate) Auf der waagerechten Achse wird maßstäblich die diffusionsäquivalente Luftschichtdicke s_d der Bauteilschichten abgetragen. Der Wasserdampfdruck p innerhalb der Schichten wird auf der y-Achse abgetragen. Sobald sich die Wasserdampfsättigungskurve und die Wasserdampfteildrucklinie berühren kondensiert Tauwasser in der Konstruktion. Glaser unterscheidet die vier folgenden Fälle:

Fall 1: Bauteil ohne Tauwasser

Fall 2: Bauteil mit Tauwasser in einer Ebene (zwischen zwei Schichten)

Fall 3: Bauteil mit Tauwasser in zwei Ebenen

Fall 4: Bauteil mit Tauwasser in einem Bereich (innerhalb einer ganzen Schicht)

	Tauperiode	**Verdunstungsperiode**

Fall 1: Bauteil ohne Tauwasser

Tauperiode:

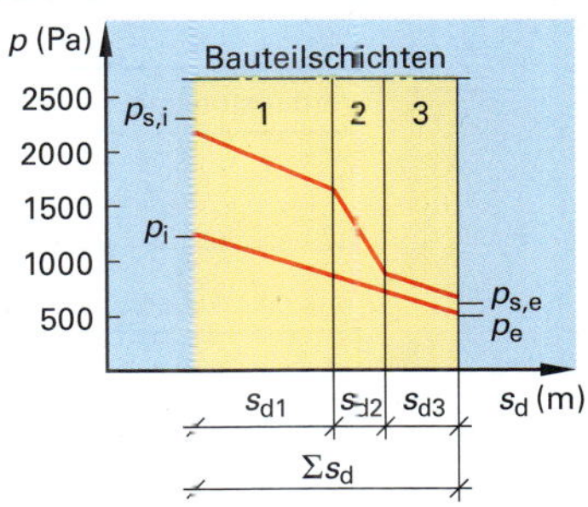

Verdunstungsperiode:

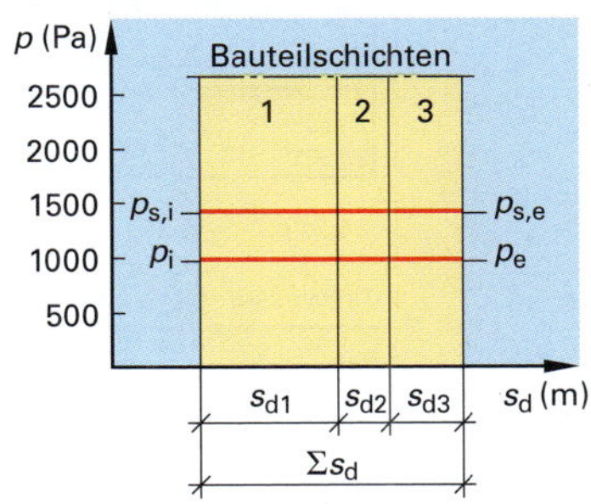

Fall 2: Bauteil mit Tauwasser in einer Ebene

Tauperiode:

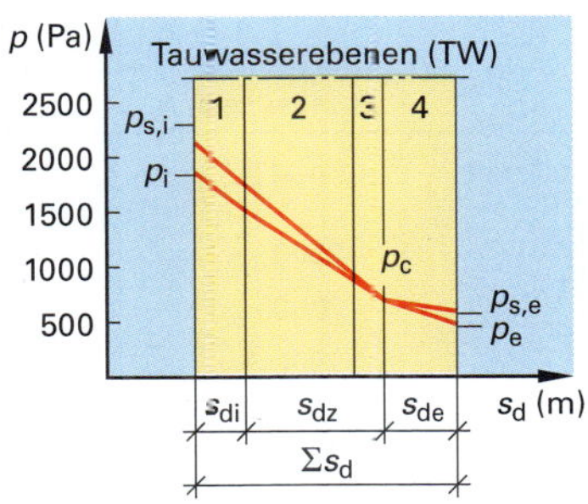

s_{di} von innen bis zur Tauwasserebene

$s_{di} = \Sigma\min\ (\mu \cdot c)$

Verdunstungsperiode:

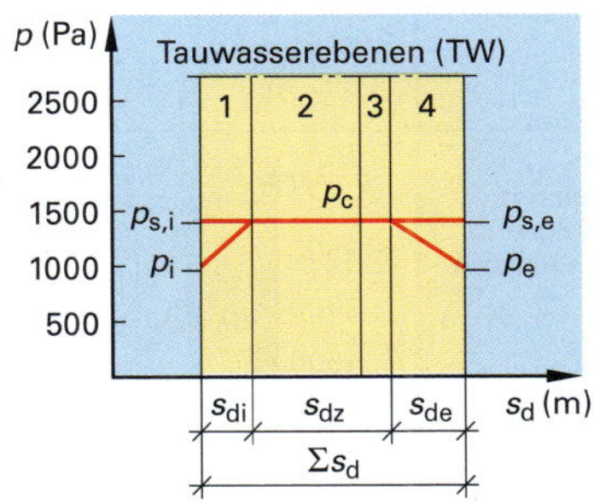

s_{de} von der Tauwasserebene bis zur Außenseite

$s_{de} = \Sigma\max\ (\mu \cdot d)$

Für den Tauwasseranfall in zwei Ebenen gelten die Formeln:

Tauperiode

$$g_c = \delta_o \cdot \left(\frac{p_i - p_c}{s_{d,c}} - \frac{p_c - p_e}{s_{d,T} - s_{d,c}}\right)$$

$$m_c = g_c \cdot t_r$$

Verdunstungsperiode

$$g_{ev} = \delta_o \cdot \left(\frac{p_c - p_i}{s_{d,c}} - \frac{p_c - p_e}{s_{d,T} - s_{d,c}}\right)$$

$$m_{ev} = g_{ev} \cdot t_v$$

B

Luftfeuchte

Vier Fälle des Glaser-Verfahrens

Fall 3: Bauteil mit Tauwasser in zwei Ebenen

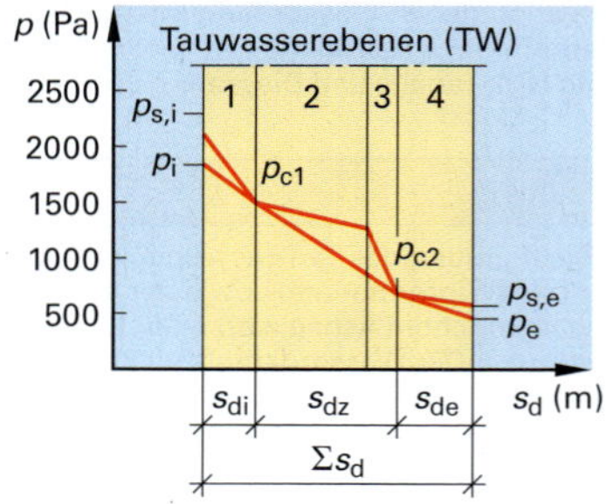

s_{di} von innen bis zur Tauwasserebene

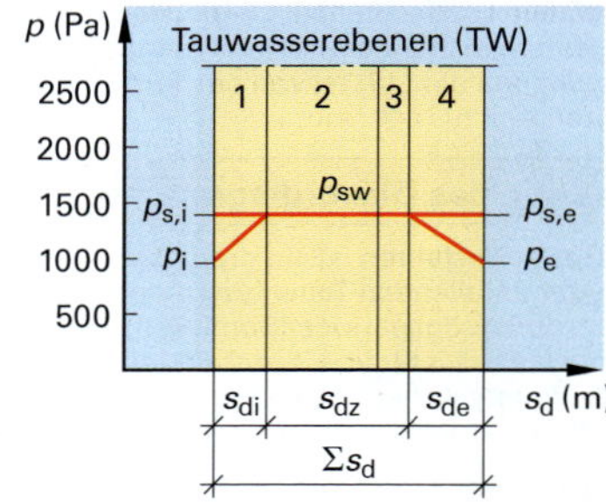

s_{de} von der Tauwasserebene bis zur Außenseite

Für den Tauwasseranfall in zwei Ebenen gelten die Formeln:

Tauwasserebene c1:

$$g_{c1} = \delta_0 \left(\frac{p_i - p_{c1}}{s_{d,c1}} - \frac{p_{c1} - p_{c2}}{s_{d,c2} - s_{d,c1}} \right)$$

$$m_{c1} = g_{c1} \cdot t_r$$

Tauwasserebene c2:

$$g_{c2} = \delta_0 \left(\frac{p_{c1} - p_{c2}}{s_{d,c2} - s_{d,c1}} - \frac{p_{c2} - p_e}{s_{d,T} - s_{d,c1}} \right)$$

$$m_{c2} = g_{c2} \cdot t_r$$

Tauwasserebene c1:

$$g_{ev1} = \delta_0 \left(\frac{p_{i1} - p_i}{s_{d,c1}} \right)$$

Verdunstungszeit:

$$t_v = \frac{m_{c1}}{g_{ev1}}$$

Tauwasserebene c2:

$$g_{ev2} = \delta_0 \left(\frac{p_{c2} - p_e}{s_{d,T} - s_{d,c2}} \right)$$

Verdunstungszeit:

$$t_v = \frac{m_{c2}}{g_{ev2}}$$

Es muss sein: $t_{ev1} > t_{ev}$ und $t_{ev2} > t_{ev}$

Fall 4: Bauteil mit Tauwasser in einem Bereich

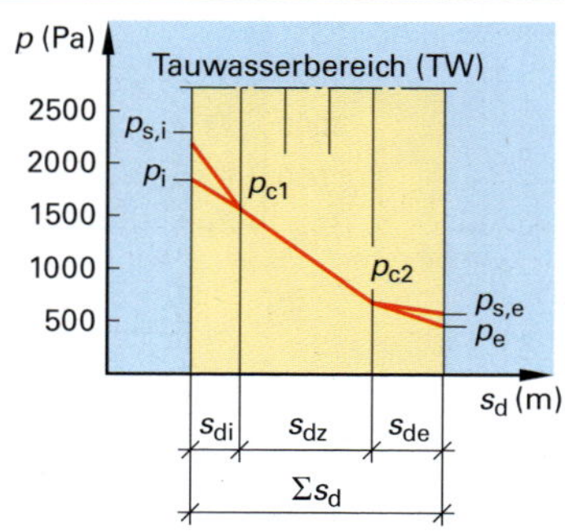

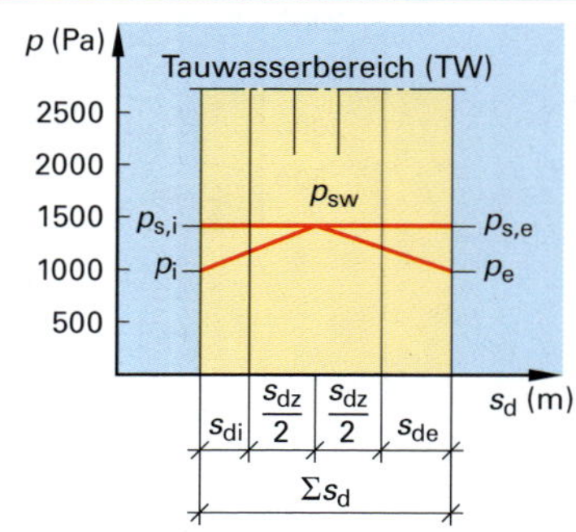

Für den Tauwasseranfall in einem Bereich gelten die Formeln:

$$g_c = \delta_0 \left(\frac{p_i - p_{c1}}{s_{d,c1}} - \frac{p_{c2} - p_e}{s_{d,T} - s_{d,c2}} \right)$$

$$m_c = g_c \cdot t_r$$

$$g_{ev} = \delta_0 \left(\frac{p_c - p_{c1i}}{s_{d,cm}} + \frac{p_c - p_e}{s_{d,T} - s_{d,c,m}} \right)$$

$s_{d,c,m} = s_{dc1} + 0{,}5\ (s_{dc2} - s_{dc1})$

$$m_{ev} = g_{ev} \cdot t_v$$

B

Schimmelbildung

Definition

Schimmelpilze sind Fadenpilze aus mehreren Pilzgruppen (Zygomycetes, Ascomycetes, Fungi imperfecti), besitzen einen Zellkern, bilden Zellwände aus und pflanzen sich mittels Sporen fort.

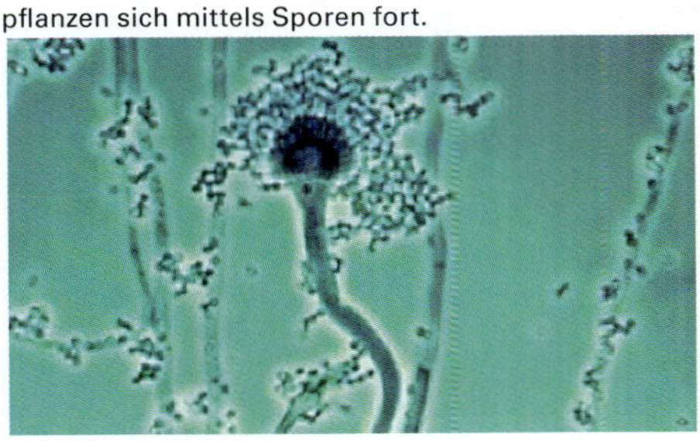

Aspergillus (Gießkannenpilz)
Quelle: Institut für angewandte Mykologie (IAM)

Vermehrung

Wenn eine Schimmelpilzspore auf ideale Wachstumsbedingungen trifft, keimt sie aus. Sie bildet zunächst einzelne **Hyphen** = fädige Pilzzellen, anschließend das **Mycel** = gesamtes Hyphengeflecht.

Erst ab dem Mycelwachstum kann der Schimmelpilz sichtbar sein, in der Wachstumsphase wird kein Fruchtkörper ausgebildet.

In der Vermehrungsphase wachsen die Sporenträger, auf denen sich die eigentlichen **Sporen oder Konidien** = asexuelle Sporenform bilden.

Ein Schimmelpilz kann in wenigen Minuten Millionen von Sporen in die Luft schleudern (21 Millionen Aspergillussporen in einem Kubikcentimeter Luft).

Auch abgetötete Sporen können gesundheitsschädlich sein.

Die häufigsten Schimmelpilze

- Acremonium
- Alternaria
- Aspergillus
- Cladosporium
- Mucor
- Rhizopus
- Penicillium
- Stachybotrys chartarum
- Ulocladium

Bezeichnung der Arten

Aspergillus **sp.**: sp. ist die Abkürzung von Spezies (*Singular*) = „eine (nicht näher bestimmte bzw. bestimmbare) Art der Gattung *Aspergillus*".

Cladosporium **spp.**: (*Plural von sp.*) Abkürzung von Spezies (*Plural*) = die Arten. So bedeutet z.B. *„Cladosporium spp."* „mehrere Arten der Gattung *Cladosporium*".

ssp. subsp.: Abkürzung für Subspezies = Unterart, Rasse.

Regelwerke für die Schimmelpilzsanierung

Biostoffverordnung, Gefahrstoffverordnung, Infektionsschutzgesetz, TRGS 400, 524, 540, 710, TRBA (biologische Arbeitsstoffe) 450, 460, 500

Regelwerke zur Probenahme

VDI 4300-10
(Messen von Inneraumluftverunreinigungen, u. a. Schimmelpilzen in Innenräumen)

Biologische Vorraussetzungen des Schimmelwachstums

Temperatur	Schimmelpilze wachsen bei Temperaturen von 0 °C bis 60 °C , am häufigsten zwischen 20 °C und 25 °C , aber auch in der Arktis und bei – 10 °C und in Kerosintanks mit über 100 °C.
Nahrung	**Zersetzbares organisches Material:** Holz, Spanplatten (Lignin, Zellulose, Wachse); Papier, Pappe, Karton, Gipskarton (eiweiß- und stärkehaltige Substanzen); Tapete, Tapetenkleister (Glucose, Eiweiß- und Ligninanteile); Kunststoffe, Gummi, Silikon, Folien (Weichmacher, Treibmittel, div. Kohlenstoffverbindungen); Teppichböden, Kleber für Fußböden, Farben, Lacke, Leder; auf Beton, Putzen, Natursteinen und sogar Glas mit organischen Ablagerungen (sogenannter Biofilm).
Milieu	pH-Wert: Zwischen 2 und 11; Optimum zwischen 5 und 7. Manche Pilze können den pH-Wert selbst beeinflussen.
Licht	Schimmel wächst auch ohne Licht.
Sauerstoff	Im Vakuum kann Schimmel nicht existieren. Der Bedarf liegt bei ca. 0,25 % Sauerstoff in der Luft.
Zeit	Manchmal reichen wenige Stunden unter optimalen Bedingungen, nach ca. 5 Tagen bei jeweils 12 Stunden ausreichender Feuchte kann Schimmelbefall sichtbar sein.
Feuchtigkeit	70 % relative Luftfeuchtigkeit direkt an der Bauteiloberfläche können ausreichen, optimal für das Schimmelwachstum sind 80 % relative Luftfeuchtigkeit an der Bauteiloberfläche. Mit zunehmender Feuchtigkeit steigt die Wachstumswahrscheinlichkeit.

Schimmelbildung

Häufigste physikalische Ursachen von Schimmelpilzschäden

Wasserschaden/Rohrbruch	Z. B., wenn die Waschmaschine ausläuft; sonstige geringe Wasserschäden
Aufsteigendes Wasser	Wasser steigt, entgegen der Schwerkraft, in Kapillaren (kleinste Hohlräume im Mauerwerk) nach oben (kapillar aufsteigende Feuchtigkeit), verursacht z. B. durch das Fehlen einer horizontalen Sperrschicht.
Wärmebrücken	Auskragende Balkonplatten, anzutreffen in älteren Baukonstruktionen • Rollladenkästen • An seitlichen Fensterleibungen • An Außenecken in der raumseitigen oder Innenecke oder im Anschluss an die Decke (oft zum ungedämmten Dachboden hin)
Konvektionsschäden	Wenn Wärmetransport durch Wärmemitführung (Konvektion) durch Bauteilfugen stattfindet, entstehen konvektive Wärmebrücken. Dadurch erfolgt ein Wärmeverlust am Bauteil innen, die Temperatur an der Wandoberfläche sinkt und Kondenswasser kann sich niederschlagen.
Innenraum-Kondensation	Kondenswasser schlägt an der kalten Innenwand nieder, im Sommer als Sommerkondensation bezeichnet, z. B., wenn schwülwarme Luft tagsüber in den kalten Keller gelüftet wird.
Neubaufeuchte	Der Rohbau ist Wind, Wetter und Regen ausgesetzt. Fenster werden eingebaut, bleiben aber während der Bauphase geschlossen, sodass das eingeschlossene Bauwasser und Regenwasser nicht entweichen können.
Innendämmung	Mit einer Innendämmung wird die Temperatur des Mauerwerks an der Innenseite, hinter der Innendämmschicht, reduziert (die Wärme wird von der Mauer abgehalten), sodass die Feuchtigkeit in der Raumluft durch die Innendämmung diffundiert und in Hohlräumen am kalten Mauerwerk kondensiert. Dieses Tauwasser kann zu Schimmelbildung führen. Die Schäden liegen hinter der Dämmschicht.
Erhöhte Wärmeübergangswiderstände	Durch Einbauten wie Gardinen, Schränke, Bilder etc. verringert sich der konvektive und strahlungsbedingte Wärmeübergang, dadurch erhöhen sich die inneren Wärmeübergangswiderstände, die Voraussetzungen für Schimmelwachstum sind erleichtert. Bei freistehenden Schränken und bei Einbauschränken wird mit einem äquivalenten R_{si}-Wert von $R_{si,\,äq}$ gerechnet. Dieser definiert neben dem R_{si}-Wert für das Bauteil aufsummiert auch den Wärmedurchlasswiderstand des Schrankes. • Freistehende Schränke $R_{si,\,äq} = 0{,}50\ m^2 \cdot K/W$ • Einbauschränke $R_{si,\,äq} = 1{,}0\ m^2 \cdot K/W$

B

Methoden der Probenahme zur Schimmelpilzbestimmung

Luftpartikelsammlung/ Luftkeimsammlung	Wird bei nicht sichtbarem Schimmelbefall oder zur Freimessung nach einer Sanierung angewendet. Die in der Luft befindlichen Partikel werden mittels einer Pumpe angesaugt und treffen auf einen Objektträger bzw. auf ein Nährmedium. Myzelstücke, Bakterien, Pollen, Haare und Staubpartikel können ebenfalls beurteilt werden. Zusätzlich muss immer eine Außenluftprobe genommen werden.
MVOC-Bestimmung	Diese Methode, mit der man die gasförmigen Stoffwechselprodukte (MVOC = microbial volatile organic compounds) der Schimmelpilze und Bakterien bestimmen kann, wird ebenfalls bei nicht sichtbarem Befall eingesetzt. Zur Feststellung, ob Schimmelbefall vorhanden ist, werden Grenzwerte zum Vergleich herangezogen.
Klebefilmabrisspräparat	Mittels eines hochtransparenten Klebestreifens werden Schimmelpilze von der befallenen Oberfläche abgenommen, direkt auf einem Objektträger befestigt und im Labor mikroskopiert.
Abklatschprobe	Der Abklatsch, eine spezielle Petrischale, wird auf die Stelle gedrückt, auf der Schimmel sichtbar ist oder vermutet wird.
Abstrichprobe	Mit einem trockenen, sterilen Wattetupfer wird eine Probe von der befallenen Oberfläche entnommen und auf entsprechende Nährmittelplatten aufgetragen, eventuell direkt auf verschiedene Nährmedien.
Materialprobe	Material, auf dem Schimmel sichtbar ist oder vermutet wird, wird in geeigneter Weise mit einem sterilen Handwerkszeug entfernt, in eine sterile Verpackung gegeben und im Labor präpariert und untersucht.
Hausstaubanalyse	Mittels eines Staubsaugers, der zuvor gereinigt und mit einem neuen Staubsaugerbeutel versehen wurde, werden die zuvor 7 Tage nicht gereinigten Räume abgesaugt, der Beutelinhalt wird im Labor analysiert.

Schallschutz

Unter Schallschutz versteht man nach **DIN 4109** Maßnahmen gegen die Schallentstehung (Primärmaßnahmen) und gegen die Schallübertragung (Sekundärmaßnahmen). Bei den Sekundärmaßnahmen wird in Schalldämmung und Schallabsorption unterschieden.

Schalltechnische Grundbegriffe

vgl. DIN 4109

Schall

Unter Schall versteht man mechanische Schwingungen und Wellen, die sich in festen Körpern, Flüssigkeiten oder Gasen ausbreiten.

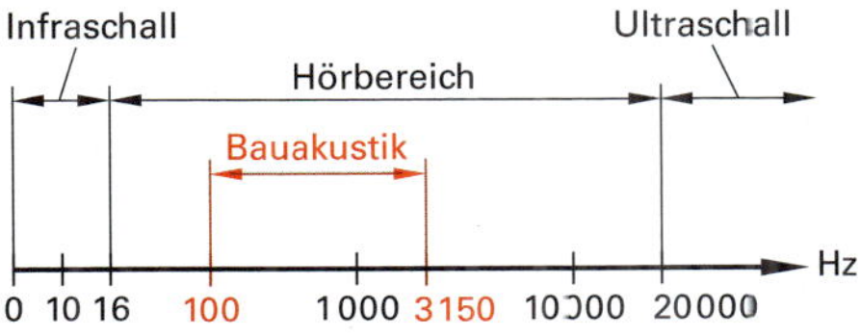

Es werden Längswellen (Longitudinalwellen), Dehnwellen (treten nur in festen Körpern auf, z.B. Platten, Stäben) und Querwellen (Transversalwellen) unterschieden.

Frequenz

Anzahl der Schwingungen in einer Sekunde in Hz (Hertz)

1 Hz = 1 Schwingung/s

Schallausbreitung

Zur Ausbreitung von Schwingungen ist Materie erforderlich (Körperschall).

Aggregatzustand	Materie	Geschwindigkeit
gasförmig	z.B. Luft	340 m/s
flüssig	z.B. Wasser	1400 m/s
fest	z.B. Eisen z.B. Holz z.B. Beton	4800 m/s 4100 m/s 3800 m/s

Luftschalldämmung

Schwere Wände, große flächenbezogene Massen (biegesteife Schalen) dämmen den Luftschall am besten (Berger'sches Massengesetz).

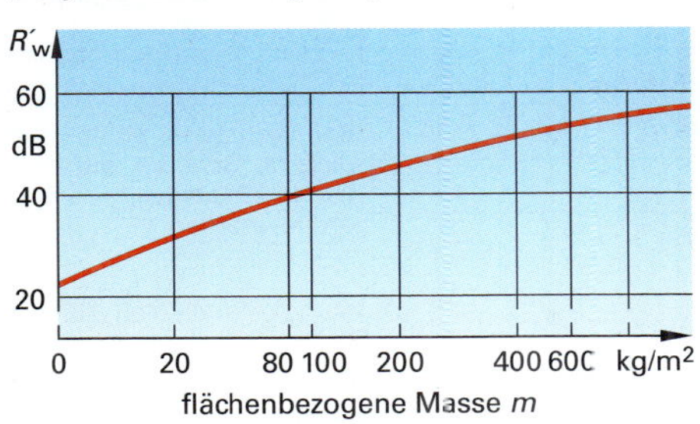

Schallpegel

Der Schallpegel ist ein logarithmisches Maß des gemessenen Schalldrucks p in **Dezibel dB**, bezogen auf einen Ton mit der Frequenz 1000 Hz.

Schallabsorption

oder Schallschluckung tritt beim Reflexionsvorgang einer Schallwelle an einer Wand- oder Deckenoberfläche auf. Dabei wird je nach Oberflächenbeschaffenheit ein Teil der Schallenergie in Wärme umgewandelt. Der Schall wird teilweise in den Raum zurückgeworfen.

Schalldämmung

Beim Auftreffen von Schallwellen auf ein Bauteil wird das Bauteil in Schwingungen versetzt. Schall gelangt gedämpft in den Nebenraum.

Schalldämm-Maß R

Messung am Bauteil auf dem Prüfstand, ohne Nebenwege.

Schalldämm-Maß R'

Messung von Bauteilen mit flankierenden Bauteilen wie Wänden und Decken.

Bewertetes Schalldämm-Maß R_w bzw. R'_w

Kennzeichnung der schalldämmenden Eigenschaften eines trennenden Bauteils bzw. die Schalldämmung zwischen Räumen durch einen einzigen Zahlenwert (S. 301)

Resultierendes Schalldämm-Maß $R'_{w,res}$

beschreibt die Schallübertragung von Bauteilen, die aus mehreren Einzelbauteilen bestehen.

Luftschall

ist der sich in Luft ausbreitende Schall. Schallbezeichnungen: Ton, Klang, Geräusch.

Luftschall

Trittschall

ist der Schall, der beim Begehen oder ähnlicher Anregung als Körperschall entsteht und teilweise als Luftschall abgestrahlt wird.

Körperschall/Trittschall

B

Schalldämmung

Schalldämmung bei Fenstern, Fenstertüren und Verglasungen

- Außenfenster haben die wichtige Aufgabe, die Übertragung des Außenlärms wie Verkehrslärm, Fluglärm oder Gewerbelärm von der Straße in die Wohnung zu verhindern.
- Alle schallschutztechnisch wirksamen Konstruktionen sind möglichst dicht auszuführen, da selbst bei geringfügigen Undichtigkeiten sich das Schalldämm-Maß eines Bauteils merklich verringert. Bei schalldämmenden Fenstern sind deshalb sämtliche Fälze mit Gummi- oder Kunststoffprofilen abzudichten und in den Gehrungen zu verkleben oder zu verschweißen.
- Starre Verbindungen zwischen verschiedenen Bauteilen oder zwischen Schalen mehrschichtiger Konstruktionen bewirken eine erhöhte Körperschallübertragung.
- Wandanschlüsse zwischen Blendrahmen und Mauerwerk ermöglichen einen direkten Schalldurchgang und setzen so den Schalldämmwert des Fensters herab. Deshalb sind diese Hohlräume mit Mineralwolle gut auszustopfen und zusätzlich mit elastischer Versiegelungsmasse zu schließen.

Schalldämm-Maße von Einfachscheiben in dB

Glasdicke in mm	3,0	4,0	6,0	> 8,0	10,0	12,0	15,0
Schalldämm-Maß R_w	28	27	33	≥ 32	35	36	37

Die Schallübertragung wird durch ein hohes Scheibengewicht reduziert. Ungleich dicke Einzelscheiben, ein großer Scheibenzwischenraum und/oder eine Füllung mit Schwergas wirken schalldämmend.

Schalldämm-Maße R_w für Doppelscheibenverglasungen — vgl. DIN 52210 und VDI 2719

Konstruktionsart	Scheibendicke in mm d_1	Scheibendicke in mm d_2	Scheibenzwischenraum in mm	Schalldämm-Maß R_w in dB Luftfüllung/Argonfüllung
Doppelscheiben-Isolierglas (luftdicht abgeschlossener Hohlraum)	4	4	≥ 12	31
	4	4	≥ 16	32
	6	4	≥ 12	32
	8	6	≥ 16	35
	10	4	≥ 20	37
Verbundfenster (mit Falzdichtung)	4	4	≥ 30	32
	4	4	≥ 40	35
	6	6/12/4	≥ 40	37
	8	6/12/4	≥ 50	40
Kastenfenster mit Falzdichtung und Randdämpfung	4	4/12/4	≥ 100	37
	6	4/12/4	≥ 100	40
	8	4/12/4	≥ 100	42
	8	6/12/4	≥ 100	45

Werte aus DIN 4109, Beiblatt 1, und DIN EN 12758 (2011-04)

Konstruktionsart mit umlaufender Dichtung

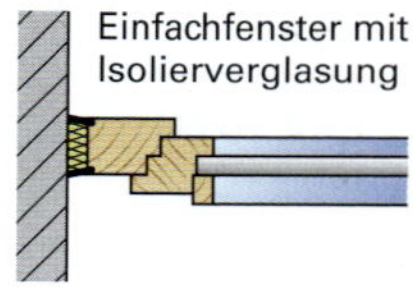
Einfachfenster mit Isolierverglasung

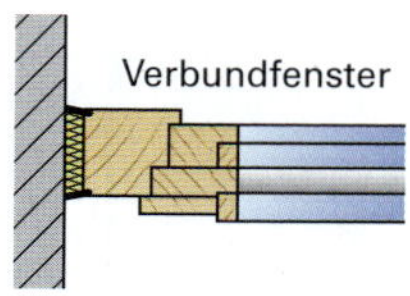
Verbundfenster

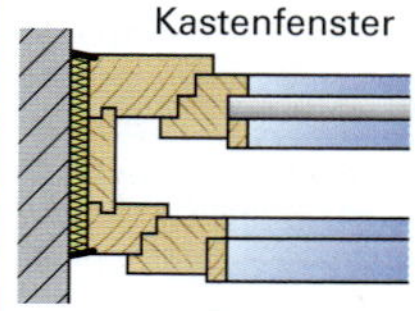
Kastenfenster

Additive Korrekturwerte für vorgegebene Rahmenwerte $R_{w,Rahmen}$

$R_{w,Glas}$	40	42	44	46	48	50
$R_{w,Rahmen}$ mit 46 dB	– 1,0	– 1,5	– 2,1	– 3,0	– 4,1	– 5,5
$R_{w,Rahmen}$ mit 49 dB	– 0,5	– 0,8	– 1,2	– 1,8	– 2,5	– 3,5

Bei Fenstern sollte die dickere Scheibe auf der lauten Bauteilseite angeordnet werden.

Bewertetes Schalldämm-Maß $R'_{w,res}$ von biegesteifen Decken und Wänden

Einschalige Wände und Decken sind schalltechnisch **biegesteife Schalen**, wenn ihre Grenzfrequenz $f_g \leq 2000$ Hz beträgt (das entspricht ungefähr einer flächenbezogenen Masse $m' \geq 85$ kg/m²). Bauteile mit $f_g > 2000$ Hz sind **biegeweiche Schalen** ($m' < 85$ kg/m²).

m' in kg/m²	85	150	175	210	250	295	350	410	490	580	680
$R'_{w,res}$ in dB	34	41	43	45	47	49	51	53	55	57	59

Schalldämmung

Schalldämmung bei einschaligen und zweischaligen Bauteilen

Vergleich einschalige/zweischalige Wand

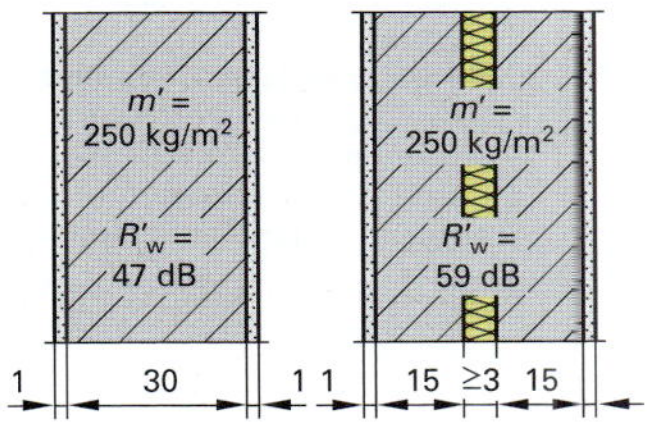

Vergleich Trennwand mit/ohne Hohlraumdämmung

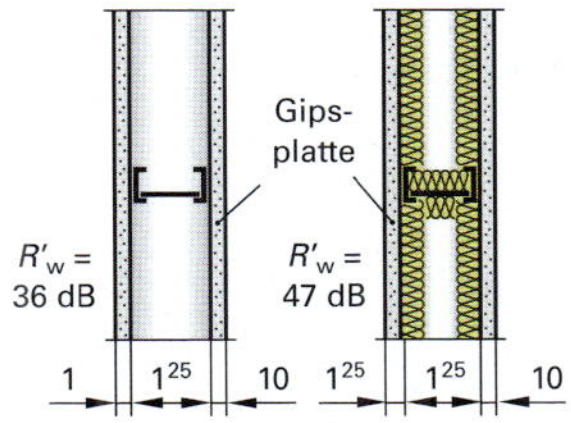

Haustrennwand mit gemeinsamer Bodenplatte

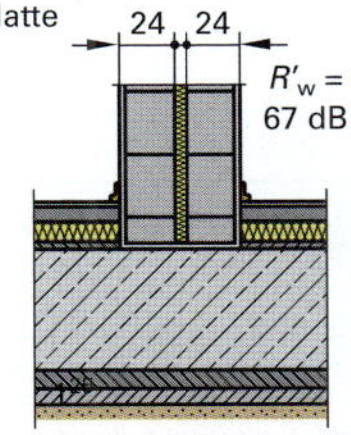

Schalldämm-Maße R'_w für Haustrennwände

Wandaufbau	RDK	Masse kg/m²	inkl. $\Delta R_{w,TR}$ = + 12 dB ab zweitem Geschoss	R'_w	inkl. $\Delta R_{w,TR}$ = + 9 dB unterstes Geschoss mit getrennten Fundamenten	R'_w
2 x 11,5 cm	1,8	≥ 410	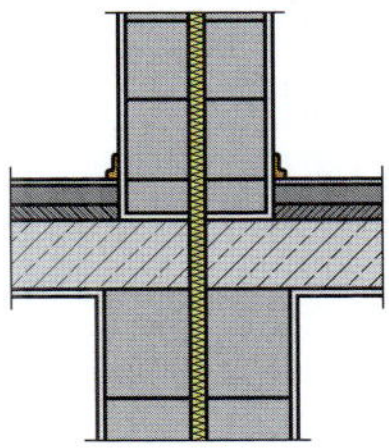	65	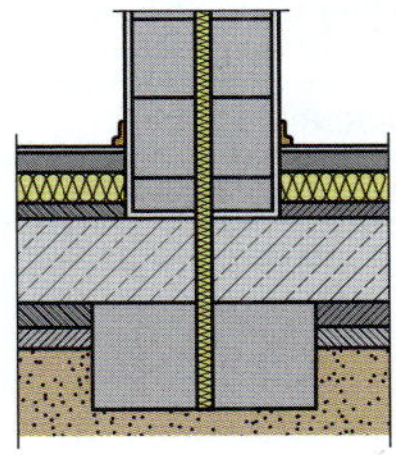	62
2 x 11,5 cm	2,0	≥ 450		66		63
2 x 15 cm	1,8	≥ 490		67		64
2 x 15 cm	2,0	≥ 530		68		65
2 x 17,5 cm	1,8	≥ 580		69		66
2 x 17,5 cm	2,0	≥ 630		70		67
2 x 20 cm	1,8	≥ 680		71		68
2 x 20 cm	2,0	≥ 740		72		69
2 x 24 cm	1,8	≥ 810		73		70

RDK Rohdichteklasse, Putz 2 x 10 mm, Trennfuge > 30 mm

Vergleich verschiedener Deckenaufbauten (nach Gösele)

ⓐ Einschalige Trenndecken

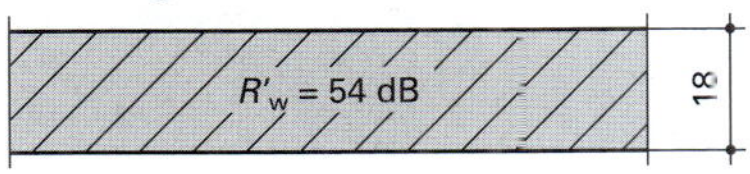

m'_D = 0,18 m · 2500 kg/m³ ≙ 450 kg/m²

ⓑ Trenndecken mit schwimmendem Estrich

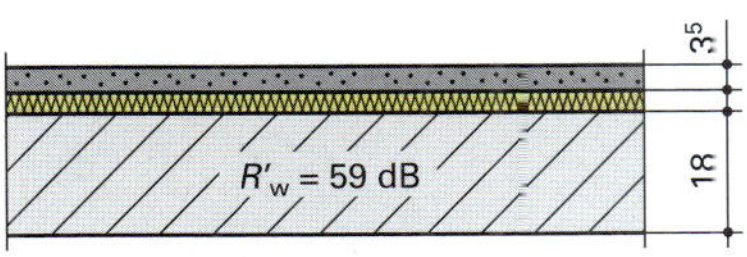

m'_D = 0,18 m · 2500 kg/m³ ≙ 450 kg/m²
m'_E = 0,035m · 2200 kg/m³ ≙ 75 kg/m²
525 kg/m²

ⓒ Trenndecke mit schwimmendem Estrich und biegeweicher Vorsatzschale

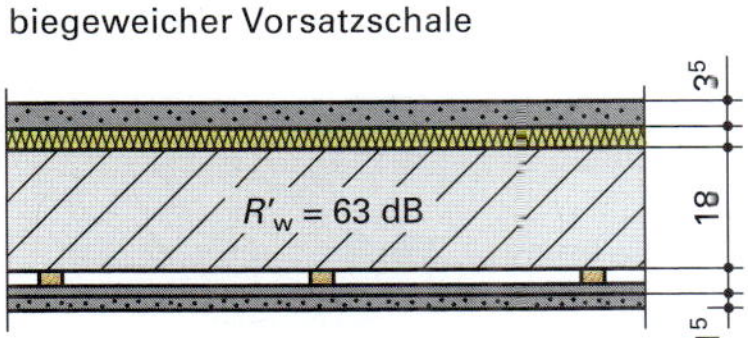

540 kg/m²

Bewertetes Schalldämm-Maß R'_w in Abhängigkeit von der flächenbezogenen Masse m'

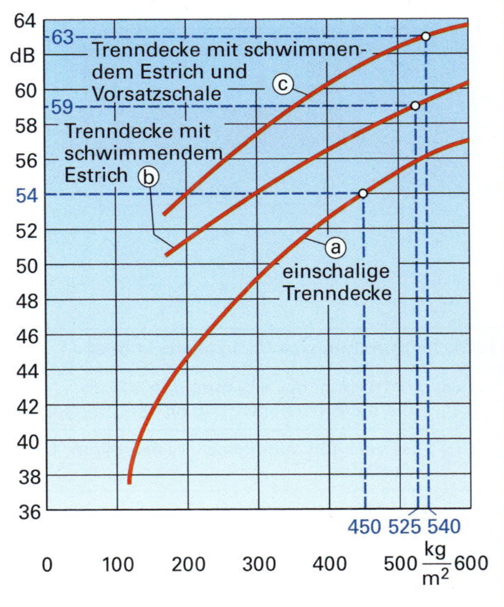

B

Schalldämmung

Kennzeichnende Größen für die Luft- und Trittschalldämmung

	Wände	Decken	Treppen	Türen	Fenster
Berücksichtigte Schallübertragung	über die trennenden und die flankierenden Bauteile sowie ggf. über Nebenwege			nur über die Türen bzw. über die Fenster	
Luftschalldämmung	erf. R'_w	erf. R'_w	–	erf. R'_w	erf. R'_w
Trittschalldämmung **TSM = 63 dB –** $\boldsymbol{L'_{n,w}}$	–	erf. $L'_{n,w}$ (erf. TSM)	erf. $L'_{n,w}$ (erf. TSM)	–	–

Norm-Trittschallpegel $\boldsymbol{L_n}$ bzw. $\boldsymbol{L'_n}$ (Messung auf dem Prüfstand ohne Flankenübertragung)
Bewerteter Norm-Trittschallpegel $\boldsymbol{L_{n,w}}$ bzw. $\boldsymbol{L'_{n,w}}$ Kennzeichnung der Trittschalldämmung einer Decke durch einen einzigen Zahlenwert

Grenzwerte für die Luftschalldämmung R'_w und die Trittschalldämmung $L'_{n,w}$ zum Schutz, gegen Schallübertragung aus einem **fremden** Wohn- oder Arbeitsbereich (nach DIN 4109)

Wohn- und Arbeitsbereich Mindestanforderung in dB	Decken		Treppen		Wände		Türen	
	R'_w	$L'_{n,w}$	R'_w	$L'_{n,w}$	R'_w	$L'_{n,w}$	R'_w	$L'_{n,w}$
Geschosshäuser mit Wohnungen und Arbeitsräumen (mehrere Spezifikationen)	52 … 55	46 … 53	–	58	52 … 55	–	27 … 37	–
Einfamilien-Doppelhäuser Einfamilien-Reihenhäuser	–	48 … 53	–	53	57	–	–	–
Beherbergungsstätten	54 … 55	46 … 53	–	58	47	–	32	–
Krankenanstalten, Sanatorien	54 … 55	46 … 53	–	58	37 … 47	–	32 … 37	–
Schulen und vergleichbare Bereiche	55	46 … 53	–	–	47 … 55	–	32	–

Bewertetes Schalldämm-Maß $\boldsymbol{R'_{w,res}}$

von flachen Dächern

☐ ← Angabe in dB

R'_w bzw. $R'_{w,res}$ ist das bewertete Schalldämm-Maß für die Luftschalldämmung.
Je höher der Wert, umso besser die Luftschalldämmung.

B

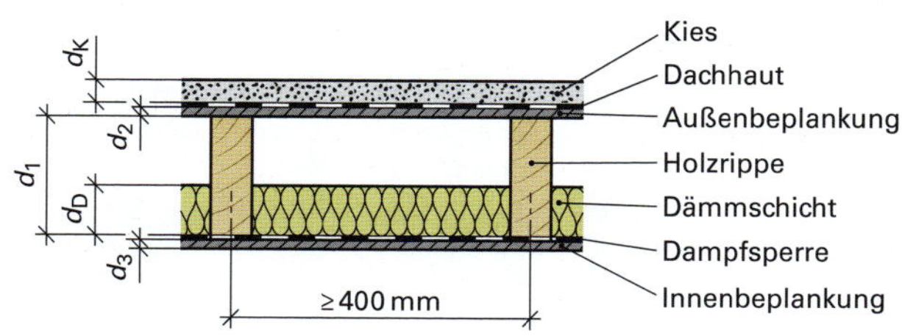

Luftschalldämmungvon Dachkonstruktionen

30	d_1 > 160 mm, $d_{2,3} \geq$ 12 mm; $d_D \geq$ 40 mm ohne/mit Zwischenlattung an der Unterseite
35	zusätzlich mit mineralischer Faserdämm-Matte oder -Platte; $d_D \geq$ 60 mm
40	wie vor, mit Kiesauflage $d_K \geq$ 30 mm
45	wie vor, Achsabstand der Rippen ≥ 600 mm und mechanische Verbindungsmittel zwischen Rippen und Beplankung
50	wie vor, zusätzlich zweite Innenbeplankung aus Spanplatten, Gipsplatten, Bretterschalung, $m' \geq 8$ kg/m²

von geneigten Dächern

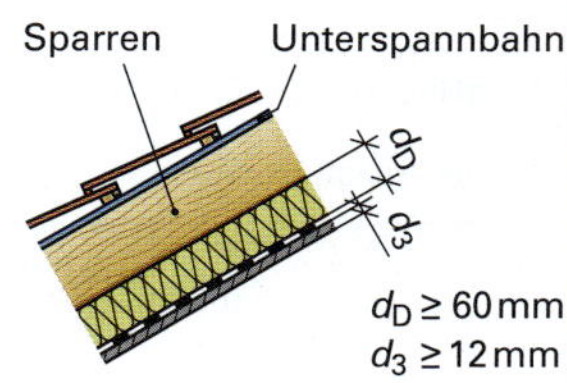

35

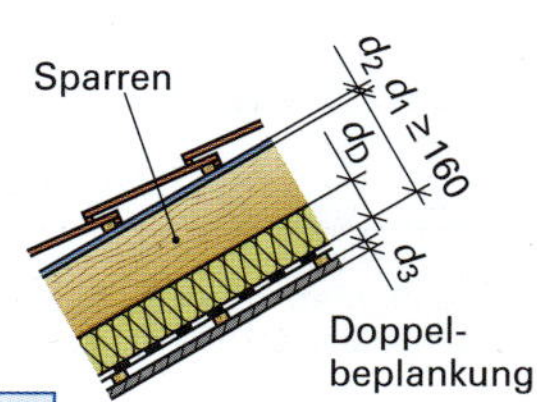

40

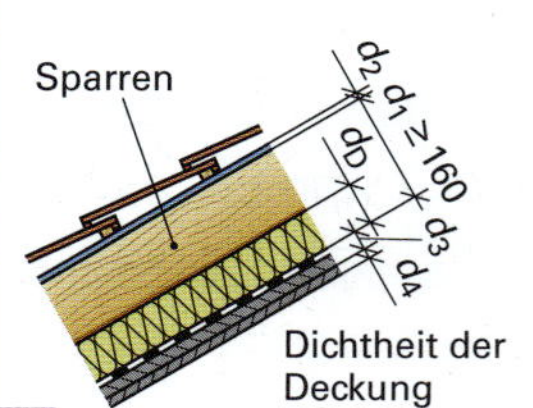

45

Schalldämmung

Vergleich verschiedener Wandaufbauten

DIN 4109

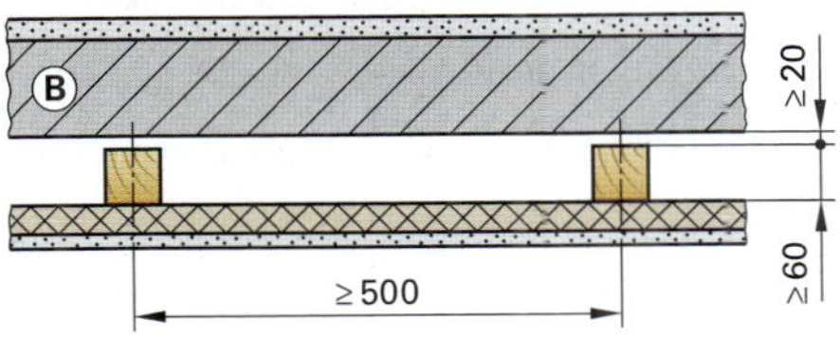

Vorsatzschale aus Holzwolle-Leichtbauplatten, Dicke ≥ 25 mm, verputzt, Holzstiele mit Abstand ≥ 20 mm vor schwerer Schale freistehend

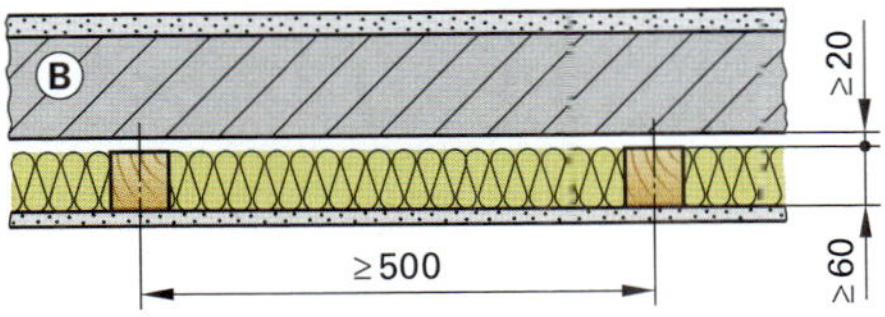

Vorsatzschale aus Gips(karton)platten, Dicke 12,5 mm oder 15 mm, oder aus Spanplatten, Dicke 10 mm bis 16 mm, Holzstiele mit Abstand ≥ 20 mm vor schwerer Schale freistehend mit Hohlraumfüllung zwischen den Holzstielen

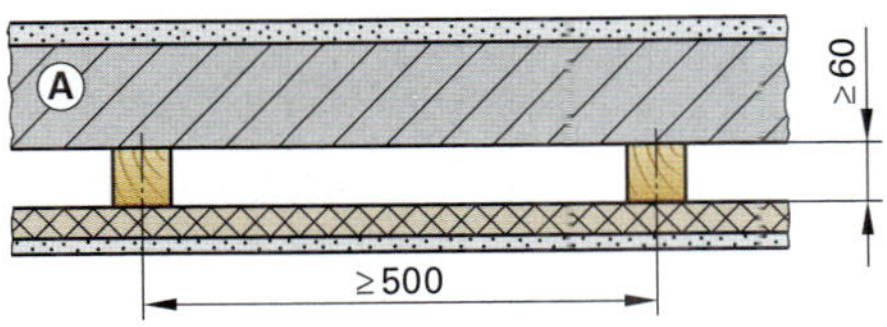

Vorsatzschale aus Holzwolle-Leichtbauplatten, Dicke ≥ 25 mm, verputzt, Holzstiele an schwerer Schale befestigt

Bewertetes Schalldämm-Maß $R'_{w,res}$ von einschaligen, biegesteifen Wänden mit einer biegeweichen Vorsatzschale

Flächenbezogene Masse der Massivwand in kg/m2		$R'_{w,res}$ in dB
Tabelle gilt für flankierende Bauteile mit einer Masse von etwa 300 kg/m². Der Korrekturwert *K* beträgt ± 1dB je 50 kg Masse des flankierenden Bauteils.	100	(36) 49
	150	(41) 49
	200	(44) 50
	250	(47) 52
	275	(48) 53
	300	(49) 54
	350	(51) 55
() ohne flankierendes Bauteil/ ohne Vorsatzschale	400	(52) 56
	450	(54) 57
	500	(55) 58

Für die Wandaufbauten nach Bild Ⓑ gilt die Tabelle bezogen auf die flächenbezogene Masse der Massivwand.

Für die Wandaufbauten nach Bild Ⓐ (bei fester Verbindung) sind die Werte um 1 dB abzumindern.

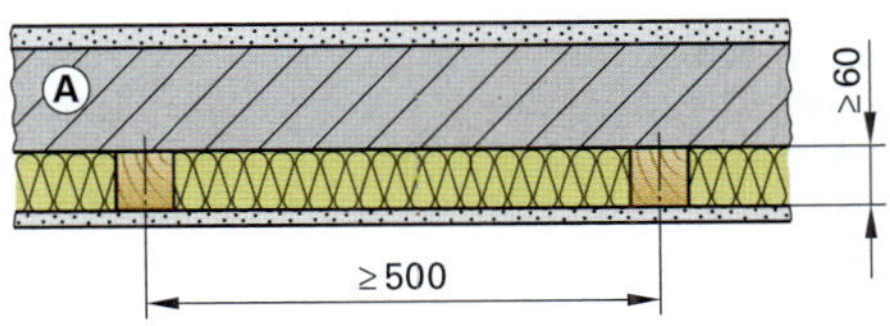

Vorsatzschale aus Gips(karton)platten, Dicke 12,5 mm oder 15 mm, oder aus Spanplatten, Dicke 10 mm bis 16 mm, mit Hohlraumausfüllung, Holzstiele an schwerer Schale befestigt

Bewertetes Schalldämm-Maß $R'_{w\ res}$ von zweischaligen Wänden aus zwei biegeweichen Schalen aus Gips(karton)platten oder Spanplatten (Maße in mm)

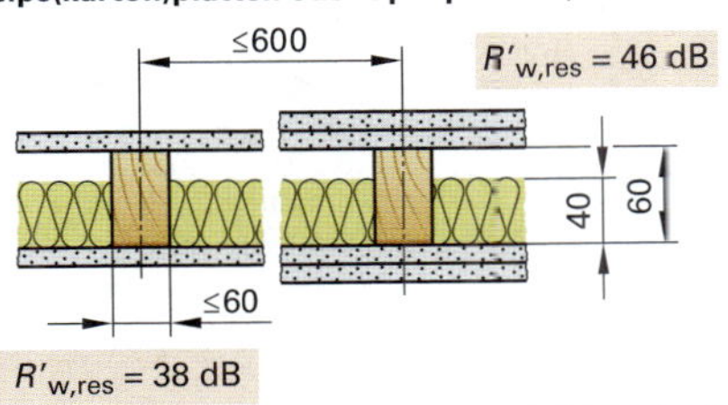

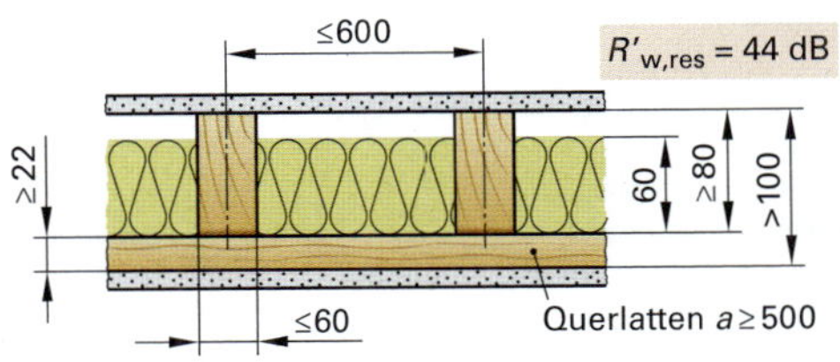

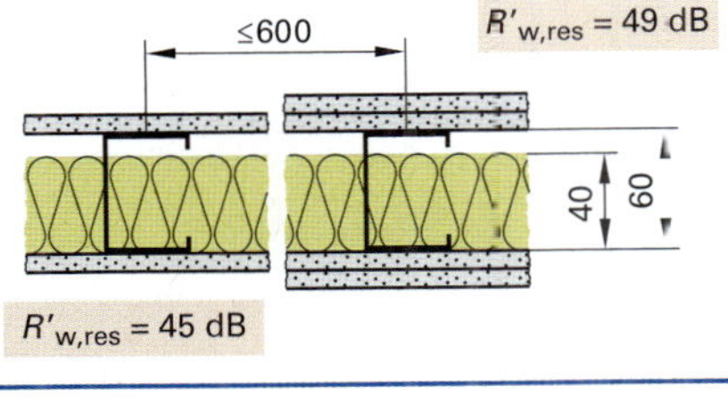

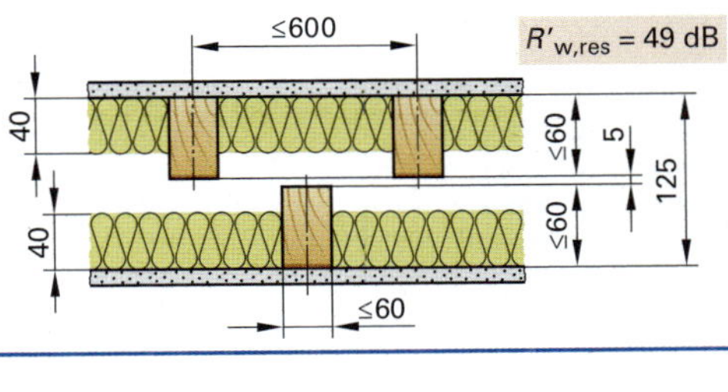

Brandschutz

Gebäudeklassen

Der Brandschutznachweis ist im Rahmen der bauordnungsrechtlichen Genehmigungsfähigkeit unter Bezug auf § 66 (1) MBO nach landesrechtlichen Vorschriften zu führen. Die landesspezifische Prüfung wird als Gesamtbewertung durch die Prüfinstanzen (Bauaufsichtsamt, Prüfingenieur, Prüfsachverständiger, Brandschutzdienststelle) vollzogen.
Um die brandschutztechnischen Mindestanforderungen (Schutzziele) für ein Gebäude und seine Nutzung festzulegen, erfolgt die Bewertung in fünf Gebäudeklassen (GKL) und ausgewiesenen Sonderbauten.

GKL 1	freistehendes Gebäude, ≤ 7 m Höhe, ≤ 2 Nutzungseinheiten, ≤ 400 m^2, oder freistehende landwirtschaftlich oder forstwirtschaftliche Gebäude
GKL 2	Gebäude mit direktem Nachbargebäude (Reihenhaus), ≤ 7 m Höhe, ≤ 2 Nutzungseinheiten, ≤ 400 m^2
GKL 3	sonstige Gebäude bis 7 m Höhe
GKL 4	Gebäude bis 13 m Höhe, mehrere Nutzungseinheiten mit bis zu 400 m^2
GKL 5	sonstige Gebäude, einschließlich unterirdische Gebäude

Die **GKL 4** mit Anforderungen **F 60 hochfeuerhemmend** hat für den Holzbau große Bedeutung. Die Holzbauteile müssen allseitig eine brandschutztechnisch wirksame Bekleidung aus nicht brennbaren Baustoffen besitzen. Gipsbauplatten F (DF) eignen sich für solche Bekleidung.

Bauteilanforderungen für GKL 1 und GKL 2

Bauteil	Anforderung in GKL 1	Anforderungen in GKL 2
tragende Wände, Stützen a) Kellergeschoss b) Obergeschoss c) Balkone d) Dachgeschoss	a) feuerhemmend F 30-B b) ohne Anforderung c) ohne Anforderung d) –	a) feuerhemmend F 30-B b) feuerhemmend F 30-B c) ohne Anforderung d) feuerhemmend F 30-B
Außenwände (AW) a) nicht tragende AW b) AW mit Hinterlüftung	a) ohne Anforderung b) Vorkehrung gegen Brandausbreitung	a) ohne Anforderung b) Vorkehrung gegen Brandausbreitung
Trennwände (TW) a) in Wohngebäuden b) zwischen Nutzereinheiten c) gegen Explosionsgefahr und bei erhöhter Brandgefahr d) Öffnungen in TW	a) ohne Anforderung b) wie tragende Wände c) feuerbeständig F 90-AB bis zur Rohdecke d) feuerhemmend F 30	a) ohne Anforderung b) wie tragende Wände c) feuerbeständig F 90-AB bis zur Rohdecke d) feuerhemmend F 30
Brandwände	hochfeuerhemmend F 60-A und nicht brennbar, bis unter die Dachhaut führen, Hohlräume vollständig ausfüllen	
Decken a) Kellergeschoss b) Obergeschoss c) gegen Explosionsgefahr und bei erhöhter Brandgefahr d) Dach nicht ausgebaut e) Dächer	a) feuerhemmend F 30-B b) ohne Anforderung c) außer in Wohngebäuden feuerbeständig F 90-AB d) ohne Anforderung e) harte Bedachung	a) feuerhemmend F 30-B b) feuerhemmend F 30-B c) außer in Wohngebäuden feuerbeständig F 90-AB d) bei Aufenthalt F 30-B e) harte Bedachung
Rettungswege a) notwendige Treppen b) notwendige Treppenräume c) notwendige Flure Wände in Wohngebäuden d) Wände im Kellergeschoss	a) ohne Anforderung b) nicht erforderlich c) ohne Anforderung d) feuerhemmend F 30-B, wenn Wohnung ≥ 200 m^2	Bei feuerbeständigen Bauteilen dürfen für tragende und aussteifende Bauteile nur nicht brennbare Baustoffe A1 und A2 nach DIN 4102-1 verbaut werden.

B

Brandschutz

Hauptklassen A bis F und Unterklassen (Auszug DIN EN 13 501)

EURO-Klassen für Baustoffe nach DIN EN 13501-1

EURO-Hauptklassen	EURO-Unterklassen		
A1	A1		
A2	A2 – s1, d0		
A2	A2 – s2, d0 A2 – s3, d0	A2 – s1, d1 A2 – s2, d1 A2 – s3, d1	A2 – s1, d2 A2 – s2, d2 A2 – s3, d2
B	B – s1, d0 B – s2, d0 B – s3, d0	B – s1, d1 B – s2, d1 B – s3, d1	B – s1, d2 B – s2, d2 B – s3, d2
C	C – s1, d0 C – s2, d0 C – s3, d0	C – s1, d1 C – s2, d1 C – s3, d1	C – s1, d2 C – s2, d2 C – s3, d2
D	D – s1, d0 D – s2, d0 D – s3, d0	D – s1, d1 D – s2, d1 D – s3, d1	D – s1, d2 D – s2, d2 D – s3, d2
E	E – d2		
F	(F), keine Leistung festgestellt		

Baustoffklassen nach DIN 4102-1

	Baustoffklasse	Bauaufsichtliche Benennung	Beispiele
A = Nicht brennbare Baustoffe	A1	ohne brennbare Bestandteile	Gips, Kalk, Zement, Steine, Beton, Glas, Faserbetonplatten
	A1	mit brennbaren Bestandteilen (< 1 %)	bestimmte Mineralfaser-Feuerschutzplatten, Fiber-Silikat-Platten
	A2	mit brennbaren Bestandteilen	Gipsplatten, Mineralfasererzeugnisse
B = Brennbare Baustoffe	B1	schwer entflammbare Baustoffe	Gipsplatten mit gelochter Oberfläche, Holzwolle-Leichtbauplatten, schwer entflammbare Spanplatten, bestimmte Kunststoff-Hartschaumplatten, bestimmte PVC-Erzeugnisse, Eichenparkett, Gussasphaltestriche
	B2	normal entflammbare Baustoffe	Holz und Holzwerkstoffe, $\varrho > 400$ kg/m³ und über 2 mm Dicke, genormte Dachpappen und PVC-Bodenbeläge
	B3	leicht entflammbare Baustoffe	Papier, Holzwolle, Holz bis 2 mm Dicke

Baustoffklassen, Rauchverhalten s (smoke), Abtropfverhalten d (droplets)

Klasse	SMOGRA	TSP_{600s} (m²/600 s)
s1	$\leq$ 30 m²/s²	$\leq$ 50 m² Rauchmenge
s2	$\leq$ 180 m²/s²	$\leq$ 200 m² Rauchmenge
s3	Bauprodukt, ohne geprüfte Rauchentwicklung, wenn s1 und s2 nicht erfüllt	

Klasse	Merkmale
d1	kein Abtropfen in 600 s
d2	Abtropfen $\leq$ 10 s in 600 s
d3	keine Beschränkung, wenn d1 oder d2 nicht erfüllt

B

Feuerwiderstandsklassen von Bauteilen nach DIN 4102-2 (Auszug)

Feuerwiderstandsklassen für: Wände, Decken, Stützen, Unterzüge, Treppen	Nicht tragende Außenwände, Brüstungen	Feuerschutzabschlüsse, Türen, Tore, Klappen	Bauaufsichtliche Benennungen nach der Landesbauordnung
F 30	W 30	T 30	feuerhemmend
F 60	W 60	T 60	hoch feuerhemmend
F 90	W 90	T 90	feuerbeständig
F 120	W 120	T 120	–
F 180	W 180	T 180	–

Bauteile nach DIN EN 13501-2

Feuerwiderstandsdauer in Minuten: $\geq$ 15; $\geq$ 20; $\geq$ 30, $\geq$ 45, $\geq$ 60, $\geq$ 90, $\geq$ 120, $\geq$ 240, $\geq$ 360

Kriterien für Euro-Feuerwiderstandsklassen: R, I, S, M, E, W, K und C[1)]

z. B. REI-M 180

[1)] R Erhalt der Tragfähigkeit, I Oberflächen-Grenztemperatur, S Rauchdurchtritt, M Erhöhte mechanische Festigkeit, E Raumabschluss, W Wärmestrahlungsdurchtritt, C Selbstschließend, K Brandschutzfunktion

Die deutsche Brandschutznorm DIN 4102 mit dem bisherigen deutschen Klassifizierungssystem ist dem europäischen Klassifizierungssystem DIN EN 13501-1 (Brandverhalten) bzw. DIN EN 13501-2 (Feuerwiderstand) noch anzupassen. Die Anpassung erfolgt mit einer entsprechenden Ergänzung in der nächsten Bauregelliste. In der Übergangszeit kann wahlweise mit der deutschen Norm oder der europäischen Norm gearbeitet werden. In den Anlagen 0.1 und 0.2 zur Bauregelliste A Teil 1 ist die Zuordnung der bauaufsichtlichen Benennungen zu den jeweiligen Klassen und Leistungsstufen aufgeführt. Die Zuordnung in den Konstruktionsnormen nach EC ist so gewählt, dass bei Anwendung des europäischen Klassifizierungssystems die deutschen Sicherheitsniveaus mindestens erfüllt werden.

Brandschutz

Brandverhalten klassifizierter Betonbauteile (Auszug DIN 4102-4)

Konstruktionsmerkmale	Feuerwiderstandsklasse-Benennung				
	F 30-A	F 60-A	F 90-A	F 120-A	F 180-A
Mindestdicke *d* in mm unbekleideter Platten unabhängig von der Anordnung eines Estrichs bei statisch bestimmter Lagerung statisch unbestimmter Lagerung	60[1,2] 80[1,2]	80[2] 80[1,2]	100 100	120 120	150 150
Mindestdicke *d* in mm punktförmig gestützter Platten unabhängig von der Anordnung eines Estrichs bei Decken mit Stützenkopfverstärkung Decken ohne Stützenkopfverstärkung	150 150	150 200	150 200	150 200	150 200
Mindestdicke *d* in mm unbekleideter Platten mit nicht brennbarem Estrich oder Asphaltestrich	50	50	50	60	75
Mindestdicke *D* in mm = *d* + *Estrichdicke* bei statisch bestimmter Lagerung statisch unbestimmter Lagerung	60[1,2] 80[1,2]	80[2] 80[1,2]	100 100	120 120	150 150
Mindestdicke *d* in mm unbekleideter Platten mit schwimmendem Estrich bei einer Dämmschicht *t* statisch bestimmter Lagerung statisch unbestimmter Lagerung	60[1,2] 80[1,2]	60[1,2] 80[1,2]	60[1,2] 80[1,2]	60[1,2] 80[1,2]	80[2,1] 80[1,2]
Mindestestrichdicke d_1 in mm bei Estrichen aus nicht brennbaren Baustoffen oder Asphalt (F ... AB)	25-AB	25-AB	25-AB	30-AB	40-AB
Holzwolle-Leichtbauplatten auch ohne Putz bei einer Dicke der Holzwolle-Leichtbauplatten ≥ 25 mm Dicke der Holzwolle-Leichtbauplatten ≥ 50 mm	50 50	50 50	– 50	– 50	– 50

1) Bei Betonfeuchtigkeitsgehalten > 4 Gew.% sowie bei sehr dichter Bewehrungsanordnung (Stababstände < 100 mm) sind die Mindestdicken *d* sowie die Mindestdicken *D* um 20 mm zu vergrößern.

2) Bei Platten mit mehrseitiger Brandbeanspruchung – z. B. bei auskragenden Platten – müssen die Mindestdicken *d* sowie die Mindestdicken *D* jeweils ≥ 100 mm sein.

B

Brandverhalten nicht tragener raumabschließender Wände aus Mauerwerk (Auszug DIN EN 1996-1-2)

Konstruktionsmerkmale	Feuerwiderstandsklasse-Benennung				
	F 30-A	F 60-A	F 90-A	F 120-A	F 180-A
Mindestdicke *t* in mm **tragender Wände** aus Kalksandsteinen nach DIN V 106-1/-2	70 (50)	115 (70)	115 (100)	115 (115)	175 (140)
Hohlbauplatten nach DIN 18148 Hohlblöcke, Vollsteine, Mauersteine aus Leichtbeton	50 (50)	70 (50)	95 (70)	115 (95)	140 (115)
Mauerziegel nach DIN V 105-5 LLZ, LLZ-Ziegelplatten	115 (70)	115 (70)	140 (115)	175 (140)	190 (175)
Mauerziegel nach DIN V 105-1/-2 Vollziegel, HLZ, Wärmedämmziegel	115 (70)	115 (70)	115 (100)	140 (115)	175 (140)
Porenbetonsteine nach DIN V 4165-100 Plansteine und Planelemente	75 (59)	75 (75)	100 (75)	115 (75)	150 (115)

Klammerwerte gelten für Wände mit beidseitigem Putz nach DIN 18550 mit Wärmedämmputzsystemen nach DIN 18550-3 oder Leichtputz nach DIN 18550-4.

Brandschutz

Brandverhalten klassifizierter Stahlbauteile (Auszug DIN 4102-4)

Konstruktionsmerkmale Abmessungen in mm	**Profilverhältnis** ***U/A*** in m^{-1}	Feuerwiderstandsklasse F 30-A	F 60-A	F 90-A	F 30-A	F 60-A	F 90-A
		Mörtelgruppe P II oder P IVc			Mörtelgruppe P IVa oder P IVb		
Putzdicke *d* über Putzträger aus Rippenstreckmetall, Streckmetall oder Drahtgewebe bei Stahlträgern		Stahlträger			Stahlträger		
	< 90	5	15	–	5	5	15
	90 bis 119	5	15	–	5	5	15
	120 bis 179	5	15	–	5	15	15
	180 bis 300	5	15	–	5	15	25
Putzdicke *d* über Putzträgern aus Rippenstreckmetall, Streckmetall oder Drahtgewebe bei Stahlstützen		Stahlstützen			Stahlstützen		
	< 90	15	25	45	10	10	35
	90 bis 119	15	25	45	10	20	35
	120 bis 179	15	25	45	10	20	45
	180 bis 300	15	25	55	10	20	45
Wandbauplatten Dicke *d* aus Gips nach DIN 18163	–	60	60	60	evtl. mit Spezial-Brandschutzputz oder Vermiculite-Spritzputz mit Rohdichten bis 850 kg/m³		
Gips-Bauplatten (GKF) Dicke *d* als Bekleidung von Stahlträgern		Stahlträger					
	≤ 300	12,5	12,5 + 9,5	2 x 15,0	für F 30-A einschalig		
Gips-Bauplatten (GKF) als Bekleidung von Stahlstützen		Stahlstützen					
	≤ 300	12,5	12,5 + 9,5	3 x 15,0	für F 60-A und F 90-A mehrschalig		

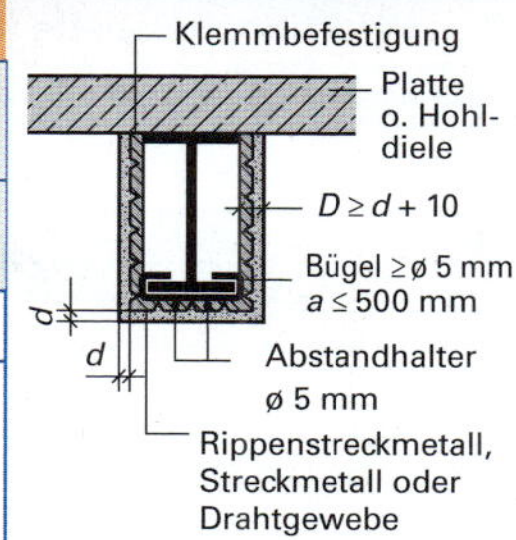

verputzter Stahlträger

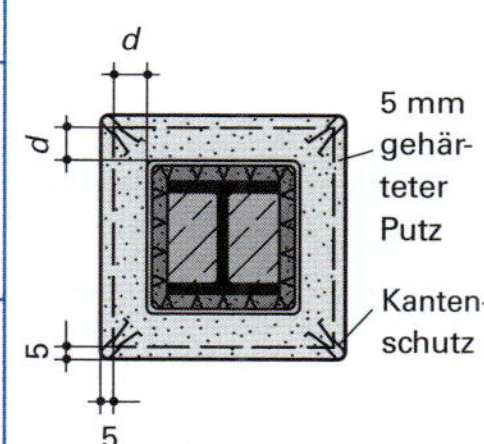

verputzte Stahlstütze

ein- oder mehrlagige Feuerschutzplatten

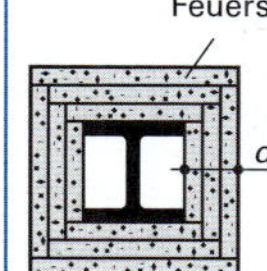

Beispiel
F 90 –AB
mit
$d = 3 \times 15$ mm

bekleidete Stahlstütze
Feuerschutzummantelung mit Stoßüberlappung

Brandverhalten von unbekleideten Holzbalken und Holzstützen für F 30-B (Auszug DIN 4102-4)

	Biegung $\frac{\sigma_B}{zul\ \sigma^*_B}$ **Druck** $\frac{\sigma_{D\|\|}}{zul\ \sigma_k}$	Mindestbreite *b* in mm bei einem Seitenverhältnis *h/b* 1,0 und einem **Abstützungsabstand** *s* bzw. einer **Knicklänge** s_k in m: 2,0	3,0	4,0	5,0	6,0	2,0: 2,0	3,0	4,0	5,0	6,0
Vollholzbalken											
3-seitig	0,2	80	80	80	80	80	80	80	80	80	83
	1,0	114	114	114	114	114	96	103	109	114	120
4-seitig	0,2	86	86	86	86	87	80	80	80	82	84
	1,0	160	160	160	160	160	113	113	118	123	128
Brettschichtholzbalken											
3-seitig	0,2	80	80	80	80	83	80	80	80	80	83
	1,0	100	100	100	100	100	84	90	95	100	105
4-seitig	0,2	80	80	80	80	83	80	80	80	80	83
	1,0	140	140	140	140	140	99	99	103	108	112

zul $\sigma^*_B = 1{,}1 \cdot k_B \cdot$ zul σ_B mit $1{,}1 \cdot k_B \leq 1{,}0$; zul $\sigma_k = \sigma_D || / \omega$

Beispiel F 30 –B
Stütze 8 cm/8 cm
KVH
Gips-Bauplatte F
1,5 cm

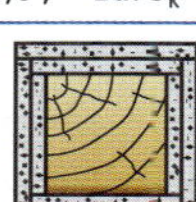

Beispiel F 60 –B
Stütze 16 cm/16 cm
KVH
Gips-Bauplatte F
2 x 1,25 cm

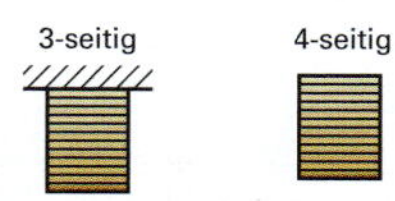

Holzbalken unter Brandbeanspruchung

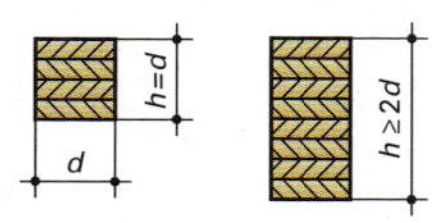

Stütze aus BSH (Brettschichtholz)

Hinweis: Anforderungen an die Bauausführung ergeben sich ausschließlich aus den LBauO. Die Ausführungsbeispiele nach DIN 4102, Teil 4, dürfen ohne zusätzlichen Nachweis verwendet werden. Ansonsten ist ein Prüfzeugnis erforderlich.

B

Brandschutz

Konstruktionsbeispiele für F 30 (in Anlehnung an DIN 4102-4)

Mindestabmessungen für Holzbalkendecken mit Dämmschicht

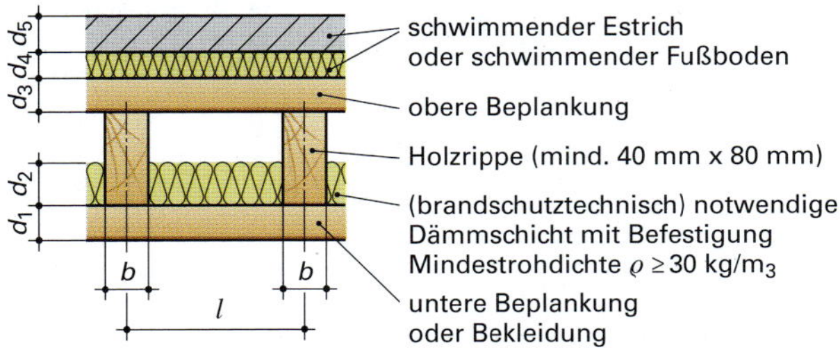

Bemessung
Für Bauteile nach DIN 1052/DIN EN 1995-1-1 kann der Nachweis im Brandfall nach dem vereinfachten Verfahren, mit dem ideellen Restquerschnitt, bei dem die Abbrandrate berücksichtigt wird, erfolgen.

Abbrandrate Vollholz:
ca. 0,8 mm/min (Nadelholz)
ca. 0,7 mm/min (Laubholz)

Holzrippen	untere Beplankung oder Bekleidung		notwendige Dämmschicht	obere Beplankung	schwimmender Estrich oder schwimmender Fußboden			
Mindestbreite in mm	Spanplatten mit $\varrho \geq$ 600 kg/m³ Mindestdicke in mm	max. zul. Spannweite in mm	aus Mineralfaser-Platten oder -Matten Mindestdicke in mm	aus Holzwerkstoffplatten mit $\varrho \geq$ 600 kg/m³ Mindestdicke in mm	Dämmschicht mit $\varrho \geq$ 30 kg/m³ Mindestdicke in mm	Mörtel, Gips oder Asphalt Mindestdicke in mm	Holzwerkstoffplatten, Bretter oder Parkett Mindestdicke in mm	Gipskartonplatten Mindestdicke in mm
b	d_1	l	d_2	d_3	d_4	d_5	d_5	d_5
40	16	625	60	13	15	20		
	16	625	60	13	15		16	
	16	625	60	13	15			9,5

Die Tabelle gilt für Decken mit notwendiger Dämmschicht. Die Dämmschichten müssen aus mineralischen Fasern nach DIN 18165 bestehen, der Baustoffklasse A nach DIN 4102 angehören und einen Schmelzpunkt von $T \geq 1\,000$ °C besitzen.

B

Entfällt die Dämmung oder genügt sie nur der Baustoffklasse B2 ohne weitere Bedingungen, so muss gelten:
Spanplatten $d_1 \geq 19$ mm und obere Beplankung $d_3 \geq 16$ mm

Mindestabmessungen für Holzbalkendecken mit vollständig freiliegenden Holzbalken

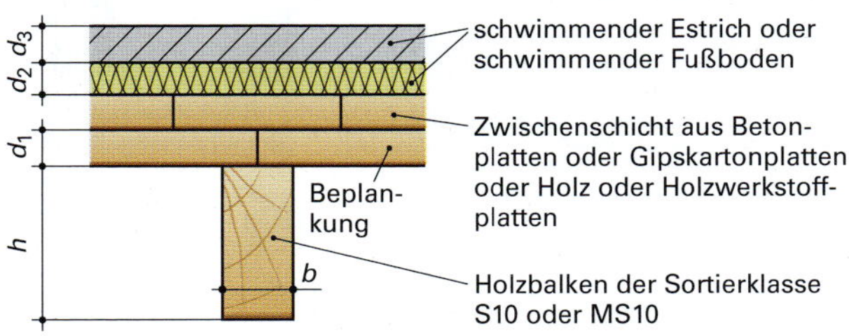

Brandschutzmaßnahmen
Verwendung von rissefreiem Holz
Kanten und Ecken sollten gefast sein
Verkleidung aus schwer entflammbaren oder nicht brennbaren Baustoffen

Holzbalken			Beplankung		schwimmender Estrich	
Biegespannung	bei Verwendung von Vollholz	bei Verwendung von Brettschichtholz	Spanplatten mit $\varrho \geq$ 600 kg/m³	Bretter oder Bohlen	Dämmschicht mit $\varrho \geq$ 30 kg/m³	Spanplatten mit $\varrho \geq$ 600 kg/m³
N/mm²	b/h in mm	b/h in mm	$d_1 \geq 25$ mm	$d_1 \geq 28$ mm	$d_2 \geq 15$ mm	$d_3 \geq 16$ mm
≥ 14	–	140/260	Es wird zwischen Decken mit • verdeckten • teilweise freiliegenden • vollständig freiliegenden Holzbalken unterschieden.		Bei den ausgewiesenen Decken ist die Anordnung an der Deckenunterseite ohne weitere Nachweise erlaubt (Ausnahme: Stahlblech).	
≥ 14	–	130/240				
11	130/200	110/200				
10	120/100	85/190				
7	100/160	80/150				

Brandschutz

Konstruktionsbeispiele (in Anlehnung an DIN 4102-4)

Außenwände in Holztafelbauart F 30-B und F 60-B

Konstruktionsmerkmale (MF Mineralfaserplatten) (HWL Holzwolle-Leichtbauplatten)	Innenbeplankung(en) oder -bekleidung(en): Holzwerkstoffplatten (Mindestrohdichte ϱ = 600 kg/m³) Mindestdicke d_2 mm	Gips-Feuerschutzplatten (GKB-F) Mindestdicke d_2 mm	Gips-Feuerschutzplatten (GKB-F) Mindestdicke d_3 mm	Dämmschicht: Mineralfaserplatten oder -matten Mindestdicke D mm	Mineralfaserplatten oder -matten Mindestrohdichte ϱ kg/m³	Holzwolle-Leichtbauplatten Mindestdicke D mm	Außenbeplankung oder -bekleidung: Bretter oder Holzwerkstoffplatten Mindestdicke d_4 mm	Faserzementplatten Mindestdicke d_4 mm	Putz auf Holzwolle-Leichtbauplatten $d \geq 25$ mm Mindestdicke d_4 mm
F 30-B	13			80	30		13		
	13			40	50		13		
innen	13					25	13		
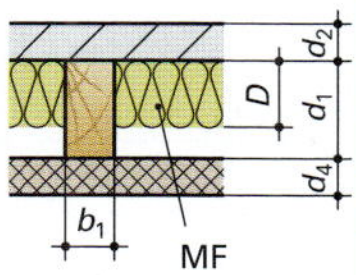		12,5		80	30		13		
		12,5		40	50		13		
		12,5				25	13		
	16			80	100			6	
außen	16					50		6	
		15		80	100			6	
innen		15				50		6	
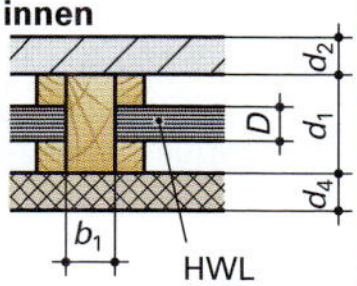	13			80	30				15
	13			40	50				15
	13					25			15
		12,5		80	30				15
außen		12,5		40	50				15
		12,5				25			15
F 60-B	22		12,5	80	100		13		
innen	22		12,5			50	13		
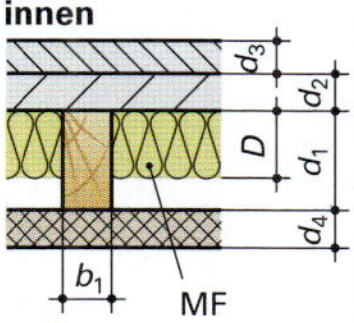		12,5	12,5	80	100		13		
		12,5	12,5			50	13		
	22		12,5	80	100			6	
	22		12,5			50		6	
außen		12,5	12,5	80	100			6	
innen		12,5	12,5			50		6	
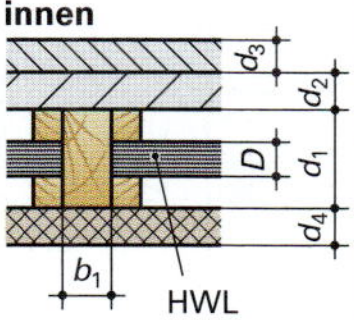	22		12,5	80	30				15
	22		12,5	40	50				15
	22		12,5			25			15
		12,5	12,5	80	30				15
		12,5	12,5	40	50				15
außen		12,5	12,5			25			15
	19		12,5	80	100				15
Holzrippen $b_1 \times d_1 \geq$ 40 mm × 80 mm	19		12,5			50			15
		15	9,5	80	100				15
		15	9,5			50			15

B

Brandschutz

Konstruktionsbeispiele (in Anlehnung an DIN 4102-4)

Mindestdicken nicht tragender zweischaliger Wände aus Holzwolle-Leichtbauplatten

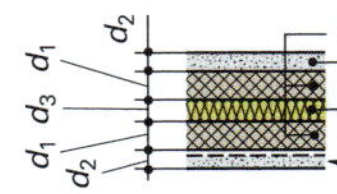

Konstruktionsmerkmale	Feuerwiderstandsklasse F 30-B bis F 120-B	F 180-B
Mindestdicke d_1 in mm der Holzwolle-Leichtbauplatten nach DIN 1101	50 mm	50 mm
Mindestdicke d_2 in mm des Putzes, gemessen ab Oberkante Holzwolle-Leichtbauplatten	15 mm	20 mm
Mindestdicke d_3 in mm der Dämmschicht (Rohdichte > 30 kg/m³)	40 mm	40 mm

Mindestdicken ein- oder zweischaliger nicht tragender Wände aus Gips-Bauplatten F

Mindestbekleidungsdicke d_2 in mm	12,5[1]	2 × 12,5[2]	15 + 12,5		2 × 18[3]		–	
Mindestdämmschichtdicke d_3 in mm	40	40	40		40		–	
Mindestrohdichte ϱ in kg/m³ der Dämmschicht	40	40	40		40		–	
	Holzriegel möglich		Stahlblechprofil					
Mindestbekleidungsdicke d_2 in mm			2 × 12,5[2]		2 × 15		3 × 12,5[4]	
Mindestdämmschichtdicke d_3 in mm			80	60	80	60	80	60
Mindestrohdichte ϱ in kg/m³ der Dämmschicht			30	50	50	100	50	100
	F 30-A	**F 60-A**	**F 90-A**		**F 120-A**		**F 180-A**	

[1] Alternativ auch 18 mm GKB oder ≥ 2 × 9,5 mm GKB

[2] Alternativ auch 25 mm

[3] Alternativ auch 3 × 12,5 mm oder 25 mm + 12,5 mm

[4] Alternativ auch 25 mm + 12,5 mm

Der Dämmstoff einer brandschutztechnischen Schicht muss zusätzlich folgende Anforderungen erfüllen:

- Der Dämmstoff ist plattenförmig.
- Der Dämmstoff besteht aus Mineralwolle und weist eine Schmelztemperatur von 1000 °C auf.

Mindestdicken tragender, nicht raumabschließender Wände aus Holztafeln

Konstruktionsmerkmale	Holzrippen: Mindestabmessungen in mm $b_1 \times d_1$	Holzrippen: zulässige Spannung in N/mm² σ_D	Beplankung(en) und Bekleidung(en): Holzwerkstoffplatten (Mindestrohdichte ϱ = 600 kg/m³) d_2 in mm	Gipskarton-Bauplatten F (GKF) d_2 in mm	Gipskarton-Bauplatten F (GKF) d_3	Feuerwiderstandsklasse
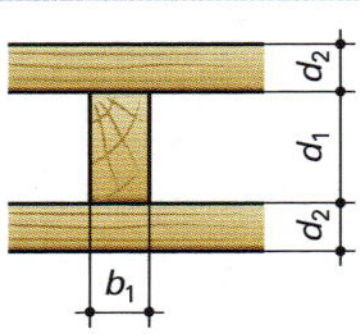	50 × 80	2,5	25 oder 2 × 16			F 30-B
	100 × 100	1,25	16			
	40 × 80	2,5		18		
	50 × 80	2,5		15		
	100 × 100	2,5		12,5		
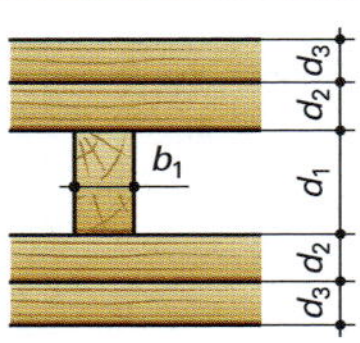	40 × 80	2,5	8		12,5	F 60-B
	40 × 80	2,5	13		9,5	
	40 × 80	2,5		12,5	9,5	
	40 × 80	2,5	22		15	
	50 × 80	2,5		15	12,5	

B

Brandschutz

Feuerschutzabschlüsse und Rauchschutztüren

Feuerschutzabschlüsse sichern Öffnungen gegen Durchtritt von Feuer und Rauch. Die Feuerwiderstandsdauer nach DIN 4102-5 bzw. DIN EN 13501-2 und die Dichtigkeit gegen Rauch nach DIN 18095 bzw. DIN EN 13501-2 sowie der Grad der Vollwandigkeit sind in den jeweiligen Landesbauordnungen geregelt. Bis auf Türen in Wohnungen zu notwendigen Fluren sind Feuerschutzabschlüsse dauerhaft selbstschließend und evtl. nicht abschließbar auszuführen, ggf. sind sie mit Panikverschlüssen zu versehen. Sie benötigen – inklusive ihrer Zubehörteile – eine allgemeine bauaufsichtliche Zulassung durch das DIBt und unterliegen der Kennzeichnungspflicht. Hersteller sind zur Bereitstellung und Aushändigung von eindeutigen, vollständigen Montageanleitungen verpflichtet, diese sind in jedem Fall zu befolgen. Brandschutzanforderungen im Türsystem gelten für:

- Türblatt
- Dichtungen
- Öffnungsbeschläge
- Zarge
- Schließung
- Verglasung
- Verankerungsgrund

Beispiel: Dichtungen sind mindestens dreiseitig umlaufend und dauerelastisch auszuführen.

Feuerschutzabschlüsse können nach europäischen Normen auf Brandbeanspruchung von einer oder von zwei Seiten geprüft sein, die deutsche Norm sieht eine beidseitige Prüfung vor.

Anforderungen	Feuerschutzabschlüsse ohne Rauchschutz	Feuerschutzabschlüsse mit Rauchschutz
feuerhemmend	EI$_2$ 30-C T 30	EI$_2$ 30-CS$_{200}$ T 60-RS
hoch feuerhemmend	EI$_2$ 60-C T 60	EI$_2$ 60-CS$_{200}$ T 60-RS
feuerbeständig	EI$_2$ 90-C T 90	EI$_2$ 90-CS$_{200}$ T 90-RS
raumdicht und selbstschließend		CS$_{200}$
Rauchschutzfunktion		RS

Brandschutztür / Brandschutzschiebetor

Die Kriterien E für Raumabschluss, I$_2$ für Wärmedämmung und C für dauerhafte Selbstschließung müssen bei Feuerschutzabschlüssen erfüllt sein, zusätzlich muss für Rauchschutz bzw. bei Rauchschutztüren das Kriterium S$_{200}$ für eine Begrenzung der Rauchdichtigkeit bei 200 °C eingehalten werden.

Klassifizierung nach DIN EN 14600
Dauerhaftigkeit der Selbstschließung

Klasse	Zyklenzahl
C0	0
C1	500
C2	10 000
C3	50 000
C4	100 000
C5	200 000

Die Rauchleckrate darf innerhalb von 60 Minuten max. 20 m^3/h bei 50 Pa = 50 N/m^2 Druckdifferenz für einflügelige bzw. 30 m^3/h für zweiflügelige Türen betragen.

Feuerschutzabschlüsse sowie Rauchschutztüren müssen der Klasse C5 entsprechen. Feststellanlagen müssen jährlich von einem Fachbetrieb gewartet werden.

Folgende Bestandteile sollten bei einer eingebauten Feuerschutztür vorhanden sein:

- Zulassungsschild auf dem Türblatt
- Wartungsanleitung
- Zulassungsbescheid
- Übereinstimmungserklärung der Montagefirma und zulassungskonforme Montage

Rauchschutztüren nach DIN 18095 sind selbstschließend und behindern den Durchtritt von Rauch. Ein allgemeines bauaufsichtliches Prüfzeugnis (bauaufsichtlicher Verwendbarkeitsnachweis) einer neutraler akkreditierten Prüfstelle sowie eine dauerhafte Kennzeichnung sind notwendig. In allgemein zugänglichen notwendigen Fluren dürfen sie keine unteren Anschläge oder Schwellen aufweisen, ausgenommen sind Flachrundschwellen bis 5 mm Dicke. Erlaubte Änderungen an Feuerschutzabschlüssen und Rauchschutztüren teilen sich in bei der Herstellung zulässige und nach der Montage zulässige auf.

Dicht verglaste Türen gelten laut Landesbauordnungen teilweise als vollwandig, sodass hier **Brandschutzverglasungssysteme** (Strahlung wird umgewandelt, eine schützende Schaumschicht entsteht) aus lichtdurchlässigen Elementen, Halterungen sowie Befestigungsmitteln (Kennzeichnung EI) eingesetzt werden können. Sie müssen den gleichen Anforderungen entsprechen wie das Türsystem und benötigen eine allgemeine bauaufsichtliche Zulassung.

Brandschutzverglasung	
Raumabschluss und Dämmung	**nur Raumabschluss**
EI 30 F 30	E 30 G 30
EI 60 F 60	E 60 G 60
EI 90 F 90	E 90 G 90
EI 120 F 120	E 120 G 120

F und G nach DIN 4201-5
EI und E nach DIN EN 13501-2

B

Brandschutz

Chemischer Brandschutz

Die Entscheidung für oder gegen chemische Holzschutzmaßnahmen erfolgt unter der Berücksichtigung der Konstruktion, der Holzart, der Dauerhaftigkeit (Resistenz) der verarbeiteten Holzart, der geplanten Beanspruchung des Holzes in Abhängigkeit von den Umweltbedingungen sowie der geforderten Gebrauchsdauer. Im trockenen Wohnbereich besteht keine Gefahr von Holzschädigung durch holzzerstörende Organismen. Chemischer Holzschutz ist hier nicht erforderlich.

Dämmschichtbildende (intumeszierende) Baustoffe schäumen im Brandfall auf. Im Bereich von Fugen oder Öffnungen tritt eine Abdichtung ein, dämmschichtbildende Baustoffe und Beschichtungen an Oberflächen von Bauteilen aus Holz oder Holzwerkstoffen bilden eine wärmedämmende Schutzschicht und hemmen zugleich Sauerstoffzufuhr und Rauchgasentwicklung. Durch den Zusatz keramikbildender Komponenten kann sich zusätzlich eine feste Schutzschicht bilden. Bauteile können so gekapselt werden. Brandschutz-Zargendichtungen können mit intumeszierenden Substanzen kombiniert und in einer Dichtungsebene ausgeführt werden. Bei Beschichtungen sind vorgegebene Mindestdicken der zu beschichtenden Baustoffe sowie Schichtdicken der Oberflächensysteme einzuhalten. Sie sind auf Oberflächen auszuführen, die einer geringen mechanischen Beanspruchung unterliegen.

Beispiel

Baustoffklassifizierung des Brandverhaltens eines intumeszierenden Beschichtungssystems nach DIN EN 13501-1

Brand-verhalten B	Rauchent-wicklung s1	Brennendes Abtropfen d0

Ablationsbeschichtungen dehnen sich im Brandfall kaum aus, die beschichteten Bauteile werden durch Abzug von Wärmeenergie gekühlt bzw. durch Entwicklung von flammhemmenden Substanzen geschützt. Ablationsbeschichtungen sind mechanisch beanspruchbar und für die Anwendung im Außenbereich geeignet.

Beispiel

Zur brandschützenden Imprägnierung von Holzwerkstoffen wird unter anderem Ammoniumpolyphosphat eingesetzt, die bei Naturfaserdämmstoffen bisher eingebrachten Borsalze sind aufgrund einer möglichen fortpflanzungsbeeinträchtigenden Wirkung nach GHS H360 zu kennzeichnen und zum Teil nicht mehr zugelassen.

Flucht- und Rettungswege

Fluchtwege sollen Flucht und Rettung aus einem möglichen Gefährdungsbereich gewährleisten. Nach Arbeitsstättenregel ASR A1.3 sind sie eindeutig und permanent mit gut sichtbaren und richtungsweisenden Kennzeichnungen zu versehen. Beim Vorhandensein von Aufenthaltsräumen sind pro Geschoss zwei unabhängige Fluchtwege vorgeschrieben. Davon muss der erste – auch ohne Aufenthaltsraum vorgeschriebene – Fluchtweg mit einer gefährdungsabhängigen Länge bis 35 Metern zur Bausubstanz gehören. Verkehrswege, Türen, nach Bauordnungsrecht notwendige Flure, Treppenräume sowie Notausgänge bilden den ersten Fluchtweg. Eine lichte Höhe von 2 Metern darf nicht unterschritten werden. Notausgänge sind gegen Verstellen zu sichern und beidseitig zu kennzeichnen. Aufzüge dürfen nicht Teil des Fluchtweges sein. Treppenläufe müssen gerade sein.

Der zweite Fluchtweg kann auch erst im Rettungsfall als Notausstieg hergestellt werden, z.B. über anleiterbare Fenster. Die lichten Maße müssen hier mindestens 0,90 m in der Breite und 1,20 m in der Höhe betragen. Türen sowie Notausstiege in Fluchtwegen müssen im Gefahrenfall ohne Hilfsmittel einfach zu öffnen sein. Manuell betätigte Türen müssen dabei in Fluchtrichtung aufschlagen.

Mindestbreite der Fluchtwege nach Arbeitsstättenregel ASR A2.3

Anzahl der Personen	Lichte Breite
bis 5	0,875 m
bis 20	1,00 m
bis 200	1,20 m
bis 300	1,80 m

Aktuelle Beschilderung: Grün

Rettung/Hilfe: hier Notausgang nach rechts (neue Ausführung bestehend aus zwei quadratischen Piktogrammen, Fluchtweg, Sammelstelle)

Rauchwarnmelder nach DIN 14676

In Wohnungen müssen Schlafräume, Kinderzimmer und Flure, über die Rettungswege von Aufenthaltsräumen führen, mit jeweils mindestens einem Rauchwarnmelder ausgestattet sein. Pro Wohnung mindestens zwei. Die Rauchmelderpflicht wird in der LBO definiert und gilt seit dem 01.01.2016. Wer Rauchmelder in Betrieb genommen hat, sorgt dafür und weist nach, dass jeder Melder mindestens einmal jährlich geprüft worden ist.

Maßordnung im Hochbau

Rohbaurichtmaße sind in der **DIN 4172** festgelegt, wobei **1 am** (Achtelmeter) 12,5 cm entspricht. **Rohbaurichtmaße** sind Maße aus den Steinmaßen plus den Fugenmaßen.

Rohbau-Nennmaße sind reale Maße der Bauteile. Diese Maße werden aus den Rohbaurichtmaßen durch Zuzählen von 1 cm bei **Innenwänden** (lichten Maßen) oder durch Abziehen von 1 cm bei Außenwänden (Pfeilermaßen) errechnet. **Anbaumaße** (anstoßendes Mauerwerk) entsprechen genau den Rohbaurichtmaßen.

Pfeilermaß

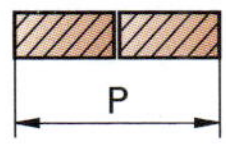

Pfeilermaß $P = n \cdot 12{,}5 - 1$

Öffnungsmaß

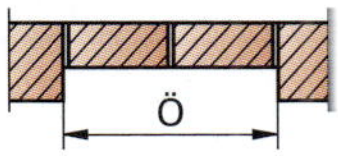

Öffnungsmaß $Ö = n \cdot 12{,}5 + 1$

Anbaumaß

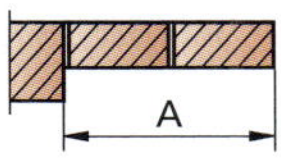

Anbaumaß $A = n \cdot 12{,}5$

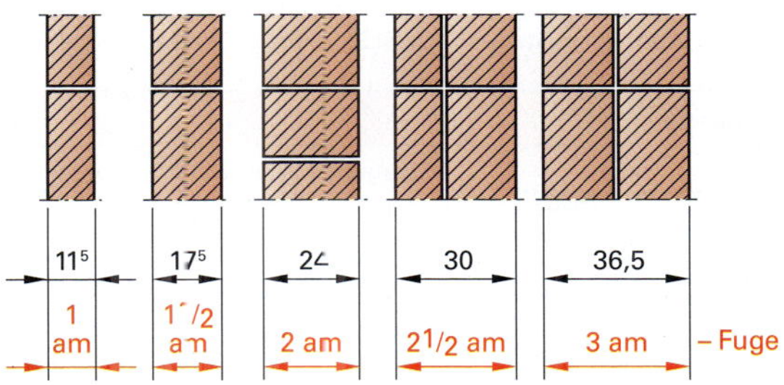

Wanddicken in cm als am-Maß

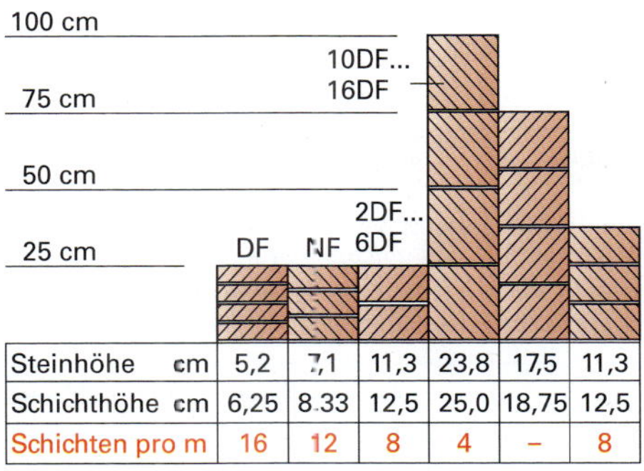

Steinhöhe cm	5,2	7,1	11,3	23,8	17,5	11,3
Schichthöhe cm	6,25	8,33	12,5	25,0	18,75	12,5
Schichten pro m	16	12	8	4	–	8

Gegenseitige Abhängigkeit der Steinhöhen

Hinweise zum Mauerwerksbau

Die Ausführungen zum Mauerwerksbau basieren auf der **DIN EN 1996** „Bemessung und Konstruktion von Mauerwerksbauten" (EC 6) mit

Teil 1-1: Allgemeine Regeln für bewehrtes und unbewehrtes Mauerwerk
Teil 1-2: Allgemeine Regeln – Tragwerksbemessung für den Brandfall
Teil 2: Planung, Auswahl der Baustoffe und Ausführung von Mauerwerk
Teil 3: Vereinfachte Berechnungsmethoden für unbewehrte Mauerwerksbauten

und dem jeweiligen **Nationalen Anhang (NA)** in der geänderten und konsolidierten Fassung von Juli 2013 in Verbindung mit DIN EN 1960 (EC 0) und DIN EN 1961 (EC 1).

Die Bemessungsregeln der DIN EN 1996 mit Nationalem Anhang dürfen innerhalb eines Bauwerks nicht mit den Bemessungsregeln der DIN 1053-1 kombiniert werden. Die DIN 1053-100 ist zurückgezogen.

Gemauerte Wände

Wandarten und Wanddicken

Mauerwerk besteht aus natürlichen Steinen oder künstlichen Steinen, die in einem bestimmten Verband verlegt und mit Mauermörtel zusammengefügt sind. Mörtelarten werden nach ihren Eigenschaften und/oder ihrem Verwendungszweck unterschieden in Dünnbettmörtel (DM) und Normalmörtel (NM). Es dürfen nur Baustoffe verwendet werden, die den Normen entsprechen. Zahlreiche Produkte für den Mauerwerksbau werden nach bauaufsichtlichen Zulassungen verwendet. Die bauaufsichtlichen Zulassungen erweitern die Regelungen der Norm. Für diese Produkte dürfen die gleichen verbindlichen Regeln der DIN EN angewendet werden.

Innerhalb einer Geschosswand sollte zur Vereinfachung der Ausführung und der Überwachung das Wechseln von Steinarten und Mörtelgruppen ausgeschlossen werden.

Wänden kommen neben der raumabschließenden Funktion und den bauphysikalischen Funktionen insbesondere statisch-konstruktive Funktionen zu. Bei leichten Trennwänden ist die DIN 4103 zu beachten. Bei Außenwänden aus nicht frostbeständigen Steinen ist ein Außenputz nach DIN 18550, eine Fassadenverkleidung nach DIN 18515 oder DIN 18516 oder ein anderer Wetterschutz vorzusehen. Bei Wänden unterscheidet man nach:

- Lage (z.B. Außenwände, Innenwände, freistehende Wände)
- Geschosszugehörigkeit (z.B. Kellerwände, Dachgeschosswände, Erdgeschosswände)
- raum- und wohnungsbezogenen Funktionen (z.B. Treppenhauswände, Wohnungstrennwände)
- Schutzfunktionen (z.B. Brandschutzwände, Schallschutzwände, Außenwände, Vorsatzschalen)
- statischen Funktionen (tragende Wände, aussteifende Wände, nicht tragende Wände)

Aussteifung tragender Wände

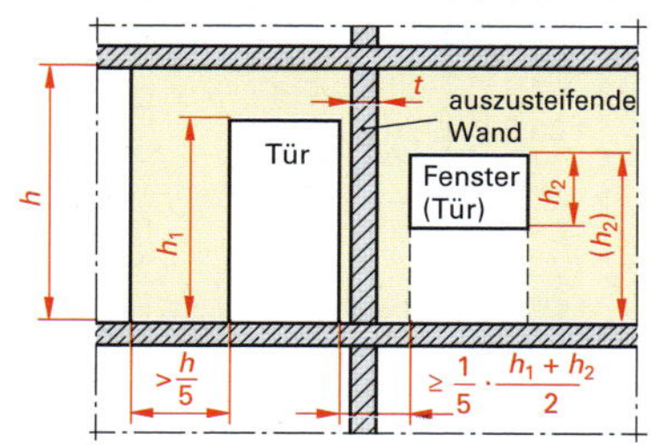

Mindestbreite der aussteifenden Wand im Bereich einer oder mehrerer Öffnungen

Tragende Wände sind ausgesteift, wenn sie rechtwinklig zur Wandfläche durch aussteifende Wände und Decken unverschiebbar gehalten werden. Dabei sollen **aussteifende Wände** mit auszusteifenden Wänden gleichzeitig im Verband hochgemauert werden.

Anschlüsse von Wänden an Massivdecken sind durch Haftung und Reibung sichergestellt, wenn Hauptbewehrung und Querbewehrung der Massivdecke bis zur halben Wanddicke durchgeführt sind und das aufgehende Mauerwerk über die Massivdecke weitergeführt wird.

Nischen, Aussparungen und Schlitze

Nischen sind Schwächungen in der Dicke des Mauerwerks; **Vorlagen** sind Verstärkungen. Der Abstand (Empfehlung) von Regelfuge und Nische beträgt **0,5 am** (6,25 cm) und bei 3 DF auch **1 am**.

Aussparungen und Schlitze sind nur zulässig, wenn die Standfestigkeit der Wand nicht beeinträchtigt wird. Aussparungen und Schlitze sind im Mauerwerk herzustellen oder nachträglich zu fräsen.

	Horizontale und schräge Schlitze, nachträglich hergestellt Schlitzlänge $t_{ch,v}$		Vertikale Schlitze und Aussparungen				
			nachträglich hergestellt			in gemauerten Verbänden	
Wanddicke t mm	unbeschränkt Tiefe mm	≤ 1,25 m lang Tiefe mm	Tiefe mm	Einzelschlitzbreite mm	Abstand der Schlitze und Aussparungen	Schlitzbreite mm	Restwanddicke mm
≥ 115	–	–	≤ 10	≤ 100		–	–
≥ 150	–	≤ 10	≤ 20	≤ 100	untereinander ≥ Schlitzbreite;	–	–
≥ 175	0	≤ 25	≤ 30	≤ 100		≤ 260	≥ 115
≥ 240	≤ 15	≤ 25	≤ 30	≤ 150		≤ 385	≥ 115
≥ 300	≤ 20	≤ 30	≤ 30	≤ 200	von Öffnungen ≥ 240 mm	≤ 385	≥ 175
≥ 365	≤ 20	≤ 30	≤ 30	≤ 200		≤ 385	≥ 240

Charakteristische Druckfestigkeiten von Mauerwerk

DIN EN 1996-3/NA

Charakteristische Druckfestigkeiten f_k für Mauerwerk werden ausgewiesen in Abhängigkeit von den Druckfestigkeitsklassen der Mauersteine und Planelemente, der Mauerstein- und der Mörtelarten.

- Die Verwendung von Normalmauermörtel der Mörtelgruppen II, IIa und III, von Leichtmauermörtel LM 21 und LM 36 und Dünnbettmörtel DM ist zulässig.
- Die charakteristischen Festigkeiten f_{k2} für **Verbandsmauerwerk mit Normalmörtel** sind durch Multiplikation des Tabellenwertes mit $\mathbf{f_{k2} = f_k \cdot 0{,}8}$ zu ermitteln. Verbandsmauerwerk entspricht einem Mauerwerk mit mehr als einem Stein in Richtung der Wanddicke.

$$f_d = \zeta \cdot \frac{f_k}{\gamma_M} \quad \text{mit } \zeta = 0{,}85 \text{ (Allgemein)}$$
$$\zeta = 1{,}00 \text{ (Kurzzeitbelastung)}$$

[1] nicht in der DIN EN 1996-3/NA/A1

Einsteinmauerwerk aus Hochlochziegeln HLzA, HLzB und HLzB-T1, Kalksand-Loch- und Hohlblocksteinen KS L mit Normalmörtel

Steinfestigkeitsklasse	Charakteristische Druckfestigkeiten f_k in N/mm² – Mörtelgruppe NM II	NM IIa	NM III	NM IIIa
4	2,1	2,4	2,9	(3,3)[1]
6	2,7	3,1	3,7	(4,2)[1]
8	3,1	3,9	4,4	(4,9)[1]
10	3,5	4,5	5,0	5,6
12	3,9	5,0	5,6	6,3
16	4,6	5,9	6,6	7,4
20	5,3	6,7	7,5	8,4
28	5,3	6,7	9,2	10,3
36	5,3	6,7	10,2	11,9
48	5,3	6,7	12,2	14,1
60	5,3	6,7	14,3	16,0

Einsteinmauerwerk mit Normalmörtel aus Vollziegeln Mz, VMz, Kalksandstein-Vollsteinen und Kalksandstein-Blocksteinen KS

Steinfestigkeitsklasse	f_k in N/mm² – Mörtelgruppe NM II	NM IIa	NM III	NM IIIa
2	–	–	–	–
4	2,8	(3,2)	(3,5)	(4,0)
6	3,6	4,0	(4,5)	(5,0)
8	4,2	4,7	(5,3)	(5,9)
10	4,8	5,4	6,0	(6,8)
12	5,4	6,0	6,7	7,5
16	6,4	7,1	8,0	8,9
20	7,2	8,1	9,1	10,1
28	8,8	9,9	11,0	12,4
36	10,2	11,4	12,6	14,3
48	10,2	11,4	14,4	16,9
60	10,2	11,4	14,4	16,9

Einsteinmauerwerk mit Normalmörtel aus Leichtbetonsteinen und Betonsteinen

Steinfestigkeitsklasse	f_k in N/mm² – Mörtelgruppe II	IIa	III	Mörtelgruppe II	IIa	III
2	1,4	1,5	1,7	1,5	1,6	1,8
4	2,2	2,4	2,6	2,5	2,7	3,0
6	2,9	3,1	3,3	3,4	3,7	4,0
8	2,9	3,7	4,0	3,4	4,5	5,0
10	2,9	4,3	4,6	3,4	5,4	5,9
12	2,9	4,8	5,1	3,4	6,1	6,7
16	–	–	–	3,4	6,1	8,3
20	–	–	–	3,4	6,1	9,8
28	–	–	–	–	–	–
36	–	–	–	–	–	–
	Hbl, Hbn			V, Vbl		

Einsteinmauerwerk mit Normalmörtel aus Hochlochziegeln HlzW, Tafelmauerziegeln T2, T3 und T4, Leichtlochziegeln LLz

Steinfestigkeitsklasse	f_k in N/mm² – Mörtelgruppe NM II	NM IIa	NM III	NM IIIa
2	–	–	–	–
4	1,7	2,0	2,4	2,6
6	2,2	2,5	2,9	3,3
8	2,5	3,2	3,5	4,0
10	2,8	3,6	4,0	4,5
12	3,1	4,0	4,5	5,0
16	3,7 [3,1]	4,7 [4,0]	5,3 [4,5]	5,9 [5,0]
20	4,2 [3,1]	5,5 [4,0]	6,0 [4,5]	6,7 [5,0]

Einsteinmauerwerk mit Normalmörtel aus Leichtbeton-Vollblöcken mit Schlitzen VbL S, VbL SW

Steinfestigkeitsklasse	f_k in N/mm² – Mörtelgruppe II	IIa	III und IIIa
2	1,4	1,6	1,8
4	2,1	2,4	2,9
6	2,7	3,1	3,7
8	2,7	3,9	4,4
10	2,7	4,5	5,0
12	2,7	5,0	5,6

Werte in [...] gelten für Mauerwerk aus Hochlochziegeln mit Lochung W (HLzW) und Mauertafelziegeln T4

B

Charakteristische Dauerfestigkeit von Mauerwerk

Steinfestigkeitsklasse	Charakteristische Druckfestigkeiten von Mauerwerk Einsteinmauerwerk Stein-Mörtelkombinationen, f_k in N/mm²: Mauerziegel und Kalksandsteine LM 21	Mauerziegel und Kalksandsteine LM 36	Voll- u. Lochsteine aus Leichtbeton LM 21 und LM 36	Porenbetonsteine Dünnbettmörtel	Kalksand-Plansteine und Kalksandsteinelemente, f_k in N/mm², Dünnbettmörtel: Elemente KS XL	Plansteine KS P	Plansteine KS L-P
2	1,2	1,3	1,4	1,8	–	–	–
4	1,6	2,2	2,3	3,0	2,9	2,9	2,9
6	2,2	2,9	3,0	4,1	4,0	4,0	3,7
8	2,5	3,3	3,6	5,1	5,0	5,0	4,4
10	2,8	3,3	–	–	6,0	6,0	5,0
12	3,0	3,3	–	–	9,4	7,0	5,6
16	3,0	3,3	–	–	11,2	8,8	6,6
20	3,0	3,3	–	–	12,9	10,5	7,6
28	3,0	3,3	–	–	16,0	13,8	7,6
≥ 38	3,0	3,3	–	–	16,0	16,8	7,6

Vereinfachte Bemessungsmethode für tragende Mauerwände

In der heutigen Mauerwerkspraxis ist es zumeist ausreichend, unbewehrte Mauerwerksbauten nach den vereinfachten Berechnungsmethoden (DIN EN 1996-3/NA) nachzuweisen. Es gelten die folgenden Anwendungsbedingungen:

- vertikal und durch Windlast beanspruchte Wände
- Wandscheiben
- Kellerwände, beansprucht durch horizontalen Erddruck und vertikale Lasten
- Wände unter Einzellasten
- horizontal beanspruchte Wände

Anwendungsbedingungen

Bauteil	Wanddicke t in mm	lichte Wandhöhe h in m	Nutzlast[1] der Decke q_k in kN/m²
tragende Innenwände	≥ 115 < 240	≤ 2,75	≤ 5
	≥ 240	–	
tragende Außenwände und zweischalige Haustrennwände	≥ 115[2] < 150[2]	≤ 2,75	≤ 3[3]
	≥ 115[3] < 175[3]		
	≥ 175 < 240		≤ 5
	≥ 240	≤ 12 · t	

Die Teilsicherheitswerte sind wie folgt festgelegt:

Mauerwerk (Material)	$\gamma_M = 1{,}5$
Einwirkungen ständig	$\gamma_G = 1{,}35$
veränderliche	$\gamma_Q = 1{,}5$

Folgende Voraussetzungen müssen erfüllt sein:

- Gebäudehöhe < 20,00 m
- Wanddicke t
- mittiger Lastangriff
- Einwirkung q_k
- Deckenstützlänge $l_{ef} \leq 6{,}00$ m
- lichte Wandhöhe h, laut Tabelle links, max. 3 Vollgeschosse
- Überbindemaß $l_{ol} \geq 45$ mm
- vollfugiges Vermauern

[1] Einschließlich Zuschlag für nicht tragende innere Trennwände

[2] Als einschalige Außenwand nur bei eingeschossigen Garagen und Bauwerken, die nicht zum dauerhaften Aufenthalt von Menschen vorgesehen sind

[3] Als Tragschale zweischaliger Außenwände und bei zweischaligen Haustrennwänden bis maximal zwei Vollgeschosse zuzüglich ausgebautem Dachgeschoss; aussteifende Querwände im Abstand ≤ 4,50 m bzw. Randabstand von einer Öffnung ≤ 2,00 m

Knicklänge von Mauerwerkswänden

- Bei der Berechnung der Knicklänge einer Wand ist die relative Steifigkeit der mit der Wand verbundenen Bauteile zu berücksichtigen. Traglastbeiwert Knicken.
- Wände dürfen durch Decken oder Dächer, Querwände oder steife Bauteile (die nicht mit der Wand verbunden sind) ausgesteift werden.
- Wenn die aussteifende Wand durch Öffnungen unterbrochen ist, sind die Vorgaben für die Mindestbreite der aussteifenden Wand gemäß Abbildung Seite 314 zu beachten.
- Die effektive Wanddicke t_{ef} entspricht der Dicke der inneren, tragende Schale t_2.
- Als Schlankheit wird der Quotient aus effektiver Höhe h_{ef} und der effektiven Wanddicke t_{ef} (vereinfacht t) bezeichnet. Die Schlankheit darf nicht größer als 27 sein. Beim vereinfachten Nachweis muss die Schlankheit kleiner 21 sein.

$$h_{ef}/t_{ef} < 27$$

$$h_{ef}/t_{ef} < 21$$

B

Vereinfachte Bemessungsmethode für tragende Mauerwände

Knicklängenberechnung für zweiseitig gehaltene Wände

h_{ef} Knicklänge der Wand $\quad$ h lichte Geschosshöhe
p_n Abminderungsfaktor ohne große Ausmitten, vgl. Abb. unten und bei Einhaltung des Überbindemaßes $ü$

$$h_{ef} = p_n \cdot h$$

p_n = 1,00 bei t_{ef} > 250 mm und bei Beachtung der Mindestauflagertiefe
p_n = 0,90 bei 175 mm < t_{ef} ≤ 250 mm $\quad$ bei t_{ef} ≥ 240 mm und a > 175 mm
p_n = 0,75 bei t_{ef} ≤ 175mm $\quad$ oder t_{ef} < 240 mm und a = t

Mindestauflagertiefe und Stützlänge

Die Deckenauflagertiefe a ist so zu wählen, dass die zulässigen Pressungen in der Auflagerfläche nicht überschritten werden und die Verankerungslängen der Bewehrung der Stahlbetondecke untergebracht werden kann. Die Deckenauflagertiefe a muss mindestens die halbe Wanddicke t betragen.

Mindestauflagerdicke a in Abhängigkeit der Wanddicke t

t in mm	a in mm	
115	100	$a \geq t/2 \geq 100$ mm
200	100	
240	120	
300	150	
365	165[1]	
425	213	
490	245	

[1] Reduzierung auf 0,45 · t

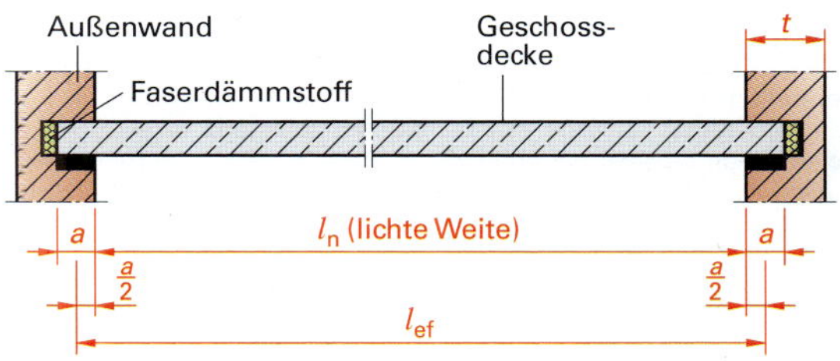

$l_{ef} \geq l_n + a$ } alternative Begriffe: statische Länge oder Spannweite

Wandnachweis

Im Grenzzustand der Tragfähigkeit muss der Bemessungswert der angreifenden Last N_{Ed} einer vertikal belasteten Mauer kleiner oder gleich dem Bemessungswert des Tragwiderstandes N_{Rd} sein.

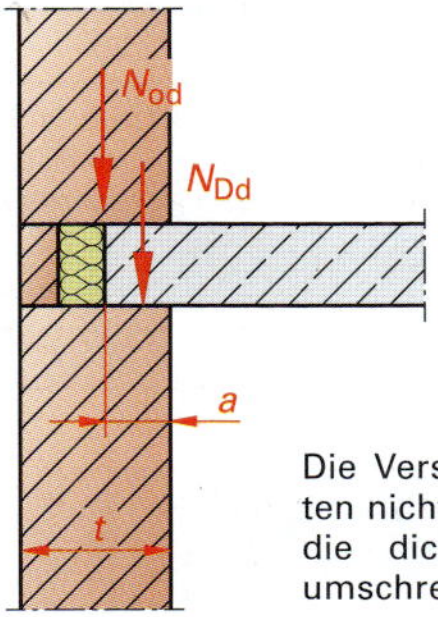

$$N_{Ed} \leq N_{Rd}$$

$$R_d = R_k / \gamma_M$$

$$f_d = \zeta \cdot f_k / \gamma_M$$

Die Versatze der Wandachsen gelten nicht als größere Ausmitten, da die dicke Wand die schmalere umschreibt (DIN EN 1996-3/NA).

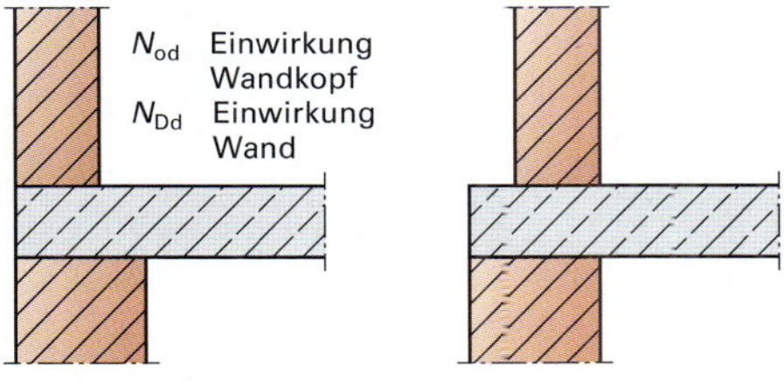

$N_{Ed} = 1{,}35 \cdot N_{Gk} + 1{,}5 \cdot N_{Qk}$ | min $N_{Ed} = 1{,}0\ N_{Gk}$
Im üblichen Hochbau mit Decken aus Stahlbeton und $N_{Qk} \leq 3{,}0$ kN/m² gilt vereinfacht:
$N_{Ed} = 1{,}4\ (N_{Gk} + N_{Qk})$

$$N_{Rd} = \Phi \cdot A \cdot f_d$$

mit $f_d = \zeta \cdot \frac{f_k}{\gamma_M}$ und $\zeta = 0{,}85$
mit $\gamma_M \geq 1{,}5$ und $A = t \cdot l_{Wand}$

Bei einer Wandquerschnittsfläche von $A < 0{,}10$ m² ist f_d mit 0,8 zu multiplizieren.

Bei geschosshohen Wänden des üblichen Hochbaues und bei Einhaltung der Anwendungsbedingungen darf die Traglastminderung infolge der Lastausmitte bei Endauflagern abgeschätzt werden.

Wände als einseitiges Endauflager

$$\Phi_1 = \begin{cases} 0{,}33 \text{ bei Dachdecken} \\ 0{,}9 \cdot a/t \text{ wenn } l_{ef} \leq 4{,}20 \\ 1{,}6 - l_{ef}/6 \leq 0{,}9 \cdot a/t \text{ wenn } f_k \geq 1{,}8 \text{ N/mm}^2 \\ 1{,}6 - l_{ef}/5 \leq 0{,}9 \cdot a/t \text{ wenn } f_k < 1{,}8 \text{ N/mm}^2 \end{cases}$$

Traglastbeiwert Φ_2 (Knickbeiwert)

$\Phi_2 = 0{,}85 \cdot a/t - 0{,}0011 \cdot (h_{ef}/t)^2$

mit f_k charakteristische Druckfestigkeit
l_{ef} Stützweite der Geschossdecke
a Deckenauflagertiefe $\quad$ t Dicke der Wand

Maßgebend ist der kleinere Wert Φ.

B

Kelleraußenwände

Außenwände des Kellergeschosses und Sockel bis mindestens 50 cm über OK Gelände sollen mindestens aus Mauerwerk mit der Steinfestigkeitsklasse 6 N/mm^2 und Mauermörtel der Gruppe III, IIa oder II erstellt werden (Empfehlung, verschiedene Quellen). Die waagerechte Abdeckung (Querschnittsabdeckung) in oder unter Wänden muss nach DIN EN 1996-1-1/NA aus

- besandeter Bitumendachbahn R500 oder
- mineralischer Dichtungsschlämme nach DIN 18195-2 oder gleichwertigen Materialien bestehen.

Kelleraußenwände werden durch die lotrechten Lasten auf Druck und durch den Erddruck auf Biegung belastet. Der Erddruck wirkt sich besonders ungünstig aus, wenn die vertikale Belastung durch die Geschosse gering ist und wenn in unmittelbarer Nähe des Gebäudes eine Straße verläuft.

Nach DIN EN 1996-3 darf ein Nachweis entfallen, wenn gilt:

- lichte Höhe des Kellergeschosses $h \leq 2{,}60$ m
- Anschütthöhe $h_e \leq h$, laut NA $h_e \leq 1{,}15 \cdot h$ möglich
- Kellerdecke wirkt als Scheibe
- Verkehrslast $q \leq 5{,}0$ kN/m^2
- keine Einzellast $F_k \geq 15$ kN im Abstand von 1,50 m
- Mindestwanddicke $t_{ef} \geq 20$ cm, laut NA besser 24 cm

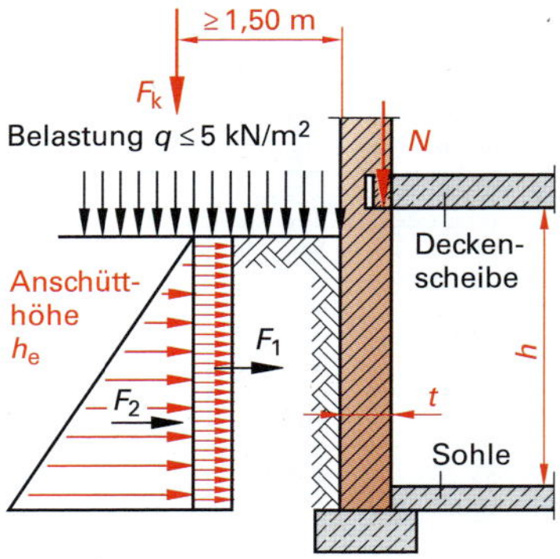

Vereinfachter Nachweis
(auf halber Anschütthöhe, oben und unten gehalten)
Kellerwände müssen bei Erdanschüttung einerseits eine minimale Auflast $N_{Ed,min}$ haben und andererseits muss die vorhandene Normalkraft $N_{Ed} \leq N_{Rd}$ sein.

$$N_{Ed} \leq N_{Rd}$$

$$N_{Rd} = 0{,}33 \cdot f_d \cdot t_{ef} \cdot b$$

$$N_{Ed,min} \geq \frac{\gamma \cdot h_e^2 \cdot h \cdot b}{\beta \cdot t}$$

γ Wichte der Anschüttung
h_e Anschütthöhe
b Wandlänge (hier 1,00 m)
h lichte Kellerhöhe
β = 20 (vereinfachter Nachweis)

Minimale Auflast $\boldsymbol{N_{Ed,min}}$ in kN/m^2 für Kellerwände bei $h = 2{,}50$ m und $\gamma = 18$ kN/m^3

Wanddicke t	$h_e = 1{,}00$ m	$h_e = 1{,}50$ m	$h_e = 2{,}00$ m	$h_e = 2{,}50$ m	$h_e = 2{,}75$ m	$h_e = 2{,}875$ m
24 cm	9	21	38	59	71	77
30 cm	8	17	30	47	57	62
36,5 cm	6	14	25	39	47	51
49 cm	5	10	18	29	35	38

B

Kellerwände müssen bei Erdanschüttungen eine minimale Auflast haben, damit der Lastabtrag rechnerisch angesetzt werden kann. Je nach Wichte γ der Anschüttung, gestaffelt nach der Wanddicke t und der Anschütthöhe h_e kann an den Diagrammen die Mindestauflast $N_{Ed,min}$ annähernd abgelesen werden. Die oben gerechnete Tabelle und die untere Grafik stellen Anhaltswerte dar.

Erforderliche minimale Auflast für Kellerwände bei gegebener Wichte und Anschütthöhe

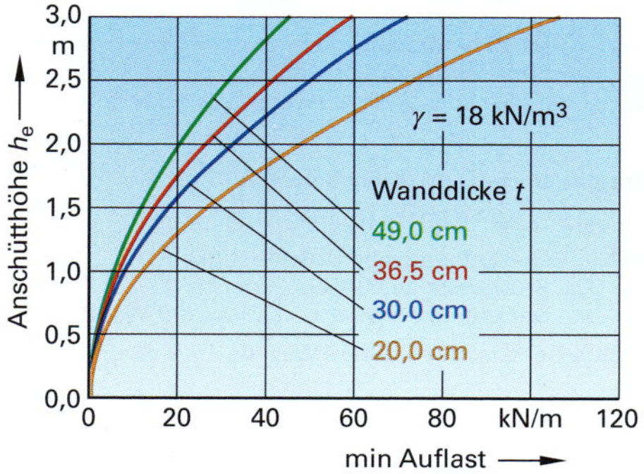

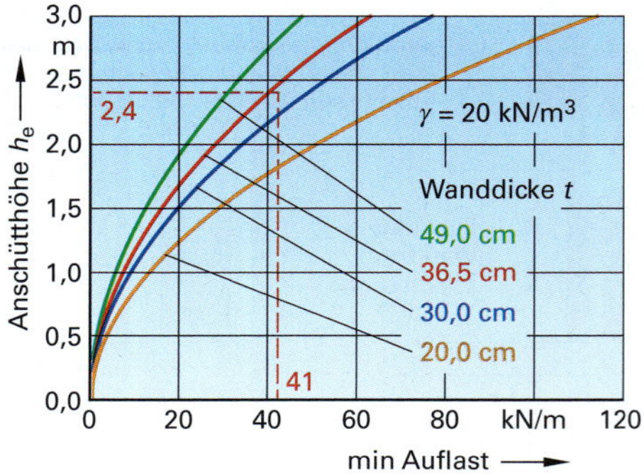

Nicht tragende innere Trennwände

Trennwände dienen der Raumtrennung. Sie dürfen für die Gebäudeaussteifung nicht genutzt werden. Nach DIN 4103-1 (2015-06) werden folgende Einbaubereiche unterschieden:

- **Bereich I** mit geringer Menschenansammlung (Wohnungen, Büros, Flure, Hotels)
- **Bereich II** mit großer Menschenansammlung (Schulen, Hörsäle, Ausstellungsräume, Kaufhäuser)

Maximale Wandlängen

Anschluss durch Metallwinkel und geeignete L- oder I-Profile, Anschlussschienen, Einlegen von Ankern, Türzargen, Verzahnung; am Fußende sollte immer eine Trennlage angeordnet werden.

Grenzmaße für dreiseitig gehaltene Wände ohne Auflast (der obere Rand ist frei)

Wanddicke	Wandhöhe in m							
	2,0	2,25	2,5	3,0	3,5	4,0	4,5	≤ 6,0
5,0 cm	3,0 1,5	3,5 2,0	4,0 2,5	5,0 –	6,0 –	– –	– –	– –
6,0 cm	5,0 2,5	5,5 2,5	6,0 3,0	7,0 3,5	8,0 4,0	9,0 –	– –	– –
7,0 cm	7,0 3,5	7,5 3,5	8,0 4,0	9,0 4,5	10,0 5,0	10,0 6,0	10,0 7,0	– –
9,0 cm	8,0 4,0	8,5 4,0	9,0 5,0	10,0 6,0	10,0 7,0	12,0 8,0	12,0 9,0	– –
10,0 cm	8,0 5,0	9,0 5,0	10,0 6,0	12,0 7,0	12,0 8,0	12,0 9,0	12,0 10,0	– –
11,5 cm	8,0 6,0	9,0 6,0	10,0 7,0	12,0 8,0	12,0 9,0	12,0 10,0	12,0 10,0	– –
≥ 17,5 cm	12,0 8,0	12,0 9,0	12,0 10,0	12,0 12,0	12,0 12,0	12,0 12,0	12,0 12,0	12,0 12,0

Blauer Wert für Einbaubereich I,
roter Wert für Einbaubereich II.

Die Werte gelten allgemein bei Verwendung von Normalmauermörtel der Mörtelgruppe III oder Dünnbettmörtel. Bei Verwendung von Kalksandsteinen und Wanddicke $t \geq 11{,}5$ cm darf Mörtelgruppe IIa verwendet werden.

Grenzmaße für vierseitig gehaltene Wände ohne Auflast

Wanddicke	Wandhöhe in m					
	2,0	3,0	3,5	4,0	4,5	≤ 6,0
5,0 cm	3,0 1,5	3,5 2,0	4,0 2,5	– –	– –	– –
6,0 cm	4,0 2,5	4,5 3,0	5,0 3,5	5,5 –	– –	– –
7,0 cm	5,0 3,0	5,5 3,5	6,0 4,0	6,5 4,5	7,0 5,0	– –
9,0 cm	6,0 3,5	6,5 4,0	7,0 4,5	7,5 5,0	8,0 5,0	– –
10,0 cm	7,0 5,0	7,5 5,5	8,0 6,0	8,5 6,5	9,0 7,0	– –
11,5 cm	10,0 6,0	10,0 6,5	10,0 7,0	10,0 7,5	10,0 8,0	– –
≥ 17,5 cm	12,0 12,0	12,0 12,0	12,0 12,0	12,0 12,0	12,0 12,0	12,0 12,0

Blauer Wert für Einbaubereich I,
roter Wert für Einbaubereich II.

Die Werte gelten allgemein bei Verwendung von Normalmauermörtel der Mörtelgruppe III oder Dünnbettmörtel. Bei Verwendung von Kalksandsteinen und Wanddicke $t \geq 11{,}5$ cm darf Mörtelgruppe IIa verwendet werden.

Bei dreiseitiger Halterung (ein freier vertikaler Rand) sind die Tabellenwerte zu halbieren.

Grenzmaße für vierseitig gehaltene Wände mit Auflast

Wanddicke	Wandhöhe in m					
	2,0	3,0	3,5	4,0	4,5	≤ 6,0
7,0 cm	8,0 5,5	8,5 6,0	9,0 6,5	9,5 7,0	– 7,5	– –
9,0 cm	12,0 7,0	12,0 7,5	12,0 8,0	12,0 8,5	12,0 9,0	– –
10,0 cm	12,0 8,0	12,0 8,5	12,0 9,0	12,0 9,5	12,0 10,0	– –
11,5 cm	12,0 8,0	12,0 8,5	12,0 9,0	12,0 9,5	12,0 10,0	– –
≥ 17,5 cm	12,0 12,0	12,0 12,0	12,0 12,0	12,0 12,0	12,0 12,0	12,0 12,0

Blauer Wert für Einbaubereich I,
roter Wert für Einbaubereich II.

Die Werte gelten allgemein bei Verwendung von Normalmauermörtel der Mörtelgruppe III oder Dünnbettmörtel. Bei Verwendung von Kalksandsteinen sowie Porenbetonsteinen und Wanddicke $t \geq 11{,}5$ cm darf Mörtelgruppe IIa verwendet werden.

Bei dreiseitiger Halterung (ein freier vertikaler Rand) sind die Tabellenwerte zu halbieren.

B

Statische und konstruktive Maßnahmen

Ringanker und Ringbalken

Ringanker sind in allen Außenwänden und Querwänden mit statischer Aufgabe (Aufnahme von Zugkräften) zu verlegen:

- bei Bauten, die insgesamt länger als 18 m sind oder mehr als zwei Vollgeschosse haben
- bei Wänden mit vielen oder besonders großen Öffnungen
- wenn die Baugrundverhältnisse es erfordern
- zur Sicherstellung der horizontalen Steifigkeit der Wand (z.B. bei Decken ohne ausreichende Scheibentragwirkung)

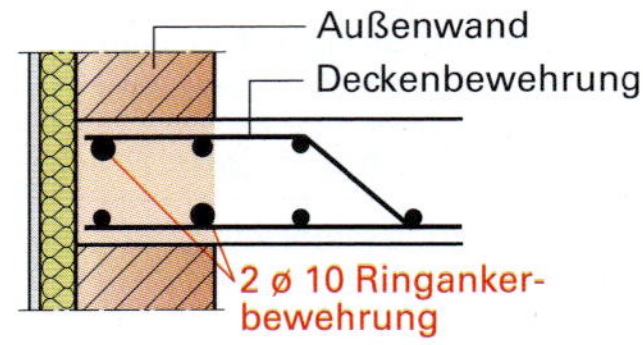

Die Ringanker sind mit zwei durchlaufenden Rundstäben mit $A \geq 150$ mm² Querschnittsfläche zu bewehren und können im Bereich der Massivdecke, der Tür- oder Fensterstürze mit diesen vereinigt werden. Ringanker müssen mindestens eine Zugkraft mit dem Bemessungswert von 45 kN übertragen. Ringanker können in vorgefertigten U-Schalen (Sonderbauteile der Ziegel- und Mauersteinindustrie, (Seite 153) hergestellt werden.

Ringbalken sind in einer Wandebene liegende horizontale Balken, die Biegebeanspruchungen aufnehmen können. Ringbalken können auch Ringankerfunktionen übernehmen. Voraussetzung ist ein geschlossener Ring um das Gebäude.

Bewehrtes Mauerwerk (in DIN EN 1996-1-1/NA nicht bearbeitet)

Die Bewehrung aus Stahl nach DIN 488 wird angeordnet, um die Biegefestigkeit des Baukörpers zu steigern. Bei genormten Mauersteinen kann die Lagerfuge bewehrt werden.

Formsteine wie z.B. **U-Schalen** sind für die horizontale Bewehrungsführung gut einsetzbar. Die Konstruktion und Ausführung eines **Ringankers** aus bewehrtem Mauerwerk erfordert in zwei Lagerfugen insgesamt 4 ∅ 6 B500. Folgende Anforderungen müssen eingehalten werden:

- Die Wanddicke darf 11,5 cm nicht unterschreiten.
- Die Steinfestigkeit darf 15 N/mm² nicht unterschreiten.
- Die Fugen dürfen mit Bewehrung nicht dicker als 2 cm sein.
- Der Durchmesser der Stäbe darf 8 mm nicht überschreiten.
- Der Mauerverband darf nicht zerstört werden.
- Die Stahleinlagen sind satt in Mörtel MG III, IIIa zu verlegen.

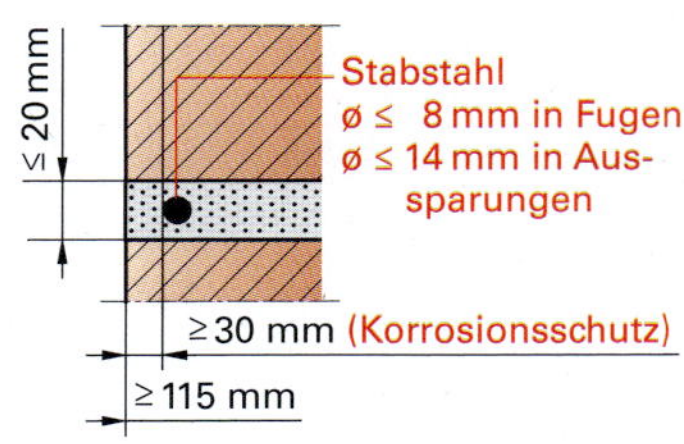

Füllziegel/Hohlkammersteine eignen sich für senkrecht bewehrtes Mauerwerk. Hier ist ein Beton ≥ C12/15 notwendig. Das Größtkorn darf 8 mm nicht überschreiten.

B

Ausfachungen

Ausfachungswände von Fachwerk, Skelett- und Schottensystemen sind nicht tragende Außenwände, bei denen auf einen Nachweis verzichtet werden kann, wenn

- die Wände vierseitig gehalten sind (z.B. durch Verzahnung, Versatz, Anker)
- die zulässigen Größtwerte der Ausfachungsfläche nicht überschritten werden
- Mörtel der Mörtelgruppe IIa, III oder IIIa verwendet werden

$$\varepsilon = \frac{l_i}{h_i}$$

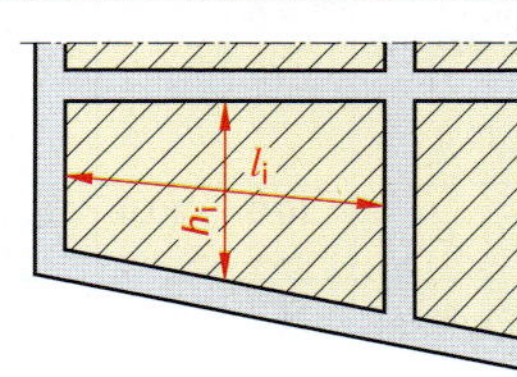

Zulässige Größtwerte der Ausfachungsfläche von nicht tragenden Außenwänden in m²

Wanddicke t	Zulässiger Größtwert der Ausfachungsfläche bei einer Höhe über Gelände von			
	0 m bis 8 m		8 m bis 20 m[2]	
	ε = 1,0	$\varepsilon \geq 2{,}0$	ε = 1,0	$\varepsilon \geq 2{,}0$
11,5 cm[1]	12 m²	8 m²	–	–
17,5 cm[1]	20 m²	14 m²	13 m²	9 m²
24 cm[1]	36 m²	25 m²	23 m²	16 m²
≥ 30 cm	50 m²	33 m²	35 m²	23 m²

[1] Bei Verwendung von Steinen der Festigkeitsklasse 12 N/mm² und höher dürfen die Werte dieser Zeile um ⅓ vergrößert werden.

[2] In Windlastzone 4 nur im Binnenland.

Einstufungen im Holzbau

Die folgenden Ausführungen basieren auf der DIN EN 1995 „Bemessung und Konstruktion von Holzbauten" (EC 5)

- Teil 1-1: Allgemeine Regeln für den Hochbau und dem Nationalen Anhang (NA) in Verbindung mit DIN EN 1990 (EC 0) und DIN EN 1990 (EC 1)
- Einwirkungen werden nach ihrer zeitlichen Veränderung eingeteilt
- Die Einbaufeuchte des Holzes darf in den Nutzungsklassen (NKL) 1 und 2 höchstens 20%, in der Nutzungsklasse 3 höchstens 25% betragen

Nutzungsklassen NKL von Holzbaustoffen

Nutzungsklasse	NKL 1	NKL 2	NKL 3
Ausgleichsholzfeuchte	5% ... 15%	10% ... 20%	12% ... 24%
Nutzungsart	beheizte Innenräume	überdachte Tragwerke	frei der Witterung ausgesetzte Bauwerke

Klassen der Lasteinwirkungsdauer KLED

Klasse	Dauer der Einwirkung	Beispiele für Einwirkung
ständig	länger als 10 Jahre	Eigenlasten
lang	6 Monate bis 10 Jahre	Verkehrslasten in Lagerräumen
mittel	1 Woche bis 6 Monate	Verkehrslasten, Spitzböden, Wohn-, Aufenthalts-, Büroräume und Flure
		Regelschneelast $s_0 > 2{,}0$ kN/m²
kurz	kürzer als 1 Woche	Regelschneelast $s_0 \leq 2{,}0$ kN/m²
Bei Wind darf für k_{mod} das Mittel aus kurz und sehr kurz verwendet werden.		Windlast
sehr kurz	kürzer als 1 Minute	Anpralllasten

Faktoren zum Nachweis der Tragfähigkeit k_{mod} (Modifikationsbeiwert) und der Gebrauchstauglichkeit k_{def} (Verformungsbeiwert) für Vollholz (VH) und Brettschichtholz (BSH)

Klasse der Lasteinwirkungsdauer	k_{mod} für die Nutzungsklassen			k_{def} für die Nutzungsklassen		
	NKL 1	NKL 2	NKL 3	NKL 1	NKL 2	NKL 3
ständig	0,60	0,60	0,50	0,60	0,80	2,00
lang	0,70	0,70	0,55	für VH, BSH, Furnierholz, Balkenschichtholz, Brettschichtholz, Massivholzplatten		
mittel	0,80	0,80	0,65			
kurz	0,90	0,90	0,70			
sehr kurz	1,10	1,10	0,90			

Bei Kombination mehrerer Einwirkungen wird für k_{mod} die Einwirkungszeit mit der kürzesten Lasteinwirkungsdauer für die gesamte Kombination angesetzt.

Teilsicherheitsbeiwerte γ_M für Baustoffe

Bemessungssituation	γ_M
Holzbauteile allgemein im Tragfähigkeitsnachweis	1,3
Stahl in Verbindungen auf Biegung	1,1
auf Zug oder Scheren beanspruchte Stahlteile	1,25
außergewöhnliche Beanspruchung	1,0
alle Baustoffe im Gebrauchstauglichkeitsnachweis	1,0

Nutzungsklasse 1
Regeltemperatur 20 °C
Luftfeuchtigkeit i. d. R. 65%

Nutzungsklasse 2
Regeltemperatur 20 °C
Luftfeuchtigkeit i. d. R. 85%

Nutzungsklasse 3
Konstruktionen sind der Witterung ausgesetzt.

Im **Tragfähigkeitsnachweis** werden die Bauteile und Verbindungsmittel auf Versagen infolge Spannungsüberschreitung oder mangelnder Stabilität untersucht.
Im **Gebrauchstauglichkeitsnachweis** wird untersucht, ob die Bauteile sich in den Grenzen zulässiger Werte verformen. Wegen der aufwendigen Rechenverfahren wird nachfolgend im **Tragfähigkeitsnachweis** nur der **Regelfall** behandelt. Dabei wird die Nutzungsklasse 1 oder 2 (NKL = 1 oder 2) und die Klasse der Lasteinwirkungsdauer mit mittel (KLED = mittel) angesetzt. Damit sind $\gamma_M = 1{,}3$ und $k_{mod} = 0{,}8$ berücksichtigt.

B

Festigkeitswerte

vgl. DIN EN 338 und DIN EN 1194

Bemessungswerte im Regelfall[1)] für Vollholz VH in N/mm²

Art der Beanspruchung		Festigkeitsklasse für Nadelholz NH				Festigkeitsklasse für Laubholz LH			
		C24	C30	C35	C40	D30	D35	D40	D60
Biegung	$f_{m,d}$	14,8	18,5	21,5	24,6	18,5	21,5	24,6	36,9
Zug ‖	$f_{t,0,d}$	8,62	11,1	12,9	14,8	11,1	12,9	14,8	22,2
Zug ⊥	$f_{t,90,d}$	0,246				0,308			
Druck ‖	$f_{c,0,d}$	12,9	14,2	15,4	16,0	14,2	15,4	16,0	19,7
Druck ⊥	$f_{c,90,d}$	1,54	1,66	1,72	1,78	4,92	5,17	5,42	6,46
Schub und Torsion	$f_{v,d}$	1,23[2)]				1,85	2,09	2,34	3,26
Rollschub	$f_{R,d}$	0,615							
Rohdichte in kg/m³	ϱ_k	350	380	400	420	530	560	590	700

Bemessungswerte im Regelfall[1)] für homogenes Brettschichtholz BSH, NH in N/mm²

Art der Beanspruchung		Festigkeitsklasse			
		GL 24 h	GL 28 h	GL 32 h	GL 36 h
Biegung	$f_{m,d}$	14,8	17,2	19,7	22,2
Zug ‖	$f_{t,0,d}$	10,2	12,0	13,8	16,0
Zug ⊥	$f_{t,90,d}$	0,308			
Druck ‖	$f_{c,0,d}$	14,8	16,3	17,8	19,1
Druck ⊥	$f_{c,90,d}$	1,66	1,85	2,03	2,22
Schub und Torsion	$f_{v,d}$	1,54*)			
Rollschub	$f_{R,d}$	0,615			
Rohdichte in kg/m³	ϱ_k	380	410	430	450

1) Sollte der Regelfall nicht vorliegen, so kann auf charakteristische Werte f_k für Vollholz VH und Brettschichtholz BSH zurückgerechnet werden, wenn die Tabellenwerte mit 1,625 multipliziert werden.
Es gilt dann:

$$f_d = \frac{k_{mod} \cdot f_k}{\gamma_M}$$

2) Bei $f_{v,d}$ handelt es sich um die mit $k_{c,r}$ entsprechend dem nationalen Anhang (NDP 6.1.7(2)) reduzierte Schubfestigkeit.

Bemessungswerte im Regelfall[1)] für Druckfestigkeiten bei schrägem Kraftangriff in N/mm²

Kraft-Faser-Winkel α	0°	30°	45°	60°	90°
	– Zwischenwerte interpolierbar –				
Druck $f_{c,\alpha,d}$	12,9	4,36	2,68	1,94	1,54

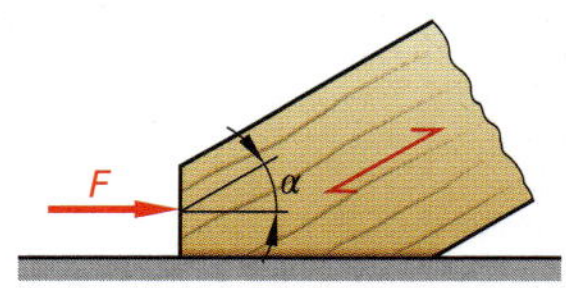

Elastizitäts- und Schubmodule in N/mm²

Vollholz	$E_{0,mean}$	$E_{90,mean}$	G_{mean}	Brettschichtholz	$E_{0,mean}$	$E_{90,mean}$	G_{mean}
NH C24	11000	370	690	BSH GL24h/GL24c	11600	390/320	720/590
NH C30	12000	400	750	BSH GL28h/GL28c	12600	420/390	780/720
NH C35	13000	430	810	BSH GL32h/GL32c	13700	460/420	850/780
NH C40	14000	470	880	BSH GL36h/GL36c	14700	490/460	910/850
LH D30	10000	640	600				
LH D35	10000	690	650				
LH D40	11000	750	700				
LH D60	17000	1130	1060				

GK II ≙ S10 ≙ C24; GK I ≙ S13 ≙ C30;
LS 10 ≙ D30 (Eiche); LS 10 ≙ D35 (Buche);
LS 13 ≙ D40 (Buche); BS 11 ≙ GL24;
BS 14 ≙ GL28; BS 16 ≙ GL32; BS 18 ≙ GL36

Bemessungssituation

- **Grenzzustand der Tragfähigkeit**
Teilsicherheitsbeiwerte $\gamma_G = 1{,}35$ und $\gamma_Q = 1{,}5$
Folgende Nachweise sind zu führen: Zug in Faserrichtung; Zug unter einem Winkel α; Druck in Faserrichtung; Druck rechtwinklig zur Faserrichtung; Druck unter einem Winkel α; Biegung; Biegung und Zug; Biegung und Druck; mittiger Druck (Knicken mit Ersatzstabverfahren).
- **Grenzzustand der Gebrauchstauglichkeit**
Für den Nachweis sind die charakteristischen Werte der Einwirkung zu verwenden ($\gamma = 1{,}0$).

Erläuterung der Bezeichnungen

C Coniferous Tree, Nadelholz
D Decidous Tree, Laubholz
GL Glued Laminated, Brettschichtholz
h homogenes BSH
(c combinated BSH)

Bei homogenem BSH sind alle Bretter von gleicher Qualität.
Bei kombiniertem BSH sind die äußeren drei Bretter (mind. $h/5$) von benannter Qualität, die inneren eine Qualitätsstufe niedriger.

B

Bemessungsregeln

Tragfähigkeitsnachweise

Zug parallel zur Faser	Druck mit Knicken parallel zur Faser	Schub am Rechteckquerschnitt	Biegung	
$\frac{N_d/A_n}{f_{t,0,d}} \leq 1$	$\frac{N_d/A}{k_c \cdot f_{t,0,d}} \leq 1$	$\frac{1{,}5 \cdot V_{d,z}/A}{f_{v,d}} \leq 1$	$\frac{M_{y,d}/W_y}{f_{m,d}} \leq 1$	N_d Normalkraft $V_{z,d}$ Querkraft M_d Biegemoment A_n Netto-Querschnitt

Druck und Biegung bzw. Knicken mit Biegung	$\frac{N_d/A_n}{k_{c,y} \cdot f_{0,d}} + k_m \cdot \frac{M_{y,d}/W_y}{f_{m,d}} \leq 1$	Druck und Biegung ohne Knicken	$\left(\frac{N_d/A_n}{f_{c,0,d}}\right)^2 + \frac{M_{y,d}/W_y}{f_{m,d}} \leq 1$

Gebrauchstauglichkeit (Nachweis der Durchbiegung)[1]

Anfangsverformung: Elastische Durchbiegung (charakteristische Kombination)

$w_{inst} \leq l/300$ bis $l/500$ (Empfehlung $l/300$, keine starre Begrenzung)

$$w_{inst} = w_{G,inst} + w_{Q,1,inst} + \sum_{i>1} \psi_{0,i} \cdot w_{Q,i,inst} \leq l/300$$

Vereinfachter Nachweis für Einfeldträger[2]

$$w_{inst} = g_k \cdot \frac{5 \cdot l^4}{384 \cdot E \cdot I} + q_k \cdot \frac{5 \cdot l^4}{384 \cdot E \cdot I}$$

Endverformung: Charakteristische Kombination

$w_{fin} \leq l/150$ bis $l/300$ (Empfehlung $l/200$, keine starre Begrenzung)[3]

$$w_{fin} = w_{inst} + w_{inst,G} \cdot k_{def} + \sum_{i>1} w_{inst,Q,i} \cdot \psi_{2,i} \cdot k_{def} \leq l/150$$

Vereinfachter Nachweis für Einfeldträger[3]

$$w_{fin} = w_{inst} + g_k \cdot k_{def} \cdot \frac{5 \cdot l^4}{384 \cdot E \cdot I} + q_k \cdot \psi_2 \cdot k_{def} \cdot \frac{5 \cdot l^4}{384 \cdot E \cdot I}$$

[1] Für die Nachweise der Gebrauchstauglichkeit sind die charakteristischen Werte der Einwirkungen ($\gamma_G = \gamma_Q = 1$) zu verwenden.

[2] Für einen Einfeldträger mit einer ständigen und einer veränderlichen Last.

[3] Bei Kragarmen dürfen die Durchbiegungen doppelt so groß sein, die Grenzwerte also halbiert werden (z. B. $l/150$ statt $l/300$).

Biegeknicken und Biegedrillknicken

Biegeknicken ist der plötzliche Übergang der ursprünglich geraden Achse eines schlanken stabförmigen Körpers in eine gekrümmte Form unter dem Einfluss einer Druckkraft. Um einen knickgefährdeten Druckstab zu bemessen, ist die Schlankheit λ des Stabes für beide Richtungen (y und z) zu bestimmen. Mit der größeren Schlankheit kann der nachfolgenden Tabelle der Knickbeiwert k_c als Abminderungsfaktor für $f_{c,0,d}$ entnommen werden. Bei Knicken mit Biegung beträgt $k_m = 0{,}7$.

Knickbeiwerte k_c (Zwischenwerte dürfen linear interpoliert werden)[4]

Schlankheit λ	Vollholz NH	Vollholz LH		Brettschichtholz
	C24 ... C40	D30 ... D40	D60	GL24h ... GL36h
10	1,000	1,000	1,000	1,000
30	0,946	0,943	0,963	0,977
50	0,792	0,781	0,849	0,894
70	0,547	0,532	0,645	0,664
90	0,363	0,351	0,447	0,437
110	0,252	0,244	0,316	0,301
130	0,185	0,178	0,232	0,219
150	0,141	0,136	0,178	0,166
170	0,111	0,107	0,140	0,130
190	0,089	0,086	0,113	0,104
210	0,073	0,071	0,093	0,086
230	0,062	0,059	0,078	0,072
250	0,052	0,050	0,066	0,061

Schlankeit l_{ef}

$$\lambda_y = \frac{l_{ef,y}}{i_y} \qquad \lambda_z = \frac{l_{ef,z}}{i_z}$$

$\lambda = \max\{\lambda_y; \lambda_z\}$

Nachweis

$$\frac{N_d/A}{k_c \cdot f_{c,0,d}} \leq 1$$

k_c nach Tabelle

[4] k_c-Werte gerundet

Biegedrillknicken (früher: Kippen) ist das seitliche Ausweichen der Druckzone eines Biegebalkens. Auf einen Biegedrillknicknachweis (Kippnachweis) kann verzichtet werden, wenn die Bedingung $l_{ef} \leq 140 \cdot b^2/h$ erfüllt ist. l_{ef} ist dabei der Abstand der Kipphalterungen (z. B. der Auflager).

B

Querschnittswerte

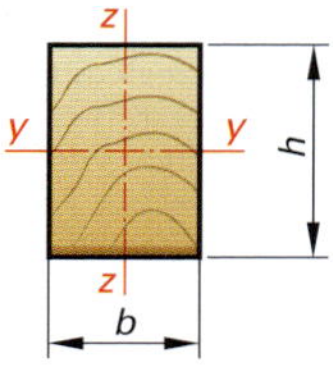

Widerstandsmomente (cm^3)

$$W_y = \frac{b \cdot h^2}{6}$$

$$W_z = \frac{h \cdot b^2}{6}$$

Flächenmomente 2. Grades (cm^4)

$$I_y = \frac{b \cdot h^3}{12}$$

$$I_z = \frac{h \cdot b^3}{12}$$

Trägheitsradien (cm)

$$i_y = \sqrt{\frac{I_y}{A}}$$

$$i_z = \sqrt{\frac{I_z}{A}}$$

Kanthölzer und Balken (Auszug nach DIN 4074)

Querschnitt	Fläche	Gewicht	Widerstandsmoment		Flächenmoment		Trägheitsradius	
b/h cm/cm	A cm^2	pro Meter[1] kg/m	W_y cm^3	W_z cm^3	I_y cm^4	I_z cm^4	i_y cm	i_z cm
6/6 *	36	2,16	36	36	108	108	1,73	1,73
6/8 *	48	2,88	64	48	256	144	2,31	1,73
6/10*	60	3,60	100	60	500	180	2,89	1,73
6/12*	72	4,32	144	72	864	216	3,46	1,73
6/14	84	5,04	196	84	1 372	252	4,04	1,73
6/16	96	5,76	256	96	1 044	288	4,62	1,73
6/18	108	6,48	324	108	2 916	324	5,20	1,73
7/7	49	2,94	57	57	200	200	2,02	2,02
7/10	70	4,20	117	82	583	286	2,89	2,02
7/12	84	5,04	168	98	1 008	343	3,46	2,02
7/14	98	5,88	229	114	1 601	400	4,04	2,02
7/16	112	6,72	299	131	2 385	457	4,62	2,02
7/18	126	7,56	378	147	3 402	514	5,20	2,02
8/8 *	64	3,84	85	85	341	341	2,31	2,31
8/10*	80	4,80	133	107	667	427	2,89	2,31
8/12*	96	5,76	192	128	1 152	512	3,46	2,31
8/14	112	6,72	261	149	1 829	597	4,04	2,31
8/16*	128	7,68	341	171	2 731	683	4,62	2,31
8/18	144	8,64	432	192	3 888	768	5,20	2,31
8/20	160	9,60	533	213	5 333	853	5,77	2,31
8/24	192	11,5	768	256	9216	1 024	6,93	2,31
10/10*	100	6,0	167	167	833	833	2,89	2,89
10/12*	120	7,2	240	200	1 440	1 000	3,46	2,89
10/18	180	10,8	540	300	4 860	1 500	5,20	2,89
10/20*	200	12,0	667	333	6 667	1 667	5,77	2,89
10/22*	220	13,2	807	367	8 873	1 833	6,35	2,89
10/24	240	14,4	960	400	11 520	2 000	6,93	2,89
10/26	260	15,6	1 127	433	14 647	2 167	7,51	2,89
12/12*	144	8,64	288	288	1 728	1 728	3,46	3,46
12/14*	168	10,1	392	336	2 744	2 016	4,04	3,46
12/16*	192	11,5	512	384	4 096	2 304	4,62	3,46
12/20*	240	14,4	800	480	8 000	2 880	5,77	3,46
12/24*	288	17,3	1 152	576	13 824	3 456	6,93	3,46
14/14*	196	11,8	457	457	3 201	3 201	4,04	4,04
14/16*	224	13,4	597	523	4 779	3 659	4,62	4,04
14/20*	280	16,8	933	652	9 333	4 573	5,77	4,04
14/22	308	18,5	1 129	719	12 422	5 031	6,35	4,04
16/16*	256	15,4	683	683	5 461	5 461	4,62	4,62
16/18*	288	17,3	864	768	7 776	6 144	5,20	4,62
16/20*	320	19,2	1 067	853	10 667	6 827	5,77	4,62
16/22	352	21,1	1 291	939	14 197	7 509	6,35	4,62
18/18	324	19,4	972	972	8 748	8 748	5,20	5,20
18/20	360	21,6	1 200	1 080	12 000	9 720	5,78	5,20
18/22*	396	23,8	1 452	1 188	15 972	10 692	6,35	5,20
20/20*	400	24,0	1 333	1 333	13 333	13 333	5,77	5,77
20/22	440	26,4	1 613	1 467	17 747	14 667	6,35	5,77
20/24*	480	28,8	1 920	1 600	23 040	16 000	6,93	5,77
22/22	484	29,0	1 775	1 775	19 520	19 520	6,35	6,35
22/26	572	34,3	2 480	2 097	32 223	23 071	7,51	6,35
22/30	660	39,6	3 300	2 420	49 500	26 620	8,66	6,35

[1] bei $\varrho = 600$ kg/m³; * Vorratshölzer; Alle fettgedruckten Querschnitte sind als KVH erhältlich.

B

Zimmermannsmäßige Holzverbindungen

Stoß

Stöße sind nur dort anzuordnen, wo die Hölzer unter der Stoßstelle unterstützt werden können. Sie sollten durch Klammern oder Laschen gesichert werden.

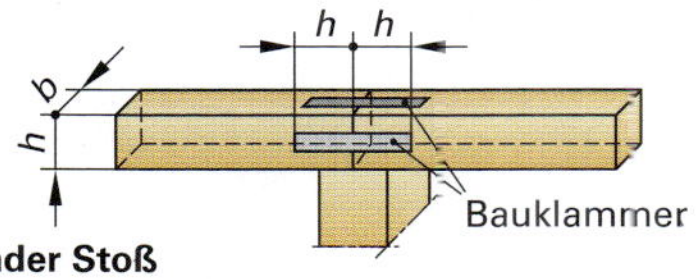

Gerader Stoß

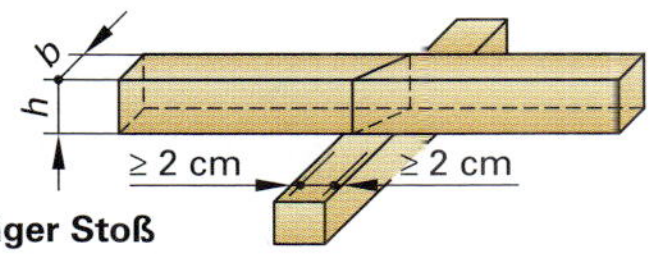

Schräger Stoß

Blatt

Das Blatt greift beiderseits durch die halbe Holzhöhe, Ober- und Unterseite der verblatterten Hölzer liegen bündig.

Längsverblattungen

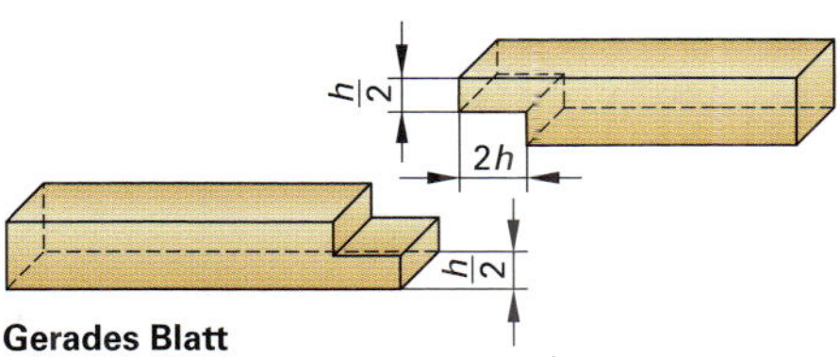

Gerades Blatt

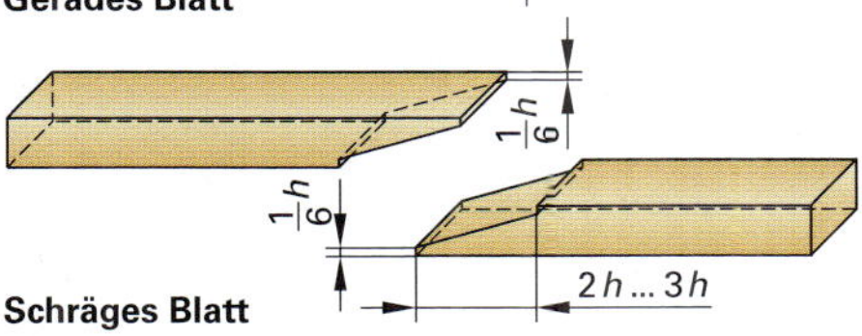

Schräges Blatt

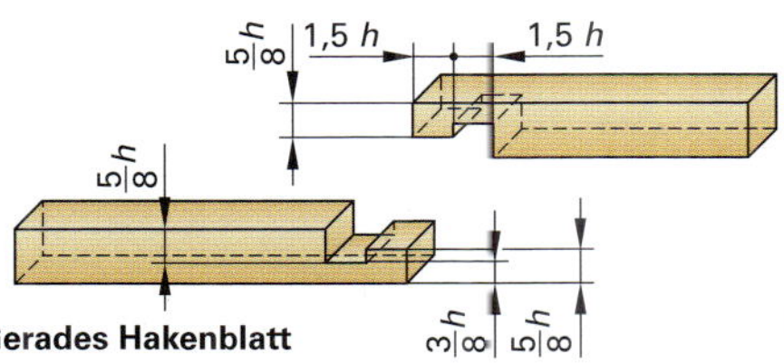

Gerades Hakenblatt

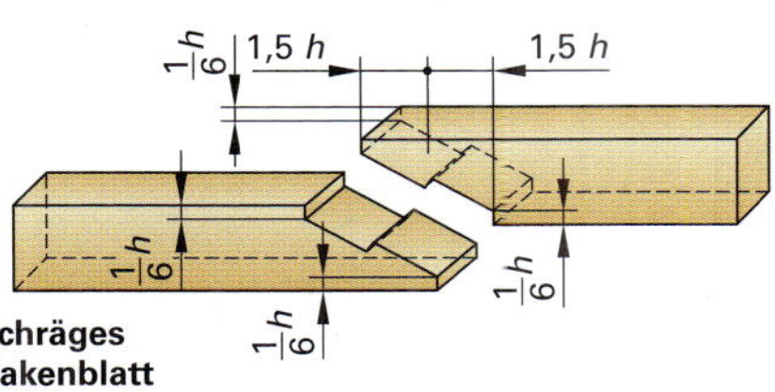

Schräges Hakenblatt

Querverblattungen

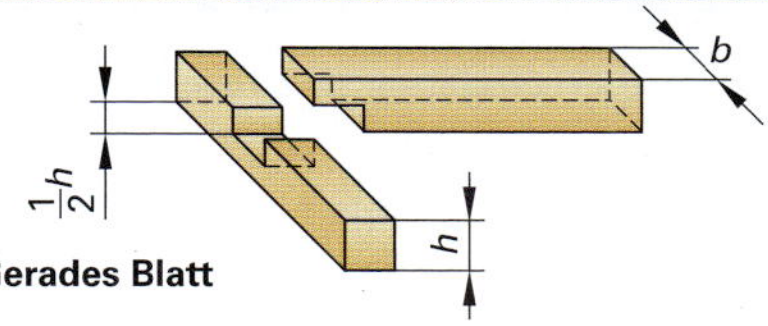

Gerades Blatt

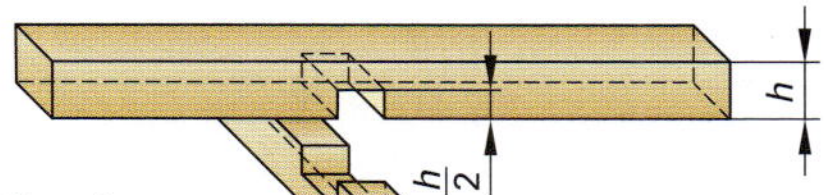

Gerade Überblattung

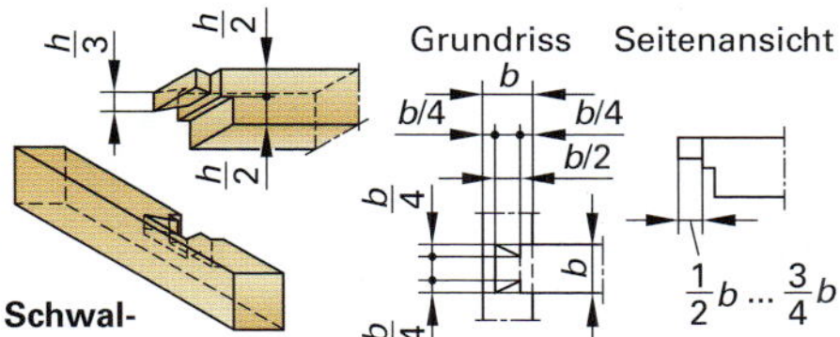

Schwalbenschwanz

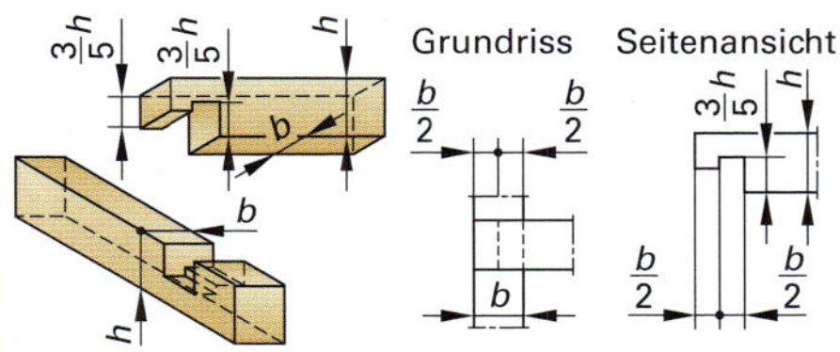

Hakenblatt

Eckverblattungen

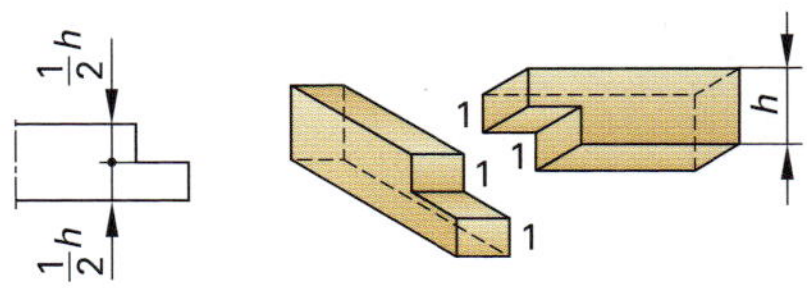

Gerades Eckblatt

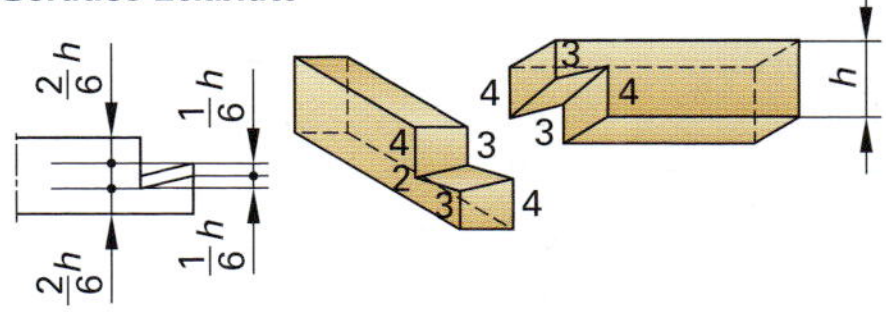

Schräges Eckblatt (Druckblatt)

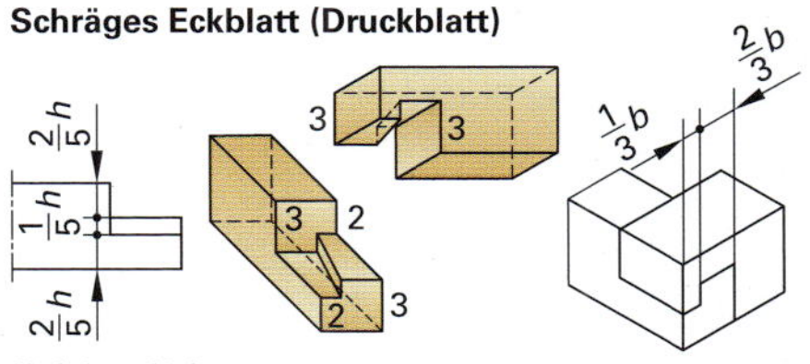

Hakeneckblatt

B

Zimmermannsmäßige Holzverbindungen

Kamm

Der Kamm sichert Hölzer, deren Achsen sich rechtwinklig kreuzen, in horizontaler Ebene gegen Verschieben.

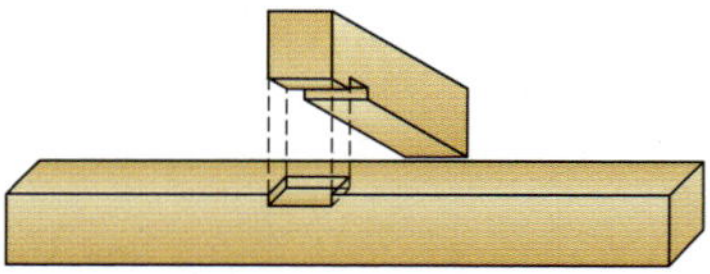

Gerader Kamm mit einseitigem Versatz (Stufenkamm oder einfache Verkämmung)

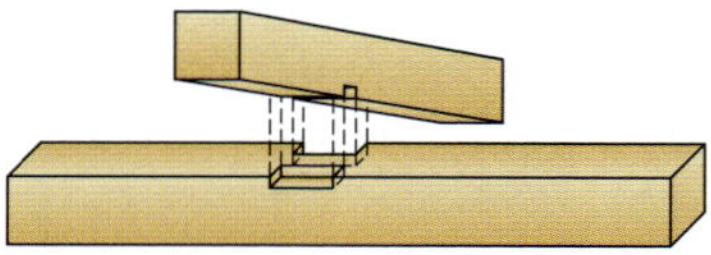

Gerader Kamm mit zweiseitigem Versatz (doppelte Verkämmung)

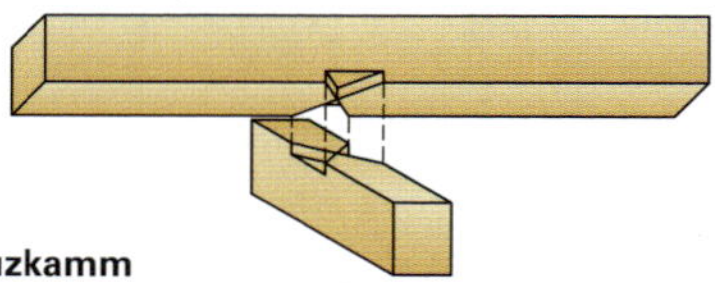

Kreuzkamm

Zapfen

Wenn Hölzer im Kreuzungspunkt enden (Pfosten-Rähm/Schwelle), werden sie mit einem Zapfen in ihrer Lage gesichert.

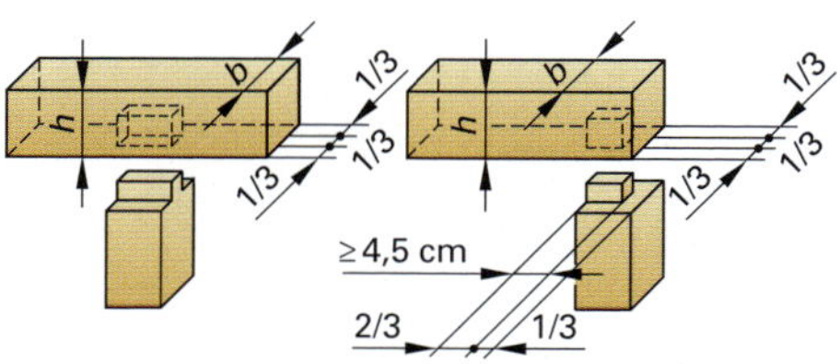

Gerader Zapfen | Geächselter Zapfen (abgesteckter Zapfen)

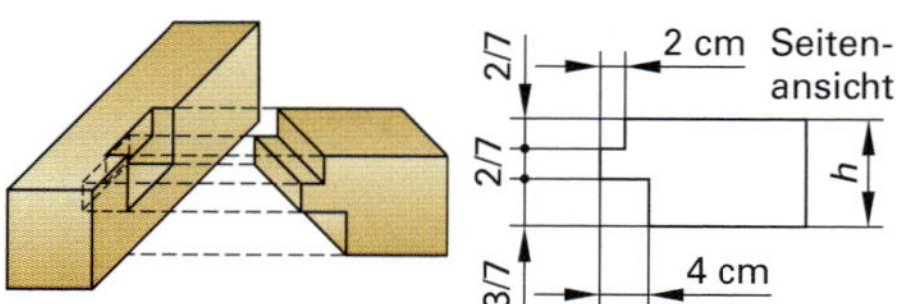

Zapfen mit gerader Brust

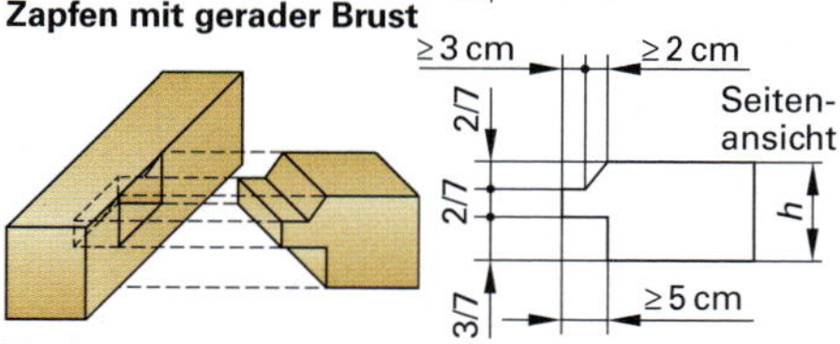

Zapfen mit schräger Brust

Versatz

Wenn zwei Hölzer in schräger Richtung aufeinandertreffen, dann erfolgt ihre Verbindung durch Versatze.

$t_v \approx \frac{h}{6} \dots \frac{h}{4}$

$l_v \geq 20$ cm

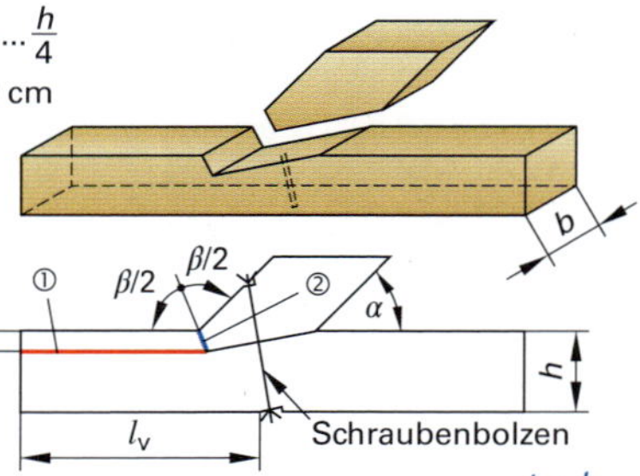

① Scherfläche $A_S = l_v \cdot b$

② Druckfläche $A_D = \frac{t_v \cdot b}{\cos \alpha/2}$

Stirnversatz

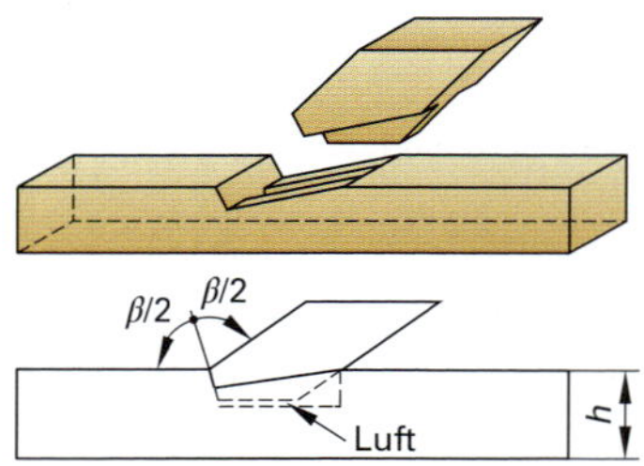

Strebenzapfen mit Versatz

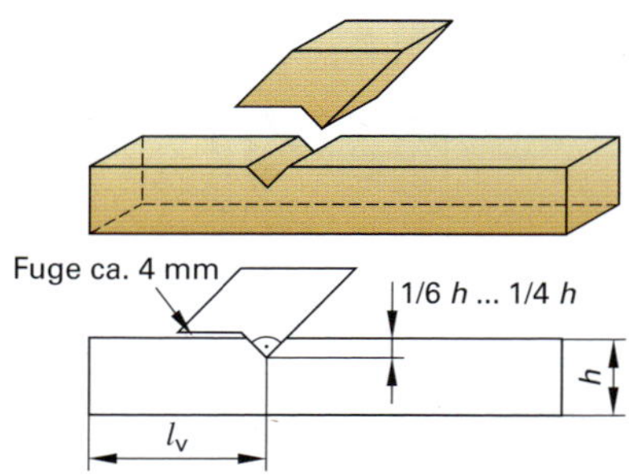

Fersenversatz

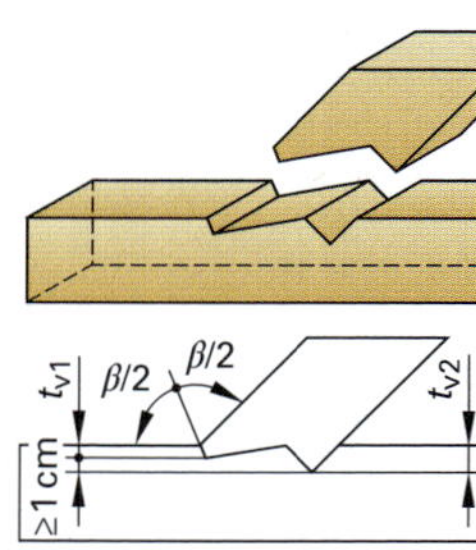

$t_{v2} = 1/6\ h \dots 1/4\ h$

$t_{v1} = 0{,}8\, t_{v2} \leq t_{v2} - 1$ cm

Doppelter Versatz

B

Versatze

Für die Ausbildung von Versatzen gilt der EC 5

- Verbindungen sind möglichst symmetrisch zur Stabachse anzuordnen.
- Die erforderliche seitliche Lagesicherung erfolgt durch Zapfen oder durch seitlich aufgenagelte Laschen oder durch Bolzen oder durch Sondernägel.

Stirnversatz

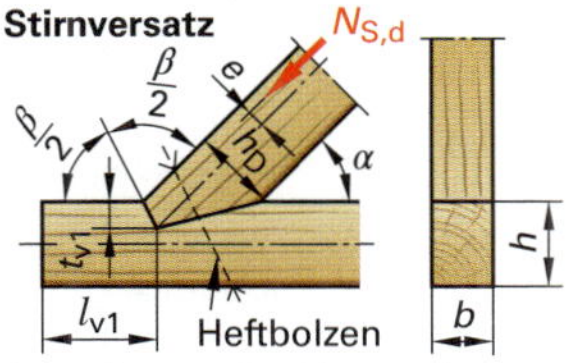

Ausmitte $e = 0{,}5\,(h_D - t_{v1})$

Fersen- oder Rückversatz

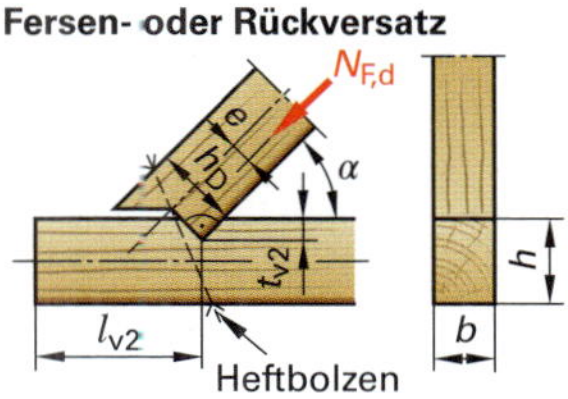

doppelter Versatz

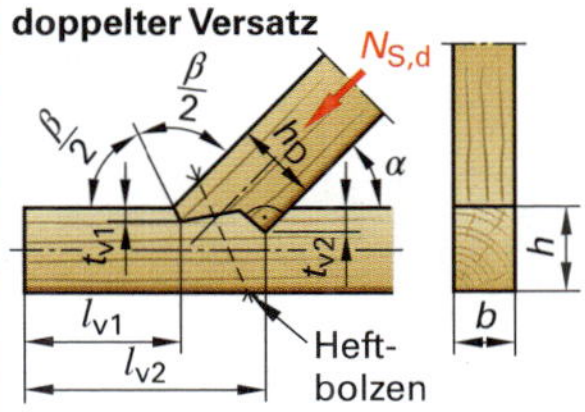

Stirnversatz	Fersen- oder Rückversatz	doppelter Versatz
$R_{S,d} = b \cdot t_{v1} \cdot f_{c,0,d} \cdot k_S$	$R_{F,d} = b \cdot t_{v2} \cdot f_{c,0,d} \cdot k_F$	$R_{D,d} = R_{S,d} + R_{F,d}$ $R_{D,d} = b \cdot t_{v1} \cdot f_{c,0,d} \cdot k_S +$ $+ b \cdot t_{v2} \cdot f_{c,0,d} \cdot k_F$
$N_{S,d}/R_{S,d} \leq 1$	$N_{F,d}/R_{F,d} \leq 1$	$N_{S,d}/R_{S,d} \leq 1$; $N_{D,d}/R_{D,d} \leq 1$;
$l_{v1} \geq N_{S,d} \cdot \cos\alpha/(b \cdot f_{v,d})$	$l_{v2} \geq N_{F,d} \cdot \cos\alpha/(b \cdot f_{v,d})$	$l_{v1} \geq N_{S,d} \cdot \cos\alpha/(b \cdot f_{v,d})$ $l_{v2} \geq N_{D,d} \cdot \cos\alpha/(b \cdot f_{v,d})$

Versatztiefe $t_v = t_{v2} \leq h/6$ bis $h/4$ nach Tabelle; $t_{v1} = 0{,}8 \cdot t_{v2} \leq t_{v2} - 10$ mm
Versatztiefe bei zweiseitigem Einschnitt je Seite $t_v \leq h/6$
Vorholzlänge $l_v = l_{v1} \geq 200$ mm; höchst anrechenbare Vorholzlänge $l_v = 8 \cdot t_v$; $l_{v1} = 8 \cdot t_{v1}$

Zulässige Versatztiefen t_v bzw. t_{v2} (Strebenneigung α)

α	≤ 50°	51°	52°	53°	54°	55°	56°	57°	58°	59°	≥ 60°
t_v/h	0,250	0,242	0,233	0,225	0,217	0,209	0,200	0,192	0,184	0,175	0,167

Versatzbeiwerte k_S und k_F für C24

α	15°	20°	25°	30°	35°	40°	45°	50°	55°	60°	65°
k_S	0,976	0,958	0,937	0,912	0,886	0,860	0,835	0,812	0,792	0,775	0,763
k_F	0,881	0,808	0,736	0,671	0,620	0,582	0,560	0,553	0,564	0,596	0,658

Verbindungsmittel

Nägel nach DIN EN 10230

Nägel mit Querschnitt und mit glatter, gerauter, angerollter oder gerillter Schaftform, Flachkopf oder flachem Senkkopf mit oder ohne Einsenkung. Die Nägel werden rechtwinklig zum Schaft auf Abscheren beansprucht. Hierfür sind mindestens 2 Nägel je Anschluss erforderlich.

In der Tabelle ist der Normalfall Holz-Holz-Verbindung **Nadelholz C24, Brettschichtholz GL 24c** mit $k_{mod} = 0{,}8$ und $\gamma_M = 1{,}1$ ausgewiesen.

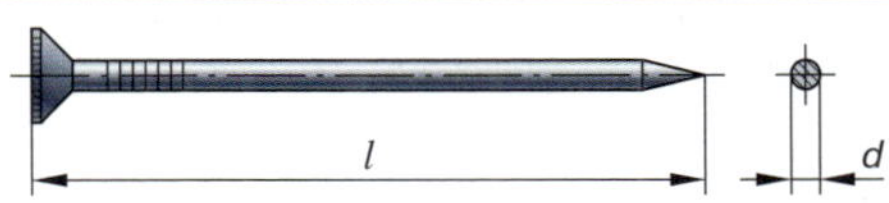

n Anzahl der Nägel
R_d zul. Nagelbelastung
m Schnittigkeit
N_d Beanspruchung

$$\text{erf } n = \frac{N_d}{m \cdot R_d}$$

Der Durchmesser vorgebohrter Löcher für Nägel soll etwa $0{,}9 \cdot d$ sein. Bei Stahlblech-Holz-Verbindungen darf der Lochdurchmesser im Stahlblech bis 1 mm größer sein als der Nageldurchmesser. Bei Holzwerkstoff-Verbindungen dürfen Nägel nicht mehr als 2 mm versenkt werden.

Bei Rundholzverbindungen ohne passende Bearbeitung der Berührungsflächen sind die Tabellenwerte zu 2/3 in Rechnung zu stellen. Bei Holzwerkstoff-Holz-Verbindungen und Gipswerkstoff-Holz-Verbindungen sind geeignete Maßnahmen zur Vermeidung von Abplatzungen zu treffen, u. a. muss der Mindestabstand $a_1 = 20 \cdot d$ gemäß Tabelle (S. 328) betragen.

B

Verbindungsmittel

Bemessungswert der Nageltragfähigkeit pro Scherfuge

DIN EN 1995-1-1/NA

Nagel-abmessung	Mindest-eindring-tiefe t_{Ereq}	Mindestholzdicke bei Randabständen $a_{3,t(c)} < 10 \cdot d$ t_{req}	$a_{3,t(c)} \geq 10 \cdot d$ $a_{2,t(c)} \geq 14 \cdot d$ t_{req}	Trag-fähigkeit R_d	Min-dest-holz-dicke t_{req}	Trag-fähigkeit R_d
$d \times l$		NH (nvb)	NH + KI (nvb)	(nvb)	(vb)	(vb)
mm × mm	mm	mm	mm	N	mm	N
2,0 × 30/40/45	18	28	24	233	24	255
2,2 × 30/40/50	20	31	24	273	24	302
2,4 × 30/40/50	22	34	24	313	24	353
2,7 × 40/50/60	24	38	24	380	24	436
3,0 × 50/60/70/80	27	42	24	453	27	532
3,4 × 60/70/80/90	31	48	24	557	31	657
3,8 × 70/80/100	34	53	27	669	34	801
4,2 × 90/100/110	38	59	29	789	38	958
4,6 × 90/100/120	41	64	32	917	41	1 125
5,0 × 100/120/140	45	70	35	1 052	45	1 305
5,5 × 140	50	77	39	1 231	50	1 545
6,0 × 150/160/180	54	84	42	1 422	54	1 803
7,0 × 200	63	107	53	1 833	63	2 367
8,0 × 280	72	130	65	2 285	72	2 994

l Nagellänge
d Nageldurchmesser
nvb nicht vorgebohrt
vb vorgebohrt
NH Nadelholz
KI Kiefer
R_d Bemessungswert der Tragfähigkeit von einschnittigen Holznägeln

Für andere Nadelholz-Festigkeitsklassen sind die Werte entsprechend umzurechnen.

Rohdichte $\varrho_k > 350$ kg/m³ und Stahlzugfestigkeit $f_{u,k} = 600$ N/mm² dann
$R_d (\varrho_k > 350) = R_d \cdot k_R$
$k_R = \sqrt{\varrho_k / 350}$

Übergreifende Nägel (ohne Abstand) sind zulässig, wenn die Nagelspitze weit genug (> 4 · d) von der gegenüberliegenden Scherfuge entfernt ist (linkes Bild).

Minderung der Beanspruchbarkeit um 1/3 für Zugstöße mit außenliegenden Laschen (EC 5-NA).

Statt der Minderung wird i. d. R. die Übertragungskraft mit 1,5 multipliziert.

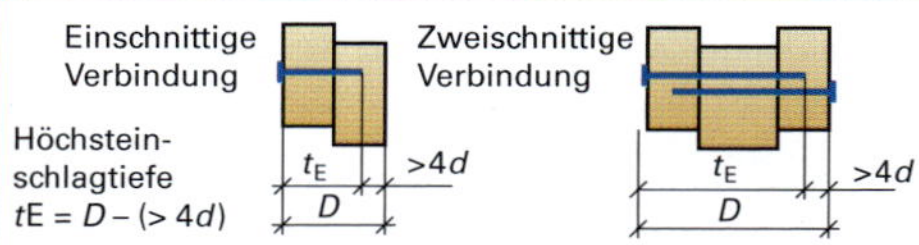

Übergreifende Nägel sind wie einschnittige Verbindungen zu bemessen.

B

Kleinste Nagelabstände[1]

für Hölzer $\varrho \leq 420$ kg/m³

Beschreibung	Ab-stand	nicht vorge-bohrt (nvb)	vorgebohrt
untereinander II der Kraftrichtung	a_1 II	$10 \cdot d$[2] $12 \cdot d$[3]	$5 \cdot d$
	a_2 ⊥	$5 \cdot d$	$4 \cdot d$
vom beanspruchten Rand II der Kraftrichtung	$a_{3,t}$ II	$15 \cdot d$	$12 \cdot d$
	$a_{4,t}$ ⊥	$7 \cdot d$[2] $10 \cdot d$[3]	$5 \cdot d$[2] $7 \cdot d$[3]
vom unbeanspruchten Rand II der Kraftrichtung	$a_{3,c}$ II	$10 \cdot d$	$7 \cdot d$
	$a_{4,c}$ ⊥	$5 \cdot d$	$3 \cdot d$

[1] bei $\alpha = 0$
[2] $d < 5$ mm Nageldurchmesser
[3] $d \geq 5$ mm Nageldurchmesser
II parallel in Faserrichtung
⊥ rechtwinklig zur Faserrichtung

Schreibweise II, ⊥ in der EC5 nicht mehr vorgesehen, dort Index c, 0, d oder c, 90, d.

Verbindungsmittelabstände

(Nägel, Schrauben, Dübel besonderer Art)

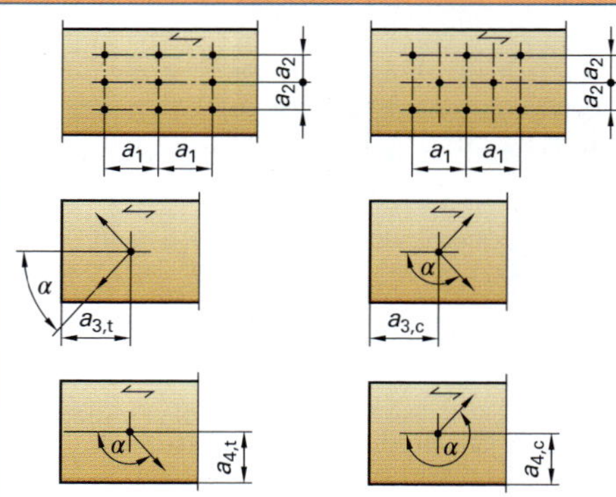

α Winkel zwischen Kraft- und Faserrichtung
d Durchmesser des Nagels
a_1 parallel zur Faserrichtung
a_2 rechtwinklig zur Faserrichtung
$a_{3,t}$ beanspruchtes Hirnholzende
$a_{3,c}$ unbeanspruchtes Hirnholzende
$a_{4,t}$ beanspruchter Rand
$a_{4,c}$ unbeanspruchter Rand

Holzverbinder, Blechformteile

Für die mechanischen Verbindungsmittel ist eine bauaufsichtliche (baurechtliche) Zulassung (BAZ) erforderlich. Holzverbinder aus feuerverzinktem Stahlblech/Edelstahl sind an folgende Materialgüten gebunden:

- Vollholz ab C24/D30, Brettschichtholz oder Sperrholz (Brettfurnierholz, BFU)
- Kammnägel (Rillennägel) mit ringförmig angeordneten parallelen Widerhaken
- Holzverbinder mit einer Plattenstärke 2 mm ≤ t ≤ 4 mm nach BAZ
Plattenstärke t > 4 mm aus Stahl St37 (S235JR)

Universal-beschlag ⑤

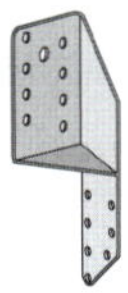

Sparren-pfettenanker ③

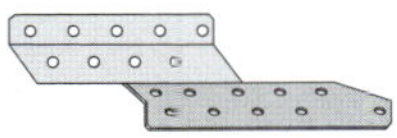

Balken-schuh

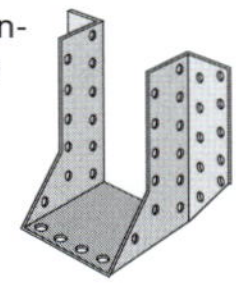

Balkenschuh mit eingebogenen Schenkeln ①

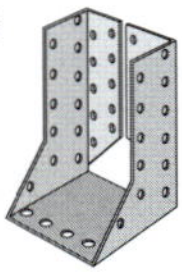

Winkel-verbinder ②

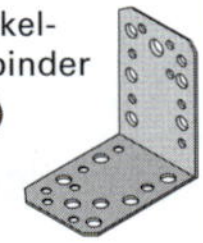

Spezial-beschläge

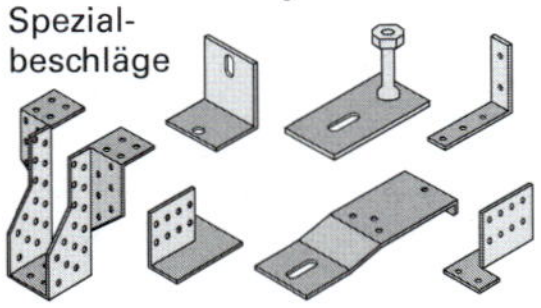

Nagelplatten

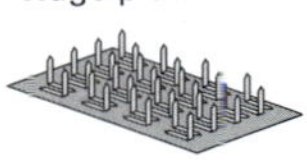

Darstellung auf Ingenieurplänen

Anzahl,
Kurzbezeichnung NaPl,
Abmessungen **b** × *l* in mm,
(Plattentyp, Fabrikat)

2 NaPl 114x200 (HN 200)

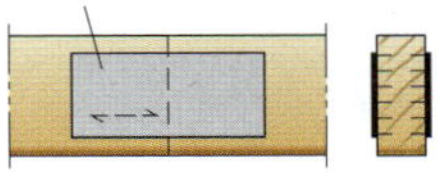

Verbinder – Abmessungen und Nagelanzahl (Auswahl)

Dar-stellung	Bezeichnung	Abmessung mm		Nagelzahl		∅ mm	Dübelzahl
		Breite	Höhe	n_H	n_N		
①	Balkenschuh	40 … 200	100 … 320	8 … 60	8 … 30	10	4 … 6
②	Winkelverbinder	40 … 100	40 … 100	4 … 22	4 … 22		
③	Sparrenpfettenanker	32,5	170 … 370	5 … 16	4 … 16		
④	Balkenträger	46	90 … 240	8 … 22		8 … 12	2 … 6
⑤	Universalverbinder	45 …	190 …	7 …	8 …	7	1
⑥	Lochbleche/Platten	40 … 120	120 … 300	9 … 83			
⑦	Zuganker	40 … 80	120 … 520	4 … 225		14 … 22	
⑧	Dübel besonderer Bauart (unterschiedlicher Bauart)	∅ außen 48 … 95	∅ innen 12 … 60			12 … 60	
⑨	Stabdübel	∅ 8 … 24	Länge 40 … 510	n_H: Nägel Hauptträger n_N: Nägel Nebenträger			

Balkenschuhe – Beispiele für Nagelgröße 4,0 × 40 ($d_n \times l_n$ in mm)

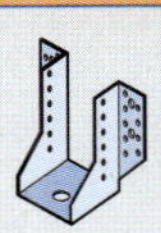

	Balkenschuhe Vollausnagelung (Auswahl)				Lastaufnahme	
	Nagelanzahl		Form-faktor c	A_W cm²		
	Hauptträger n_H	Nebenträger n_N			F_1 in kN $a/H_B \geq 0{,}7$	F_2 in kN $a/H_H < 0{,}7$
80 × 120	20	10	0,4	55,5	7,1	2,2 × f
80 × 150	24	12	–	55,5	8,6	2,2 × f
80 × 180	26	14	–	57,0	10,0	2,3 × f
80 × 210	30	16	–	54,7	11,4	2,2 × f
100 × 140	24	12	0,4	63,1	8,6	2,5 × f
100 × 170	26	14	0,4	64,6	10,0	2,6 × f
100 × 200	30	16	–	62,3	11,4	2,5 × f
120 × 160	26	14	0,4	72,2	10,0	2,9 × f
120 × 190	30	16	0,4	69,9	11,4	2,8 × f
140 × 180	30	16	0,4	77,5	11,4	3,1 × f
140 × 200	36	18	0,4	76,9	12,9	3,1 × f
140 × 240	44	22	–	76,9	15,7	3,1 × f

$F_1 = n_H \cdot \text{zul } N_1$ (parallel)
$F_2 = c \cdot F_1 \cdot H_B/H_N$ (senkrecht)
H_B Höhe Balkenschuh
H_H Höhe Hauptträger
H_N Höhe Nebenträger

Bolzen, Passbolzen und Stabdübel

Bolzen sind wie Metallschrauben mit Gewinde, Kopf und Mutter versehen. Bolzenverbindungen lassen relativ große Verschiebungen (Schlupf) zu, deshalb werden sie nur in untergeordneten Bauten (fliegende Bauten) und als Heftbolzen zur Lagesicherung von Bauteilen verwendet. Bolzenlöcher dürfen bis zu 1 mm größer sein als der Bolzennenndurchmesser M12, M16, M20, M24 (Lochspiel ≤ 1 mm).

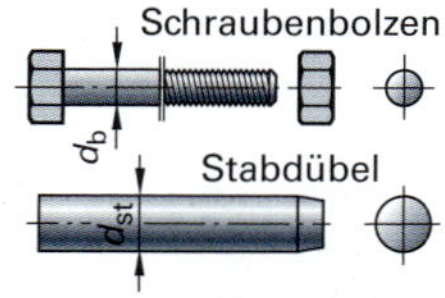

Passbolzen sind wie Bolzen ausgebildet. Sie werden wie Stabdübel gerechnet. Der Lochdurchmesser im Holz ist – wie auch bei Stabdübeln – gleich dem Nenndurchmesser (Lochspiel = 0 mm).

Stabdübel sind runde Stahlstifte mit d = 10 mm, 12 mm, 16 mm, 20 mm und 24 mm Durchmesser. Tragende Verbindungen mit Stabdübeln und/oder Passbolzen sollten mindestens 4 Scherflächen aufweisen.

Tragfähigkeit $F_{v,Rk}$ [kN] – Mindestholzdicken t_{req} [mm] — Holz-Holz

Berechnung des Bemessungsgrundwertes

$$F_{v,Rd} = k_{mod} \cdot \frac{F_{v,Rk}}{\gamma_M} \text{ mit } \gamma_M = 1{,}1$$

Werte gelten für C24, S235 und einen Winkel zwischen Kraft und Faserrichtung $\alpha = 0°$; Standardfall mit $k_{mod} = 0{,}8$, $t_{2,req}$ gilt für Mittelhölzer.

d [mm]	6	8	10	12	16	20	24	30
$F_{v,Rk}$	1,92	3,19	4,71	6,47	10,61	15,47	20,94	30,03
$t_{1,req}$	33	42	51	60	77	94	112	139
$t_{2,req}$	28	35	42	50	64	78	92	115
a_1				60	80	100	120	150
a_2				36	48	60	72	90
$a_{3,c}$				36	48	60	72	90
$a_{3,t}$				84	112	148	168	210

Erläuterung der Mindestabstände

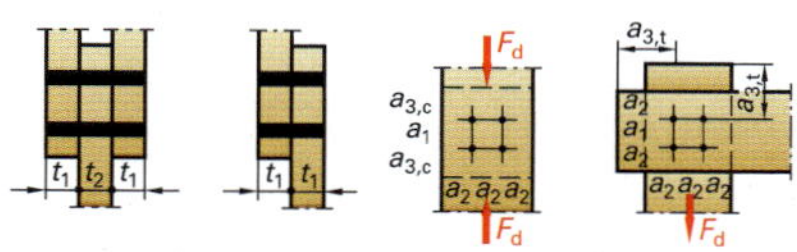

Umrechnungsfaktoren (Die im Stoßbereich miteinander verbundenen Hölzer haben gleiche Festigkeiten).

Holzsorte	C24 Gl24c	C30 Gl24h Gl28c	C35	GL28h Gl32c	C40	GL32h Gl36c	GL36h
Rohdichte ϱ_k in kg/m³	350	380	400	410	420	430	450
Faktor = $\sqrt{\frac{\varrho_k}{350}}$ für $F_{v,Rk}$	1,000	1,042	1,069	1,082	1,095	1,108	1,134
Faktor = $\sqrt{\frac{350}{\varrho_k}}$ für t_{req}	1,000	0,960	0,935	0,924	0,913	0,902	0,882

Stahlsorte	Stabdübel S235	Stabdübel S275	Stabdübel S355	Bolzen/Passbolzen 4.6	Bolzen/Passbolzen 5.6	Bolzen/Passbolzen 8.8
Zugfestigkeit f_u in N/mm²	360	430	490	400	500	800
Faktor = $\sqrt{\frac{f_u}{360}}$ für $F_{v,Rk}$ für t_{req}	1,000	1,093	1,167	1,054	1,179	1,491

Liegen mehrere Stabdübel (Passbolzen) in einer Reihe in Kraft- und Faserrichtung hintereinander, so ist mit einer verminderten Anzahl n_{ef} je Reihe zu rechnen.

Anzahl n	2	3	4	5	6	7	8	9	10	11	12
n_{ef}	1,57	2,26	2,93	3,58	4,22	4,85	5,46	6,08	6,68	7,28	7,87

Beispiel

Der dargestellte Anschluss mit Stabdübeln ist in den Abmessungen für die Tragfähigkeit nachzuweisen. Konstruktionsvollholz NH C24, horizontal 2 Seitenhölzer 2 × 80 mm/180 mm, vertikal 1 Mittelholz (Zugstab) 80 mm/120 mm. Stabdübel Stahl S235 12 mm, 240 mm lang. Vertikale Zugkraft F_d = 28 kN. Standardfall. Maße in mm.

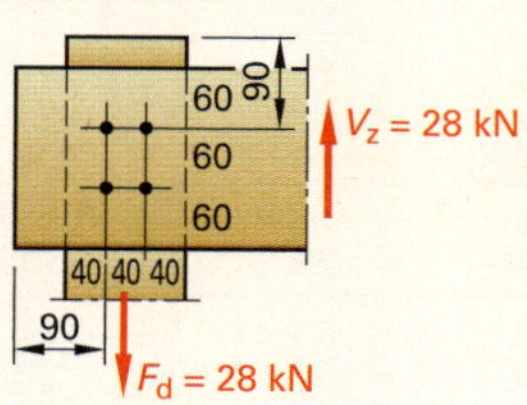

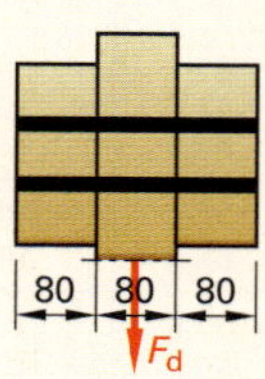

Abstände

a_1 = 60 mm ≥ 60 mm
$a_{3,t}$ = 90 mm ≥ 84 mm
a_2 = 40 mm ≥ 36 mm
t_1 = 80 mm ≥ 60 mm
t_2 = 80 mm ≥ 50 mm
$a_{3,c}$ = 60 mm ≥ 36 mm

Nachweise

- Anschlussnachweis Vertikalstab Horizontalstab
- Bauteilnachweis Vertikalstab auf Zug Horizontalstab auf Zug

$$F_{v,Rd} = 6{,}47 \cdot \frac{0{,}8}{1{,}1} \cdot 1{,}57 \cdot 2 \cdot 2 = 29{,}55 \text{ kN} \geq 28 \text{ kN}$$

B

6 Maschinenbautechnik

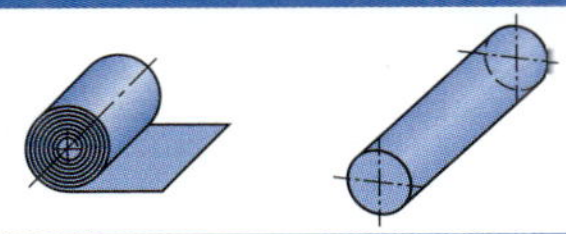

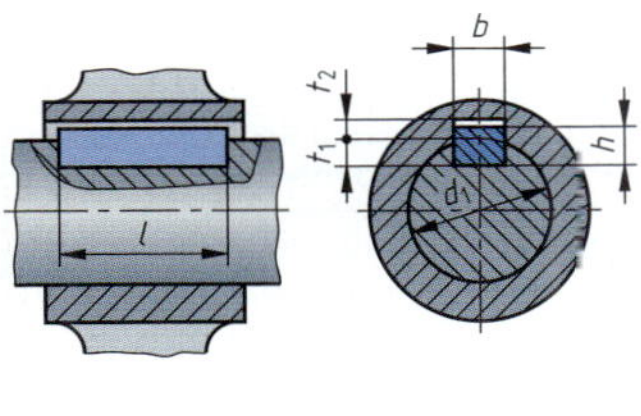

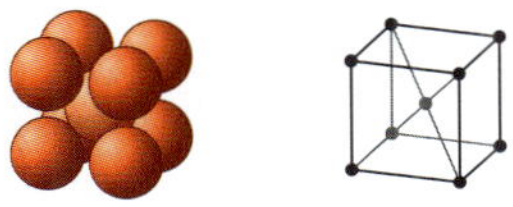

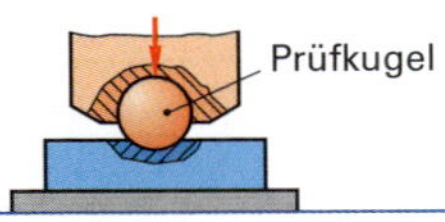

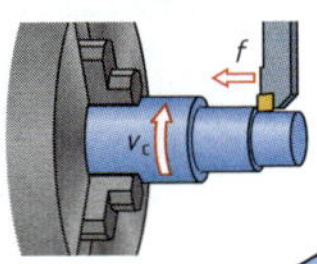

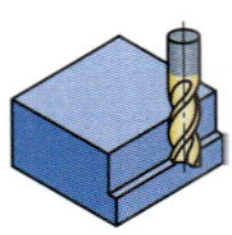

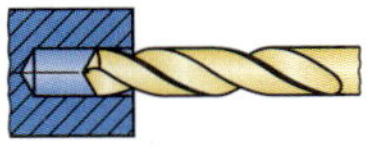

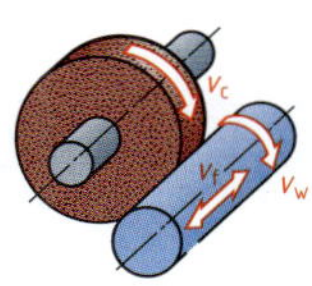

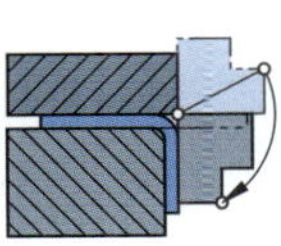

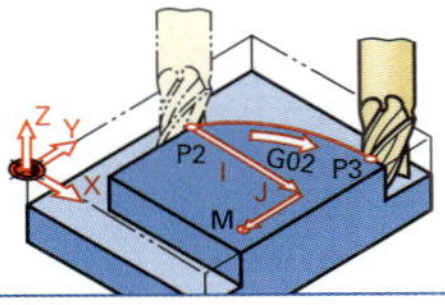

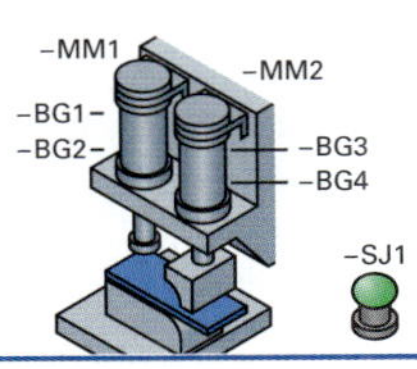

Bleche und Bänder

Einteilung nach

Lieferformen	
Bezeichnung	Abmessungen, Bemerkungen
Blechtafel 	meist rechteckige Tafeln im Kleinformat: $b \times l$ = 1 000 x 2 000 mm, Mittelformat: $b \times l$ = 1 250 x 2 500 mm, Großformat: $b \times l$ = 1 500 x 3 000 mm. Blechdicken s = 0,14 ... 250 mm
Bandrolle (Coil) 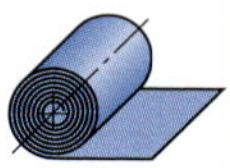	Streifendicke s = 0,14 ... ca. 10 mm Streifenbreite b bis 2 000 mm Coildurchmesser bis 2 400 mm Coilmasse bis 40 t • zur Beschickung von automatischen Fertigungsanlagen oder für Blechzuschnitte, z. B. bei der Weiterverarbeitung

Herstellverfahren	
Verfahren	Bemerkungen
warmgewalzt	Blechdicken bis ca. 250 mm, gewalzte Oberfläche mit Schuppen, Zundereinwalzungen, Blasen, Rissen, Sandstellen, die durch Ausschleifen und Schweißen auch ausgebessert sein können.
kaltgewalzt	Blechdicken bis ca. 10 mm, verschiedene Oberflächenqualitäten, z. B. für Qualitätslackierungen und Oberflächenbehandlungen, z. B. phosphatiert, sind lieferbar.
kaltgewalzt mit Oberflächenveredelung	• höhere Korrosionsbeständigkeit, z. B. durch Verzinken oder organische Beschichtung • für dekorative Zwecke, z. B. durch Kunststoffbeschichtung oder Lackierung • bessere Umformbarkeit, z. B. durch Strukturierung der Oberfläche

Blechsorten – Übersicht (Auswahl)

Haupteigenschaften	Bezeichnung, Stahlsorten	Norm	Lieferformen[1]		
			Bl	Ba	Dickenbereich
Kaltgewalzte Bleche und Bänder					
• kalt umformbar (Tiefziehen) • schweißbar • Oberfläche lackierbar	Flacherzeugnisse aus weichen Stählen	DIN EN 10130	•	•	0,35...3 mm
	Kaltband aus weichen Stählen	DIN EN 10207	–	•	≤ 10 mm
	Flacherzeugnisse mit hoher Streckgrenze	DIN EN 10268	•	•	≤ 3 mm
	Flacherzeugnisse zum Emaillieren	DIN EN 10209	•	•	≤ 3 mm
Kaltgewalzte Bleche und Bänder mit Oberflächenveredelung					
• höhere Korrosionsbeständigkeit • ggf. bessere Umformbarkeit	Schmelztauchveredeltes Blech und Band	DIN EN 10346	•	•	≤ 3 mm
	Elektrolytisch verzinkte Flacherzeugnisse aus Stahl zum Kaltumformen	DIN EN 10152	•	•	0,35...3 mm
	Organisch beschichtete Flacherzeugnisse aus Stahl	DIN EN 10169	•	•	≤ 3 mm
Kaltgewalzte Bleche und Bänder für Verpackungen					
• korrosionsbeständig • kalt umformbar • schweißbar	Feinstblech zur Herstellung von Weißblech	DIN EN 10205	•	•	0,14...0,49 mm
	Verpackungsblech aus elektrolytisch verzinntem oder verchromtem Stahl	DIN EN 10202	•	•	0,14...0,49 mm
Warmgewalzte Bleche und Bänder					
Eigenschaften wie entsprechende Stahlgruppen (Seiten 132, 133)	Blech und Band aus unlegierten und legierten Stählen, z. B. aus Baustählen nach DIN EN 10025-2, Feinkornbaustählen nach DIN EN 10025-3, Einsatzstählen nach DIN EN 10084, Vergütungsstählen nach DIN EN 10083, nichtrostenden Stählen nach DIN EN 10088	DIN EN 10051	•	•	Bleche bis 25 mm Dicke, Bänder bis 10 mm Dicke
• hohe Streckgrenze	Blech aus Baustählen mit höherer Streckgrenze in vergütetem Zustand	DIN EN 10025-6	•	–	3...150 mm
• Kaltumformbarkeit	Flacherzeugnisse aus Stählen mit hoher Streckgrenze	DIN EN 10149-1	•	•	Bleche bis 20 mm Dicke

[1] Lieferformen: Bl Bleche; Ba Bänder

Bleche und Bänder

Schmelztauchveredeltes Band und Blech aus weichen Stählen zum Kaltumformen (Auswahl)

vgl. DIN EN 10346 (2015-10)

Stahlsorte Kurzname	Werkstoff-nummer	Garantie für Festigkeitswerte[1]	Zugfestigkeit R_m N/mm²	Streckgrenze R_e N/mm²	Bruchdehnung A %	Ausbildung von Fließfiguren	Güteklasse für Kaltumformung
DX51D+Z DX51D+ZF	1.0917	1 Monat	270 … 500	–	22	Ausbildung von Fließfiguren ist möglich	Maschinenfalzgüte
DX52D+Z DX52D+ZF	1.0918	1 Monat	270 … 420	140 … 300	26		Ziehgüte
DX53D+Z DX53D+ZF	1.0951	1 Monat	270 … 380	140 … 260	30		Tiefziehgüte
DX54D+Z DX54D+ZF	1.0952	6 Monate	260 … 350	120 … 220	36 34	6 Monate frei von Fließfiguren[2]	Sondertiefziehgüte
DX56D+Z DX56D+ZF	1.0963	6 Monate	260 … 350	120 … 180	39 37		Spezialtiefziehgüte
Lieferformen (Richtwerte)	Blechdicken: 0,25 – 0,35 – 0,4 – 0,5 – 0,6 – 0,7 – 0,8 – 0,9 – 1,0 – 1,2 – 1,5 – 2,0 – 2,5 – 3,0 mm Blechtafel-Abmessungen: 1000 x 2000 mm, 1250 x 2500 mm, 1500 x 3000 mm, 2000 x 6000 mm Bänder (Coils) bis ca. 2000 mm Breite						

[1] Die Kennwerte für die Zugfestigkeit R_m, die Streckgrenze R_e und die Bruchdehnung A werden nur innerhalb der angegebenen Frist garantiert. Die Frist gilt ab der vereinbarten Lieferung.

[2] Bei der Kaltumformung von Blechen mit den Oberflächen B und C treten innerhalb von 6 Monaten keine Fließfiguren auf. Die Frist gilt ab der vereinbarten Lieferung.

Zusammensetzung und Eigenschaften der Überzüge (Auswahl)

Bezeichnung	Zusammensetzung, Eigenschaften	Bezeichnung	Zusammensetzung, Eigenschaften
+Z	Beschichtung aus Reinzink, glänzend-blumige Oberfläche, Schutz gegen atmosphärische Korrosion	+ZF	abriebfeste Beschichtung aus einer Zink-Eisen-Legierung, einheitlich mattgraue Oberfläche, Korrosionsschutz wie bei +Z

Oberflächenqualität und -behandlung

Bezeichnung	Bedeutung	Oberflächenbehandlung
A	Unregelmäßigkeiten wie Riefen, Kratzer, Poren, streifenförmige Markierungen sind zulässig	Die Oberflächenbehandlung wird durch Kurzzeichen gekennzeichnet: C → chemisch passiviert O → geölt P → phosphatiert S → versiegelt u → unbehandelt
B	verbesserte Oberfläche gegenüber A	
C	beste Oberfläche, eine Blechseite muss eine Qualitätslackierung ermöglichen	

⇒ **Blech EN 10143-0,5 x 1200 x 2500 – Stahl DIN EN 10346 – DX53D+ZF100-B-O:** Blech mit Grenzabmaßen nach EN 10143, Dicke t = 0,5 mm, Breite b = 1200 mm, Länge l = 2500 mm, Stahlsorte DX53D, Beschichtung aus Zink-Eisen-Legierung mit 100 g/m² (ZF100), verbesserter Oberfläche (B), Blechoberflächen geölt (O)

Warmgewalzte Bleche und Bänder

vgl. DIN EN 10051 (2011-02)

	Stahlgruppe, Bezeichnung	Norm	Seite	Eigenschaften
Werkstoffe	Warmgewalzte Bleche und Bänder nach DIN EN 10051 werden aus Stählen verschiedener Werkstoffgruppen hergestellt, zum Beispiel:			Eigenschaften und Verwendung der einzelnen Stähle → siehe Seiten 200 … 202
	Baustähle, unlegiert Einsatzstähle, unlegiert und legiert Vergütungsstähle, unlegiert und legiert	DIN EN 10025-2 DIN EN 10084 DIN EN 10083-2 … 3	135 137 138	
	Schweißgeeignete Feinkornbaustähle Vergütbare Baustähle mit hoher Streckgrenze	DIN EN 10025-3 … 4 DIN EN 10137	136 136	
Lieferformen (Richtwerte)	Blechdicken: 0,5 – 1,0 – 1,5 – 2,0 – 2,5 – 3,0 – 3,5 – 4,0 – 4,5 – 5,0 – 6,0 – 8,0 – 10,0 – 12,0 – 15,0 – 18,0 – 20,0 – 25,0 mm. Lieferbar als Breitband von 600 … 2200 mm Breite oder als Blechtafeln, die aus Breitband geschnitten werden oder als Band mit Breiten < 600 mm, das aus längsgeteiltem Breitband hergestellt wird.			

⇒ **Blech EN 10051 – 2,0 x 1200 x 2500 – Stahl EN 10083-1 – 34Cr4:** Blechdicke 2,0 mm, Tafelabmessungen 1200 x 2500 mm, legierter Vergütungsstahl 34Cr4

M

Rohre

Nahtlose Rohre für den Maschinenbau (Auswahl) vgl. DIN EN 10297-1 (2003-06)

d Außendurchmesser
s Wanddicke
S Querschnittsfläche
m' längenbezogene Masse
W_x axiales Widerstandsmoment
I_x axiales Flächenträgheitsmoment

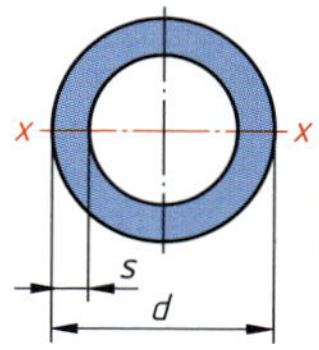

d x *s*	*S* cm²	*m'* kg/m	W_x cm³	I_x cm⁴	*d* x *s*	*S* cm²	*m'* kg/m	W_x cm³	I_x cm⁴
26,9 x 2,3	1,78	1,40	1,01	1,36	54 x 5,0	7,70	6,04	8,64	23,34
26,9 x 2,6	1,98	1,55	1,10	1,48	54 x 8,0	11,56	9,07	11,67	31,50
26,9 x 3,2	2,38	1,87	1,27	1,70	54 x 10,0	13,82	10,85	13,03	35,18
35 x 2,6	2,65	2,08	2,00	3,50	60,3 x 8	13,14	10,31	15,25	45,99
35 x 4,0	3,90	3,06	2,72	4,76	60,3 x 10	15,80	12,40	17,23	51,95
35 x 6,3	5,68	4,46	3,50	6,13	60,3 x 12,5	18,77	14,73	19,00	57,28
40 x 4	4,52	3,55	3,71	7,42	70 x 8	15,58	12,23	21,75	76,12
40 x 5	5,50	4,32	4,30	8,59	70 x 12,5	22,58	17,73	27,92	97,73
40 x 8	8,04	6,31	5,47	10,94	70 x 16	27,14	21,30	30,75	107,6
44,5 x 4	5,09	4,00	4,74	10,54	82,5 x 8	18,72	14,70	31,85	131,4
44,5 x 5	6,20	4,87	5,53	12,29	82,5 x 12,5	27,49	21,58	42,12	173,7
44,5 x 8	9,17	7,20	7,20	16,01	82,5 x 20	39,27	30,83	51,24	211,4
51 x 5	7,23	5,68	7,58	19,34	88,9 x 10	24,79	19,46	44,09	196,0
51 x 8	10,81	8,49	10,13	25,84	88,9 x 16	36,64	28,76	57,40	255,2
51 x 10	12,88	10,11	11,25	28,68	88,9 x 20	43,29	33,98	62,66	278,6

Werkstoffe, Glühzustand	Stahlgruppe		Stahlsorte, Beispiele	Glühzustand[1]
	Maschinenbaustähle	unlegiert	E235, E275, E315	+AR oder +N
		legiert	E355K2, E420J2	+N
	Vergütungsstähle	unlegiert	C22E, C45E, C60E	+N oder +QT
		legiert	41Cr4, 42CrMo4	+QT
	Einsatzstähle unlegiert, legiert		C10E, C15E, 16MnCr5	+A oder +N
	Eigenschaften und Verwendung der Stähle: Seiten 198 ... 199			

Präzisionsstahlrohre, nahtlos gezogen (Auswahl) vgl. DIN EN 10305-1 (2016-08)

d Außendurchmesser
s Wanddicke
S Querschnittsfläche
m' längenbezogene Masse
W_x axiales Widerstandsmoment
I_x axiales Flächenträgheitsmoment

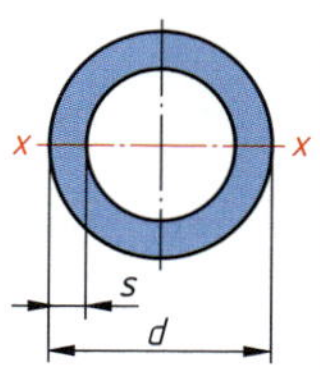

d x *s*	*S* cm²	*m'* kg/m	W_x cm³	I_x cm⁴	*d* x *s*	*S* cm²	*m'* kg/m	W_x cm³	I_x cm⁴
10 x 1	0,28	0,22	0,06	0,03	35 x 3	3,02	2,37	2,23	3,89
10 x 1,5	0,40	0,31	0,07	0,04	35 x 5	4,71	3,70	3,11	5,45
10 x 2	0,50	0,39	0,09	0,04	35 x 8	5,53	4,34	3,84	6,73
12 x 1	0,35	0,27	0,09	0,05	40 x 4	4,52	3,55	3,71	7,42
12 x 1,5	0,49	0,38	0,12	0,07	40 x 5	5,50	4,32	4,30	8,59
12 x 2	0,63	0,49	0,14	0,08	40 x 8	8,04	6,31	5,47	10,94
15 x 2	0,82	0,64	0,24	0,18	50 x 5	7,07	5,55	7,25	18,11
15 x 2,5	0,98	0,77	0,27	0,20	50 x 8	10,56	8,29	9,65	24,12
15 x 3	1,13	0,89	0,29	0,22	50 x 10	12,57	9,87	10,68	26,70
20 x 2,5	1,37	1,08	0,54	0,54	60 x 5	8,64	6,78	10,98	32,94
20 x 4	2,01	1,58	0,68	0,68	60 x 8	13,07	10,26	15,07	45,22
20 x 5	2,36	1,85	0,74	0,74	60 x 10	15,71	12,33	17,02	51,05
25 x 2,5	1,77	1,39	0,91	1,13	70 x 5	10,21	8,01	15,50	54,24
25 x 5	3,14	2,46	1,34	1,67	70 x 10	18,85	14,80	24,91	87,18
25 x 6	3,58	2,81	1,42	1,78	70 x 12	21,87	17,17	27,39	95,88
30 x 3	2,54	1,99	1,56	2,35	80 x 8	18,10	14,21	29,68	118,7
30 x 5	3,93	3,08	2,13	3,19	80 x 10	21,99	17,26	34,36	137,4
30 x 6	4,52	3,55	2,31	3,46	80 x 16	32,17	25,25	43,75	175,0

Werkstoffe	Maschinenbaustähle: E215, E235, E255, E355, E410 Vergütungsstähle: 26Mn5, C35E, C45E, 26Mo2, 25CrMo4, 42CrMo4 Automatenstähle: 10S10, 15S10, 18S10, 37S10
Lieferzustände	+C zugblank, hart +LC zugblank, weich +A geglüht +SR zugblank, spannungsarmgeglüht +N normalgeglüht
Oberflächen	glatte äußere und innere Oberflächen mit Grenzwerten für die Rauheit *Ra*: *Ra* ≤ 4 µm für die äußere Oberfläche im Lieferzustand +SR, +A, +N *Ra* ≤ 4 µm für die äußere und die innere Oberfläche im Lieferzustand +C, +LC

M

Stabprofile

Querschnitt	Bezeichnung, Abmessungen	Norm, Seite	Querschnitt	Bezeichnung, Abmessungen	Norm, Seite
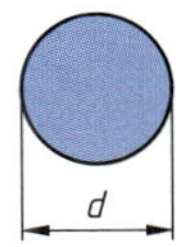	**Rundstahl** $d = 8 \dots 200$	DIN EN 10060 Seite 336		**Z-Stahl** $h = 30 \dots 200$	DIN 1027
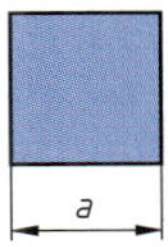	**Vierkantstahl** $a = 8 \dots 120$	DIN EN 10059 Seite 336	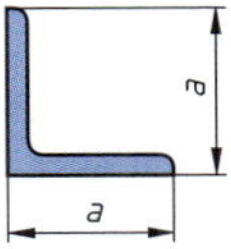	**Gleichschenkliger Winkelstahl** $a = 20 \dots 250$	DIN EN 10056-1 Seite 340
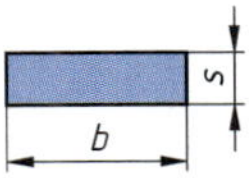	**Flachstahl** $b \times s = 10 \times 5 \dots 150 \times 60$	DIN EN 10058 Seite 336	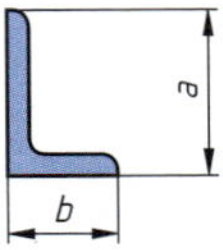	**Ungleichschenkliger Winkelstahl** $a \times b =$ $30 \times 20 \dots 200 \times 150$	DIN EN 10056-1 Seite 339
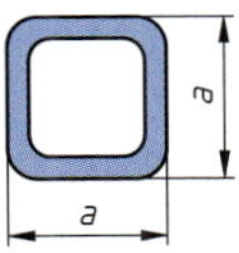	**Quadratisches Hohlprofil** $a = 40 \dots 400$	DIN EN 10210-2 Seite 343	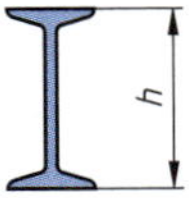	**Schmaler I-Träger** I-Reihe $h = 80 \dots 160$	DIN 1025-1
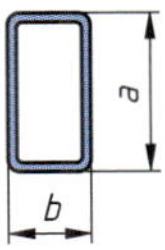	**Rechteckiges Hohlprofil** $a \times b =$ $50 \times 25 \dots 500 \times 300$	DIN EN 10210-2 Seite 343	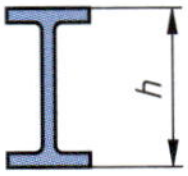	**Mittelbreiter I-Träger** IPE-Reihe $h = 80 \dots 600$	DIN 1025-5 Seite 341
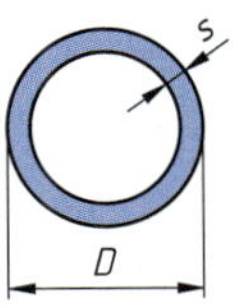	**Rundes Hohlprofil** $D \times s =$ $21{,}3 \times 2{,}3 \dots 1\,219 \times 25$	DIN EN 10210-1	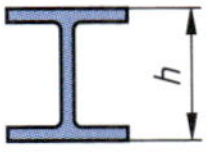	**Breiter I-Träger** IPB-Reihe[1)] $h = 100 \dots 1\,000$	DIN 1025-2 Seite 342
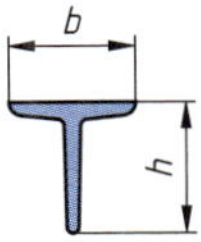	**Gleichschenkliger T-Stahl** $b = h = 30 \dots 140$	DIN EN 10055 Seite 338	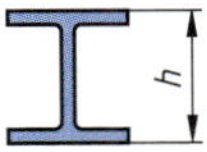	**Breiter I-Träger** leichte Ausführung IPBl-Reihe[1)] $h = 100 \dots 1\,000$	DIN 1025-3 Seite 341
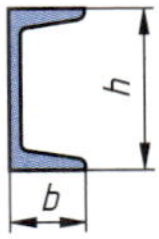	**U-Stahl** $h = 30 \dots 400$	DIN 1026-1 Seite 338	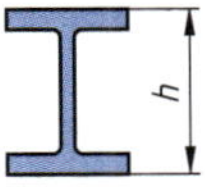	**Breiter I-Träger** verstärkte Ausführung IPBv-Reihe[1)] $h = 100 \dots 1\,000$	DIN 1025-4 Seite 342

1) Nach EURONORM 53-62: IPB = HE ... B, IPBl = HE ... A, IPBv = HE ... M

M

Stabprofile

Warmgewalzte Rundstäbe

vgl. DIN EN 10060 (2004-02)

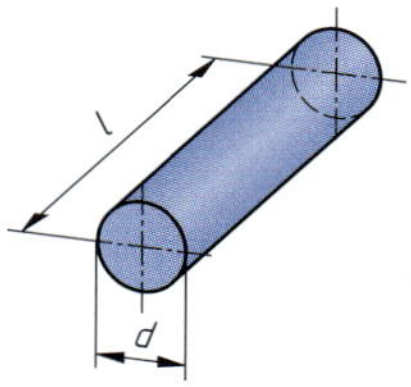

Stahlgruppe (Auswahl)	Norm	Seite	Oberflächen
Unleg. Baustähle	DIN EN 10025-2	200	Die Oberfläche kann z. B. Schuppen, Zundereinschlüsse, Blasen, Risse und Sandstellen enthalten, die durch Schleifen auch ausgebessert sein können.
Automatenstähle	DIN EN 10087	203	
Einsatzstähle	DIN EN 10084	201	
Vergütungsstähle	DIN EN 10083	202	
Werkzeugstähle	DIN EN ISO 4957	204	
Nichtrostende Stähle	DIN EN 10088	205–207	

Nennmaße – Nenndurchmesser *d* in mm

10	18	26	36	50	70	95	130	160
12	19	27	38	52	73	100	135	165
13	20	28	40	55	75	105	140	170
14	22	30	42	60	80	110	145	175
15	24	32	45	63	85	115	150	180
16	25	35	48	65	90	120	155	200

Längen *l*
Herstelllängen (M): l = 3000 mm bis l = 13000 mm
Festlängen (F): l = (3000 mm bis 13000 mm) ± 100 mm
Genaulängen (E): l < 6000 mm ± 25 mm

⇒ **Rundstab EN 10060 – 40 x 5000 E – Stahl EN 10025-2 – S235JR**: Warmgewalzter Rundstab d = 40 mm, Genaulänge l = 5000 mm ± 25 mm; unlegierter Baustahl S235JR

Warmgewalzte Flachstäbe

vgl. DIN EN 10058 (2004-02)

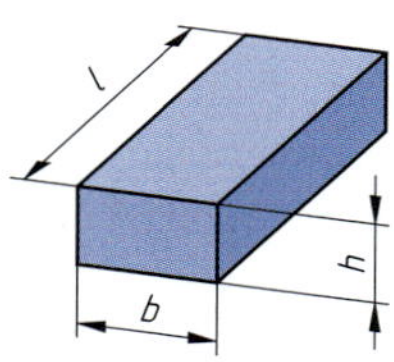

Stahlgruppen, Oberflächen: siehe warmgewalzte Rundstäbe (Tabelle oben)

Längen *l*
Herstelllängen (M): l = 3000 mm bis l = 13000 mm
Festlängen (F): l = (3000 mm bis 13000 mm) ± 100 mm
Genaulängen (E): l < 6000 mm ± 25 mm

Nennmaße: Breite *b* und Höhe *h* in mm

b	*h*	*b*	*h*	*b*	*h*	*b*	*h*	*b*	*h*	*b*	*h*
10	5	16	5…10	30	5…20	45	5…30	70	5…40	100	5…60
12	5, 6	20	5…15	35	5…20	50	5…30	80	5…60	120	6…60
15	5…10	25	5…15	40	5…30	60	5…40	90	5…60	150	6…90

Nenndicken *h*: 5, 6, 8, 10, 12, 15, 20, 25, 30, 35, 40, 50, 60, 80 mm

⇒ **Flachstab EN 10058 – 40 x 15 x 3000 M – Stahl EN 10084 – 20MnCr5**: Warmgewalzter Flachstab b = 40 mm, h = 15 mm, Herstelllänge l = 3000 mm, Einsatzstahl 20MnCr5

Warmgewalzte Vierkantstäbe

vgl. DIN EN 10059 (2004-02)

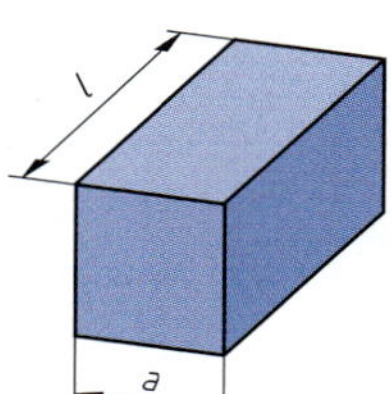

Stahlgruppen, Oberflächen: siehe warmgewalzte Rundstäbe (Tabelle oben)

Längen *l*
Herstelllängen (M): l = 3000 mm bis l = 13000 mm
Festlängen (F): l = (3000 mm bis 13000 mm) ± 100 mm
Genaulängen (E): l < 6000 mm ± 25 mm

Nennmaße – Seitenlänge *a* in mm

8	13	16	22	26	32	45	60	75	100	130
10	14	18	24	28	35	50	65	80	110	140
12	15	20	25	30	40	55	70	90	120	150

⇒ **Vierkantstab EN 10059 – 60 x 5000 F – Stahl EN 10087 – 35S20**: Warmgewalzter Vierkantstab a = 60 mm, Festlänge l = 5000 mm ± 100 mm, Werkstoff Automatenstahl 35S20

Stabprofile

Rundstäbe, blank

vgl. DIN EN 10278 (1999-12)

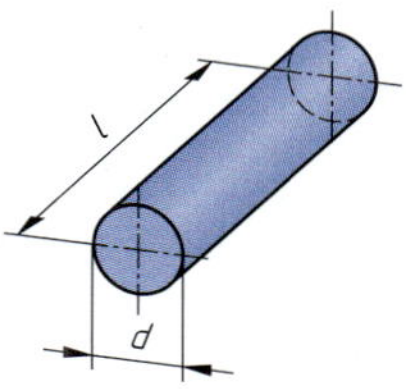

Stahlgruppe (Auswahl)	Norm	Liefererzustand, Oberflächenqualität
Stähle für allg. Verwendung	DIN EN 10277-2	gezogen (+C): glatte, zunderfreie Oberfläche geschält (+SH): bessere Oberflächenqualität als bei (+C), kaum Randentkohlung und Walzfehler geschliffen (+SL): beste Oberfläche, beste Maßhaltigkeit
Automatenstähle	DIN EN 10277-3	
Einsatzstähle	DIN EN 10277-4	
Vergütungsstähle	DIN EN 10277-5	

Grenzabmaße für Durchmesser *d*	gezogen (+C) h10			geschält (+SH) h10				geschliffen (+SL) h9		
Nenndurchmesser *d* in mm	2,5 3 3,5	6 6,5 7	9,5 10 11	16 17 18	23 24 25	30 32 34	42 46 48	60 63 65	90 100 110	150 160 180
	4 4,5 5 5,5	7,5 8 8,5 9	12 13 14 15	19 20 21 22	26 27 28 29	35 36 38 40	50 52 55 58	70 75 80 85	120 125 130 140	200
Längen *l*	Herstelllängen: *l* = 3000 mm bis *l* = 9000 mm Lagerlängen: *l* = 3000 mm oder *l* = 6000 mm									

⇒ **Rund EN 10278 – 25 x Lager 3000 – EN 10277-5 – C45+SH:** Rundstab *d* = 25 mm, gefertigt nach Toleranzklasse h10, Lagerlänge *l* = 3000 mm, Werkstoff Vergütungsstahl C45, geschält (+SH)

Flachstäbe, blank

vgl. DIN EN 10278 (1999-12)

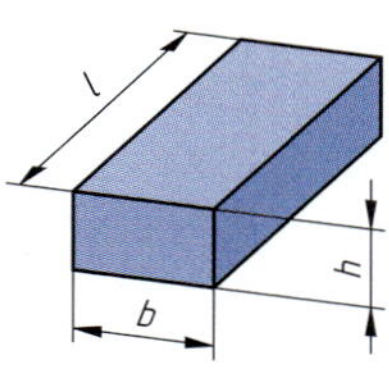

Stahlgruppen, Lieferzustand		siehe Rundstäbe, blank (Tabelle oben) gezogen (+C), Oberfläche glatt und zunderfrei	
Grenzabmaße	Breite *b*	≤ 100 mm ⇒ h11	100 mm < *b* ≤ 150 mm ⇒ ± 0,5 mm
	Höhe *h*	≤ 80 mm ⇒ h11	80 mm < *h* ≤ 100 mm ⇒ h12
Längen *l*		Herstelllängen: *l* = 3000 mm bis *l* = 9000 mm Lagerlängen: *l* = 3000 mm oder *l* = 6000 mm	

Nennmaße: Breite *b* und Höhe *h* in mm

b	*h*	*b*	*h*	*b*	*h*	*b*	*h*	*b*	*h*	*b*	*h*
5	2…3	12	2…10	18	2…12	28	2…20	45	2…32	70	4…40
6	2…4	14	2…10	20	2…16	32	2…25	50	2…32	80	5…25
8	2…6	16	2…12	22	2…12	36	2…20	56	3…32	90	5…25
10	2…8	18	2…12	25	2…20	40	2…32	63	3…40	100	5…25

Nenndicken *h*: 2, 2,5, 3, 4, 5, 6, 8, 10, 12, 15, 16, 20, 25, 30, 32, 35, 40 mm

⇒ **Flach EN 10278 – 40 x 16 x 5000 – EN 10277-4 – C16R+C:** Flachstab *b* = 40 mm, *h* = 16 mm, Breite und Höhe nach Toleranzklasse h11 gefertigt, Länge *l* = 5000 mm, Werkstoff Einsatzstahl C16R, gezogen (+C)

Vierkantstäbe, blank

vgl. DIN EN 10278 (1999-12)

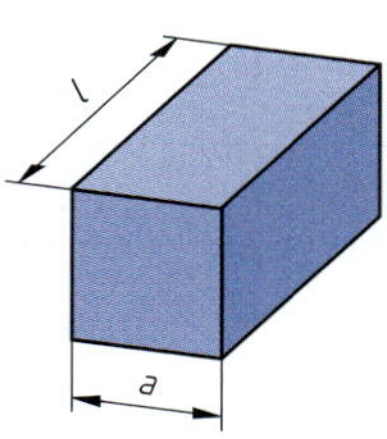

Stahlgruppen, Lieferzustand	siehe Rundstäbe, blank blank gezogen (+C), Oberfläche glatt und zunderfrei								
Grenzabmaße	*a* ≤ 80 mm ⇒ h11; *a* > 80 mm ⇒ h12								
Längen *l*	siehe Flachstäbe, blank (Tabelle oben)								
Seitenlängen *a* in mm	4 4,5 5	6 7 8	9 10 11	12 13 14	16 18 20	22 25 28	36 40 45	60 63 70	80 100

⇒ **Vierkant EN 10278 – 45 x Lager 6000 – EN 10277-3 – 35SPb20+C:** Vierkantstab *a* = 45 mm, gefertigt nach Toleranzklasse h11, Lagerlänge *l* = 6000 mm, Werkstoff Automatenstahl 35SPb20, gezogen (+C)

M

Stabprofile

Gleichschenkliger T-Stahl, warmgewalzt

vgl. DIN EN 10055 (1995-12)

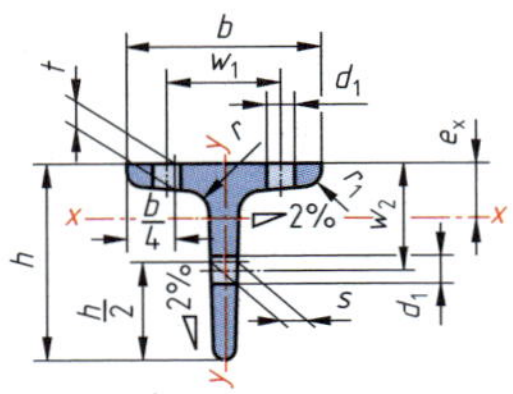

S	Querschnittsfläche	W	axiales Widerstandsmoment
I	Flächenmoment 2. Grades	m'	längenbezogene Masse

Werkstoff: Unlegierter Baustahl DIN EN 10025, z. B. S235JR

Lieferart: Längen auf Bestellung mit dem üblichen Grenzabmaß von ± 100 mm oder den eingeschränkten Grenzabmaßen ± 50 mm, ± 25 mm, ± 10 mm

$r = s$ $\qquad$ $r_1 = \frac{s}{2}$

Kurzzeichen	Abmessungen in mm				Abstand der x-Achse	Für die Biegeachse				Anreißmaße nach DIN 997		
						x – x		y – y				
T	$b = h$	$s = t$	S cm²	m' kg/m	e_x cm	I_x cm⁴	W_x cm³	I_y cm⁴	W_y cm³	w_1 mm	w_2 mm	d_1 mm
30	30	4	2,26	1,77	0,85	1,72	0,80	0,87	0,58	17	17	4,3
35	35	4,5	2,97	2,33	0,99	3,10	1,23	1,04	0,90	19	19	4,3
40	40	5	3,77	2,96	1,12	5,28	1,84	2,58	1,29	21	22	6,4
50	50	6	5,66	4,44	1,39	12,1	3,36	6,06	2,42	30	30	6,4
60	60	7	7,94	6,23	1,66	23,8	5,48	12,2	4,07	34	35	8,4
70	70	8	10,6	8,23	1,94	44,4	8,79	22,1	6,32	38	40	11
80	80	9	13,6	10,7	2,22	73,7	12,8	37,0	9,25	45	45	11
100	100	11	20,9	16,4	2,74	179	24,6	88,3	17,7	60	60	13
120	120	13	29,6	23,2	3,28	366	42,0	179	29,7	70	70	17
140	140	15	39,9	31,3	3,80	660	64,7	330	47,2	80	75	21

⇒ **T-Profil EN 10055 – T50 – S235JR**: T-Stahl, h = 50 mm, aus S235JR

U-Stahl, warmgewalzt

vgl. DIN 1026-1 (2009-04)

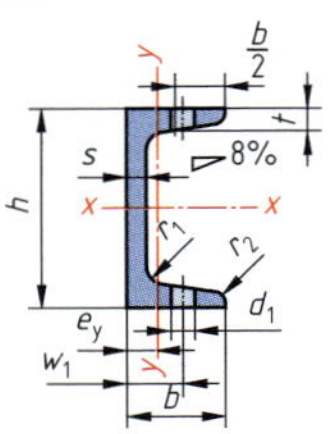

S	Querschnittsfläche	W	axiales Widerstandsmoment
I	Flächenmoment 2. Grades	m'	längenbezogene Masse

Werkstoff: Unlegierter Baustahl DIN EN 10025, z. B. S235J0

Lieferart: Herstelllängen 3 m bis 15 m; Festlängen bis 15 m ± 50 mm
Neigung bei $h \leq 300$ mm: 8 %; $h > 300$ mm: 5 %

$r_1 = t$ $\qquad$ $r_2 \approx \frac{t}{2}$

Kurzzeichen	Abmessungen in mm						Abstand der y-Achse	Für die Biegeachse				Anreißmaße DIN 997	
								x – x		y – y			
U	h	b	s	t	S cm²	m' kg/m	e_y cm	I_x cm⁴	W_x cm³	I_y cm⁴	W_y cm³	w_1 mm	d_1 mm
30 x 15	30	15	4	4,5	2,21	1,74	0,52	2,53	1,69	0,38	0,39	10	4,3
30	30	33	5	7	5,44	4,27	1,31	6,39	4,26	5,33	2,68	20	8,4
40 x 20	40	20	5	5,5	3,66	2,87	0,67	7,58	3,79	1,14	0,86	11	6,4
40	40	35	5	7	6,21	4,87	1,33	14,1	7,05	6,68	3,08	20	8,4
50 x 25	50	25	5	6	4,92	3,86	0,81	16,8	6,73	2,49	1,48	16	8,4
50	50	38	5	7	7,12	5,59	1,37	26,4	10,6	9,12	3,75	20	11
60	60	30	6	6	6,46	5,07	0,91	31,6	10,5	4,51	2,16	18	8,4
80	80	45	6	8	11,0	8,64	1,45	106	26,5	19,4	6,36	25	13
100	100	50	6	8,5	13,5	10,6	1,55	206	41,2	29,3	8,49	30	13
120	120	55	7	9	17,0	13,4	1,60	364	60,7	43,2	11,1	30	17
160	160	65	7,5	10,5	24,0	18,8	1,84	925	116	85,3	18,3	35	21
200	200	75	8,5	11,5	32,2	25,3	2,01	1 910	191	148	27,0	40	23
260	260	90	10	14	48,3	37,9	2,36	4 820	371	317	47,7	50	25
300	300	100	10	16	58,8	46,1	2,70	8 030	535	495	67,8	55	28
350	350	100	14	16	77,3	60,6	2,40	12 840	734	570	75,0	58	28
400	400	110	14	18	91,5	71,8	2,65	20 350	1 020	846	102	60	28

⇒ **U-Profil DIN 1026 – U100 – S235J0**: U-Stahl, h = 100 mm, aus S235J0

Stabprofile

Ungleichschenkliger Winkelstahl, warmgewalzt (Auswahl) vgl. DIN EN 10056-1 (1998-10)

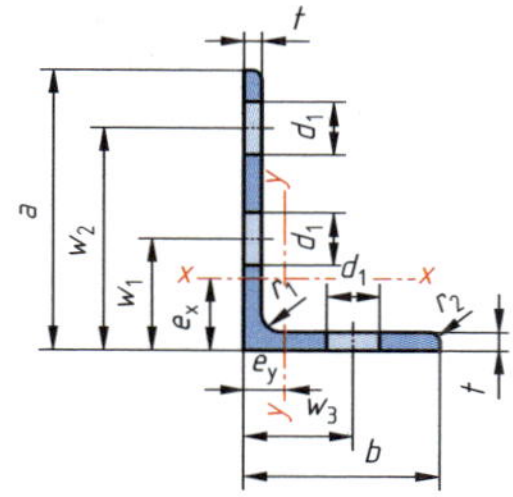

S Querschnittsfläche
I Flächenmoment 2. Grades
W axiales Widerstandsmoment
m' längenbezogene Masse

Werkstoff: Unlegierter Baustahl DIN EN 10025-2, z. B. S235J0
Lieferart: Von 30 x 20 x 3 bis 200 x 150 x 15, in Herstelllängen ≥ 6 m < 12 m, Festlängen ≥ 6 m < 12 m ± 100 mm

$r_1 \approx t$

$r_2 \approx \frac{t}{2}$

Kurzzeichen L	Abmessungen in mm a	b	t	*S* cm²	*m'* kg/m	Abstände der Achsen e_x cm	e_y cm	Für die Biegeachse x – x I_x cm⁴	W_x cm³	y – y I_y cm⁴	W_y cm³	Anreißmaße nach DIN 997 w_1 mm	w_2 mm	w_3 mm	d_1 mm
30 x 20 x 3	30	20	3	1,43	1,12	0,99	0,50	1,25	0,62	0,44	0,29	17	–	12	8,4
30 x 20 x 4	30	20	4	1,86	1,46	1,03	0,54	1,59	0,81	0,55	0,38	17	–	12	8,4
40 x 20 x 4	40	20	4	2,26	1,77	1,47	0,48	3,59	1,42	0,60	0,39	22	–	12	11
40 x 25 x 4	40	25	4	2,46	1,93	1,36	0,62	3,89	1,47	1,16	0,69	22	–	15	11
45 x 30 x 4	45	30	4	2,87	2,25	1,48	0,74	5,78	1,91	2,05	0,91	25	–	17	13
50 x 30 x 5	50	30	5	3,78	2,96	1,73	0,74	9,36	2,86	2,51	1,11	30	–	17	13
60 x 30 x 5	60	30	5	4,28	3,36	2,17	0,68	15,6	4,07	2,63	1,14	35	–	17	17
60 x 40 x 5	60	40	5	4,79	3,76	1,96	0,97	17,2	4,25	6,11	2,02	35	–	22	17
60 x 40 x 6	60	40	6	5,68	4,46	2,00	1,01	20,1	5,03	7,12	2,38	35	–	22	17
65 x 50 x 5	65	50	5	5,54	4,35	1,99	1,25	23,2	5,14	11,9	3,19	35	–	30	21
70 x 50 x 6	70	50	6	6,89	5,41	2,23	1,25	33,4	7,01	14,2	3,78	40	–	30	21
75 x 50 x 6	75	50	6	7,19	5,65	2,44	1,21	40,5	8,01	14,4	3,81	40	–	30	21
75 x 50 x 8	75	50	8	9,41	7,39	2,52	1,29	52,0	10,4	18,4	4,95	40	–	30	23
80 x 40 x 6	80	40	6	6,89	5,41	2,85	0,88	44,9	8,73	7,59	2,44	45	–	22	23
80 x 40 x 8	80	40	8	9,01	7,07	2,94	0,96	57,6	11,4	9,61	3,16	45	–	22	23
80 x 60 x 7	80	60	7	9,38	7,36	2,51	1,52	59,0	10,7	28,4	6,34	45	–	35	23
100 x 50 x 6	100	50	6	8,71	6,84	3,51	1,05	89,9	13,8	15,4	3,89	55	–	30	25
100 x 50 x 8	100	50	8	11,4	8,97	3,60	1,13	116	18,2	19,7	5,08	55	–	30	25
100 x 65 x 7	100	65	7	11,2	8,77	3,23	1,51	113	16,6	37,6	7,53	55	–	35	25
100 x 65 x 8	100	65	8	12,7	9,94	3,27	1,55	127	18,9	42,2	8,54	55	–	35	25
100 x 65 x 10	100	65	10	15,6	12,3	3,36	1,63	154	23,2	51,0	10,5	55	–	35	25
100 x 75 x 8	100	75	8	13,5	10,6	3,10	1,87	133	19,3	64,1	11,4	55	–	40	25
100 x 75 x 10	100	75	10	16,6	13,0	3,19	1,95	162	23,8	77,6	14,0	55	–	40	25
100 x 75 x 12	100	75	12	19,7	15,4	3,27	2,03	189	28,0	90,2	16,5	55	–	40	25
120 x 80 x 8	120	80	8	15,5	12,2	3,83	1,87	226	27,6	80,8	13,2	50	80	45	25
120 x 80 x 10	120	80	10	19,1	15,0	3,92	1,95	276	34,1	98,1	16,2	50	80	45	25
120 x 80 x 12	120	80	12	22,7	17,8	4,00	2,03	323	40,4	114	19,1	50	80	45	25
125 x 75 x 8	125	75	8	15,5	12,2	4,14	1,68	247	29,6	67,6	11,6	50	–	40	25
125 x 75 x 10	125	75	10	19,1	15,0	4,23	1,76	302	36,5	82,1	14,3	50	–	40	25
125 x 75 x 12	125	75	12	22,7	17,8	4,31	1,84	354	43,2	95,5	16,9	50	–	40	25
135 x 65 x 8	135	65	8	15,5	12,2	4,78	1,34	291	33,4	45,2	8,75	50	–	35	25
135 x 65 x 10	135	65	10	19,1	15,0	4,88	1,42	356	41,3	54,7	10,8	50	–	35	25
150 x 75 x 9	150	75	9	19,6	15,4	5,26	1,57	455	46,7	77,9	13,1	60	105	40	28
150 x 75 x 10	150	75	10	21,7	17,0	5,30	1,61	501	51,6	85,6	14,5	60	105	40	28
150 x 75 x 12	150	75	12	25,7	20,2	5,40	1,69	588	61,3	99,6	17,1	60	105	40	28
150 x 75 x 15	150	75	15	31,7	24,8	5,52	1,81	713	75,2	119	21,0	60	105	40	28
150 x 90 x 12	150	90	12	27,5	21,6	5,08	2,12	627	63,3	171	24,8	60	105	50	28
150 x 90 x 15	150	90	15	33,9	26,6	5,21	2,23	761	77,7	205	30,4	60	105	50	28
150 x 100 x 10	150	100	10	24,2	19,0	4,81	2,34	553	54,2	199	25,9	60	105	55	28
150 x 100 x 12	150	100	12	28,7	22,5	4,89	2,42	651	64,4	233	30,7	60	105	55	28
200 x 100 x 10	200	100	10	29,2	23,0	6,93	2,01	1 220	93,2	210	26,3	65	150	55	28
200 x 100 x 15	200	100	15	43,0	33,8	7,16	2,22	1 758	137	299	38,5	65	150	55	28

⇒ **L EN 10056-1 – 65 x 50 x 5 – S235J0**: Ungleichschenkliger Winkelstahl, *a* = 65 mm, *b* = 50 mm, *t* = 5 mm, aus S235J0

Stabprofile

Gleichschenkliger Winkelstahl, warmgewalzt (Auswahl) — vgl. DIN EN 10056-1 (1998-10)

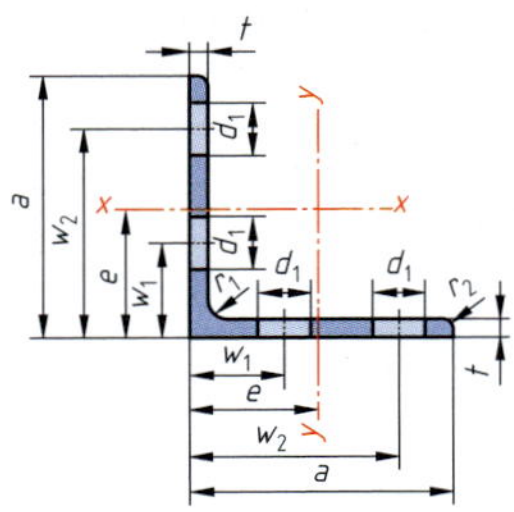

S Querschnittsfläche
I Flächenmoment 2. Grades
W axiales Widerstandsmoment
m' längenbezogene Masse

Werkstoff: Unlegierter Baustahl DIN EN 10025-2, z. B. S235J0
Lieferart: Von 20 x 20 x 3 bis 250 x 250 x 285, in Herstelllängen ≥ 6 m < 12 m, Festlängen ≥ 6 m < 12 m ± 100 mm

$r_1 \approx t$

$r_2 \approx \frac{t}{2}$

Kurzzeichen L	Abmessungen in mm a	t	S cm²	m' kg/m	Abstände der Achsen e cm	Für die Biegeachse x – x $I_x = I_y$ cm⁴	y – y $W_x = W_y$ cm³	Anreißmaße nach DIN 997 w_1 mm	w_2 mm	d_1 mm
20 x 20 x 3	20	3	1,12	0,882	0,598	0,39	0,28	12	–	4,3
25 x 25 x 3	25	3	1,42	1,12	0,723	0,80	0,45	15	–	6,4
25 x 25 x 4	25	4	1,85	1,45	0,762	1,02	0,59	15	–	6,5
30 x 30 x 3	30	3	1,74	1,36	0,835	1,40	0,65	17	–	8,4
30 x 30 x 4	30	4	2,27	1,78	0,878	1,80	0,85	17	–	8,4
35 x 35 x 4	35	4	2,67	2,09	1,00	2,95	1,18	18	–	11
40 x 40 x 4	40	4	3,08	2,42	1,12	4,47	1,55	22	–	11
40 x 40 x 5	40	5	3,79	2,97	1,16	5,43	1,91	22	–	11
45 x 45 x 4,5	45	4,5	3,90	3,06	1,25	7,14	2,20	25	–	13
50 x 50 x 4	50	4	3,89	3,06	1,36	8,97	2,46	30	–	13
50 x 50 x 5	50	5	4,80	3,77	1,40	11,0	3,05	30	–	13
50 x 50 x 6	50	6	5,69	4,47	1,45	12,8	3,61	30	–	13
60 x 60 x 5	60	5	5,82	4,57	1,64	19,4	4,45	35	–	17
60 x 60 x 6	60	6	6,91	5,42	1,69	22,8	5,29	35	–	17
60 x 60 x 8	60	8	9,03	7,09	1,77	29,2	6,89	35	–	17
65 x 65 x 7	65	7	8,70	6,83	1,85	33,4	7,18	35	–	21
70 x 70 x 6	70	6	8,13	6,38	1,93	36,9	7,27	40	–	21
70 x 70 x 7	70	7	9,40	7,38	1,97	42,3	8,41	40	–	21
75 x 75 x 6	75	6	8,73	6,85	2,05	45,8	8,41	40	–	23
75 x 75 x 8	75	8	11,4	8,99	2,14	59,1	11,0	40	–	23
80 x 80 x 8	80	8	12,3	9,63	2,26	72,2	12,6	45	–	23
80 x 80 x 10	80	10	15,1	11,9	2,34	87,5	15,4	45	–	23
90 x 90 x 7	90	7	12,2	9,61	2,45	92,6	14,1	50	–	25
90 x 90 x 8	90	8	13,9	10,9	2,50	104	16,1	50	–	25
90 x 90 x 9	90	9	15,5	12,2	2,54	116	17,9	50	–	25
90 x 90 x 10	90	10	17,1	13,4	2,58	127	19,8	50	–	25
100 x 100 x 8	100	8	15,5	12,2	2,74	145	19,9	55	–	25
100 x 100 x 10	100	10	19,2	15,0	2,82	177	24,6	55	–	25
100 x 100 x 12	100	12	22,7	17,8	2,90	207	29,1	55	–	25
120 x 120 x 10	120	10	23,2	18,2	3,31	313	36,0	50	80	25
120 x 120 x 12	120	12	27,5	21,6	3,40	368	42,7	50	80	25
130 x 130 x 12	130	12	30,0	23,6	3,64	472	50,4	50	90	25
150 x 150 x 10	150	10	29,3	23,0	4,03	624	56,9	60	105	28
150 x 150 x 12	150	12	34,8	27,3	4,12	737	67,7	60	105	28
150 x 150 x 15	150	15	43,0	33,8	4,25	898	83,5	60	105	28
160 x 160 x 15	160	15	46,1	36,2	4,49	1 100	95,6	60	115	28
180 x 180 x 18	180	18	61,9	48,6	5,10	1 870	145	65	135	28
200 x 200 x 16	200	16	61,8	48,5	5,52	2 340	162	65	150	28
200 x 200 x 20	200	20	76,3	59,9	5,68	2 850	199	65	150	28
200 x 200 x 24	200	24	90,6	71,1	5,84	3 330	235	70	150	28
250 x 250 x 28	250	28	133	104	7,24	7 700	433	75	150	28

⇒ **L EN 10056-1 – 70 x 70 x 7 – S235J0:** Gleichschenkliger Winkelstahl, *a* = 70 mm, *t* = 7 mm, aus S235J0

Stabprofile

Mittelbreite I-Träger (IPE), warmgewalzt (Auswahl) vgl. DIN 1025-5 (1994-03)

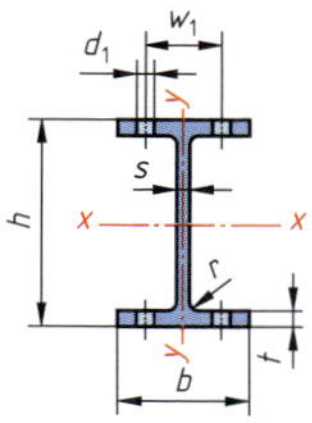

S Querschnittsfläche
I Flächenmoment 2. Grades
W axiales Widerstandsmoment
m' längenbezogene Masse

Werkstoff: Unlegierter Baustahl DIN EN 10025-2, z. B. S235JR
Lieferart: Normallängen, 8 m bis 16 m ± 50 mm bei h < 300 mm, 8 m bis 18 m ± 50 mm bei h ≥ 300 mm

Kurzzeichen	Abmessungen in mm							Für die Biegeachse				Anreißmaße nach DIN 997	
								x – x		y – y			
IPE	h	b	s	t	r	S cm²	m' kg/m	I_x cm⁴	W_x cm³	I_y cm⁴	W_y cm³	w_1 mm	d_1 mm
100	100	55	4,1	5,7	7	10,3	8,1	171	34,2	15,9	5,8	30	8,4
120	120	64	4,4	6,3	7	13,2	10,4	318	53,0	27,7	8,7	36	8,4
140	140	73	4,7	6,9	7	16,4	12,9	541	77,3	44,9	12,3	40	11
160	160	82	5,0	7,4	9	20,1	15,8	869	109	68,3	16,7	44	13
180	180	91	5,3	8,0	9	23,9	18,8	1320	146	101	22,2	50	13
200	200	100	5,6	8,5	12	28,5	22,4	1940	194	142	28,5	56	13
240	240	120	6,2	9,8	15	39,1	30,7	3890	324	284	47,3	68	17
270	270	135	6,6	10,2	15	45,9	36,1	5790	429	420	62,2	72	21
300	300	150	7,1	10,7	15	53,8	42,2	8360	557	604	80,5	80	23
360	360	170	8,0	12,7	18	72,7	57,1	16270	904	1040	123	90	25
400	400	180	8,6	13,5	21	84,5	66,3	23130	1160	1320	146	96	28
500	500	200	10,2	16,0	21	116	90,7	48200	1930	2140	214	110	28
600	600	220	12,0	19,0	24	156	122	92080	3070	3390	308	120	28

⇒ **I-Profil DIN 1025 – S235JR – IPE 300:** Mittelbreiter I-Träger mit parallelen Flanschflächen, *h* = 300 mm, aus S235JR

Breite I-Träger leichte Ausführung (IPBl), warmgewalzt (Auswahl) vgl. DIN 1025-3 (1994-03)

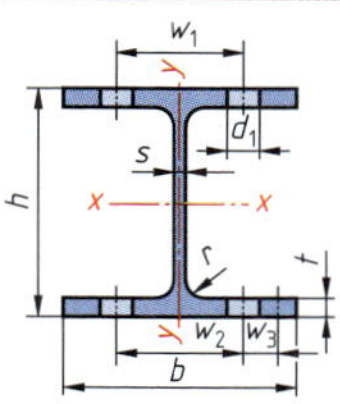

S Querschnittsfläche
I Flächenmoment 2. Grades
W axiales Widerstandsmoment
m' längenbezogene Masse

Werkstoff: Unlegierter Baustahl DIN EN 10025-2, z. B. S235JR
Lieferart: Normallängen, 8 m bis 16 m ± 50 mm bei h < 300 mm

$r_1 \approx 3 \cdot s$

Kurzzeichen	Abmessungen in mm						Für die Biegeachse				Anreißmaße nach DIN 997			
							x – x		y – y					
IPBl	h	b	s	t	S cm²	m' kg/m	I_x cm⁴	W_x cm³	I_y cm⁴	W_y cm³	w_1	w_2	w_3	d_1
100	96	100	5	8	21,2	16,7	349	72,8	134	26,8	56	–	–	13
120	114	120	5	8	25,3	19,9	606	106	231	38,5	66	–	–	17
140	133	140	5,5	8,5	31,4	24,7	1030	155	389	55,6	76	–	–	21
160	152	160	6	9	38,8	30,4	1670	220	616	76,9	86	–	–	23
180	171	180	6	9,5	45,3	35,5	2510	294	925	103	100	–	–	25
200	190	200	6,5	10	53,8	42,3	3690	389	1340	134	110	–	–	25
240	230	240	7,5	12	76,8	60,3	7760	675	2770	231	–	94	35	25
280	270	280	8	13	97,3	76,4	13670	1010	4760	340	–	110	45	25
320	310	300	9	15,5	124,0	97,6	22930	1480	6990	466	–	120	45	28
400	390	300	11	19	159,0	125,0	45070	2310	8560	571	–	120	45	28
500	490	300	12	23	198,0	155,0	86970	3550	10370	691	–	120	45	28
600	590	300	13	25	226,0	178,0	141200	4790	11270	751	–	120	45	28

⇒ **I-Profil DIN 1025 – S235JR – IPBl 320:** Breiter I-Träger, leichte Ausführung, aus S235JR
Bezeichnung nach EURONORM 53-62: **HE 320 A**

M

Stabprofile

Breite I-Träger (IPB), warmgewalzt (Auswahl) vgl. DIN 1025-2 (1995-11)

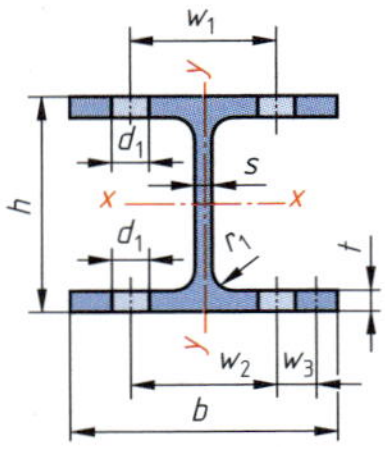

S Querschnittsfläche
I Flächenmoment 2. Grades
W axiales Widerstandsmoment
m' längenbezogene Masse

Werkstoff: Unlegierter Baustahl DIN EN 10025-2, z. B. S235JR
Lieferart: Normallängen, 8 m bis 16 m ± 50 mm bei $h < 300$ mm, 8 m bis 18 m ± 50 mm bei $h \geq 300$ mm

$$r_1 \approx 2 \cdot s$$

Kurzzeichen	Abmessungen in mm						Für die Biegeachse				Anreißmaße nach DIN 997			
							x – x		y – y					
IPB	*h*	*b*	*s*	*t*	*S* cm²	*m'* kg/m	I_x cm⁴	W_x cm³	I_y cm⁴	W_y cm³	w_1 mm	w_2 mm	w_3 mm	d_1 mm
100	100	100	6	10	26,0	20,4	450	89,9	167	33,5	56	–	–	13
120	120	120	6,5	11	34,0	26,7	864	144	318	52,9	66	–	–	17
140	140	140	7	12	43,0	33,7	1510	216	550	78,5	76	–	–	21
160	160	160	8	13	54,3	42,6	2490	311	889	111	86	–	–	23
180	180	180	8,5	14	65,3	51,2	3830	426	1360	151	100	–	–	25
200	200	200	9	15	78,1	61,3	5700	570	2000	200	110	–	–	25
240	240	240	10	17	106	83,2	11260	938	3920	327	–	96	35	25
280	280	280	10,5	18	131	103	19270	1380	6590	471	–	110	45	25
320	320	300	11,5	20,5	161	127	30820	1930	9240	616	–	120	45	28
400	400	300	13,5	24	198	155	57680	2880	10820	721	–	120	45	28
500	500	300	14,5	28	239	187	107200	4290	12620	842	–	120	45	28
600	600	300	15,5	30	270	212	171000	5700	13530	902	–	120	45	28

⇒ **I-Profil DIN 1025 – S235JR – IPB 240:** Breiter I-Träger mit parallelen Flanschflächen, $h = 240$ mm, aus S235JR
Bezeichnung nach EURONORM 53-62: **HE 240 B**

Breite I-Träger verstärkte Ausführung (IPBv), warmgewalzt (Auswahl) vgl. DIN 1025-4 (1994-03)

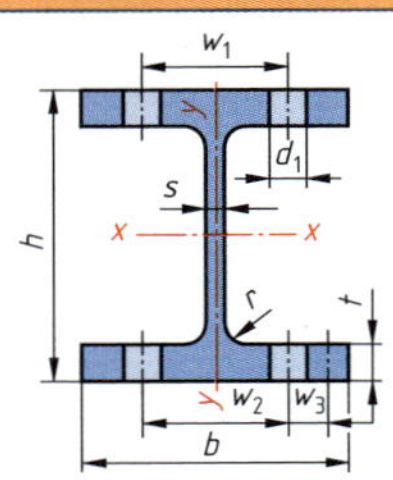

S Querschnittsfläche
I Flächenmoment 2. Grades
W axiales Widerstandsmoment
m' längenbezogene Masse

Werkstoff: Unlegierter Baustahl DIN EN 10025-2, z. B. S235JR
Lieferart: Normallängen, 8 m bis 16 m ± 50 mm bei $h < 300$ mm,

$$r \approx s$$

Kurzzeichen	Abmessungen in mm						Für die Biegeachse				Anreißmaße nach DIN 997			
							x – x		y – y					
IPBv	*h*	*b*	*s*	*t*	*S* cm²	*m'* kg/m	I_x cm⁴	W_x cm³	I_y cm⁴	W_y cm³	w_1	w_2	w_3	d_1
100	120	106	12	20	53,2	41,8	1140	190	399	75,3	60	–	–	13
120	140	126	12,5	21	66,4	52,1	2020	283	703	112	68	–	–	17
140	160	146	13	22	80,5	63,2	3290	411	1140	157	76	–	–	21
160	180	166	14	23	97,1	76,2	5100	568	1760	212	86	–	–	23
180	200	186	14,5	24	113	88,9	7480	748	2580	277	100	–	–	25
200	220	206	15	25	131	103	10640	967	3650	354	110	–	–	25
240	270	248	18	32	200	157	24290	1800	8150	657	–	100	35	25
280	310	288	18,5	33	240	189	39550	2550	13160	914	–	116	45	25
320	359	309	21	40	312	245	68130	3800	19710	1280	–	126	47	28
400	432	307	21	40	319	250	104100	4820	19340	1260	–	126	47	28
500	524	306	21	40	344	270	161900	6180	19150	1250	–	130	45	28
600	620	305	21	40	364	285	237400	7660	18280	1240	–	130	45	28

⇒ **I-Profil DIN 1025 – S235JR – IPBv 400:** Breiter I-Träger, verstärkte Ausführung, aus S235JR
Bezeichnung nach EURONORM 53-62: **HE 400 M**

M

Hohlprofile

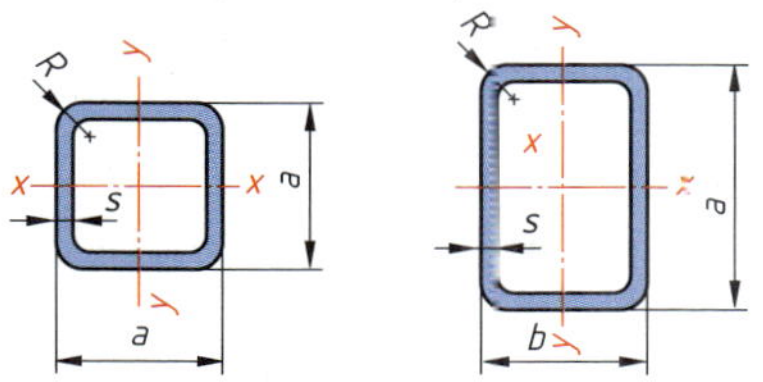

Werkstoff: Unlegierter Baustahl DIN EN 10025
Lieferart: DIN EN 10210-2
Herstelllängen 4 m bis 16 m,
Profilmaße *a* x *a* = 20 x 20 ... 400 x 400
DIN EN 10219-2
Herstelllängen 4 m bis 16 m,
Profilmaße *a* x *a* = 20 x 20 ... 400 x 400

DIN EN 10210 und DIN EN 10219 enthalten außer quadratischen und rechteckigen Profilen auch runde Hohlprofile.

Warm gefertigte quadratische und rechteckige Hohlprofile

vgl. DIN EN 10210-2 (2006-07)

Nennmaß *a* x *a* *a* x *b* mm	Wanddicke *s* mm	Längenbezogene Masse *m'* kg/m	Querschnitt *S* cm²	Flächen- und Widerstandsmomente für die Biegeachse *x* – *x*		*y* – *y*		für Torsion	
				I_x cm⁴	W_x cm³	I_y cm⁴	W_y cm³	I_p cm⁴	W_p cm³
40 x 40	2,6	3,00	3,82	8,8	4,4	8,8	4,4	14	6,41
	4,0	4,39	5,59	11,8	5,91	11,8	5,91	19,5	8,54
50 x 50	3,2	4,62	5,88	21,2	8,49	21,2	8,49	33,8	12,4
	4,0	5,64	7,19	25	9,99	25	9,99	40,4	14,5
60 x 60	2,6	4,63	5,9	32,2	10,7	32,2	10,7	50,2	15,7
	4,0	6,9	8,79	45,4	15,1	45,4	15,1	72,5	22,0
	5,0	8,42	10,7	53,3	17,8	53,3	17,8	86,4	25,7
50 x 30	2,6	3,00	3,82	12,2	4,87	5,38	3,58	12,1	5,9
	4,0	4,39	5,59	16,5	6,60	7,08	4,72	16,6	7,77
60 x 40	3,2	4,62	5,88	27,8	9,27	14,6	7,29	30,8	11,7
	4,0	5,64	7,19	32,8	10,9	17	8,52	36,7	13,7
80 x 40	4,0	6,9	8,79	68,2	17,1	22,2	11,1	55,2	18,9
	5,0	8,42	10,7	80,3	20,1	25,7	12,9	65,1	21,9
	6,3	10,3	13,1	93,3	23,3	29,2	14,6	75,6	24,8

⇒ **Hohlprofil DIN EN 10210 – 60 x 60 x 5 – S355J0:** Quadratisches Hohlprofil, *a* = 60 mm, *s* = 5 mm, aus S355J0

Kalt gefertigte, geschweißte, quadratische und rechteckige Hohlprofile

vgl. DIN EN 10219-2 (2006-07)

Nennmaß *a* x *a* *a* x *b* mm	Wanddicke *s* mm	Längenbezogene Masse *m'* kg/m	Querschnitt *S* cm²	Flächen- und Widerstandsmomente für die Biegeachse *x* – *x*		*y* – *y*		für Torsion	
				I_x cm⁴	W_x cm³	I_y cm⁴	W_y cm³	I_p cm⁴	W_p cm³
30 x 30	2,0	1,68	2,14	2,72	1,81	2,72	1,81	4,54	2,75
	2,5	2,03	2,59	3,16	2,10	3,16	2,10	5,40	3,20
	3,0	2,36	3,01	3,50	2,34	3,50	2,34	6,15	3,58
40 x 40	2,0	2,31	2,94	6,94	3,47	6,94	3,47	11,3	5,23
	2,5	2,82	3,59	8,22	4,11	8,22	4,11	13,6	6,21
	3,0	3,30	4,21	9,32	4,66	9,32	4,66	15,8	7,07
	4,0	4,20	5,35	11,1	5,54	11,1	5,54	19,4	8,48
80 x 80	3,0	7,07	9,01	87,8	22,0	87,8	22,0	140	33,0
	4,0	9,22	11,7	111	27,8	111	27,8	180	41,8
	5,0	11,3	14,4	131	32,9	131	32,9	218	49,7
40 x 20	2,0	1,68	2,14	4,05	2,02	1,34	1,34	3,45	2,36
	2,5	2,03	2,59	4,69	2,35	1,54	1,54	4,06	2,72
	3,0	2,36	3,01	5,21	2,60	1,68	1,68	4,57	3,00
60 x 40	3,0	4,25	5,41	25,4	8,46	13,4	6,72	29,3	11,2
	4,0	5,45	6,95	31,0	10,3	16,3	8,14	36,7	13,7
	5,0	6,56	8,36	35,3	11,8	18,4	9,21	42,8	15,6
80 x 40	3,0	5,19	6,61	52,3	13,1	17,6	8,78	43,9	15,3
	4,0	6,71	8,55	64,8	16,2	21,5	10,7	55,2	18,8
	5,0	8,13	10,4	75,1	18,8	24,6	12,3	65,0	21,7

⇒ **Hohlprofil DIN EN 10219 – 60 x 40 x 4 – S355J0:** Rechteckiges Hohlprofil, *a* = 60 mm, *b* = 40 mm, *s* = 4 mm, aus S355J0

Gewinde

vgl. DIN 202 (1999-11)

Rechtsgewinde, eingängig

Gewindebezeichnung	Gewindeprofil	Buchstabe	Norm, Beispiel	Nenngröße *d* Steigung *P*	Eigenschaft, Anwendung
Befestigungsgewinde					
Metrisches ISO-Gewinde	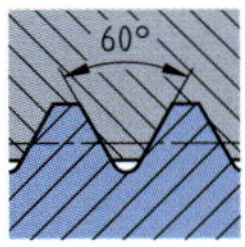	M	DIN 14-1 **M 08**	$d = 0{,}3$ bis 0,9 mm	< 1 mm Nenndurchmesser; für Uhren, Feinwerktechnik
			DIN 13-1 **M 30**	$d = 1 \dots 68$ mm $P = 0{,}25 \dots 6$ mm	Regelgewinde im Maschinenbau, Toleranzklassen fein, mittel, grob; für Befestigungsschrauben und -muttern
Metrisches ISO-Feingewinde			DIN 13-2 bis DIN 13-10 **M 24 x 1,5**	$d = 1 \dots 1\,000$ mm $P = 0{,}2 \dots 8$ mm	kleinere Steigung und kleinere Gewindetiefe als Regelgewinde, selbsthemmend, große Spannkraft; für größere Abmessungen, dünnwandige Teile, Einstellschrauben
Metrisches kegeliges Außengewinde	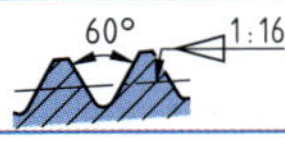		DIN 158-1 **M 30 x 2 keg**	$d = 5 \dots 60$ mm $P = 0{,}8 \dots 2$ mm	Innengewinde ist zylindrisch; für Verschlussschrauben und Schmiernippel
Zylindrisches Rohrgewinde für **nicht** im Gewinde dichtende Verbindungen		G	ISO 228-1 **G $1^{1}/_{2}$ A**	$d = {}^{1}/_{16} \dots 6$ inch $P = 0{,}907 \dots$ 2,309 mm	für Außengewinde: Rohre, Rohrverbindungen, Armaturen Toleranz A und B
			ISO 228-1 **G $1^{1}/_{2}$**		für Innengewinde: Rohre, Rohrverbindungen, Armaturen
Zylindrisches Rohrgewinde für im Gewinde dichtende Verbindungen		Rp	DIN 2999-1 **Rp $^{1}/_{2}$**	$d = {}^{1}/_{16} \dots 6$ inch	für Innengewinde: Gewinderohre und Fittings
			DIN 3858 **Rp $^{1}/_{2}$**	$d = {}^{1}/_{8} \dots 1^{1}/_{2}$ inch	für Innengewinde: Rohrverschraubungen
Kegeliges Rohrgewinde für im Gewinde dichtende Verbindungen	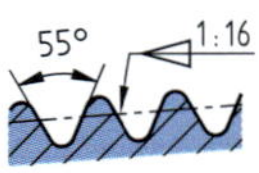	R	DIN 2999-1 **R $^{1}/_{2}$**	$d = {}^{1}/_{16} \dots 6$ inch	für Außengewinde: Gewinderohre und Fittings
			DIN 3858 **R $1^{1}/_{2}$**	$d = {}^{1}/_{8} \dots 1^{1}/_{2}$ inch	für Außengewinde: Rohrverschraubungen
Blechschraubengewinde	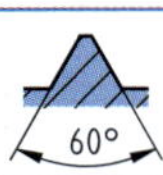	ST	ISO 1478 **ST 3,5**	$d = 1{,}5 \dots 9{,}5$ mm	Blechschraube schneidet Gewinde in Kernlöcher der zu verbindenden Bleche; z. B. für Karosserieteile
Bewegungsgewinde					
Metrisches ISO-Trapezgewinde	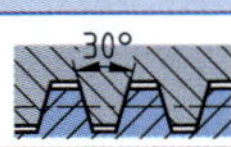	Tr	DIN 103 **TR 40 x 7**	$d = 8 \dots 300$ mm $P = 1{,}5 \dots 44$ mm	für Leitspindeln an Drehmaschinen, Gewindespindeln an Schraubstöcken
Metrisches Sägengewinde	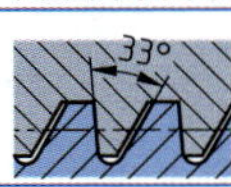	S	DIN 513 bis DIN 513-5 **S 48 x 8**	$d = 10 \dots 640$ mm $P = 2 \dots 44$ mm	höhere Tragfähigkeit; für einseitige Belastung, Spindeln von Pressen, Spannzangen bei Drehmaschinen
Zylindrisches Rundgewinde	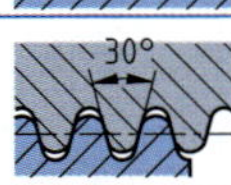	Rd	DIN 405-1 bis DIN 405-2 **Rd 40 x $^{1}/_{6}$**	$d = 8 \dots 200$ mm $P = {}^{1}/_{10} \dots {}^{1}/_{4}$ inch	geringe Kerbwirkung, großes Spiel; für rauen Betrieb (z. B. Kupplungsspindeln von Eisenbahnwagen)

Linksgewinde, mehrgängige metrische Gewinde

vgl. DIN ISO 965-1 (1999-11)

Gewindeart	Erläuterung	Bezeichnung (Beispiele)
Linksgewinde[1]	Kurzzeichen LH (= Left Hand) hinter dem Gewindedurchmesser	M 30 LH Tr 40 x 7 LH
Mehrgängige Gewinde[2]	Hinter dem Gewindedurchmesser folgt die Steigung P_h und die Teilung *P* (bzw. LH bei Linksgewinde)	M 16 x Ph 3 P 1,5; (zweigängig) M 14 x Ph 6 P 2 LH; (dreigängig)

[1] Haben Werkstücke Rechts- und Linksgewinde, so ist hinter die Bezeichnung des Rechtsgewindes das Kurzzeichen RH (= Right Hand) bzw. beim Linksgewinde LH (= Left Hand) zu setzen (Seite 80).

[2] Bei mehrgängigen Gewinden gilt **Gangzahl = Steigung P_h : Teilung *P***

Gewinde

Metrisches ISO-Gewinde

vgl. DIN 13-19 (1999-11)

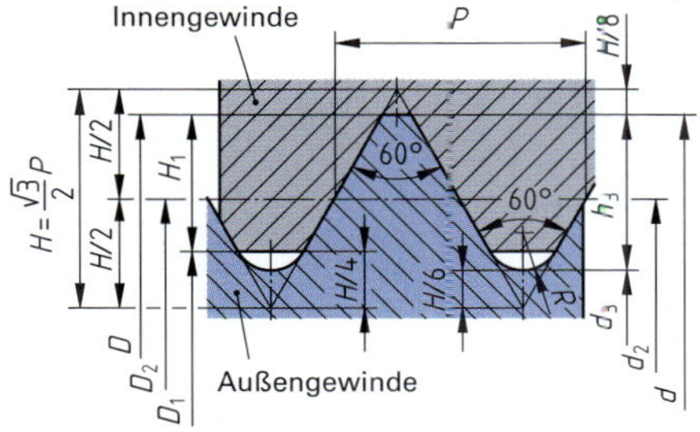

Gewinde-Nenndurchmesser	$d = D$
Steigung	P
Gewindetiefe des Außengewindes	$h_3 = 0{,}6134 \cdot P$
Gewindetiefe des Innengewindes	$H_1 = 0{,}5413 \cdot P$
Rundung	$R = 0{,}1443 \cdot P$
Flanken-Ø	$d_2 = D_2 = d - 0{,}6495 \cdot P$
Kern-Ø des Außengewindes	$d_3 = d - 1{,}2269 \cdot P$
Kern-Ø des Innengewindes	$D_1 = d - 1{,}0825 \cdot P$
Kernlochbohrer-Ø	$= d - P$
Flankenwinkel	60°
Spannungsquerschnitt	$S = \frac{\pi}{4} \cdot \left(\frac{d_2 + d_3}{2}\right)^2$

Nennmaße für Regelgewinde Reihe 1[1] (Maße in mm) vgl. DIN 13-1 (1999-11)

Gewindebezeichnung $d = D$	Steigung P	Flanken-Ø $d_2 = D_2$	Kern-Ø Außengewinde d_3	Kern-Ø Innengewinde D_1	Gewindetiefe Außengewinde h_3	Gewindetiefe Innengewinde H_1	Rundung R	Spannungsquerschnitt S mm²	Bohrer-Ø für Gewindekernloch[2]	Sechskantschlüsselweite[3]
M 1	0,25	0,84	0,69	0,73	0,15	0,14	0,04	0,46	0,75	–
M 1,2	0,25	1,04	0,89	0,93	0,15	0,14	0,04	0,73	0,95	–
M 1,6	0,35	1,38	1,17	1,22	0,22	0,19	0,05	1,27	1,25	3,2
M 2	0,4	1,74	1,51	1,57	0,25	0,22	0,06	2,07	1,6	4
M 2,5	0,45	2,21	1,95	2,01	0,28	0,24	0,07	3,39	2,05	5
M 3	0,5	2,68	2,39	2,46	0,31	0,27	0,07	5,03	2,5	5,5
M 3,5[4]	0,6	3,11	2,76	2,85	0,37	0,33	0,09	6,77	2,9	–
M 4	0,7	3,55	3,14	3,24	0,43	0,38	0,10	8,78	3,3	7
M 5	0,8	4,48	4,02	4,13	0,49	0,43	0,12	14,2	4,2	8
M 6	1	5,35	4,77	4,92	0,61	0,54	0,14	20,1	5,0	10
M 7[4]	1	6,35	5,77	5,92	0,61	0,54	0,14	28,84	6,0	11
M 8	1,25	7,19	6,47	6,65	0,77	0,68	0,18	36,6	6,8	13
M 10	1,5	9,03	8,16	8,38	0,92	0,81	0,22	58,0	8,5	16
M 12	1,75	10,86	9,85	10,11	1,07	0,95	0,25	84,3	10,2	18
M 14[4]	2	12,70	11,55	11,84	1,23	1,08	0,29	115,47	12	21
M 16	2	14,70	13,55	13,84	1,23	1,08	0,29	157	14	24
M 20	2,5	18,38	16,93	17,29	1,53	1,35	0,36	245	17,5	30
M 24	3	22,05	20,32	20,75	1,84	1,62	0,43	353	21	36
M 30	3,5	27,73	25,71	26,21	2,15	1,89	0,51	561	26,5	46
M 36	4	33,40	31,09	31,67	2,45	2,17	0,58	817	32	55
M 42	4,5	39,08	36,43	37,13	2,76	2,44	0,65	1 121	37,5	65

Nennmaße für Feingewinde (Maße in mm) vgl. DIN 13-2 ... DIN 13-10 (1999-11)

Gewindebezeichnung $d \times P$	Flanken-Ø $d_2 = D_2$	Kern-Ø Außeng. d_3	Kern-Ø Inneng. D_1	Gewindebezeichnung $d \times P$	Flanken-Ø $d_2 = D_2$	Kern-Ø Außeng. d_3	Kern-Ø Inneng. D_1	Gewindebezeichnung $d \times P$	Flanken-Ø $d_2 = D_2$	Kern-Ø Außeng. d_3	Kern-Ø Inneng. D_1
M 2 × 0,25	1,84	1,69	1,73	M 10 × 0,25	9,84	9,69	9,73	M 24 × 2	22,70	21,55	21,84
M 3 × 0,25	2,84	2,69	2,73	M 10 × 0,5	9,68	9,39	9,46	M 30 × 1,5	29,03	28,16	28,38
M 4 × 0,2	3,87	3,76	3,78	M 10 × 1	9,35	8,77	8,92	M 30 × 2	28,70	27,55	27,84
M 4 × 0,35	3,77	3,57	3,62	M 12 × 0,35	11,77	11,57	11,62	M 36 × 1,5	35,03	34,16	34,38
M 5 × 0,25	4,84	4,69	4,73	M 12 × 0,5	11,68	11,39	11,46	M 36 × 2	34,70	33,55	33,84
M 5 × 0,5	4,68	4,39	4,46	M 12 × 1	11,35	10,77	10,92	M 42 × 1,5	41,03	40,16	40,38
M 6 × 0,25	5,84	5,69	5,73	M 16 × 0,5	15,68	15,39	15,46	M 42 × 2	40,70	39,55	39,84
M 6 × 0,5	5,68	5,39	5,46	M 16 × 1	15,35	14,77	14,92	M 48 × 1,5	47,03	46,16	46,38
M 6 × 0,75	5,51	5,08	5,19	M 16 × 1,5	15,03	14,16	14,38	M 48 × 2	46,70	45,55	45,84
M 8 × 0,25	7,84	7,69	7,73	M 20 × 1	19,35	18,77	18,92	M 56 × 1,5	55,03	54,16	54,38
M 8 × 0,5	7,68	7,39	7,46	M 20 × 1,5	19,03	18,16	18,38	M 56 × 2	54,70	53,55	53,84
M 8 × 1	7,35	6,77	6,92	M 24 × 1,5	23,03	22,16	22,38	M 64 × 2	62,70	61,55	61,84

[1] Reihe 2 und Reihe 3 enthalten auch Zwischengrößen (z. B. M9, M11, M27). [2] vgl. DIN 336 (2003-07)
[3] vgl. DIN ISO 272 (1979-10) [4] Gewindedurchmesser der Reihe 2, möglichst vermeiden

Gewinde

Metrisches kegeliges Außengewinde mit zugehörigem zylindrischem Innengewinde[1]

vgl. DIN 158-1 (1997-06)

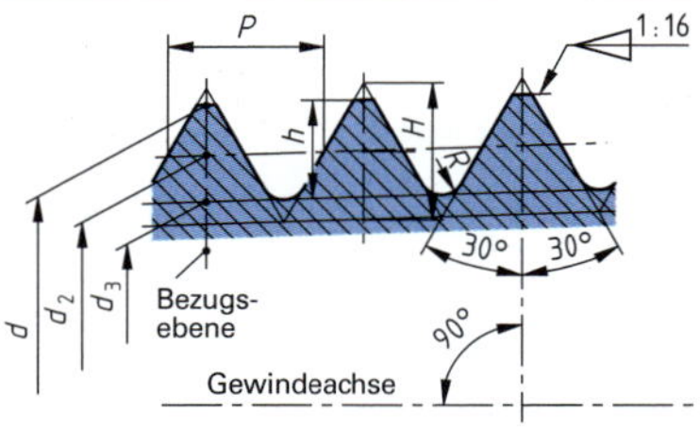

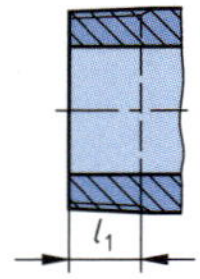

Gewindemaße des kegeligen Außengewindes

Außen-∅	d
Steigung	P
Höhe	$H = 0{,}866 \cdot P$
Gewindetiefe	$h = 0{,}613 \cdot P$
Flanken-∅	$d_2 = d - 0{,}650 \cdot P$
Kern-∅	$d_3 = d - 1{,}23 \cdot P$
Radius	$R = 0{,}144 \cdot P$

Gewinde-bezeichnung $d \times P$	Gew.-länge l_1	Gew.-tiefe h	Flanken-durch-messer d_2	Gewinde-bezeichnung $d \times P$	Gew.-länge l_1	Gew.-tiefe h	Flanken-durch-messer d_2
M 5 x 0,8 keg	5	0,52	4,48	M 24 x 1,5 keg	8,5	0,98	23,03
M 6 x 1 keg	5,5	0,66	5,35	M 30 x 1,5 keg	10,5	1,01	29,03
M 8 x 1 keg			7,35	M 36 x 1,5 keg			35,03
M 10 x 1 keg			9,35	M 42 x 1,5 keg			41,03
M 12 x 1 keg			11,35	M 48 x 1,5 keg			47,03
M 16 x 1,5 keg	8,5	0,98	15,03	M 56 x 2 keg	13	1,34	54,70
M 20 x 1,5 keg			19,03	M 60 x 2 keg			58,70

[1] Für selbstdichtende Verbindungen (z.B. Verschlussschrauben, Schmiernippel). Bei größeren Nenndurchmessern wird ein im Gewinde wirkendes Dichtmittel empfohlen.

Metrisches ISO-Trapezgewinde

vgl. DIN 103-1 (1977-04)

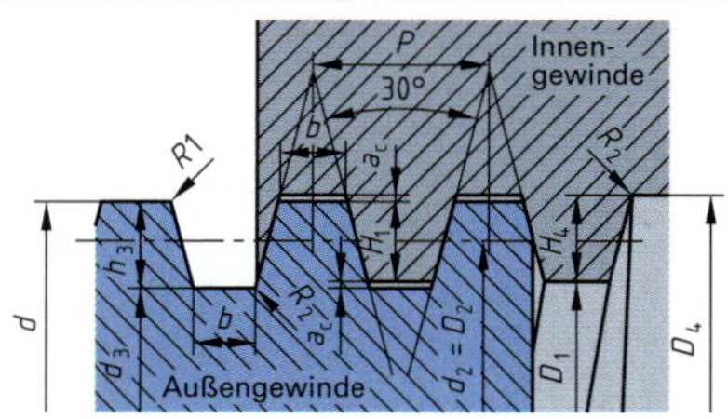

Nenndurchmesser	d
Steigung eingäng. Gewinde u. Teilung mehrgäng. Gewinde	P
Steigung mehrgäng. Gewinde	P_h
Gangzahl	$n = P_h : P$
Kern-∅ Außengewinde	$d_3 = d - (P + 2 \cdot a_c)$
Außen-∅ Innengewinde	$D_4 = d + 2 \cdot a_c$
Kern-∅ Innengewinde	$D_1 = d - P$
Flanken-∅	$d_2 = D_2 = d - 0{,}5 \cdot P$
Gewindetiefe	$h_3 = H_4 = 0{,}5 \cdot P + a_c$
Flankenüberdeckung	$H_1 = 0{,}5 \cdot P$
Spitzenspiel	a_c
Radius	R_1 und R_2
Breite	$b = 0{,}366 \cdot P - 0{,}54 \cdot a_c$
Flankenwinkel	30°

Maß	für Steigungen P in mm 1,5	2 ... 5	6 ...12	14 ... 44
a_c	0,15	0,25	0,5	1
R_1	0,075	0,125	0,25	0,5
R_2	0,15	0,25	0,5	1

Gewinde-bezeich-nung $d \times P$	Gewindemaße in mm: Flan-ken-∅ $d_2 = D_2$	Kern-∅ Außeng. d_3	Kern-∅ Inneng. D_1	Außen-∅ D_4	Ge-winde-tiefe $h_3 = H_4$	Breite b	Gewinde-bezeich-nung $d \times P$	Gewindemaße in mm: Flan-ken-∅ $d_2 = D_2$	Kern-∅ Außeng. d_3	Kern-∅ Inneng. D_1	Außen-∅ D_4	Ge-winde-tiefe $h_3 = H_4$	Breite b
Tr 10 × 2	9	7,5	8	10,5	1,25	0,60	Tr 40 × 7	36,5	32	33	41	4	2,29
Tr 12 × 3	10,5	8,5	9	12,5	1,75	0,96	Tr 44 × 7	40,5	36	37	45	4	2,29
Tr 16 × 4	14	11,5	12	16,5	2,25	1,33	Tr 48 × 8	44	39	40	49	4,5	2,66
Tr 20 × 4	18	15,5	16	20,5	2,25	1,33	Tr 52 × 8	48	43	44	53	4,5	2,66
Tr 24 × 5	21,5	18,5	19	24,5	2,75	1,70	Tr 60 × 9	55,5	50	51	61	5	3,02
Tr 28 × 5	25,5	22,5	23	28,5	2,75	1,70	Tr 70 × 10	65	59	60	71	5,5	3,39
Tr 32 × 6	29	25	26	33	3,5	1,93	Tr 80 × 10	75	69	70	81	5,5	3,39
Tr 36 × 6	33	29	30	37	3,5	1,93	Tr 100 × 12	94	87	88	101	6,5	4,12

Gewinde

Whitworth-Gewinde

(nicht genormt)

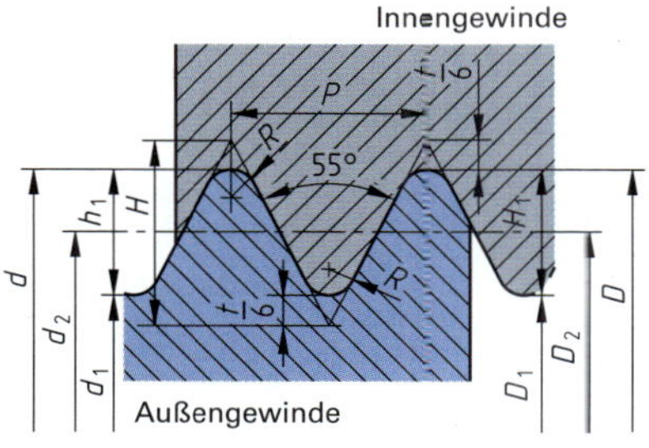

Gewindebezeichnung d	Maße in mm für Außen- und Innengewinde					
	Außen-Ø $d = D$	Kern-Ø $d_1 = D_1$	Flanken-Ø $d_2 = D_2$	Gangzahl je inch Z	Gewindetiefe $h_1 = H_1$	Kernlochbohrer Ø
¼"	6,35	4,72	5,54	20	0,81	5,1
⅜"	9,53	7,49	8,51	16	1,02	7,9
½"	12,70	9,99	11,35	12	1,36	10,5
¾"	19,05	15,80	17,42	10	1,53	16,3
1"	25,40	21,34	23,37	8	2,03	22,0
1¼"	31,75	27,10	29,43	7	2,32	28,0
1½"	38,10	32,68	35,39	6	2,71	33,5
2"	50,80	43,57	47,19	4,5	3,61	44,5

Rohrgewinde

vgl. ISO 228-1 (2003-05), DIN EN 10226-1 (2004-10)

Rohrgewinde DIN ISO 228-1
für nicht im Gewinde dichtende Verbindungen;
Innen- und Außengewinde zylindrisch

Rohrgewinde DIN EN 10226-1
im Gewinde dichtend;
Innengewinde zylindrisch, Außengewinde kegelig

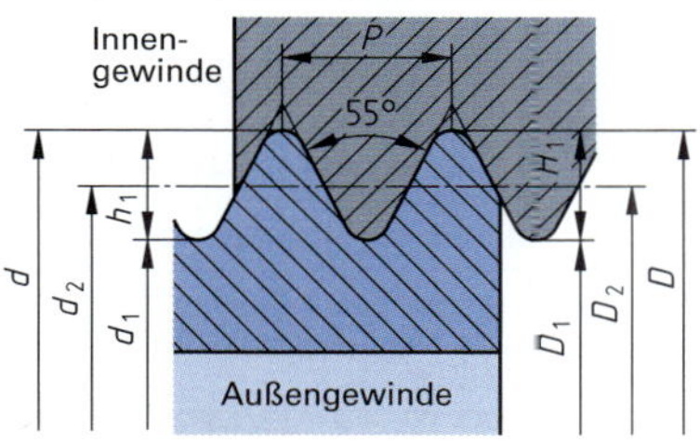

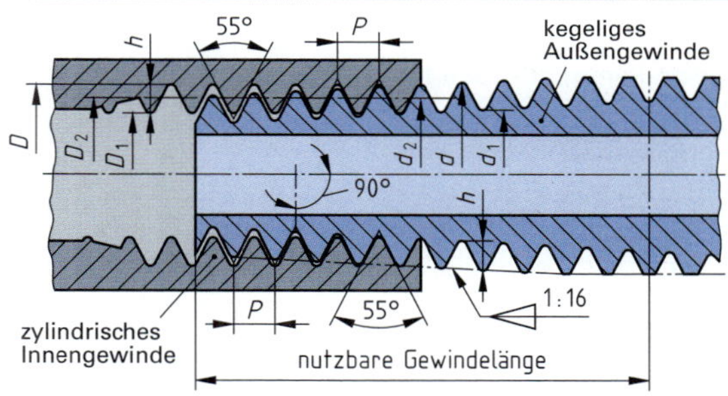

vgl. amerikanisches kegeliges Standard-Rohrgewinde NPT: Seite 209

Gewindebezeichnung DIN ISO 228-1 Außen- und Innengewinde	DIN EN 10226-1 Außengewinde	DIN EN 10226-1 Innengewinde	Außendurchmesser $d = D$	Flankendurchmesser $d_2 = D_2$	Kerndurchmesser $d_1 = D_1$	Steigung P	Anzahl der Teilungen auf 25,4 mm Z	Profilhöhe $h = h_1 = H_1$	Nutzbare Länge des Außengewindes ≥
G⅛	R⅛	Rp⅛	9,728	9,147	8,566	0,907	28	0,581	6,5
G¼	R¼	Rp¼	13,157	12,301	11,445	1,337	19	0,856	9,7
G⅜	R⅜	Rp⅜	16,662	15,806	14,950	1,337	19	0,856	10,1
G½	R½	Rp½	20,955	19,793	18,631	1,814	14	1,162	13,2
G¾	R¾	Rp¾	26,442	25,279	24,117	1,814	14	1,162	14,5
G1	R1	Rp1	33,249	31,770	30,291	2,309	11	1,479	16,8

Kugelgewindetrieb

vgl. DIN ISO 3408-1 (2011-04), DIN 69051-2 (1989-05)

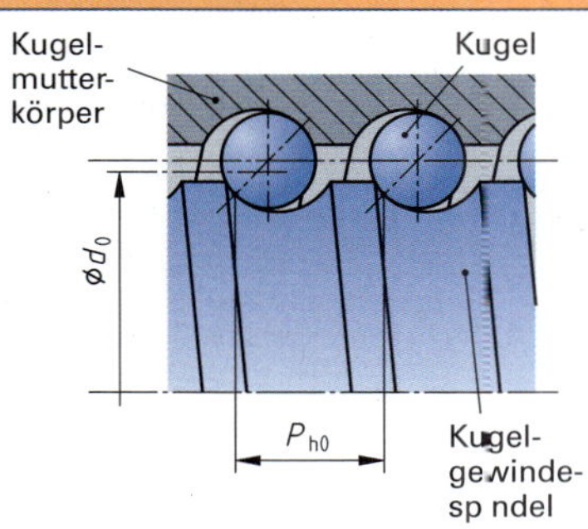

Positionier-Kugelgewindetrieb Typ P:
vorgespannt, ohne Spiel, Verwendung für Präzisions-Positionierung

Transport-Kugelgewindetrieb Typ T:
nicht vorgespannt, mit Spiel, größere Toleranzen

⇒ **Kugelgewindetrieb ISO 3408 32x5x800 P 3 R 4:**
d_0 = 32 mm, P_{h0} = 5 mm, Gewindelänge l_1 = 800 mm, Positionier-Kugelgewindetrieb, Toleranzklasse 3, Gewindesteigung rechts, aktive Gewindegänge = 4

Nennsteigung P_{h0}	Nenn-Ø d_0
2,5	6…16
5	10…63
10	12…125
20	20…200
40	20…200

Genormte Nenndurchmesser:
6; 8; 10; 12; 16; 20; 25; 32; 40; 50; 63; 80; 100; 125; 160; 200 mm

M

Schrauben

Bild	Ausführung	Normbereich von ... bis	Norm	Verwendung, Eigenschaften
Sechskantschrauben				Seite 351, 352
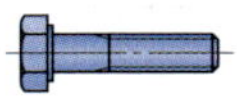	mit Schaft und Regelgewinde	M1,6 ... M64	DIN EN ISO 4014	am häufigsten verwendete Schrauben im Maschinen-, Geräte- und Fahrzeugbau; **bei Gewinde bis zum Kopf:** höhere Dauerfestigkeit
	mit Regelgewinde bis zum Kopf	M1,6 ... M64	DIN EN ISO 4017	
	mit Schaft und Feingewinde	M8x1 ... M64x4	DIN EN ISO 8765	**im Vergleich zu Regelgewinde:** kleinere Gewindetiefe, kleinere Steigung, höher belastbar, größere Mindesteinschraubtiefen l_e
	mit Feingewinde bis zum Kopf	M8x1 ... M64x4	DIN EN ISO 8676	
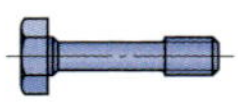	mit Dünnschaft	M3 ... M20	DIN EN ISO 24015	Dehnschrauben; für dynamische Belastungen, bei fachgerechter Montage keine Sicherung erforderlich
	Passschraube	M8 ... M48	DIN 609	Lagefixierung von Bauteilen gegen Verschiebung, Passschaft überträgt Querkräfte
Sechskantschrauben für den Metallbau				
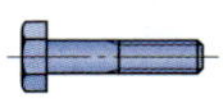	mit großer Schlüsselweite	M12 ... M36	DIN EN 14399-4	hochfeste, planmäßig vorgespannte Verbindungen (HV), mit Muttern nach DIN EN 14399-4
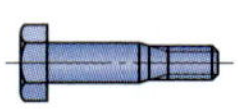	Passschraube mit großer Schlüsselweite	M12 ... M30	DIN EN 14399-8	gleitfeste Verbindungen (GVP), Scher-/Lochleibungs-Verbindungen (SLP)
Zylinderschrauben				Seite 353, 354
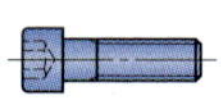	mit Innensechskant, Regelgewinde	M1,6 ... M36	DIN EN ISO 4762	Maschinen-, Geräte- und Fahrzeugbau; kleiner Raumbedarf, Kopf versenkbar **bei niedrigem Kopf:** kleinere Bauhöhe, geringere Belastbarkeit **Innenvielzahn:** gute Drehmomentübertragung, kleiner Montageraum **Schrauben mit Schlitz:** Kleinschrauben, geringe Belastbarkeit
	mit Innensechskant und niedrigem Kopf	M6 ... M16	DIN 7984	
	mit Innenvielzahn, Regel-, Feingewinde	M6 ... M16	DIN 34821	
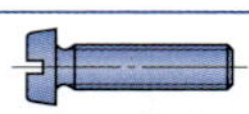	mit Schlitz, Regelgewinde	M1,6 ... M10	DIN EN ISO 1207	
Senkschrauben				Seite 354, 355
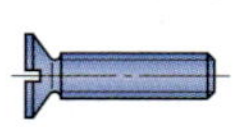	mit Schlitz	M1,6 ... M10	DIN EN ISO 2009	vielseitige Anwendung im Maschinen-, Geräte- und Fahrzeugbau; **bei Schrauben mit Innensechskant:** höhere Belastbarkeit **bei Schrauben mit Kreuzschlitz:** sichereres Anziehen und Lösen gegenüber Schrauben mit Schlitz
	mit Innensechskant	M3 ... M20	DIN EN ISO 10642	
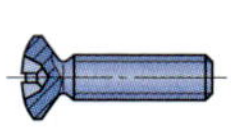	mit Linsensenkkopf und Schlitz	M1,6 ... M10	DIN EN ISO 2010	
	mit Linsensenkkopf und Kreuzschlitz	M1,6 ... M10	DIN EN ISO 7047	
Blechschrauben mit Blechschraubengewinde				Seite 356
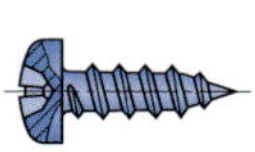	Linsenkopfschraube	ST2,2 ... ST9,5	DIN EN ISO 7049	**Karosserie- und Blechbau** Die zu verbindenden Bleche weisen Kernlöcher auf. Das Gewinde wird durch die Schraube geformt. Nur bei dünnen Blechen ist eine Sicherung notwendig.
	Senkschraube	ST2,2 ... ST9,5	DIN EN ISO 7050	
	Linsensenkschraube	ST2,2 ... ST9,9	DIN EN ISO 7051	

M

Schrauben

Bild	Ausführung	Normbereich von ... bis	Norm	Verwendung, Eigenschaften
Bohrschrauben mit Blechschraubengewinde				
	Flachkopf mit Kreuzschlitz	ST2,2 ... ST6,3	DIN EN ISO 15481	**Karosserie- und Blechbau** Bohrschrauben bohren beim Einschrauben das Kernloch und formen das Gewinde aus.
	Linsensenkkopf mit Kreuzschlitz	ST2,2 ... ST6,3	DIN EN ISO 15483	
Gewindestifte				Seite 357
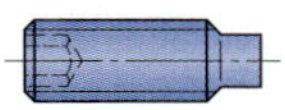	mit Zapfen und Schlitz	M1,6 ... M12	DIN EN 27435	auf Druck beanspruchbare Schrauben zur Lagesicherung von Bauteilen, z.B. Hebeln, Lagerbuchsen, Naben Gewindestifte sind zur Leistungsübertragung von Torsionsmomenten, z.B. als Verbindung von Welle und Nabe, nicht geeignet.
	mit Zapfen und Innensechskant	M1,6 ... M24	DIN EN ISO 4028	
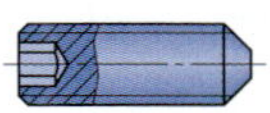	mit Spitze und Schlitz	M1,6 ... M12	DIN EN 27434	
	mit Spitze und Innensechskant	M1,6 ... M24	DIN EN ISO 4027	
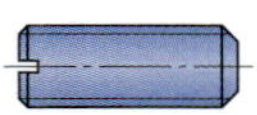	mit Kegelstumpf und Schlitz	M1,6 ... M12	DIN EN ISO 4766	
	mit Kegelstumpf und Innensechskant	M1,6 ... M24	DIN EN ISO 4026	
Verschlussschrauben				
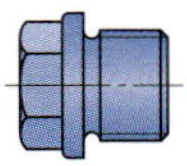	mit Bund und Innen- oder Außensechskant	M10x1 ... M52x1,5	DIN 908 DIN 910	**Getriebebau** Füll-, Überlauf- und Entleerschrauben für Getriebeöl; spanende Bearbeitung des Dichtflansches am Gehäuse erforderlich, Verwendung mit Dichtringen DIN 7603
Gewindefurchende Schrauben				Seite 356
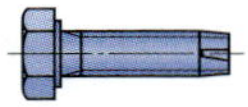	verschiedene Kopfformen, z.B. Sechskant, Zylinderkopf	M2 ... M10	DIN 7500-1	bei geringer Beanspruchung in spanlos formbaren Werkstoffen, z.B. S235, DC01... DC04, NE-Metallen; Verwendung ohne Schraubensicherung
Ringschrauben				
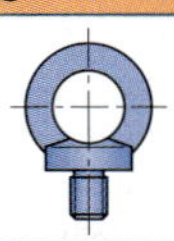	mit Regelgewinde	M8 ... M100x6	DIN 580	Transportösen an Maschinen und Geräten; Belastung hängt vom Lastzugwinkel ab, spanende Bearbeitung der Auflagefläche des Flansches erforderlich

Bezeichnung von Schrauben

vgl. DIN 962 (2013-04)

Beispiele:

Sechskantschraube ISO 4017 – M12 x 80 – A2-70
Verschlussschraube DIN 910 – M24 x 1,5 – St
Zylinderschraube ISO 4762 – M10 x 55 – 8.8

Bezeichnung	Bezugsnorm, z.B. ISO, DIN, EN; Nummer des Normblattes[1]	Nenndaten, z.B. M → metrisches Gewinde 12 → Nenndurchmesser d 80 → Schaftlänge l	Festigkeitsklasse, z.B. 8.8, 10.9, A2-70, A4-70 Werkstoff, z.B. St Stahl, CuZn Kupfer-Zink-Legierung

[1] Schrauben, die nach DIN EN genormt sind, erhalten in der Bezeichnung das Kurzzeichen **ISO** mit der ISO-Nummer (= DIN EN-Nummer – 20000) **oder** das Kurzzeichen **EN** mit der EN-Nummer.

M

Schrauben

Festigkeitsklassen von Schrauben

vgl. DIN EN ISO 898-1 (2013-05), DIN EN ISO 3506-1 (2010-04)

Beispiele:

unlegierte und legierte Stähle DIN EN ISO 898-1

9 . 8

Zugfestigkeit R_m	**Streckgrenze R_e**
R_m = **9** · 100 N/mm² = 900 N/mm²	R_e = **9** · **8** · 10 N/mm² = 720 N/mm²

nichtrostende Stähle DIN EN ISO 3506-1

A 2 – 70

Stahlsorte	**Hinweis**
A → austenitischer Stahl A2 → rostbeständige Schrauben A4 → rost- und säurebeständige Schrauben	entsprechende Merkblätter beachten

Zugfestigkeit R_m
R_m = **70** · 10 N/mm² = 700 N/mm²

Festigkeitsklassen und Werkstoffkennwerte

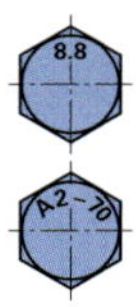

Werkstoffkennwerte	Festigkeitsklassen für Schrauben aus unlegierten und legierten Stählen						nichtrostenden Stählen[1]		
	5.8	6.8	8.8	9.8	10.9	12.9	A2-50	A4-50	A2-70
Zugfestigkeit R_m in N/mm²	500	600	800	900	1 000	1 200	500	500	700
Streckgrenze R_e in N/mm²	400	480	640	720	900	1 080	210	210	450
Bruchdehnung A in %	–	–	12	10	9	8	20	20	13

[1] Die Werkstoffkennwerte gelten für Gewinde ≤ M20.

Produktklassen für Schrauben und Muttern

vgl. DIN EN ISO 4759-1 (2001-04)

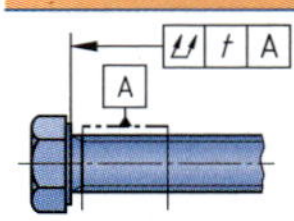

Produktklasse	Toleranzen	Erläuterung, Verwendung
A	fein	Die Maß-, Form- und Lagetoleranzen für Schrauben und Muttern mit ISO-Gewinden sind in den Toleranzklassen A, B, C festgelegt.
B	mittel	
C	groß	

Durchgangslöcher für Schrauben

vgl. DIN EN 20273 (1992-02)

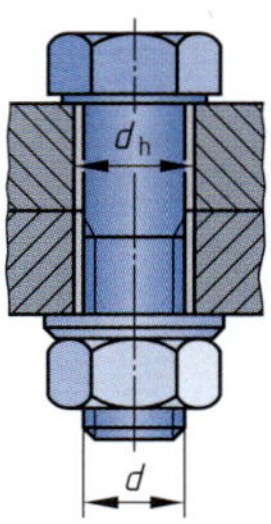

Gewinde d	Durchgangsloch d_h[2] Reihe fein	mittel	grob	Gewinde d	Durchgangsloch d_h[2] Reihe fein	mittel	grob	Gewinde d	Durchgangsloch d_h[2] Reihe fein	mittel	grob
M1	1,1	1,2	1,3	M5	5,3	5,5	5,8	M24	25	26	28
M1,2	1,3	1,4	1,5	M6	6,4	6,6	7	M30	31	33	35
M1,6	1,7	1,8	2	M8	8,4	9	10	M36	37	39	42
M2	2,2	2,4	2,6	M10	10,5	11	12	M42	43	45	48
M2,5	2,7	2,9	3,1	M12	13	13,5	14,5	M48	50	52	56
M3	3,2	3,4	3,6	M16	17	17,5	18,5	M56	58	62	66
M4	4,3	4,5	4,8	M20	21	22	24	M64	66	70	74

[2] Toleranzklassen für d_h; Reihe fein: H12, Reihe mittel: H13, Reihe grob: H14

M

Mindesteinschraubtiefen in Grundlochgewinde

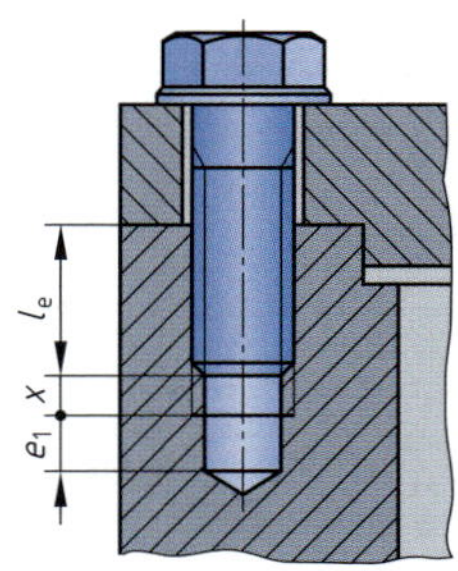

$x \approx 3 \cdot P$ (Gewindesteigung)
e_1 nach DIN 76: Seite 90

Anwendungsbereich		Mindesteinschraubtiefen l_e[3] für Regelgewinde und Festigkeitsklasse 3.6, 4.6	4.8 … 6.8	8.8	10.9
Baustahl	R_m < 400 N/mm²	0,8 · d	1,2 · d	–	–
	R_m = 400 … 600 N/mm²	0,8 · d	1,2 · d	1,2 · d	–
	R_m > 600 … 800 N/mm²	0,8 · d	1,2 · d	1,2 · d	1,2 · d
	R_m > 800 N/mm²	0,8 · d	1,0 · d	1,0 · d	1,0 · d
Gusseisenwerkstoffe		1,3 · d	1,5 · d	1,5 · d	–
Kupferlegierungen		1,3 · d	1,3 · d	–	–
Aluminium-Gusslegierungen		1,6 · d	2,2 · d	–	–
Al-Legierungen, ausgehärtet		0,8 · d	1,2 · d	1,6 · d	–
Al-Legierungen, nicht ausgehärtet		1,2 · d	1,6 · d	–	–
Kunststoffe		2,5 · d	–	–	

[3] Einschraubtiefe für Feingewinde l_e = 1,25 · Einschraubtiefe für Regelgewinde

Schrauben

Sechskantschrauben mit Schaft und Regelgewinde

vgl. DIN EN ISO 4014 (2011-06)

Gültige Norm DIN EN ISO	Ersatz für DIN EN	Ersatz für DIN
4014	24014	931

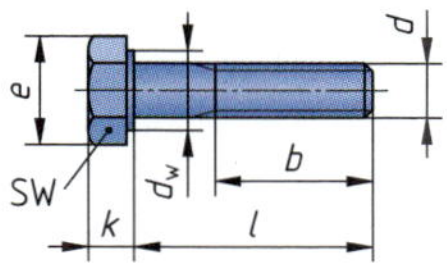

Gewinde *d*	M1,6	M2	M2,5	M3	M4	M5	M6	M8	M10
SW	3,2	4	5	5,5	7	8	10	13	16
k	1,1	1,4	1,7	2	2,8	3,5	4	5,3	6,4
d_w	2,3	3,1	4,1	4,6	5,9	6,9	8,9	11,6	14,6
e	3,4	4,3	5,5	6	7,7	8,8	11,1	14,4	17,8
b	9	10	11	12	14	16	18	22	26
l von	12	16	16	20	25	25	30	40	45
l bis	16	20	25	30	40	50	60	80	100
Festigkeitsklassen	5.6, 8.8, 9.8, 10.9, A2-70, A4-70								

Gewinde *d*	M12	M16	M20	M24	M30	M36	M42	M48	M56
SW	18	24	30	36	46	55	65	75	85
k	7,5	10	12,5	15	18,7	22,5	26	30	35
d_w	16,6	22	27,7	33,3	42,8	51,1	60	69,5	78,7
e	20	26,2	33	39,6	50,9	60,8	71,3	82,6	93,6
b[1]	30	38	46	54	66	–	–	–	–
b[2]	–	44	52	60	72	84	96	108	–
b[3]	–	–	–	73	85	97	109	121	137
l von	50	65	80	90	110	140	160	180	220
l bis	120	160	200	240	300	360	440	480	500
Festigkeitsklassen	5.6, 8.8, 9.8, 10.9						nach Vereinbarung		
	A2-70, A4-70				A2-50, A4-50				
Nennlängen *l*	12, 16, 20, 25, 30, 35 ... 60, 65, 70, 80, 90 ...140, 150, 160, 180, 200 ... 460, 480, 500 mm								

[1] für *l* < 125 mm
[2] für *l* = 125 ... 200 mm
[3] für *l* > 200 mm

Produktklassen (Seite 350)

Gewinde *d*	*l* in mm	Klasse
≤ M12	alle	A
M16 ... M24	≤ 150	A
	≥ 160	B
≥ M30	alle	B

⇒ **Sechskantschraube ISO 4014 – M10 x 60 – 8.8:** *d* = M10, *l* = 60 mm, Festigkeitsklasse 8.8

Sechskantschrauben mit Regelgewinde bis zum Kopf

vgl. DIN EN ISO 4017 (2015-05)

Gültige Norm DIN EN ISO	Ersatz für DIN EN	Ersatz für DIN
4017	24017	933

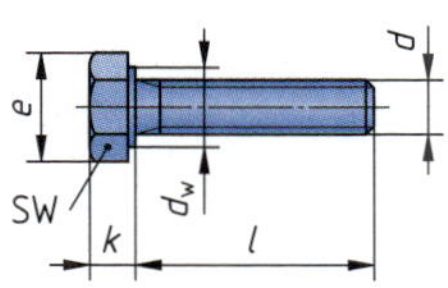

Gewinde *d*	M1,6	M2	M2,5	M3	M4	M5	M6	M8	M10
SW	3,2	4	5	5,5	7	8	10	13	16
k	1,1	1,4	1,7	2	2,8	3,5	4	5,3	6,4
d_w	2,3	3,1	4,1	4,6	5,9	6,9	8,9	11,6	14,6
e	3,4	4,3	5,5	6	7,7	8,8	11,1	14,4	17,8
l von	2	4	5	6	8	10	12	16	20
l bis	16	20	25	30	40	50	60	80	100
Festigkeitsklassen	5.6, 8.8, 9.8, 10.9, A2-70, A4-70								

Gewinde *d*	M12	M16	M20	M24	M30	M36	M42	M48	M56
SW	18	24	30	36	46	55	65	75	85
k	7,5	10	12,5	15	18,7	22,5	26	30	35
d_w	16,6	22	27,7	33,3	42,8	51,1	60	69,5	78,7
e	20	26,2	33,5	40	50,9	60,8	71,3	82,6	93,6
l von	25	30	40	50	60	70	80	100	110
l bis	120	150	150	150	200	200	200	200	200
Festigkeitsklassen	5.6, 8.8, 9.8, 10.9						nach Vereinbarung		
	A2-70, A4-70				A2-50, A4-50				
Nennlängen *l*	2, 3, 4, 5, 6, 8, 10, 12, 16, 20, 25, 30, 35 ... 60, 65, 70, 80, 90 ...140, 150, 160, 180, 200 mm								

Produktklassen (Seite 350)

Gewinde *d*	*l* in mm	Klasse
≤ M12	alle	A
M16 ... M24	≤ 150	A
	≥ 160	B
≥ M30	alle	B

⇒ **Sechskantschraube ISO 4017 – M8 x 40 – A4-50:** *d* = M8, *l* = 40 mm, Festigkeitsklasse A4-50

M

Schrauben

Sechskantschrauben mit Schaft und Feingewinde

vgl. DIN EN ISO 8765 (2011-06)

Gültige Norm DIN EN ISO	Ersatz für DIN EN	Ersatz für DIN
8765	28765	960

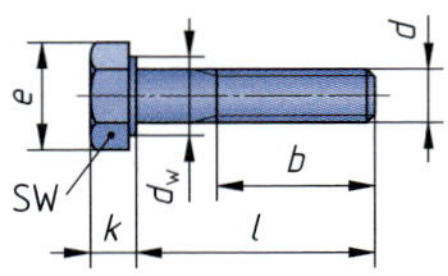

Produktklassen (Seite 350)

Gewinde *d*	*l* in mm	Klasse
≤ M12x1,5	alle	A
M16x1,5 ... M24x2	≤ 150	A
	> 150	B
≥ M30x2	alle	B

Gewinde *d*	M8 x1	M10 x1	M12 x1,5	M16 x1,5	M20 x1,5	M24 x2	M30 x2	M36 x3	M42 x3	M48 x3	M56 x4
SW	13	16	18	24	30	36	46	55	65	75	85
k	5,3	6,4	7,5	10	12,5	15	18,7	22,5	26	30	35
d_w	11,6	14,6	16,6	22,5	28,2	33,6	42,8	51,1	60	69,5	78,7
e	14,4	17,8	20	26,8	33,5	39,6	50,9	60,8	71,3	82,6	93,6
b[1]	22	26	30	38	46	54	66	–	–	–	–
b[2]	–	–	–	44	52	60	72	84	96	108	–
b[3]	–	–	–	–	–	73	85	97	109	121	137
l von	40	45	50	65	80	100	120	140	160	200	220
l bis	80	100	120	160	200	240	300	360	440	480	500
Nennlängen *l*	40, 45, 50, 55, 60, 65, 70, 80, 90 ... 140, 150, 160, 180, 200, 220 ... 460, 480, 500 mm										
Festigkeits-klassen	*d* ≤ M24x2: 5.6, 8.8, 10.9, A2-70, A4-70; *d* = M30x2 ... M36x3: 5.6, 8.8, 10.9, A2-50, A4-50								*d* ≥ M42x3: nach Vereinbarung		

[1] für *l* < 125 mm [2] für *l* = 125 ... 200 mm [3] für *l* > 200 mm

⇒ **Sechskantschraube ISO 8765 – M20 x 1,5 x 120 – 5.6:** *d* = M20 x 1,5, *l* = 120 mm, Festigkeitsklasse 5.6

Sechskantschrauben mit Feingewinde bis zum Kopf

vgl. DIN EN ISO 8676 (2011-07)

Gültige Norm DIN EN ISO	Ersatz für DIN EN	Ersatz für DIN
8676	28676	961

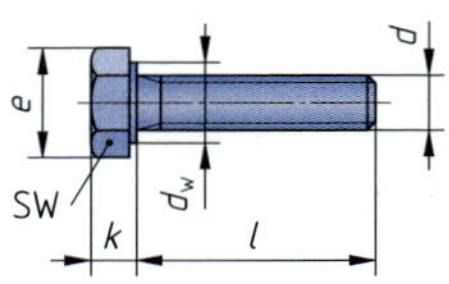

Produktklassen nach DIN EN ISO 8765

Gewinde *d*	M8 x1	M10 x1	M12 x1,5	M16 x1,5	M20 x1,5	M24 x2	M30 x2	M36 x3	M42 x3	M48 x3	M56 x4
SW	13	16	18	24	30	36	46	55	65	75	85
k	5,3	6,4	7,5	10	12,5	15	18,7	22,5	26	30	35
d_w	11,6	14,6	16,6	22,5	28,2	33,6	42,8	51,1	60	69,5	78,7
e	14,4	17,8	20	26,8	33,5	39,6	50,9	60,8	71,3	82,6	93,6
l von	16	20	25	35	40	40	40	40	90	100	120
l bis	80	100	120	160	200	200	200	200	420	480	500
Nennlängen *l*	16, 20, 25, 30, 35 ... 60, 65, 70, 80, 90 ...140, 150, 160, 180, 200, 220 ... 460, 480, 500 mm										
Festigkeits-klassen	*d* ≤ M24x2: 5.6, 8.8, 10.9, A2-70, A4-70; *d* = M30x2 ... M36x3: 5.6, 8.8, 10.9, A2-50, A4-50								*d* ≥ M42x3: nach Vereinbarung		

⇒ **Sechskantschraube ISO 8676 – M8 x 1 x 55 – 8.8:** *d* = M8 x 1, *l* = 55 mm, Festigkeitsklasse 8.8

M

Sechskantschrauben mit Dünnschaft

vgl. DIN EN 24015 (1991-12)

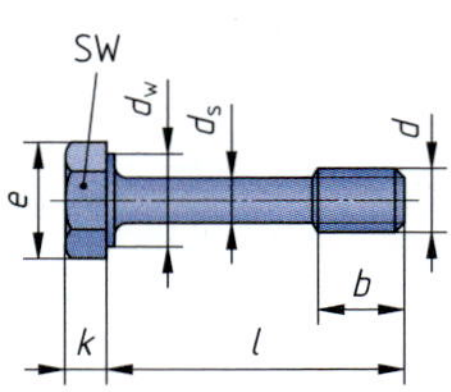

Produktklassen (Seite 350)

Gewinde *d*	*l* in mm	Klasse
≤ M20	alle	B

Gewinde *d*	M3	M4	M5	M6	M8	M10	M12	M16	M20
SW	5,5	7	8	10	13	16	18	24	30
k	2	2,8	3,5	4	5,3	6,4	7,5	10	12,5
d_w	4,4	5,7	6,7	8,7	11,4	14,4	16,4	22	27,7
d_s	2,6	3,5	4,4	5,3	7,1	8,9	10,7	14,5	18,2
e	6	7,5	8,7	10,9	14,2	17,6	19,9	26,2	33
b[1]	12	14	16	18	22	26	30	38	46
b[2]	–	–	–	–	–	–	–	44	52
l von	20	20	25	25	30	40	45	55	65
l bis	30	40	50	60	80	100	120	150	150
Nennlängen *l*	20, 25, 30 ... 65, 70, 75, 80, 90, 100 ...130, 140, 150 mm								
Festigkeitskl.	5.8, 6.8, 8.8, A2-70								

[1] für *l* ≤ 120 mm [2] für *l* > 125 mm

⇒ **Sechskantschraube ISO 4015 – M8 x 45 – 8.8:** *d* = M8, *l* = 45 mm, Festigkeitsklasse 8.8

Schrauben

Zylinderschrauben mit Innensechskant und Regelgewinde

vgl. DIN EN ISO 4762 (2004-06)

Gültige Norm DIN EN ISO	Ersatz für DIN
4762	912

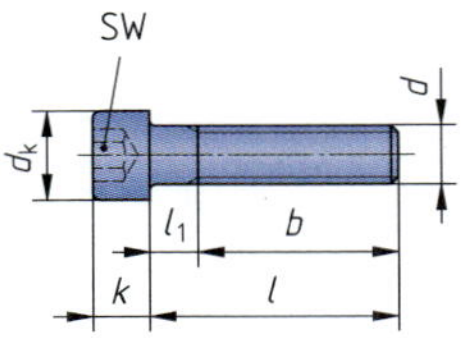

Gewinde *d*	M1,6	M2	M2,5	M3	M4	M5	M6	M8	M10
SW	1,5	1,5	2	2,5	3	4	5	6	8
k	1,6	2	2,5	3	4	5	6	8	10
d_k	3	3,8	4,5	5,5	7	8,5	10	13	16
b	–	16	17	18	20	22	24	28	32
für *l*	–	20	25	≥25	≥ 30	≥ 30	≥ 35	≥ 40	≥ 45
l_1	1,1	1,2	1,4	1,5	2,1	2,4	3	3,8	4,5
für *l*	≤ 16	≤ 16	≤ 20	≤ 20	≤ 25	≤ 25	≤ 30	≤ 35	≤ 40
l von	2,5	3	4	5	6	8	10	12	16
l bis	16	20	25	30	40	50	60	80	100
Festigkeitsklassen	nach Vereinbarung			8.8, 10.9, 12.9					
	nichtrostende Stähle A2-70, A4-70								

Gewinde *d*	M12	M16	M20	M24	M30	M36	M42	M48	M56
SW	10	14	17	19	22	27	32	36	41
k	12	16	20	24	30	36	42	48	56
d_k	18	24	30	36	45	54	63	72	84
b	36	44	52	60	72	84	96	108	124
für *l*	≥ 55	≥ 65	≥ 80	≥ 90	≥ 110	≥ 120	≥ 140	≥ 160	≥ 180
l_1	5,3	6	7,5	9	10,5	12	13,5	15	16,5
für *l*	≤ 50	≤ 60	≤ 70	≤ 80	≤ 100	≤ 110	≤ 130	≤ 150	≤ 160
l von	20	25	30	40	45	55	60	70	80
l bis	120	160	200	200	200	200	300	300	300
Festigkeitsklassen	8.8, 10.9, 12.9						nach Vereinbarung		
	A2-70, A4-70				A2-50, A4-50				
Nennlängen *l*	2,5, 3, 4, 5, 6, 8, 10, 12, 16, 20, 25, 30 ... 65, 70, 80 ...150, 160, 180, 200, 220, 240, 260, 280, 300 mm								

Produktklassen (Seite 350)	
Gewinde *d*	Klasse
M1,6 ... M56	A

⇒ **Zylinderschraube ISO 4762 – M10 x 55 – 10.9**: *d* = M10, *l* = 55 mm, Festigkeitsklasse 10.9

Zylinderschrauben mit Innensechskant, niedriger Kopf

vgl. DIN 7984 (2009-06)

Zylinderschrauben mit Innensechskant, niedriger Kopf u. Schlüsselführung

vgl. DIN 6912 (2009-06)

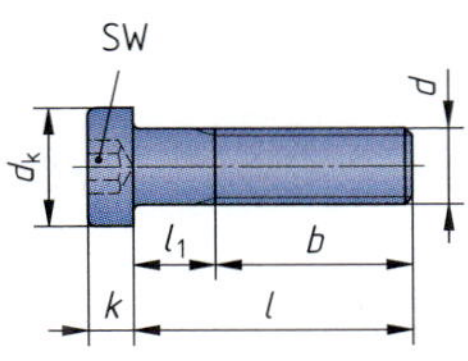

DIN 6912 – Schlüsselführung

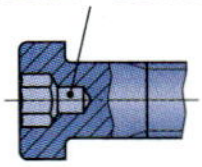

	Gewinde *d*	M3	M4	M5	M6	M8	M10	M12	M16	M20	M24
	SW	2	2,5	3	4	5	7	8	12	14	17
	k	2	2,8	3,5	4	5	6	7	9	11	13
	d_k	5,5	7	8,5	10	13	16	18	24	30	36
DIN 7984	*b*	12	14	16	18	22	26	30	38	46	54
DIN 7984	für *l*	≥ 20	≥ 25	≥ 30	≥ 30	≥ 35	≥ 40	≥ 50	≥ 60	≥ 70	≥ 90
DIN 7984	l_1	1,5	2,1	2,4	3	3,8	4,5	5,3	6	7,5	9
DIN 7984	für *l*	≤ 16	≤ 20	≤ 25	≤ 25	≤ 30	≤ 35	≤ 45	≤ 50	≤ 60	≤ 80
DIN 7984	*l* von	5	6	8	10	12	16	20	30	30	40
DIN 7984	*l* bis	20	25	30	40	80	100	80	80	100	100
DIN 6912	*b* 1)	–	14	16	18	22	26	30	38	46	54
DIN 6912	*b* 2)	–	–	–	–	–	–	–	44	52	60
DIN 6912	*l* von	–	10	10	10	12	16	16	20	30	60
DIN 6912	*l* bis	–	50	60	70	80	90	100	140	180	200
	Festigkeitsklassen	08.8 → ca. 25% geringere Belastbarkeit als bei Festigkeitskl. 8.8 A2 → ca. 25% geringere Belastbarkeit als bei Festigkeitskl. A2-70									
	Nennlängen *l*	5, 6, 8, 10, 12, 16, 20, 25, 30, 35, 40, 45, 50, 60, 70, 80, 90, 100, 120, 140, 160, 180, 200 mm									

1) *b* für *l* ≤ 125 mm, 2) *b* für 125 < *l* ≤ 200 mm

Produktklassen (Seite 350)	
Gewinde *d*	Klasse
M3 ... M24	A

⇒ **Zylinderschraube DIN 7984 – M12 x 50 – 08.8**: *d* = M12, *l* = 50 mm, Festigkeitsklasse 08.8 (08 → geringere Belastbarkeit)

M

Schrauben

Zylinderschrauben mit Innenvielzahn

vgl. DIN 34821 (2005-11)

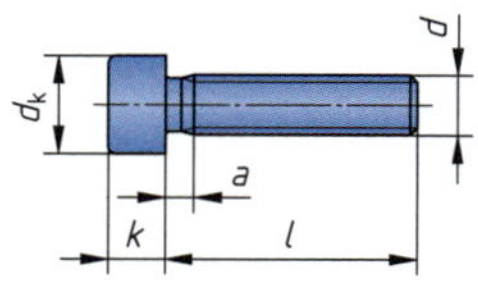

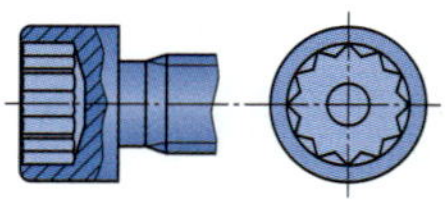

Innenvielzahn

Gewinde d	M6 –	M8 –	M10 –	M12 M12x1,5	M14 M14x1,5	M16 M16x1,5
NG-IVZ[1)]	N8	N10	N12	N14	N16	N18
d_k k	6 10	8 13	10 16	12 18	14 21	16 24
a_{max} für l	2,0 ≤ 16	2,5 ≤ 20	3,0 ≤ 25	3,5 ≤ 25	4,0 ≤ 30	4,0 ≤ 30
a_{max} für l	3,0 > 16	3,8 > 20	4,5 > 25	5,3 > 25	6,0 > 30	6,0 > 30
l von bis	12 70	16 80	20 90	20 90	20 100	20 100
Festigkeits-klasse	8.8, 10.9, A2-70					
Nennlängen l	12, 16, 20, 25, 30, 35, 40, 45, 50, 55, 60, 65, 70, 80, 90, 100 mm					

1) NG-IVZ Nenngröße für Innenvielzahn (Werkzeug-Nenngröße)

⇒ **Zylinderschraube DIN 34821 – M10 x 35 – 8.8:** d = M10, l = 35 mm, Festigkeitsklasse 8.8

Produktklasse A (Seite 350)

Zylinderschrauben mit Schlitz

vgl. DIN EN ISO 1207 (2011-10)

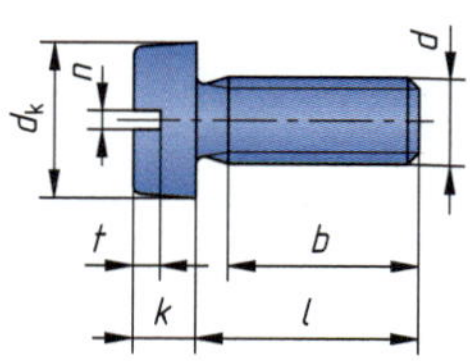

Gewinde d	M1,6	M2	M2,5	M3	M4	M5	M6	M8	M10
d_k k	3 1,1	3,8 1,4	4,5 1,8	5,5 2	7 2,6	8,5 3,3	10 3,9	13 5	16 6
n t	0,4 0,5	0,5 0,6	0,6 0,7	0,8 0,9	1,2 1,1	1,2 1,3	1,6 1,6	2 2	2,5 2,4
l von bis	2 16	3 20	3 25	4 30	5 40	6 50	8 60	10 80	12 80
b	für l < 45 mm → Gewinde annähernd bis zum Kopf für l ≥ 45 mm → b = 38 mm								
Nennlängen l	2, 3, 4, 5, 6, 8, 10, 12, 16, 20, 25 ... 45, 50, 60, 70, 80 mm								
Festigkeits-klassen	4.8, 5.8, A2-50, A2-70								

⇒ **Zylinderschraube ISO 1207 – M6 x 25 – 5.8:** d = M6, l = 25 mm, Festigkeitsklasse 5.8

Produktklasse A (Seite 350)

M

Senkschrauben mit Innensechskant

vgl. DIN EN ISO 10642 (2013-04), Ersatz für DIN 7991

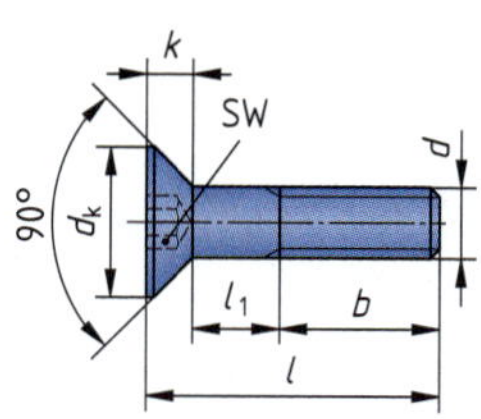

Gewinde d	M3	M4	M5	M6	M8	M10	M12	M16	M20
SW d_k k	2 5,5 1,9	2,5 7,5 2,5	3 9,4 3,1	4 11,3 3,7	5 15,2 5	6 19,2 6,2	8 23,1 7,4	10 29 8,8	12 36 10,2
b für l	18 ≥ 30	20 ≥ 30	22 ≥ 35	24 ≥ 40	28 ≥ 50	32 ≥ 55	36 ≥ 65	44 ≥ 80	52 100
l_1 für l	1,5 ≤ 25	2,1 ≤ 25	2,4 ≤ 30	3 ≤ 35	3,8 ≤ 45	4,5 ≤ 50	5,3 ≤ 60	6 ≤ 70	7,5 ≤ 90
l von bis	8 30	8 40	8 50	8 60	10 80	12 100	20 100	30 100	35 100
Festigkeits-klassen	8.8, 10.9, 12.9								
Nennlängen l	8, 10, 12, 16, 20, 25, 30, 35, 40, 45, 50, 55, 60, 65, 70, 80, 90, 100 mm								

⇒ **Senkschraube ISO 10642 – M5 x 30 – 8.8:** d = M5, l = 30 mm, Festigkeitsklasse 8.8

Produktklasse A (Seite 350)

Schrauben

Senkschrauben mit Schlitz / Linsensenkschrauben mit Schlitz

vgl. DIN EN ISO 2009 (2011-12)
vgl. DIN EN ISO 2010 (2011-12)

DIN EN ISO 2009

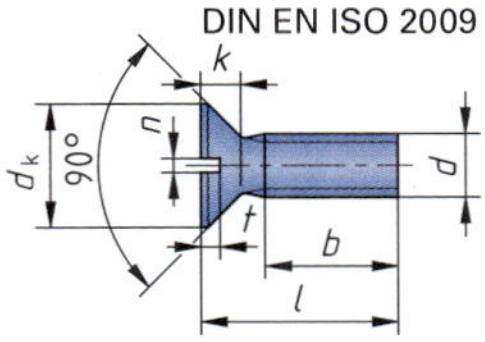

DIN EN ISO 2010

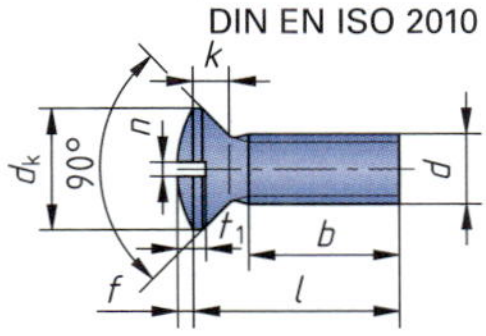

Produktklasse A (Seite 350)

d	M1,6	M2	M2,5	M3	M4	M5	M6	M8	M10
d_k	3,0	3,8	4,7	5,6	8,4	9,3	11,3	15,8	18,3
k	1,0	1,2	1,5	1,7	2,7	2,7	3,3	4,7	5,0
n	0,4	0,5	0,6	0,8	1,0	1,2	1,6	2,0	2,5
t	0,5	0,6	0,8	0,9	1,3	1,4	1,6	2,1	2,6
f	0,4	0,5	0,6	0,7	1,0	1,2	1,4	2,0	2,3
t_1	0,8	1,0	1,2	1,5	1,9	2,4	2,8	3,7	4,4
l von	2,5	3	4	5	6	8	8	10	12
l bis	16	20	25	30	40	50	60	80	80
b	für l < 45 mm → Gewinde annähernd bis zum Kopf für l ≥ 45 mm → b = 38 mm								
Festigkeitskl.	4.8, 5.8, A2-50, A2-70								
Nennlängen l	2,5, 3, 4, 6, 8, 10, 12, 16, 20, 25, 30, 35, 40, 45, 50, 60, 70, 80 mm								

⇒ **Senkschraube ISO 2009 – M5 x 30 – 5.8:** d = M5, l = 30 mm, Festigkeitsklasse 5.8

Senkschrauben mit Kreuzschlitz / Linsensenkschrauben mit Kreuzschlitz

vgl. DIN EN ISO 7046-1 (2011-12)
vgl. DIN EN ISO 7047 (2011-12)

DIN EN ISO 7046-1

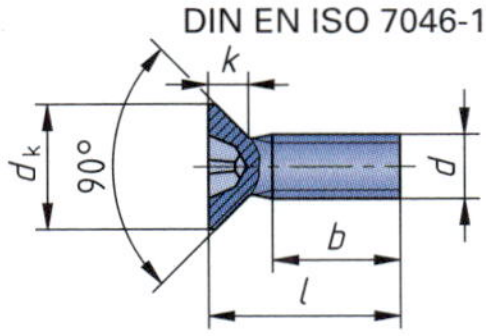

DIN EN ISO 7047

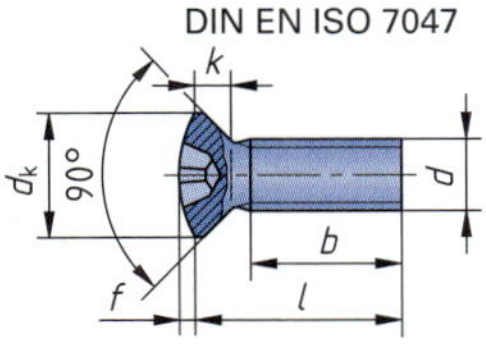

Produktklasse A (Seite 350)

d	M1,6	M2	M2,5	M3	M4	M5	M6	M8	M10
d_k	3,0	3,8	4,7	5,5	8,4	9,3	11,3	15,8	18,3
k	1,0	1,2	1,5	1,7	2,7	2,7	3,3	4,7	5,0
f	0,4	0,5	0,6	0,7	1,0	1,2	1,4	2,0	2,3
K[1]	0	0	1	1	2	2	3	4	4
l von	3	3	3	4	5	6	8	10	12
l bis	16	20	25	30	40	50	60	60	60
b	für l < 40 mm → Gewinde bis Kopf für l ≥ 45 mm → b = 38 mm								
Festigkeitskl.	4.8, A2-50, A2-70								
Nennlängen l	3, 4, 5, 6, 8, 10, 12, 16, 20, 25, 30, 35, 40, 45, 50, 60 mm								

[1] K Kreuzschlitzgröße, Formen H und Z (siehe Seite 356)

⇒ **Linsensenkschraube ISO 7047 – M6 x 40 – A2-50 – Z:** d = M6, l = 40 mm, Festigkeitsklasse A2-50 (nichtrostender Stahl), Kreuzschlitz Form Z

Senk-Blechschrauben mit Kreuzschlitz / Linsensenk-Blechschrauben mit Kreuzschlitz

vgl. DIN EN ISO 7050 (2011-11)
vgl. DIN EN ISO 7051 (2011-11)

DIN EN ISO 7050
Form F

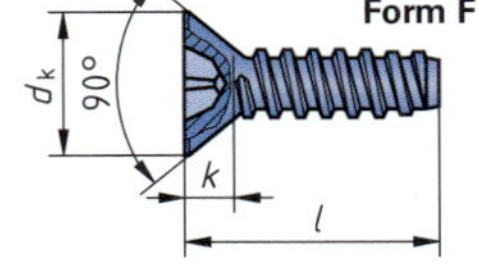

DIN EN ISO 7051
Form C

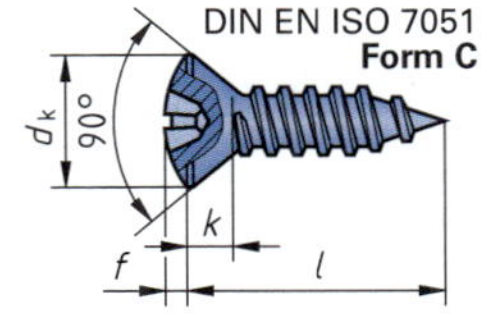

Produktklasse A (Seite 350)

d	ST2,2	ST2,9	ST3,5	ST4,2	ST4,8	ST5,5	ST6,3	ST8	ST9,5
d_k	3,8	5,5	7,3	8,4	9,3	10,3	11,3	15,8	18,3
k	1,1	1,7	2,4	2,6	2,8	3,0	3,2	4,7	5,3
f	0,5	0,7	0,8	1,0	1,2	1,3	1,4	2,0	2,3
K[1]	0	1	2	2	2	3	3	4	4
l von	4,5	6,5	9,5	9,5	9,5	13	13	16	16
l bis	16	19	25	32	32	38	38	50	50
Nennlängen	4,5 – 6,5 – 9,5 – 13 – 16 – 19 – 22 – 25 – 32 – 38 – 45 – 50 mm								
Festigkeitskl.	St Stahl, A2-20H, A4-20H, A5-20H								
Formen	Form C mit Spitze, Form F mit Zapfen, Form R mit gerundeter Spitze								

[1] K Kreuzschlitzgröße, Formen H und Z (siehe Seite 223)

⇒ **Blechschraube ISO 7051 – ST4,2 x 22 – A4-20H – R – H:** ISO 7051 Linsensenk-Blechschraube, d = ST4,2, l = 22 mm, Festigkeitsklasse A4-20H (nichtrostender Stahl), Form R mit gerundeter Spitze, Kreuzschlitz Form H

M

Schrauben

Linsenkopf-Blechschrauben mit Kreuzschlitz

vgl. DIN EN ISO 7049 (2011-11)

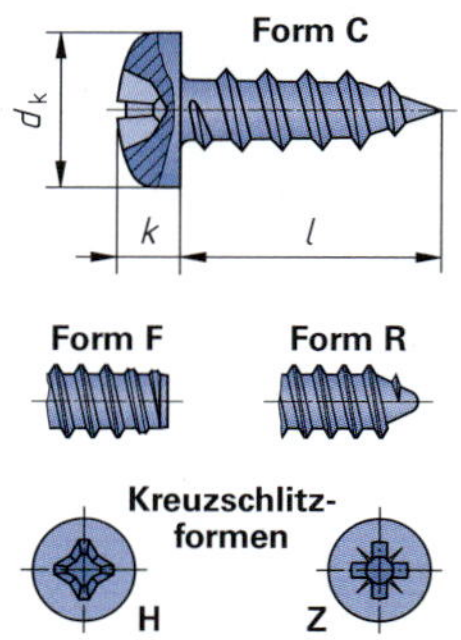

Produktklasse A (Seite 350)

d		ST2,2	ST2,9	ST3,5	ST4,2	ST4,8	ST5,5	ST6,3	ST8	ST9,5
d_k		4,0	5,6	7,0	8,0	9,5	11	12	16	20
k		1,6	2,4	2,6	3,1	3,7	4,0	4,6	6,0	7,5
K[1)]		0	1	2	2	2	3	3	4	4
l	von	4,5	6,5	9,5	9,5	9,5	13	13	16	16
	bis	16	19	25	32	38	38	38	50	50
Nennlängen		4,5 – 6,5 – 9,5 – 13 – 16 – 19 – 22 – 25 – 32 – 38 – 45 – 50 mm								
Festigkeitskl.		St Stahl, A2-20H, A4-20H, A5-20H								
Formen		Form C mit Spitze, Form F mit Zapfen, Form R mit gerundeter Spitze								

1) K Kreuzschlitzgröße, Formen H und Z

⇒ **Blechschraube ISO 7049 – ST4,8 x 25 – St – F – Z:** Linsenkopf-Blechschraube, d = ST4,8, l = 25 mm, Festigkeitsklasse St Stahl, Form F mit Zapfen, Kreuzschlitz Form Z

Kernlochdurchmesser für Blechschrauben (Auszug)

vgl. DIN 7975 (2016-04)

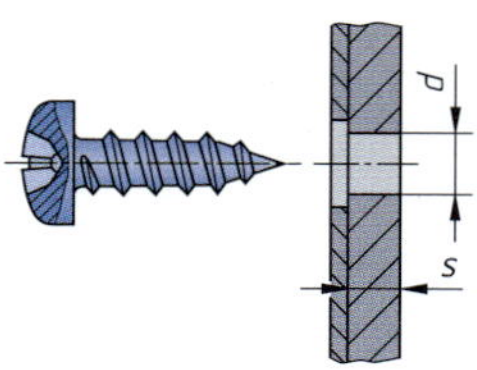

1) Die Durchmesser gelten für gebohrte Löcher in Blechen aus unlegiertem Stahl, Al- und Cu-Legierungen

Blechdicke s in mm	Kernlochdurchmesser d[1)] in mm für Blechschraubengewinde und Zugfestigkeit R_m des Blechwerkstoffes 250 und 400 N/mm²													
	ST2,9		ST3,5		ST3,9		ST4,2		ST4,8		ST5,5		ST6,3	
	250	400	250	400	250	400	250	400	250	400	250	400	250	400
1,1	2,2	2,2	–	–	–	–	–	–	–	–	–	–	–	–
1,3	2,2	2,2	2,6	2,7	2,9	3,0	–	–	–	–	–	–	–	–
1,5	2,2	2,3	2,7	2,8	3,0	3,1	3,2	3,2	–	–	–	–	–	–
1,6	2,2	2,4	2,7	2,8	3,0	3,1	3,2	3,3	3,6	3,8	–	–	–	–
1,8	2,3	2,4	2,7	2,9	3,0	3,2	3,3	3,4	3,6	3,9	4,2	4,5	4,9	5,3
2,0	2,3	2,5	2,8	2,9	3,1	3,3	3,4	3,5	3,8	4,0	4,3	4,6	5,1	5,4
2,2	2,4	2,5	2,8	3,0	3,2	3,3	3,5	3,5	3,9	4,0	4,4	4,7	5,2	5,5
2,5	–	–	2,9	3,0	3,3	3,4	3,5	3,6	4,0	4,1	4,6	4,8	5,4	5,6
2,8	–	–	3,0	3,1	3,3	3,4	3,5	3,6	4,0	4,2	4,7	4,8	5,5	5,6
3,0	–	–	–	–	3,3	3,4	3,5	3,6	4,1	4,2	4,7	4,8	5,5	5,7
3,5	–	–	–	–	–	–	3,6	3,7	4,2	4,2	4,8	4,9	5,6	5,7
4,0	–	–	–	–	–	–	–	–	4,2	4,3	4,9	4,9	5,7	5,8
4,5	–	–	–	–	–	–	–	–	–	–	4,9	5,0	5,7	5,8
5,0	–	–	–	–	–	–	–	–	–	–	–	–	5,8	5,8

Gewindefurchende Schrauben (Auswahl)

vgl. DIN 7500-1 (2009-06)

M

Form DE: Sechskantkopf

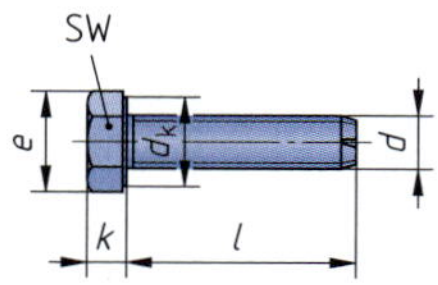

Form EE: Zylinderkopf mit Innensechskant

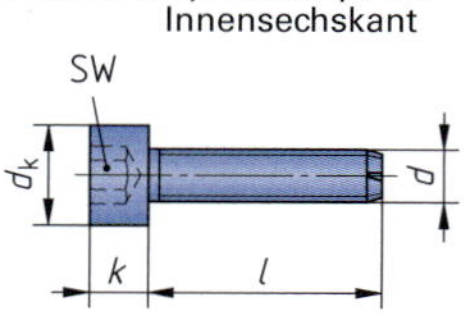

Produktklasse A (Seite 350)

Form	d		M2	M2,5	M3	M4	M5	M6	M8	M10
DE	SW		4	5	5,5	7	8	10	13	16
	k		1,4	1,7	2	2,8	3,5	4	5,3	6,4
	d_k		3,1	4,1	4,6	5,9	6,9	8,9	11,6	14,6
	e		4,3	5,5	6	7,7	8,8	11,1	14,4	17,8
	l	von	4	5	6	8	10	12	16	20
		bis	20	25	30	40	50	60	80	100
EE	SW		1,5	2	2,5	3	4	5	6	8
	k		2	2,5	3	4	5	6	8	10
	d_k		3,8	4,5	5,5	7	8,5	10	13	16
	l	von	3	4	5	6	8	10	12	16
		bis	20	25	30	40	50	60	80	100
Werkstoff			Kaltfließpressstähle, einsatzgehärtet							
Nennlängen			3, 4, 5, 6, 8, 10, 12, 16, 20, 25, 30 ... 50, 55, 60, 70, 80 mm							
Formen			Form CE: Flachkopfschrauben mit Kreuzschlitz Form NE: Linsensenkschraube und Kreuzschlitz Form OE: Zylinderschraube mit Innensechsrund							

⇒ **Schraube DIN 7500 – DE – M8 x 25:** DE Sechskantkopf, d = M8, L = 25 mm (Werkstoff: Kaltfließpressstahl, einsatzgehärtet)

Schrauben

Gewindestifte mit Schlitz

vgl. DIN EN 27434, 27435 (beide 1992-10), DIN EN ISO 4766 (2011-11)

mit Spitze

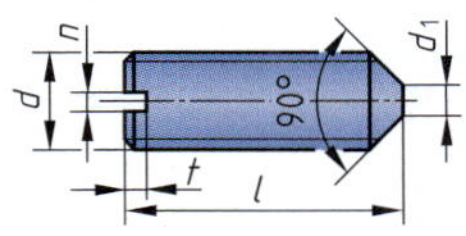

mit Zapfen

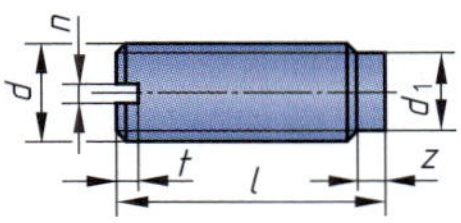

mit Kegelstumpf

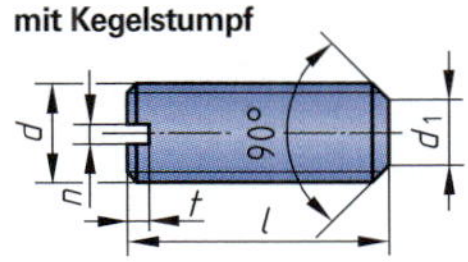

Produktklasse A (Seite 350)

Norm	Gewinde d	M1,2	M1,6	M2	M2,5	M3	M4	M5	M6	M8	M10	M12
DIN EN 27434	d_1	0,1	0,2	0,2	0,3	0,3	0,4	0,5	1,5	2	2,5	3
	n	0,2	0,3	0,3	0,4	0,4	0,6	0,8	1	1,2	1,6	2
	t	0,5	0,7	0,8	1	1,1	1,4	1,6	2	2,5	3	3,6
	l von	2	2	3	3	4	6	8	8	10	12	16
	l bis	6	8	10	12	16	20	25	30	40	50	60
DIN EN 27435	d_1	–	0,8	1	1,5	2	2,5	3,5	4	5,5	7	8,5
	z	–	1,1	1,3	1,5	1,8	2,3	2,8	3,3	4,3	5,3	6,3
	n	–	0,3	0,3	0,4	0,4	0,6	0,8	1	1,2	1,6	2
	t	–	0,7	0,8	1	1,1	1,4	1,6	2	2,5	3	3,6
	l von	–	2,5	3	4	5	6	8	8	10	12	16
	l bis	–	8	10	12	16	20	25	30	40	50	60
DIN EN ISO 4766	d_1	0,6	0,8	1	1,5	2	2,5	3,5	4	5,5	7	8,5
	n	0,2	0,3	0,3	0,4	0,4	0,6	0,8	1	1,2	1,6	2
	t	0,5	0,7	0,8	1	1,1	1,4	1,6	2	2,5	3	3,6
	l von	2	2	2	2,5	3	4	5	6	8	10	12
	l bis	6	8	10	12	16	20	25	30	40	50	60
Festigkeitsklassen		14H, 22H, A1-50 (A1-12H bei DIN EN ISO 4766)										
Nennlängen		2, 2,5, 3, 4, 5, 6, 8, 10, 12, 16, 20, 25, 30 ... 50, 55, 60 mm										

Gültige Norm	Ersatz für
DIN EN 27434	DIN 553
DIN EN 27435	DIN 417
DIN EN ISO 4766	DIN 551

⇒ **Gewindestift ISO 7434 – M6 x 25 – 14H:** d = M6, l = 25 mm, Festigkeitsklasse 14H

Gewindestifte mit Innensechskant

vgl. DIN EN ISO 4026, 4027, 4028 (alle 2004-05)

mit Spitze

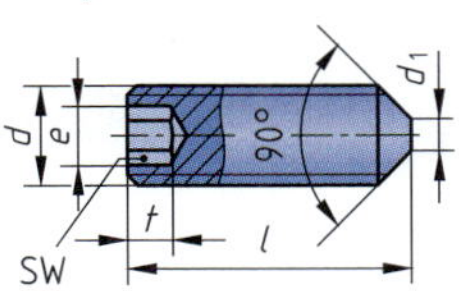

mit Zapfen

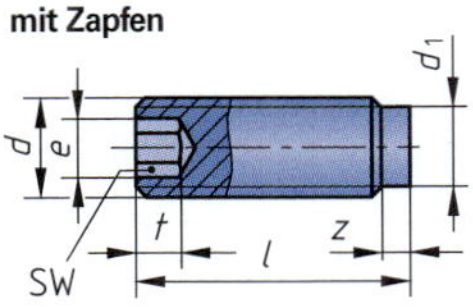

mit Kegelstumpf

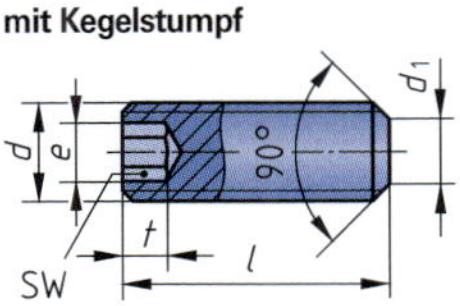

Produktklasse A (Seite 350)

Norm	Gewinde d	M2	M2,5	M3	M4	M5	M6	M8	M10	M12	M16	M20
DIN EN ISO 4027	d_1	0,5	0,7	0,8	1	1,3	1,5	2	2,5	3	4	5
	SW	0,9	1,3	1,5	2	2,5	3	4	5	6	8	10
	e	1	1,5	1,7	2,3	2,9	3,4	4,6	5,7	6,9	9,1	11,4
	t	0,8	1,2	1,2	1,5	2	2	3	4	4,8	6,4	8
	l von	2	2,5	3	4	5	6	8	10	12	16	20
	l bis	10	12	16	20	25	30	40	50	60	60	60
DIN EN ISO 4028	d_1	1	1,5	2	2,5	3,5	4	5,5	7	8,5	12	15
	z	1,3	1,5	1,8	2,3	2,8	3,3	4,3	5,3	6,3	8,4	10,4
	SW	0,9	1,3	1,5	2	2,5	3	4	5	6	8	10
	e	1	1,5	1,7	2,3	2,9	3,4	4,6	5,7	6,9	9,1	11,4
	t	0,8	1,2	1,2	1,5	2	2	3	4	4,8	6,4	8
	l von	2,5	3	4	5	6	8	8	10	12	16	20
	l bis	10	12	16	20	25	30	40	50	60	60	60
DIN EN ISO 4026	d_1	1	1,5	2	2,5	3,5	4	5,5	7	8,5	12	15
	SW	0,9	1,3	1,5	2	2,5	3	4	5	6	8	10
	e	1	1,5	1,7	2,3	2,9	3,4	4,6	5,7	6,9	9,2	11,4
	t	0,8	1,2	1,2	1,5	2	2	3	4	4,8	6,4	8
	l von	2	2,5	3	4	5	6	8	10	12	16	20
	l bis	10	12	16	20	25	30	40	50	60	60	60
Festigkeitsklassen		45H, A1-12H, A2-21H, A3-21H, A4-21H, A5-21H										
Nennlängen		2, 2,5, 3, 4, 5, 6, 8, 10, 12, 16, 20, 25, 30 ... 55, 60 mm										

Gültige Norm	Ersatz für
DIN EN ISO 4026	DIN 913
DIN EN ISO 4027	DIN 914
DIN EN ISO 4028	DIN 915

⇒ **Gewindestift ISO 4026 – M6 x 25 – A5 – 45H:** d = M6, l = 25 mm, A5 nichtrostender Stahl, Festigkeitsklasse 45H

Schrauben

Berechnung von Schrauben

Die meisten Schrauben (einfache Verbindungen) werden ohne Kontrolle des Anziehdrehmoments montiert. Bei Beachtung einiger Erfahrungswerte ist trotzdem eine zuverlässige Schraubenverbindung gewährleistet.

Bei Schraubenverbindungen, die ohne Drehmomentkontrolle montiert werden, sind die Vorspannkraft F_v, die Vorspannung σ_v und die Flächenpressung p_v nicht ermittelbar. Für das Anziehen von Hand liegen jedoch Erfahrungswerte für die Vorspannung σ_v vor (vgl. Tabelle).

Es wird empfohlen, bei kleineren Durchmessern vorzugsweise Schrauben der Festigkeitsklasse 8.8 zu verwenden (vgl. Beispiel). Für die Mindeststreckgrenze ist ein Sicherheitsfaktor von 1,5 vorzusehen.

Die Berechnung der Schrauben erfolgt allein über die axiale Betriebskraft F_B. Ein hoher Sicherheitsfaktor (z.B. ν = 2,5) berücksichtigt die ungenaue Berechnung der Schraubengesamtkraft.

Betriebskraft in Achsrichtung

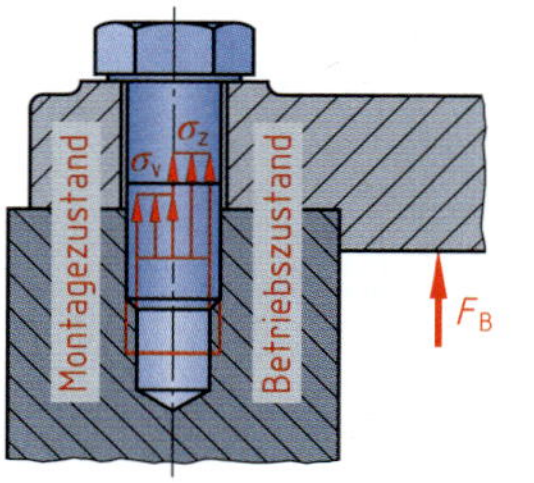

Erfahrungswerte der Vorspannkraft F_v und Vorspannung σ_v

Gewinde d	Vorspannkraft Fv N	Vorspannung σ_v N/mm²
M4	3 000	350
M6	7 000	
M8	10 000	280
M10	16 000	
M12	23 000	
M16	28 000	180
M20	44 000	

F_B	Betriebskraft in N	d	Gewinde, z. B. M10
F_v	Vorspannkraft in N	F_R	Reibungskraft in N
R_e	Streckgrenze in N/mm²	F_{verf}	erforderliche Vorspannkraft in kN
σ_v	Vorspannung in N/mm²	μ	Reibungszahl
σ_z	Zugspannung in N/mm²	φ	Rutschsicherheit
σ_{zul}	Zulässige Spannung in N/mm²	ν	Sicherheitsfaktor
S	Spannungsquerschnitt in mm²	M_K	Kupplungsmoment

Betriebskraft quer zur Achsrichtung

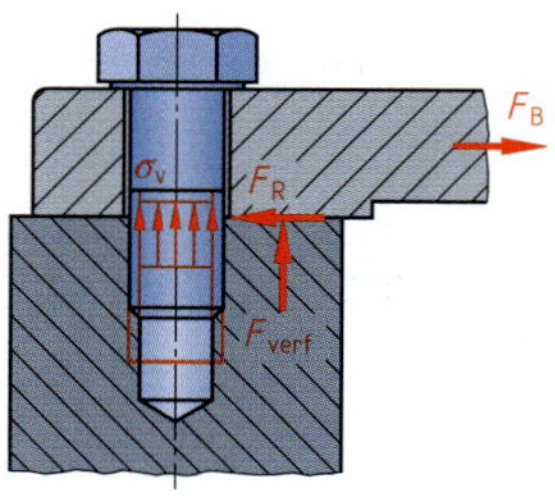

Beispiel für Betriebskraft in Achsrichtung:

F_B = 1 875 N je Schraube, ν = 2,5,
Sechskantschraube ISO 4014 – 8.8;
Gewindedurchmesser = ?

R_e = 640 N/mm² für 8.8

$$\sigma_{zul} = \frac{R_e}{\nu} = \frac{640\ \text{N/mm}^2}{2{,}5} = 256\ \frac{\text{N}}{\text{mm}^2}$$

$$S = \frac{F_B}{\sigma_{zul}} = \frac{1875\ \text{N}}{256\ \text{N/mm}^2} = 7{,}32\ \text{mm}^2$$

gewählt M4 (vgl. Seite 345)
mit σ_v = 350 N/mm² (vgl. Tabelle oben)

$R_{e\,erf} \geq 1{,}5 \cdot \sigma_v = 1{,}5 \cdot 350\ \text{N/mm}^2$
$= \mathbf{525\ N/mm^2} < R_e$

$$R_e = 640\ \frac{\text{N}}{\text{mm}^2} > R_{e\,erf}$$

Mindest-Streckgrenze

$$R_{e\,erf} \geq 1{,}5 \cdot \sigma_v$$

Spannungsquerschnitt

$$S = \frac{F_B}{\sigma_{zul}}$$

Zulässige Spannung

$$\sigma_{zul} = \frac{R_e}{\nu}$$

Erforderliche Vorspannkraft

$$F_{verf} = \varphi \cdot \frac{F_B}{\mu}$$

Beispiel: Scheibenkupplung

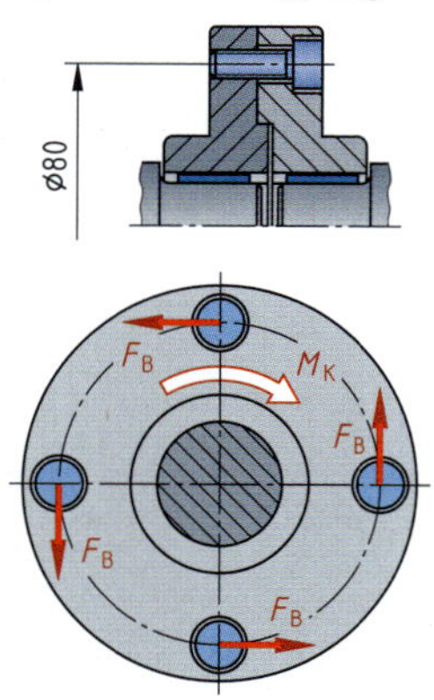

Beispiel für Betriebskraft quer zur Achsrichtung (Scheibenkupplung):

Scheibenkupplung aus S235JR mit vier Zylinderschrauben ISO 4762 – 8.8,
M_K = 256 N · m, μ = 0,2, φ = 2;
Gewindedurchmesser = ?

$$F_B = \frac{M_K}{n \cdot \frac{d}{2}} = \frac{256\ \text{N} \cdot \text{m}}{4 \cdot \frac{0{,}08\ \text{m}}{2}} = 1\,600\ \text{N}$$

$$F_{verf} = \frac{\varphi \cdot F_B}{\mu} = \frac{2 \cdot 1\,600\ \text{N}}{0{,}2} = 16\,000\ \text{N}$$

gewählt M10 (vgl. Tabelle oben)

Schrauben

Vorspannkräfte und Anziehdrehmomente

Die meisten hoch beanspruchten Schrauben werden drehmomentgesteuert montiert, z. B. mit Drehmomentschlüsseln oder motorischen Drehschraubern

Schaftschraube

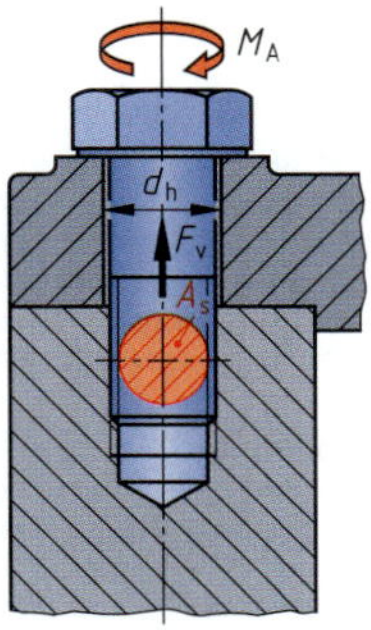

M_A Anziehdrehmoment
d_h Durchgangsbohrung
A_s Spannungsquerschnitt
F_v Vorspannkraft
μ Reibungszahl
A_T Taillenquerschnitt

Nachfolgende Tabellenwerte gelten für:

- Sechskantschrauben, z. B. DIN EN ISO 4014, DIN EN ISO 4017, DIN EN ISO 8765, DIN EN ISO 8876, DIN EN 24015 (Seiten 351, 352)
- Zylinderschrauben, z. B. DIN EN ISO 4762 (Seiten 353, 354)
- Durchgangsbohrungen d_h „mittel" nach DIN EN 20273 (Seite 350)
- Richtwerte der Reibungszahlen μ:
  $\mu = 0{,}08 \rightarrow$ Schraube phosphatiert, MoS_2-geschmiert
  $\mu = 0{,}12 \rightarrow$ Schraube phosphatiert, leicht geölt
  $\mu = 0{,}16 \rightarrow$ Schraube phosphatiert, mit Klebstoff gesichert

Dehnschraube

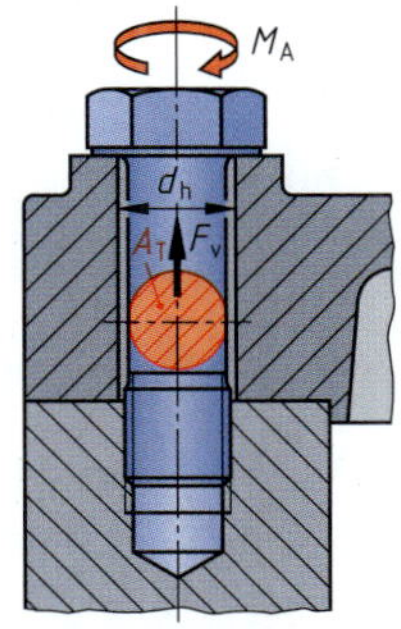

Maximale Vorspannkräfte und Anziehdrehmomente[1] vgl. VDI 2230 (2015-11)

Gewinde	Festigkeitsklasse	A_s in mm^2	Schaftschrauben						A_T in mm^2	Dehnschrauben					
			Vorspannkraft F_v in kN			Anziehdrehmoment M_A in N · m				Vorspannkraft F_v in kN			Anziehdrehmoment M_A in N · m		
			Reibungszahl μ							Reibungszahl μ					
			0,08	0,12	0,16	0,08	0,12	0,16		0,08	0,12	0,16	0,08	0,12	0,16
M8	8.8 10.9 12.9	36,6	19,5 28,7 33,6	18,6 27,3 32	17,6 25,8 30,2	18,5 27,2 31,8	24,6 36,1 42,2	29,8 43,8 51,2	26,6	13,8 20,3 23,8	13 19,1 22,3	12,1 17,8 20,8	13,1 19,2 22,5	17,1 25,2 29,5	20,5 30,1 35,3
M8x1	8.8 10.9 12.9	39,2	21,2 31,1 36,4	20,2 29,7 34,7	19,2 28,1 32,9	19,3 28,4 33,2	26,1 38,3 44,9	32 47 55	29,2	15,5 22,7 26,6	14,6 21,4 25,1	13,6 20 23,4	14,1 20,7 24,3	18,8 27,7 32,4	22,8 33,5 39,2
M10	8.8 10.9 12.9	58,0	31 45,6 53,3	29,6 43,4 50,8	27,9 41 48	36 53 62	48 71 83	59 87 101	42,4	22,1 32,5 38	20,8 30,5 35,7	19,4 28,4 33,3	26 38 45	34 50 59	41 60 70
M10x1,25	8.8 10.9 12.9	61,2	33,1 48,6 56,8	31,6 46,4 54,3	29,9 44 51,4	38 55 65	51 75 87	62 92 107	45,6	24,2 35,5 41,5	22,8 33,5 39,2	21,3 31,3 36,6	28 40 47	37 54 63	44 65 76
M12	8.8 10.9 12.9	84,3	45,2 66,3 77,6	43 63,2 74	40,7 59,8 70	63 92 108	84 123 144	102 149 175	61,8	32,3 47,5 55,6	30,4 44,6 52,2	28,3 41,6 48,7	45 66 77	59 87 101	71 104 122
M12x1,5	8.8 10.9 12.9	88,1	47,6 70 81,9	45,5 66,8 78,2	43,1 63,3 74,1	64 95 111	87 128 150	107 157 183	65,7	34,8 51,1 59,8	32,8 48,2 56,4	30,7 45,1 52,8	47 69 81	63 92 108	76 111 130
M16	8.8 10.9 12.9	157	84,7 124,4 145,5	80,9 118,8 139	76,6 112,6 131,7	153 224 262	206 302 354	252 370 433	117	61,8 90,8 106,3	58,3 85,7 100,3	54,6 80,1 93,8	111 164 191	148 218 255	179 264 308
M16x1,5	8.8 10.9 12.9	167	91,4 134,2 157	87,6 128,7 150,6	83,2 122,3 143,1	159 233 273	218 320 374	269 396 463	128	68,6 100,8 118	65,1 95,6 111,8	61,1 89,8 105	119 175 205	162 238 278	198 290 340
M20	8.8 10.9 12.9	245	136 194 227	130 185 217	123 176 206	308 438 513	415 592 692	509 725 848	182	100 142 166	94 134 157	88 125 147	225 320 375	300 427 499	362 516 604
M20x1,5	8.8 10.9 12.9	272	154 219 157,1	143 211 245	141 200 234	327 466 545	454 646 756	565 804 941	210	117 167 196	112 159 186	105 150 175	249 355 416	342 488 571	422 601 703
M24	8.8 10.9 12.9	353	196 280 327	183 267 313	178 253 296	529 754 882	714 1 017 1 190	875 1 246 1 458	263	143 204 239	135 193 226	127 180 211	387 551 644	515 734 859	623 887 1 038

[1] Beim Montieren mit dem Anziehdrehmoment M_A wird die Dehngrenze $R_{p0,2}$ des Schraubenwerkstoffes zu ca. 90 % ausgenutzt. Die Berechnung der Schraubenverbindung, z. B. nach VDI 2230, wird durch die Nutzung der Tabellenwerte nicht ersetzt.

M

Schrauben

Schraubensicherungen

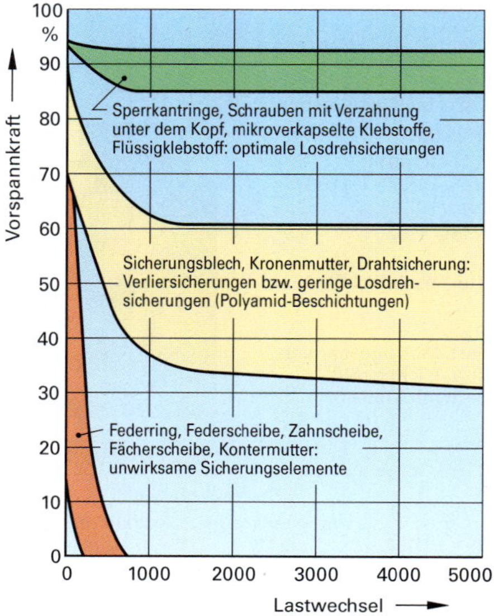

Vibrationsprüfung DIN 65151 verschiedener Sicherungselemente

Geprüft wurde das Sicherungsverhalten von Schraubenverbindungen unter Querbelastung an Schrauben ISO 4014-M10.

Bei ausreichend dimensionierten und zuverlässig montierten Schraubenverbindungen ist im Allgemeinen keine Schraubensicherung notwendig. Die Klemmkräfte verhindern ein Verschieben der verschraubten Teile bzw. ein Lockern der Schrauben und Muttern. In der Praxis kann es trotzdem aus folgenden Ursachen zum Verlust der Klemmkraft kommen:

- **Lockern der Schraubenverbindung** infolge von hohen Flächenpressungen, die plastische Verformungen auslösen (sog. Setzungen) und die Vorspannkraft der Schraubenverbindung vermindern.
  Abhilfe: möglichst wenig Trennfugen, geringe Oberflächenrauheit, Einsatz hochfester Schrauben (große Vorspannkraft).
- **Losdrehen der Schraubenverbindung:** Bei dynamisch senkrecht zur Schraubenachse belasteten Verbindungen kann ein vollständiges selbsttätiges Losdrehen erfolgen.
  Abhilfe erfolgt durch Sicherungselemente. Sie können je nach ihrer Wirkung in drei Gruppen unterschieden werden:
  Unwirksame Sicherungselemente (z.B. Federringe und Zahnscheiben).
  Verliersicherungen, die ein teilweises Losdrehen zulassen, jedoch verhindern, dass die Schraubverbindung auseinander fällt.
  Losdrehsicherungen (z.B. Kleber oder Sperrzahnschrauben). Die Vorspannkraft bleibt dabei annähernd erhalten. Die Mutter bzw. Schraube kann sich nicht lösen (beste Sicherungsmöglichkeit).

Übersicht über Schraubensicherungen

Verbindung	Sicherungselement	Norm	Art, Eigenschaft
mitverspannt, federnd	Federring Federscheibe Zahnscheibe Fächerscheibe	zurückgezogen zurückgezogen zurückgezogen zurückgezogen	unwirksam unwirksam unwirksam unwirksam
formschlüssig	Sicherungsblech Kronenmutter mit Splint Drahtsicherung	zurückgezogen DIN 935-1 (2000-10) –	Verliersicherung Verliersicherung Verliersicherung
kraftschlüssig (klemmend)	Kontermutter	–	unwirksam, Losdrehen möglich
	Schrauben und Muttern mit klemmender Polyamid-Beschichtung	DIN 267-28 (2009-09) ISO 2320 (2009-03)	Verliersicherung bzw. geringe Losdrehsicherung
sperrend (kraft- und formschlüssig)	Schrauben mit Verzahnung unter dem Kopf	–	Losdrehsicherung, nicht für gehärtete Bauteile geeignet
	Sperrkantringe, Sperrkantscheiben, selbsthemmendes Scheibenpaar	– –	Losdrehsicherung, nicht für gehärtete Bauteile geeignet Losdrehsicherung
stoffschlüssig	mikroverkapselte Klebstoffe im Gewinde	DIN 267-27 (2009-09)	Losdrehsicherung, dichtende Verbindung; Temperaturbereich – 50 °C bis 150 °C
	Flüssigklebstoff	–	Losdrehsicherung

M

Schrauben

Senkungen für Senkschrauben mit Kopfform nach ISO 7721

vgl. DIN EN ISO 15065 (2005-05)

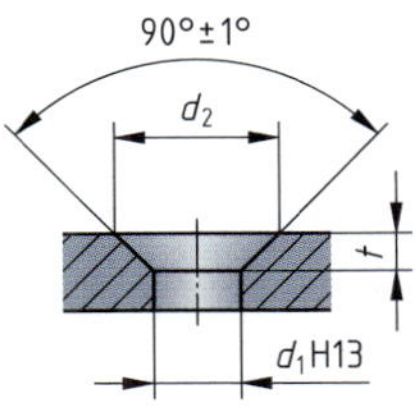

Nenngröße	1,6	2	2,5	3	3,5	4
Metr. Schrauben	M1,6	M2	M2,5	M3	M3,5	M4
Blechschrauben	–	ST2,2	–	ST2,9	ST3,5	ST4,2
d_1 H13[1]	1,8	2,4	2,9	3,4	3,9	4,5
d_2 min.	3,6	4,4	5,5	6,3	8,2	9,4
d_2 max.	3,7	4,5	5,6	6,5	8,4	9,6
$t_1 \approx$	1,0	1,1	1,4	1,6	2,3	2,6
Nenngröße	**5**	**5,5**	**6**	**8**	**10**	**–**
Metr. Schrauben	M5	–	M6	M8	M10	–
Blechschrauben	ST4,8	ST5,5	ST6,3	ST8	ST9,5	–
d_1 H13	5,5	6	6,6	9	11	–
d_2 min.	10,4	11,5	12,6	17,3	20	–
d_2 max.	10,7	11,8	12,9	17,6	20,3	–
$t_1 \approx$	2,6	2,9	3,1	4,3	4,7	–

⇒ **Senkung ISO 15065 – 8**: Nenngröße 8 (metr. Gewinde M8 bzw. Blechschraubengewinde ST8)

Anwendung für:		
	Senkschrauben mit Schlitz	DIN EN ISO 2009
	Senkschrauben mit Kreuzschlitz	DIN EN ISO 7046-1
	Linsensenkschrauben mit Schlitz	DIN EN ISO 2010
	Linsensenkschrauben mit Kreuzschlitz	DIN EN ISO 7047
	Senk-Blechschrauben mit Schlitz	DIN ISO 1482
	Senk-Blechschrauben mit Kreuzschlitz	DIN ISO 7050
	Linsensenk-Blechschrauben mit Schlitz	DIN ISO 1483
	Linsensenk-Blechschrauben mit Kreuzschlitz	DIN ISO 7051
	Senk-Bohrschrauben mit Kreuzschlitz	ISO 15482
	Linsensenk-Bohrschrauben mit Kreuzschlitz	ISO 15483

Senkungen für Schrauben mit Zylinderkopf

vgl. DIN 974-1 (2008-02)

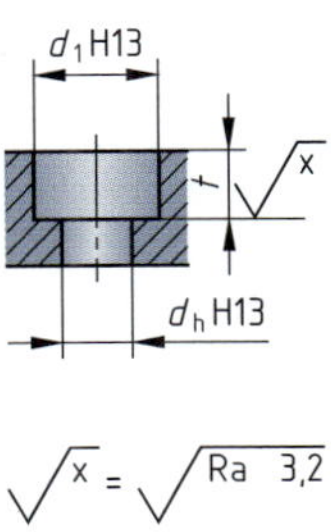

	d	3	4	5	6	8	10	12	16	20	24	27	30	36
	d_h H13[1]	3,4	4,5	5,5	6,6	9	11	13,5	17,5	22	26	30	33	39
d_1 H13	Reihe 1	6,5	8	10	11	15	18	20	26	33	40	46	50	58
	Reihe 2	7	9	11	13	18	24	–	–	–	–	–	–	–
	Reihe 3	6,5	8	10	11	15	18	20	26	33	40	46	50	58
	Reihe 4	7	9	11	13	16	20	24	30	36	43	46	54	63
	Reihe 5	9	10	13	15	18	24	26	33	40	48	54	61	69
	Reihe 6	8	10	13	15	20	24	33	43	48	58	63	73	–
t[2]	ISO 1207	2,4	3,0	3,7	4,3	5,6	6,6	–	–	–	–	–	–	–
	ISO 4762	3,4	4,4	5,4	6,4	8,6	10,6	12,6	16,6	20,6	24,8	–	31,0	37,0
	DIN 7984	2,4	3,2	3,9	4,4	5,6	6,6	7,6	9,6	11,6	13,8	–	–	–

⇒ DIN 974 sieht keine Kurzbezeichnung für Senkungen vor.

Reihe	**Schrauben mit Zylinderkopf ohne Unterlegteile**	
1	Schrauben ISO 1207, ISO 4762, DIN 6912, DIN 7984, DIN 34821, ISO 4579, ISO 4580	
2	Schrauben ISO 1580, DIN EN ISO 7045, DIN EN ISO 14583	
	Schrauben mit Zylinderkopf und folgenden Unterlegteilen:	
3	Schrauben ISO 1207, ISO 4762, DIN 7984 mit Federringen DIN 7980[3]	
4	Scheiben DIN EN ISO 7092 Federscheiben DIN 137 Form A[3] Federringe DIN 128 + DIN 6905[3]	Zahnscheiben DIN 6797[3] Fächerscheiben DIN 6798[3] Fächerscheiben DIN 6907[3]
5	Scheiben DIN EN ISO 7089 + 7090 Scheiben DIN 6902 Form A[3]	Federscheiben DIN 137 Form B[3] Federscheiben DIN 6904[3]
6	Spannscheiben DIN 6796, DIN 6908	

[1] Durchgangsloch nach DIN EN 20273, Reihe mittel, Seite 350

[2] Für Schrauben ohne Unterlegteile [3] Normen zurückgezogen

M

Muttern

Bild	Ausführung	Normbereich von ... bis	Norm	Verwendung, Eigenschaften
Sechskantmuttern, Typ 1				Seite 364, 365
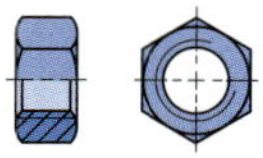	mit Regelgewinde	M1,6 ... M64	DIN EN ISO 4032	am häufigsten verwendete Muttern, Verwendung für Schrauben bis zur gleichen Festigkeitsklasse **Feingewinde:** höhere Kraftübertragung als bei Regelgewinden
	mit Feingewinde	M8x1 ... M64x4	DIN EN ISO 8673	
Sechskantmuttern, Typ 2				Seite 365
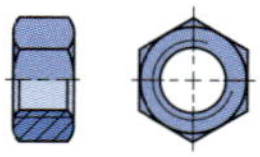	mit Regelgewinde	M5 ... M36	DIN EN ISO 4033	Mutterhöhe *m* ist ca. 10 % höher als bei Muttern des Typs 1, Verwendung für Schrauben bis zur gleichen Festigkeitsklasse **Feingewinde:** höhere Kraftübertragung als bei Regelgewinden
	mit Feingewinde	M8x1 ... M36x3	DIN EN ISO 8674	
Niedrige Sechskantmuttern				Seite 365
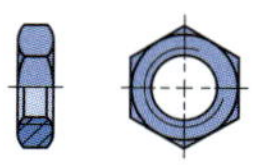	mit Regelgewinde	M1,6 ... M64	DIN EN ISO 4035	Verwendung bei niedrigen Einbauhöhen und geringen Belastungen **Feingewinde:** höhere Kraftübertragung als bei Regelgewinden
	mit Feingewinde	M8x1 ... M64x4	DIN EN ISO 8675	
Sechskantmuttern mit Klemmteil				Seite 366
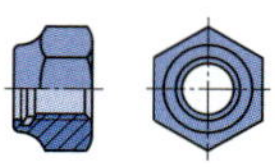	mit Regelgewinde	M3 ... M36	DIN EN ISO 7040	selbstsichernde Muttern mit voller Belastbarkeit und nichtmetallischem Einsatz, bis zu Betriebstemperaturen von 120 °C **Feingewinde:** höhere Kraftübertragung als bei Regelgewinden
	mit Feingewinde	M8x1 ... M36x3	DIN EN ISO 10512	
	mit Regelgewinde	M5 ... M36	DIN EN ISO 7719	selbstsichernde Ganzmetallmuttern mit voller Belastbarkeit **Feingewinde:** höhere Kraftübertragung als bei Regelgewinden
	mit Feingewinde	M8x1 ... M36x3	DIN EN ISO 10513	
Sechskantmuttern, andere Formen				Seite 366
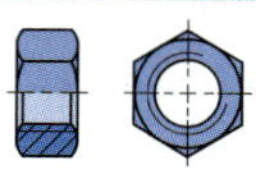	mit großen Schlüsselweiten, Regelgewinde	M12 ... M36	DIN EN 14399-4	Metallbau; hochfeste planmäßig vorgespannte Verbindungen (HV), mit Sechskantschrauben DIN EN 14999-4
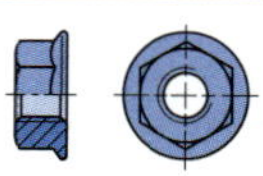	mit Flansch, Regelgewinde	M5 ... M20	DIN EN 1661	Verwendung z. B. bei großen Durchgangsbohrungen oder zur Verringerung der Flächenpressung
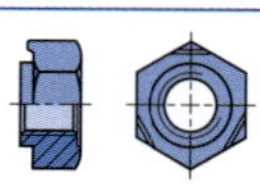	Schweißmuttern, Regelgewinde	M3 ... M16 M8x1 ... M16x1,5	DIN 929	Verwendung in Blechkonstruktionen; Muttern werden mit den Blechen meist durch Buckelschweißen verbunden
Kronenmuttern, Splinte				
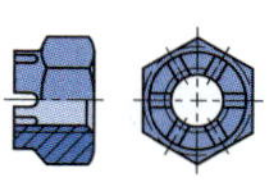	hohe Form, Regel- oder Feingewinde	M4 ... M100 M8x1 ... M100x4	DIN 935	Verwendung z. B. zur axialen Fixierung von Lagern, Naben, in Sicherheitsverschraubungen (Lenkungsbereich von Fahrzeugen) Sicherung mit Splint und Querbohrung in der Schraube, bei voller Belastung der Schrauben werden die Splinte ab Festigkeitsklasse 8.8 abgeschert
	niedrige Form, Regel- oder Feingewinde	M6 ... M48 M8x1 ... M48x3	DIN 979	
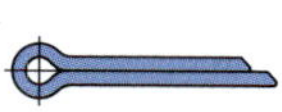	Splinte	0,6x12 ... 20x280	DIN EN ISO 1234	

M

Muttern

Bild	Ausführung	Normbereich von ... bis	Norm	Verwendung, Eigenschaften
Hutmuttern				Seite 367
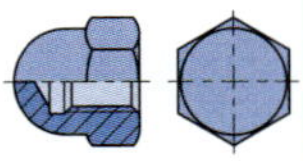	hohe Form, hohe Form, Regel- oder Feingewinde	M4 ... M36 M8x1 ... M24x2	DIN 1587	dekorativer und dichter Abschluss von Verschraubungen nach außen, Schutz für das Gewinde, Schutz vor Verletzungen
	niedrige Form, Regel- oder Feingewinde	M4 ... M48 M8x1 ... M48x3	DIN 917	
Ringmuttern, Ringschrauben				Seite 367
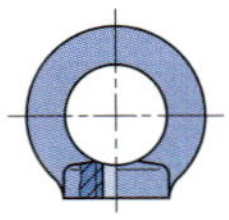	Ringmuttern, Regel- oder Feingewinde	M8 ... M100x6 M20x2 ... M100x4	DIN 582	Transportösen an Maschinen und Geräten Belastung hängt vom Lastzugwinkel ab, spanende Bearbeitung der Auflagefläche des Flansches erforderlich
Nutmuttern, Sicherungsbleche				Seite 367
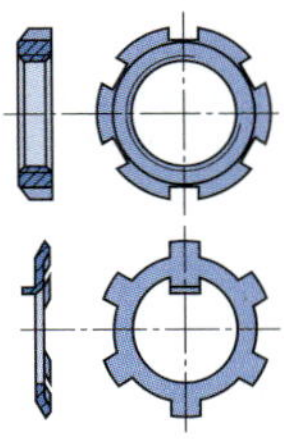	Nutmuttern mit Feingewinde	M10x1 ... M200x1,5	DIN 70852	zur axialen Fixierung, z. B. von Naben, bei kleinen Einbauhöhen und geringen Belastungen, Sicherung mit Sicherungsblech
	Sicherungsbleche	10 ... 200	DIN 70952	
	Nutmuttern mit Feingewinde	M10x0,75 ... M115x2 (KM0 ... KM23)	DIN 981	zur axialen Fixierung von Wälzlagern, zur Einstellung des Lagerspieles, z. B. bei Kegelrollenlagern, Sicherung mit Sicherungsblech
	Sicherungsbleche	10 ... 115 (MB0 ... MB23)	DIN 5406	
Rändelmuttern				
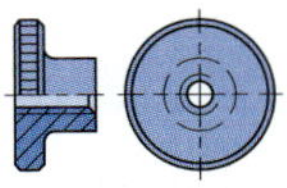	hohe Form, Regelgewinde	M1 ... M10	DIN 466	Verwendung bei Verschraubungen, die häufig geöffnet werden, z. B. im Vorrichtungsbau, in Schaltschränken
	niedrige Form, Regelgewinde	M1 ... M10	DIN 467	
Sechskant-Spannschlossmuttern				
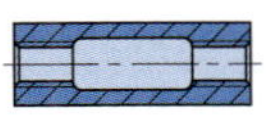	Regelgewinde	M6 ... M30	DIN 1479	zur Verbindung und Einstellung, z. B. von Gewinde- und Schubstangen, mit Links- und Rechtsgewinde; Sicherung mit Gegenmuttern

Bezeichnung von Muttern

vgl. DIN 962 (2013-04)

Beispiele:

Sechskantmutter	**ISO 4032**	**– M12**	**– 8**
Kronenmutter	**DIN 929**	**– M8 x 1**	**– St**
Sechskantmutter	**EN 1661**	**– M12**	**– 10**

Bezeichnung	Bezugsnorm, z. B. ISO, DIN, EN; Nummer des Normblattes[1]	Nenndaten, z. B. M → metrisches Gewinde 8 → Nenndurchmesser d 1 → Gewindesteigung P bei Feingewinden	Festigkeitsklasse, z. B. 05, 8, 10 Werkstoff, z. B.: St Stahl GT Temperguss

[1] Muttern, die nach ISO oder DIN EN ISO genormt sind, erhalten in der Bezeichnung das Kurzzeichen **ISO**.
Muttern, die nach DIN genormt sind, erhalten in der Bezeichnung das Kurzzeichen **DIN**.
Muttern, die nach DIN EN genormt sind, erhalten in der Bezeichnung das Kurzzeichen **EN**.

M

Muttern

Festigkeitsklassen von Muttern

vgl. DIN EN ISO 898-2 (2012-08), DIN EN ISO 3506-2 (2010-04)

Beispiele:

unlegierte und legierte Stähle DIN EN ISO 898-2

Mutterhöhe $m \geq 0{,}8 \cdot d$: **8**
Mutterhöhe $m < 0{,}8 \cdot d$: **04**

nichtrostende Stähle DIN EN ISO 3506-2

Mutterhöhe $m \geq 0{,}8 \cdot d$: **A 2 – 70**
Mutterhöhe $m < 0{,}8 \cdot d$: **A 4 – 035**

Kennzahl	
8	Festigkeitsklasse
04	niedrige Mutter, Prüfspannung = $4 \cdot 100$ N/mm²

Stahlsorte	
A	→ austenitischer Stahl
A2	→ rostbeständige Muttern
A4	→ rost- und säurebest. Muttern

Kennzahl	
70	Prüfspannung = $70 \cdot 10$ N/mm²
035	niedrige Mutter, Prüfspannung = $35 \cdot 10$ N/mm²

Zulässige Kombinationen von Muttern und Schrauben

vgl. DIN EN ISO 898-2 (2012-08)

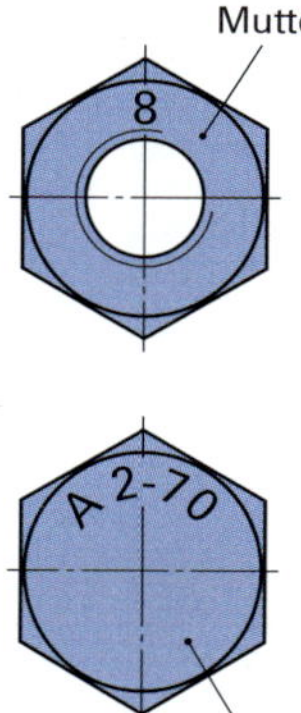

Festigkeitsklasse der Mutter	verwendbare Schrauben bis zur Festigkeitsklasse: unlegierte und legierte Stähle							nichtrostende Stähle			
	4.8	5.8	6.8	8.8	9.8	10.9	12.9	A2-50	A2-70	A4-50	A4-70
5	■	■									
6	■	■	■								
8	■	■	■	■							
9	■	■	■	■	■						
10	■	■	■	■	■	■					
12	■	■	■	■	■	■	■				
A2-50								■			
A2-70								■	■		
A4-50										■	
A4-70										■	■
04, 05, A2-025, A4-025	Festigkeitsklassen für niedrige Muttern. Die Muttern sind für kleine Belastungen ausgelegt. Schrauben und Muttern der gleichen Werkstoffgruppe, z. B. nichtrostender Stahl, sind miteinander kombinierbar.										

■ zulässige Kombinationen von Festigkeitsklassen bei Muttern und Schrauben

Sechskantmuttern mit Regelgewinde, Typ 1[1)]

vgl. DIN EN ISO 4032 (2013-04)

Gültige Norm DIN EN ISO	Ersatz für DIN EN	Ersatz für DIN
4032	24032	934

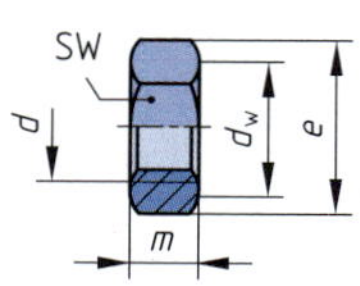

Gewinde d	M1,6	M2	M2,5	M3	M4	M5	M6	M8	M10
SW	3,2	4	5	5,5	7	8	10	13	16
d_w	2,4	3,1	4,1	4,6	5,9	6,9	8,9	11,6	14,6
e	3,4	4,3	5,5	6	7,7	8,8	11,1	14,4	17,8
m	1,3	1,6	2	2,4	3,2	4,7	5,2	6,8	8,4
Festigkeitsklassen	nach Vereinbarung			6, 8, 10					
	A2-70, A4-70								

Gewinde d	M12	M16	M20	M24	M30	M36	M42	M48	M56
SW	18	24	30	36	46	55	65	75	85
d_k	16,6	22,5	27,7	33,3	42,8	51,1	60	69,5	78,7
e	20	26,8	33	39,6	50,9	60,8	71,3	82,6	93,6
m	10,8	14,8	18	21,5	25,6	31	34	38	45
Festigkeitsklassen	6, 8, 10						nach Vereinbarung		
	A2-70, A4-70				A2-50, A4-50		–		

Produktklassen (Seite 350)

Gewinde d	Klasse
M1,6 ... M16	A
M20 ... M64	B

1) Typ1: Mutterhöhe $m \geq 0{,}8 \cdot d$

⇒ **Sechskantmutter ISO 4032 – M10 – 10:** d = M10, Festigkeitsklasse 10

M

Muttern

Sechskantmuttern mit Regelgewinde, Typ 2[1)]

vgl. DIN EN ISO 4033 (2013-04)

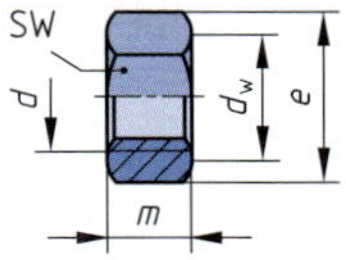

Gewinde d	M5	M6	M8	M10	M12	M16	M20	M24	M30	M36
SW	8	10	13	16	18	24	30	36	46	55
d_w	6,9	8,9	11,6	14,8	14,6	22,5	27,7	33,2	42,7	51,1
e	8,8	11,1	14,4	17,8	20	26,8	33	39,6	50,9	60,8
m	5,1	5,7	7,5	9,3	12	16,4	20,3	23,9	28,6	34,7
Festigkeitskl.	8, 9, 10, 12									

Produktklassen (Seite 350)

Gewinde d	Klasse
M1,6 ... M16	A
M20 ... M64	B

1) Sechskantmuttern des Typs 2 sind ca. 10% höher als Muttern des Typs 1.

⇒ **Sechskantmutter ISO 4033 – M24 – 9:** d = M24, Festigkeitsklasse 9

Sechskantmuttern mit Feingewinde, Typ 1 und Typ 2[1)]

vgl. DIN EN ISO 8673 und 8674 (2013-04)

Gültige Norm DIN EN ISO	Ersatz für DIN EN	Ersatz für DIN
8673	28673	934
8674	28674	971

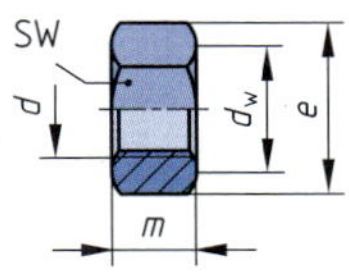

Gewinde d	M8 x1	M10 x1	M12 x1,5	M16 x1,5	M20 x1,5	M24 x2	M30 x2	M36 x3	M42 x3	M48 x3	M56 x4
SW	13	16	18	24	30	36	46	55	65	75	85
d_w	11,6	14,6	16,6	22,5	27,7	33,3	42,8	51,1	60	69,5	78,6
e	14,4	17,8	20	26,8	33	39,6	50,9	60,8	71,3	82,6	93,6
m_1 [1)]	6,8	8,4	10,8	14,8	18	21,5	25,6	31	34	38	45
m_2 [1)]	7,5	9,3	12	16,4	20,3	23,9	28,6	34,7	–	–	–
Festigkeitsklassen Typ 1	6, 8, 10 (für $d <$ M16x1,5)								nach Vereinbarung		
	A2-70, A4-70						A2-50, A4-50				
Festigkeitsklassen Typ 2	8, 12				10				–		

Produktklassen (Seite 350)

Gewinde d	Klasse
M8x1 ... M16x1,5	A
M20x1,5 ... M64x3	B

1) Sechskantmutter Typ 1: DIN EN ISO 8673, Mutterhöhe $m_1 \geq 0{,}8 \cdot d$
Sechskantmutter Typ 2: DIN EN ISO 8674, Mutterhöhe m_2 ist ca. 10 % größer als bei Muttern des Typs 1.

⇒ **Sechskantmutter ISO 8673 – M8x1 – 6:** d = M8x1, Festigkeitsklasse 6

Niedrige Sechskantmuttern mit Regelgewinde[1)]

vgl. DIN EN ISO 4035 (2013-04)

Gültige Norm DIN EN ISO	Ersatz für DIN EN
4035	24035

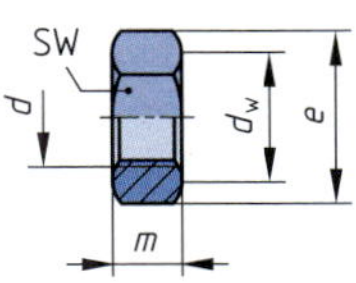

Gewinde d	M1,6	M2	M2,5	M3	M4	M5	M6	M8	M10
SW	3,2	4	5	5,5	7	8	10	13	16
d_w	2,4	3,1	4,1	4,6	5,9	6,9	8,9	11,6	14,6
e	3,4	4,3	5,5	6	7,7	8,8	11,1	14,4	17,8
m	1	1,2	1,6	1,8	2,2	2,7	3,2	4	5
Festigkeitsklassen	nach Vereinbarung			04, 05					
	A2-035, A4-035								

Gewinde d	M12	M16	M20	M24	M30	M36	M42	M48	M56
SW	18	24	30	36	46	55	65	75	85
d_w	16,6	22,5	27,7	33,2	42,8	51,1	60	69,5	78,7
e	20	26,8	33	39,6	50,9	60,8	71,3	82,6	93,6
m	6	8	10	12	15	18	21	24	28
Festigkeitsklassen	04, 05						nach Vereinbarung		
	A2-035, A4-035				A2-025, A4-025		–		

Produktklassen (Seite 350)

Gewinde d	Klasse
M1,6 ... M16	A
M20 ... M36	B

1) Niedrige Sechskantmuttern (Mutterhöhe $m < 0{,}8 \cdot d$) sind geringer belastbar als Muttern des Typs 1.

⇒ **Sechskantmutter ISO 4035 – M16 – A2-035:** d = M16, Festigkeitsklasse A2-035

M

Muttern

Niedrige Sechskantmuttern mit Feingewinde[1]

vgl. DIN EN ISO 8675 (2013-04)

Gültige Norm DIN EN ISO	Ersatz für DIN EN
8675	28675

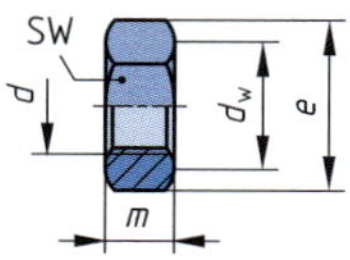

Produktklassen (Seite 350)

Gewinde d	Klasse
M8x1 ... M16x1,5	A
M20x1,5 ... M64x3	B

Gewinde *d*	M8 x1	M10 x1	M12 x1,5	M16 x1,5	M20 x1,5	M24 x2	M30 x2	M36 x3	M42 x3	M48 x4	M56 x4
SW	13	16	18	24	30	36	46	55	65	75	85
d_w	11,6	14,6	16,6	22,5	27,7	33,3	42,8	51,1	60	69,5	76,7
e	14,4	17,8	20	26,8	33	39,6	50,9	60,8	71,3	82,6	93,6
m	4	5	6	8	10	12	15	18	21	24	28
Festigkeitsklassen	04, 05								nach Vereinbarung		
	A2-035, A4-035						2)				

[1] Niedrige Sechskantmuttern (Mutterhöhe $m < 0{,}8 \cdot d$) sind geringer belastbar als Muttern des Typs 1 (Seite 365).

[2] Festigkeitsklassen für nichtrostende Stähle: A2-025, A4-025

⇒ **Sechskantmutter ISO 8675 – M20 x 1,5 – A2-035:** *d* = M20x1,5, Festigkeitsklasse A2-035

Sechskantmuttern mit Klemmteil, Typ 1[1]

vgl. DIN EN ISO 7040 (2013-04) und 10512 (2013-05)

Gültige Norm DIN EN ISO	Ersatz für DIN EN	Ersatz für DIN
7040	27040	982
10512		

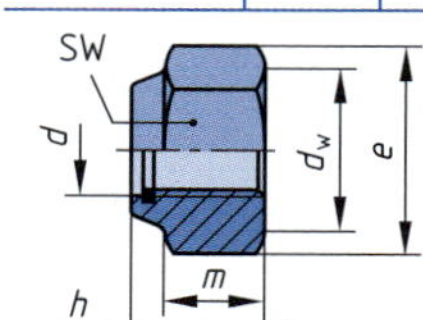

Produktklassen siehe DIN EN ISO 4032

Gewinde *d*	M4 –	M5 –	M6 –	M8 M8 x1	M10 M10 x1	M12 M12 x1,5	M16 M16 x1,5	M20 M20 x1,5	M24 M24 x2	M30 M30 x2	M36 M36 x3
SW	7	8	10	13	16	18	24	30	36	46	55
d_w	5,9	6,9	8,9	11,6	14,6	16,6	22,5	27,7	33,3	42,8	51,1
e	7,7	8,8	11,1	14,4	17,8	20	26,8	33	39,6	50,9	60,8
h	6	6,8	8	9,5	11,9	14,9	19,1	22,8	27,1	32,6	38,9
m	2,9	4,4	4,9	6,4	8	10,4	14,1	16,9	20,2	24,3	29,4
Festigkeitskl.	bei DIN EN ISO 7040 und *d* > M5: 5, 8, 10; bei DIN EN ISO 10512: 6, 8, 10										

[1] Sechskantmuttern Typ 1 (Mutterhöhe $m \geq 0{,}8 \cdot d$)
DIN EN ISO 7040: Muttern mit Regelgewinde
DIN EN ISO 10512: Muttern mit Feingewinde

⇒ **Sechskantmutter ISO 7040 – M16 – 10:** *d* = M6, Festigkeitsklasse 10

Sechskantmuttern mit großen Schlüsselweiten[1]

vgl. DIN EN 14399-4 (2015-04)

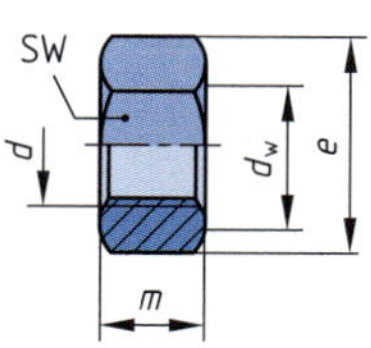

Produktklasse B

Gewinde *d*	M12	M16	M20	M22	M24	M27	M30	M36
SW	22	27	32	36	41	46	50	60
d_w	20,1	24,9	29,5	33,3	38	42,8	46,6	55,9
e	23,9	29,6	35	39,6	45,2	50,9	55,4	66,4
m	10	13	16	18	20	22	24	29
Festigkeitskl., Oberfläche	10 normal → leicht geölt, feuerverzinkt ∫ Kurzzeichen: tZn							

[1] für hochfeste vorgespannte Verbindungen (HV) im Metallbau. Verwendung mit Sechskantschrauben DIN EN 14399-4

⇒ **Sechskantmutter EN 14399-4 – M16 – 10 – HV:** *d* = M24, Festigkeitsklasse 10, hochfest vorgespannt

Sechskantmuttern mit Flansch

vgl. DIN EN 1661 (1998-02)

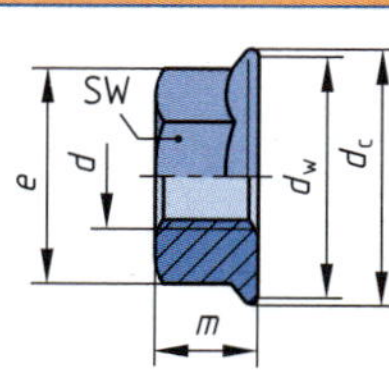

Produktklassen siehe DIN EN ISO 4032

Gewinde *d*	M5	M6	M8	M10	M12	M16	M20
SW	8	10	13	16	18	24	30
d_w	9,8	12,2	15,8	19,6	23,8	31,9	39,9
d_c	11,8	14,2	17,9	21,8	26	34,5	42,8
e	8,8	11,1	14,4	17,8	20	26,8	33
m	5	6	8	10	12	16	20
Festigkeitskl.	8, 10, A2-70						

⇒ **Sechskantmutter EN 1661 – M16 – 8:** *d* = M16, Festigkeitsklasse 8

M

Muttern

Sechskant-Hutmuttern, hohe Form

vgl. DIN 1587 (2014-07)

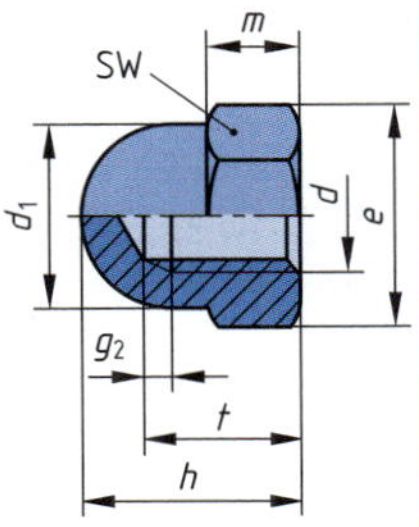

Produktklasse A oder B nach Wahl des Herstellers

Gewinde d	M4 –	M5 –	M6 –	M8 M8 x1	M10 M10 x1	M12 M12 x1,5	M16 M16 x1,5	M20 M20 x2	M24 M24 x2
SW	7	8	10	13	16	18	24	30	36
d_1	6,5	7,5	9,5	12,5	15	17	23	28	34
m	3,2	4	5	6,5	8	10	13	16	19
e	7,7	8,8	11,1	14,4	17,8	20	26,8	33,5	40
h	8	10	12	15	18	22	28	34	42
t	5,3	7,2	7,8	10,7	13,3	16,3	20,6	25,6	30,5
g_2	$g \approx 2 \cdot P$ (P Gewindesteigung)					Gewindefreistich DIN 76-D			
Festigkeitskl.	6, A1-50								

⇒ **Hutmutter DIN 1587 – M20 – 6:** d = M20, Festigkeitsklasse 6

Nutmuttern

vgl. DIN 70852 (1989-06)

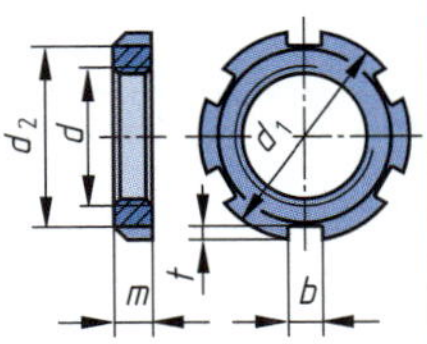

Gewinde d	M12 x1,5	M16 x1,5	M20 x1,5	M24 x1,5	M30 x1,5	M35 x1,5	M40 x1,5	M48 x1,5	M55 x1,5	M60 x1,5	M65 x1,5
d_1	22	28	32	38	44	50	56	65	75	80	85
d_2	18	23	27	32	38	43	49	57	67	71	76
m	6	6	6	7	7	8	8	8	8	9	9
b	4,5	5,5	5,5	6,5	6,5	7	7	8	8	11	11
t	1,8	2,3	2,3	2,8	2,8	3,3	3,3	3,8	3,8	4,3	4,3
Werkstoff	St (Stahl)										

⇒ **Nutmutter DIN 70852 – M16x1,5 – St:** d = M16x1,5, Werkstoff Stahl

Sicherungsbleche

vgl. DIN 70952 (1976-05)

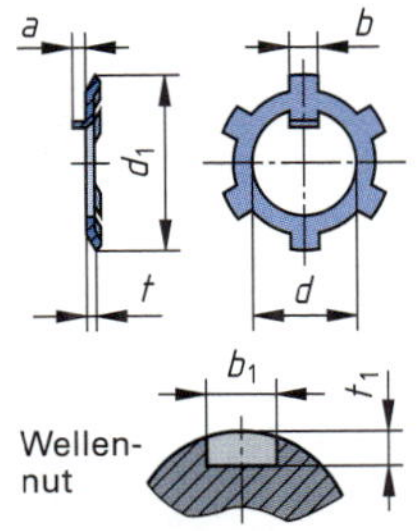

Gewinde d	12	16	20	24	30	35	40	48	55	60	65
d_1	24	29	35	40	48	53	59	67	79	83	88
t	0,75	1	1	1	1,2	1,2	1,2	1,2	1,2	1,5	1,5
a	3	3	4	4	5	5	5	5	6	6	6
b	4	5	5	6	7	7	8	8	10	10	10
b_1 C11	4	5	5	6	7	7	8	8	10	10	10
t_1	1,2	1,2	1,2	1,2	1,5	1,5	1,5	1,5	1,5	2	2
Werkstoff	St (Stahlblech)										

⇒ **Sicherungsblech DIN 70952-16 – St:** d = 16 mm, Werkstoff Stahl

Ringmuttern

vgl. DIN 582 (2010-09)

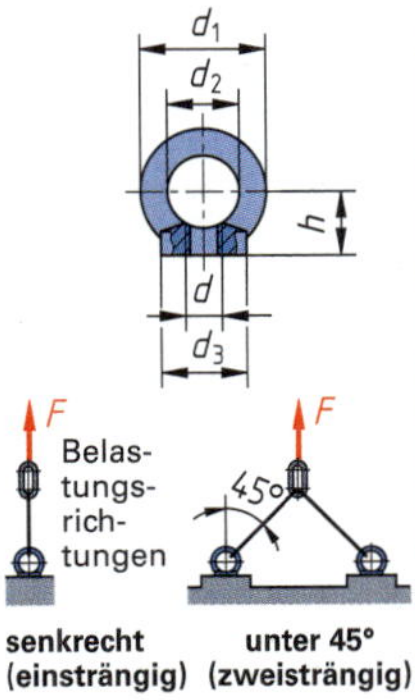

Gewinde d	M8	M10	M12	M16	M20	M24	M30	M36	M42	M48	M56
h	18	22,5	26	30,5	35	45	55	65	75	85	95
d_1	36	45	54	63	72	90	108	126	144	166	184
d_2	20	25	30	35	40	50	60	70	80	90	100
d_3	20	25	30	35	40	50	65	75	85	100	110
	Tragfähigkeit[1] in t bei Belastungsrichtung										
senkrecht	0,14	0,23	0,34	0,70	1,20	1,80	3,20	4,60	6,30	8,60	11,5
unter 45°	0,10	0,17	0,24	0,50	0,86	1,29	2,30	3,30	4,50	6,10	8,20
Werkstoffe	Einsatzstahl C15, A2, A3, A4, A5										

[1] Die Werte enthalten eine Sicherheit $\nu = 6$, bezogen auf die Bruchkraft.

⇒ **Ringmutter DIN 582 – M36 – C15E:** d = M36, Werkstoff C15E

M

Scheiben, Stifte, Bolzen

Bezeichnungsbeispiel: **Scheibe ISO 7090 – 8 – 300 HV – A2**[1)]

Benennung	Norm	Nenngröße (Gewinde-Nenn-∅)	Härteklasse	Werkstoff
Scheibe	ISO 7090	8	300 HV	A2

[1)] Nichtrostender Stahl, Stahlgruppe A2

Übersicht

Bild	Ausführung Normbereich von ... bis	W[1)]	Norm	Bild	Ausführung Normbereich von ... bis	W[1)]	Norm
	Flache Scheiben mit Fase Produktklasse A[2)] M5 ... M64 Tabelle unten	Stahl, nichtrostender Stahl	DIN EN ISO 7090	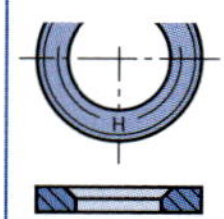	Flache Scheiben mit Fase für HV-Schrauben M12 ... M36	Stahl	DIN EN 14399-6
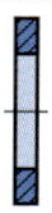	Flache Scheiben kleine Reihe Produktklasse A[2)] M1,6 ... M36	Stahl, nichtrostender Stahl	DIN EN ISO 7092	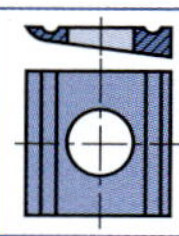	Scheiben, vierkant, für U- und I-Träger M8 ... M27	Stahl	DIN 434 DIN 435
	Flache Scheiben normale Reihe Produktklasse C[2)] M1,6 ... M64	Stahl	DIN EN ISO 7091		Scheiben für Bolzen Produktklasse A[2)] $d = 3$ ... 100 mm	Stahl	DIN EN 28738
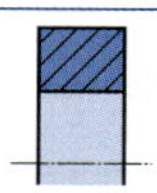	Scheiben für Stahlkonstruktionen, Produktklasse A[2)], C[2)] M10 ... M30	Stahl	DIN 7989-1		Spannscheiben für Schraubenverbindungen $d = 2$ ... 30 mm	Federstahl	DIN 6796

[1)] Werkstoff Stahl mit entsprechender Härteklasse (z. B. 200 HV; 300 HV); andere Werkstoffe nach Vereinbarung
[2)] Produktklassen unterscheiden sich in der Toleranz und im Fertigungsverfahren.

Flache Scheiben mit Fase, normale Reihe

vgl. DIN EN ISO 7090 (2000-11)

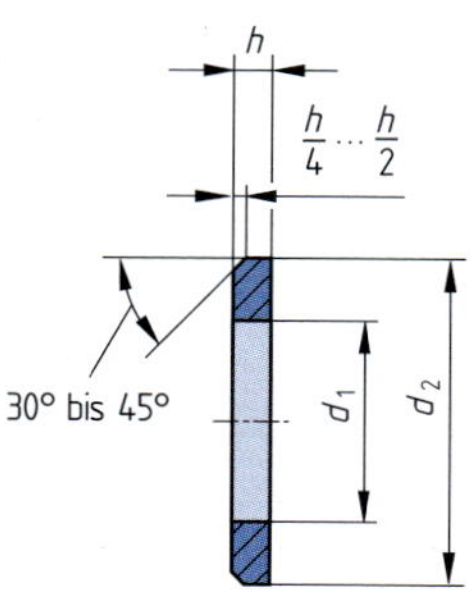

für Gewinde	M5	M6	M8	M10	M12	M16	M20
Nenngröße	5	6	8	10	12	16	20
d_1 min.[1)]	5,3	6,4	8,4	10,5	13,0	17,0	21,0
d_2 max.[1)]	10,0	12,0	16,0	20,0	24,0	30,0	37,0
h[1)]	1	1,6	1,6	2	2,5	3	3
für Gewinde	**M24**	**M30**	**M36**	**M42**	**M48**	**M56**	**M64**
Nenngröße	24	30	36	42	48	56	64
d_1 min.[1)]	25,0	31,0	37,0	45,0	52,0	62,0	70,0
d_2 max.[1)]	44,0	56,0	66,0	78,0	92,0	105,0	115,0
h[1)]	4	4	5	8	8	10	10

Werkstoffe[2)]	Stahl		Nichtrostender Stahl
Sorte	–	–	A2, A4, F1, C1, C4 (ISO 3506)[3)]
Härteklasse	200 HV	300 HV (vergütet)	200 HV

⇒ **Scheibe ISO 7090-20-200 HV:** Nenngröße (= Gewinde-Nenn-∅) = 20 mm, Härteklasse 200 HV, aus Stahl

[1)] jeweils Nennmaße
[2)] Nichteisenmetalle und andere Werkstoffe nach Vereinbarung
[3)] vgl. Seite 350

Härteklasse 200 HV geeignet für:

- Sechskantschrauben und -muttern mit Festigkeitsklassen ≤ 8.8 bzw. ≤ 8 (Mutter)
- Sechskantschrauben und -muttern aus nichtrostendem Stahl

Härteklasse 300 HV geeignet für:

- Sechskantschrauben und -muttern mit Festigkeitsklassen ≤ 10.9 bzw. ≤ 10 (Mutter)

M

Scheiben, Stifte, Bolzen

Bezeichnungsbeispiel: Kegelstift ISO 2339 – A – 10x40 – St

Benennung	Norm	Form bzw. Typ[1]	Nenn-∅ x Nennlänge	Werkstoff
Kegelstift	ISO 2339	A	10x40	St

Stifte mit DIN-EN-Hauptnummern werden mit ISO-Nummern bezeichnet.
ISO-Nummer = DIN-EN-Nummer – 20000; Beispiel: DIN EN 22338 = ISO 2338

[1] falls vorhanden

z. B. St = Stahl
Nichtrostende Stähle:
A1 = austenitisch
C1 = martensitisch

Bild	Ausführung Normbereich von ... bis	Norm	Bild	Bezeichnung, Normbereich von ... bis	Norm
Stifte					Seite 370
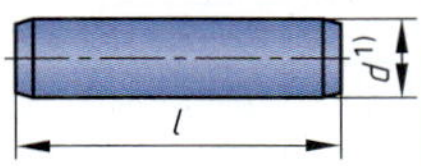 [1)] Toleranzklassen m6 oder h8	Zylinderstift, ungehärtet $d = 1 \dots 50$ mm	DIN EN ISO 2338	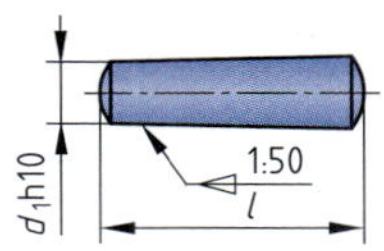	Kegelstift, $d_1 = 0{,}6 \dots 50$ mm	DIN EN 22339
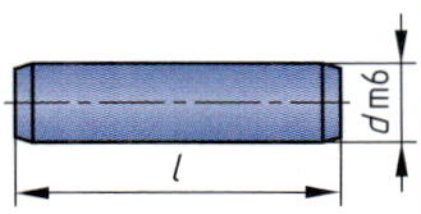	Zylinderstift, gehärtet $d = 0{,}8 \dots 20$ mm	DIN EN ISO 8734	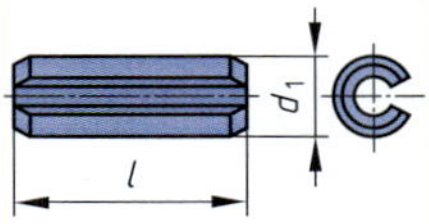	Spannstift (Spannhülsen), geschlitzt $d_1 = 1 \dots 50$ mm	DIN EN ISO 8752 DIN EN ISO 13337
Kerbstifte, Kerbnägel					
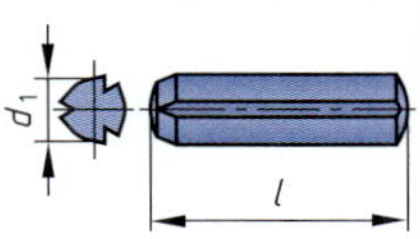	Zylinderkerbstift mit Fase $d_1 = 1{,}5 \dots 25$ mm	DIN EN ISO 8740	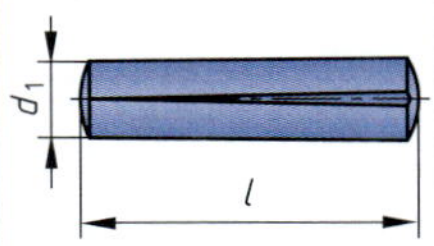	Kegelkerbstift $d_1 = 1{,}5 \dots 25$ mm	DIN EN ISO 8744
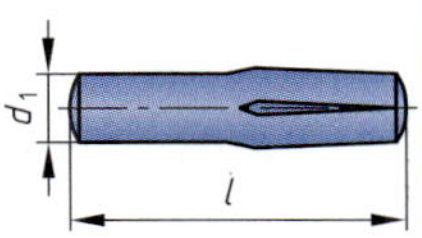	Steckkerbstift $d_1 = 1{,}5 \dots 25$ mm	DIN EN ISO 8741	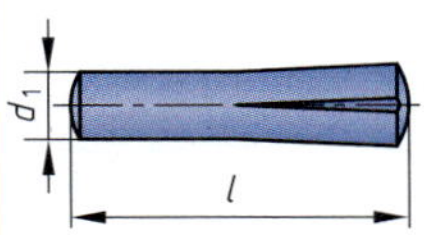	Passkerbstift $d_1 = 1{,}2 \dots 25$ mm	DIN EN ISO 8745
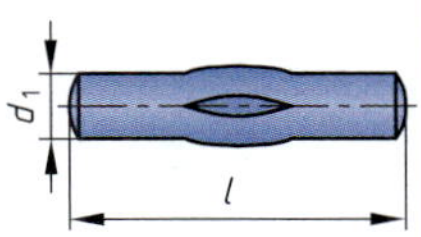	Knebelkerbstift, 1/3 der Länge gekerbt $d_1 = 1{,}2 \dots 25$ mm	DIN EN ISO 8742	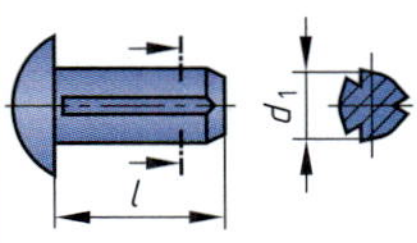	Halbrund-kerbnagel $d_1 = 1{,}4 \dots 20$ mm	DIN EN ISO 8746
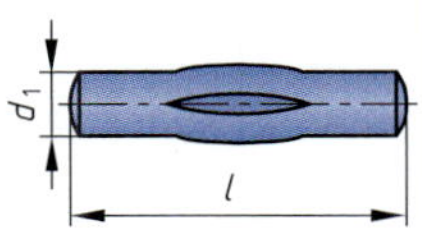	Knebelkerbstift mit langen Kerben $d_1 = 1{,}2 \dots 25$ mm	DIN EN ISO 8743	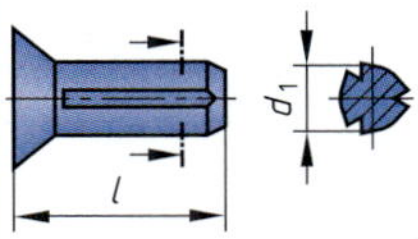	Senkkerbnagel $d_1 = 1{,}4 \dots 20$ mm	DIN EN ISO 8747
Bolzen					
Form A 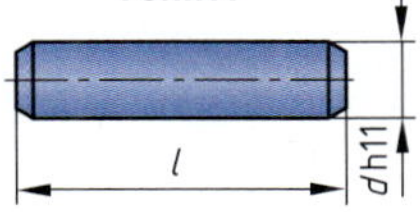	Bolzen ohne Kopf, Form A ohne, Form B mit Splintloch $d = 3 \dots 100$ mm	DIN EN 22340	**Form A** 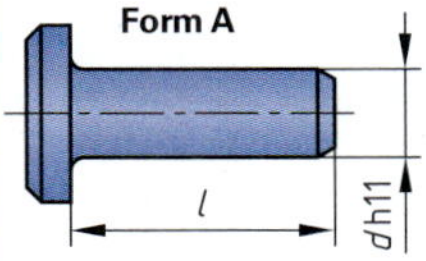	Bolzen mit Kopf, Form A ohne, Form B mit Splintloch $d = 3 \dots 100$ mm	DIN EN 22341

Scheiben, Stifte, Bolzen

Zylinderstifte aus ungehärtetem Stahl und austenitischem nichtrostendem Stahl

vgl. DIN EN ISO 2338 (1998-02)

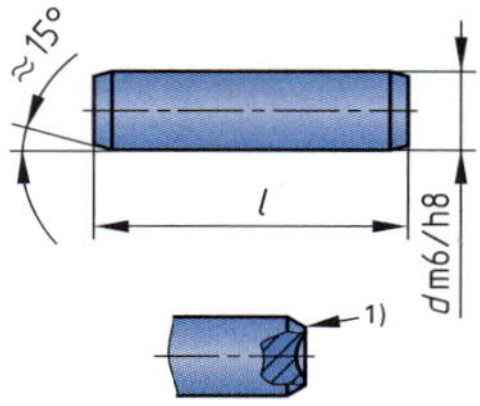

[1] Radius und Einsenkung am Stiftende zulässig

d m6/h8[2]	0,6	0,8	1	1,2	1,5	2	2,5	3	4	5
l von	2	2	4	4	4	6	6	8	8	10
l bis	6	8	10	12	16	20	24	30	40	50
d m6/h8[2]	**6**	**8**	**10**	**12**	**16**	**20**	**25**	**30**	**40**	**50**
l von	12	14	18	22	26	35	50	60	80	95
l bis	60	80	95	140	180	200	200	200	200	200
Nennlängen *l*	2, 3, 4, 5, 6, 8, 10, 12, 14, 16, 18, 20, 22, 24, 26, 28, 30, 32, 35, 40 ... 95, 100, 120, 140, 160, 180, 200 mm.									

⇒ **Zylinderstift ISO 2338 – 6 m6 x 30 – St**: *d* = 6 mm, Toleranzklasse m6, *l* = 30 mm, aus Stahl

[2] lieferbar in den Toleranzklassen m6 und h8

Zylinderstifte, gehärtet

vgl. DIN EN ISO 8734 (1998-03)

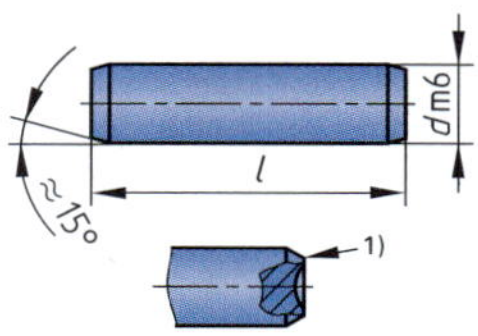

[1] Radius und Einsenkung am Stiftende zulässig

d m6	1	1,5	2	2,5	3	4	5	6	8	10	12	16	20
l von	3	4	5	6	8	10	12	14	18	22	26	40	50
l bis	10	16	20	24	30	40	50	60	80	100			
Nennlängen *l*	3, 4, 5, 6, 8, 10, 12, 14, 16, 18, 20, 22, 24, 26, 28, 30, 32, 35, 40, 45, 50, 55, 60, 65, 70, 75, 80, 85, 90, 95, 100 mm												
Werkstoffe	• Stahl: Typ A Stift durchgehärtet, Typ B einsatzgehärtet • Nichtrostender Stahl Sorte C1												

⇒ **Zylinderstift ISO 8734 – 6 x 30 – C1**: *d* = 6 mm, *l* = 30 mm, aus nichtrostendem Stahl der Sorte C1

Kegelstifte, ungehärtet

vgl. DIN EN 22339 (1992-10)

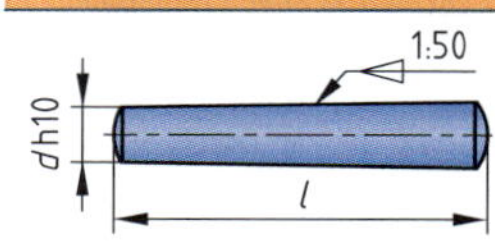

Typ A geschliffen, *Ra* = 0,8 µm; Typ B gedreht, *Ra* = 3,2 µm

d h10	1	2	3	4	5	6	8	10	12	16	20	25	30
l von	6	10	12	14	18	22	22	26	32	40	45	50	55
l bis	10	35	45	55	60	90	120	160	180	200			
Nennlängen *l*	2, 3, 4, 5, 6, 8, 10, 12, 14, 16, 18, 20, 22, 24, 26, 28, 30, 32, 35, 40, 45 ... 95, 100, 120 ...180, 200 mm												

⇒ **Kegelstift ISO 2339 – A – 10x40 – St**: Typ A, *d* =10 mm, *l*= 40 mm, aus Stahl

Spannstifte (Spannhülsen), geschlitzt, schwere Ausführung
Spannstifte (Spannhülsen), geschlitzt, leichte Ausführung

vgl. DIN EN ISO 8752 (2009-10)
vgl. DIN EN ISO 13337 (2009-10)

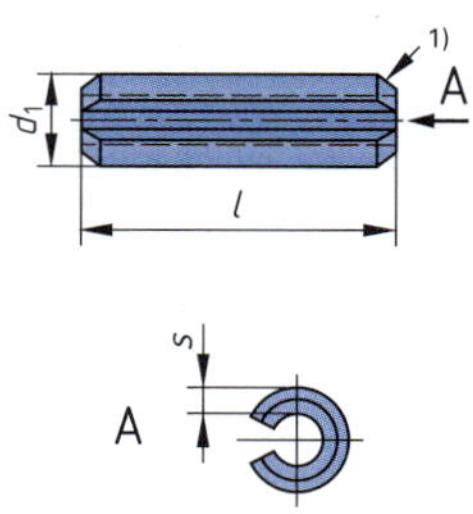

[1] Für Spannstifte mit einem Nenndurchmesser $d_1 \geq 10$ mm ist auch nur eine Fase zulässig.

Nenn-∅ d_1	**2**	**2,5**	**3**	**4**	**5**	**6**	**8**	**10**	**12**
d_1 max.	2,4	2,9	3,5	4,6	5,6	6,7	8,8	10,8	12,8
s ISO 8752	0,4	0,5	0,6	0,8	1	1,2	1,5	2	2,5
s ISO 13337	0,2	0,25	0,3	0,5	0,5	0,75	0,75	1	1
l von	4	4	4	4	5	10	10	10	10
l bis	20	30	40	50	80	100	120	160	180
Nenn-∅ d_1	**14**	**16**	**20**	**25**	**30**	**35**	**40**	**45**	**50**
d_1 max.	14,8	16,8	20,9	25,9	30,9	35,9	40,9	45,9	50,9
s ISO 8752	3	3	4	5	6	7	7,5	8,5	9,5
s ISO 13337	1,5	1,5	2	2	2,5	3,5	4	4	5
l von	10		14		20				
l bis	200		200		200				
Nennlängen *l*	4, 5, 6, 8, 10, 12, 14, 16, 18, 20, 22, 24, 26, 28, 30, 32, 35, 40, 45 ... 95, 100, 120, 140, 160, 180, 200 mm								
Werkstoffe	• Stahl: gehärtet und angelassen auf 420 HV ... 520 HV • Nichtrostender Stahl: Sorte A oder Sorte C								
Anwendung	Der Durchmesser der Aufnahmebohrung (Toleranzklasse H12) muss gleich dem Nenndurchmesser d_1 des dazugehörigen Stiftes sein. Nach Einbau des Stiftes in die kleinste Aufnahmebohrung darf der Schlitz nicht ganz geschlossen sein.								

⇒ **Spannstift ISO 8752 – 6 x 30 – St**: d_1 = 6 mm, *l* = 30 mm, aus Stahl

M

Welle-Nabe-Verbindungen

Ausführung	Eigenschaften, Anwendung	Ausführung	Eigenschaften, Anwendung
Formschlüssige Verbindungen			
Passfeder DIN 6885-1	Seite 373	**Scheibenfeder** DIN 6888	Seite 373
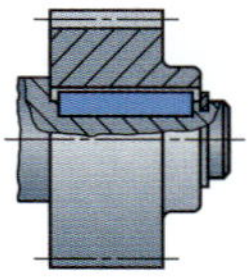	– Nabe axial verschiebbar – Selbstzentrierung – vorwiegend für einseitige Drehmomentübertragung – hohe Kerbwirkung • Zahnräder, Riemengetriebe	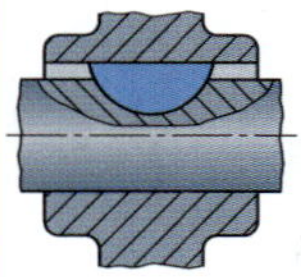	– einfache Fertigung und Montage – Kerbwirkung auf die Welle und Nabe – Welle durch die notwendige tiefere Nut stark geschwächt • Zahnriemenantrieb, Kegelverbindungen, Einspritzpumpe
Keilverbindung DIN 6886, DIN 6887	Seite 372	**Keilwelle** DIN ISO 14	Seite 372
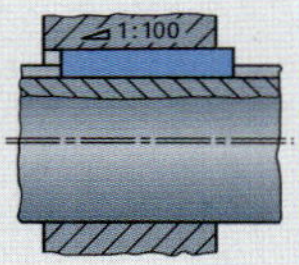	– Übertragung mittlerer einseitiger und wechselnder Drehmomente – einfache Montage – sicherer und fester Sitz – hohe Unwucht – hohe Kerbwirkung • schwere Scheiben, Räder, Kupplungen bei Großmaschinen	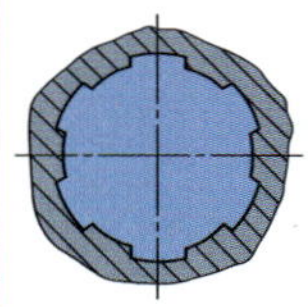	– Übertragung großer wechselnder Drehmomente – Nabe axial verschiebbar – Selbstzentrierung – hohe Kerbwirkung • Antriebswellen, Verschieberädergetriebe
Zahnwelle DIN 5481 (Kerbzahnprofil)		**Polygonprofil** DIN 32711, DIN 32712	
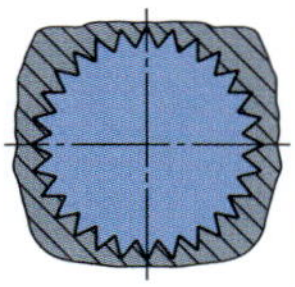	– Übertragung großer wechselnder Drehmomente – Selbstzentrierung – bei Evolventenzahnprofil geringere Kerbwirkung – für feste Verbindungen • Achsschenkel und Drehstabfedern im Kfz-Bereich	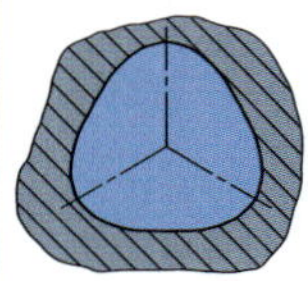	– Übertragung einseitiger und wechselnder Drehmomente – Selbstzentrierung – geringe Unwucht – kerbwirkungsfrei • Antriebswellen
Kraftschlüssige Verbindungen			
Querpressverband DIN 7157	Seite 117	**Kegelpressverband** DIN 2080 (Steilkegel)	
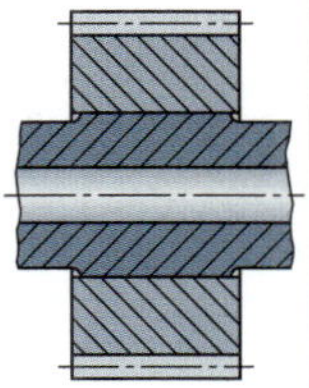	– Übertragung großer einseitiger und wechselnder Drehmomente – Aufnahme hoher Axialkräfte – Selbstzentrierung – geringe Unwucht – einfache Fertigung – für nicht zu lösende Verbindungen • Schwungräder, Riemenscheiben, Zahnräder, Wälzlager	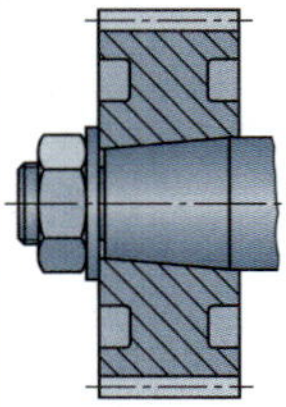	– Übertragung großer einseitiger und wechselnder Drehmomente – Aufnahme hoher Axialkräfte – Selbstzentrierung – geringe Unwucht – Verbindung nachstellbar – Nabe in Drehrichtung einstellbar – einfache Montage • Naben auf Wellenenden, Werkzeuge in Arbeitsspindeln
Kegelspannring (Ringfeder)		**Sternscheibe**	
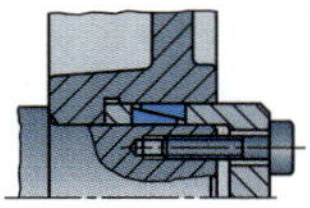	– Verbindung ist nachstellbar – Nabe in Drehrichtung einstellbar – einfache Montage • Kettenräder, Riemenscheiben	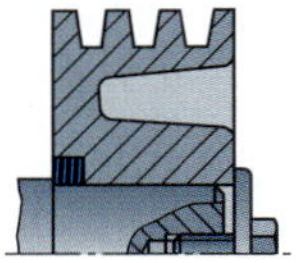	– Verbindung ist nachstellbar – Nabe in Drehrichtung einstellbar – einfache Montage – axial kurze Bauweise • Spannen und Lösen einer Skalenscheibe an einem Vorschubantrieb, Riemenscheiben
Druckhülse		**Hydraulische Spannbuchse**	
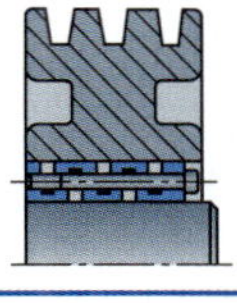	– Nabe in Drehrichtung einstellbar – einfache Fertigung – einfache Montage – Selbstzentrierung • Zahnräder, Riemenscheiben, Kupplungen	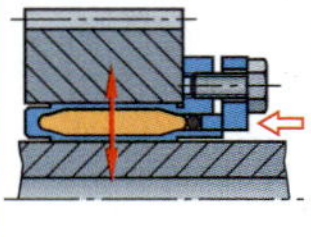	– Nabe in Drehrichtung einstellbar – einfache Fertigung – einfache Montage – Selbstzentrierung • Zahnräder, Riemenscheiben, Kupplungen

M

Welle-Nabe-Verbindungen

Keile, Nasenkeile

vgl. DIN 6886 (1967-12) bzw. DIN 6887 (1968-04)

Form A (Einlegekeil) **Form B (Treibkeil)** **Nasenkeil**

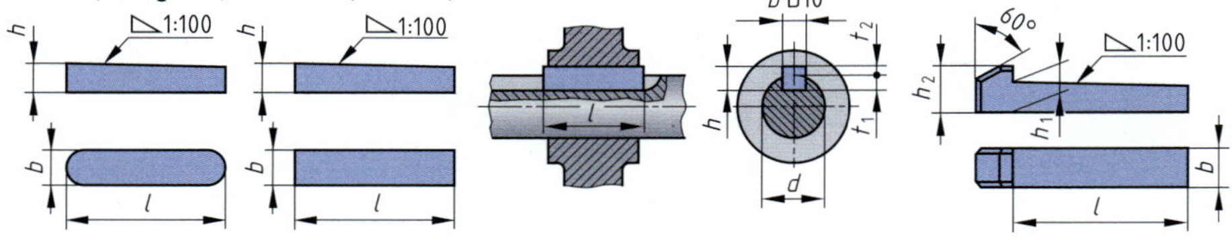

Für Wellen-durchmesser *d*	über / bis	10 / 12	12 / 17	17 / 22	22 / 30	30 / 38	38 / 44	44 / 50	50 / 58	58 / 65	65 / 75	75 / 85	85 / 95	95 / 110
Keile	*b* D10 / *h*	4 / 4	5 / 5	6 / 6	8 / 7	10 / 8	12 / 8	14 / 9	16 / 10	18 / 11	20 / 12	22 / 14	25 / 14	28 / 16
Nasenkeile	h_1 / h_2	4,1 / 7	5,1 / 8	6,1 / 10	7,2 / 11	8,2 / 12	8,2 / 12	9,2 / 14	10,2 / 16	11,2 / 18	12,2 / 20	14,2 / 22	14,2 / 22	16,2 / 25
Wellennuttiefe / Nabennuttiefe	t_1 / t_2	2,5 / 1,2	3 / 1,7	3,5 / 2,2	4 / 2,4	5 / 2,4	5 / 2,4	5,5 / 2,9	6 / 3,4	7 / 3,4	7,5 / 3,9	9 / 4,4	9 / 4,4	10 / 5,4
Zul. Abweichung	t_1, t_2	+0,1			+0,2									
Keillänge *l*	von / bis	10[1] / 45	12[1] / 56	16 / 70	20 / 90	25 / 110	32 / 140	40 / 160	45 / 180	50 / 200	56 / 220	63 / 250	70 / 280	80 / 320
Nennlängen *l*		6, 8 … 20, 22, 25, 28, 32, 40, 45, 50, 56, 63, 70, 80 …100, 110, 125, 140, 160 … 200, 220, 250, 280, 320, 360, 400 mm												

Längentoleranzen	Keillänge *l*, von … bis	6 … 28	32 … 80	90 … 400
Toleranzen für	Keillänge	− 0,2	− 0,3	− 0,5
	Nutlänge (Einlegekeil)	+ 0,2	+ 0,3	+ 0,5

⇒ **Keil A 20 x 12 x 125 DIN 6886**: Form A, *b* = 20 mm, *h* = 12 mm, *l* = 125 mm

[1] Nasenkeillängen ab 14 mm

Keilwellenverbindungen mit geraden Flanken und Innenzentrierung

vgl. DIN ISO 14 (1986-12)

Nabe

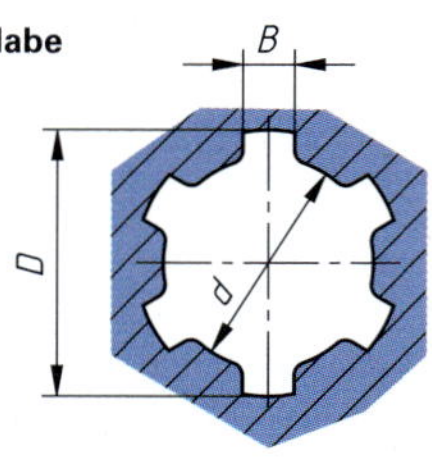

Welle

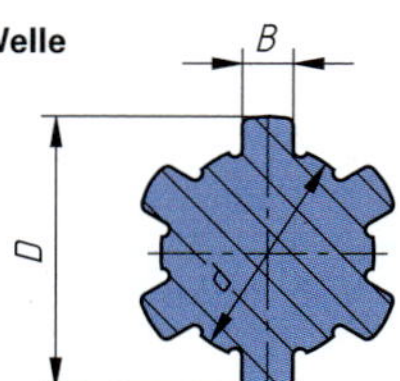

Innen-zentrierung

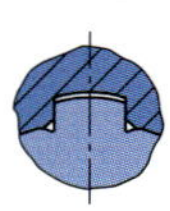

d	Leichte Reihe *N*[1]	Leichte Reihe *D*	Leichte Reihe *B*	Mittlere Reihe *N*[1]	Mittlere Reihe *D*	Mittlere Reihe *B*	*d*	Leichte Reihe *N*[1]	Leichte Reihe *D*	Leichte Reihe *B*	Mittlere Reihe *N*[1]	Mittlere Reihe *D*	Mittlere Reihe *B*
11	–	–	–	6	14	3	42	8	46	8	8	48	8
13	–	–	–	6	16	3,5	46	8	50	9	8	54	9
16	–	–	–	6	20	4	52	8	58	10	8	60	10
18	–	–	–	6	22	5	56	8	62	10	8	65	10
21	–	–	–	6	25	5	62	8	68	12	8	72	12
23	6	26	6	6	28	6	72	10	78	12	10	82	12
26	6	30	6	6	32	6	82	10	88	12	10	92	12
28	6	32	7	6	34	7	92	10	98	14	10	102	14
32	8	36	6	8	38	6	102	10	108	16	10	112	16
36	8	40	7	8	42	7	112	10	120	18	10	125	18

Toleranzklassen für die Nabe

nicht wärmebehandelt Maße *B*	nicht wärmebehandelt Maße *D*	nicht wärmebehandelt Maße *d*	wärmebehandelt Maße *B*	wärmebehandelt Maße *D*	wärmebehandelt Maße *d*
H9	H10	H7	H11	H10	H7

Toleranzklassen für die Welle

Maße	Einbauart Spiel-passung	Einbauart Über-gangs-passung	Einbauart Über-maß-passung
B	d10	f9	h10
D	a11	a11	a11
d	f7	g7	h7

⇒ **Welle (oder Nabe) ISO 14 – 6 x 23 x 26**: *N* = 6, *d* = 23 mm, *D* = 26 mm

[1] N Anzahl der Keile

M

Welle-Nabe-Verbindungen

Passfedern (hohe Form)

vgl. DIN 6885-1 (1968-08)

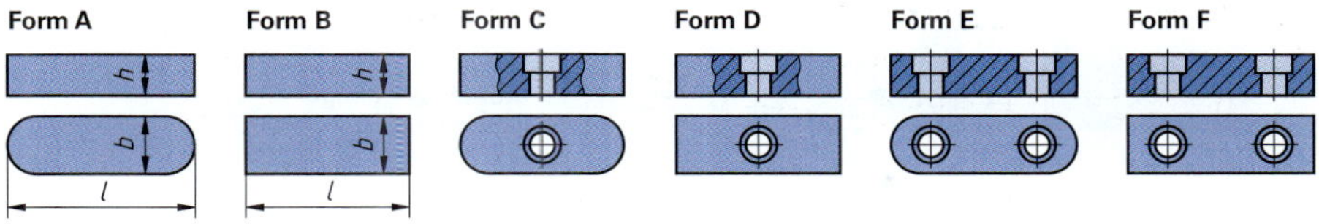

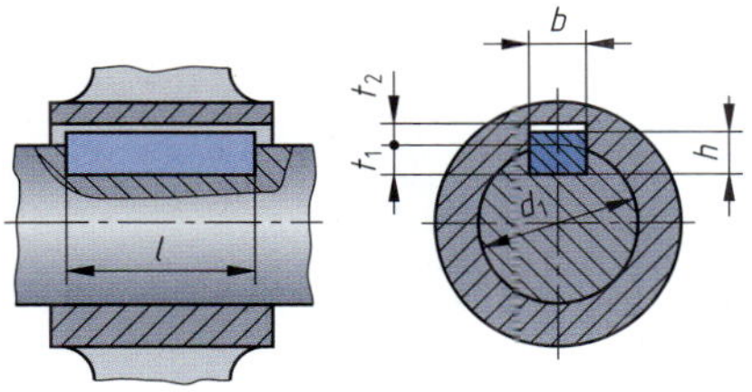

Toleranzen für Passfedernuten			
Wellennutenbreite b	fester Sitz leichter Sitz		P 9 N 9
Nabennutenbreite b	fester Sitz leichter Sitz		P 9 JS 9
zul. Abweichung bei d_1	≤ 22	≤ 130	> 130
Wellennutentiefe t_1 Nabennutentiefe t_2	+ 0,1 + 0,1	+ 0,2 + 0,2	+ 0,3 + 0,3
zul. Abweichung bei Länge l	6 ... 28	32 ... 80	90 ... 400
Längentoleranzen für Feder	– 0,2	– 0,3	– 0,5
Längentoleranzen für Nut	+ 0,2	+ 0,3	+ 0,5

d_1	über bis	6 8	8 10	10 12	12 17	17 22	22 30	30 38	38 44	44 50	50 58	58 65	65 75	75 85	85 95	95 110	110 130
	b h	2 2	3 3	4 4	5 5	6 6	8 7	10 8	12 8	14 9	16 10	18 11	20 12	22 14	25 14	28 16	32 18
	t_1 t_2	1,2 1	1,8 1,4	2,5 1,8	3 2,3	3,5 2,8	4 3,3	5 3,3	5 3,3	5,5 3,8	6 4,3	7 4,4	7,5 4,9	9 5,4	9 5,4	10 6,4	11 7,4
l	von bis	6 20	6 36	8 45	10 56	14 70	18 90	20 110	28 140	36 160	45 180	50 200	56 220	63 250	70 280	80 320	90 360
Nenn-längen l		6, 8, 10, 12, 14, 16, 18, 20, 22, 25, 28, 32, 36, 40, 45, 50, 56, 63, 70, 80, 90, 100, 110, 125, 140, 160, 180, 200, 220, 250, 280, 320 mm															

⇒ **Passfeder DIN 6885 – A – 12 x 8 x 56**: Form A, b = 12 mm, h = 8 mm, l = 56 mm

Scheibenfedern

vgl. DIN 6888 (1956-08)

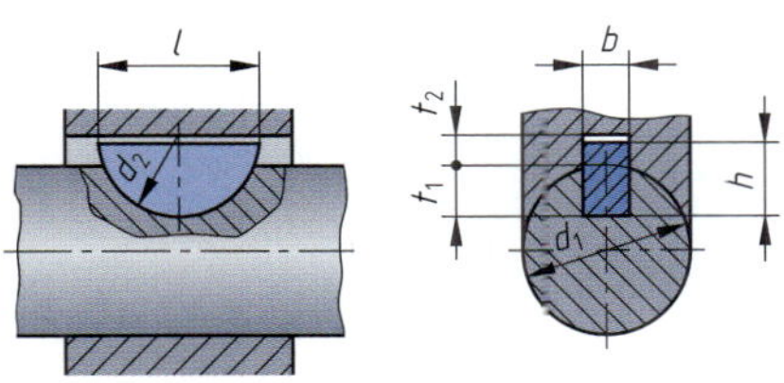

Toleranzen für Scheibenfedernuten						
Wellennutenbreite b	fester Sitz leichter Sitz			P 9 (P 8)[1] N 9 (N 8)[1]		
Nabennutenbreite b	fester Sitz leichter Sitz			P 9 (P 8)[1] J 9 (J 8)[1]9		
zul. Abweich. bei b und h	≤ 5 ≤ 7,5	5 > 7,5	6 ≤ 9	6 > 9	8 –	10 –
Wellennutentiefe t_1 Nabennutentiefe t_2	+0,1 +0,1	+0,2 +0,1	+0,1 +0,1	+0,2 +0,1	+0,2 +0,1	+0,2 +0,2

d_1	über bis	8 10				10 12			12 17			17 22			22 30			30 38		
b	h9	2,5	3			4			5			6			8			10		
h	h12	3,7	3,7	5	6,5	5	6,5	7,5	6,5	7,5	9	7,5	9	11	9	11	13	11	13	16
d_2		10	10	13	16	13	16	19	16	19	22	19	22	28	22	28	32	28	32	45
t_1		2,9	2,5	3,8	5,3	3,5	5	6	4,5	5,5	7	5,1	6,6	8,6	6,2	8,2	10,2	7,8	9,8	12,8
t_2		1	1,4			1,7			2,2			2,6			3			3,4		
l ≈		9,7	9,7	12,7	15,7	12,7	15,7	18,6	15,7	18,6	21,6	18,6	21,6	27,4	21,6	27,4	31,4	27,4	31,4	43,1

⇒ **Scheibenfeder DIN 6888 – 6 x 9**: b = 6 mm, h = 9 mm

[1] Toleranzklasse bei geräumten Nuten

M

Federn

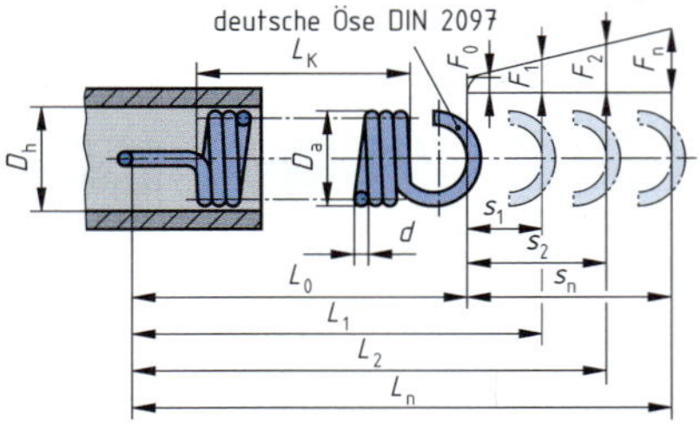

d Drahtdurchmesser in mm
D_a äußerer Windungsdurchmesser in mm
D_h kleinster Hülsendurchmesser in mm
L_0 Länge der unbelasteten Feder in mm
L_k Länge des unbelasteten Federkörpers in mm
L_n größte Federlänge
F_0 innere Vorspannkraft in N
F_n größte zulässige Federkraft in N
R Federrate in N/mm
s_n größter zulässiger Federweg bei F_n in mm

d	D_a	D_h	L_0	L_k	F_0	F_n	R	s_n
Zylindrische Schrauben-Zugfedern aus unlegiertem Federstahldraht[1] vgl. DIN EN 10270-1 (2012-01)								
0,20	3,00	3,50	8,6	4,35	0,06	1,26	0,036	33,37
0,25	5,00	5,70	10,0	2,63	0,03	1,46	0,039	36,51
0,32	5,50	6,30	10,0	2,08	0,08	2,71	0,140	18,85
0,36	6,00	6,90	11,0	2,34	0,16	3,50	0,173	19,23
0,40	7,00	8,00	12,7	2,60	0,16	4,06	0,165	23,67
0,45	7,50	8,60	13,7	3,04	0,25	5,31	0,207	24,41
0,50	10,00	11,10	20,0	5,25	0,02	5,40	0,078	68,79
0,55	6,00	7,10	13,9	5,78	0,88	11,66	0,606	17,78
0,63	8,60	9,90	19,9	7,88	0,79	12,13	0,276	41,15
0,70	10,00	11,40	23,6	9,63	0,83	14,13	0,239	55,78
0,80	10,80	12,30	25,1	10,20	1,22	19,10	0,355	50,36
0,90	10,00	11,70	23,0	9,45	1,99	28,59	0,934	28,49
1,00	13,50	15,40	31,4	12,50	1,77	28,63	0,454	59,22
1,10	12,00	14,00	27,8	11,83	2,99	41,95	1,181	32,98
1,25	17,20	19,50	39,8	15,63	2,77	42,35	0,533	74,25
1,30	11,30	13,50	42,1	26,65	5,771	70,59	1,492	43,44
1,40	15,00	17,50	34,9	15,05	5,44	66,08	1,596	38,00
1,50	20,00	22,70	48,9	21,75	3,99	60,54	0,603	93,72
1,60	21,60	24,50	50,2	20,00	3,99	67,40	0,726	87,38
1,80	20,00	23,20	46,0	19,35	6,88	100,90	1,819	51,70
2,00	27,00	30,50	62,8	25,00	6,88	101,20	0,907	104,00
2,20	24,00	27,80	55,6	23,10	9,81	148,00	2,425	57,02
2,50	34,50	38,90	79,7	31,25	9,88	148,50	1,056	131,33
2,80	30,00	34,70	69,8	29,40	17,77	233,40	3,257	65,85
3,00	40,00	45,10	140,0	86,25	11,50	214,20	0,587	345,31
3,20	43,20	46,60	100,0	40,00	11,88	238,40	1,451	156,13
3,60	40,00	46,00	92,1	37,80	19,60	357,10	3,735	90,38
4,00	44,00	50,60	117,0	58,00	24,50	436,30	3,019	136,43
4,50	50,00	57,60	194,0	128,25	28,00	532,30	1,613	312,74
5,00	50,00	58,30	207,0	142,50	47,00	707,90	2,541	260,12
5,50	60,00	69,30	236,0	156,75	38,00	774,50	2,094	351,72
6,30	70,00	80,00	272,0	179,55	45,00	968,50	2,258	409,20
7,00	80,00	92,00	306,0	199,50	70,00	1132,00	2,286	464,83
8,00	80,00	94,00	330,0	228,00	120,00	1627,00	4,065	370,91
Zylindrische Schrauben-Zugfedern aus nichtrostendem Federstahldraht[1]								
0,20	3,00	3,50	8,60	4,35	0,05	0,99	0,031	30,54
0,40	7,00	8,00	12,70	2,60	0,121	3,251	0,142	22,11
0,63	8,60	9,90	19,90	7,88	0,631	9,861	0,237	38,97
0,80	10,80	12,30	25,1	10,20	0,971	15,67	0,305	48,19
1,00	13,50	15,40	31,4	12,50	1,411	23,77	0,390	57,40
1,25	17,20	19,50	39,8	15,63	2,211	35,50	0,458	72,73
1,40	15,00	17,50	34,9	15,05	4,351	55,72	1,371	37,48
1,60	21,60	24,50	50,2	20,00	3,211	56,93	0,623	86,19
2,00	27,00	30,50	62,8	25,00	5,501	84,86	0,779	101,86
4,00	44,00	50,60	117,0	58,00	19,600	366,50	2,593	133,83

[1] Außer der aufgeführten Federauswahl gibt es im Handel zu jedem Drahtdurchmesser verschiedene Außendurchmesser und Längen.

M

Federn

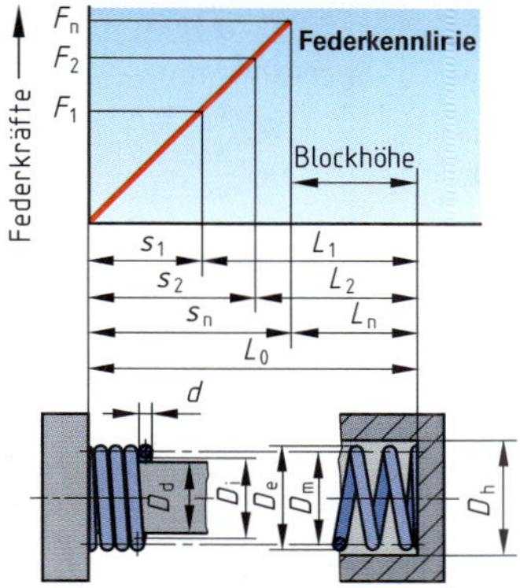

d	Drahtdurchmesser
D_m	mittlerer Windungsdurchmesser
D_e	Außendurchmesser
D_d	Dorndurchmesser
D_h	Hülsendurchmesser
D_i	Innendurchmesser
L_0	Länge der unbelasteten Feder
L_1, L_2	Länge der belasteten Feder bei F_1, F_2
L_n	kleinste zulässige Prüflänge der Feder
F_1, F_2	Federkräfte in N bei L_1, L_2
F_n	größte zulässige Federkraft in N bei s_n
s_1, s_2	Federwege bei F_1, F_2
s_n	größter zulässiger Federweg bei F_n
i_f	Anzahl der federnden Windungen
i_g	Gesamtwindungszahl (Enden geschliffen)
R	Federrate in N/mm

Gesamtwindungszahl

$$i_g = i_f + 2$$

Innendurchmesser

$$D_i = D_e + 2d$$

⇒ **Druckfeder DIN 2098 – 2 x 25 x 94:**
d = 2 mm, D_m = 25 mm und L_o = 94 mm

Zylindrische Schrauben-Druckfedern aus unlegiertem Federstahldraht vgl. DIN EN 10270-1 (2012-01)

d	D_e	$i_f = 3{,}5$				$i_f = 5{,}5$				$i_f = 8{,}5$			
		L_0	s_n[1]	R	F_n[1]	L_0	s_n[1]	R	F_n[1]	L_0	s_n[1]	R	F_n[1]
0,2	2,7	5,4	3,8	0,3	1,1	8,2	6,0	0,2	1,1	12,7	9,7	0,1	1,2
	2,0	2,8	1,2	0,8	1,0	4,4	2,4	0,5	1,2	6,8	4,0	0,3	1,3
	1,4	2,3	0,8	2,7	2,1	3,2	1,2	1,7	2,1	4,6	1,9	1,1	2,2
0,5	6,5	9,8	6,5	0,8	5,5	15,4	10,8	0,5	5,8	23,8	17,2	0,4	6,0
	5,0	8,0	4,9	2,0	9,7	12,0	7,6	1,3	9,7	17,0	10,8	0,8	8,9
	3,0	4,4	1,4	11,4	16,4	6,1	2,0	7,4	14,6	8,7	2,9	4,8	13,7
1,0	13,5	24,0	17,3	1,5	25,8	36,5	27,2	1,0	25,8	55,5	42,2	0,6	25,9
	8,0	10,8	4,7	8,5	39,8	16,5	8,1	5,4	43,4	26,3	14,3	3,5	50,1
	6,0	8,5	2,5	23,3	58,7	12,0	3,7	14,8	55,5	17,0	5,3	9,6	51,1
1,6	21,6	48,0	34,9	2,4	83,2	73,5	54,9	1,5	83,3	110,0	84,9	1,0	83,4
	14,1	17,0	7,1	9,8	69,6	26,0	12,3	6,2	76,5	38,0	18,6	4,0	74,8
	9,6	12,0	2,4	37,3	90,5	18,0	4,8	23,7	113,6	27,0	8,3	15,3	127,8
2,0	25,0	40,5	27,4	3,8	105,9	62,5	44,2	2,4	107,7	95,5	69,4	1,6	109,4
	20,5	27,0	14,4	7,4	106,9	41,0	23,5	4,7	109,9	62,0	37,1	3,0	112,4
	12,0	18,0	6,0	46,6	281,2	26,5	10,0	29,6	296,0	38,5	15,2	19,2	290,8
2,5	31,0	45,0	28,7	4,9	140,8	69,0	46,2	3,1	144,4	103,0	70,5	2,0	142,5
	18,5	27,5	12,3	27,8	342,5	41,0	20,0	17,7	353,8	61,0	31,3	11,4	358,0
	15,0	19,0	4,1	58,2	235,6	27,0	6,4	37,1	235,6	40,0	10,8	24,0	259,6
3,2	43,2	82,0	60,7	4,8	289,3	125,0	95,1	3,0	288,7	190,0	147,3	2,0	289,3
	28,2	42,5	22,8	19,5	444,5	50,8	23,4	12,4	291,2	94,5	55,7	8,0	447,9
	19,2	27,5	8,4	74,5	622,9	40,0	13,6	47,4	643,9	59,0	21,7	30,7	664,6
4,0	36,0	41,0	16,3	22,7	369,7	61,0	26,7	14,5	386,2	92,0	43,3	9,4	405,8
	29,0	41,0	16,8	47,7	800,2	60,5	27,0	30,4	819,7	89,5	42,1	19,6	826,9
	24,0	33,5	9,6	93,1	891,8	49,0	16,0	59,3	946,9	65,0	18,3	38,4	702,8

Zylindrische Schrauben-Druckfedern aus nichtrostendem Federstahldraht X10CrNi18-8

d	D_e	L_0	s_n[1]	R	F_n[1]	L_0	s_n[1]	R	F_n[1]	L_0	s_n[1]	R	F_n[1]
0,5	6,5	9,8	6,5	0,7	4,7	15,4	10,8	0,5	5,0	23,8	17,2	0,3	5,1
	5,0	8,0	4,9	1,7	8,3	12,0	7,6	1,1	8,3	17,0	10,8	0,7	7,6
	3,0	4,4	1,4	10,0	14,1	6,1	2,0	6,4	12,5	8,7	2,9	4,1	11,8
1,0	18,5	42,0	34,5	0,5	16,1	65,0	54,4	0,3	16,2	100,0	84,8	0,2	16,3
	9,0	13,0	6,8	4,9	33,3	19,0	10,4	3,1	32,4	28,5	16,3	2,0	32,8
	6,3	8,5	2,5	16,8	42,0	12,0	3,7	10,7	39,7	18,0	6,3	6,9	43,5
2,0	25,0	40,5	27,4	3,3	90,1	62,5	44,2	2,1	92,5	95,5	69,4	1,4	94,0
	14,5	22,5	10,4	20,5	212,8	33,0	16,3	13,0	211,9	49,5	25,6	8,4	215,5
	12,0	18,0	6,0	40,0	241,5	26,5	10,0	25,5	254,2	38,5	15,2	16,5	249,7

[1] bei statischer Belastung

M

Federn

Tellerfedern

vgl. DIN 2093 (2013-12)

Einzelfeder

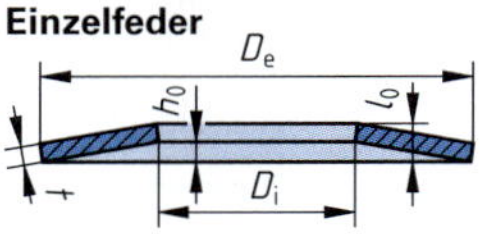

$h_0 \approx l_0 - t$

ohne Auflagefläche:
Gruppen 1+2

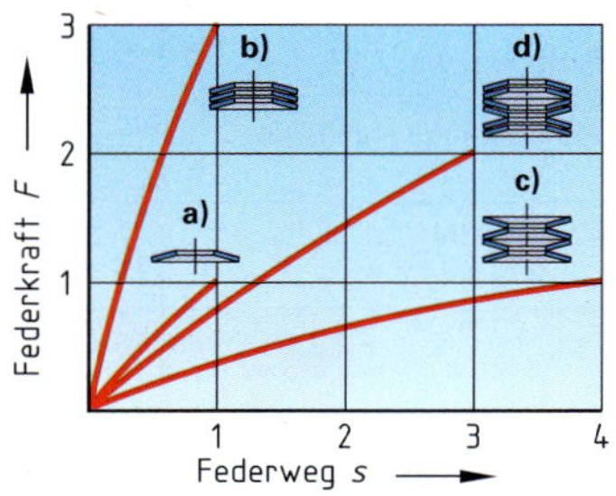

Federkraftverlauf bei unterschiedlichen Tellerfederkombinationen:
a) Einzelfeder;
b) Federpaket aus 3 Einzelfedern: 3fache Kraft;
c) Federsäule aus 4 Einzelfedern: 4facher Weg;
d) Federsäule aus 3 Paketen mit je 2 Einzelfedern: 3facher Weg, 2fache Kraft

D_e Außendurchmesser
D_i Innendurchmesser
t Dicke der Einzeltellerfeder
h_0 Federhöhe (theoretischer Federweg bis zur Planlage)
l_0 Bauhöhe der unbelasteten Einzeltellerfeder
s Federweg der Einzeltellerfeder
s_S Federweg von geschichteten Tellerfedern
F Federkraft der Einzeltellerfedern
F_S Federkraft von geschichteten Tellerfedern
L_0 Länge von unbelasteten geschichteten Tellerfedern
n Anzahl der Tellerfedern im Federpaket
i Anzahl der Tellerfedern in der Federsäule

Federsäule

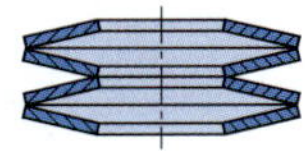

Federkraft $F_S = F$

Federweg $s_S = i \cdot s$

Federlänge $L_0 = i \cdot l_0$

Federpaket

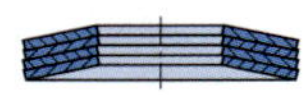

Federkraft $F_S = n \cdot F$

Federweg $s_S = s$

Federlänge $L_0 = l_0 + (n-1) \cdot t$

			Reihe A: harte Federn $D_e/t \approx 18$; $h_0/t \approx 0{,}4$				**Reihe B: mittelharte Federn** $D_e/t \approx 28$; $h_0/t \approx 0{,}75$				**Reihe C: weiche Federn** $D_e/t \approx 40$; $h_0/t \approx 1{,}3$			
Gruppe[1)]	D_e h12	D_i H12	t	l_0	F in kN[2)]	s[3)]	t	l_0	F in kN[2)]	s[3)]	t	l_0	F in kN[2)]	s[3)]
Gr. 1: $t < 1{,}25$ mm ohne Auflagefläche	8	4,2	0,4	0,6	0,21	0,15	0,3	0,55	0,12	0,19	0,2	0,45	0,04	0,19
	10	5,2	0,5	0,75	0,33	0,19	0,4	0,7	0,21	0,23	0,25	0,55	0,06	0,23
	14	7,2	0,8	1,1	0,81	0,23	0,5	0,9	0,28	0,30	0,35	0,8	0,12	0,34
	16	8,2	0,9	1,25	1,00	0,26	0,6	1,05	0,41	0,34	0,4	0,9	0,15	0,38
	20	10,2	1,1	1,55	1,53	0,34	0,8	1,35	0,75	0,41	0,5	1,15	0,25	0,49
	25	12,2	–	–	–	–	0,9	1,6	0,87	0,53	0,7	1,6	0,60	0,68
	28	14,2	–	–	–	–	1,0	1,8	1,11	0,60	0,8	1,8	0,80	0,75
	40	20,4	–	–	–	–	–	–	–	–	1	2,3	1,02	0,98
Gruppe 2: $t = 1{,}25 \ldots 6$ mm ohne Auflagefläche	25	12,2	1,5	2,05	2,93	0,41	–	–	–	–	–	–	–	–
	28	14,2	1,5	2,15	2,84	0,49	–	–	–	–	–	–	–	–
	40	20,4	2,2	3,15	6,50	0,68	1,5	2,6	2,62	0,86	–	–	–	–
	45	22,4	2,5	3,5	7,72	0,75	1,7	3,0	3,66	0,98	1,25	2,85	1,89	1,20
	50	25,4	3	4,1	12,0	0,83	2	3,4	4,76	1,05	1,25	2,85	1,55	1,20
	56	28,5	3	4,3	11,4	0,98	2	3,6	4,44	1,20	1,5	3,45	2,62	1,46
	63	31	3,5	4,9	15,0	1,05	2,5	4,2	7,19	1,31	1,8	4,15	4,24	1,76
	71	36	4	5,6	20,5	1,20	2,5	4,5	6,73	1,50	2	4,6	5,14	1,95
	80	41	5	6,7	33,6	1,28	3	5,3	10,5	1,73	2,25	5,2	6,61	2,21
	90	46	5	7,0	31,4	1,50	3,5	6	14,2	1,88	2,5	5,7	7,68	2,40
	100	51	6	8,2	48,0	1,65	3,5	6,3	13,1	2,10	2,7	6,2	8,61	2,63
	125	64	–	–	–	–	5	8,5	29,9	2,63	3,5	8	15,4	3,38
	140	72	–	–	–	–	5	9	27,9	3,00	3,8	8,7	17,2	3,68
	160	82	–	–	–	–	6	10,5	41,0	3,38	4,3	9,9	21,8	4,20
	180	92	–	–	–	–	6	11,1	37,5	3,83	4,8	11	26,4	4,65

⇒ **Tellerfeder DIN 2093 – A 16:** Reihe A, Außendurchmesser D_e = 16 mm

1) Gruppe 3: $t > 6 \ldots 14$ mm, mit Auflagefläche, D_e = 125, 140, 160, 180, 200, 225, 250 mm
2) Federkraft F des Einzeltellers bei Federweg $s \approx 0{,}75 \cdot h_0$
3) $s \approx 0{,}75 \cdot h_0$

M

Zahnräder, Getriebe

Stirnräder mit Geradverzahnung

Außenverzahnung

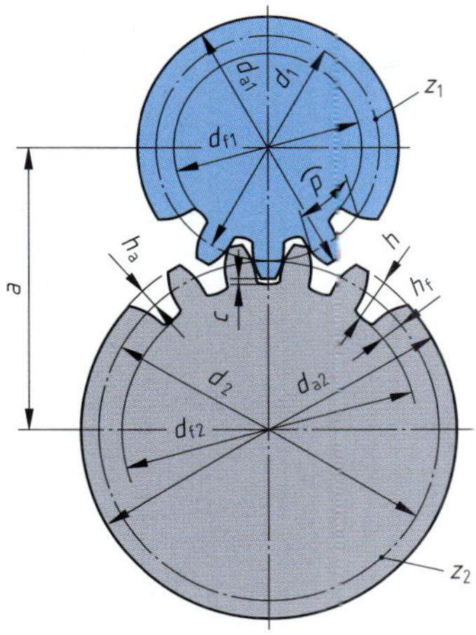

m	Modul	z, z_1, z_2	Zähnezahlen
p	Teilung	d, d_1, d_2	Teilkreisdurchmesser
c	Kopfspiel	d_s, d_{s1}, d_{s2}	Kopfkreisdurchmesser
h	Zahnhöhe	d_f, d_{f1}, d_{f2}	Fußkreisdurchmesser
h_a	Zahnkopfhöhe		
h_f	Zahnfußhöhe		
a	Achsabstand		

Zähnezahl	$z = \frac{d}{m} = \frac{d_a - 2 \cdot m}{m}$
Kopfkreisdurchmesser	$d_a = d + 2 \cdot m = m \cdot (z + 2)$
Fußkreisdurchmesser	$d_f = d - 2 \cdot (m + c)$
Achsabstand	$a = \frac{d_1 + d_2}{2} = \frac{m \cdot (z_1 + z_2)}{2}$

Außen- und Innenverzahnung

Modul	$m = \frac{p}{\pi} = \frac{d}{z}$
Teilung	$p = \pi \cdot m$
Teilkreisdurchmesser	$d = m \cdot z$
Kopfspiel	$c = 0{,}1 \cdot m$ bis $0{,}3 \cdot m$ häufig $c = 0{,}167 \cdot m$
Zahnkopfhöhe	$h_a = m$
Zahnfußhöhe	$h_f = m + c$
Zahnhöhe	$h = 2 \cdot m + c$

Innenverzahnung

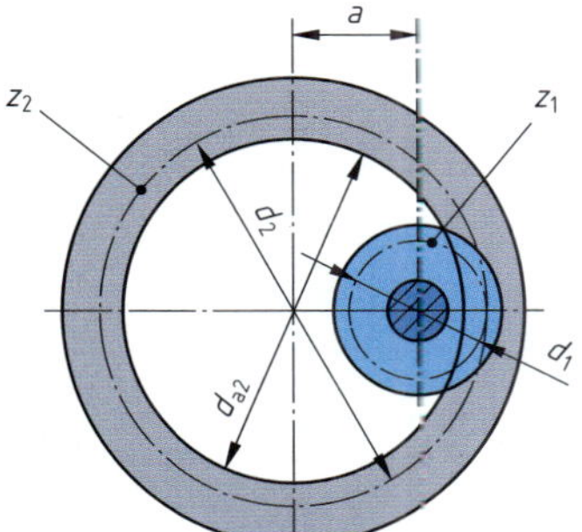

Zähnezahl	$z = \frac{d}{m} = \frac{d_a + 2 \cdot m}{m}$
Kopfkreisdurchmesser	$d_a = d - 2 \cdot m = m \cdot (z - 2)$
Fußkreisdurchmesser	$d_f = d + 2 \cdot (m + c)$
Achsabstand	$a = \frac{d_2 - d_1}{2} = \frac{m \cdot (z_2 - z_1)}{2}$

M

Zahnräder, Getriebe

Stirnräder mit Schrägverzahnung

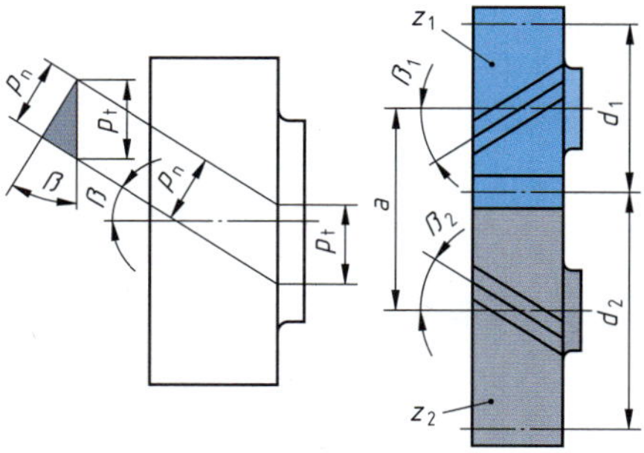

m_t	Stirnmodul
m_n	Normalmodul
p_t	Stirnteilung
p_n	Normalteilung
β	Schrägungswinkel (meist β = 8° bis 25°)
z, z_1, z_2	Zähnezahlen
d, d_1, d_2	Teilkreisdurchmesser
d_a	Kopfkreisdurchmesser
a	Achsabstand

Stirnmodul

$$m_t = \frac{m_n}{\cos\beta} = \frac{p_t}{\pi}$$

Stirnteilung

$$p_t = \frac{p_n}{\cos\beta} = \frac{\pi \cdot m_n}{\cos\beta}$$

Teilkreisdurchmesser

$$d = m_t \cdot z = \frac{z \cdot m_n}{\cos\beta}$$

Zähnezahl

$$z = \frac{d}{m_t} = \frac{\pi \cdot d}{p_t}$$

Normalmodul

$$m_n = \frac{p_n}{\pi} = m_t \cdot \cos\beta$$

Normalteilung

$$p_n = \pi \cdot m_n = p_t \cdot \cos\beta$$

Kopfkreisdurchmesser

$$d_a = d + 2 \cdot m_n$$

Achsabstand

$$a = \frac{d_1 + d_2}{2}$$

Bei Stirnrädern mit Schrägverzahnung verlaufen die Zähne schraubenförmig auf dem zylindrischen Radkörper. Die Werkzeuge zur Herstellung von Stirnrädern und Schraubenrädern richten sich nach dem Normalmodul.

Bei parallelen Achsen haben beide Räder gleiche Schrägungswinkel, aber entgegengesetzte Schrägungsrichtungen, d.h., ein Rad ist rechts-, das andere linkssteigend ($\beta_1 = -\beta_2$).

Zahnhöhe, Zahnkopfhöhe, Zahnfußhöhe, Kopfspiel und Fußkreisdurchmesser werden wie bei Stirnrädern mit Geradverzahnung (Seite 377) berechnet. In den Formeln wird der Modul m durch den Normalmodul m_n ersetzt.

M

Modulreihe für Stirnräder (Reihe I)

vgl. DIN 780-1 (1977-05)

Modul	0,2	0,25	0,3	0,4	0,5	0,6	0,7	0,8	0,9	1,0	1,25
Teilung	0,628	0,785	0,943	1,257	1,571	1,885	2,199	2,513	2,827	3,142	3,927
Modul	1,5	2,0	2,5	3,0	4,0	5,0	6,0	8,0	10,0	12,0	16,0
Teilung	4,712	6,283	7,854	9,425	12,566	15,708	18,850	25,132	31,416	37,699	50,265

Einteilung des Satzes von 8 Modul-Scheibenfräsern (bis zu m = 9 mm)[1]

Fräser-Nr.	1	2	3	4	5	6	7	8
Zähnezahl	12 ...13	14 ...16	17... 20	21 ... 25	26 ... 34	35 ... 54	55 ...134	135 ... Zahnstange

[1] Die Herstellung der Zahnräder mit Scheibenfräsern entspricht keinem Abwälzvorgang. Es entsteht nur angenähert die Evolventenform der Zahnflanken. Dieses Herstellungsverfahren ist daher nur für untergeordnete Verzahnungen geeignet. Für Zahnräder mit m > 9 mm wird ein Satz mit 15 Modul-Scheibenfräsern verwendet.

Zahnräder, Getriebe

Kegelräder mit Geradverzahnung

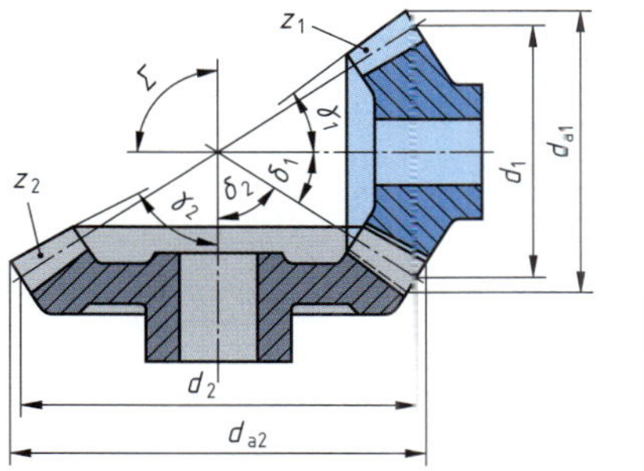

Neben den eingetragenen Maßen an den Außenkanten sind für die Fertigung auch die Maße in den Zahnmitten und Innenkanten wichtig.

Teilung und Zahnhöhe verjüngen sich zur Kegelspitze hin, sodass ein Kegelrad an jeder Stelle der Zahnbreite einen anderen Modul, Teilkreisdurchmesser usw. besitzt. Der äußere Modul entspricht dem Normmodul.

m	Modul	z, z_1, z_2	Zähnezahlen
d, d_1, d_2	Teilkreisdurchmesser	$\delta, \delta_1, \delta_2$	Teilkegelwinkel
d_a, d_{a1}, d_{a2}	Kopfkreisdurchmesser		
γ_1, γ_2	Kopfkegelwinkel		
Σ	Achsenwinkel (meist 90°)		

Teilkreisdurchmesser	$d = m \cdot z$
Kopfkreisdurchmesser	$d_a = d + 2 \cdot m \cdot \cos \delta$
Kopfkegelwinkel Rad 1	$\tan \gamma_1 = \frac{z_1 + 2 \cdot \cos \delta_1}{z_2 - 2 \cdot \sin \delta_1}$
Kopfkegelwinkel Rad 2	$\tan \gamma_2 = \frac{z_2 + 2 \cdot \cos \delta_2}{z_1 - 2 \cdot \sin \delta_2}$
Teilkegelwinkel Rad 1	$\tan \delta_1 = \frac{d_1}{d_2} = \frac{z_1}{z_2} = \frac{1}{i}$
Teilkegelwinkel Rad 2	$\tan \delta_2 = \frac{d_2}{d_1} = \frac{z_2}{z_1} = i$
Achsenwinkel	$\Sigma = \delta_1 + \delta_2$

Zahnhöhe, Zahnkopfhöhe, Kopfspiel usw. werden wie bei Stirnrädern mit Geradverzahnung (Seite 377) berechnet.

Schneckentrieb

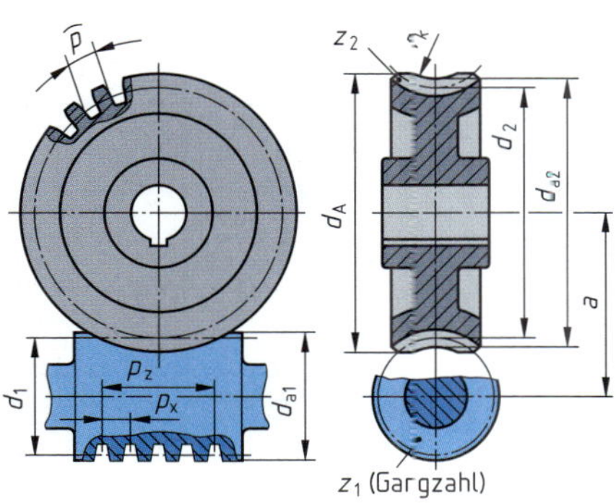

m	Modul	z_1, z_2	Zähnezahlen
d, d_1, d_2	Teilkreisdurchmesser	p_z	Steigungshöhe
d_a, d_{a1}, d_{a2}	Kopfkreisdurchmesser	p_x, p	(Axial-)Teilung
r_k	Kopfkehlhalbmesser	d_A	Außen-∅

Schnecke

Teilkreisdurchmesser	d_1 = Nennmaß
Axialteilung Schnecke	$p_x = \pi \cdot m$
Kopfkreisdurchmesser	$d_{a1} = d_1 + 2 \cdot m$
Steigungshöhe	$p_z = p_x \cdot z_1 = \pi \cdot m \cdot z_1$

Schneckenrad

Teilkreisdurchmesser	$d_2 = m \cdot z_2$
Teilung	$p = \pi \cdot m$
Kopfkreisdurchmesser	$d_{a2} = d_2 + 2 \cdot m$
Außendurchmesser	$d_A \approx d_{a2} + m$
Kopfkehlhalbmesser	$r_k = \frac{d_1}{2} - m$

Kopfspiel, Zahnhöhe, Zahnkopfhöhe, Zahnfußhöhe und Achsabstand wie bei Stirnrädern (Seite 377).

M

Zahnräder, Getriebe

Zahnradtrieb, Übersetzungen

einfache Übersetzung

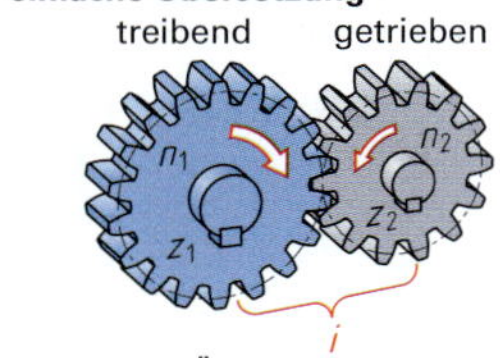

mehrfache Übersetzung

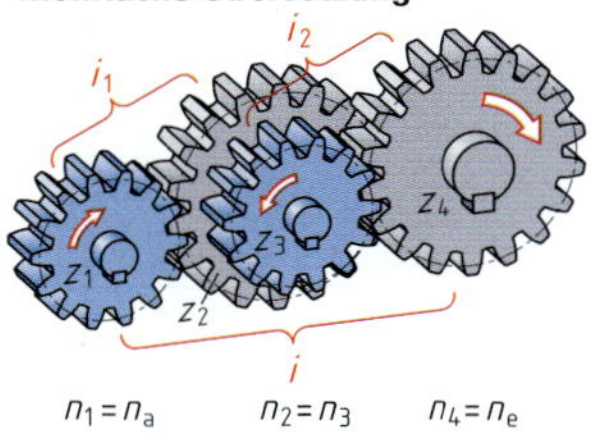

$z_1, z_3, z_5 \ldots$	Zähnezahlen	treibende Räder
$n_1, n_3, n_5 \ldots$	Drehzahlen	
$z_2, z_4, z_6 \ldots$	Zähnezahlen	getriebene Räder
$n_2, n_4, n_6 \ldots$	Drehzahlen	
n_a	Anfangsdrehzahl	
n_e	Enddrehzahl	
i	Gesamtübersetzungsverhältnis	
$i_1, i_2, i_3 \ldots$	Einzelübersetzungsverhältnisse	

Drehmomente bei Zahnrädern: Seite 38

Antriebsformel

$$n_1 \cdot z_1 = n_2 \cdot z_2$$

Übersetzungsverhältnis

$$i = \frac{z_2}{z_1} = \frac{n_1}{n_2} = \frac{n_a}{n_e}$$

Gesamtübersetzungsverhältnis

$$i = \frac{z_2 \cdot z_4 \cdot z_6 \ldots}{z_1 \cdot z_3 \cdot z_5 \ldots}$$

$$i = i_1 \cdot i_2 \cdot i_3 \ldots$$

Riementrieb, Übersetzungen

einfache Übersetzung

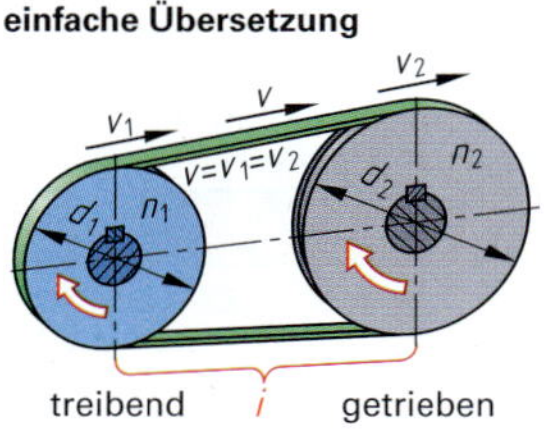

mehrfache Übersetzung

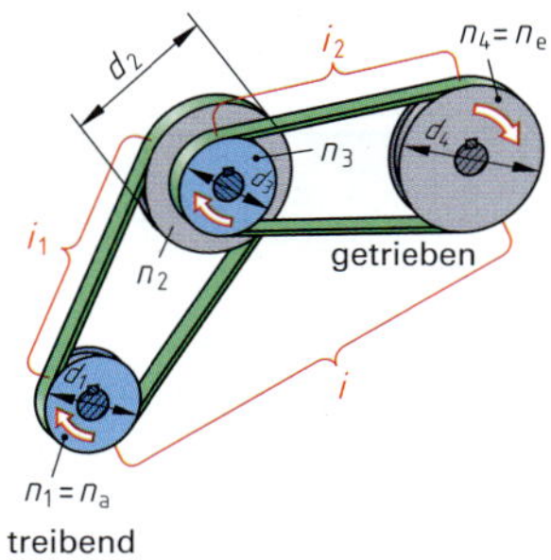

$d_1, d_3, d_5 \ldots$	Durchmesser[1]	treibende Scheiben
$n_1, n_3, n_5 \ldots$	Drehzahlen	
$d_2, d_4, d_6 \ldots$	Durchmesser[1]	getriebene Scheiben
$n_2, n_4, n_6 \ldots$	Drehzahlen	
n_a	Anfangsdrehzahl	
n_e	Enddrehzahl	
i	Gesamtübersetzungsverhältnis	
$i_1, i_2, i_3 \ldots$	Einzelübersetzungsverhältnisse	
v, v_1, v_2	Umfangsgeschwindigkeiten	

Geschwindigkeit

$$v = v_1 = v_2$$

Antriebsformel

$$n_1 \cdot d_1 = n_2 \cdot d_2$$

Übersetzungsverhältnis

$$i = \frac{d_2}{d_1} = \frac{n_1}{n_2} = \frac{n_a}{n_e}$$

Gesamtübersetzungsverhältnis

$$i = \frac{d_2 \cdot d_4 \cdot d_6 \ldots}{d_1 \cdot d_3 \cdot d_5 \ldots}$$

$$i = i_1 \cdot i_2 \cdot i_3 \ldots$$

Schneckentrieb, Übersetzungen

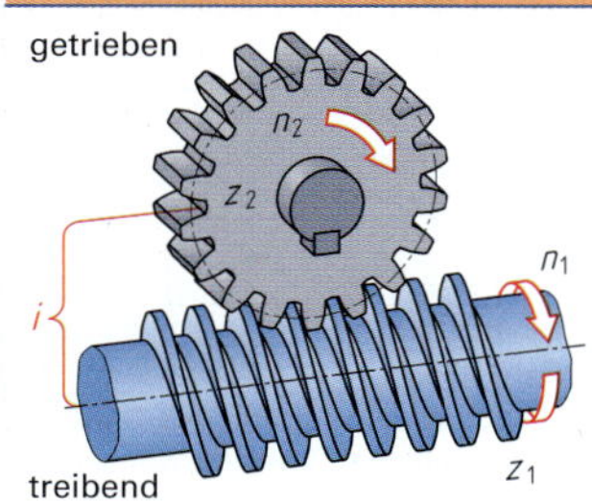

z_1	Zähnezahl (Gangzahl) der Schnecke
n_1	Drehzahl der Schnecke
z_2	Zähnezahl des Schneckenrades
n_2	Drehzahl des Schneckenrades
i	Übersetzungsverhältnis

Antriebsformel

$$n_1 \cdot z_1 = n_2 \cdot z_2$$

Übersetzungsverhältnis

$$i = \frac{n_1}{n_2} = \frac{z_2}{z_1}$$

M

Gleitlager, Wälzlager

Gleitlager[1] (Auswahl nach Art der Schmierung)

Hydrodynamische Gleitlager	Hydrostatische Gleitlager	Trockenlauf-Gleitlager
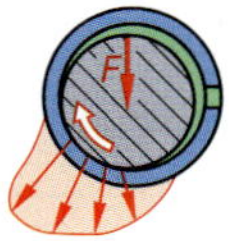	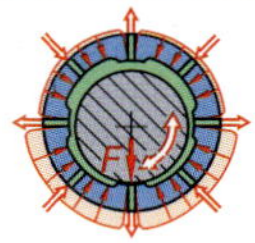	
geeignet für	**geeignet für**	**geeignet für**
– verschleißarmen Dauerbetrieb – hohe Drehzahlen – hohe stoßartige Belastungen	– verschleißfreien Dauerbetrieb – geringe Reibungsverluste – niedrige Drehzahlen möglich	– wartungsfreien oder wartungsarmen Betrieb – mit oder ohne Schmierstoff
Einsatzbereiche	**Einsatzbereiche**	**Einsatzbereiche**
– Haupt- und Pleuellager – Getriebe – Elektromotoren – Turbinen, Verdichter – Hebezeuge, Landmaschinen	– Präzisionslagerungen – Weltraumteleskope und -antennen – Werkzeugmaschinen – Axiallager bei großen Kräften	– Baumaschinen – Armaturen und Geräte – Verpackungsmaschinen – Strahltriebwerke – Haushaltsgeräte

[1] Weitere Gleitlager: luft- bzw. gas- und wassergeschmierte Gleitlager, Magnetlager

Eigenschaften von Gleitlagerwerkstoffen

Kurzzeichen, Werkstoffnummer	Dehngrenze $R_{p\,0,2}$ N/mm2	spezifische Lagerbelastung p_L[1] N/mm²	Mindesthärte der Welle	Gleiteigenschaft	Gleitgeschwindigkeit	Notlaufverhalten	Eigenschaften, Verwendung
Zinn-Gusslegierungen							vgl. DIN ISO 4381 (2015-05)
SnSb8Cu4 2.3793	46	8	160 HB	◔	●	◕	hohe Stoßbelastung bei niedriger Frequenz, für hochbeanspruchte Walzwerkslager, Turbinen, Verdichter, Elektromotren
Kupfer-Gusslegierungen und Kupfer-Knetlegierungen							vgl. DIN ISO 4382-1 und -2 (1992-11)
CuSn8Pb2-C 2.1810	130	21	280 HB	◕	◕	◐	geringe bis mäßige Belastung, ausreichende Schmierung
CuZn31Si1 2.1831	250	58	55 HRC				hohe Belastung, hohe Schlag- und Stoßbelastung
CuPb10Sn10-C[2] 2.1816	80	18	250 HB	◕	◕	◐	hohe Flächendrücke; Fahrzeuglager, Lager in Warmwalzwerken
CuPb20Sn5-C 2.1818	60	11	150 HB	●	●	●	geeignet für Wasserschmierung, beständig gegen Schwefelsäure
Thermoplastische Kunststoffe							vgl. DIN ISO 6691 (2001-05)
PA 6 (Polyamid)	–	12	50 HRC	●	○	●	stoß- und verschleißfest; Lager in Landmaschinen
POM (Polyoxymethylen)	–	18	50 HRC				härter und druckbelastbarer als PA; Lager in der Feinwerktechnik, geeignet für Trockenlauf

[1] Lagerkraft, bezogen auf die projizierte Lagerfläche
[2] Verbundwerkstoff nach DIN ISO 4383 für dünnwandige Gleitlager

● sehr gut ◕ gut ◐ normal
◔ eingeschränkt ○ schlecht

M

Gleitlager, Wälzlager

Wälzlager (Auswahl)

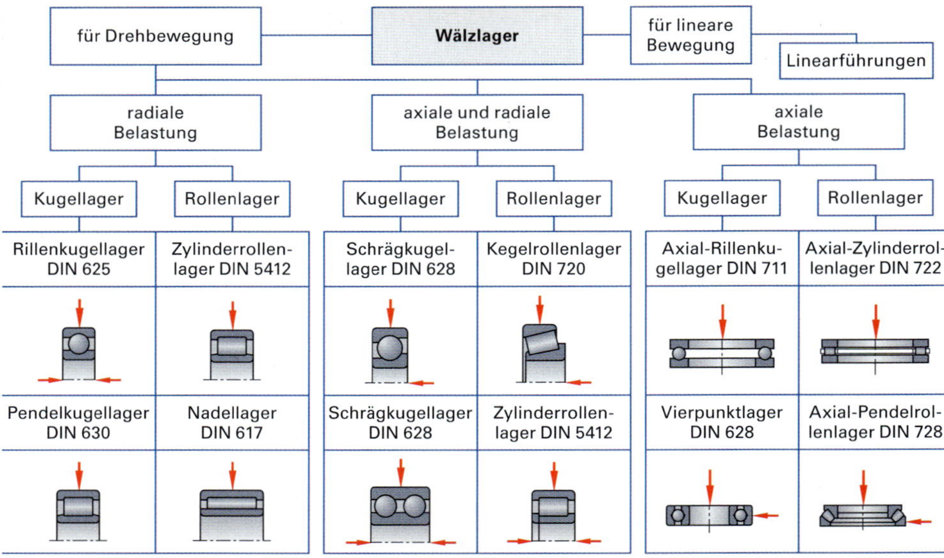

Eigenschaften von Wälzlagern

Lagerbauart[1]	Innen-∅ *d*	Radialbelastung	Axialbelastung	hohe Drehzahl	hohe Belastbarkeit	geräuscharmer Lauf	Anwendung
Kugellager							
Rillenkugellager	1,5 … 600	◕	◐	●	◐	●	Universallager im Maschinen- und Fahrzeugbau
Pendelkugellager	5 … 120	◕	◔	◕	◔	◔	Ausgleich bei Fluchtungsfehlern
Schrägkugellager einreihig	10 … 170	◕	◕	●[2]	◕[3]	◕	werden nur paarweise verwendet, große Kräfte, Fahrzeugbau
Schrägkugellager zweireihig	10 … 110	◕	◕	◐	◕	◔	große Kräfte, Fahrzeugbau, bei geringem Platzbedarf
Axial-Rillenkugellager	8 … 360	○	◕	◐	◐	◔	Aufnahme sehr hoher Axialkräfte, Bohrspindeln, Reitstockspitzen
Vierpunktlager	20 … 240	◔	◕	◔	◐	◔	bei geringstem Platzbedarf, Spindellagerungen, Räder- und Rollenlagerung
Rollenlager							
Zylinderrollenlager (Form N)	17 … 240	●	○	●	◕	◐	Aufnahme sehr großer radialer Kräfte, Walzenlagerungen, Getriebe
Zylinderrollenlager (Form NUP)	15 … 240	●	◐	◕	◕	◔	wie Form N, zusätzlich durch Bordscheibe Aufnahme von Axialkräften
Nadellager	90 … 360	●	○	◔	●	◐	hohe Tragfähigkeit bei geringem Einbauraum
Kegelrollenlager	15 … 360	●	●	◐[2]	●[3]	◔	in der Regel paarweiser Einbau, Radlager bei Kfz, Spindellager
Axial-Zylinderrollenlager	15 … 600	○	●	◔	◕	○	steife Lagerung bei geringem axialen Platzbedarf, hohe Reibung
Axial-Pendelrollenlager	60 … 1060	◔	●	◔	◕	○	winkelbewegliches Drucklager, Spurlager bei Kränen

[1] Bei allen Radiallagern wird der Vorsatz „Radial-“ weggelassen.
[2] verminderte Eignung bei paarweisem Einbau
[3] bei paarweisem Einbau

Eignungsstufen:
● sehr gut ◕ gut ◐ normal
◔ eingeschränkt ○ nicht geeignet

M

Gleitlager, Wälzlager

Bezeichnung von Wälzlagern

vgl. DIN 623-1 (1993-05)

Beispiel: Kegelrollenlager DIN 720 – S 30208 P2

Benennung | Norm | Vorsetzzeichen | Basiszeichen | Nachsetzzeichen

Vorsetzzeichen	
K	Käfig mit Wälzkörpern
L	Freier Ring
R	Ring mit Wälzkörpersatz
S	Nichtrostender Stahl

Nachsetzzeichen (Auswahl)	
K	Lager mit kegeliger Bohrung
Z	Lager mit Deckscheibe auf einer Seite
2Z	Lager mit Deckscheibe auf zwei Seiten
E	Verstärkte Ausführung
RS	Lager mit Dichtscheibe auf einer Seite
2RS	Lager mit Dichtscheibe auf beiden Seiten
P2	Höchste Maß-, Form- und Laufgenauigkeit

Beispiel für das Basiszeichen: 3 0 2 08

Lagerreihe 302

Breitenreihe 0 | Durchmesserreihe 2

Lagerart 3 | Maßreihe 02 | Bohrungskennzahl 08

Lagerart	Ausführung
0	Schrägkugellager, zweireihig
1	Pendelkugellager
2	Tonnen- und Pendelrollenlager
3	Kegelrollenlager
4	Rillenkugellager, zweireihig
5	Axial-Rillenkugellager
6	Rillenkugellager, einreihig
7	Schrägkugellager, einreihig
8	Axial-Zylinderrollenlager
NA	Nadellager
QJ	Vierpunktlager
N, NJ, NJP, NN, NNU, NU, NUP	Zylinder-Rollenlager

Bohrungs-kennzahl	Bohrungs-Ø *d*	Bohrungs-kennzahl	Bohrungs-Ø *d*
00	10	12	60
01	12	13	65
02	15	14	70
03	17	15	75
04	20	16	80
05	25	17	85
06	30	18	90
07	35	19	95
08	40	20	100
09	45	21	105
10	50	22	110
11	55	23	115

Maßreihen (Auswahl)

vgl. DIN 616 (2000-06)

Erläuterung

Die Maßpläne in DIN 616 enthalten Durchmesserreihen, in denen jedem Nenndurchmesser einer Lagerbohrung *d* (= Wellendurchmesser) mehrere

- Außendurchmesser und
- Breitenreihen (bei Radiallagern) bzw.
- Höhenreihen (bei Axiallagern)

zugeordnet sind.

Aufbau der Maßreihen

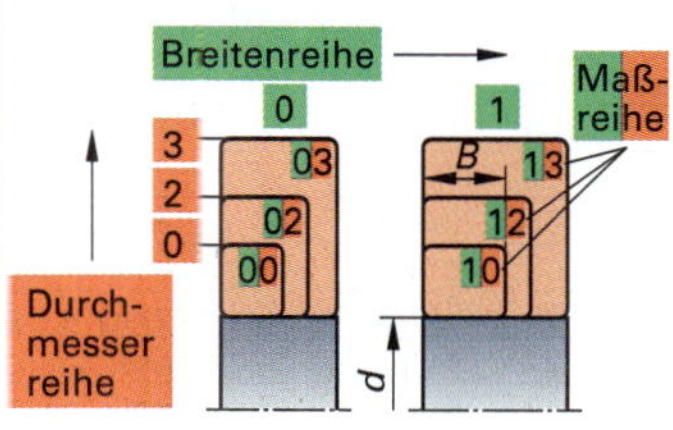

Beispiel: Kegelrollenlager[1)]

Maßreihe 02			
Bohrungs-kennzahl	Boh-rungs-Ø *d*	*D*	*B*
07	35	72	17
08	40	80	18
09	45	85	19
10	50	90	20

1) weitere Abmessungen: S. 387

M

Gleitlager, Wälzlager

Dynamische Tragfähigkeit und Lebensdauer von Rillenkugellagern

Je nach Funktion haben Wälzlager Kräfte in radialer Richtung F_r oder in axialer Richtung F_a oder gleichzeitig in beiden Richtungen zu übertragen. Diese kombinierte Belastung ersetzt man für die Berechnung durch eine gleichwertige (äquivalente) Belastung P, welche die gleiche Werkstoffbeanspruchung hervorrufen würde wie die tatsächlich auftretende kombinierte Belastung.
Die Lebensdauer von 10^6 Umdrehungen entspricht einer Laufzeit von 500 Betriebsstunden bei einer konstanten Drehzahl von 33,3 1/min.

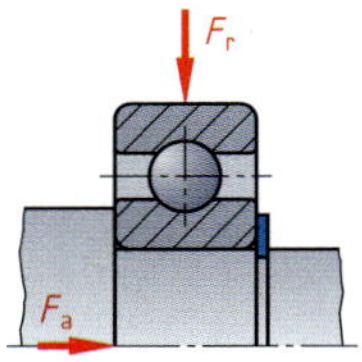

C, C_0	dynamische bzw. statische Tragzahl
P	äquivalente Belastung
X	Radiallastfaktor
Y	Axiallastfaktor
F_r	radial wirkende Kraft
F_a	axial wirkende Kraft
L_{10}	nominelle Lebensdauer in 10^6 Umdrehungen[1]
L_{10h}	nominelle Lebensdauer in Betriebsstunden[1]
n	Drehzahl in 1/min

äquivalente Belastung

$$P = X \cdot F_r + Y \cdot F_a$$

nominelle Lebensdauer in Umdrehungen

$$L_{10} = \left(\frac{C}{P}\right)^3 \cdot 10^6$$

nominelle Lebensdauer in Betriebsstunden

$$L_{10h} = \frac{L_{10}}{60 \cdot n}$$

Beispiel:

Rillenkugellager 6214 für eine Bohrspindel; $n = 1\,200$ 1/min; $F_r = 1{,}5$ kN; $F_a = 3{,}4$ kN; $d = 70$ mm (Seite 385); $L_{10} = ?$; $L_{10h} = ?$

$\frac{F_a}{C_0} = \frac{3{,}4\text{ kN}}{44\text{ kN}} = 0{,}077 \rightarrow e \approx 0{,}28$ (s. Tabelle unten); $\frac{F_a}{F_r} = \frac{3{,}4\text{ kN}}{1{,}5\text{ kN}} \approx 2{,}27 > e = 0{,}28$

$Y = 1{,}55;\ X = 0{,}56;\ P = 0{,}56 \cdot 1{,}5\text{ kN} + 1{,}55 \cdot 3{,}4\text{ kN} = 6{,}14\text{ kN}$

$$L_{10} = \left(\frac{C}{P}\right)^3 \cdot 10^6 = \left(\frac{62\text{ kN}}{6{,}14\text{ kN}}\right)^3 = 1\,030 \cdot 10^6;\ L_{10h} = \frac{L_{10}}{60 \cdot n} = \frac{\left(\frac{62\text{ kN}}{6{,}14\text{ kN}}\right)^3 \cdot 10^6}{60 \cdot 1\,200\ \text{1/min}} = 14\,306\text{ h}$$

Die zu erwartende Lebensdauer des Lagers liegt im zulässigen Bereich für Bohrspindeln.

[1] L_{10}, L_{10h} 10 % der formulierten Qualitätskriterien oder der Lager können vor Erreichen der berechneten Lebensdauer ausfallen. Die Erlebenswahrscheinlichkeit beträgt 90 %.

Richtwerte für Tragzahlen von Rillenkugellagern (Auswahl)

	Rillenkugellager Lagerreihe 60			Rillenkugellager Lagerreihe 62			Rillenkugellager Lagerreihe 63		
	Tragzahl in kN			Tragzahl in kN			Tragzahl in kN		
d	dynamisch C	statisch C_0	Basis-zeichen	dynamisch C	statisch C_0	Basis-zeichen	dynamisch C	statisch C_0	Basis-zeichen
20	9,3	5	6004	12,7	6,55	6204	17,3	8,5	6304
30	12,7	8	6006	19,3	11,2	6206	29	16,3	6306
40	17	11,8	6008	29	18	6208	42,5	25	6308
50	20,8	15,6	6010	36,5	24	6210	62	38	6310
60	29	23,2	6012	52	36	6212	81,5	52	6312
70	39	31,5	6014	62	44	6214	104	68	6314
80	47,5	40	6016	72	53	6216	122	86,5	6316
100	60	54	6020	122	93	6220	163	134	6320

M

Radiallastfaktor X und Axiallastfaktor Y von Rillenkugellagern

Für F_a/C_0	0,014	0,028	0,056	0,084	0,11	0,17	0,28	0,42	0,56
ist e	0,19	0,22	0,26	0,28	0,30	0,34	0,38	0,41	0,44
bei $F_a/F_r > e$ ist $Y =$	2,3	1,99	1,71	1,55	1,45	1,31	1,15	1,04	1,00
bei $F_a/F_r > e$ ist $X =$	0,56								
bei $F_a/F_r \leq e$ ist	$X = 1$, $Y = 0$								

Richtwerte für die erforderliche nominelle Lebensdauer von Rillenkugellagern

Betriebsfall (Maschinen)	Lebensdauer L_{10h} in h[2]	Betriebsfall (Fahrzeuge)	Lebensdauer L_{10h} in h[2]
Elektrische Haushaltsgeräte	1 500 … 3 000	Verbrennungsmotoren	900 … 4 000
Universalgetriebe (mittel)	4 000 … 14 000	Motorräder	400 … 2 000
E-Motoren, mittel (5 … 100 kW)	21 000 … 30 000	Pkw-Radlager	1 400 … 5 300
Dreh-, Frässpindeln	14 000 … 46 000	Mittelschwere Lkw	2 900 … 5 300
Bohrspindeln	14 000 … 32 000	Schwere Lkw	4 000 … 8 800
Elektro- und Druckluftwerkzeuge	4 000 … 14 000	Omnibusse	2 900 … 11 000
Hebezeuge, Fördermaschinen	10 000 … 15 000	Schienenfahrzeuggetriebe	14 000 … 46 000

[2] Der kleinere Wert gilt für höhere Drehzahlen, der größere Wert für niedrige Drehzahlen.

Gleitlager, Wälzlager

Rillenkugellager (Auswahl)

vgl. DIN 625-1 (2011-04)

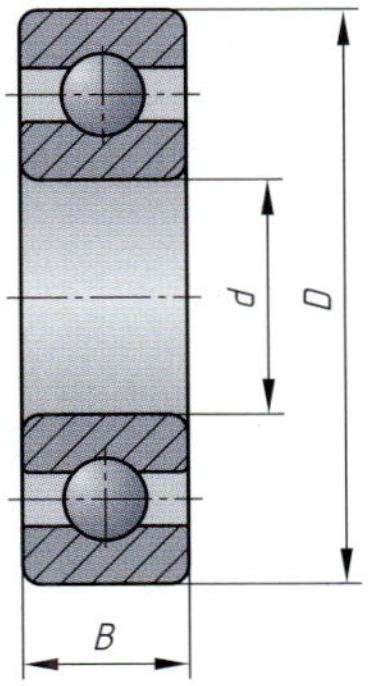

d von 3 ... 1500 mm

Einbaumaße nach DIN 5418:

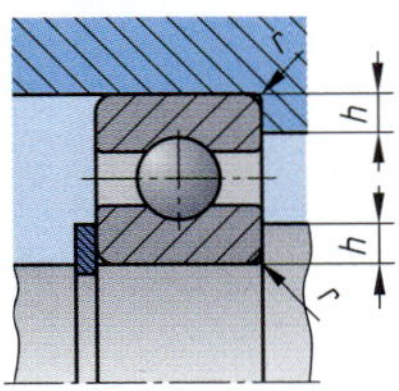

d	Lagerreihe 60 *D*	*B*	*r* max	*h* min	Basiszeichen	Lagerreihe 62 *D*	*B*	*r* max	*h* min	Basiszeichen	Lagerreihe 63 *D*	*B*	*r* max	*h* min	Basiszeichen
10	26	8	0,3	1	6000	30	9	0,6	2,1	6200	35	11	0,6	2,1	6300
12	28	8	0,3	1	6001	32	10	0,6	2,1	6201	37	12	1	2,8	6301
15	32	9	0,3	1	6002	35	11	0,6	2,1	6202	42	13	1	2,8	6302
17	35	10	0,3	1	6003	40	12	0,6	2,1	6203	47	14	1	2,8	6303
20	42	12	0,6	1,6	6004	47	14	1	2,8	6204	52	15	1	3,5	6304
25	47	12	0,6	1,6	6005	52	15	1	2,8	6205	62	17	1	3,5	6305
30	55	13	1	2,3	6006	62	16	1	2,8	6206	72	19	1	3,5	6306
35	62	14	1	2,3	6007	72	17	1	2,8	6207	80	21	1,5	4,5	6307
40	68	15	1	2,3	6008	80	18	1	3,5	6208	90	23	1,5	4,5	6308
45	75	16	1	2,3	6009	85	19	1	3,5	6209	100	25	1,5	4,5	6309
50	80	16	1	2,3	6010	90	20	1	3,5	6210	110	27	2	5,5	6310
55	90	18	1	3	6011	100	21	1,5	4,5	6211	120	29	2	5,5	6311
60	95	18	1	3	6012	110	22	1,5	4,5	6212	130	31	2,1	6	6312
65	100	18	1	3	6013	120	23	1,5	4,5	6213	140	33	2,1	6	6313
70	110	20	1	3	6014	125	24	1,5	4,5	6214	150	35	2,1	6	6314
75	115	20	1	3	6015	130	25	2	5,5	6215	160	37	2,1	6	6315
80	125	22	1	3	6016	140	26	2	5,5	6216	170	39	2,5	7	6316
85	130	22	1,5	3,5	6017	150	28	2,1	6	6217	180	41	2,5	7	6317
90	140	24	1,5	3,5	6018	160	30	2,1	6	6218	190	43	2,5	7	6318
95	145	24	1,5	3,5	6019	170	32	2,1	6	6219	200	45	2,5	7	6319
100	150	24	1,5	3,5	6020	180	34	2,1	6	6220	215	47	2,5	7	6320

⇒ **Rillenkugellager DIN 625 – 6208 – 2Z – P2:** Rillenkugellager (Lagerart 6), Breitenreihe 0[1], Durchmesserreihe 2, Bohrungskennzahl 08 ($d = 8 \cdot 5$ mm = 40 mm), Ausführung mit 2 Deckscheiben, Lager mit höchster Maß-, Form- und Laufgenauigkeit (ISO-Toleranzklasse 2)

Schrägkugellager (Auswahl)

vgl. DIN 628-1 (2008-01)

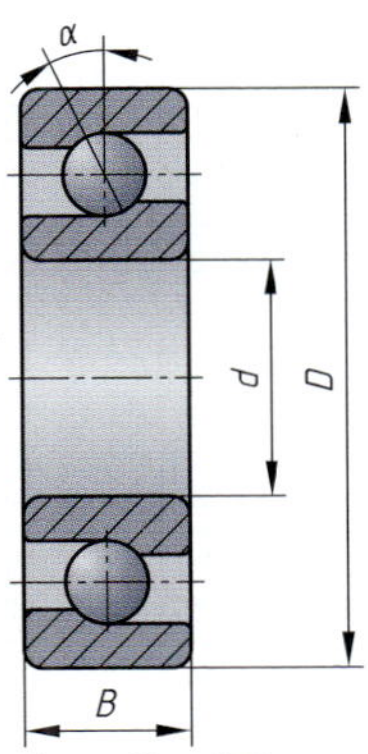

d von 10 ...170 mm

Einbaumaße nach DIN 5418:

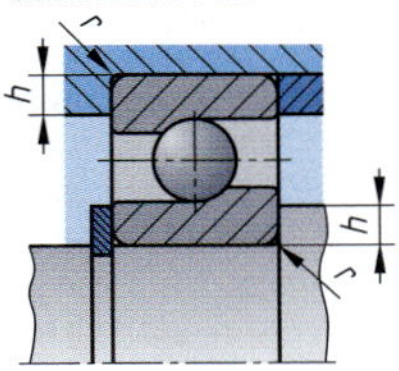

d	Lagerreihe 72 *D*	*B*	*r* max	*h* min	Basiszeichen[1]	Lagerreihe 73 *D*	*B*	*r* max	*h* min	Basiszeichen[1]	Lagerreihe 33 (zweireihig) *D*	*B*	*r* max	*h* min	Basiszeichen[1]
15	35	11	0,6	2,1	7202B	42	13	1	2,8	7302B	42	19	1	2,8	3302
17	40	12	0,6	2,1	7203B	47	14	1	2,8	7303B	47	22,2	1	2,8	3303
20	47	14	1	2,8	7204B	52	15	1	3,5	7304B	52	22,2	1	3,5	3304
25	52	15	1	2,8	7205B	62	17	1	3,5	7305B	62	25,4	1	3,5	3305
30	62	16	1	2,8	7206B	72	19	1	3,5	7306B	72	30,2	1	3,5	3306
35	72	17	1	3,5	7207B	80	21	1,5	4,5	7307B	80	34,9	1,5	4,5	3307
40	80	18	1	3,5	7208B	90	23	1,5	4,5	7308B	90	36,5	1,5	4,5	3308
45	85	19	1	3,5	7209B	100	25	1,5	4,5	7309B	100	39,7	1,5	4,5	3309
50	90	20	1	3,5	7210B	110	27	2	5,5	7310B	110	44,4	2	5,5	3310
55	100	21	1,5	4,5	7211B	120	29	2	5,5	7311B	120	49,2	2	5,5	3311
60	110	22	1,5	4,5	7212B	130	31	2,1	6	7312B	130	54	2,1	6	3312
65	120	23	1,5	4,5	7213B	140	33	2,1	6	7313B	140	58,7	2,1	6	3313
70	125	24	1,5	4,5	7214B	150	35	2,1	6	7314B	150	63,5	2,1	6	3314
75	130	25	1,5	4,5	7215B	160	37	2,1	6	7315B	160	68,3	2,1	6	3315
80	140	26	2	5,5	7216B	170	39	2,1	6	7316B	170	68,3	2,1	6	3316
85	150	28	2	5,5	7217B	180	41	2,5	7	7317B	180	73	2,5	7	3317
90	160	30	2	5,5	7218B	190	43	2,5	7	7318B	190	73	2,5	7	3318
95	170	32	2,1	6	7219B	200	45	2,5	7	7319B	200	77,8	2,5	7	3319
100	180	34	2,1	6	7220B	215	47	2,5	7	7320B	215	82,6	2,5	7	3320

⇒ **Schrägkugellager DIN 628 – 7309B:** Schrägkugellager (Lagerart 7), Breitenreihe 0[3], Durchmesserreihe 3, Bohrungskennzahl 09 (Bohrungsdurchmesser $d = 9 \cdot 5$ mm = 45 mm), Berührungswinkel $\alpha = 40°$ (B)

[1] Berührungswinkel $\alpha = 40°$ [2] Berührungswinkel nicht genormt

[3] Bei der Bezeichnung von Rillen- und Schrägkugellagern wird nach DIN 623-1 die 0 für die Breitenreihe teilweise weggelassen.

M

Gleitlager, Wälzlager

Axial-Rillenkugellager (Auswahl)

vgl. DIN 711 (2010-05)

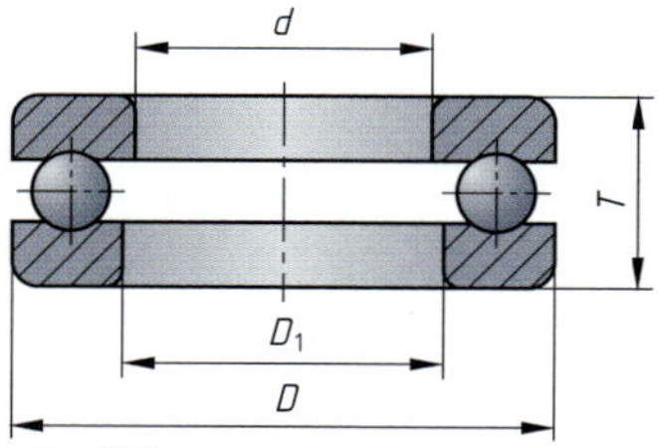

d von 8 ... 360 mm

Einbaumaße nach DIN 5418:

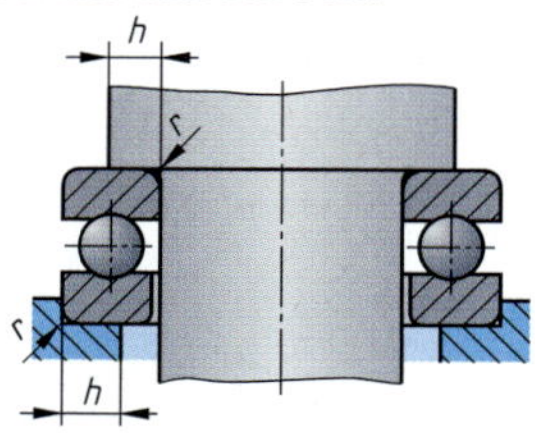

d	D_1	Lagerreihe 512 D	T	r max	h min	Basis-zeichen	Lagerreihe 513 D	T	r max	h min	Basis-zeichen
25	27	47	15	0,6	6	51205	52	18	1	7	51305
30	32	52	16	0,6	6	51206	60	21	1	8	51306
35	37	62	18	1	7	51207	68	24	1	9	51307
40	42	68	19	1	7	51208	78	26	1	10	51308
45	47	73	20	1	7	51209	85	28	1	10	51309
50	52	78	22	1	7	51210	95	31	1	12	51310
55	57	90	25	1	9	51211	105	35	1	13	51311
60	62	95	26	1	9	51212	110	35	1	13	51312
65	67	100	27	1	9	51213	115	36	1	13	51313
70	72	105	27	1	9	51214	125	40	1	14	51314
75	77	110	27	1	9	51215	135	44	1,5	15	51315
80	82	115	28	1	9	51216	140	44	1,5	15	51316

⇒ **Axial-Rillenkugellager DIN 711 – 51210:** Axial-Rillenkugellager der Lagerreihe 512 mit Lagerart 5, Breitenreihe 1, Durchmesserreihe 2 und Bohrungskennzahl 10

Zylinderrollenlager (Auswahl)

vgl. DIN 5412-1 (2005-08)

Form N

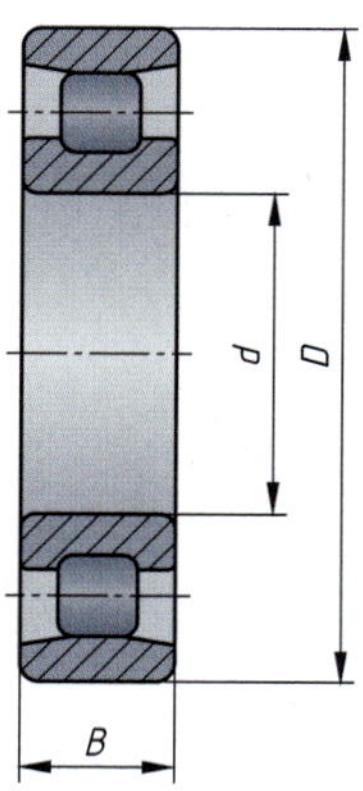

Form NU

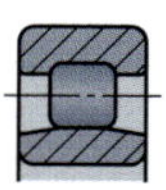

Form NJ

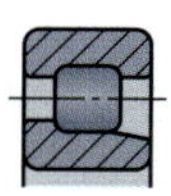

Form NUP

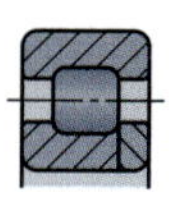

d von 15 ... 500 mm

Einbaumaße nach DIN 5418:

Form N **Form NU**

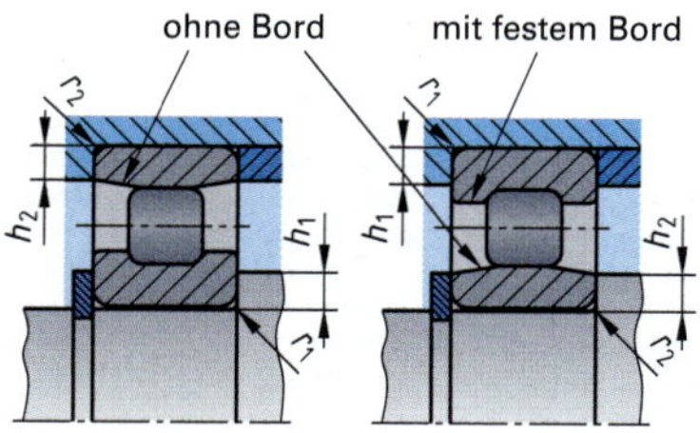

d	Lagerreihen N2, NU2, NJ2, NUP2: D	B	r_1 max	h_1 min	r_2 max	h_2 min	Lagerreihen N3, NU3, NJ3, NUP3: D	B	r_1 max	h_1 min	r_2 max	h_2 min	Bohrungs-kennzahl
17	40	12	0,6	2,1	0,3	1,2	47	14	1	2,8	1	2,8	03
20	47	14	1	2,8	0,6	2,1	52	15	1,1	3,5	1	2,8	04
25	52	15	1	2,8	0,6	2,1	62	17	1,1	3,5	1	2,8	05
30	62	16	1	2,8	0,6	2,1	72	19	1,1	3,5	1	2,8	06
35	72	17	1	3,5	0,6	2,1	80	21	1,5	4,5	1	2,8	07
40	80	18	1	3,5	1	3,5	90	23	1,5	4,5	2	5,5	08
45	85	19	1	3,5	1	3,5	100	25	1,5	4,5	2	5,5	09
50	90	20	1	3,5	1	3,5	110	27	2	5,5	2	5,5	10
55	100	21	1,5	4,5	1	3,5	120	29	2	5,5	2	5,5	11
60	110	22	1,5	4,5	1,5	4,5	130	31	2,1	6	2	5,5	12
65	120	23	1,5	4,5	1,5	4,5	140	33	2,1	6	2	5,5	13
70	125	24	1,5	4,5	1,5	4,5	150	35	2,1	6	2	5,5	14
75	130	25	1,5	4,5	1,5	4,5	160	37	2,1	6	2	5,5	15
80	140	26	2	5,5	2	5,5	170	39	2,1	6	2	5,5	16
85	150	28	2	5,5	2	5,5	180	41	3	7	3	7	17
90	160	30	2	5,5	2	5,5	190	43	3	7	3	7	18
95	170	32	2,1	6	2,1	6	200	45	3	7	3	7	19
100	180	34	2,1	6	2,1	6	215	47	3	7	3	7	20
105	–	–	–	–	–	–	225	49	3	7	3	7	21
110	200	38	2,1	6	2,1	6	240	50	3	7	3	7	22
120	215	40	2,1	6	2,1	6	260	55	3	7	3	7	24

⇒ **Zylinderrollenlager DIN 5412 – NUP 312 E:** Zylinderrollenlager der Lagerreihe NUP3 mit Lagerart NUP, Breitenreihe 0, Durchmesserreihe 3 und Bohrungskennzahl 12, verstärkte Ausführung

Die Normalausführung der Maßreihen 02, 22, 03 und 23 wurde ersatzlos aus der Norm gestrichen und durch die verstärkte Ausführung (Nachsetzzeichen E) ersetzt.

M

Gleitlager, Wälzlager

Kegelrollenlager (Auswahl)

vgl. DIN 720 (2008-08) und DIN 5418 (1993-02)

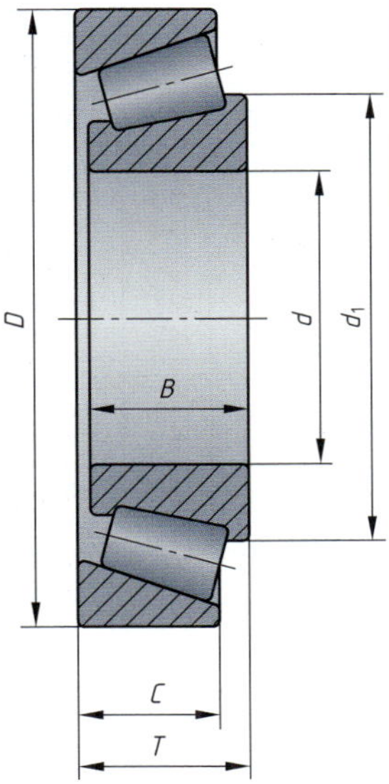

Lagerreihe 302

Abmessungen						Einbaumaße									Basis-zeichen
d	D	B	C	T	d_1	d_a max	d_b min	D_a min	D_a max	D_b min	c_a min	c_b min	r_{as} max	r_{bs} max	
20	47	14	12	15,25	33,2	27	26	40	41	43	2	3	1	1	30204
25	52	15	13	16,25	37,4	31	31	44	46	48	2	2	1	1	30205
30	62	16	14	17,25	44,6	37	36	53	56	57	2	3	1	1	30206
35	72	17	15	18,25	51,8	44	42	62	65	67	3	3	1,5	1,5	30207
40	80	18	16	19,75	57,5	49	47	69	73	74	3	3,5	1,5	1,5	30208
45	85	19	16	20,75	63	54	52	74	78	80	3	4,5	1,5	1,5	30209
50	90	20	17	21,75	67,9	58	57	79	83	85	3	4,5	1,5	1,5	30210
55	100	21	18	22,75	74,6	64	64	88	91	94	4	4,5	2	1,5	30211
60	110	22	19	23,75	81,5	70	69	96	101	103	4	4,5	2	1,5	30212
65	120	23	20	24,75	89	77	74	106	111	113	4	4,5	2	1,5	30213
70	125	24	21	26,25	93,9	81	79	110	116	118	4	5	2	1,5	30214
75	130	25	22	27,25	99,2	86	84	115	121	124	4	5	2	1,5	30215
80	140	26	22	28,25	105	91	90	124	130	132	4	6	2,5	2	30216
85	150	28	24	30,5	112	97	95	132	140	141	5	6,5	2,5	2	30217
90	160	30	26	32,5	118	103	100	140	150	150	5	6,5	2,5	2	30218
95	170	32	27	34,5	126	110	107	149	158	159	5	7,5	3	2,5	30219
100	180	34	29	37	133	116	112	157	168	168	5	8	3	2,5	30220
105	190	36	30	39	141	122	117	165	178	177	6	9	3	2,5	30221
110	200	38	32	41	148	129	122	174	188	187	6	9	3	2,5	30222
120	215	40	34	43,5	161	140	132	187	203	201	6	9,5	3	2,5	30224

Einbaumaße nach DIN 5418:

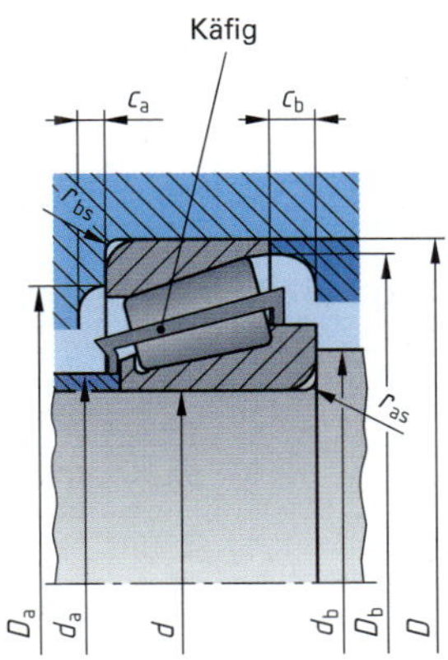

Lagerreihe 303

Abmessungen						Einbaumaße									Basis-zeichen
d	D	B	C	T	d_1	d_a max	d_b min	D_a min	D_a max	D_b min	c_a min	c_b min	r_{as} max	r_{bs} max	
20	52	15	13	16,25	34,3	28	27	44	45	47	2	3	1,5	1,5	30304
25	62	17	15	18,25	41,5	34	32	54	55	57	2	3	1,5	1,5	30305
30	72	19	16	20,75	44,8	40	37	62	65	66	3	4,5	1,5	1,5	30306
35	80	21	18	22,75	54,5	45	44	70	71	74	3	4,5	2	1,5	30307
40	90	23	20	25,25	62,5	52	49	77	81	82	3	5	2	1,5	30308
45	100	25	22	27,25	70,1	59	54	86	91	92	3	5	2	1,5	30309
50	110	27	23	29,25	77,2	65	60	95	100	102	4	6	2,5	2	30310
55	120	29	25	31,5	84	71	65	104	110	111	4	6,5	2,5	2	30311
60	130	31	26	33,5	91,9	77	72	112	118	120	5	7,5	3	2,5	30312
65	140	33	28	36	98,6	83	77	122	128	130	5	8	3	2,5	30313
70	150	35	30	38	105	89	82	130	138	140	5	8	3	2,5	30314
75	160	37	31	40	112	95	87	139	148	149	5	9	3	2,5	30315
80	170	39	33	42,5	120	102	92	148	158	159	5	9,5	3	2,5	30316
85	180	41	34	44,5	126	107	99	156	166	167	6	10,5	4	3	30317
90	190	43	36	46,5	132	113	104	165	176	176	6	10,5	4	3	30318
95	200	45	38	49,5	139	118	109	172	186	184	6	11,5	4	3	30319
100	215	47	39	51,5	148	127	114	184	201	197	6	12,5	4	3	30320
105	225	49	41	53,5	155	132	119	193	211	206	7	12,5	4	3	30321
110	240	50	42	54,5	165	141	124	206	226	220	8	12,5	4	3	30322
120	260	55	46	59,5	178	152	134	221	246	237	8	13,5	4	3	30324

Bei Kegelrollenlagern steht der Käfig über die Seitenfläche des Außenrings vor.

Damit der Käfig nicht an anderen Bauteilen streift, müssen die Einbaumaße nach DIN 5418 eingehalten werden.

⇒ **Kegelrollenlager DIN 720 – 30212:** Kegelrollenlager der Lagerreihe 302 mit Lagerart 3, Breitenreihe 0, Durchmesserreihe 2, Bohrungskennzahl 12

M

Nadellager, Nutmuttern, Sicherungsbleche

Nadellager (Auswahl) — vgl. DIN 617 (2008-10)

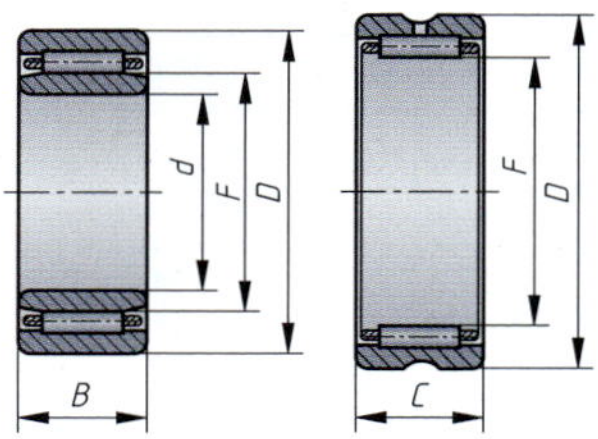

Einbaumaße nach DIN 5418:

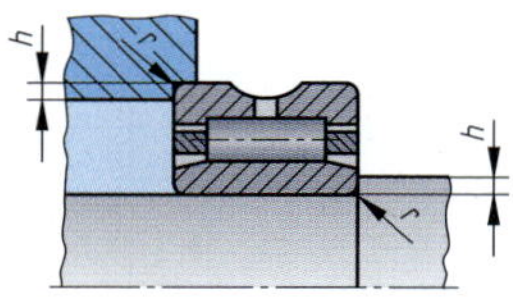

d	D	F	r max	h min	Lagerreihe NA49		Lagerreihe NA69	
					B	Basis-zeichen	B	Basis-zeichen
20	37	25	0,3	1	17	NA4904	30	NA6904
25	42	28	0,3	1	17	NA4905	30	NA6905
30	47	30	0,3	1	17	NA4906	30	NA6906
35	55	42	0,6	1,6	20	NA4907	36	NA6907
40	62	48	0,6	1,6	22	NA4908	40	NA6908
45	68	52	0,6	1,6	22	NA4909	40	NA6909
50	72	58	0,6	1,6	22	NA4910	40	NA6910
55	80	63	1	2,3	25	NA4911	45	NA6911
60	85	68	1	2,3	25	NA4912	45	NA6912
65	90	72	1	2,3	25	NA4913	45	NA6913
70	100	80	1	2,3	30	NA4914	54	NA6914
75	105	85	1	2,3	30	NA4915	54	NA6915

⇒ **Nadellager DIN 617 – NA4909:**
Nadellager der Lagerreihe NA49 mit Lagerart NA, Breitenreihe 4, Durchmesserreihe 9, Bohrungskennzahl 09

ab NA6907 doppelreihig

Nutmuttern für Wälzlager (Auswahl) — vgl. DIN 981 (2009-06)

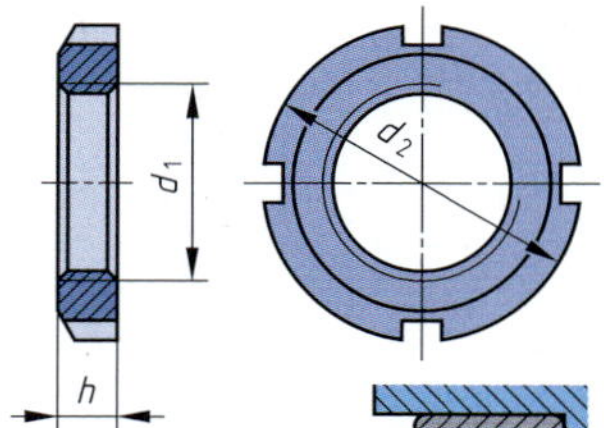

Einbaubeispiel:

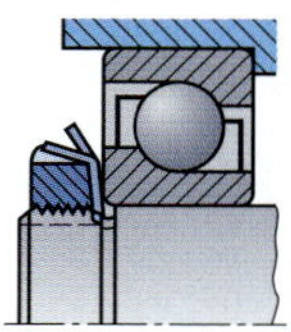

d_1 von M10 ... M200

d_1	d_2	h	Kurz-zeichen	d_1	d_2	h	Kurz-zeichen
M10 × 0,75	18	4	KM0	M60 × 2	80	11	KM12
M12 × 1	22	4	KM1	M65 × 2	85	12	KM13
M15 × 1	25	5	KM2	M70 × 2	92	12	KM14
M17 × 1	28	5	KM3	M75 × 2	98	13	KM15
M20 × 1	32	6	KM4	M80 × 2	105	15	KM16
M25 × 1,5	38	7	KM5	M85 × 2	110	16	KM17
M30 × 1,5	45	7	KM6	M90 × 2	120	16	KM18
M35 × 1,5	52	8	KM7	M95 × 2	125	17	KM19
M40 × 1,5	58	9	KM8	M100 × 2	130	18	KM20
M45 × 1,5	65	10	KM9	M105 × 2	140	18	KM21
M50 × 1,5	70	11	KM10	M110 × 2	145	19	KM22
M55 × 2	75	11	KM11	M115 × 2	150	19	KM23

⇒ **Nutmutter DIN 981 – KM6:** Nutmutter mit d_1 = M30 × 1,5

M

Sicherungsbleche für Nutmuttern (Auswahl) — vgl. DIN 5406 (2011-04)

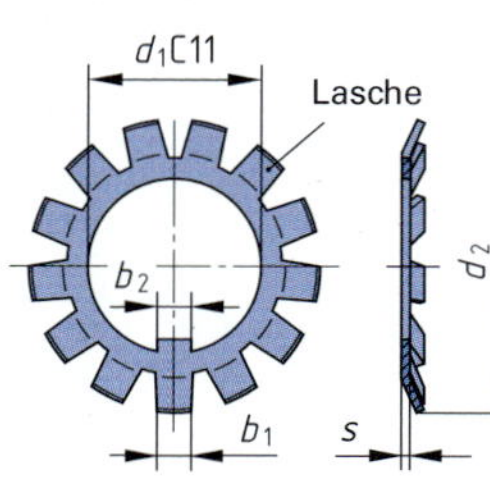

Einbaumaße

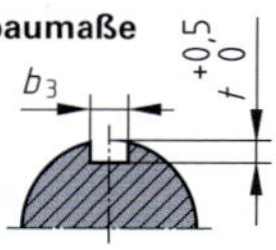

d_1 von 10 ... 200 mm

d_1	d_2	s	b_1	b_2	b_3	t	Kurz-zeichen	d_1	d_2	s	b_1	b_2	b_3	t	Kurz-zeichen
10	21	1	3	3	4	2	MB0	60	86	1,5	7	8	9	4	MB12
12	25	1	3	3	4	2	MB1	65	92	1,5	7	8	9	4	MB13
15	28	1	4	4	5	2	MB2	70	98	1,5	8	8	9	5	MB14
17	32	1	4	4	5	2	MB3	75	104	1,5	8	8	9	5	MB15
20	36	1	4	4	5	2	MB4	80	112	1,7	8	10	11	5	MB16
25	42	1,2	5	5	6	3	MB5	85	119	1,7	8	10	11	5	MB17
30	49	1,2	5	5	6	4	MB6	90	126	1,7	10	10	11	5	MB18
35	57	1,2	5	6	7	4	MB7	95	133	1,7	10	10	11	5	MB19
40	62	1,2	6	6	7	4	MB8	100	142	1,7	10	12	14	5	MB20
45	69	1,2	6	6	7	4	MB9	110	154	1,7	12	12	14	6	MB22
50	74	1,2	6	6	7	4	MB10	120	164	2	12	14	16	7	MB24
55	81	1,5	7	8	9	4	MB11	130	175	2	12	14	16	7	MB26

⇒ **Sicherungsblech DIN 5406 – MB6:** Sicherungsblech mit d_1 = 30 mm

Sicherungsringe, Sicherungsscheiben

Sicherungsringe[1)] (Auswahl)

für Wellen — vgl. DIN 471 (2011-04)

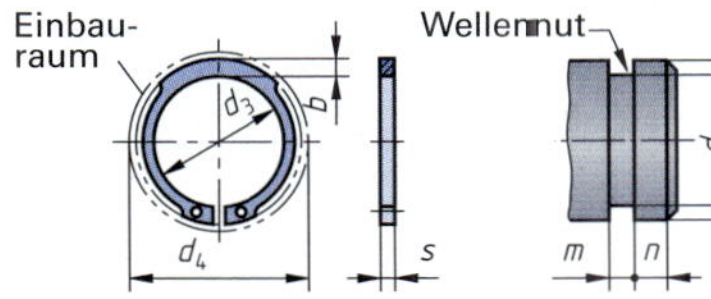

Nennmaß d_1 mm	Ring s	Ring d_3	Ring d_4	Ring b ≈	Nut d_2	Nut m H13	Nut n min
10	1	9,3	17	1,8	9,6	1,1	0,6
12	1	11	19	1,8	11,5	1,1	0,8
15	1	13,8	22,6	2,2	14,3	1,1	1,1
17	1,0	15,7	25	2,3	16,2	1,1	1,2
20	1,2	18,5	28,4	2,6	19	1,3	1,5
22	1,2	20,5	30,8	2,8	21	1,3	1,5
25	1,2	23,2	34,2	3	23,9	1,3	1,7
28	1,5	25,9	37,9	3,2	26,6	1,6	2,1
30	1,5	27,9	40,5	3,5	28,6	1,6	2,1
32	1,5	29,6	43	3,6	30,3	1,6	2,6
35	1,5	32,2	46,8	3,9	33	1,6	3
38	1,75	35,2	50,2	4,2	36	1,85	3
40	1,75	36,5	52,6	4,4	37,5	1,85	3,8
42	1,75	38,5	55,7	4,5	39,5	1,85	3,8
45	1,75	41,5	59,1	4,7	42,5	1,85	3,8
48	1,75	44,5	62,5	5	45,5	1,85	3,8
50	2,0	45,8	64,5	5,1	47,0	2,15	4,5
60	2,0	55,8	75,6	5,8	57,0	2,15	4,5
65	2,5	60,8	81,4	6,3	62,0	2,65	4,5
70	2,5	65,5	87	6,6	67,0	2,65	4,5
75	2,5	70,5	92,7	7,0	72,0	2,65	4,5
80	2,5	74,5	98,1	7,4	76,5	2,65	5,3
90	3,0	84,5	108,5	8,2	86,5	3,15	5,3
100	3,0	94,5	120,2	9	96,5	3,15	5,3

⇒ **Sicherungsring DIN 471 – 40 x 1,75:** d_1 = 40 mm, s = 1,75 mm

Toleranzklassen für d_2

d_1 in mm	3 … 10	12 .. 22	24 … 100
d_2	h10	h11	h12

[1)] für Wellen: Regelausführung d_1 von 3 … 300 mm
schwere Ausführung d_1 von 15 … 100 mm

für Bohrungen — vgl. DIN 472 (2011-10)

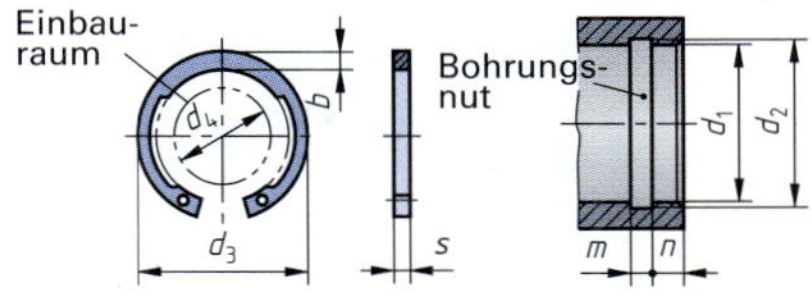

Nennmaß d_1 mm	Ring s	Ring d_3	Ring d_4	Ring b ≈	Nut d_2	Nut m H13	Nut n min
10	1	10,8	3,3	1,4	10,4	1,1	0,6
12	1	13	4,9	1,7	12,5	1,1	0,8
15	1	16,2	7,2	2	15,7	1,1	1,1
17	1,0	18,3	8,8	2,1	17,8	1,1	1,2
20	1	21,5	11,2	2,3	21	1,1	1,5
22	1	23,5	13,2	2,5	23	1,1	1,5
25	1,2	26,9	15,5	2,7	26,2	1,3	1,8
28	1,2	30,1	17,9	2,9	29,4	1,3	2,1
30	1,2	32,1	19,9	3	31,4	1,3	2,1
32	1,2	34,4	20,6	3,2	33,7	1,3	2,6
35	1,5	37,8	23,6	3,4	37	1,6	3
38	1,5	40,8	26,4	3,7	40	1,6	3
40	1,75	43,5	27,8	3,9	42,5	1,85	3,8
42	1,75	45,5	29,6	4,1	44,5	1,85	3,8
45	1,75	48,5	32	4,3	47,5	1,85	3,8
48	1,75	51,5	34,5	4,5	50,5	1,85	3,8
50	2,0	54,2	36,3	4,6	53,0	2,15	4,5
60	2,0	64,2	44,7	5,4	63,0	2,15	4,5
65	2,5	69,2	49,0	5,8	68,0	2,65	4,5
72	2,5	76,5	55,6	6,4	75,0	2,65	4,5
75	2,5	79,5	58,6	6,6	78,0	2,65	4,5
80	2,5	85,5	62,1	7,0	83,5	2,65	5,3
90	3,0	95,5	71,9	7,6	93,5	3,15	5,3
100	3,0	105,5	80,6	8,4	103,5	3,15	5,3

⇒ **Sicherungsring DIN 472 – 80 x 2,5:** d_1 = 80 mm, s = 2,5 mm

Toleranzklassen für d_2

d_1 in mm	8 … 22	24 … 100	100 … 300
d_2	H11	H12	H13

[2)] für Bohrungen: Regelausführung d_1 von 8 … 300 mm
schwere Ausführung d_1 von 20 … 100 mm

Sicherungsscheiben (Auswahl) — vgl. DIN 6799 (2011-04)

ungespannt

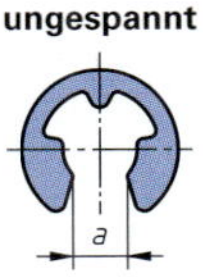

gespannt

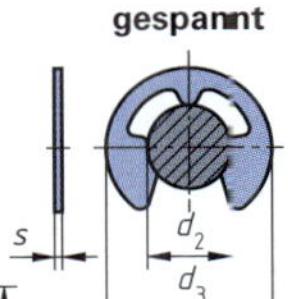

Einbaumaße:

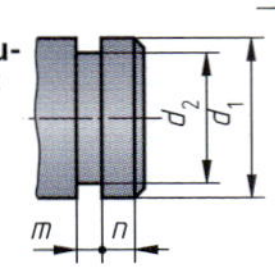

d_2 von 0,8 … 30 mm

Sicherungsscheibe d_2 h11	Sicherungsscheibe d_3 gespannt	Sicherungsscheibe a	Sicherungsscheibe s	Welle d_1 von … bis	Welle m		Welle n min
6	12,3	5,26	0,7	7 … 9	0,74	+ 0,05 / 0	1,2
7	14,3	5,84	0,9	8 … 11	0,94		1,5
8	16,3	6,52	1	9 … 12	1,05	+ 0,08 / 0	1,8
9	18,8	7,63	1,1	10 … 14	1,15		2
10	20,4	8,32	1,2	11 … 15	1,25		2
12	23,4	10,45	1,3	13 … 18	1,35		2,5
15	29,4	12,61	1,5	16 … 24	1,55		3
19	37,6	15,92	1,75	20 … 31	1,80		3,5
24	44,6	21,88	2	25 … 38	2,05		4

⇒ **Sicherungsscheibe DIN 6799 – 15:** d_2 = 15 mm

M

Dichtungen, Schmierstoffe

Radial-Wellendichtringe (Auswahl) vgl. DIN 3760 (1996-09)

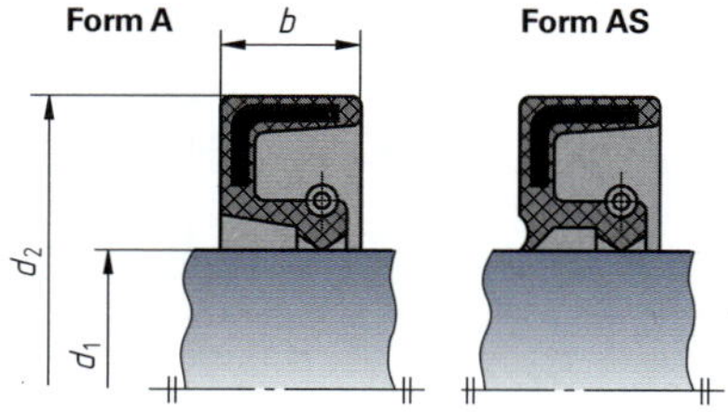

Einbaumaße:

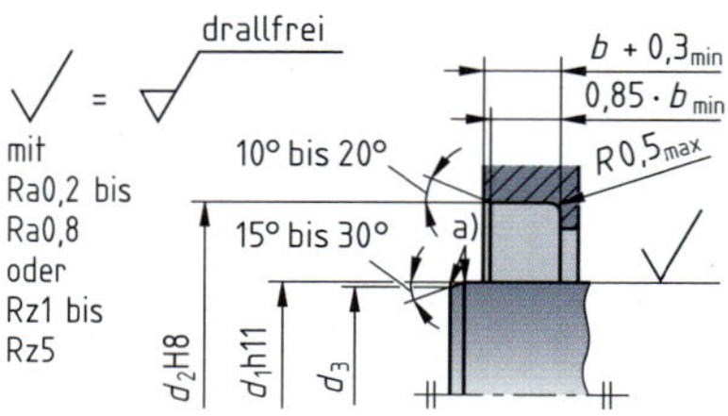

d_1 von 6 … 500 mm

d_1	d_2		b	d_3	d_1	d_2		b	d_3	d_1	d_2		b	d_3
10	22	26	7	8,5	28	40	52	7	25,5	50	65	72	8	46,5
	25	–				47	–				68	–		
12	22	30	7	10	30	40	47	8	27,5	55	70	80	8	51
	25	–				42	52				72	–		
14	24	30	7	12	32	45	52	8	29	60	75	85	8	56
15	26	35	7	13		47	–				80	–		
	30	–			35	47	52	8	32	65	85	90	10	61
16	30	35	7	14		50	55	8	35	70	90	95	10	66
17	30	35	7	16	38	55	62			75	95	100	10	70,5
20	30	40	7	18	40	52	62	8	37	80	100	110	10	75,5
	35	–				55	–	8	38,5	85	110	120	12	80,5
22	35	47	7	19,5	42	55	62			90	110	120	12	85,5
	40	–			45	60	65	8	41,5	95	120	125	12	90,5
25	35	47	7	22,5		62	–	8	44,5	100	120	130	12	94,5
	40	52			48	62	–				125	–		

⇒ **RWDR DIN 3760 – A25 x 40 x 7 – NBR:** Radial-Wellendichtring (RWDR) der Form A mit d_1 = 25 mm, d_2 = 40 mm und b = 7 mm, Elastomerteil aus Nitril-Butadien-Kautschuk (NBR)

O-Ringe (Auswahl) vgl. DIN ISO 3601-1 (2013-11) und -2 (2010-08), Ersatz für DIN 3771

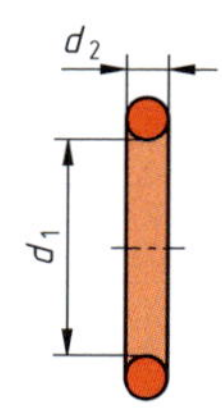

axialdichtend

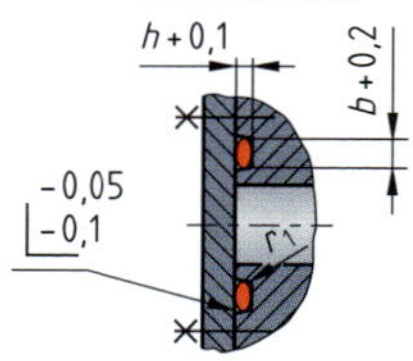

radial außendichtend

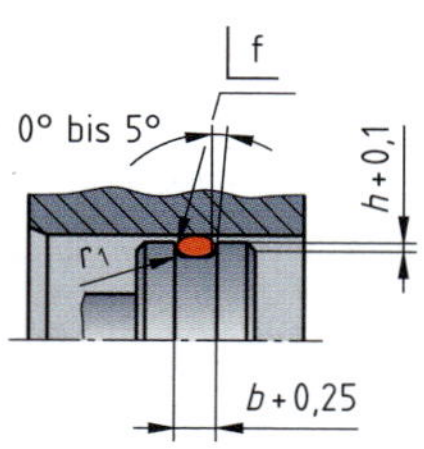

radial innendichtend

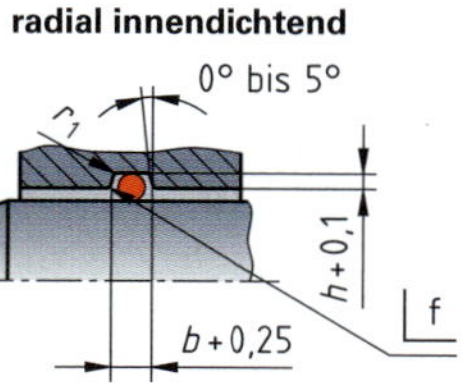

d_1	d_2		d_1	d_2		d_1	d_2	
2,5	1,78		37,8	3,53	5,33	113,7	5,33	6,99
2,9			41,0			116,8		
3,7			44,2			120,0		
4,5			47,2			123,2		
5,3			50,3			126,4		
6,1			53,4			129,5		
7,7	1,78	2,62	56,5	5,33		132,7	6,99	
9,3			59,7			135,9		
10,8			62,9			139,1		
12,4			66,0			142,2		
14,0			69,2			145,4		
15,6			72,4			148,6		
17,2	2,62	3,53	75,6	5,33		151,8	6,99	
18,8			78,7			164,5		
20,4			81,9			170,8		
22,0			85,1			177,2		
23,5			88,3			183,5		
25,1			91,4			189,9		
26,7	3,53		94,6	5,33		196,2	6,99	
28,3			97,8			215,3		
29,9			101,0			240,7		
31,5			104,1			266,1		
33,1			107,3			304,2		
34,7			110,5			329,6		

Einbaumaße bei ruhender Belastung

d_2	r_1	f	h	radial dichtend b	axial dichtend b Flüssigkeiten	Gase
1,78	0,2 … 0,4	−0,1 … −0,3	1,3	2,8	3,2	2,9
2,62			2,0	3,8	4,0	3,6
3,53	0,4 … 0,8		2,7	5,0	5,3	4,8
5,33			4,2	7,2	7,6	7,0
6,99	0,8 … 1,2		5,7	9,5	9,0	8,5

M

Dichtungen, Schmierstoffe

vgl. DIN 51502 (1990-08)

Bezeichnung von Schmierölen

Bezeichnung durch Kennbuchstaben

PG_P 220

Kennbuchstabe für Schmieröle	Zusatzkennbuchstaben	ISO-Viskositätsklassifikation

Bezeichnung durch Sinnbilder

CL 100	PGLP 220
Schmieröl auf Mineralölbasis	Schmieröl auf Syntheseölbasis

⇒ **Schmieröl DIN 51517 – CL 100:** Umlaufschmieröl auf Mineralölbasis (C), erhöhte Korrosions- und Alterungsbeständigkeit (L), ISO-Viskositätsklasse VG 100 (100)

⇒ **Schmieröl DIN 51517 – PGLP 220:** Polyglykolöl (PG), erhöhte Korrosions- und Alterungsbeständigkeit (L), erhöhter Verschleißschutz (P), ISO-Viskositätsklasse VG 220 (220)

Schmierölarten

vgl. DIN 51502 (1990-08)

Kennbuchstabe	Schmierstoffart und Eigenschaften	Norm	Anwendung
Mineralöle			
AN	Normalschmieröle ohne Zusätze	DIN 51501	Durch- und Umlaufschmierung bei Öltemperaturen bis 50 °C
B	Bitumenhaltige Schmieröle mit hoher Haftfähigkeit	DIN 51513	Hand-, Durchlauf- und Tauchschmierungen, vorwiegend für offene Schmierstellen
C	Umlaufschmieröle, ohne Zusätze	DIN 51517	Gleitlager, Wälzlager, Getriebe
CG	Gleitbahnöle mit Wirkstoffen zur Verschleißminderung	DIN 8659 T2	Im Mischreibungsbetrieb für Gleit- und Führungsbahnen sowie Schneckengetriebe
Syntheseflüssigkeiten			
E	Esteröle mit besonders geringer Viskositätsänderung	–	Lagerstellen mit stark wechselnden Temperaturen
PG	Polyglykolöle mit hoher Alterungsbeständigkeit	–	Lagerstellen mit häufigen Mischreibungszuständen
SI	Silikonöle mit hoher Alterungsbeständigkeit	–	Lagerstellen mit besonders hohen und tiefen Temperaturen, stark wasserabstoßend

Zusatzkennbuchstaben für Schmieröle

vgl. DIN 51502 (1990-08)

Zusatzkennbuchstabe	**Anwendung und Erläuterung**
E	für Schmierstoffe, die mit Wasser gemischt werden, z. B. Kühlschmierstoff SE
F	für Schmierstoffe mit Festschmierstoffzusatz, z. B. Grafit, Molybdändisulfid
L	für Schmierstoffe mit Wirkstoffen zum Erhöhen des Korrosionsschutzes und/oder der Alterungsbeständigkeit
P	für Schmierstoffe mit Wirkstoffen zum Herabsetzen der Reibung und des Verschleißes im Mischreibungsgebiet und/oder zur Erhöhung der Belastbarkeit

Flüssige Industrie-Schmierstoffe – ISO-Viskositätsklassifikation

vgl. DIN ISO 3448 (2010-02)

Die Schmierstoffklassifizierung bei DIN ISO 3448 ist auf eine kinematische Viskosität bei 40 °C ausgelegt.

ISO-Viskositätsklasse	Bereich für die kinematische Viskosität mm^2/s bei 40 °C	ISO-Viskositätsklasse	Bereich für die kinematische Viskosität mm^2/s bei 40 °C	ISO-Viskositätsklasse	Bereich für die kinematische Viskosität mm^2/s bei 40 °C
ISO VG 2	1,98 bis 2,42	ISO VG 22	19,8 bis 24,2	ISO VG 220	198 bis 242
ISO VG 3	2,88 bis 3,52	ISO VG 32	28,8 bis 35,2	ISO VG 320	288 bis 352
ISO VG 5	4,14 bis 5,06	ISO VG 46	41,4 bis 50,6	ISO VG 460	414 bis 506
ISO VG 7	6,12 bis 7,48	ISO VG 68	61,2 bis 74,8	ISO VG 680	612 bis 748
ISO VG 10	9,00 bis 11,0	ISO VG 100	90,0 bis 110	ISO VG 1000	900 bis 1 100
ISO VG 15	13,5 bis 16,5	ISO VG 150	135 bis 165	ISO VG 1500	1 350 bis 1 650

M

Abkühlungskurve, Kristallgitter, Legierungen

Abkühlungskurve, Kristallisation reiner Metalle

Beispiel:
Abkühlungskurve von Blei

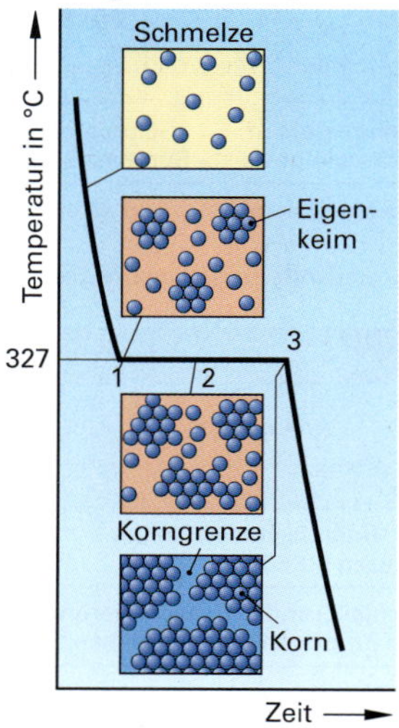

Feste Körper haben entweder einen amorphen (gestaltlosen) oder einen kristallinen Aufbau. Reine Metalle besitzen im Gegensatz zu den Legierungen einen exakten Schmelzpunkt. Sie erstarren in kristalliner Form.

- **Punkt 1: Beginn der Kristallbildung**
  Erstarrungspunkt ist erreicht, mehrere Metallatome stoßen aufeinander und geben Wärmeenergie (Kristallisationswärme) ab, die Temperatur bleibt daher konstant (sog. Haltepunkt), Metallbindekräfte werden wirksam,
  → **Eigenkeime** entstehen, d.h. Verbände mit größerer Masse und geringer Bewegungsenergie
- **Punkt 2: fortschreitende Kristallbildung**
  Metallatome kristallisieren aus der Restschmelze und geben dabei ständig Wärmeenergie ab, es entsteht ein Verband aus Körnern und Restschmelze; teigiger Zustand
- **Punkt 3: vollständige Erstarrung**
  Die Metallschmelze ist vollständig erstarrt. Das Metall besitzt ein Gefüge.
- **Korn:** Verband aus Metallatomen
- **Gefüge:** Summe aller Körner, Korngrenzen und Fehler
- **Korngrenze:** benachbarte Körner stoßen beim Wachsen zusammen, es entstehen Zwischenbereiche. Durch die Einlagerung von Fremdatomen, Eigenatomen und nichtmetallischen Einschlüssen ergibt sich eine gestörte Metallbindung. An den Korngrenzen befinden sich die schwächsten Stellen im Metall.
- **Steigende Abkühlgeschwindigkeit** ergibt erhöhte Keimbildung durch Unterkühlung. Gefüge wird feinkörniger, Festigkeit und Zähigkeit nehmen zu, Verformbarkeit nimmt ab.

Kristallgitterbauformen

Metallatome ordnen sich beim Abkühlen aus der Schmelze nach einem für jedes Metall typischen Kristallgitter (vgl. Bilder). Die Eigenschaften der Metalle (z.B. Verformbarkeit) werden durch die Gitterstruktur stark beeinflusst.

Kristallgitter (Beispiele)	kubisch raumzentriert (krz)	kubisch flächenzentriert (kfz)	hexagonal (hex)
atomare Bauform	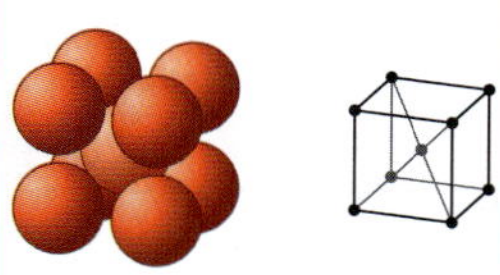	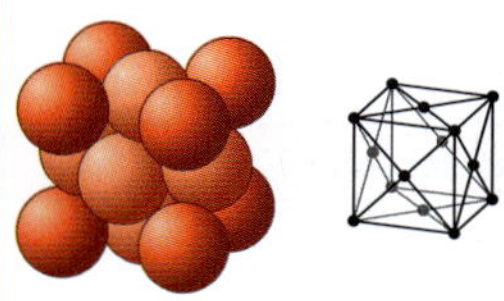	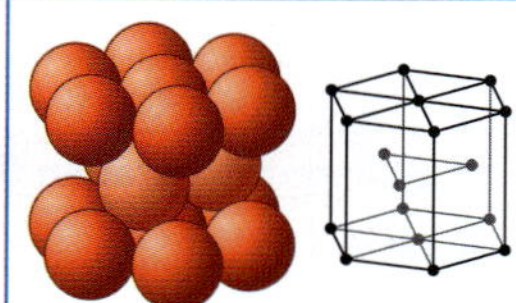
Beispiele	Alpha-Eisen (Ferrit), Vanadium, Molybdän, Wolfram, Chrom, Beta-Titan	Gamma-Eisen (Austenit), Aluminium, Kupfer, Gold, Silber, Platin	Magnesium, Zink, Alpha-Titan
Verformbarkeit	gut	sehr gut	schlecht

M

Legierungen

Erstarrung als Mischkristall

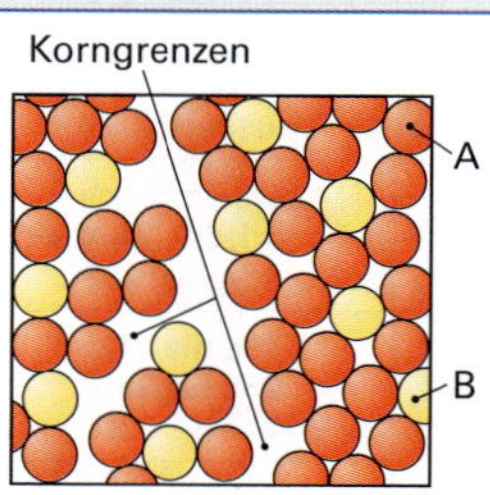

A, B Legierungsatome

- **Austauschmischkristall:** Atomradien und Gittertyp gleich, → im festen Zustand vollkommen löslich
- **Beispiele:** Cu-Ni, Cu-Zn
- **Einlagerungs-Mischkristall:** Atomradius des Legierungsmetalls kleiner → begrenzte Löslichkeit
- **Beispiele:** Fe-C, Ti-C

Erstarrung als Kristallgemisch

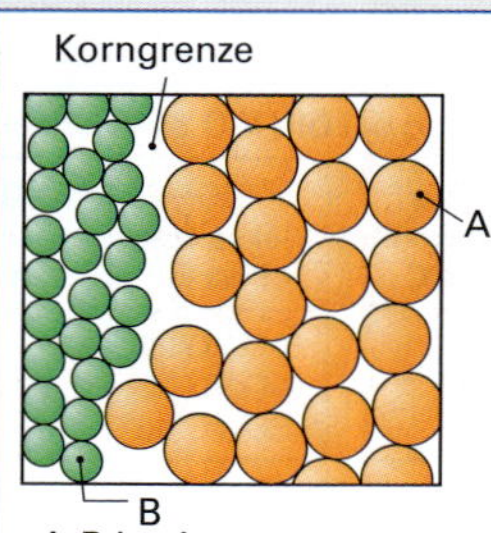

A, B Legierungsatome

- Legierungsmetalle im festen Zustand nicht löslich
- getrennte Körner mit unterschiedlichen Kristallgittern
- **Beispiele:** Cd-Bi; Pb-Sn; Pb-Sb

Zustandsdiagramme, Temperaturbereiche

Zustandsdiagramme geben Aufschluss über das Legierungssystem (Mischkristall oder Kristallgemisch) sowie über die Aggregatzustände (flüssig → **Liquiduslinie**[1]) und fest → **Soliduslinie**[2])) und über die Gefüge bei verschiedenen Temperaturen. Sie werden durch Abkühlungskurven verschiedener Legierungen entwickelt.

System Mischkristalle (Beispiel: Kupfer-Nickel-Legierungen)

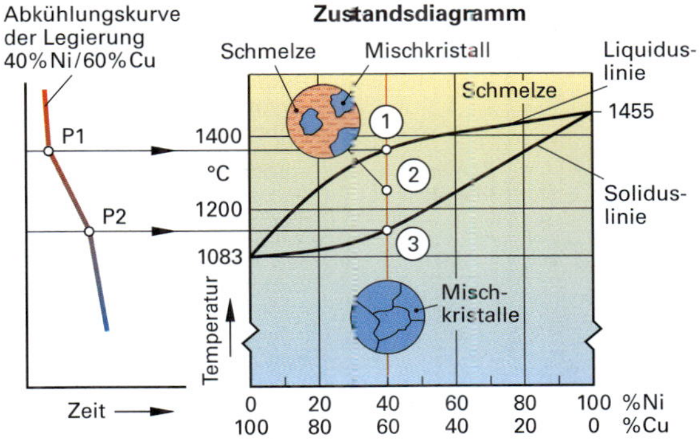

Abkühlung und Erstarrung am Beispiel der Legierung 40% Nickel (Ni) und 60% Kupfer (Cu)

- **Abkühlungskurve** verläuft zwischen den Knickpunkten P1 und P2 flacher. Grund: bei Kristallbildung entsteht Kristallisationswärme
- **Punkt 1: Kristallisationsbeginn** Ausbildung von Nickel-Eigenkeimen
- **Punkt 2: Kristalle und Schmelze** (teigig) Zusammensetzung der Kristalle und der Schmelze ändert sich ständig
- **Punkt 3: Mischkristalle** (fester Zustand)
- **Verwendung:** Knetlegierungen
- **Eigenschaften:** schlecht zerspanbar, schlecht gießbar, gut spanlos umformbar

System Kristallgemische (Beispiel: Cadmium-Bismut-Legierungen)

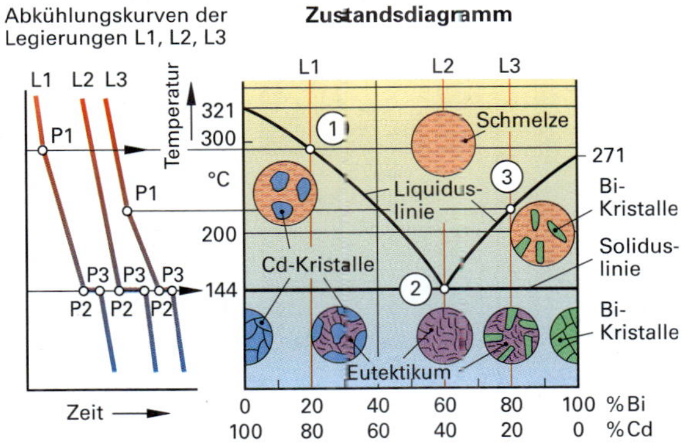

- **Abkühlungskurven:**
  P1 → Punkte der Liquiduslinie
  P2–P3 → Punkte der Soliduslinie
  P2–P3 → Eutektikum[3])
- **Kristallisationswärme** verursacht Knick- und Haltepunkte
- **Punkt 1: Kristallisationsbeginn Cd (L1)** Cd-Kristalle + Restschmelze
- **Punkt 2: Eutektische Legierung (L2)** Cd und Bi kristallisieren gleichzeitig, im Haltepunkt P2–P3 hat Legierung L2 niedrigste Schmelztemperatur und besonders feines Gefüge → hohe Festigkeit
- **Punkt 3: Kristallisationsbeginn Bi (L3)** Bi-Kristalle + Restschmelze
- **Verwendung:** Gusswerkstoffe und Lote
- **Eigenschaften:** schlecht knetbar, gut spanbar und sehr gut gießbar

Eisen-Kohlenstoff-Zustandsdiagramm: Kombination der Systeme Mischkristall und Kristallgemisch

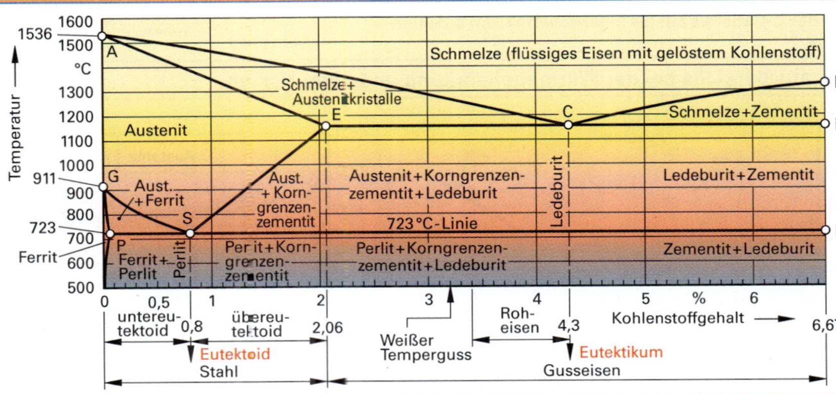

1) von liquidus (lat.) = flüssig; 2) von solidus (lat.) = fest; 3) von eutektos (griech.) = wohlgeformt

M

Zustandsdiagramme, Temperaturbereiche

„Stahlecke"

(Auszug aus dem Eisen-Kohlenstoff-Zustandsdiagramm)

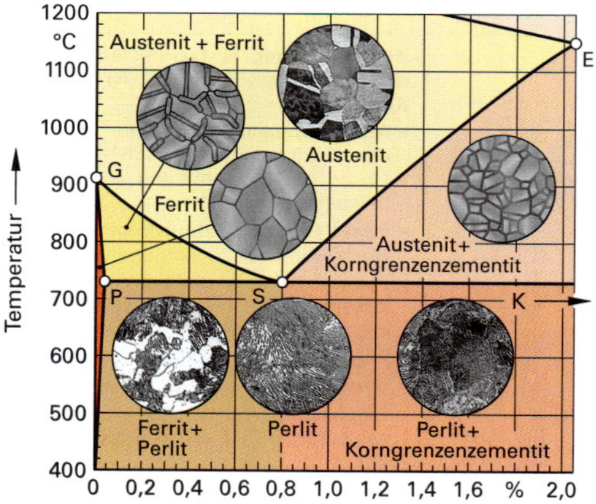

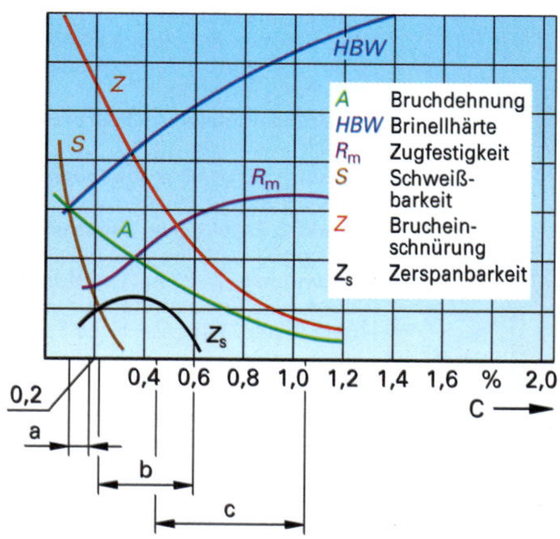

a = Einsatzstähle, b = Vergütungsstähle, c = Werkzeugstähle

Einfluss des C-Gehaltes auf die Eigenschaften von unlegiertem Stahl

Eigenschaften der Stahlgefüge

Ferrit (Alpha-Eisen)	kubisch raumzentriertes Gitter, gut umformbar, weich, schwierig zerspanbar (schmiert), magnetisierbar
Austenit (Gamma-Eisen)	kubisch flächenzentriertes Gitter, weich, zäh, gute Warmumformung (z. B. Schmieden), nicht magnetisierbar
Zementit, Eisenkarbid, Fe_3C	spröde, sehr hart, verschleißfest, schwer verformbar, magnetisierbar
Perlit	Kristallgemisch aus Ferrit und Zementit, streifenförmige Anordnung, kaum umformbar, schlecht zerspanbar, hohe Festigkeit
Martensit	entsteht beim Abschrecken aus Austenit-Bereich (Härten); verzerrtes Gefüge, große Härte und Verschleißfestigkeit

Gefügebilder unlegierter Stähle

S275, Schweißnaht →

S275, normalgeglüht

C80U, Streifenperlit →

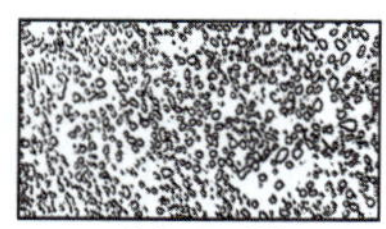

weichgeglüht, körniger Perlit

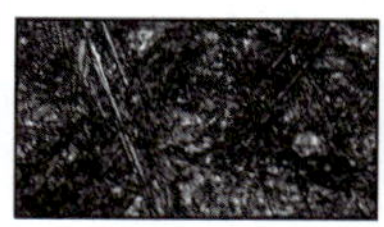

C45E, Martensit →

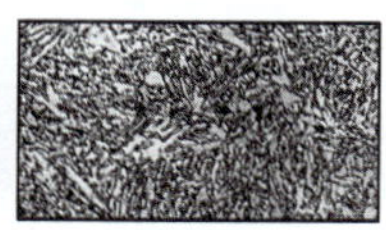

vergütet auf 600°C

Temperaturbereiche bei der Wärmebehandlung und beim Härten

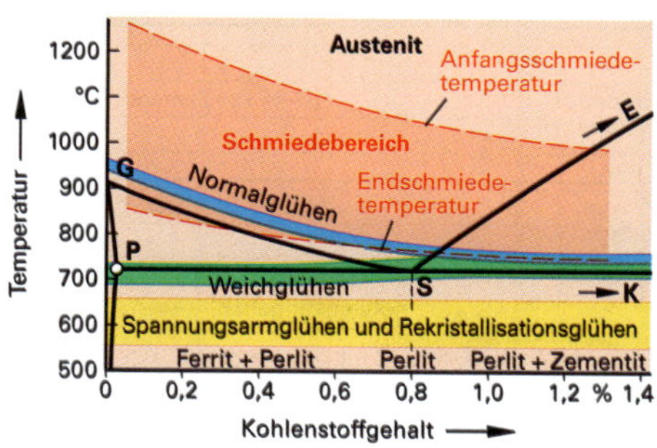

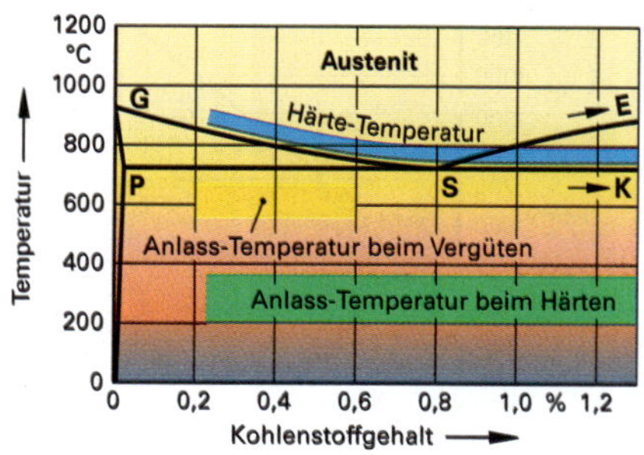

M

Wärmebehandlung der Stähle

Bild	Kurzbeschreibung	Anwendung, Hinweise
Normalglühen		
	• **Erwärmen** und Halten auf Glühtemperatur → Gefügeumwandlung (Austenit) • gesteuerte **Abkühlung** auf Raumtemperatur → feinkörniges Normalgefüge	normalisieren von Grobkorngefügen in Walz-, Guss-, Schweiß- und Schmiedeerzeugnissen
Weichglühen		
	• **Erwärmen** auf Glühtemperatur, Halten der Temperatur oder Pendelglühung → kugelige Einformung des Zementits • **Abkühlung** auf Raumtemperatur	verbessern der Kaltumformbarkeit, der Zerspanbarkeit und der Härtbarkeit; anwendbar auf alle Stähle
Spannungsarmglühen		
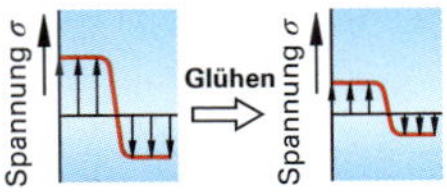	• **Erwärmen** und Halten auf Glühtemperatur (unterhalb der Gefügeumwandlung) → Spannungsabbau durch plastische Verformung der Werkstücke • **Abkühlung** auf Raumtemperatur	vermindern von Eigenspannungen in Schweiß-, Guss- und Schmiedeteilen; anwendbar auf alle Stähle
Härten		
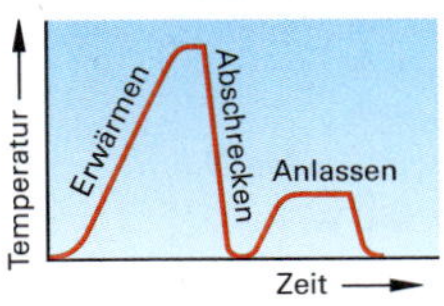	• **Erwärmen** und Halten auf Härtetemperatur → Gefügeumwandlung (Austenit) • **Abschrecken** in Öl, Wasser, Luft → sprödhartes, feines Gefüge (Martensit) • **Anlassen** bei 100 °C bis 300 °C → Umwandlung von Martensit, höhere Zähigkeit, Gebrauchshärte	verschleißbeanspruchte Teile, z. B. Werkzeuge, Federn, Führungsbahnen, Pressformen; zur Wärmebehandlung geeignete Stähle mit C > 0,3 %, z. B. Werkzeugstähle, Seite 204: C70U, 102Cr6, C45E, HS6-5-2C, X38CrMoV5-3
Vergüten		
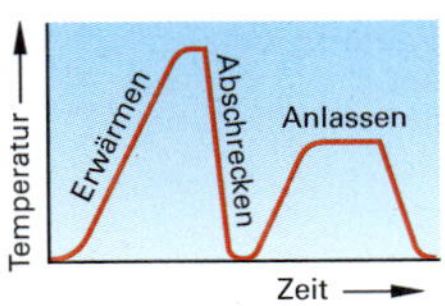	• **Erwärmen** und Halten auf Härtetemperatur → Gefügeumwandlung (Austenit) • **Abschrecken** in Öl, Wasser, Luft → sprödhartes, feines Gefüge (Martensit), bei größeren Abmessungen feines Kerngefüge (Zwischenstufengefüge) • **Anlassen** bei 400 °C bis 650 °C → Martensitabbau, feines Gefüge, hohe Festigkeit bei guter Zähigkeit	meist dynamisch beanspruchte Werkstücke mit hoher Festigkeit und guter Zähigkeit, z. B. Wellen, Zahnräder, Schrauben; Vergütungsstähle: Seite 202, Nitrierstähle: Seite 203, Stähle für Flamm- und Induktionshärtung: Seite 203, Stähle für vergütbare Federn: Seite 207
Einsatzhärten		
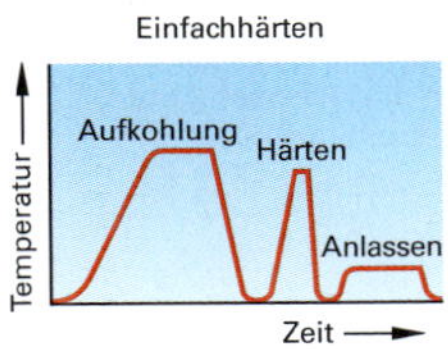	• **Aufkohlung** bearbeiteter Werkstücke in der Randschicht • **Härten** (Ablauf siehe Härten) → **Direkthärten:** Abschrecken aus der Aufkohlungstemperatur (grobes Gefüge) → **Einfachhärten:** Aufkohlen, Abkühlen, Randhärten und Abschrecken (grobes Kern- u. feines Randgefüge) → **Doppelhärten:** Aufkohlen, Kernhärten, Randhärten und Abschrecken (feines Gefüge)	Werkstücke mit verschleißfester Oberfläche, hoher Dauer- und guter Kernfestigkeit, z. B. Zahnräder, Wellen, Bolzen; **Randhärtung:** hohe Verschleißfestigkeit, geringere Kernfestigkeit **Kernhärtung:** hohe Kernfestigkeit, sprödharte Oberfläche; Einsatzstähle: Seite 201, Automatenstähle: Seite 203
Nitrieren		
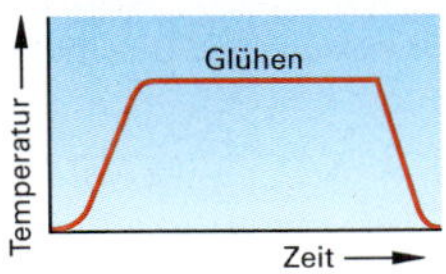	• **Glühen** meist fertig bearbeiteter Werkstücke in Stickstoff abgebender Atmosphäre → Bildung harter, verschleißfester und temperaturbeständiger Nitride • **Abkühlung** an ruhender Luft oder im Stickstoffstrom	Werkstücke mit verschleißfester Oberfläche, hoher Dauerfestigkeit und guter Temperaturbeständigkeit, z. B. Ventile, Kolbenstangen, Spindeln; Nitrierstähle: Seite 203

M

Werkstoffprüfverfahren

Bild	Verfahren	Anwendung, Hinweise
Zugversuch		Seite 398
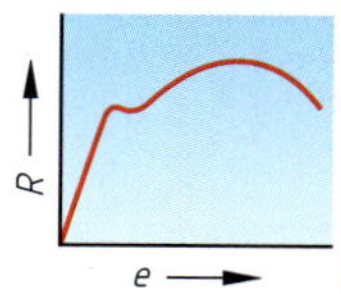	Genormte Zugproben werden bis zum Bruch gedehnt. Die Änderungen der Zugkraft und der Verlängerung werden gemessen und in einem Diagramm aufgezeichnet. Durch Umrechnung entsteht daraus das Spannungs-Dehnungs-Diagramm.	Ermittlung von Werkstoffkennwerten, zum Beispiel – zur Festigkeitsrechnung bei statischer Beanspruchung – zur Beurteilung des Umformverhaltens – zur Ermittlung von Daten für die spanende Fertigung
Härteprüfung nach Brinell HB		Seite 399
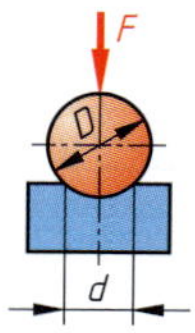	• Belastung der Prüfkugel mit genormter Prüfkraft *F* – Prüfkraft hängt ab vom Kugeldurchmesser *D* und von der Werkstoffgruppe → Beanspruchungsgrad: Seite 203 • Messung des Eindruckdurchmessers *d* • Ermittlung der Härte aus Prüfkraft und Eindruckoberfläche	Härteprüfung, z. B. an Stählen, Gusseisenwerkstoffen, Nichteisenmetallen, die – nicht gehärtet sind – eine metallisch blanke Prüffläche besitzen
Härteprüfung nach Rockwell		Seite 399
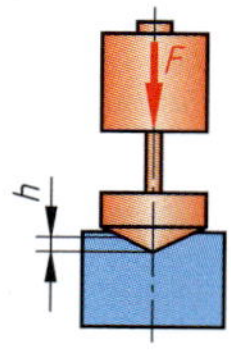	• Belastung des Prüfkörpers (Diamantkegel, Hartmetallkugel) mit der Prüfvorkraft → Messbasis • Beaufschlagung mit Prüfzusatzkraft → bleibende Verformung der Probe • Wegnahme der Zusatzkraft • Direkte Anzeige der Härte am Prüfgerät: Eindringtiefe *h* ist Basis der Härteermittlung	Härteprüfung nach verschiedenen Verfahren, z. B. an Stählen und NE-Metallen, – im weichen oder gehärteten Zustand, – mit geringen Dicken **Verfahren HRA, HRC:** gehärtete und hochfeste Metalle **Verfahren HRBW, HRFW:** weicher Stahl, Nichteisenmetalle
Härteprüfung nach Vickers		Seite 400
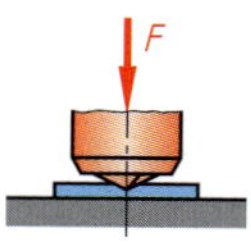	• Belastung der Diamantpyramide mit variablen Kräften – Prüfkraft richtet sich z. B. nach der Probendicke und der Korngröße im Gefüge • Messung der Eindruckdiagonalen • Ermittlung der Härte aus Prüfkraft und Eindruckoberfläche	Universalverfahren zur Prüfung – weicher und gehärteter Werkstoffe, – dünner Schichten, – einzelner Gefügebestandteile bei Metallen
Härteprüfung durch Eindringprüfung (Martenshärte)		
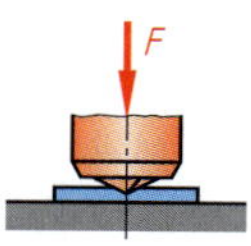	• Belastung der Diamantpyramide mit variablen Kräften – Prüfkraft richtet sich z. B. nach der Probendicke oder der Korngröße • kontinuierliche Aufzeichnung der Kraft in Abhängigkeit von der Eindringtiefe • Ermittlung der Martenshärte **während** der Belastung	Verfahren zur Prüfung aller Werkstoffe, z. B. – weiche und gehärtete Metalle, – dünne Schichten, auch Hartmetallbeschichtungen und Farbschichten, – einzelne Gefügebestandteile, – Keramik, – Hartstoffe, – Gummi, – Kunststoffe
Härteprüfung durch Kugeleindruckversuch		
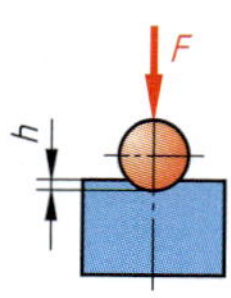	• Belastung der Prüfkugel mit Vorlast → Messbasis • Beaufschlagung mit festgelegter Prüfkraft – Prüfkraft muss eine Eindringtiefe von 0,15 ... 0,35 mm ergeben • Messung der Eindringtiefe nach 30 s Belastungszeit • Ermittlung der Kugeldruckhärte	Prüfung von Kunststoffen und Hartgummi. Kugeldruckhärte liefert Vergleichswerte für Forschung, Entwicklung und Qualitätskontrolle.

M

Werkstoffprüfverfahren

Bild	Verfahren	Anwendung, Hinweise
Härteprüfung nach Shore		
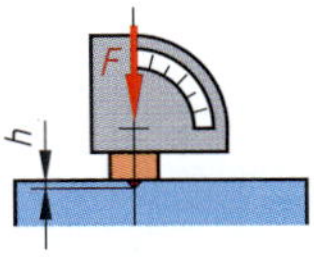	• Das Prüfgerät (Durometer) wird mit der Anpresskraft *F* auf die Probe gedrückt. • Der federbelastete Eindringkörper dringt in die Probe ein. • Einwirkdauer 15 s • Direkte Anzeige der Shorehärte am Gerät	Kontrolle von Kunststoffen (Elastomeren) Aus der ermittelten Shorehärte lassen sich kaum Beziehungen zu anderen Werkstoffeigenschaften ableiten.
Scherversuch (DIN 50141 ersatzlos zurückgezogen)		
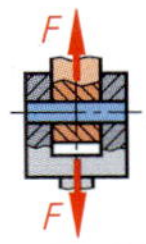	• Zylindrische Proben werden in genormten Vorrichtungen bis zum Bruch auf Abscherung belastet. • Ermittlung der Bruchfestigkeit aus maximaler Scherkraft und Probenquerschnitt	Ermittlung der Scherfestigkeit τ_{aB}, z. B. – zur Festigkeitsberechnung scherbeanspruchter Teile, z. B. Stifte, – zur Ermittlung von Schneidkräften in der Umformtechnik
Kerbschlagbiegeversuch		Seite 398
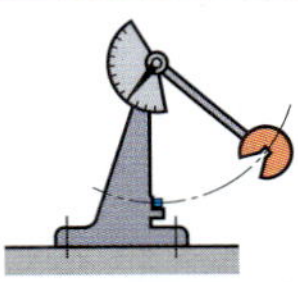	• Gekerbte Proben werden mit dem Pendelschlaghammer auf Biegung beansprucht und getrennt. • Kerbschlagarbeit = Arbeit zur Umformung und Trennung der Probe	– Prüfung metallischer Werkstoffe auf Verhalten gegenüber stoßartiger Biegebeanspruchung – Kontrolle von Wärmebehandlungsergebnissen, z. B. beim Vergüten – Prüfung des Temperaturverhaltens von Stählen
Tiefungsversuch nach Erichsen		
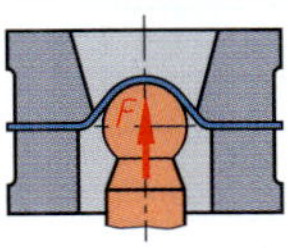	• Allseitig eingespannte Bleche werden durch eine Kugel bis zur Rissbildung verformt. • Die Verformungstiefe bis zum Rissbeginn ist ein Maß für die Tiefziehfähigkeit.	– Prüfung von Blechen und Bändern auf ihre Tiefziehfähigkeit – Beurteilung der Blechoberfläche auf Veränderungen beim Kaltumformen
Umlaufbiegeversuch		
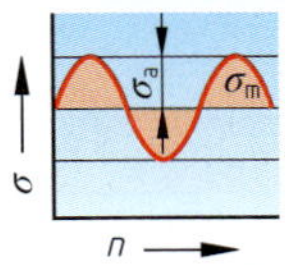	• Zylindrische Proben mit polierter Oberfläche werden bei konstanter Mittelspannung σ_m und variablem Spannungsausschlag σ_A wechselbelastet, in der Regel bis zum Bruch. Die grafische Darstellung der Versuchsreihe ergibt die Wöhlerlinie.	Ermittlung von Werkstoffkennwerten bei dynamischer Beanspruchung, z. B. – Dauerfestigkeit, Wechsel- und Schwellfestigkeit – Zeitfestigkeit
Ultraschallprüfung		
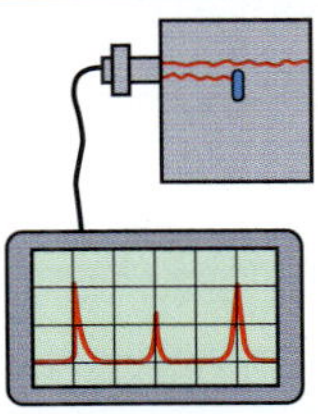	• Ein Schallkopf sendet Ultraschallwellen durch das Werkstück. Die Wellen werden an der Vorderwand, der Rückwand und an Fehlern bestimmter Größe reflektiert. • Der Bildschirm des Prüfgerätes zeigt die Echos an. • Die Prüffrequenz bestimmt die erkennbare Fehlergröße. Sie wird durch die Korngröße der Proben begrenzt.	– zerstörungsfreie Prüfung von Teilen, z. B. auf Risse, Lunker, Gasblasen, Einschlüsse, Bindefehler, Gefügeunterschiede – Erkennung der Fehlerform, der Größe und der Lage der Fehler – Messung von Wand- und Schichtdicken
Metallographie		
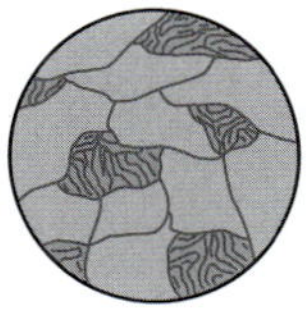	Durch Ätzen metallografischer Proben (Schliffen) wird das Gefüge entwickelt und unter dem Metallmikroskop sichtbar. Probenpräparation: Entnahme → Gefügeveränderung vermeiden Einbetten → randscharfe Schliffe Schleifen → Abbau von Verformungsschichten Polieren → hohe Oberflächenqualität Ätzen → Gefügeentwicklung	– Kontrolle der Gefügeausbildung – Überwachung von Wärmebehandlungen, Umform- und Fügevorgängen – Ermittlung der Kornverteilung und der Korngröße – Schadensprüfung

M

Zugversuch, Kerbschlagbiegeversuch

Zugversuch

vgl. DIN EN ISO 6892-1 (2009-12), Ersatz für DIN EN 10002-1

Spannungs-Dehnungs-Diagramm mit ausgeprägter Streckgrenze, z.B. bei weichem Stahl

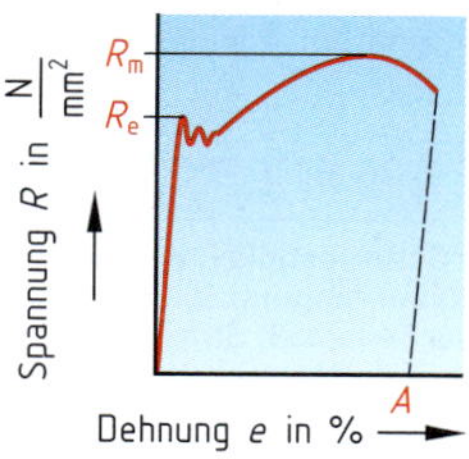

Spannungs-Dehnungs-Diagramm ohne ausgeprägte Streckgrenze, z.B. bei vergütetem Stahl

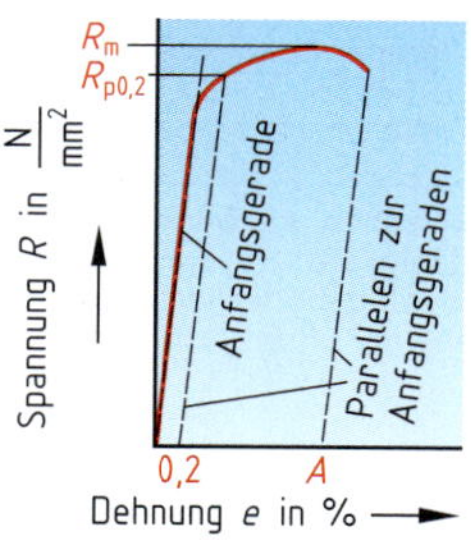

F	Zugkraft
F_m	Höchstkraft
F_e	Kraft an der Streckgrenze
$F_{p0,2}$	Kraft an der Dehngrenze
L_0	Anfangsmesslänge
L_u	Messlänge nach dem Bruch
d_0	Anfangsdurchmesser der Probe
S_0	Anfangsquerschnitt der Probe
S_u	kleinster Probenquerschnitt nach dem Bruch
e[1]	Dehnung
A	Bruchdehnung
Z	Brucheinschnürung
R[2]	Zugspannung
R_m	Zugfestigkeit
R_e	Streckgrenze
$R_{p\,0,2}$	Dehngrenze
V_s	Streckgrenzenverhältnis

Zugproben

In der Regel werden runde Proportionalstäbe mit der Anfangsmesslänge $L_0 = 5 \cdot d_0$ verwendet.

Unbearbeitete Proben sind zulässig bei
- gleichbleibenden Querschnitten, z.B. bei Proben aus Blechen, Profilen, Drähten
- gegossenen Probestücken, z.B. aus Gusseisen.

Bruchdehnung *A*

Bei Zugproben, die während der Prüfung einschnüren, werden die Bruchdehnungswerte A durch die Anfangsmesslänge L_0 beeinflusst.

Kleinere Anfangsmesslänge L_0 → größere Bruchdehnung A

Streckgrenzenverhältnis: $V_s = R_e\,(R_{p\,0,2})/R_m$

Es gibt Aufschluss über den Wärmebehandlungszustand der Stähle:

normalgeglüht $V_s \approx 0{,}5 \dots 0{,}7$
vergütet $V_s \approx 0{,}7 \dots 0{,}95$

[1] bisheriges Formelzeichen ε
[2] bisheriges Formelzeichen σ_z

Zugspannung

$$R = \frac{F}{S_0}$$

Zugfestigkeit

$$R_m = \frac{F_m}{S_0}$$

Streckgrenze

$$R_e = \frac{F_e}{S_0}$$

Dehngrenze

$$R_{p\,0,2} = \frac{F_{p\,0,2}}{S_0}$$

Dehnung

$$e = \frac{L - L_0}{L_0} \cdot 100\,\%$$

Bruchdehnung

$$A = \frac{L_u - L_0}{L_0} \cdot 100\,\%$$

Brucheinschnürung

$$Z = \frac{S_0 - S_u}{S_0} \cdot 100\,\%$$

Kerbschlagbiegeversuch nach Charpy

vgl. DIN EN ISO 148-1 (2011-01), Ersatz für DIN EN 10045

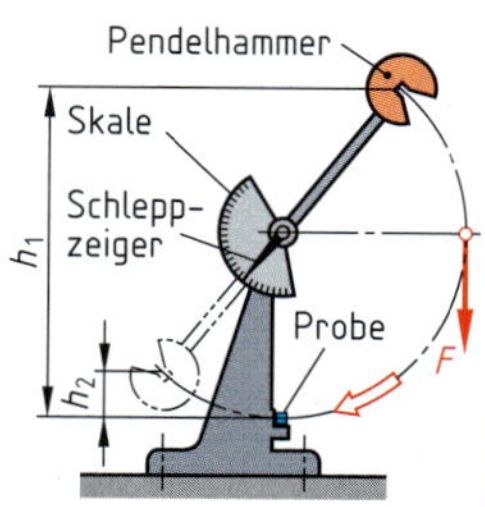

M

Beim Kerbschlagbiegeversuch wird eine gekerbte Probe mit dem Pendelhammer in einem Schlag durchgetrennt und die verbrauchte Schlagenergie gemessen.

KU_2 verbrauchte Schlagenergie in J für eine Probe mit U-Kerb und einer Hammerfinne mit $R = 2$ mm
KV_8 verbrauchte Schlagenergie in J für eine Probe mit V-Kerb und einer Hammerfinne mit $R = 8$ mm

Proben

Die Proben müssen außer an den Endflächen eine Oberflächenrauheit $R_a < 5$ µm haben. Bei der Herstellung sind Veränderungen, z.B. durch Warm- oder Kaltumformung, möglichst klein zu halten.

Proben-querschnitt

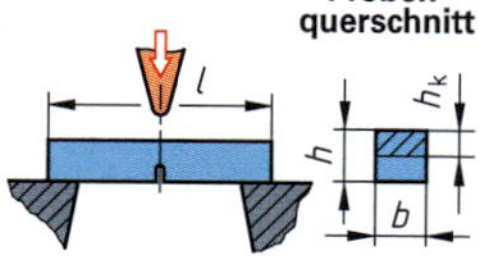

Kerbformen

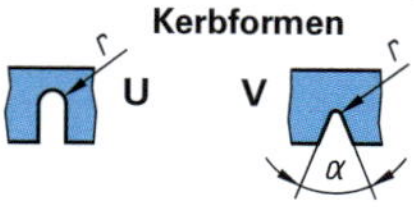

Kerbschlagproben – Normalform

Kerbform	Probenmaße und Abmaße in mm oder Grad (°)					
	l	h	b	h_k	r	α in °
U-Kerb	55 ± 0,11	10 ± 0,11	10 ± 0,11	5 ± 0,09	1 ± 0,07	–
V-Kerb	55 ± 0,6	10 ± 0,075	10 ± 0,11	8 ± 0,075	0,25 ± 0,025	45 ± 2

Bezeichnungsbeispiele:

KU_8 = 174 J: Probe mit U-Kerb, Hammerfinne mit R = 8 mm, verbrauchte Schlagenergie 174 J, Pendelschlag mit 300 J Arbeitsvermögen.

$KV_2$150 = 71 J: Probe mit V-Kerb, Hammerfinne mit R = 2 mm, verbrauchte Schlagenergie 71 J, Pendelschlag mit 150 J Arbeitsvermögen.

Härteprüfung nach Brinell und Rockwell

Härteprüfung nach Brinell

vgl. DIN EN ISO 6506-1 (2015-02)

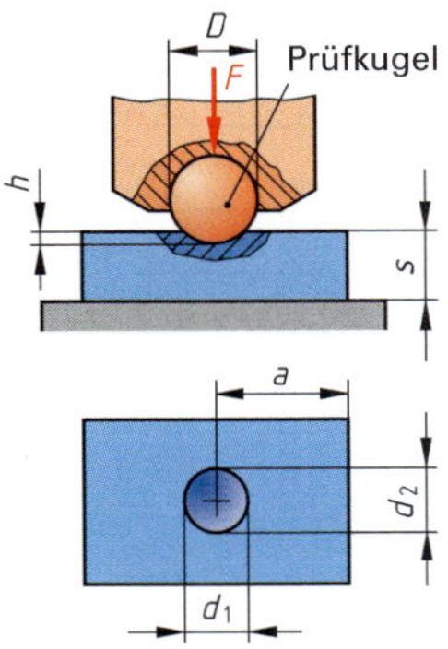

F	Prüfkraft in N
D	Kugeldurchmesser in mm
d	Eindruckdurchmesser in mm
d_1, d_2	Einzelmesswerte der Eindruckdurchmesser in mm
h	Eindrucktiefe in mm
s	Mindestdicke der Probe in mm
a	Randabstand in mm

Prüfbedingungen
Eindruckdurchmesser
$0{,}24 \cdot D \leq d \leq 0{,}6 \cdot D$
Mindestprobendicke $s \geq 8 \cdot h$
Randabstand $a \geq 2{,}5 \cdot d$
Probenoberfläche: metallisch blank

Eindruckdurchmesser

$$d = \frac{d_1 + d_2}{2}$$

Brinellhärte

$$\text{HBW} = \frac{0{,}204 \cdot F}{\pi \cdot D \cdot (D - \sqrt{D^2 - d^2})}$$

Bezeichnungsbeispiele:

180 HBW 2,5 / 62,5
600 HBW 1 / 30 / 25

Härtewert	Prüfkörper	Kugeldurchmesser	Prüfkraft F	Einwirkdauer
Brinellhärte 180 Brinellhärte 600	W Hartmetallkugel	2,5 mm 1 mm	$62{,}5 \cdot 9{,}80665$ N = 612,9 N $30 \cdot 9{,}80665$ N = 294,2 N	ohne Angabe: 10 bis 15 s Wertangabe: 25 s

Härteprüfung nach Rockwell

vgl. DIN EN ISO 6508-1 (2016-12)

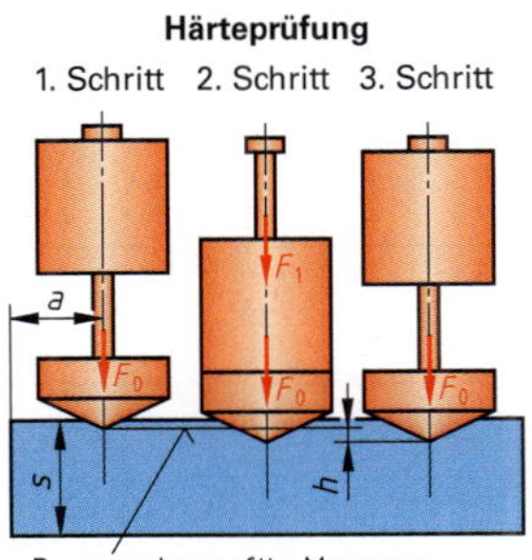

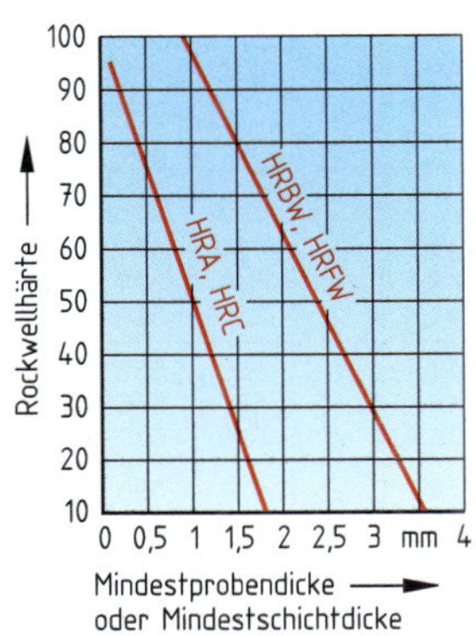

F_0	Prüfvorkraft in N
F_1	Prüfkraft in N
h	bleibende Eindringtiefe in mm
s	Probendicke
a	Randabstand

Prüfbedingungen
Probenoberfläche geschliffen mit $Ra = 0{,}8 \ldots 1{,}6$ µm. Die Bearbeitung der Probe darf keine Gefügeveränderungen zur Folge haben.

Randabstand $a \geq 1$ mm

Rockwellhärte HRA, HRC

$$\text{HRA, HRC} = 100 - \frac{h}{0{,}002 \text{ mm}}$$

Rockwellhärte HRB, HRF

$$\text{HRB, HRF} = 130 - \frac{h}{0{,}002 \text{ mm}}$$

Bezeichnungsbeispiele:

65 HRC
70 HRBW

Härtewert	Prüfverfahren	
65 70	HRC Rockwellhärte – C, Prüfung mit Diamantkegel	HRBW Rockwellhärte – B, Prüfung mit Hartmetallkugel

Prüfverfahren, Anwendungen (Auswahl)

Verfahren	Eindringkörper	F_0 in N	F_1 in N	Messbereich von … bis	Anwendung
HRA	Diamantkegel, Kegelwinkel 120°	98	490,3	20 … 95 HRA	gehärteter Stahl, hochfeste Metalle
HRC		98	1 373	20 … 70 HRC	
HRBW	Hartmetallkugel (W) 1,5875 mm	98	882,6	10 … 100 HRBW	weicher Stahl, NE-Metalle
HRFW		98	490,3	60 … 100 HRFW	

M

Härteprüfung nach Vickers, Umrechnungstabelle

Härteprüfung nach Vickers

vgl. DIN EN ISO 6507-1 (2006-03)

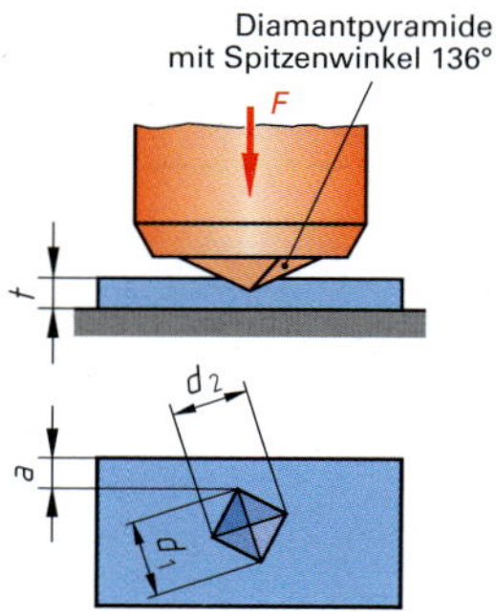

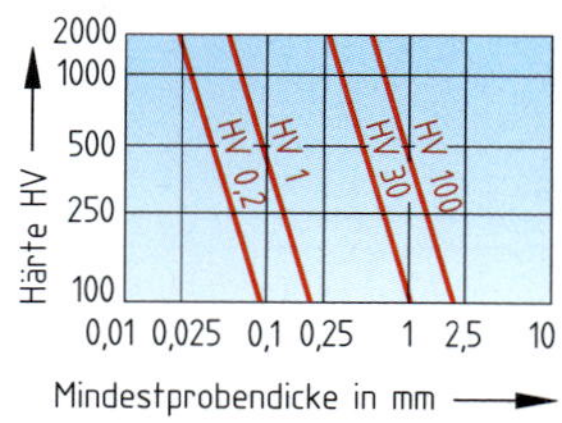

F Prüfkraft in N
d Diagonale des Eindrucks in mm
s Probendicke
a Randabstand

Prüfbedingungen
Probenoberfläche geschliffen mit $Ra = 0{,}4 \ldots 0{,}8$ µm. Die Bearbeitung der Probe darf keine Gefügeveränderungen zur Folge haben.
Randabstand $a \geq 2{,}5 \cdot d$

Diagonale des Eindrucks

$$d = \frac{d_1 + d_2}{2}$$

Vickershärte

$$\mathrm{HV} = 0{,}1891 \cdot \frac{F}{d^2}$$

Bezeichnungsbeispiele:

540 HV 1 / 20
650 HV 5

Härtewert	Prüfkraft F	Einwirkdauer
Vickershärte 540 Vickershärte 650	1 · 9,80665 N = 9,807 N 5 · 9,80665 N = 49,03 N	Wertangabe: 20 s ohne Angabe: 10 bis 15 s

Prüfbedingungen und Prüfkräfte für die Härteprüfung nach Vickers

Prüfbedingung	HV100	HV50	HV30	HV20	HV10	HV5
Prüfkraft in N	980,7	490,3	294,2	196,1	98,07	49,03
Prüfbedingung	HV3	HV2	HV1	HV0,5	HV0,3	HV0,2
Prüfkraft in N	29,42	19,61	9,807	4,903	2,942	1,961

Umwertungstabellen für Härtewerte und Zugfestigkeit (Auswahl)

vgl. DIN EN ISO 18265 (2014-02)

Umwertung von Zugfestigkeit[1] in Härte[1] oder Härte[1] in Härte[1]

R_m	HV	HB	HR	R_m	HV	HB	HR	R_m	HV	HB	HR	R_m	HV	HB	HR
Unlegierte und niedriglegierte Stähle; Einsatz-, Vergütungs- oder Werkzeugstähle im Auslieferungszustand															
255	80	76,0	–	705	220	209	–	1420	440	418	44,5	–	700	–	60,1
285	90	85,5	–	740	230	219	–	1485	460	437	46,1	–	720	–	61,0
305	95	90,2	–	770	240	228	20,3	1555	480	456	47,7	–	740	–	61,8
320	100	95,0	–	800	250	238	22,2	1630	500	475	49,1	–	760	–	62,5
350	110	105	–	835	260	247	24,0	1700	520	494	50,5	–	780	–	63,3
385	120	114	–	865	270	257	25,6	1775	540	513	51,7	–	800	–	64,0
415	130	124	–	900	280	266	27,1	1845	560	532	53,0	–	820	–	64,7
450	140	133	–	930	290	276	28,5	1920	580	551	54,1	–	840	–	65,3
480	150	143	–	965	300	285	29,8	1995	600	570	55,2	–	860	–	65,9
510	160	152	–	1030	320	304	32,2	2070	620	589	56,3	–	880	–	66,4
545	170	162	–	1095	340	323	34,4	2145	640	606	57,3	–	900	–	67,0
575	180	171	–	1155	360	342	36,6	2180	650	618	57,8	–	920	–	67,5
610	190	181	–	1220	380	361	38,8	–	660	–	58,3	–	940	–	68,0
640	200	190	–	1290	400	380	40,8	–	670	–	58,8	–	–	–	–
675	210	199	–	1350	420	399	42,7	–	680	–	59,2	–	–	–	–
Vergütungsstähle im vergüteten Zustand															
651	210	205	–	940	300	296	30,5	1220	390	385	40,6	–	490	482	48,6
683	220	215	–	972	310	306	31,8	1250	400	395	41,5	–	510	501	49,9
716	230	225	–	1003	320	316	33,1	1281	410	405	42,4	–	530	520	51,2
748	240	235	21,2	1035	330	326	34,3	1311	420	414	43,2	–	550	539	52,4
781	250	245	22,9	1070	340	336	35,4	1341	430	424	44,1	–	570	558	53,5
813	260	255	24,6	1097	350	345	36,5	1371	440	434	44,9	–	590	577	54,6
845	270	266	26,2	1128	360	355	37,6	1401	450	444	45,7	–	610	596	55,6
877	280	276	27,7	1159	370	365	38,6	1430	460	453	46,4	–	630	614	56,6
909	290	286	29,1	1189	380	375	39,6	1460	470	463	47,2	–	650	632	57,5

[1] R_m Zugfestigkeit in N/mm², HV Vickershärte HV10, HB Brinellhärte HBW, HR Rockwellhärte HRC

Zerspanungsvorgänge

Spanbruchdiagramm

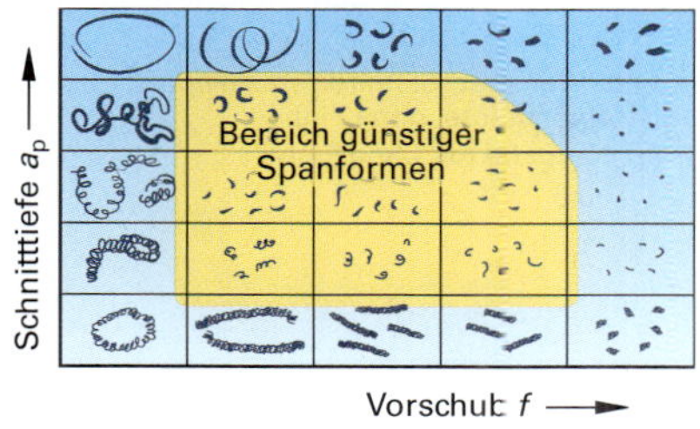

Bei allen Zerspanungen ist ein kontrollierter Spanablauf von besonderer Bedeutung. Das Spanbruchdiagramm zeigt die Beeinflussung der Spanformen durch den Vorschub f und die Schnitttiefe a_p. Durch Zerspanungsversuche wird ein Bereich mit günstigen Spanformen ermittelt.

Größerer Vorschub f bewirkt:

- die Bildung von günstigen Bruchspänen
- kleinere spezifische Schnittkräfte (Seite 403)
- geringere Schneidkantenbelastungen
- geringere Antriebsleistungen

Größere Schnitttiefe a_p bewirkt:

- die Bildung von ungünstigen Wirr- und Bandspänen

Schnitttiefen-Vorschub-Diagramm

Die Form der Schneidplatten werden von den Herstellern in drei Arten unterteilt, die für die Anwendung zum Schruppen (schwere Bearbeitung), für die mittlere Bearbeitung und zum Schlichten (leichte Bearbeitung) ausgelegt sind. Jede Anwendung kann günstigen, normalen oder ungünstigen Bearbeitungsbedingungen unterliegen. Für jede Schneidplatte gibt der Hersteller in einem Schnitttiefen-Vorschub-Diagramm den empfohlenen Arbeitsbereich an, in dem für bestimmte Kombinationen ein gesicherter Spanbruch gewährleistet ist.[1)]

Arbeitsbereich von Schneidplatten	Anwendung und Kennzeichen
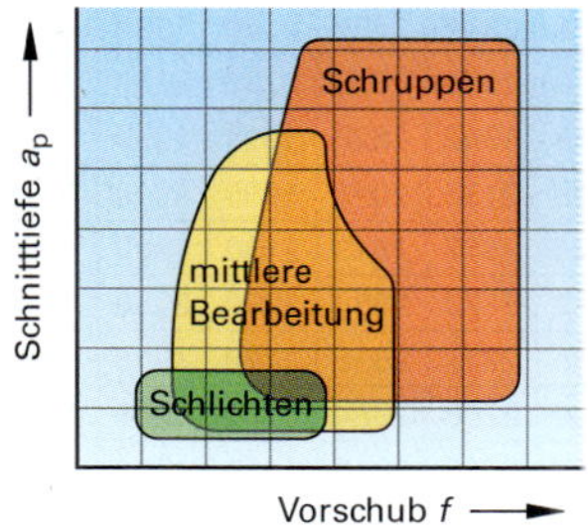	**Schruppen** • Bearbeitung mit maximaler Materialabtragung • Bearbeitung unter schwierigen Bearbeitungsbedingungen, z. B. Schnittunterbrechungen, keine gute Werkstückaufspannung, Guss-, Schmiedehaut • Kombination von hohen Schnitttiefen und Vorschüben
	mittlere Bearbeitung • für die meisten Anwendungen • mittlere bis leichte Schruppbearbeitung • breiter Bereich von Schnitttiefen- und Vorschubkombinationen
	Schlichten • Bearbeitungen mit geringen Schnitttiefen und niedrigen Vorschüben • Bearbeitungen, die niedrige Schnittkräfte erfordern

Optimierungsreihenfolge	Einfluss auf die Spanform
1. Schnitttiefe a_p	Mit zunehmender Schnitttiefe verschlechtert sich die Spanform, da die Späne weniger brechen.
2. Vorschub f	Durch zunehmenden Vorschub wird der Span stärker gekrümmt und bricht besser.
3. Schnittgeschwindigkeit v_c	Mit zunehmender Schnittgeschwindigkeit verschlechtert sich die Spanform zum Wirr- und Bandspan.

Zeitspanungsvolumen

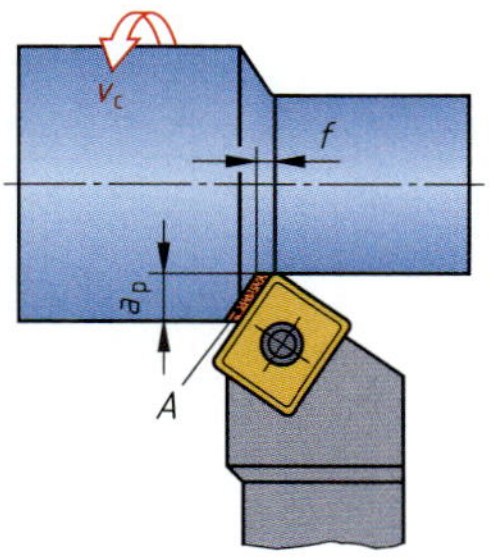

Bei der Vorbearbeitung (Schruppen) von Werkstücken ist das zerspante Volumen eine wichtige Vergleichsgröße. Das Zeitspanungsvolumen Q bezeichnet das zerspante Volumen in cm³/min.

A	Spanungsquerschnitt in mm²
a_p	Schnitttiefe in mm
a_e	Schnittbreite in mm
f	Vorschub in mm
Q	Zeitspanungsvolumen in cm³/min
v_c	Schnittgeschwindigkeit in m/min
v_f	Vorschubgeschwindigkeit in m/min

Spanungsquerschnitt

$$A = a_p \cdot f$$

Zeitspanungsvolumen

$$Q = A \cdot v_c$$

[1)] Weitere Einflussfaktoren sind: Zeitspanungsvolumen, Oberflächengüte, Schneidkantenstabilität, Standzeit

M

Spezifische Schnittkraft

Die spezifische Schnittkraft k_c ist erforderlich, um einen Span mit der Spanungsdicke h und dem Spanungsquerschnitt $A = 1\ mm^2$ abzutrennen. Sie kann aus den Basiswerten $k_{c1.1}$ und m_c berechnet oder aus folgender Tabelle entnommen werden und bildet die Grundlage zur Berechnung von Kräften und Leistungen aller spanenden Bearbeitungsverfahren (Seiten 416, 424, 429).

k_c spezifische Schnittkraft in N/mm^2
h Spanungsdicke in mm (verfahrensabhängige Ermittlung siehe Seiten 416, 424, 429)
$k_{c1.1}$ Basiswert der spez. Schnittkraft in N/mm^2
m_c Werkstoffkonstante, ohne Einheit
h^{m_c} Umrechnungsfaktor, ohne Einheit

Spezifische Schnittkraft

$$k_c = \frac{k_{c1.1}}{h^{m_c}}$$

Richtwerte für die spezifische Schnittkraft[1)]

Werkstoffgruppe	Werkstoff	Basiswerte		spezifische Schnittkraft k_c in N/mm^2 für die Spanungsdicke h in mm									
		$k_{c1.1}$	m_c	0,05	0,08	0,10	0,20	0,30	0,40	0,50	1,00	1,50	2,00
Baustahl	S235JR	1780	0,17	2962	2735	2633	2340	2184	2080	2003	1780	1661	1582
	E295	1990	0,26	4336	3838	3621	3024	2721	2525	2383	1990	1791	1662
	E335	2110	0,17	3511	3242	3121	2774	2589	2466	2374	2110	1969	1875
	E360	2260	0,3	5552	4821	4509	3663	3243	2975	2782	2260	2001	1836
Automatenstahl	11SMnPb30	1200	0,18	2058	1891	1816	1603	1490	1415	1359	1200	1116	1059
Einsatzstahl	C15	1820	0,22	3518	3172	3020	2593	2372	2226	2120	1820	1665	1563
	16MnCr5	2100	0,26	4576	4050	3821	3191	2872	2665	2515	2100	1890	1754
	20MnCr5	2100	0,25	4441	3949	3734	3140	2838	2641	2497	2100	1898	1766
	18CrMo4	2290	0,17	3811	3518	3387	3011	2810	2676	2576	2290	2137	2035
Vergütungsstahl, unlegiert	C35	1516	0,27	3404	2998	2823	2341	2098	1942	1828	1516	1359	1257
	C45	1680	0,26	3661	3240	3057	2553	2298	2132	2012	1680	1512	1403
	C60	2130	0,18	3652	3356	3224	2846	2645	2512	2413	2130	1980	1880
Vergütungsstahl, legiert	42CrMo4	2500	0,26	5448	4821	4549	3799	3419	3173	2994	2500	2250	2088
	50CrV4	2220	0,26	4837	4281	4040	3374	3036	2817	2658	2220	1998	1854
Nitrierstahl	34CrAlMo5-10	1740	0,26	3792	3355	3166	2644	2380	2208	2084	1740	1566	1453
Werkzeugstahl	102Cr6	1410	0,39	4535	3776	3461	2641	2255	2016	1848	1410	1204	1076
	90MnCrV8	2300	0,21	4315	3909	3730	3225	2962	2788	2660	2300	2112	1988
	X210CrW12	1820	0,26	3966	3510	3312	2766	2489	2310	2179	1820	1638	1520
Nichtrostender Stahl	X5CrNi18-10	2350	0,21	4408	3994	3811	3295	3026	2849	2718	2350	2158	2032
	X30Cr13	1820	0,26	3966	3510	3312	2766	2489	2310	2179	1820	1638	1520
	X46Cr13	1820	0,26	3966	3510	3312	2766	2489	2310	2179	1820	1638	1520
Gusseisen mit Lamellengrafit	GJL-150	950	0,21	1782	1615	1541	1332	1223	1152	1099	950	872	821
	GJL-200	1020	0,25	2157	1918	1814	1525	1378	1283	1213	1020	922	858
	GJL-400	1470	0,26	3203	2835	2675	2234	2010	1865	1760	1470	1323	1228
Gusseisen mit Kugelgrafit	GJS-400	1005	0,25	2125	1890	1787	1503	1358	1264	1195	1005	908	845
	GJS-600	1480	0,17	2463	2274	2189	1946	1816	1729	1665	1480	1381	1315
	GJS-800	1132	0,44	4230	3439	3118	2298	1923	1694	1536	1132	947	834
Al-Knetlegierung	AlCuMg1	830	0,23	1653	1484	1410	1202	1095	1025	973	830	756	708
	AlMg3	780	0,23	1554	1394	1325	1129	1029	963	915	780	711	665
Al-Gusslegierung	AC-AlSi12	830	0,23	1653	1484	1410	1202	1095	1025	973	830	756	708
	AC-AlMg5	544	0,24	1116	997	945	800	726	678	642	544	494	461
Mg-Knetlegierung	MgAl8Zn	390	0,19	689	630	604	530	490	464	445	390	361	342
Cu-Legierung	CuZn40Pb2	780	0,18	1337	1229	1181	1042	969	920	884	780	725	689
	CuSn7ZnPb	640	0,25	1353	1203	1138	957	865	805	761	640	578	538
Titanlegierung	TiAl6V4	1370	0,21	2570	2328	2222	1921	1764	1661	1585	1370	1258	1184

[1)] Die Richtwerte gelten für Werkzeuge mit Hartmetallschneiden. Der Norm entsprechende Streuungen in der Zugfestigkeit, der Reinheitsgrad und der Anlieferungszustand (z. B. warmgewalzt, kaltgewalzt, vergütet ...) beeinflussen die Richtwerte der spezifischen Schnittkraft. Durch Werkzeugabnutzung kann sich die spezifische Schnittkraft bis ca. 30% erhöhen.

Drehzahldiagramm

Die Bestimmung der Drehzahl n einer Werkzeugmaschine aus dem Werkstück- bzw. aus dem Werkzeugdurchmesser d und der gewählten Schnittgeschwindigkeit v_c kann

- rechnerisch mit der Formel oder
- grafisch mit dem Drehzahldiagramm erfolgen.

Drehzahldiagramme enthalten die an der Maschine einstellbaren Lastdrehzahlen, im unteren Beispiel die abgeleitete Reihe R 20/3 (DIN 804). Dabei wird jeder dritte Wert der Grundreihe R 20 verwendet.

Drehzahl

$$n = \frac{v_c}{\pi \cdot d}$$

Drehzahldiagramm mit logarithmisch geteilten Koordinaten (Nomogramm)

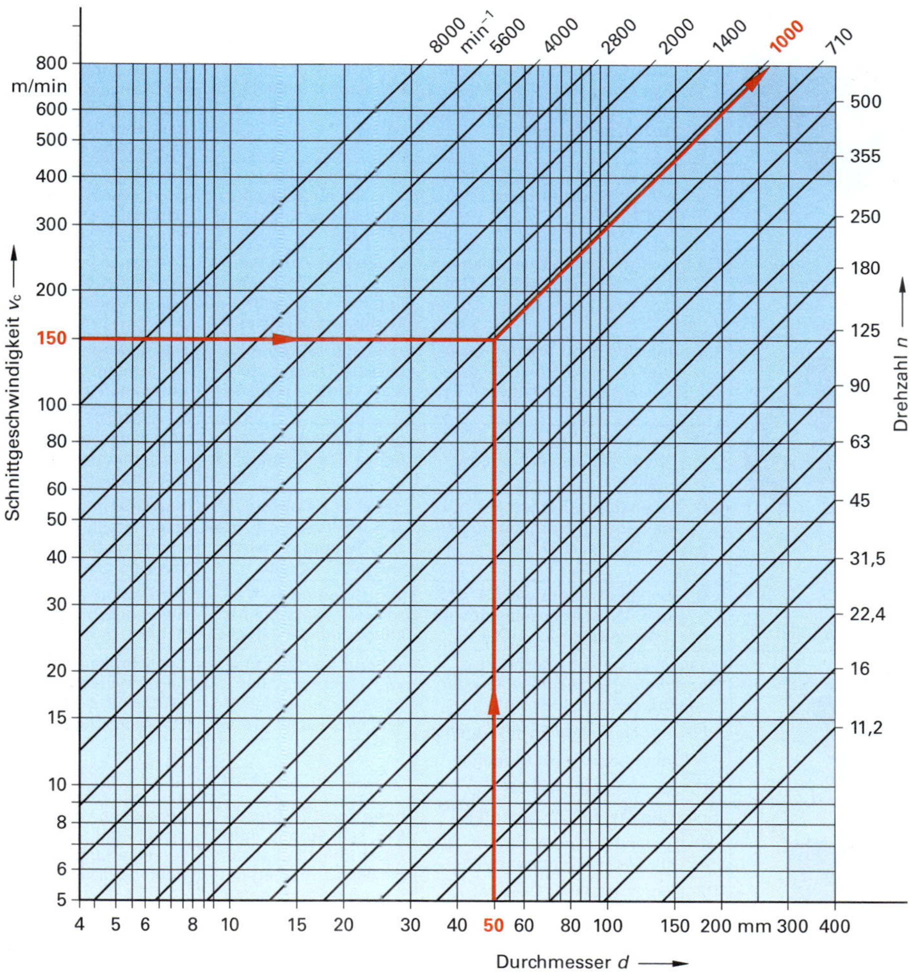

Beispiel: d = 50 mm; v_c = 150 m/min; einzustellende Drehzahl n an einem Stufenrädergetriebe der Reihe R 20/3 = ?

Ablesung im Drehzahldiagramm: Schnittpunkt zwischen Abszisse d = 50 mm und Ordinate v_c = 150 m/min: nächstliegende oder kleinere Drehzahl; gewählt: $\boldsymbol{n = 1000\ \text{min}^{-1}}$.

M

Schneidstoffe

Bezeichnung harter Schneidstoffe

Beispiel: Kennbuchstabe (Tabelle unten) — HC – K 20 — Anwendungsgruppe

Zerspanungs-Hauptgruppe (K):

P (blau)	M (gelb)	K (rot)	N (grün)	S (braun)	H (grau)

Schneidstoffgruppe	K[1]	Bestandteile	Eigenschaften	Einsatzgebiete
		unbeschichtetes Hartmetall, Hauptbestandteil Wolframcarbid (WC)	große Warmhärte bis 1 000 °C, hohe Verschleißfestigkeit, hohe Druckfestigkeit, schwingungsdämpfend	Wendeschneidplatten für Bohr-, Dreh- und Fräswerkzeuge, auch für Vollhartmetallwerkzeuge
	HW	mit Korngröße > 1 µm		
	HF	mit Korngröße < 1 µm		
	HT	unbeschichtetes Hartmetall aus Titancarbid (TiC), Titannitrid (TiN) oder aus beiden, auch Cermet genannt	wie HW, jedoch große Schneidkantenstabilität, chemische Beständigkeit	Wendeschneidplatten für Dreh- und Fräswerkzeuge zum Schlichten bei hoher Schnittgeschwindigkeit
Hartmetalle	HC	HW und HT, jedoch beschichtet mit Titancarbonitrid (TiCN)	Vergrößerung der Verschleißfestigkeit ohne Minderung der Zähigkeit	Verdrängen zunehmend die unbeschichteten Hartmetalle
	CA	Schneidkeramik, vorwiegend aus Aluminiumoxid (Al_2O_3)	große Härte und Warmhärte bis 1 200 °C, empfindlich gegen starke Temperaturwechsel	Zerspanen von Gusseisen, meist ohne Kühlschmierung
	CM	Mischkeramik auf der Basis von Aluminiumoxid (Al_2O_3) sowie anderen Oxiden	zäher als Reinkeramik, bessere Temperaturwechselbeständigkeit	Hartfeindrehen von gehärtetem Stahl, Zerspanen mit hoher Schnittgeschwindigkeit
	CN	Siliziumnitridkeramik, vorwiegend aus Siliziumnitrid (Si_3N_4)	große Zähigkeit, hohe Schneidkantenstabilität	Zerspanen von Gusseisen mit großer Schnittgeschwindigkeit
	CR	Schneidkeramik mit Hauptbestandteil Aluminiumoxid (Al_2O_3), verstärkt	zäher als Reinkeramik durch Verstärkung, bessere Temperaturwechselbeständigkeit	Hartdrehen von gehärtetem Stahl, Zerspanen mit hoher Schnittgeschwindigkeit
Schneidkeramik	CC	Schneidkeramik wie CA, CM und CN, aber beschichtet mit Titankarbonitrid (TiCN)	Vergrößerung der Verschleißfestigkeit ohne Minderung der Zähigkeit	Verdrängen zunehmend die unbeschichteten Schneidkeramiken
		kubisch-kristallines Bornitrid, Bezeichnung auch **CBN**, **PKB** oder „hochharte Schneidstoffe"	sehr große Härte und Warmhärte bis 2 000 °C, hohe Verschleißfestigkeit, chemische Beständigkeit	Schlichtbearbeitung harter Werkstoffe (HRC > 48) bei hoher Oberflächenqualität
	BL	mit niedrigem Bornitridgehalt		
	BH	mit hohem Bornitridgehalt		
Bornitrid	BC	BL, aber beschichtet		
		Schneidstoff aus Kohlenstoff (C)	hohe Verschleißfestigkeit, sehr spröde, Temperaturbeständigkeit bis 600 °C, reagiert mit Legierungselementen	Zerspanen von Nichteisenmetallen und Al-Legierungen mit hohem Siliziumgehalt
	DD	polykristalliner Diamant (PKD) ohne Bindemittel		
	DP	polykristalliner Diamant (PKD) mit Bindemittel		
Diamant	DM	monokristalliner Diamant		
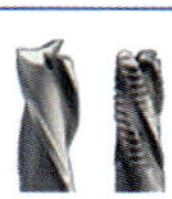 Werkzeugstahl	HS	Hochleistungsschnellarbeitsstahl (HSS) mit Legierungselementen Wolfram (W), Molybdän (Mo), Vanadium (V) und Cobalt (Co), meist beschichtet mit Titannitrid (TiN)	große Zähigkeit, hohe Biegefestigkeit, geringe Härte, Temperaturbeständigkeit bis 600 °C	bei stark wechselnder Schnittkraft, Kunststoffbearbeitung, für die Zerspanung von Al- und Cu-Legierungen

[1] Kennbuchstabe nach DIN ISO 513

[2] Werkzeugstähle sind nicht in DIN ISO 513, sondern in ISO 4957 enthalten

M

Schneidstoffe

Klassifizierung und Anwendung harter Schneidstoffe

vgl. DIN ISO 513 (2014-05)

Kennbuchstabe Kennfarbe	Anwendungsgruppe		Werkstück – Werkstoff	Schneidstoffeigenschaften¹⁾ Verschleißfestigkeit	Schneidstoffeigenschaften¹⁾ Zähigkeit	Mögliche Schnittwerte¹⁾ Schnittgeschwindigkeit	Mögliche Schnittwerte¹⁾ Vorschub
Stahl							
P blau	P01 P10 P20 P30 P40 P50	P05 P15 P25 P35 P45	alle Arten von Stahl und Stahlguss, ausgenommen nichtrostender Stahl mit austenitischem Gefüge	↑	↓	↑	↓
Nichtrostender Stahl							
M gelb	M01 M10 M20 M30 M40	M05 M15 M25 M35	nichtrostender austenitischer und austenitisch-ferritischer Stahl und Stahlguss	↑	↓	↑	↓
Gusseisen							
K rot	K01 K10 K20 K30 K40	K05 K15 K25 K35	Gusseisen mit Lamellen- und Kugelgrafit, Temperguss	↑	↓	↑	↓
Nichteisenmetalle und Nichtmetallwerkstoffe							
N grün	N01 N10 N20 N30	N05 N15 N25	Aluminium und andere Nichteisenmetalle (z.B. Cu, Mg), Nichtmetallwerkstoffe (z.B. GFK, CFK)	↑	↓	↑	↓
Speziallegierungen und Titan							
S braun	S01 S10 S20 S30	S05 S15 S25	hochwarmfeste Speziallegierungen auf der Basis von Eisen, Nickel und Kobalt, Titan und Titanlegierungen	↑	↓	↑	↓
Harte Werkstoffe							
H grau	H01 H10 H20 H30	H05 H15 H25	gehärteter Stahl, gehärtete Gusseisenwerkstoffe, Gusseisen für Kokillenguss	↑	↓	↑	↓

¹⁾ in Pfeilrichtung zunehmend

Schneidstoffe

Bezeichnung von Wendeschneidplatten (Auswahl)

vgl. DIN ISO 1832 (2014-10)

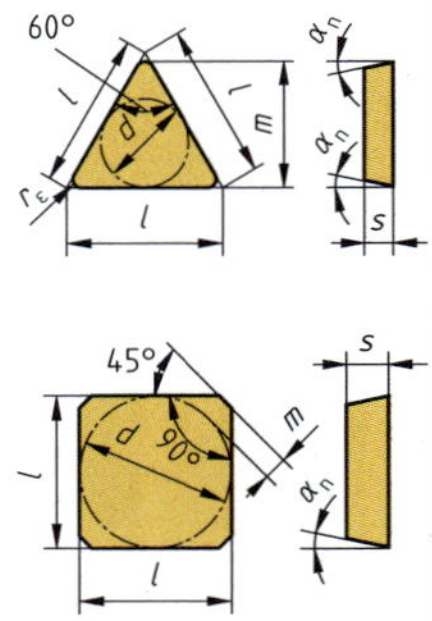

Bezeichnungsbeispiele:

Wendeschneidplatte aus Hartmetall mit Eckenrundungen (DIN 4968)

	Norm-Nummer		①	②	③	④	⑤	⑥	⑦	⑧	⑨		⑩
Schneidplatte DIN	**4968**	–	**T**	**N**	**G**	**N**	**16**	**03**	**08**	**T**		–	**P20**
Schneidplatte DIN	**6590**	–	**S**	**P**	**E**	**N**	**15**	**04**	**ED**		**R**	–	**P10**

Wendeschneidplatte aus Hartmetall mit Planschneiden (DIN 6590)

①	Plattengeometrie	⑥	Plattendicke s in mm
②	Normal-Freiwinkel	⑦	Ausführung der Schneidenecke
③	Toleranzklasse	⑧	Ausführung der Schneide
④	Befestigung/Spanbrecher	⑨	Schneidrichtung
⑤	Plattengröße l in mm	⑩	Schneidstoff

① Plattengeometrie

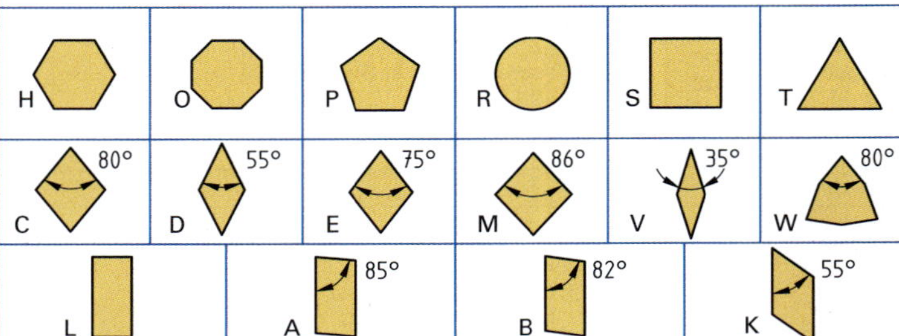

gleichseitig, gleichwinklig sowie rund	H	O	P	R	S	T
gleichseitig und ungleichwinklig	C 80°	D 55°	E 75°	M 86°	V 35°	W 80°
ungleichseitig und L gleichwinklig, A, B, K ungleichwinklig	L	A 85°	B 82°	K 55°		

② Normal-Freiwinkel α_n an der Platte

Grundform	positive Grundform								negative Grundform
	A	B	C	D	E	F	G	P	N
	3°	5°	7°	15°	20°	25°	30°	11°	0°

③ Toleranzklasse

Zul. Abw. für	A	F	C	H	E	G
Prüfmaß d	± 0,025	± 0,013	± 0,025	± 0,013	± 0,025	
Prüfmaß m	± 0,005		± 0,013		± 0,025	
Plattendicke s	± 0,025		± 0,025		± 0,025	± 0,13
Zul. Abw. für	**J**	**K**	**L**	**M**	**N**	**U**
Prüfmaß d	± 0,05 … ± 0,15			± 0,05 … ± 0,15		± 0,16
Prüfmaß m	± 0,005	± 0,013	± 0,025	± 0,08 … ± 0,20		± 0,25
Plattendicke s	± 0,025			± 0,13	± 0,025	± 0,13

④ Befestigung und/oder Spanbrecher

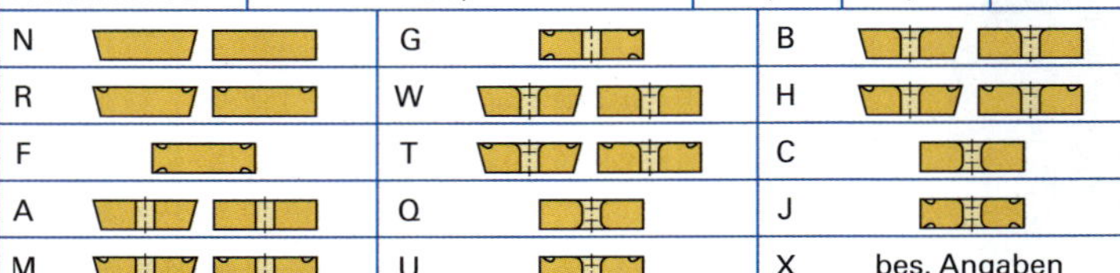

N	G	B
R	W	H
F	T	C
A	Q	J
M	U	X bes. Angaben

⑦ Ausführung der Schneidenecke

Kennzahl multipliziert mit Faktor 0,1 = Eckenradius r_ε

1. Kennbuchstabe für den Einstellwinkel κ der Hauptschneide	A	D	E	F	P
	45°	60°	75°	85°	90°

2. Kennbuchstabe für den Freiwinkel α'_n an der Planschneide (Eckenfase)	A	B	C	D	E	F	G	N	P
	3°	5°	7°	15°	20°	25°	30°	0°	11°

⑧ Ausführung der Schneide

F scharf	E gerundet	T gefast	S gefast und gerundet	K doppelgefast	P doppelgefast und gerundet

⑨ Schneidrichtung

R rechtsschneidend	L linksschneidend	N rechts- und linksschneidend

M

Drehen

Übersicht der Drehverfahren (Auswahl)

Querplandrehen

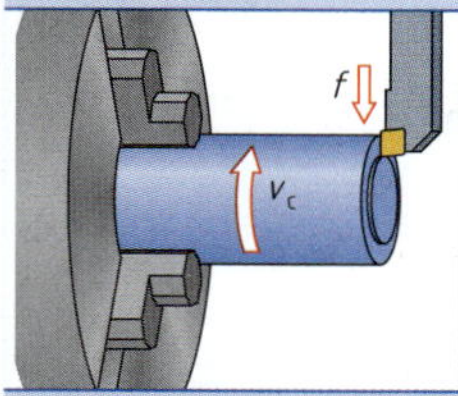

Werkzeug	Plandrehmeißel oder Schruppdrehmeißel	
	Wendeschneidplatte (Hartmetall)	ε = 80°, 90° κ = 45°...97° r_ε = 0,8...1,2 mm
Schnittgrößen	Schnittgeschwindigkeit	v_c = Startwert je nach Werkstoff (S. 413, 415)
	Vorschub	f = 0,1...0,2 mm
	Schnitttiefe	a_p = 1...2 mm

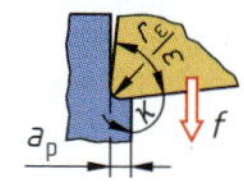

Längsrunddrehen – Vorbearbeitung (mittlere Bearbeitung, Schruppen)

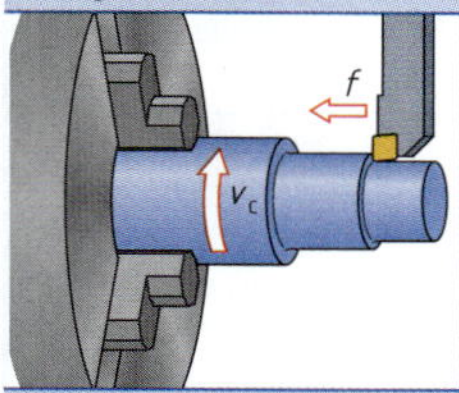

Werkzeug	Schruppdrehmeißel	
	Wendeschneidplatte (Hartmetall)	ε = 80°, 55° κ = 60°–95° r_ε = 0,8...1,2 mm
Schnittgrößen	Schnittgeschwindigkeit	v_c = Startwert je nach Werkstoff (S. 413, 415)
	Vorschub	f = 0,25...0,6 mm (S. 401)
	Schnitttiefe	a_p = 2...6 mm (S. 401)

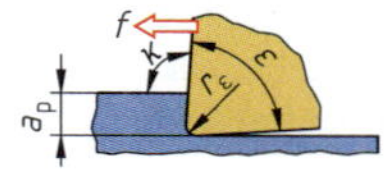

Längsrunddrehen, Konturdrehen – Fertigbearbeitung (Schlichten)

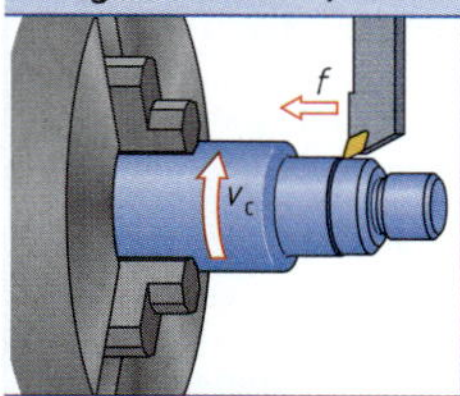

Werkzeug	Schlichtdrehmeißel	
	Wendeschneidplatte (Hartmetall)	ε = 55°, 35° κ = 93°...107,5° r_ε = 0,2...0,8 mm
Schnittgrößen	Schnittgeschwindigkeit	v_c = Startwert je nach Werkstoff (S. 413, 415)
	Vorschub	f = 0,1...0,25 mm (S. 401)
	Schnitttiefe	a_p = 0,2...2 mm (S. 401)

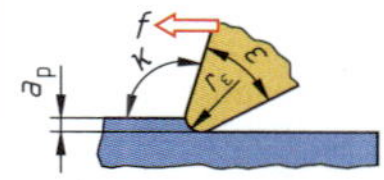

Gewindedrehen

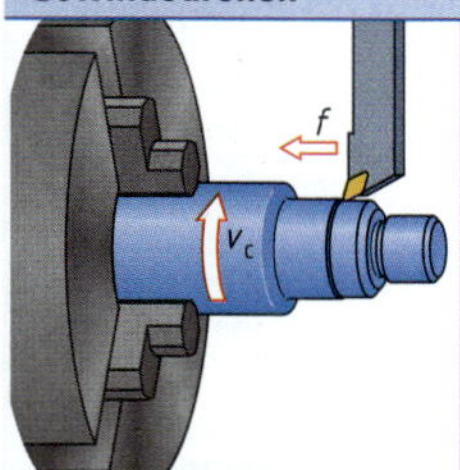

Werkzeug	Gewindedrehmeißel	
	Eckenwinkel der Schneidplatte (Hartmetall)	Metrisches Gewinde: ε = 60° Whitworth-Gewinde: ε = 55° Trapezgewinde: ε = 30°
Schnittgrößen	Schnittgeschwindigkeit	v_c = Startwert je nach Werkstoff (S. 414)
	Vorschub	f = P (Steigung des Gewindes, S. 345)
	Anzahl der Schnitte	i = Zustellungen + Leerschnitte (S. 414)

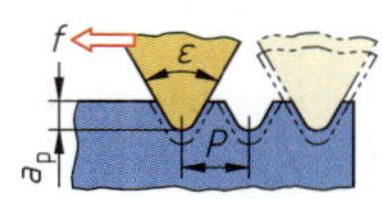

Abstechdrehen, Einstechdrehen

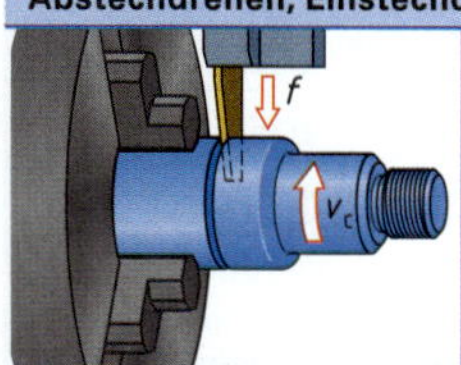

Werkzeug	Abstechdrehmeißel, Einstechdrehmeißel	
	Stechmaße der Schneidplatte (Hartmetall)	Schnittbreite: a_p = 0,6...6 mm maximale Stechtiefe: t_{max} = 5...50 mm
Schnittgrößen	Schnittgeschwindigkeit	v_c = Startwert je nach Werkstoff (S. 414)
	Vorschub	f = 0,05...0,15 mm

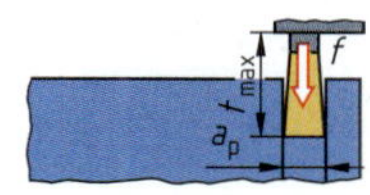

Innendrehen – Fertigbearbeitung (Schlichten)

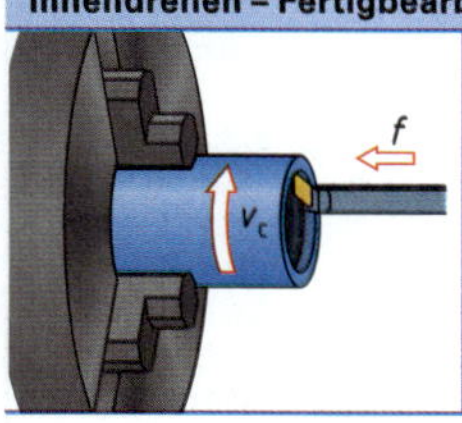

Werkzeug	Innenschlichtdrehmeißel	
	Wendeschneidplatte (Hartmetall)	ε = 35°, 55° κ = 93°–107,5° r_ε = 0,2...0,8 mm
Schnittgrößen	Schnittgeschwindigkeit	v_c = Startwert je nach Werkstoff (S. 413, 415)
	Vorschub	f = 0,05...0,2 mm
	Schnitttiefe	a_p = 0,5...1 mm

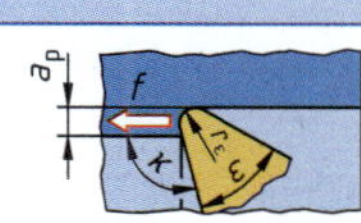

ε = Eckenwinkel (Seiten 406, 412) r_ε = Eckenradius (Seiten 406, 410, 412) κ = Einstellwinkel (Seiten 411, 412)

M

Fertigungsplanung beim Drehen

Fertigungsaufgabe: Drehen eines Gewindebolzens

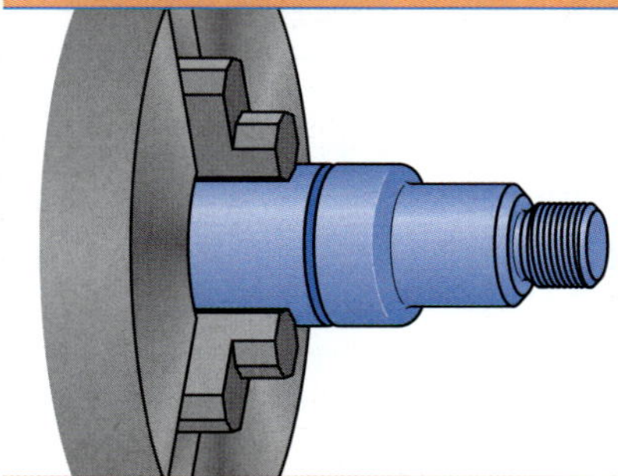

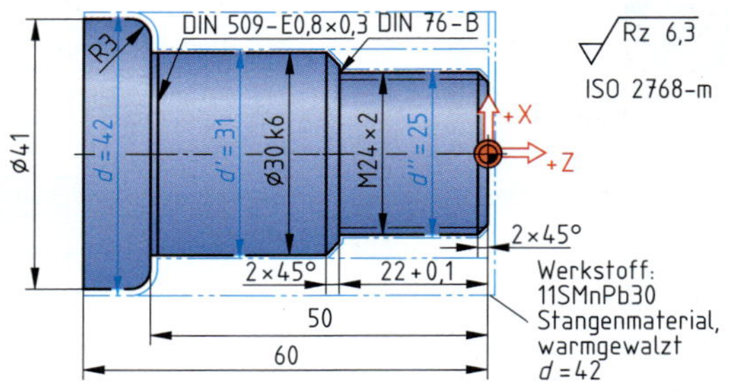

Arbeitsplanung zum CNC-Drehen des Gewindebolzens[1]

Nr.	Arbeitsvorgang	Werkzeug, Prüfmittel	Schnittgrößen	Bemerkungen
10	Halbzeug prüfen und einspannen	Messschieber, Stahlmaßstab	–	• Stangenmaterial eingespannt im Dreibackenfutter
20	Werkstücknullpunkt setzen	–	–	• Lage des Werkstücknullpunkts siehe Fertigungszeichnung
30	Werkstück querplandrehen (d = 42 mm)	Plandrehmeißel T1	v_c = 250 m/min f = 0,2 mm a_p = 1 mm i = 1	• 11SMnPb30: Automatenstahl mit $R_m \leq 570$ N/mm² • v_c: Startwert bei „normalen" Bearbeitungsbedingungen (Seiten 409, 413) • auf einer CNC-Maschine werden für die Drehbearbeitung v_c, f und a_p programmiert, die Drehzahl wird automatisch berechnet
40	Werkstückansätze durch längsrunddrehen schruppen (d = 42 mm)	Schruppdrehmeißel T2	v_c = 200 m/min (n = 1515 1/min) f = 0,45 mm i_1 = 2 a_p = 3 mm i_2 = 1	
50	Kontur des Werkstücks schlichten	Schlichtdrehmeißel T3	v_c = 300 m/min a_p = 0,5 mm f = 0,1 mm i = 1	
60	Gewinde M24x2 drehen (d''' = 24 mm)	Gewindedrehmeißel T4	n = 1989 1/min (v_c = 150 m/min) f = 2 mm i = 12	• beim Gewindedrehen wird immer n angegeben
70	Werkstück abstechdrehen	Abstechdrehmeißel T5	v_c = 155 m/min f = 0,05 mm i = 1	• beim Abstechdrehen werden v_c und f angegeben
80	Werkstück abtrennen und prüfen	Messschieber, Tiefenmessschieber, Rachenlehre, Bügelmessschraube, Gewindelehre		• verbleibender Butzen (vgl: S. 99) wird nach dem Drehen abgetrennt

v_c Schnittgeschwindigkeit
n Drehzahl
f Vorschub
d Außendurchmesser
d_a Anfangsdurchmesser
d_e Enddurchmesser
a_p Schnitttiefe
i_Z Anzahl der Zustellungen
i Anzahl der Schnitte
i_L Leerdurchläufe ohne Zustellung

M

Berechnung der Drehzahl für das Gewindedrehen

Nr. 60:

$$n = \frac{v_c}{\pi \cdot d} = \frac{150\,000 \text{ mm/min}}{\pi \cdot 24 \text{ mm}} = 1\,989 \frac{1}{\text{min}}$$

Überprüfung der Anfangsdrehzahlen beim Querplandrehen und Schruppen

Nr. 30:

$$n = \frac{v_c}{\pi \cdot d} = \frac{250\,000 \text{ mm/min}}{\pi \cdot 42 \text{ mm}} = 1\,894 \frac{1}{\text{min}}$$

Nr. 40:

$$n = \frac{v_c}{\pi \cdot d} = \frac{200\,000 \text{ mm/min}}{\pi \cdot 42 \text{ mm}} = 1\,515 \frac{1}{\text{min}}$$

Anzahl der Schnitte beim Schruppen

$$i \geq \frac{d_a - d_e}{2 \cdot a_p} \Rightarrow i_1 \geq \frac{42 \text{ mm} - 31 \text{ mm}}{2 \cdot 3 \text{ mm}} \Rightarrow 2$$

$$i_2 \geq \frac{31 \text{ mm} - 25 \text{ mm}}{2 \cdot 3 \text{ mm}} \Rightarrow 1$$

Anzahl der Schnitte beim Gewindedrehen (S. 414)

$i = i_Z + i_L$

i = 10 Zustellungen + 2 Leerdurchläufe = 12 Schnitte

[1] Der Arbeitsplan bezieht sich auf eine CNC-Drehmaschine ohne Gegenspindel mit Kühlschmiermitteleinsatz.

[2] Weitere Angaben zu den Werkzeugen werden in der Werkzeugtabelle auf Seite 451 aufgeführt.

Drehzahl

$$n = \frac{v_c}{\pi \cdot d}$$

Die Drehzahl wird ganzzahlig abgerundet.

Anzahl der Schnitte beim Schruppen

$$i \geq \frac{d_a - d_e}{2 \cdot a_p}$$

Anzahl der Schnitte beim Gewindedrehen

$$i = i_Z + i_L$$

Die Anzahl der Schnitte wird immer ganzzahlig aufgerundet.

Fertigungsplanung beim Drehen

Schritt 1: Bestimmung der Schneidstoffgruppe anhand des Werkstoffs (Seite 405)

P P10...30	**Stahl** (Seiten 413, 414)	alle Arten von Stahl und Stahlguss außer Nichtrostender Stahl	**N** N10...20	**Nichteisenmetalle und Kunststoffe** (Seiten 413, 414)	Aluminiumlegierungen, Kupferlegierungen, Kunststoffe
M M10...30	**Nichtrostender Stahl** (Seiten 413, 414)	Nichtrostender Stahl: austenitisch, ferritisch und martensitisch	**S** S01...20	**Warmfeste Speziallegierungen und Titan**	Speziallegierungen auf Basis von Eisen, Nickel, Cobalt; Titanlegierungen
K K01...30	**Gusseisen** (Seiten 413, 414)	Gusseisen mit Lamellen- und Kugelgrafit, Temperguss	**H** H01...15	**Harte Werkstoffe** (Seite 415)	gehärteter Stahl und gehärtete Gusseisenwerkstoffe

Schritt 2: Festlegung der Bearbeitungsbedingungen und Vorgehensweise zur Ermittlung der Schnittgeschwindigkeit

Art des Schneideneingriffs	Stabilität der Maschine, Kühlmitteleinsatz, Einspannung und Geometrie des Werkstücks ++	+	–
glatter, gleichmäßiger Schnitt, vorbearbeitete Oberfläche	günstige Bearbeitungsbedingungen	**normale** Bearbeitungsbedingungen	normale bis ungünstige Bearbeitungsbedingungen
wechselnde Schnitttiefe, Guss- oder Schmiedehaut	günstige bis normale Bearbeitungsbedingungen	**normale** Bearbeitungsbedingungen	ungünstige Bearbeitungsbedingungen
ungleichmäßiger Schnitt mit Unterbrechungen	**normale** Bearbeitungsbedingungen	ungünstige Bearbeitungsbedingungen	sehr ungünstige Bearbeitungsbedingungen

Beispiel Gewindebolzen (Seite 408)

1. Zuordnung der **Werkstoffgruppe** (Seite 203) und **Schneidstoffgruppe** (Seite 405) ⇒ 11SMnPb30: Automatenstahl mit $R_m \leq 570$ N/mm² Schneidstoffgruppe P
2. Auswahl des **Drehverfahrens** (Seite 407) ⇒ Drehverfahren: Längsrunddrehen (Schruppen)
3. Wahl der Schnittgeschwindigkeit aus **Tabelle Seite 413** **Startwert** v_c bei normalen Bearbeitungsbedingungen, kleineres v_c bei ungünstigen Bearbeitungsbedingungen, größeres v_c bei günstigen Bearbeitungsbedingungen ⇒ **Tabelle „Längsrunddrehen (Schruppen)"**, normale Bearbeitungsbedingungen (CNC-Maschine mit Kühlschmiermittel, glatter Schnitt) ⇒ Startwert v_c = 200 m/min

Schritt 3: Auswahl der Grundform und der Schneidkante

Grundform	Schneidkantenbeispiele	Anwendungsbeispiele
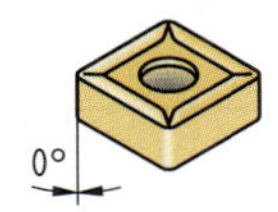 Wendeschneidplatten mit negativer Grundform (Freiwinkel α_n = 0°)	**Schruppdrehen für mittlere bis schwere Bearbeitung**	
	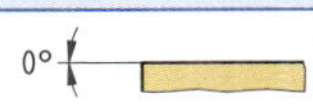	Längs- und Plandrehen von Gusseisenwerkstoffen
	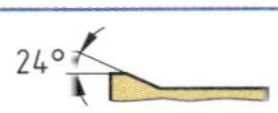	Längs- und Plandrehen von Stahl, hohe Schneidkantenstabilität
 negative Grundform doppelseitig	**Schlichtdrehen**	
	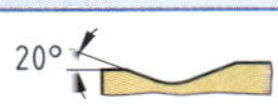	Längs- und Planschlichtdrehen von Stahl und Gusseisenwerkstoffen
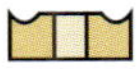 negative Grundform einseitig	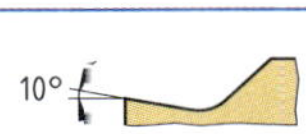	Längs- und Planschlichtdrehen leichtschneidende Geometrie für niedrige Schnittkräfte
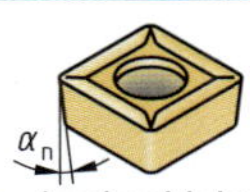 Wendeschneidplatten mit positiver Grundform (Freiwinkel α_n = 3°...30°)	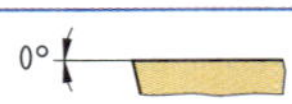	Schlichtdrehen für mittlere Bearbeitung Längs- und Plandrehen von Gusseisenwerkstoffen
	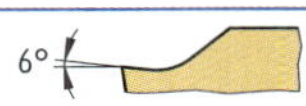	Schlichtdrehen von Stahl leichtschneidende Geometrie für niedrige Schnittkräfte
	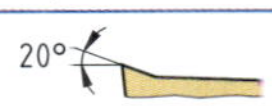	Schlichtdrehen von Al und anderen NE-Metallen Längs- und Plandrehen bei hoher Schnittgeschwindigkeit
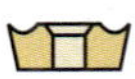 positive Grundform	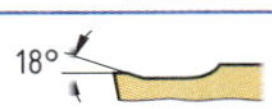	Schlichtdrehen von Stahl Längs- und Plandrehen mit Schnittunterbrechungen

Abhängigkeit der Schnittdaten von der Grundform

positive Grundform	negative Grundform, doppelseitig	negative Grundform, einseitig

zunehmende Schnittkraft, Schnitttiefe und zunehmender Vorschub →

M

Fertigungsplanung beim Drehen

Schritt 4: Auswahl der Plattengeometrie

Wendeschneidplattenformen; Bezeichnung (Seite 406); ε Eckenwinkel	Schneidenlänge	Schruppen $f = 0{,}25 \dots 0{,}6$ mm	leichtes Schruppen/Vorschlichten $f = 0{,}2 \dots 0{,}3$ mm	Schlichten $f = 0{,}1 \dots 0{,}25$ mm	Längsdrehen	Formdrehen	Plandrehen	vielseitige Einsatzmöglichkeiten	geringe vorhandene Maschinenleistung	vorhandene Vibrationsneigung des Werkstücks	harte Werkstoffe	Schnittunterbrechungen	benötigter großer Einstellwinkel κ	benötigter kleiner Einstellwinkel κ
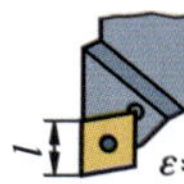 C, ε=80°	Schneidenlänge l in mm (Seite 406) 6…15	●	●	○	●	◐	●	●	○	○	○	◐	●	●
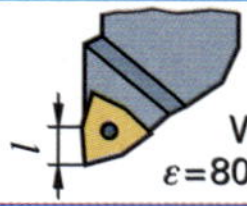 W, ε=80°	Schneidenlänge l in mm (Seite 406) 6…8	●	●	○	◐	◐	●	◐	○	◐	○	◐	●	●
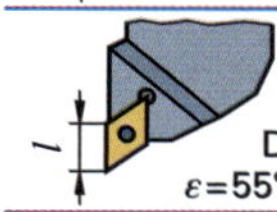 D, ε=55°	Schneidenlänge l in mm (Seite 406) 6…15	○	●	●	●	●	◐	●	◐	●	○	○	●	◐
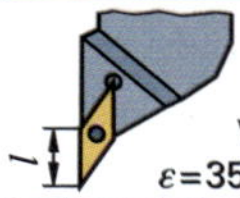 V, ε=35°	Schneidenlänge l in mm (Seite 406) 11…22	○	○	●	●	●	○	◐	●	●	○	○	●	○
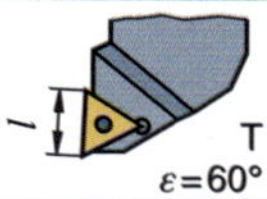 T, ε=60°	Schneidenlänge l in mm (Seite 406) 11…16	●	◐	◐	●	●	◐	●	◐	◐	○	○	●	●
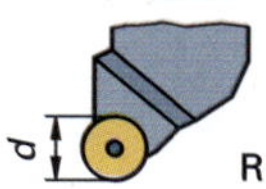 R	Schneidendurchmesser d in mm (Seite 406) 10…32	●	○	○	○	○	◐	◐	○	○	●	●	–	–

● sehr gut geeignet ◐ geeignet ○ nicht geeignet

Erreichbare Rautiefe in Abhängigkeit des Eckenradius und des Vorschubs

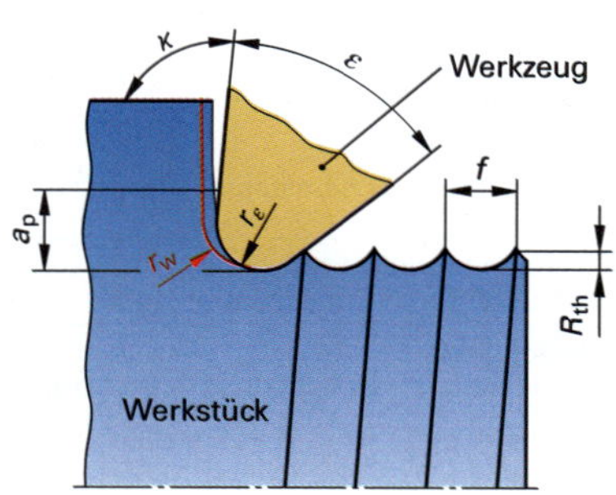

- Beim CNC-Drehen gilt: $r_ε \leq (r_w - 0{,}1\ \text{mm})$
- Rautiefe R_z und Eckenradius $r_ε$ des Werkzeugs können zur Ermittlung des Vorschubs beim Schlichten herangezogen werden.

R_{th} theoretische Rautiefe
$r_ε$ Eckenradius
r_w Werkstückradius
f Vorschub
a_p Schnitttiefe
ε Eckenwinkel
κ Einstellwinkel

Beispiel:

$R_z = 6{,}3\ \mu\text{m}$; $r_ε = 0{,}4$ mm; $f = ?$

$f \approx \sqrt{8 \cdot r_ε \cdot R_z}$

$= \sqrt{8 \cdot 0{,}4\ \text{mm} \cdot 0{,}0063\ \text{mm}} \approx$ **0,14 mm**

Theoretische Rautiefe

$$R_{th} = \frac{f^2}{8 \cdot r_ε}$$

$R_{th} \approx R_z$

Vorschub

$$f \approx \sqrt{8 \cdot r_ε \cdot R_z}$$

Rautiefe R_{th} in µm	Eckenradius $r_ε$ in mm 0,2	0,4	0,8	1,2
	Vorschub f in mm			
1,6	0,05	0,07	0,10	0,12
4	0,08	0,11	0,16	0,20
6,3	0,10	0,14	0,20	0,25
10	0,13	0,18	0,25	0,31
16	0,16	0,23	0,32	0,39

M

Fertigungsplanung beim Drehen

Schritt 5: Bestimmung des Klemmhalters

vgl. DIN 4983 (2004-07) und ISO 26623 (2008)

Klemmhalter mit Vierkantschaft DIN 4984

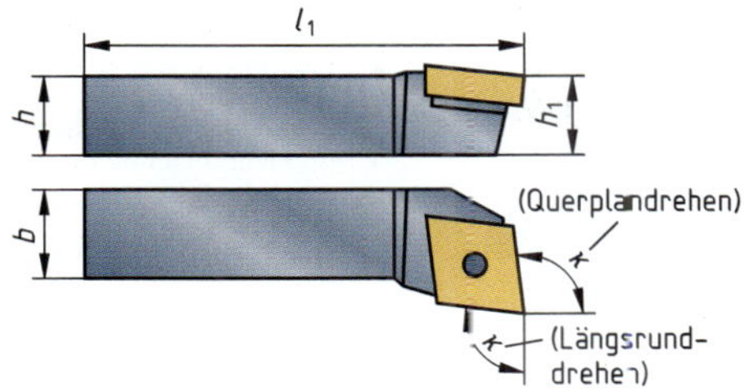

Klemmhalter mit Polygonschaft ISO 26623

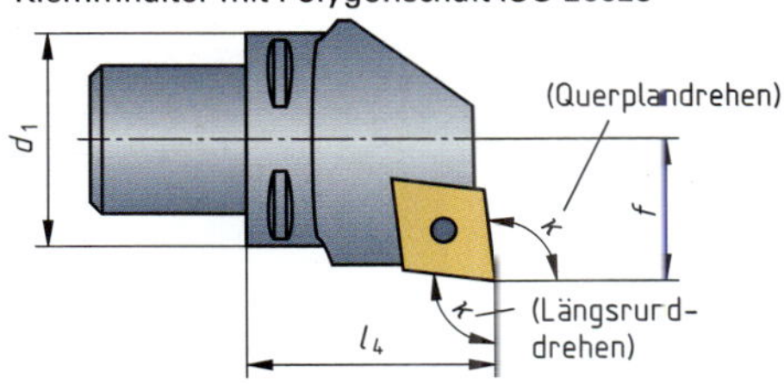

1) Wendeschneidplatten Seite 406

Bezeichnungsbeispiele

DIN 4984 – P C L N L 32 25 M 16

- Norm-Nummer des Halters: DIN 4984
- Plattenbefestigung: P
- Plattengeometrie der Wendeschneidplatte[1)]: C
- Einstellwinkel κ und Halterform: L
- Normalfreiwinkel der Platte[1)] α_n: N
- Halterausführung: L
- Höhe der Schneidenecke $h_1 = h$ in mm: 32
- Schaftbreite b in mm: 25
- Halterlänge l_1 in mm: M
- Größe der Wendeschneidplatte[1)]: 16

ISO 26623 – C5 – P C L N L 22 110 – 16

(wie DIN 4984): P C L N L

- Kupplungsgröße d_1: C5
- Höhe der Schneidenecke f in mm: 22
- Halterlänge l_4 in mm: 110

Kennzeichen	Ausführung	C	D	M	P	S
Plattenbefestigung	Kennbuchstabe	C	D	M	P	S
		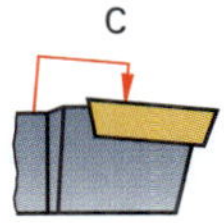	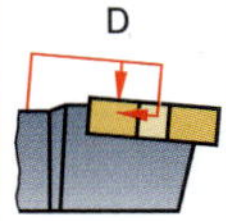	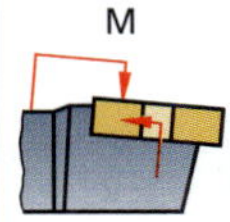	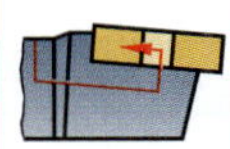	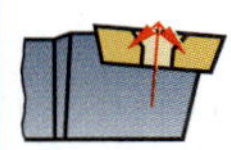
	Befestigung der Wendeschneidplatte	von oben geklemmt	nur von oben über Bohrung geklemmt	von oben und über Bohrung geklemmt	nur von unten über Bohrung geklemmt	durch Befestigungsschrauben geklemmt

Einstellwinkel und Halterform

abgesetzt

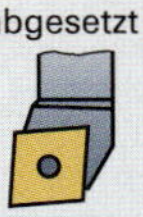

gerade

Einstellwinkel und Halterform											
Kennbuchstabe	A	B	D	E	N	V	G	H	J	L	T
Einstellwinkel κ	90	75	45	60	62,5	72,5	90	107,5	93	95	60
Halterform	gerade						abgesetzt				
Drehverfahren	Längsrunddrehen										

Einstellwinkel und Halterform									
Kennbuchstabe	C	F	K	L	S	U	E	Y	Halter D und S auch für runde Plattengeometrie (R) erhältlich
Einstellwinkel κ	90	90	75	95	45	93	60	85	
Halterform	gerade	abgesetzt							
Drehverfahren	Querplandrehen								

Halterausführung			
Kennbuchstabe	R rechter Halter	L linker Halter	N neutraler Halter (beidseitig)

Halterlänge (nur bei DIN 4984)																					
Kennbuchstabe	A	B	C	D	E	F	G	H	J	K	L	M	N	P	Q	R	S	T	U	V	W
l_1 bzw. l_4 in mm	32	40	50	60	70	80	90	100	110	125	140	150	160	170	180	200	250	300	350	400	450

Kupplungsgröße (nur ISO 26623)					
Kennbuchstabe	C3	C4	C5	C6	C8
Durchmesser d_1 in mm	32	40	50	63	80

⇒ **Halter DIN 4984 – PCJNL 3225 M 16:** Klemmhalter mit Vierkantschaft, von unten über Bohrung geklemmt (P), Wendeschneidplatte mit $\varepsilon = 80°$ (C), Einstellwinkel $\kappa = 95°$ (L), negative Grundform der Platte mit $\alpha_n = 0°$ (N), linker Halter (L), $h_1 = h = 32$ mm (32), $b = 25$ mm (25), $l_1 = 150$ mm (M), Schneidenlänge $l = 16$ mm (16)

M

Fertigungsplanung beim Drehen

Winkel und Flächen am Drehmeißel beim Längsrunddrehen

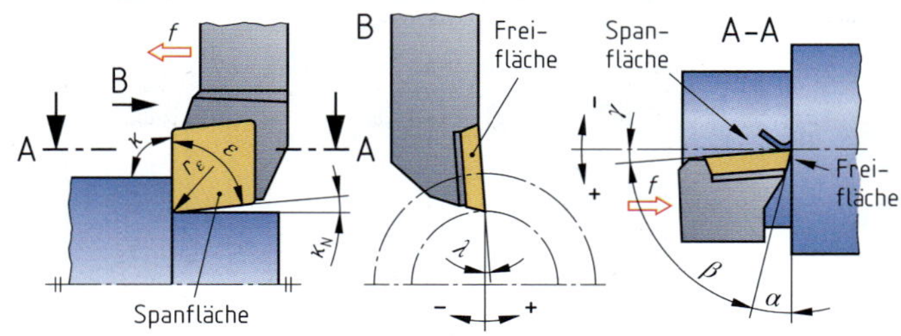

- α Freiwinkel
- β Keilwinkel
- γ Spanwinkel
- κ Einstellwinkel der Hauptschneide
- ε Eckenwinkel von Haupt- und Nebenschneide
- κ_N Einstellwinkel der Nebenschneide
- λ Neigungswinkel
- r_ε Eckenradius

Stahl: $\lambda = 0° \ldots -4°$ $\alpha + \beta + \gamma = 90°$

Al-, Cu-Legierungen: $\lambda = 0° \ldots +4°$ $\alpha \geq 5°$

Schritt 6: Optimierungsmaßnahmen beim Querplan- und Längsrunddrehen

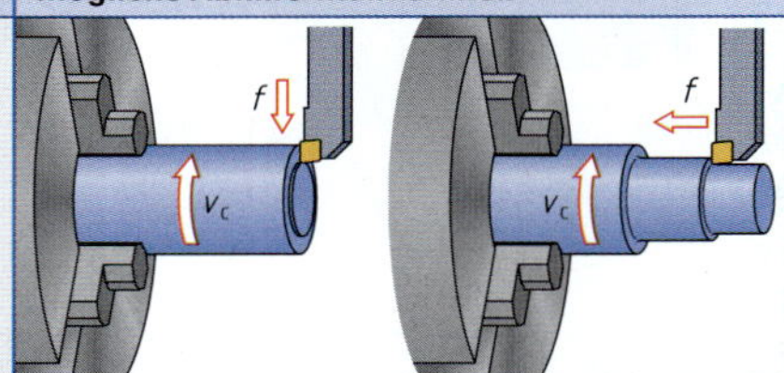

Probleme: Hoher Verschleiß (Frei- u. Spanfläche)	Deformation der Schneidkante	Bildung von Aufbauschneiden	Risse senkrecht zur Schneidkante	Ausbröckelung der Schneidkanten	Bruch der Wendeschneidplatte	Lange Spiralspäne	Vibrationen	mögliche Abhilfe-Maßnahmen
⇓	⇓	⇑		⇑			⇓	Schnittgeschwindigkeit v_c ändern
⇓	⇓				⇓	⇑	⇑	Vorschub f ändern
					•		•	Schnitttiefe verringern
•	•							verschleißfestere Hartmetall-Sorte wählen
			•	•	•			zähere Hartmetall-Sorte wählen
•		•		•			•	positive Schneidengeometrie wählen

• zu lösendes Problem ⇑ Schnittwert erhöhen ⇓ Schnittwert verkleinern

Schritt 7: Einstellen des Oberschlittens beim konventionellen Kegeldrehen

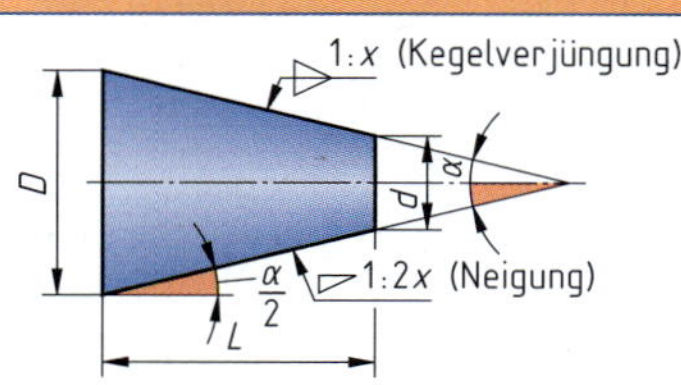

- D großer Kegeldurchmesser
- d kleiner Kegeldurchmesser
- L Kegellänge
- α Kegelwinkel
- C Kegelverjüngung
- $\frac{\alpha}{2}$ Einstellwinkel

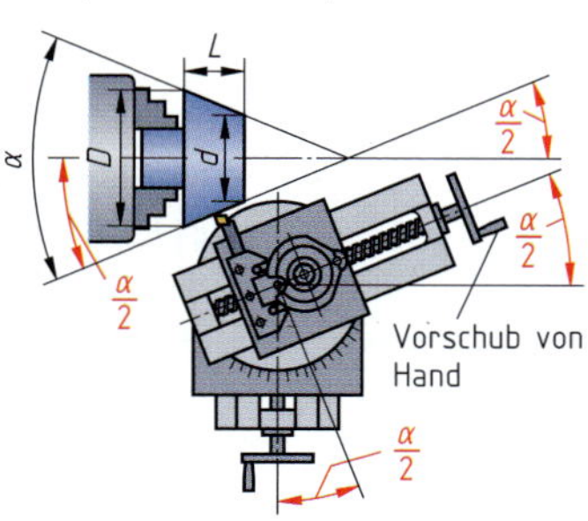

Beispiel:

$D = 225$ mm, $d = 150$ mm, $L = 100$ mm;

$\frac{\alpha}{2} = ?$; $C = ?$

$$\tan\frac{\alpha}{2} = \frac{D-d}{2 \cdot L}$$

$$= \frac{(225 - 150)\ \text{mm}}{2 \cdot 100\ \text{mm}} = 0{,}375$$

$$\mathbf{\frac{\alpha}{2} = 20{,}556° = 20°\ 33'\ 22''}$$

$$C = \frac{D-d}{L} = \frac{(225-150)\ \text{mm}}{100\ \text{mm}} = 0{,}75 = \mathbf{1 : 1{,}33}$$

Einstellwinkel

$$\tan\frac{\alpha}{2} = \frac{C}{2}$$

$$\tan\frac{\alpha}{2} = \frac{D-d}{2 \cdot L}$$

Kegelwinkel

$$\alpha = 2 \cdot \frac{\alpha}{2}$$

Kegelverjüngung

$$C = \frac{D-d}{L}$$

Kegelverhältnis

$$C = 1 : x$$

M

Fertigungsplanung beim Drehen

Richtwerte für das Drehen mit Hartmetall (HM)-Werkzeugen

- v_c Schnittgeschwindigkeit
- n Drehzahl
- f Vorschub
- a_p Schnitttiefe
- d Außendurchmesser
- d_m mittlerer Durchmesser (Seite 417)

Querplandrehen

$$n = \frac{v_c}{\pi \cdot d_m}$$

Längsrunddrehen

$$n = \frac{v_c}{\pi \cdot d}$$

Querplandrehen	Längsrunddrehen – Schruppen	Längsrunddrehen – Schlichten
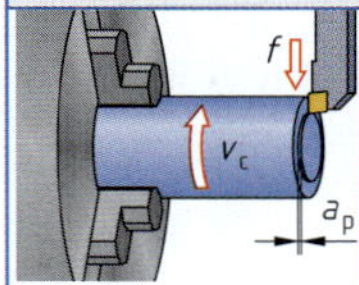	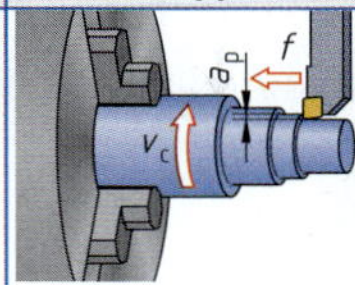	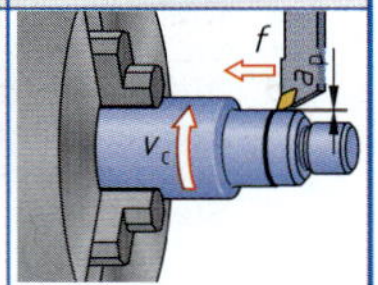
$a_p = 1 \dots 2$ mm	$a_p = 2 \dots 6$ mm	$a_p = 0{,}2 \dots 2$ mm

Schneidstoffgruppe	Werkstoff der Werkstücke: Werkstoffgruppe	mittlere Zugfestigkeit R_m in N/mm² bzw. Härte HB	Querplandrehen, Vorschub f in mm: 0,2 … 0,1	Schruppen, Vorschub f in mm: 0,6 … 0,25	Schlichten, Vorschub f in mm: 0,25 … 0,1
			Schnittgeschwindigkeit v_c[1] in m/min		
P	Baustahl	$R_m \leq 500$	210 – **280** – 350	150 – **220** – 300	280 – **340** – 400
P	Baustahl	$R_m > 500$	160 – **230** – 300	100 – **170** – 240	220 – **290** – 350
P	Automatenstahl	$R_m \leq 570$	180 – **250** – 320	130 – **200** – 270	240 – **300** – 360
P	Automatenstahl	$R_m > 570$	130 – **200** – 270	100 – **160** – 220	200 – **250** – 360
P	Einsatzstahl	$R_m \leq 570$	200 – **270** – 320	150 – **210** – 260	250 – **320** – 300
P	Einsatzstahl	$R_m > 570$	160 – **220** – 270	110 – **160** – 210	200 – **270** – 340
P	Vergütungsstahl, unlegiert	$R_m \leq 650$	180 – **250** – 320	120 – **190** – 240	220 – **300** – 380
P	Vergütungsstahl, unlegiert	$R_m > 650$	110 – **200** – 280	110 – **150** – 200	190 – **250** – 310
P	Vergütungsstahl, legiert	$R_m \leq 750$	100 – **160** – 220	90 – **130** – 180	125 – **185** – 245
P	Vergütungsstahl, legiert	$R_m > 750$	80 – **130** – 180	70 – **110** – 160	100 – **150** – 200
P	Werkzeugstahl	$R_m \leq 750$	95 – **145** – 195	85 – **125** – 170	115 – **165** – 215
P	Werkzeugstahl	$R_m > 750$	60 – **110** – 160	40 – **80** – 120	100 – **140** – 180
P	Stahlguss	$R_m \leq 700$	140 – **180** – 220	105 – **155** – 180	160 – **200** – 240
P	Stahlguss	$R_m > 700$	100 – **135** – 170	80 – **110** – 140	130 – **160** – 190
M	Nichtrostender Stahl, austenitisch	$R_m \leq 680$	140 – **170** – 200	90 – **110** – 130	200 – **230** – 260
M	Nichtrostender Stahl, austenitisch	$R_m > 680$	100 – **120** – 140	70 – **90** – 110	130 – **150** – 170
M	Nichtrostender Stahl, ferritisch	$R_m \leq 700$	180 – **215** – 240	160 – **180** – 200	230 – **250** – 270
M	Nichtrostender Stahl, martensitisch	$R_m > 500$	130 – **160** – 190	110 – **130** – 150	150 – **190** – 230
K	Gusseisen mit Lamellengrafit	≤ 200 HB	300 – **370** – 440	230 – **280** – 330	380 – **450** – 520
K	Gusseisen mit Lamellengrafit	> 200 HB	195 – **250** – 305	140 – **190** – 240	230 – **300** – 370
K	Gusseisen mit Kugelgrafit	≤ 250 HB	210 – **270** – 330	160 – **210** – 260	250 – **320** – 410
K	Gusseisen mit Kugelgrafit	> 250 HB	160 – **200** – 250	140 – **170** – 210	180 – **230** – 300
K	Temperguss	≤ 230 HB	190 – **235** – 280	140 – **170** – 200	240 – **300** – 370
K	Temperguss	> 230 HB	150 – **190** – 230	100 – **130** – 160	200 – **260** – 330
N	Al-Knetlegierung	$R_m \leq 300$	350 – **450** – 560	380 – **450** – 520	600 – **700** – 800
N	Al-Legierung, ausgehärtet	$R_m > 300$	200 – **320** – 440	240 – **300** – 360	400 – **500** – 600
N	Al-Gusslegierungen	≤ 75 HB	310 – **400** – 490	300 – **360** – 420	450 – **550** – 650
N	Al-Gusslegierungen	> 75 HB	290 – **330** – 420	200 – **270** – 340	300 – **400** – 500
N	CuZn-Legierung (Messing)	$R_m \leq 600$	320 – **355** – 390	250 – **270** – 300	400 – **440** – 480
N	CuSn-Legierung (Bronze)	$R_m \leq 700$	200 – **230** – 260	130 – **150** – 170	280 – **310** – 340
N	Thermoplast, Duroplast	–	340 – **430** – 520	270 – **360** – 450	400 – **500** – 600
N	Faserverstärkter Kunststoff	–	230 – **320** – 410	190 – **220** – 310	340 – **420** – 500

Auswahlkriterien für die Schnittgeschwindigkeit beim Planen, Schruppen und Schlichten

[1] Als **Startwert** wird der **fettgedruckte Wert** von v_c genommen (**normale** Bearbeitungsbedingungen).
- Bei **ungünstigen** Bearbeitungsbedingungen wird ein kleineres v_c bis zum **unteren Grenzwert** eingestellt.
- Bei **günstigen** Bearbeitungsbedingungen wird ein größeres v_c bis zum **oberen Grenzwert** verwendet.

(Erläuterungen zu den Bearbeitungsbedingungen Seite 409)

Fertigungsplanung beim Drehen

Richtwerte für das Drehen mit Hartmetall (HM)-Werkzeugen

- v_c Schnittgeschwindigkeit
- n Drehzahl
- f Vorschub
- d Außendurchmesser (Nenndurchmesser des Gewindes)
- P Steigung des Gewindes (Seite 345)

Drehzahl

$$n = \frac{v_c}{\pi \cdot d}$$

Abstechdrehen Einstechdrehen

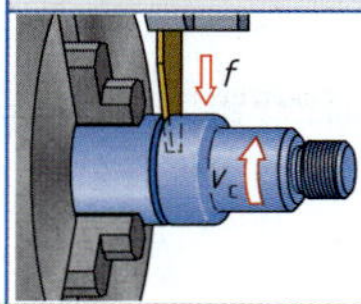

Gewindedrehen

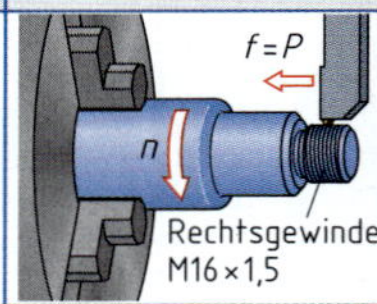

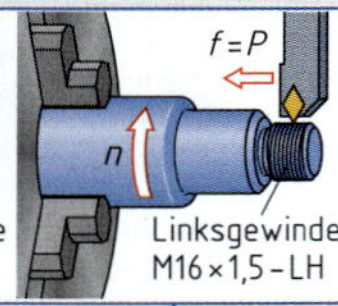

Schneidstoffgruppe	Werkstoff der Werkstücke: Werkstoffgruppe	mittlere Zugfestigkeit R_m in N/mm² bzw. Härte HB	Vorschub f in mm 0,05…0,15 – Schnittgeschwindigkeit v_c[1] in m/min	Vorschub f in mm $f = P$ – Schnittgeschwindigkeit v_c[1] in m/min	Steigung P in mm von bis	Anzahl der Schnitte (ohne Leerdurchläufe)[2]
P	Baustahl	$R_m \le 500$	140 – **160** – 180	140 – **155** – 170		
		$R_m > 500$	130 – **150** – 170	130 – **145** – 160		
	Automatenstahl	$R_m \le 570$	135 – **155** – 175	135 – **150** – 165	0,25 ≤ 0,50	5
		$R_m > 570$	125 – **145** – 165	125 – **140** – 155		
	Einsatzstahl	$R_m \le 570$	140 – **150** – 160	135 – **145** – 155	> 0,50 ≤ 0,75	5
		$R_m > 570$	130 – **140** – 150	125 – **135** – 145		
	Vergütungsstahl, unlegiert	$R_m \le 650$	115 – **135** – 155	120 – **130** – 140	> 0,75 ≤ 1,00	6
		$R_m > 650$	110 – **120** – 130	105 – **115** – 125		
	Vergütungsstahl, legiert	$R_m \le 750$	105 – **115** – 125	100 – **110** – 120	> 1,00 ≤ 1,25	7
		$R_m > 750$	95 – **105** – 115	90 – **100** – 110		
	Werkzeugstahl	$R_m \le 750$	85 – **95** – 105	85 – **95** – 105	> 1,25 ≤ 1,50	7
		$R_m > 750$	55 – **75** – 95	50 – **60** – 70		
	Stahlguss	$R_m \le 700$	60 – **80** – 100	60 – **80** – 100	> 1,50 ≤ 1,75	9
		$R_m > 700$	50 – **70** – 90	50 – **70** – 90		
M	Nichtrostender Stahl, austenitisch	$R_m \le 680$	110 – **130** – 150	110 – **120** – 130	> 1,75 ≤ 2,00	10
		$R_m > 680$	60 – **80** – 100	60 – **70** – 80		
	Nichtrostender Stahl, ferritisch	$R_m \le 700$	120 – **140** – 160	125 – **135** – 145	> 2,00 ≤ 2,50	11
	Nichtrostender Stahl, martensitisch	$R_m > 500$	60 – **80** – 100	50 – **70** – 90		
K	Gusseisen mit Lamellengrafit	≤ 200 HB	215 – **230** – 245	155 – **170** – 185	> 2,50 ≤ 3,00	13
		> 200 HB	180 – **195** – 210	110 – **130** – 150		
	Gusseisen mit Kugelgrafit	≤ 250 HB	200 – **220** – 240	100 – **110** – 120	> 3,00 ≤ 3,50	13
		> 250 HB	170 – **180** – 190	70 – **80** – 90		
	Temperguss	≤ 230 HB	120 – **150** – 180	90 – **100** – 110	> 3,50 ≤ 4,00	15
		> 230 HB	100 – **130** – 160	80 – **90** – 100		
N	Al-Knetlegierung	$R_m \le 300$	500 – **600** – 700	300 – **350** – 400	> 4,00 ≤ 4,50	15
	Al-Legierung, ausgehärtet	$R_m > 300$	400 – **500** – 600	200 – **250** – 300		
	Al-Gusslegierungen	≤ 75 HB	250 – **350** – 450	300 – **350** – 400	> 4,50 ≤ 5,00	15
		> 75 HB	150 – **250** – 350	200 – **250** – 300		
	CuZn-Legierung (Messing)	$R_m \le 600$	200 – **300** – 400	200 – **225** – 250	> 5,00 ≤ 5,50	16
	CuSn-Legierung (Bronze)	$R_m \le 700$	250 – **200** – 300	160 – **180** – 200		
	Thermoplast, Duroplast	–	250 – **350** – 450	200 – **225** – 250	> 5,50 ≤ 6,00	16
	Faserverstärkter Kunststoff	–	300 – **400** – 500	180 – **210** – 240		

Auswahlkriterien für die Schnittgeschwindigkeit beim Einstech-, Abstech- und Gewindedrehen

[1] Als **Startwert** wird der **fettgedruckte Wert** von v_c genommen (**normale** Bearbeitungsbedingungen).
- Bei **ungünstigen** Bearbeitungsbedingungen wird ein kleineres v_c bis zum **unteren Grenzwert** eingestellt.
- Bei **günstigen** Bearbeitungsbedingungen wird ein größeres v_c bis zum **oberen Grenzwert** verwendet.

(Erläuterungen zu den Bearbeitungsbedingungen Seite 409)

[2] Nach dem letzten Schnitt wird das Gewinde mit 2 bis 4 Leerdurchläufen (ohne weitere Zustellung) nachgedreht.

Fertigungsplanung beim Drehen

Richtwerte für das Hartdrehen mit kubischem Bornitrid und oxidkeramischen Schneidstoffen

v_c Schnittgeschwindigkeit
n Drehzahl
f Vorschub
a_p Schnitttiefe
d Außendurchmesser
d_m mittlerer Durchmesser (Seite 417)

Querplandrehen

$$n = \frac{v_c}{\pi \cdot d_m}$$

Längsrunddrehen

$$n = \frac{v_c}{\pi \cdot d}$$

	Querplandrehen	Längsrunddrehen: Schruppen	Längsrunddrehen: Schlichten
	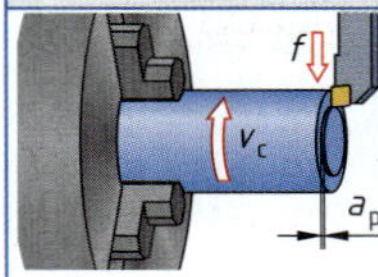	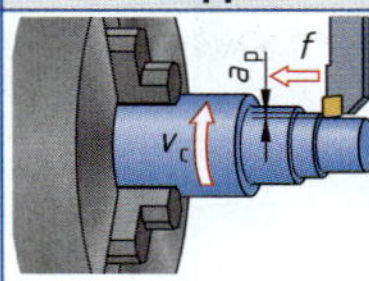	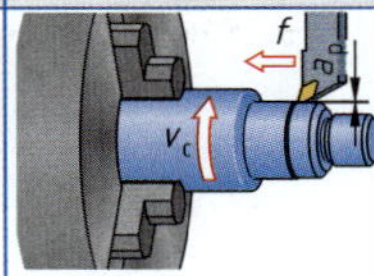
	$a_p = 0{,}1 \ldots 0{,}4$ mm	$a_p = 0{,}3 \ldots 0{,}7$ mm	$a_p = 0{,}1 \ldots 0{,}3$ mm

Schneidstoffgruppe	Werkstoff der Werkstücke: Werkstoffgruppe	Härte HRC	Querplandrehen	Längsrunddrehen Schruppen	Längsrunddrehen Schlichten
		Vorschub f in mm	0,15 … 0,1	0,2 … 0,15	0,05 … 0,1
			Schnittgeschwindigkeit v_c[1] in m/min		
H	Vergüteter Stahl, gehärtet und angelassen	≤ 50 HRC	135 – **175** – 215	110 – **145** – 185	165 – **205** – 220
		≤ 55 HRC	115 – **140** – 190	95 – **110** – 155	140 – **175** – 210
		≤ 60 HRC	100 – **120** – 165	80 – **95** – 135	120 – **145** – 180
		≤ 65 HRC	85 – **100** – 140	70 – **80** – 120	105 – **120** – 160
	Gehärtetes Gusseisen	≤ 55 HRC	135 – **150** – 170	100 – **110** – 120	170 – **190** – 220

Richtwerte für das Drehen mit HSS-Werkzeugen

Werkstoff der Werkstücke: Werkstoffgruppe	mittlere Zugfestigkeit R_m in N/mm² bzw. Härte HB	Querplandrehen	Längsrunddrehen Schruppen	Längsrunddrehen Schlichten	Einstech-, Abstechdrehen	Gewindedrehen
	Schnitttiefe a_p in mm	0,5 … 2	2 … 4	0,5 … 1	0,6 … 6	0,05 … 0,1
	Vorschub f in mm	0,2 … 0,1	0,6 … 0,3	0,25 … 0,1	0,02 … 0,1	$f = P$
		Schnittgeschwindigkeit v_c[1] in m/min				
Baustahl	$R_m \leq 500$	50 – **60** – 70	40 – **50** – 60	60 – **70** – 80	30 – **35** – 40	
	$R_m > 500$	40 – **45** – 50	30 – **40** – 50	50 – **55** – 60	20 – **25** – 30	
Automatenstahl	$R_m \leq 570$	30 – **35** – 40	30 – **35** – 40	40 – **45** – 50	20 – **25** – 30	
	$R_m > 570$	23 – **30** – 37	20 – **23** – 26	25 – **30** – 35	16 – **18** – 20	
Einsatzstahl	$R_m \leq 570$	30 – **35** – 40	25 – **30** – 35	35 – **40** – 45	20 – **25** – 30	
	$R_m > 570$	25 – **30** – 35	20 – **23** – 25	25 – **30** – 35	16 – **18** – 20	
Vergütungsstahl, unlegiert	$R_m \leq 650$	30 – **35** – 40	25 – **30** – 35	35 – **40** – 45	20 – **15** – 30	
	$R_m > 650$	20 – **25** – 30	18 – **20** – 22	22 – **28** – 34	12 – **16** – 20	
Werkzeugstahl	$R_m \leq 750$	20 – **25** – 30	18 – **20** – 22	22 – **28** – 34	12 – **16** – 20	
Stahlguss	$R_m > 700$	18 – **21** – 24	14 – **17** – 20	20 – **25** – 30	10 – **13** – 16	
Nichtrostender Stahl – austenitisch, ferritisch	$R_m \leq 680$	19 – **22** – 25	18 – **20** – 22	22 – **26** – 30	11 – **13** – 15	
	$R_m > 680$	12 – **16** – 20	10 – **13** – 16	15 – **20** – 25	8 – **10** – 12	
Gusseisen mit Lamellengrafit	≤ 200 HB	35 – **40** – 45	30 – **35** – 40	40 – **45** – 50	25 – **30** – 35	
	> 200 HB	18 – **20** – 22	14 – **17** – 20	20 – **27** – 34	12 – **16** – 18	
Al-Knetlegierung	$R_m \leq 300$	140 – **160** – 180	120 – **140** – 160	160 – **180** – 200	150 – **175** – 200	
Al-Legierung, ausgehärtet	$R_m > 300$	90 – **100** – 110	80 – **90** – 100	100 – **110** – 120	90 – **100** – 110	
Al-Gusslegierungen	≤ 75 HB	70 – **80** – 90	50 – **65** – 80	80 – **90** – 100	50 – **70** – 90	
CuZn-Legierung (Messing)	$R_m \leq 600$	90 – **100** – 110	80 – **90** – 100	100 – **110** – 120	80 – **90** – 100	
CuSn-Legierung (Bronze)	$R_m \leq 700$	70 – **80** – 90	60 – **70** – 80	80 – **90** – 100	60 – **70** – 80	
Thermoplast, Duroplast	–	225 – **250** – 275	200 – **225** – 250	250 – **275** – 300	150 – **175** – 200	
Faserverstärkter Kunststoff	–	70 – **80** – 90	60 – **70** – 80	80 – **90** – 100	50 – **90** – 70	

[1] Als **Startwert** wird der **fettgedruckte Wert** von v_c genommen (**normale** Bearbeitungsbedingungen).

M

Kräfte und Leistungen beim Drehen

Längsdrehen

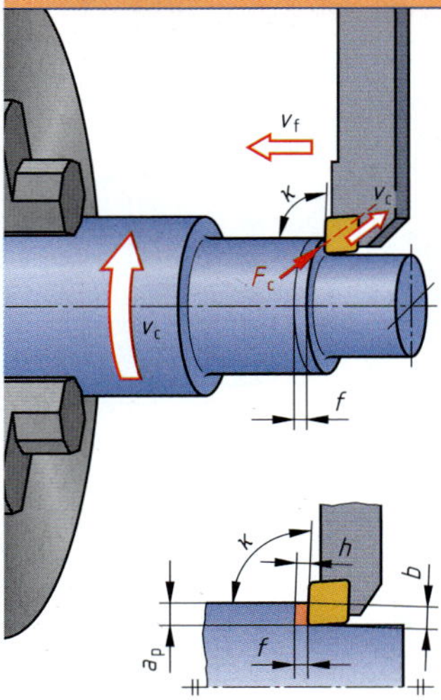

F_c	Schnittkraft in N
A	Spanungsquerschnitt in mm²
a_p	Schnitttiefe in mm
f	Vorschub in je Umdrehung in mm
h	Spanungsdicke in mm
b	Spanungsbreite in mm
κ	Einstellwinkel in Grad (°)
C_1	Korrekturfaktor für den Schneidstoff
C_2	Korrekturfaktor für den Schneidenverschleiß
v_c	Schnittgeschwindigkeit in m/min
k_c	spezifische Schnittkraft in N/mm² (Seite 402)
$k_{c1.1}$	spezifische Schnittkraft in N/mm² bei $h = 1$ mm und $b = 1$ mm (Seite 402)
m_c	Werkstoffkonstante (Seite 402)
P_c	Schnittleistung in kW
P_1	Antriebsleistung der Maschine in kW
η	Wirkungsgrad der Drehmaschine

Spanungsquerschnitt

$$A = a_p \cdot f$$

$$A = b \cdot h$$

Spanungsdicke

$$h = f \cdot \sin\kappa$$

Spezifische Schnittkraft

$$k_c = \frac{k_{c1.1}}{h^{m_c}}$$

Schnittkraft[1)]

$$F_c = A \cdot k_c \cdot C_1 \cdot C_2$$

Schnittleistung

$$P_c = F_c \cdot v_c$$

Antriebsleistung

$$P_1 = \frac{P_c}{\eta}$$

Beispiel:

Vordrehen des Gewindebolzens (Seite 408) aus 11SMnPb30 mit HM-Wendeschneidplatten, mit Abstumpfung der Werkzeugschneide

$a_p = 2{,}65$ mm, $f = 0{,}45$ mm, $v_c = 200$ m/min, $\kappa = 95°$, $\eta = 0{,}8$

Gesucht: A, h, $k_{c1.1}$, m_c, k_c, C_1, C_2, F_c, P_c, P_1

Lösung 1
mit Berechnung der spezifischen Schnittkraft k_c anhand der Basiswerte

$\boldsymbol{A} = a_p \cdot f = 2{,}65\ \text{mm} \cdot 0{,}45\ \text{mm} = \mathbf{1{,}2\ mm^2}$

$\boldsymbol{h} = f \cdot \sin\kappa = 0{,}45\ \text{mm} \cdot \sin 95° \approx \mathbf{0{,}45\ mm}$

$\boldsymbol{k_{c1.1}} = \mathbf{1200\ N/mm^2}$ (Basiswert aus Tabelle Seite 402)

$\boldsymbol{m_c} = \mathbf{0{,}18}$ (Basiswert aus Tabelle Seite 402)

$$\boldsymbol{k_c} = \frac{k_{c1.1}}{h^{m_c}} = \frac{1200\ \frac{\text{N}}{\text{mm}^2}}{0{,}45^{0{,}18}} = \mathbf{1385\ \frac{N}{mm^2}}$$

$$\boldsymbol{F_c} = A \cdot k_c \cdot C_1 \cdot C_2 = 1{,}2\ \text{mm}^2 \cdot 1385\ \frac{\text{N}}{\text{mm}^2} \cdot 1{,}0 \cdot 1{,}3 = \mathbf{2161\ N}$$

$$\boldsymbol{P_c} = F_c \cdot v_c = 2161\ \text{N} \cdot 200\ \frac{\text{m}}{60\ \text{s}} = \mathbf{7202\ W = 7{,}2\ kW}$$

$$\boldsymbol{P_1} = \frac{P_c}{\eta} = \frac{7202\ \text{W}}{0{,}8} = \mathbf{9003\ W = 9\ kW}$$

Lösung 2
mit Ermittlung der spezifischen Schnittkraft k_c aus der Tabelle Seite 402

$\boldsymbol{A} = \mathbf{1{,}2\ mm^2}$; $\boldsymbol{h} = \mathbf{0{,}45\ mm}$ (siehe Lösung 1)

$\boldsymbol{k_c} = \mathbf{1415\ N/mm^2}$ (k_c aus Tabelle Seite 402 mit $h = 0{,}4$ mm)

$$\boldsymbol{F_c} = A \cdot k_c \cdot C_1 \cdot C_2 = 1{,}2\ \text{mm}^2 \cdot 1415\ \frac{\text{N}}{\text{mm}^2} \cdot 1{,}0 \cdot 1{,}3 = \mathbf{2207\ N}$$

$$\boldsymbol{P_c} = F_c \cdot v_c = 2207\ \text{N} \cdot 200\ \frac{\text{m}}{60\ \text{s}} = \mathbf{7358\ W = 7{,}36\ kW}$$

$$\boldsymbol{P_1} = \frac{P_c}{\eta} = \frac{7358\ \text{W}}{0{,}8} = \mathbf{9198\ W = 9{,}2\ kW}$$

M

Korrekturfaktor C_1 für den Schneidstoff	
Schneidstoff	C_1
Schnellarbeitsstahl	1,2
Hartmetall	1,0
Schneidkeramik	0,9

Korrekturfaktor C_2 für den Schneidenverschleiß	
Schneide	C_2
mit Abstumpfung	1,3
ohne Abstumpfung	1,0

Wirkungsgrad η der Drehmaschine	
Drehmaschine	η
konventionell	0,7–0,8
CNC	0,8–0,85

1) Vereinfachungen: Der Einfluss auf die Schnittkraft durch Schnittgeschwindigkeit v_c und Schneidstoff wird durch einen gemeinsamen Korrekturfaktor C_1 berücksichtigt. Die Größe des Spanwinkels und des Neigungswinkels wird vernachlässigt.

Hauptnutzungszeit beim Drehen

Hauptnutzungszeit beim Längsrunddrehen und Querplandrehen

t_h	Hauptnutzungszeit	l_u	Überlaufweg
d, d_a	Außen-, Anfangsdurchmesser	L	Vorschubweg
d_1	Ansatz-, Innendurchmesser	f	Vorschub je Umdrehung
d_m	mittlerer Durchmesser[1]	n	Drehzahl
d_e	Enddurchmesser	i	Anzahl der Schnitte[2]
l	Werkstücklänge	v_c	Schnittgeschwindigkeit
l_a	Anlaufweg	a_p	Schnitttiefe

Hauptnutzungszeit

$$t_h = \frac{L \cdot i}{n \cdot f}$$

$l_a = l_u = 1 \ldots 2$ mm

[1] Die Verwendung des mittleren Durchmessers d_m führt zu höheren Schnittgeschwindigkeiten. Dadurch ist garantiert, dass bei kleinen Drehzahlen (Innenbereich) noch annehmbare Schnittbedingungen herrschen.

[2] Beim Schlichten wird nur ein Schnitt verwendet ($i = 1$). Beim Querplandrehen ist i = Aufmaß/Schnitttiefe a_p. Die berechnete Anzahl der Schnitte i wird immer ganzzahlig aufgerundet.

Berechnung des Vorschubweges L, des mittleren Durchmessers d_m und der Drehzahl n

Längsrunddrehen		Querplandrehen		
ohne Ansatz	mit Ansatz	Vollzylinder ohne Ansatz	Vollzylinder mit Ansatz	Hohlzylinder

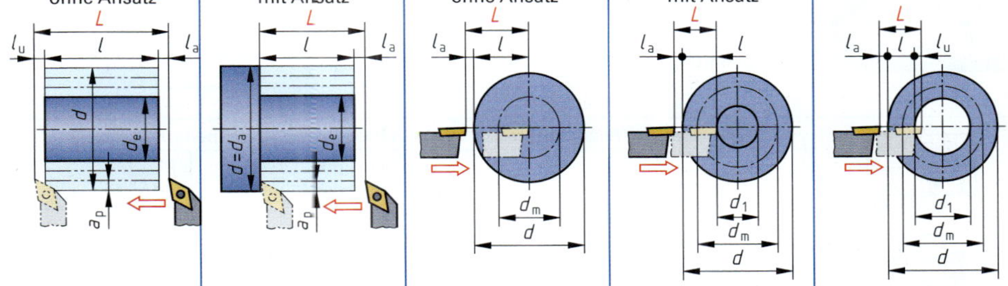

$L = l + l_a + l_u$	$L = l + l_a$	$L = \frac{d}{2} + l_a$	$L = \frac{d - d_1}{2} + l_a$	$L = \frac{d - d_1}{2} + l_a + l_u$
$n = \frac{v_c}{\pi \cdot d}$	$i \geq \frac{d_a - d_e}{2 \cdot a_p}$	$d_m = \frac{d}{2}$; $n = \frac{v_c}{\pi \cdot d_m}$	$d_m = \frac{d + d_1}{2}$; $n = \frac{v_c}{\pi \cdot d_m}$	

Beispiel: Längsrunddrehen ∅ 30 des Gewindebolzens (Seite 408) auf einer konventionellen Drehmaschine

Längsrunddrehen (Schruppen) mit Ansatz,
Werkstoff: 11MnPb30 (vgl. Seite 139)
v_c = 130 m/min (vgl. Seite 320)
l_a = 2 mm, f = 0,3 mm, a_p = 3 mm
d = 42 mm, l = 50 mm, i = 2
Gesucht: L; n; t_h

Lösung: $\mathbf{L} = l + l_a = 50\text{ mm} + 2\text{ mm} = \mathbf{52\text{ mm}}$

$$\mathbf{n} = \frac{v_c}{\pi \cdot d} = \frac{130\text{ m/min}}{\pi \cdot 0{,}042\text{ m}} = \mathbf{985\text{ min}^{-1}}$$

$$\mathbf{t_h} = \frac{L \cdot i}{n \cdot f} = \frac{52\text{ mm} \cdot 2}{985\text{ min}^{-1} \cdot 0{,}3\text{ mm}} = \mathbf{0{,}35\text{ min}}$$

Hauptnutzungszeit beim Abstechdrehen und Einstechdrehen

Berechnung des Vorschubweges L und der Drehzahl n

Quer-Abstechen	Quer-Einstechen	Längs-Einstechen

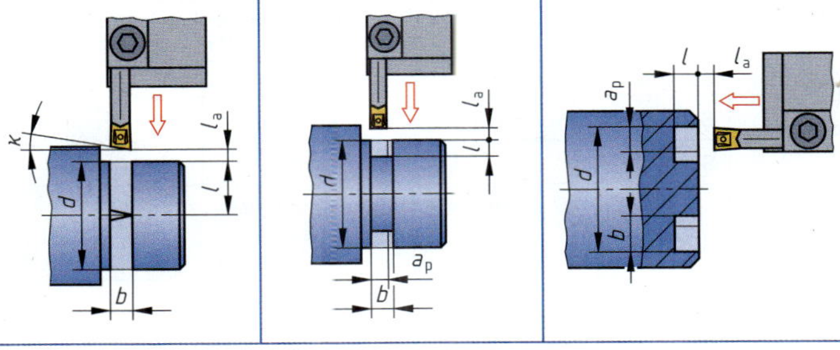

$n = \frac{v_c}{\pi \cdot d}$ $L = l + l_a$ $l_a = 1 \ldots 2$ mm $\kappa = 0° \ldots 25°$

Hauptnutzungszeit

$$t_h = \frac{L \cdot i}{n \cdot f}$$

- d Außendurchmesser
- l Ab-/Einstechtiefe
- l_a Anlaufweg
- L Vorschubweg
- f Vorschub je Umdrehung
- n Drehzahl
- i Anzahl der Schnitte
- v_c Schnittgeschwindigkeit
- a_p Schnittbreite
- b Nutbreite
- κ Einstellwinkel

M

Fräsen

Übersicht der Fräsverfahren[1] (Auswahl)

Planfräsen

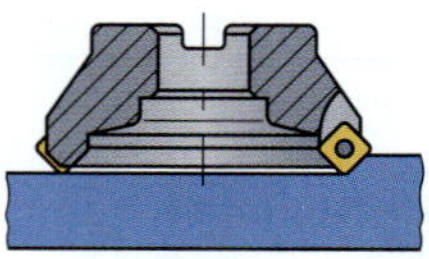

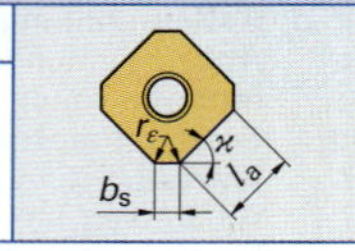

Werkzeug	**Planfräser mit Wendeschneidplatten**	
	Wendeschneidplatte (Hartmetall)	$κ$ = 10°…75° $r_ε$ = 0,8…2,5 mm l_a = 14 mm b_s = 1,5…2,5 mm
Schnittgrößen	Schnittgeschwindigkeit	v_c = Startwert je nach Werkstoff (Seite 421)
	Vorschub	f_z = 0,19…0,34 mm[2]
	Schnitttiefe	a_{pmax} = 10 mm

Eck- und Planfräsen

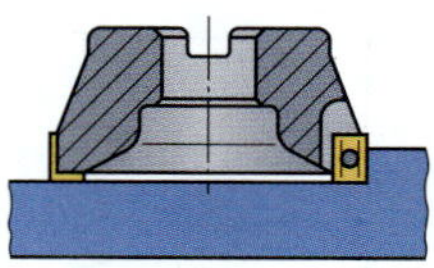

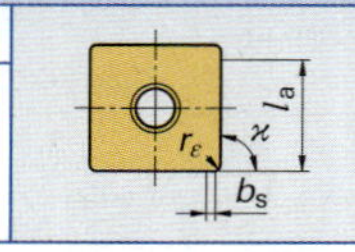

Werkzeug	**Eck- bzw. Planfräser mit Wendeschneidplatten**	
	Wendeschneidplatte (Hartmetall)	$κ$ = 90° $r_ε$ = 0,8…2,0 mm l_a = 10 mm b_s = 1,5 mm
Schnittgrößen	Schnittgeschwindigkeit	v_c = Startwert je nach Werkstoff (Seite 421)
	Vorschub	f_z = 0,11…0,14 mm[2]
	Schnitttiefe	a_{pmax} = 15 mm

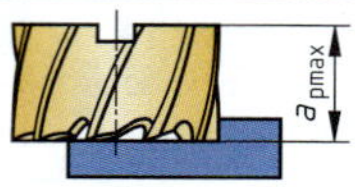

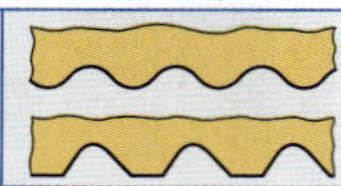

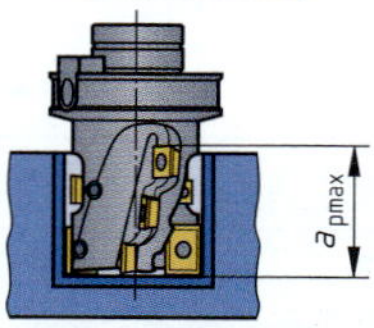

Werkzeug	**Walzenstirnfräser aus HSS (Hochleistungsschnellarbeitsstahl)**	
	Verzahnung	Schrupp-Kordelverzahnung Schrupp-Schlichtverzahnung
Schnittgrößen	Schnittgeschwindigkeit	v_c = Startwert je nach Werkstoff
	Vorschub	f_z = 0,055…0,100 mm[2]
Werkzeug	**Walzenstirnfräser mit Wendeschneidplatten (Hartmetall)**	
Schnittgrößen	Schnittgeschwindigkeit	v_c = 60…180 m/min[2]
	Vorschub	f_z = 0,08…0,20 mm[2]

Kontur- und Eckfräsen

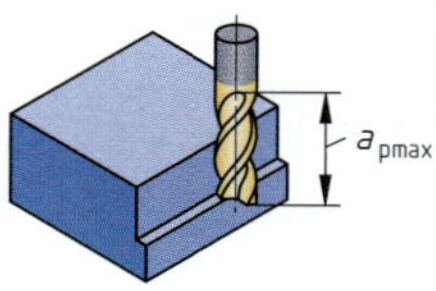

Werkzeug	**Schaftfräser aus HSS (Hochleistungsschnellarbeitsstahl)**	
Schnittgrößen	Schnittgeschwindigkeit	v_c = Startwert je nach Werkstoff (Seite 422)
	Vorschub	f_z = 0,004…0,060 mm[2]
Werkzeug	**Schaftfräser aus VHM (Vollhartmetall)**	
Schnittgrößen	Schnittgeschwindigkeit	v_c = Startwert je nach Werkstoff (Seite 423)
	Vorschub	f_z = 0,020…0,120 mm[2]

M

Nutenfräsen

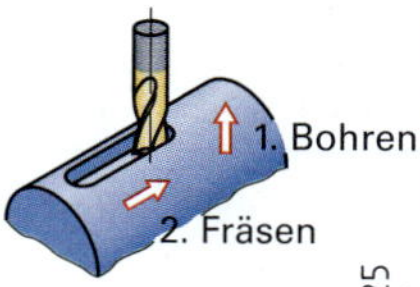

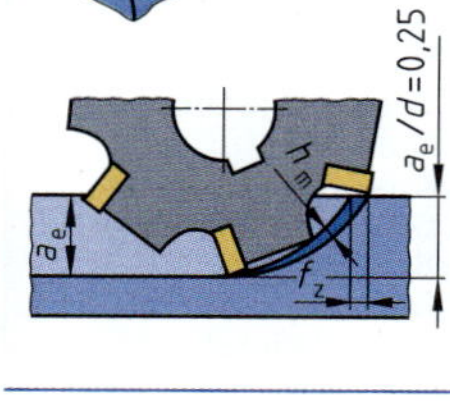

Werkzeug	**Langloch-, Bohrnuten- bzw. Schaftfräser mit Zentrumsschnitt**	
Schnittgrößen	Schnittgeschwindigkeit	v_c = Startwert je nach Werkstoff (Seite 422)
	Vorschub	f_z = Startwert je nach Werkstoff (Seite 422) 1. Bohren: $f_z \cdot 0,5$ (Korrekturfaktor) 2. Fräsen: $f_z \cdot 0,6…0,7$ (Korrekturfaktor)
Werkzeug	**Scheibenfräser mit Wendeschneidplatten (Hartmetall)**	
Schnittgrößen	Schnittgeschwindigkeit	v_c = 100…300 m/min[2]
	Schnittbreite	a_p = 2,5…26 mm[2]

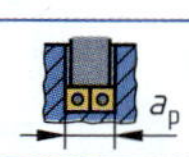

	Schnitttiefe a_e bezogen auf Fräser-Ø d für h_m = 0,2 mm a_e/d = 0,25	0,20	0,15	0,10	0,05
Vorschub je Zahn f_z	0,23 mm	0,25 mm	0,28 mm	0,33 mm	0,46 mm

[1] Die Vorgaben der Werkstoffhersteller sind zu beachten.
[2] für Stahl-Werkstoffe (Bau-, Automaten-, Einsatz-, Vergütungs-, Werkzeugstahl und Stahlguss)

Fertigungsplanung beim Fräsen

Schritt 1: Bestimmung der Schneidstoffgruppe anhand des Werkstoffs (Seite 409)

P P10 … 40	**Stahl**	alle Arten von Stahl und Stahlguss außer Nichtrostender Stahl	**N** N15 … 20	**Nichteisenmetalle und Kunststoffe**	Aluminiumlegierungen, Kupferlegierungen, Kunststoffe
M M15 … 40	**Nichtrostender Stahl**	Nichtrostender Stahl: austenitisch, ferritisch und martensitisch	**S** S15 … 30	**Warmfeste Speziallegierungen und Titan**	Speziallegierungen auf Basis von Eisen, Nickel, Cobalt, Titanlegierungen
K K10 … 30	**Gusseisen**	Gusseisen mit Lamellen- und Kugelgrafit, Temperguss	**H** H10 … 25	**Harte Werkstoffe**	gehärteter Stahl und gehärtete Gusseisenwerkstoffe

Schritt 2: Bestimmung des Fräsverfahrens und des Fräswerkzeugs (Seiten 418 und 420)

Planfräser	Eckfräser	Walzenstirnfräser	Schaftfräser	Scheibenfräser
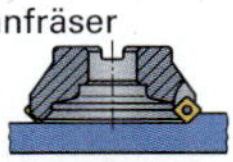	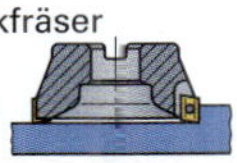	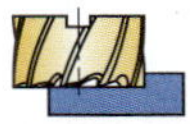	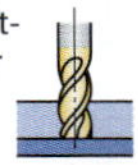	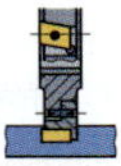

Schritt 3: Bestimmung der Teilung und der Anzahl der Zähne

Weite Teilung

Enge Teilung

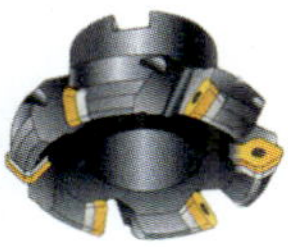

Weite Teilung:
- für große Werkzeuglängen (Überhänge bzw. Auskragung)
- für instabile Bedingungen; geringe Schnittkräfte
- für langspanende Werkstoffe (ISO N); großer Spanraum

Enge Teilung:
- Schruppen bei stabilen Bedingungen → gute Produktivität
- günstiger Spanraum zum Schruppen in ISO P-, M- und S-Werkstoffen

Extra enge Teilung:
- bei geringer Schnittbreite a_e → hohe Produktivität
- Schruppen und Schlichten in ISO K-Werkstoffen

Schritt 4: Auswahl der Plattengeometrie (Seite 406)

Leichte Bearbeitung (Schlichten)	Mittlere Bearbeitung	Schwere Bearbeitung (Schruppen)
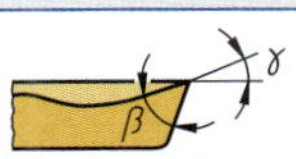 Spanwinkel γ = 12° … 30° kleiner Keilwinkel β Scharfe, positive Schneidkante	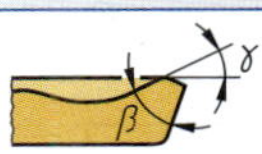 Spanwinkel γ = 10° … 18° Positive Geometrie für Mischproduktion	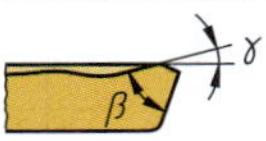 Spanwinkel γ = 0° … 12° Großer Keilwinkel β Verstärkte Schneidkante

zunehmende Schnittkraft, Schnitttiefe und zunehmender Vorschub möglich →

Schritt 5: Festlegung der Bearbeitungsbedingungen und Vorgehensweise zur Ermittlung der Schnittgeschwindigkeit beim Fräsen (Seite 421 ff.)

Werkzeug-Auskragung	Stabilität der Maschine, Aufspannung und Geometrie des Werkstücks ++	+	–
kurze Auskragung 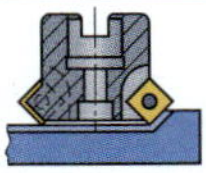	günstige Bearbeitungsbedingungen	**normale** Bearbeitungsbedingungen	ungünstige Bearbeitungsbedingungen
lange Auskragung 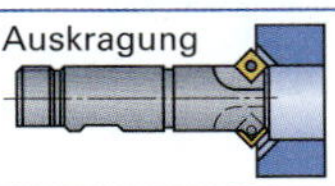	**normale** Bearbeitungsbedingungen	ungünstige Bearbeitungsbedingungen	sehr ungünstige Bearbeitungsbedingungen

Beispiel (Seite 424):

1. Zuordnung der **Werkstoffgruppe** (Seite 201) und **Schneidstoffgruppe** (Seite 405) ⇒ 16MnCr5+A: Einsatzstahl mit Härte = 207 HB, $R_m \approx 670\ \text{N/mm}^2$ (Seite 400), Schneidstoffgruppe P
2. Auswahl des **Fräsverfahrens** und **Fräswerkzeugs** (Seite 413 f.) ⇒ Verfahren: Eckfräsen; Werkzeug: 90°-Planfräser mit Wendeschneidplatten
3. Wahl der Schnittgeschwindigkeit aus **Tabellen S. 421 ff.** **Startwert vc** bei **normalen** Bearbeitungsbedingungen, kleineres v_c bei ungünstigen Bearbeitungsbedingungen, größeres v_c bei günstigen Bearbeitungsbedingungen ⇒ **Tabelle „90°-Planfräsen (Eckfräsen)"** (Seite 421), normale Bearbeitungsbedingungen (CNC-Maschine, gute Aufspannung, kurze Auskragung) ⇒ Startwert v_c = 165 m/min

M

Fertigungsplanung beim Fräsen

Anwendungsbeispiele unterschiedlicher Fräser mit Wendeschneidplatten

Frästyp Durchmesser in mm	Schitt-tiefe a_p in mm	 Nutenfräsen/ Abstechen	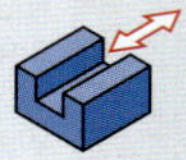 zweiseitige Fräs-bearbeitung	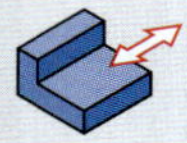 Eckfräsen	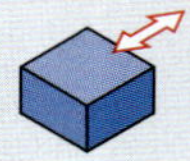 Planfräsen	 Profilfräsen	 Spiral-förmiges Eintauchen
Planfräser 32 … 250	6 … 10	○	○	○	●	○	◐
Planfräser mit enger Teilung (Schlichtfräser) 80 … 500	1 … 8	○	○	○	●	○	◐
Planfräser mit weiter Teilung (Schruppfräser) 100 … 400	12	○	○	○	●	○	◐
Kugelschaftfräser (Kopierfräser) 5 … 32	2 … 5	◐	○	○	○	●	●
Eckfräser 40 … 250	15	◐	○	●	●	○	◐
Scheibenfräser 40 … 315	6 … 30	●	●	●	◐	○	○
Trennfräser 80 … 315	2 … 6	●	○	○	○	○	○
Schaftfräser 12 … 100	10 … 18	◐	●	●	◐	◐	●
Walzenstirnfräser 20 … 100	5 … 100[1]	○	○	●	◐	○	◐
Fräser mit runden Wendeschneid-platten 10 … 160	1 … 10	◐	○	◐	●	●	●

[1] oberer Wert gilt für das Eckfräsen von NE-Metallen und die Eckfräs-Schlichtbearbeitung

● sehr gut geeignet ◐ geeignet ○ nicht geeignet

Fertigungsplanung beim Fräsen

Richtwerte für das 90°-Planfräsen (Eckfräsen) mit Hartmetall (HM)-Wendeschneidplatten

- v_c Schnittgeschwindigkeit
- n Drehzahl
- f_z Vorschub je Schneide
- a_p Schnitttiefe
- a_{pmax} maximale Schnitttiefe
- a_e Schnittbreite
- d Fräserdurchmesser
- κ Einstellwinkel ($\kappa = 90°$)

Drehzahl

$$n = \frac{v_c}{\pi \cdot d}$$

Vorschubgeschwindigkeit

$$v_f = n \cdot f_z \cdot z$$

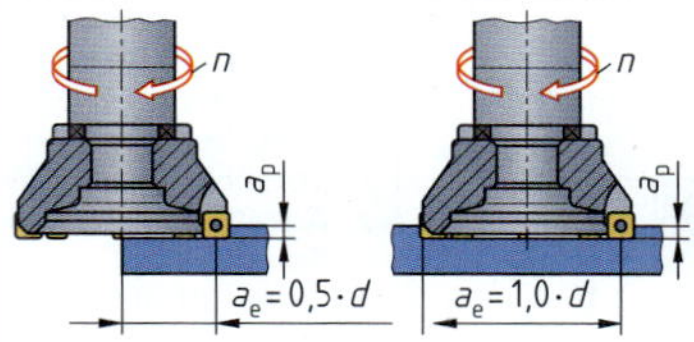

$a_{pmax} = 15$ mm

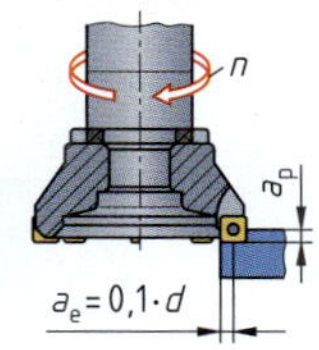

$a_{pmax} = 15$ mm

Schneidstoffgruppe	Werkstoff der Werkstücke: Werkstoffgruppe	mittlere Zugfestigkeit R_m in N/mm² bzw. Härte HB	Schnittgeschwindigkeit v_c[1] in m/min	Schnittbreite a_e: $a_e = (0{,}5 \ldots 1{,}0) \cdot d$ – Vorschub je Schneide f_z[1] in mm	Schnittbreite a_e: $a_e = 0{,}1 \cdot d$ – Vorschub je Schneide f_z[1] in mm
P	Baustahl	$R_m \leq 500$	200 – **230** – 260	0,10 – **0,14** – 0,18	0,17 – **0,24** – 0,31
P	Baustahl	$R_m > 500$	160 – **200** – 240	0,10 – **0,14** – 0,18	0,17 – **0,24** – 0,31
P	Automatenstahl	$R_m \leq 570$	160 – **200** – 240	0,10 – **0,14** – 0,18	0,17 – **0,24** – 0,31
P	Automatenstahl	$R_m > 570$	160 – **200** – 240	0,10 – **0,14** – 0,18	0,17 – **0,24** – 0,31
P	Einsatzstahl	$R_m \leq 570$	200 – **235** – 270	0,10 – **0,14** – 0,18	0,17 – **0,24** – 0,31
P	Einsatzstahl	$R_m > 570$	140 – **165** – 190	0,10 – **0,14** – 0,18	0,17 – **0,24** – 0,31
P	Vergütungsstahl, unlegiert	$R_m \leq 650$	150 – **175** – 200	0,10 – **0,14** – 0,18	0,17 – **0,24** – 0,31
P	Vergütungsstahl, unlegiert	$R_m > 650$	140 – **165** – 190	0,10 – **0,14** – 0,18	0,17 – **0,24** – 0,31
P	Vergütungsstahl, legiert	$R_m \leq 750$	140 – **165** – 190	0,10 – **0,14** – 0,18	0,17 – **0,24** – 0,31
P	Vergütungsstahl, legiert	$R_m > 750$	140 – **165** – 190	0,08 – **0,12** – 0,16	0,14 – **0,21** – 0,28
P	Werkzeugstahl	$R_m \leq 750$	140 – **165** – 190	0,10 – **0,14** – 0,18	0,17 – **0,24** – 0,31
P	Werkzeugstahl	$R_m > 750$	75 – **100** – 125	0,08 – **0,11** – 0,14	0,14 – **0,19** – 0,24
P	Stahlguss	$R_m \leq 700$	190 – **210** – 230	0,08 – **0,10** – 0,12	0,11 – **0,15** – 0,19
P	Stahlguss	$R_m > 700$	130 – **150** – 170	0,08 – **0,10** – 0,12	0,11 – **0,15** – 0,19
M	Nichtrostender Stahl, austenitisch	$R_m \leq 680$	180 – **200** – 220	0,10 – **0,13** – 0,16	0,17 – **0,22** – 0,28
M	Nichtrostender Stahl, austenitisch	$R_m > 680$	160 – **180** – 200	0,09 – **0,12** – 0,14	0,17 – **0,21** – 0,25
M	Nichtrostender Stahl, ferritisch	$R_m \leq 700$	190 – **210** – 230	0,10 – **0,13** – 0,16	0,17 – **0,22** – 0,28
M	Nichtrostender Stahl, martensitisch	$R_m > 500$	150 – **170** – 190	0,09 – **0,11** – 0,12	0,17 – **0,19** – 0,21
K	Gusseisen mit Lamellengrafit	≤ 200 HB	220 – **240** – 260	0,08 – **0,13** – 0,18	0,14 – **0,23** – 0,32
K	Gusseisen mit Lamellengrafit	> 200 HB	120 – **140** – 160	0,08 – **0,13** – 0,18	0,14 – **0,23** – 0,32
K	Gusseisen mit Kugelgrafit	≤ 250 HB	200 – **220** – 240	0,08 – **0,13** – 0,18	0,14 – **0,23** – 0,32
K	Gusseisen mit Kugelgrafit	> 250 HB	110 – **130** – 150	0,08 – **0,13** – 0,18	0,14 – **0,23** – 0,32
K	Temperguss	≤ 230 HB	120 – **140** – 160	0,08 – **0,13** – 0,18	0,14 – **0,23** – 0,32
K	Temperguss	> 230 HB	100 – **120** –140	0,08 – **0,13** – 0,18	0,14 – **0,23** – 0,32
N	Al-Knetlegierung	$R_m \leq 300$	600 – **700** – 800	0,10 – **0,14** – 0,18	0,17 – **0,24** – 0,31
N	Al-Legierung, ausgehärtet	$R_m > 300$	400 – **500** – 600	0,10 – **0,14** – 0,18	0,17 – **0,24** – 0,31
N	Al-Gusslegierungen	≤ 75 HB	200 – **350** – 500	0,10 – **0,14** – 0,18	0,17 – **0,24** – 0,31
N	Al-Gusslegierungen	> 75 HB	180 – **300** – 420	0,10 – **0,14** – 0,18	0,17 – **0,24** – 0,31
N	CuZn-Legierung (Messing)	$R_m \leq 600$	500 – **600** – 700	0,10 – **0,14** – 0,18	0,17 – **0,24** – 0,31
N	CuSn-Legierung (Bronze)	$R_m \leq 700$	300 – **400** – 500	0,10 – **0,14** – 0,18	0,17 – **0,24** – 0,31
N	Thermoplast, Duroplast	–	400 – **500** – 600	0,10 – **0,14** – 0,18	0,17 – **0,24** – 0,31
N	Faserverstärkter Kunststoff	–	200 – **350** – 500	0,10 – **0,14** – 0,18	0,17 – **0,24** – 0,31

[1] Es wird der **fettgedruckte Wert** von v_c und f_z als **Startwert** genommen (**normale** Bearbeitungsbedingungen).
- Bei **ungünstigen** Bearbeitungsbedingungen wird ein kleineres v_c bzw. f_z bis zum **unteren Grenzwert** eingestellt.
- Bei **günstigen** Bearbeitungsbedingungen wird ein größeres v_c bzw. f_z bis zum **oberen Grenzwert** verwendet.

(Erläuterungen zu den Bearbeitungsbedingungen Seite 419)

M

Fertigungsplanung beim Fräsen

Richtwerte für das Konturfräsen mit HSS-Schaftfräsern (beschichtet)[1]

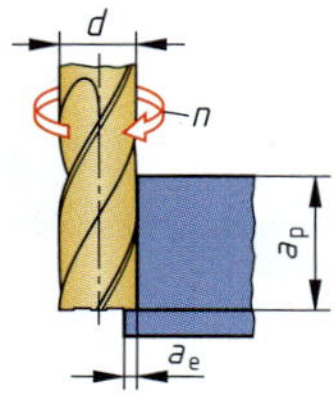

v_c Schnittgeschwindigkeit
d Fräserdurchmesser
n Drehzahl
v_f Vorschubgeschwindigkeit
f_z Vorschub je Schneide
z Anzahl der Schneiden
a_p Schnitttiefe
a_e Schnittbreite (Fräsbreite)

Drehzahl

$$n = \frac{v_c}{\pi \cdot d}$$

Vorschubgeschwindigkeit

$$v_f = n \cdot f_z \cdot z$$

Werkstoff der Werkstücke: Werkstoffgruppe	mittlere Zugfestigkeit R_m in N/mm² bzw. Härte HB	Schruppen: Schnittgeschwindigkeit v_c[2] in m/min	Schruppen: Vorschub f_z[3] in mm bei Fräserdurchmesser d = 4,0 mm	12,0	20,0	Schlichten: Schnittgeschwindigkeit v_c[2] in m/min	Schlichten: Vorschub f_z[3] in mm bei Fräserdurchmesser d = 4,0 mm	12,0	20,0
Baustahl	$R_m \leq 500$	70 – **75** – 80	0,009	0,037	0,060	80 – **85** – 90	0,005	0,022	0,044
	$R_m > 500$	60 – **65** – 70	0,007	0,032	0,053	65 – **70** – 75	0,004	0,019	0,039
Automatenstahl	$R_m \leq 570$	65 – **70** – 75	0,007	0,032	0,053	70 – **75** – 80	0,004	0,019	0,031
	$R_m > 570$	60 – **65** – 70	0,007	0,032	0,053	65 – **70** – 75	0,004	0,019	0,031
Einsatzstahl	$R_m \leq 570$	50 – **55** – 60	0,007	0,032	0,053	60 – **65** – 70	0,004	0,019	0,031
	$R_m > 570$	40 – **45** – 50	0,009	0,037	0,060	45 – **50** – 55	0,005	0,022	0,035
Vergütungsstahl, unlegiert	$R_m \leq 650$	60 – **65** – 70	0,007	0,032	0,053	65 – **70** – 75	0,004	0,019	0,031
	$R_m > 650$	40 – **45** – 50	0,007	0,032	0,053	45 – **50** – 55	0,004	0,019	0,031
Vergütungsstahl, legiert	$R_m \leq 750$	40 – **45** – 50	0,007	0,032	0,053	45 – **50** – 55	0,004	0,019	0,031
	$R_m > 750$	35 – **40** – 45	0,009	0,037	0,060	40 – **45** – 50	0,005	0,022	0,035
Werkzeugstahl	$R_m \leq 750$	30 – **35** – 40	0,007	0,024	0,053	35 – **40** – 45	0,004	0,019	0,031
	$R_m > 750$	25 – **30** – 35	0,009	0,037	0,060	25 – **30** – 35	0,005	0,022	0,035
Stahlguss	$R_m \leq 700$	40 – **45** – 50	0,007	0,024	0,053	45 – **50** – 55	0,004	0,019	0,031
	$R_m > 700$	35 – **40** – 45	0,007	0,024	0,053	40 – **45** – 50	0,004	0,019	0,031
Nichtrostender Stahl, austenitisch	$R_m \leq 680$	20 – **25** – 30	0,007	0,032	0,053	25 – **30** – 35	0,004	0,019	0,031
	$R_m > 680$	15 – **20** – 25	0,007	0,032	0,053	15 – **20** – 25	0,004	0,019	0,031
Nichtrostender Stahl, ferritisch	$R_m \leq 700$	25 – **30** – 35	0,007	0,032	0,053	25 – **30** – 35	0,004	0,019	0,031
Nichtrostender Stahl, martensitisch	$R_m > 500$	10 – **15** – 20	0,009	0,037	0,060	10 – **15** – 20	0,005	0,022	0,035
Gusseisen mit Lamellengrafit	≤ 200 HB	30 – **55** – 60	0,007	0,032	0,053	55 – **60** – 65	0,004	0,019	0,031
	> 200 HB	25 – **45** – 55	0,007	0,032	0,053	50 – **55** – 60	0,004	0,019	0,031
Gusseisen mit Kugelgrafit	≤ 250 HB	35 – **40** – 45	0,007	0,032	0,053	40 – **45** – 50	0,004	0,019	0,031
	> 250 HB	25 – **30** – 35	0,007	0,032	0,053	30 – **35** – 35	0,004	0,019	0,031
Temperguss	≤ 230 HB	35 – **40** – 45	0,007	0,032	0,053	40 – **45** – 50	0,004	0,019	0,031
	> 230 HB	25 – **30** – 35	0,007	0,032	0,053	30 – **35** – 35	0,004	0,019	0,031
Al-Knetlegierung	$R_m \leq 300$	180 – **200** – 220	0,010	0,049	0,085	220 – **230** – 240	0,006	0,036	0,050
Al-Legierung, ausgehärtet	$R_m > 300$	100 – **120** – 140	0,014	0,062	0,094	130 – **140** – 150	0,008	0,041	0,055
Al-Gusslegierungen	≤ 75 HB	90 – **100** – 110	0,018	0,069	0,102	100 – **110** – 120	0,011	0,028	0,060
	> 75 HB	80 – **90** – 100	0,018	0,069	0,102	90 – **100** – 110	0,011	0,028	0,060
CuZn-Legierung (Messing)	$R_m \leq 600$	80 – **85** – 90	0,014	0,062	0,094	90 – **95** – 100	0,008	0,036	0,055
CuSn-Legierung (Bronze)	$R_m \leq 700$	40 – **50** – 60	0,014	0,062	0,094	50 – **60** – 70	0,008	0,036	0,055
Thermoplast	–	50 – **55** – 60	0,014	0,062	0,094	55 – **60** – 65	0,008	0,036	0,055

[1] unbeschichteter HSS-Schaftfräser: $v_c \cdot 0{,}35$ (Korrekturfaktor)

[2] Es wird der **fettgedruckte Wert** von v_c als **Startwert** genommen (**normale** Bearbeitungsbedingungen).
- Bei **ungünstigen** Bearbeitungsbedingungen wird ein kleineres v_c bis zum **unteren Grenzwert** eingestellt.
- Bei **günstigen** Bearbeitungsbedingungen wird ein größeres v_c bis zum **oberen Grenzwert** verwendet.

(Erläuterungen zu den Bearbeitungsbedingungen Seite 419)

[3] Schruppen: f_z für $a_e = 0{,}5 \cdot d$ und $a_p = 1{,}0 \cdot d$; Schlichten: f_z für $a_e = 0{,}1 \cdot d$ und $a_p = 1{,}0 \cdot d$

M

Fertigungsplanung beim Fräsen

Richtwerte für das Konturfräsen mit VHM-Schaftfräsern (beschichtet)[1)]

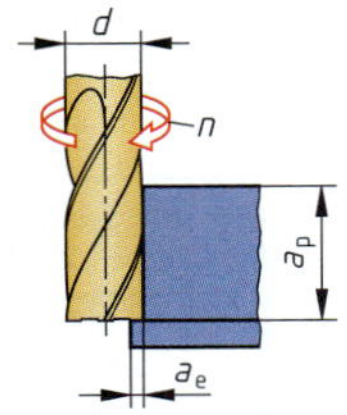

v_c Schnittgeschwindigkeit
d Fräserdurchmesser
n Drehzahl
v_f Vorschubgeschwindigkeit
f_z Vorschub je Schneide
z Anzahl der Schneiden
a_p Schnitttiefe
a_e Schnittbreite (Fräsbreite)

Drehzahl

$$n = \frac{v_c}{\pi \cdot d}$$

Vorschubgeschwindigkeit

$$v_f = n \cdot f_z \cdot z$$

Schneidstoffgruppe	Werkstoff der Werkstücke: Werkstoffgruppe	mittlere Zugfestigkeit R_m in N/mm² bzw. Härte HB	Schruppen: Schnittgeschwindigkeit v_c[1)] in m/min	Schruppen: Vorschub f_z[2)] in mm bei Fräserdurchmesser d = 4,0 mm	12,0	20,0	Schlichten: Schnittgeschwindigkeit v_c[1)] in m/min	Schlichten: Vorschub f_z[2)] in mm bei Fräserdurchmesser d = 4,0 mm	12,0	20,0
P	Baustahl	$R_m \leq 500$	130 – **140** – 150	0,023	0,080	0,120	170 – **190** – 210	0,032	0,080	0,107
P	Baustahl	$R_m > 500$	110 – **120** – 130	0,023	0,080	0,120	150 – **170** – 190	0,032	0,080	0,107
P	Automatenstahl	$R_m \leq 570$	110 – **120** – 130	0,023	0,080	0,120	150 – **170** – 190	0,032	0,080	0,107
P	Automatenstahl	$R_m > 570$	90 – **100** – 110	0,023	0,080	0,120	125 – **140** – 155	0,023	0,063	0,100
P	Einsatzstahl	$R_m \leq 570$	110 – **120** – 130	0,014	0,045	0,080	150 – **170** – 190	0,032	0,080	0,107
P	Einsatzstahl	$R_m > 570$	70 – **80** – 90	0,013	0,040	0,065	90 – **100** – 110	0,020	0,060	0,080
P	Vergütungsstahl, unlegiert	$R_m \leq 650$	110 – **120** – 130	0,023	0,080	0,120	150 – **170** – 190	0,032	0,080	0,107
P	Vergütungsstahl, unlegiert	$R_m > 650$	90 – **100** – 110	0,014	0,045	0,080	145 – **160** – 175	0,032	0,080	0,107
P	Vergütungsstahl, legiert	$R_m \leq 750$	75 – **85** – 95	0,014	0,045	0,080	110 – **120** – 130	0,023	0,063	0,100
P	Vergütungsstahl, legiert	$R_m > 750$	60 – **70** – 80	0,013	0,040	0,065	85 – **95** – 105	0,020	0,060	0,080
P	Werkzeugstahl	$R_m \leq 750$	75 – **85** – 95	0,014	0,045	0,080	110 – **120** – 130	0,023	0,063	0,100
P	Werkzeugstahl	$R_m > 750$	55 – **65** – 75	0,013	0,040	0,065	80 – **90** – 100	0,020	0,060	0,080
P	Stahlguss	$R_m \leq 700$	75 – **90** – 105	0,014	0,045	0,080	110 – **125** – 140	0,023	0,063	0,100
P	Stahlguss	$R_m > 700$	60 – **75** – 90	0,013	0,040	0,065	85 – **100** – 115	0,020	0,060	0,080
M	Nichtrostender Stahl, austenitisch	$R_m \leq 680$	75 – **85** – 95	0,015	0,050	0,090	100 – **110** – 120	0,023	0,063	0,115
M	Nichtrostender Stahl, austenitisch	$R_m > 680$	75 – **85** – 95	0,012	0,045	0,075	80 – **90** – 100	0,020	0,060	0,100
M	Nichtrostender Stahl, ferritisch	$R_m \leq 700$	80 – **90** – 100	0,015	0,050	0,090	100 – **110** – 120	0,023	0,063	0,115
M	Nichtrostender Stahl, martensitisch	$R_m > 500$	55 – **65** – 75	0,012	0,045	0,075	65 – **75** – 85	0,020	0,060	0,100
K	Gusseisen mit Lamellengrafit	≤ 200 HB	115 – **130** – 145	0,020	0,060	0,100	135 – **150** – 165	0,020	0,089	0,125
K	Gusseisen mit Lamellengrafit	> 200 HB	90 – **100** – 110	0,020	0,060	0,100	110 – **120** – 130	0,020	0,089	0,125
K	Gusseisen mit Kugelgrafit	≤ 250 HB	95 – **105** – 115	0,020	0,060	0,100	110 – **120** – 130	0,020	0,089	0,125
K	Gusseisen mit Kugelgrafit	> 250 HB	80 – **90** – 100	0,020	0,060	0,100	105 – **115** – 130	0,020	0,089	0,125
K	Temperguss	≤ 230 HB	75 – **85** – 95	0,020	0,060	0,100	90 – **100** – 110	0,020	0,089	0,125
K	Temperguss	> 230 HB	70 – **80** – 90	0,020	0,060	0,100	80 – **90** – 100	0,020	0,089	0,125
N	Al-Knetlegierung	$R_m \leq 350$	320 – **350** – 380	0,020	0,070	0,120	750 – **800** – 850	0,024	0,079	0,126
N	Al-Legierung, kurzspanend	–	270 – **300** – 330	0,020	0,070	0,120	550 – **600** – 650	0,024	0,079	0,126
N	Al-Gusslegierungen	–	200 – **220** – 240	0,020	0,070	0,120	360 – **400** – 440	0,024	0,079	0,126
N	CuZn-Legierung (Messing)	$R_m \leq 600$	250 – **280** – 310	0,020	0,070	0,120	290 – **320** – 350	0,024	0,079	0,126
N	CuSn-Legierung (Bronze)	$R_m \leq 700$	250 – **280** – 310	0,020	0,070	0,120	290 – **320** – 350	0,024	0,079	0,126
N	Thermoplast	–	225 – **240** – 265	0,015	0,070	0,120	260 – **280** – 300	0,024	0,079	0,126
N	Duroplast	–	70 – **80** – 90	0,015	0,070	0,120	135 – **150** – 165	0,024	0,079	0,126

[1)] Es wird der **fettgedruckte Wert** von v_c als **Startwert** genommen (**normale** Bearbeitungsbedingungen).
- Bei **ungünstigen** Bearbeitungsbedingungen wird ein kleineres v_c bis zum **unteren Grenzwert** eingestellt.
- Bei **günstigen** Bearbeitungsbedingungen wird ein größeres v_c bis zum **oberen Grenzwert** verwendet.

(Erläuterungen zu den Bearbeitungsbedingungen Seite 419)

[2)] Schruppen: f_z für $a_e = 0{,}5 \cdot d$ und $a_p = 1{,}0 \cdot d$; Schlichten: f_z für $a_e = 0{,}1 \cdot d$ und $a_p = 1{,}0 \cdot d$

Kräfte und Leistungen beim Fräsen

Planfräsen

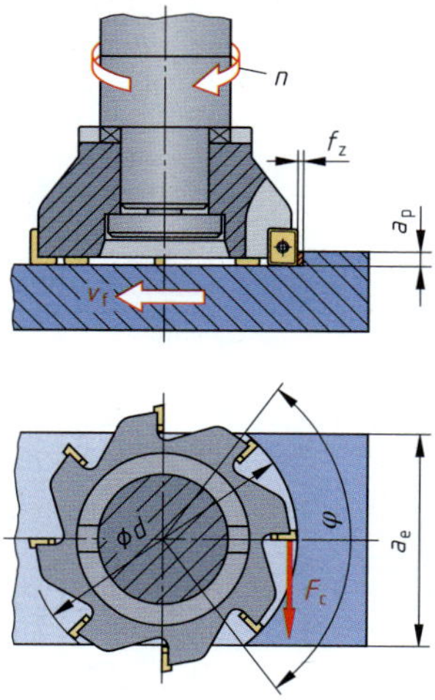

F_c Schnittkraft je Schneide in N
A Spanungsquerschnitt je Schneide in mm²
a_p Schnitttiefe in mm
a_e Schnittbreite (Fräsbreite) in mm
h mittlere Spanungsdicke in mm
f_z Vorschub je Schneide in mm
d Fräserdurchmesser in mm
v_c Schnittgeschwindigkeit in m/min
v_f Vorschubgeschwindigkeit in mm/min
z Anzahl der Fräserschneiden
z_e Anzahl der Schneiden im Eingriff
φ Eingriffwinkel in Grad (°)
k_c spezifische Schnittkraft in N/mm² (Seite 402)
$k_{c1.1}$ Basiswert der spezifischen Schnittkraft in N/mm² bei h = 1 mm und b = 1 mm (Seite 402)
m_c Werkstoffkonstante (Seite 402)
C_1 Korrekturfaktor Schneidwerkstoff
C_2 Korrekturfaktor Schneidenverschleiß
P_c Schnittleistung in kW
P_1 Antriebsleistung der Maschine in kW
η Wirkungsgrad der Maschine

Vorschubgeschwindigkeit

$$v_f = z \cdot f_z \cdot n$$

Mittlere Spanungsdicke[1] für d/a_e = 1,2 ...1,6

$$h \approx f_z$$

Spezifische Schnittkraft

$$k_c = \frac{k_{c1.1}}{h^{m_c}}$$

Spanungsquerschnitt je Schneide

$$A = a_p \cdot f_z$$

Schnittkraft je Schneide[2]

$$F_c = k_c \cdot A \cdot C_1 \cdot C_2$$

Anzahl der Schneiden im Eingriff

$$z_e = z \cdot \frac{\varphi}{360°}$$

Schnittleistung

$$P_c = z_e \cdot F_c \cdot v_c$$

Antriebsleistung

$$P_1 = \frac{P_c}{\eta}$$

Beispiel:

Werkstoff 16MnCr5, 90°-Planfräser mit HM-Wendeschneidplatten, mit Abstumpfung der Werkzeugschneiden, d = 180 mm, z = 8, a_e = 120 mm, a_p = 6 mm, f_z = 0,12 mm, v_c = 165 m/min, η = 0,8

Gesucht: h, $k_{c1.1}$, m_c, k_c, A, C_1, C_2, F_c, φ, z_e, P_c, P_1

Lösung:

$$\frac{d}{a_e} = \frac{180\text{ mm}}{120\text{ mm}} = 1{,}5; \quad h \approx f_z; \quad h \approx 0{,}12\text{ mm}$$

$$k_{c1.1} = \mathbf{2\,100\ \frac{N}{mm^2}}; \ m_c = \mathbf{0{,}26} \text{ (Tabelle Seite 402)}$$

$$k_c = \frac{k_{c1.1}}{h^{m_c}} = \frac{2\,100\ \frac{N}{mm^2}}{0{,}12^{0{,}26}} = \mathbf{3644{,}4\ \frac{N}{mm^2}}$$

(k_c nach Tabelle Seite 402: h = 0,12 mm abgerundet = 0,10 mm Tabellenwert: k_c = 3821 N/mm²)

$$A = a_p \cdot f_z = 6\text{ mm} \cdot 0{,}12\text{ mm} = \mathbf{0{,}72\ mm^2}$$

$$C_1 = \mathbf{1{,}0}; \ C_2 = \mathbf{1{,}3}$$

$$F_c = k_c \cdot A \cdot C_1 \cdot C_2 = 3644{,}4\ \frac{N}{mm^2} \cdot 0{,}72\text{ mm}^2 \cdot 1{,}0 \cdot 1{,}3 = \mathbf{3\,411{,}2\ N}$$

$$\frac{d}{a_e} = \frac{180\text{ mm}}{120\text{ mm}} = \mathbf{1{,}5}; \quad \varphi = 83° \text{ (Tabelle unten)}$$

$$z_e = z \cdot \frac{\varphi}{360°} = 8 \cdot \frac{83°}{360°} = \mathbf{1{,}84}$$

$$P_c = z_e \cdot F_c \cdot v_c = 1{,}84 \cdot 3\,411{,}2\text{ N} \cdot \frac{165\text{ m}}{60\text{ s}} = \mathbf{17\,260{,}7\ \frac{N \cdot m}{s}} = \mathbf{17{,}3\ kW}$$

$$P_1 = \frac{P_c}{\eta} = \frac{17{,}3\text{ kW}}{0{,}8} = \mathbf{21{,}6\ kW}$$

Eingriffswinkel

d/a_e	1,20	1,25	1,30	1,35	1,40	1,45	1,50	1,55	1,60
φ in °	113	106	100	96	91	87	83	80	77

Korrekturfaktor C_1 für den Schneidstoff

Schneidstoff	C_1
Schnellarbeitsstahl	1,2
Hartmetall	1,0
Schneidkeramik	0,9

Korrekturfaktor C_2 für den Schneidenverschleiß

Schneide	C_2
mit Abstumpfung	1,3
ohne Abstumpfung	1,0

[1] Zur Erzielung günstiger Schnittbedingungen soll der Fräserdurchmesser im Bereich d/a_e = 1,2 ...1,6 gewählt werden.

[2] Vereinfachungen: Der Einfluss auf die Schnittkraft durch Schnittgeschwindigkeit v_c und Schneidstoff wird durch einen gemeinsamen Korrekturfaktor C_1 berücksichtigt. Die Größe des Spanwinkels und weitere Einflüsse (z.B. durch Spanleitstufen, Beschichtungen) bleiben unberücksichtigt.

M

Hauptnutzungszeit beim Fräsen

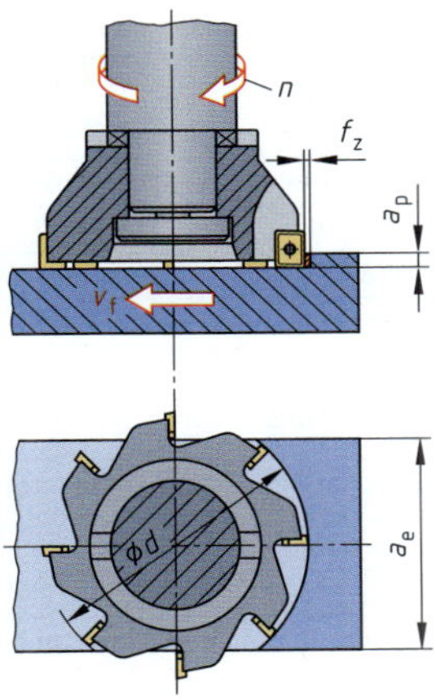

t_h Hauptnutzungszeit
l Werkstücklänge
a_p Schnitttiefe
a_e Schnittbreite (Fräsbreite)
l_a Anlauf
l_u Überlauf
l_s Anschnitt
L Vorschubweg
d Fräserdurchmesser
n Drehzahl
f Vorschub je Umdrehung
f_z Vorschub je Schneide
z Anzahl der Schneiden
v_c Schnittgeschwindigkeit
v_f Vorschubgeschwindigkeit
i Anzahl der Schnitte

Hauptnutzungszeit

$$t_h = \frac{L \cdot i}{n \cdot f} \qquad t_h = \frac{L \cdot i}{v_f}$$

Vorschub je Fräserumdrehung

$$f = f_z \cdot z$$

Vorschubgeschwindigkeit

$$v_f = n \cdot f \qquad v_f = n \cdot f_z \cdot z$$

Drehzahl

$$n = \frac{v_c}{\pi \cdot d}$$

Vorschubweg L und Anschnitt l_s in Abhängigkeit der Fräsverfahren

Stirnfräsen			Umfangs-Planfräsen
mittig	außermittig $a \geq 0{,}5 \cdot d$	außermittig $a < 0{,}5 \cdot d$	
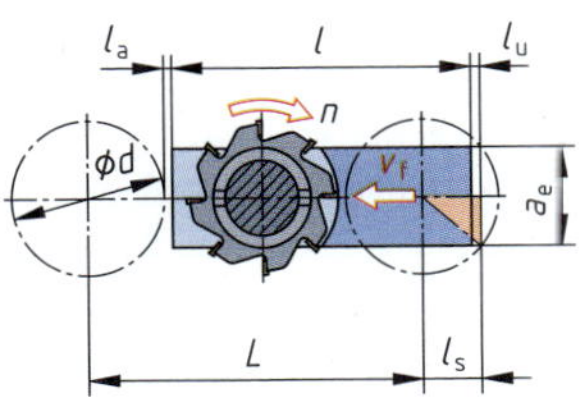	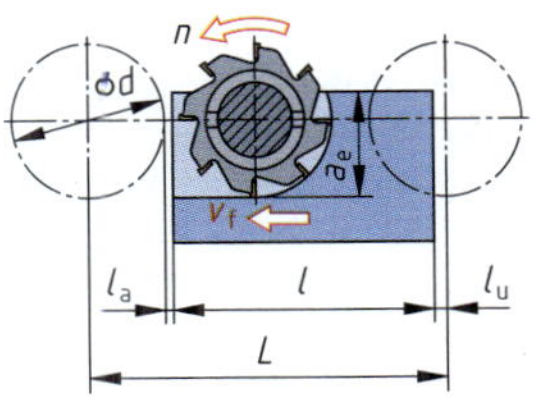	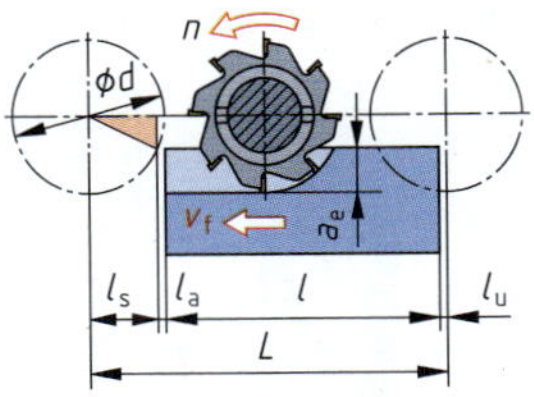	
$L = l + 0{,}5 \cdot d + l_a + l_u - l_s$	$L = l + 0{,}5 \cdot d + l_a + l_u$	$L = l + l_a + l_u + l_s$	
$l_s = 0{,}5 \cdot \sqrt{d^2 - a_e^2}$		$l_s = \sqrt{a_e \cdot d - a_e^2}$	

Beispiel:

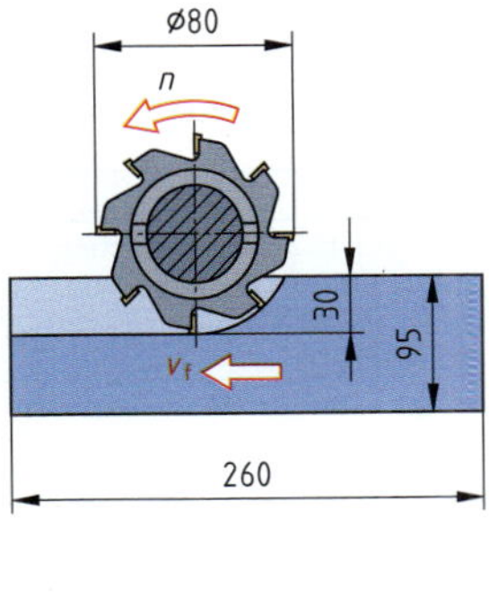

Stirnfräsen (nebenstehendes Bild), $z = 10$, $f_z = 0{,}08$ mm, $v_c = 30$ m/min, $l_a = l_u = 1{,}5$ mm, $i = 1$ Schnitt

Gesucht: n, v_f, L, t_h

Lösung:

$$\mathbf{n} = \frac{v_c}{\pi \cdot d} = \frac{30\,\frac{\text{m}}{\text{min}}}{\pi \cdot 0{,}08} = \mathbf{119\,\frac{1}{min}}$$

$$\mathbf{v_f} = n \cdot f_z \cdot z = 119\,\frac{1}{\text{min}} \cdot 0{,}08\text{ mm} \cdot 10 = \mathbf{95{,}2\,\frac{mm}{min}}$$

$$\frac{\mathbf{a_e}}{\mathbf{d}} = \frac{30\text{ mm}}{80\text{ mm}} = 0{,}375,\text{ daraus folgt } a_e < 0{,}5 \cdot d$$

$$\mathbf{L} = l + l_a + l_u + l_s$$

$$\mathbf{l_s} = \sqrt{a_e \cdot d - a_e^2} = \sqrt{30\text{ mm} \cdot 80\text{ mm} - (30\text{ mm})^2} = \mathbf{38{,}7\text{ mm}}$$

$$\mathbf{L} = 260\text{ mm} + 1{,}5\text{ mm} + 1{,}5\text{ mm} + 38{,}7\text{ mm} = \mathbf{301{,}7\text{ mm}}$$

$$\mathbf{t_h} = \frac{L \cdot i}{v_f} = \frac{301{,}7\text{ mm} \cdot 1}{95{,}2\,\frac{\text{mm}}{\text{min}}} = \mathbf{3{,}2\text{ min}}$$

M

Bohren, Gewindebohren, Reiben

Bohren (Auswahl)

Spiralbohrer

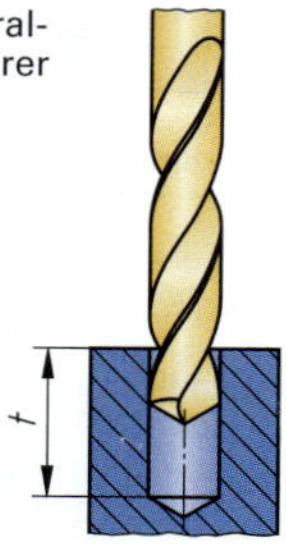

Wendeschneidplatten-Vollbohrer

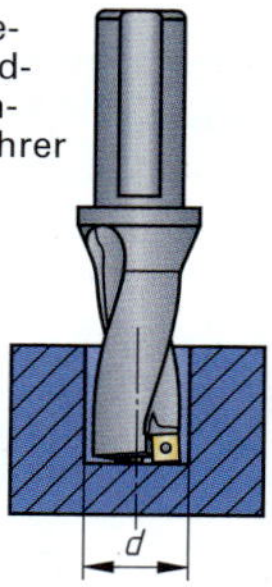

Auswahlkriterien	Spiralbohrer		Hartmetall-Wendeplatten-bohrer
Bohrerwerkstoff	Schnellarbeitsstahl HSS	Vollhartmetall VHM	
Bohrerdurchmesser d	ca. 0,2 ... 20 mm	ca. 1 ... 20 mm	12 ... 60 mm
Bohrungstiefe t	$(2 \dots 10) \cdot d$	$(2 \dots 12) \cdot d$	$(2 \dots 4) \cdot d$
Bohrungstoleranz	IT10	IT8	± 0,1 mm
Eigenschaften	Standardbohrer, niedrige Schnittwerte, Kühlung der Schneiden, niedrige Verschleißfestigkeit, niedrige Kosten	hohe Steifigkeit, gute Zentrierung, höhere Schnittwerte als bei HSS, guter Spanabfluss, höhere Standzeit, auch für gehärtete Stähle	Werkzeuggeometrie und Werkzeuglänge sind konstant, günstige Auswahl des Schneidstoffes, kein Nachschleifen

Beschichtungen: Art	Verwendung
TiN	hochlegierte Stähle, Automatenstähle, Vergütungsstähle, Baustähle, nichtrostende Stähle, Gusseisenwerkstoffe, Al-Gusslegierungen
TiAlN	hochlegierte Stähle, nichtrostende Stähle
ohne	Al-Knetlegierungen, CuZn-Legierungen

Kühlschmierung

Äußere Kühlschmierstoffzufuhr
bei guter Spanbildung und geringer Bohrungstiefe einsetzbar

Innere Kühlschmierstoffzufuhr
empfehlenswert zur Vermeidung von Spänestau, bei Bohrungstiefen ab $t > 3 \cdot d$ und/oder einem Druck $p > 10$ bar

Gewindebohren (Auswahl)

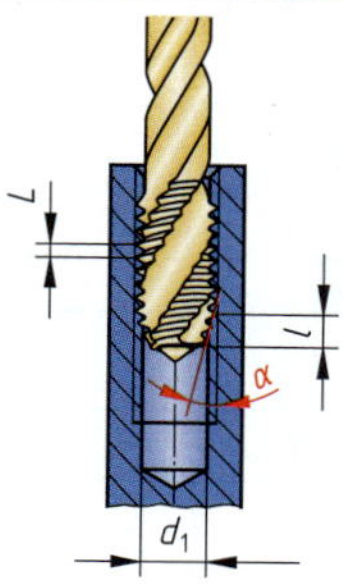

l Anschnitt
L Gewindesteigung

Arbeitsschritte

- Herstellen der Kernlochbohrung (Seite 345)
- Ansenken der Kernlochbohrung mit 90°-Senker
- Gewindebohren mit Handgewindebohrersatz (mehrteilig) oder Maschinengewindebohrer

Gewindebohrer, Einsatzbereiche (Auswahl)

Form/α	**Anschnitt l**	**Spannutform**	**Anwendung**
A/5°	ca. $7 \cdot P$	gerade	Dulo (Durchgangsloch)
B/8°	ca. $4{,}5 \cdot P$	gerade und Schälanschnitt	Dulo mittel bis langspanende Werkstoffe
C/15°	ca. $2{,}5 \cdot P$	gerade/spiralgenutet	Dulo/Salo (Grundloch), kurzspanende Werkstoffe
D/8°	ca. $4{,}5 \cdot P$	gerade/spiralgenutet	Salo langer Gewindeauslauf, Dulo
E/23°	ca. $1{,}75 \cdot P$	gerade/spiralgenutet	Salo kurzer Gewindeauslauf

Reiben (Auswahl)

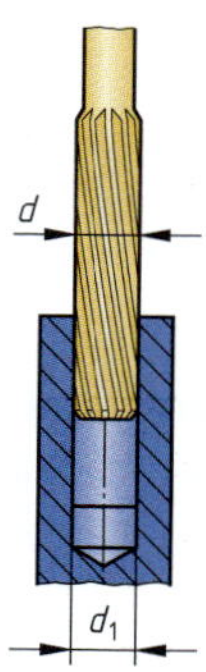

Arbeitsschritte

- Herstellen der Kernbohrung
- Reiben mit Handreibahle, Maschinenreibahle, verstellbarer Reibahle, Kegelreibahle ...

	Nutenform	Verwendung
Nutenformen	gerade	Bohrungen ohne Unterbrechung; Grundlöcher, die bis auf den Grund gerieben werden; harte und spröde Werkstoffe, z. B. Stähle mit $R_m > 700$ N/mm², Gusseisen, CuZn-Legierungen
	Linksdrall < 15°	bessere Oberflächengüte, Bohrungen mit Schnittunterbrechungen, z. B. Nuten und Querbohrungen, für Durchgangsbohrungen
	Linksdrall ≈ 45°	Schälreibahle, ähnliche Wirkung wie bei Linksdrall, für große Vorschübe in weichen Werkstoffen
Toleranzklassen		beim Reiben sind Toleranzklassen bis IT6, z. B. H6, erreichbar

M

Schnittdaten beim Bohren und Senken

Spiralbohrer, Bohrertypen, Winkel

Drallwinkel

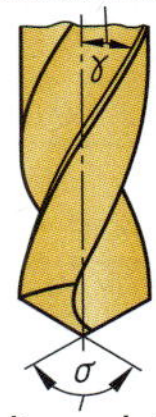

Spitzenwinkel

Typ[1]	Anwendung	Drallwinkel γ[2]	Spitzenwinkel σ[3]
N	Universeller Einsatz für Werkstoffe bis $R_m \approx 1000$ N/mm², z. B. Bau-, Einsatz- und Vergütungsstähle	19°...40°	118°
H	Bohren von spröden, kurzspanenden NE-Metallen und Kunststoffen, z. B. CuZn-Legierungen und PMMA (Plexiglas)	10°...19°	118°
W	Bohren von weichen, langspanenden NE-Metallen und Kunststoffen, z. B. Al- und Mg-Legierungen, PA (Polyamid) und PVC	27°...47°	130°

[1] Werkzeug-Anwendungsgruppen für HSS-Werkzeuge nach DIN 1836
[2] abhängig von Durchmesser und Steigung [3] Regelausführung

Richtwerte für das Bohren mit Spiralbohrern aus HSS und Hartmetall

[4]	Werkstoff der Werkstücke: Werkstoffgruppe		mittlere Zugfestigkeit R_m in N/mm² bzw. Härte HB[6]	Schnittgeschwindigkeit[5], [7] v_c in m/min: Spiralbohrer HSS beschichtet	Spiralbohrer Hartmetall beschichtet	Bohrerdurchmesser d in mm: 2	5	8	12	16
						Vorschub f in mm/Umdrehung für HSS- u. HM-Spiralbohrer				
P	Baustahl		$R_m \leq 500$	38 – **50** – 63	70 – **85** – 100	0,05	0,13	0,22	0,27	0,32
P	Baustahl		$R_m > 500$	31 – **37** – 44	70 – **85** – 100	0,05	0,13	0,22	0,27	0,32
P	Automatenstahl		$R_m \leq 550$	31 – **37** – 44	70 – **85** – 100	0,05	0,13	0,22	0,27	0,32
P	Automatenstahl		$R_m > 550$	25 – **31** – 38	60 – **75** – 85	0,03	0,08	0,11	0,17	0,22
P	Einsatzstahl	unlegiert	$R_m \leq 550$	31 – **37** – 44	70 – **85** – 100	0,03	0,08	0,11	0,17	0,22
P	Einsatzstahl	legiert	$R_m \leq 750$	19 – **22** – 25	60 – **75** – 85	0,02	0,05	0,09	0,13	0,15
P	Einsatzstahl	legiert	$R_m > 750$	10 – **12** – 15	50 – **65** – 80	0,02	0,05	0,09	0,13	0,15
P	Vergütungsstahl	unlegiert	$R_m \leq 650$	31 – **37** – 44	70 – **85** – 100	0,03	0,08	0,11	0,17	0,22
P	Vergütungsstahl	unlegiert	$R_m > 650$	25 – **27** – 31	60 – **75** – 85	0,02	0,06	0,10	0,15	0,19
P	Vergütungsstahl	legiert	$R_m \leq 750$	19 – **21** – 25	60 – **75** – 85	0,02	0,05	0,09	0,13	0,15
P	Vergütungsstahl	legiert	$R_m > 750$	10 – **12** – 15	50 – **65** – 80	0,02	0,05	0,09	0,13	0,15
P	Werkzeugstahl		$R_m \leq 750$	13 – **16** – 19	60 – **75** – 85	0,02	0,05	0,09	0,13	0,15
P	Werkzeugstahl		$R_m > 750$	10 – **12** – 15	40 – **55** – 70	0,02	0,05	0,09	0,13	0,15
M	Nichtrostender Stahl	austenitisch	$R_m \leq 680$	13 – **19** – 25	30 – **40** – 50	0,02	0,05	0,09	0,13	0,15
M	Nichtrostender Stahl	austenitisch	$R_m > 680$	10 – **15** – 19	25 – **35** – 45	0,02	0,05	0,09	0,13	0,15
M	Nichtrostender Stahl	martensitisch	$R_m > 500$	8 – **10** – 13	25 – **30** – 35	0,02	0,05	0,09	0,13	0,15
K	Gusseisen mit Lamellengrafit		≤ 200 HB	25 – **31** – 38	80 – **105** – 130	0,05	0,13	0,22	0,27	0,32
K	Gusseisen mit Kugelgrafit		≤ 250 HB	31 – **37** – 44	70 – **85** – 100	0,05	0,13	0,22	0,27	0,32
K	Gusseisen mit Kugelgrafit		> 250 HB	23 – **25** – 28	70 – **85** – 100	0,04	0,11	0,17	0,22	0,27
N	Al-Knetlegierung		$R_m \leq 350$	50 – **87** – 125	180 – **240** – 300	0,05	0,15	0,19	0,24	0,32
N	Al-Legierung, kurzspanend		$R_m \leq 700$	38 – **56** – 75	120 – **170** – 230	0,05	0,15	0,19	0,24	0,32
N	Al-Gusslegierungen		–	38 – **50** – 63	120 – **170** – 230	0,03	0,09	0,15	0,22	0,27
N	CuZn-Legierung	kurzspanend	$R_m \leq 600$	75 – **100** – 125	120 – **170** – 230	0,09	0,19	0,27	0,32	0,28
N	CuZn-Legierung	langspanend	$R_m \leq 600$	44 – **56** – 75	120 – **170** – 230	0,05	0,16	0,22	0,27	0,28
N	CuSn-Legierung	kurzspanend	$R_m \leq 600$	31 – **50** – 63	120 – **170** – 230	0,05	0,09	0,15	0,22	0,27
N	CuSn-Legierung	langspanend	$R_m \leq 850$	19 – **29** – 44	90 – **135** – 180	0,05	0,09	0,15	0,22	0,27
N	Thermoplaste		–	20 – **30** – 40	–	0,05	0,08	0,14	0,20	0,25
N	Duroplaste		–	10 – **15** – 20	–	0,05	0,08	0,14	0,20	0,25

[4] Schneidstoffgruppe nach DIN 513, Seite 405; gilt nur für harte Schneidstoffe wie z. B. Hartmetalle

[5] **Auswahlkriterien der Schnittgeschwindigkeit:** (Erläuterungen zu den Bearbeitungsbedingungen Seite 409)
- Als **Startwert** wird der **fettgedruckte Wert** von v_c genommen (**„normale"** Bearbeitungsbedingungen).
- Bei **„ungünstigen"** Bearbeitungsbedingungen wird ein kleineres v_c bis zum **unteren Grenzwert** eingestellt.
- Bei **„günstigen"** Bearbeitungsbedingungen wird ein größeres v_c bis zum **oberen Grenzwert** verwendet.

[6] Umwertungstabelle Härtewerte und Zugfestigkeit Seite 400, Härtewerte im Anlieferungszustand ab Seite 201.

[7] Unbeschichtete Werkzeuge 70%

M

Schnittdaten beim Bohren und Senken

Anwendungsbeispiel Bohren

n Drehzahl in 1/min
v_c Schnittgeschwindigkeit in m/min
f Vorschub in mm/Umdrehung
v_f Vorschubgeschwindigkeit in mm/min
d Bohrerdurchmesser in mm

Drehzahl

$$n = \frac{v_c}{\pi \cdot d}$$

Vorschubgeschwindigkeit

$$v_f = f \cdot n$$

Beispiel:

Bohrer aus Hartmetall, beschichtet, Bohrerdurchmesser $d = 12$ mm
Werkstoff: 42CrMo4+A (weichgeglüht)

Gesucht: Schnittdaten n, f, v_f, v_c

Lösung: 42CrMo4+A → Vergütungsstahl, legiert, Härte im Anlieferungszustand HBW = 241 (Seite 202)
→ $R_m = 835\ \text{N/mm}^2$ (Seite 400)
Schnittdaten (Seite 427): $v_c = 65$ m/min (Startwert), $f = 0{,}13$ mm

$$n = \frac{v_c}{\pi \cdot d} = \frac{65\ \frac{\text{m}}{\text{min}} \cdot \frac{1\,000\ \text{mm}}{\text{m}}}{\pi \cdot 12\ \text{mm}} = \mathbf{1\,724\ \frac{1}{min}}$$

$$v_f = f \cdot n = 0{,}13\ \text{mm} \cdot 1\,724\ \frac{1}{\text{min}} = \mathbf{224{,}1\ \frac{mm}{min}}$$

Richtwerte für Kegelsenker (Auswahl)

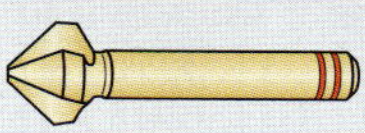

Werkstoffgruppe		mittlere Zugfestigkeit[1)] R_m in N/mm² bzw. Härte HB	Schnittgeschwindigkeit[2)] v_c in m/min für Senker aus Schnellarbeitsstahl (HSS)		Vorschub *f* in mm für Senkerdurchmesser *d* in mm				
			unbeschichtet	beschichtet	6	10	16	20	25
Baustahl		$R_m \le 500$	26 – **28** – 30	31 – **34** – 36	0,09	0,12	0,14	0,16	0,20
		$R_m > 500$	25 – **27** – 28	30 – **32** – 36	0,08	0,10	0,12	0,14	0,18
Automatenstahl		$R_m \le 550$	25 – **27** – 28	30 – **32** – 36	0,08	0,10	0,12	0,14	0,18
		$R_m > 550$	18 – **22** – 25	22 – **26** – 30	0,06	0,08	0,10	0,12	0,14
Einsatzstahl	unlegiert	$R_m \le 550$	25 – **27** – 28	30 – **32** – 34	0,08	0,10	0,12	0,14	0,18
	legiert	$R_m \le 750$	18 – **22** – 25	21 – **26** – 30	0,06	0,08	0,10	0,12	0,14
		$R_m > 750$	6 – **8** – 10	7 – **10** – 12	0,04	0,05	0,07	0,08	0,10
Vergütungsstahl	unlegiert	$R_m \le 650$	25 – **27** – 28	30 – **32** – 34	0,08	0,10	0,12	0,14	0,18
		$R_m > 650$	18 – **22** – 25	22 – **26** – 30	0,08	0,10	0,12	0,14	0,18
	legiert	$R_m \le 750$	18 – **22** – 25	22 – **26** – 30	0,06	0,08	0,10	0,12	0,14
		$R_m > 750$	6 – **8** – 10	7 – **10** – 12	0,06	0,08	0,10	0,12	0,14
Werkzeugstahl		$R_m \le 750$	18 – **22** – 25	22 – **26** – 30	0,06	0,08	0,10	0,12	0,14
		$R_m > 750$	6 – **8** – 10	7 – **10** – 12	0,04	0,05	0,07	0,08	0,10
Nichtrostender Stahl	austenitisch	$R_m < 850$	4 – **7** – 10	5 – **9** – 12	0,05	0,06	0,07	0,08	0,09
	martensitisch	$R_m < 1\,100$	4 – **7** – 10	5 – **9** – 12	0,05	0,06	0,07	0,08	0,09
Gusseisen, Lamellengrafit		≤ 200 HB	11 – **16** – 20	15 – **20** – 24	0,10	0,12	0,16	0,20	0,25
Gusseisen, Kugelgrafit		≤ 250 HB	9 – **12** – 15	11 – **14** – 18	0,07	0,08	0,12	0,16	0,20
		> 250 HB	9 – **12** – 15	11 – **14** – 18	0,07	0,08	0,12	0,16	0,20
Al-Knetlegierungen		$R_m < 350$	50 – **70** – 90	60 – **65** – 110	0,12	0,14	0,18	0,22	0,26
Al-Gusslegierungen		–	10 – **20** – 30	15 – **30** – 35	0,10	0,12	0,14	0,18	0,22
CuZn-Legierungen	kurzspanend	$R_m < 600$	50 – **65** – 80	60 – **70** – 90	0,12	0,14	0,14	0,20	0,24
	langspanend	$R_m < 600$	30 – **40** – 50	35 – **50** – 60	0,12	0,14	0,18	0,20	0,24
CuSn-Legierungen	kurzspanend	$R_m < 600$	50 – **65** – 80	60 – **70** – 90	0,12	0,14	0,18	0,20	0,24
	langspanend	$R_m < 850$	30 – **40** – 50	35 – **50** – 60	0,12	0,14	0,18	0,20	0,24
Thermoplaste		–	10 – **30** – 50	10 – **30** – 50	0,12	0,14	0,18	0,20	0,24
Duroplaste		–	10 – **35** – 60	10 – **35** – 60	0,12	0,14	0,18	0,20	0,24

1) Umrechnungstabelle Härtewerte und Zugfestigkeit Seite 400, Härtewerte im Anlieferungszustand ab Seite 201

2) Als **Startwert** der Schnittgeschwindigkeit wird der **fettgedruckte Tabellenwert** (Normalbedingungen) verwendet.

Schnittdaten beim Gewindebohren, Kräfte und Leistungen

Richtwerte für das Gewindebohren mit Gewindebohrern aus HSS und Hartmetall[1)]

Werkstoffgruppe		mittlere Zugfestigkeit R_m in N/mm² bzw. Härte HB[3)]	Schnittgeschwindigkeit[2)] v_c in m/min		Schmiermittel
			HSS unbeschichtet	HM unbeschichtet	
Baustahl		$R_m \leq 500$	14 – **15** – 16	30 – **40** – 50	Emulsion
		$R_m > 500$	10 – **11** – 12	28 – **35** – 42	Emulsion
Einsatzstahl, Vergütungsstahl	unlegiert	$R_m \leq 750$	8 – **12** – 15	28 – **35** – 42	Emulsion
	legiert	$R_m > 750$	6 – **9** – 12	25 – **30** – 35	Emulsion
Gusseisen	Lamellengrafit	≤ 200 HB	12 – **14** – 16	20 – **25** – 30	Öl
		> 200 HB	6 – **8** – 10	20 – **25** – 30	Öl
	Kugelgrafit	≤ 250 HB	10 – **12** – 14	10 – **15** – 20	Öl
Al-Knetlegierungen		$R_m \leq 350$	12 – **16** – 20	40 – **50** – 60	Emulsion
Cu-Legierung, kurzspanend		$R_m \leq 600$	14 – **16** – 18	25 – **30** – 35	Emulsion
CuZn-Legierung, langspanend		$R_m \leq 600$	10 – **12** – 14	25 – **30** – 35	Emulsion
CuSn-Legierung, langspanig		$R_m \leq 850$	8 – **10** – 12	25 – **30** – 35	Emulsion

1) Bohrerdurchmesser für Gewindekernloch S. 345
2) Auswahlkriterien der Schnittgeschwindigkeit S. 409
3) Umwertungstabelle Härtewerte und Zugfestigkeit Seite 400, Härtewerte im Anlieferungszustand ab Seite 201

Kräfte und Leistungen beim Bohren

Bohren mit Spiralbohrer

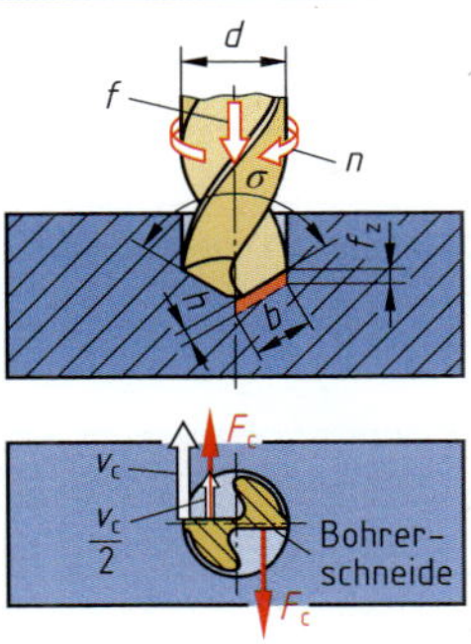

F_c	Schnittkraft je Schneide in N
z	Anzahl der Schneiden (Spiralbohrer $z = 2$)
A	Spanungsquerschnitt je Schneide in mm²
d	Bohrerdurchmesser in mm
f	Vorschub je Umdrehung in mm
f_z	Vorschub je Schneide in mm
σ	Spitzenwinkel in Grad (°)
h	Spanungsdicke in mm
C_1, C_2	Korrekturfaktoren (Tabelle rechts unten)
v_c	Schnittgeschwindigkeit in m/min
k_c	spezifische Schnittkraft in N/mm²
$k_{c1.1}$	Basiswert spezifische Schnittkraft in N/mm²
P_c	Schnittleistung in kW
P_1	Antriebsleistung der Maschine in kW
η	Wirkungsgrad der Maschine
m_c	Werkstoffkonstante (Seite 402)

Beispiel:

Werkstoff 42CrMo4, HSS-Spiralbohrer mit $\sigma = 118°$ mit Abstumpfung der Werkzeugschneiden, Bohrerdurchmesser $d = 16$ mm, $v_c = 17$ m/min, $f = 0{,}14$ mm

Gesucht: h, $k_{c1.1}$, m_c, k_c, A, C_1, C_2, F_c, P_c

Lösung:

$$h = \frac{f}{2} \cdot \sin\frac{\sigma}{2} = \frac{0{,}14\ \text{mm}}{2} \cdot \sin 59° = 0{,}06\ \text{mm}$$

$k_{c1.1} = 2\,500$ N/mm²; $m_c = 0{,}26$ (Tabelle Seite 402)

$$k_c = \frac{k_{c1.1}}{h^{m_c}} = \frac{2\,500\ \text{N/mm}^2}{0{,}06^{0{,}26}} = 5\,195\ \text{N/mm}^2$$

$$A = \frac{d \cdot f}{4} = \frac{16\ \text{mm} \cdot 0{,}14\ \text{mm}}{4} = 0{,}56\ \text{mm}^2$$

$C_1 = 1{,}2$; $C_2 = 1{,}3$ (Tabelle Korrekturfaktor C_1 und C_2)

$$F_c = k_c \cdot A \cdot C_1 \cdot C_2 = 5\,195\ \text{N/mm}^2 \cdot 0{,}56\ \text{mm}^2 \cdot 1{,}2 \cdot 1{,}3 = 4\,538\ \text{N}$$

$$P_c = \frac{z \cdot F_c \cdot v_c}{2} = \frac{2 \cdot 4\,538\ \text{N} \cdot 17\ \text{m}}{60\ \text{s} \cdot 2} = 1\,286\ \frac{\text{N} \cdot \text{m}}{\text{s}} = 1\,286\ \text{W} \approx 1{,}3\ \text{kW}$$

1) Vereinfachung: Der Einfluss auf die Schnittkraft durch Schnittgeschwindigkeit v_c und Schneidstoff wird durch einen gemeinsamen Korrekturfaktor C_1 berücksichtigt. Der Zustand der Schneide wird durch Korrekturfaktor C_2 berücksichtigt. Andere Einflüsse bleiben unberücksichtigt.

Spanungsquerschnitt je Schneide

$$A = \frac{d \cdot f}{4}$$

Spezifische Schnittkraft

$$k_c = \frac{k_{c1.1}}{h^{mc}} \quad \text{(Seite 305)}$$

Schnittkraft je Schneide[1)]

$$F_c = k_c \cdot A \cdot C_1 \cdot C_2$$

Spanungsdicke

$$h = \frac{f}{2} \cdot \sin\frac{\sigma}{2}$$

Schnittleistung

$$P_c = \frac{z \cdot F_c \cdot v_c}{2}$$

Antriebsleistung

$$P_1 = \frac{P_c}{\eta}$$

Korrekturfaktor C_1 für den Schneidstoff

Schneidstoff	C_1
Schnellarbeitsstahl	1,2
Hartmetall	1,0

Korrekturfaktor C_2 für den Schneidenverschleiß

Schneide	C_2
mit Abstumpfung	1,3
ohne Abstumpfung	1,0

M

Bohren, Hauptnutzungszeit, Probleme

Hauptnutzungszeit beim Bohren, Reiben und Senken

t_h Hauptnutzungszeit
d Werkzeugdurchmesser
l Bohrungstiefe
l_a Anlauf
l_u Überlauf
l_s Anschnitt

L Vorschubweg
f Vorschub je Umdrehung
n Drehzahl
v_c Schnittgeschwindigkeit
i Anzahl der Schnitte
σ Spitzenwinkel

Anschnitt l_s	
σ	l_s
80°	$0{,}6 \cdot d$
118°	$0{,}3 \cdot d$
130°	$0{,}23 \cdot d$
140°	$0{,}18 \cdot d$

Hauptnutzungszeit

$$t_h = \frac{L \cdot i}{n \cdot f}$$

Drehzahl

$$n = \frac{v_c}{\pi \cdot d}$$

Berechnung des Vorschubweges *L*

beim Bohren und Reiben		beim Senken
Durchgangsbohrung	Grundlochbohrung	
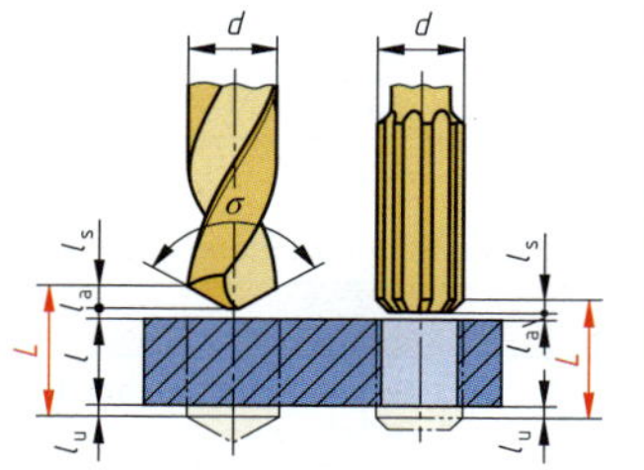	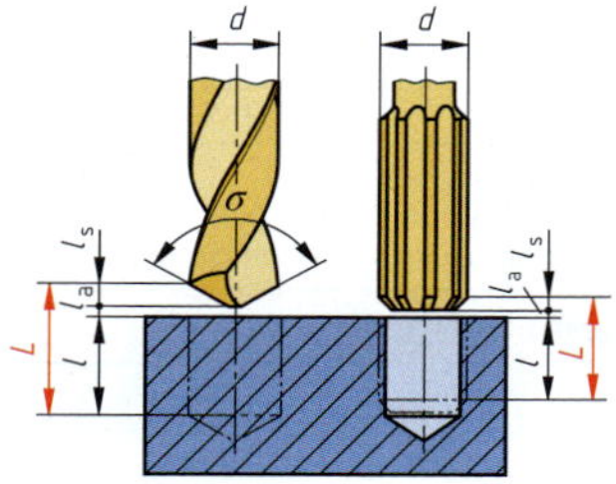	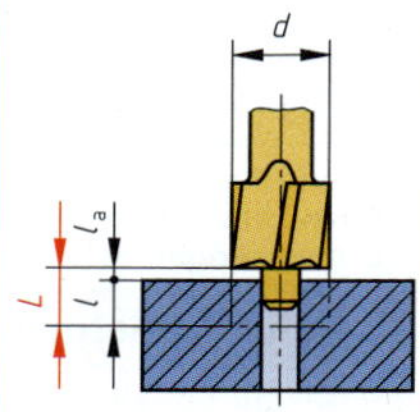
$L = l + l_s + l_a + l_u$	$L = l + l_s + l_a$	$L = l + l_a$

Beispiel:

Grundlochbohrung mit $d = 30$ mm
$l = 90$ mm, $f = 0{,}15$ mm,
$n = 450$/min, $i = 15$ (15 Bohrungen), $l_a = 1$ mm,
$\sigma = 130°$, $L = ?$, $t_h = ?$

$\boldsymbol{L} = l + l_s + l_a = 90\text{ mm} + 0{,}23 \cdot 30\text{ mm} + 1\text{ mm} = \mathbf{98\ mm}$

$\boldsymbol{t_h} = \frac{L \cdot i}{n \cdot f} = \frac{98\text{ mm} \cdot 15}{450\,\frac{1}{\text{mm}} \cdot 0{,}15\text{ mm}} = \mathbf{21{,}78\ mm}$

Probleme beim Bohren und deren Abhilfe

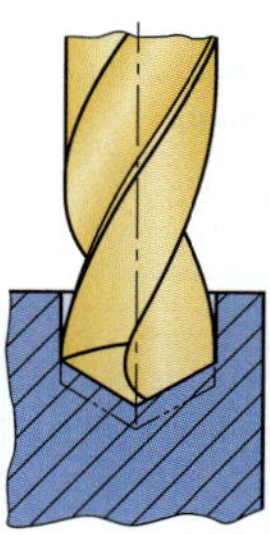

Problem	Eingriffsmöglichkeiten zur Beseitigung
Verschleiß der Hauptschneide	Freiwinkel vergrößern; Vorschub *f*, Schnittgeschwindigkeit verkleinern; Bohrer öfter nachschleifen
Verschleiß der Querschneide	Freiwinkel am Bohrerzentrum größer als Hinterschliff; Vorschub *f*, Auskraglänge des Bohrers verkleinern
Verschleiß der Führungsfase	Auskraglänge des Bohrers verkleinern; Bohrer öfter symmetrisch nachschleifen, Verwendung von Bohrern mit größerer Verjüngung
Ausbruch der Hauptschneide	Freiwinkel, Auskraglänge des Bohrers, Vorschub *f* verkleinern, Verwendung von Bohrern mit kleinerer Führungsfase
Ausbruch der Bohrerspitze	Vorschub *f*, Schnittgeschwindigkeit v_c, Führungsfasenbreite verkleinern, Bohrer öfter nachschleifen
Bohrung mit Übermaß	Auskraglänge des Bohrers verkleinern, Bohrer symmetrisch nachschleifen
Spänestau in den Spannuten	Vorschub *f*, Kühlmittelzufuhr vergrößern, Nut breiter, Schnittgeschwindigkeit v_c verkleinern
Gratbildung am Bohrungsausgang	Vorschub *f* verkleinern, Bohrer symmetrisch nachschleifen, kleinere Kantenverrundung
Standzeit zu gering	Kühlmittelzufuhr erhöhen, Auskraglänge verkleinern, Schnittwerte und Hartmetallsorte überprüfen
Vibrationen, Rattern	Vorschub *f*, Auskraglänge verkleinern, Schnittwerte überprüfen

M

Schleifen

Planschleifen

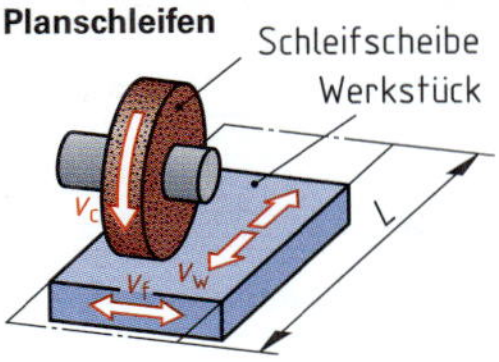

Längsrundschleifen

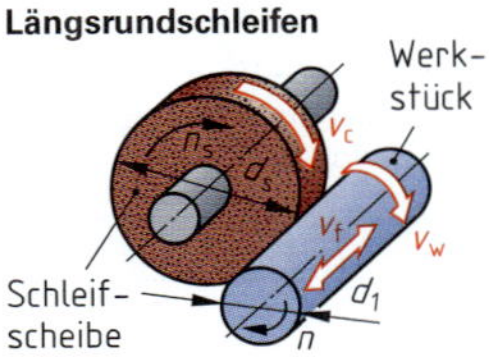

v_c Schnittgeschwindigkeit
d_s Durchmesser der Schleifscheibe
n_s Drehzahl der Schleifscheibe
v_w Werkstückgeschwindigkeit
v_f Vorschubgeschwindigkeit
L Vorschubweg
n_H Hubzahl
d_1 Durchmesser des Werkstücks
n Drehzahl des Werkstücks
q Geschwindigkeitsverhältnis
a_e Zustelltiefe
t Schleifzugabe

Schnittgeschwindigkeit

$$v_c = \pi \cdot d_s \cdot n_s$$

Werkstückgeschwindigkeit

Planschleifen

$$v_w = L \cdot n_H$$

Längsrundschleifen

$$v_w = \pi \cdot d_1 \cdot n$$

Geschwindigkeitsverhältnis

$$q = \frac{v_c}{v_w}$$

Richtwerte für Schnittgeschwindigkeit v_c, Werkstückgeschwindigkeit v_w, Geschwindigkeitsverhältnis q

Werkstoff	Planschleifen						Längsrundschleifen					
	Umfangsschleifen			Seitenschleifen			Außenrundschleifen			Innenrundschleifen		
	v_c m/s	v_w m/min	q	v_c m/s	v_w m/min	q	v_c m/s	v_w m/min	q	v_c m/s	v_w m/min	q
Stahl	30	10...35	80	25	20...25	65	35	12...20	130	25	16...22	80
Gusseisen	25	10...35	70	25	20...30	60	25	10...18	110	25	20...25	65
Hartmetall	10	4...6	120	8	4...6	95	8	4...6	95	8	6...10	60
Al-Legierungen	20	15...40	45	20	25...45	35	20	20...35	45	18	30...40	30
Cu-Legierungen	25	15...40	55	20	20...40	40	30	15...25	90	25	25...35	50

Schleifdaten für Stahl und Gusseisen mit Korund- oder Siliciumcarbid-Schleifscheiben

Schleifverfahren	Schleifzugabe in mm	Körnung	Zustelltiefe in mm	R_z in µm
Vorschleifen	0,5...0,2	14...36	0,1...0,02	25...6,3
Fertigschleifen	0,2...0,02	46...60	0,02...0,005	6,3...2,5
Feinschleifen	0,02...0,01	80...220	0,005...0,003	2,5...1
Feinstschleifen	0,01...0,005	800...1 200	0,003...0,001	1...0,4

Arbeitshöchstgeschwindigkeit für Schleifkörper

vgl. DIN EN 12413 (2011-05)

Schleifscheibenform (Auswahl)	Schleifmaschinenart	Führung[1]	Höchstgeschwindigkeit v_c in m/s bei Bindung							
			B	BF	E	MG	R	RF	PL	V
gerade Schleifscheibe	ortsfest	zg oder hg	50	63	40	25	50	–	50	40
	Handschleifmaschine	freihand	50	80	–	–	50	80	50	–
gerade Trennschleifscheibe	ortsfest	zg oder hg	80	100	63	–	63	80	–	–
	Handschleifmaschine	freihand	–	80	–	–	–	–	–	–

[1] zg zwangsgeführt: Vorschub durch mechanische Hilfsmittel; hg handgeführt: Vorschub durch Bedienperson, Freihand: Schleifmaschine wird vollständig von Hand geführt

Verwendungseinschränkungen (VE) für Schleifkörper[2]

vgl. BGV D12[4] (2001-10)

VE	Bedeutung	VE	Bedeutung
VE1	unzulässig für Freihand- und handgeführtes Schleifen	VE6	nicht zulässig für Seitenschleifen
		VE7	nicht zulässig für Freihandschleifen
VE2	nicht zulässig für Freihandtrennschleifen	VE8	nicht zulässig ohne Stützteller
VE3	nicht zulässig für Nassschleifen	VE10	nicht zulässig für Trockenschleifen
VE4	zulässig nur für geschlossenen Arbeitsbereich	VE11	nicht zulässig für Freihand- und handgeführtes Trennschleifen
VE5	nicht zulässig ohne Absaugung		

[2] Fehlt die Einschränkung, so ist das Schleifwerkzeug für alle Einsatzformen geeignet.

M

Schleifen

Hauptnutzungszeit beim Längsrundschleifen

t_h Hauptnutzungszeit
L Vorschubweg
i Anzahl der Schnitte
n Drehzahl des Werkstücks
f Vorschub je Umdrehung des Werkstücks
v_w Werkstückgeschwindigkeit
d_1 Ausgangsdurchmesser des Werkstücks
d Fertigdurchmesser des Werkstücks
a_e Zustelltiefe
l Werkstücklänge
b_s Schleifscheibenbreite
l_u Überlauf
t Schleifzugabe

Hauptnutzungszeit

$$t_h = \frac{L \cdot i}{n \cdot f}$$

Drehzahl des Werkstücks

$$n = \frac{v_w}{\pi \cdot d_1}$$

Anzahl der Schnitte für Außenrundschleifen

$$i = \frac{d_1 - d}{2 \cdot a_e} + 2^{1)}$$

$$i = \frac{t}{2 \cdot a_e} + 2^{1)}$$

1) 2 Schnitte zum Ausfeuern, bei niedrigerem Toleranzgrad sind zusätzliche Schnitte erforderlich

Berechnung des Vorschubweges L

Werkstücke ohne Ansatz

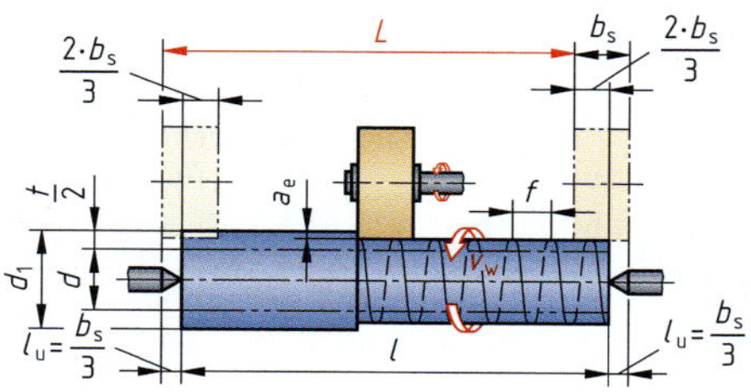

$$L = l - \frac{1}{3} \cdot b_s$$

Werkstücke mit Ansatz

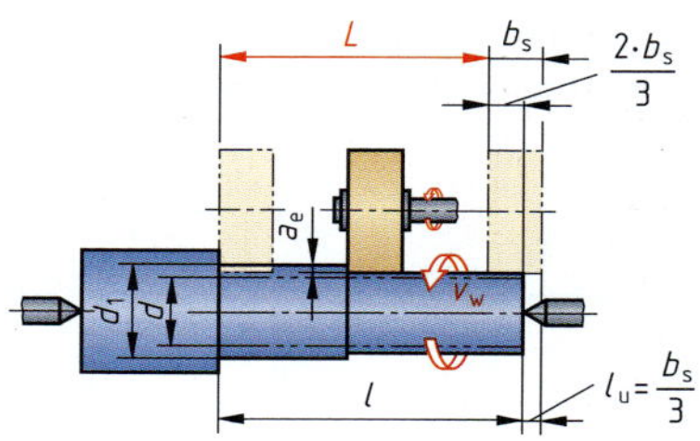

$$L = l - \frac{2}{3} \cdot b_s$$

Vorschub beim Schruppen $f = 2/3 \cdot b_s$ bis $3/4 \cdot b_s$; Vorschub beim Schlichten $f = 1/4 \cdot b_s$ bis $1/2 \cdot b_s$

Hauptnutzungszeit beim Umfangs-Planschleifen (Flachschleifen)

t_h Hauptnutzungszeit
l Werkstücklänge
l_a Anlauf, Überlauf
L Vorschubweg
b Werkstückbreite
b_u Überlaufbreite
B Schleifbreite
f Quervorschub je Hub
n_H Hubzahl je Minute
v_w Werkstückgeschwindigkeit
i Anzahl der Schnitte
t Schleifzugabe
b_s Schleifscheibenbreite
a_p Zustelltiefe

Anzahl der Schnitte

$$i = \frac{t}{a_e} + 2^{1)}$$

1) 2 Schnitte zum Ausfeuern

Hubzahl

$$n_H = \frac{v_w}{L}$$

Hauptnutzungszeit

$$t_h = \frac{i}{n_H} \cdot \left(\frac{B}{f} + 1\right)$$

M

Berechnung des Vorschubweges L und der Schleifbreite B

Werkstücke ohne Ansatz

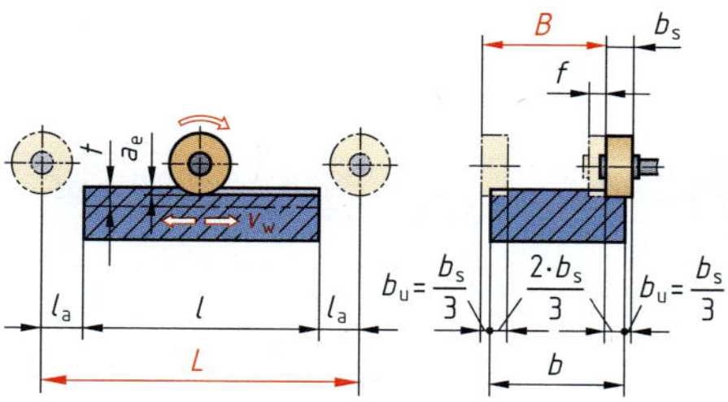

$L = l + 2 \cdot l_a$ $\quad l_a \approx 0{,}04 \cdot l$ $\quad B = b - \frac{1}{3} \cdot b_s$

Werkstücke mit Ansatz

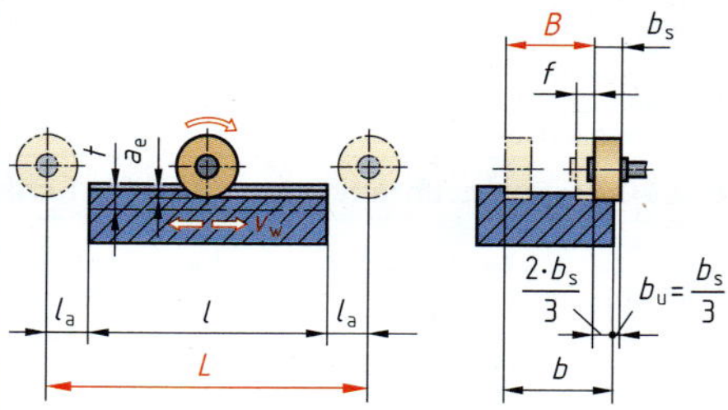

$L = l + 2 \cdot l_a$ $\quad l_a \approx 0{,}04 \cdot l$ $\quad B = b - \frac{2}{3} \cdot b_s$

Quervorschub beim Schruppen $f = 2/3 \cdot b_s$ bis $4/5 \cdot b_s$; Vorschub beim Schlichten $f = 1/2 \cdot b_s$ bis $2/3 \cdot b_s$

Biegen

Bild	Funktion	Anwendung
Freies Biegen		
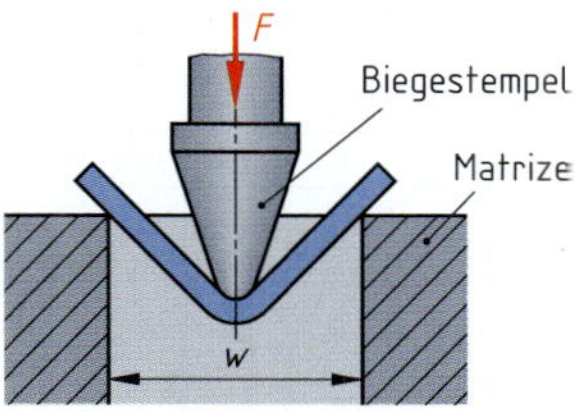	Das Blech liegt an zwei Punkten der Matrize auf. Es wird durch den Stempel nach unten gedrückt. Dabei ergibt sich eine Rundung, die im Wesentlichen von der Öffnungsweite der Matrize (Maß *W*) abhängt.	Unterschiedliche Winkel können ohne Werkzeugwechsel gebogen werden. Dieses Verfahren wird auch zum Richten von Werkstücken angewandt.
Gesenkbiegen		
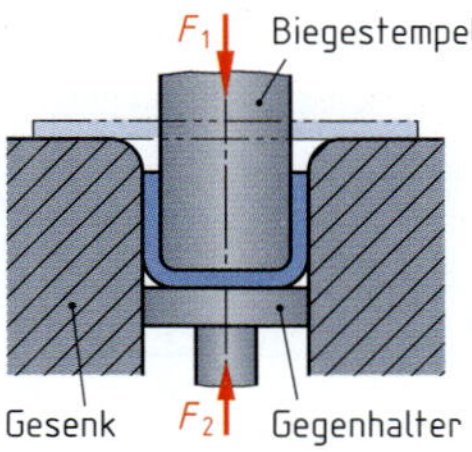	Der Stempel drückt das Blech nach unten, bis es am Gesenk fest anliegt. Dabei erfährt es eine Prägung. Man unterscheidet nach der Form des Gesenks: • V-Gesenkbiegen und • U-Gesenkbiegen Beim U-Gesenkbiegen wird häufig ein Gegenhalter eingesetzt. Die Kraft F_2 verhindert während des gesamten Biegeprozesses, dass sich der Boden aufwölbt.	Dieses Verfahren ist genauer als das freie Biegen. Genauere Innenmaße erhält man durch bewegliche Backen, die durch Keile nach innen gedrückt werden. Entsprechend drücken Keile von außen an das Biegeteil, wenn die Außenmaße eine höhere Genauigkeit erfordern.
Schwenkbiegen		
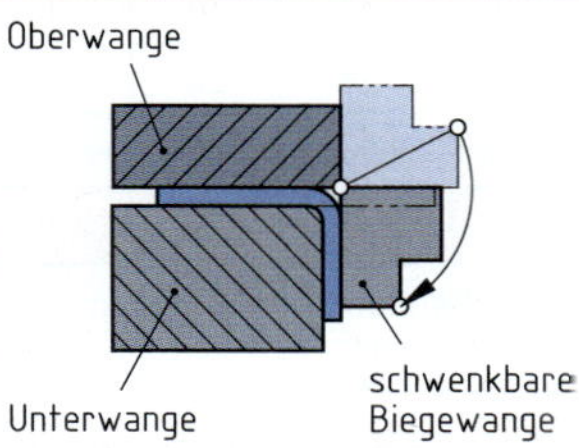	Das zu biegende Blech wird zwischen der Ober- und der Unterwange festgespannt. Die schwenkbare Biegewange dreht sich mit dem Blech um die Biegekante bis auf den geforderten Biegewinkel. Die Biegewange kann von Hand oder durch Motorantrieb bewegt werden. Vielfach werden für die Herstellung komplizierter Biegeteile CNC-Steuerungen eingesetzt.	• Biegung kurzer Schenkel möglich • Biegung empfindlicher Oberflächen ist ohne Kratzer möglich (z. B. Cu- und Al-Legierungen sowie rostfreies Stahlblech, beschichtete Oberflächen)
Rollbiegen		
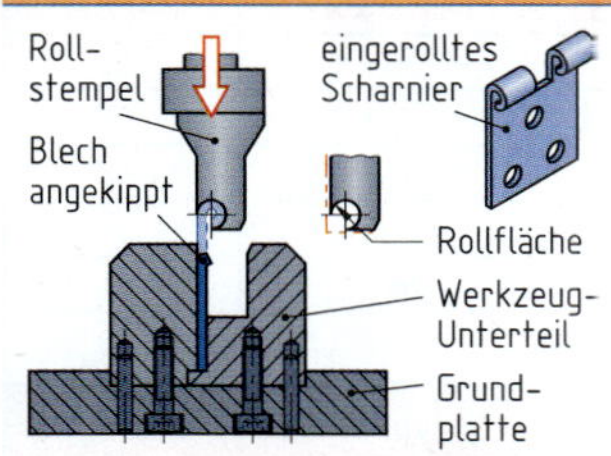	Bei der Abwärtsbewegung des Rollstempels wird die Rolle in der zylindrischen Aussparung gebogen. Damit sich die Werkstücke leichter einrollen, ist es vorteilhaft, sie vorher anzukippen. In Folgeverbundwerkzeugen werden die Werkstücke in der 1. Stufe angekippt und in der 2. Stufe gerollt.	Einfaches Verfahren zur Herstellung von: • Wülsten • Scharnieren • Gelenkbändern
Walzbiegen (Walzrunden)		
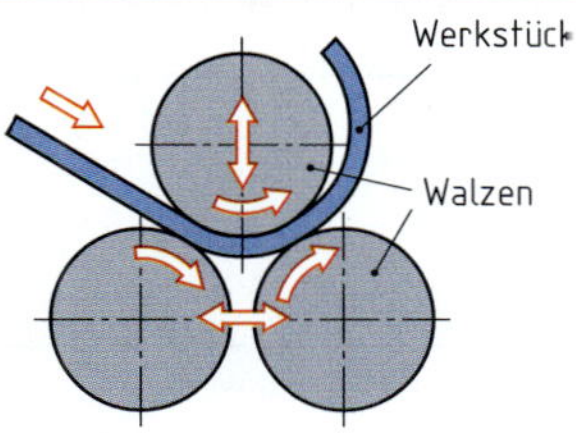	Ein Blech wird zwischen drei Walzen bewegt. Durch Verstellen der Walzen können verschiedene Biegeradien erzeugt werden.	Biegen von Blechen für Kessel und Behälter. Ein vergleichbares Verfahren ist das **Walzrichten.** Hierbei werden meist durch mehrere Walzentrios Bleche, Stäbe, Drähte oder Rohre gerichtet.

M

Biegen

Kleinster zulässiger Biegeradius für Biegeteile aus NE-Metallen

vgl. DIN 5520 (2002-07)

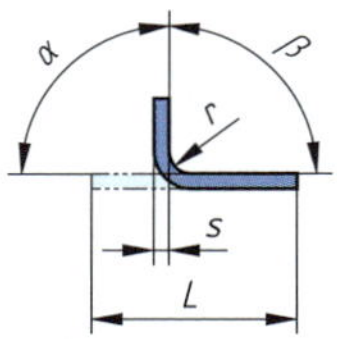

Werkstoff	Werkstoffzustand	Dicke *s* in mm: 0,8	1	1,5	2	3	4	5	6
		Mindest-Biegeradius *r*[1] in mm							
AlMg3-01	weich geglüht	0,6	1	2	3	4	6	8	10
AlMg3-H14	kalt verfestigt	1,6	2,5	4	6	10	14	18	–
AlMg3-H111	kalt verfestigt und geglüht	1	1,5	3	4,5	6	8	10	–
AlMg4,5Mn-H112	weich geglüht gerichtet	1	1,5	2,5	4	6	8	10	14
AlMgSi1-T6	lösungsgeglüht und warm ausgelagert	4	5	8	12	16	23	28	36
CuZn37-R600	hart	2,5	4	5	8	10	12	18	24

[1] für Biegewinkel $\alpha = 90°$, unabhängig von der Walzrichtung

Kleinster zulässiger Biegeradius für das Kaltbiegen von Stahl

vgl. DIN 6935-1 (2011-10)

Stahlsorten	Biegen zur Walzrichtung	kleinster zulässiger Biegehalbmesser[1] *r* für Dicken *s*: bis 1	über 1 bis 1,5	über 1,5 bis 2,5	über 2,5 bis 3	über 3 bis 4	über 4 bis 5	über 5 bis 6	über 6 bis 7	über 7 bis 8	über 8 bis 10
S235JR S235J0 S235J2	quer	1	1,6	2,5	3	5	6	8	10	12	16
	längs	1	1,6	2,5	3	6	8	10	12	16	20
S275JR S275J0 S275J2	quer	1,2	2	3	4	5	8	10	12	16	20
	längs	1,2	2	3	4	6	10	12	16	20	25
S355JR S355J0 S355J2	quer	1,6	2,5	4	5	6	8	10	12	16	20
	längs	1,6	2,5	4	5	8	10	12	16	20	25

[1] Werte gelten für Biegewinkel $\alpha \leq 120°$. Für Biegewinkel $\alpha > 120°$ ist der nächste höhere Tabellenwert einzusetzen.

Biegeradien für Rohre

vgl. DIN 25570 (2004-02)

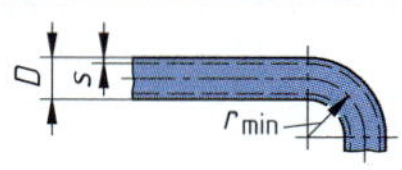

D Rohraußendurchmesser in mm
s Wanddicke in mm
r_{min} Mindest-Biegeradius in mm

Stahlrohre E235, X5CrNi18-10[1]				Aluminiumrohre AlMgSi[2]		Kupferrohre Cu-DHP-R250[2]	
D x *s*	r_{min}	*D* x *s*	r_{min}	*D* x *s*	r_{min}	*D* x *s*	r_{min}
6 x 1	20	22 x 1,5	50	16 x 1,5	80	6 x 1	25
8 x 1		25 x 1,5	55	20 x 1,5	100	8 x 1	35
10 x 1		30 x 1,5	80	25 x 1,5	110	10 x 1,5	40
12 x 1,5	25	40 x 2,5	100	30 x 1,5	125	12 x 1,5	
16 x 2	35	45 x 2,5	125	40 x 3	180	16 x 1,5	60

[1] Für pneumatische und hydraulische Leitungen [2] vorwiegend für Sanitärbereich

Zuschnittsermittlung für 90°-Biegeteile

vgl. DIN 6935-2 (2011-10)

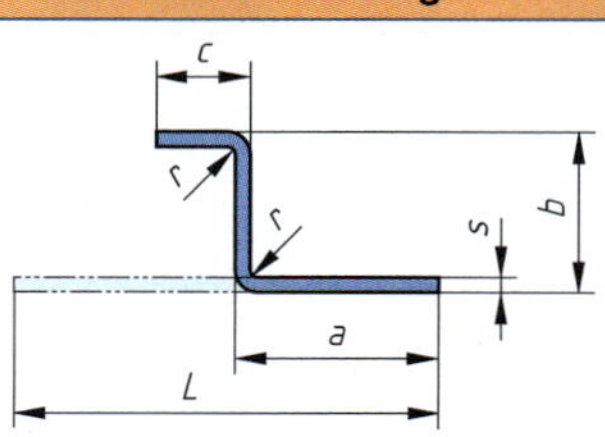

L gestreckte Länge[1]
a, b, c Längen der Schenkel
s Dicke
r Biegeradius
n Anzahl der Biegestellen
v Ausgleichswert (Tabelle Seite 379)

Gestreckte Länge[2]

$$L = a + b + c + \ldots - n \cdot v$$

[1] Bei einem Verhältnis $r/s > 5$ kann auch mit der Formel für gestreckte Längen (Seite 21) gerechnet werden.
[2] Die berechneten gestreckten Längen sind auf volle mm aufzurunden.

M

Biegen

Ausgleichswerte v für Biegewinkel $\alpha = 90°$

vgl. Beiblatt 2 zu DIN 6935 (2011-10), zurückgezogen

Biegeradius r in mm	Ausgleichswert v je Biegestelle in mm für Blechdicke s in mm														
	0,4	0,6	0,8	1	1,5	2	2,5	3	3,5	4	4,5	5	6	8	10
1	1,0	1,3	1,6	1,9	–	–	–	–	–	–	–	–	–	–	–
1,6	1,2	1,5	1,8	2,1	2,9	–	–	–	–	–	–	–	–	–	–
2,5	1,5	1,8	2,1	2,4	3,2	4,0	4,8	–	–	–	–	–	–	–	–
4	–	2,4	2,7	3,0	3,7	4,5	5,2	6,0	6,9	–	–	–	–	–	–
6	–	–	3,5	3,8	4,5	5,2	5,9	6,7	7,5	8,3	9,1	9,9	–	–	–
10	–	–	–	5,5	6,1	6,7	7,4	8,1	8,9	9,6	10,4	11,2	12,7	–	–
16	–	–	–	8,1	8,7	9,3	9,9	10,5	11,2	11,9	12,6	13,3	14,8	17,8	21,0
20	–	–	–	9,8	10,4	11,0	11,6	12,2	12,8	13,4	14,1	14,9	16,3	19,3	22,3
25	–	–	–	11,9	12,6	13,2	13,8	14,4	15,0	15,6	16,2	16,8	18,2	21,1	24,1

Zuschnittsermittlung für Teile mit beliebigem Biegewinkel

vgl. DIN 6935 (2011-10)

$\beta \leq 90°$

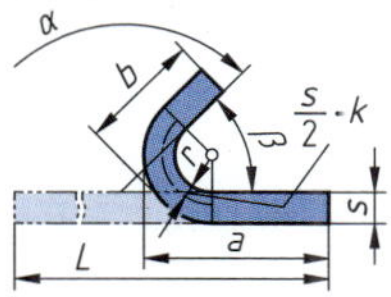

$\beta > 90°$ bis 165°

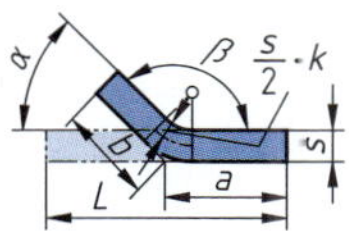

Korrekturfaktor

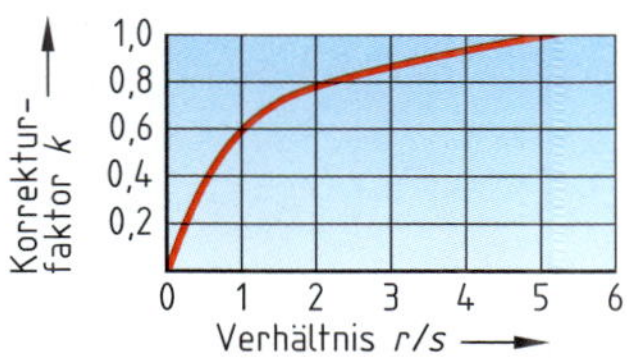

L	gestreckte Länge	s	Blechdicke
a, b	Länge der Schenkel	r	Biegeradius
v	Ausgleichswert	β	Öffnungswinkel
k	Korrekturfaktor		

Gestreckte Länge[1)]

$$L = a + b - v$$

Ausgleichswert für β = 0° bis 90°

$$v = 2 \cdot (r + s) - \pi \cdot \left(\frac{180° - \beta}{180°}\right) \cdot \left(r + \frac{s}{2} \cdot k\right)$$

Ausgleichswert für β über 90° bis 165°

$$v = 2 \cdot (r + s) \cdot \tan \frac{180° - \beta}{2} - \pi \cdot \left(\frac{180° - \beta}{180°}\right) \cdot \left(r + \frac{s}{2} \cdot k\right)$$

Ausgleichswert für β über 165° bis 180° $v \approx 0$ (vernachlässigbar klein)

Korrekturfaktor[2)]

$$k = 0{,}65 + 0{,}5 \cdot \lg \frac{r}{s}$$

1) Bei $r/s > 5$ kann mit hinreichender Genauigkeit auch mit der Bogenlänge (Seite 20) gerechnet werden.

2) lg = $\log_{10}$ = dekadischer (Zehner-)Logarithmus

Rückfederung beim Biegen

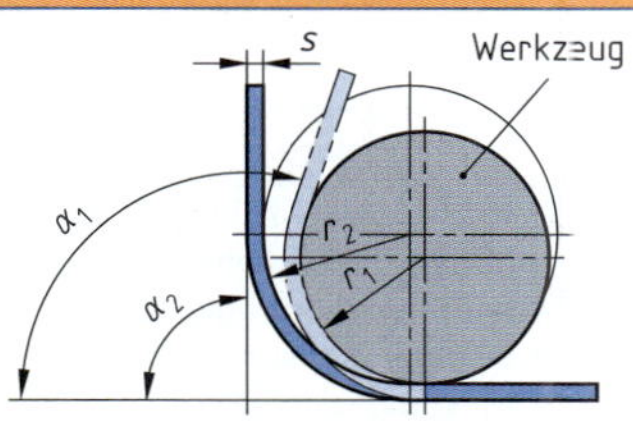

- α_1 Biegewinkel vor Rückfederung (am Werkzeug)
- α_2 Biegewinkel nach Rückfederung (am Werkstück)
- r_1 Radius am Werkzeug
- r_2 Biegeradius am Werkstück
- k_R Rückfederungsfaktor
- s Blechdicke

Radius am Werkzeug

$$r_1 = k_R \cdot (r_2 + 0{,}5 \cdot s) - 0{,}5 \cdot s$$

Biegewinkel vor Rückfederung

$$\alpha_1 = \frac{\alpha_2}{k_R}$$

Werkstoff der Biegeteile	Rückfederungsfaktor k_R für das Verhältnis r_2/s										
	1	1,6	2,5	4	6,3	10	16	25	40	63	100
DC04, S235, S275	0,99	0,99	0,99	0,98	0,97	0,97	0,96	0,94	0,91	0,87	0,83
DC01, S355	0,99	0,99	0,99	0,97	0,96	0,96	0,93	0,90	0,85	0,77	0,66
X12CrNi18-8	0,99	0,98	0,97	0,95	0,93	0,89	0,84	0,76	0,63	–	–
E-Cu-R200	0,98	0,97	0,97	0,96	0,95	0,93	0,90	0,85	0,79	0,72	0,60
CuZn33-R290	0,97	0,97	0,96	0,95	0,94	0,93	0,89	0,86	0,83	0,77	0,73
CuNi18Zn20-R400	–	–	–	0,97	0,96	0,95	0,92	0,87	0,82	0,72	–
Al99,0	0,99	0,99	0,99	0,99	0,98	0,98	0,97	0,97	0,96	0,95	0,93
AlCuMg1	0,92	0,90	0,87	0,84	0,77	0,67	0,54	–	–	–	–
AlSiMgMn	0,98	0,98	0,97	0,96	0,95	0,93	0,90	0,86	0,82	0,76	0,72

Tiefziehen

Bild	Funktion	Eigenschaften, Anwendung

Mechanisches Tiefziehen (Erstzug und Weiterzug)

Bild

Erstzug

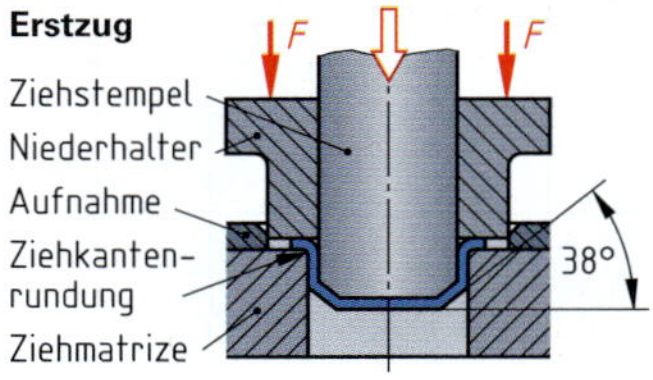

Weiterzug

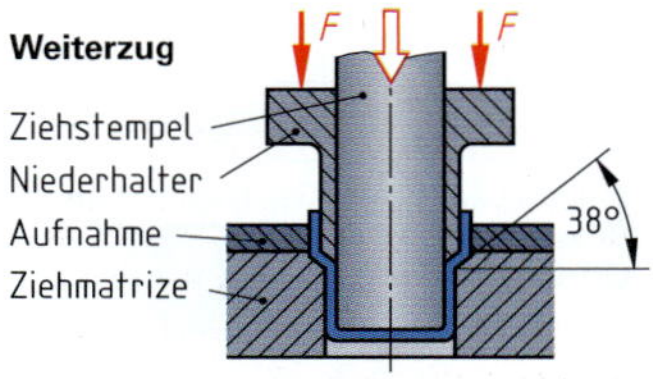

Funktion

Tiefziehvorgang:

- Ronde in Aufnahme legen
- Niederhalter drückt Ronde auf Ziehmatrize und hält sie fest
- Ziehstempel zieht Ronde unter dem Niederhalter weg in den Ziehspalt hinein und formt einen Napf
- Bei zu großem Ziehverhältnis D/d_1 sind weitere Ziehstufen erforderlich (Seite 438 Erst- und Weiterzug).
- Einlegen des vorgeformten Napfs in das Werkzeug für den Weiterzug
- Der so entstehende Napf hat einen kleineren Durchmesser und eine größere Höhe.

Eigenschaften, Anwendung

Tiefziehfähige Werkstoffe müssen große Umformungen zulassen ohne zu reißen.

Beispiele:

- DC01, DC03
- X15CrNiSi25-20
- CuZn37
- Cu95,5
- Al99,8
- AlMg1

Anwendung für Wannen, Töpfe, Dosen, Autoteile

Wanddicke wird durch das Tiefziehen nicht verändert

Tiefziehen mit Elastikkissen

Bild

Ausgangsform des Ziehteils

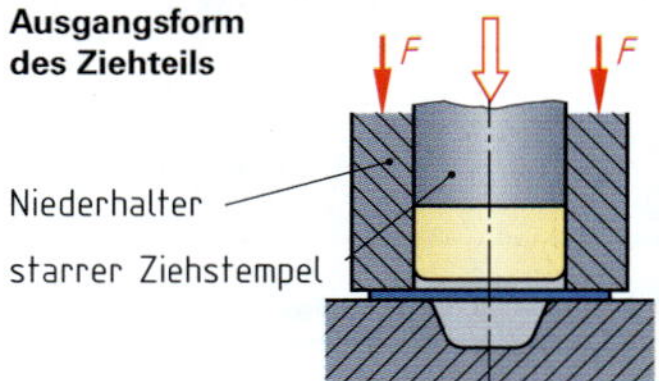

Endform des Ziehteils

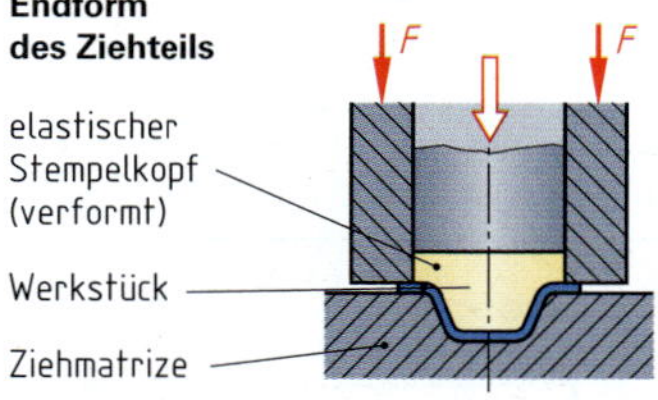

Funktion

- starre Ziehmatrize entspricht der geforderten Werkstückform
- Kopf des Ziehstempels besteht aus einem elastischen Gummi- oder Elastomerkissen
- Bei der Abwärtsbewegung des Ziehstempels wird das elastische Kissen verformt und das Blech wird in die Vertiefungen der Ziehmatrize gedrückt.

Eigenschaften, Anwendung

- einfaches, billiges Werkzeug
- geringer Stempelverschleiß
- keine Kratzer auf Werkstückoberfläche
- günstiges Ziehverhältnis
- für kleine Stückzahlen
- für Zierteile

M

Hydromechanisches Tiefziehen (Hydro-Mac-Verfahren)

Bild

Beginndes ersten Zuges

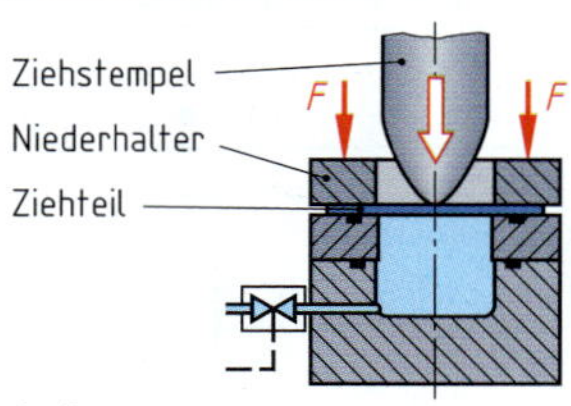

Ende des ersten Zuges

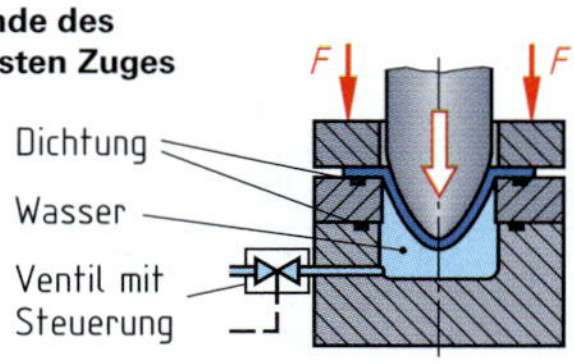

Funktion

- Blechplatine wird durch den Niederhalter festgehalten
- Der ins Wasserbad eintauchende Ziehstempel erzeugt einen allseitigen Druck (200 ... 700 bar), welcher durch Ventile gesteuert wird.
- Blechplatine wird vom Wasserdruck gegen den Ziehstempel gedrückt
- Platine nimmt exakt die Form des Ziehstempels an

Eigenschaften, Anwendung

- sehr günstiges Ziehverhältnis
- geringer Stempelverschleiß
- geringe Werkzeugkosten
- weniger Ziehstufen notwendig
- für komplizierte Formen (z. B. kugelige oder parabolische Ziehteile)

Tiefziehen

Berechnung der Zuschnittdurchmesser

Ziehteil	Zuschnittdurchmesser D	Ziehteil	Zuschnittdurchmesser D
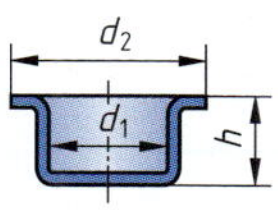	**ohne Rand d_2** $D = \sqrt{d_1^2 + 4 \cdot d_1 \cdot h}$ **mit Rand d_2** $D = \sqrt{d_2^2 + 4 \cdot d_1 \cdot h}$	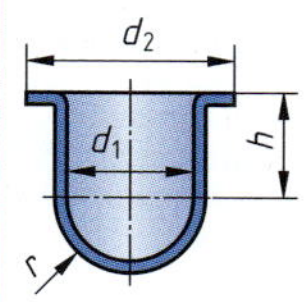	**ohne Rand d_2** $D = \sqrt{2 \cdot d_1^2 + 4 \cdot d_1 \cdot h}$ **mit Rand d_2** $D = \sqrt{2 \cdot d_1^2 + 4 \cdot d_1 \cdot h + (d_2^2 - d_1^2)}$
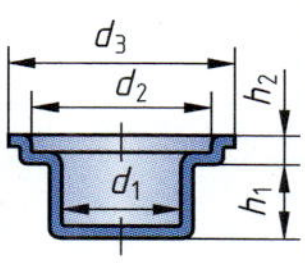	**ohne Rand d_3** $D = \sqrt{d_2^2 + 4 \cdot (d_1 \cdot h_1 + d_2 \cdot h_2)}$ **mit Rand d_3** $D = \sqrt{d_3^2 + 4 \cdot (d_1 \cdot h_1 + d_2 \cdot h_2)}$	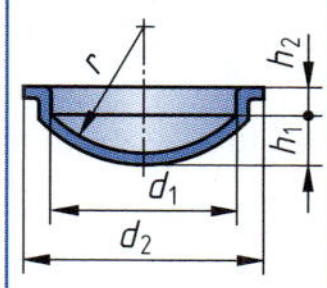	**ohne Rand d_2** $D = \sqrt{d_1^2 + 4 \cdot h_1^2 + 4 \cdot d_1 \cdot h_2}$ **mit Rand d_2** $D = \sqrt{d_1^2 + 4 \cdot h_1^2 + 4 \cdot d_1 \cdot h_2 + (d_2^2 - d_1^2)}$
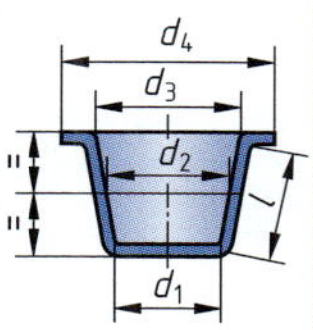	**ohne Rand d_4** $D = \sqrt{d_1^2 + 4 \cdot d_2 \cdot l}$ **mit Rand d_4** $D = \sqrt{d_1^2 + 4 \cdot d_2 \cdot l + (d_4^2 - d_3^2)}$	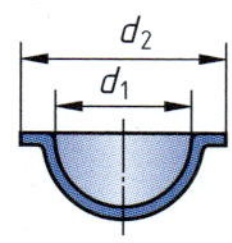	**ohne Rand d_2** $D = \sqrt{2 \cdot d_1^2} = 1{,}414 \cdot d$ **mit Rand d_2** $D = \sqrt{d_1^2 + d_2^2}$

Die Durchmesser $d_1 \dots d_4$ beziehen sich auf das fertige Ziehteil.

Beispiel:

Zylindrisches Ziehteil ohne Rand d_2 (Bild oben links) mit $d_1 = 50$ mm, $h = 30$ mm, $D = ?$

$\mathbf{D} = \sqrt{d_1^2 + 4 \cdot d_1 \cdot h} = \sqrt{50^2\ \text{mm}^2 + 4 \cdot 50\ \text{mm} \cdot 30\ \text{mm}} = \mathbf{90{,}2\ mm}$

Ziehspalt und Radien am Ziehring und Ziehstempel

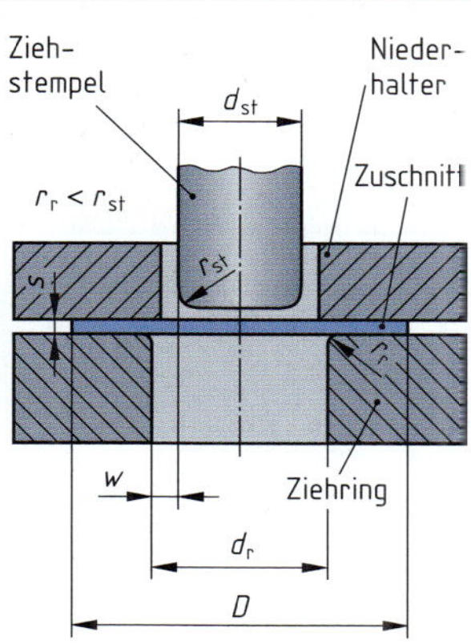

w	Ziehspalt
s	Blechdicke
k	Werkstofffaktor
r_r	Radius am Ziehring
r_{st}	Radius am Ziehstempel
D	Zuschnittdurchmesser
d_{st}	Stempeldurchmesser
d_r	Ziehringdurchmesser

Ziehspalt in mm

$$w = s + k \cdot \sqrt{10 \cdot s}$$

Radius am Ziehring in mm

$$r_r = 0{,}035 \cdot [50 + (D - d_{st})] \cdot \sqrt{s}$$

Bei jedem Weiterzug ist der Radius am Ziehring um 20 bis 40% zu verkleinern.

Ziehringdurchmesser

$$d_r = 2 \cdot w + d_{st}$$

Radius am Ziehstempel in mm

$$r_{st} = (4 \dots 5) \cdot s$$

Werkstofffaktor k	
Stahl	0,07
Aluminium	0,02
Sonstige NE-Metalle	0,04

Beispiel:

Stahlblech, $D = 51\,\text{mm}$, $d_{st} = 25\,\text{mm}$, $s = 2\,\text{mm}$, $w = ?$, $r_r = ?$, $r_{st} = ?$

$\boldsymbol{k}$ = **0,07** (aus Tabelle)

$\boldsymbol{w} = s + k \cdot \sqrt{10 \cdot s} = 2 + 0{,}07 \cdot \sqrt{10 \cdot 2} = \mathbf{2{,}3\,mm}$

$\boldsymbol{r_r} = 0{,}035 \cdot [50 + (D - d_{st})] \cdot \sqrt{s} = 0{,}035 \cdot [50 + (51 - 25)] \cdot \sqrt{2} = \mathbf{3{,}8\,mm}$

$\boldsymbol{r_{st}} = 4{,}5 \cdot s = 4{,}5 \cdot 2\ \text{mm} = \mathbf{9\ mm}$

M

Tiefziehen

Ziehstufen und Ziehverhältnisse

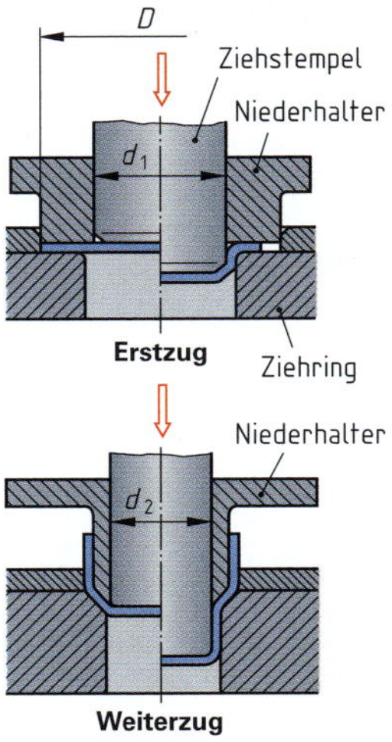

- D Zuschnittdurchmesser
- d Innendurchmesser des fertigen Ziehteils
- d_1 Stempeldurchmesser beim 1. Zug
- d_2 Stempeldurchmesser beim 2. Zug
- d_n Stempeldurchmesser beim *n*. Zug
- β_1 Ziehverhältnis für 1. Zug
- β_2 Ziehverhältnis für 2. Zug
- β_{ges} Gesamt-Ziehverhältnis
- s Blechdicke

Beispiel:

Napf ohne Rand aus DC04 (St 14) mit $d = 50\,\text{mm}$, $h = 60\,\text{mm}$, $D = ?$, $\beta_1 = ?$, $\beta_2 = ?$, $d_1 = ?$, $d_2 = ?$

$$\boldsymbol{D} = \sqrt{d^2 + 4 \cdot d \cdot h}$$

$$= \sqrt{(50\,\text{mm})^2 + 4 \cdot 50\,\text{mm} \cdot 60\,\text{mm}} = \mathbf{120\,mm}$$

$\beta_1 = \mathbf{2{,}0}$; $\boldsymbol{\beta_2} = \mathbf{1{,}3}$ (nach Tabelle unten)

$$\boldsymbol{d_1} = \frac{D}{\beta_1} = \frac{120\,\text{mm}}{2{,}0} = \mathbf{60\,mm}$$

$$\boldsymbol{d_2} = \frac{d_1}{\beta_2} = \frac{60\,\text{mm}}{1{,}3} = \mathbf{46\,mm}$$

2 Züge ausreichend, da $d_2 < d$

Ziehverhältnis

1. Zug

$$\beta_1 = \frac{D}{d_1}$$

2. Zug

$$\beta_2 = \frac{d_1}{d_2}$$

Gesamt-Ziehverhältnis

$$\beta_{ges} = \beta_1 \cdot \beta_2 \cdot \ldots$$

$$\beta_{ges} = \frac{D}{d_n}$$

Werkstoff	Max. Ziehverhältnisse[1]		R_m[2]	Werkstoff	Max. Ziehverhältnisse[1]		R_m[2]	Werkstoff	Max. Ziehverhältnisse[1]		R_m[2]
	β_1	β_2	N/mm²		β_1	β_2	N/mm²		β_1	β_2	N/mm²
DCO1 (St12)	1,8	1,2	410	CuZn30-R280	2,1	1,3	270	Al99,5 H111	2,1	1,6	95
DCO3 (St13)	1,9	1,3	370	CuZn37-R290	2,1	1,4	300	AlMg1 H111	1,9	1,3	145
DCO4 (St14)	2,0	1,3	350	CuZn37-R460	1,9	1,2	410	AlCu4Mg1 T4	2,0	1,5	425
X10CrNi18-8	1,8	1,2	750	CuSn6-R340	1,5	1,2	350	AlSi1MgMn T6	2,1	1,4	310

[1] Die Werte gelten bis $d_1 : s = 300$; sie wurden für $d_1 = 100$ mm und $s = 1$ mm ermittelt. Für andere Blechdicken und Stempeldurchmesser ändern sich die Werte geringfügig.

[2] maximale Zugfestigkeit

Tiefziehkraft, Niederhalterkraft

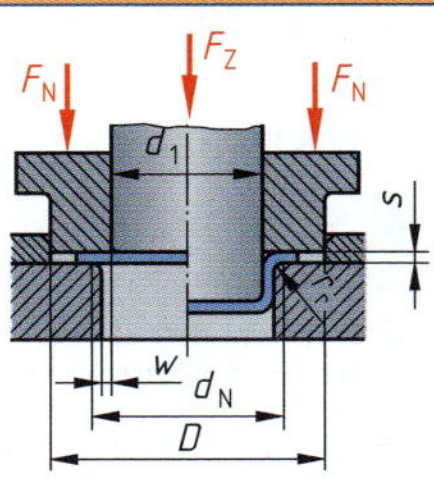

Niederhalterdruck p in N/mm²	
Stahl	2,5
Cu-Legierungen	2,0 … 2,4
Al-Legierungen	1,2 …1,5

- F_Z Tiefziehkraft
- d_1 Stempeldurchmesser
- s Blechdicke
- R_m Zugfestigkeit
- β Ziehverhältnis
- β_{max} höchstmögliches Ziehverhältnis
- F_N Niederhalterkraft
- D Zuschnittdurchmesser
- d_N Auflagedurchmesser des Niederhalters
- p Niederhalterdruck
- r_r Radius am Ziehring
- w Ziehspalt

Tiefziehkraft

$$F_Z = \pi \cdot (d_1 + s) \cdot s \cdot R_m \cdot 1{,}2 \cdot \frac{\beta - 1}{\beta_{max} - 1}$$

Niederhalterkraft

$$F_N = \frac{\pi}{4} \cdot (D^2 - d_N^2) \cdot p$$

Auflagedurchmesser des Niederhalters

$$d_N = d_1 + 2 \cdot (r_r + w)$$

Beispiel:

$D = 210\,\text{mm}$, $d_1 = 140\,\text{mm}$, $s = 1\,\text{mm}$, $R_m = 380\,\text{N/mm}^2$, $\beta = 1{,}5$, $\beta_{max} = 1{,}9$, $F_Z = ?$

$$\boldsymbol{F_Z} = \pi \cdot (d_1 + s) \cdot s \cdot R_m \cdot 1{,}2 \cdot \frac{\beta - 1}{\beta_{max} - 1} = \pi \cdot (140\,\text{mm} + 1\,\text{mm}) \cdot 1\,\text{mm} \cdot 380\,\frac{\text{N}}{\text{mm}^2} \cdot 1{,}2 \cdot \frac{1{,}5 - 1}{1{,}9 - 1} = \mathbf{112218\,N}$$

M

Scherschneiden

Schneidkraft, Schneidarbeit

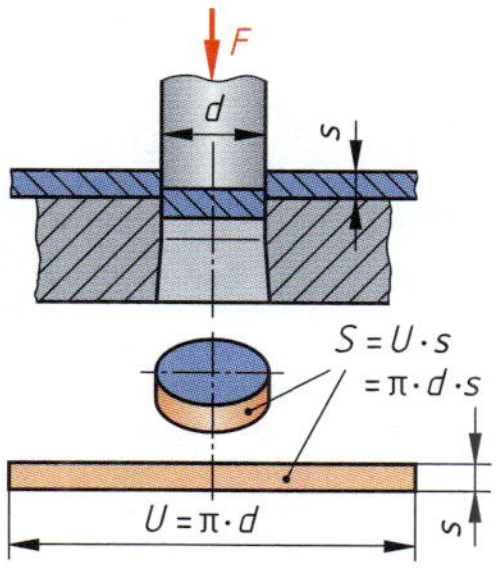

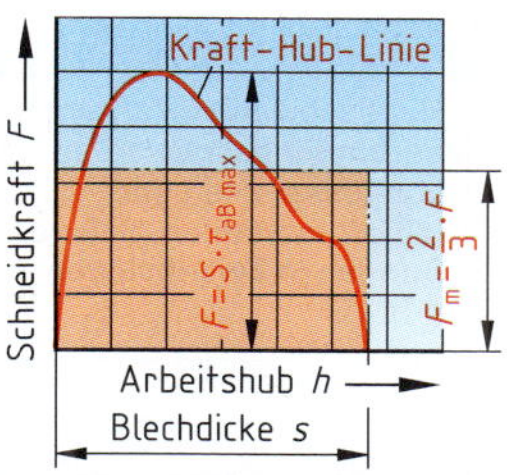

F	Schneidkraft
F_m	gemittelte Schneidkraft
S	Scherfläche
$R_{m\,max}$	maximale Zugfestigkeit
$\tau_{aB\,max}$	maximale Scherfestigkeit
W	Schneidarbeit
s	Blechdicke

Schneidkraft

$$F = S \cdot \tau_{aB\,max}$$

max. Scherfestigkeit

$$\tau_{aB\,max} \approx 0{,}8 \cdot R_{m\,max}$$

Schneidarbeit

$$W = \frac{2}{3} \cdot F \cdot s$$

Beispiel:

$S = 236\ \text{mm}^2$, $s = 2{,}5\ \text{mm}$, $R_{m\,max} = 510\ \text{N/mm}^2$

Gesucht: $\tau_{aB\,max}$, F, W

Lösung: $\boldsymbol{\tau_{aB\,max}} \approx 0{,}8 \cdot R_{m\,max} = 0{,}8 \cdot 510\ \text{N/mm}^2 = \mathbf{408\ N/mm^2}$

$\boldsymbol{F} = S \cdot \tau_{aB\,max} = 236\ \text{mm}^2 \cdot 408\ \text{N/mm}^2 = 96\,288\ \text{N} = \mathbf{96{,}288\ kN}$

$\boldsymbol{W} = \frac{2}{3} \cdot F \cdot s = \frac{2}{3} \cdot 96{,}288\ \text{kN} \cdot 2{,}5\ \text{mm} \approx 160\ \text{kN} \cdot \text{mm} = \mathbf{160\ N \cdot m}$

Einsatzbedingungen bei Exzenter- und Kurbelpressen

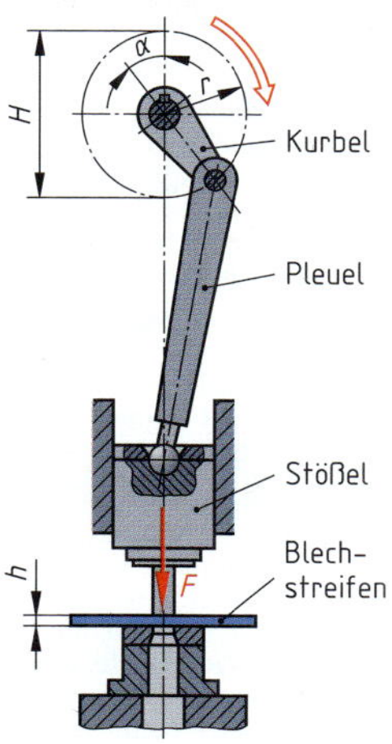

In der Regel sind die Pressenantriebe so ausgelegt, dass die Nenn-Presskraft beim Kurbelwinkel $\alpha = 30°$ wirken kann.

Im Dauerhub arbeiten die Maschinen ohne Unterbrechung. Im Einzelhub werden die Pressen nach jedem Hub stillgesetzt. Bei Pressen mit einstellbarem Hub ist die zulässige Presskraft kleiner als die Nenn-Presskraft.

F	Schneidkraft, Umformkraft
F_n	Nenn-Presskraft
F_{zul}	zul. Presskraft bei einstellbarem Hub
H	Hub, maximaler Hub bei einstellbarem Hub
H_e	eingestellter Hub
h	Arbeitsweg (≙ Blechdicke s)
α	Kurbelwinkel
W	Schneidarbeit, Umformarbeit
W_D	Arbeitsvermögen im Dauerhub
W_E	Arbeitsvermögen im Einzelhub

Arbeitsvermögen im Dauerhub

$$W_D = \frac{F_n \cdot H}{15}$$

Arbeitsvermögen im Einzelhub

$$W_E = 2 \cdot W_D$$

Beispiel:

Exzenterpresse mit festem Hub, $F_n = 250\ \text{kN}$ $H = 30\ \text{mm}$, $F = 207\ \text{kN}$, $s = 4\ \text{mm}$

Gesucht: W; W_D. Ist die Presse im Dauerhub einsetzbar?

Lösung: $\boldsymbol{W} = \frac{2}{3} \cdot F \cdot s = \frac{2}{3} \cdot 207\ \text{kN} \cdot 4\ \text{mm} = 552\ \text{kN} \cdot \text{mm} = \mathbf{552\ N \cdot m}$

$\boldsymbol{W_D} = \frac{F_N \cdot H}{15} = \frac{250\ \text{kN} \cdot 30\ \text{mm}}{15} = 500\ \text{kN} \cdot \text{mm} = \mathbf{500\ N \cdot m}$

Wenn $F < F_n$, aber $W > W_D$, dann ist die Presse für dieses Werkstück im Dauerhub nicht einsetzbar.

Einsatzbedingungen
Bei festem Hub
$F \le F_n$ $W \le W_D$ oder $W \le W_E$
Bei einstellbarem Hub
$F \le F_{zul}$ $F_{zul} = \frac{F_n \cdot H}{4 \cdot \sqrt{H_e \cdot h - h^2}}$ $W \le W_D$ oder $W \le W_E$

M

Schmelzschweißen

Schmelzschweißen ist das unlösbare Verbinden von Werkstoffen bei örtlichem Schmelzfluss unter Anwendung von

- Wärme und/oder der Verwendung von
- Schweißzusätzen, z. B. Elektroden, Schweißdrähten, zur Füllung von Schweißfugen
- Hilfsstoffen, z. B. Schutzgasen, zur Verbesserung der Schweißbedingungen und der Nahteigenschaften.

Schweißverfahren (Auswahl)

Bild	Beschreibung	Verfahren, Anwendung
Gasschmelzschweißen		
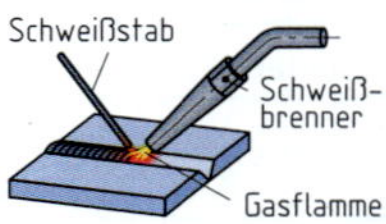	**Wärmequelle** Gasflamme aus Sauerstoff und Acetylen Bevorzugte Flammeneinstellung: neutrale Flamme mit gleichen Anteilen von Sauerstoff und Acetylen **Schweißzusätze** Blanke Schweißstäbe	Handschweißverfahren; Verbindungsschweißen von unlegierten und niedriglegierten Stahlrohren, Reparaturschweißungen an Gusseisen
Lichtbogenhandschweißen		
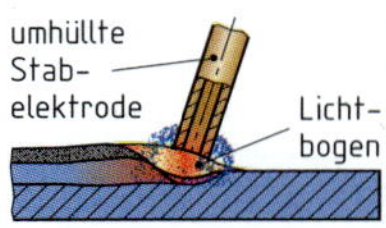	**Wärmequelle** Wechsel- oder Gleichstrom-Lichtbogen zwischen der abschmelzenden Elektrode und dem Grundwerkstoff; Temperaturen im Schmelzbereich bis 4000 °C **Schweißzusätze** Umhüllte Stabelektroden	Handschweißverfahren; Verbindungsschweißen von unlegierten und legierten Stählen, Schweißungen in Zwangslagen
Schutzgasschweißen		
	Metall-Schutzgas-Schweißen (MIG, MAG)	
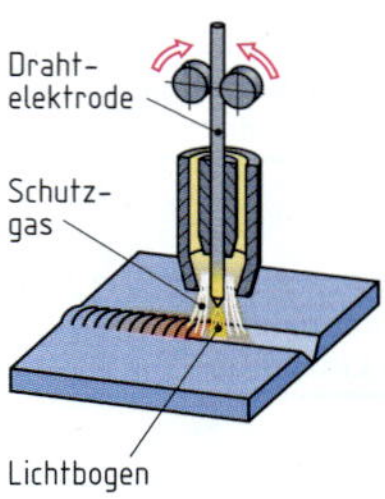	**Wärmequelle** Gleich- oder Wechselstrom-Lichtbogen zwischen der abschmelzenden Drahtelektrode und dem Werkstück **Schweißzusätze** Drahtelektroden, Fülldrahtelektroden **Hilfsstoffe** Schutzgase werden nach den zu verschweißenden Grundwerkstoffen ausgewählt und bestimmen das Schweißverfahren: Verwendung inerter Schutzgase, z. B. Argon oder Helium → **Metall-Inert-Gasschweißen (MIG),** keine Gasreaktion mit den Grundwerkstoffen Verwendung aktiver Schutzgase, z. B. mit CO_2- oder O_2-Anteilen → **Metall-Aktiv-Gasschweißen (MAG),** oxidierende Wirkung auf die Grundwerkstoffe	Hand- oder automatisiertes Schweißen, z. B. mit Schweißrobotern, hohe Schweißqualität, hohe Abschmelzleistung. **MIG-Schweißen:** Aluminium und Aluminiumlegierungen, Kupfer und Kupferlegierungen, Nickel und Nickellegierungen **MAG-Schweißen:** unlegierte und legierte Stähle, auch nichtrostende Cr-Ni-Stähle
	Wolfram-Inertgas-Schweißen (WIG)	
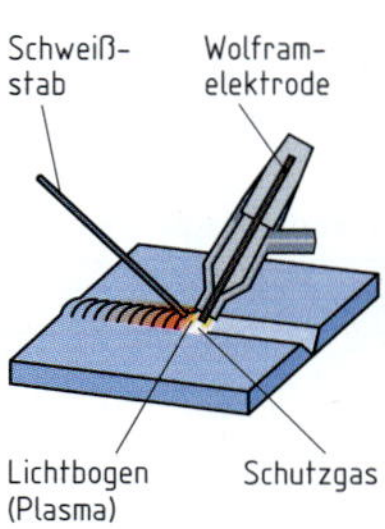	**Wärmequelle** Gleich- oder Wechselstrom-Lichtbogen zwischen einer nicht abschmelzenden Wolframelektrode und dem Grundwerkstoff **Schweißzusätze** Schweißstäbe, die in der Regel von Hand zugeführt werden **Hilfsstoffe** Inerte Schutzgase, z. B. Argon oder Helium, → keine Gasreaktion mit den Grundwerkstoffen	Schweißverfahren für hochwertige Verbindungen vor allem im Dünnblechbereich; für fast alle Werkstoffe, wie unlegierte und legierte Stähle, auch nichtrostende Cr-Ni-Stähle, NE-Metalle, Titan, Tantal, Zirkon
	Wolfram-Plasma-Schweißen (WP)	
	Wärmequelle → siehe WIG-Schweißen, gebündelter Lichtbogen (Plasma) mit hoher Leistungsdichte **Schweißzusätze** → siehe WIG-Schweißen **Hilfsstoffe** Beim Plasma-Schweißen werden zwei Gasarten benötigt: – Plasmagas: vorwiegend Argon – Schutzgas: Argon mit werkstoffabhängigen Komponenten, Wasserstoff, Helium …	Schweißverfahren für hochwertige Verbindungen mit 0,01…10 mm Dicke, Auftragsschweißen, z. B. an Ventilsitzen; Werkstoffe wie beim WIG-Schweißen

M

Koordinatensysteme, Nullpunkte

Koordinatensystem und Koordinatenachsen

vgl. DIN 66217 (1975-12)

Koordinatenachsen bei CNC-Drehmaschinen

Drehmeißel vor der Drehmitte

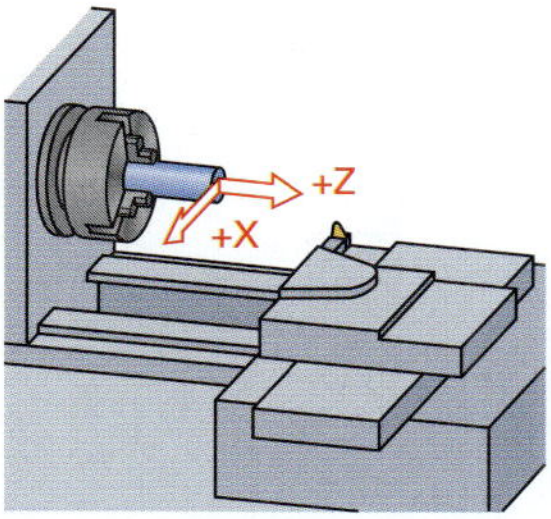

Drehmeißel hinter der Drehmitte

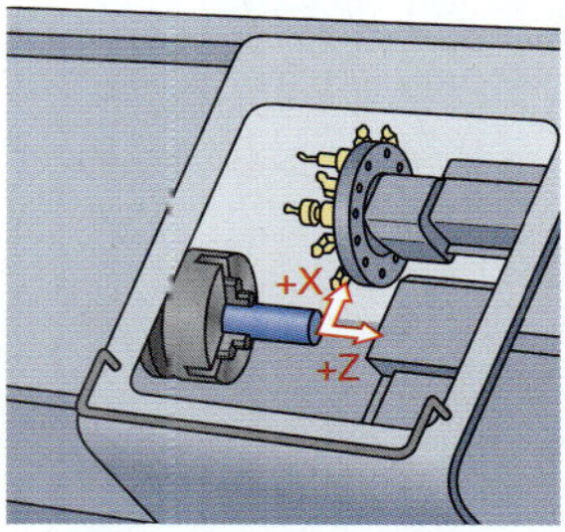

- Das Koordinatensystem bezieht sich auf den Werkstücknullpunkt des eingespannten Werkstücks.
- Die Koordinatenachsen einer CNC-Maschine sind auf die Hauptführungsbahnen ausgerichtet.
- Die Z-Achse verläuft in Richtung der Hauptspindel.
- Beim Programmieren wird immer angenommen, dass das Werkstück still steht und sich nur das Werkzeug bewegt.
- Die Koordinatenachsen X, Y und Z stehen im kartesischen Koordinatensystem senkrecht aufeinander.

Koordinatenachsen bei CNC-Fräsmaschinen

Senkrecht-Fräsmaschine

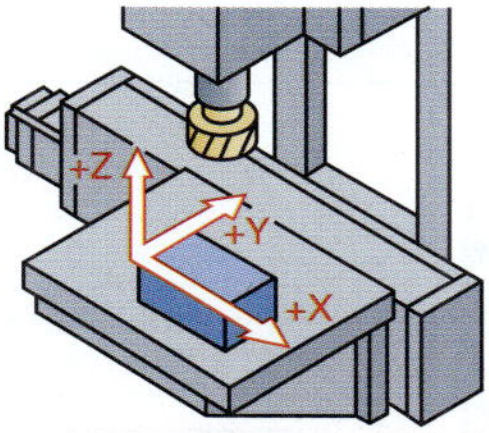

Waagrecht-Fräsmaschine

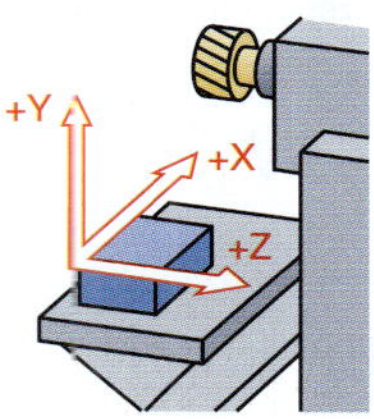

Kartesisches Koordinatensystem[1]

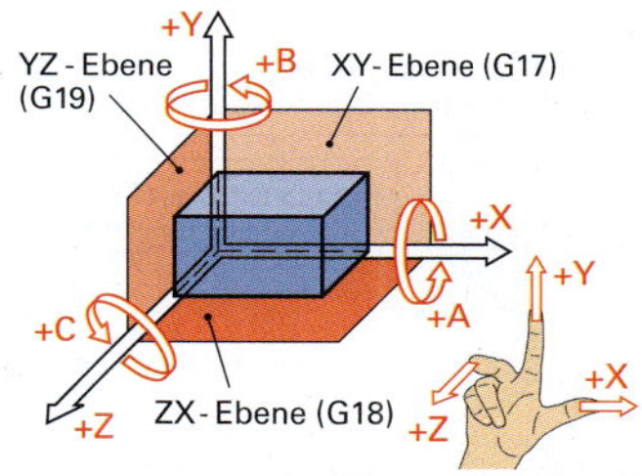

Nullpunkte und Bezugspunkte

vgl. DIN ISO 2806 (1996-04)

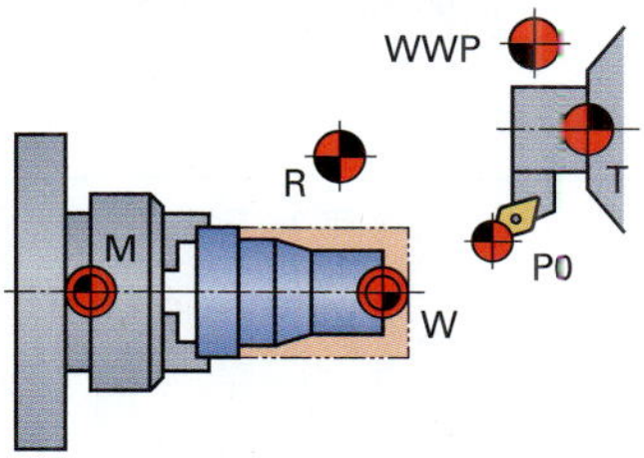

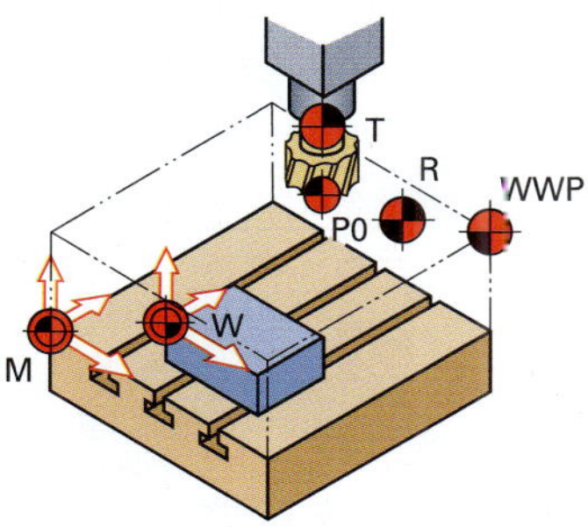

M 	**Maschinennullpunkt M** Er ist der Ursprung des Maschinen-Koordinatensystems und wird vom Maschinenhersteller festgelegt.
W 	**Werkstücknullpunkt W** Er ist der Ursprung des Werkstück-Koordinatensystems und wird vom Programmierer nach fertigungstechnischen Gesichtspunkten festgelegt.
T 	**Werkzeugträger-Bezugspunkt T** Er liegt mitten an der Anschlagfläche der Werkzeugaufnahme. Bei Drehmaschinen ist dies die Anschlagfläche des Werkzeughalters am Revolver, bei Fräsmaschinen die Stirnfläche der Werkzeugspindel.
R 	**Referenzpunkt R** Er wird zum Nullsetzen des inkrementalen Wegmesssystems angefahren. Abstandscodierte Referenzpunkte ermöglichen ein kurzes Anfahren des Werkzeugs.
P0 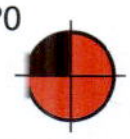	**Programmnullpunkt P0**[2] Er gibt die Koordinaten des Punktes an, an dem sich das Werkzeug vor Beginn des Programmstarts befindet.
WWP 	**Werkzeugwechselpunkt WWP**[2] Er wird vor dem Werkzeugwechsel sowie vor dem Um- und Ausspannen des Werkstücks angefahren.

[1] Die Drehachsen A, B und C werden den Koordinatenachsen X, Y und Z zugewiesen.
Die Bearbeitungsebenen werden zum Fräsen für die Ebenenanwahl bei einer 2½-D-Steuerung angegeben.
Die Zuordnung der Achsen X, Y und Z kann auch durch Daumen, Zeigefinger und Mittelfinger der rechten Hand dargestellt werden.

[2] nicht genormt

M

Werkzeugkorrekturen, Bahnkorrekturen

Werkzeugkorrekturen

CNC-Drehen

Lagen-Kennziffern des Werkzeug-Schneidenpunktes P bezogen auf den Mittelpunkt M des Schneidenradius r_ε

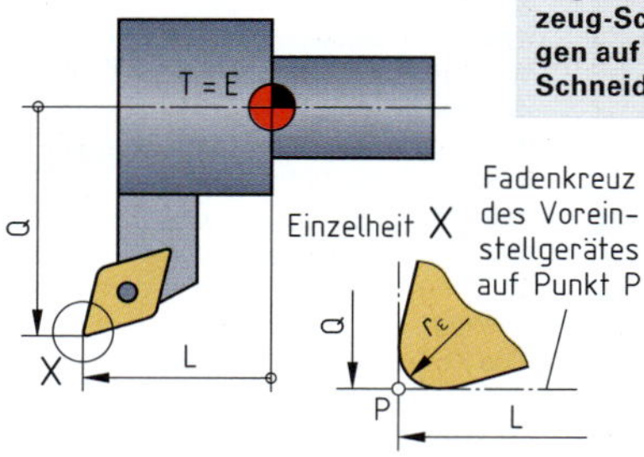

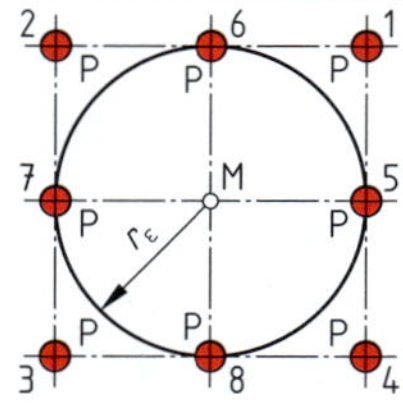

Q	Querablage der X-Achse
L	Längenkorrektur der Z-Achse
r_ε	Schneidenradius
1...8	Lage-Kennziffern
T	Werkzeugträger-Bezugspunkt
E	Werkzeug-Bezugspunkt
M	Mittelpunkt des Schneiden-radius r_ε
P	Werkzeug-Schneidenpunkt

CNC-Fräsen

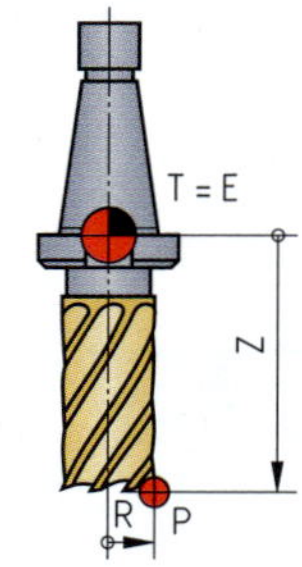

Z	Werkzeuglänge
R	Werkzeugradius
T	Werkzeugträger-Bezugspunkt
E	Werkzeug-Bezugspunkt
P	Werkzeug-Schneidenpunkt

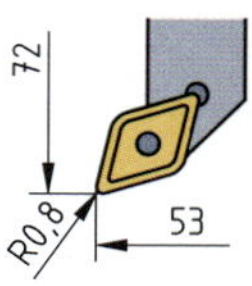

Korrekturspeicher	
Q	72
L	53
r_ε	0,8
Lage-Kennziffer	3

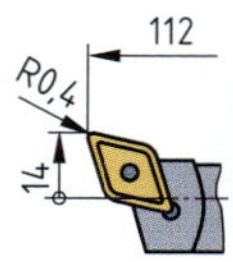

Korrekturspeicher	
Q	14
L	112
r_ε	0,4
Lage-Kennziffer	2

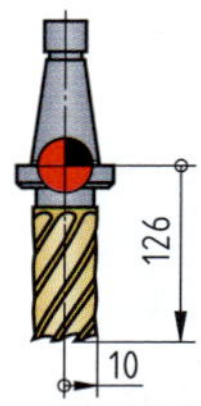

Korrekturspeicher	
Z	126
R	10

Bahnkorrekturen[1]

vgl. DIN 66025 (1988-09) und PAL

Drehmeißel links der Kontur[2]	Drehmeißel rechts der Kontur[2]	Fräswerkzeug links der Kontur[2]
Drehmeißel hinter der Drehmitte		
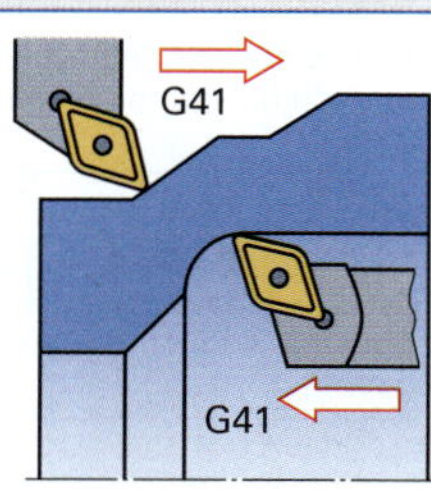	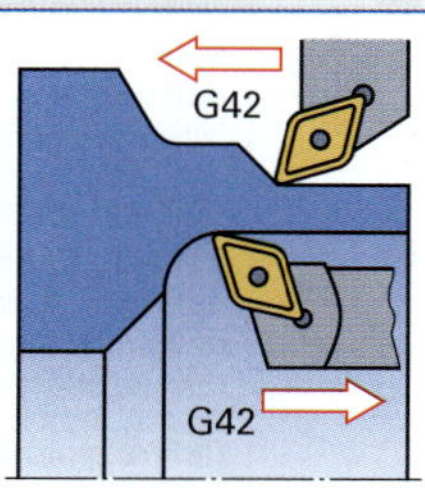	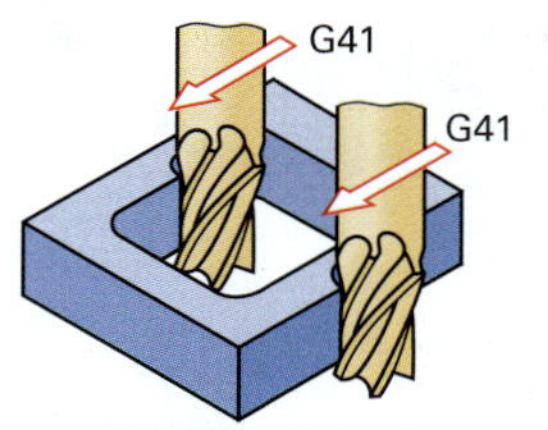
Drehmeißel vor der Drehmitte		Fräswerkzeug rechts der Kontur[2]
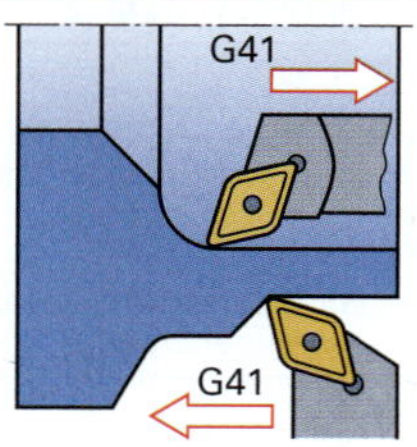	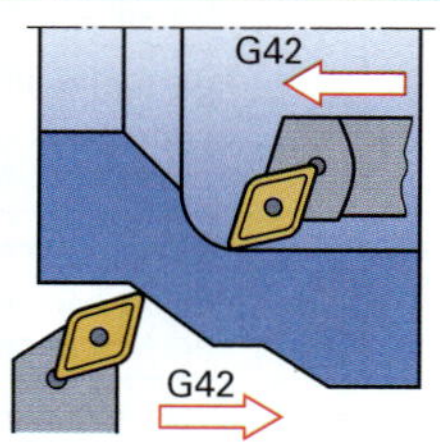	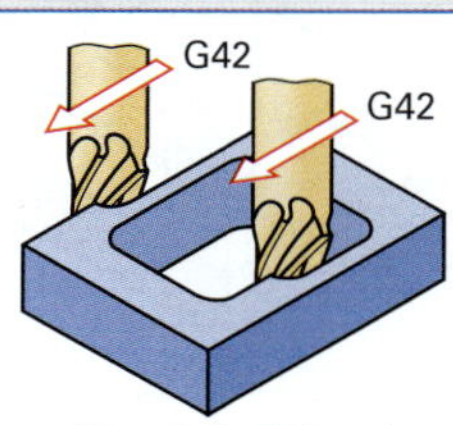

(Gleichlauffräsen)

(Gegenlauffräsen)

[1] Die Bahnkorrekturen G41 und G42 werden mit der Wegbedingung G40 wieder aufgehoben.

[2] Das Werkzeug von oben gesehen befindet sich in Vorschubrichtung links oder rechts neben der Werkstückkontur.

M

CNC-Drehen und CNC-Fräsen nach DIN

Aufbau von CNC-Programmen nach DIN

vgl. DIN 66025-2 (1988-09)

Satzaufbau

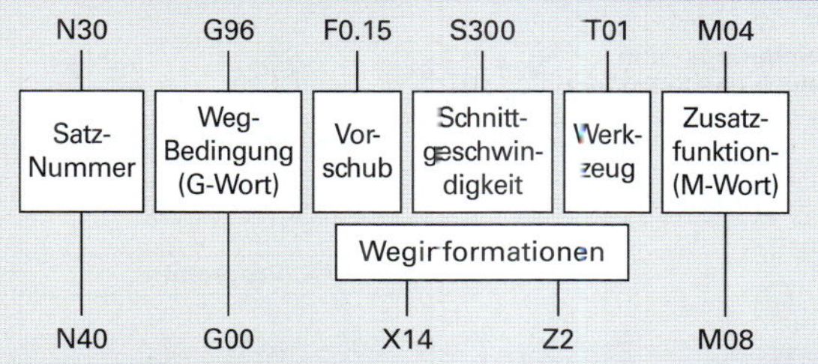

Erläuterung der Wörter:

N30: Satznummer 30
G96: konstante Schnittgeschwindigkeit
G00: Positionieren im Eilgang
X14: Koordinatenzielpunkt in X-Richtung
Z2: Koordinatenzielpunkt in Z-Richtung
F0.15: Vorschub 0,15 mm
S300: Schnittgeschwindigkeit 300 m/min
T01: Werkzeug mit der Nummer 01
M04: Spindel gegen Uhrzeigersinn
M08: Kühlschmiermittel ein

Programmaufbau

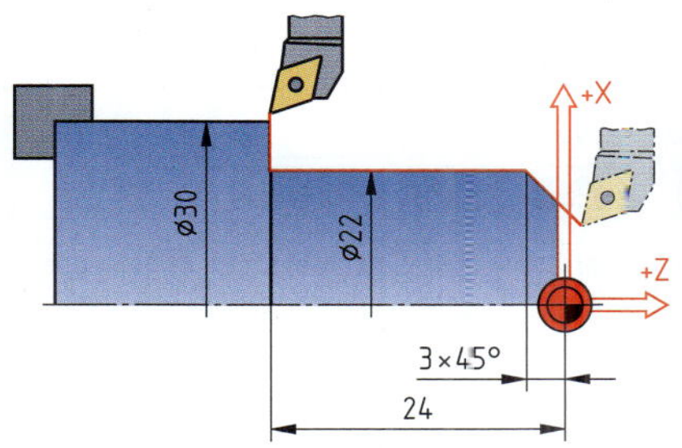

CNC-Programm

```
% 01                                         Programmanfang
N10  G90
N20  G00          X150   Z50
N30  G96  F0.15   S300   T01    M04
N40  G00          X12    Z2     M08
N50  G42                                     CNC-Sätze
N60  G01          X16    Z0
N70               X22    Z-3
N...
N100 G40
N110 G00          X150   Z50    M09
N120                            M30          Programmende
```

Wegbedingungen (G-Wort, Auswahl)

vgl. DIN 66025-2 (1988-09)

Wegbedingung	Wirksamkeit	Bedeutung	Wegbedingung	Wirksamkeit	Bedeutung
G00	● (gespeichert)	Positionieren im Eilgang	G53	● (gespeichert)	Aufheben der Verschiebung
G01	● (gespeichert)	Geraden-Interpolation	G54 …	● (gespeichert)	Verschiebung 1 …
G02	● (gespeichert)	Kreis-Interpolation rechtsdrehend	… G59		… Verschiebung 6
G03	● (gespeichert)	Kreis-Interpolation linksdrehend	G74	● (gespeichert)	Referenzpunkt anfahren
G04	● (satzweise)	Verweilzeit, zeitlich vorbestimmt	G80	● (satzweise)	Arbeitszyklus aufheben
G09	● (satzweise)	Genauhalt	G81 …	● (gespeichert)	Arbeitszyklus 1 …
G17	● (gespeichert)	Ebenenauswahl XY	… G89		… Arbeitszyklus 9
G18	● (gespeichert)	Ebenenauswahl ZX	G90	● (gespeichert)	Absolute Maßangaben
G19	● (gespeichert)	Ebenenauswahl YZ	G91	● (gespeichert)	Inkrementale Maßangaben
G33	● (gespeichert)	Gewindeschneiden, Steigung konstant	G94	● (satzweise)	Vorschubgeschwindigkeit in mm/min
G40	● (gespeichert)	Aufheben der Werkzeugkorrektur	G95	● (gespeichert)	Vorschub in mm
G41	● (gespeichert)	Werkzeugbahnkorrektur, links	G96	● (gespeichert)	Konst. Schnittgeschwindigkeit
G42	● (gespeichert)	Werkzeugbahnkorrektur, rechts	G97	● (gespeichert)	Spindeldrehzahl in 1/min

● gespeichert: Wegbedingungen, die so lange wirksam bleiben, bis sie durch eine artgleiche Bedingung überschrieben werden

● satzweise: Wegbedingungen, die nur in dem Satz wirksam sind, in dem sie programmiert sind

Zusatzfunktionen (M-Wort, Auswahl)

vgl. DIN 66025-2 (1988-09)

M00	Programmierter Halt	M04	Spindel gegen Uhrzeigersinn	M08	Kühlschmiermittel EIN
M02	Programmende	M05	Spindel halt	M09	Kühlschmiermittel AUS
M03	Spindel im Uhrzeigersinn	M06	Werkzeugwechsel	M30	Programmende mit Rücksetzen

M

CNC-Drehen und CNC-Fräsen nach DIN

Arbeitsbewegungen bei CNC-Drehmaschinen nach DIN

vgl. DIN 66025-2 (1988-09)

G01 Linearbewegungen

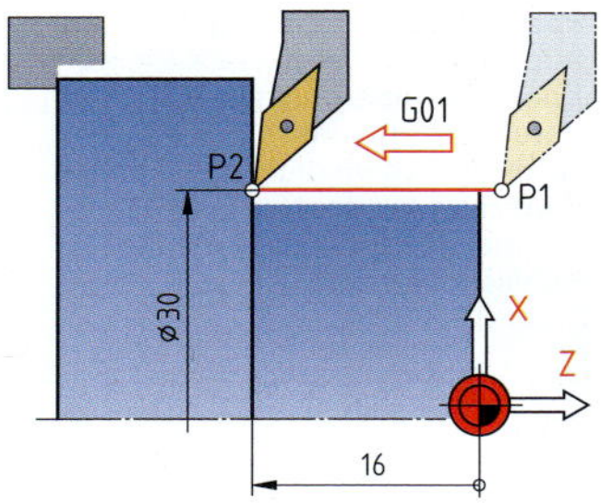

Bezeichnungs- und Bearbeitungsbeispiel: N20 **G01** **X30** **Z-16**

- **G01**: Linear-Interpolation, Arbeitsbewegung im programmierten Vorschub
- **X30 / Z-16**: Koordinate des Zielpunktes – in X-Richtung / in Z-Richtung

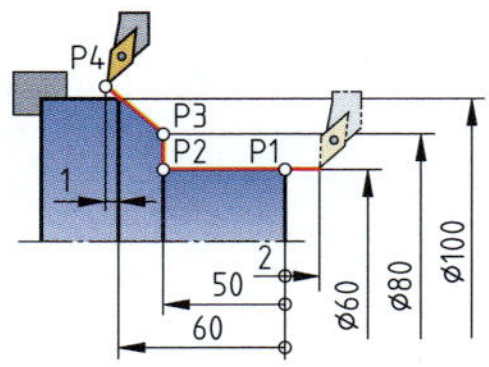

CNC-Programm

N...				
N10	G00	X60	Z2	
N20	G42			
N30	G01		Z0	(P1)
N40	**G01**		**Z-50**	(P2)
N50		X80		(P3)
N60		X104	Z-62	(P4)
N...				

G02 Kreisbewegung im Uhrzeigersinn (rechtsdrehend)

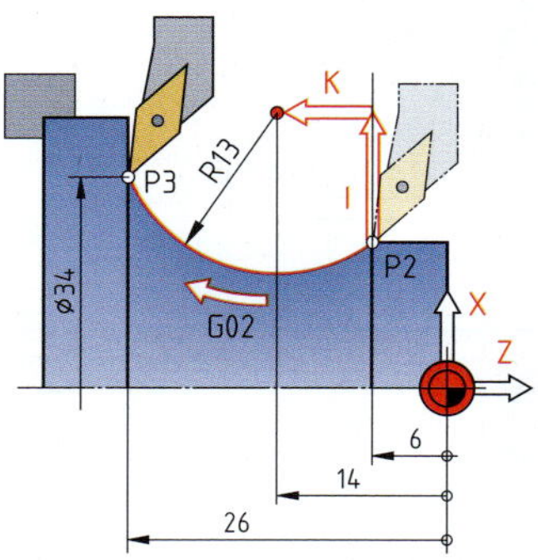

Bezeichnungs- und Bearbeitungsbeispiel: N30 **G02** **X34** **Z-26** **I10.247** **K-8**

- **G02**: Kreis-Interpolation im Uhrzeigersinn, Arbeitsbewegung im programmierten Vorschub
- **X34 / Z-26**: Koordinate des Kreis-Endpunktes – in X-Richtung / in Z-Richtung
- **I10.247 / K-8**: Inkrementale Angabe des Mittelpunktes, bezogen auf den Kreis-Anfangspunkt – in X-Richtung / in Z-Richtung

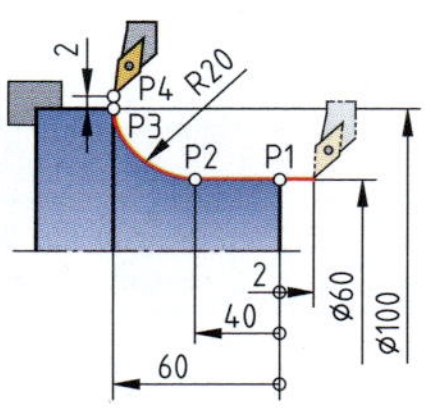

CNC-Programm

N...						
N10	G00	X60	Z2			
N20	G42					
N30	G01		Z0			(P1)
N40	G01		Z-40			(P2)
N50	**G02**	**X100**	**Z-60**	**I20**	**K0**	(P3)
N60	G01	X104				(P4)
N...						

G03 Kreisbewegung gegen den Uhrzeigersinn (linksdrehend)

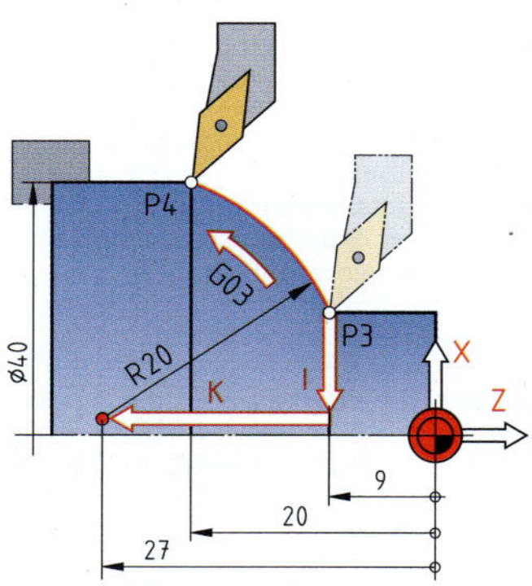

Bezeichnungs- und Bearbeitungsbeispiel: N40 **G03** **X40** **Z-20** **I-8.718** **K-18**

- **G03**: Kreis-Interpolation gegen den Uhrzeigersinn, Arbeitsbewegung im programmierten Vorschub
- **X40 / Z-20**: Koordinate des Kreis-Endpunktes – in X-Richtung / in Z-Richtung
- **I-8.718 / K-18**: Inkrementale Angabe des Mittelpunktes, bezogen auf den Kreis-Anfangspunkt – in X-Richtung / in Z-Richtung

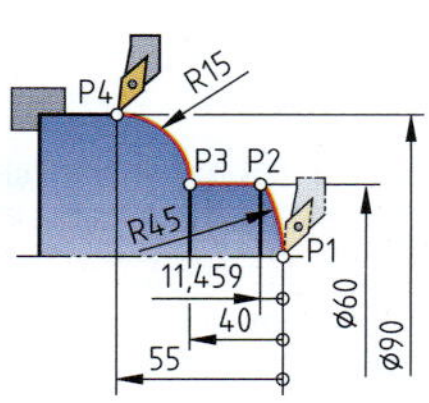

CNC-Programm

N...						
N10	G42					
N20	G01	X0	Z0			(P1)
N30	G03	X60	Z-11.459	I0	K-45	(P2)
N40	G01		Z-40			(P3)
N50	**G03**	**X90**	**Z-55**	**I0**	**K-15**	(P4)
N...						

M

CNC-Drehen und CNC-Fräsen nach DIN

Arbeitsbewegungen bei CNC-Senkrecht-Fräsmaschinen nach DIN

vgl. DIN 66025-2 (1988-09)

G01 Linearbewegungen

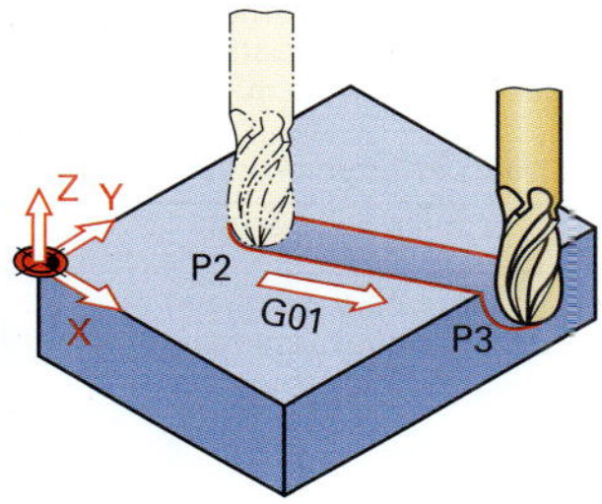

Bezeichnungs- und Bearbeitungsbeispiel:

N30 **G01** **X50** **Y19** **Z-8**

- G01: Linear-Interpolation, Arbeitsbewegung im programmierten Vorschub
- X50, Y19, Z-8: Koordinaten des Zielpunktes – in X-Richtung | in Y-Richtung | in Z-Richtung

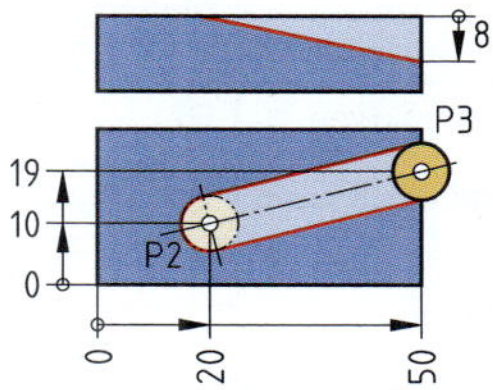

CNC-Programm

```
N...
N10  G00  X20  Y10  Z2   (P1)
N20  G01            Z0   (P2)
N30       X50  Y19  Z-8  (P3)
N...
```

G02 Kreisbewegung im Uhrzeigersinn (rechtsdrehend)

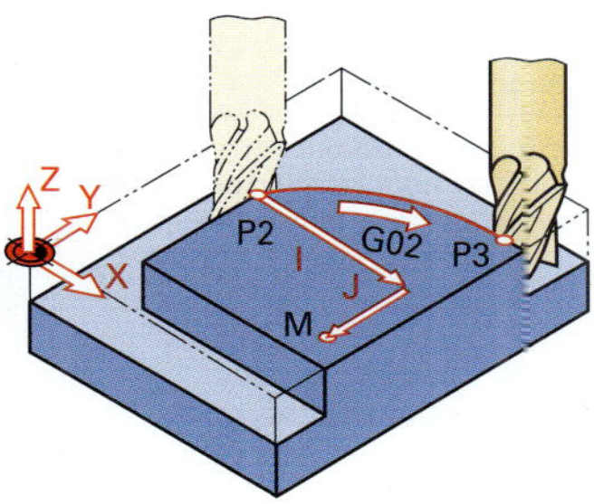

Bezeichnungs- und Bearbeitungsbeispiel:

N40 **G02** **X32** **Y38** **I26** **J-10.392**

- G02: Kreis-Interpolation im Uhrzeigersinn, Arbeitsbewegung im programmierten Vorschub
- X32, Y38: Koordinaten des Kreis-Endpunktes – in X-Richtung | in Y-Richtung
- I26, J-10.392: Inkrementale Angabe des Mittelpunktes, bezogen auf den Kreis-Anfangspunkt – in X-Richtung | in Y-Richtung

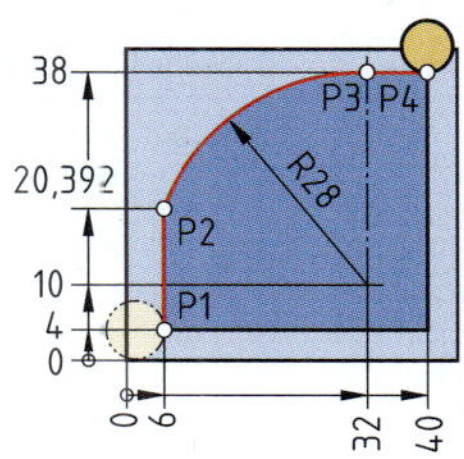

CNC-Programm

```
N...
N10  G41
N20  G01  X6   Y4                      (P1)
N30            Y20.392                 (P2)
N40  G02  X32  Y38     I26  J-10.392   (P3)
N50  G01  X40                          (P4)
N...
```

G03 Kreisbewegung gegen den Uhrzeigersinn (linksdrehend)

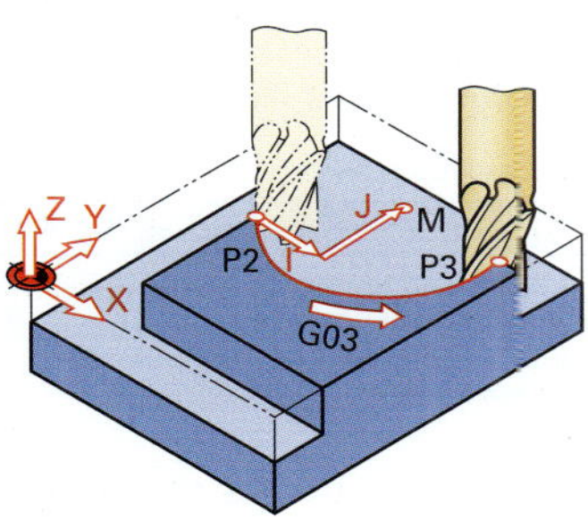

Bezeichnungs- und Bearbeitungsbeispiel:

N40 **G03** **X32** **Y38** **I8** **J16.125**

- G03: Kreis-Interpolation gegen den Uhrzeigersinn, Arbeitsbewegung im programmierten Vorschub
- X32, Y38: Koordinaten des Kreis-Endpunktes – in X-Richtung | in Y-Richtung
- I8, J16.125: Inkrementale Angabe des Mittelpunktes, bezogen auf den Kreis-Anfangspunkt – in X-Richtung | in Y-Richtung

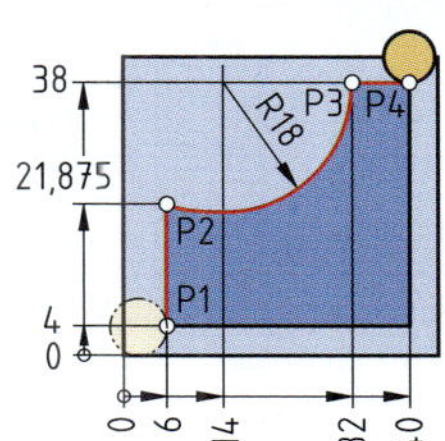

CNC-Programm

```
N...
N10  G41
N20  G01  X6   Y4                   (P1)
N30            Y21.875              (P2)
N40  G03  X32  Y38     I8  J16.125  (P3)
N50  G01  X40                       (P4)
N...
```

M

CNC-Drehen nach PAL

PAL-Befehlscodierung bei CNC-Drehmaschinen (mit angetriebenen Werkzeugen)

G-Funktionen – Wegbedingungen[1] (Auswahl)

Interpolationsarten (Seiten 447, 448)

G0	Verfahrweg im Eilgang
G1	Linearinterpolation im Arbeitsgang[1]
G2	Kreisinterpolation im Uhrzeigersinn
G3	Kreisinterpolation im Gegenuhrzeigersinn
G4	Verweildauer
G9	Genauhalt
G14	Werkzeugwechselpunkt (WWP) anfahren

Nullpunkte (Seite 456)

G50	Aufheben der inkrementellen Nullpunktverschiebung und Drehungen
G53	Alle Nullpunktverschiebungen und Drehungen aufheben[1]
G54 ... ... G57	Einstellbare absolute Nullpunkte
G59	Inkrementelle Nullpunktverschiebung kartesisch und Drehung

Programmtechniken (Seite 448)

G22	Unterprogrammaufruf
G23	Programmteilwiederholung

Bearbeitungsebenen und Umspannen (Seite 449)

G17	Stirnseiten-Bearbeitungsebene (XY-Ebene)
G18	Drehebene (Haupt-, Gegenspindelbearbeitung)[1]
G19	Mantelflächen-/Sehnenflächen-Bearbeitungsebenen
G30	Umspannen/Gegenspindelübernahme (S. 448)

Schnittgrößen (Seite 413–415)

G92	Drehzahlbegrenzung
G94	Vorschubgeschwindigk. in mm/min (Adresse: F)
G95	Vorschub[1] in mm (Adresse: F, optional E[4]))
G96	konst. Schnittgeschwindigk. in m/min (Adresse: S)
G97	konstante Drehzahl[1] in 1/min (Adresse: S)

Maßangaben

G70	Umschalten auf Maßeinheit Zoll (Inch)
G71	Umschalten auf Maßeinheit Millimeter[1] (mm)
G90	absolute Maßangabe[1]
G91	Kettenmaßangabe

Zyklen (Seite 449 – 451)

G80	Abwahl einer Bearbeitungszyklus-Konturbeschreibung
G31	Gewindezyklus
G81	Längsschruppzyklus
G82	Planschruppzyklus
G84	Bohrzyklus
G85	Freistichzyklus
G86	radialer Einstechzyklus
G88	axialer Einstechzyklus

Werkzeugkorrekturen (Seite 442)

G40	Abwahl der **S**chneiden**r**adius**k**orrektur[1] **(SRK)**
G41	SRK links von der programmierten Kontur
G42	SRK rechts von der programmierten Kontur

G-Funktionen für angetriebene Werkzeuge in der X-Y-Ebene oder Z-X-Ebene[2] (Seiten 453–459)

G1	Linearinterpolation im Arbeitsgang
G2	Kreisinterpolation im Uhrzeigersinn
G3	Kreisinterpolation im Gegenuhrzeigersinn
G10	Verfahren im Eilgang mit Polarkoordinaten
G11	Linearinterpolation mit Polarkoordinaten
G12	Kreisinterpolation im Uhrzeigersinn mit Polarkoordinaten mit angetriebenem Werkzeug
G13	Kreisinterpolation im Gegenuhrzeigersinn mit Polarkoordinaten
G45	lineares tangentiales Anfahren an einer Kontur
G46	lineares tangentiales Abfahren an einer Kontur
G47	tangentiales Anfahren im Viertelkreis
G48	tangentiales Abfahren im Viertelkreis
G72	Rechtecktaschenfräszyklus
G73	Kreistaschen- und Zapfenfräszyklus
G74	Nutenfräszyklus
G75	Kreisbogennut-Fräszyklus
G76	Mehrfachzyklusaufruf auf einer Lochreihe
G77	Mehrfachzyklusaufruf auf einem Lochkreis
G79	Zyklusaufruf auf einem Punkt
G81	Bohrzyklus
G82	Tiefbohrzyklus mit Spanbruch
G84	Gewindebohrzyklus
G85	Reibzyklus

M-Funktionen[1] – Zusatzfunktionen (Auswahl) (Seite 443)

M0	Programmierter Halt
M3	Spindel dreht im Uhrzeigersinn (CW[3]))
M4	Spindel dreht im Gegenuhrzeigersinn (CCW[3]))
M5	Spindel ausschalten[1]
M8	Kühlschmiermittel ein
M9	Kühlschmiermittel aus[1]
M10	Reitstock-Pinole lösen
M11	Reitstock-Pinole setzen
M17	Unterprogramm-Ende
M30	Programmende mit Rücksetzen auf Programmanfang
M60	konstanter Vorschub[1]

T-Adresse – Werkzeugnummer im Magazin (Auswahl) (Seiten 442, 451)

T	Werkzeugspeicherplatz im Werkzeugrevolver
TC	Korrektur-Speichernummer
TR	inkrementelle Veränderung des Werkzeugradiuswertes
TL	inkrementelle Veränderung der Werkzeuglänge
TX	inkrementelle Veränd. des X-Korrekturwertes im angewählten Korrekturwertspeicher
TZ	inkrementelle Veränd. des Z-Korrekturwertes im angewählten Korrekturwertspeicher für konturparallele Aufmaße

[1] Einschaltzustand beim Start eines CNC-Programms: **G18, G90, G53, G71, G95, G97, G1, G40, M5, M9, M60**
[2] Bei der CNC-Drehmaschine mit angetriebenem Werkzeug sind die Befehle der CNC-Fräsmaschine identisch.
[3] CW: clockwise; CCW: counterclockwise (im/gegen den Uhrzeigersinn)
[4] E: verringerter Vorschub für Übergangselemente

M

CNC-Drehen nach PAL

Arbeitsbewegungen bei CNC-Drehmaschinen nach PAL

G1 Linearinterpolation im Arbeitsgang

Bearbeitungsbeispiele (Linearinterpolation von P1 nach P2)

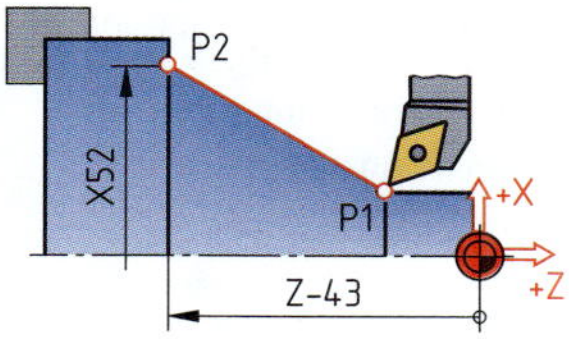

N... G1 X52 Z-43

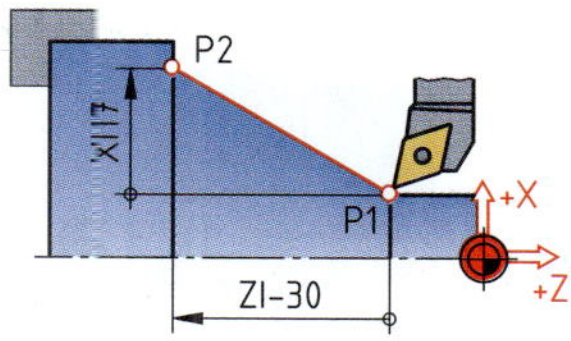

N... G1 XI17 ZI-30

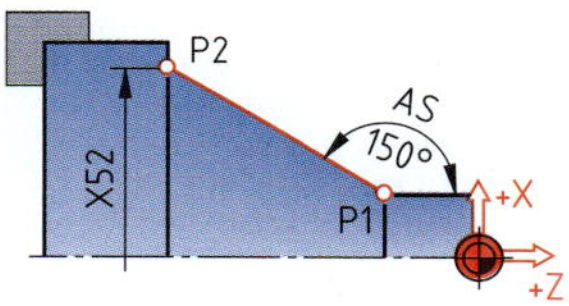

N... G1 X52 AS150

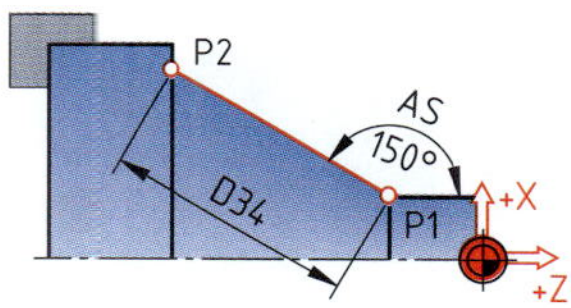

N... G1 D34 AS150

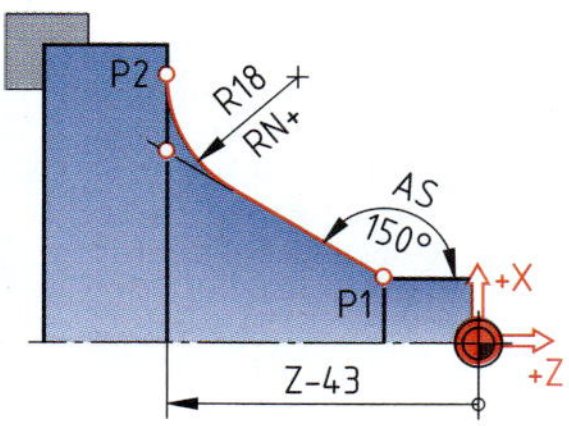

N... G1 Z-43 AS150 RN18

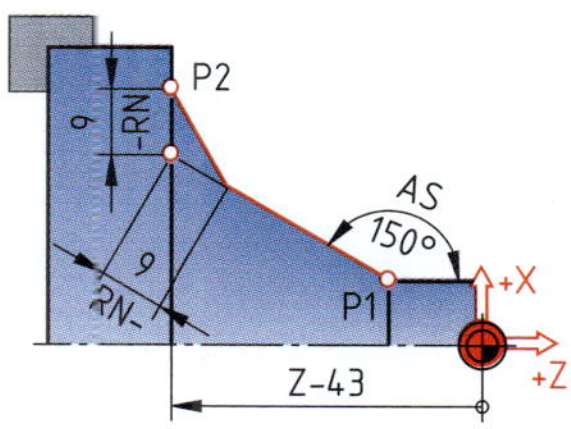

N... G1 Z-43 AS150 RN-9

optionale Adressen für G1

X/Z	Koordinateneingabe (gesteuert durch G90/G91)
XA/ZA	Absolutmaße[1]
XI/ZI	Inkrementalmaße[2]
RN+	Verrundungsradius zum nächsten Konturelement
RN–	Fasenbreite zum nächsten Konturelement
D	Länge der Verfahrstrecke
AS	Anstiegswinkel der Verfahrstrecke
E	Feinkonturvorschub auf Übergangselement

[1] Die Verwendung der Koordinaten XA/ZA bei den Wegbedingungen G1/G2/G3 ist nur dann notwendig, wenn bei einer eingeschalteten Kettenmaßangabe (G91) Einzelsätze mit den Absolutmaßen XA/ZA programmiert werden sollen.

[2] Für die Programmierung mit den Inkrementalmaßen XI/ZI bei den Wegbedingungen G1/G2/G3 muss die Kettenmaßangabe G91 nicht eingeschaltet sein.

G2 Kreisinterpolation im Uhrzeigersinn

Bearbeitungsbeispiele (Kreisinterpolation von P1 nach P2)

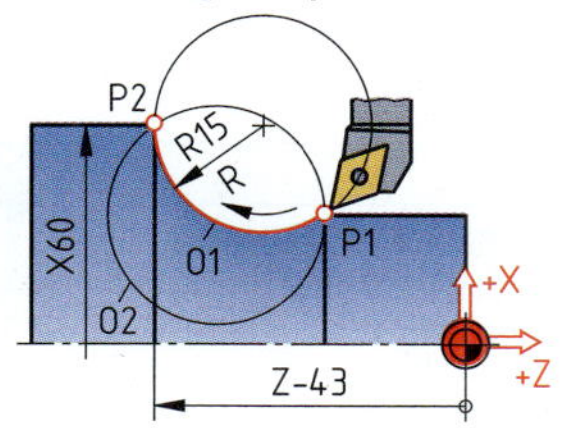

N... G2 X60 Z-43 R15[3]

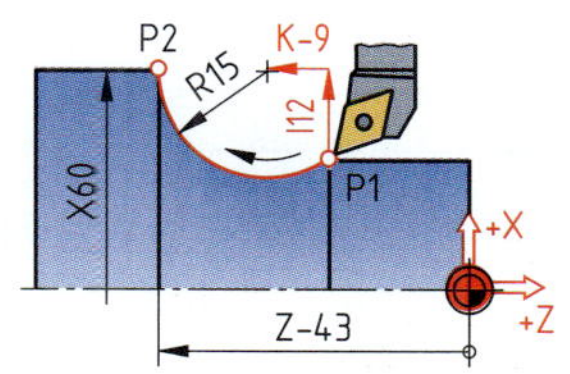

N... G2 X60 Z-43 I12 K-9

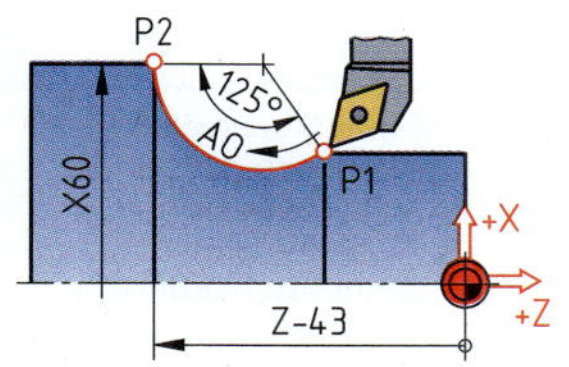

N... G2 X60 Z-43 AO125

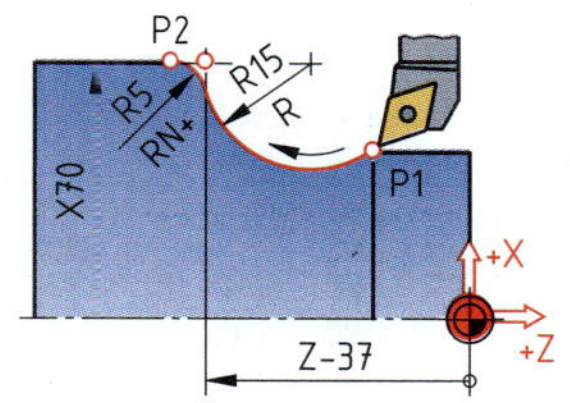

N... G2 X70 Z-37 R15 RN5

verpflichtende Adressen für G2

X/Z	Koordinateneingabe (gesteuert durch G90/G91)
XA/ZA	Absolutmaße
XI/ZI	Inkrementalmaße

optionale Adressen

I/IA	X-Mittelpunktskoordinate (inkremental/absolut)
K/KA	Z-Mittelpunktskoordinate (inkremental/absolut)
R	Radius
AO	Öffnungswinkel
RN+	Verrundungsradius zum nächsten Konturelement
RN–	Fasenbreite zum nächsten Konturelement (vgl. G1)
E	Feinkonturvorschub auf Übergangselement
O1/O2	kurzer/langer Kreisbogen[3]

[3] Ohne Angabe gilt die Voreinstellung O1 (kurzer Kreisbogen).

M

CNC-Drehen nach PAL

Arbeitsbewegungen bei CNC-Drehmaschinen nach PAL

G3 Kreisinterpolation entgegen dem Uhrzeigersinn

Bearbeitungsbeispiele (Kreisinterpolation von P1 nach P2)

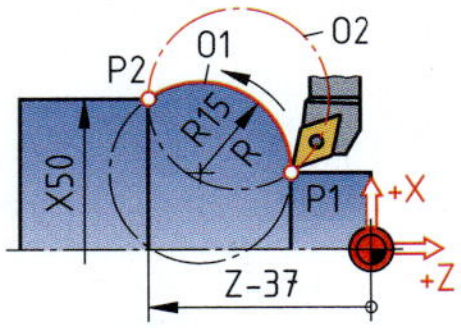

N... G3 X50 Z-37 R15[1)]

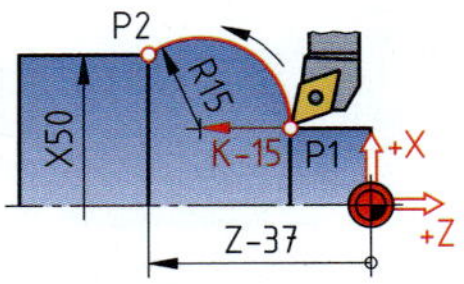

N... G3 X50 Z-37 I0 K-15

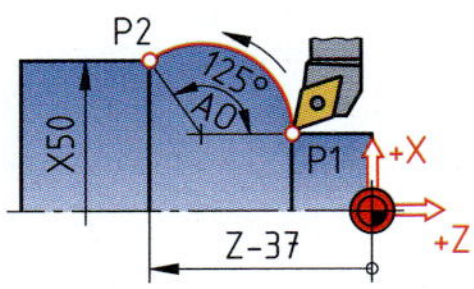

N... G3 X50 Z-37 AO125

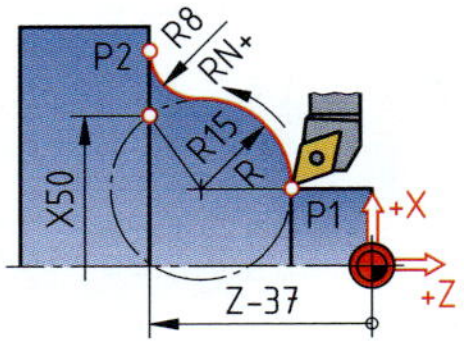

N... G3 X50 Z-37 R15 RN8

verpflichtende Adressen für G3

X/Z	Koordinateneingabe (gesteuert durch G90/G91)
XA/ZA	Absolutmaße
XI/ZI	Inkrementalmaße

optionale Adressen

I/IA	X-Mittelpunktskoordinate (inkremental/absolut)
K/KA	Z-Mittelpunktskoordinate (inkremental/absolut)
R	Radius
AO	Öffnungswinkel
RN+	Verrundungsradius zum nächsten Konturelement
RN–	Fasenbreite zum nächsten Konturelement (vgl. G1)
E	Feinkonturvorschub auf Übergangselement
O1/O2	kurzer/langer Kreisbogen

1) Ohne Angabe gilt die Voreinstellung O1 (kurzer Kreisbogen).

G14 Werkzeugwechselpunkt (WWP) anfahren

Bearbeitungsbeispiel

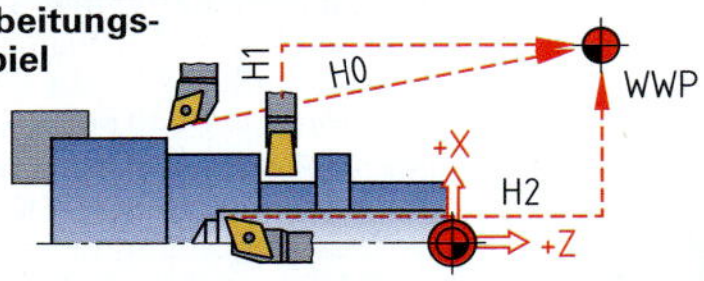

N... G14 H0

N... G14 H1

N... G14 H2

optionale Adressen für G14

H0	WWP schräg anfahren
H1	zuerst X-Achse, dann Z-Achse wegfahren
H2	zuerst Z-Achse, dann X-Achse wegfahren

G22 Unterprogrammaufruf

Bearbeitungsbeispiel

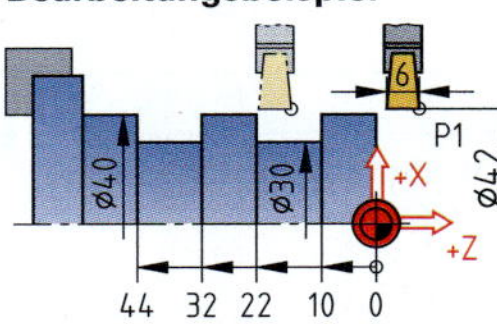

Hauptprogramm %900

```
N10 G90
N15 F... S... M4
N20 G0 X42 Z6 ;P1
N25 G22 L911 H2
N30..
N35..
N150 M30
```

Sprung / Rücksprung

Unterprogramm L911

```
N10 G91
N15 G0 Z-16
N20 G1 X-6
N25 G1 X6
N30 G0 Z-6
N35 G1 X-6
N40 G1 X6
N45 M17
```

verpflichtende Adresse für G22

L	Nummer des Unterprogramms

optionale Adressen

H	Anzahl der Wiederholungen
/	Ausblendebene
(M17	Unterprogramm-Ende)

M

G23 Programmteilwiederholung

Bearbeitungsbeispiel

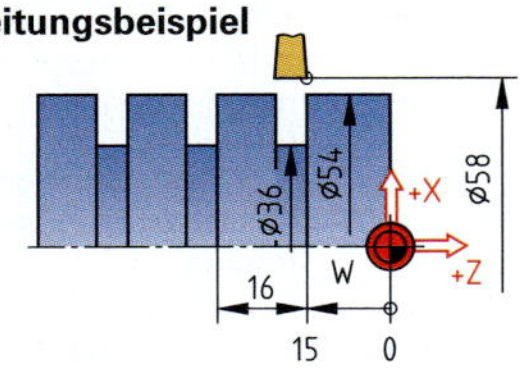


```
N10..
N15 G0 X58 Z-15 M4
N20 G91
N25 G1 X-11
N30 G1 X11
N35 G0 Z-16
N40 G23 N20 N35 H2
N45 G90
N50...
```

verpflichtende Adressen für G23

N	Startnummern des Satzes, ab dem wiederholt werden soll
N	Endnummern des Satzes, der wiederholt werden soll

optionale Adresse

H	Anzahl der Wiederholungen

G30 Umspannen des Werkstücks

Bearbeitungsbeispiel

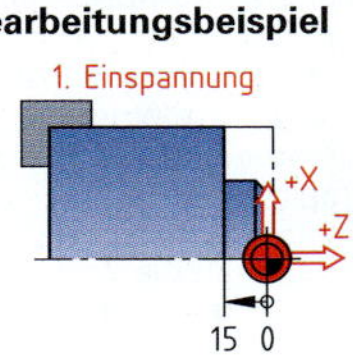

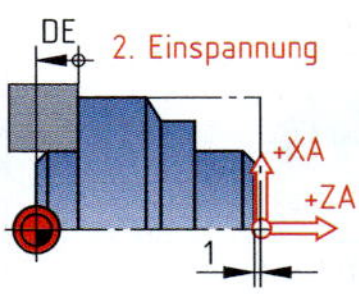


```
N19 G14 H0
N20          M0
N21 G18 HS
N22 G30 Q1 DE15
N23 G59 ZA-1
N24 G96 G95 T1 ...
N25 G0 X... Z...
```

verpflichtende Adressen für G30

Q1	umspannen des Werkstücks auf der Hauptspindel
DE	Einspannposition der Spannmittelvorderkante zum aktuellen umgedrehten Werkstückkoordinatensystem der Hauptspindel

CNC-Drehen nach PAL

Zyklen bei CNC-Drehmaschinen nach PAL

G17 Stirnseitenbearbeitungsebene (Bearbeitungsebene für angetriebene Werkzeuge)

Bearbeitungsbeispiel

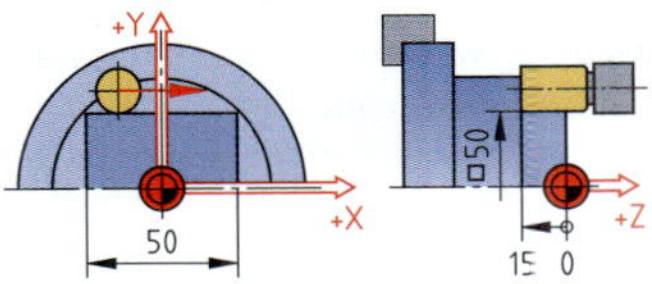


```
N19 G14 H0
N20 G17
N21 G97 G94 T5 ...
N22 G0  X55  Y0  Z2
N23 G1            Z-15
N24 G41 G47 X25 Y0  R5
N25 G1       Y-25
N27      X-25
N28           Y25
```

optionale Adressen für G17[1)]

HS Hauptspindelbearbeitung[1)]
GSU Gegenspindelbearbeitung mit Drehung des X-Y-Z-Koordinatensystems um 180° um die Y-Achse

(G47: tangentiales Anfahren, Seite 455)

G18 Drehebene (Drehebene für das Umspannen des Werkstücks)

Bearbeitungsbeispiel

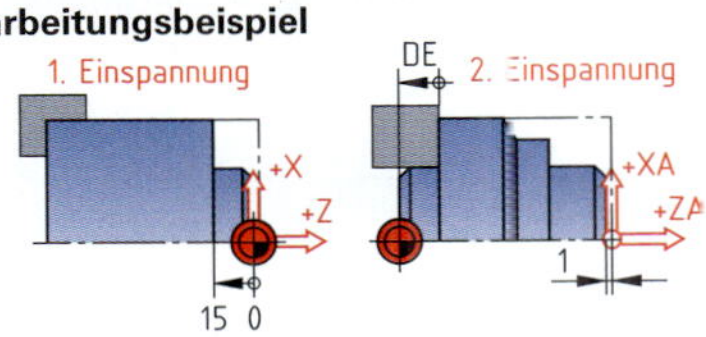


```
N19 G14 H0
N20              M0
N21 G18 HS
N22 G30 Q1 DE15
N23 G59 ZA-1
N24 G96 G95 T1 ...
N25 G0  X...  Z...
```

optionale Adressen für G18[1)]

HS Hauptspindelbearbeitung[1)]
GS Gegenspindelbearbeitung
GSU Gegenspindelbearbeitung mit Drehung des X-Y-Z-Koordinatensystems um 180° um die X-Achse

(G30: Umspannen, Seite 448)

G19 Mantelflächen/Sehnenflächenbearbeitungsebene (Bearbeitungsebene für angetriebene Werkzeuge)

Bearbeitungsbeispiel

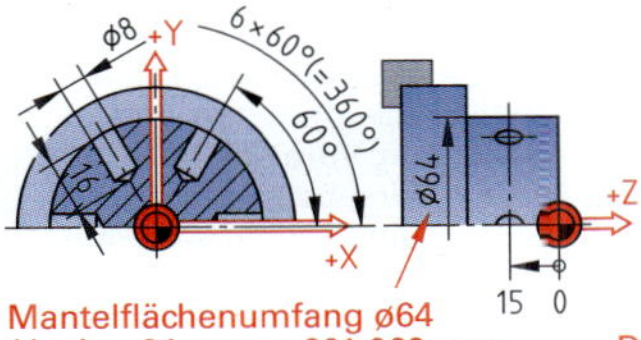

Mantelflächenumfang ø64
$U = d \cdot \pi = 64\,\text{mm} \cdot \pi = 201{,}062\,\text{mm}$

```
N19 G14 H0
N20 G19 X64
N21 G59 XA32
N22 G97 G94   T8 ...
N23 G0  X6    Z-15
N24 G81 XA-16 V2
N25 G76 X0    Y0         Z-15
        AS0   D33,510  O6
N26 G14 H1
N27 G18
```

$D = U : 6 = 201{,}062\,\text{mm} : 6 = 33{,}510\,\text{mm}$

optionale Adressen für G19

B Neigungswinkel der Sehnenfläche bezogen auf +Z
C ohne Adresswert, direktes Programmieren der C-Achse
X Durchmesser, für die die abgewickelte Mantelfläche erzeugt wird

(G81: Bohrzyklus, Seite 459
G76: Mehrfachzyklusaufruf, S. 457)

G81 Längsschruppzyklus

Bearbeitungsbeispiel

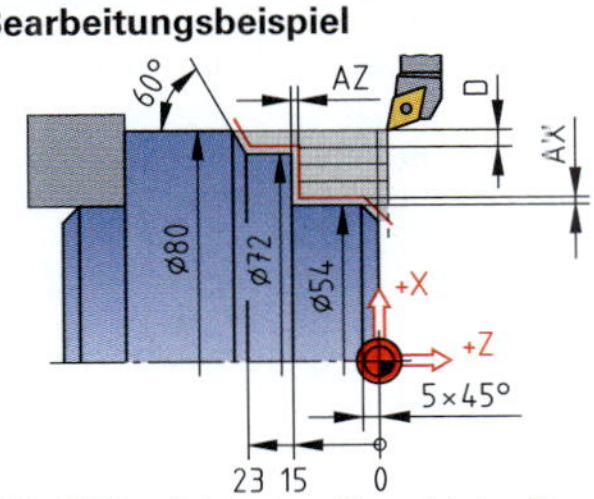


```
N19 G14 H0
N20 G96 G95  T1 ...
N21 G0  X80  Z2
N22 G81 D4   AX0.5  AZ0.1
N23 G0  X42
N24 G1       Z0
N25     X54         RN-5
N26          Z-15
N27     X72
N28          Z-23
N29     X82         AS120
N30 G80
N31 G14 H0
```

(Mit G80 erfolgt eine Abwahl der Bearbeitungszyklus-Konturbeschreibung)

verpflichtende Adresse für G81

D Zustellung

optionale Adressen[1)]

AX Aufmaß in X-Richtung
AZ Aufmaß in Z-Richtung
H1 nur Schruppen, 1x45° abheben
H2 stufenweises Auswinkeln entlang der Kontur
H3 wie H1 mit zusätzlichem Konturschnitt am Ende
H24 Schruppen mit H2 und anschließendes Schlichten

G82 Planschruppzyklus

Bearbeitungsbeispiel

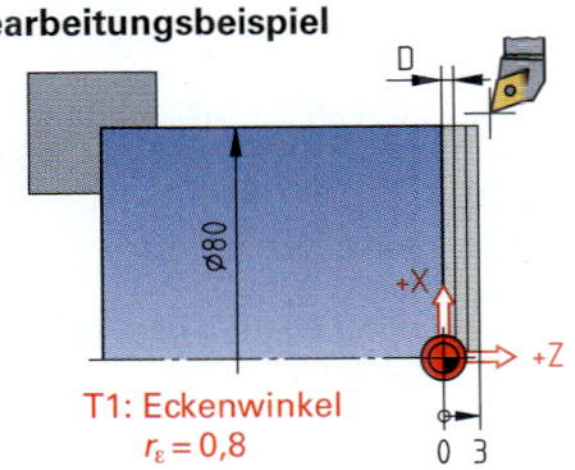


```
N19 G14 H0
N20 G96 G95  T1 ...
N21 G0  X82  Z4
N22 G82 D1   H1
N23 G0  X80  Z0.1
N24 G1  X-1.6
N25          Z3.5
N26 G80
N27 G14 H0
```

(Mit G80 erfolgt eine Abwahl der Bearbeitungszyklus-Konturbeschreibung)

verpflichtende Adresse für G82

D Zustellung

optionale Adressen[1)]

AX Aufmaß in X-Richtung
AZ Aufmaß in Z-Richtung
H1 nur Schruppen, 1x45° abheben
H2 stufenweises Auswinkeln entlang der Kontur
H3 wie H1 mit zusätzlichem Konturschnitt am Ende
H24 Schruppen mit H2 und anschließendes Schlichten

[1)] voreingestellte Adressen: HS, AX0, AZ0, H2

M

CNC-Drehen nach PAL

Zyklen bei CNC-Drehmaschinen nach PAL

G31 Gewindezyklus

Bearbeitungsbeispiel

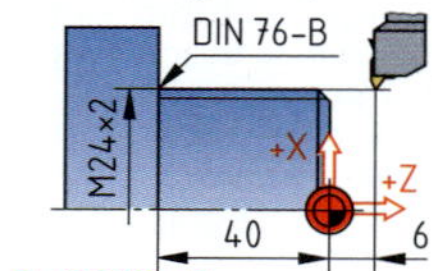

D=0,6134·*P*
D=0,6134·2 mm=1,23 mm

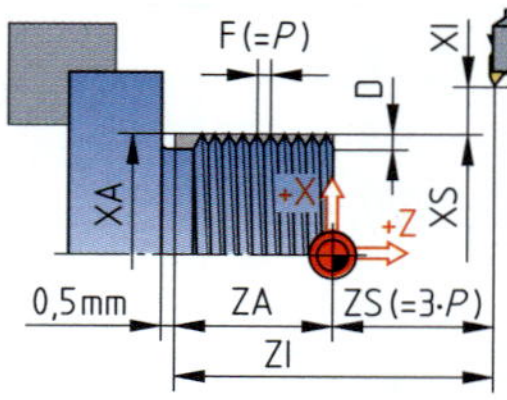


```
N19 G14 H0
N20 G97 T4 S1989       M3
N21 G31 XA24 ZA-39.5 F2 D1.23 XS24 ZS6 Q10 O2 H14
N22 G14 H0
```

verpflichtende Adressen für G31
- XA/ZA Gewindeendpunkt, absolut
- XI/ZI Gewindeendpunkt, inkremental

optionale Adressen
- XS Gewindestartpunkt, absolut in X
- ZS Werkzeugstartpunkt, absolut in Z
- D Gewindetiefe (Seite 345)
- F Steigung in Richtung der Z-Achse
- Q Anzahl der Schnitte (Zustellungen)
- O Anzahl der Leerdurchläufe
- H14 Zustellung wechselseitig, Restschnitte ein

G84 Bohrzyklus (für die Drehmitte ohne angetriebenes Werkzeug)

Bearbeitungsbeispiel

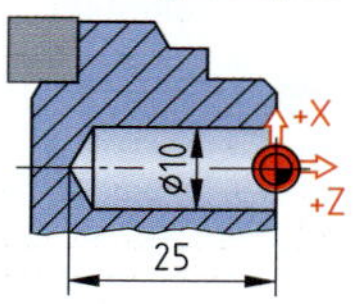

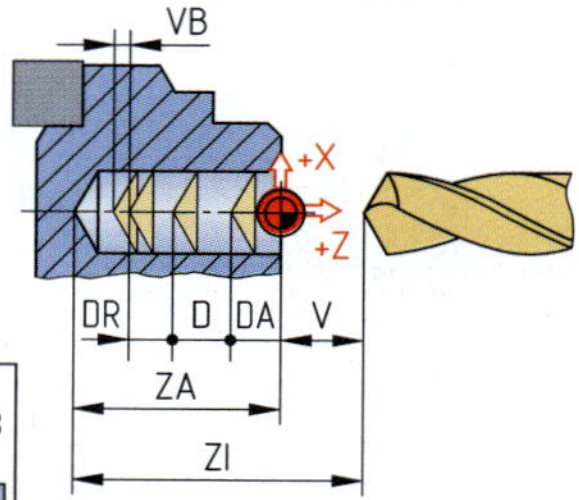


```
N19 G14 H0
N20 G97 T7 S955 F0.25 M3
N21 G0  X0       Z3
N22 G84 ZA-25    U1
N23 G14 H2
```

verpflichtende Adressen für G84
- ZA Tiefe der Bohrung, absolut
- ZI Tiefe der Bohrung, inkremental

optionale Adressen
- DA Anbohrtiefe
- D Zustelltiefe
- DR Reduzierwert der Zustelltiefe
- DM Mindestzustelltiefe (ohne –)
- U Verweilzeit am Bohrgrund (in Sekunden, Voreinstellung U0)
- V Sicherheitsabstand
- VB Sicherheitsabstand vor Bohrgrund

G85 Freistichzyklus

Bearbeitungsbeispiele

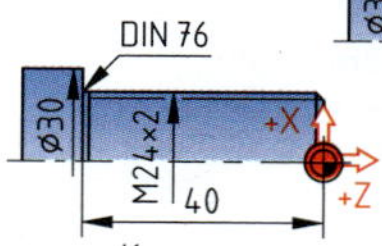

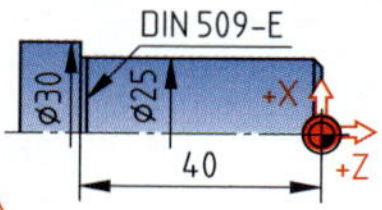

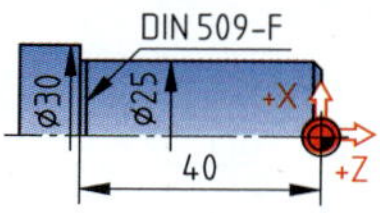

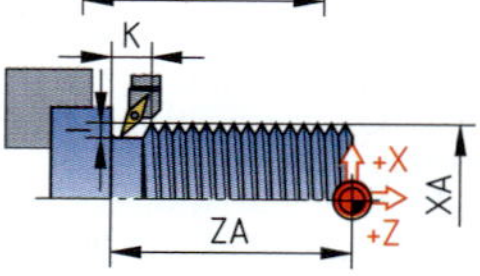

DIN 76:
```
N19 G1  X24  RN-2
N20 G85 XA24 ZA-40 I1.5 K7 H1
N21 G1  X30
```

DIN 509-E:
```
N19 G1  X25  RN-1
N20 G85 XA25 ZA-40 H2
N21 G1  X30
```

DIN 509-F:
```
N19 G1  X25  RN-1
N20 G85 XA25 ZA-40 H3
N21 G1  X30
```

verpflichtende Adressen für G85
- XA/ZA Freistichposition, absolut
- XI/ZI Freistichposition, inkremental

optionale Adressen
- I Freistichtiefe für DIN 76 (S. 101)
- K Freistichbreite für DIN 76 (S. 101)
- H1 DIN 76 (S. 101)
- H2 DIN 509 E (S. 100, Reihe 1)
- H3 DIN 509 F (S. 100, Reihe 1)
- SX Schleifaufmaß (Seite 343)
- E Eintauchvorschub

M

G86 Radialer Stechzyklus

Bearbeitungsbeispiele

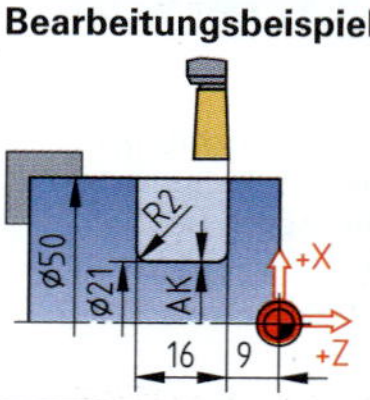

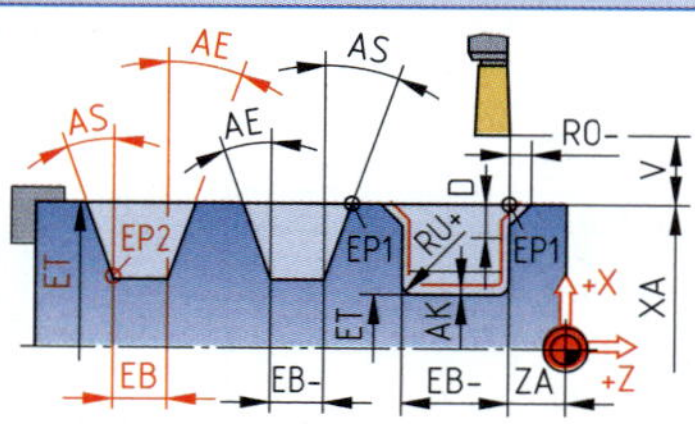


```
N19 G14 H0
N20 G96 T12      S120  F0.1   M4
N21 G0  X52      Z-17
N22 G86 XA50 ZA-9 ET21 EB-16 D2 RU2 AK0.1 EP1 H14 V2
N23 G14 H0
```

verpflichtende Adressen für G86
- XA/ZA Einstechposition, absolut
- XI/ZI Einstechposition, inkremental
- ET Durchmesser Stechgrund/Öffnung

optionale Adressen
- EB Breite des Einstichs
- D Zustelltiefe
- RO/RU Verrundung (+) oder Fase (-)
- AK konturparalleles Aufmaß
- V Sicherheitsabstand
- H14 Schruppen und Schlichten
- EP1 Setzpunkt an der Öffnung
- EP2 Setzpunkt am Einstichgrund
- AE/AS Flankenwinkel des Einstichs

CNC-Drehen nach PAL

Zyklen bei CNC-Drehmaschinen nach PAL

G88 Axialer Stechzyklus

Bearbeitungs-beispiel

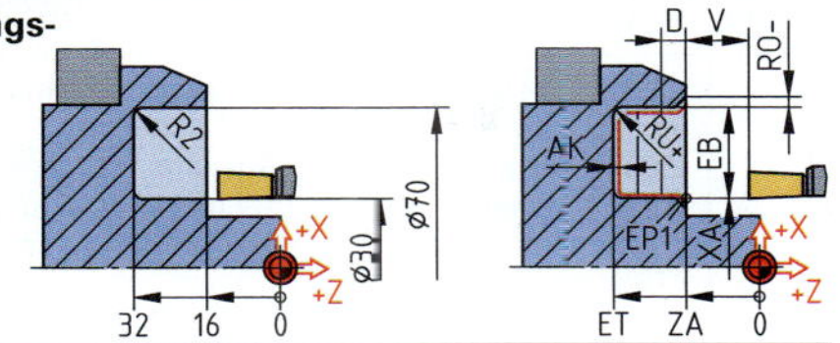


```
N19 G14 H0
N20 G96 T9    S120  F0.1  M4
N21 G0  X68   Z2
N22 G88 XA30 ZA-16 ET-32 EB20 D2 RU2 AK0.1 EP1 H14 V2
N23 G14 H2
```

verpflichtende Adressen für G88

XA/ZA	Einstechposition, absolut
XI/ZI	Einstechposition, inkremental
ET	Stechgrund in Z-Achse

optionale Adressen

EB	Breite des Einstichs
D	Zustelltiefe
RO/RU	Verrundung (+) oder Fase (–)
AK	konturparalleles Aufmaß
V	Sicherheitsabstand
H14	Schruppen und Schlichten
EP1	Setzpunkt an der Öffnung
EP2	Setzpunkt am Einstichgrund

CNC-Programm (PAL) für die Drehbearbeitung des Gewindebolzens

(Seite 408)

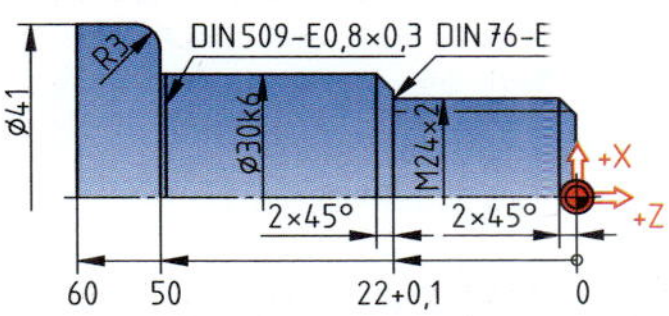

Werkzeugbezeichnung	Plan-dreh-meißel	Schrupp-dreh-meißel	Schlicht-dreh-meißel	Gewinde-dreh-meißel	Abstech-dreh-meißel
Werkzeug-Nr.	T1	T2	T3	T4	T5
Schneidenradius in mm	0,8	0,8	0,4	–	0,2
Schnittgeschwindigkeit in m/min	250	200	300	150	155
maximale Schnitttiefe in mm	1	3	0,5	–	–
Vorschub in mm	0,2	0,45	0,1	2	0,05

Nr.	Wegbedingung	Koordinaten X/XA/XI	Koordinaten Z/ZA/ZI	Zusätzliche Befehle mit Adressen							Schaltfunktion	Erläuterungen
N1	G54											Nullpunktverschiebung
N2	G92			S4000								Drehzahlbegrenzung
N3	G14			H0								*Eilgang zum WWP*
N4	G96			T1	S250	F0.2					M4	*Werkzeugaufruf T1*
N5	G0	X44	Z0.1								M8	*Eilgang zum Werkstück*
N6	G1	X-1.6										**Planen** in einem
N7			Z2									Schnitt (r_ε = 0,8 mm)
N8	G14			H0							M9	*Eilgang zum WWP*
N9	G96			T2	S200	F0.45					M4	*Werkzeugaufruf T2*
N10	G0	X42	Z2								M8	*Eilgang zum Werkstück*
N11	G81			D3	AX0.5	AZ0.1						**Längsschruppzyklus**
N12	G0	X18	Z2									Anfahrt zum 1. Punkt
N13	G1		Z0									am Werkstück
N14		X24		RN-2								
N15	G85	XA24	ZA-22.05	I1.5	K5	H1						
N16	G1	X30.009		RN-2								Konturbeschreibung
N17	G85	XA30.009	ZA-50	H2								zum Vordrehen
N18	G1	X41		RN3								(schruppen)
N19			Z-62									
N20		X44										
N21	G80											Zyklusende
N22	G14			H0							M9	*Eilgang zum WWP*
N23	G96			T3	S300	F0.1					M4	*Werkzeugaufruf T3*
N24	G0	X0	Z2								M8	*Eilgang zum Werkstück*
N25	G42 G1		Z0									Wiederholung der
N26	G23			N14	N20							Konturbeschreibung
N27	G40											zum **Schlichten**
N28	G14			H0							M9	*Eilgang zum WWP*
N29	G97			T4	S1989						M3	*Werkzeugaufruf T4*
N30	G31	XA24	ZA-21	F2	D1.23	XS24	ZS6	Q10	O2	H14	M8	Gewindezyklus
N31	G14			H0							M9	*Eilgang zum WWP*
N32	G96			T5	S155	F0.05					M4	*Werkzeugaufruf T5*
N33	G0	X44	Z-60								M8	*Eilgang zum Werkstück*
N34	G86	XA42	ZA-60	ET3	EB-3	EP1						**radialer Stechzyklus**
N35	G14			H1							M9	*Eilgang zum WWP*
N36											M30	Programmende

M

CNC-Fräsen nach PAL

PAL-Befehlscodierung bei CNC-Fräsmaschinen (mit Mehrseitenbearbeitung)

G-Funktionen – Wegbedingungen[1] (Auswahl)

Interpolationsarten (Seite 453–455)

G0	Verfahrweg im Eilgang[2]
G1	Linearinterpolation im Arbeitsgang[1)2]
G2	Kreisinterpolation im Uhrzeigersinn[2]
G3	Kreisinterpolation im Gegenuhrzeigersinn[2]
G4	Verweildauer
G9	Genauhalt
G10	Verfahren im Eilgang mit Polarkoordinaten[2]
G11	Linearinterpolation mit Polarkoordinaten[2]
G12	Kreisinterpolation im Uhrzeigersinn mit Polarkoordinaten mit angetriebenem Werkzeug[2]
G13	Kreisinterpolation im Gegenuhrzeigersinn mit Polarkoordinaten[2]
G45	lineares tangentiales Anfahren an einer Kontur[2]
G46	lineares tangentiales Abfahren an einer Kontur[2]
G47	tangentiales Anfahren im Viertelkreis[2]
G48	tangentiales Abfahren im Viertelkreis[2]

Nullpunkte (Seite 456)

G50	Aufheben der inkrementellen Nullpunktverschiebung und Drehungen (G59)
G53	alle Nullpunktverschiebungen und Drehungen aufheben[1]
G54... ...G57	einstellbare absolute Nullpunkte
G59	inkrementelle Nullpunktverschiebung kartesisch und Drehung

Werkzeugkorrekturen (Seite 442)

G40	Abwahl der **S**chneiden**r**adius**k**orrektur **(SRK)**[1)2]
G41	SRK links von der programmierten Kontur[2]
G42	SRK rechts von der programmierten Kontur[2]

Schnittgrößen (Seite 421–423)

G94	Vorschubgeschwindigkeit[1] in mm/min (Adresse: F)
G95	Vorschub in mm (Adresse: F)
G97	konstante Drehzahl[1] in 1/min (Adresse: S)

Programmtechniken (Seite 448)

G22	Unterprogrammaufruf[3]
G23	Programmteilwiederholung[3]

Zyklen (Seite 456 – 460)

G34	Eröffnung des Konturtaschenzyklus
G35	Schrupptechnologie des Konturtaschenzyklus
G37	Schlichttechnologie des Konturtaschenzyklus
G38	Konturbeschreibung des Konturtaschenzyklus
G80	Abschluss einer G38-Taschen-/Insel-Konturbeschreibung
G39	Konturtaschenzyklusaufruf
G72	Rechtecktaschenfräszyklus[2]
G73	Kreistaschen- und Zapfenfräszyklus[2]
G74	Nutenfräszyklus[2]
G75	Kreisbogennut-Fräszyklus[2]
G76	Mehrfachzyklusaufruf auf einer Lochreihe[2]
G77	Mehrfachzyklusaufruf auf einem Lochkreis[2]
G78	Zyklusaufruf auf einem Punkt (Polarkoordinaten)
G79	Zyklusaufruf auf einem Punkt (kartesische Koordinaten)[2]
G81	Bohrzyklus[2]
G82	Tiefbohrzyklus mit Spanbruch[2]
G84	Gewindebohrzyklus[2]
G85	Reibzyklus[2]
G88	Innengewindefräszyklus

Maßangaben

G70	Umschalten auf die Maßeinheit Zoll (Inch)
G71	Umschalten auf die Maßeinheit Millimeter (mm)
G90	absolute Maßangabe[1]
G91	Kettenmaßangabe

Bearbeitungsebenen (Seite 456)

G16	inkrementelle Drehung der aktuellen Bearbeitungsebene
G17	Ebenenanwahl mit maschinenfesten Raumwinkeln[1]

M-Funktionen[1] – Zusatzfunktionen (Auswahl) (Seite 443)

M0	Programmierter Halt
M3	Spindel dreht im Uhrzeigersinn (CW[5])
M4	Spindel dreht im Gegenuhrzeigersinn (CCW[5])
M5	Spindel ausschalten[1]
M6	Werkzeugwechsel
M8	Kühlschmiermittel ein
M9	Kühlschmiermittel aus[1]
M13	wie M3 und Kühlschmiermittel ein
M14	wie M4 und Kühlschmiermittel ein
M15	Spindel aus, Kühlmittel aus
M17	Unterprogramm-Ende
M30	Programmende mit Rücksetzen auf Programmanfang
M60	konstanter Vorschub[1]

T-Adresse4) – Werkzeugnummer im Magazin (Auswahl) (Seiten 442, 460)

TR	inkrementelle Veränderung des Werkzeugradiuswertes
TL	inkrementelle Veränderung der Werkzeuglänge
T	Werkzeugnummer im Magazin
TC	Korrektur-Speichernummer

[1] Einschaltzustand beim Start eines CNC-Programms: **G17, G90, G53, G40, G94, G97, G1, M5, M9, M60**

[2] Dieser Befehl kann auch für CNC-Drehmaschinen mit angetriebenem Werkzeug bei der Bearbeitung in der G17- und G19-Ebene verwendet werden (Seite 449). In der G19-Ebene werden die Achsen von XY- zur ZX-Ebene angepasst.

[3] Die Adressen des Unterprogrammaufrufs (G22) und der Programmteilwiederholung (G23) werden wie beim CNC-Drehen angegeben (Seite 448).

[4] Mit dem Werkzeugaufruf wird gleichzeitig der Werkzeugwechselpunkt (WWP) im Eilgang angefahren.

[5] CW: clockwise (= im Uhrzeigersinn); CCW: counterclockwise (= gegen den Uhrzeigersinn)

CNC-Fräsen nach PAL

Arbeitsbewegungen bei CNC-Fräsmaschinen nach PAL

G1 Linearinterpolation im Arbeitsgang[1]

Bearbeitungsbeispiele (Linearinterpolation von P1 nach P2)

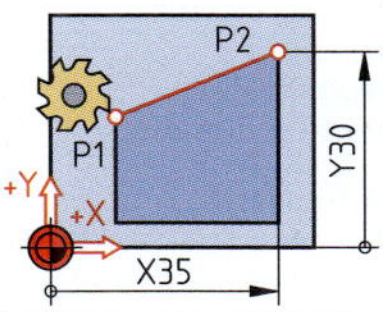

N... G1 X35 Y30

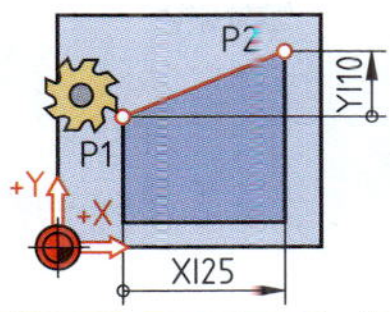

N... G1 XI25 YI10

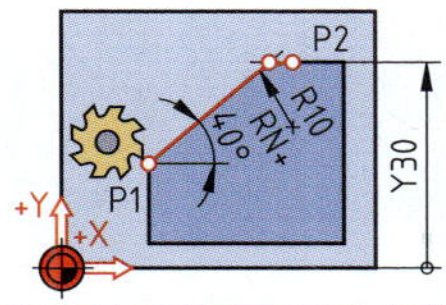

N... G1 Y30 AS40 RN10

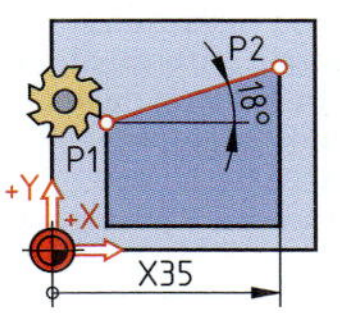

N... G1 X35 AS18

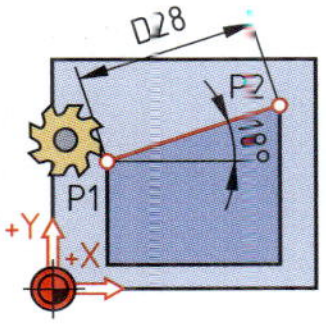

N... G1 D28 AS18

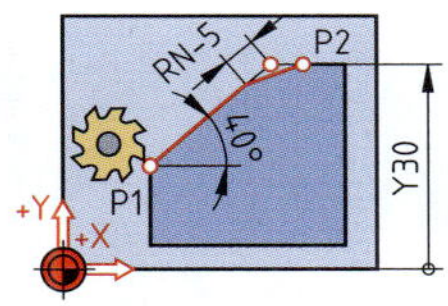

N... G1 Y30 AS40 RN-5

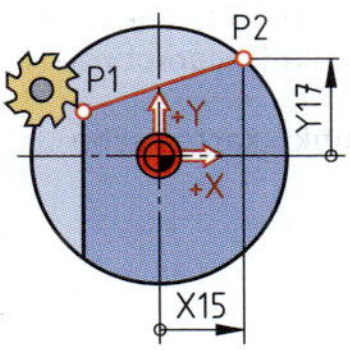

N... G1 X15 Y17

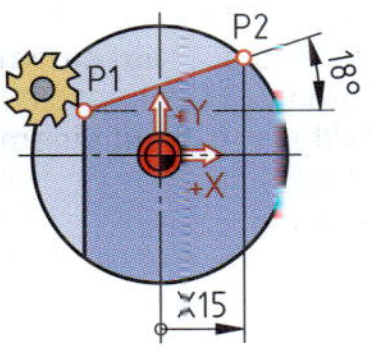

N... G1 X15 AS18

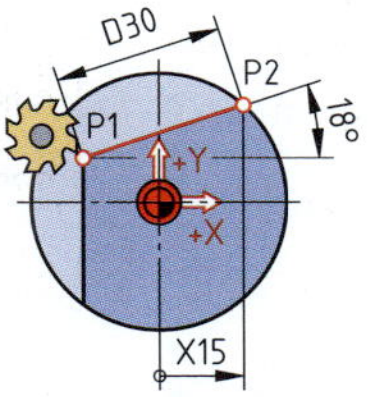

N... G1 D30 AS18

optionale Adressen für G1

X/Y	Koordinateneingabe (gesteuert durch G90/G91)
XA/YA	Absolutmaße[3]
XI/YI	Inkrementalmaße[4]
RN+	Verrundungsradius zum nächsten Konturelement
RN–	Fasenbreite zum nächsten Konturelement
D	Länge der Verfahrstrecke
AS	Anstiegswinkel der Verfahrstrecke

[3] Die Verwendung der Koordinaten XA/ZA bei den Wegbedingungen G1/G2/G3 ist nur dann notwendig, wenn bei einer eingeschalteten Kettenmaßangabe (G91) Einzelsätze mit den Absolutmaßen XA/ZA programmiert werden sollen.

[4] Für die Programmierung mit den Inkrementalmaßen XI/ZI bei den Wegbedingungen G1/G2/G3 muss die Kettenmaßangabe G91 nicht eingeschaltet sein.

G2 Kreisinterpolation im Uhrzeigersinn[1]

Bearbeitungsbeispiele (Kreisinterpolation von P1 nach P2)

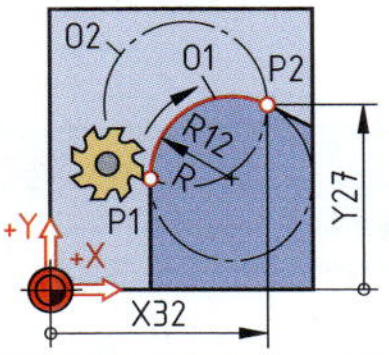

N... G2 X32 Y27 R12[2]

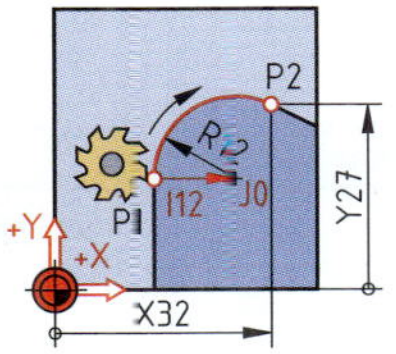

N... G2 X32 Y27 I12 J0

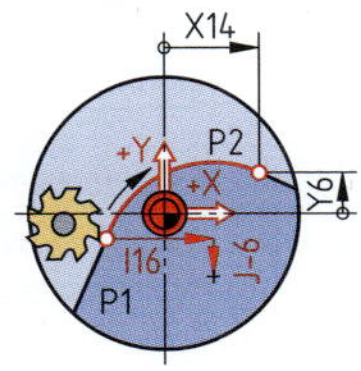

N... G2 X14 Y6 I16 J-6

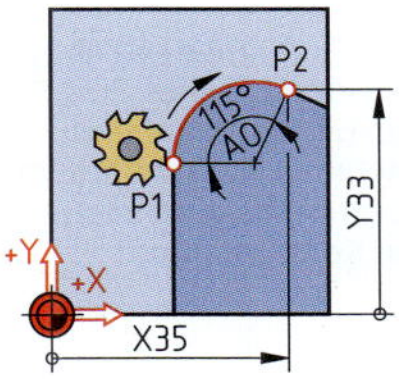

N... G2 X35 Y33 AO115

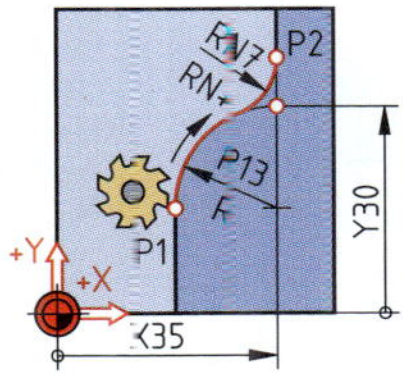

N... G2 X35 Y30 R13 RN7

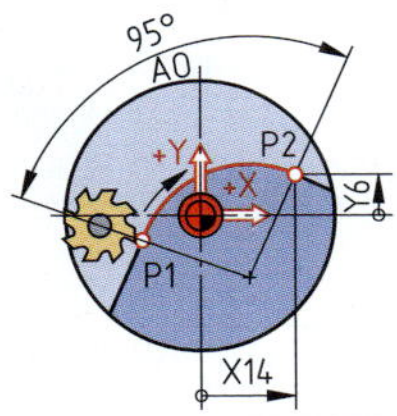

N... G2 X14 Y6 AO95

verpflichtende Adressen für G2

X/Y	Koordinateneingabe (gesteuert durch G90/G91)
XA/YA	Absolutmaße
XI/YI	Inkrementalmaße

optionale Adressen

I/IA	X-Mittelpunktskoordinate (inkremental/absolut)
J/JA	Y-Mittelpunktskoordinate (inkremental/absolut)
R	Radius
AO	Öffnungswinkel
RN+	Verrundungsradius zum nächsten Konturelement
RN–	Fasenbreite zum nächsten Konturelement (vgl. G1)
O1/O2	kurzer/langer Kreisbogen[2]

M

[1] Dieser Befehl kann auch für CNC-Drehmaschinen mit angetriebenem Werkzeug bei der G17- und G19-Ebene verwendet werden (Seite 449). In der G19-Ebene werden die Achsen von der XY- zur ZX-Ebene angepasst.

[2] Ohne Angabe gilt die Voreinstellung O1 (kurzer Kreisbogen).

CNC-Fräsen nach PAL

Arbeitsbewegungen bei CNC-Fräsmaschinen nach PAL

G3 Kreisinterpolation entgegen dem Uhrzeigersinn[1]

Bearbeitungsbeispiele (Kreisinterpolation von P1 nach P2)

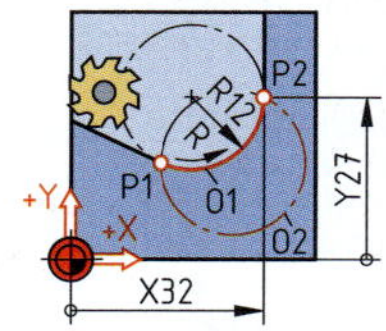

N... G3 X32 Y27 R12[2]

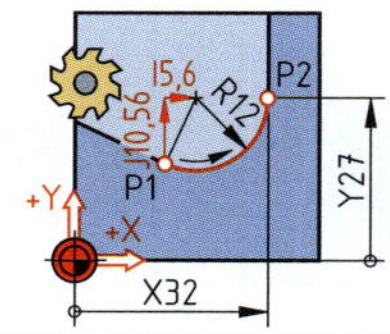

N... G3 X32 Y27 I5.6 J10.56

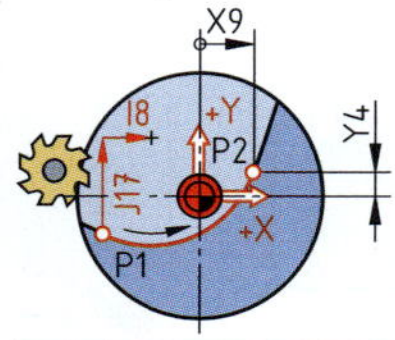

N... G3 X9 Y4 I8 J17

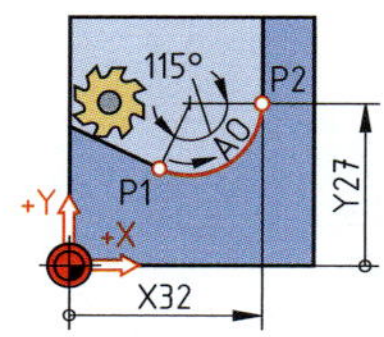

N... G3 X32 Y27 AO115

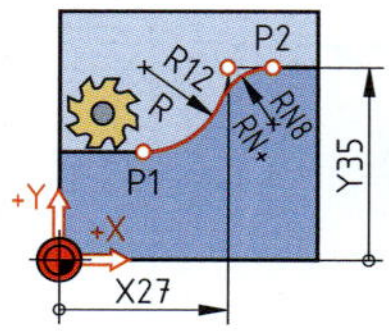

N... G3 X27 Y35 R12 RN8

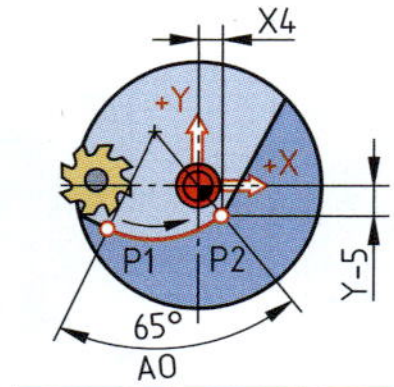

N... G3 X4 Y-5 AO65

verpflichtende Adressen für G3

X/Y	Koordinateneingabe (gesteuert durch G90/G91)
XA/YA	Absolutmaße
XI/YI	Inkrementalmaße

optionale Adressen

I/IA	X-Mittelpunktskoordinate (inkremental/absolut)
J/JA	Y-Mittelpunktskoordinate (inkremental/absolut)
R	Radius
AO	Öffnungswinkel
RN+	Verrundungsradius zum nächsten Konturelement
RN–	Fasenbreite zum nächsten Konturelement (vgl. G1)
O1/O2	kurzer/langer Kreisbogen

G11 Linearinterpolation mit Polarkoordinaten[1]

Bearbeitungsbeispiele (Linearinterpolation von P1 nach P2)

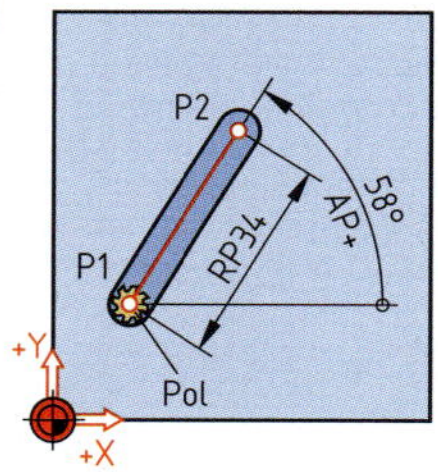

N... G11 AP58 RP34

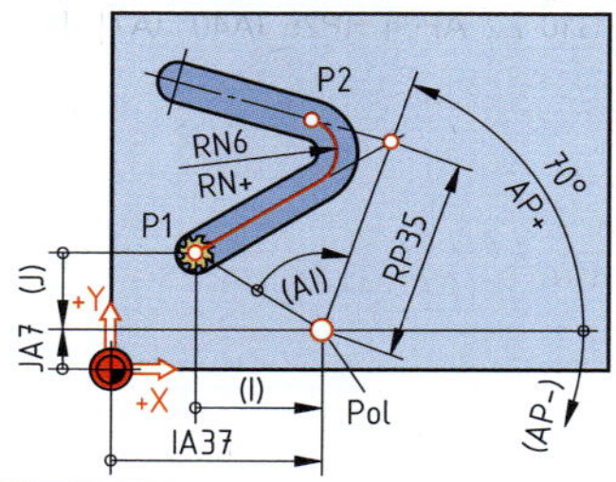

N... G11 AP70 RP35 IA37 JA7 RN6

verpflichtende Adressen für G11

RP	Polarradius
AP	Polarwinkel bezogen auf +X
AI	inkrementeller Polarwinkel[3]

optionale Adressen

I/IA	X-Koordinate des Pols
J/JA	Y-Koordinate des Pols
RN+	Verrundungsradius zum nächsten Konturelement
RN–	Fasenbreite zum nächsten Konturelement

G12 Kreisinterpolation im Uhrzeigersinn mit Polarkoordinaten[1]

Bearbeitungsbeispiele (Kreisinterpolation von P1 nach P2)

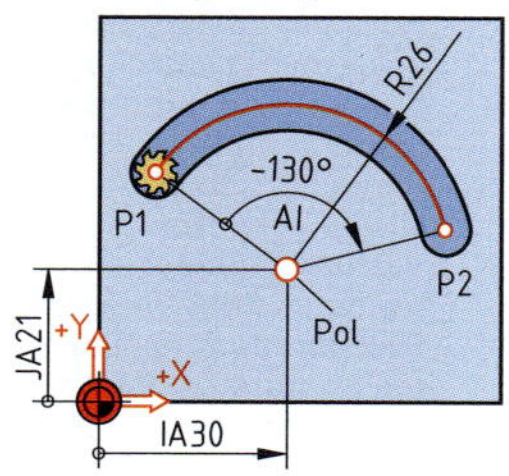

N... G12 AI-130 IA30 JA21

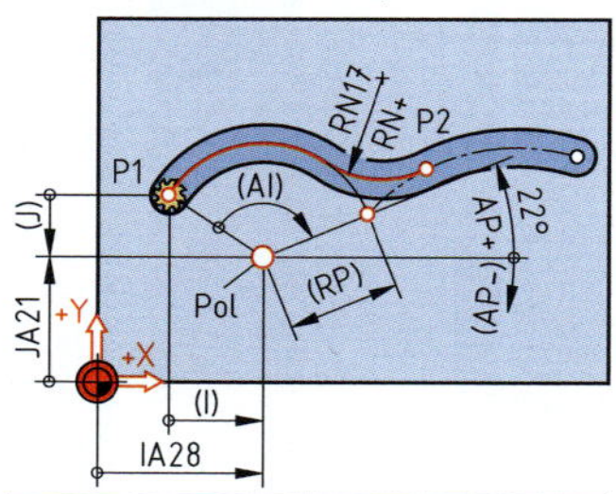

N... G12 AP22 IA28 JA21 RN17

verpflichtende Adressen für G12

AP	Polarwinkel bezogen auf +X
AI	inkrementeller Polarwinkel[3]

optionale Adressen

RP	Polarradius
I/IA	X-Koordinate des Pols
J/JA	Y-Koordinate des Pols
RN+	Verrundungsradius zum nächsten Konturelement
RN–	Fasenbreite zum nächsten Konturelement

[1] Dieser Befehl kann auch für CNC-Drehmaschinen mit angetriebenem Werkzeug bei der G17- und G19-Ebene verwendet werden (Seite 449). In der G19-Ebene werden die Achsen von der XY- zur ZX-Ebene angepasst.

[2] Ohne Angabe gilt die Voreinstellung O1 (kurzer Kreisbogen).

[3] Der inkrementelle Polarwinkel ist auf die aktuelle Werkzeugposition bezogen. Diese Adresse ist nur erlaubt, wenn der Pol von der aktuellen Werkzeugposition verschieden ist.

M

CNC-Fräsen nach PAL

Arbeitsbewegungen bei CNC-Fräsmaschinen nach PAL

G13 Kreisinterpolation entgegen dem Uhrzeigersinn[1]

Bearbeitungsbeispiel (Kreisinterpolation von P1 nach P2)

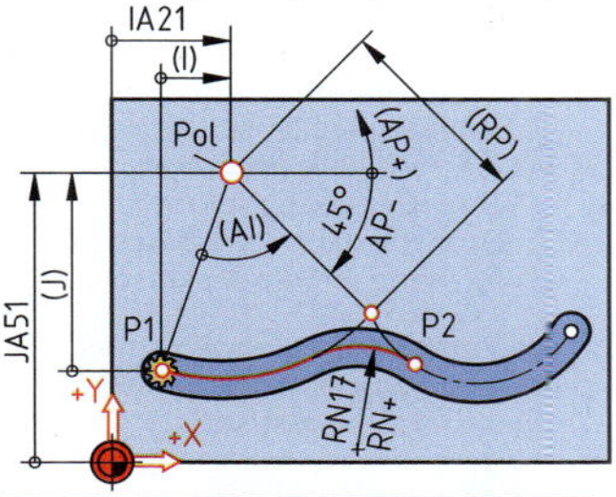

N... G13 AP-45 IA21 JA51 RN17

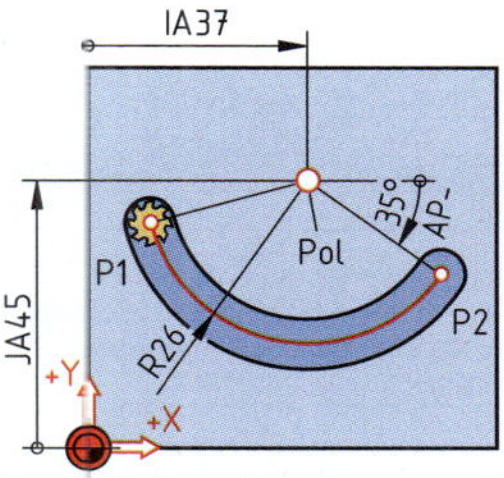

N... G13 AP-35 IA37 JA45

verpflichtende Adressen für G13
- AP Polarwinkel bezogen auf +X
- AI inkrementeller Polarwinkel

optionale Adressen
- RP Polarradius
- I/IA X-Koordinate des Pols
- J/JA Y-Koordinate des Pols
- RN+ Verrundungsradius zum nächsten Konturelement
- RN– Fasenbreite zum nächsten Konturelement

G10 Verfahren im Eilgang in Polarkoordinaten[1]

Bearbeitungsbeispiel (Anfahren nach P1 und Abfahren von P2)

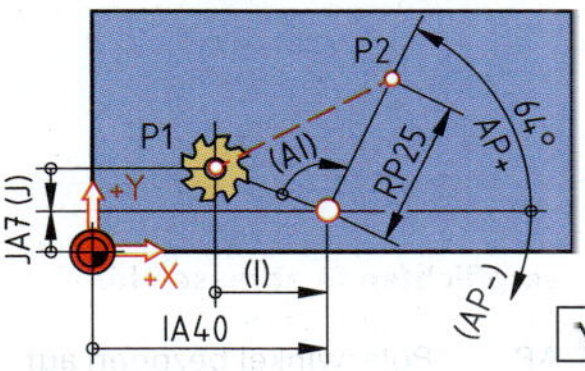

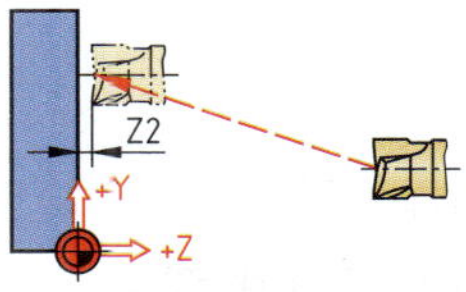

N... G10 Z2 AP64 RP25 IA40 JA7

verpflichtende Adressen für G10
- RP Polarradius
- AP Polarwinkel bezogen auf +X
- AI inkrementeller Polarwinkel

optionale Adressen
- I/IA X-Koordinate des Pols
- J/JA Y-Koordinate des Pols
- Z/ZA Z-Koordinate der Anfahrt

G45/46 Lineares tangentiales Anfahren an die Kontur (G45) und Abfahren von der Kontur (G46)[1]

Bearbeitungsbeispiel (Anfahren nach P1 und Abfahren von P2)

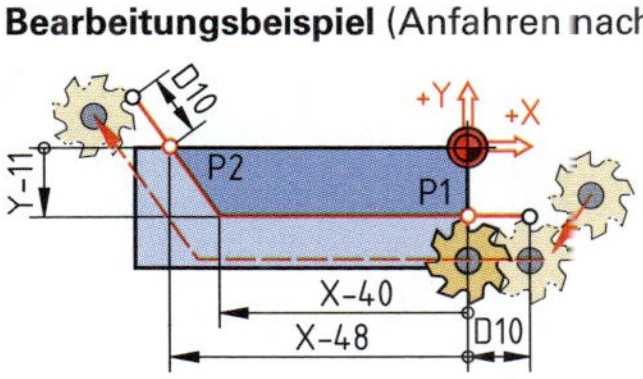

N...	G0		X20	Y-8	Z2
N...					Z-7
N...	G41	G45	X0	Y-11	D10
N...	G1		X-40		
N...			X-48	Y0	
N...	G40	G46			D10
N...	G0		X-70	Y10	Z2

- G45 muss mit der Fräserradiuskorrektur G41/G42 aufgerufen werden.
- G46 muss mit dem Aufheben der Fräserradiuskorrektur G40 aufgerufen werden.

verpflichtende Adressen für G45
- D Abstand zum ersten Konturpunkt (ohne Vorzeichen)
- X/Y Koordinateneingabe (gesteuert durch G90/G91)
- XA/YA Absolutmaße
- XI/YI Inkrementalmaße

verpflichtende Adresse für G46
- D Länge der Abfahrbewegung (ohne Vorzeichen)

G47/48 Tangentiales Anfahren an die Kontur (G47) und Abfahren von der Kontur (G48) im ¼-Kreis[1]

Bearbeitungsbeispiel (Anfahren nach P1 und Abfahren von P2)

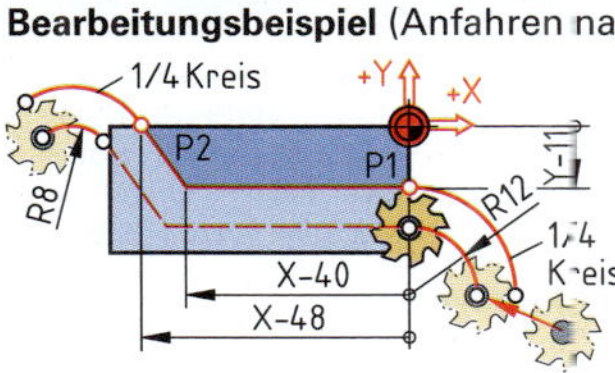

N...	G0		X24	Y-35	Z2
N...					Z-5
N...	G41	G47	X0	Y-11	R12
N...	G1		X-40		
N...			X-48	Y0	
N...	G40	G48			R8
N...	G0		X-70	Y-15	Z2

- G47 muss in der Fräserradiuskorrektur G41/G42 aufgerufen werden.
- G48 muss mit dem Aufheben der Fräserradiuskorrektur G40 aufgerufen werden.

verpflichtende Adressen für G47
- R Radius der Anfahrbewegung bezogen auf die Fräsermittelpunktsbahn
- X/Y Koordinateneingabe (gesteuert durch G90/G91)
- XA/YA Absolutmaße
- XI/YI Inkrementalmaße

verpflichtende Adresse für G48
- R Radius der Abfahrbewegung bezogen auf die Fräsermittelpunktsbahn

G54–57 Einstellbare absolute Nullpunkte

Mit den jeweiligen Befehlen G54, G56, G57 oder G58 wird zu Beginn der Bearbeitung der Werkstücknullpunkt festgelegt, der einen definierten Abstand zum Maschinennullpunkt hat. Die Verschiebewerte werden vor dem Programmstart vom Bediener in das Nullpunktregister der CNC-Steuerung eingegeben.

[1] Dieser Befehl kann auch für CNC-Drehmaschinen mit angetriebenem Werkzeug bei der G17- und G19-Ebene verwendet werden (Seite 449). In der G19-Ebene werden die Achsen von der XY- zur ZX-Ebene angepasst.

M

CNC-Fräsen nach PAL

Zyklen bei CNC-Fräsmaschinen nach PAL

G59 | Inkrementelle Nullpunktverschiebung kartesisch und Drehung

Bearbeitungsbeispiel (Nullpunktverschiebung von W1 nach W2)

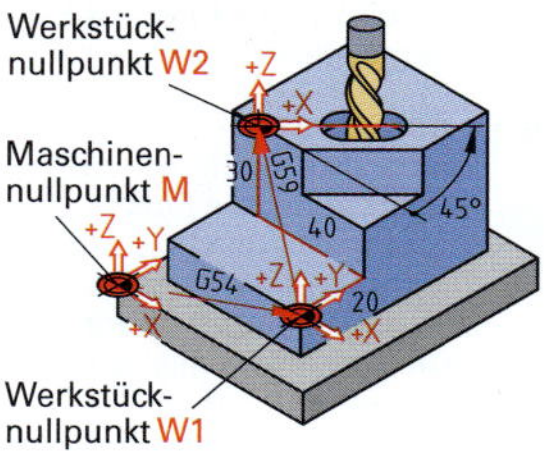

N...	G54				
N...		T3	S2380	F470	M13
N...	G0	X...	Y...	Z...	
N...					
N...		T4	S4470	F570	M13
N...	G59	XA-40	YA20	ZA30	AR45
N...	G0	X...	Y...	Z...	

Der durch **G59** verschobene Werkstücknullpunkt wird mit dem Befehl **G50** auf die alte Position, die mit **G54** aufgerufen wurde, zurückgesetzt.

optionale Adressen für G59[1)]

XA X-Koordinate des neuen Nullpunktes, absolut
YA Y-Koordinate des neuen Nullpunktes, absolut
ZA Z-Koordinate des neuen Nullpunktes, absolut
AR Drehwinkel um die Z-Achse, bezogen auf die X-Achse

[1)] Die Verschiebung und Drehung bezieht sich auf das aktuelle Werkstückkoordinatensystem.

G17/G16 | Ebenenanwahl mit maschinenfesten Raumwinkeln/inkrementelle Drehung der Ebenen

Bearbeitungsbeispiel (Drehung der Bearbeitungsebene Mit G17)

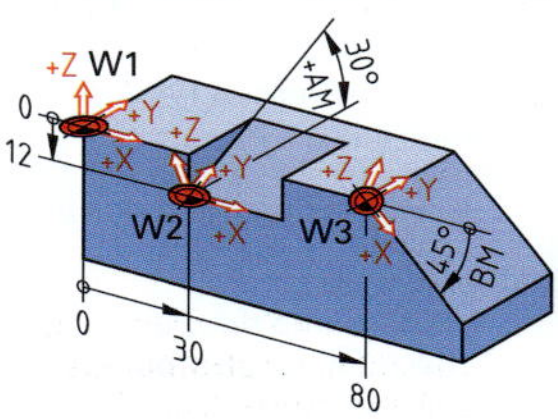


```
N... G54                                    ;W1
N... (Programmierung in der XY-Ebene vom W1)
N... G59 XA30 ZA-12                         ;W2
N... G17                 AM30
N... (Programmierung in der XY-Ebene vom W2)
N... G22 L100
N... G59 XA80                               ;W3
N... G17                 BM45
N... (Programmierung in der XY-Ebene vom W3)
N... G22 L100
```

L100 (Unterprogramm zum Rücksetzen der Ebene und Nullpunktverschiebung)

```
N1 G0 Z50
N2 G17
N3 G50
N4         M17
```

(Unterprogrammaufruf mit dem Befehl G22 im Hauptprogramm)

positive Drehrichtung:

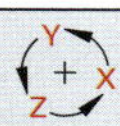

optionale Adressen für G17[2)]

AM absoluter Drehwinkel um die X-Achse
BM absoluter Drehwinkel um die Y-Achse
CM absoluter Drehwinkel um die Z-Achse

optionale Adressen für G16[3)]

AR inkrementelle Drehung um die X-Achse
BR inkrementelle Drehung um die Y-Achse
CR inkrementelle Drehung um die Z-Achse

G79 | Zyklusaufruf auf einen Punkt (kartesische Koordinaten)[4)]

Bearbeitungsbeispiel (Aufruf des Nutenfräszyklus G74)

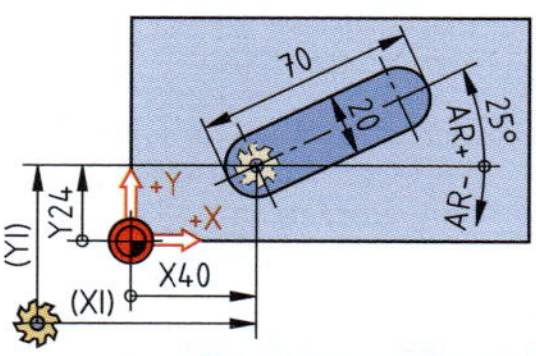

N...	G74	ZA-8	LP70	BP20	D4	V2
N...	G79	X40	Y24	Z0	AR25	
N...						

- Es wird der aktuell aktive Fräszyklus aufgerufen.
- Die Anfahrt erfolgt im Eilgang mit dem Sicherheitsabstand V.

optionale Adressen für G79

X/Y/Z	Koordinateneingabe (gesteuert durch G90/G91)
XA/YA/ZA	Absolutmaße
XI/YI/ZI	Inkrementalmaße
AR	Drehwinkel des Objekts bezogen auf die X-Achse
W	Rückzugsebene absolut in Werkstückkoordinaten

G78 | Zyklusaufruf auf einen Punkt (Polarkoordinaten)[4)]

Bearbeitungsbeispiel (Aufruf des Tiefbohrzyklus G82)

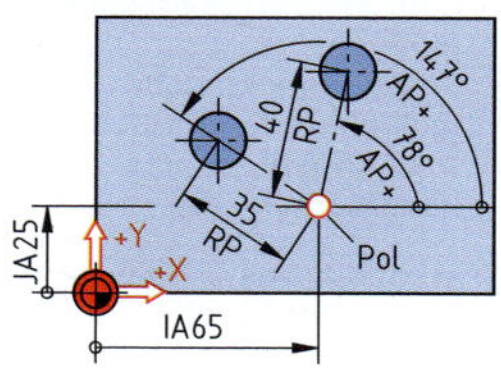

N...	G82	ZA-15	D3	V2		
N...	G78	Z0	IA65	JA25	RP40	AP78
N...	G78	Z0	IA65	JA25	RP35	AP147
N...						

- Es wird der aktuell aktive Fräszyklus aufgerufen.
- Die Anfahrt erfolgt im Eilgang mit dem Sicherheitsabstand V.

verpflichtende Adressen für G78

I/IA	X-Koordinate des Pols
J/JA	Y-Koordinate des Pols
RP	Polradius
AP	Polwinkel bezogen auf X

optionale Adresse

Z/ZI/ZA	Z-Koordinate der Oberkante
AR	Drehwinkel
W	Rückzugsebene absolut

[2)] Die Drehung erfolgt um die jeweilige Achse des Maschinenkoordinatensystems. Eine mehrfache Drehung um verschiedene Achsen ist in einem G17-Befehl möglich (z. B. N... G17 AM30 CM-45).

[3)] Die Drehung erfolgt um die jeweilige Achse des aktuellen Werkstückkoordinatensystems. Eine Bearbeitung kann mehrfach inkrementell mit G16 gedreht werden. Ein erneuter G16-Befehl setzt auf die aktuelle Bearbeitungsebene auf.

[4)] Dieser Befehl kann auch für CNC-Drehmaschinen mit angetriebenem Werkzeug bei der G17- und G19-Ebene verwendet werden (Seite 449). In der G19-Ebene werden die Achsen von der XY- zur ZX-Ebene angepasst.

M

CNC-Fräsen nach PAL

Zykline bei CNC-Fräsmaschinen nach PAL

G76 Mehrfachzyklus auf einer Geraden (Lochreihe)[1]

Bearbeitungsbeispiel (Aufruf des Nutenfräszyklus auf einer Geraden)

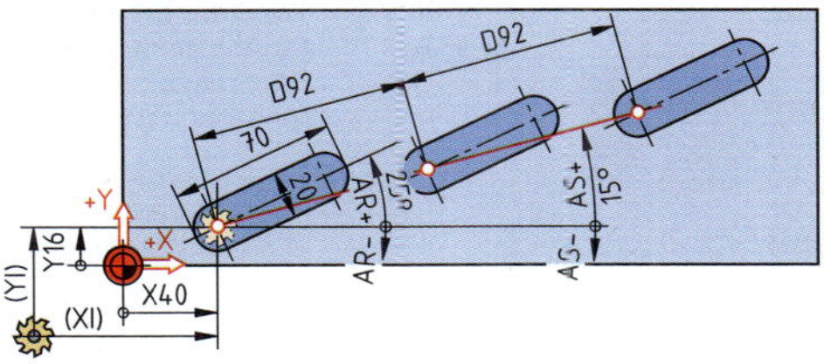

N...	G74	ZA-8	LP70	BP20	D4	V2		
N...	G76	X40	Y16	Z0	AS15	D92	O3	AR25

verpflichtende Adressen für G76

AS	Winkel der Geraden bezogen auf die X-Achse
D	Abstand der Aufrufpunkte
O	Anzahl der Aufrufpunkte

optionale Adressen

AR	Drehwinkel des Objekts
X/Y/Z	Koordinateneingabe (gesteuert durch G90/G91)
XA/YA/ZA	Absolutmaße
XI/YI/ZI	Inkrementalmaße zur aktuellen Werkzeugposition

G77 Mehrfachzyklusaufruf auf einem Lochkreis[1]

Bearbeitungsbeispiele (Aufruf des Bohrzyklus auf einem Lochkreis)

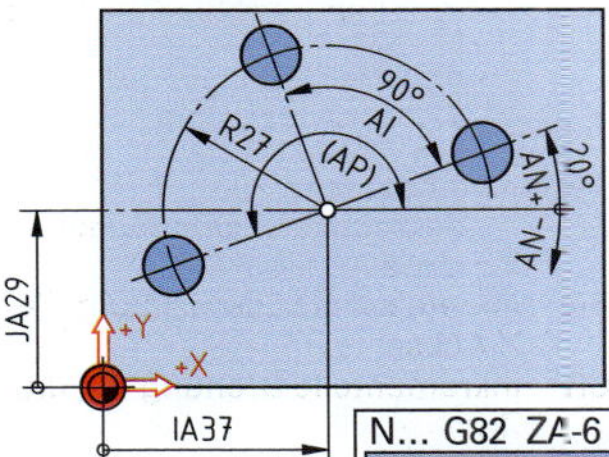

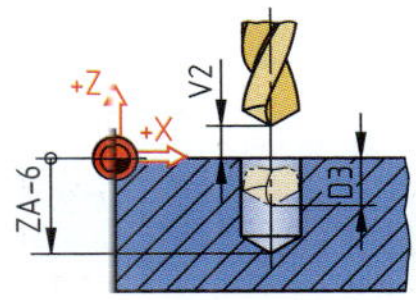

N...	G82	ZA-6	D3	V2				
N...	G77	Z0	R27	AN20	AI90	O3	IA37	JA29

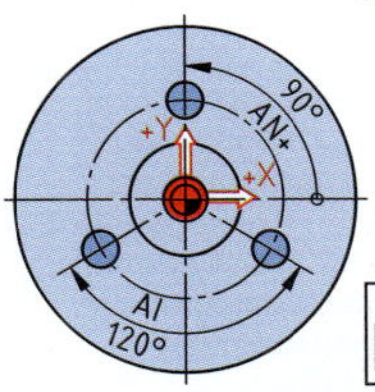

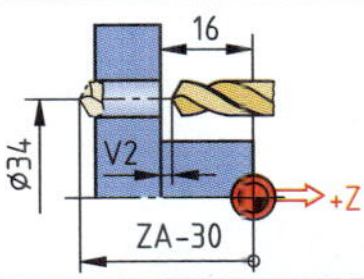

N...	G81	ZA-30	V2					
N...	G77	Z-16	R17	AN90	AI120	O3	IA0	JA0

verpflichtende Adressen für G77

R	Radius des Lochkreises
AN	Startwinkel des 1. Objekts bezogen auf X-Achse
AP	Endwinkel des letzten Objektes bezogen auf die X-Achse
AI	konstanter Segmentwinkel
O	Anzahl der Aufrufpunkte
I/IA	X-Mittelpunktskoordinate
J/JA	Y-Mittelpunktskoordinate
Z, ZA, ZI	Z-Mittelpunktskoordinate

optionale Adressen

W	Rückzugsebene (ohne Angabe W = V)
H1	nach der Bearbeitung wird V angefahren, nach letztem Objekt W (Voreinstellung)
H2	nach der Bearbeitung wird immer W angefahren
AR	Drehwinkel des Objekts (ohne Angabe: AR0)

G72 Rechtecktaschenfräszyklus[1]

Bearbeitungsbeispiel

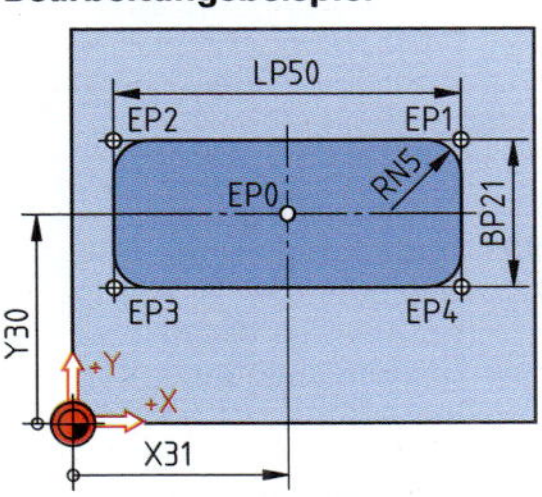

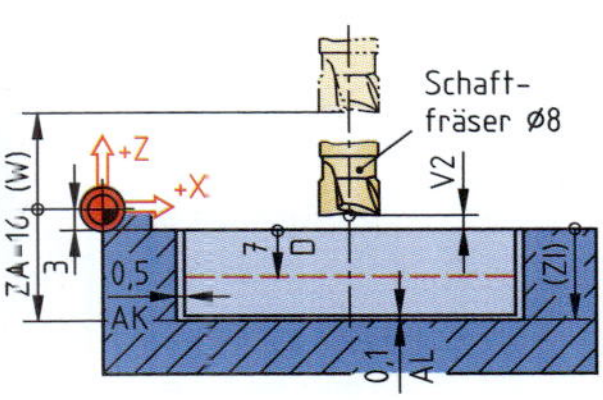

N...		T6	S2380	F760						M13
N...	G72	ZA-16	LP50	BP21	D7	V2	RN5	AK0.5	AL0.1	E100
N...	G79	X31	Y30	Z-3						
N...		T...								

ohne Angabe von H gilt H1: die Tasche wird durch Schruppen komplett gefräst

verpflichtende Adressen für G72

ZI/ZA	Tiefe der Rechtecktasche
LP	Länge der Tasche in X-Richtung (1. Achse)
BP	Breite der Tasche in Y-Richtung (2. Achse)
D	maximale Zustelltiefe
V	Sicherheitsabstand

optionale Adressen

RN	Eckenradius
EP	Setzpunkt für den Aufruf – ohne Angabe: EP0
AK	Aufmaß Berandung
AL	Aufmaß Taschenboden
H2	Planschruppen
H4	Schlichten (Rand/Boden)
H14	Schruppen und Schlichten
E	Vorschubgeschwindigkeit beim Eintauchen
W	Rückzugsebene absolut

[1] Dieser Befehl kann auch für CNC-Drehmaschinen mit angetriebenem Werkzeug bei der G17- und G19-Ebene verwendet werden (Seite 449). In der G19-Ebene werden die Achsen von der XY- zur ZX-Ebene angepasst.

M

CNC-Fräsen nach PAL

Zyklen bei CNC-Fräsmaschinen nach PAL

G73 Kreistaschen- und Zapfenfräszyklus[1]

Bearbeitungsbeispiel

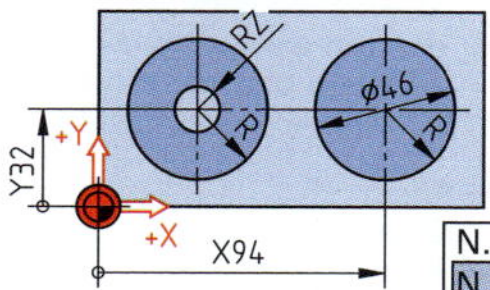

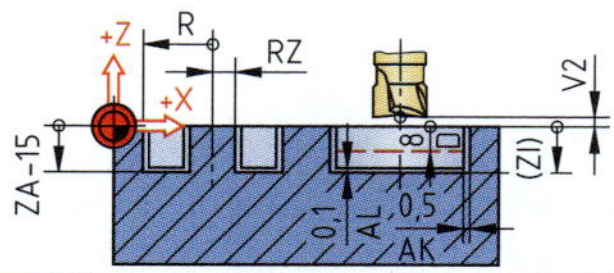

N...		T6	S2380	F220			M13
N...	G73	ZA-15	R23	D8	V2	AK0.5	AL0.1
N...	G79	X94	Y32	Z0			

verpflichtende Adressen für G73

ZI/ZA	Tiefe der Kreistasche
R	Radius der Kreistasche
D	maximale Zustelltiefe
V	Sicherheitsabstand

optionale Adressen

RZ	Zapfenradius
AK...W	wie bei G72 (Seite 457)

G74 Nutenfräszyklus[1]

Bearbeitungsbeispiel

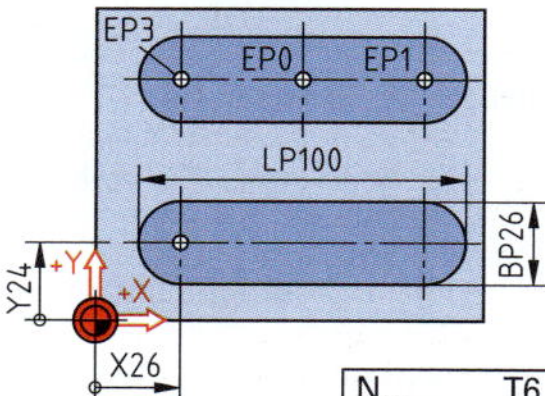

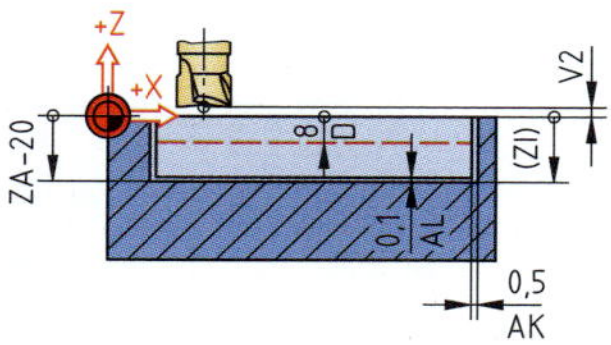

N...		T6	S2380	F220				M13
N...	G74	ZA-20	LP100	BP26	D8	V2	AK0.5	AL0.1
N...	G79	X26	Y24	Z0				

verpflichtende Adressen für G74

ZI/ZA	Tiefe der Nut
LP	Länge der Nut in X-Richtung (1. Achse)
BP	Breite der Nut in Y-Richtung (2. Achse)
D	maximale Zustelltiefe
V	Sicherheitsabstand

optionale Adressen

EP	Setzpunkt für den Aufruf – ohne Angabe: EP3
AK...W	wie bei G72 (Seite 457)

G75 Kreisbogennut-Fräszyklus[1]

Bearbeitungsbeispiel

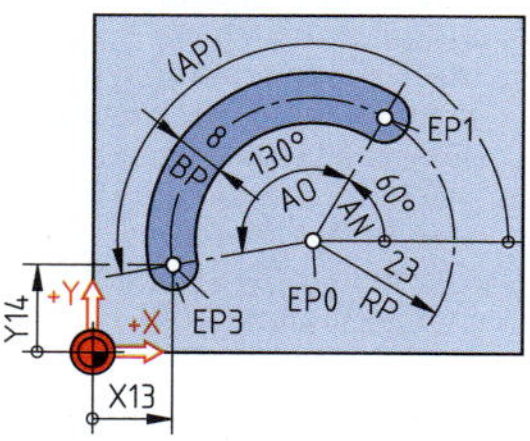

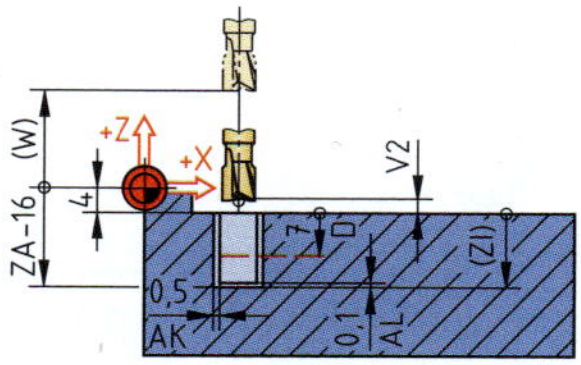

N...		T4	S3820	F420						M13
N...	G75	ZA-16	AN60	AO130	BP8	RP23	D7	V2	AK0.5	AL0.1
N...	G79	X13	Y14	Z-4						
N...		T...								

verpflichtende Adressen für G75

ZI/ZA	Tiefe der Kreisbogennut
AN[2]	polarer Startwinkel
AO[2]	polarer Öffnungswinkel
AP[2]	polarer Endwinkel des Nutkreismittelpunktes
RP	Radius der Kreisbogennut
BP	Breite der Kreisbogennut
D	maximale Zustelltiefe
V	Sicherheitsabstand

optionale Adressen

EP	Setzpunkt für den Aufruf (ohne Angabe: EP3)
AK ...W	wie bei G72 (Seite 457)

[2] Zwei der polaren Winkelangaben müssen angegeben werden.

M

G88 Innengewindefräszyklus

Bearbeitungsbeispiel

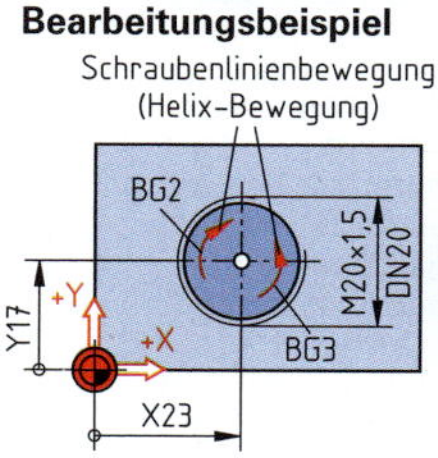

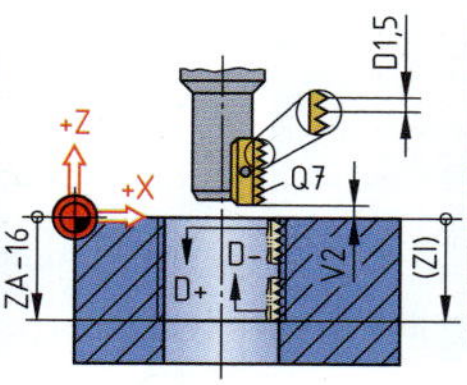

Rechtsgewinde:
BG2 und D+
oder
BG3 und D–

Linksgewinde:
BG2 und D–
oder
BG3 und D+

N...		T13	S2240	F220			M13
N...	G88	ZA-16	DN20	D-1.5	Q7	V2	BG3
N...	G79	X23	Y17	Z0			

verpflichtende Adressen für G88

ZI/ZA	Gewindetiefe
DN	Nenndurchmesser
D	Gewindesteigung mit Bearbeitung: D+ von oben nach unten D– von unten nach oben
Q	Gewinde-Rillenzahl Fräser
V	Sicherheitsabstand

optionale Adressen

BG	Bewegungsrichtung Fräser BG2 im Uhrzeigersinn BG3 Im Gegenuhrzeigersinn

[1] Dieser Befehl kann auch für CNC-Drehmaschinen mit angetriebenem Werkzeug bei der G17- und G19-Ebene verwendet werden (Seite 449). In der G19-Ebene werden die Achsen von XY- zur ZX-Ebene angepasst.

CNC-Fräsen nach PAL

Zyklen bei CNC-Fräsmaschinen nach PAL

G81 Bohrzyklus[1)]

Bearbeitungsbeispiel (Zentrieren und Bohren ø10)

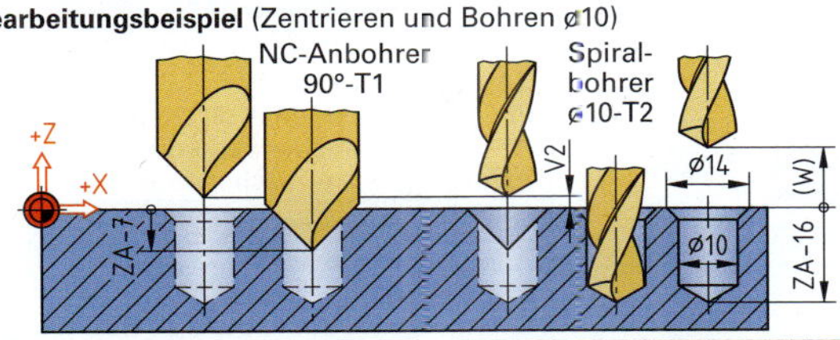


```
N... T1   S950  F140         M13
N... G81  ZA-7  V2
N... G79  X...  Y...   Z0
```

```
N... T2   S1190 F110         M13
N... G81  ZA-16 V2
N... G79  X...  Y...   Z0
```

verpflichtende Adressen für G81
- ZA Bohrtiefe absolut
- ZI Bohrtiefe inkremental ab Materialoberfläche (negativ)
- V Sicherheitsabstand

optionale Adressen
- W Höhe der Rückzugsebene absolut

Der Bohrzyklus G81 wird zum Anbohren, Zentrieren oder Herstellen kleiner Bohrungen (ohne Spanbruch) verwendet.

G82 Tiefbohrzyklus mit Spanbruch[1)]

Bearbeitungsbeispiel (Zentrieren und Tiefbohren ø5)

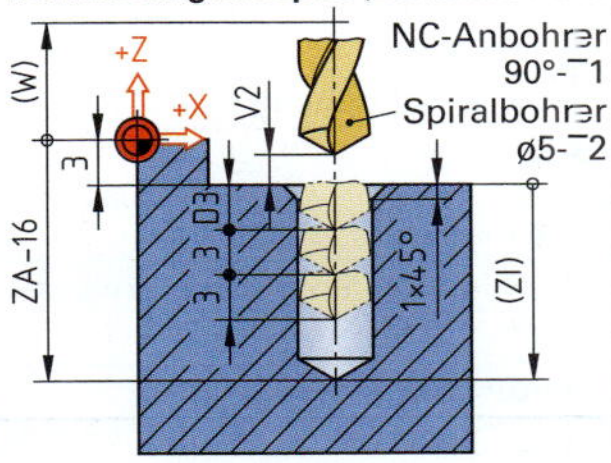


```
N... T1   S950  F140         M13
N... G81  ZA-6.5 V2
N... G79  X...  Y...   Z-3
N... T2   S1350 F95          M13
N... G82  ZA-16 D3     V2
N... G79  X...  Y...   Z-3
N...
```

Nach jeder Zustellung D wird ein Rückzug von 1mm mit einer Verweildauer von 1 Umdrehung durchgeführt (Voreinstellung).

verpflichtende Adressen für G82
- ZA Bohrtiefe absolut
- ZI Bohrtiefe inkremental ab Materialoberfläche (negativ)
- D Zustelltiefe
- V Sicherheitsabstand

optionale Adressen
- E Anbohrvorschub
- W Höhe der Rückzugsebene absolut

G84 Gewindebohrzyklus[1)]

Bearbeitungsbeispiel (Zentrieren, Tiefbohren und Gewindebohren M8)

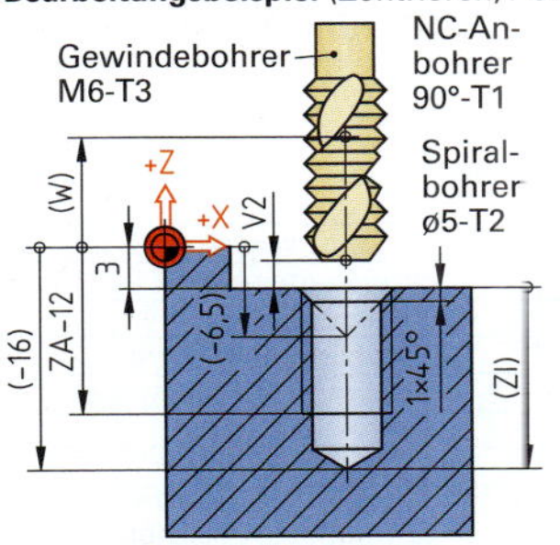


```
N... T1   S950  F140         M13
N... G81  ZA-6.5 V2
N... G79  X...  Y...   Z-3
N... T2   S1350 F95          M13
N... G82  ZA-16 D3     V2
N... G79  X...  Y...   Z-3
N... T3   S390               M8
N... G84  ZA-12 F1     V2    M3
N... G79  X...  Y...   Z-3
N...
```

Nach Erreichen der Gewindetiefe schaltet die Spindel die Drehrichtung um.

verpflichtende Adressen für G84
- ZA Gewindetiefe absolut
- ZI Gewindetiefe inkremental ab Materialoberfläche (negativ)
- F Gewindesteigung in mm/U
- M Drehrichtung des Gewindebohrers für das Eintauchen
  M3: Rechtsgewinde
  M4: Linksgewinde
- V Sicherheitsabstand

optionale Adresse
- W Höhe der Rückzugsebene absolut

G85 Reibzyklus[1)]

Bearbeitungsbeispiel (Zentrieren, Tiefbohren und Reiben ø5H7)

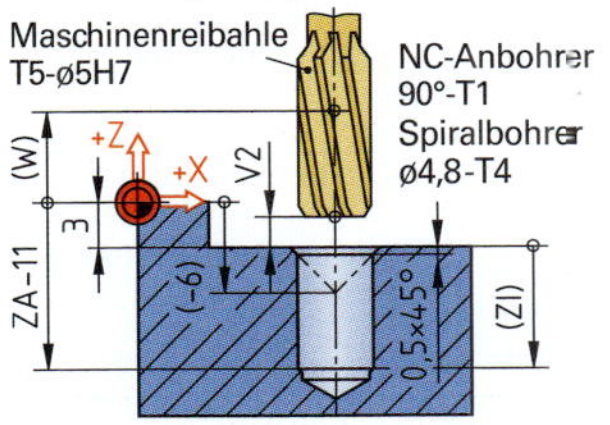


```
N... T1   S950  F140         M13
N... G81  ZA-6  V2
N... G79  X...  Y...   Z-3
N... T4   S1350 F95          M13
N... G82  ZA-10 D3     V2
N... G79  X...  Y...   Z-3
N... T5   S410  F180         M13
N... G85  ZA-11 V2
N... G79  X...  Y...   Z-3
N...
```

verpflichtende Adressen für G85
- ZA Reibtiefe absolut
- ZI Reibtiefe inkremental ab Materialoberfläche (negativ)
- V Sicherheitsabstand

optionale Adressen
- E Rückzugsvorschub in mm/min
- W Höhe der Rückzugsebene absolut

[1)] Dieser Befehl kann auch für CNC-Drehmaschinen mit angetriebenem Werkzeug bei der G17- und G19-Ebene verwendet werden (Seite 449). In der G19-Ebene werden die Achsen von der XY- zur ZX-Ebene angepasst. Der Aufrufpunkt (Setzpunkt) der Bohr- und Reibzyklen ist der Bohrungsmittelpunkt. Aufgerufen wird mit einem der Befehle G76, G77, G78 oder G79 (Seiten 456, 457).

CNC-Fräsen nach PAL

Zyklen bei CNC-Fräsmaschinen nach PAL

G34/G35/G37/G38/G80/G39 Konturtaschenzyklus (KTZ)

Bearbeitungsbeispiel (gedrehte Ebene und Konturtasche)

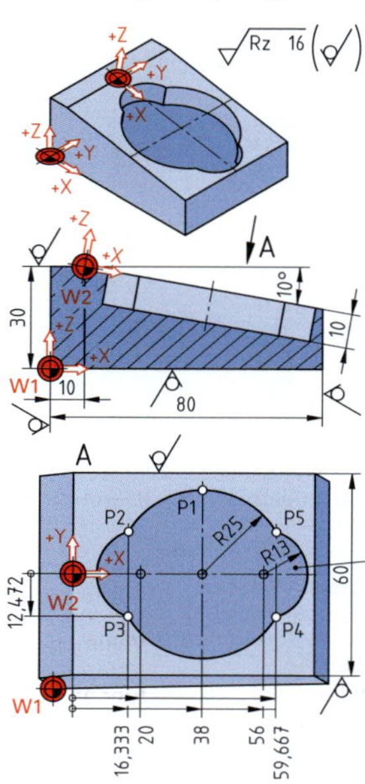

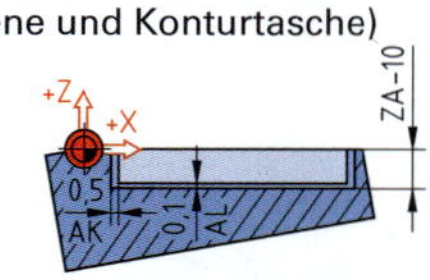

N... G34 ZA-10 AK0.5 AL0.1

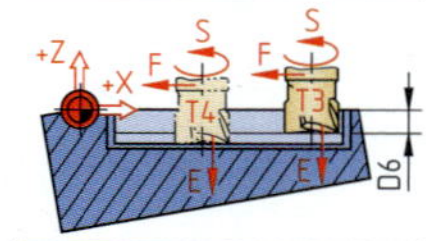

N... G35 T3 D6 S... F... E...

N... G37 T4 D6 S... F... E...

```
N... G38  H1
N... G0...  X38  Y25      ;P1
N... G3     X...  ...     ;P2
...
N... G80
```

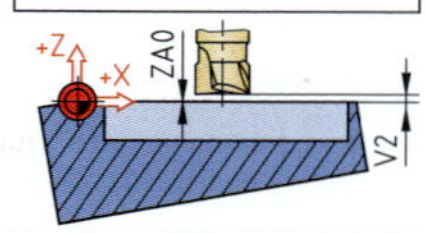

N... G39 ZA0 V2

G34	Eröffnung des KTZ
Adressen für G34	
ZA	Tiefe absolut
ZI	Tiefe inkremental ab Oberfläche
AK	Aufmaß auf die Berandung
AL	Aufmaß am Taschenboden
G35	**Schrupptechnologie des KTZ**
Adressen für G35	
T	Werkzeugnummer
D	maximale Zustelltiefe ab Oberfläche
S	Drehzahl/Schnittgeschwindigkeit
F	Vorschubgeschwind. beim Fräsen
E	Vorschubgeschwind. beim Eintauchen
G37	**Schlichttechnologie des KTZ**
Adressen für G37	
T	Werkzeugnummer
H4	Schlichten (erst Rand, dann Boden)
D...E	wie bei G35
G38	**Konturbeschreibung des KTZ**
Adressen für G38	
H1	Tasche; H2 Insel
H3	Tasche mit Insel
G80	**Abschluss der Konturbeschreibung**
G39	**Konturtaschenzyklusaufruf**
Adressen für G39	
ZA	Tiefe der Tasche absolut
ZI	Tiefe inkremental ab Oberfläche
V	Sicherheitsabstand

CNC-Programm (PAL) für die Fräsbearbeitung mit gedrehter Ebene G17 und Konturtasche

Nr.	Wegbedingung	Koordinaten X/XA/XI	Koordinaten Y/YA/YI	Koordinaten Z/ZA/ZI	Zusätzliche Befehle mit Adressen						Schaltfunktion	Erläuterungen
N1	G54											Nullpunktverschiebung W1
N2					T1	TL0.1	S150	F130			M13	Werkzeugaufruf T1 – ⌀80
N3	G59	XA10	YA30	ZA30								Nullpunktverschiebung W2
N4	G17				BM10							Drehung der Ebene
N5	G0	X35.5	Y-72	Z14								Eilgang zum Werkstück
N6	G1			Z0								Schruppen der Schräge
N7			Y72									
N8					T2	S150	F80				M13	Werkzeugaufruf T2 – ⌀80
N9	G0	X35.5	Y-72	Z2								Eilgang zum Werkstück
N10	G1			Z0								Schlichten der Schräge
N11			Y72									
N12					T3							Werkzeugaufruf T3 – ⌀16
N13	G34			ZA-10	AK0.5	AL0.1						Eröffnung KTZ
N14	G35				T3	S2380	F760	D6	E100		M13	Schrupptechnologie KTZ
N15	G37				T4	S2380	F470	D6	E100	H4	M13	Schlichttechnologie KTZ
N16	G38				H1							Kontur KTZ: Tasche
N17	G0	X38	Y25									P1 Startpunkt Konturtasche
N18	G3	X16.333	Y12.472		R25							P2
N19	G3	X16.333	Y-12.472		I3.667	J-12.472						P3 Konturbeschreibung
N20	G3	X59.667	Y-12.472		R25							P4
N21	G3	X59.667	Y12.472		I-3.667	J12.472						P5
N22	G3	X38	Y25		R25							P1
N23	G80											Abschluss Konturbeschreib.
N24	G39			ZA0	V2							Zyklusaufruf KTZ
N25	G0			Z50								Eilgang zum WWP
N26	G17											Aufhebung der Drehebene
N27	G50											Aufhebung von G59
N28					T0						M30	Programmende

M

Schaltzeichen, Wegeventile

Funktionselemente

- Hydrostrom
- Druckluftstrom
- Strömungsrichtung
- Drehrichtung
- Verstellbarkeit
- Feder
- Drosselung

Energieübertragung

- Druckquelle hydraulisch
- Druckquelle pneumatisch
- Arbeitsleitung
- Steuerleitung Leckstromleitung
- Umrahmung von Baugruppen
- Leitungsverbindung
- Leitungskreuzung
- Schnellkupplung
- Entlüftung ohne Anschluss
- Entlüftung mit Anschluss
- Schalldämpfer
- Behälter
- Druckbehälter
- Hydro-Gasdruckspeicher mit Blase
- Wartungseinheit
- Filter oder Sieb
- Wasserabscheider
- Lufttrockner
- Öler

Pumpen, Kompressoren, Motoren

- Konstant-Hydropumpe, eine Drehrichtung
- Verstell-Hydropumpe, zwei Drehrichtungen
- Kompressor, eine Drehrichtung
- Hydraulik-Konstantmotor, eine Drehrichtung
- Pneumatik-Konstantmotor, eine Drehrichtung
- Hydraulik-Verstellmotor, zwei Drehrichtungen
- Pneumatik-Verstellmotor, zwei Drehrichtungen
- Dreh-/Schwenkantrieb, zwei Volumenstromrichtungen
- Dreh-/Schwenkantrieb, einfach wirkend
- Elektromotor

Einfachwirkende Zylinder

- Einfachwirkender Zylinder, Entlüftung ohne Anschlussmöglichkeit, Rückhub durch eingebaute Feder
- Einfachwirkender Membranzylinder, einseitige Endlagendämpfung, Entlüftung ohne Anschlussmöglichkeit

Doppeltwirkende Zylinder

- Doppeltwirkender Zylinder, einseitige Kolbenstange
- Doppeltwirkender Zylinder, einseitige Kolbenstange, beidseitig einstellbare Endlagendämpfung, magnetischer Kolben

Sperrventile

- Rückschlagventil, unbelastet
- Rückschlagventil, federbelastet
- Wechselventil (ODER-Funktion)
- Schnellentlüftungsventil
- Entsperrbares Rückschlagventil
- Drosselrückschlagventil
- Zweidruckventil (UND-Funktion)

Druckventile

- Druckbegrenzungsventil
- Folgeventil
- 2-Wege-Druckreduzierventil
- 3-Wege-Druckreduzierventil, Ausgleich von Druckspitzen am Ausgang

Stromventile

- Drosselventil verstellbar
- 2-Wege-Stromregelventil, weitgehend unabhängig von Viskosität und Druckdifferenzen
- 3-Wege-Stromregelventil, teilt Eingangsstrom in Konstantstrom und Reststrom

M

Schaltzeichen, Wegeventile

vgl. DIN EN 81346 (2010-05), ISO 1219 (2012-09), DIN ISO 5599 (2005-12), DIN ISO 11727 (2003-10), ISO 9461 (1992-12)

Anschluss- und Kurzbezeichnung von Wegeventilen

Beispiel:
5/2-Wegeventil mit Anschlussbezeichnung
(Symbol nach ISO 1219-1)

–QM1 oder 1.3

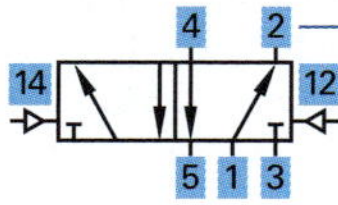

Kurzbezeichnung

5 / 2 - Wegeventil –QM1 oder 1.3

- Anzahl der Anschlüsse
- Anzahl der Schaltstellungen

Schaltstellungen[5)]

a | b	Ventil mit 2 Schaltstellungen
a | 0 | b	Ventil mit 3 Schaltstellungen

5) Anzahl der Rechtecke ≙ Anzahl der Schaltstellungen

Kennzeichnung nach DIN EN 81346

Für alle technischen Anlagen anwendbare DIN EN-Norm. (Beschreibung auf S. 464)

Beispiel: Pneumatik: S. 466

Kennzeichnung nach ISO 1219-2

Für rein fluidtechnische Anlagen. (Beschreibung S. 467)

Beispiel: S. 467

Im Folgenden wird vorwiegend die für alle technischen Systeme gültige Kennzeichnung nach DIN EN 81346 verwendet!

Anschlussbezeichnung von pneumatischen und hydraulischen Geräten

Anschluss	Pneumatik[1)]	Hydraulik[2)3)]
Zufluss, Druckanschluss	1	P
Arbeitsanschlüsse	2, 4, 6	A, B, C
Entlüftung, Abfluss	3, 5, 7	R, S, T
Lecköl-anschluss	–	L
Steueranschlüsse[4)]	12, 14	X, Y, Z

1) vgl. DIN 11727, DIN 5599
2) vgl. ISO 9461
3) Die Folge der Buchstaben entspricht nicht unbedingt der Ziffernfolge.
4) Ein Impuls, z. B. am Steueranschluss 12, bewirkt eine Verbindung der Anschlüsse 1 und 2.

Bauarten von Wegeventilen

2/-Wegeventile

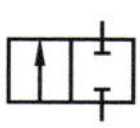
2/2-Wegeventil mit Sperr-Ruhestellung

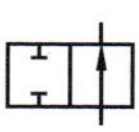
2/2-Wegeventil mit Durchfluss-Ruhestellung

3/-Wegeventile

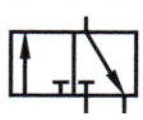
3/2-Wegeventil mit Sperr-Ruhestellung

3/2-Wegeventil mit Durchfluss-Ruhestellung

3/3-Wegeventil mit Sperr-Mittelstellung

4/-Wegeventile

4/2-Wegeventil

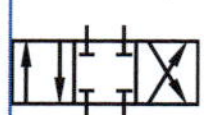
4/3-Wegeventil mit Sperr-Mittelstellung

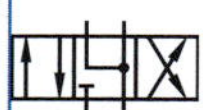
4/3-Wegeventil mit Schwimm-Mittelstellung

5/-Wegeventile

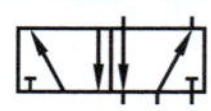
5/2-Wegeventil

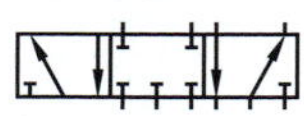
5/3-Wegeventil mit Sperr-Mittelstellung

Durchflusswege

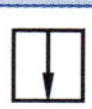
ein Durchflussweg

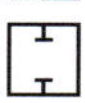
zwei gesperrte Anschlüsse

zwei Durchflusswege

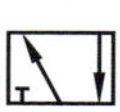
zwei Durchflusswege und ein gesperrter Anschluss

zwei Durchflusswege mit Verbindung zueinander

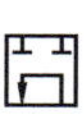
ein Durchflussweg in Nebenschlussschaltung und zwei gesperrte Anschlüsse

Betätigung von Wegeventilen

Schaltzustand

a rollenbetätigt
b betätigt

Betätigung durch Muskelkraft

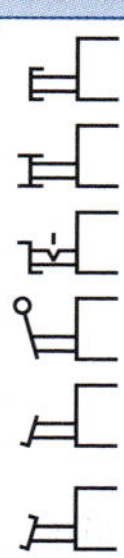
Druckknopf
Druck- und Zugknopf
Drehknopf mit Raste
Hebel
Pedal
Wippe, in beide Richtungen

Mechanische Betätigung

Stößel
über Annäherung eines Magneten
Feder
Rollenstößel
Rollenhebel, eine Betätigungsrichtung

Mechanische Bestandteile

Raste

Druckbetätigung

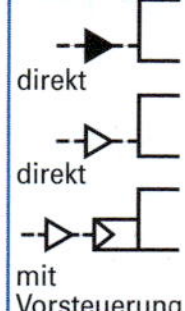

hydraulisch
pneumatisch
pneumatisch

Elektrische Betätigung

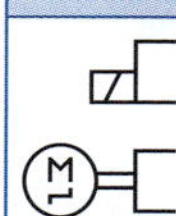

Elektromagnet
Schrittmotor

Kombinierte Betätigung

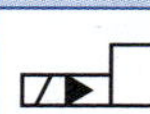
Elektromagnet mit Vorsteuerung

M

Binäre Verknüpfungen (Pneumatik)

vgl. DIN EN 60617-12 (1999-04)

<table>
<tr><th>Funktion</th><th>Funktionsplan (FUP)
Logische Gleichung</th><th>Funktionstabelle</th><th>technische Realisierung pneumatisch</th></tr>
<tr><td>UND
(AND)</td><td>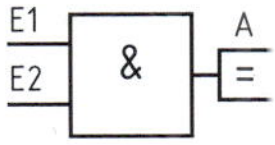
A = E1 * E2</td><td><table><tr><th>E1</th><th>E2</th><th>A</th></tr><tr><td>0</td><td>0</td><td>0</td></tr><tr><td>0</td><td>1</td><td>0</td></tr><tr><td>1</td><td>0</td><td>0</td></tr><tr><td>1</td><td>1</td><td>1</td></tr></table></td><td>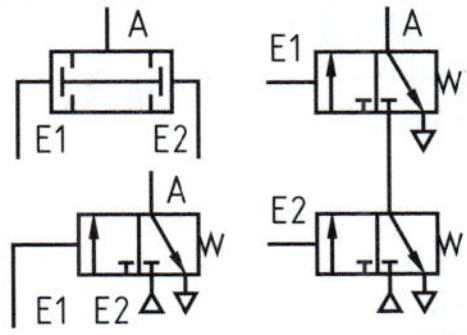</td></tr>
<tr><td>ODER
(OR)</td><td>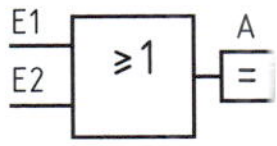
A = E1 + E2</td><td><table><tr><th>E1</th><th>E2</th><th>A</th></tr><tr><td>0</td><td>0</td><td>0</td></tr><tr><td>0</td><td>1</td><td>1</td></tr><tr><td>1</td><td>0</td><td>1</td></tr><tr><td>1</td><td>1</td><td>1</td></tr></table></td><td>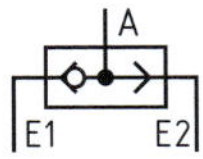</td></tr>
<tr><td>NICHT
(NOT)</td><td>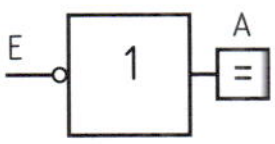
$A = \overline{E}$</td><td><table><tr><th>E1</th><th>A</th></tr><tr><td>0</td><td>1</td></tr><tr><td>1</td><td>0</td></tr></table></td><td>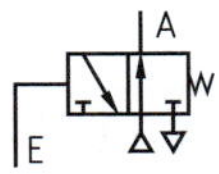</td></tr>
<tr><td>UND-
NICHT
(NAND)</td><td>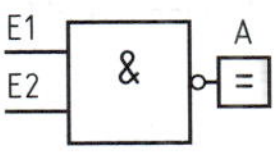
$A = \overline{E1 * E2}$</td><td><table><tr><th>E1</th><th>E2</th><th>A</th></tr><tr><td>0</td><td>0</td><td>1</td></tr><tr><td>0</td><td>1</td><td>1</td></tr><tr><td>1</td><td>0</td><td>1</td></tr><tr><td>1</td><td>1</td><td>0</td></tr></table></td><td>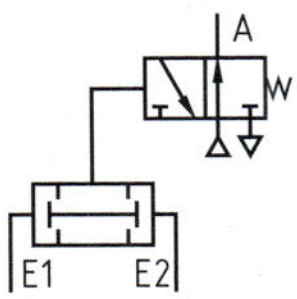</td></tr>
<tr><td>ODER-
NICHT
(NOR)</td><td>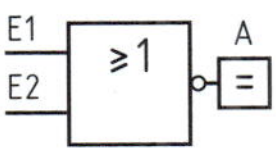
$A = \overline{E1 + E2}$</td><td><table><tr><th>E1</th><th>E2</th><th>A</th></tr><tr><td>0</td><td>0</td><td>1</td></tr><tr><td>0</td><td>1</td><td>0</td></tr><tr><td>1</td><td>0</td><td>0</td></tr><tr><td>1</td><td>1</td><td>0</td></tr></table></td><td>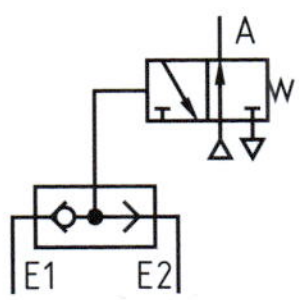</td></tr>
<tr><td>exklusiv
ODER
(XOR)</td><td>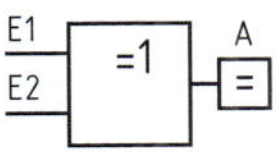
$A = (E1 * \overline{E2}) +$
$(\overline{E1} * E2)$</td><td><table><tr><th>E1</th><th>E2</th><th>A</th></tr><tr><td>0</td><td>0</td><td>0</td></tr><tr><td>0</td><td>1</td><td>1</td></tr><tr><td>1</td><td>0</td><td>1</td></tr><tr><td>1</td><td>1</td><td>0</td></tr></table></td><td>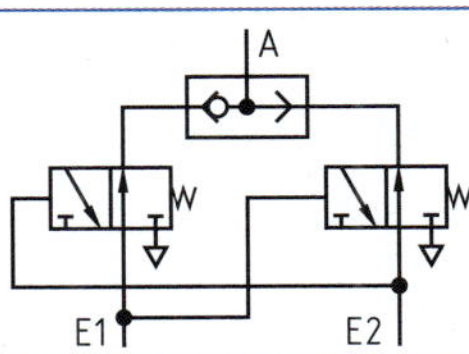</td></tr>
<tr><td>Speicher
(SR-Flipflop)</td><td>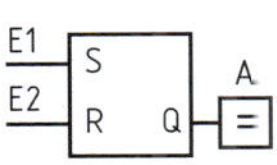
S Setzen
R Rücksetzen (dominant)</td><td><table><tr><th>E1</th><th>E2</th><th>A</th></tr><tr><td>0</td><td>0</td><td>●</td></tr><tr><td>0</td><td>1</td><td>0</td></tr><tr><td>1</td><td>0</td><td>1</td></tr><tr><td>1</td><td>1</td><td>0</td></tr></table>● Zustand unverändert</td><td>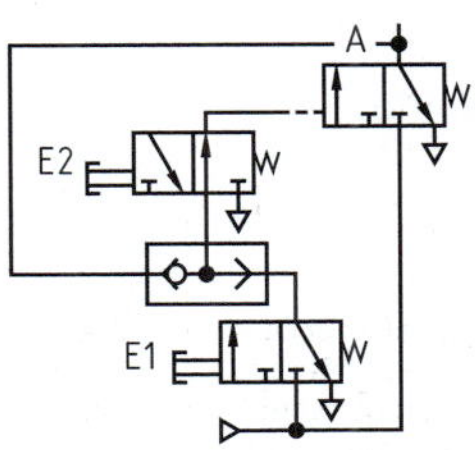</td></tr>
</table>

E = Eingänge A = Ausgänge, z.B. Lampen K = Relais, Kontakte

M

Kennzeichnung industrieller Systeme

vgl. DIN EN 81346-1 (2010-05)

Ziele und Aufbau des Referenzkennzeichens

Ziele der Kennzeichnung:

- Einheitlichkeit (gilt in allen technischen Systemen, z. B. Hydraulik, Pneumatik, Elektronik, Mechanik usw.)
- Umfassung des gesamten Lebenszyklus des Systems (vom Entwurf über den Betrieb bis zur Entsorgung)
- Ermöglichung eines modularen Prozessaufbaus (auch bestehende Anlagenteile können einbezogen werden)

Referenzkennzeichen:

- Eindeutiger Name eines Objektes im Gesamtsystem
- Mindestens ein Aspekt wird durch Vorzeichen angegeben
- Vorteil zu ISO 1219: Die Art des Bauteils ist erkennbar, zusätzlich lassen sich Einbauort und Funktion in einem Referenzkennzeichen-Satz nennen (Beispiel „Sortierzentrum", siehe unten).

Beispiel einer Benennung im Schaltplan: – S J 2

Aspekt (Sichtweise)	Hauptklasse	Unterklasse	Zählnummer
Das Vorzeichen definiert die Kennbuchstaben als: – Produkt, Komponente + Einbauort = Funktion	**1. Kennbuchstabe:** S → „Handbetätigung in anderes Signal wandeln"	**2. Kennbuchstabe:** J → „in fluidisches/pneumatisches Signal"	**Fortlaufende Nummer** für gleichartige Bauteile, z. B. –SJ1, –SJ2
	Im Beispiel steht die Bezeichnung –SJ für ein handbetätigtes Pneumatik- oder Hydraulikventil. Übersicht siehe Seite 465.		–SJ2 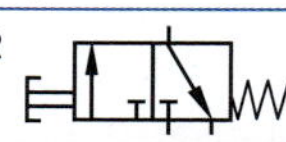

System, Struktur, Objekt und Aspekt

System: Gesamtheit der verbundenen Objekte mit Ein- und Ausgangsgrößen (z. B. „Sortierzentrum")
Struktur: Gliederung des Systems in Teilsysteme (z. B. „Hubeinheit") und deren Beziehungen zueinander
Objekt: Ein bei der Benennung betrachtetes Teilsystem, z. B. „Hubeinheit"

	Aspekt: Betrachtungsweise des Objektes, erkennbar am Vorzeichen		
	Produktaspekt	**Ortsaspekt**	**Funktionsaspekt**
Vorzeichen	–	+	=
Betrachtungsweise	Welche Komponente wird benannt?	Wo befindet sich die benannte Komponente?	Welche Aufgabe hat die benannte Komponente?
Beispiel („Sortierzentrum")	Pneumatikzylinder	Wareneingang, Kommissionierung	Anheben der Pakete
Benennungsbeispiel	–MM1	+Z1X1	=GM1

Weitere Aspekte nur nach Absprache aller an der Anlage Beteiligten. Solche Zusatzaspekte werden mit # (Raute) gekennzeichnet. Beispiele: Kostenaspekt, Logistikaspekt (beim Bau der Anlage).

M

Beispiel: „Sortierzentrum"

Infrastrukturelemente vgl. DIN EN 81346-2 (2010-05)

Beispiel eines Referenzkennzeichensatzes: –MM1 +Z1X1 =GM1

Erklärung: Die Komponente Pneumatikzylinder (–MM1) befindet sich im Bereich Wareneingang/Kommissionierung (+Z1X1), seine Funktion ist das Anheben der Pakete (=GM1, Normdefinition: „Erzeugen eines unstetigen Flusses fester Stoffe").

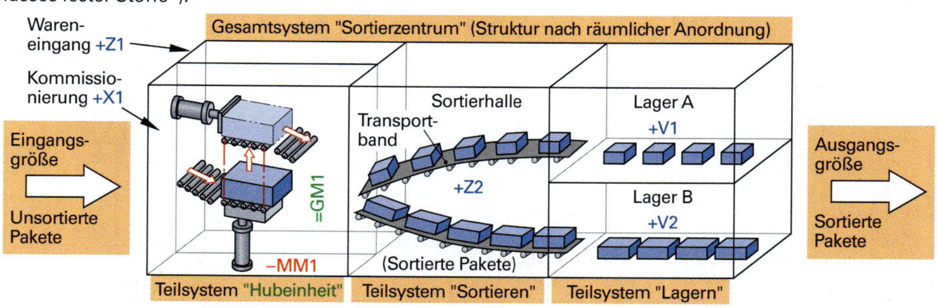

Gesamtsystem „Sortierzentrum": Die Pakete werden durch die Hubeinheit nach oben gehoben und durchlaufen die Sortierung. Ausgangsgröße sind die nach Größe sortierten Pakete in den Lagern A und B.

Kennzeichnung industrieller Systeme

vgl. DIN EN 81346-2 (2010-05)

Kennbuchstaben

	Hauptklasse (Kurzdefinition)	Unterklasse (Auswahl, Kurzdefinition)	Komponenten (Beispiele)
A	Mehrere Zwecke aus Klassen B bis X. (Hauptzweck unbestimmbar, Kennzeichnung ist vom Anwender frei wählbar)	AA–AE: Bereich elektrische Energie AF–AK: Bereich Informationsverarbeitung AL–AY: Bereich Maschinenbau Z: kombinierte Aufgaben	Energieversorgung PC-System Mischanlage Wartungseinheit
B	Umwandeln einer Eingangsgröße in ein zur Weiterverarbeitung bestimmtes Signal	G: Eingang: Abstand, Stellung, Lage P: Eingang: Druck, Vakuum S: Eingang: Geschwindigkeit T: Eingang: Temperatur	Sensor, rollenbetätigtes Ventil Drucksensor Tachometer, Drehzahlmesser Temperatursensor
C	Speichern von Energie	A: elektrische Energie kapazitiv speichern M: Lagerung von Stoffen	Kondensator Druckspeicher, Hydrauliktank
E	Erzeugen von Strahlung, Wärme oder Kälte	A: Beleuchtung (Meldelampe: Hauptklasse P!) Q: Kälte durch Energieaustausch	Leuchtstoffröhre, LED-Leuchte Kältetrockner, Wärmetauscher
F	Schutz vor unerwünschten Zuständen	B: Schutz gegen Fehlerströme C: Schutz gegen Überströme L: Schutz gegen gefährliche Drücke	Fehlerstromschutzschalter Sicherung Sicherheitsventil, Überdruckventil
G	Erzeugen eines Energie-, Material- oder Signalflusses	A: Strom durch mechanische Energie B: Strom aus chemischer Umwandlung L: stetiger Fluss fester Stoffe M: unstetiger Fluss fester Stoffe P: Fluss fließfähiger Stoffe in Gang setzen Q: Fluss gasförmiger Stoffe in Gang setzen S: Flusserzeugung durch Treibmedium T: Flusserzeugung durch Schwerkraft Z: kombinierte Aufgaben	Generator Batterie als Spannungsquelle Bandförderer Hubeinheit Pumpe, Schneckenförderer Kompressor, Lüfter Druckluftöler, Injektor Schmiervorrichtung (Öler) Hydraulikaggregat
H	Erzeugen einer neuen Art von Material oder Produkt	L: durch Zusammenbauen Q: durch Filtern W: durch Mischen	Montageroboter Filter, Sieb Rührwerk
K	Signale und Informationen verarbeiten	F: Signalverknüpfung elektrischer Signale H: Signalverknüpfung fluidtechnischer Signale K: Signalverknüpfung unterschiedl. Signale	Relais, Zeitrelais, SPS UND, ODER, Zeitglied, fluidisches Vorsteuerventil elektrisches Vorsteuerventil
M	Mechanische Energie zu Antriebszwecken bereitstellen	A: durch elektromagnetische Wirkung B: durch magnetische Wirkung M: durch fluidische oder pneumatische Kraft S: durch Kraft chemischer Umwandlung	Elektromotor Ventilmagnet, Ventilspule Pneumatik/Hydraulik-Zylinder, Pneumatik/Hydraulik-Motor Verbrennungsmotor
P	Darstellung von Informationen	F: visuelle Anzeige von Einzelzuständen G: visuelle Darstellung von Einzelvariablen H: visuelle Darstellung in Bild- oder Textform	Meldelampe, Leuchtmelder Anzeigeinstrument, Manometer Bildschirm, Display, Drucker
Q	Kontrolliertes Schalten oder Variieren eines Energie-, Signal- oder Materialflusses	A: Schalten/Variieren von elektr. Kreisen B: Trennen von elektrischen Kreisen M: Schalten eines umschlossenen Flusses N: Ändern eines umschlossenen Flusses	Schütz Hauptschalter Wegeventil, Schnellentlüftungsventil Druckbegrenzungs-, Druckregelventil
R	Begrenzen oder Stabilisieren	M: Verhindern des Rückflusses N: Begrenzen des Durchflusses P: Abschirmen und Dämmen von Schall Z: kombinierte Aufgaben	Rückschlagventil Drossel Schalldämpfer Drossel-Rückschlagventil
S	Handbetätigung in anderes Signal wandeln	F: in elektrisches Signal J: in fluidisches/pneumatisches Signal	Taster, Schalter Druckknopfventil
T	Umwandlung von Energie, Signal oder Form eines Materials	A: Beibehaltung der Energieform B: Änderung der Energieform M: durch Spanabheben	Transformator Gleichrichter, Netzteil Werkzeugmaschine
U	Objekte in definierter Lage halten	B: Halten und Tragen elektrischer Leitungen Q: Halten und Führen in Fertigung/Montage	Kabelkanal Greifer, Vakuumsauger
V	Verarbeiten von Produkten	L: Abfüllen von Stoffen	Fülleinrichtung
W	Leiten oder Führen	N: Leiten und Führen von Strömen	Druckluftschlauch
X	Verbinden von Objekten	M: Verbinden flexibler Umschließungen	Schlauchkupplung

Beispiel: RM: Begrenzen oder Stabilisieren (R) durch das Verhindern des Rückflusses (M): Rückschlagventil

M

Schaltpläne, Aufbau und Kennzeichnung

Beispiel: Kennzeichnung nach DIN EN 81346 (Hubeinrichtung)

Hubeinheit (Lageplan der Zylinder)

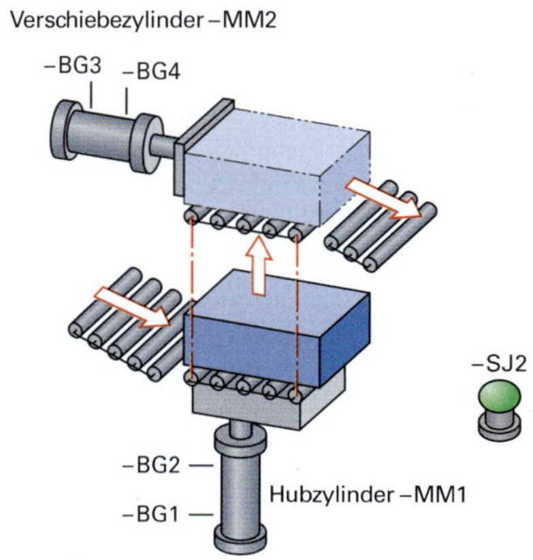

Ablaufplan

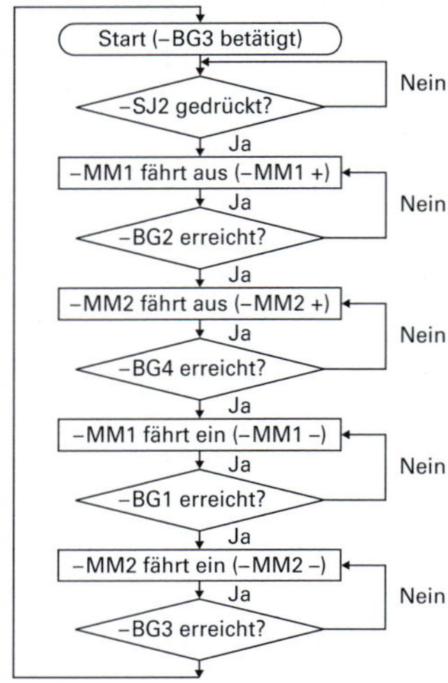

Aufbau und Kennzeichnung nach DIN EN 81346 einer reinen Pneumatikanlage

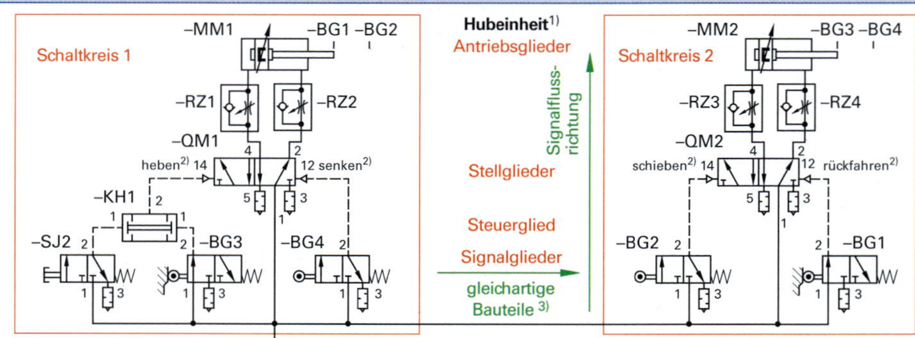

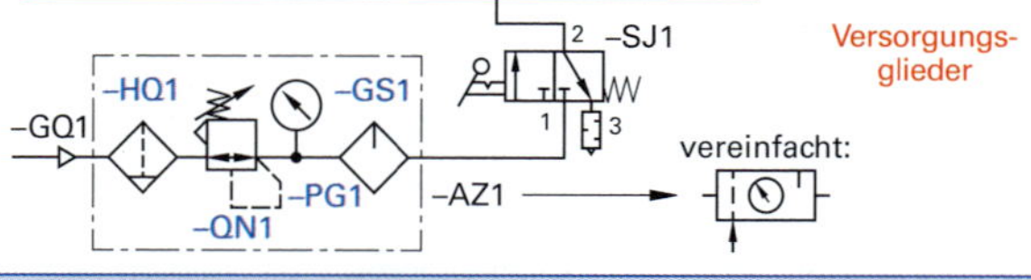

Zur Kennzeichnung ist bei Eindeutigkeit auch nur der 1. Buchstabe möglich, Bsp. auf S. 467.

1) Funktion der Anlage **soll** angegeben werden.
2) Funktion der Ventilstellung **kann** angegeben werden.
3) Gleichartige Versorgungs-, Signal-, Steuer-, Stell- und Antriebsglieder

Kennbuchstaben und Komponenten (Auswahl)

Kennbuchstaben	Komponente	Kennbuchstaben	Komponente
AZ	Wartungseinheit	MM	Pneumatikzylinder, Pneumatikmotor
BG	Näherungsschalter, Endschalter	PG	Anzeigeinstrument, z. B. Manometer
BP	Druckschalter	QM	Wegeventil, Schnellentlüftungsventil
GQ	Druckluftquelle, Kompressor	QN	Druckreduzierventil
GS	Drucklufttöler (Injektorprinzip)	RP	Schalldämpfer
HQ	Filter (hier mit manuellem Ablass)	RZ	Drossel-Rückschlagventil
KH	Signalverknüpfung, UND, ODER, Zeitglied	SJ	handbetätigtes Ventil (pneum. Signal)

M

Schaltpläne, Aufbau und Kennzeichnung

Beispiel: Vereinfachte Kennzeichnung nach DIN EN 81346 (Hubeinrichtung)

Wenn der 1. Kennbuchstabe ausreicht und keine Verwechslungsgefahr besteht, kann der 2. Kennbuchstabe weggelassen werden:

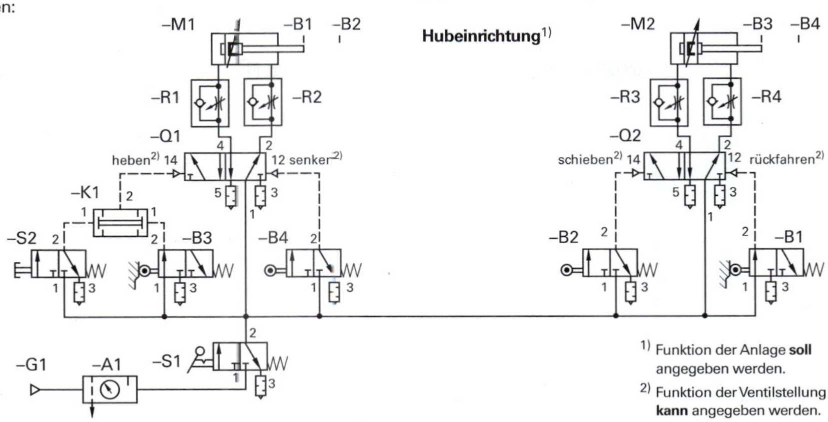

[1)] Funktion der Anlage **soll** angegeben werden.

[2)] Funktion der Ventilstellung **kann** angegeben werden.

Kennzeichnung nach ISO 1219 in fluidtechnischen Anlagen

vgl. ISO 1219-2 (2012-09)

Beispiel: Ausführliche Bezeichnung | 3 - P 2 . 4 | ← muss umrahmt werden

Anlagenbezeichnung	Medienschlüssel	Schaltkreisnummer	Bauteilnummer
Zahl oder Buchstabe; kann entfallen, wenn nur eine Anlage vorhanden ist	z. B.: H Hydraulik; P Pneumatik; L Schmiermittel; entfällt bei eindeutigen Schaltplänen	mit 0 beginnend, z. B. für die Versorgung; weitere Schaltkreise mit aufeinanderfolgenden Ziffern kennzeichnen	Bauteile in Signalflussrichtung und gleichartige Bauteile von links nach rechts mit aufeinanderfolgenden Ziffern kennzeichnen

Beispiel: Verkürzte Kennzeichnung (nur Schaltkreis- und Bauteilnummer) | 2 . 4 |

Beispiel: Kennzeichnung nach ISO 1219 in einer reinen Pneumatikanlage (Hubeinrichtung)

Ablauf: 1.8 fährt aus; 2.6 fährt aus; 1.8 fährt ein; 2.6 fährt ein.

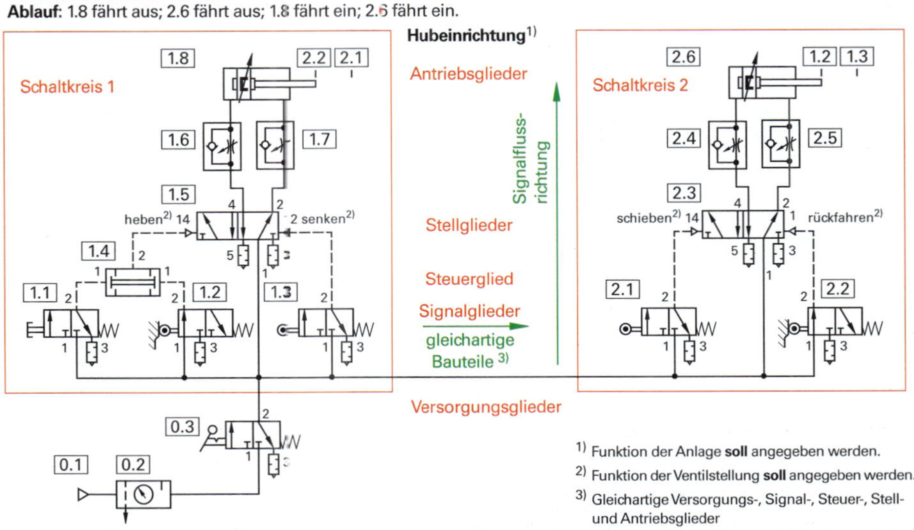

[1)] Funktion der Anlage **soll** angegeben werden.

[2)] Funktion der Ventilstellung **soll** angegeben werden.

[3)] Gleichartige Versorgungs-, Signal-, Steuer-, Stell- und Antriebsglieder

M

Pneumatische Steuerung

Beispiel: Biegewerkzeug

Bleche werden manuell in ein Biegewerkzeug eingelegt und sollen dann maschinell um 90° gebogen werden. Der Spannzylinder –MM1 hält das Blech in Bearbeitungsposition während der Biegezylinder –MM2 mit dem Biegewerkzeug ausfährt und das Werkstück biegt. Danach fährt zuerst der Biegezylinder –MM2 und anschließend der Spannzylinder –MM1 zurück.

Technologie-Schema

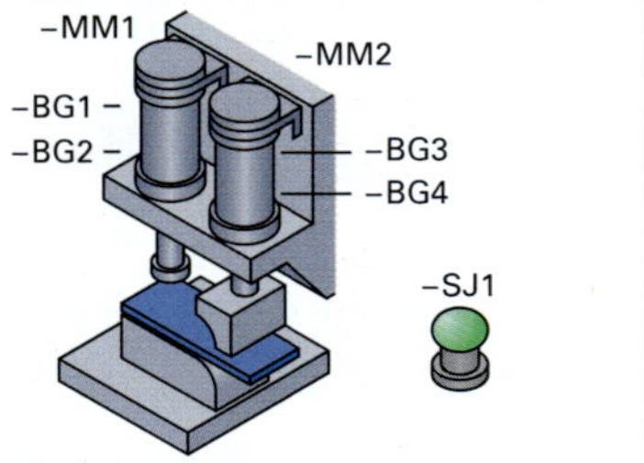

Darstellung der Schrittfolge (nicht genormt)

–MM1+	–MM2+	–MM2–	–MM1–

+ fährt aus – fährt ein

Funktionsdiagramm – wird durch GRAFCET ersetzt

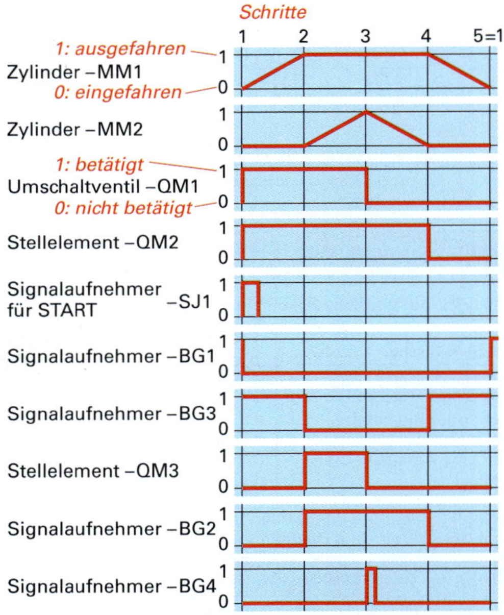

GRAFCET

(Seiten 547, 548)

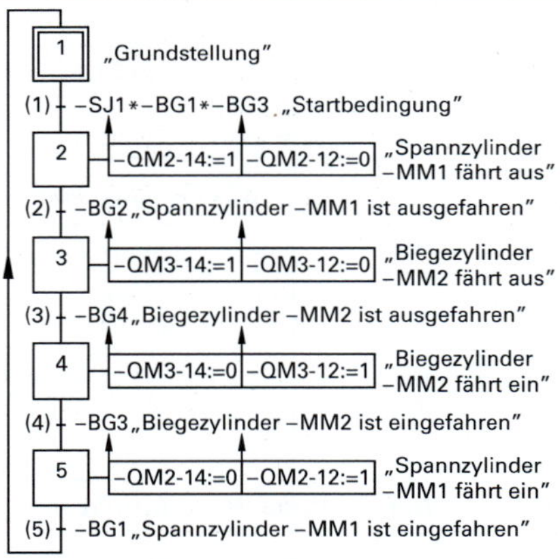

Pneumatik-Schaltplan

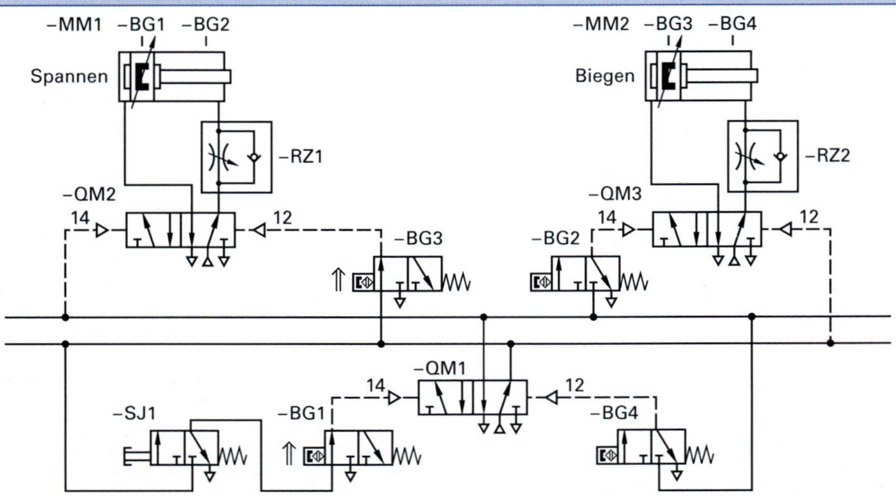

M

Pneumatikzylinder

vgl. DIN ISO 15552 (2005-12), DIN ISO 21287 (2005-12), DIN ISO 6432 (1987-10)

Abmessungen und Kolbenkräfte

Kolbendurchmesser		12	16	20	25	32	40	50	63	80	100	125	160	200
Kolbenstangendurchmesser (mm)		6	8	8	10	12	16	20	20	25	25	32	40	40
Anschlussgewinde		M5	M5	G1/8	G1/8	G1/8	G1/8	G1/4	G3/8	G3/8	G1/2	G1/2	G3/4	G3/4
Druckkraft[1] bei $p_e = 6$ bar[3] in N	einfachwirk. Zyl.[2]	50	96	151	241	375	644	968	1 560	2 530	4 010	–	–	–
	doppeltwirk. Zyl.	58	106	164	259	422	665	1 040	1 650	2 660	4 150	6 480	10 600	16 600
Zugkraft[1] bei $p_e = 6$ bar[3] in N	doppeltwirk. Zyl.	54	79	137	216	364	560	870	1 480	2 400	3 890	6 060	9 960	15 900
Hublängen in mm	einfachwirk. Zyl.	10, 25, 50					25, 50, 80, 100					–		
	doppeltwirk. Zyl.	bis 160	bis 200	bis 320	10, 25, 50, 80, 100, 160, 200, 250, 320, 400, 500									

[1] mit Zylinderwirkungsgrad $\eta = 0{,}88$ [2] Die Rückzugkraft der Feder ist berücksichtigt. [3] 6 bar = 600 kPa = 0,6 MPa

Luftverbrauch eines Pneumatikzylinders

Einfachwirkender Zylinder

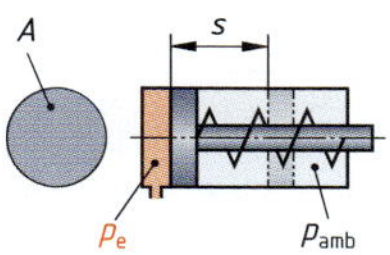

Doppeltwirkender Zylinder

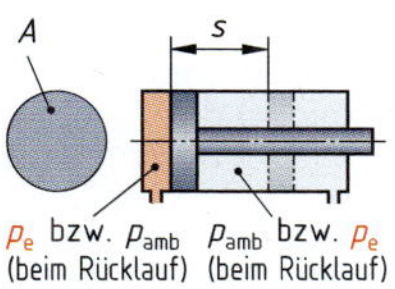

Q	Luftverbrauch	A	Kolbenfläche
p_e	Überdruck im Zylinder	q	spezifischer Luftverbrauch je cm Kolbenhub
p_{amb}	Luftdruck		
n	Hubzahl	s	Kolbenhub

Beispiel:

Einfachwirkender Zylinder mit $d = 50$ mm, $s = 100$ mm, $p_e = 6$ bar, $n = 120$/min, $p_{amb} = 1$ bar, Luftverbrauch Q in l/min?

$$\boldsymbol{Q} = A \cdot s \cdot n \cdot \frac{p_e + p_{amb}}{p_{amb}}$$

$$= \frac{\pi \cdot (5\ \text{cm})^2}{4} \cdot 10\ \text{cm} \cdot 120\ \frac{1}{\text{min}} \cdot \frac{(6+1)\ \text{bar}}{1\ \text{bar}}$$

$$= 164\,934\ \text{cm}^3/\text{min} \approx \mathbf{165\ \frac{l}{min}}$$

Luftverbrauch[1] einfachwirkender Zylinder

$$Q = A \cdot s \cdot n \cdot \frac{p_e + p_{amb}}{p_{amb}}$$

Luftverbrauch[1] doppeltwirkender Zylinder

$$Q \approx 2 \cdot A \cdot s \cdot n \cdot \frac{p_e + p_{amb}}{p_{amb}}$$

Druckeinheiten:
1 Pa = 1 N/m² = 10^{-5} bar
1 bar = 100 kPa = 0,1 MPa

Normaldruck für p_{amb}
p_{amb} = 1 013 mbar = 1 013 hPa
$p_{amb} \approx 1$ bar = 100 kPa = 0,1 MPa

Luftverbrauch durch Ermittlung aus Diagramm

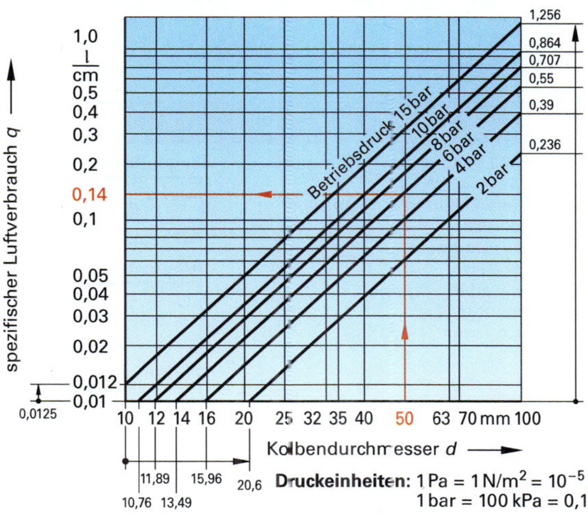

Druckeinheiten: 1 Pa = 1 N/m² = 10^{-5} bar
1 bar = 100 kPa = 0,1 MPa

Luftverbrauch[1] einfachwirkender Zylinder

$$Q = q \cdot s \cdot n$$

Luftverbrauch[1] doppeltwirkender Zylinder

$$Q \approx 2 \cdot q \cdot s \cdot n$$

Beispiel:

Der Luftverbrauch eines einfachwirkenden Zylinders mit $d = 50$ mm, $s = 100$ mm und $n = 120$/min soll aus dem Diagramm für $p_e = 6$ bar ermittelt werden.

Nach dem Diagramm ist $q = 0{,}14$ l/cm Kolbenhub.
$Q = q \cdot s \cdot n =$
$= 0{,}14$ l/cm · 10 cm · 120/min
= 168 l/min

M

[1] Durch das Füllen der Toträume kann der wirkliche Luftverbrauch bis zu 25 % höher liegen. Toträume sind z. B. Druckluftleitungen zwischen Wegeventil und Zylinder oder nicht nutzbare Räume in der Endstellung des Kolbens. Die Querschnittsfläche der Kolbenstange wird nicht berücksichtigt.

Kolbenkraft, Geschwindigkeit und Leistung

Kolbenkräfte

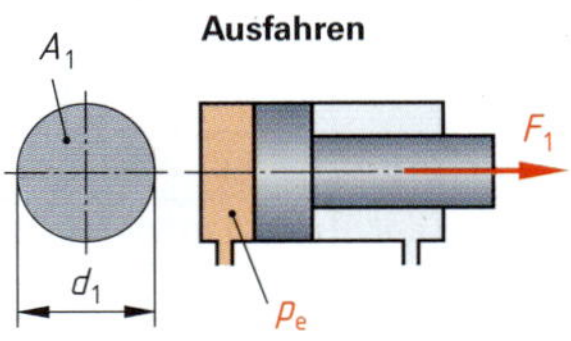

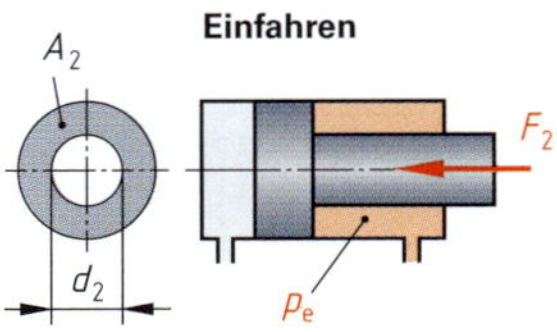

p_e Überdruck
A_1, A_2 Kolbenflächen
F_1, F_2 wirksame Kolbenkräfte
d_1 Kolbendurchmesser
d_2 Kolbenstangendurchmesser
η Wirkungsgrad

Beispiel:

Hydrozylinder mit $d_1 = 100$ mm, $d_2 = 70$ mm, $\eta = 0{,}85$ und $p_e = 60$ bar.
Wie groß sind die wirksamen Kolbenkräfte?

Ausfahren:

$$\boldsymbol{F_1} = p_e \cdot A_1 \cdot \eta = 600\ \frac{\text{N}}{\text{cm}^2} \cdot \frac{\pi \cdot (10\ \text{cm})^2}{4} \cdot 0{,}85 = \mathbf{40\,055\ N}$$

Einfahren:

$$\boldsymbol{F_2} = p_e \cdot A_2 \cdot \eta = 600\ \frac{\text{N}}{\text{cm}^2} \cdot \frac{\pi \cdot [(10\ \text{cm})^2 - (7\ \text{cm})^2]}{4} \cdot 0{,}85 = \mathbf{20\,428\ N}$$

Wirksame Kolbenkraft[1)]

$$F = p_e \cdot A \cdot \eta$$

Druckeinheiten:
1 Pa = 1 N/m² = 10^{-5} bar
1 bar = 100 kPa = 0,1 MPa
1 bar = 10 N/cm²
100 kPa = 10 N/cm²
0,1 MPa = 10 N/cm²

[1)] Pneumatik < 6 bar, siehe auch S. 469 oben

Kolbengeschwindigkeiten

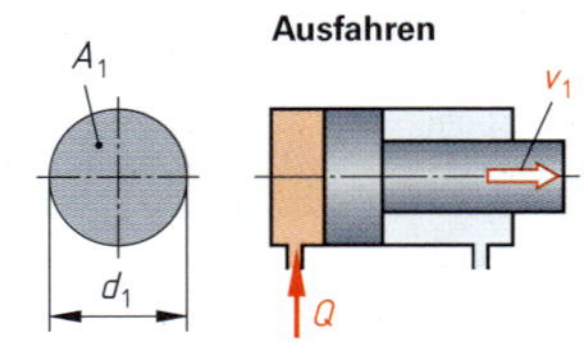

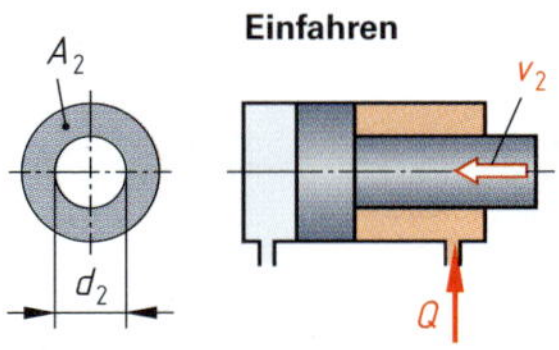

Q Volumenstrom in cm³/min
A_1, A_2 wirksame Kolbenflächen in cm²
v_1, v_2 Kolbengeschwindigkeiten in cm/min

Beispiel:

Hydrozylinder mit $d_1 = 50$ mm, $d_2 = 32$ mm und $Q = 12$ l/min. $v_1 = ?$, $v_2 = ?$

Ausfahren:

$$\boldsymbol{v_1} = \frac{Q}{A_1} = \frac{12\,000\ \text{cm}^3/\text{min}}{\frac{\pi \cdot (5\ \text{cm})^2}{4}} = 611\ \frac{\text{cm}}{\text{min}} = \mathbf{6{,}11\ \frac{m}{min}}$$

Einfahren:

$$\boldsymbol{v_2} = \frac{Q}{A_2} = \frac{12\,000\ \text{cm}^3/\text{min}}{\frac{\pi \cdot (5\ \text{cm})^2}{4} - \frac{\pi \cdot (3{,}2\ \text{cm})^2}{4}} = 1\,035\ \frac{\text{cm}}{\text{min}} = \mathbf{10{,}35\ \frac{m}{min}}$$

Kolbengeschwindigkeit

$$v = \frac{Q}{A}$$

Volumenstromeinheit:
1 l/min = 1 dm³ = 1 000 cm³/min

Leistung von Hydraulikpumpen

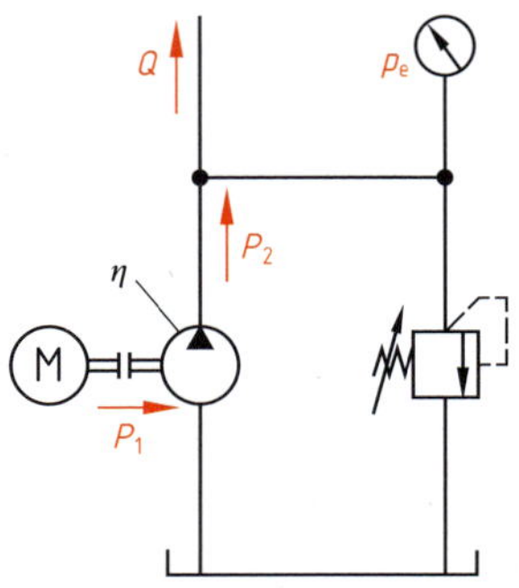

P_1 zugeführte Leistung an der Pumpenantriebswelle in kW
P_2 abgegebene Leistung am Pumpenausgang in kW
Q Volumenstrom l/min
p_e Überdruck in bar
η Wirkungsgrad der Pumpe
M Drehmoment in N·m
n Drehzahl in 1/min

Beispiel:

Pumpe mit $Q = 40$ l/min, $p_e = 125$ bar, $\eta = 0{,}84$, $P_1 = ?$, $P_2 = ?$

$$\boldsymbol{P_2} = \frac{Q \cdot p_e}{600} = \frac{40 \cdot 125}{600}\ \text{kW} = \mathbf{8{,}333\ kW}$$

$$\boldsymbol{P_1} = \frac{P_2}{\eta} = \frac{8{,}333}{0{,}84}\ \text{kW} = \mathbf{9{,}920\ kW}$$

Zugeführte Leistung[1)]

$$P_1 = \frac{M \cdot n}{9\,550}$$

Abgegebene Leistung[1)]

$$P_2 = \frac{Q \cdot p_e}{600}$$

Wirkungsgrad

$$\eta = \frac{P_2}{P_1}$$

M

[1)] Zahlenwertgleichung mit Umrechnungsfaktor

7 Elektrotechnik

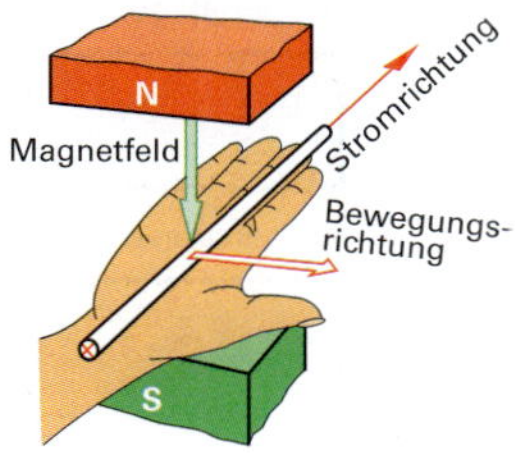

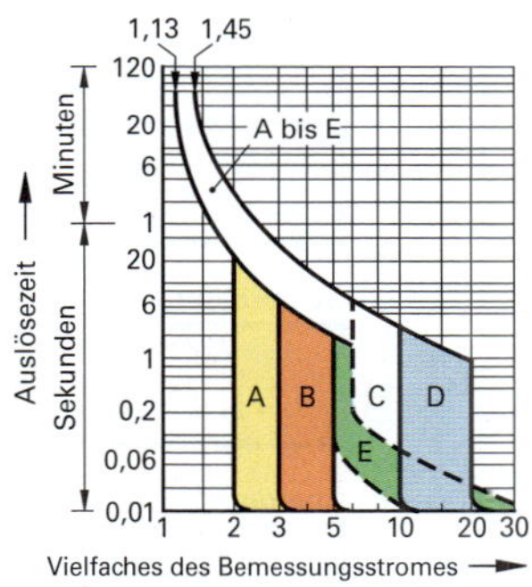

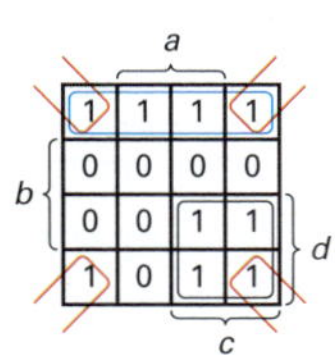

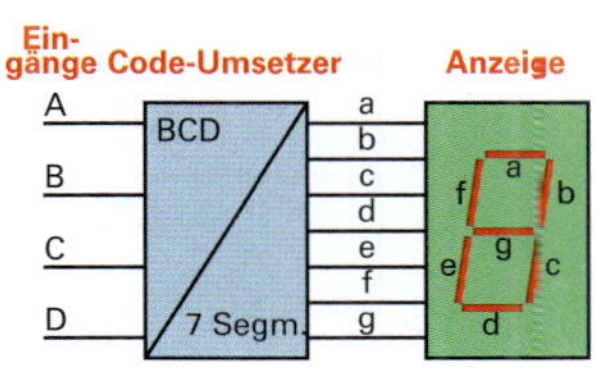

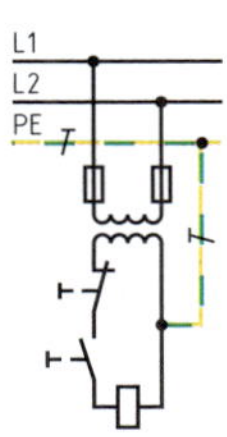

Ladung, Spannung, Stromstärke, Widerstand

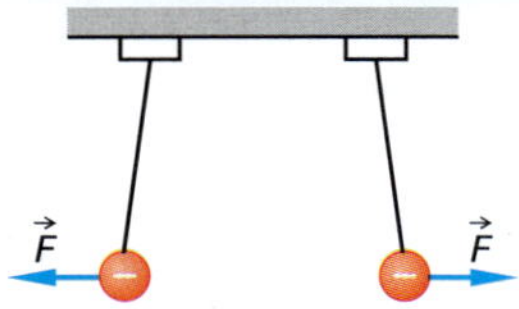

Abstoßung gleichnamiger Ladungen

$[Q] = [I] \cdot [t] = \mathrm{A} \cdot \mathrm{s} = \mathrm{As} = \mathrm{C}$

$[I] = \mathrm{A}$

$[t] = \mathrm{s}$

$[F] = \mathrm{N}$

elektrische Ladung

bei ungeladenem Körper

$$Q = I \cdot t$$

bei geladenem Körper

$$\Delta Q = I \cdot \Delta t$$

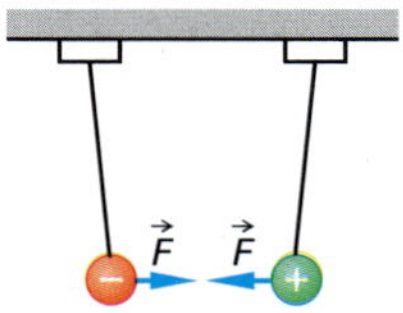

Anziehung ungleichnamiger Ladungen

$[I] = \frac{\mathrm{C}}{\mathrm{s}} = \frac{\mathrm{As}}{\mathrm{s}} = \mathrm{A}$

Stromstärke

$$I = \frac{\Delta Q}{\Delta t}$$

$$I = \frac{Q}{t}$$

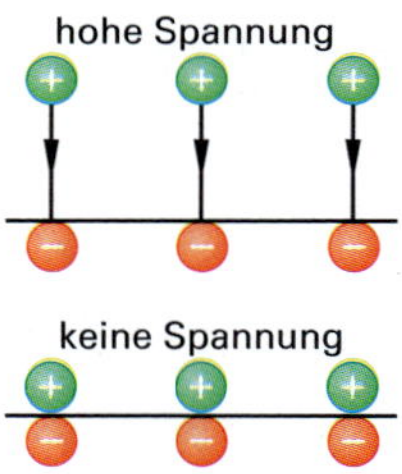

Spannungserzeugung

$[J] = \frac{\mathrm{A}}{\mathrm{m}^2}$

$[J] = \frac{\mathrm{A}}{\mathrm{mm}^2}$ (z. B. in Drähten)

$[U] = [W]/[Q] = \mathrm{J/C}$
$= \mathrm{Ws/As} = \mathrm{W/A}$
$= \mathrm{V}$

Stromdichte

$$J = \frac{I}{A}$$

Spannung

$$U = \frac{W}{Q}$$

$$U = \frac{\Delta W}{\Delta Q}$$

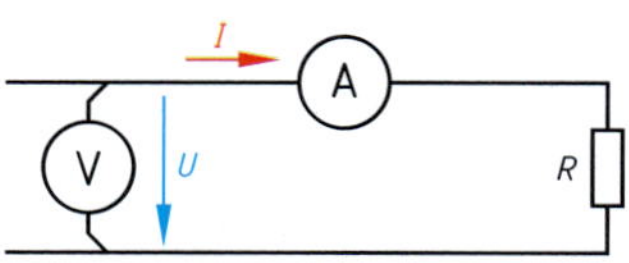

Strom, Spannung, Widerstand

$[R] = \Omega$

$[G] = 1/\Omega = \mathrm{S}$

Ohm'sches Gesetz

Merkformel:

$$U = R \cdot I$$

$$I = \frac{U}{R}$$

$$G = \frac{1}{R}$$

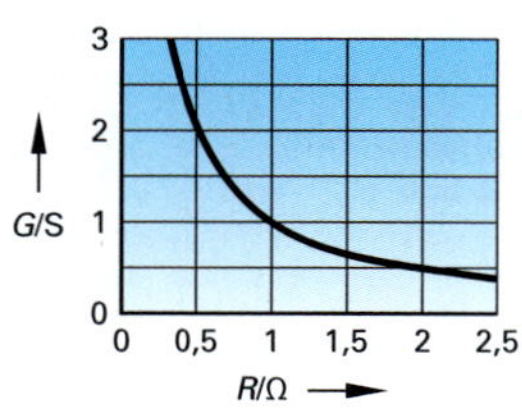

Leitwert und Widerstand

Bei Metallen:

$[\varrho] = \frac{\Omega \cdot \mathrm{mm}^2}{\mathrm{m}} = \mu\Omega\mathrm{m}$

$[\varkappa] = \frac{\mathrm{m}}{\Omega \cdot \mathrm{mm}^2} = \frac{\mathrm{MS}}{\mathrm{m}}$

Bei Nichtmetallen:

$[\varrho] = \Omega \cdot \mathrm{m}$

$$\varrho = \frac{1}{\varkappa}$$

Leiterwiderstand

$$R = \frac{l}{\varkappa \cdot A}$$

$$R = \frac{\varrho \cdot l}{A}$$

E

- *A* Leiterquerschnitt
- *d* Abstand
- *E* elektrische Feldstärke
- *F* Kraft
- *G* Leitwert
- *I* Stromstärke
- *J* Stromdichte
- *l* Leiterlänge
- *Q* elektrische Ladung
- *R* Widerstand
- *t* Zeit
- *U* Spannung
- *W* Arbeit, Energie
- Δ Zeichen für Differenz
- $\varkappa$ Leitfähigkeit
- ϱ spezifischer Widerstand

Elektrische Leistung, elektrische Arbeit

Elektrische Leistung bei DC oder in Wirkwiderständen bei AC

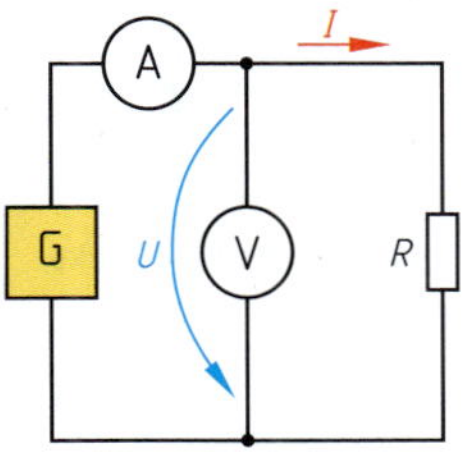

Ermitteln der Leistung mit Strommesser und Spannungsmesser

$[P] = V \cdot A = AV = W = J/s$

Leistung

$$P = U \cdot I$$

bei gleichem R:

$$\frac{P_1}{P_2} = \frac{U_1^2}{U_2^2}$$

$$P = I^2 \cdot R$$

$$\frac{P_1}{P_2} = \frac{I_1^2}{I_2^2}$$

$$P = \frac{U^2}{R}$$

Indizes 1 und 2 gelten für verschiedene Betriebsfälle

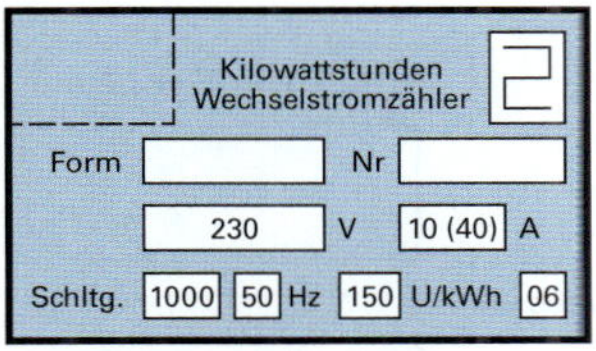

Leistungsschild eines Zählers

Leistungsmessung mit Zähler:

Beispiel:

n = 8 Umdrehungen in 2 min,
C_z = 150 / kWh. P = ? kW

Lösung:

$$P = \frac{n}{C_z} = \frac{8/(2\ \text{min}) \cdot 60\ \text{min/h}}{150/\text{kWh}}$$

$= \mathbf{1{,}6\ kW}$

$$P = \frac{n}{C_z}$$

Elektrische Arbeit

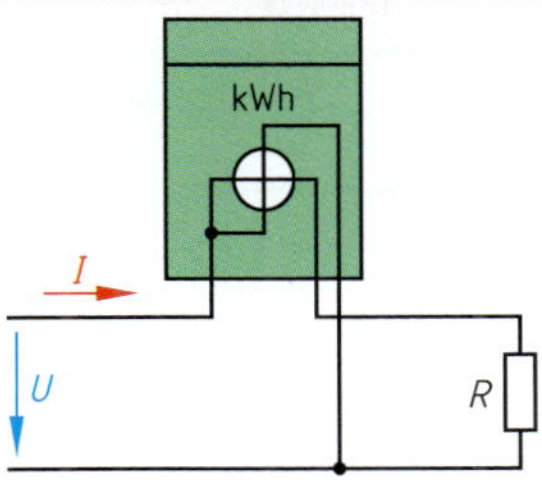

Messen der Arbeit mit dem Zähler

$[W] = Ws = J$
3,6 MJ = 1 kWh

Arbeit

$$W = P \cdot t$$

Arbeitspreis

$$K_A = W \cdot T$$

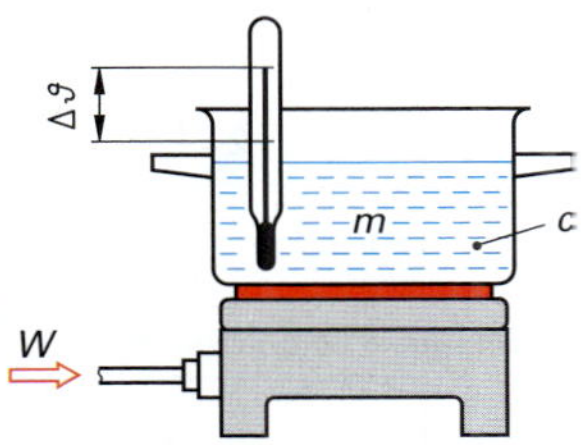

Elektrische Arbeit und Wärme
c-Werte von Seite „Stoffwerte"
Wasser: $c = 4{,}182$ kJ/(kg · K) bei 20 °C

$[c] = \frac{kJ}{kg \cdot K}$

$[Q_s] = J$

Stromwärme (Wärmemenge)

$$Q_S = W$$

$$Q_S = \frac{\Delta\vartheta \cdot c \cdot m}{\zeta}$$

Beispiel:

W = 70 kWh, T = 0,29 €/kWh.
K_A = ? €

Lösung:

$$K_A = W \cdot T = 70\ \text{kWh} \cdot 0{,}29\ \frac{€}{\text{kWh}}$$

$= \mathbf{20{,}30\ €}$

Arbeit W in kWh

$$W_{kWh} = \frac{\Delta\vartheta \cdot c \cdot m}{3600 \cdot \zeta}$$

Leistung P in kW

$$P_{kW} = \frac{\Delta\vartheta \cdot c \cdot m}{3600 \cdot \zeta \cdot t}$$

c spezifische Wärmekapazität
C_z Zählerkonstante
I Stromstärke
K_A Arbeitspreis
m Masse (z.B. Wassermenge)
n Zählerdrehzahl je Stunde
P Leistung
Q_S Stromwärme
R Widerstand
t Zeit
T tariflicher Preis
U Spannung
W Arbeit, Verbrauch an elektr. Energie
$\Delta\vartheta$ Temperaturunterschied
ζ Wärmearbeitsgrad (Zeta)

E

Elektrisches Feld, Kondensator

Elektrisches Feld

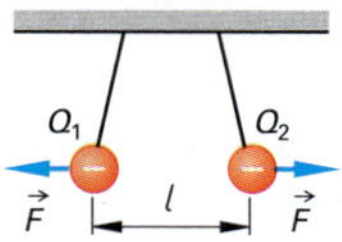

Coulomb'sches Gesetz (Kraftwirkung)

$K = \frac{1}{4\,\pi\,\varepsilon}$

Für Luft: $K \approx 9 \cdot 10^9\ \frac{\text{Vm}}{\text{As}}$

Kraft

$$F = K \cdot \frac{Q_1 \cdot Q_2}{l^2}$$

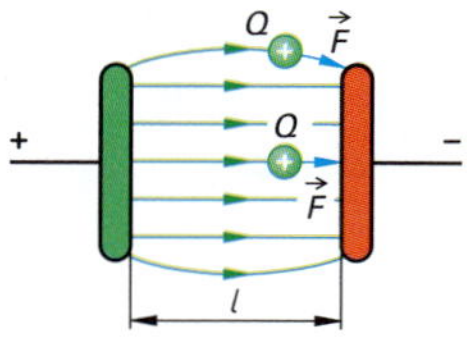

Elektrische Feldstärke

$[E] = \frac{\text{V}}{\text{m}} = \frac{\text{N}}{\text{As}}$

Die elektrische Feldstärke E gibt die Kraft an, die auf die Ladung $Q = 1$ As im elektrischen Feld wirkt.

elektrische Feldstärke

$$E = \frac{F}{Q}$$

beim homogenen Feld:

$$E = \frac{U}{l}$$

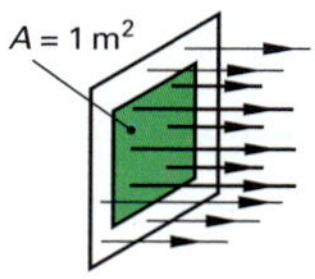

Elektrische Flussdichte

$[D] = \frac{\text{As}}{\text{m}^2}$

Die elektrische Flussdichte D gibt an, wie groß die Ladung je Quadratmeter ist.

elektrische Flussdichte

$$D = \frac{Q}{A}$$

$$D = \varepsilon_0 \cdot \varepsilon_r \cdot E$$

Kondensator

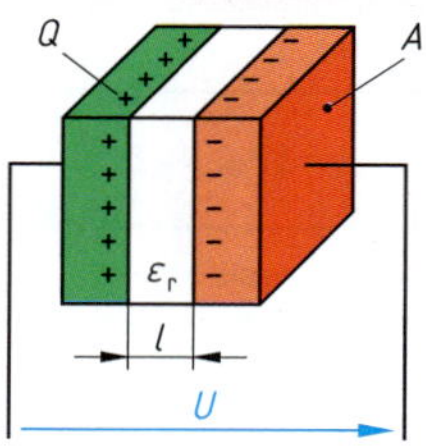

Kapazität

$\varepsilon_0 = 8{,}85\ \frac{\text{pAs}}{\text{Vm}} = 8{,}85$ pF/m

$\varepsilon = \varepsilon_0 \cdot \varepsilon_r$ ε_r siehe Seite 235

Kapazität

$$C = \frac{\varepsilon \cdot A}{l}$$

$[C] = \frac{\text{As}}{\text{V}} = \text{F}$ (Farad)

Ladung

$$Q = I \cdot t$$

$\Delta Q = i \cdot \Delta t$

$$Q = C \cdot U$$

$\Delta Q = C \cdot \Delta u$

$[Q] = \frac{\text{As}}{\text{V}} \cdot \text{V} = \text{As} = \text{C}$ (Coulomb)

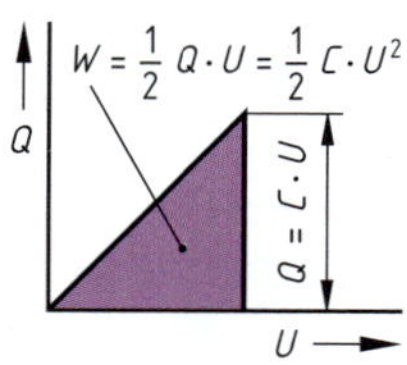

Energie beim Kondensator

$[\Delta t] = \text{s}$

Ladestrom

$$i = C \cdot \frac{\Delta u}{\Delta t}$$

Energie

$$W = \frac{1}{2}\,C \cdot U^2$$

$[W] = \frac{\text{As}}{\text{V}} \cdot \text{V}^2 = \text{Ws} = \text{J}$ (Joule)

$[w] = \frac{\text{J}}{\text{m}^3}$

Energiedichte (Energie je Feld-Volumen)

$$w = \frac{W}{V}$$

$$w = \frac{1}{2} \cdot D \cdot E$$

A	Plattenfläche
C	Kapazität
D	elektrische Flussdichte, Flächenladungsdichte
E	elektrische Feldstärke
F	Kraft
I, i	Stromstärke
K	Koeffizient
l	Abstand der Ladungen, Plattenabstand
Q, Q_1, Q_2	Ladungen
ΔQ	Ladungsänderung
t	Zeit
Δt	Zeitunterschied
U	Spannung
ΔU	Spannungsänderung
V	Volumen
W	Energie
w	Energiedichte
ε	Permittivität
ε_0	elektrische Feldkonstante
ε_r	Permittivitätszahl

E

Wechselgrößen, Wellenlänge, Leistung

Wechselgrößen

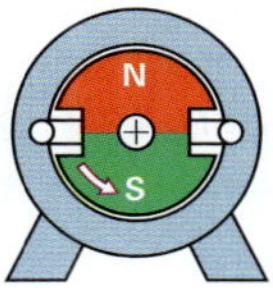

Innenpolmaschine mit einem Polpaar

$[f] = \frac{1}{s} = \text{Hz}$

$[\omega] = \frac{1}{s}$; $[n] = \frac{1}{s}$

Frequenz

$$f = \frac{1}{T}$$

$$f = p \cdot n$$

$$\omega = 2\,\pi \cdot f$$

Signalform	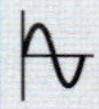	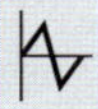		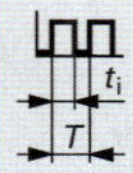
Crestfaktor F_C	$\sqrt{2}$ = 1,41	$\sqrt{3}$ = 1,73	1	$\sqrt{\frac{T}{t_i}}$

Effektivwert bei Sinusform

$$U = \frac{\hat{u}}{\sqrt{2}}$$

$$I = \frac{\hat{i}}{\sqrt{2}}$$

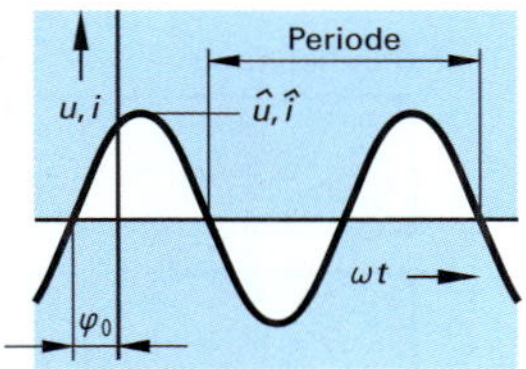

Sinusspannung mit Nullphasenwinkel

Scheitelwert der Spannung

$$\hat{u} = U \cdot F_C$$

Effektivwert allgemein

$$U = \frac{\hat{u}}{F_C}$$

$$I = \frac{\hat{i}}{F_C}$$

Augenblickswert

$$u = \hat{u} \cdot \sin(\omega t + \varphi_0)$$

$$u = \hat{u} \cdot \sin(360° \cdot f \cdot t + \varphi_0°)$$

u_1 eilt u_2 um den Phasenverschiebungswinkel φ voraus.

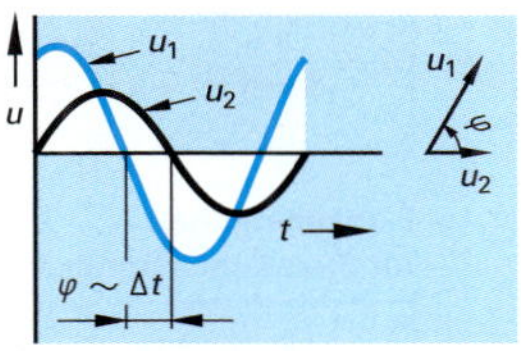

Liniendiagramm Zeigerdiagramm

Phasenverschiebung

$\varphi = 2\,\pi \cdot \frac{\varphi°}{360°}$; $\varphi° = \Delta t \cdot \frac{360°}{T}$

$[\varphi] = \text{rad}$; $[\varphi°] = °$

Spitze-Tal-Werte

$$\hat{\check{u}} = 2 \cdot \hat{u}$$

$$\hat{\check{i}} = 2 \cdot \hat{i}$$

ab Zeitpunkt Nulldurchgang ($\varphi_0 = 0$):

$$u = \hat{u} \cdot \sin(360° \cdot f \cdot t)$$

Wellenlänge

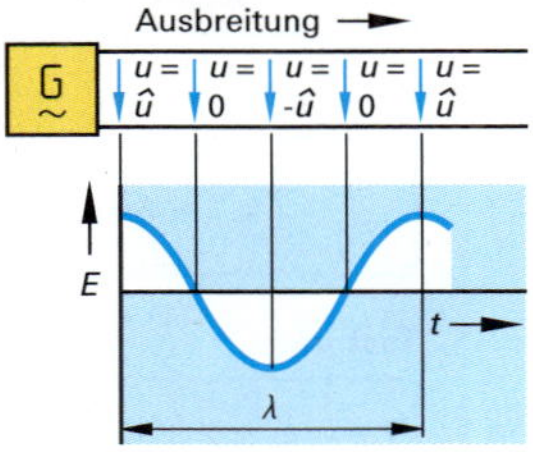

$c_0 = 299\,792{,}458\ \frac{\text{km}}{\text{s}}$

$\approx 300\,000\ \frac{\text{km}}{\text{s}}$

$= 0{,}3 \cdot 10^9\ \frac{\text{m}}{\text{s}}$

Wellenlänge

im Vakuum:

$$\lambda = \frac{c_0}{f}$$

$$\lambda = c_0 \cdot T$$

allgemein:

$$\lambda = \frac{c}{f}$$

$$\lambda = c \cdot T$$

E

- c Ausbreitungsgeschwindigkeit
- c_0 Lichtgeschwindigkeit im Vakuum oder in Luft
- E elektrische Feldstärke
- f Frequenz
- F_C Scheitelfaktor, Crestfaktor
- i Augenblickswert des Stromes
- $\hat{i}$ Scheitelwert des Stromes
- I Effektivwert der Stromstärke
- $\hat{\check{i}}$ Spitze-Tal-Wert des Stromes
- l Leiterlänge
- n Drehfelddrehzahl
- p Polpaarzahl der Maschine
- t Zeit
- t_i Impulszeit
- T Periodendauer
- u Augenblickswert der Spannung
- $\hat{u}$ Scheitelwert der Spannung
- U Effektivwert der Spannung
- $\hat{\check{u}}$ Spitze-Tal-Wert der Spannung
- φ Phasenverschiebungswinkel
- φ_0 Nullphasenwinkel
- λ Wellenlänge
- ω Kreisfrequenz, Winkelgeschwindigkeit

Wechselgrößen, Wellenlänge, Leistung

Leistung bei Sinuswechselstrom, Impuls

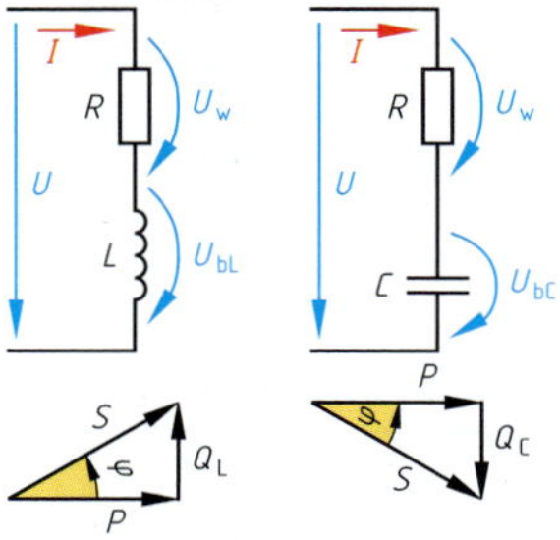

Reihenschaltung von Wirkwiderstand und Blindwiderstand

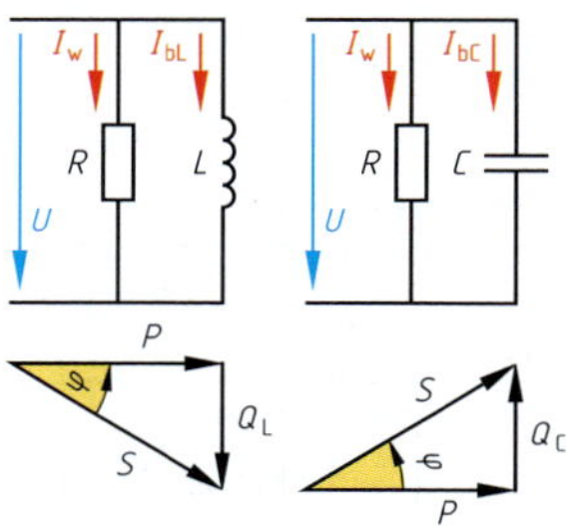

Parallelschaltung von Wirkwiderstand und Blindwiderstand

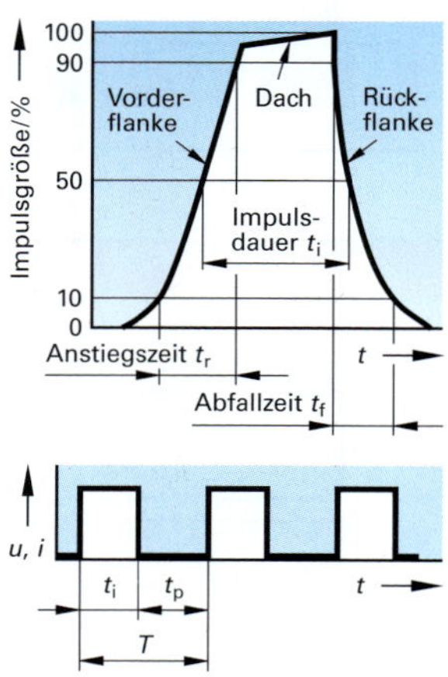

Kenngrößen beim Impuls

Der Spannungserzeuger gibt eine Scheinleistung an eine beliebige Schaltung ab.

$$[S] = \text{V} \cdot \text{A} = \text{VA}$$

Im Wirkwiderstand tritt Wirkleistung auf.

$$[P] = \text{V} \cdot \text{A} = \text{W}$$

Im Blindwiderstand tritt Blindleistung auf.

$$[Q] = \text{V} \cdot \text{A} = \text{var}$$

var = Volt-Ampere-reaktiv
(reaktiv = rückwirkend)

Q ist Q_C oder Q_L,
U_b ist U_{bC} oder U_{bL} und
I_b ist I_{bC} oder I_{bL}.

Bei Sinusform:

$$\sin\varphi = \frac{Q}{S} \qquad \cos\varphi = \frac{P}{S}$$

Blindleistung

$$Q = I_b^2 \cdot X \qquad Q = \frac{U_b^2}{X}$$

Bei Nichtsinusform:

$$\lambda = \frac{P}{S}$$

Die Anstiegszeit und die Abfallzeit werden zwischen dem 10-%-Wert und dem 90-%-Wert der Impulsgröße gemessen.

Die Impulsdauer und die Pausendauer misst man zwischen den 50-%-Werten der Impulsgröße.

$$[S] = \frac{\text{V}}{\text{s}} \text{ oder } \frac{\text{A}}{\text{s}}$$

Frequenz

$$f = \frac{1}{T}$$

Tastverhältnis

$$V = \frac{1}{g}$$

Scheinleistung

$$S = U \cdot I$$

Wirkleistung

$$P = U_w \cdot I_w$$

$$P = U \cdot I \cdot \cos\varphi$$

Blindleistung

$$Q = U_b \cdot I_b$$

$$Q = U \cdot I \cdot \sin\varphi$$

Scheinleistung

$$S = \sqrt{P^2 + Q^2}$$

Flankensteilheit
für Spannungsimpuls:

$$S = \frac{\Delta u}{\Delta t}$$

für Stromimpuls:

$$S = \frac{\Delta i}{\Delta t}$$

Periodendauer

$$T = t_i + t_p$$

Tastgrad

$$g = \frac{t_i}{T}$$

C	Index für kapazitiv	P	Wirkleistung	U_b	Blindspannung
f	Frequenz	Q	Blindleistung	U_w	Wirkspannung
g	Tastgrad	S	Scheinleistung, Flankensteilheit	V	Tastverhältnis (nicht genormt)
I, i	Stromstärke	T	Periodendauer	X	Blindwiderstand
I_b	Blindstrom	t	Zeit	Δ	Zeichen für Differenz
I_{bC}	kapazitiver Blindstrom	t_f	Abfallzeit	φ	Phasenverschiebungswinkel
I_{bL}	induktiver Blindstrom	t_i	Impulsdauer	λ	Leistungsfaktor
I_w	Wirkstrom	t_p	Pausendauer	$\cos\varphi$	Leistungsfaktor, Wirkfaktor
L	Index für induktiv	t_r	Anstiegszeit	$\sin\varphi$	Blindfaktor

E

Magnetisches Feld

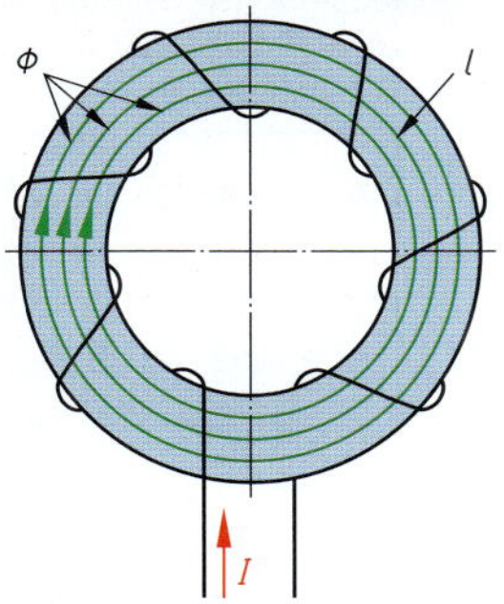

Magnetische Feldstärke

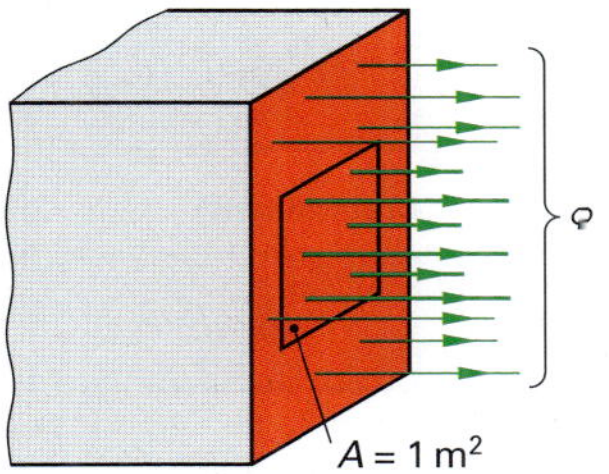

Magnetische Flussdichte, magnetische Induktion

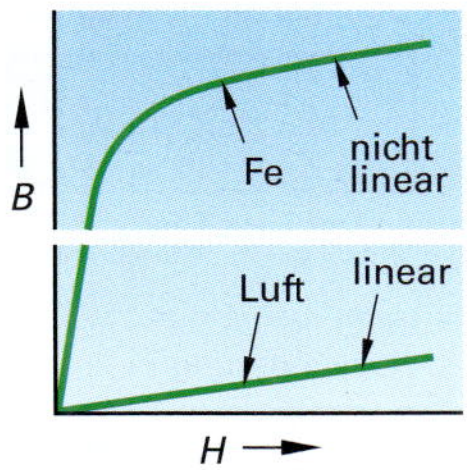

Magnetisierungskennlinien

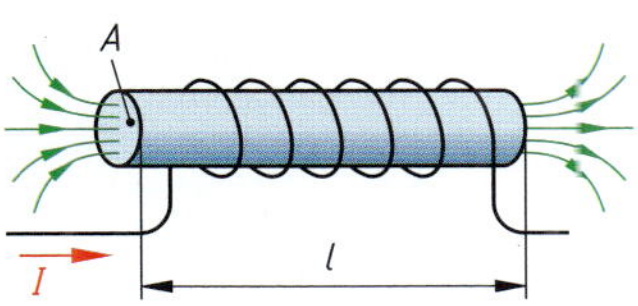

Induktivität

$[\Theta] = \text{A}$

$[H] = \frac{\text{A}}{\text{m}}$

$[R_\text{m}] = \frac{\text{A}}{\text{Vs}} = \frac{1}{\text{H}}$

magn. Leitwert

$$\Lambda = \frac{1}{R_\text{m}}$$

$[\Phi] = \text{Vs} = \text{Wb}$ (Weber)

$[B] = \frac{\text{Vs}}{\text{m}^2} = \text{T}$ (Tesla)

$\mu_0 = 1{,}257\,\frac{\mu\text{Vs}}{\text{Am}} = 1{,}257\ \mu\text{H/m}$

$\mu = \mu_0 \cdot \mu_\text{r}$

Die Permeabilitätszahl μ_r gibt den Faktor an, um den die magnetische Leitfähigkeit des Kernes größer ist als die der Luft.

μ_r siehe Seite 231

Für Luft: $\mu_\text{r} = 1$

$[F] = \frac{\text{T}^2 \cdot \text{m}^2 \cdot \text{Am}}{\text{Vs}} = \frac{\text{Ws}}{\text{m}} = \text{N}$ (Newton)

$[L] = \frac{\text{Vs}}{\text{A}} = \text{H}$ (Henry)

$[W] = \frac{\text{Vs}}{\text{A}} \cdot \text{A}^2 = \text{Ws} = \text{J}$ (Joule)

$[w] = \frac{\text{J}}{\text{m}^3}$

Energiedichte

$$w = \frac{1}{2} \cdot B \cdot H$$

$$w = \frac{1}{2}\,\frac{B^2}{\mu_0 \cdot \mu_\text{r}}$$

Durchflutung

$$\Theta = I \cdot N$$

magn. Feldstärke

$$H = \frac{I \cdot N}{l}$$

magn. Widerstand

$$R_\text{m} = \frac{l}{\mu_0 \cdot \mu_\text{r} \cdot A}$$

magn. Fluss

$$\Phi = \frac{\Theta}{R_\text{m}}$$

magn. Flussdichte

$$B = \frac{\Phi}{A}$$

In Luft:

$$B = \mu_0 \cdot H$$

In Magnetwerkstoffen:

$$B = \mu_0 \cdot \mu_\text{r} \cdot H$$

$$F = \frac{B^2 \cdot A}{2\,\mu_0}$$

Induktivität

$$L = \frac{N^2 \cdot \mu_0 \cdot \mu_\text{r} \cdot A}{l}$$

$$L = N^2 \cdot A_\text{L}$$

Energie

$$W = \frac{1}{2} \cdot L \cdot I^2$$

$$w = \frac{W}{V}$$

A	Polfläche, Spulenquerschnitt
A_L	Spulenkonstante
B	magnetische Flussdichte
F	Kraft (bei Elektromagneten)
H	magnetische Feldstärke
I	Stromstärke
L	Induktivität
l	mittlere Feldlinienlänge, Länge der Spule
N	Windungszahl
R_m	magnetischer Widerstand
V	Volumen
W	Energie
w	Energiedichte
Φ	magnetischer Fluss
Λ	magnetischer Leitwert (Lambda)
Θ	Durchflutung, magnetische Spannung
μ	Permeabilität
μ_0	magnetische Feldkonstante
μ_r	Permeabilitätszahl

E

Magnetisches Feld

Strom im Magnetfeld

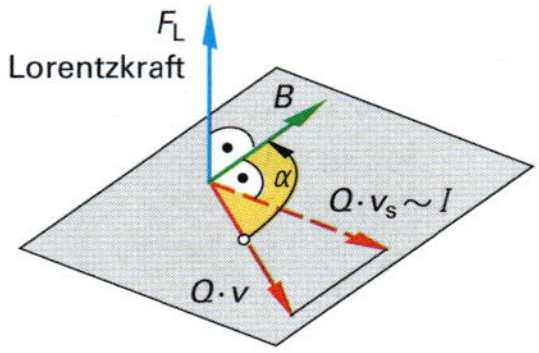

Richtung der Lorentzkraft

Bewegte elektrische Ladungen werden in einem Magnetfeld abgelenkt (Lorentzkraft). Die Richtung der Kraft auf die Ladungen ist senkrecht zur Stromrichtung und senkrecht zur Richtung des Magnetfeldes.

$[F_L] = \text{As} \cdot \frac{\text{m}}{\text{s}} \cdot \frac{\text{Vs}}{\text{m}^2} = \frac{\text{Ws}}{\text{m}} = \text{N}$

Lorentzkraft

$$F_L = Q \cdot v \cdot B \cdot \sin\alpha$$

$$F_L = Q \cdot v_s \cdot B$$

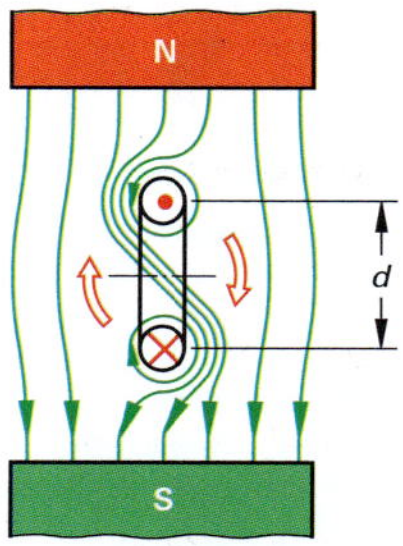

Entstehung des Drehmoments

$F = Q \cdot v \cdot B = I \cdot t \cdot \frac{l}{t} \cdot B$

$[F] = \frac{\text{Vs}}{\text{m}^2} \cdot \text{A} \cdot \text{m} = \frac{\text{Ws}}{\text{m}} = \text{N}$

$[M] = \text{N} \cdot \text{m} = \text{Nm}$

Ablenkkraft

$$F = B \cdot I \cdot l \cdot z \cdot \sin\alpha$$

für $\alpha = 90°$:

$$F = B \cdot I \cdot l \cdot z$$

Drehmoment

$$M = F \cdot d$$

Induktion

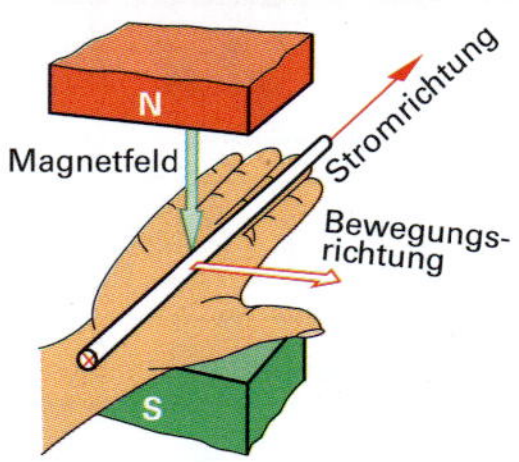

Rechte-Hand-Regel

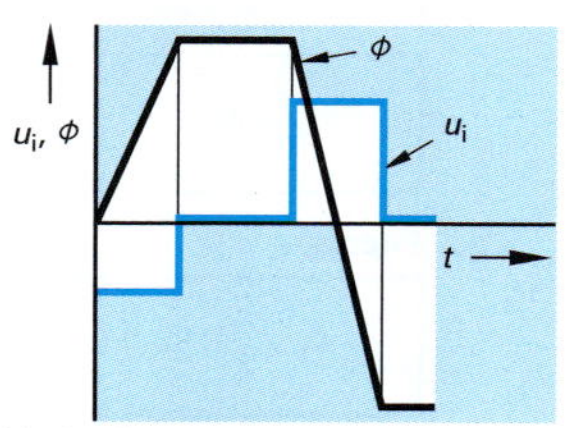

Verlauf von u_i und Φ in Abhängigkeit von t

Lenz'sche Regel: Der durch Induktion hervorgerufene Strom ist so gerichtet, dass er seine Ursache hemmt.

Bei im Magnetfeld rotierender Rechteck-Spule:

$$\hat{u}_i = 2 \cdot N \cdot B \cdot l \cdot v_s$$

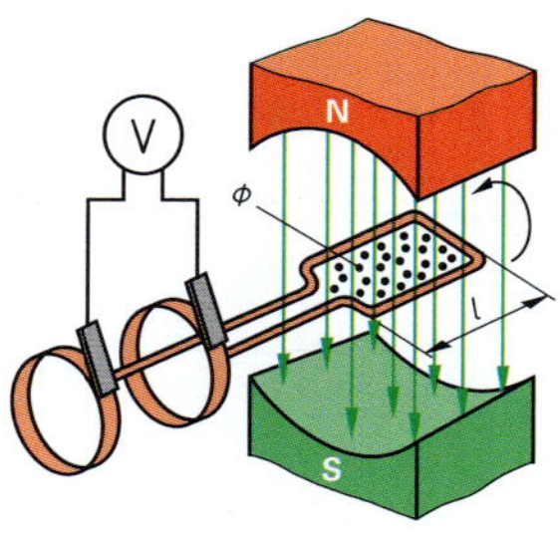

Rechteck-Spule im Magnetfeld

induzierte Spannung

Induktion der Bewegung:

$$u_i = z \cdot B \cdot l \cdot v_s$$

$[u_i] = \frac{\text{Vs}}{\text{m}^2} \cdot \text{m} \cdot \frac{\text{m}}{\text{s}} = \text{V}$

Induktion durch Flussänderung:

$$u_i = -N \cdot \frac{\Delta\Phi}{\Delta t}$$

$[u_i] = \frac{\text{Vs}}{\text{s}} = \text{V}$

Induktion durch Stromänderung:

$$u_i = -L \cdot \frac{\Delta i}{\Delta t}$$

$[u_i] = \text{H} \cdot \frac{\text{A}}{\text{s}} = \frac{\text{Vs}}{\text{A}} \cdot \frac{\text{A}}{\text{s}} = \text{V}$

- B magnetische Flussdichte
- d Durchmesser der Spule
- F Ablenkkraft einer Spulenseite
- F_L Lorentzkraft
- I Stromstärke
- Δi Stromänderung
- L Induktivität
- l wirksame Länge eines Leiters im Magnetfeld
- M Drehmoment
- N Windungszahl
- Q Ladung
- u_i induzierte Spannung
- v Geschwindigkeit
- v_s Geschwindigkeit senkrecht zum Magnetfeld
- Δt Zeitunterschied
- z Anzahl paralleler Leiter
- α Winkel zwischen v bzw. Leiter und Magnetfeld
- $\Delta\Phi$ magnetische Flussänderung

Schaltungen von Widerständen

Grundschaltungen

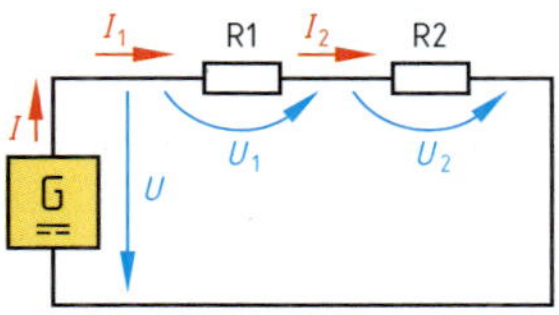

Reihenschaltung von Widerständen

In der Reihenschaltung ist an jeder Stelle des Stromkreises die Stromstärke gleich.

$$I = I_1 = I_2 = \text{konstant}$$

$$\frac{U_1}{U_2} = \frac{R_1}{R_2}$$

$$U = U_1 + U_2 + \ldots$$

$$R = R_1 + R_2 + \ldots$$

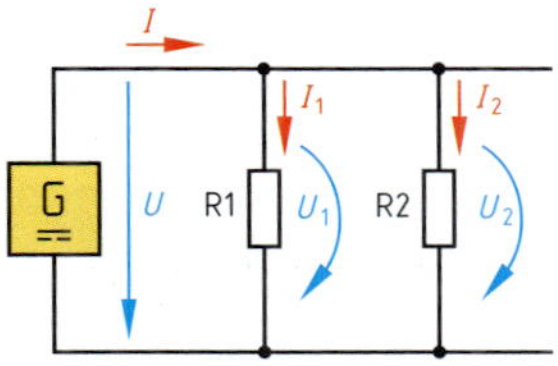

Parallelschaltung von Widerständen

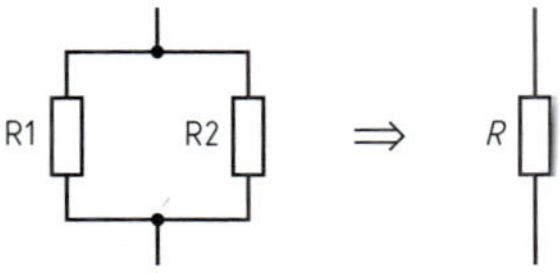

Parallelschaltung mehrerer Widerstände

An parallel geschalteten Verbrauchern liegt dieselbe Spannung.

$$U = U_1 = U_2 = \text{konstant}$$

Bei zwei Widerständen:

$$R = \frac{R_1 \cdot R_2}{R_1 + R_2}$$

$$R_1 = \frac{R_2 \cdot R}{R_2 - R}$$

$$R_2 = \frac{R_1 \cdot R}{R_1 - R}$$

$[I] = \text{A}$; $[U] = \text{V}$
$[G] = \text{S}$; $[R] = \Omega$

$$I = I_1 + I_2 + \ldots$$

$$G = G_1 + G_2 + \ldots$$

$$\frac{1}{R} = \frac{1}{R_1} + \frac{1}{R_2} + \ldots$$

$$\frac{I_1}{I_2} = \frac{R_2}{R_1}$$

Bei n gleichen Widerständen:

$$R = \frac{R_1}{n}$$

Gemischte Schaltungen

1. Beispiel:

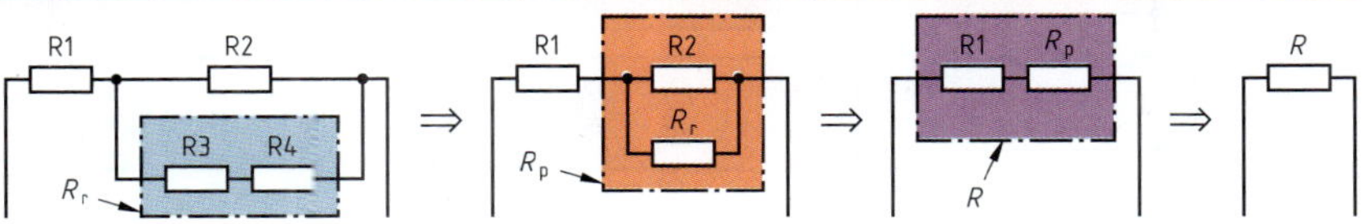

Berechnungsgang $R_r = R_3 + R_4$ $\Rightarrow$ $R_p = R_2 \parallel R_r = \frac{R_2 \cdot R_r}{R_2 + R_r}$ $\Rightarrow$ $R = R_p + R_1$

2. Beispiel:

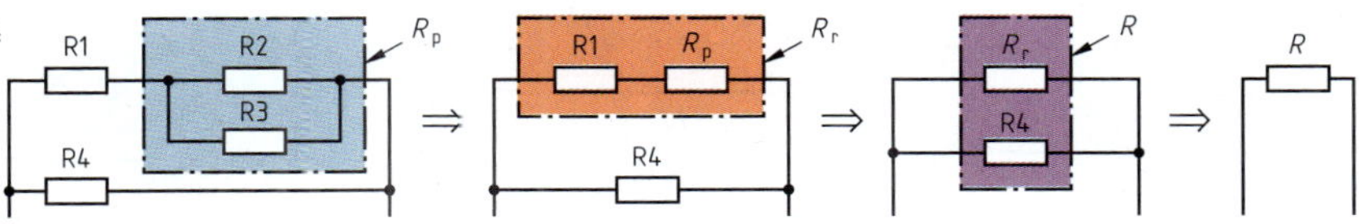

Berechnungsgang $R_p = R_2 \parallel R_3 = \frac{R_2 \cdot R_3}{R_2 + R_3}$ $\Rightarrow$ $R_r = R_1 + R_p$ $\Rightarrow$ $R = R_r \parallel R_4 = \frac{R_r \cdot R_4}{R_r + R_4}$

G	Ersatzleitwert	R	Ersatzwiderstand	**Indizes**	
G_1, G_2	Einzelleitwerte	R_1 bis R_4	Einzelwiderstände	p	Parallelschaltung
I	Gesamtstrom	U	Gesamtspannung	r	Reihenschaltung
I_1, I_2	Teilströme	U_1, U_2	Teilspannungen		
n	1, 2, 3, …	$\parallel$	Zeichen für parallel		

E

Schaltungen von Widerständen

Bezugspfeile, Kirchhoff'sche Regeln, Spannungsteiler

Strombezugspfeile

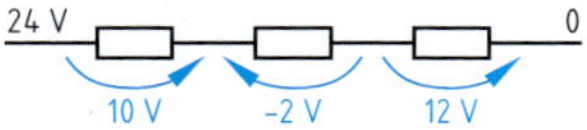

Spannungsbezugspfeile

Haben Stromrichtung und Bezugspfeil dieselbe Richtung, so spricht man von positiver Stromstärke.

Eine positive Spannungsangabe bedeutet, dass die Richtung der Spannung (+ nach –) gleich der Bezugspfeilrichtung ist.

$$I_1 + I_2 + \ldots = 0$$

$$\Sigma I_i = 0$$

$i = 1, 2, 3, \ldots$

Knotenregel

$$\Sigma I_{zu} = \Sigma I_{ab}$$

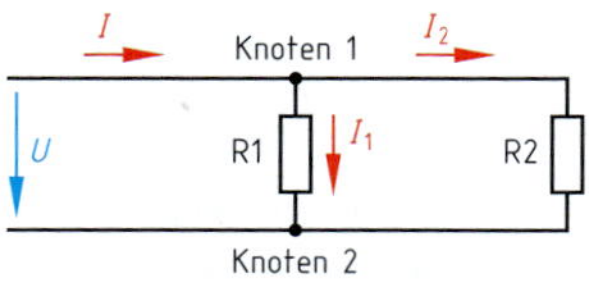

Knoten

Knotenregel
(1. Kirchhoff'sche Regel):
Die Summe der auf einen Knoten zufließenden Ströme ist gleich der Summe der von ihm abfließenden Ströme.

Maschenregel

$$U_1 + U_2 + \ldots = 0$$

$$\Sigma U_i = 0$$

$i = 1, 2, 3, \ldots$

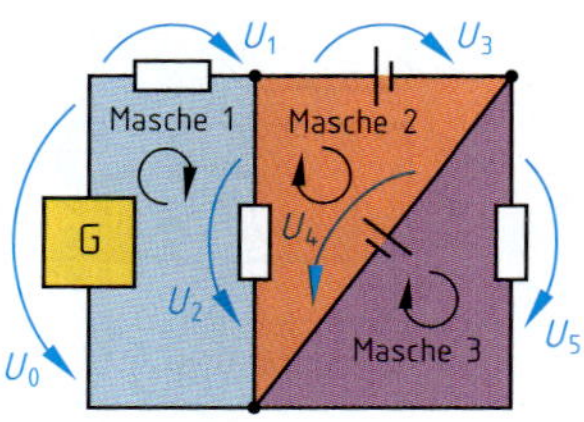

Maschen

Maschenregel
(2. Kirchhoff'sche Regel):
Bei einem elektrischen Netzwerk ist die Summe der Spannungen in einer Masche gleich null, wenn man von einem Knoten aus auf beliebigem Weg die Masche durchläuft.

In Schaltung im Bild „Maschen":
Masche 1: $U_1 + U_2 - U_0 = 0$
Masche 2: $U_3 + U_4 - U_2 = 0$
Masche 3: $U_5 - U_4 = 0$

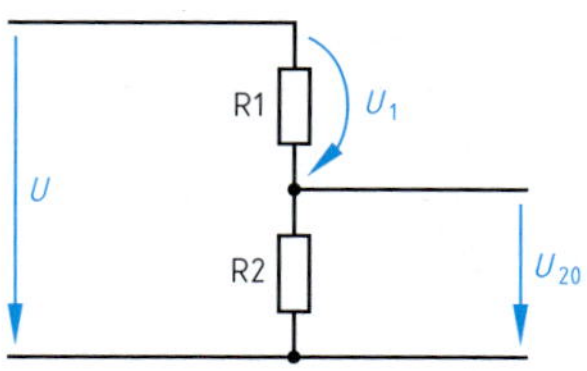

Unbelasteter Spannungsteiler

Unbelasteter Spannungsteiler

$$U = U_1 + U_{20}$$

$$U_{20} = \frac{R_2}{R_1 + R_2} \cdot U$$

$$\frac{U_{20}}{U_1} = \frac{R_2}{R_1}$$

$$R_1 = R_2 \cdot \left(\frac{U}{U_{20}} - 1\right)$$

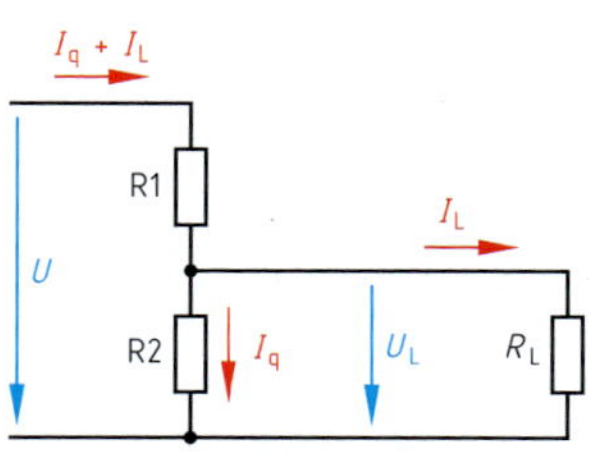

Belasteter Spannungsteiler

Belasteter Spannungsteiler

$$q = \frac{I_q}{I_L} = \frac{R_L}{R_2}$$

$$q = \frac{I_q}{I_L} = \frac{U_L\,(U - U_{20})}{U\,(U_{20} - U_L)}$$

$$U_L = \frac{U}{\dfrac{R_1 \cdot (R_L + R_2)}{R_L \cdot R_2} + 1}$$

$$R_2 = R_L \cdot \frac{U}{U_L} \cdot \left(\frac{U_{20} - U_L}{U - U_{20}}\right)$$

U_L ändert sich bei Lastschwankungen wenig, wenn q groß ist, z. B. $q \geq 5$, meist $q \approx 5$.

I	Stromstärke	I_{zu}	zufließender Strom	U	Gesamtspannung
I_1, I_2	Einzelströme	i	Zählindex	U_1, U_2	Einzelspannungen, Teilspannungen
I_{ab}	abfließender Strom	q	Querstromverhältnis	U_L	Lastspannung
I_L	Laststrom	R_1, R_2	Teilwiderstände	U_{20}	Teilspannung im Leerlauf
I_q	Querstrom	R_L	Lastwiderstand	Σ	Zeichen für Summe

E

Ersatzspannungsquelle, Ersatzstromquelle, Anpassung

Ersatzspannungsquelle

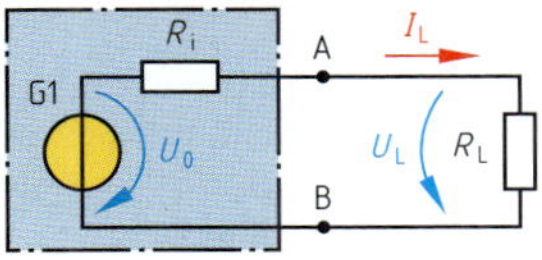

Allgemeine Ersatzschaltung

Laststrom

$$I_L = \frac{U_0}{R_i + R_L}$$

Lastspannung

$$U_L = U_0 - I_L \cdot R_i$$

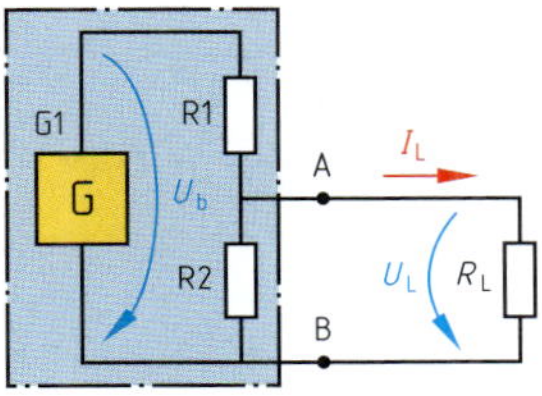

Spannungsteiler

Spannungsteiler

Bestimmung von U_{20}:

R_L von den Anschlüssen A und B abtrennen, U_{20} zwischen A, B berechnen

Beim Spannungsteiler:

$$U_{20} = \frac{R_2}{R_1 + R_2} \cdot U_b$$

Bestimmung von R_i:
Spannungsquelle überbrücken ⇒ R1 liegt parallel zu R2, $R_1 \parallel R_2$ berechnen

$$R_i = \frac{R_1 \cdot R_2}{R_1 + R_2}$$

Bei der Brückenschaltung:

$$U_{01} = \frac{R_3}{R_1 + R_3} \cdot U_b$$

$$U_{02} = \frac{R_4}{R_2 + R_4} \cdot U_b$$

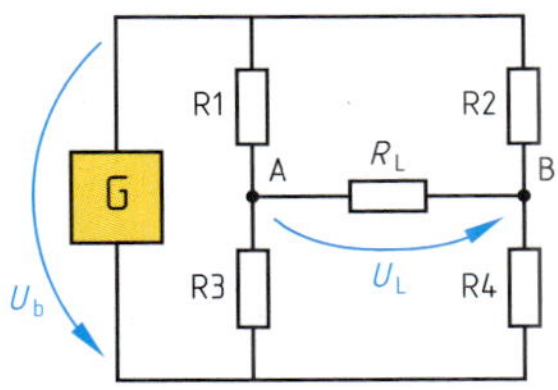

Brückenschaltung

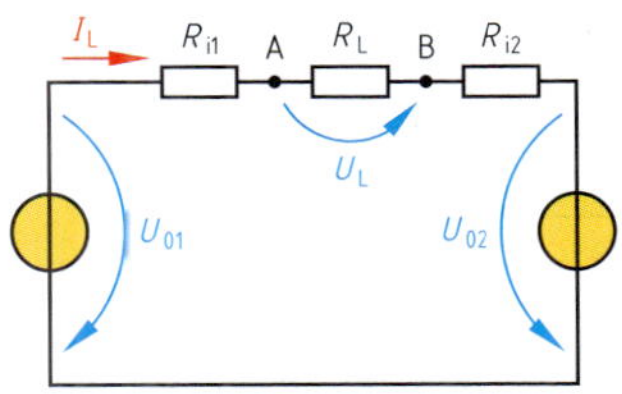

Ersatzschaltung der Brückenschaltung

$$U_0 = U_{01} - U_{02}$$

$R_{i1} = R_1 \parallel R_3$; $R_{i2} = R_2 \parallel R_4$

$$R_i = R_{i1} + R_{i2}$$

Ersatzstromquelle

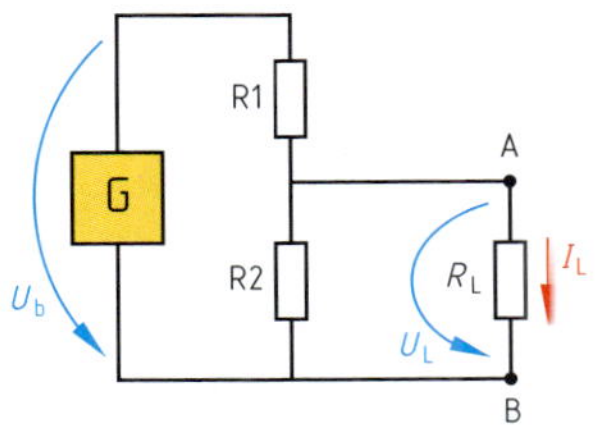

Bestimmung von I:
R_L überbrücken, I in der Überbrückung berechnen

Bestimmung von R_i:
wie bei der Ersatzspannungsquelle

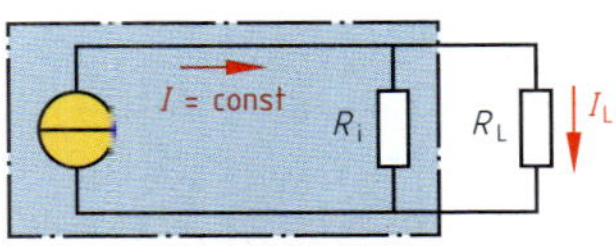

Beim Spannungsteiler: $R_i = R_1 \parallel R_2$, $I = \frac{U_b}{R_1}$

$$I_L = I \cdot \frac{R_i}{R_i + R_L}$$

$$U_L = I_L \cdot R_L$$

Anpassung

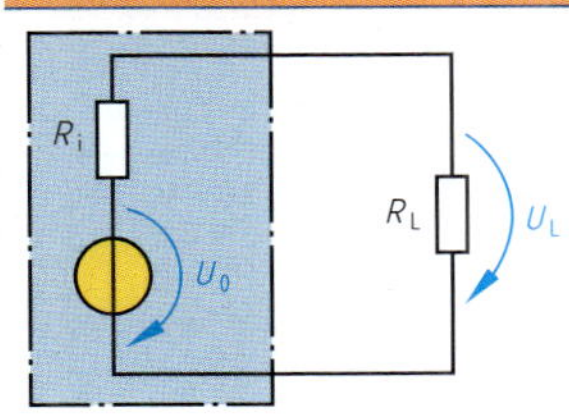

Bei Stromanpassung:

$$R_L \ll R_i$$

Bei Spannungsanpassung:

$$R_L \gg R_i$$

Bei Leistungsanpassung:

$$R_L = R_i$$

größte Leistung:

$$P_{max} = \frac{U_0^2}{4\,R_i}$$

I	Ersatzstromstärke	R_3, R_4	Spannungsteilerwiderstände	U_0	Leerlaufspannung
I_L	Laststromstärke	R_i	Ersatzinnenwiderstand	U_{20}, U_{01}, U_{02}	Leerlaufspannungen
P_{max}	größte Leistung	R_L	Lastwiderstand	U_L	Lastspannung
R_1, R_2	Spannungsteilerwiderstände	U_b	Betriebsspannung	‖	Zeichen für parallel

E

Grundschaltungen von Induktivitäten und Kapazitäten

Reihenschaltung

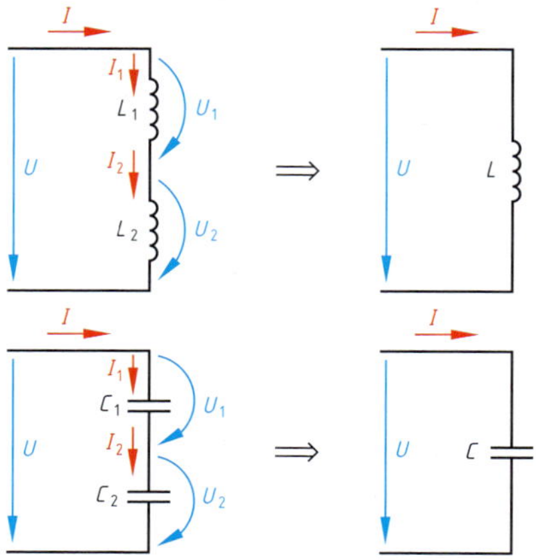

Reihenschaltungen

$$I = I_1 = I_2 = \text{konstant}$$

$$U = U_1 + U_2 + \ldots$$

Bei Wechselspannung:

$$\frac{U_1}{U_2} = \frac{L_1}{L_2}$$

Bei Spulen ohne magnetische Kopplung:

$$L = L_1 + L_2 + \ldots$$

$Q = Q_1 = Q_2$

$\frac{Q}{C} = \frac{Q}{C_1} + \frac{Q}{C_2}$

$$\frac{U_1}{U_2} = \frac{C_2}{C_1}$$

$$\frac{1}{C} = \frac{1}{C_1} + \frac{1}{C_2} + \ldots$$

Bei *n* gleichen Kondensatoren:

$$C = \frac{C_1}{n}$$

Bei zwei Kondensatoren:

$$C = \frac{C_1 \cdot C_2}{C_1 + C_2}$$

Parallelschaltung

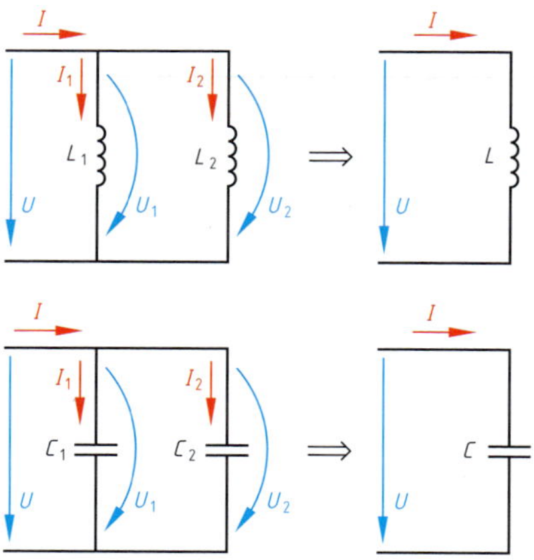

Parallelschaltungen

$$U = U_1 = U_2 = \text{konstant}$$

$$I = I_1 + I_2 + \ldots$$

Bei Wechselstrom:

$$\frac{I_1}{I_2} = \frac{L_2}{L_1}$$

Bei Spulen ohne magnetische Kopplung:

$$\frac{1}{L} = \frac{1}{L_1} + \frac{1}{L_2} + \ldots$$

Bei *n* gleichen Spulen:

$$L = \frac{L_1}{n}$$

Bei zwei Spulen:

$$L = \frac{L_1 \cdot L_2}{L_1 + L_2}$$

$Q = Q_1 + Q_2$

$U \cdot C = U \cdot C_1 + U \cdot C_2$

$$\frac{I_1}{I_2} = \frac{C_1}{C_2}$$

$$C = C_1 + C_2 + \ldots$$

Gemischte Schaltungen

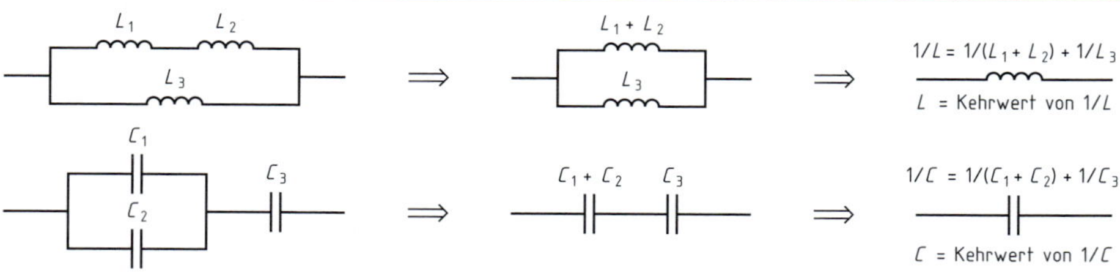

E

C	Ersatzkapazität	L	Ersatzinduktivität	Q	Gesamtladung
C_1, C_2	Einzelkapazitäten	L_1, L_2	Einzelinduktivitäten	Q_1, Q_2	Einzelladungen
I	Gesamtstromstärke	n	ganze Zahl	U	Gesamtspannung
I_1, I_2	Einzelstromstärken			U_1, U_2	Teilspannungen

Grundschaltungen von Induktivitäten und Kapazitäten

Schaltung, Zeitkonstante	Spannungsverlauf	Stromverlauf

Ladevorgang und Entladevorgang beim Kondensator an DC

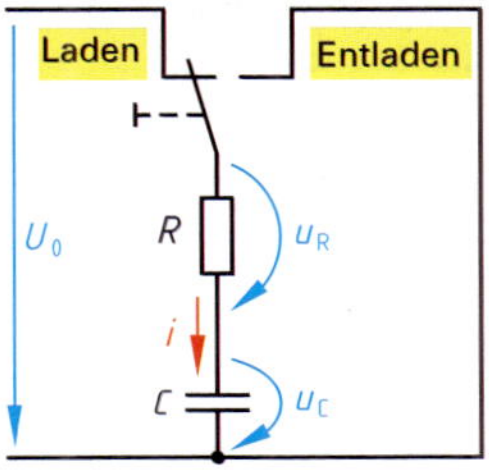

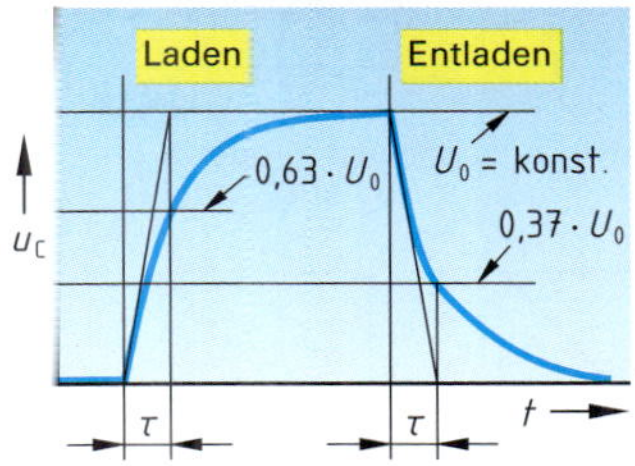

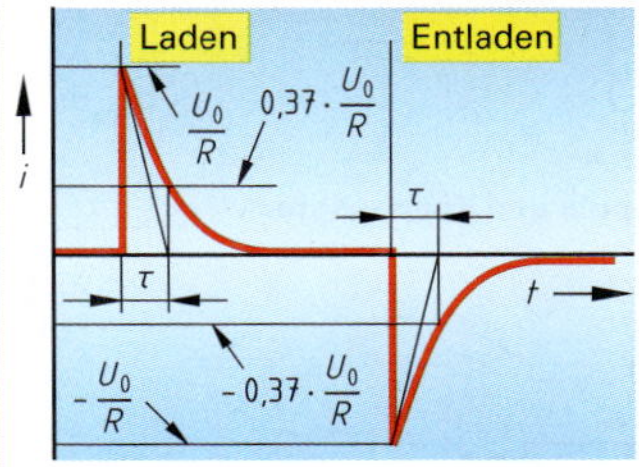

Zeitkonstante

$$\tau = R \cdot C$$

$[\tau] = \Omega \cdot F = \Omega \cdot \frac{As}{V} = s$

	Spannungsverlauf		Stromverlauf
Laden:	$u_C = U_0[1-\exp(-t/\tau)]$	Laden:	$i_C = \frac{U_0}{R} \cdot \exp(-t/\tau)$
Entladen:	$u_C = U_0 \cdot \exp(-t/\tau)$	Entladen:	$i_C = -\frac{U_0}{R} \cdot \exp(-t/\tau)$
Laden und Entladen:	$u_R = i \cdot R$		

$\exp(x) = e^x$ mit e = 2,71828 …

Einschaltvorgang und Ausschaltvorgang (Kurzschließen) bei der Spule an DC

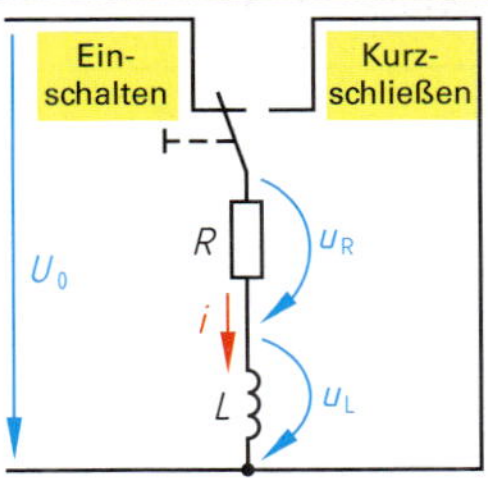

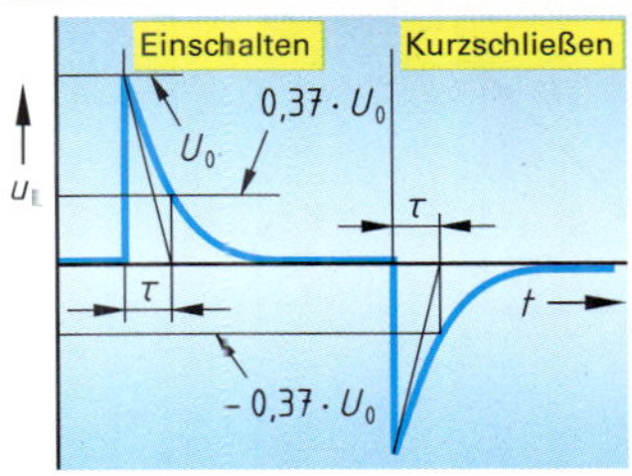

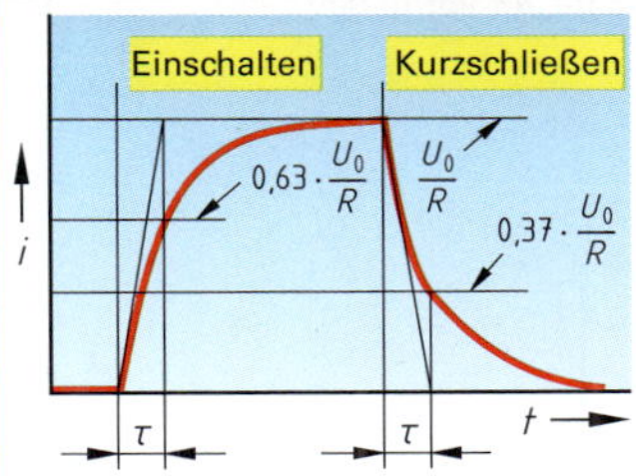

Zeitkonstante

$$\tau = \frac{L}{R}$$

$[\tau] = \frac{H}{\Omega} = \frac{Vs}{A\Omega} = s$

	Spannungsverlauf		Stromverlauf
Einschalten:	$u_L = U_0 \cdot \exp(-t/\tau)$	Einschalten:	$i_L = \frac{U_0}{R} \cdot [1-\exp(-t/\tau)]$
Kurzschließen:	$u_L = -U_0 \cdot \exp(-t/\tau)$	Kurzschließen:	$i_L = -\frac{U_0}{R} \cdot \exp(-t/\tau)$
Einschalten:	$u_R = U_0[1-\exp(-t/\tau)]$		

$\exp(x) = e^x$ mit e = 2,71828 …

C Kapazität
i Stromstärke (Augenblickswert)
L Induktivität
R Wirkwiderstand
t Zeit
τ Zeitkonstante
u_C Kondensatorspannung
u_L Spulenspannung
u_R Spannung an R
U_0 Gleichspannung

$\exp(-t/\tau)$ ist die genormte Schreibweise von $e^{-t/\tau}$. Beim Taschenrechner muss man bei der Berechnung die Taste e^x verwenden und nicht die Taste exp.
Die Zeitkonstante gibt die Zeit an, nach der ein nach $\exp(x) = e^x$ verlaufender Vorgang beendet wäre, wenn der Vorgang mit der Anfangsgeschwindigkeit weiter verlaufen würde. Das ist aus den Tangenten der Bilder erkennbar. Endwerte von u und i sind erreicht nach $t \approx 5\tau$.

E

Grundschaltungen von Induktivitäten und Kapazitäten

Reihenschaltung von *R, L, C*

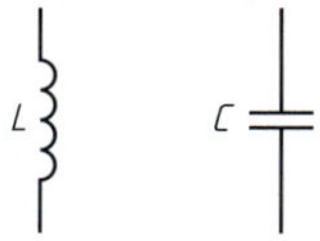

Spule und Kondensator

$[X_L] = \Omega = \frac{H}{s}$

$[X_C] = \Omega = \frac{s}{F}$

$$\omega = 2\pi \cdot f$$

$$X_L = \omega \cdot L$$

X ist X_L oder X_C,
U_b ist U_{bL} oder U_{bC}.

$$X_C = \frac{1}{\omega \cdot C}$$

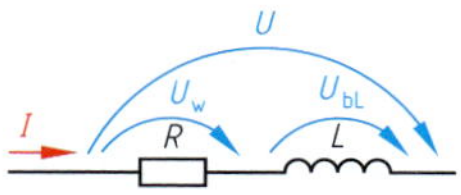

RL-Schaltung

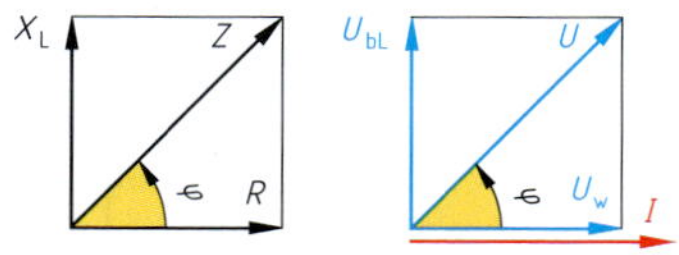

$$Z = \sqrt{R^2 + X^2}$$

$$U = \sqrt{U_w^2 + U_b^2}$$

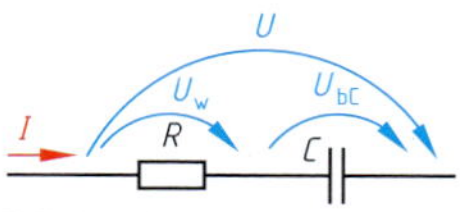

RC-Schaltung

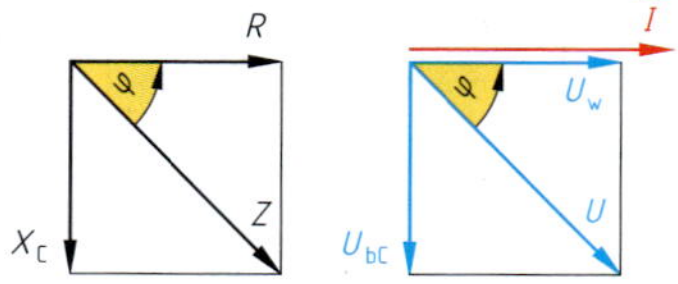

$$I = \frac{U}{Z}$$

$$R = Z \cdot \cos\varphi$$

$$U_w = U \cdot \cos\varphi$$

$$X = R \cdot \tan\varphi$$

$$U_b = U_w \cdot \tan\varphi$$

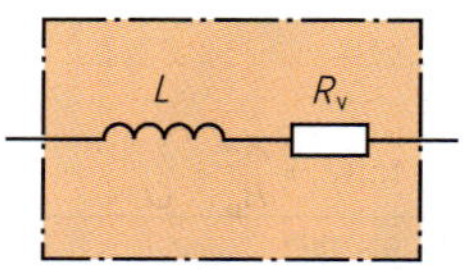

Spule mit Verlusten

$$X = Z \cdot \sin\varphi$$

$$U_b = U \cdot \sin\varphi$$

Für $R = X$:

$$Z = R \cdot \sqrt{2}$$

$$\varphi = 45°$$

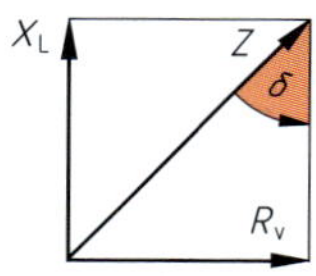

$$\tan\delta = \frac{R_v}{X_L} = \frac{1}{Q}$$

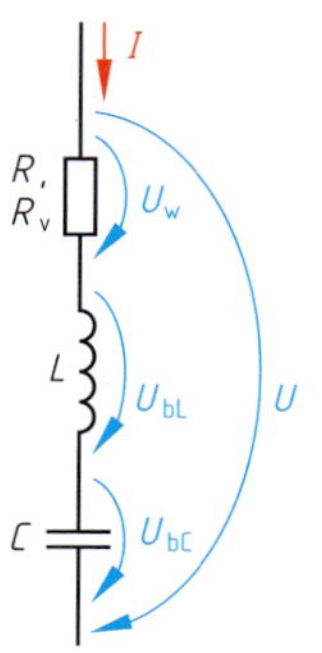

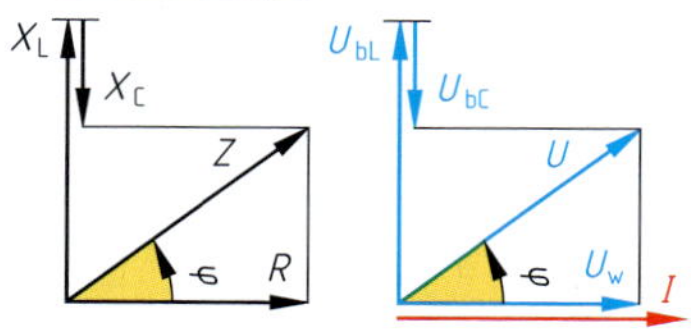

$$Z = \sqrt{R^2 + (X_L - X_C)^2}$$

$$U = \sqrt{U_w^2 + (U_{bL} - U_{bC})^2}$$

$$\tan\varphi = \frac{X_L - X_C}{R}$$

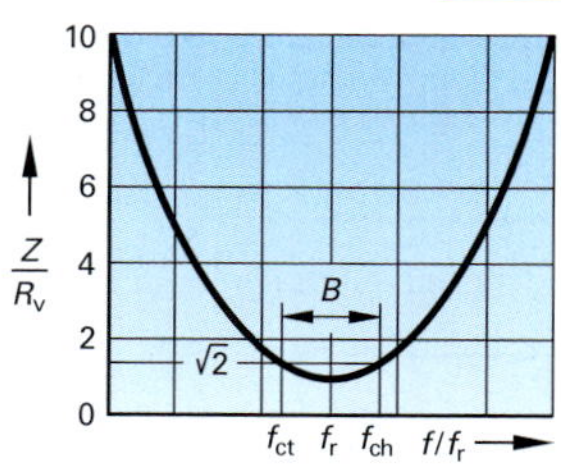

RLC-Schaltung (Reihenschwingkreis)

$$Q = \frac{1}{R_v}\sqrt{\frac{L}{C}}$$

Bei Resonanz ist $X_L = X_C$.

$$Z = R$$

$$\varphi = 0°$$

$$f_r = \frac{1}{2\pi\sqrt{L \cdot C}}$$

$$B = f_{ch} - f_{ct} = \frac{f_r}{Q}$$

B	Bandbreite	R	Wirkwiderstand	X_L	induktiver Blindwiderstand
C	Kapazität	R_v	Verlustwiderstand	Z	Scheinwiderstand, Impedanz
f	Frequenz	U	Gesamtspannung	δ	Verlustwinkel
f_r	Resonanzfrequenz	U_b	Blindspannung	φ	Phasenverschiebungswinkel
f_{ch}	obere Grenzfrequenz	U_{bC}	kapazitive Blindspannung	$\cos\varphi$	Wirkfaktor, Leistungsfaktor
f_{ct}	untere Grenzfrequenz	U_{bL}	induktive Blindspannung	$\sin\varphi$	Blindfaktor
I	Gesamtstrom	U_w	Wirkspannung	$\tan\delta$	Verlustfaktor
L	Induktivität der Spule	X	Blindwiderstand	ω	Kreisfrequenz
Q	Gütefaktor	X_C	kapazitiver Blindwiderstand		

Grundschaltungen von Induktivitäten und Kapazitäten

Parallelschaltung von *R, L, C*

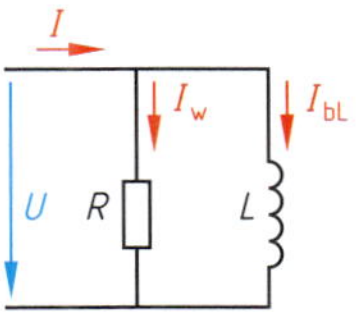

RL-Schaltung

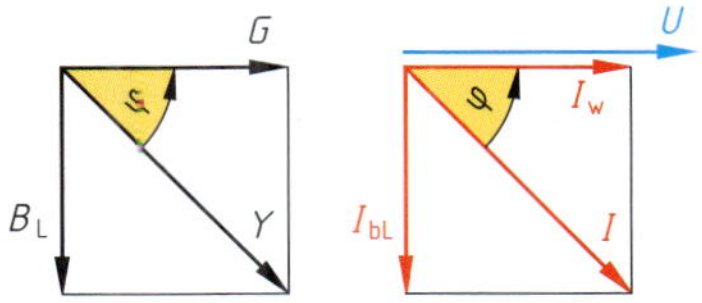

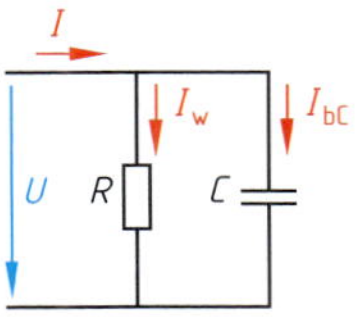

RC-Schaltung

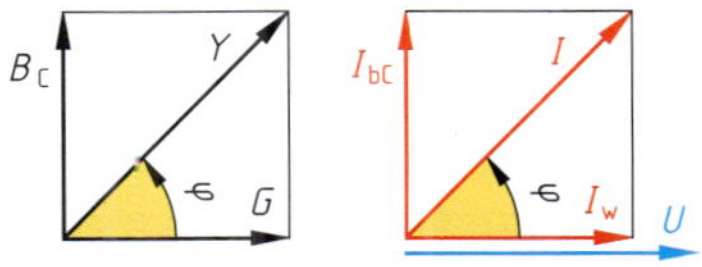

X steht für X_L oder X_C,
I_b steht für I_{bL} oder I_{bC}

$$Y = \sqrt{G^2 + B^2}$$

$$I = \sqrt{I_w^2 + I_b^2}$$

$$I = \frac{U}{Z} \qquad Z = \frac{1}{Y}$$

$$G = Y \cdot \cos\varphi \qquad I_w = I \cdot \cos\varphi$$

$$B = G \cdot \tan\varphi \qquad I_b = I_w \cdot \tan\varphi$$

$$B = Y \cdot \sin\varphi \qquad I_b = I \cdot \sin\varphi$$

Für $R = X$:

$$Z = \frac{R}{\sqrt{2}} \qquad \varphi = 45°$$

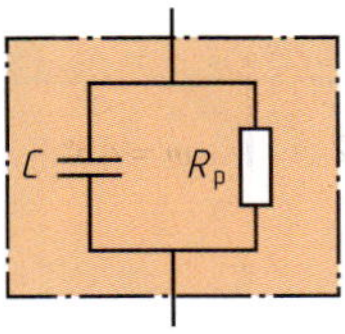

Kondensator mit Verlusten

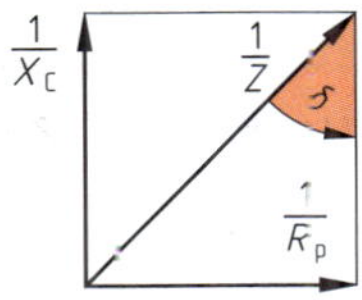

$$\tan\delta = \frac{X_C}{R_p} = \frac{1}{Q}$$

$$Y = \sqrt{G^2 + (B_L - B_C)^2}$$

$$I = \sqrt{I_w^2 + (I_{bL} - I_{bC})^2}$$

$$\tan\varphi = \frac{B_L - B_C}{G}$$

$$I = \frac{U}{Z} \qquad Z = \frac{1}{Y}$$

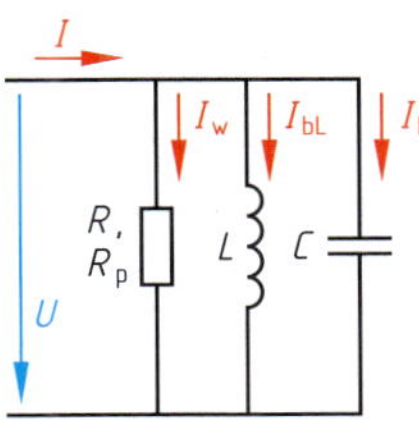

RLC-Schaltung (Parallelschwingkreis)

$$Q = R_p\sqrt{\frac{C}{L}}$$

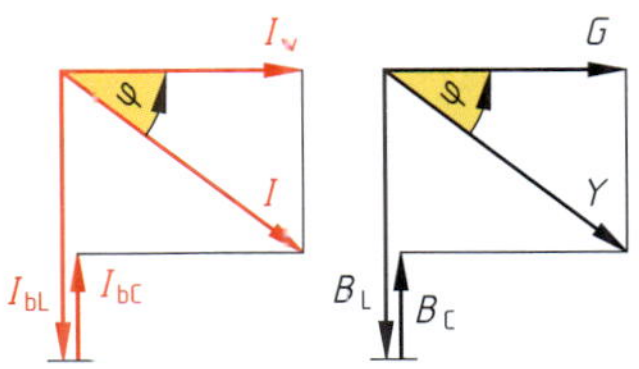

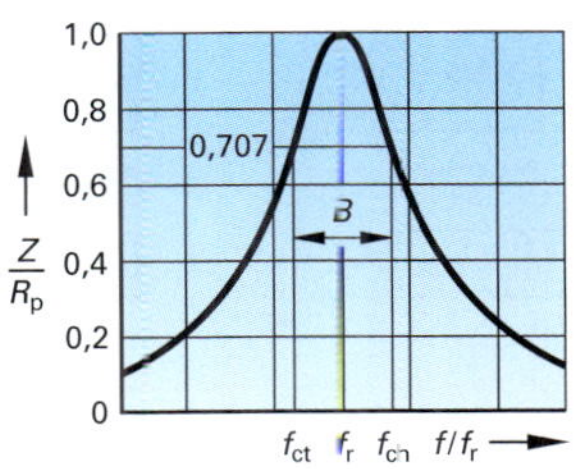

Bei Resonanz ist $X_L = X_C$.

$$Z = R \qquad \varphi = 0°$$

$$f_r = \frac{1}{2\pi\sqrt{L \cdot C}} \qquad B = f_{ch} - f_{ct} = \frac{f_r}{Q}$$

B	Blindleitwert, auch Bandbreite (Schwingkreis)	I	Gesamtstrom	X	Blindwiderstand
B_C	kapazitiver Blindleitwert	I_b	Blindstrom	X_C	kapazitiver Blindwiderstand
B_L	induktiver Blindleitwert	I_{bC}	kapazitiver Blindstrom	X_L	induktiver Blindwiderstand
C	Kapazität	I_{bL}	induktiver Blindstrom	Y	Scheinleitwert
f	Frequenz	I_w	Wirkstrom	Z	Scheinwiderstand, Impedanz
f_r	Resonanzfrequenz	L	Induktivität der Spule	δ	Verlustwinkel
f_{ch}	obere Grenzfrequenz	Q	Gütefaktor	φ	Phasenverschiebungswinkel
f_{ct}	untere Grenzfrequenz	R	Wirkwiderstand	$\cos\varphi$	Wirkfaktor, Leistungsfaktor
G	Wirkleitwert	R_p	Parallel-Verlustwiderstand	$\sin\varphi$	Blindfaktor
		U	Gesamtspannung	$\tan\delta$	Verlustfaktor

E

Grundschaltungen von Induktivitäten und Kapazitäten

Ersatz-Reihenschaltung und Ersatz-Parallelschaltung

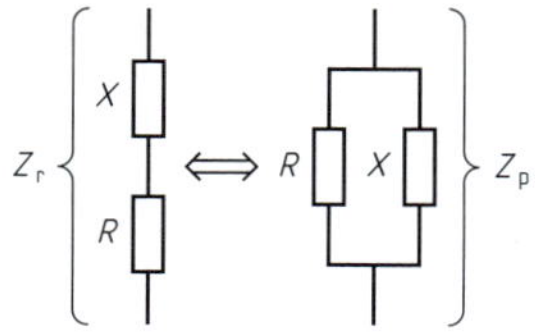

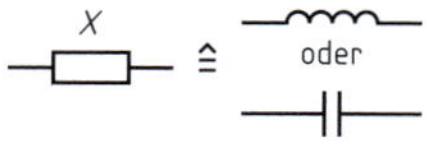

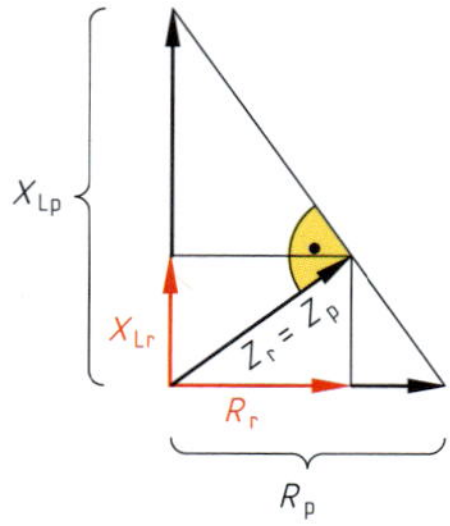

Gleichwertige (äquivalente) Schaltungen

Eine Parallelschaltung ist bei der gleichen Frequenz äquivalent einer Reihenschaltung und umgekehrt, wenn folgende Bedingungen erfüllt sind:

1. $$Z_r = Z_p$$

2. $$\cos\varphi_r = \cos\varphi_p$$

Widerstand und Spule

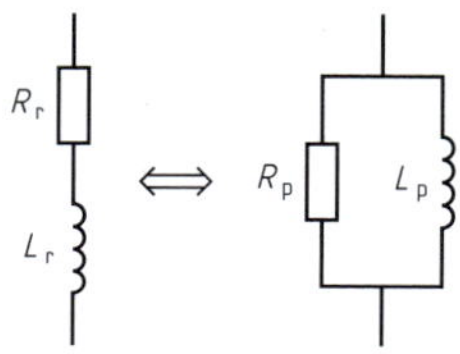

$$Z_p = \frac{R_p \cdot X_{Lp}}{\sqrt{R_p^2 + X_{Lp}^2}}$$

$$Z_r = \sqrt{R_r^2 + X_{Lr}^2}$$

$$R_r = \frac{Z_p^2}{R_p} \qquad X_{Lr} = \frac{Z_p^2}{X_{Lp}} \qquad R_p = \frac{Z_r^2}{R_r} \qquad X_{Lp} = \frac{Z_r^2}{X_{Lr}}$$

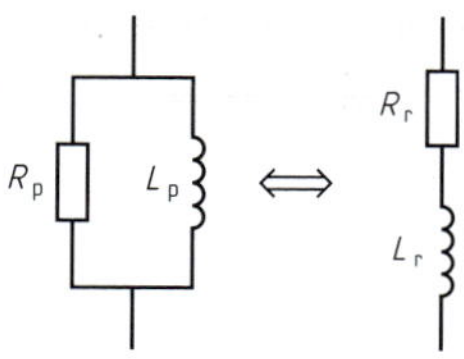

$$L_r = \frac{Z_p^2}{4 \cdot \pi^2 \cdot f^2 \cdot L_p}$$

$$L_p = \frac{Z_r^2}{4 \cdot \pi^2 \cdot f^2 \cdot L_r}$$

Beispiel:

$R_r = 100\ \Omega$, $L_r = 0{,}5$ H, $f = 50$ Hz. $R_p = ?\ \Omega$

Lösung:

$X_{Lr} = 2 \cdot \pi \cdot f \cdot L_r = 2 \cdot \pi \cdot 50 \frac{1}{s} \cdot 0{,}5\ \Omega s = 157{,}1\ \Omega$

$Z_r^2 = R_r^2 + X_{Lr}^2 = (100\ \Omega)^2 + (157{,}1\ \Omega)^2 = 34680\ \Omega^2$

$R_p = \frac{Z_r^2}{R_r} = \frac{34680\ \Omega^2}{100\ \Omega} = \mathbf{346{,}8\ \Omega}$

Widerstand und Kondensator

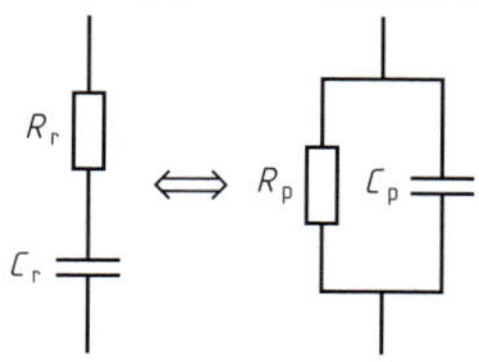

$$Z_p = \frac{R_p \cdot X_{Cp}}{\sqrt{R_p^2 + X_{Cp}^2}}$$

$$Z_r = \sqrt{R_r^2 + X_{Cr}^2}$$

$$R_r = \frac{Z_p^2}{R_p} \qquad X_{Cr} = \frac{Z_p^2}{X_{Cp}} \qquad R_p = \frac{Z_r^2}{R_r} \qquad X_{Cp} = \frac{Z_r^2}{X_{Cr}}$$

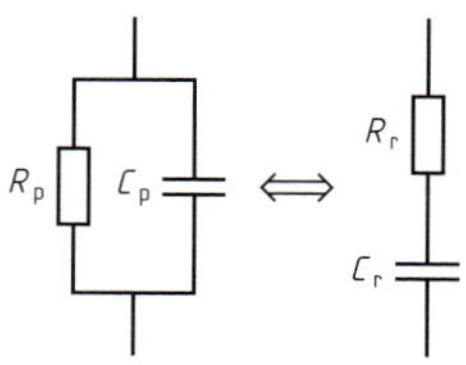

$$C_r = \frac{1}{4 \cdot \pi^2 \cdot f^2 \cdot C_p \cdot Z_p^2}$$

$$C_p = \frac{1}{4 \cdot \pi^2 \cdot f^2 \cdot C_r \cdot Z_r^2}$$

Beispiel:

$R_p = 200\ \Omega$, $f = 1$ kHz, $C_p = 0{,}5\ \mu F \Rightarrow X_{Cp} = 318{,}3\ \Omega$. $C_r = ?\ \mu F$

Lösung:

$Z_p^2 = \frac{R_p^2 \cdot X_{Cp}^2}{R_p^2 + X_{Cp}^2} = \frac{(200\ \Omega)^2 \cdot (318{,}3\ \Omega)^2}{(200\ \Omega)^2 + (318{,}3\ \Omega)^2} = 28678\ \Omega^2$

$C_r = \frac{1}{4 \cdot \pi^2 \cdot f^2 \cdot C_p \cdot Z_p^2} = \frac{1}{4 \cdot \pi^2 \cdot 10^6 \cdot 0{,}5 \cdot 10^{-6} \cdot 28678}\ \text{F} = \mathbf{1{,}77\ \mu F}$

E

C Kapazität
f Frequenz
L Induktivität
R Wirkwiderstand
X Blindwiderstand
X_C kapazitiver Blindwiderstand
X_L induktiver Blindwiderstand
Z Scheinwiderstand
φ Phasenverschiebungswinkel
Indizes:
p Index für Parallelschaltung
r Index für Reihenschaltung

Grundschaltungen von Induktivitäten und Kapazitäten

Einfache Filter

Schaltung, Zeigerbild	Übertragungskurven	Formeln

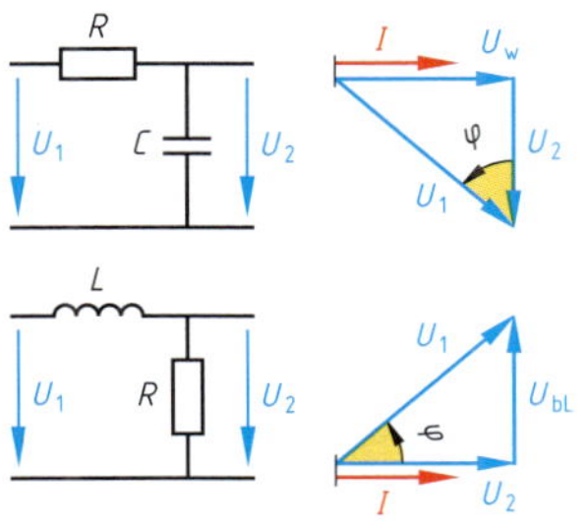

RC-Tiefpass und RL-Tiefpass

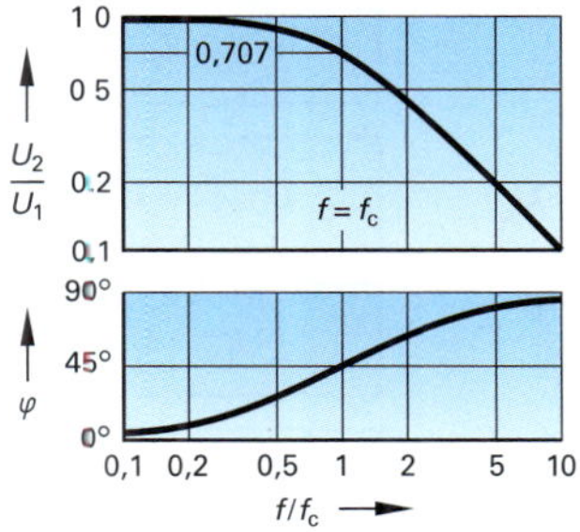

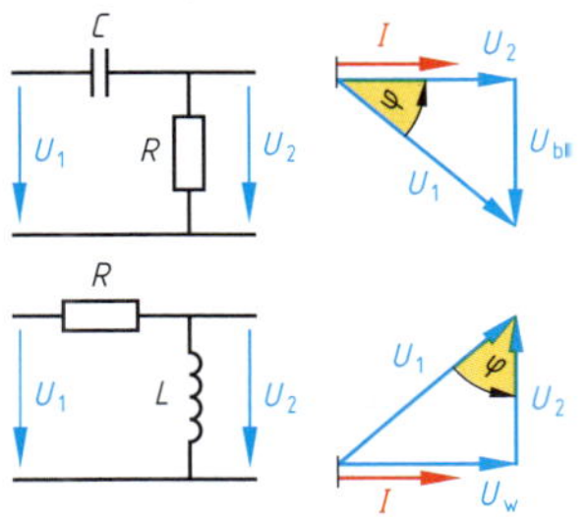

RC-Hochpass und RL-Hochpass

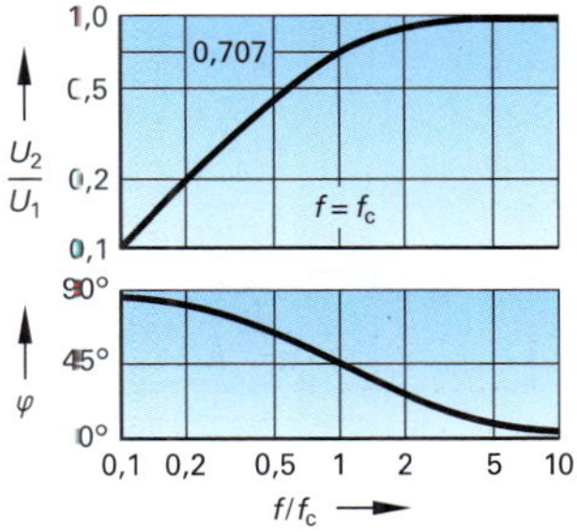

Impedanz

$$Z = \sqrt{R^2 + X^2}$$

(X steht für X_C oder X_L)

Grenzfrequenz

$$f_c = \frac{1}{2\,\pi \cdot R \cdot C}$$

bzw.

$$f_c = \frac{R}{2\,\pi \cdot L}$$

Bei f_c ist $X_C = R$ oder $X_L = R$

Tiefpass, Integrierglied:

$$\frac{U_2}{U_1} = \frac{1}{\sqrt{1 + (f/f_c)^2}}$$

Hochpass, Differenzierglied:

$$\frac{U_2}{U_1} = \frac{1}{\sqrt{1 + (f_c/f)^2}}$$

$$\cos\varphi = \frac{U_2}{U_1}$$

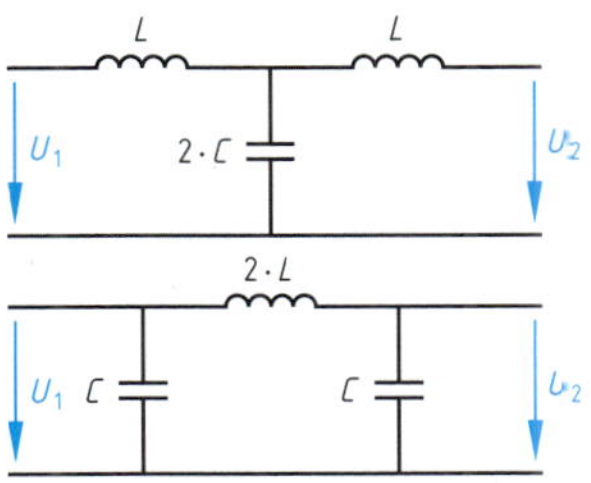

Tiefpass (T-Glied und Π-Glied)
(Π griech. Großbuchstabe Pi)

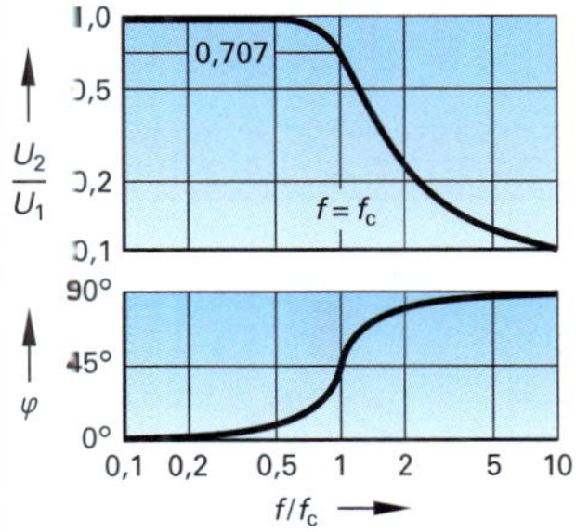

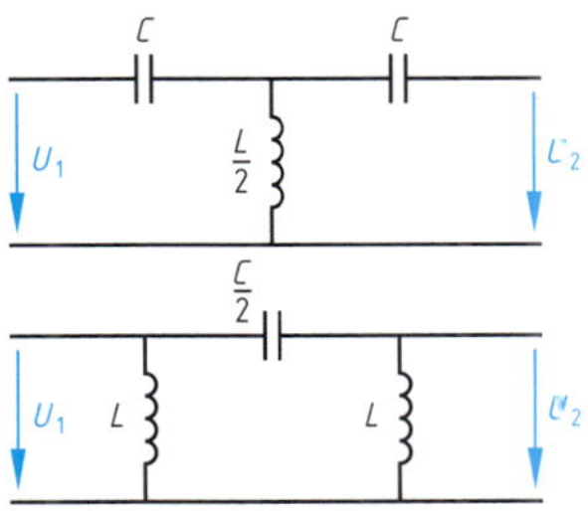

Tiefpass (T-Glied und Π-Glied)

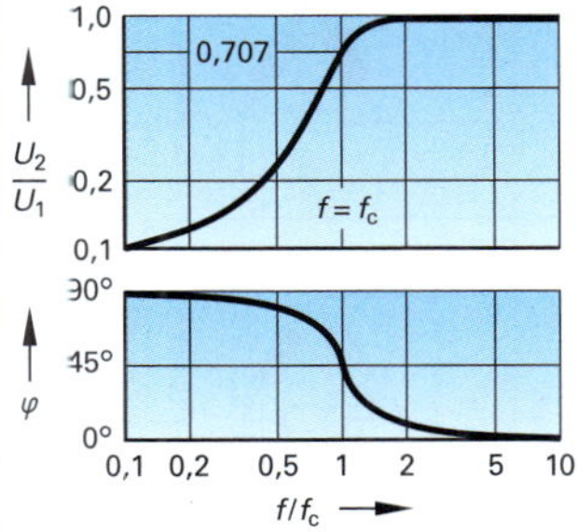

Grenzfrequenz

$$f_c = \frac{1}{2\,\pi \cdot \sqrt{L \cdot C}}$$

Schwingungswiderstand

$$Z_r = \sqrt{\frac{L}{C}}$$

$$L = \frac{Z_r}{2\,\pi \cdot f_c}$$

$$C = \frac{1}{2\,\pi \cdot f_c \cdot Z_r}$$

- C Kapazität
- f Frequenz
- f_c Grenzfrequenz, Index c von cut off
- L Induktivität
- R Wirkwiderstand
- U_1 Eingangsspannung
- U_2 Ausgangsspannung
- X_C kapazitiver Blindwiderstand
- X_L induktiver Blindwiderstand
- Z_r Impedanz bei Resonanz
- φ Phasenverschiebungswinkel zwischen U_1 und U_2

Dreiphasenwechselstrom (Drehstrom)

Ströme, Spannungen, Leistungen

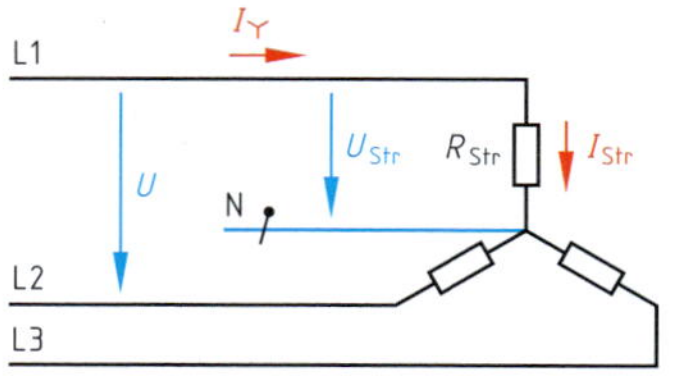

Sternschaltung (Y-Schaltung)

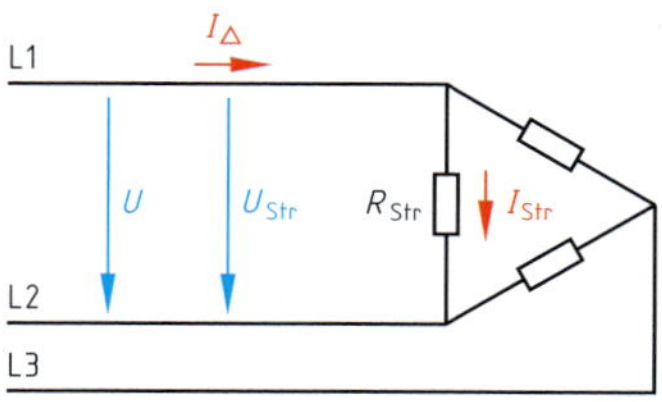

Dreieckschaltung (△-Schaltung)

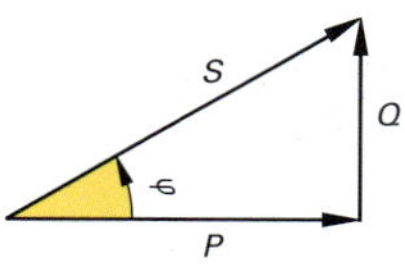

Leistungsdreieck

Bei Sternschaltung:

$$I_Y = I_{Str}$$

$$U = \sqrt{3} \cdot U_{Str}$$

$$U_{Str} = U_Y$$

$$U = \sqrt{3} \cdot U_Y$$

[S] = VA
[P] = W
[Q] = var

Bei Dreieckschaltung:

$$U = U_{Str}$$

$$I_\triangle = \sqrt{3} \cdot I_{Str}$$

Bei symmetrischer Last:

$$S = \sqrt{3} \cdot U \cdot I$$

$$P = \sqrt{3} \cdot U \cdot I \cdot \cos\varphi$$

$$Q = \sqrt{3} \cdot U \cdot I \cdot \sin\varphi$$

Bei gleicher Netzspannung:

$$P_\triangle = 3 \cdot P_Y \qquad P = 3 \cdot P_{Str}$$

$$S_\triangle = 3 \cdot S_Y \qquad S = 3 \cdot S_{Str}$$

$$Q_\triangle = 3 \cdot Q_Y \qquad Q = 3 \cdot Q_{Str}$$

Leistung bei Störungen in symmetrischen Schaltungen von Wirkwiderständen

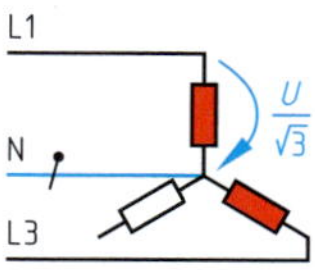

$$P = \frac{2}{3}\,P_{NY}$$

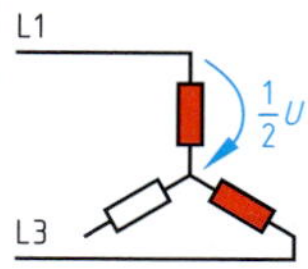

$$P = \frac{1}{2} \cdot P_{NY}$$

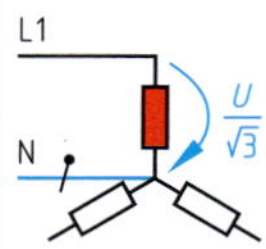

$$P = \frac{1}{3}\,P_{NY}$$

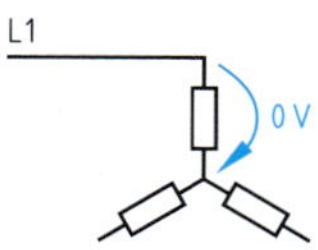

$$P = 0$$

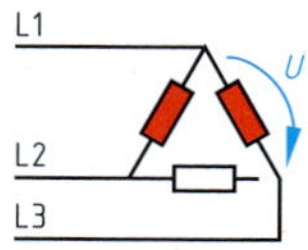

$$P = \frac{2}{3} \cdot P_{N\triangle}$$

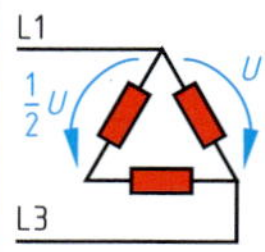

$$P = \frac{1}{2}\,P_{N\triangle}$$

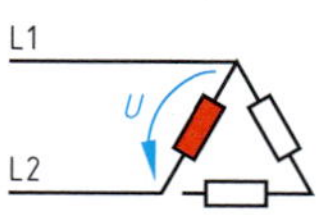

$$P = \frac{1}{3}\,P_{N\triangle}$$

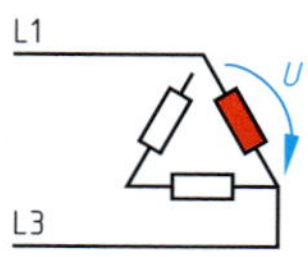

$$P = \frac{1}{3}\,P_{N\triangle}$$

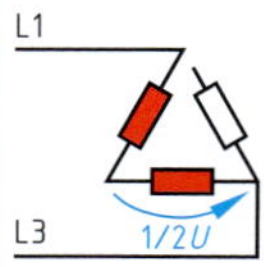

$$P = \frac{1}{6}\,P_{N\triangle}$$

I	Stromstärke (Leiterstrom)
I_{Str}	Strangstrom
P	Wirkleistung
Q	Blindleistung
S	Scheinleistung
U	Spannung (Leiterspannung)
φ	Phasenverschiebung
$\cos\varphi$	Wirkfaktor (auch Leistungsfaktor)
$\sin\varphi$	Blindfaktor

Indizes:

N	Bemessungsleistung
Str	Strang-Wirkleistung
△	Dreieckschaltung
Y	Sternschaltung

E

Dreiphasenwechselstrom (Drehstrom)

Unsymmetrische Last beim Vierleiternetz

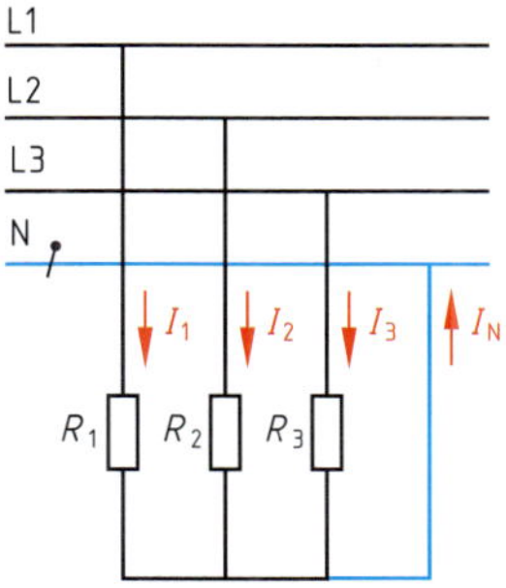

Sternschaltung

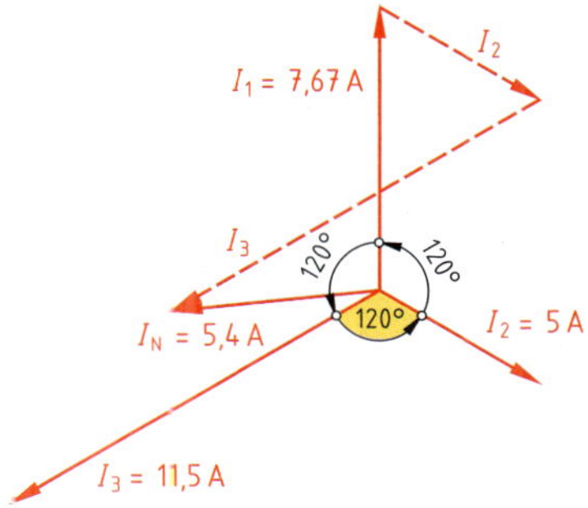

Zeigerbild der Ströme

Berechnung der Stromstärke im Neutralleiter bei oberschwingungsfreien Strömen

1. Berechnen der drei Außenleiterströme
2. Strommaßstab wählen
3. Zeigerbild der drei Ströme als Stern zeichnen
4. Geometrische Summe dieser Ströme ist der Neutralleiterstrom

Netzwerkumwandlungen

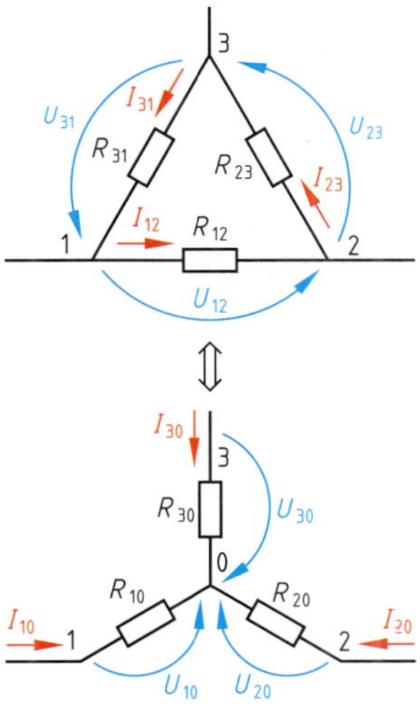

Dreieck-Sternumwandlung bei Wirkwiderständen

Dreieck in Stern:

$$R_{10} = \frac{R_{12} \cdot R_{31}}{R_{12} + R_{23} + R_{31}}$$

$$R_{20} = \frac{R_{23} \cdot R_{12}}{R_{12} + R_{23} + R_{31}}$$

$$R_{30} = \frac{R_{31} \cdot R_{23}}{R_{12} + R_{23} + R_{31}}$$

$$U_{10} = \frac{1}{2}(U_{12} - U_{31}) \qquad I_{10} = \frac{U_{10}}{R_{10}}$$

$$U_{20} = \frac{1}{2}(U_{23} - U_{12}) \qquad I_{20} = \frac{U_{20}}{R_{20}}$$

$$U_{30} = \frac{1}{2}(U_{31} - U_{23}) \qquad I_{30} = \frac{U_{30}}{R_{30}}$$

Stern in Dreieck:

$$R_{12} = \frac{R_{10} \cdot R_{20}}{R_{30}} + R_{10} + R_{20}$$

$$R_{23} = \frac{R_{20} \cdot R_{30}}{R_{10}} + R_{20} + R_{30}$$

$$R_{31} = \frac{R_{30} \cdot R_{10}}{R_{20}} + R_{30} + R_{10}$$

$$U_{12} = U_{10} - U_{20} \qquad I_{12} = \frac{U_{12}}{R_{12}}$$

$$U_{23} = U_{20} - U_{30} \qquad I_{23} = \frac{U_{23}}{R_{23}}$$

$$U_{31} = U_{30} - U_{10} \qquad I_{31} = \frac{U_{31}}{R_{31}}$$

Brückenschaltung

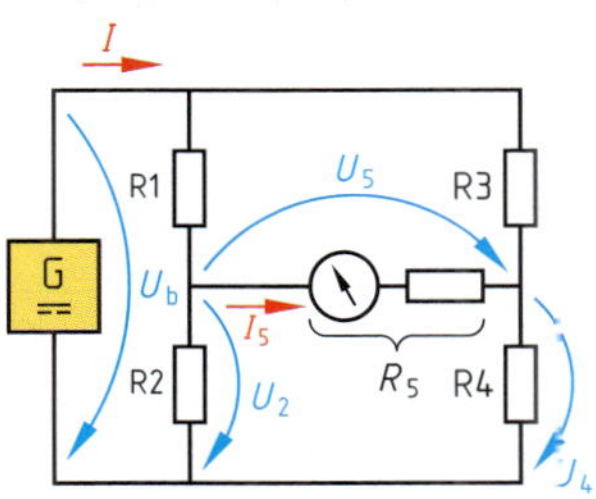

Wheatstone-Brücke

Bei Abgleich:

$$U_5 = U_2 - U_4 = 0$$

$$\frac{R_1}{R_2} = \frac{R_3}{R_4}$$

Ohne Abgleich:

$$I_5 = \frac{(R_2 \cdot R_3 - R_1 \cdot R_4) \cdot U_b}{R_5\,(R_3 + R_4) \cdot (R_1 + R_2) + R_3 \cdot R_4\,(R_1 + R_2) + R_1 \cdot R_2\,(R_3 + R_4)}$$

$$U_5 = \frac{(R_2 \cdot R_3 - R_1 \cdot R_4) \cdot R_5 \cdot U_b}{R_5\,(R_3 + R_4) \cdot (R_1 + R_2) + R_1 R_3 R_4 + R_2 R_3 R_4 + R_1 R_2 R_3 + R_1 R_2 R_4}$$

Die Bedeutung der Formelzeichen ist aus den Bildern zu erkennen.

Widerstände und Kondensatoren

Normreihen (Bemessungswerte)

de.wikipedia.org/wiki/E-Reihe

E-Reihen	E6	1,00		1,50		2,20		3,30		4,70		6,80	
	E12	1,00	1,20	1,50	1,80	2,20	2,70	3,30	3,90	4,70	5,60	6,80	8,20
	E24	1,00 1,10	1,20 1,30	1,50 1,60	1,80 2,00	2,20 2,40	2,70 3,00	3,30 3,60	3,90 4,30	4,70 5,10	5,60 6,20	6,80 7,50	8,20 9,10
	E48	1,00 1,05 1,10 1,15	1,21 1,27 1,33 1,40	1,47 1,54 1,62 1,69	1,78 1,87 1,96 2,05	2,15 2,26 2,37 2,49	2,61 2,74 2,87 3,01	3,16 3,32 3,48 3,65	3,83 4,02 4,22 4,42	4,64 4,87 5,11 5,36	5,62 5,90 6,19 6,49	6,81 7,15 7,50 7,87	8,25 8,66 9,09 9,53
	E96	1,00 1,02 1,05 1,07 1,10 1,13 1,15 1,18	1,21 1,24 1,27 1,30 1,33 1,37 1,40 1,43	1,47 1,50 1,54 1,58 1,62 1,65 1,69 1,74	1,78 1,82 1,87 1,91 1,96 2,00 2,05 2,10	2,15 2,21 2,26 2,32 2,37 2,43 2,49 2,55	2,61 2,67 2,74 2,80 2,87 2,94 3,01 3,09	3,16 3,24 3,32 3,40 3,48 3,57 3,65 3,74	3,83 3,92 4,02 4,12 4,22 4,32 4,42 4,53	4,64 4,75 4,87 4,99 5,11 5,23 5,36 5,49	5,62 5,76 5,90 6,04 6,19 6,34 6,49 6,65	6,81 6,98 7,15 7,32 7,50 7,68 7,87 8,06	8,25 8,45 8,66 8,87 9,09 9,31 9,53 9,76

Beispiele für Werte E192: 1,00 1,01 1,02 1,04 1,05 1,06 1,07 1,09 1,10 ... Weitere Werte: s. Link oben

Toleranzen innerhalb der Reihen: E6: ±20%; E12: ±10%; E24: ±5%; E48: ±2%; E96: ±1%; E192: ±0,5%. Farbkennzeichnung siehe unten bei 4. Ring bzw. 5. Ring.
Die Widerstandswerte erhält man aus $R = \sqrt[m]{10^n}$ nach Rundung, wobei m der Reihe entspricht, z. B. 24, und n eine ganze Zahl ist mit $0 \leq n \leq m-1$. Anzahl der Werte einer Dekade mit $z = 3 \cdot 2^n$ mit $n = 0, 1, 2, 3, 4, 5, 6$.
Bemessungsleistungen: 0,125 W, 0,25 W, 0,5 W, 1 W, 2 W, 5 W, 10 W...

R-Reihen	R10	1,00	1,25	1,60	2,00	2,50	3,15	4,00	5,00	6,30	8,00
	R20	1,00 1,12	1,25 1,40	1,60 1,80	2,00 2,24	2,50 2,80	3,15 3,55	4,00 4,50	5,00 5,60	6,30 7,10	8,00 9,00

Bei den R-Reihen können die Toleranzen der E-Reihen gewählt werden, z. B. ±5%.

Alphanumerische Kennzeichnung von Widerständen und Kondensatoren

Widerstände	R27	2R7	27R	K27	2K7	27K	M27	2M7	27M
	0,27 Ω	2,7 Ω	27 Ω	0,27 kΩ	2,7 kΩ	27 kΩ	0,27 MΩ	2,7 MΩ	27 MΩ
Kondensatoren	3p9	39p	n39	3n9	39n	µ39	3µ9	39µ	m39
	3,9 pF	39 pF	0,39 nF	3,9 nF	39 nF	0,39 µF	3,9 µF	39 µF	0,39 mF

Farbkennzeichnung von Widerständen, keramischen Kondensatoren und Dünnfilmkondensatoren (Werte für 1. und 2. Ring in Ω oder pF)

Farbe der Ringe oder Punkte		schwarz (BK)	braun (BR)	rot (RD)	orange (OG)	gelb (YE)	grün (GN)	blau (BU)	violett (VT)	grau (GY)	weiß (WH)	gold (GD)	silber (SR)	ohne Farbe
1. Ring	1. Ziffer	–	1	2	3	4	5	6	7	8	9	–	–	–
2. Ring	2. Ziffer	0	1	2	3	4	5	6	7	8	9	–	–	–
3. Ring[1]	Multiplikator	10^0	10^1	10^2	10^3	10^4	10^5	10^6	10^7	10^8	10^9	0,1	0,01	–
4. Ring[1]	Toleranz in %	–	±1	±2	–	–	±0,5	±0,25	±0,1	–	–	±5	±10	±20
5. Ring[1]	Zul. Betriebsspannung in V	–	100	200	300	400	500	600	700	800	900	1000	2000	500
6. Ring	TK[2] in ppm[3]	250	100	50	15	25	20	10	5	1	–	–	–	–

[1] Bei Widerständen mit kleiner Toleranz (meist Metallfilm-Widerständen) ist der 3. Ring eine weitere Ziffer. Der 4. Ring gibt dann den Multiplikator an, der 5. Ring die Toleranz in %. Bei Kondensatoren bedeutet der 5. Ring oder Punkt die zulässige Betriebsspannung in V.

[2] TK von Temperaturkoeffizient, TK = α wird in 1/K angegeben. [3] ppm = parts per million = 10^{-6}.

E

Widerstände und Kondensatoren

Prinzip, Leserichtung, Ziffernreihenfolge	Beispiele	Bemerkungen
Farbkennzeichnung von Widerständen		
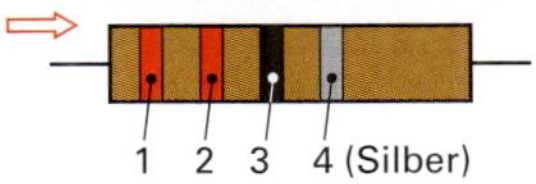 **Kohleschichtwiderstand**	Ziffernreihenfolge in Leserichtung: 1 2 3 4 rt rt sw ag 2 2 10^0 10% ⇒ 22 Ω ±10% = 22 Ω ±10% (E12)	Der 4. Ring bedeutet 10% Toleranz. sonstige Kennzeichnung der Toleranz siehe vorhergehende Seite ⇒ Leserichtung
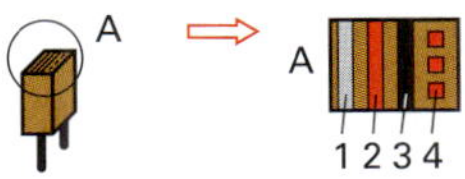 **Metallglasurschichtwiderstand**	Ziffernreihenfolge in Leserichtung: 1 2 3 4 gr rt sw rt 8 2 10^0 2% ⇒ 82 Ω ±2% = 82 Ω ±5% (E24)	Der Farbstreifen 4 mit Unterbrechungen entspricht dem 4. Ring und kennzeichnet die Toleranz des Widerstandswertes.
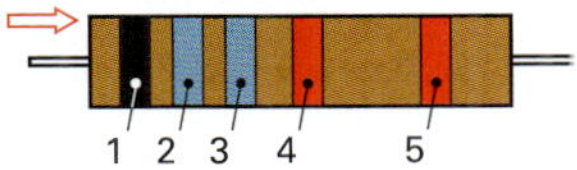 **Metallfilmwiderstand**	Ziffernreihenfolge in Leserichtung: 1 2 3 4 5 gr bl bl rt rt 8 6 6 10^2 2% ⇒ 866 10^2 Ω ±2% = 86600 Ω ±2% = 86,600 kΩ ±2% (E48)	Der Abgleich auf den genauen Widerstandswert erfolgt durch Verkleinern der Widerstandsfläche mit einem Laserstrahl.
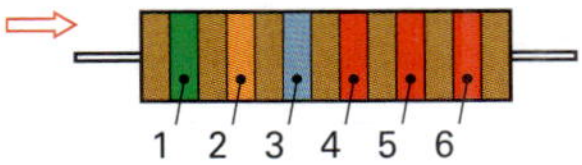 **Metallschichtwiderstand**	Ziffernreihenfolge in Leserichtung: 1 2 3 4 5 6 gn or bl rt rt rt 5 3 6 10^2 2% 50 ppm ⇒ 536 · 10^2 Ω ±2% = 53600 Ω ±2% = 53,600 kΩ ±2% mit $\alpha = 50 \cdot 10^{-6}$ 1/K	Bei einer Temperaturänderung von 20 K verändert sich der Wert des Metallschichtwiderstandes um $536 \cdot 10^2 \cdot 20 \cdot 50 \cdot 10^{-6}$ Ω = 53,6 Ω.
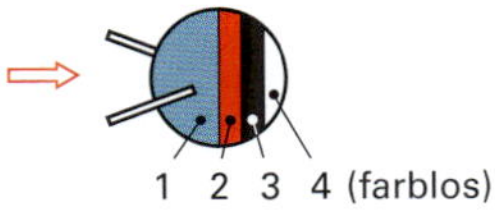 **NTC-Widerstand**	Ziffernreihenfolge in Leserichtung: 1 2 3 4 bl rt sw – 6 2 10^0 20% ⇒ 62 Ω ±20% = 62 Ω ±20%	NTC-Widerstände sind Heißleiter. NTC von Negative Temperature Coefficient = negativer Temperatur-Koeffizient Angaben für 20 °C
Farbkennzeichnung von Kondensatoren		
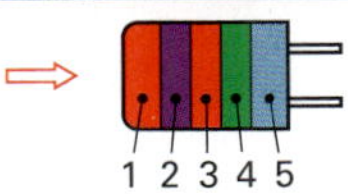 **Dünnfilmkondensator**	Ziffernreihenfolge in Leserichtung: 1 2 3 4 5 rt vi rt gn bl 2 7 10^2 5% 630 V ⇒ 27 · 10^2 pF ±5% = 2700 pF ±5% = 2,7 nF ±5%	Für die Betriebsspannungen gilt abweichend von der Farb-Kennzeichnung auch bl ≙ 630 V und rt ≙ 250 V. Der Wert muss nicht mit dem theoretischen Wert der Reihe übereinstimmen.
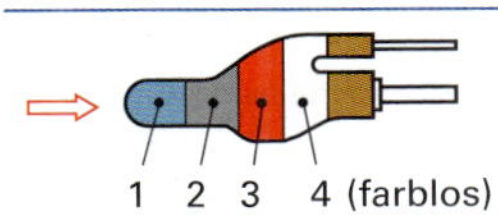 **Keramikkondensator**	Ziffernreihenfolge in Leserichtung: 1 2 3 4 bl gr rt – 6 8 10^2 20% ⇒ 6800 pF ±20% = 6,8 nF ±20%	Die Spannungsangabe erfolgt meist mit Kleinbuchstaben. Spannungsangaben: a: 50V; d: 250V; f: 500V; h: 1000V
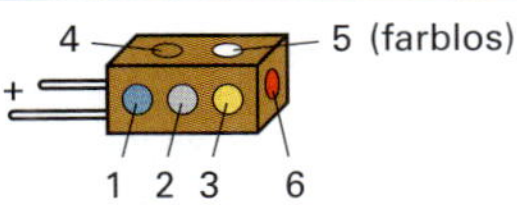 **Tantalkondensator**	Ziffernreihenfolge in Leserichtung: 1 2 3 4 5 6 bl gr gb – ws rt 6 8 10^4 20% 50 V + Pol ⇒ 68 · 10^4 pF ±20% = 0,68 µF ±20%	Es werden meist firmeneigene Farbkennzeichnungen verwendet. Bei gepolten Tantalkondensatoren wird der Anschluss für die positive Elektrode durch den 6. Ring und/oder einen längeren Anschlussdraht gekennzeichnet.

sw (BK)	schwarz	rt (RD)	rot	gb (YE)	gelb	bl (BU)	blau	gr (GY)	grau	au (GD)	gold
br (BN)	braun	or (OG)	orange	gn (GN)	grün	vl (VT)	violett	ws (WH)	weiß	ag (SR)	silber

E

Halbleiterelemente

Halbleiterwiderstände

Schaltzeichen, Bezeichnung	Aufbau	Daten	Bemerkungen
Temperaturabhängige Widerstände (Thermistoren)			
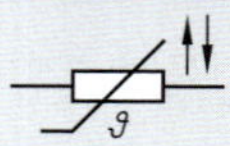 **Heißleiter, NTC-Resistor** **(Negative Temperature Coefficient)**	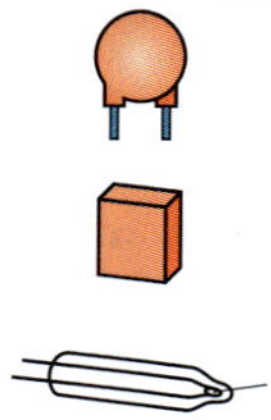 scheibenförmig Chip Halbleiterperle **Werkstoffe**: Mischungen aus Metalloxiden (MgO, TiO_2, Al_2O_3, NiO mit Co-Zusatz)	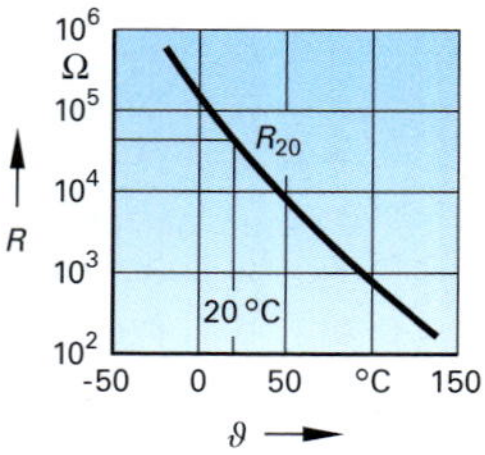 R_{20} Kaltwiderstand bei 20 °C	Der Widerstand von Heißleitern nimmt mit steigender Temperatur ab (negativer Temperaturkoeffizient). Temperaturkoeffizienten: −0,02/K bis −0,06/K Bemessungswiderstände (bei 20 °C): 4 Ω bis 470 Ω **Anwendungen** Fremderwärmte Heißleiter: als Temperaturfühler; Eigenerwärmte Heißleiter: Einschaltstrombegrenzung
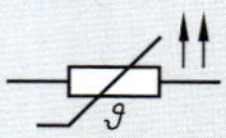 **Kaltleiter, PTC-Resistor** **(Positive Temperature Coefficient)**	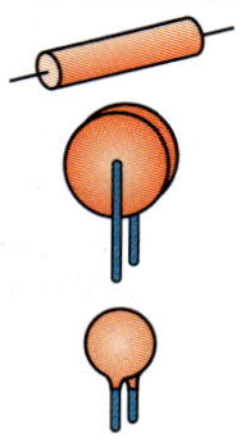 stabförmig scheibenförmig perlenförmig **Werkstoffe**: Bariumtitanat mit Zusatz von Metalloxiden oder -salzen	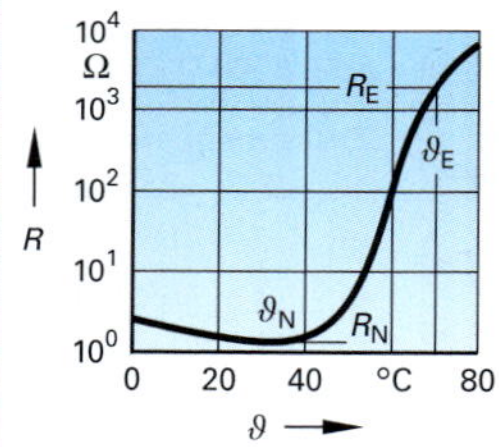 R_N Bemessungswiderstand bei Bemessungstemperatur ϑ_N R_E Endwiderstand bei Endtemperatur ϑ_E	Der Widerstand von Kaltleitern nimmt in einem Temperaturbereich mit steigender Temperatur stark zu (positiver Temperaturkoeffizient). Temperaturkoeffizienten: +0,07/K bis +0,6/K Bemessungswiderstände: 3,5 Ω bis 1,2 kΩ **Anwendungen** Überlastschutz, Stromregelung, Übertemperaturschutz (Motorschutz), selbstregulierende Heizelemente
Spannungsabhängige Widerstände (Varistoren)			
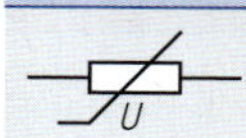 **VDR (Voltage Dependent Resistor)** **Varistor (Variable Resistor)**	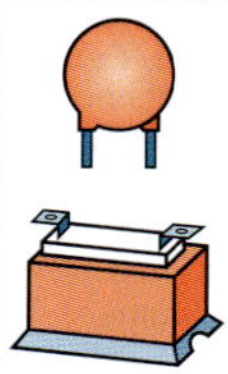 scheibenförmig blockförmig **Werkstoffe**: Gesintertes Siliciumcarbid (SiC), Titandioxid (TiO_2), Zinkoxid (ZnO) Der VDR wird zur Isolation und zum Schutz vor äußeren Einflüssen mit einer Epoxidharzschicht überzogen. Die Spannungsabhängigkeit des Widerstands beruht auf Kontaktwiderständen zwischen den gesinterten Keramikkristallen.	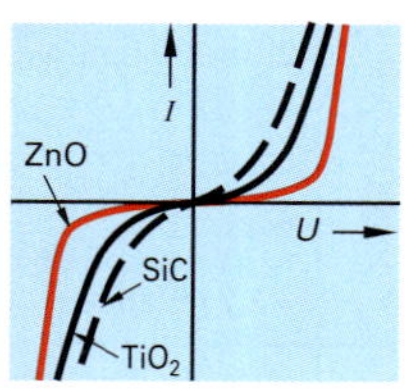 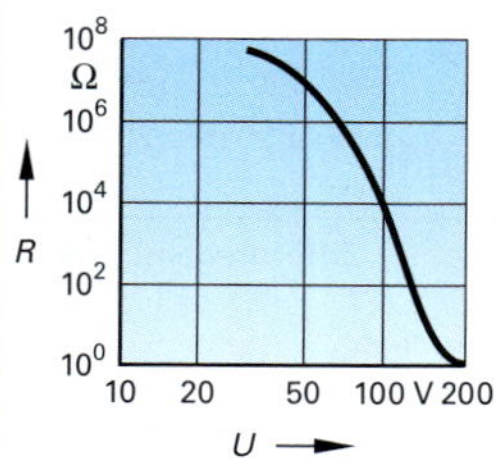 Der Widerstand des VDR nimmt (bei gleichbleibender Temperatur) mit steigender Spannung ab.	$U \approx K \cdot I^{\beta}$ U Spannung am VDR I Strom durch VDR K Bauartkoeffizient (abhängig von räumlichen Abmessungen) β Regelfaktor **Bemessungsspannungen:** ZnO-VDR: 60 V bis 600 V SiC-VDR: 8 V bis 300 V **Maximalströme**: ZnO-VDR: 400 A bis 4500 A SiC-VDR: 1 A bis 10 A **Regelfaktoren β**: SiC-VDR: 0,15 bis 0,35 TiO_2-VDR: 0,1 bis 0,18 ZnO-VDR: 0,03 **Anwendung** Überspannungsschutz, Spannungsstabilisierung, Spannungsbegrenzung

E

Halbleiterelemente

Dioden

Prinzip, Bezeichnung	Gehäuse (Beispiele)	Schaltzeichen, Bezugspfeile	Kennlinien	Anwendung
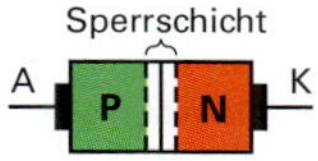 Flächendiode, z. B. Siliciumdiode	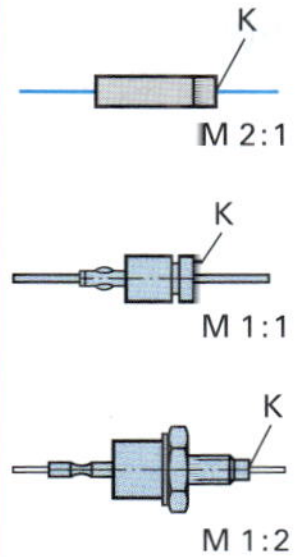	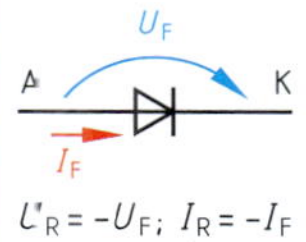	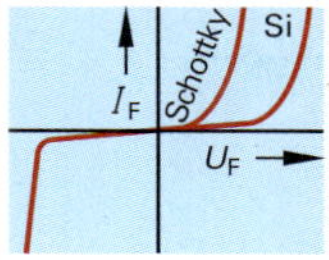	Si-Gleichrichterdiode U_{Rmax} = 100 V bis 3,5 kV I_{Fmax} = 150 mA bis 3 kA Scheibendiode, für Höchstleistung wassergekühlt
 Z-Diode		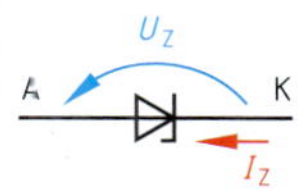	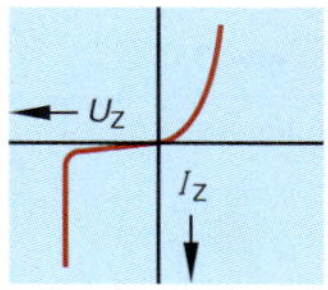	Spannungsbegrenzung, Stabilisierung, Überlastungsschutz U_Z = 1,8 V bis 200 V Betrieb in Rückwärtsrichtung.
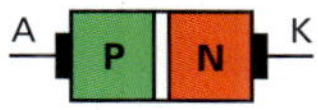 Suppressordiode	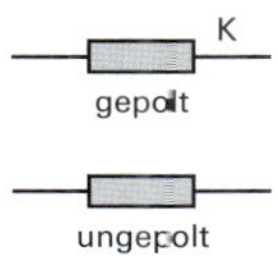	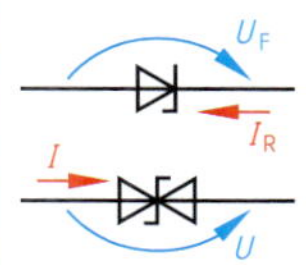	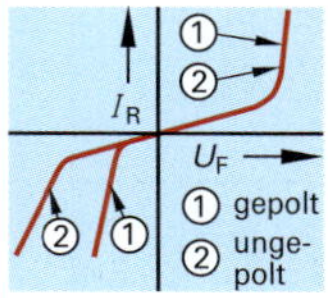	Schutzbeschaltung vor zu hohen Spannungsspitzen U_R = 20 V bis 600 V I_R = 6 A bis 50 A Betrieb in Rückwärtsrichtung
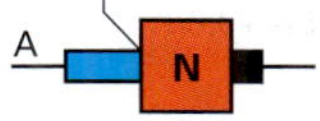 Spitzendiode, Kleinflächendiode	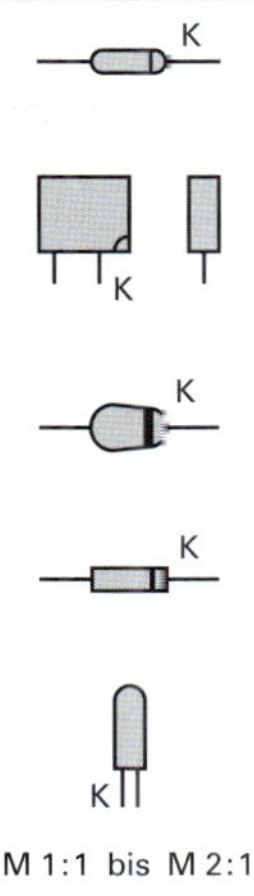	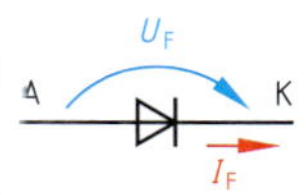	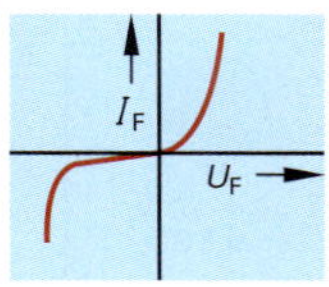	Universaldioden in der HF-Technik, z. B. für HF-Gleichrichtung, Modulation, Demodulation, Schalter
 Kapazitätsdiode		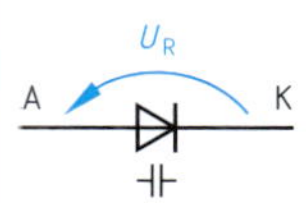	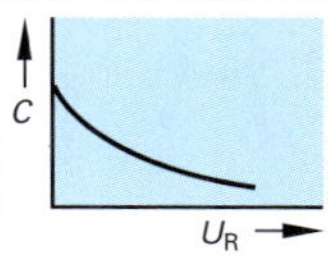	Abstimmung von Schwingkreisen U_R = 1 V bis 30 V C ≤ 60 pF bis 5 pF Betrieb in Rückwärtsrichtung
 Tunneldiode		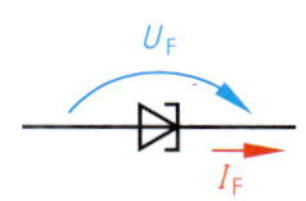	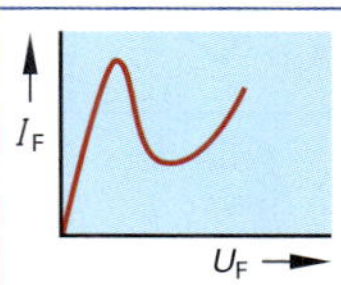	Verstärker bei UHF und VHF, Impulsformer
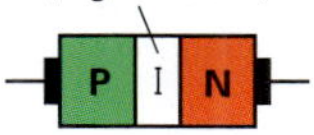 PIN-Diode	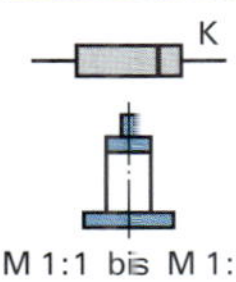	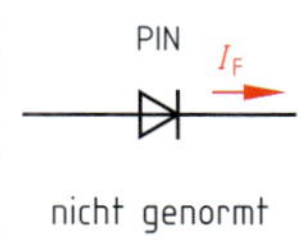	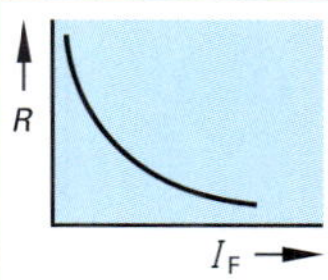	In der Hochfrequenztechnik ab 10 MHz als veränderliche Widerstände in Dämpfungsgliedern und als Schalter
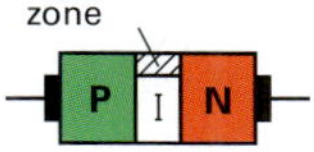 Magnetdiode	 Doppeldiode M 1:1 bis M 2:1	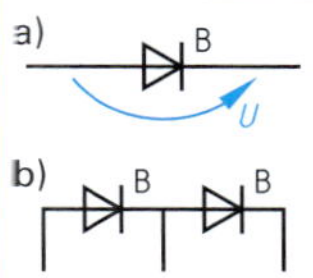	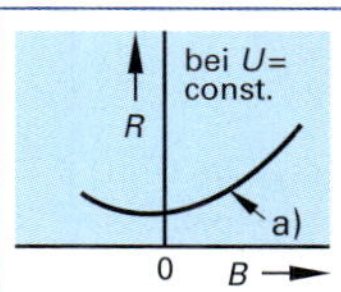	Fühler für Magnetfeld, z. B. in Elektronikmotoren Meist Doppeldiode aus zwei in Reihe geschalteten Dioden

A Anode, *B* magnetische Flussdichte, *C* Kapazität, Ge Germanium, I_F Vorwärtsstrom (Durchlassstrom), I_R Rückwärtsstrom (Sperrstrom), I_Z Zenerstrom, K Katode, *R* Widerstand, Si Silicium, U_F Vorwärtsspannung (Durchlassspannung), U_R Rückwärtsspannung (Sperrspannung), U_Z Zenerspannung

E

Halbleiterelemente

IGBTs, Feldeffekttransistoren

Prinzip, Bezeichnung	Gehäuse (Beispiele)	Schaltzeichen, Bezugspfeile	Kennlinien	Anwendung, Spezialformen
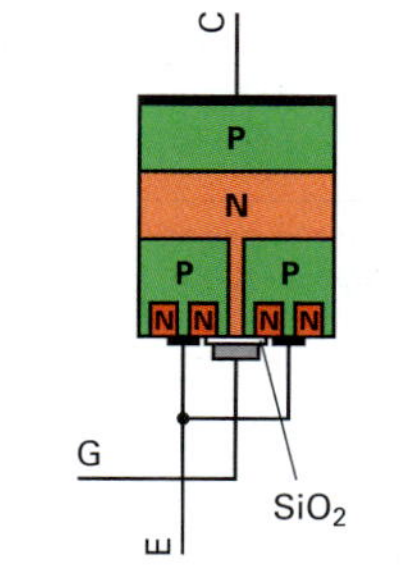 IGBT	z. B. TO 220 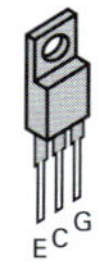 etwa M 1:2	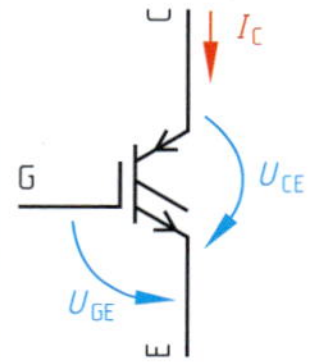	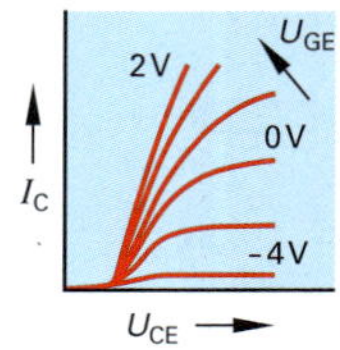	IGBT von Insulated Gate Bipolar Transistor **Selbstleitender IGBT** (Verarmungstyp) ist wie der selbstleitende IG-FET schon bei $U_{GS} = 0$ V leitend. Im Schaltzeichen ist die CE-Strecke durchgezogen. **Selbstsperrender IGBT** (Anreicherungstyp) ist wie der selbstsperrende IG-FET leitend, wenn $U_{GS} = 0$ V. Im Schaltzeichen ist die CE-Strecke gestrichelt. $U_{CE} \leq 1\,600$ V, $I_C \leq 1$ kA
	z. B. TO 247 AC 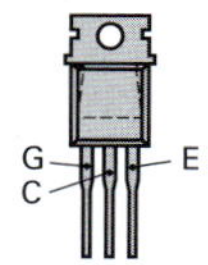	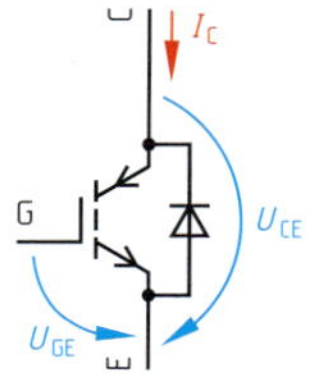	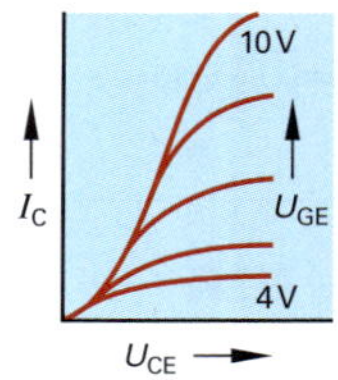	
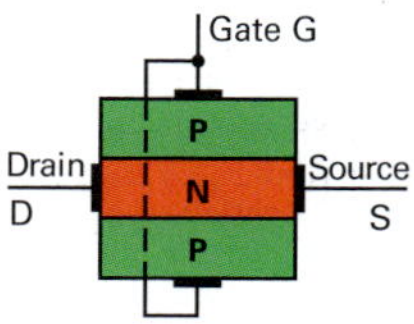 J-FET mit N-Kanal	 auch SDG statt SGD	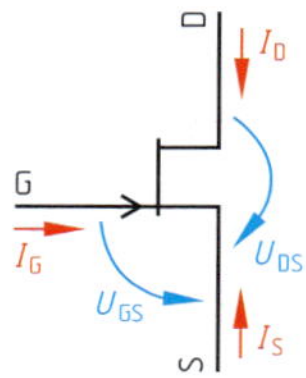	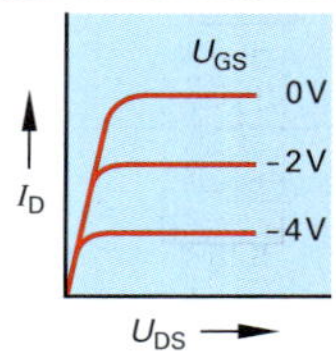	Verstärkerschaltungen, Analogschalter, Vorverstärker Mikrofon, HF-Verstärker, Oszillatoren, Quarzoszillatoren, Mischstufen, Stellglieder bei Reglern
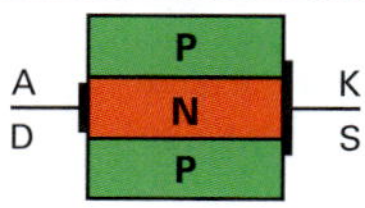 J-FET als Strombegrenzer		Ersatzschaltung 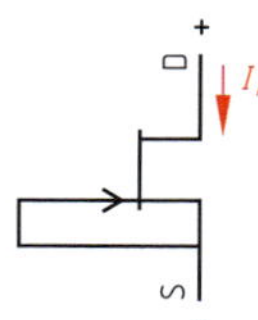	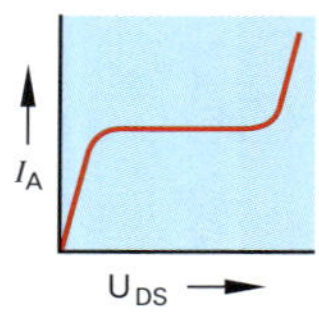	Stabilisierung, Strombegrenzung
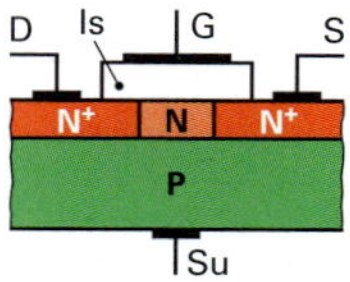 Selbstleitender IG-FET mit N-Kanal		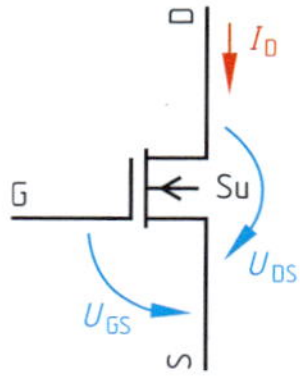	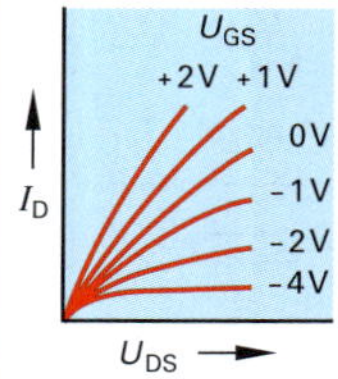	Verstärkerschaltungen, insbesondere für Eingangsstufen, HF-Verstärker, Regelglieder, Leistungsverstärker Typische Grenzwerte für Leistungsverstärker: $U_{DS} = 50$ V $U_{GS} = \pm 20$ V $I_D = 25$ A maximale Verlustleistung: $P_{tot} = 75$ W In Operationsverstärkern, in integrierten Schaltungen.
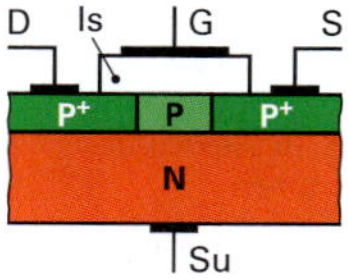 Selbstsperrender IG-FET mit P-Kanal	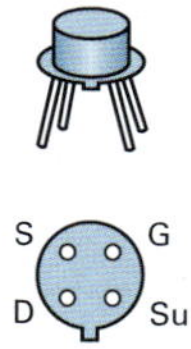	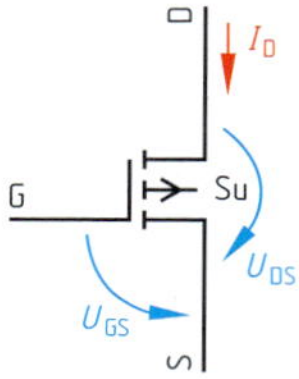	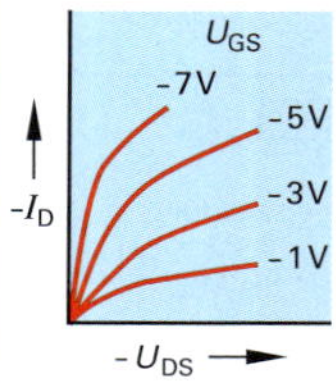	

A Anode, D Drain, G Gate, Is Isolierung mit SiO_2, K Katode, N N-dotiert, N^+ stark N-dotiert, P P-dotiert, P^+ stark P-dotiert, S Source, Su Substrat

E

Halbleiterelemente

Bipolare Transistoren

Prinzip, Bezeichnung	Gehäuse (Beispiele)	Schaltzeichen, Bezugspfeile	Typische Kennlinien	Anwendung, Spezialformen
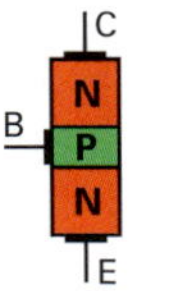 NPN-Transistor	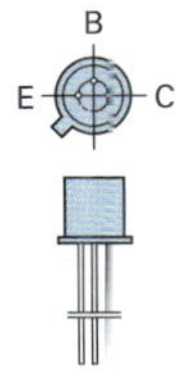	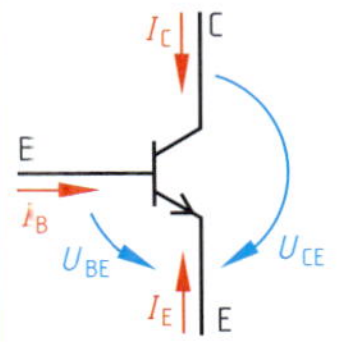	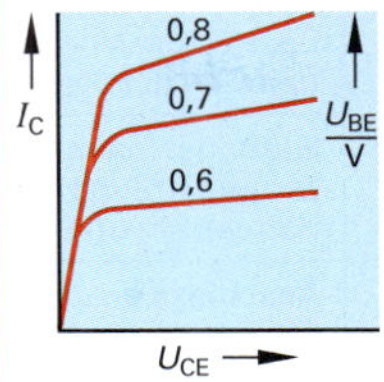	Verstärkerschaltungen, Oszillatoren, Leistungsstufen in Netzteilen Typische Daten: $B = 50$ bis 700 NPN-Transistoren: $I_C = 10$ mA...30 A $U_{BE} = 0{,}7$ V PNP-Transistoren: $I_C = -10$ mA bis −30 A $U_{BE} = -0{,}7$ V
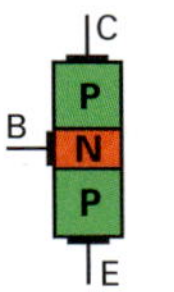 PNP-Transistor		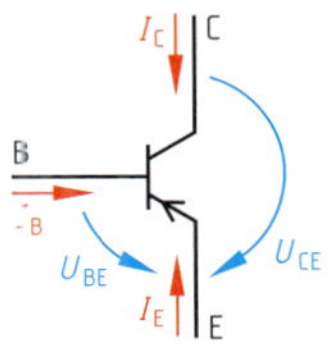	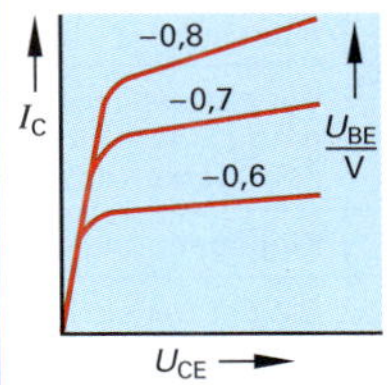	
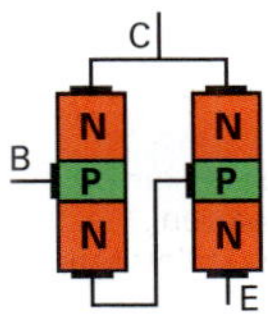 Darlington-Transistor	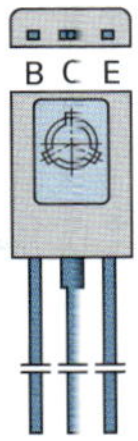	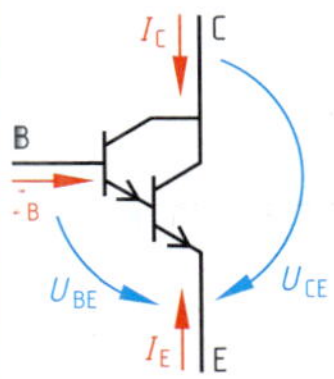	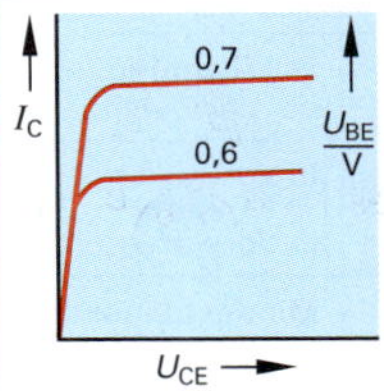	Leistungsverstärker für Relaissteuerungen oder Verstärker Darlingtonstufen bestehen aus zwei Transistoren in einem Gehäuse. Der Stromverstärkungsfaktor ist sehr groß. Typische Daten: $\beta = 200$ bis 1 000 $B = 100$ bis 30 000 $I_C = 0{,}1$ A bis 30 A
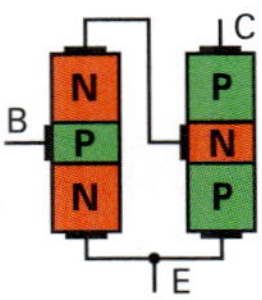 Komplementär-Darlington-Transistor	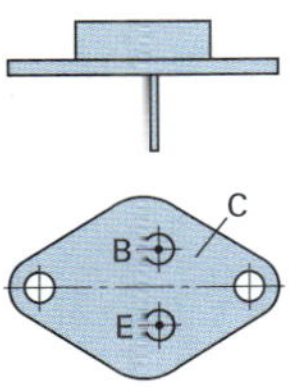	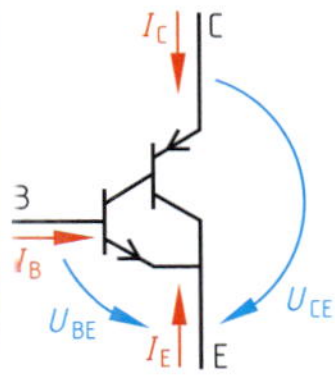	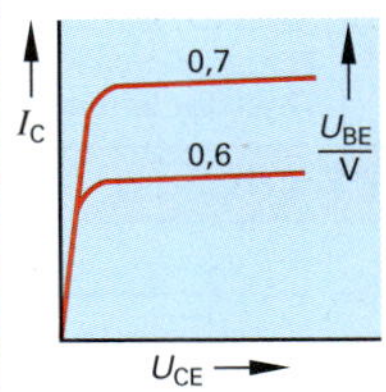	
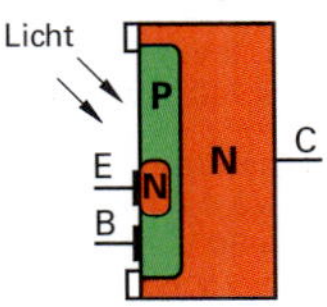 Foto-Transistor	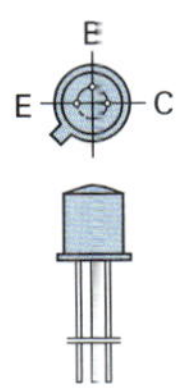	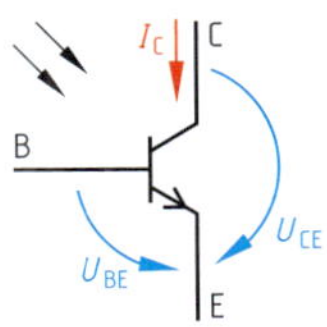	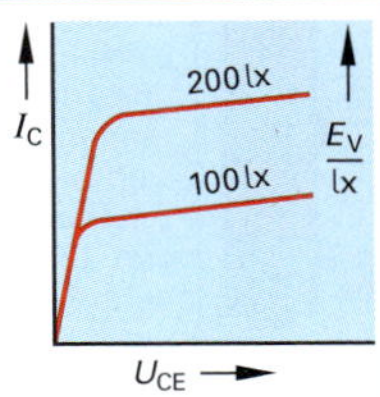	Optische Abtastung von Barcodes, Optokoppler Fototransistoren gibt es mit und ohne Basisanschluss.
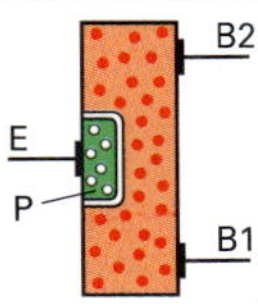 Doppelbasis-Transistor (UJT)	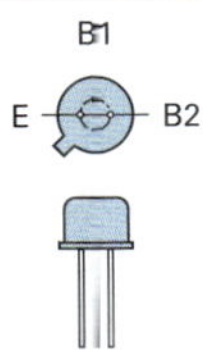	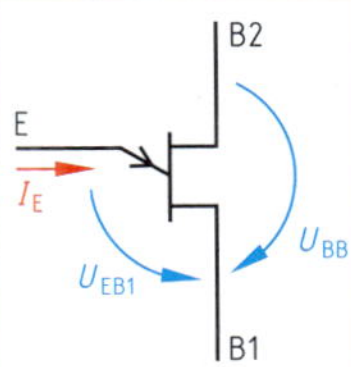	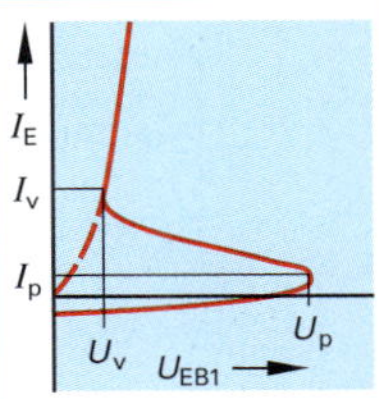	Zum Zünden von Thyristoren I_v Talstrom I_p Höckerstrom U_v Talspannung U_p Höckerspannung

B Basis, B Gleichstromverhältnis, C Kollektor, E Emitter, E_v Beleuchtungsstärke, β Kurzschluss-Stromverstärkungsfaktor, I_C Kollektorstrom, UJT Unijunction Transistor

E

Halbleiterelemente

Thyristor

Begriffe und Kennlinien

Begriff	Erklärung
Blockierbereich	Bereich der Vorwärtsrichtung, in dem der Thyristor nicht leitet, weil der Steuerstrom fehlt
Freiwerdezeit	Zeitdauer, nach der die Sperrschicht frei von Ladungsträgern ist, wenn ohne Zündstrom der Haltestrom unterschritten wird
Gate (engl. gate = Tor)	Anschluss an einer Halbleiterschicht, die für die Steuerung verwendet wird
Haltestrom I_H	Kleinster Vorwärtsstrom, bei dem der Thyristor noch leitet
Kippspannung U_K	Vorwärtsspannung, bei welcher der blockierende (sperrende) Thyristor bei gleich bleibendem Gatestrom leitend wird
Nullkippspannung U_{K0}	Kippspannung ohne Gatestrom
Rückwärtsrichtung	Die der Schaltrichtung entgegengesetzte Richtung von Strom und Spannung
Schneller Thyristor	Thyristor mit kleiner Freiwerdezeit
Vorwärtsrichtung, Schaltrichtung	Die Richtung der Spannung von Anode zu Katode, bei welcher der Thyristor schaltbar ist
Vorwärtsspannung U_F	In Vorwärtsrichtung anliegende Spannung
Vorwärtsstrom I_F	In Vorwärtsrichtung fließender Strom
Zündpulsdauer t_{GP}	Mindestdauer eines Zündimpulses
Zündstrom I_G	Der Gatestrom, der das Umschalten vom sperrenden in den leitenden Zustand bewirkt
Zündzeit t_G	Zeitdauer, nach welcher der Zündstrom den Thyristor leitend gemacht hat

Kennlinien

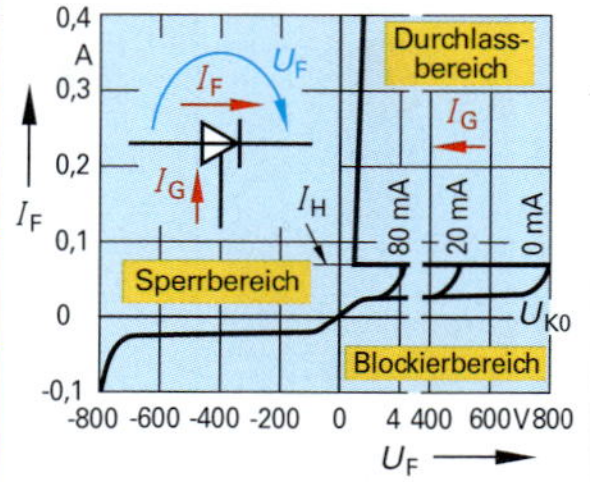

Kennlinie eines Thyristors mit Nullkippspannung 800 V

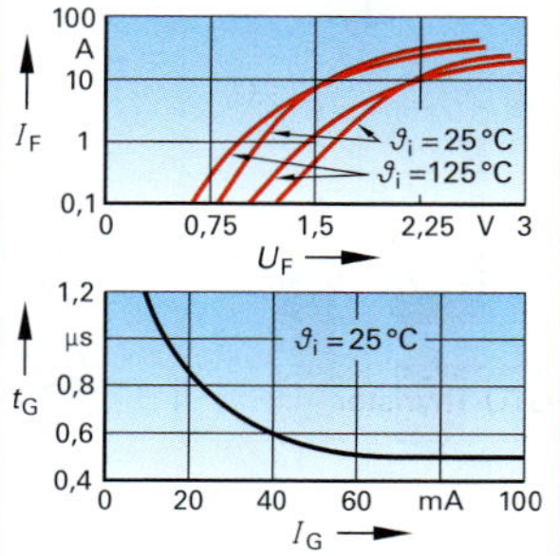

Kennlinien eines 22-A-Thyristors

Wirkungsweise der Thyristoren

Aufbau

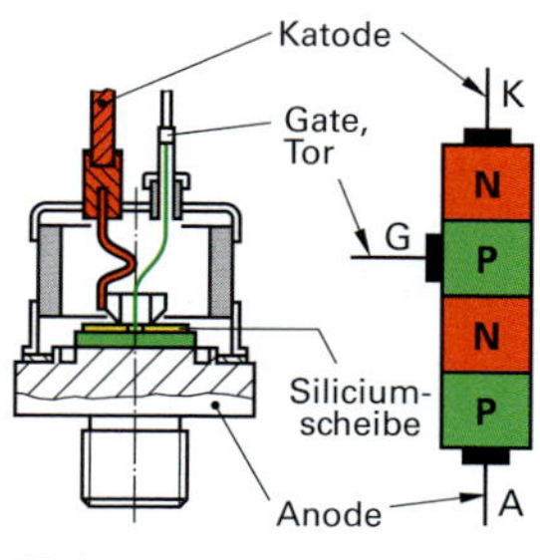

Rückwärts sperrende Thyristortriode
(häufigste Thyristorart)

Erklärung

Der Thyristor (Kunstwort aus Thyratron = schaltbare Röhre und Resistor = Widerstand) ist ein Halbleiterbauelement mit wenigstens vier aufeinander folgenden Halbleiterzonen wechselnden Leitfähigkeitstyps, z. B. PNPN (siehe „Thyristoren und Triggerdioden"). Alle Zonen können vom sperrenden Zustand in den leitenden gebracht werden, sind also *einschaltbare* Stromventile. Dieses Einschalten kann z. B. durch einen Steuerstrom erfolgen. Das Abschalten durch einen Steuerstrom ist beim *Abschaltthyristor* (GTO-Thyristor) möglich.

Bei allen Thyristorarten wird der sperrende Zustand von selbst erreicht, wenn der Haltestrom unterschritten wird, z. B. bei Wechselstrom. Das Abschalten eines Gleichstromes erfordert dagegen bei den nicht durch Steuerstrom abschaltbaren Thyristoren besondere *Löscheinrichtungen*.

Die allgemeinen Begriffe für Gleichrichterdioden gelten auch für Thyristoren.

Daten (Beispiele)

Rückwärts sperrende Thyristortriode:
I_{Fmax} = 0,4 A bis 4,5 kA
U_{Rmax} = 50 V bis 8 kV
U_F ≈ 2 V bis 3 V
f_S ≤ 100 kHz

GTO-Thyristor:
I_{Fmax} = 0,4 A bis 3 kA
U_{Rmax} = 50 V bis 5 kV
U_F ≈ 2 V bis 3 V
f_S ≤ 10 kHz

Zum Schalten großer Leistungen, sonst IGBTs üblich

f_S	Schaltfrequenz	t_G	Zündzeit	U_{K0}	Kippspannung bei $I_G = 0$
I_G	Gatestrom (Steuerstrom)	t_{GD}	Mindestdauer für Zündimpuls	U_R	Rückwärtsspannung
I_{Fmax}	max. zul. Vorwärtsstrom	U_F	Vorwärtsspannung	U_{Rmax}	max. zulässige Rückwärtsspannung
I_F	Vorwärtsstrom	U_K	Kippspannung	ϑ_j	Sperrschichttemperatur
I_H	Haltestrom				

E

Halbleiterelemente

Thyristorarten und Triggerdiode

Prinzip, Bezeichnung	Gehäuse (Beispiele)	Schaltzeichen, Bezugspfeile	Kennlinien	Anwendungen, Bemerkungen
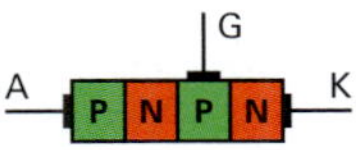 P-Gate-Thyristor	z. B. TO 48 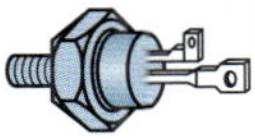 etwa M 1:5	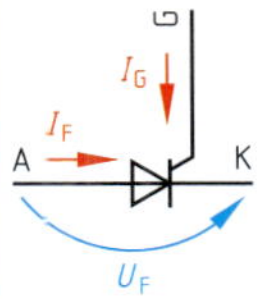	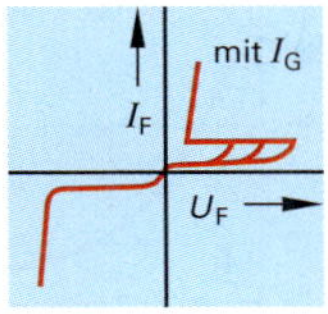	Steuerbarer Gleichrichter, kontaktloser Wechselstromschalter von 100 V bis 20 kV 0,4 A bis 4500 A Scheibenthyristor für höchste Leistungen, meist mit Wasserkühlung
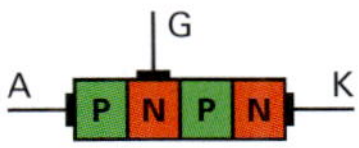 N-Gate-Thyristor	z. B. TO 66 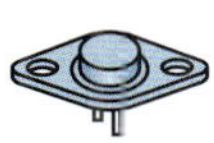 etwa M 1:2	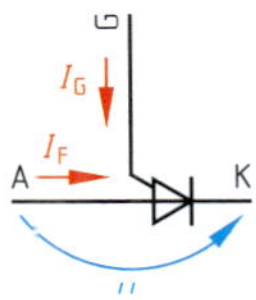	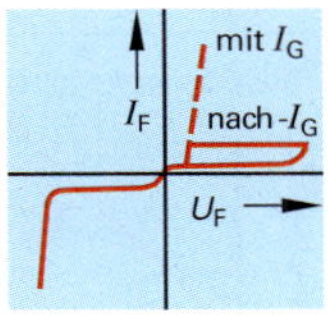	Wie P-Gate-Thyristor, jedoch nur für kleinere Leistungen Beschaltet mit Spannungsteiler als PUT bezeichnet (Programmierbarer UJT)
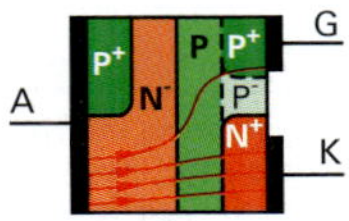 Abschaltthyristor, GTO-Thyristor	z. B. TO 39  etwa M 1:1	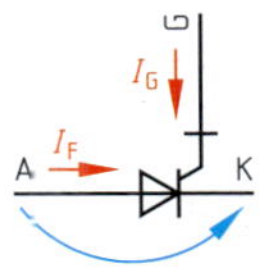	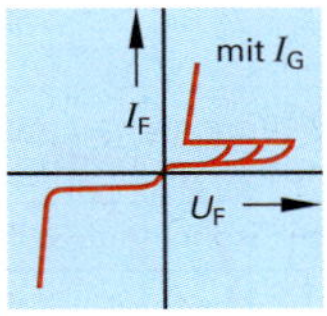	Abschaltbarer kontaktloser Schalter für Gleichstrom, z. B. in Stromrichtern mit Pulsweitenmodulation von 100 V bis 4500 V 1 A bis 3000 A
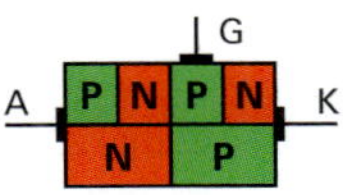 Rückwärts leitender Thyristor	z. B TO 220 	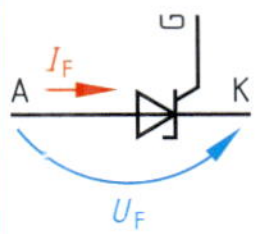	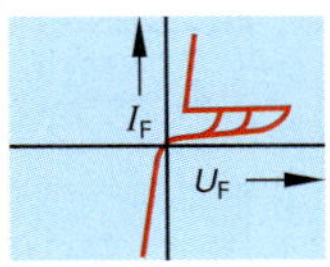	Für Wechselrichterschaltungen anstelle von P-Gate-Thyristor mit gegenparalleler Diode
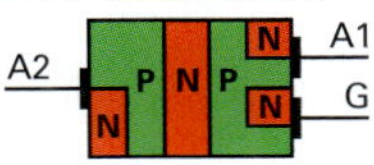 Triac	etwa M 1:2	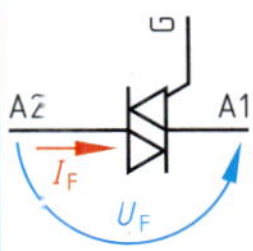	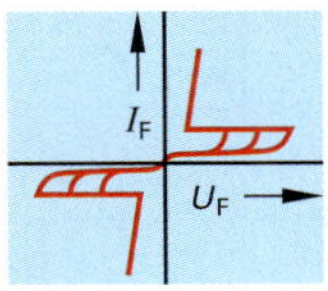	Wechselstromsteller für Dimmer und Drehzahlsteller bei Elektrowerkzeugen von 100 V bis 1200 V 1 A bis 120 A
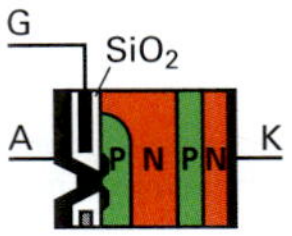 MCT, spannungsgesteuerter Thyristor	z.B. TO 126  etwa M 1:2	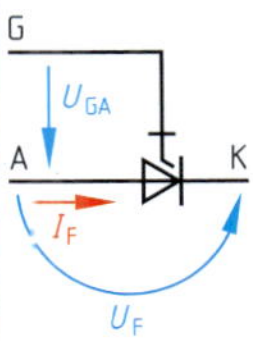	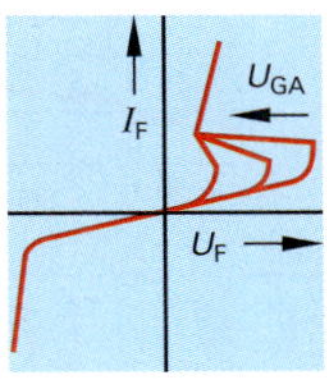	MCT von MOS-Controlled-Thyristor = MOSFET-gesteuerter Thyristor; Enthält eine FET-Zone zum Einschalten (U_{GA}< 0) und einen FET zum Ausschalten (U_{GA}>0). U_{GA} muss dauernd anstehen. $U_F \leq 1{,}5$ V, $U_R \leq 1{,}6$ kV, $I_F \leq 800$ A
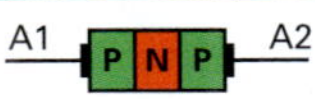 Diac	 etwa M 2:1	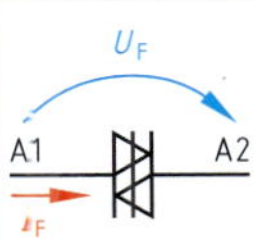	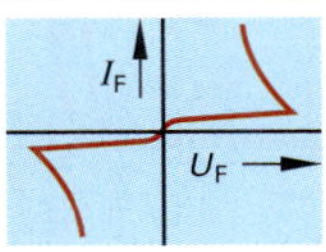	Triggerdiode, z. B. für Triacs Schaltspannung 35 V 1 mA bis 10 mA

A Anode, A1 Hauptanschluss 1, A2 Hauptanschluss 2, G Gate, GA anodenseitiges Gate, GK katodenseitiges Gate, GTO von Gate Turn Off = über Gate abschaltbar, K Katode, I_F Vorwärtsstrom, I_G Gatestrom, U_F Vorwärtsspannung

E

Halbleiterelemente

Fotoelektronische Bauelemente

Schaltzeichen, Bezugspfeile	Kennlinien	Daten	Anwendungen
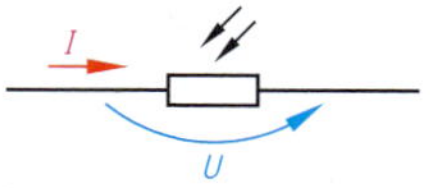 **Fotowiderstand (LDR, von Light Dependent Resistor)**	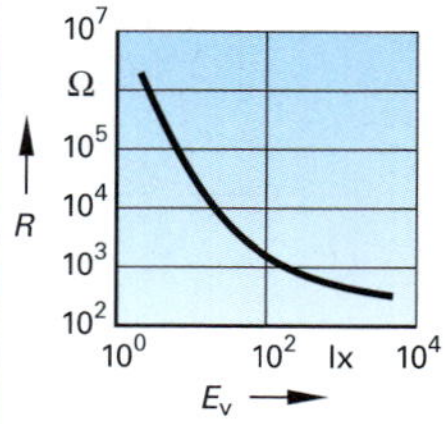	Dunkelwiderstand > 10 MΩ nach 10 s, Hellwiderstand < 1 kΩ, Betriebsspannung bis 300 V, Temperaturbereich –20 °C bis +80 °C, Belastbarkeit bis 500 mW.	Bei Gleichspannung und Wechselspannung. CdS- und CdSe-Zellen für den sichtbaren Strahlungsbereich, PbS- und InSb-Zellen für den Infrarotbereich Für Beleuchtungsstärkemesser
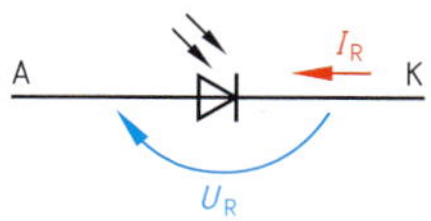 **Fotodiode**	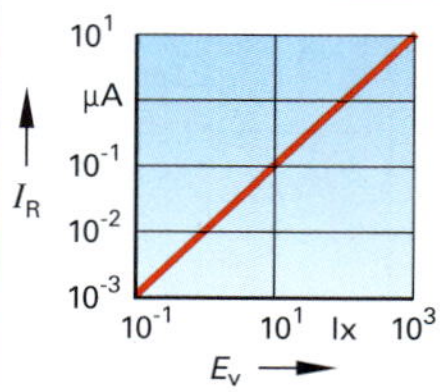	Maximale Empfindlichkeit: Si bei 800 nm bis 850 nm, Ge bei 1,5 µm, Betriebsspannung bis 10 V, Grenzfrequenz 10 MHz, Verlustleistung bis 100 mW, stark temperaturabhängig	Für Messzwecke, in Optokopplern, bei Datenübertragung über LWL (Lichtwellenleiter)
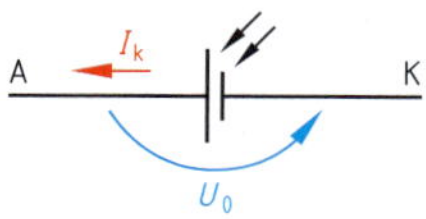 **Fotoelement**	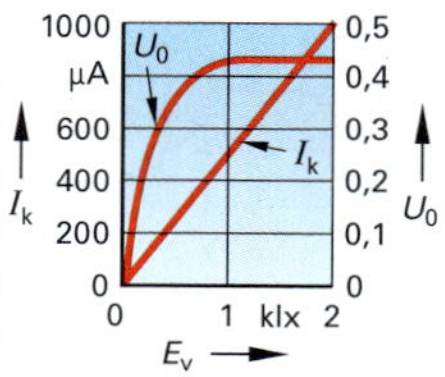	Leerlaufspannung bei 1 klx Si: $U_0 \approx 0{,}4$ V GaAs: $U_0 \approx 0{,}9$ V Se: $U_0 \approx 0{,}3$ V Solarzellen aus polykristallinem Si: $U_0 \approx 0{,}55$ V; $P \approx 10$ mW/cm²; $\eta \approx 10\,\%$	Parallelschaltung erhöht die Stromstärke, Reihenschaltung die Spannung Bei Solargeneratoren Leistungen bis in den kW-Bereich
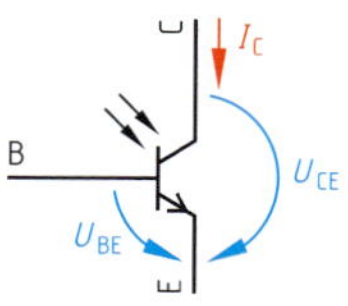 **Fototransistor**	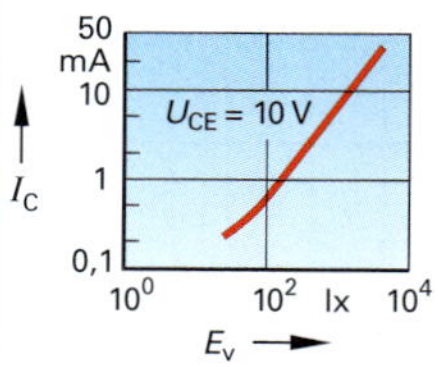	Sperrspannung 30 V, Verlustleistung 300 mW, Grenzfrequenz 0,5 MHz, Fotoempfindlichkeit bis zu 500-mal höher als bei Fotodioden	Optische Signalübertragung und Datenübertragung, in Optokopplern, Lichtschranken
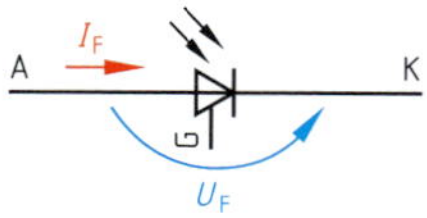 **Fotothyristor**	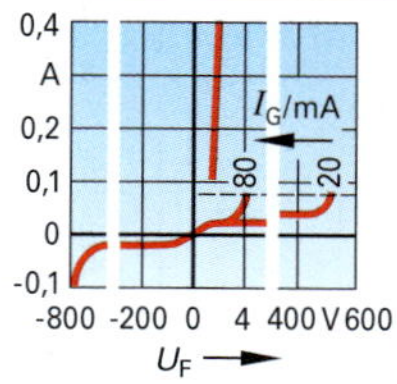	Durchlassstrom bis 10 A, sicheres Zünden bei ≈ 1 000 lx Grenzfrequenz ≈ 1 kHz, Verlustleistung bis 0,5 W	Strahlungsgesteuerter elektronischer Schalter zum Schalten großer Ströme, z. B. in Hochspannungsanlagen Auch zur galvanischen Trennung zusammen mit LED bzw. IRED in Optokopplern.
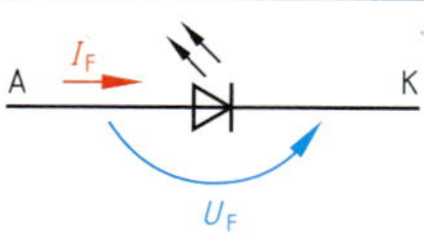 **LED, IRED Lumineszenzdiode**	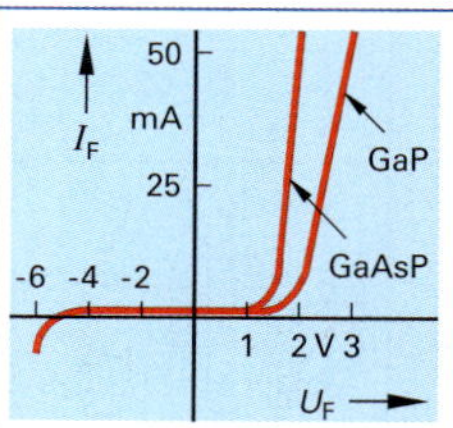	LED: Durchlassstrom bis 100 mA, Durchlassspannung bis 2 V je nach Farbe (rt, ge, or, gn, bl, ws) Grenzfrequenz ≈ 20 MHz, Lebensdauer bei $I_F = 15$ mA etwa 10^5 h IRED: Strahldichte bis 20 mW/sr	LED = Licht emittierende Diode: Ziffernanzeige, Signal- und Anzeigelampen, Beleuchtung IRED = Infrarot emittierende Diode: In Optokopplern, Lichtschranken Werkstoffe: InGaAlP, GaAs oder GaAlAs

A Anode, B Basis, C Kollektor, E Emitter, E_v Beleuchtungstärke, G Gate, I_C Kollektorstrom, I_F Durchlassstrom, I_k Kurzschlussstrom, I_R Rückwärtsstrom, K Katode, P Leistung, U_{BE} Basis-Emitterspannung, U_{CE} Kollektor-Emitterspannung, U_0 Leerlaufspannung, U_F Vorwärtsspannung, U_R Rückwärtsspannung, η Wirkungsgrad

E

Arbeiten an elektrischen Anlagen, Leitungsverlegung

Sicherheitsregeln beim Arbeiten an elektrischen Anlagen

vgl. DIN VDE 0105

Regel	Erklärung	Bemerkungen
1. Freischalten	Allseitiges *Abschalten* und *Abtrennen* aller nicht geerdeter Leiter; Das Abtrennen muss zuverlässig erfolgen.	Nicht geeignet zum Trennen sind Installationsschalter und Halbleiterschalter, geeignet sind z.B. Leitungsschutzschalter und RCDs.
2. Gegen Wiedereinschalten sichern	Sichern z.B. durch Mitnahme der Schmelzsicherungen, Abschließen oder Zukleben der Verteilung	Zusätzlich soll ein Warnschild mit Text „Nicht Schalten, es wird gearbeitet“ oder mit Symbol „durchgestrichener Schalter“ angebracht sein.
3. Spannungsfreiheit feststellen	Die Spannungsfreiheit muss an der *Arbeitsstelle* mit Spannungsmesser oder Spannungsprüfer festgestellt werden. Prüfgeräte müssen unmittelbar vorher überprüft worden sein.	**Prüfgeräte** 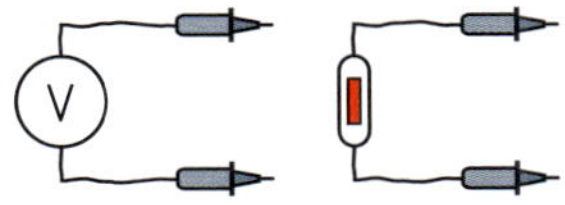
4. Erden und Kurzschließen	Erforderlich in Anlagen bis AC 1000 V bzw. DC 1500 V nur bei *Freileitungen* und in *Kabelnetzen*; bei höheren Spannungen immer erforderlich; erst erden (E), dann kurzschließen	**Kurzschlusseinrichtung** 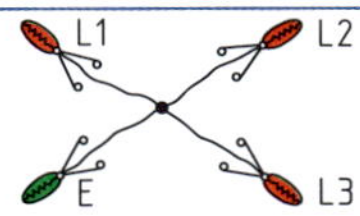
5. Benachbarte unter Spannung stehende Teile abdecken oder abschranken	Anwendung nur, wenn benachbart zur Arbeitsstelle Spannung führende Teile *anderer Stromkreise* oder anderer Spannungsquellen vorliegen	Bei unmittelbarer Nähe zur Arbeitsstelle erfolgt das Abdecken mit Gummitüchern oder Formstücken. Bei größerem Abstand, z.B. in Prüffeldern, kann abgeschrankt werden.

Leitungsverlegung

Begriff	Erklärung	Bemerkungen
Verlegearten	Man unterscheidet: auf Putz, im Putz, unter Putz, im Beton, in Hohlwänden, in Installationskanälen, Unterflurinstallation, auf Kabeltragegestellen, im Erdreich	Leitungen und Kabel müssen nach DIN-VDE-Bestimmungen fachgerecht verlegt werden.

Maße bei fester Verlegung

Maximale Befestigungsabstände in mm (Normwerte) Werte können in der Praxis abweichen			**Kleinster Biegeradius r in mm** bei einer Leitertemperatur von 20 °C ± 10 °C	
Außendurchmesser der Leitung in mm	waagrechte Verlegung	senkrechte Verlegung	Leitungsdurchmesser in mm	zulässiger Biegeradius r
$d \leq 9$	250	400	$d \leq 8$	$\geq 4 \cdot d$
$9 < d \leq 15$	300	400	$8 < d \leq 12$	$\geq 5 \cdot d$
$15 < d \leq 20$	350	450	$12 < d \leq 20$	$\geq 6 \cdot d$
$20 < d \leq 40$	400	550	$d > 20$	$\geq 6 \cdot d$

Befestigungsabstand, Biegeradius

Bei Leitungen mit $d \geq 40$ mm sind die Angaben des Herstellers zu beachten.

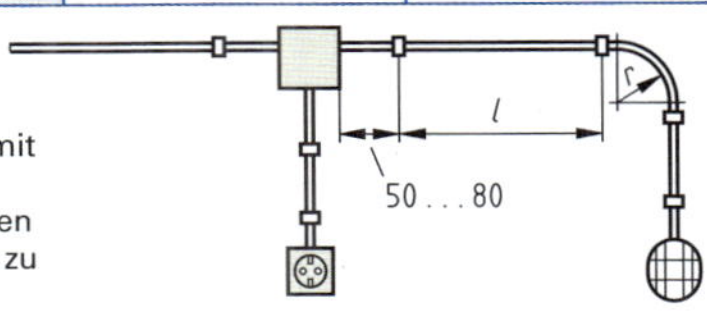

Beispiel:
Bei einer Leitung NYM mit Leitungsdurchmesser $d = 10$ mm beträgt der maximale Befestigungsabstand $l = 300$ mm (waagrechte Verlegung) bzw. 400 mm (senkrechte Verlegung) und der Mindestbiegeradius $r = 4 \cdot d = 4 \cdot 10\ \text{mm} = 40$ mm

Farbkennzeichnung von Aderendhülsen bei flexiblen Leitern

Leiterquerschnitt	Farbe	Leiterquerschnitt	Farbe
0,5 mm²	weiß	2,5 mm²	blau
0,75 mm²	grau	4 mm²	grau
1 mm²	rot	6 mm²	gelb
1,5 mm²	schwarz	10 mm²	rot

Aderendhülsenzange

E

Installationsschaltungen

Ausschaltungen, Serienschaltung

Schaltung	Übersichtsschaltplan	Stromlaufplan in zusammenhängender Darstellung
Ausschaltung Ausschaltung mit Wechselschalter (Universalschalter)	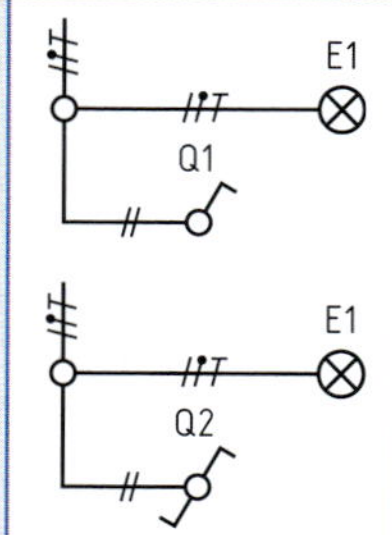	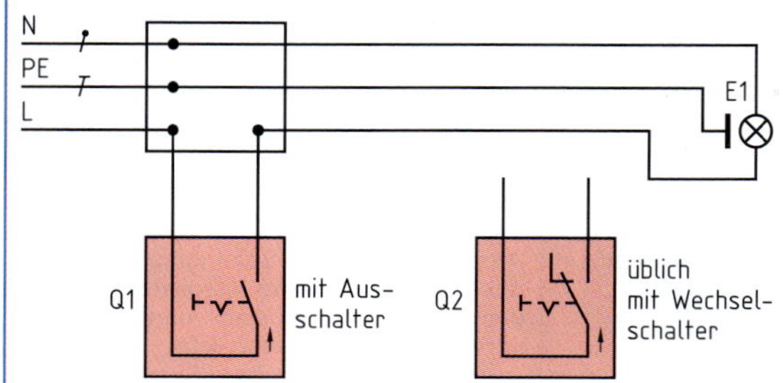
Ausschaltung mit Kontroll-Ausschalter	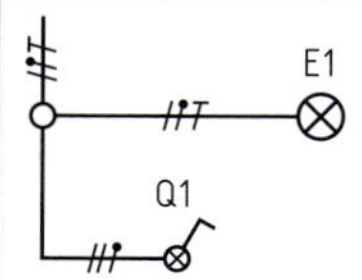	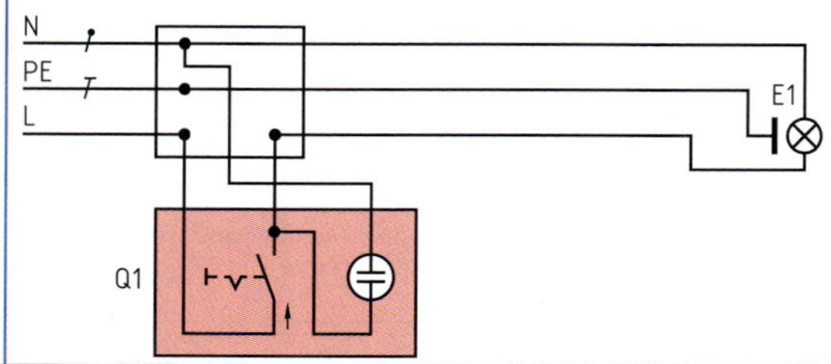
Ausschaltung mit beleuchtetem Ausschalter und Steckdose	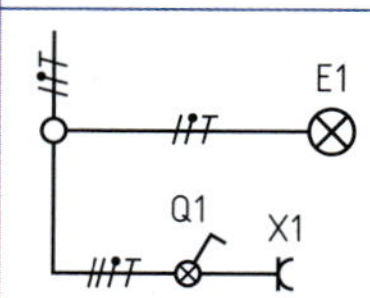	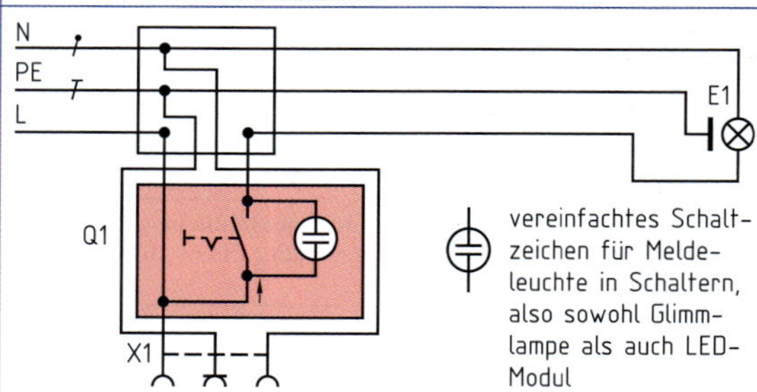
Zweipolige Ausschaltung	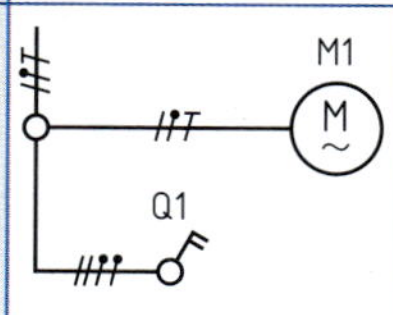	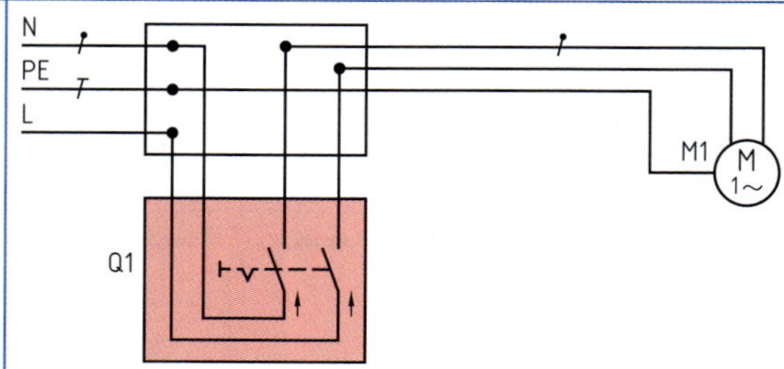
Serienschaltung mit beleuchtetem Serienschalter	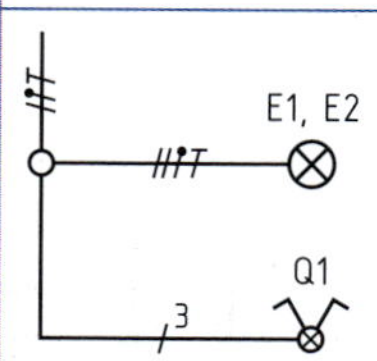	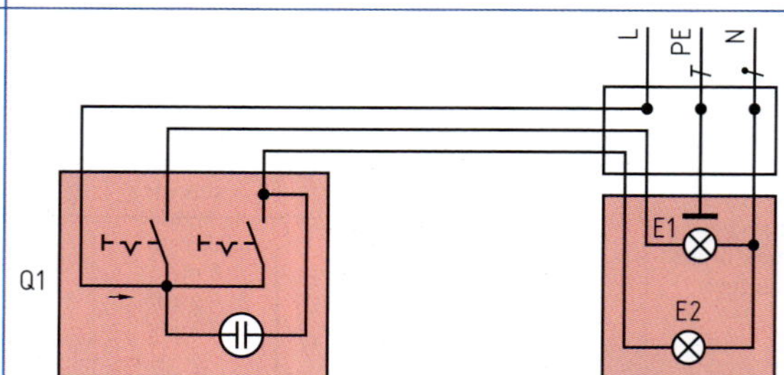

E

Installationsschaltungen

Wechselschaltung, Kreuzschaltung

Schaltung	Übersichtsschaltplan	Stromlaufplan Darstellung ① zusammenhängend, ② halb zusammenhängend
Wechselschaltung mit beleuchteten Wechselschaltern	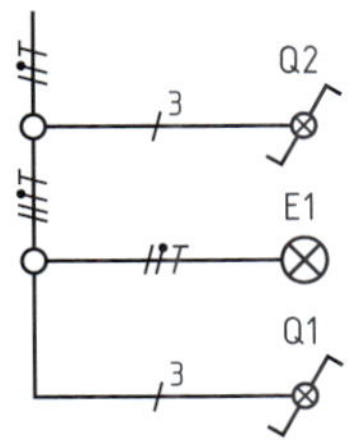	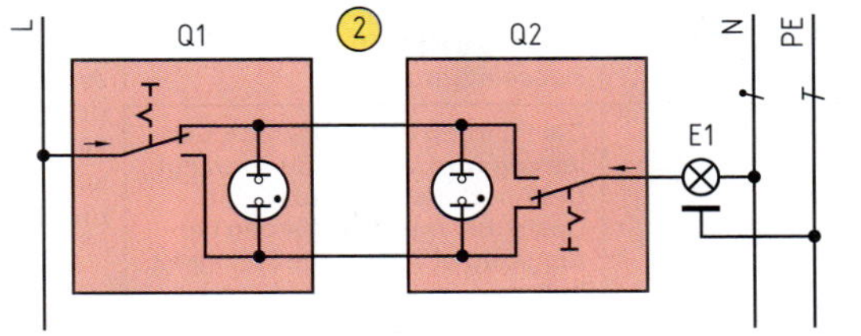
Wechselschaltung mit Steckdose	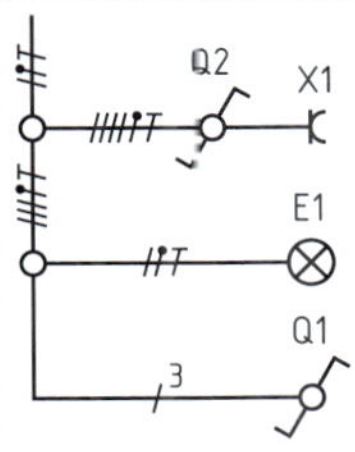	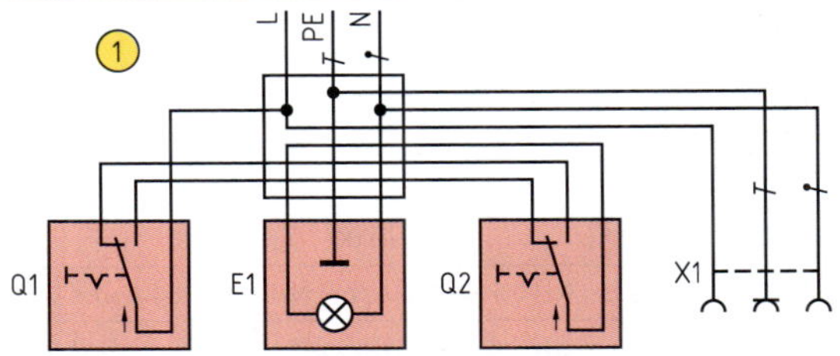
Sparwechsel-schaltung mit Steckdose	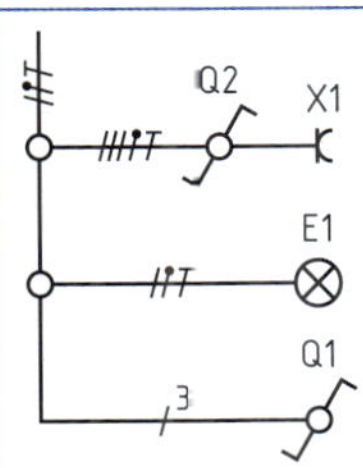	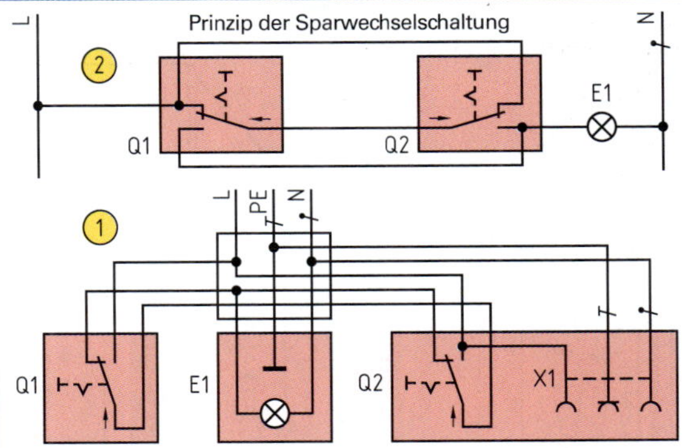
Sparwechsel-schaltung mit Kontroll-Wechsel-schalter Q1 und beleuchtetem Wechselschalter Q2	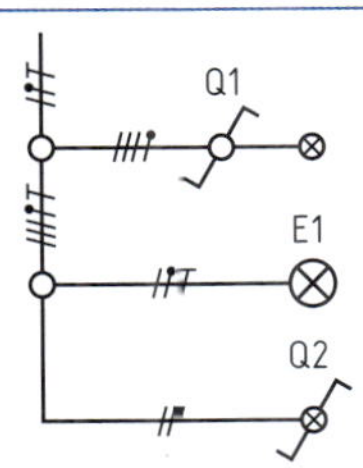	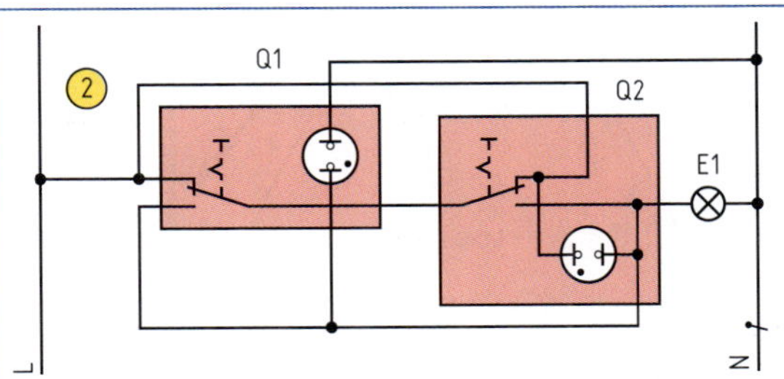
Kreuzschaltung	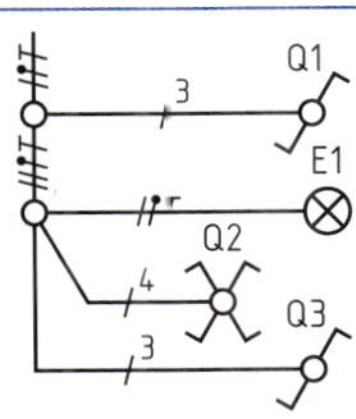	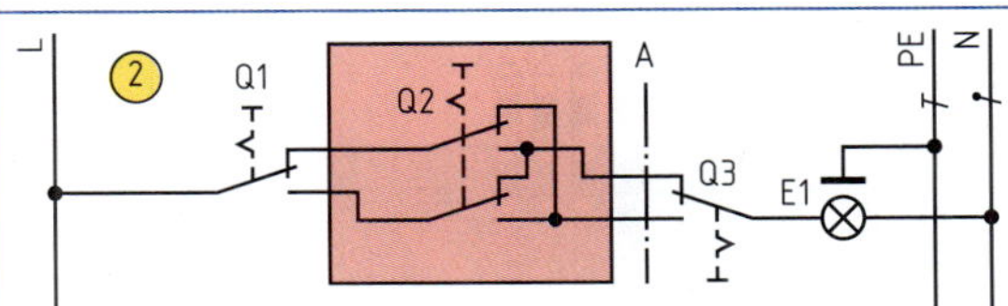 Bei A können weitere Kreuzschalter angeschlossen werden, Anschluss wie Q2.

E

Hausanschluss mit Schutzpotenzialausgleich

Hausanschluss

Arten	Bedingungen	Hausanschlussraum
Kabelanschluss	Der VNB (Verteilungsnetzbetreiber) sorgt für wasserdichten Anschluss im Schutzrohr der Hauseinführung.	Raum für Hausanschlusskasten oder Hauptverteiler einschließlich Hauseinführung. Der Raum sollte an der Gebäudeaußenwand liegen, durch welche die Anschlussleitungen geführt werden. Möglichst besonderer Raum, der für Beauftragte des VNB zugänglich sein muss. Nicht möglich sind Garagen, nasse Räume, Heizräume und Lagerräume für brennbare Stoffe.
Freileitungsanschluss (Dachständeranschluss, Wandanschluss)	Die Führung der Hausanschlussleitung wird vom VNB festgelegt. Die Anschlusswand bzw. der Dachstuhl muss die für den Leitungszug erforderliche Festigkeit haben.	

Hausanschlusskästen

Art	Auswahl Schmelzsicherungen	Anschlussquerschnitt in mm²	
		Zugang	Abgang
Kabelanschluss	3 x NH 00 3 x NH 1	4 x 50 4 x 150	5 x 50 5 x 120
Freileitungsanschluss	3 x Diazed D III 3 x NH 00	4 x 35 4 x 50	5 x 25 5 x 50

Schmelzeinsätze bei NH 00 bis 100 A, bei NH 1 bis 250 A und bei D III bis 63 A.

Hausanschlussraum mit Schutzpotenzialausgleich

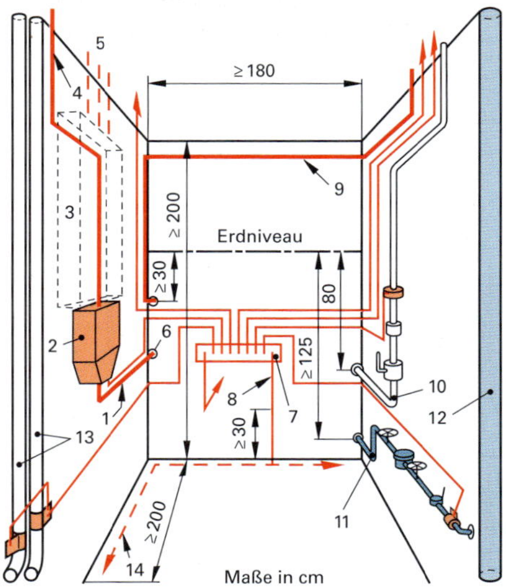

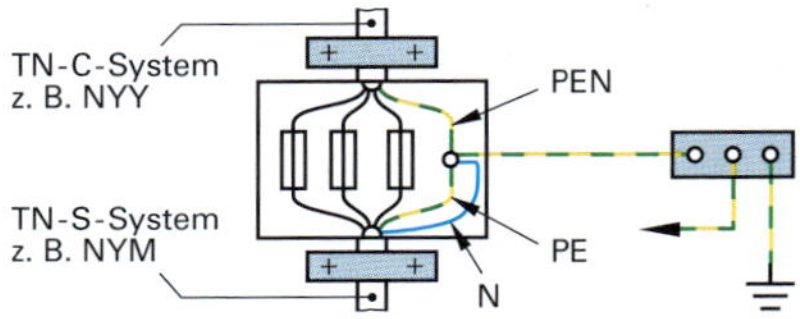

Hausanschlusskasten

1 Hauseinführungsleitung
2 Hausanschlusskasten
3 Platz für Zählerschrank
4 Hauptleitung
5 Ableitungen von Messeinrichtungen zu den Stromkreisverteilern
6 Kabelschutzrohr
7 Haupterdungsschiene mit Verbindungsleitungen
8 Anschlussfahne des Fundamenterders
9 Hausanschlussleitung für Fernmeldeeinrichtung
10 Hausanschlussleitung für Gas
11 Hausanschlussleitung für Wasser
12 Abwasserrohr
13 Heizungsrohr
14 Fundamenterder

E

Haupterdungsschiene

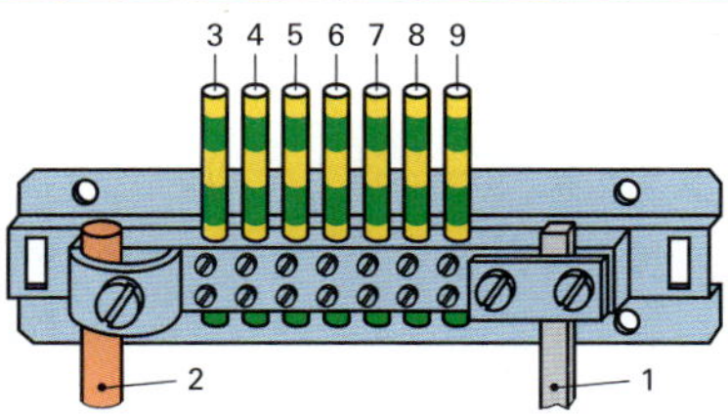

15 Fundamenterder
16 Blitzschutzanlage
17 Heizungsanlage
18 PE-Leiter zum Hausanschlusskasten
19 PE-Leiter zu PE-Schienen
20 Telekomanlage
21 Antennenanlage
22 Gasversorgungsanlage
23 Wasserversorgungsanlage

Fundamenterder im Beton oder in Erde

vgl. DIN 18014

vereinfachte Ansicht, Name	Erklärung	Bemerkungen, Ergänzungen
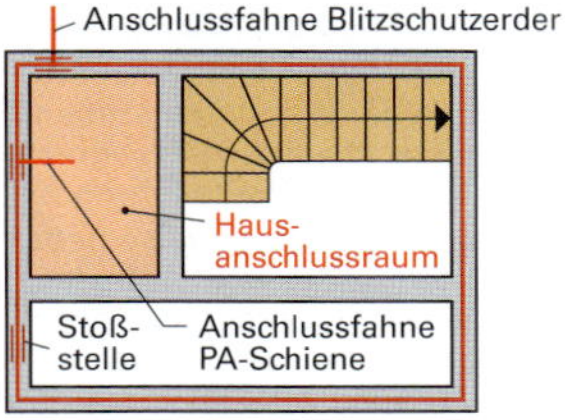 **Fundamenterder im Fundamentbeton des Gebäudes**	Bei der Errichtung von Gebäuden wird der PEN-Leiter des Netzes geerdet, damit im Fehlerfall die Spannung abgeschaltet wird. Der Fundamenterder im Beton wird in den Schalungsort für das Außenfundament oder für die Grundplatte mittels Abstandhalter eingebracht. Durch den danach eingebrachten Beton wird die Korrosion verhindert bzw. gebremst.	Die Anschlussfahnen mit den Querschnitten des Erders müssen gegen Korrosion geschützt sein. Eine Anschlussfahne aus Bandstahl oder Rundstahl wird zur Haupterdungsschiene geführt. 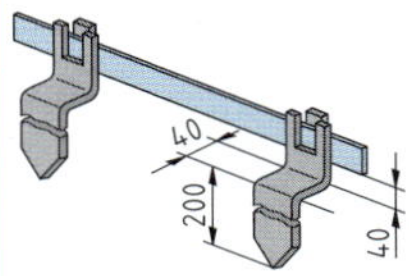 **Abstandshalter**
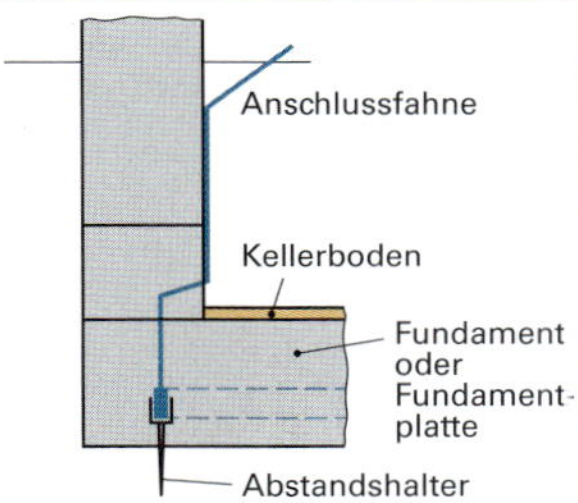 **Fundamenterder im unbewehrten Beton**	Der im Erdreich liegende „erdfühlige“ Beton stellt durch seine Feuchtigkeit die Verbindung mit der umgebenden Erde her. Durch Keile, Federn, Schrauben oder Schweißen sind die Teile des Erders verbunden. Die Maschenweite soll nicht größer sein als 10 m × 10 m. Der Fundamenterder besteht aus verzinktem oder unverzinktem • Bandstahl von $A \geq 30 \times 3{,}5\ \text{mm}^2$ • oder Rundstahl von ≥ 10 mm ∅. Er muss allseitig mit mindestens 50 mm Beton bedeckt sein.	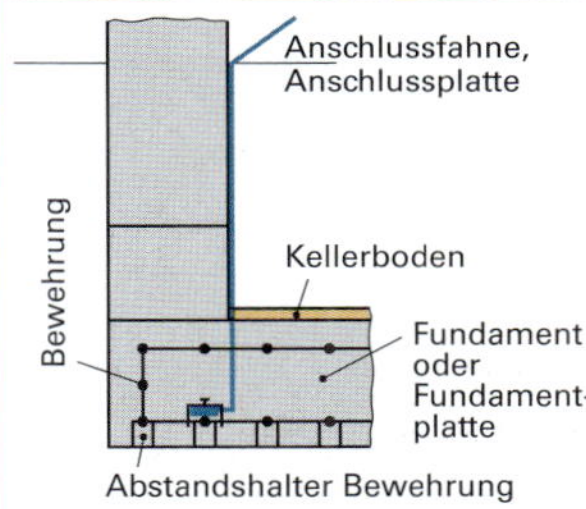 **Fundamenterder im bewehrten Beton**
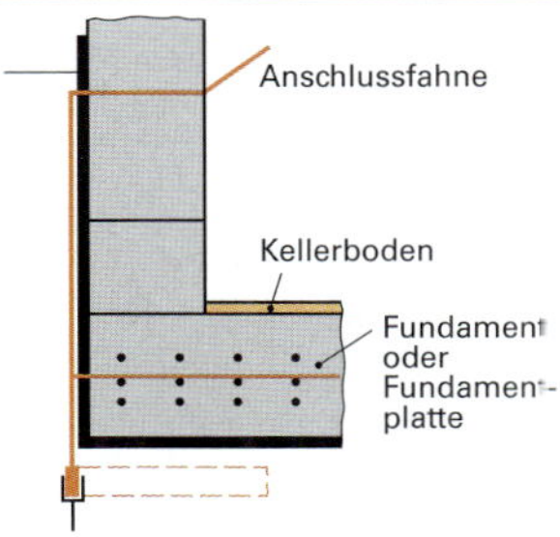 **Ringerder bei schwarzer Wanne**	Das Fundament kann durch Bitumen oder Kunststoff gegen Wasser zu einer *schwarzen Wanne* abgedichtet sein. Dadurch korrodieren die Metallteile des Fundamentes nicht mehr. Allerdings ist jetzt der Beton nicht mehr erdfühlig. Deshalb muss an der Stelle des Fundamenterders im Beton ein *Ringerder* außerhalb der geschlossenen Wanne in das Erdreich eingebracht werden Bei bewehrten Fundamenten ist zusätzlich ein *Erdungsleiter* mit Verbindung an Bewehrung und Haupterdungsklemme zum Potenzialausgleich zu errichten, insbesondere wegen Blitzschutz.	Die Abmessungen des Ringerders sind wie beim Fundamenterder im Beton • Bandmaterial von $30 \times 3{,}5\ \text{mm}^2$ oder • Rundmaterial von ≥ 10 mm ∅. Das Material muss *korrosionsfest* sein, z. B. nichtrostender Stahl oder Kupfer. Eine geschlossene Wanne wird auch durch wasserdichten Beton hergestellt. Bei dieser *weißen Wanne* kommt wie bei einer schwarzen ein Ringerder ins Erdreich.
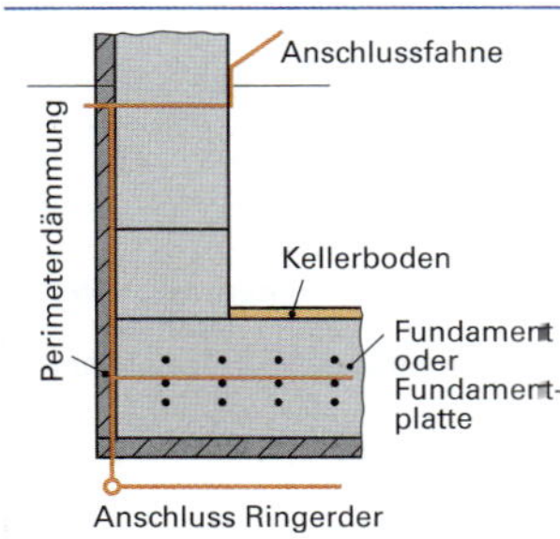 **Ringerder bei allseitiger Perimeterdämmung**	Die Perimeterdämmung (Perimeter = Umfang) ist die Wärmedämmung. Sie kann am Fundament einseitig, zweiseitig oder allseitig sein. Bei der einseitigen und der zweiseitigen Perimeterdämmung bleibt der Beton erdfühlig. Deshalb wird hier ein normaler Fundamenterder eingebracht. Bei der allseitigen Dämmung muss dagegen ins Erdreich ein Ringerder wie bei einer geschlossenen Wanne eingebracht werden. Bei bewehrten Fundamenten zusätzlich *Erdungsleiter* zum Potenzialausgleich wie bei schwarzer Wanne	Das Herstellen der Erdung ist eine elektrotechnische Arbeit. Sie muss von einer elektrotechnischen Fachkraft oder unter deren Aufsicht ausgeführt werden. Anschlussstellen an den Erdern müssen mechanisch fest und niederohmig sein (Richtwert 1 Ω). Bewegungsfugen („Dehnfugen“), die zu überqueren sind, erfordern *Dehnungsbänder* und *Anschlussplatten* (www.dehn.com).

E

Leitungsführung in Wohngebäuden

vgl. DIN 18015-2

Ansicht und Art	Erklärung

Installationszonen von unsichtbar verlegten Leitungen

- Z1 von 10 cm bis 30 cm neben Rohbaukante
- Z2 von 10 cm bis 30 cm an Wandecken
- Z3 von 15 cm bis 45 cm über dem Fußboden
- Z4 von 15 cm bis 45 cm unter der Deckenbekleidung

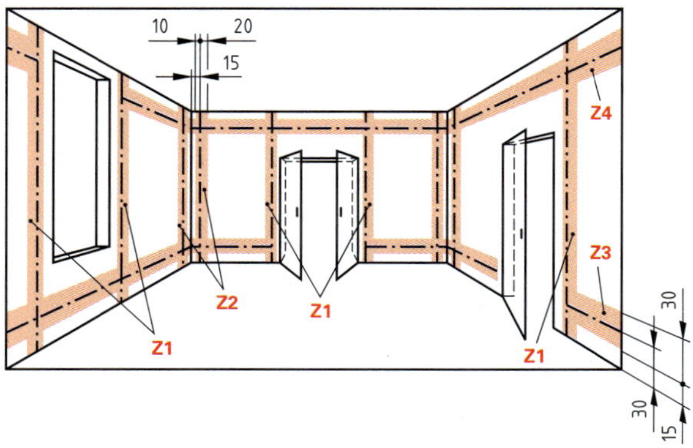

Senkrechte Installationszonen, untere und obere waagrechte Installationszonen

- Leitungen zu Betriebsmitteln außerhalb der Installationszonen Z sind senkrecht aus einer waagrechten Installationszone zu führen.
- Schalter sind vorzugsweise neben den Türen in senkrechten Installationszonen anzuordnen. Die oberste Schaltermitte soll ≤ 1,05 m über dem Fußboden liegen.
- An einflügeligen Türen ist nur eine Installationszone auf der Schlossseite der Türe vorhanden, bei Fenstern und zweiflügeligen Türen sind es beiderseits je eine.
- Bei Räumen mit schrägen Wänden verlaufen die senkrechten Installationszonen parallel zu den Bezugskanten, z. B. zum Fenster.

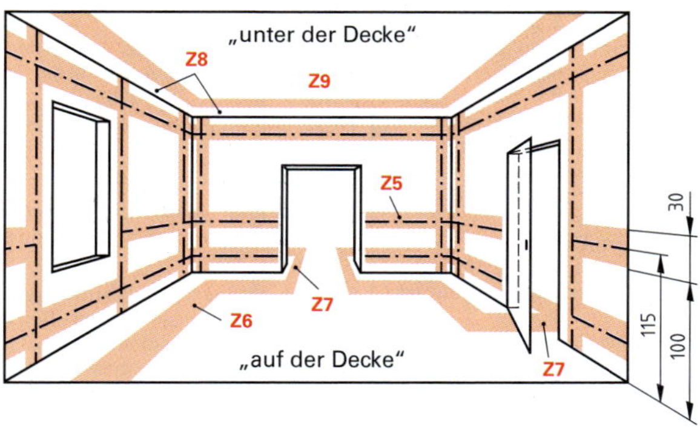

Installationszonen an den Wänden sowie auf und unter der Decke

- Z5 von 1,0 m bis 1,30 m über Fußboden
- Z6 im Raum Breite ≤ 30 cm, Wandabstand ≥ 20 cm, Verlegung parallel zu den Wänden
- Z7 im Türdurchgang Breite ≤ 30 cm, Wandabstand ≥ 15 cm
- Z8 Wandabstand ≥ 20 cm
- Z9 Verlegung parallel zu den Wänden.

- Die mittlere waagrechte Installationszone wird nur für Räume mit Arbeitsflächen vor Wänden, z. B. Küchen, festgelegt.
- Bei sichtbar verlegten Leitungen darf von den genannten Maßen abgewichen werden.

Leitungsführung auf, in und unter der Decke

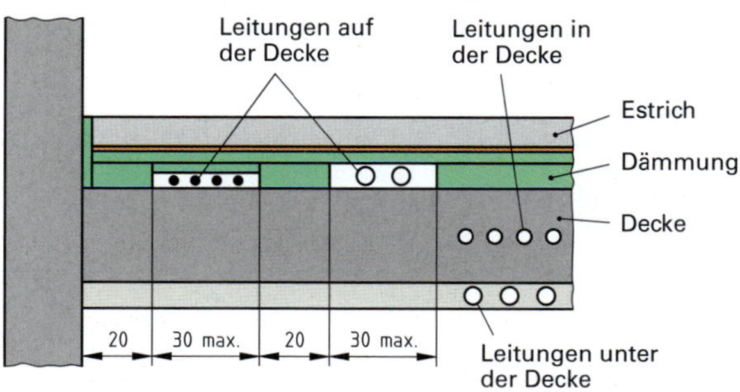

Leitungsführung *auf der Decke* bedeutet Installation direkt auf der Rohdecke des Stockwerkes, z. B. auf betoniertem Fußboden.

Leitungsführung *unter der Decke* erfolgt oben im Raum unter Putz, im Putz, in Hohlräumen und abgehängten Decken.

Leitungsführung *in der Decke* bedeutet Installation direkt oder in Rohren innerhalb der Rohdecke, z. B. bei der Betoninstallation. Hierfür sind keine Installationszonen festgelegt.

Leitungsberechnung ohne Verzweigung

Ablauf der Leitungsberechnung

Leitung	Bedingung	Bemessungsgrundlage	Beispiel
kurz	Kurze Leitung, Bemessungsstrom klein	Mechanische Festigkeit, Mindestquerschnitt nach Seite 513	Handgerät mit $I_N = 2$ A, Leitung $l = 2$ m
normal	Leitung mit normaler Länge, Bemessungsstrom beliebig	Strombelastbarkeit (siehe unten und folgende Seite); im Zweifelsfall siehe Leitungslänge normal bis groß	Beleuchtungsanlage mit $I_N = 16$ A, Leitung $l = 30$ m
normal bis lang	Fallunterscheidung nicht möglich, Leitungslänge zwischen normal und lang	Strombelastbarkeit wie bei normal, dann auf Spannungsfall prüfen (siehe unten und folgende Seite)	Motor mit $I_N = 16$ A, Leitung $l = 80$ m
lang	Sehr lange Leitung, Bemessungsstrom beliebig	Spannungsfall Δu, Berechnung von A siehe folgende Seite	Motor mit $I_N = 16$ A, Leitung $l = 150$ m

Leitungsberechnung bei normaler Leitungslänge

Struktogramm 1

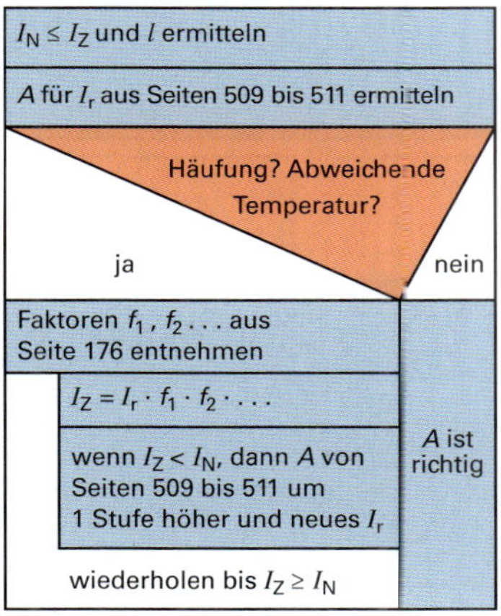

Vorgehen 1. bis 4.

1. In jedem Fall muss zuerst der Bemessungsstrom I_N des Verbrauchsmittels und die Länge l der Leitung ermittelt werden.
2. Liegen Leitungshäufungen nicht vor, so wird der Querschnitt für I_r direkt aus den Tabellen Seite 509 bis 511 ermittelt.
3. Bei Leitungshäufung entnimmt man den Faktor f_1 oder die Faktoren f_1, f_2, ... für Leitungshäufung der Seite 512. Die zulässige Belastbarkeit I_Z der Leitung ist um f_1 oder um $f_1 \cdot f_2$ ... kleiner als I_r von 2. (Seite 509/510). Reicht dieses I_Z nicht aus, wird ein größerer Querschnitt mit größerem I_r genommen und entsprechend geprüft.
4. Liegt eine von 25 °C oder 30 °C abweichende Umgebungstemperatur vor, so entnimmt man den Faktor dafür der Seite 512. Der aus 2. enthaltene Querschnitt wird dann wie bei 3. geprüft, ob er ausreicht.

Bemerkung, Formeln

Dabei muss sein

$I_N \leq I_r$

Strombelastbarkeit

$$I_Z = I_r \cdot f_1$$

Liegen mehrere Sonderbedingungen vor, so ist mit f_1, f_2, ... zu multiplizieren.

Strombelastbarkeit

$$I_Z = I_r \cdot f_1 \cdot f_2 \cdot \ldots$$

Hier muss man von den Werten für 30 °C ausgehen (Seite 510).

$$I_Z = I_r \cdot f_1$$

Leitungsberechnung bei normaler bis großer Leitungslänge

Struktogramm 2

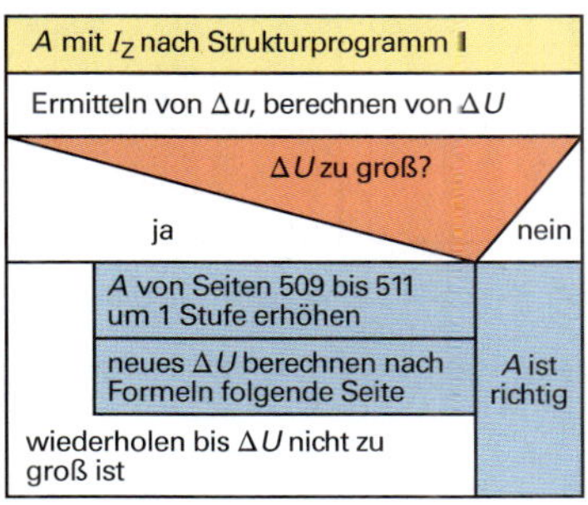

Vorgehen 1. bis 8.

1. bis 4. vorgehen wie bei normaler Leitungslänge. A und I_N festhalten.
5. Feststellen, wie groß Δu sein darf und daraus ΔU berechnen.
6. Prüfen, ob ΔU beim ermittelten A zu groß ist. Wenn nicht zu groß, dann stimmt A.
7. Wenn zu groß, dann nächstgrößeren Querschnitt von Seite 509/510 nehmen und nochmals prüfen. Wenn ΔU nicht zu groß, dann stimmt A.
8. Wenn zu groß, 7. wiederholen bis A stimmt.

Bemerkung, Formeln

Siehe vorhergehende Tabelle „Leitungsberechnung bei normaler Leitungslänge“

Spannungsfall in V

$$\Delta U = \frac{\Delta u \cdot U_N}{100\,\%}$$

Δu siehe folgende Seite

Benötigte Seiten 508 bis 513.

A	Leiterquerschnitt	I_Z	Strombelastbarkeit der Leitung
f_1, f_2 ...	Umrechnungsfaktoren für Leitungshäufung oder abweichender Temperatur	I_r	Bemessungswert der Strombelastbarkeit
l	Leitungslänge	U_N	Bemessungsspannung des Netzes
I_N	Bemessungsstrom, z. B. der Verbrauchsmittel	ΔU	Spannungsfall in V
		Δu	Spannungsfall in %

E

Leitungsberechnung ohne Verzweigung

Daten, Prinzip

Zulässiger Spannungsfall	
Bereich, Quelle	Δu
Zähler zu Steckdose, DIN 18015	≤ 3%
Hausanschluss zu Steckdose, VDE 0100	≤ 4%

Leitfähigkeit γ in m/(Ω · mm²)			
Leiter ϑ_b	Formelzeichen	Cu	Al
20 °C	γ_{20}	56	35
50 °C	γ_{50}	50	31
70 °C	γ_{70}	46	29

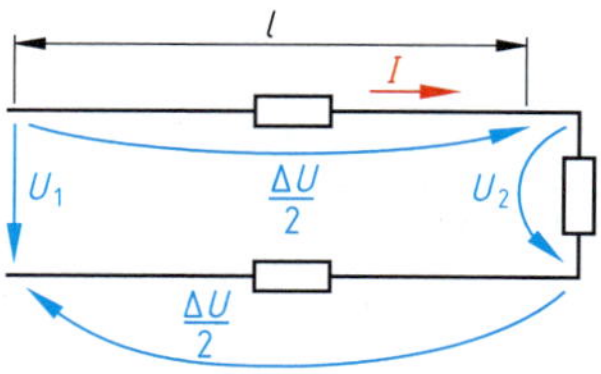

Schaltung bei DC und AC

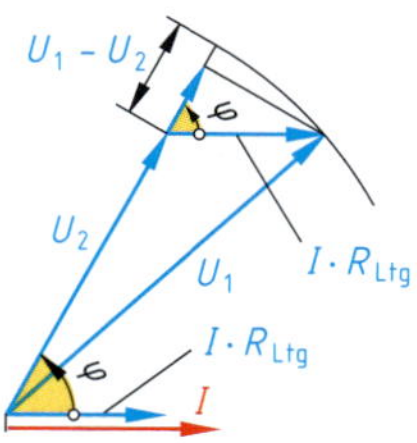

Zeigerbild bei AC

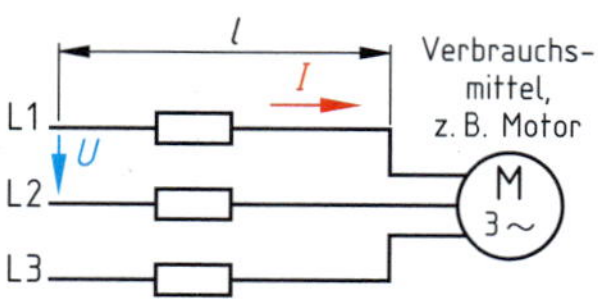

Schaltung bei 3 AC

Erklärung, Formeln

Alle Stromarten

$[U] = [\Delta U] = \text{V}$

$[P_V] = [P] = \text{W}$

$$\Delta U \approx U_1 - U_2$$

$$\Delta u = \frac{\Delta U \cdot 100\,\%}{U}$$

$$P_{v\%} = \frac{P_v \cdot 100\,\%}{P}$$

Zur *genauen* Berechnung des Spannungsfalls ist die Leitfähigkeit γ bei der anzunehmenden Betriebstemperatur ϑ_b der Leitung zu verwenden **(Tabelle)**. Zur überschlägigen Berechnung wird oft mit γ_{20} gerechnet, bei Cu also mit 56 m/(Ω · mm²), bei Al mit 35 m/(Ω · mm²).

Bei Cu und Al:

$$\gamma = \frac{\gamma_{20}}{1 + 0{,}004/\text{K} \cdot \Delta\vartheta}$$

$$\Delta\vartheta = \vartheta_b - 20\,°\text{C}$$

Gleichstrom DC

$$\Delta U = \frac{2 \cdot P \cdot l}{\gamma \cdot A \cdot U}$$

$$\Delta U = \frac{2 \cdot I \cdot l}{\gamma \cdot A}$$

$$A = \frac{2 \cdot I \cdot l}{\gamma \cdot \Delta U}$$

$$P_v = \frac{2 \cdot I^2 \cdot l}{\gamma \cdot A}$$

$$P_{v\%} = \Delta u$$

Wechselstrom AC (Einphasenwechselstrom)

$$\Delta U = \frac{2 \cdot P \cdot l}{\gamma \cdot A \cdot U}$$

$$\Delta U = \frac{2 \cdot I \cdot l \cdot \cos\varphi}{\gamma \cdot A}$$

$$A = \frac{2 \cdot I \cdot l \cdot \cos\varphi}{\gamma \cdot \Delta U}$$

Bei Nicht-Sinusform $\cos\varphi$ durch λ ersetzen.

$$P_v = \frac{2 \cdot I^2 \cdot l}{\gamma \cdot A}$$

$$P_{v\%} = \frac{\Delta u}{\cos^2\varphi}$$

Dreiphasenwechselstrom 3 AC (Drehstrom)

$$\Delta U = \frac{P \cdot l}{\gamma \cdot A \cdot U}$$

$$\Delta U = \frac{\sqrt{3} \cdot I \cdot l \cdot \cos\varphi}{\gamma \cdot A}$$

$$A = \frac{\sqrt{3} \cdot I \cdot l \cdot \cos\varphi}{\gamma \cdot \Delta U}$$

Bei Nicht-Sinusform $\cos\varphi$ durch λ ersetzen.

$$P_v = \frac{3 \cdot I^2 \cdot l}{\gamma \cdot A}$$

$$P_{v\%} = \frac{\Delta u}{\cos^2\varphi}$$

E

A	Leiterquerschnitt
$\cos\varphi$	Leistungsfaktor
I	Leiterstrom (Bemessungsstrom der Last)
l	Länge der Leitung
P	Leistungsaufnahme der Last
P_v	Leistungsverlust in der Leitung
$P_{v\%}$	prozentualer Leistungsverlust (bezogen auf Leistungsaufnahme der Last)
U	Bemessungsspannung des Netzes und der Last
U_1	Spannung am Leitungsanfang
U_2	Spannung am Leitungsende
γ	elektrische Leitfähigkeit
γ_{20}	elektrische Leitfähigkeit bei 20 °C Leitertemperatur
$\Delta\vartheta$	Temperaturunterschied
ΔU	Spannungsfall (Spannungsunterschied)
Δu	prozentualer Spannungsfall (bezogen auf U)
ϑ_b	Betriebstemperatur
λ	Leistungsfaktor
φ	Phasenverschiebungswinkel der Grundschwingung

$\lambda = \cos\varphi$ nur bei Sinusform

Überlastschutz und Kurzschlussschutz von Leitungen

Art	Erklärung	Bemerkungen, Formel
Überlastschutz		vgl. DIN VDE 0100-430
Bedingungen, Bemessungsstromregel oder Nennstromregel	Bei Überlastung muss die Überstrom-Schutzeinrichtung ansprechen, bevor die Leitung unzulässig heiß wird.	$I_B \leq I_n \leq I_Z$ $I_2 \leq 1{,}45 \cdot I_Z$ $\quad$ $I_Z \geq 0{,}69 \cdot I_2$
Anwendung	Die Bedingungen sind erfüllt, wenn I_N der Überstrom-Schutzorgane höchstens so groß ist wie I_Z (Seiten 509 bis 511).	Die untere Formel gilt für Leitungsschutzschalter der Typen A bis D, nicht aber für E oder K.
Anordnung der Überstrom-Schutzeinrichtung	Grundsätzlich am Anfang des Stromkreises und dort, wo die Strombelastbarkeit verringert wird	Versetzen der Überstrom-Schutzorgane zum Verbrauchsmittel hin ist zulässig, wenn der Schutz bestehen bleibt.
Wegfall der Überstrom-Schutzeinrichtung	Soll erfolgen, wenn eine Abschaltung gefährlicher ist als Überlastung, z.B. bei Hubmagneten	Darf erfolgen, wenn eine Überlastung ausscheidet, z.B. bei Hilfsstromkreisen
Kurzschlussschutz		
Normalfall	Schutz bei Kurzschluss (Ksch.) erfolgt zugleich durch den Überlastschutz am Stromkreisanfang. Die Leitungen dürfen nicht zu lang sein (Tabelle unten).	Einpoliger Ksch.: $I_k = \frac{U_0}{Z_S}$ Dreipoliger Ksch.: $I_k \approx \frac{2 \cdot U_0}{Z_S}$
Ausschaltzeit (höchstzulässige Erwärmungszeit bei Kurzschluss)	Bei sehr kurzen Ausschaltzeiten ist zu prüfen, ob der I^2t-Wert (Herstellerangabe) genügt. $I^2t < (k \cdot A)^2$	$t \leq (k \cdot A/I_k)^2$ Bei PVC $k = 115 \cdot \sqrt{s}$ A/mm² Bei Gummi $k = 141 \cdot \sqrt{s}$ A/mm²
Anwendung	Ausschaltzeit und I^2t-Wert sind nur zu prüfen, wenn keine Leitungsschutzschalter (LS-Schalter) Klasse 3 eingesetzt werden.	Bei Leiterquerschnitten ≥ 1,5 mm² Cu sind die Bedingungen erfüllt, wenn $I_N \leq 63$ A ist.
Anordnung der Überstrom-Schutzeinrichtung	Am Anfang des Stromkreises und dort, wo Belastbarkeit verringert ist und der Kurzschlussschutz nicht ausreicht	Versetzung bis 3 m ist zulässig, wenn die Leitung vor der Schutzeinrichtung kurzschlusssicher ist.
Wegfall der Überstrom-Schutzeinrichtung	Wie beim Überlastschutz, z.B. bei Sicherheitsbeleuchtungen, Erregerstromkreisen, Stromwandler-Sekundärkreisen	Verzicht darf erfolgen, wenn Leitung kurzschlusssicher und nicht in Nähe von brennbaren Stoffen ist.

Größte Leitungslängen l_{max} von Kupferleitungen

vgl. DIN VDE 0100-520 Bbl. 2

A in mm²	I_n in A	I_{kmin} in A	l_{max} in m bei Z_S = 300 mΩ			l_{max} in m Z_S = 600 mΩ		
			LS-Sch. B	LS-Sch. C	Sicherung gG	LS-Sch. B	LS-Sch. C	Sicherung gG
1,5	16	65	82	36	59	73	27	49
	20	126	64	27	41	54	17	31
2,5	20	85	104	44	67	89	28	51
	25	110	80	32	51	65	16	35
4	25	110	131	53	83	106	26	57
	32	150	96	35	48	71	8	21
6	32	150	145	53	72	107	12	32
	40	190	109	35	56	70	0	15
10	40	190	182	58	94	116	0	26
	50	260	132	33	41	66	0	0
16	50	260	210	52	66	104	0	0

A Leiterquerschnitt
I_2 Auslösestrom der Überstrom-Schutzeinrichtung
I_B Betriebsstrom
I_k Kurzschlussstrom
I_{kmin} Mindest-I_k vor Sicherung
I_n Nennstrom der Überstrom-Schutzeinrichtung
I_Z Strombelastbarkeit der Leitung
k Material-Koeffizient
t Ausschaltzeit
U_0 Netz-Sternspannung
Z_S Schleifenimpedanz vor der Schutzeinrichtung

E

Verlegearten für feste Verlegung

vgl. DIN VDE 0298-4

Verlegeart	Beschreibung	Verlegeart	Beschreibung
A 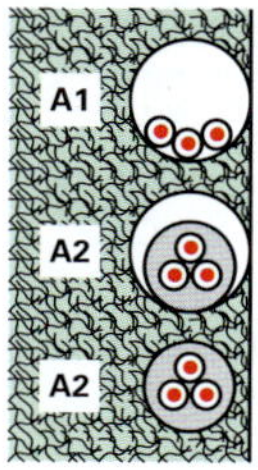	Verlegung in einer Wand mit wärmedämmendem Material mit dem spezifischen Wärmeleitwiderstand R_K für die Wandinnenseite $R_K \le 0{,}1 \frac{K \cdot m}{W}$ • sehr schlechte Wärmeabfuhr	A 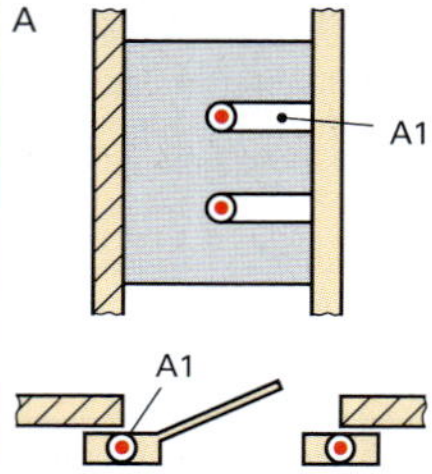	Verlegung von Aderleitungen • in Formleisten oder Formteilen • im Elektroinstallationsrohr in Türfüllungen • im Elektroinstallationsrohr in Fensterrahmen sehr schlechte Wärmeabfuhr
B 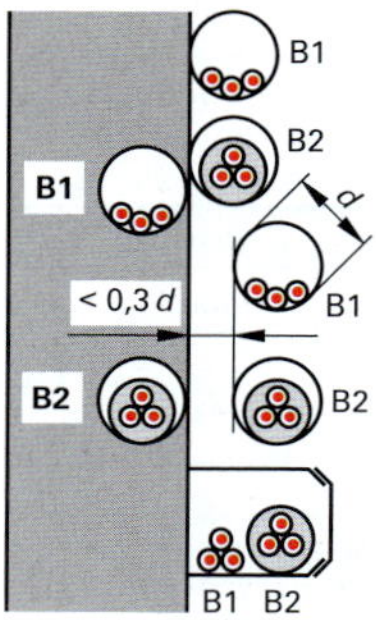	Verlegung im geschlossenen Elektroinstallationskanal • auf Putz • vertikal oder horizontal Verlegung im Elektroinstallationsrohr • unter Putz, wenn $R_K \le 2 \frac{K \cdot m}{W}$ • auf Putz • vertikal und horizontal Unterflurverlegung	B 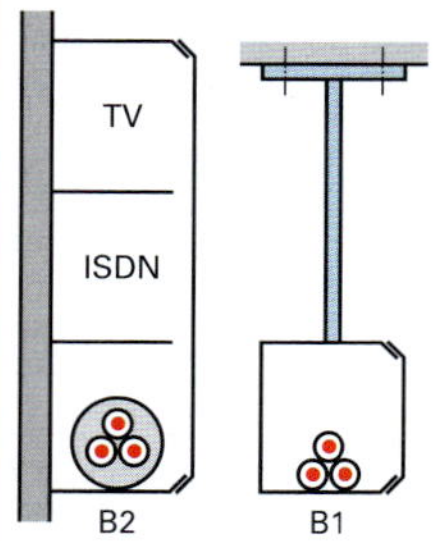	Verlegung von – Aderleitungen – einadrigen Kabeln – mehradrigen Kabeln • im Fußbodenleistenkanal • im abgehängten Elektroinstallationskanal
C 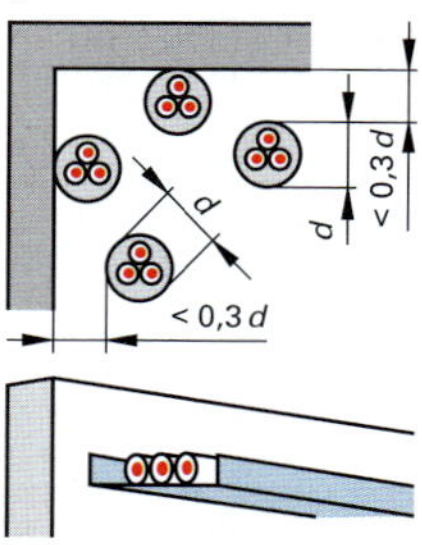	Verlegung von ein- oder mehradrigem Kabel oder von Mantelleitungen • auf einer Wand • mit Abstand zur Wand • unter der Decke • mit Abstand zur Decke • auf einer Kabelwanne, wenn $A_{Löcher} < 0{,}3 \cdot A$	C 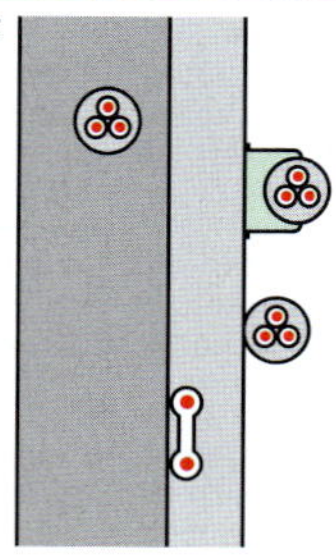	Verlegung von ein- oder mehradrigem Kabel oder von Mantelleitungen • unter Putz, wenn $R_K \le 2 \frac{K \cdot m}{W}$ • mit und ohne zusätzlichen mechanischen Schutz Verlegung von Stegleitungen im und unter Putz
D belastbar etwa wie Gruppe A2 	Verlegung von mehradrigem Kabel im Elektroinstallationsrohr oder Kabelschacht im Erdboden	E F G 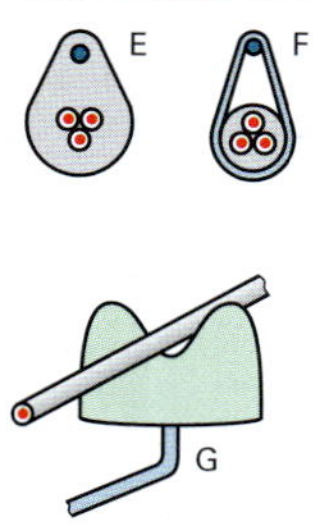	Verlegung von ein- oder mehradrigem Kabel oder von Mantelleitungen • abgehängt an einem Trageseil • bei eingebautem Trageseil Blanke Leiter oder Aderleitungen auf Isolatoren
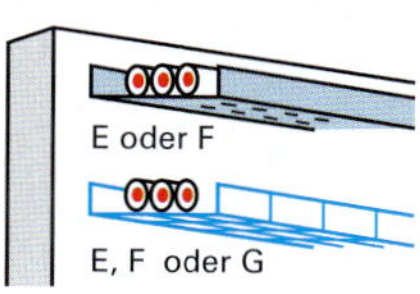	Verlegung von ein- oder mehradrigem Kabel oder von Mantelleitungen • auf gelochter Kabelwanne, wenn $A_{Löcher} \ge 0{,}3 \cdot A$ • auf Kabelkonsolen • auf Kabelpritschen		

A Fläche, d Durchmesser, R_K spezifischer Wärmeleitwiderstand
Kabel und Leitungen, z.B. NYM, NYMT, NYIF, NYDY, NYBUY, NHMH, NYY, H07V-U, H07V-R, H07V-K
Weitere Verlegearten sind DIN VDE 0298-4 zu entnehmen.

Aderleitung; Mantelleitungen; Stegleitung; Elektroinstallationsrohr; Elektroinstallationskanal

Strombelastbarkeiten für Kabel und Leitungen bei ϑ_U = 25 °C

vgl. DIN VDE 0298-4

Nennquerschnitt in mm²	Strombelastbarkeit I_r in A von Kupferleitern mit Betriebstemperatur $\vartheta_B \leq$ 70 °C / Bemessungsstrom der Überstrom-Schutzeinrichtung in A (wenn $I_2 \leq 1{,}45 \cdot I_n$, Seite 515) – Verlegeart, Anzahl der Strom führenden Leiter															
	A1		A2		B1		B2		C		E		F		G	
	2	3	2	3	2	3	2	3	2	3	2	3	2	3[1]	3h[2]	3v[2]
1,5	16,5	14,5	16,5	14	18,5	16,5	17,5	16	21	18,5	23	19,5	–	–	–	–
	16	13	16	13	16	16	16	16	20	16	20	16	–	–	–	–
2,5	21	19	19,5	18,5	25	22	24	21	29	25	32	27	–	–	–	–
	20	16	16	16	25	20	20	20	25	25	32	25	–	–	–	–
4	28	25	27	24	34	30	32	29	38	34	42	36	–	–	–	–
	25	25	25	20	32	25	32	25	35	32	40	35	–	–	–	–
6	36	33	34	31	43	38	40	36	49	43	54	46	–	–	–	–
	35	32	32	25	40	35	40	35	40	40	50	40	–	–	–	–
10	49	45	46	41	60	53	55	49	67	60	74	64	–	–	–	–
	40	40	40	40	50	50	50	40	63	50	63	63	–	–	–	–
16	65	59	60	55	81	72	73	66	90	81	100	85	–	–	–	–
	63	50	50	50	80	63	63	63	80	80	100	80	–	–	–	–
25	85	77	80	72	107	94	95	85	119	102	126	107	139	117	155	138
	80	63	80	63	100	80	80	80	100	100	125	100	125	100	125	125
35	105	94	98	88	133	117	118	105	146	126	157	134	172	145	192	172
	100	80	80	80	125	100	100	100	125	125	125	125	160	125	160	160
50	126	114	117	105	160	142	141	125	178	153	191	162	208	177	232	209
	125	100	100	100	160	125	125	125	160	125	160	160	200	160	224	200
70	160	144	147	133	204	181	178	158	226	195	246	208	266	229	298	269
	160	125	125	125	200	160	160	125	224	160	224	200	250	224	250	250
95	193	174	177	159	246	213	213	190	273	236	299	252	322	280	361	330
	160	160	160	125	224	200	200	160	250	224	250	250	315	250	355	315
120	223	199	204	182	285	253	246	218	317	275	348	293	373	326	420	384
	200	160	200	160	250	250	224	200	315	250	315	250	355	315	400	355

ϑ_U Umgebungstemperatur, ϑ_B Betriebstemperatur

Die Strombelastbarkeiten für andere Verlegearten, weitere Nennquerschnitte der Kupferleiter, vieladrige Kabel oder Leitungen und für andere Betriebstemperaturen sowie Betriebsbedingungen sind DIN VDE 0298-4 zu entnehmen.

[1] Dreiadriges Kabel oder Mantelleitung, mit einem Abstand zur Wand, der dem Durchmesser entspricht

[2] 3h = drei einadrige Kabel oder Mantelleitungen, horizontal verlegt, mit einem Abstand untereinander und zur Wand, der dem Durchmesser entspricht

3v = wie bei 3h, jedoch vertikal verlegt

E

Strombelastbarkeiten für Kabel und Leitungen bei $\vartheta_U = 30\ °C$

vgl. DIN VDE 0298-4

Nennquerschnitt in mm^2	Strombelastbarkeit I_r in A von Kupferleitern mit Betriebstemperatur $\vartheta_B \leq 70\ °C$ / Bemessungsstrom der Überstrom-Schutzeinrichtung in A (wenn $I_2 \leq 1{,}45 \cdot I_n$, Seite 515)															
	Verlegeart, Anzahl der Strom führenden Leiter															
	A1		A2		B1		B2		C		E		F		G	
	2	3	2	3	2	3	2	3	2	3	2	3	2	3[1]	3h[2]	3v[2]
1,5	15,5	13,5	15,5	13	17,5	15,5	16,5	15	19,5	17,5	22	18,5	–	–	–	–
	13	13	13	13	16	13	16	13	16	16	20	16	–	–	–	–
2,5	19,5	18	18,5	17,5	24	21	23	20	27	24	30	25	–	–	–	–
	16	16	16	16	20	20	20	20	25	20	25	25	–	–	–	–
4	26	24	25	23	32	28	30	27	36	32	40	34	–	–	–	–
	25	20	25	20	32	25	25	25	35	32	40	32	–	–	–	–
6	34	31	32	29	41	36	38	34	46	41	51	43	–	–	–	–
	32	25	32	25	40	35	35	32	40	40	50	40	–	–	–	–
10	46	42	43	39	57	50	52	46	63	57	70	60	–	–	–	–
	40	40	40	35	50	50	50	40	63	50	63	50	–	–	–	–
16	61	56	57	52	76	68	69	62	85	76	94	80	–	–	–	–
	50	50	50	50	63	63	63	50	80	63	80	80	–	–	–	–
25	80	73	75	68	101	89	90	80	112	96	119	101	131	110	146	130
	80	63	63	63	100	80	80	80	100	80	100	100	125	100	125	125
35	99	89	92	83	125	110	111	99	138	119	148	126	162	137	181	162
	80	80	80	80	125	100	100	80	125	100	125	125	160	125	160	160
50	119	108	110	99	151	134	133	118	168	144	180	153	196	167	219	197
	100	100	100	80	125	125	125	100	160	125	160	125	160	160	200	160
70	151	136	139	125	192	171	168	149	213	184	232	196	251	216	281	254
	125	125	125	125	160	160	160	125	200	160	224	160	250	200	250	250
95	182	164	167	150	232	207	201	179	258	223	282	238	304	264	341	311
	160	160	160	125	224	200	200	160	250	200	250	224	300	250	315	300
120	210	188	192	172	269	239	232	206	299	259	328	276	352	308	396	362
	200	160	160	160	250	224	224	200	250	250	315	250	315	300	355	355

ϑ_U Umgebungstemperatur, ϑ_B Betriebstemperatur
Die Strombelastbarkeiten für andere Verlegearten, weitere Nennquerschnitte der Kupferleiter, vieladrige Kabel oder Leitungen und für andere Betriebstemperaturen sowie Betriebsbedingungen sind DIN VDE 0298-4 zu entnehmen.

[1] Dreiadriges Kabel oder Mantelleitung, mit einem Abstand zur Wand, der dem Durchmesser entspricht

[2] 3h = drei einadrige Kabel oder Mantelleitungen, horizontal verlegt, mit einem Abstand untereinander und zur Wand, der dem Durchmesser entspricht

3v = wie bei 3h, jedoch vertikal verlegt

Strombelastbarkeiten für Kabel und Leitungen für feste Verlegung

vgl. DIN VDE 0298-4

ϑ_U = 30 °C in Luft, höchste Betriebstemperatur am Leiter ϑ_B = 90 °C

Nennquerschnitt in mm²	Belastbarkeit in A / Bemessungsstrom der Überstrom-Schutzeinrichtung in A (wenn $I_2 \leq 1{,}45 \cdot I_n$, Seite 515) / Verlegeart, Anzahl der Strom führenden Leiter															
	A1		A2		B1		B2		C		E		F		G	
	2	3	2	3	2	3	2	3	2	3	2	3	2	3[1]	3h[2]	3v[2]
Leiter aus Kupfer																
1,5	19	17	18,5	16,5	23	20	22	19,5	24	22	26	23	–	–	–	–
	16	16	16	16	20	20	20	16	20	20	25	20	–	–	–	–
2,5	26	23	25	22	31	28	30	26	33	30	36	32	–	–	–	–
	25	20	25	20	25	25	25	25	32	25	35	32	–	–	–	–
4	35	31	33	30	42	37	40	35	45	40	49	42	–	–	–	–
	35	25	32	25	40	35	40	35	40	40	40	40	–	–	–	–
6	45	40	42	38	54	48	51	44	58	52	63	54	–	–	–	–
	40	40	40	35	50	40	50	40	50	50	63	50	–	–	–	–
10	61	54	57	51	75	66	69	60	80	71	86	75	–	–	–	–
	50	50	50	50	63	63	63	50	80	63	80	63	–	–	–	–
16	81	73	76	68	100	88	91	80	107	96	115	100	–	–	–	–
	80	63	63	63	100	80	80	80	100	80	100	100	–	–	–	–
25	106	95	99	89	133	117	119	105	138	119	149	127	161	135	182	161
	100	80	80	80	125	100	100	100	125	100	125	125	160	125	160	160
35	131	117	121	109	164	144	146	128	171	147	185	158	200	169	226	201
	125	100	100	100	160	125	125	125	160	125	160	125	200	160	224	200
50	158	141	145	130	198	175	175	154	209	179	225	192	242	207	275	246
	125	125	125	125	160	160	160	125	200	160	224	160	224	200	250	224
Leiter aus Aluminium																
25	84	76	78	71	105	93	94	84	101	90	108	97	121	103	138	122
	80	63	63	63	100	80	80	80	100	80	100	80	100	100	125	100
35	103	94	96	87	130	116	115	103	126	112	135	120	150	129	172	153
	100	80	80	80	125	100	100	100	125	100	125	100	125	125	160	125
50	125	113	115	104	157	140	138	124	154	136	164	146	184	159	210	188
	125	100	100	100	125	125	125	100	125	125	160	125	160	125	200	160

ϑ_U Umgebungstemperatur, ϑ_B Betriebstemperatur

Die Strombelastbarkeiten für andere Verlegearten, weitere Nennquerschnitte der Kupferleiter, vieladrige Kabel oder Leitungen und für andere Betriebstemperaturen sowie Betriebsbedingungen sind DIN VDE 0298-4 zu entnehmen.

[1] Dreiadriges Kabel oder Mantelleitung, mit einem Abstand zur Wand, der dem Durchmesser entspricht

[2] 3h = drei einadrige Kabel oder Mantelleitungen, horizontal verlegt, mit einem Abstand untereinander und zur Wand, der dem Durchmesser entspricht

3v = wie bei 3h, jedoch vertikal verlegt

Umrechnungsfaktoren für die Strombelastbarkeit

vgl. DIN VDE 0298-4

Umrechnungsfaktoren für andere Umgebungstemperaturen als 30 °C (f_1)

Isolierwerkstoff	ϑ_B in °C	Umrechnungsfaktoren bei ϑ_U in °C									
		10	15	20	25	30	35	40	45	50	60
Naturkautschuk, synthetischer Kautschuk	60	1,29	1,22	1,15	1,08	**1,0**	0,91	0,82	0,71	0,58	–
Polyvinylchlorid	70	1,22	1,17	1,12	1,06	**1,0**	0,94	0,87	0,79	0,71	0,5
Ethylenpropylenkautschuk	80	1,18	1,14	1,10	1,05	**1,0**	0,95	0,89	0,84	0,77	0,63

Umrechnungsfaktoren bei Häufung von Leitungen (f_2)

Anordnung	Verlegungsart[1]	Umrechnungsfaktoren bei Anzahl der mehradrigen fest verlegten oder flexiblen Leitungen oder Anzahl der Wechselstromkreise oder Drehstromkreise aus einadrigen Leitungen							
		1	2	4	6	8	10	14	20
Gebündelt direkt auf der Wand, dem Fußboden, im Elektroinstallationsrohr oder Elektroinstallationskanal, auf oder in der Wand	V4, V5	**1,00**	0,80	0,65	0,57	0,52	0,48	0,43	0,38
Einlagig auf Wand oder Fußboden mit gegenseitiger Berührung (ab 2 Leitungen)	V6	**1,00**	0,85	0,75	0,72	0,71	0,70	0,70	0,70
Einlagig unter der Decke mit gegenseitiger Berührung (ab 2 Leitungen)	V7	**0,95**	0,81	0,68	0,64	0,62	0,61	0,61	0,61
Einlagig auf der Wand oder auf dem Fußboden $a = d$	V8	**1,00**	0,94	0,90	0,90	0,90	0,90	0,90	0,90
Einlagig unter der Decke $a = d$	V9	**0,95**	0,85	0,85	0,85	0,85	0,85	0,85	0,85

Umrechnungsfaktoren bei Häufung von Leitungen auf Kabelwannen und Kabelpritschen

Art	Anordnung	Anzahl der Pritschen	Umrechnungsfaktoren bei Anzahl der Leitungen					
			1	2	3	4	6	9
ungelochte Kabelwanne	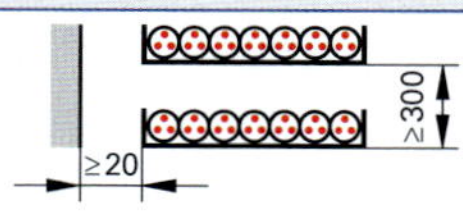	1	0,97	0,84	0,78	0,75	0,71	0,68
		2	0,97	0,83	0,76	0,72	0,68	0,63
		3	0,97	0,82	0,75	0,71	0,66	0,61
		6	0,97	0,81	0,73	0,69	0,63	0,58
gelochte Kabelwanne (Kabelroste)	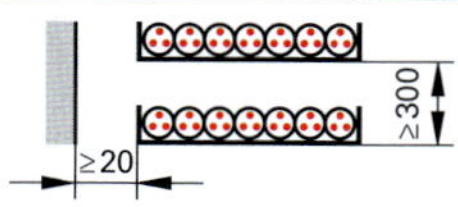	1	1,0	0,88	0,82	0,79	0,76	0,73
		2	1,0	0,87	0,80	0,77	0,73	0,68
		3	1,0	0,86	0,79	0,76	0,71	0,66
		6	1,0	0,84	0,77	0,73	0,68	0,64
Kabelpritsche	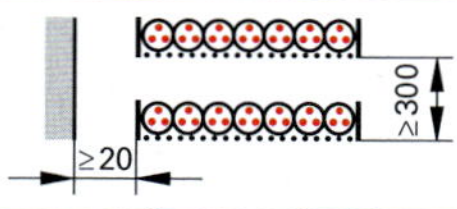	1	1,0	0,87	0,82	0,80	0,79	0,78
		2	1,0	0,86	0,81	0,78	0,76	0,73
		3	1,0	0,85	0,79	0,76	0,73	0,70
		6	1,0	0,83	0,76	0,73	0,69	0,66

Die Kabelwanne hat hochgezogene Seitenteile, aber keine Abdeckung. Die Lochung muss 30% der Gesamtfläche betragen. Bei Kabelpritschen darf die Auflagefläche 10% der Gesamtfläche der Konstruktion betragen.

Umrechnungsfaktoren bei Verlegung in Luft für vieladrige Leitungen mit Leiterbemessungsquerschnitten ≤ 10 mm²

Anzahl der Strom führenden Leiter							
5	7	10	14	19	24	40	61
0,75	0,65	0,55	0,50	0,45	0,40	0,35	0,30

Umrechnungsfaktoren für aufgewickelte Leitungen

Anzahl der Lagen			
1	2	3	4
0,80	0,61	0,49	0,42

a Leiterabstand, *d* Durchmesser des Leiters, ϑ_B höchstzulässige Betriebstemperatur, ϑ_U Umgebungstemperatur

[1] Verlegungsarten siehe Seite 504

E

Mindest-Leiterquerschnitte, Strombelastbarkeit von Starkstromkabeln

Mindest-Leiterquerschnitte für Leitungen

Verlegungsart	Querschnitt in mm²
feste geschützte Verlegung	Cu 1,5; Al 16
Leitung in Schaltanlagen und Verteilern • bis 2,5 A • über 2,5 A bis 16 A • über 16 A	 Cu 0,5 Cu 0,75 Cu 1,0
offene Verlegung auf Isolatoren mit Isolatorabstand bis 20 m über 20 m bis 45 m	Cu 4,0 Cu 6,0
Fassungsadern	Cu 0,75
Starkstromfreileitungen aus • Kupfer • Stahl • Aluminium • Aluminium-Stahl	 16 16 25 25/4

Verlegungsart	Querschnitt in mm²
bewegliche Leitungen für den Anschluss von • leichten Handgeräten bis 1 A, Länge der Anschlussleitung ≤ 2 m • Geräten bis 2,5 A, Länge der Anschlussleitung ≤ 2 m • Geräten bis 10 A • Gerätesteckdosen und Kupplungsdosen bis I_N = 10 A • Geräten über 10 A • Mehrfachsteckdosen, Gerätesteckdosen und Kupplungsdosen bis I_N = 10 A	 Cu 0,5 Cu 0,5 Cu 0,75 Cu 0,75 Cu 1,0 Cu 1,0
Lichterketten für Innenräume • zwischen Lichterkette und Stecker • zwischen den einzelnen Lampen	 Cu 0,75 Cu 0,5

Niederspannungskabel mit Isolation und Mantel aus Kunststoff

Verlegeart D (DIN VDE 0298-4) (DIN VDE 0276-603)

Nennquerschnitt *A* in mm²	Strombelastbarkeit in A für 70 °C zulässige Betriebstemperatur am Leiter, z.B. NYY, NAYY							
	Leiter aus Kupfer				Leiter aus Aluminium			
	Verlegung im Elektroinstallationsrohr oder Kabelschacht im Erdboden mit 20 °C		Verlegung direkt im Erdboden mit 20 °C		Verlegung im Elektroinstallationsrohr oder Kabelschacht im Erdboden mit 20 °C		Verlegung direkt im Erdboden mit 20 °C	
	belastete Adern 2	belastete Adern 3	mehradrige Kabel	3 einadrige Kabel	belastete Adern 2	belastete Adern 3	mehradrige Kabel	3 einadrige Kabel
1,5	22	18	27	30	Nicht vorkommend			
2,5	29	24	36	39				
4	37	30	47	50				
6	46	38	59	62				
10	60	50	79	83				
16	78	64	102	107				
25	99	82	133	138	77	64	102	106
35	119	98	159	164	93	77	123	127
50	140	116	188	195	109	91	144	151
70	173	143	232	238	135	112	179	185
95	204	169	280	286	159	132	215	222
120	231	192	318	325	180	150	245	253
150	261	217	359	365	204	169	275	284
185	292	243	406	413	228	190	313	322
240	336	280	473	479	262	218	364	375

Umrechnungsfaktoren für Häufung von direkt im Erdboden verlegten Kabeln

Anzahl der Stromkreise (der Mehrleiterkabel)	Umrechnungsfaktoren bei Abstand *a* von Kabel zu Kabel					
	0 m (mit Berührung)	*a* = *D*	0,125 m	0,25 m	0,5 m	Bei Einleiterkabeln ist *a* der Abstand zum Einleiterkabel des nächsten Stromkreises.
2	0,75	0,80	0,85	0,90	0,90	
3	0,65	0,70	0,75	0,80	0,85	
4	0,6	0,60	0,70	0,75	0,80	
5	0,55	0,55	0,65	0,70	0,80	
6	0,50	0,55	0,60	0,70		

a Abstand zwischen den Kabelmänteln zweier Kabel, *D* Außendurchmesser des Kabels

E

Überstrom-Schutzeinrichtungen

Sicherungseinsätze für Niederspannungssicherungen

System, Bemessungsspannung	Bemessungsstrom in A	Farbe des Kennmelders	Größe des Schmelzeinsatzes System D	Größe des Schmelzeinsatzes System DO	Bemessungsverlustleistung in W System D	Bemessungsverlustleistung in W System DO	Schraubkappe System	Schraubkappe Gewinde	Schraubkappe Passeinsatz
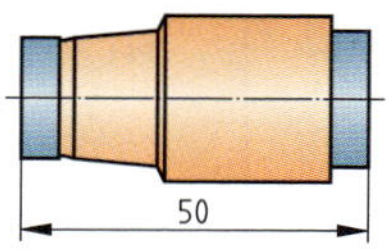	2	Rosa	ND und DII	DO 1	3,3	2,5	ND	E 16	Passring
	4	Braun			2,3	1,8	DII	E 27	Pass-schraube
	6	Grün			2,3	1,8			
	10	Rot			2,6	2,0	DIII	E 33	Pass-schraube
	16	Grau			2,8	2,2			
D-System (Diazed-System) AC und DC bis 500 V	20	Blau	DII	DO 2	3,3	2,5	DIV H	R 1 ¼"	Passhülse
	25	Gelb			3,9	3,0	DO 1	E 14	Hülsen-passeinsatz
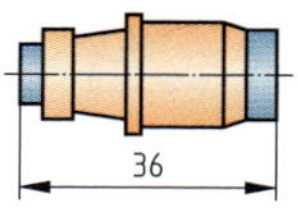	32, 35	Schwarz	DIII		5,2	4,0	DO 2	E 18	Hülsen-passeinsatz
	50	Weiß			6,5	5,0			
	63	Kupfer			7,1	5,5	DO 3	M30 x 2	Hülsen-passeinsatz
DO-System (Neozed-System) AC bis 400 V, DC bis 250 V	80	Silber	DIV H	DO 3	8,5	6,5	Die Abmessungen der Sicherungseinsätze hängen vom Bemessungsstrom ab.		
	100	Rot			9,1	7,0			

Zeit-Strom-Bereiche für Leitungsschutzsicherungen

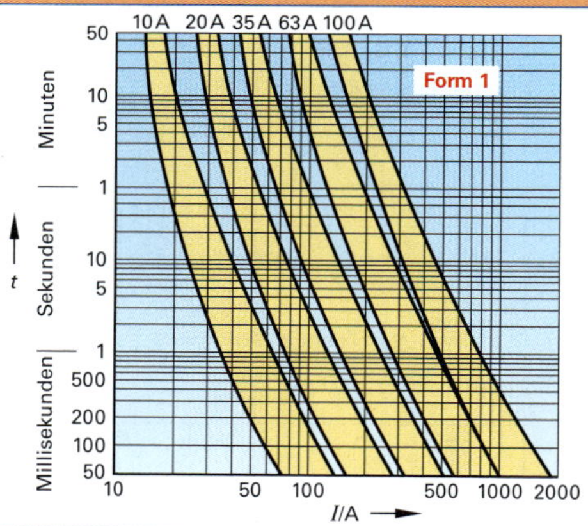

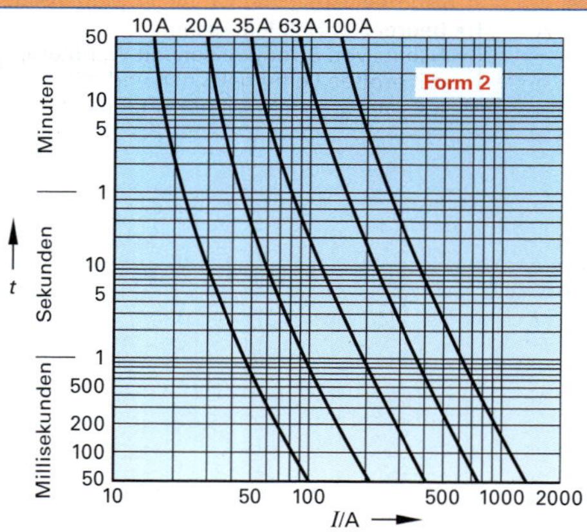

NH-Sicherungen

System, Bemessungsspannung	Bemessungsstrom in A Einsatz	Bemessungsstrom in A Unterteil	Größe	Bemessungsverlustleistung in W bei AC 50 Hz 500 V	Bemessungsverlustleistung in W bei AC 50 Hz 600 V	Länge in mm
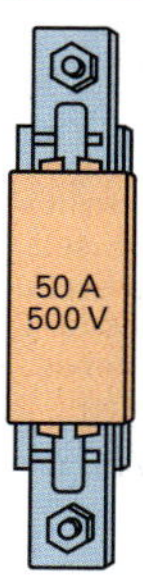 AC 500 V bis 1250 A, AC 600 V, DC 400 V	35 bis 100	100	00	7,5	9	80
	35 bis 160	160	0	16	19	125
	80 bis 250	250	1	23	28	135
	125 bis 400	400	2	34	41	150
	315 bis 630	630	3	48	58	150
	500 bis 1000	1000	4	80	90	200
	500 bis 1250	1250	4 a	110	110	200

E

Überstrom-Schutzeinrichtungen

Klassen bei Schmelzsicherungen für Niederspannung

Klasse	Name, Bemerkungen	Klasse	Name, Bemerkungen
Funktionsklassen			
g	Ganzbereichssicherungen übernehmen den Überlastschutz und den Kurzschlussschutz. Sie können Ströme bis zu ihrem Bemessungsstrom dauernd führen und Ströme vom kleinsten Schmelzstrom bis zum Bemessungsausschaltstrom sicher abschalten.	a	Teilbereichssicherungen schützen nur gegen Kurzschluss. Sie können Ströme bis zu ihrem Bemessungsstrom dauernd führen, jedoch nur Ströme oberhalb eines Vielfachen ihres Bemessungsstromes bis zum Bemessungsausschaltstrom abschalten.
Betriebsklassen		Anwendung	
gG	Ganzbereichs-Kabel- und Leitungsschutz	G R, S M B Tr	allgemeiner Schutz Halbleiterschutz Schaltgeräteschutz in Motorstromkreisen Bergbau- und Anlagenschutz Transformatorenschutz
gR	Ganzbereichs-Halbleiterschutz		
gB	Ganzbereichs-Bergbauanlagenschutz		
gTr	Ganzbereichs-Transformatorenschutz		
aM	Teilbereichs-Schaltgeräteschutz		Die Niederspannungssicherungen werden durch 2 Buchstaben gekennzeichnet, z. B. durch gG.
aR	Teilbereichs-Halbleiterschutz		

Leitungsschutzschalter (LS-Schalter)

nach IEC 60898/EN 60898/DIN VDE 0641 Teil 11

Auslösecharakteristik	Anwendung
A	• begrenzter Halbleiterschutz • Schutz von Stromkreisen mit Wandlern, mit großen Leitungslängen und mit der Forderung nach Abschaltung innerhalb von 0,4 s nach DIN VDE 0100 Teil 410
B	• Leitungsschutz, hauptsächlich Steckdosenstromkreise
C	• Leitungsschutz, vorteilhaft bei höheren Anlaufströmen
D	• für stark impulserzeugende Betriebsmittel, z. B. Transformatoren, Magnetventile
E	• für hohe und sichere Selektivität an Zählerplätzen
K	• Stromkreise mit hohen Stromspitzen durch Induktivitäten und Kapazitäten

Auslösekennlinien

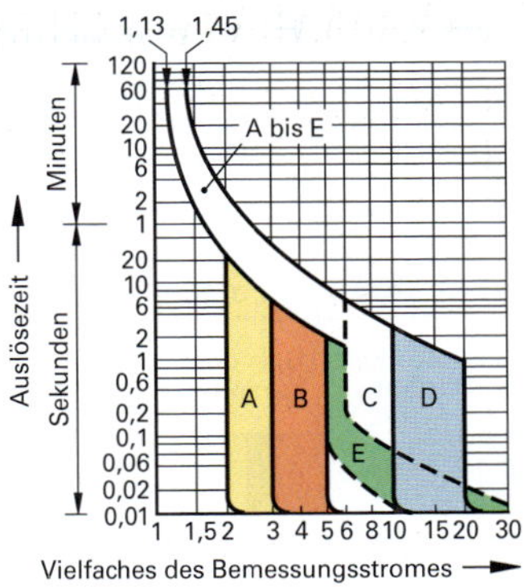

Auslösecharakteristik	Thermischer Auslöser			Elektromagnetischer Auslöser		
	Prüfströme I_1 I_2	Auslösezeit $I_n \leq$ 63 A	Auslösezeit $I_n \leq$ 125 A	Prüfströme halten	Prüfströme löser spätestens aus	Auslösezeit t
A	$1{,}13 \cdot I_n$ $1{,}45 \cdot I_n$	> 1 h < 1 h	> 2 h < 2 h	$2 \cdot I_n$	$3 \cdot I_n$	≥ 0,1 s < 0,1 s
B				$3 \cdot I_n$	$5 \cdot I_n$	
C				$5 \cdot I_n$	$10 \cdot I_n$	
D				$10 \cdot I_n$	$20 \cdot I_n$	

Nennstromregel

$$I_B \leq I_n \leq I_Z$$

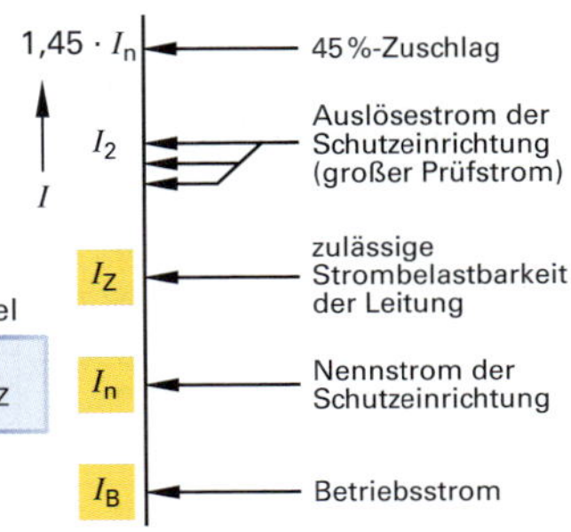

Bedingungen für Überstromschutz

I Stromstärke
I_B Betriebsstrom
I_n Nennstrom der Schutzeinrichtung
I_Z zulässige Strombelastbarkeit der Leitung
I_1 Auslösestrom der Schutzeinrichtung (kleiner Prüfstrom)
I_2 Auslösestrom der Schutzeinrichtung (großer Prüfstrom)
t Auslösezeit

E

Überstrom-Schutzeinrichtungen

Geräteschutzschalter (GS-Schalter)

Ansicht, Kennlinie	Erklärung	Ergänzung, Daten
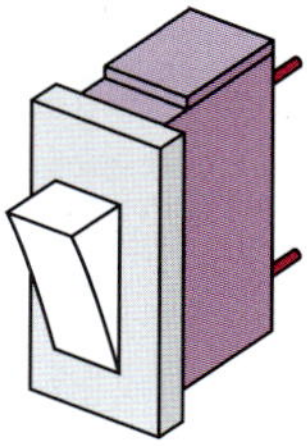 GS-Schalter STM	GS-Schalter mit elektromagnetischer Auslösung schalten bei Überschreitung des Nennstromes sofort ab, solche mit thermischer Auslösung schalten je nach Überschreitung mehr oder weniger verzögert ab. Solche mit elektromagnetischer und thermischer Auslösung schalten entsprechend wie Leitungsschutzschalter. GS-Schalter mit Unterspannungsauslöser schalten bei Unterschreitung des unteren Grenzwertes der Nennspannung ab.	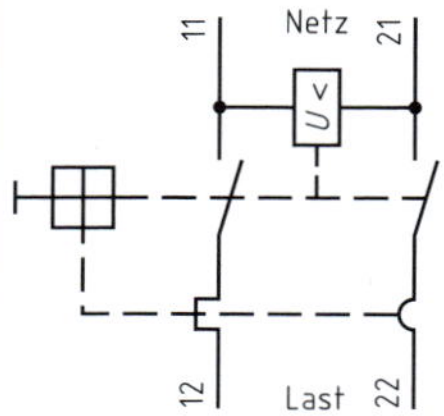 **GS-Schalter STM mit Unterspannungs-Auslöser**

Typ	Bedeutung	Typ	Bedeutung	Typ	Bedeutung
R	manuell nur Rückstellung	TO	nur thermische Auslösung	HM	elektromagnetische Auslösung, hydraulische Dämpfung
M	gelegentliche manuelle Schaltung	TM	Auslösung thermisch und elektromagnetisch		
S	häufige manuelle Schaltung	MO	nur elektromagnetische Auslösung	EH	elektronische Überstromerkennung und elektromagnetische Abschaltung

Sonderformen von GS-Schaltern

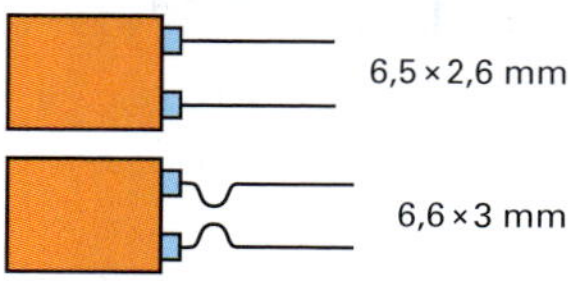

Limitor: Bei Temperaturanstieg öffnet ein Kontakt, oft für Abschalten der Stromversorgung.

Elektronische Sicherung: PTC-Widerstand, schnelle Umschaltung in den hochohmigen Zustand

Nennstrom typisch 5 A
Größe 6,5 × 2,8 mm
Abschaltvermögen 240 V

maximale Spannung AC 60 V
Haltestrom je nach Typ 0,05 A–9 A
max. Abschaltstrom typisch 40 A

Schmelzsicherungen, Feinsicherungen

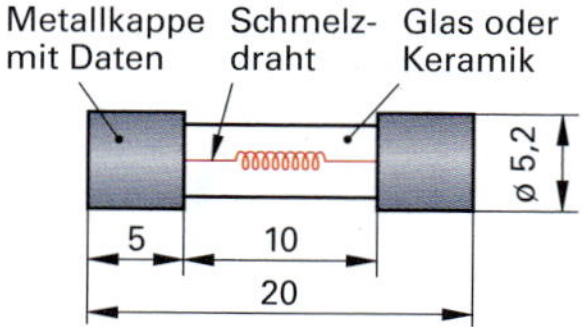

Bei Überstrom schmilzt der Schmelzdraht bzw. Schmelzleiter und unterbricht den Stromkreis. Bei Nennströmen über etwa 500 mA ist der Körper (Glas oder Keramik) mit Sand gefüllt, damit der Lichtbogen gelöscht wird. Auf den Metallkappen stehen die Daten der Sicherung.

Größte Ausschaltströme

Typ	Erklärung
H (High)	AC 1 550 A
L (Low)	AC 10 · I_N, mindestens AC 35 A
E (Extended)	gegenüber L erhöht AC 150 A

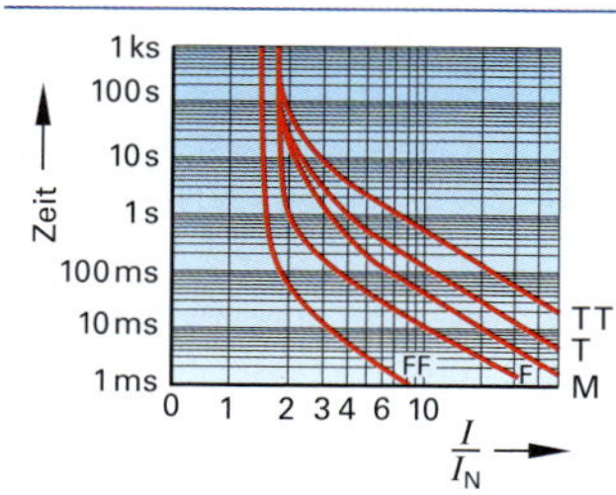

Auslösekennlinie

Nennströme in mA:
25 / 32 / 40 / 50 / 56 / 71 / 80 / 91 / 100 / 112 / 140 / 160 / 200 / 224 / 250 / 280 / 315 / 365 / 450 / 500 / 560 / 630 / 710 / 800

Nennströme in A:
1 / 1,12 / 1,25 / 1,4 / 1,6 / 1,8 / 2,5 / 3,15 / 4 / 5 / 6,3 / 8
Diese Nennströme sind nicht für jeden Sicherungstyp lieferbar. Die Einheit ist meist nicht angegeben, sondern aus der Zahl erkennbar.

Sicherungstypen

Kennzeichnung	Auslöseverhalten, I_a
FF	superflink, $I_a = 3 \cdot I_N$
F	flink, $I_a = 10 \cdot I_N$
M	mittelträge, $I_a = 20 \cdot I_N$
T	träge, $I_a = 30 \cdot I_N$
TT	superträge, $I_a \approx 100 \cdot I_N$

I_a Auslösestrom für Abschaltung innerhalb etwa 10 ms

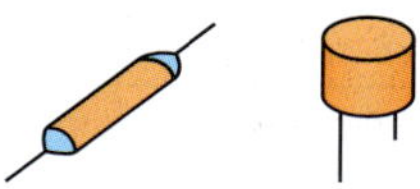
Kleinstsicherungen

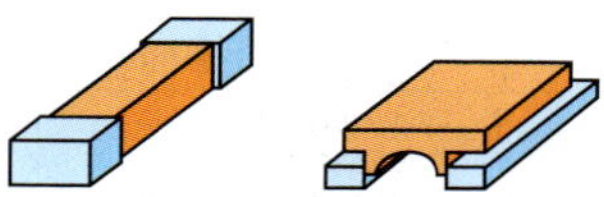
Kleinsicherungen

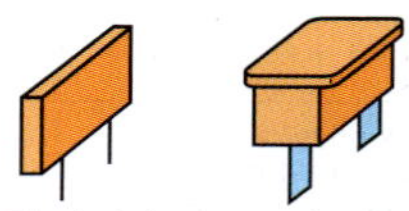
Flachsicherungseinsätze

E

Transformatoren

Berechnung von Transformatoren

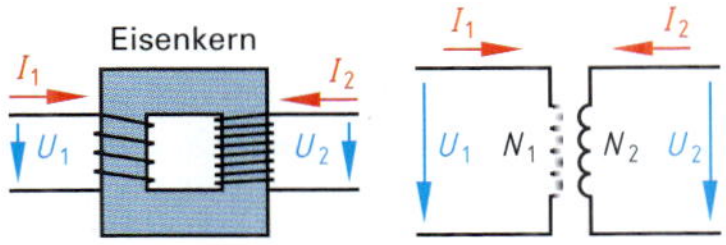

Bezugspfeile beim Transformator

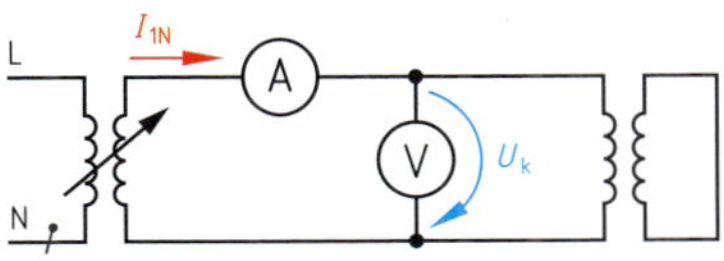

Messen der Kurzschlussspannung

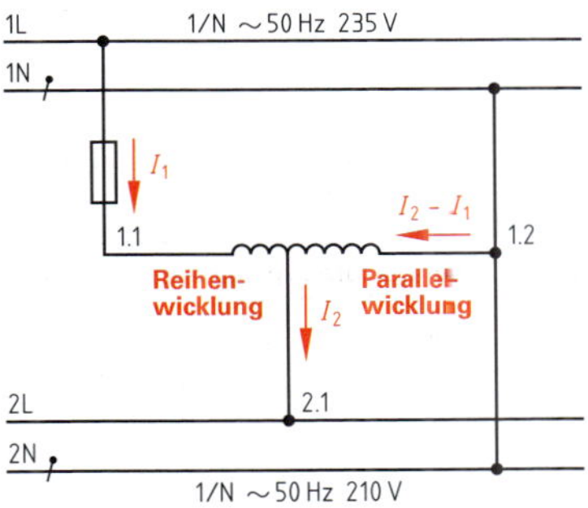

Schaltung des Spartransformators

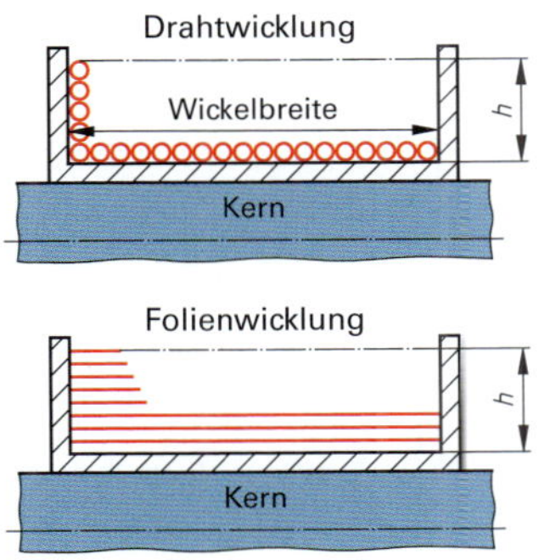

Wicklungsaufbau

Ideale Transformatoren (völlig verlustlos)

$$U_0 = N_2 \cdot 2\,\pi \cdot f \cdot \hat{B} \cdot \frac{A_{Fe}}{\sqrt{2}}$$

$$\frac{U_{01}}{U_{02}} = \frac{N_1}{N_2}$$

$$\Theta_1 = \Theta_2$$

$$\frac{C_1}{C_2} = \frac{1}{ü^2}$$

Reale Transformatoren

Bei realen Transformatoren gelten die Formeln des idealen Transformators näherungsweise, und zwar umso genauer, je kleiner u_k ist.

Dauerkurzschlussstrom

$$I_{kd} = \frac{I_N}{u_k}$$

$$U_2 = K \cdot \frac{U_1 \cdot N_2}{N_1}$$

Lagenzahl

$$z = \frac{h}{d}$$

Leerlaufspannung bei Sinusspannung

$$U_0 = 4{,}44 \cdot \hat{B} \cdot A_{Fe} \cdot f \cdot N$$

Übersetzungen bei Einphasenwechselspannungen

$$\frac{U_1}{U_2} = \frac{N_1}{N_2} \qquad ü = \frac{U_1}{U_2}$$

$$\frac{I_1}{I_2} = \frac{N_2}{N_1} \qquad \frac{Z_1}{Z_2} = ü^2$$

$$\frac{R_1}{R_2} = ü^2 \qquad \frac{L_1}{L_2} = ü^2$$

Bezogene Kurzschlussspannung

$$u_k = \frac{U_k}{U_N}$$

$$u_k = \frac{U_k \cdot 100\,\%}{U_N}$$

$$i_s \leq 2{,}54 \cdot I_{kd}$$

Bauleistung beim Spartransformator

$$S_B = \frac{U_1 - U_2}{U_1} \cdot S_D$$

Windungszahl

$$N \approx N_L \cdot z$$

$$l \approx \pi \cdot d_m \cdot N$$

- A_{Fe} Eisenquerschnitt
- $\hat{B}$ magnetische Flussdichte (Scheitelwert)
- C Kapazität
- d Drahtdurchmesser oder Foliendicke
- d_m mittlerer Windungsdurchmesser
- f Frequenz
- h Wickelhöhe
- I Stromstärke
- I_{kd} Dauerkurzschlussstrom
- I_N Bemessungsstrom, Nennstrom
- i_s Stoßkurzschlussstrom
- K Kopplungsfaktor
- L Induktivität
- l Drahtlänge
- N Windungszahl
- N_L Windungszahl je Lage
- R Widerstand
- S_B Bauleistung
- S_D Durchgangsleistung
- U Spannung
- U_0 Leerlaufspannung
- U_N Bemessungsspannung, Nennspannung
- U_k gemessene Kurzschlussspannung
- u_k bezogene Kurzschlussspannung
- $ü$ Übersetzungsverhältnis
- Z Scheinwiderstand
- z Lagenzahl
- 1 Index für Oberspannungsseite
- 2 Index für Unterspannungsseite

E

Transformatoren

Bestimmung der Betriebsgrößen Eisenverluste, Kupferverluste, Verhalten mit Last

Fall, Anwendung	Ersatzschaltung	Zeigerbild	Bemerkungen
Leerlauf jeweils an U_N Messung von $I_0 \approx I_m$ mit Strommesser und von P_{vFe} mit Leistungsmesser P_{vFe} ist unabhängig von der Belastung.	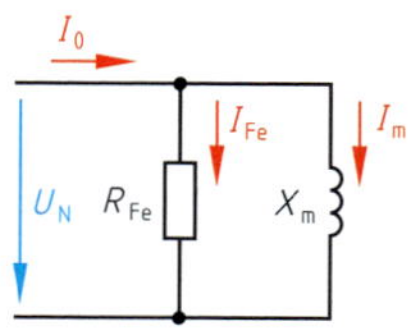	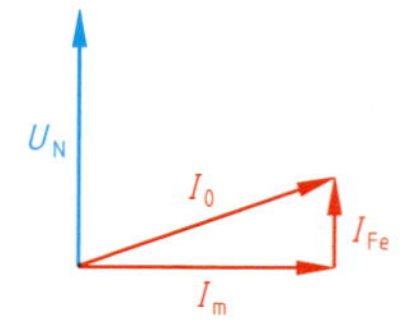	I_0 ist annähernd I_m. Im Ersatzwiderstand R_{Fe} tritt P_{vFe} auf. Die magnetische Streuung σ ist im Leerlauf an U_N sehr klein.
Ausgang kurzschließen und Eingang Anschluss an U_k Messung von P_{vCu} mit Leistungsmesser P_{vCu} ist quadratisch abhängig vom Laststrom.	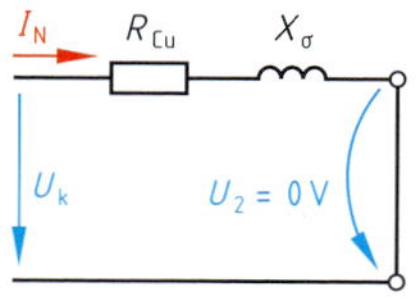	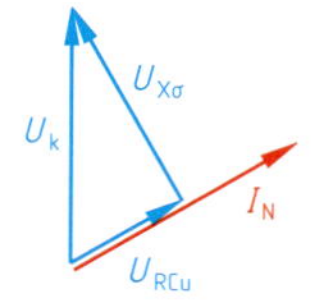	Durch Anschluss an $U_k = u_k \cdot U_{1N}/100$ fließt der volle Bemessungsstrom, sodass P_{vCu} gemessen wird. Die magnetische Streuung σ ist bei kurzgeschlossenem Ausgang groß und bewirkt einen Blindwiderstand $X\sigma$.
Betrieb mit Last an U_N Die Ausgangsspannung mit Last hängt gegenüber dem Leerlauf hier von P_{vCu} und $X\sigma$ sowie Z ab.	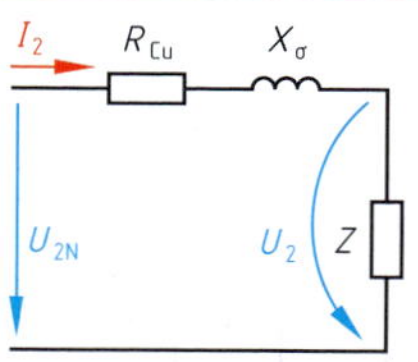	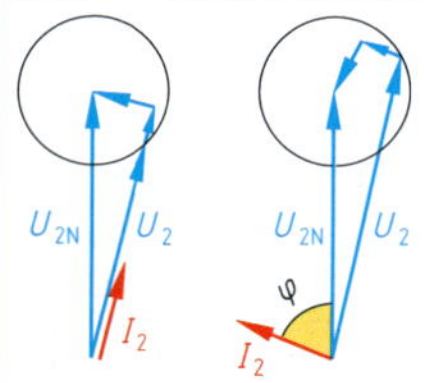	Bei Wirklast und induktiver Last liegt an der Last eine kleinere Spannung als U_{2N}. Bei kapazitiver Last kann U_2 größer sein als U_{2N}.

Verluste, Wirkungsgrad, Jahresnutzungsgrad

Begriffe	Erklärung	Formeln	
		bei einphasigem AC	bei dreiphasigem 3AC
Bemesssungsleistung (beim Trafo Scheinleistung) Bemessungsspannung Bemessungsstrom	Aus Scheinleistung S_N folgt über die Bemessungsspannung U_N der Bemessungsstrom I_N. Phasenfaktor $\sqrt{3}$	$S_N = U_N \cdot I_N$	$S_N = \sqrt{3} \cdot U_N \cdot I_N$
Verlustleistung P_v Eisenverlust P_{vFe} Kupferverlust P_{vCu}	Wirkleistungsverlust durch Ummagnetisierung und Erwärmung der Wicklung	$P_v = P_{in} - P_{out}$	$P_v = P_{vFe} + P_{vCu}$
Wirkungsgrad η (eta)	Verhältnis von nutzbarer Leistung zur aufgewendeten Leistung	$\eta = \frac{P_{out}}{P_{in}}$	$\eta = \frac{P_{out}}{P_{out} + P_{vFe} + P_{vCu}}$
Jahresarbeitsgrad, Jahresnutzungsgrad ζ (zeta)	Verhältnis von nutzbarer jährlicher Arbeit zur aufgewendeten jährlichen Arbeit	$\zeta = \frac{W_{out}}{W_{in}}$	$\zeta = \frac{W_{out}}{W_{out} + W_{vFe} + W_{vCu}}$

I_0 Leerlaufstrom
I_m Magnetisierungsstrom
I_N Bemessungsstrom
P_{in} Eingangsleistung
P_{out} Ausgangsleistung
P_v Leistungsverlust
S_N Bemessungsleistung (beim Trafo)

W_{in} jährlich aufgenommene Arbeit
W_{out} jährlich abgegebene Arbeit
W_{vFe} Verlust im Eisenkern
W_{vCu} Verlustarbeit in der Wicklung
u_k bezogene Kurzschlussspannung (in %)
U_k Kurzschlussspannung (in V)
U_N Bemessungsspannung

X_σ Blindwiderstand wegen magn. Streuung (σ sigma)
Z Impedanz der Last
η Wirkungsgrad (η eta)
ζ Arbeitsgrad, Nutzungsgrad (ζ zeta)

Indizes
1, in eingangsseitig
2, out ausgangsseitig

E

Transformatoren

Blechgrößen von Kleintransformatoren

Philbert-Kernbleche (nicht genormt)

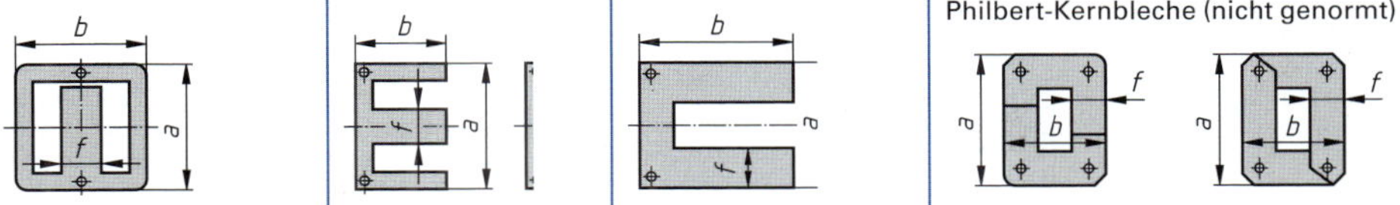

M-Kernblech | EI-Kernblech | UI-Kernblech | PU-Kernblech | PI-Kernblech

Kurzzeich.	M 20	M 30	M 42	M 65	EI 30	EI 130	EI 150	EI 170	UI 30	UI 60	UI 102	UI 150	P 48	P 60	P 68	P 76	P 86	P 108	P 180
a	20	30	42	65	30	130	150	170	30	60	102	150	72	90	102	114	129	162	270
b	20	30	42	65	20	87,5	100	118	40	80	136	200	36	45	51	57	64,5	81	135
f	5	7	12	20	10	35	40	45	10	20	34	50	12	15	17	19	21,5	27	45

Berechnungstabelle für M-Kernbleche und EI-Kernbleche für $\hat{B}$ = 1,2 T

Bemessungsleistung[1] bei 1 Eingangswicklung und bis 2 Ausgangswicklungen in VA	4,5	12	26	48	62	120	180	230	280	350	420	500
Bemessungsleistung[1] bei mehreren Wicklungen in VA	3	9	12	40	52	100	160	210	260	320	380	460
Kern	M 42	M 55	M 65	M 74	M 85	M 102a	EI 102b	EI 130a	EI 130b	EI 150a	EI 150b	EI 150c
Maß *a* in mm	42	55	65	74	85	102	102	130	130	150	150	150
Kernbreite *f* in mm	12	17	20	23	29	34	34	35	35	40	40	40
Pakethöhe in mm	15	20	27	32	32	35	52	35	45	40	50	60
Eisenquerschnitt bei Füllfaktor 0,9 in cm^2	1,6	3,0	4,9	6,7	8,4	11	16	11	14	14	18	21
nutzbare Fensterhöhe in mm	6,5	7,5	9	10	9	12	12	24	24	28	28	28
nutzbare Fensterbreite in mm	24	30	35	43	46	58	58	61	61	68	68	68
Wicklung												
Eingangswicklung[2]: Windungen/V	19,5	10,9	7,05	5,23	4,18	3,26	2,19	3,22	2,52	2,48	1,98	1,66
Ausgangswicklung[2]: Windungen/V	29,1	13,53	8,13	5,81	4,58	3,50	2,30	3,44	2,65	2,60	2,08	1,72
Wirkungsgrad $\eta \approx$	0,6	0,7	0,77	0,83	0,84	0,88	0,89	0,9	0,91	0,92	0,93	0,94
Stromdichte innen in A/mm^2	4,6	3,9	3,4	3,1	3,0	2,5	2,3	1,7	1,7	1,5	1,5	1,4
Stromdichte außen in A/mm^2	5,3	4,4	3,7	3,4	3,4	2,8	2,7	2,2	2,1	1,9	1,9	1,8
mittlere Windungslängen in mm												
innere Hälfte	73	95	120	140	150	170	205	200	220	230	250	270
äußere Hälfte	98	125	150	180	185	215	250	280	300	325	345	365
ganz außen	111	138	167	200	203	235	270	320	340	370	390	410

Beispiel:

Kleintransformator 230 V/ 24 V, Belastung 280 W bei cos φ = 1. Gesucht: Kern und Wicklungen

Lösung: Ausgangsleistung $S = \frac{P}{\cos\varphi} = \frac{280\,\text{W}}{1}$ = 280 VA. Für eine Eingangswicklung und eine Ausgangswicklung ist nach der Berechnungstabelle ein Kern EI 130b erforderlich.

Eingangswicklung Windungszahl $N_1 = 2{,}52\,\frac{1}{\text{V}} \cdot 230\,\text{V} = 580$

Leistungsaufnahme $S_{zu} = \frac{S}{\eta} = \frac{280\,\text{VA}}{0{,}91} = 308\,\text{VA}$

Stromaufnahme $I_1 = \frac{S_{zu}}{U} = \frac{308\,\text{VA}}{230\,\text{V}} = 1{,}34\,\text{A}$; Stromdichte (innen) $J_1 = 1{,}7\,\text{A/mm}^2$

Drahtquerschnitt $A_1 = \frac{I_1}{J_1} = \frac{1{,}34\,\text{A}}{1{,}7\,\text{A/mm}^2} = 0{,}788\,\text{mm}^2$; Drahtdurchmesser $d_1 \approx$ **1 mm**

Ausgangswicklung Windungszahl $N_2 = 2{,}65\,\frac{1}{\text{V}} \cdot 24\,\text{V} = 63{,}6 \approx 64$

Stromabgabe $I_2 = \frac{S}{U} = \frac{280\,\text{VA}}{24\,\text{V}} = 11{,}67\,\text{A}$; Stromdichte (außen) $J_2 = 2{,}1\,\text{A/mm}^2$

Drahtquerschnitt $A_2 = \frac{I_2}{J_2} = \frac{11{,}67\,\text{A}}{2{,}1\,\text{A/mm}^2} = 5{,}56\,\text{mm}^2$; Drahtdurchmesser $d_2 = 2{,}66\,\text{mm} \approx$ **2,7 mm**

[1] Bei Gleichrichtertransformatoren Bauleistung P_T [2] Die Windungszahlen gelten bei Wirkleistungsbelastung.

E

Transformatoren

Temperaturbeständigkeitsklassen von Isolierstoffen

vgl. DIN EN 60085

Thermische Klasse, Isolierstoffklasse	Höchstzulässige Dauertemperatur in °C	Isolierstoffe (Beispiele)	Zulässige Übertemperatur bei Wicklungen in K	
			mit Widerstandsmessung gemessen	mit Temperaturfühlern gemessen
90 Y	<105	Organische Faserstoffe (Baumwolle, Seide, Papier), Polyvinylchlorid, Polystyrol	50	55
105 A	<120	Organische Faserstoffe, getränkt	60	65
		Abgewandelte Öllacke für Drähte		
		Zelluloseacetatfolien, Polyester-Harze, synthetischer Gummi		
120 E	<130	Hartpapier, Hartgewebe, ausgehärtete Pressmassen (Phenol-, Melamin-, Polyester-, Epoxid-Harze), Kunstharzlacke	75	–
		Elektropressspan in Verbindung mit Folien Kl. E		
		Triacetatfolien, Spritzgussmassen aus Polyamid		
130 B	<155	Glas, Glimmer mit Bindemitteln der Klasse E, Kunstharzlacke der Klasse B, getränkt	80	85
		Polycarbonatfolien, Spritzgussmassen aus Polycarbonat, getränkt		
155 F	<180	Glas, Glimmer mit abgewandelten Silikonharzen, Terephthalsäureesterlacke, getränkt	105	110
180 H	<200	Glas, Glimmer mit Silikonharzen, Silikon-Kautschuk, aromatische Polyamide, getränkt	125	130
C	<220	Glas, Glimmer, Keramik, Quarz, Polyimide, Polytetrafluorethylen, getränkt	begrenzt durch Einfluss auf benachbarte Isolierung	

Thermische Klasse ist nach DIN EN 60085 ein Zahlenwert, der mit dem Zahlenwert derjenigen *Temperatur* in Grad Celsius identisch (übereinstimmend) ist, die von dem elektrischen Isoliermaterial EIM, z. B. Polycarbonat, auf Dauer ausgehalten wird, ohne dass die *Lebensdauer* der Isolierung verkürzt wird. Daneben wird nach DIN EN 60085 ein *relativer thermischer Beständigkeitsindex RTE* angegeben, der den Bereich angibt, in dem das EIM verwendet werden kann, allerdings je nach Höhe der Temperatur zu Lasten der Lebensdauer. Für die thermische Klasse 90 reicht der RTE von ≥ 90 °C bis < 105 °C. Die zweite Temperatur von < 105 °C bezeichnen wir hier als *höchstzulässige Dauertemperatur*. Diese kann lange Zeit auf das EIM wirken, jedoch ist die Lebensdauer der Isolierung dann kürzer als bei 90 °C.
Isolierstoffklasse ist die frühere Bezeichnung nach DIN VDE, die aber noch häufig angewendet wird.

Leistungsschilder von Einphasentransformatoren und Spannungswandlern

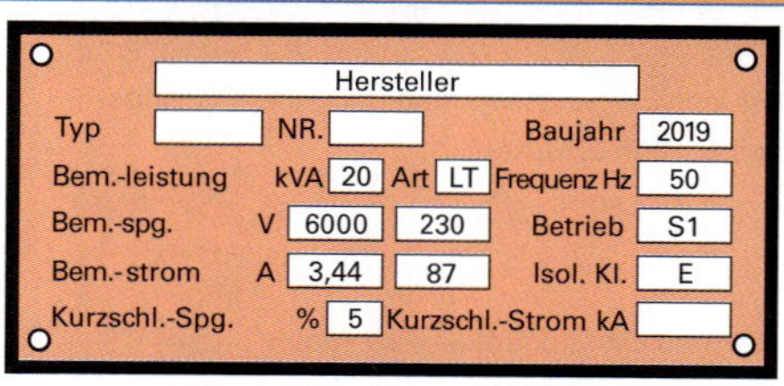

Einphasentransformator
Dieselben Angaben wie beim Drehstromtransformator (folgende Seite).
Bei kleiner Baugröße können einzelne Angaben fehlen, insbesondere bei Kleintransformatoren.

www.voltimum.de

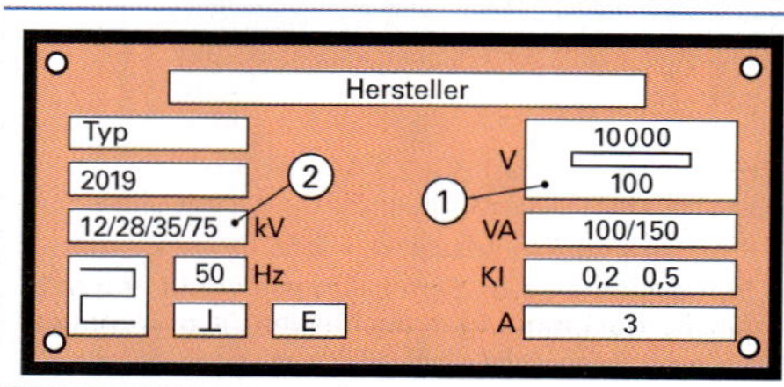

Spannungswandler
Ein Teil der Angaben wie beim Einphasentransformator.
Spannungen:
1. Bemessungsspannungen
2. a) höchste dauernde Eingangsspannung
   b) Bem.-Stehwechselspannung für Windungsprüfung
   c) Bem.-Stehwechselspannung für Wicklungsprüfung
   d) Bemessungs-Stoßspannung für Isolationsprüfung

Höchstzulässige Stromabgabe ohne Anspruch auf Genauigkeit der Spannungsübersetzung

E

Transformatoren

Übliche Drehstromtransformatoren

Zeigerbild OS	Übersetzung $U_1 : U_2$	Schaltgruppe	Schaltung OS US	Zeigerbild US	Schaltgruppe	Schaltung OS US	Zeigerbild US
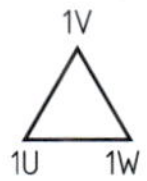	$\frac{N_1}{N_2}$	Dreieck-Dreieck Dd0	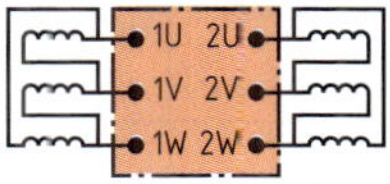	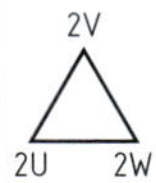	Dreieck-Dreieck Dd6	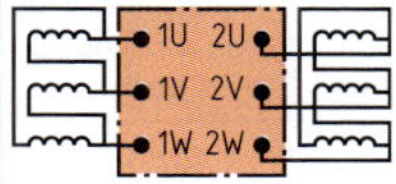	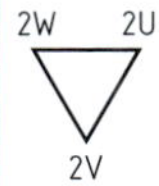
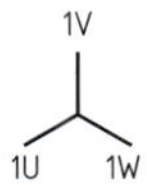	$\frac{N_1}{N_2}$	Stern-Stern Yy0	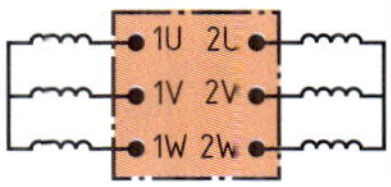	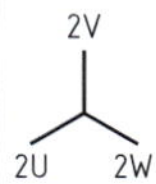	Stern-Stern Yy6	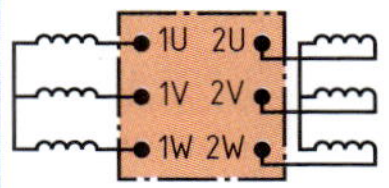	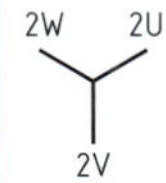
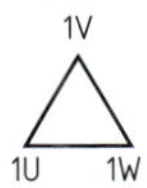	$\frac{N_1}{\sqrt{3}N_2}$	Dreieck-Stern Dy5	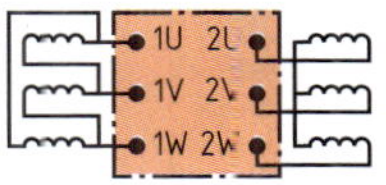	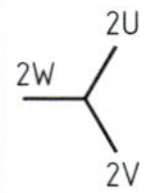	Dreieck-Stern Dy11	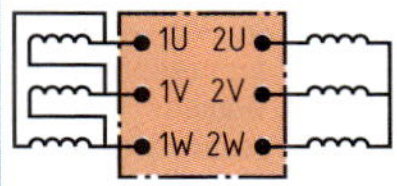	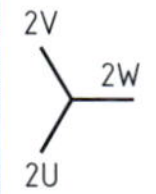
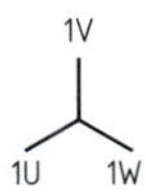	$\frac{\sqrt{3}N_1}{N_2}$	Stern-Dreieck Yd5	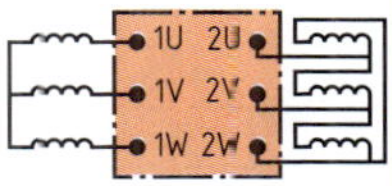	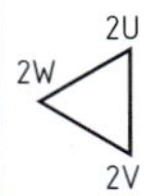	Stern-Dreieck Yd11	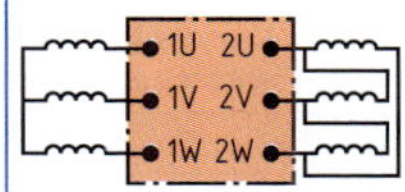	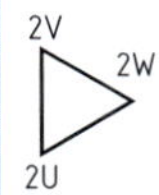
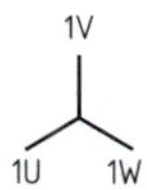	$\frac{2N_1}{\sqrt{3}N_2}$	Stern-Zickzack Yz5	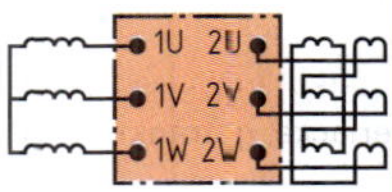	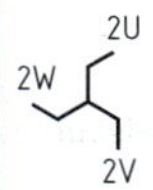	Stern-Zickzack Yz11	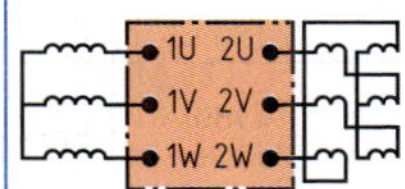	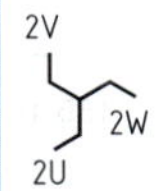

N_1 und N_2 sind Windungszahlen je Strang; U_1 und U_2 sind Leiterspannungen (Dreieckspannungen) bei Leerlauf. Ist der Sternpunkt herausgeführt, wird an die betreffende Schaltung ein n bzw. N angehängt, z.B. Dyn5 oder YNd5.

Spartransformatoren und Transformatorensätze für Drehstrom

Schaltgruppe	Zeigerbild OS	Schaltung Spartransformator OS US	Zeigerbild US	Schaltgruppe	Zeigerbild OS	Schaltung OS US	Zeigerbild US
Y0	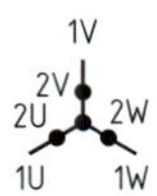	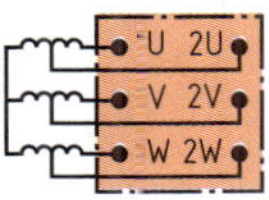		Ii0		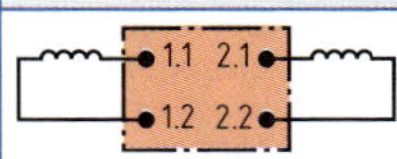 Einphasentransformator für Drehstromsätze	

Transformatorensätze (Transformatorenbänke) bestehen aus Einphasentransformatoren, die wie die Wicklungen eines Drehstromtransformators geschaltet sind, z.B. zu Dy11 (Oberspannungsseiten OS in Dreieck, Unterspannungsseiten US in Stern). I,i Einphasenschaltung (I für OS, i für US)

Leistungsschild von Drehstromtransformatoren

	Hersteller			
Typ		NR.	Baujahr 2019	VDE 0532
Bem.-leistung kVA	160	Art LT	Frequenz Hz	50
1	20800		Betrieb	S1
Bem.-spg. V 2	20000	400	Schaltgr.	Yzn5
3	19200		Reihe	20
Bem.-strom A	4,62	231	Isol.-Kl.	A
Kurzschl.-Spg.%	4,1	Kurzschl.-Strom kA		
Schutzart	IP55	Kurzschl.-Dauer max.s		1,8
Kühlungsart	S			
Ges.-Mas. t	1,0	Öl-Masse t 0,27		

Angegeben sind Name des Herstellers, Transformatortyp, Herstellungsnummer, Baujahr, zugrunde liegende VDE-Bestimmung, Bemessungsleistung, Art des Transformators (z.B. LT für Leistungstransformator), Frequenz, Bemessungsbetriebsart, Oberspannungen (je nach Einstellung des Umspanners), Unterspannung, Schaltgruppe, Reihe (für Isolation maßgebende Spannung in kV), Bemessungsströme, Isolationsklasse, Schutzart IP, Kühlungsart, z.B. S für Selbstkühlung, relative Kurzschlussspannung.

Weitere Angaben sind möglich. Einzelne Angaben können aber auch fehlen.

Statt Bemessungs-, z.B. Bemessungsleistung, verwenden manche Bestimmungen auch Nenn-, z.B. Nennleistung.

E

Kraftwerksarten

Kraftwerksart	Einsatzmöglichkeit	Wirkungsgrad η	Bemerkungen
Wasserkraftwerke			
Laufwasser-Kraftwerk	Errichtung an Flüssen oder Kanälen Durch Wehranlagen werden Höhenunterschiede von 4 m bis 25 m erreicht. Niederdruckanlagen arbeiten mit Kaplanturbinen.	0,85	Für konstante Energieversorgung Deckung der Grundlast
Speicherkraftwerk	Bei großen Stauhöhen Mitteldruck-Kraftwerke 20 m bis 50 m Hochdruck-Kraftwerke 50 m bis 2 000 m Kaplan-, Francis- oder Peltonturbinen Wasser wird bei Regenfällen oder Schneeschmelze in einer Talsperre gestaut und bei Bedarf abgefahren.	0,8	Abhängig von Zufluss und Speichervermögen unterscheidet man: Tages-, Wochen-, Monats- und Jahreskraftwerke
Pumpspeicherkraftwerk	In Schwachlastzeiten wird mit elektrischer Überschussenergie aus Wärmekraftwerken das Pendelwasser in das Oberbecken gepumpt. Bei Spitzenstrombedarf wird wie beim Speicherkraftwerk elektrische Energie erzeugt.	0,75	Zur Deckung von Spitzenlast Dient als Energiespeicher
Gezeitenkraftwerk	Nur an Küsten mit hohen Gezeitenunterschieden wirtschaftlich einsetzbar	0,8	Zum Beispiel in Saint Malo, Frankreich (10 MW)
Wärmekraftwerke			
Dampfkraftwerk	Mit Atomkraft, Kohle, Gas oder Öl wird Wasserdampf mit Temperaturen bis 550 °C und Drücken bis 25 MPa erzeugt und Dampfturbinen zugeführt. Diese wandeln über Turbogeneratoren die mechanische in elektrische Energie um.	0,35 bis 0,45	Kraftwerke mit hohen Leistungen Hohe Entsorgungskosten für Abfälle
Gasturbinen-Kraftwerk	Verdichtete Frischluft wird durch Verbrennung von Erdgas oder leichtem Heizöl auf eine Temperatur von 1 300 °C gebracht. Diese heiße Luft treibt über die Turbine den Generator an.	0,3	Volle Leistungsabgabe innerhalb von 2 bis 3 min; Spitzenstromerzeuger
GUD-Kraftwerk (Gas- und Dampfkraftwerk)	Die 600 °C heißen Rauchgase einer Gasturbine werden direkt in einem unbefeuerten Abhitzekessel zur Dampferzeugung für den Antrieb einer Dampfturbine genutzt.	0,55 bis 0,6	Sehr effiziente Brennstoffausnutzung und kleine Schadstoffemissionen; Leistungen bis 250 MW
Verbundkraftwerk	Der im Abhitzekessel mit den Gasturbinenabgasen erzeugte Dampf wird in ein externes Dampfkraftwerk eingespeist. Dampfturbine und Gasturbine können gemeinsam oder einzeln gefahren werden.	0,48	Zur Leistungs- und Wirkungsgraderhöhung vorhandener Kraftwerke

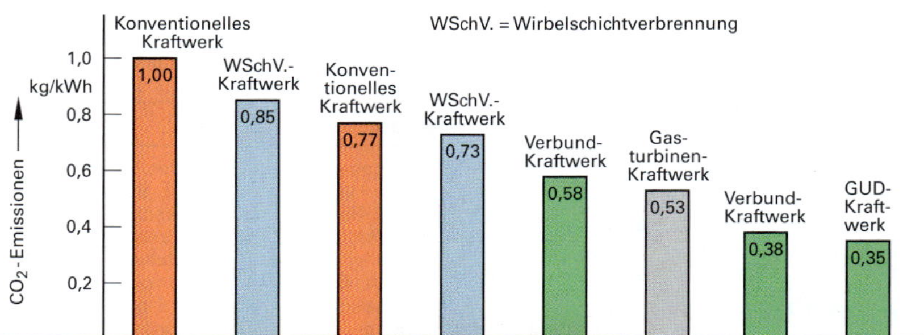

Brennstoff	Braunkohle		Steinkohle		Erdgas, Steinkohle	Erdgas		
elektrischer Wirkungsgrad	40 %	47 %	43 %	45 %	48 %	36 %	49 %	55 %

CO_2-Emission und Wirkungsgrad verschiedener fossiler Wärmekraftwerke

E

Drehende Generatoren

Art	Erklärung	Schaltung
Synchron-generator für AC (Einphasenwechselstrom) und 3 AC (Drehstrom)	Der Synchrongenerator SG besteht aus einem Ständer mit AC-Wicklung oder 3AC-Wicklung, einem Magnetläufer mit Erregerwicklung oder mit Dauermagneten. Dreht sich der Läufer, so wird in der Wicklung eine Spannung induziert. Zum Betrieb am Netz muss konstante Drehzahl $n = f/p$ eingehalten werden. Im Inselbetrieb steigt f mit n und p, die Spannung steigt mit I_{err} und n.	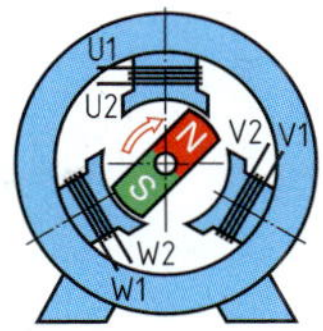 **Synchrongenerator (Prinzip)**
Synchron-generator für DC (Gleichstrom)	Der SG (im Schaltzeichen GS) erzeugt AC oder 3AC und mittels Gleichrichter, z. B. B2U oder B6U, kann DC entnommen werden. Durch Ändern von n oder I_{err} kann die Spannung eingestellt werden.	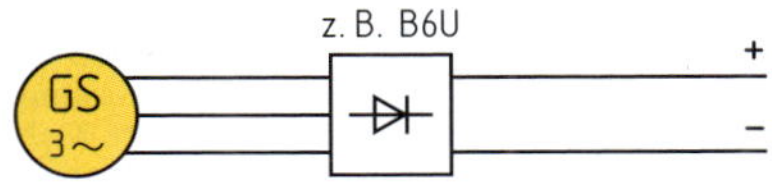 **Synchrongenerator für DC**
Asynchron-generator für AC und 3AC	Eine Kurzschlussläufermaschine oder eine Schleifringläufermaschine wird zum Asynchrongenerator AG (im Schaltzeichen GA), wenn sie mit einer höheren Drehzahl als ihrer Drehfelddrehzahl angetrieben wird, und zwar am Netz, aus dem der AG Blindstrom für das magnetische Drehfeld beziehen muss.	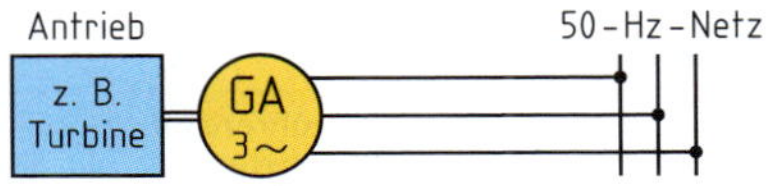 **Asynchrongenerator für 3AC**
Generatoren für Windkraftanlagen Synchrongenerator mit DC-Zwischenkreis Asynchrongenerator mit USK Doppelt speisender Asynchrongenerator DSA	Bei Windenergieanlagen ändert sich die Drehzahl von 0,5- bis 1,1-facher Nenndrehzahl je nach Wind. Deshalb ist direkte Verbindung zum 50-Hz-Netz nicht möglich. Bei Anlagen bis etwa 50 kW wird ein *Umrichter mit Zwischenkreis URZ* angewendet. Bei Anlagen bis 2 MW kommt als Generator eine Schleifringläufermaschine als *untersynchrone Stromrichterkaskade USK* in Betracht. Der Ständer nimmt dabei Blindleistung auf, der Läufer gibt die Schlupfenergie an das Netz ab (**Bild rechts**). Der *doppelt speisende Asynchrongenerator DSA* ist eine weiter entwickelte USK für Leistungen bis über 5 MW. Das 50-Hz-Netz wird vom Ständer und vom Läufer gespeist (**Bild unten**). Vorteil gegen URZ: Nur 30 % der Leistung gehen über die empfindliche Elektronik.	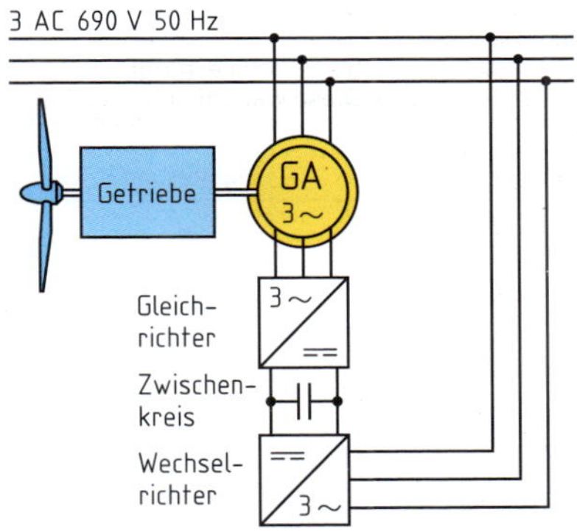 **Windenergieanlage mit USK (Prinzip)**

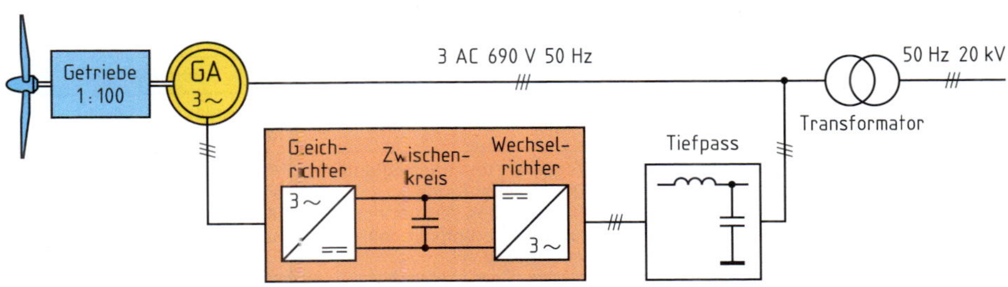

Doppelt speisender Asynchrongenerator DSA (Prinzip)

AG	Asynchrongenerator	URZ	Umrichter mit Zwischenkreis	I_{err}	Erregerstrom
DSA	Doppelt speisender Asynchrongenerator	USK	Untersynchrone Stromrichterkaskade	n	Drehzahl
SG	Synchrongenerator	f	Frequenz	p	Polpaarzahl

E

Netze der Energietechnik

Netzformen (Topologie)

Netzart	Kennzeichen	Anwendung	Vorteile und Nachteile
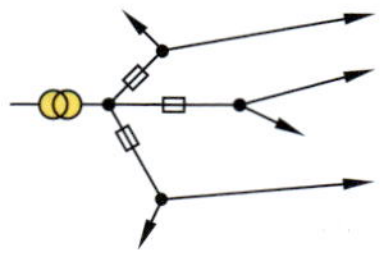 **Strahlennetz**	Die Energieversorgung verteilt sich strahlenförmig von einem gemeinsamen Einspeisepunkt aus. An jedem Strahl sind ein oder mehrere Verbraucher angeschlossen.	In Mittel- und Niederspannungsnetzen; Zur Energieversorgung von Reihendörfern oder Siedlungen in engen Tälern	Hoher Spannungsfall am Ende der Leitung; große Spannungsschwankungen abhängig von den Anschlusswerten der Verbraucher; sichere Energieversorgung ist nicht gewährleistet. Große Leiterquerschnitte sind erforderlich.
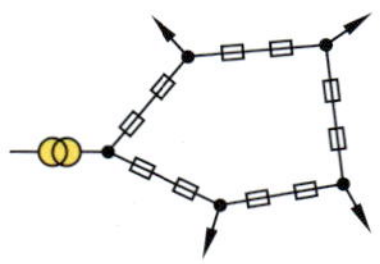 **Ringnetz**	Das Ende eines Versorgungsstrahls wird an den Einspeisepunkt zurückgeführt. Mehrere Einspeisungen sind möglich.	Bei flächenförmiger Anordnung weniger Verbraucher, die relativ weit auseinander liegen, z. B. bei Aussiedlerhöfen oder Industrieanlagen mit mehreren Fertigungsabteilungen; Mittel- und Niederspannungsnetze	Aufwendiger als das Strahlennetz, da Rückführung erforderlich; größerer Aufwand am Einspeisepunkt; hohe Versorgungssicherheit, da von beiden Seiten eingespeist werden kann, falls in einem Teilstück eine Störung vorliegt
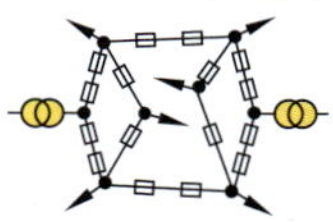 **Maschennetz**	Mehrere Einspeisepunkte; Diagonalverbindungen versorgen in der Masche liegende Verbraucheranlagen	Für Hoch-, Mittel- und Niederspannungsanlagen; Versorgung von Großstädten	Hohe Spannungskonstanz; Kleine Leitungsverluste; Große Versorgungssicherheit; Hoher Aufwand für Schutzgeräte und Netzschalteinrichtungen durch hohe Kurzschlussströme

Unterscheidung nach Spannung

Bezeichnung	Bemessungsspannung in kV	Anwendung	Mastbauart	Spannweite in m
Niederspannungsnetz	0,23/0,4	Energieversorgung von Wohnungen, Gewerbebetrieben und Landwirtschaft	National und international; Holz	40 bis 80
Mittelspannungsnetz	6, 10, 20, 30, 60 (66, 69)	Energieversorgung von Ortsnetzstationen, Industriebetrieben und großen Wohneinheiten; Regionalnetz	Beton, Stahlrohr, Holz	80 bis 220
Hochspannungsnetz 1	110, 220, 380	Energieversorgung von Großstädten, große Industriebetriebe; Kraftwerksverbund	Beton, Stahlgitter	200 bis 350
Hochspannungsnetz 2 (Höchstspannungsnetz)	500, 750	International für HGÜ (Hochspannungs-Gleichstrom-Übertragung)	Stahlgitter, Spezialkabel	bis 750 –

Unterscheidung nach Leitungsart

Bezeichnung	Spannungsbereich	Anwendung	Bemerkungen
Freileitungsnetz	Niederspannung	Ortsnetze	Alte Anlagen u. Erweiterungen; billiger als Kabelnetze
	Mittelspannung	Regionale und überregionale Energieversorgung; Europäisches Verbundnetz zur Absicherung nationaler Versorgung.	Preisgünstiger als Kabelnetz Weniger Verluste Kleinere Kapazität Leicht überwachbar
	Hochspannung, Höchstspannung		
Kabelnetz	Niederspannung	Ortsnetze	Kunststoffisolierte Kabel (PVC oder VPE)
	Mittelspannung	Verbindungskabel zu den Umspannstationen in Ortsnetzen oder großen Industrieanlagen; Über 110 kV sind nur kurze Verbindungsstrecken möglich	Anlagen bis 1980: bis 60 kV Massekabel, darüber Gasdruck- und Öldruckkabel Neuere Anlagen: Meist VPE-Kabel
	Hochspannung		

Zahlensysteme

Aufbau der Zahlen

Zahlenart	Basis *B*	Ziffern (Zeichenvorrat)
Dualzahlen	2	0 1
Oktalzahlen	8	0 1 2 3 4 5 6 7
Dezimalzahlen	10	0 1 2 3 4 5 6 7 8 9
Hexadezimalzahlen (Sedezimalzahlen)	16	0 1 2 3 4 5 6 7 8 9 A B C D E F

Umrechnung vom Dezimalsystem ins Dualsystem und umgekehrt

Art	Prinzip	Beispiel
Dezimalzahl in Dualzahl	Man teilt jeweils durch 2 und schreibt die Reste auf. Diese ergeben, von unten nach oben bzw. von hinten nach vorne gelesen, die Dualzahl.	Wandeln Sie die Dezimalzahl 78 in eine Dualzahl um. 78 : 2 = 39 Rest 0 ⇒ Dualziffer 0 39 : 2 = 19 1 ⇒ 1 19 : 2 = 9 1 ⇒ 1 9 : 2 = 4 1 ⇒ 1 4 : 2 = 2 0 ⇒ 0 2 : 2 = 1 0 ⇒ 0 1 : 2 = 0 1 ⇒ 1 78 ≙ **1 0 0 1 1 1 0**
Dualzahl in Dezimalzahl	Man bildet von rechts nach links die Potenzwerte zur Basis 2 und addiert sie.	Eine Dualzahl lautet 1001010. a) Wie groß sind die Potenzwerte zur Basis 2? b) Wie lautet die Dezimalzahl für die Dualzahl? Dualzahl: 1 0 0 1 0 1 0 Stelle: 6 5 4 3 2 1 0 a) Potenzwerte: $1 \cdot 2^6$ $0 \cdot 2^5$ $0 \cdot 2^4$ $1 \cdot 2^3$ $0 \cdot 2^2$ $1 \cdot 2^1$ $0 \cdot 2^0$ b) Dezimalzahlen: 64 + 0 + 0 + 8 + 0 + 2 + 0 Ergebnis: **74**

Grundregeln für das Rechnen mit Dualzahlen

0 + 0 = 0	0 – 0 = 0	10 – 1 = 1	1 · 1 = 1
1 + 0 = 1	1 – 0 = 1	0 · 0 = 0	0 : 1 = 0
0 + 1 = 1	0 – 1 = –1	1 · 0 = 0	1 : 1 = 1
1 + 1 = 10	1 – 1 = 0	0 · 1 = 0	

Binärcodes (Auswahl)

BCD-Codes (Binär codierte Dezimalcodes, jede Dezimalstelle codiert)					Sonstige Codes	
Dezimalziffer	1-aus-10-Code	8-4-2-1-Code	Biquinär-Code	2-aus-5-Code	Gray-Code	Glixon-Code
0	0 0 0 0 0 0 0 0 0 1	0 0 0 0	0 0 0 0 1 0 1	1 1 0 0 0	0 0 0 0 0	0 0 0 0
1	0 0 0 0 0 0 0 0 1 0	0 0 0 1	0 0 0 1 0 0 1	0 0 0 1 1	0 0 0 0 1	0 0 0 1
2	0 0 0 0 0 0 0 1 0 0	0 0 1 0	0 0 1 0 0 0 1	0 0 1 0 1	0 0 0 1 1	0 0 1 1
3	0 0 0 0 0 0 1 0 0 0	0 0 1 1	0 1 0 0 0 0 1	0 0 1 1 0	0 0 0 1 0	0 0 1 0
4	0 0 0 0 0 1 0 0 0 0	0 1 0 0	1 0 0 0 0 0 1	0 1 0 0 1	0 0 1 1 0	0 1 1 0
5	0 0 0 0 1 0 0 0 0 0	0 1 0 1	0 0 0 0 1 1 0	0 1 0 1 0	0 0 1 1 1	0 1 1 1
6	0 0 0 1 0 0 0 0 0 0	0 1 1 0	0 0 0 1 0 1 0	0 1 1 0 0	0 0 1 0 1	0 1 0 1
7	0 0 1 0 0 0 0 0 0 0	0 1 1 1	0 0 1 0 0 1 0	1 0 0 0 1	0 0 1 0 0	0 1 0 0
8	0 1 0 0 0 0 0 0 0 0	1 0 0 0	0 1 0 0 0 1 0	1 0 0 1 0	0 1 1 0 0	1 1 0 0
9	1 0 0 0 0 0 0 0 0 0	1 0 0 1	1 0 0 0 0 1 0	1 0 1 0 0	0 1 1 0 1	1 0 0 0
Stellenwert	9 8 7 6 5 4 3 2 1 0	8 4 2 1	4 3 2 1 0 5 0	7 4 2 1 0 (für die Ziffern 1 bis 9)	–	–

E

Zahlensysteme

Umrechnen von Dezimalzahlen in andere Zahlensysteme und umgekehrt

Quelle	Ziel	Rechengang	Beispiel
dezimal	dual	Siehe vorhergehende Seite	
dual	dezimal		
dezimal	oktal	Die Dezimalzahl durch 8 teilen, Rest aufschreiben, Ergebnis durch 8 teilen, Rest aufschreiben usw. bis Ergebnis 0 ist. Die Reste von unten nach oben gelesen sind die gesuchte Oktalzahl.	249 : 8 = 31 Rest 1 31 : 8 = 3 Rest 7 3 : 8 = 0 Rest 3 **Ergebnis 371**
oktal	dezimal	Jede Ziffer der Oktalzahl als Dualzahl-Triade (dreistellige Dualzahl) schreiben. Die Triaden zu einer Dualzahl zusammenfassen. Der Dezimalwert der Dualzahl ist die gesuchte Dezimalzahl.	371 011 111 001 = 11111001 1+8+16+32+64+128=**249**
dezimal	sedezimal	Die Dezimalzahl durch 16 teilen, Rest aufschreiben. Ergebnis durch 16 teilen, Rest aufschreiben usw. bis Ergebnis nicht mehr teilbar ist. Die Reste als Sedezimalziffern ersetzen. Diese Sedezimalziffern von unten nach oben gelesen ist die gesuchte Sedezimalzahl.	173 : 16 = 10 Rest 13 = D 10 : 16 = 0 Rest 10 = A **Ergebnis AD**
sedezimal	dezimal	Jede Ziffer der Sedezimalzahl als Dualzahl-Tetrade (vierstellige Dualzahl) schreiben. Die Tetraden zu einer Dualzahl zusammenfassen. Der Dezimalwert der Dualzahl ist die gesuchte Dezimalzahl.	A3D 1010 0011 1101 = 101000111101 1+4+8+16+32+512+2048=**2 621**

$Z_n \cdot B^{n-1}$	…	$Z_4 \cdot B^3$	$Z_3 \cdot B^2$	$Z_2 \cdot B^1$	$Z_1 \cdot B^0$	,	$Z_{-1} \cdot B^{-1}$	$Z_{-2} \cdot B^{-2}$	$Z_{-3} \cdot B^{-3}$	…	$Z_{-m} \cdot B^{-m}$

$Z_1 \dots Z_n$ Ziffer der 1. bis *n*. Stelle links vom Komma
B^n, B^m Basis mit Exponent
$Z_{-1} \dots Z_{-m}$ Ziffer der 1. Stelle bis *m*. Stelle rechts vom Komma

Beispiel: Wie groß ist der Dezimalwert der Sedezimalzahl A4, D4?

Lösung: $10 \cdot 16^1 + 4 \cdot 16^0$, $13 \cdot 16^{-1} + 4 \cdot 16^{-2}$
$160 + 4$, $13 / 16 + 4 / 256 =$ **164,828125**

Vergleich der Zahlen von Zahlensystemen

dezimal	dual	oktal	sedezimal	dezimal	dual	oktal	sedezimal	dezimal	dual	oktal	sedezimal
0	0	0	0	20	10100	24	14	40	101000	50	28
1	1	1	1	21	10101	25	15	41	101001	51	29
2	10	2	2	22	10110	26	16	42	101010	52	2A
3	11	3	3	23	10111	27	17	43	101011	53	2B
4	100	4	4	24	11000	30	18	44	101100	54	2C
5	101	5	5	25	11001	31	19	45	101101	55	2D
6	110	6	6	26	11010	32	1A	46	101110	56	2E
7	111	7	7	27	11011	33	1B	47	101111	57	2F
8	1000	10	8	28	11100	34	1C	48	110000	60	30
9	1001	11	9	29	11101	35	1D	49	110001	61	31
10	1010	12	A	30	11110	36	1E	50	110010	62	32
11	1011	13	B	31	11111	37	1F	51	110011	63	33
12	1100	14	C	32	100000	40	20	52	110100	64	34
13	1101	15	D	33	100001	41	21	53	110101	65	35
14	1110	16	E	34	100010	42	22	54	110110	66	36
15	1111	17	F	35	100011	43	23	55	110111	67	37
16	10000	20	10	36	100100	44	24	56	111000	70	38
17	10001	21	11	37	100101	45	25	57	111001	71	39
18	10010	22	12	38	100110	46	26	58	111010	72	3A
19	10011	23	13	39	100111	47	27	59	111011	73	3B

Sedezimalzahlen (Hexadezimalzahlen) von Dezimalzahlen >59 auf folgender Seite

ASCII-Code im Unicode

Dez	Hex	Zch	Dez	Hex	Zch	Dez	Hex	Zch	Dez	Hex	Zch	Dez	Hex	Zch	Dez	Hex	Zch
Genormter ASCII-Code (7-Bit-Code)																	
0	0		22	16	■	44	2C	,	65	41	A	86	56	V	107	6B	k
1	1	☺	23	17	↨	45	2D	-	66	42	B	87	57	W	108	6C	l
2	2	☻	24	18	↑	46	2E	.	67	43	C	88	58	X	109	6D	m
3	3	♥	25	19	↓	47	2F	/	68	44	D	89	59	Y	110	6E	n
4	4	♦	26	1A	→	48	30	0	69	45	E	90	5A	Z	111	6F	o
5	5	♣	27	1B	←	49	31	1	70	46	F	91	5B	[	112	70	p
6	6	♠	28	1C	∟	50	32	2	71	47	G	92	5C	\	113	71	q
7	7	•	29	1D	↔	51	33	3	72	48	H	93	5D	]	114	72	r
8	8	◘	30	1E	▲	52	34	4	73	49	I	94	5E	^	115	73	s
9	9	○	31	1F	▼	53	35	5	74	4A	J	95	5F	_	116	74	t
10	A	◙	32	20		54	36	6	75	4B	K	96	60	`	117	75	u
11	B	♂	33	21	!	55	37	7	76	4C	L	97	61	a	118	76	v
12	C	♀	34	22	"	56	38	8	77	4D	M	98	62	b	119	77	w
13	D	♪	35	23	#	57	39	9	78	4E	N	99	63	c	120	78	x
14	E	♫	36	24	$	58	3A	:	79	4F	O	100	64	d	121	79	y
15	F	☼	37	25	%	59	3B	;	80	50	P	101	65	e	122	7A	z
16	10	►	38	26	&	60	3C	<	81	51	Q	102	66	f	123	7B	{
17	11	◄	39	27	'	61	3D	=	82	52	R	103	67	g	124	7C	|
18	12	↕	40	28	(	62	3E	>	83	53	S	104	68	h	125	7D	}
19	13	‼	41	29	)	63	3F	?	84	54	T	105	69	i	126	7E	~
20	14	¶	42	2A	*	64	40	@	85	55	U	106	6A	j	127	7F	Δ
21	15	§	43	2B	+												
Erweiterungen im Unicode																	
128	80	€	150	96	–	172	AC	¬	193	C1	Á	214	D6	Ö	235	EB	ë
129	81	□	151	97	—	173	AD		194	C2	Â	215	D7	×	236	EC	ì
130	82	‚	152	98	˜	174	AE	®	195	C3	Ã	216	D8	Ø	237	ED	í
131	83	ƒ	153	99	™	175	AF	¯	196	C4	Ä	217	D9	Ù	238	EE	î
132	84	„	154	9A	š	176	B0	°	197	C5	Å	218	DA	Ú	239	EF	ï
133	85	…	155	9B	›	177	B1	±	198	C6	Æ	219	DB	Û	240	F0	ð
134	86	†	156	9C	œ	178	B2	²	199	C7	Ç	220	DC	Ü	241	F1	ñ
135	87	‡	157	9D	□	179	B3	³	200	C8	È	221	DD	Ý	242	F2	ò
136	88	ˆ	158	9E	ž	180	B4	´	201	C9	É	222	DE	Þ	243	F3	ó
137	89	‰	159	9F	Ÿ	181	B5	µ	202	CA	Ê	223	DF	ß	244	F4	ô
138	8A	Š	160	A0		182	B6	¶	203	CB	Ë	224	E0	à	245	F5	õ
139	8B	‹	161	A1	¡	183	B7	·	204	CC	Ì	225	E1	á	246	F6	ö
140	8C	Œ	162	A2	¢	184	B8	¸	205	CD	Í	226	E2	â	247	F7	÷
141	8D	□	163	A3	£	185	B9	¹	206	CE	Î	227	E3	ã	248	F8	ø
142	8E	Ž	164	A4	¤	186	BA	º	207	CF	Ï	228	E4	ä	249	F9	ù
143	8F	□	165	A5	¥	187	BB	»	208	D0	Đ	229	E5	å	250	FA	ú
144	90	□	166	A6	¦	188	BC	¼	209	D1	Ñ	230	E6	æ	251	FB	û
145	91	`	167	A7	§	189	BD	½	210	D2	Ò	231	E7	ç	252	FC	ü
146	92		168	A8	¨	190	BE	¾	211	D3	Ó	232	E8	è	253	FD	ý
147	93	``	169	A9	©	191	BF	¿	212	D4	Ô	233	E9	é	254	FE	þ
148	94		170	AA	ª	192	C0	À	213	D5	Õ	234	EA	ê	255	FF	ÿ
149	95	*	171	AB	«												

ASCII-Steuerzeichen (Beispiele)

Dez	Befehl	Bedeutung	Dez	Befehl	Bedeutung
2	STX	Start of Text = Textanfang	13	CR	Carriage Return = Wagenrücklauf
3	ETX	End of Text = Textende	17	DC1	Device Control = Gerätesteuerzeichen (weitere 18, 19, 20 = DC2, DC3, DC4)
7	BEL	engl. Bell = Klingel			
10	LF	Line Feed = Zeilenvorschub	26	SUB	Substitution = Zeichen ersetzen
12	FF	Form Feed = Formularvorschub	27	ESC	Escape = Herausspringen (Taste)

Der Unicode als 16-Bit-Code wurde als internationaler Standard definiert, um die Zeichen aller europäischen Sprachen sowie insbesondere die Zeichen im Arabischen, Chinesischen, Japanischen oder Koreanischen abzubilden. In den ersten 128 Plätzen ist der ASCII-Code (American Standard Code for Information Interchange) untergebracht. Von den möglichen 65536 Zeichen des Unicode sind derzeit etwa 40000 Zeichen vergeben. Die ersten 32 Zeichen sind meist Steuerzeichen, die anderen Zeichen sind auch Bestandteil des ANSI-Codes (American National Standards Institute).

E

Schaltalgebra und binäre Verknüpfungen

Binäre Verknüpfungen

Schaltzeichen	Benennung der Verknüpfung	Kontaktschaltung	Schaltfunktion (Sprechweise)	Wertetabelle b	a	x
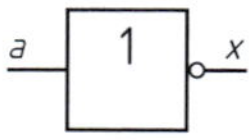	NICHT (Negation)	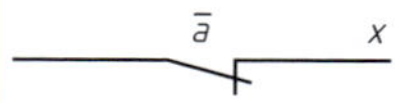	$x = \bar{a}$ oder $x = \neg a$ (*a* nicht) nicht genormt: $x = a\backslash$ oder $x = \backslash a$		0 1	1 0
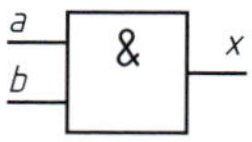	UND (Konjunktion)		$x = a \wedge b$ (*a* und *b*)	0 0 1 1	0 1 0 1	0 0 0 1
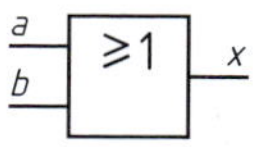	ODER (Adjunktion, Disjunktion)	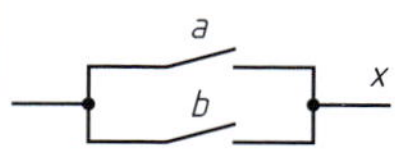	$x = a \vee b$ (*a* oder *b*)	0 0 1 1	0 1 0 1	0 1 1 1
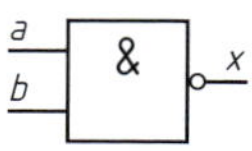	NAND	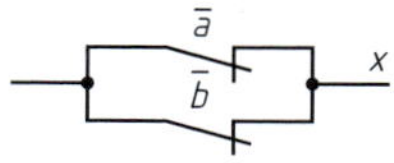	$x = \bar{a} \vee \bar{b} = \overline{a \wedge b}$ $= a \barwedge b$ (*a* nand *b*)	0 0 1 1	0 1 0 1	1 1 1 0
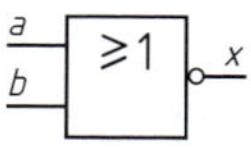	NOR	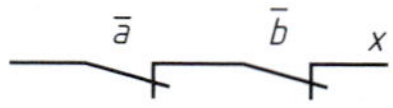	$x = \bar{a} \wedge \bar{b} = \overline{a \vee b}$ $= a \,\overline{\vee}\, b$ (*a* nor *b*)	0 0 1 1	0 1 0 1	1 0 0 0
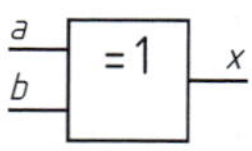	Exklusiv-ODER Antivalenz, Exklusiv-OR, XOR	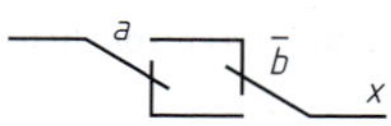	$x = (a \wedge \bar{b}) \vee (\bar{a} \wedge b)$ $= a \not\leftrightarrow b$ (*a* xor *b*)	0 0 1 1	0 1 0 1	0 1 1 0
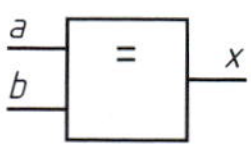	Exklusiv-NOR, Äquivalenz, XNOR	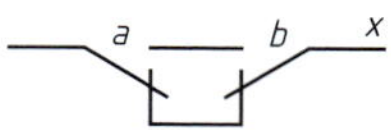	$x = (a \wedge b) \vee (\bar{a} \wedge \bar{b})$ $= a \leftrightarrow b$ (*a* Doppelpfeil *b*)	0 0 1 1	0 1 0 1	1 0 0 1
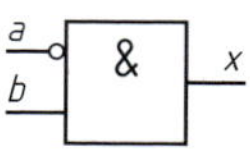	Inhibition (Sperrelement)		$x = \bar{a} \wedge b$ (*a* nicht und *b*)	0 0 1 1	0 1 0 1	0 0 1 0
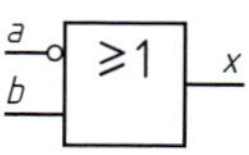	Implikation, Subjunktion	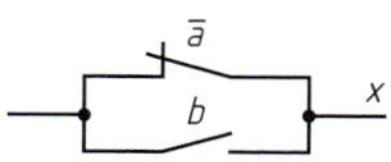	$x = \bar{a} \vee b = a \rightarrow b$ (*a* Pfeil *b*) (*a* nicht oder *b*)	0 0 1 1	0 1 0 1	1 0 1 1
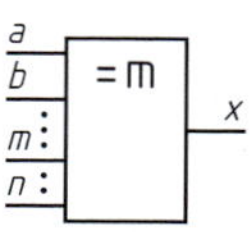	(*m* aus *n*)-Element	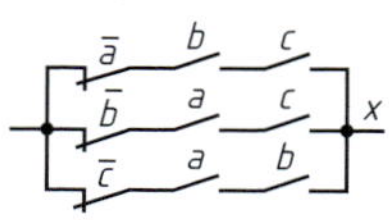	z.B. bei 2 aus 3: $x = (\bar{a} \wedge b \wedge c) \vee$ $(\bar{b} \wedge a \wedge c) \vee$ $(\bar{c} \wedge a \wedge b)$	$x = 1$, nur wenn an *m* von *n* Eingängen Wert 1 anliegt ($m < n$).		

Gleichwertige Darstellung von binären Verknüpfungselementen mit & und ⩾ 1

Ein gleichwertiges Schaltzeichen wird entsprechend den de Morgan'schen Regeln wie folgt gebildet (Ausnahme beim NICHT-Element):
1. Alle & werden ⩾ 1; 2. Alle ⩾ 1 werden &;
3. Alle Anschlüsse werden gegenüber dem Ausgangszustand invertiert.

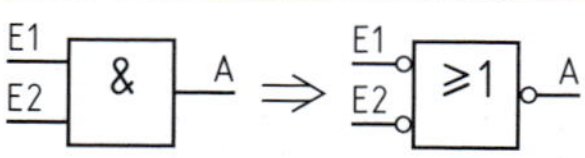

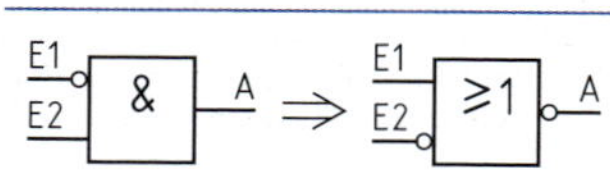

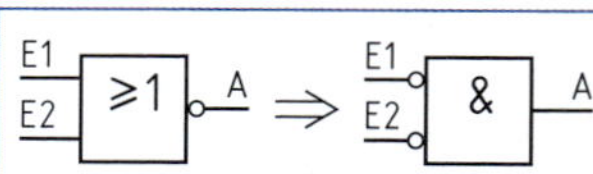

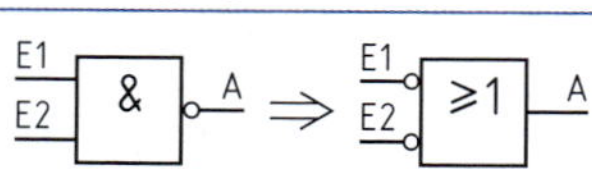

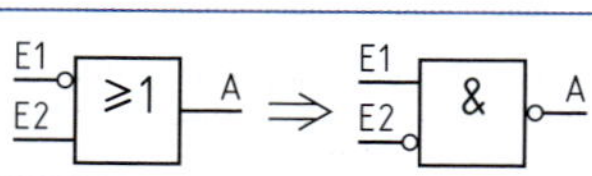

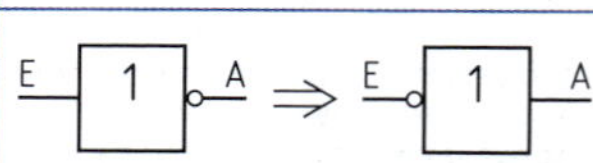

E

Schaltalgebra und binäre Verknüpfungen

Regeln der Schaltalgebra (engl.: Basics of Boolean Algebra)

Regel	Erklärung	Regel	Erklärung
$a \wedge a \wedge ... = a$		$a \vee 0 = a$	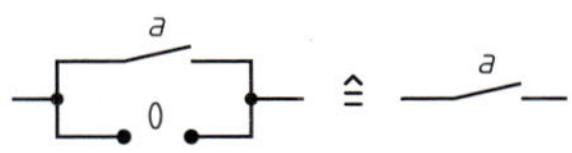
$a \vee a \vee ... = a$	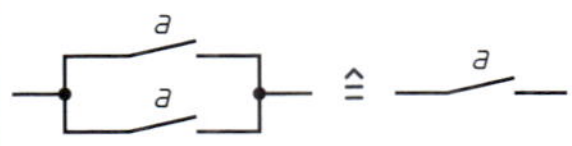	$a \vee 1 = 1$	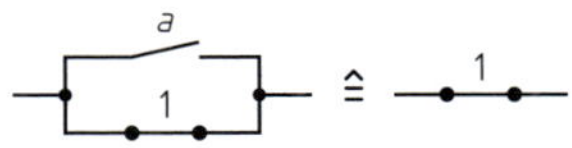
$a \wedge 1 = a$		$a \vee \overline{a} = 1$	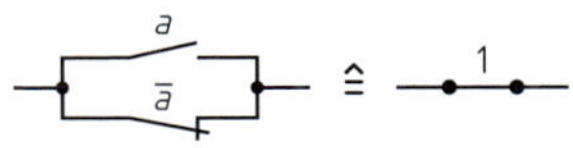
$a \wedge 0 = 0$		$a \wedge \overline{a} = 0$	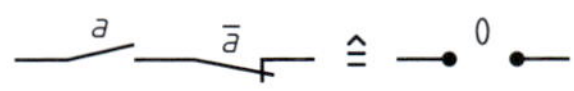

Binäre Variable, z.B. a, entsprechen in einer Kontaktschaltung einem Schließer, invertierte binäre Variable, z.B. $\overline{a}$, entsprechen einem Öffner.

Gesetze der Schaltalgebra

Verwirklichung der Verknüpfungen
UND-Verknüpfung, Zeichen ∧, bei GRAFCET aber · bzw. *: durch Reihenschaltung der Schaltglieder verwirklicht
ODER-Verknüpfung, Zeichen ∨, bei GRAFCET aber +: durch Parallelschaltung der Schaltglieder verwirklicht

Vergleich mit üblichen Algebra-Operationen
Das Zeichen ∧ entspricht der Multiplikation in der Algebra, z.B. $1 \wedge b$ entspricht $1 \cdot b \Rightarrow 1 \wedge b = b$.
Das Zeichen ∨ entspricht der Addition in der Algebra, z.B. $0 \vee a$ entspricht $0 + a \Rightarrow 0 \vee a = a$.

Name, Formel	Erklärung	Name, Formel	Erklärung
Kommutativ-Gesetze $a \wedge b = b \wedge a$ $a \vee b = b \vee a$	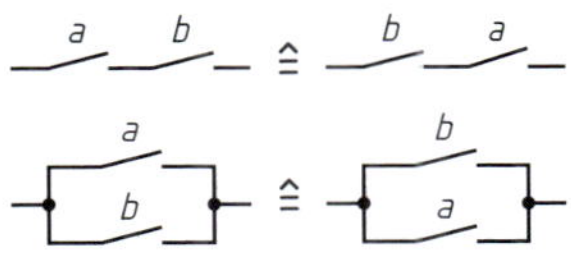	Einschließungs-Gesetze $a \wedge (a \vee b) = a$ $a \vee (a \wedge b) = a$	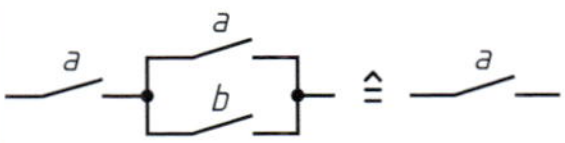 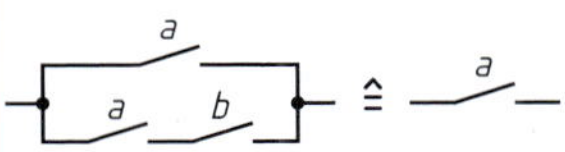
Assoziativ-Gesetze $(a \wedge b) \wedge c = a \wedge b \wedge c$ $(a \vee b) \vee c = a \vee b \vee c$	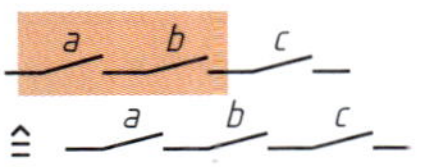 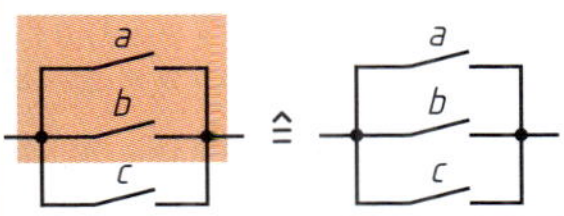	Gesetze von de Morgan	Mit den folgenden Gesetzen von de Morgan kann man invertierte Verknüpfungen in nicht invertierte Verknüpfungen auflösen (siehe auch „Gleichwertige Darstellung von binären Verknüpfungselementen" der vorhergehenden Seite)
Distributiv-Gesetze $a \wedge (b \vee c) = (a \wedge b) \vee (a \wedge c)$ $a \vee (b \wedge c) = (a \vee b) \wedge (a \vee c)$	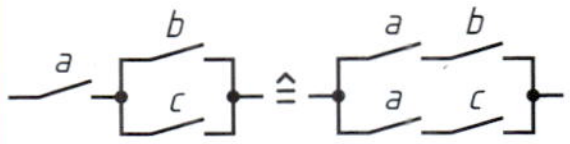 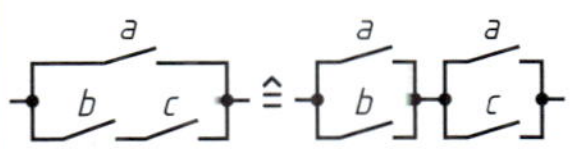		

1. de Morgan'sches Gesetz $\overline{a \wedge b} = \overline{a} \vee \overline{b}$

b	a	$\overline{a \wedge b}$	$\overline{b}$	$\overline{a}$	$\overline{a} \vee \overline{b}$
0	0	1	1	1	1
0	1	1	1	0	1
1	0	1	0	1	1
1	1	0	0	0	0

2. de Morgan'sches Gesetz $\overline{a \vee b} = \overline{a} \wedge \overline{b}$

b	a	$\overline{a \vee b}$	$\overline{b}$	$\overline{a}$	$\overline{a} \wedge \overline{b}$
0	0	1	1	1	1
0	1	0	1	0	0
1	0	0	0	1	0
1	1	0	0	0	0

a, b, c binäre Variable, ∨ Zeichen für ODER (von lat. vel = oder), ∧ Zeichen für UND; Bei GRAFCET wird statt ∨ und ∧ aber + und · bzw. * verwendet. Kommutativ-Gesetze = Vertauschungsgesetze, Assoziativ-Gesetze = Verbindungsgesetze, Distributiv-Gesetze = Verteilungsgesetze

E

Entwicklung von Schaltnetzen

Von der Wertetabelle zur Schaltfunktion

Wertetabellen

d	*c*	*b*	*a*	*x*	Zelle, Feld
0	0	0	0	Je nach Schaltung 1 oder 0	0
0	0	0	1		1
0	0	1	0		2
0	0	1	1		3
0	1	0	0		4
0	1	0	1		5
0	1	1	0		6
0	1	1	1		7
1	0	0	0		8
1	0	0	1		9
1	0	1	0		10
1	0	1	1		11
1	1	0	0		12
1	1	0	1		13
1	1	1	0		14
1	1	1	1		15

KV-Diagramme, Schaltfunktion

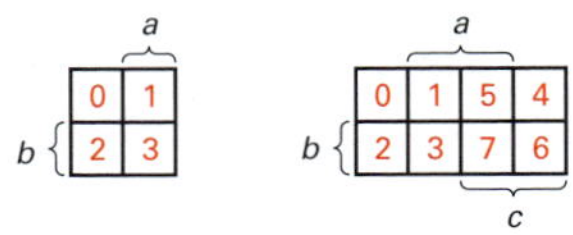

Für 2 Variable Für 3 Variable

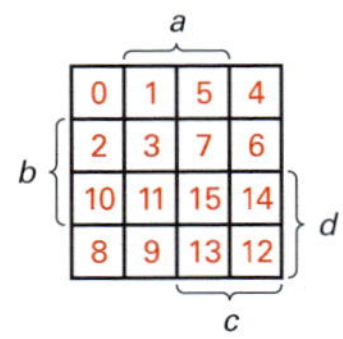

Für 4 Variable

Die roten Feldnummern entsprechen den Zeilennummern der Wertetabelle.

Erklärung

Man erstellt zunächst die Tabelle aller Kombinationen der Eingangsvariablen *a*, *b* bzw. *a*, *b*, *c* bzw. *a*, *b*, *c*, *d* (Reihenfolge nach Bild beachten!). Das ergibt bei zwei Eingangsvariablen 4 Zeilen, bei drei 8 Zeilen und bei vier 16 Zeilen.

Die von links nach rechts als Dualzahl gelesenen Kombinationen von 0 und 1 sind die Zeilennummern 0 bis 3 bzw. 0 bis 7 bzw. 0 bis 15. Die Ausgangsvariable *x* wird dann zeilenweise je nach Aufgabe als 0 oder 1 eingetragen. Aus der Wertetabelle wird die Schaltfunktion entnommen, die aber noch nicht *minimiert* (vereinfacht) ist (Beispiel unten).

d	*c*	*b*	*a*	*x*	Feld	Inhalt
0	0	0	0	1	0	1
0	0	0	1	1	1	1
0	0	1	0	0	2	0
0	0	1	1	0	3	0
0	1	0	0	1	4	1
0	1	0	1	1	5	1
0	1	1	0	0	6	0
0	1	1	1	0	7	0
1	0	0	0	1	8	1
1	0	0	1	0	9	0
1	0	1	0	0	10	0
1	0	1	1	0	11	0
1	1	0	0	1	12	1
1	1	0	1	1	13	1
1	1	1	0	1	14	1
1	1	1	1	1	15	1

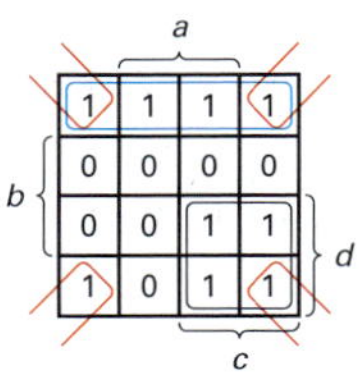

$x = (\overline{a} \wedge \overline{b}) \vee (c \wedge d) \vee (\overline{b} \wedge \overline{d})$

$= \overline{b} \wedge (\overline{a} \vee \overline{d}) \vee (c \wedge d)$

Schaltung Bild unten links

Das KV-Diagramm (von Karnaugh und Veitch) enthält die Wertetabelle und die Schaltfunktion. Steht z.B. in der Zeile 0 Spalte *x* der Wertetabelle eine 1, so trägt man diese in das Feld 0 des KV-Diagramms ein, entsprechend bei anderen Zeilen. Im KV-Diagramm bilden benachbarte 1-Felder jeweils ein *Cluster* (Anhäufung), hier 2 x 4, und außerdem gegenüber liegende Randfelder 4 x 1. Dabei dürfen die 1-Felder auch mehrmals genutzt werden. Die algebraische Beschreibung der Cluster ergibt die minimierte Schaltfunktion (Beispiel unten).

c	*b*	*a*	*x*	Feld	Inhalt
0	0	0	1	0	1
0	0	1	1	1	1
0	1	0	0	2	0
0	1	1	1	3	1
1	0	0	1	4	1
1	0	1	1	5	1
1	1	0	0	6	0
1	1	1	1	7	1

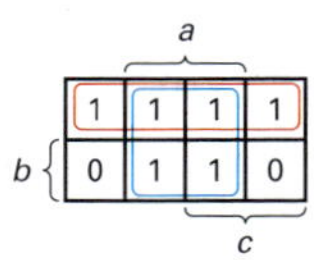

$= a \vee \overline{b}$

Beispiel:

Schaltfunktion aus Wertetabelle:

$x = (\overline{a} \wedge \overline{b} \wedge \overline{c}) \vee (a \wedge \overline{b} \wedge \overline{c}) \vee (a \wedge b \wedge \overline{c}) \vee (\overline{a} \wedge \overline{b} \wedge c) \vee (a \wedge \overline{b} \wedge c) \vee (a \wedge b \wedge c)$

Minimierte Schaltfunktion:

$\boldsymbol{x = a \vee \overline{b}}$

Schaltnetze mit NAND-Elementen oder mit NOR-Elementen

Schaltung aus Schaltfunktion

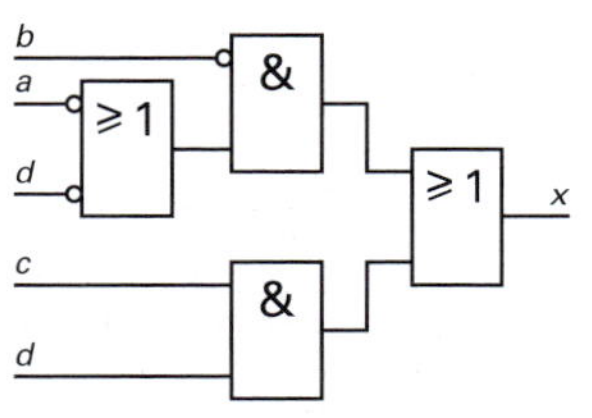

Umgeformte Schaltung

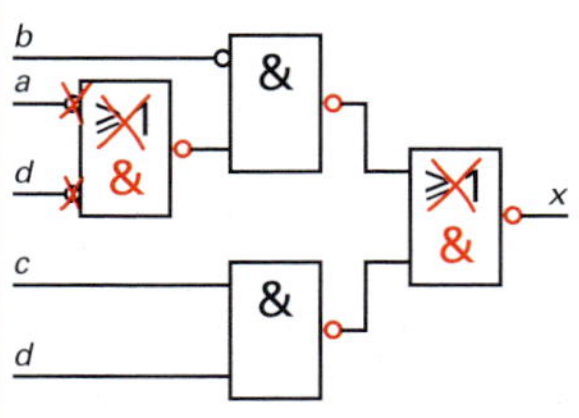

Schritte

1. Aus der minimierten Schaltfunktion mit ODER-, UND- und NICHT-Elementen die Schaltung entwickeln (Bild ganz links).
2. Nach den Regeln der Seite 528 unten die Schaltung umformen. Dabei an den Eingängen auftretende Invertierungen verschieben an die Ausgänge vorher liegender Elemente.
3. Die invertierten Eingänge durch zusätzliche Elemente realisieren.

E

Code-Umsetzer

Aufgabe und Anwendung

Aufgabe

Umsetzung eines vorhandenen Codes in einen anderen Code. Meist ist der Code der Eingangsseite ein Binärcode mit Tetraden (Vierergruppen).

Anwendungsbeispiel

Umsetzung eines BCD-Codes, z.B. 8-4-2-1-Code, in 1-aus-8-Code, in 1-aus-10-Code oder in Siebensegment-Code.

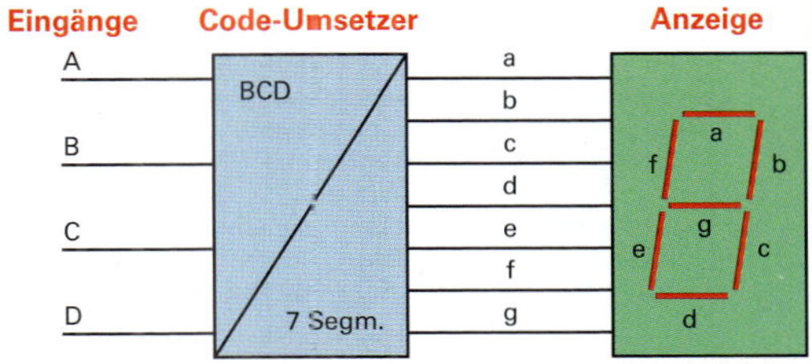

Realisierung

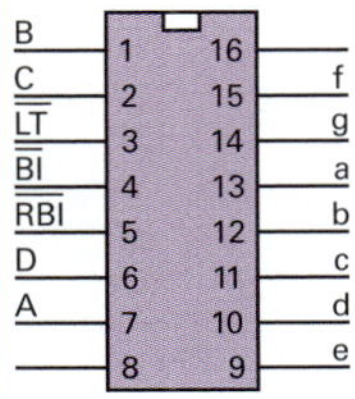

Entwurf eines Code-Umsetzers

Arbeitsschritte: Aufstellen der Wertetabelle für alle Ausgangsvariablen und die erforderlichen Eingangsvariablen

Ausführung:

8-4-2-1-Code				7-Segment-Code							Dezimalzahl	Zeile
D	C	B	A	a	b	c	d	e	f	g		
0	0	0	0	1	1	1	1	1	1	0	0	0
0	0	0	1	0	1	1	0	0	0	0	1	1
0	0	1	0	1	1	0	1	1	0	1	2	2
0	0	1	1	1	1	1	1	0	0	1	3	3
0	1	0	0	0	1	1	0	0	1	1	4	4

Bemerkungen: Wenn 10 verschiedene Zustände am Ausgang vorkommen, genügt eine Tetrade eingangsseitig. Von den möglichen $4^2 = 16$ Zuständen werden aber nur 10 gebraucht. Es genügen also 10 Zeilen.

Arbeitsschritte: Übertragen der Zeilen der Wertetabelle für jede Ausgangsvariable in ein KV-Diagramm

Nicht vorhandene Zeilen werden mit X markiert.

Ausführung:

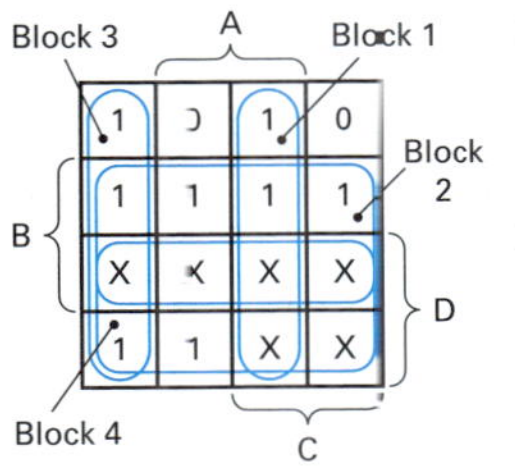

für a

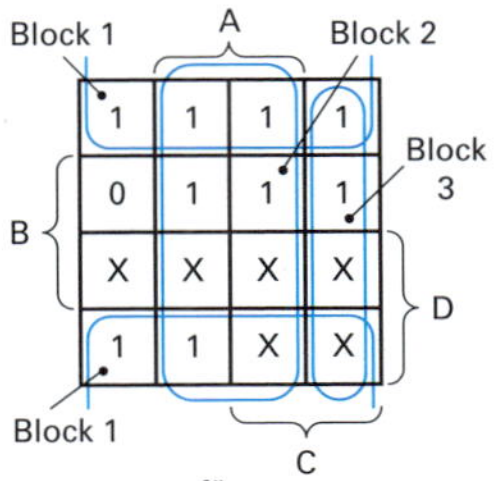

für c

entsprechend für b und d bis g

Bemerkungen:

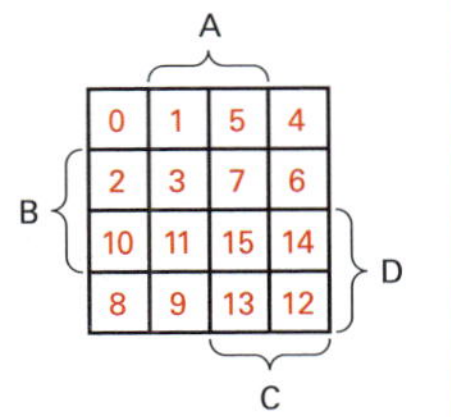

X kann zur Blockbildung beliebig zu 1 oder 0 gesetzt werden.

Arbeitsschritte: Bilden von Blöcken und Entnehmen der Schaltfunktionen aus den Blöcken

Ausführung:

Für a
Block 1: $A \wedge C$ Block 2: B
Block 3: $\overline{A} \wedge \overline{C}$ Block 4: D

Für c
Block 1: $\overline{B}$ Block 2: A
Block 3: $\overline{A} \wedge C$

Bemerkungen: Für die disjunktive Normalform müssen in den Blöcken alle 1 stehen. Dafür dürfen die X durch 1 ersetzt werden.

Arbeitsschritte: Bilden der Schaltfunktionen

Ausführung:

$a = (A \wedge C) \vee B \vee (\overline{A} \wedge \overline{C}) \vee D$
$c = \overline{B} \vee A \vee (\overline{A} \wedge C)$

Bemerkungen: Die Blöcke sind durch ODER zu verbinden.

Arbeitsschritte: Entwickeln der Schaltung aus der Schaltfunktion für jede Ausgangsvariable

Bei Bedarf umformen für vorgesehene binären Elemente (hier NAND-Elemente)

Ausführung:

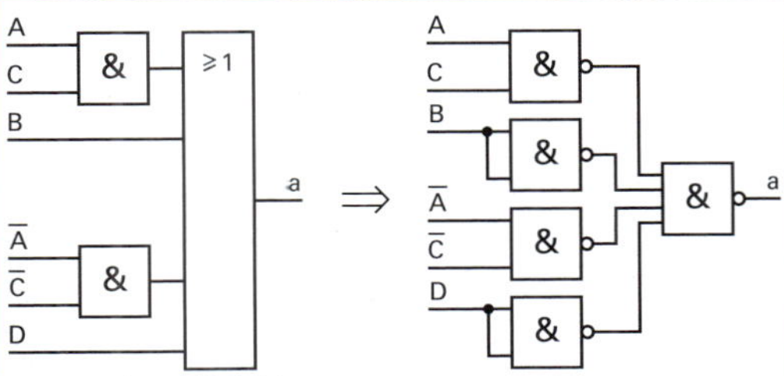

entsprechend für b bis g

Bemerkungen: Umformung bei Bedarf: Alle & werden ≥ 1 und alle ≥ 1 werden & und alle Anschlüsse werden gegenüber Ausgangszustand invertiert. Bei NICHT-Elementen kann das Invertierungszeichen vom Ausgang an den Eingang verschoben werden bzw. vom Eingang an den Ausgang.

E

Komparatoren, Flipflops, Zähler und Schieberegister

Komparatoren

Prinzip, Name	Erklärung	Bemerkungen, Daten
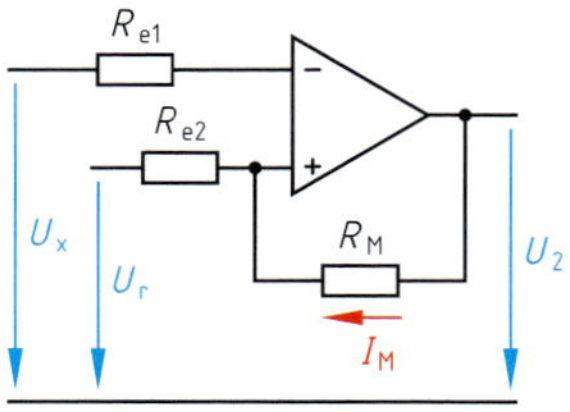 **Bipolarer Komparator mit Hysterese**	Komparatoren mit Analogeingang sind 1-Bit-AD-Umsetzer. Sie vergleichen eine Eingangsspannung U_x mit einer Referenzspannung U_r und geben ein Binärsignal U_2 ab. Sie bestehen aus einem beschalteten Operationsverstärker. Wird ein Widerstand zur Mitkopplung verwendet, so tritt eine Schaltdifferenz ΔU auf. Diese *Hysterese* ist umso kleiner, je kleiner die Mitkopplung ist. Ohne den Mitkopplungswiderstand R_M liegt keine Hysterese vor.	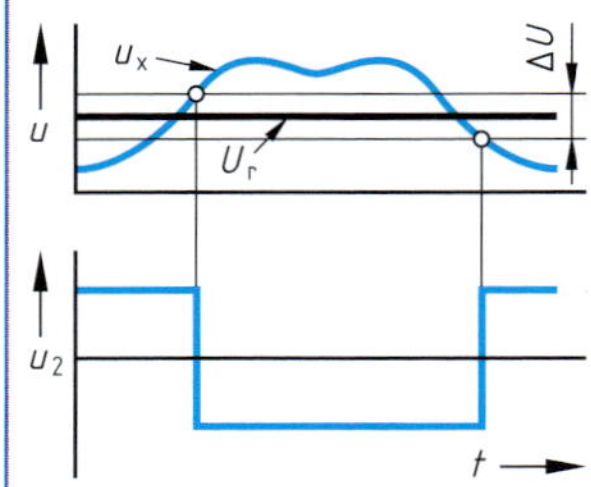 **Schaltverhalten mit Hysterese**
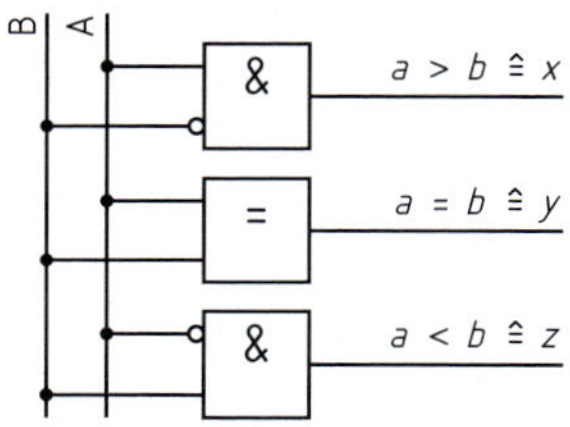 **1-Bit-Komparator**	Komparatoren mit Binäreingängen (Zahlenkomparatoren) vergleichen zwei binäre Zahlen A und B miteinander, z.B. die Zahlenwerte eines Programms mit den Istwerten einer Regelung, und geben je nach Ergebnis des Vergleichs (größer, gleich, kleiner) ein entsprechendes Binärsignal aus. Als Funktionen treten bei den Zahlenkomparatoren außer UND, ODER, NICHT auch XNOR (exklusiv NOR) auf.	siehe Tabelle und Gleichungen unten

b	a	$a > b$ x	$a = b$ y	$a < b$ z
0	0	0	1	0
0	1	1	0	0
1	0	0	0	1
1	1	0	1	0

$x = a \wedge \overline{b}$
$y = (\overline{a} \wedge \overline{b}) \vee (a \wedge b) = a \leftrightarrow b$
$z = \overline{a} \wedge b$

Der **2-Bit-Komparator** vergleicht zweistellige Dualzahlen A und B miteinander. Aus der Wertetabelle entnimmt man die Bedingungen für die Ausführung der Schaltung mit binären Elementen. Weitere Komparatoren, z.B. der 6-Bit-Komparator, bestehen aus verknüpften 2-Bit-Komparatoren.

b_1	b_0	a_1	a_0	x	y	z
0	0	0	0	0	1	0
0	0	0	1	1	0	0
0	0	1	0	1	0	0

Flipflops (bistabile Kippschaltungen)

Bezeichnung | Schaltzeichen | Wertetabelle | Realisierung (Beispiel) | Verhalten

SR-Kippschaltung, RS-Kippschaltung, RS-Flipflop, Set-Reset-Flipflop

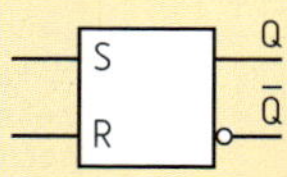

s_n	r_n	q_{n+1}
0	0	q_n
0	1	0
1	0	1
1	1	(0)

(0) irregulärer Zustand!

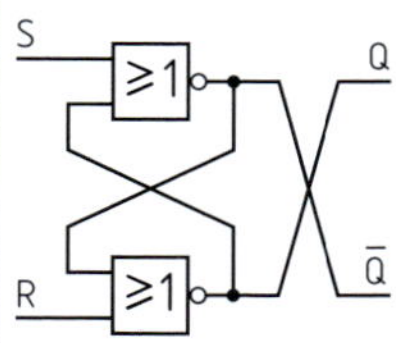

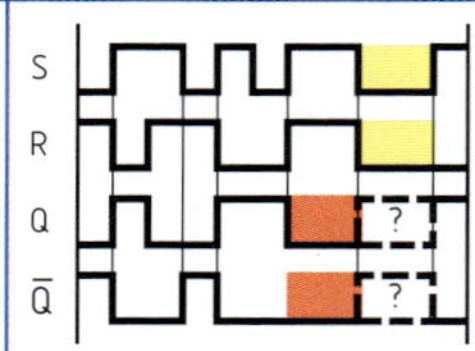

Einflanken-gesteuerte JK-Kippschaltung, einflanken-gesteuertes JK-Flipflop

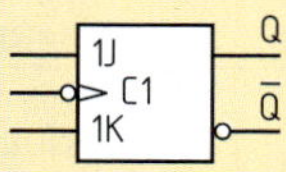

nfl-gesteuert

j_n	k_n	q_{n+1}
0	0	q_n
0	1	0
1	0	1
1	1	$\overline{q}_n$

abfallende Flanke an C

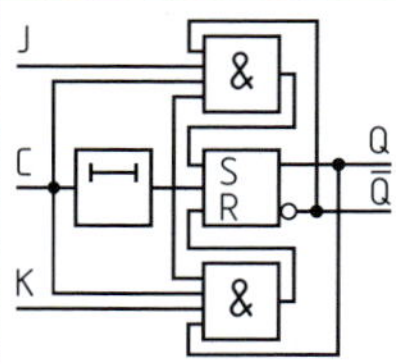

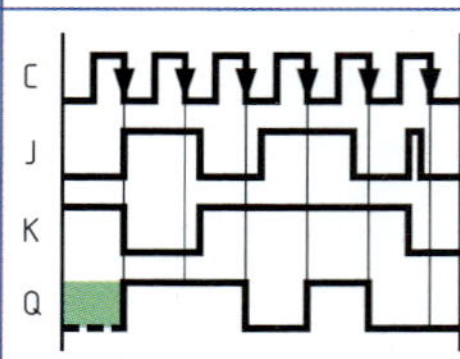

Zweiflanken-gesteuertes JK-Flipflop, JK-Master-Slave-Flipflop, JK-MS-Flipflop

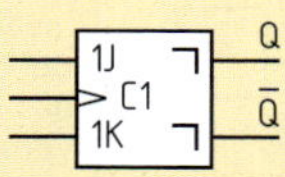

pfl-gesteuert

j_n	k_n	q_{n+1}
0	0	q_n
0	1	0
1	0	1
1	1	$\overline{q}_n$

ansteigende Flanke an C

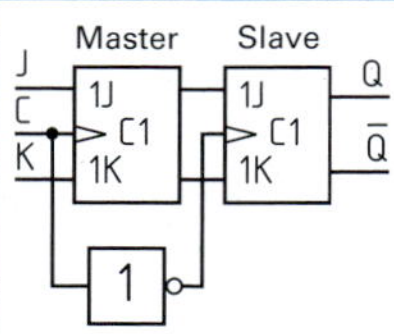

Verhält sich wie ein mit negativer Flanke einflankengesteuertes JK-Flipflop, kann aber beim selben Takt bei ansteigender Flanke Information aufnehmen (Master) und vorherige Information abgeben (Slave)

E

Komparatoren, Flipflops, Zähler und Schieberegister

Asynchrone Zähler

Beispiele	Lösungsweg
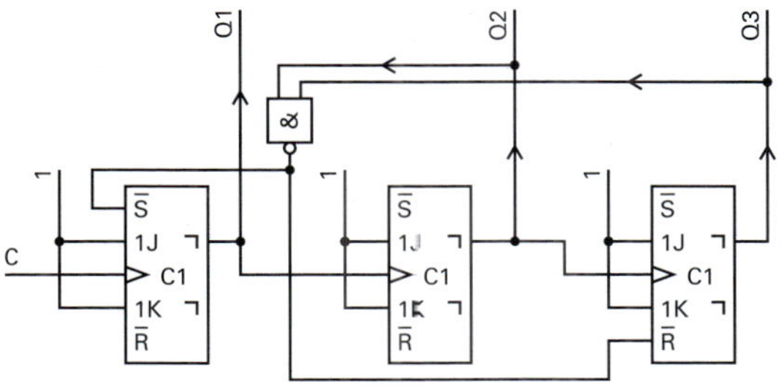 Asynchroner Zähler 1 bis 5 mit JK-Flipflop	**Am einfachsten geht man vom asynchronen Zähler 0 bis 7 bzw. 0 bis 15 oder vom entsprechenden Rückwärtszähler aus und setzt über die R-Eingänge zurück, sobald der gewünschte Zählerstand erreicht ist.** 1. Ermittlung der Anzahl *n* der Flipflops, wobei der Zählbereich $z \leq 2^n$ sein muss. Zeichnung des asynchronen Zählers für den vollen Zählbereich für *z* Flipflops 2. Überlegung, bei welchem Zählerstand Rücksetzen oder erneutes Setzen erforderlich ist, hier im Beispiel bei 6 3. Verwirklichung des Rücksetzens bzw. Setzens durch UND-Elemente

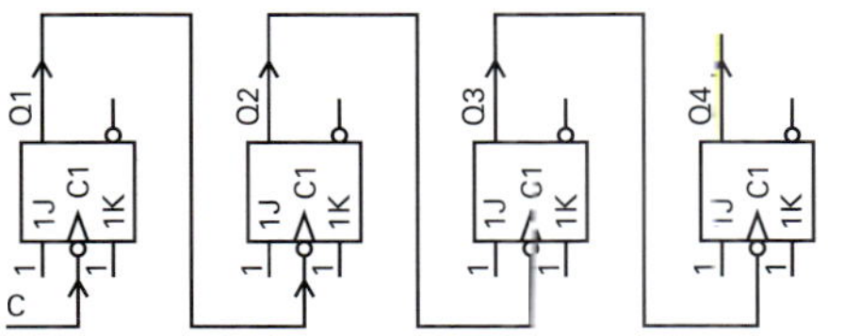

Asynchroner Dualzähler 0 bis 15

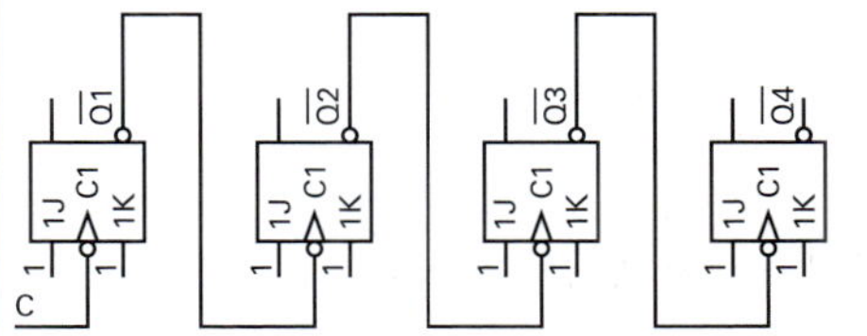

Asynchroner Dualzähler 15 bis 0

Schieberegister

Schaltung, Schaltzeichen	Zeitablaufdiagramm
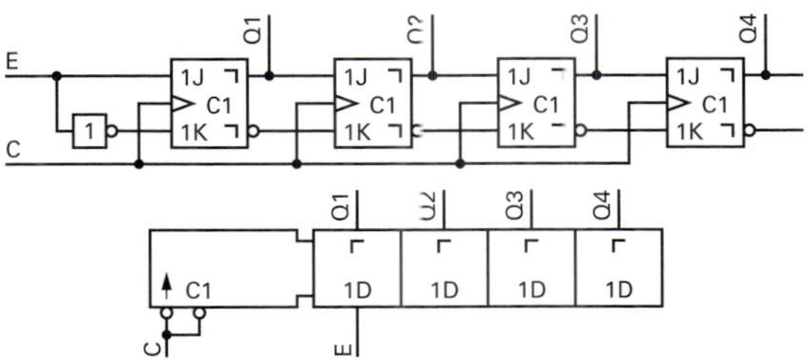 4-Bit-Schieberegister für serielles Einlesen	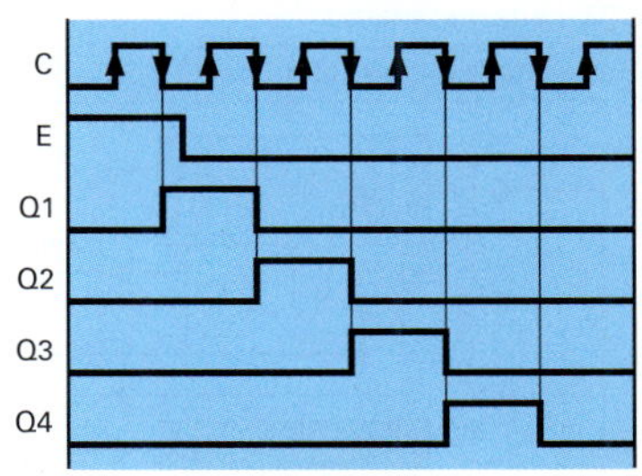

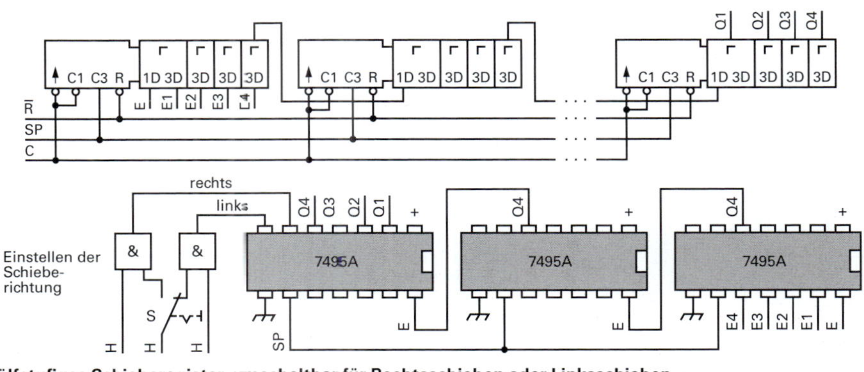

Zwölfstufiges Schieberegister, umschaltbar für Rechtsschieben oder Linksschieben

C Takt-, Clockeingang, E serieller Eingang, E1 bis E4 parallele Eingänge, H H-Pegel, Q1 bis Q4 Ausgänge, R Rücksetzeingang, SP Betriebsarteneinstellung seriell, parallel

DA-Umsetzer und AD-Umsetzer

Schaltung, Prinzip | Erklärung, Wirkungsweise | Daten

Digital-Analog-Umsetzer

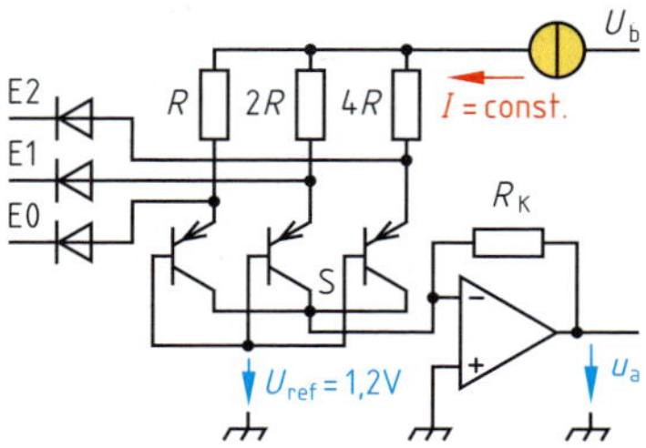

DA-Umsetzer mit Stromwichtung

Der stromgewichtete DA-Umsetzer besteht aus von Transistoren geschalteten Stromquellen, die binär gewichtet sind und von den Eingängen E0, E1, E2, ..., E_n geschaltet werden. Die binäre Wichtung erfolgt durch die Emitterwiderstände mit den Werten *R*, 2*R*, 4*R*...$2^n \cdot R$. Die Summe der Kollektorströme wird von einem Operationsverstärker in die Ausgangsspannung u_a umgesetzt.
Der **Linearitätsfehler** ist die Abweichung vom theoretischen Ausgangsendwert zum Istwert.

Wortlänge
6 bit bis 8 bit

Linearitätsfehler
0,5‰ bis 2‰

Umsetzfrequenz
bis 100 MHz

Netzwerkwiderstandswerte entsprechend der Bitzahl *R*, 2*R*, 4*R*, ..., $2^n \cdot R$

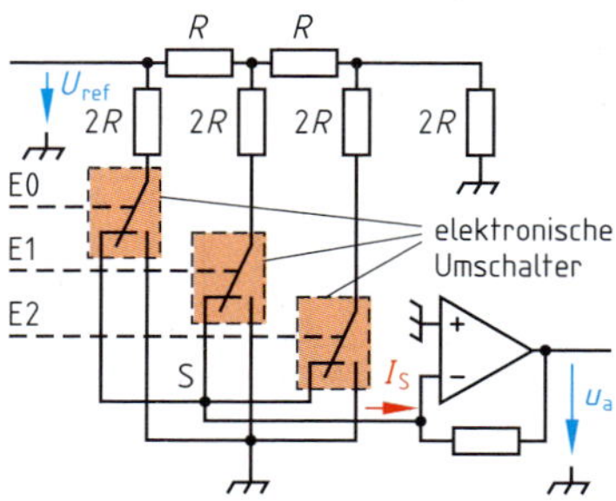

DA-Umsetzer mit Kettenleiter (R-2R-Leiternetzwerk)

Der R-2R-Umsetzer enthält ein Netzwerk aus Längswiderständen mit dem Wert *R* und den Nebenschlusswiderständen mit dem Wert 2*R*. Das offene Ende der Widerstände 2*R* wird über einen elektronischen Schalter an Masse oder an den Stromsummenpunkt S gelegt.

Einzelstrom:

$$I_S = \frac{U_{ref}}{R} \cdot \left(\frac{1}{2} + \frac{1}{4} + \ldots + \frac{1}{2^n}\right)$$

Summe aller Ströme:

$$I_S = \frac{U_{ref}}{R} \cdot \left(1 - \frac{1}{2^n}\right)$$

Wortlänge
8 bit bis 11 bit

Linearität
0,2‰ bis 0,5‰

Umsetzfrequenz
bis 15 MHz

Widerstände des Netzwerks *R* und 2*R*

Analog-Digital-Umsetzer

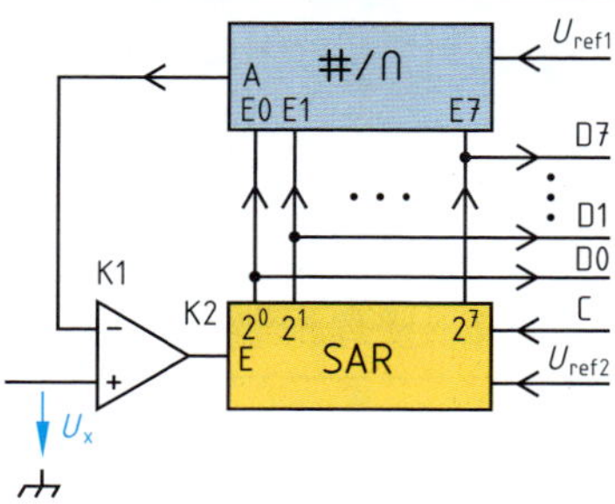

Sukzessiv-Approximations-Umsetzer

Der Sukzessiv-Approximations-Umsetzer ist ein Stufenumsetzer mit einem SAR K2 (von Successive Approximation Register = Register für schrittweise Annäherung). Dabei steuert das SAR einen DA-Umsetzer an. Das Ausgangssignal des DA-Umsetzers wird mit der Messspannung im Vergleicher K1 verglichen. Das SAR beginnt mit seinem MSB (höchstwertigem Bit). Je nach Ausgangsspannung des Vergleichers gibt das SAR die Werte 0 oder 1 für die jeweiligen Bits aus. Dadurch wird in immer kleineren Stufen die Ausgangsspannung an die Messspannung angenähert.

Umsetzschritte *n* bei *n* Stellen

Auflösung:
8 bit bis 18 bit,
in Mikrocontrollern
10 bit in zwei Stufen
mit 2 bit und 8 bit

Umsetzfrequenz:
bis 4 MHz bei 8 bit
bis 10 kHz bei 18 bit

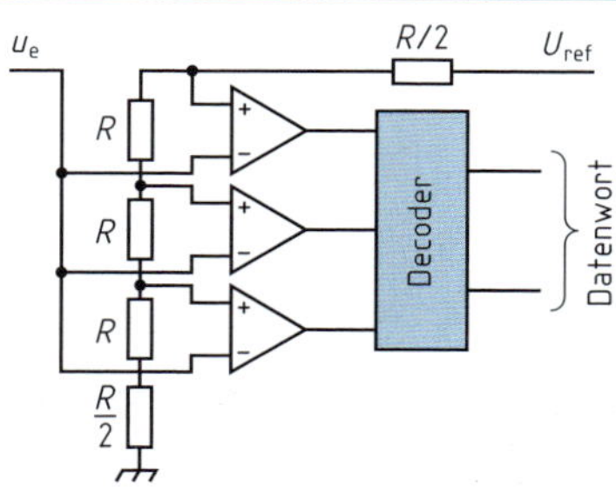

Parallel-Umsetzer für 2 Bits

Das Verfahren arbeitet nach dem Prinzip des unmittelbaren Vergleichs der Eingangsspannung mit den *n* Referenzspannungswerten bei einem *n*-Bit-Umsetzer. Für eine *n*-Bit-Auflösung werden 2^n-1 Komparatoren benötigt, deren Schaltschwellen in Stufen des Wertes des niedrigstwertigen Bits auseinanderliegen.
Die Komparatorausgangssignale steuern einen Decoder an, an dessen Ausgang das gewandelte Signal in binärer Form zur Verfügung steht.

Umsetzfrequenz
bis 100 MHz

Komparatorenzahl für Auflösung

2 Bits:	3
3 Bits:	7
4 Bits:	15
8 Bits:	255
10 Bits:	1023

Auflösung
bis 12 bit

www.ti.com

I_s Summenstrom, u_e Eingangsstrom, u_a Ausgangsstrom, U_{ref} Referenzspannung, C von Clock = Takt

Modulation und Demodulation

Prinzip, Vorgang	Erklärung	Bemerkungen

Digitale Modulation und Demodulation

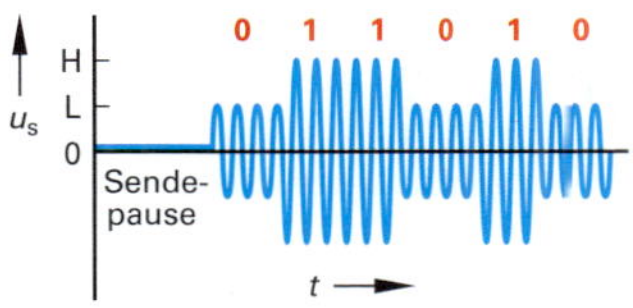

ASK mit Kontrolle auf Sendepause

Bei **Amplitudenumtastung ASK** (Amplitude Shift Keying) wird vom Modulator, z.B. einem Multiplizierer, eine hochfrequente Trägerspannung getastet.

Bei **Frequenzumtastung FSK** (Frequency Shift Keying) wird z.B. beim Datenbit 1 eine höhere Frequenz als beim Datenbit 0 gesendet.

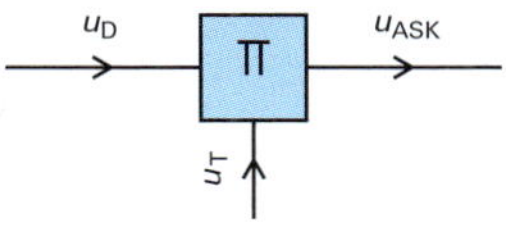

Modulator für ASK

Bei Datenbit 1 wird ein höherer Pegel der Trägerspannung verwendet.

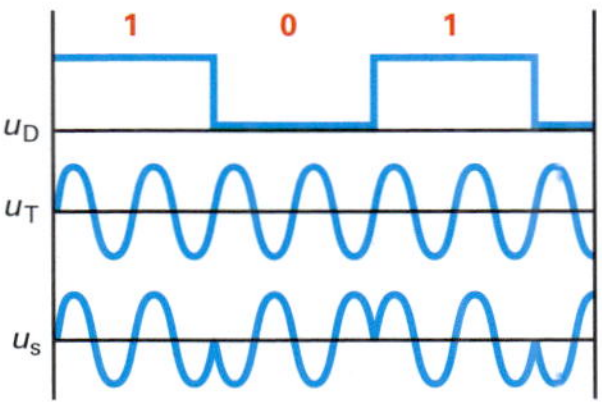

Modulation von 2-PSK

Bei **PSK** (Phase Shift Keying = Verschlüsselung durch Phasenänderung) liegt die Information im Phasenwechsel einer hochfrequenten Trägerspannung. Bei *PSK mit Bezugsphase* bezieht sich der Phasenwechsel auf die nicht modulierte Trägerspannung, beim *Differenz-PSK* auf den vorhergehenden Zustand.

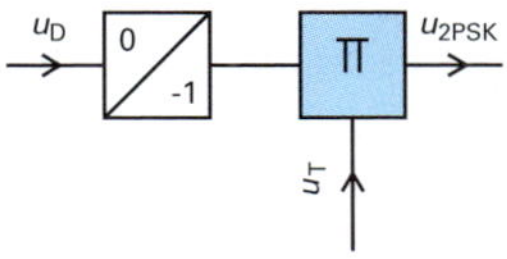

Modulator für 2-PSK

Die Modulation bei 2-PSK erfolgt durch einen Ringmischer (Umsetzglied von 0 auf 1 mit einem Multiplizierer). Bei höheren PSK-Verfahren werden IQ-Modulatoren verwendet.

Arten von PSK

Art	Winkel	Bits je Wechsel
2-PSK	180°	1
4-PSK	90°	2
8-PSK	45°	3
16-PSK	22,5°	4

Die Bitrate ist umso höher, je mehr Bits bei einem Phasenwechsel übertragen werden.

Bei **Quadraturmodulation QAM** sind ASK und PSK kombiniert, z.B. bei 4-QAM, 8-QAM usw. bis 1 024-QAM.

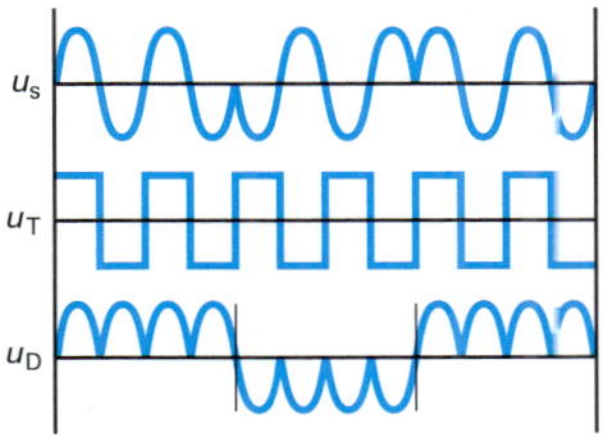

u_D Datenspannung
u_s Signalspannung
u_T Trägerspannung

Demodulation von 2-PSK

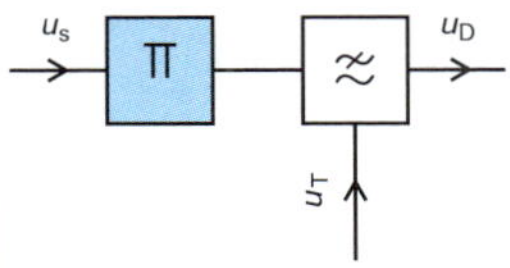

Demodulator von 2-PSK

Analoge Modulation und Demodulation

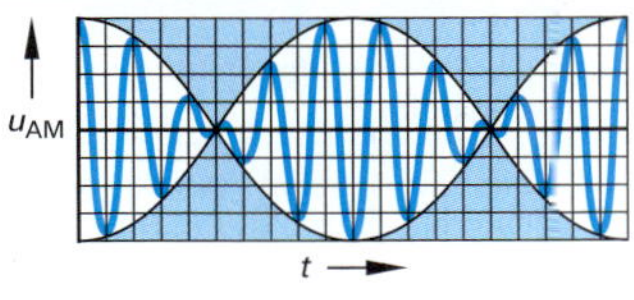

Spannungen bei Amplitudenmodulation

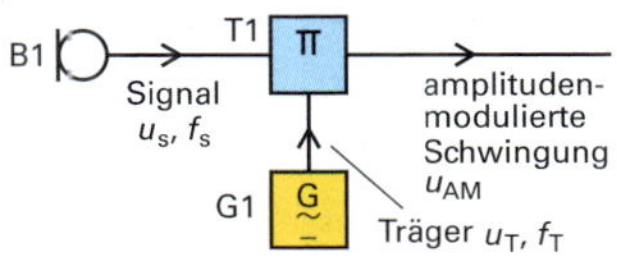

Prinzip der Amplitudenmodulation AM

Die Amplitude der Trägerspannung u_T wird von der Signalspannung u_S moduliert.

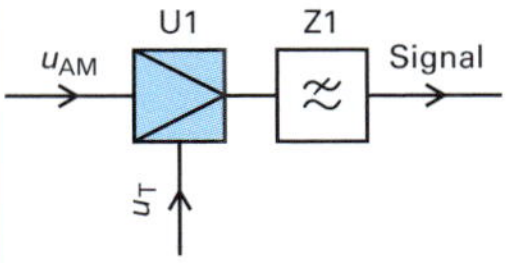

Prinzip der Demodulation

Die Demodulation kann auch durch eine Diode mit nachgeschaltetem Tiefpass erfolgen.

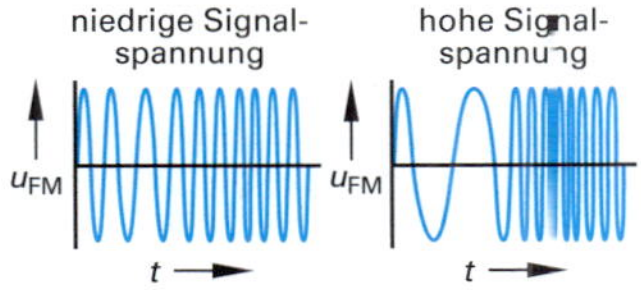

FM-Spannungen (frequenzmodulierte Spannungen)

Bei der **Frequenzmodulation FM** wird die Frequenz f_T eines Trägers mit der Signalspannung u_S moduliert. Die Amplitude von u_S erzeugt den Frequenzhub (Abweichung der Frequenz von der f_T), die Frequenz (Tonhöhe) von u_S erzeugt die Zahl der Frequenzänderungen je Zeit.

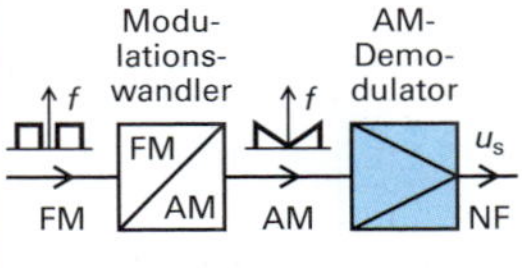

Prinzip der Demodulation bei FM

E

Netze der Informationstechnik

Topologie (Netzform)	Anwendungen	Bemerkungen
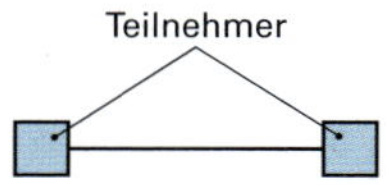 **Punkt-zu-Punkt-Verbindung**	Computertechnik: Von Computer 1 zu Computer 2, von Computer zu Peripheriegerät, von NC (numerische Steuerung) zu PC (Personalcomputer), von PC zu SPS (Speicherprogrammierbare Steuerung) Telekommunikation: Von Sprechstelle 1 zu Sprechstelle 2	Technisch am einfachsten zu realisieren; je nach Schnittstellen mehr oder weniger begrenzter Datenübertragungsweg, z. B. bei V.24-Schnittstelle gesichert bis 30 m In der Telekommunikation bezeichnet man ständig bestehende Punkt-zu-Punkt-Verbindungen als Standverbindungen.
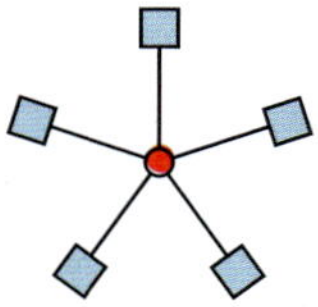 **Sternstruktur**	Computertechnik: Mehrere Computer sind über einen Sternkoppler (Switch oder Hub) gekoppelt. Telekommunikation: Von Teilnehmer 1 bis Teilnehmer *n* Zentrale Einheit: Vermittlungsstelle	Alle Teilnehmer sind durch eine eigene Übertragungsleitung mit einer zentralen Einheit verbunden. Abhängig von deren Leistungsfähigkeit erhalten die Teilnehmer zyklische (aufeinander folgende) Übertragungsberechtigungen oder werden über den Sternkoppler ähnlich einer Telefonverbindung durchgeschaltet. Nachteil: hoher Leitungsaufwand
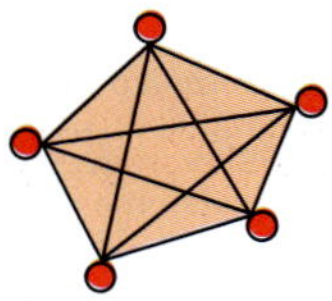 **Maschenstruktur**	Computertechnik: Internet Telekommunikation: Für Vermittlungsstellen vorkommend, nicht für Teilnehmer Vernetzung der Zentralen Vermittlungsstellen (ZVSt)	Die Maschenstruktur ist nur sinnvoll, wenn aufgrund umfangreicher Datenübertragungen die Leitungen stark benutzt werden. Vorteil: kürzest mögliche Verbindungswege sowie große Ausfallsicherheit Nachteil: hoher Leitungsaufwand, aufwendige Erweiterung
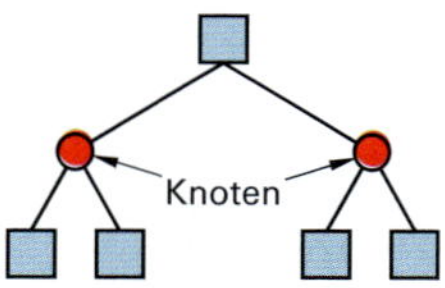 **Baumstruktur**	Computertechnik: LAN-Aufbau (Local Area Network). Knoten sind Computer, Hubs, Router oder Switches. Telekommunikation: Festnetz der Telekom. Die Vermittlungsstellen stellen Knoten dar.	Hierarchische (nach Rangordnung gegliederte) Systemstrukturen sind sichergestellt. In der Computertechnik dezentrale Ausführung der Anwendungen; Netzsegmentierung ist möglich. Anbindung der Endgeräte über Twisted-Pair-Leitungen
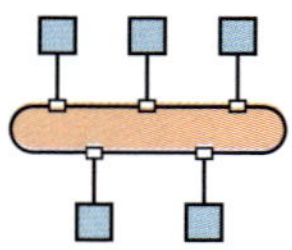 **Ringstruktur**	Computertechnik: Angeschlossen sind Computer 1 bis Computer *n*, z. B. beim Tokenring, FDDI-Ring oder z. T. Industrial Ethernet. Telekommunikation: Keine Anwendung	Alle Teilnehmer sind ringförmig miteinander verbunden und wiederholen jeweils die Nachrichten zum Nachbarn. Weite Übertragungswege sind somit möglich. Nachteil: Es kann immer nur ein Teilnehmer senden.
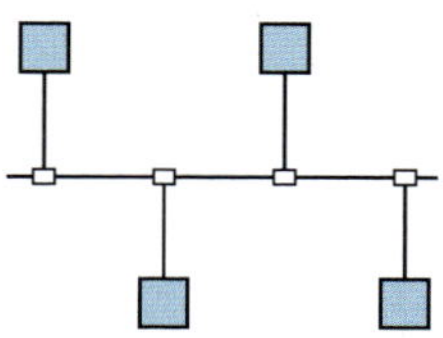 **Busstruktur**	Computertechnik: Mikroprozessorbusse, z. B. Datenbus, Adressbus, Steuerbus Prozessbus, Feldbus, z. B. AS-i-Bus, CAN Serielles LAN, z. B. Ethernet für Vernetzung PC, NC, SPS Praxisgerecht als kaskadierte Baumstruktur Telekommunikation: ISDN ab Netzabschluss zum ISDN-Endgerät	Die Teilnehmer sind durch einen gemeinsamen Übertragungsweg verbunden. Über definierte Buszugriffsverfahren müssen sich die Teilnehmer zur Datenübertragung anmelden. Vorteil: rasche Datenübertragung bei hoher Ausfallsicherheit; Neue Teilnehmer lassen sich einfach zuschalten. Nachteil: Es kann immer nur ein Teilnehmer senden.
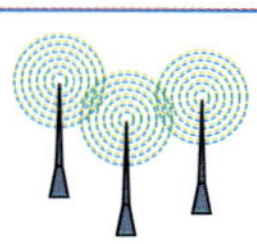 **Zellstruktur**	Computertechnik: WLAN (Wireless Local Area Network) Telekommunikation: Mobilfunknetze Kombination mit anderen Strukturen möglich	Die Teilnehmer kommunizieren drahtlos. Der Aufbau derartiger Netzwerke erfolgt über Access-Points. Diese decken Bereiche ab (Funkzellen). Die Bereiche sind überlappend. Andernfalls kommt es zu „Funklöchern“.

Komponenten für Datennetze

Bezeichnung	Erklärung	Bemerkungen, Anwendung, Daten
AUI-Anschluss	von Access Unit Interface = Zugriff-Einheit-Schnittstelle	Spezielle Steckverbindung von Datengeräten
Balun (Mehrzahl Balune)	(von Balanced/unbalanced): Modul zur Impedanz-Anpassung	Ursprünglich Modul zum Übergang von Koax zu Twisted Pair
Bridge	(von bridge = Brücke.): Eine Bridge kann zwei LAN-Segmente miteinander verbinden oder ein LAN in zwei Segmente teilen.	Sobald die Bridge mit dem Netzwerk verbunden ist, lernt sie automatisch dessen Adressen. Bridges sind protokollunabhängig.
Ethernet-Switch	Der Ethernet-Switch übernimmt die Daten und verschickt sie paketweise zur Zieladresse. Sender und Empfänger werden entsprechend ihrer Adressen durchgeschaltet.	Jeder Port am Switch stellt einen Weg mit der vollen Bitrate dar, z. B. 100 Mbit/s, 1 Gbit/s oder 10 Gbit/s. Wegen der Punkt-zu-Punkt-Verbindung treten keine Datenkollisionen auf.
Frame-Relay (Rahmen-Relais)	Das Frame-Relay ist eine Übertragungstechnik. Es multiplext und sendet Daten in Form von Paketen.	Wird in Komponenten wie Bridges, Routern, Switches umgesetzt. Diese ermöglichen Verbindungen zu LANs und WANs.
HDSL-Modem	(HDSL von **H**igh **B**itrate **D**igital **S**ubscriber **L**oop = digitale Übertragungs-Schleife mit hoher Bitrate): Ermöglicht Breitbanddienste über vorhandene Kupferleitungen ohne Repeater.	Verfügbar sind Versionen für 2 oder für 3 Aderpaare. Bei Drahtdurchmesser 0,4 mm Reichweite bei 2-Paar-Version z. B. 3,6 km, bei Drahtdurchmesser 1,2 mm und 3-Paar-Version 15,4 km.
Hub	(von hub = Mittelpunkt, Radnabe): Gerät, an das mehrere PCs oder PC-Linien angeschlossen werden können. Die zu übertragenden Daten werden ungefiltert an alle angeschlossenen Teilnehmer gesendet.	Beim Repeater-Hub erfolgt zusätzlich eine Regenerierung der zum Hub eintreffenden Signale. Die Signale gehen an alle Teilnehmer.
Konverter	(von to convert = umsetzen): Sammelbezeichnung für Geräte, die Übergänge von einem System in ein anderes erlauben	Medienkonverter für Übergang von z. B. Glasfaserleitung auf Twisted-Pair-Leitung oder umgekehrt
Load Balancer	Ist ein Lastverteiler, der Antwortzeiten und Auslastung (Performance) von Netzwerk-Servern beurteilt und Anfragen aus dem Internet zum Server mit aktuell bester Performance weiterleitet	Die öffentliche Internet-Domain einer Firma ist dem Load-Balancer-Computer zugewiesen. Die eigentlichen Firmen-Web-Server besitzen nach außen nicht bekannte Adressen.
Patchfeld (Rangierfeld)	Ein Umsteckfeld, das dem Anschluss, dem Verteilen und Rangieren (Verändern) von Netzverbindungen dient	Das Patchfeld erleichtert durch das Umstecken auch den Anschluss von Analysegeräten.
Router	(von route = Weg): Gerät zur Verbindung verschiedener LANs; untersuchen Pakete und stellen sie bei Übertragungsfehlern wieder her.	Multiprotokoll-Router unterstützen eine Vielzahl von LAN-Protokollen. Router müssen konfiguriert werden. Sie ermitteln den besten Weg zwischen den Teilnehmern.
Repeater	(von to repeat = wiederholen): Gerät, welches Signale regeneriert und so umbildet, dass Netzsegmente miteinander kommunizieren können	Infolge von Signaldämpfung sind Netzsegmente ohne Repeater in der Länge begrenzt, z. B. auf 500 m.

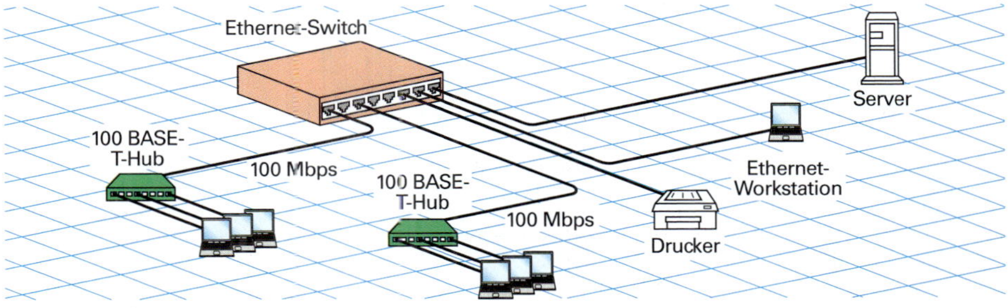

Netzwerk mit Ethernet-Switch und Hubs

E

Ethernet-Netzwerk

Kommunikation bei Ethernet

Begriff	Erklärung	Bemerkungen
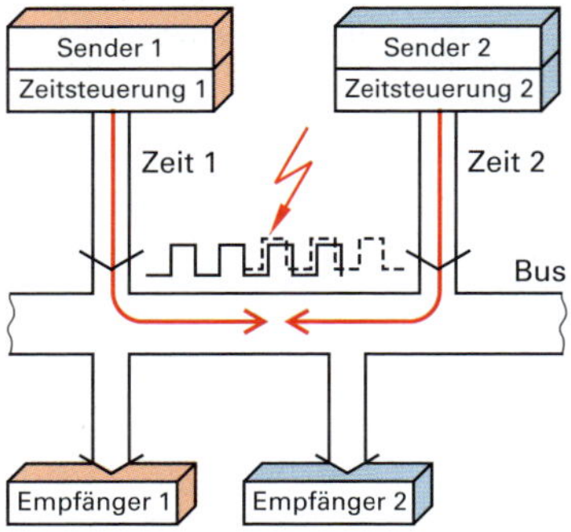 **CSMA/CD-Verfahren**	CSMA/CD steht für Carrier Sense Multiple Acces/Collision Detection (Träger für Vielfachzugriff mit Kollisionserkennung). Die Datenübertragung erfolgt paketweise. Ein gleichzeitiges Senden zweier Busteilnehmer führt zu Datenkollisionen. Die Datenübertragungen werden dann abgebrochen und nach einer mittels Zufallsgenerator im Sender festgelegten Zeit neu gestartet. Durch Bilden von Kollisiondomänen (Teilnehmer in *einem* Netzsegment) werden Datenkollisionen reduziert.	Anwendung bei Ethernet-Netzen, Fast-Ethernet-Netzen und manchen Gigabit-Ethernet-Netzen. Die Bitrate beträgt bei einfachen Ethernet-Netzen 10 Mbit/s, bei Fast-Ethernet-Netzen 100 Mbit/s und bei Gigabit-Ethernet-Netzen 1 000 Mbit/s. Beim CSMA/CA-Verfahren (collision avoid = Kollisionsvermeidung) unterbricht nur ein Teilnehmer das Senden (Anwendung beim KNX).
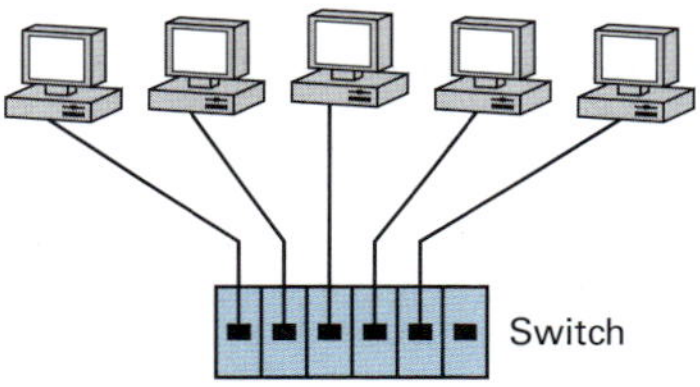 **Switch, Hub**	Ein Switch (switch = Schalter) ist ein Sternkoppler, der Sender und Empfänger entsprechend der Nachrichtenadresse durchschaltet. Das CSMA/CD-Verfahren findet kollisionsfrei im Switch Anwendung. Ein Hub (hub = Speichenrad) reicht im Gegensatz zum Switch die Daten an alle angeschlossenen Computer weiter. Datenkollisionen treten bei Switches nicht auf (Punkt-zu-Punkt-Verbindung).	Ein Switch, oft auch als Bridge (bridge = Brücke) bezeichnet, kann Anschlüsse für Twisted-Pair-Leitungen (bis 90 m) • 10BASE-T (10 Mbit/s), • 100BASE-T (100 Mbit/s), • 1 000BASE-T (1 000 Mbit/s) oder Glasfaserleiter (LWL, bis 2 km) • 100BASE-F, 1 000BASE-F besitzen.
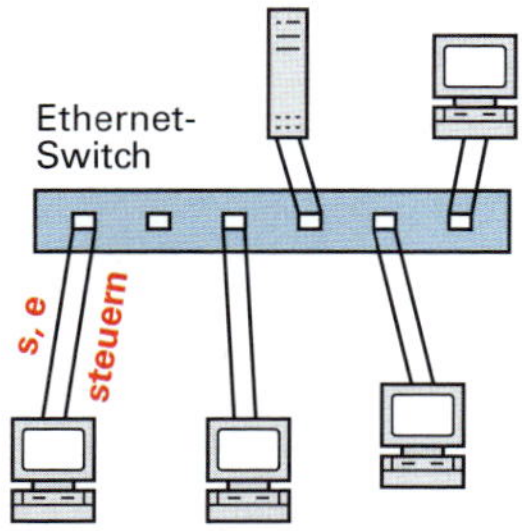 s senden, e empfangen **Switch mit Full-Duplex-Betrieb**	10-Gigabit-Ethernet-Netze und manche Gigabit-Ethernet-Netze arbeiten nicht mit dem CSMA/CD-Zugriffsverfahren. Sie arbeiten im Voll-Duplex-Betrieb und benötigen daher Switches mit der Fähigkeit der Flusskontrolle. Hierbei existiert zusätzlich zum Sende- bzw. Empfangskanal ein Rückkanal zwischen Teilnehmer und Switch zur Synchronisation von Sender und Empfänger. Der Empfänger kann dadurch dem Sender mitteilen, dass sein Datenpuffer z. B. voll ist. Der Sender reduziert daraufhin seine Datenrate.	Für 10-Gigabit-Ethernet kommen nur LWL zum Einsatz: • 10GBase-SR • 10GBase-SW • 10GBase-LR • 10GBase-LW • 10GBase-ER • 10GBase-EW • 10GBase-LX4 **S/L/E 850/1 310/1 550 nm; W/R/X serielle WAN-Codierung/serielle Codierung ohne WAN-Anpassung/ LAN-Codierung; Je nach LWL werden Reichweiten bis über 40 km erzielt.**

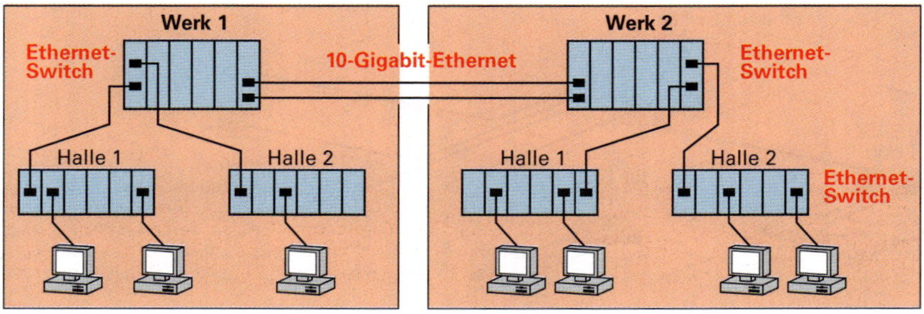

Beispiel einer Ethernet-Vernetzung von Computern über Switches

E

Ethernet-Netzwerk

Errichten eines Ethernet-Netzwerkes

Ablauf	Erklärung	Bemerkungen
Planung	Erfassen der vorhandenen Computer und der Peripheriegeräte einschließlich der Betriebssysteme; Prüfung, ob Erweiterung geplant werden soll; Danach Festlegung, was in das Ethernet aufzunehmen ist	Dabei ist zu entscheiden, welche Bestandteile der vorhandenen Einrichtung weiterverwendet, aufgerüstet oder ausgetauscht werden sollen. Leitung festlegen (LWL oder U/UTP bzw. U/FTP oder WLAN)
Informationsbeschaffung	Informationen über das Ethernet sind vor allem über das *Internet* möglich. Das betrifft allgemeine Informationen über die Technik als auch Informationen über Anbieter von erforderlichen Komponenten.	Vorschlag: Aufruf einer Suchmaschine, dort Eingabe des Suchbegriffes *ethernet* oder *ethernet anbieter*
Entscheidung über System	Es ist zu klären, ob Leitungsverbindung oder Wireless anzuwenden ist. Für kleine Netzwerke kommen Bustopologie und Sterntopologie in Betracht, für größere nur Sterntopologie. Sterntopologie ist in allen Fällen zu empfehlen.	Anwendung findet z. B. 100Base-TX mit Kupferleitungen U/UTP oder U/FTP der Kategorie mindestens 5, 100Base-FX (Lichtwellenleiter) oder 1000Base-SX. Beim Wireless-Netzwerk werden nur die Access-Points mit Leitungen angeschlossen.
Einholung von Angeboten	Es ist empfehlenswert, für die erforderlichen Komponenten ein schriftliches Angebot einzuholen, und zwar per Post oder E-Mail. Bei der Angebotseinholung ist zu klären, welche Software erforderlich ist und wie groß der erforderliche Speicherplatz ist.	Beispiele von Anbietern: www.black-box.de www.rs-components.de www.bb-elec.com www.schukat.com
Beschaffungsbedarf bei Sterntopologie mit Leitungen	Für *n* anzuschließende PCs mit *n* Netzwerkkarten ist als Sternkoppler mindestens 1 Switch bzw. 1 Hub zu beschaffen. Zum Anschluss der *n* PCs an den Sternkoppler sind *n Patchkabel* nötig, die *konfektioniert* (mit Steckern versehen) geliefert werden oder selbst aus Meterware mit speziellem Werkzeug zu fertigen sind. Zum Anschluss von *k* PCs in einem Raum sind *k* Steckdosen RJ45 und 2*k* Patchkabel zum Anschluss an diese nötig. Die Steckdosen sind z. B. mittels U/UTP oder U/FTP mit dem Sternkoppler zu verbinden.	 **Anschluss einer RJ45-Netzwerkkarte**
Leitungsverlegung	Die Leitungen zwischen den Steckdosen sollten in einem Elektro-Installationskanal verlegt werden. Das gilt auch für lange Patchkabel, die wenigstens teilweise im Installationskanal geschützt liegen sollten.	Bei Koaxialleitungen und bei Glasfaserleitungen muss der Biegeradius *r* mindestens das 4-Fache des Leitungsdurchmessers betragen. Koaxialleitungen sind am Ende mit einem Widerstand von 50 Ω abzuschließen.
Inbetriebnahme	Alle PCs, Hubs und Switches sind vom 230-V-Netz zu trennen. Danach sind die Steckbuchsen der Patchkabel in die Steckbuchsen der PC zu führen. Anschließend sind die PCs und die Sternkoppler einzuschalten.	Das Einbinden der Netzwerkkarten in das Netzwerk erfolgt menügeführt durch die Software, z. B. das Betriebssystem Windows, oder weitgehend automatisch von selbst bei Plug-and-Play.

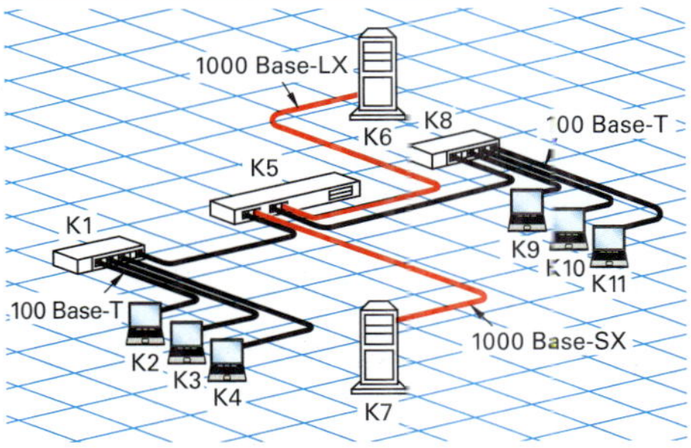

Beispiel eines Ethernet-Netzwerkes

K1 Minihub (kleiner Hub), stapelbar
K2, K3, K4 PCs
K5 Ethernet-Switch
K6 Server 1
K7 Server 2
K8 Minihub, (kleiner Hub), stapelbar
K9, K10, K11 PCs
LX Singlemode LWL, SX Multimode LWL
LWL Lichtwellenleiter, Glasfaserleiter

Der Ethernet-Switch sendet die Daten nur an den genannten Empfänger bzw. an seinen Sternkoppler, z. B. bei einem Empfänger K2 nur an K1. Die Minihubs jedoch geben alle empfangenen Signale weiter, z. B. K1 an K2, K3 und K4.

E

Ethernet-Netzwerk

Industrial Ethernet

Begriff	Erklärung	Bemerkungen, Strukturen
Industrial Ethernet IE	Industrial Ethernet IE wurde für die Automatisierungstechnik zur Verarbeitung von EA-Signalen geschaffen. Bei allen IE-Arten ist die Anbindung an den Bürobereich sichergestellt. Dadurch können Anlagenzustände von einem Büroarbeitsplatz aus überprüft werden. IE ist aus Sicherheitsgründen oft in doppelt ausgelegter Ringtechnologie ausgeführt.	Für das PROFINET wurde das klassische Ethernet mit seinem TCP/IP-Protokoll (Transmission Control Protocol/ Internet Protocol) um ein Industrieprotokoll erweitert. EA-Daten können damit wesentlich schneller als bei Ethernet übertragen werden. Nicht zeitkritische Daten werden über TCP übertragen.
PROFINET (process field net)	PROFINET ist eine vollduplexe IE-Variante, an die Automatisierungsgeräte und Feldgeräte sowie über ein Koppelgerät (PROFIBUS-Master mit PROFINET-Anschluss) die Geräte eines PROFIBUS DP angeschlossen werden können. Ein PROFINET-Gerät besitzt einen Anschluss für IE, zusätzlich oft auch einen Anschluss für den PROFIBUS. Ein PROFINET-Gerät besteht aus Steckplätzen, in die Module mit Kanälen zum Einlesen und Ausgeben von Prozessignalen gesteckt werden können. Man unterscheidet PROFINET IO und PROFINET CbA. www.siemens.de	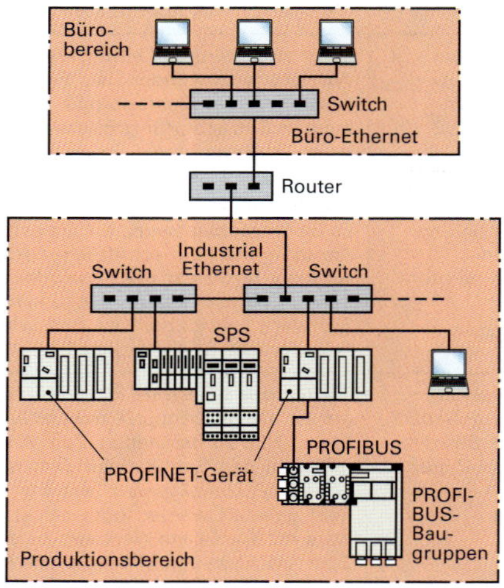
PROFINET IO	PROFINET IO (Input, Output) ermöglicht das Anschließen von Feldgeräten an Ethernet. Die Feldgeräte (IO-Devices) sind einer Steuerung (SPS, IO-Controller) zugeordnet. Sie übertragen zyklisch ihre Nutzdaten als Prozessabbild zur Steuerung.	
PROFINET CbA	PROFINET CbA (Component based Automation) findet Anwendung beim Anschluss von programmierbaren Feldgeräten und Automatisierungsgeräten. Die für eine verteilte Automatisierungslösung benötigten Funktionen werden modular programmiert und als Komponenten (Module) ausgeführt.	**Beispiel für PROFINET-Netzwerk** Durch Protokollerweiterungen, z.B. bzgl. Quittierung, ist der Betrieb sicherheitsgerichteter Geräte, z.B. Not-Aus-Taster (PROFISAFE), möglich.
Projektierung	Die Projektierung einer Automatisierungsanlage erfolgt z.B. über SIMATIC/STEP 7. Dabei wird das Anwendungsprogramm erstellt und den Geräten werden z.B. Gerätename, IP-Adresse und Ethernet-Subnetz zugeordnet.	Bei PROFINET IO müssen die Kommunikationsverbindungen der Geräte mit ihren MAC-Adressen (Media Access Control, Geräte-Identifikation ab Werk) programmiert werden werden, bei PROFINET CbA hingegen können sie grafisch durch Verschaltungslinien markiert werden.
Optisches Netz OSM OLM	Ein optisches Netz wird meist in Sternstruktur oder Ringstruktur aufgebaut. Als Übertragungsmedium dienen Lichtwellenleiter (LWL). Durch die Ringstruktur wird die Ausfallsicherheit bei Bruch eines LWL erhöht. Das optische Netz wird bei großen Entfernungen oder in elektromagnetisch stark belasteten Produktionsbereichen eingesetzt. Eine Mischung von elektrischen und optischen Netzsegmenten ist möglich. Die von einem Busteilnehmer (Endgerät) gesendeten Datenpakete werden vom optischen *Sternkoppler* OSM an alle anderen Teilnehmer verteilt. Das *Optical-Link-Module* OLM stellt die Verbindung zu dem mit einer elektrischen Schnittstelle ausgerüsteten Automatisierungsgerät (SPS oder PC) her.	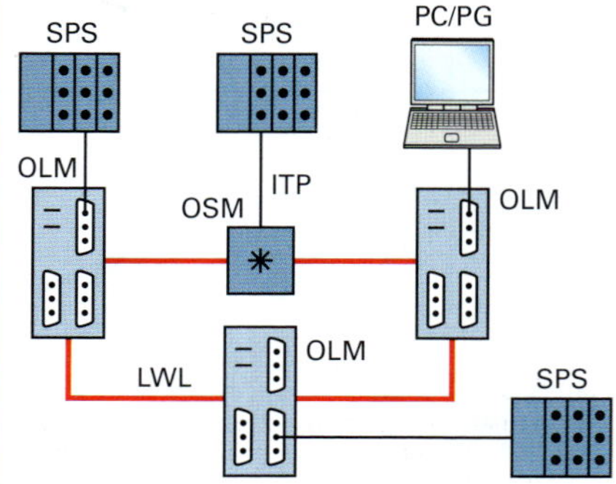 **Netzwerk mit LWL-Komponenten**

ITP Industrial Twisted Pair, OLM Optical Link Module, OSM Optical Switch Module, PG Programmiergerät

E

Signalübertragung

Übertragungsfaktoren und Übertragungsmaße

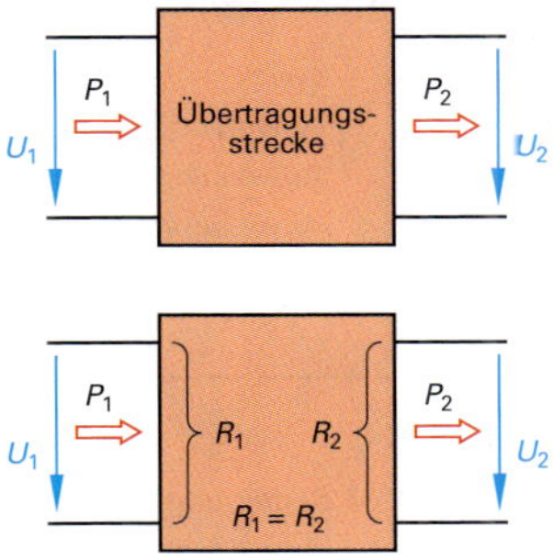

Übertragungsstrecke

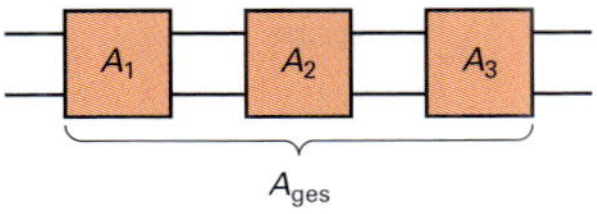

Übertragungsfaktoren
D Dämpfungsfaktor
V Verstärkungsfaktor
U Spannung

Übertragungsmaße
A Dämpfungsmaß in dB (Dezibel)
G Verstärkungsmaß in dB
U Spannung
A_1, A_2,...Einzeldämpfungsmaße

Indizes bei *P* und *U*:
1 aufgenommene
2 abgegebene

Indizes bei *A, D, G, V*
p Leistungs-
u Spannungs-

$$D_p = \frac{P_1}{P_2}$$ $$D_u = \frac{U_1}{U_2}$$

$$V_p = \frac{P_2}{P_1}$$ $$V_u = \frac{U_2}{U_1}$$

$$A_p = 10 \cdot \lg \frac{P_1}{P_2}$$ $$A_u = 20 \cdot \lg \frac{U_1}{U_2}$$

$$G_p = 10 \cdot \lg \frac{P_2}{P_1}$$ $$G_u = 20 \cdot \lg \frac{U_2}{U_1}$$

$$A_{ges} = A_1 + A_2 + A_3 + \ldots$$

Verstärkungsmaße in der Übertragungsstrecke werden durch negative Dämpfungsmaße berücksichtigt: $G = -A$

Dämpfungsmaße

Dämpfungsmaß *A*	$D_p = P_1/P_2$	$D_u = U_1/U_2$	Dämpfungsmaß *A*	$D_p = P_1/P_2$	$D_u = U_1/U_2$
0 dB	1,21 : 1	1 : 1	6 dB	3,98 : 1	2,0 : 1
1 dB	1,26 : 1	1,12 : 1	7 dB	5,01 : 1	2,24 : 1
2 dB	1,58 : 1	1,26 : 1	8 dB	6,31 : 1	2,51 : 1
3 dB	2,00 : 1	1,41 : 1	9 dB	7,94 : 1	2,82 : 1
4 dB	2,51 : 1	1,58 : 1	10 dB	10,00 : 1	3,16 : 1
5 dB	3,16 : 1	1,78 : 1	11 dB	12,59 : 1	3,55 : 1

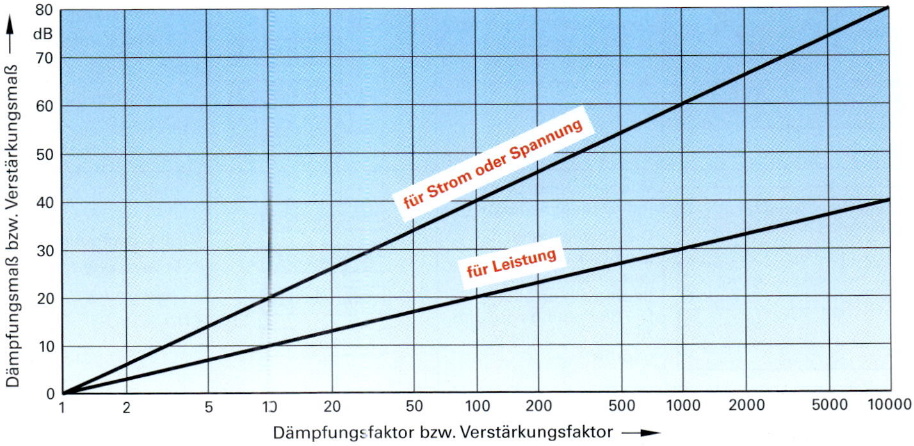

Pegel

Unter **Pegel** (Leistungs- oder Spannungspegel) versteht man das logarithmische Verhältnis einer Signalgröße zu einer Bezugsgröße (festgelegte Leistung oder Spannung).

Für Antennenanlagen verwendet man den Spannungspegel in dBµV bzw. dB(µV) an 75 Ω.

L_p Leistungspegel in dBmW
P Leistung in mW
P_0 Bezugsleistung in mW
L_u Spannungspegel in dBµV
U Spannung in µV
U_0 Bezugsspannung in µV an 75 Ω

$$L_p = 10 \cdot \lg \frac{P}{P_0}$$

$$L_u = 20 \cdot \lg \frac{U}{U_0}$$

E

Struktogramme und Programmablaufpläne (PAP)

Struktogramm	Bezeichnung, Bedeutung	Programmablaufplan	SCL-Sprachelemente
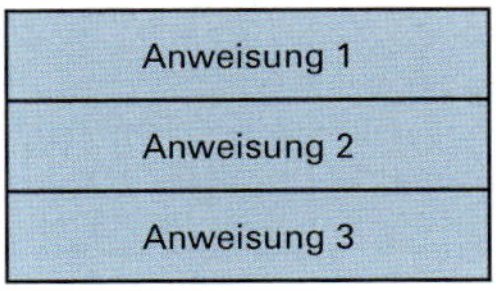	**Folgeblock** Der Folgeblock kann Wertzuweisungen, Rechenoperationen oder Eingabeanweisungen und Ausgabeanweisungen umfassen.	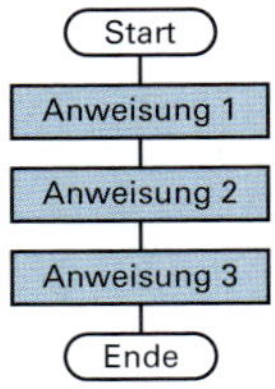	*Anweisung 1;* *Anweisung 2;* *Anweisung 3;*

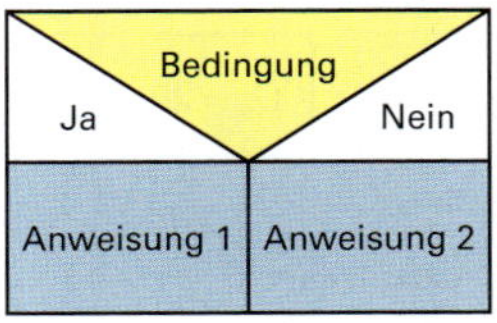	**Verzweigungsblock (Auswahlblock), zweiseitig**
	Der Verzweigungsblock enthält eine Verzweigung mit den Alternativen ja oder nein. Je nach Bedingung werden die Anweisungen der einen oder der anderen Alternative ausgeführt.
		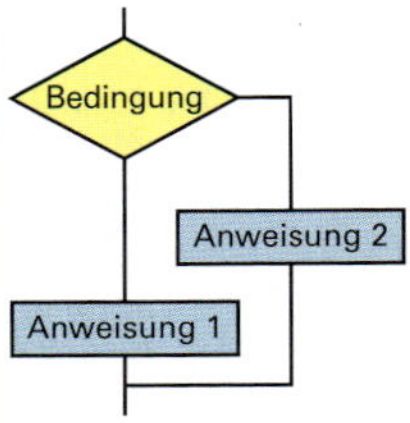	IF *Bedingung* THEN
			Anweisung 1;
			ELSE
			Anweisung 2;
			END_IF;

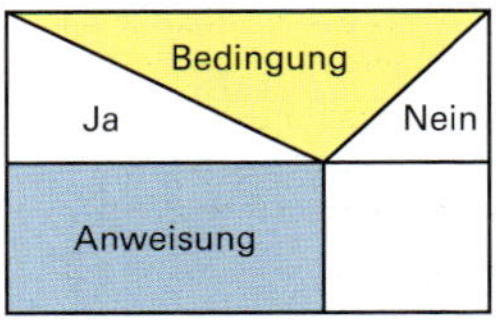	**Verzweigungsblock, einseitig** Bei diesem Verzweigungsblock enthält nur eine Alternative Anweisungen. Die andere Alternative wird ohne Operation durchlaufen.	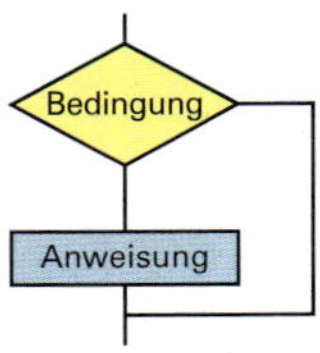	IF *Bedingung* THEN *Anweisung;* END_IF;
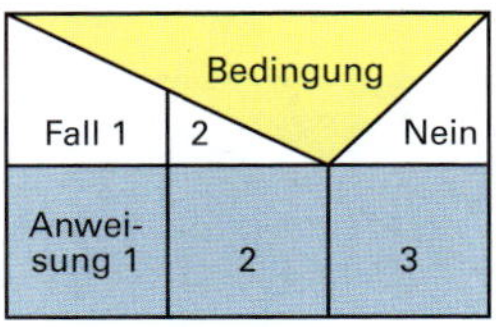	**Verzweigungsblock, mehrfach** Beim mehrfachen Verzweigungsblock werden in Abhängigkeit einer Bedingung mehrere Alternativen angeboten.	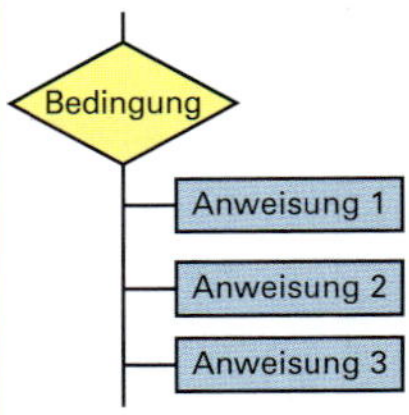	CASE *Ausdruck* OF 1: *Anweisung 1;* 2: *Anweisung 2;* ELSE *Anweisung 3;* END_CASE;
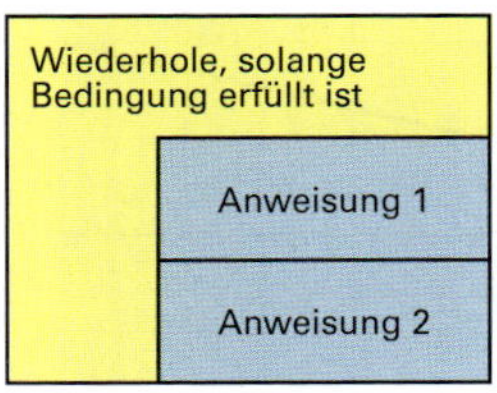	**Wiederholungsblock mit Anfangsbedingung** Die Anweisungen dieses Blockes werden wiederholt, solange die Bedingung erfüllt ist. Die Bedingung wird am Anfang der Schleife geprüft.	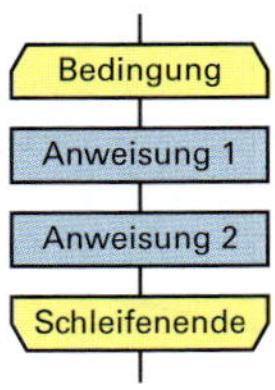	WHILE *Bedingung* DO *Anweisung 1;* *Anweisung 2;* END_WHILE;
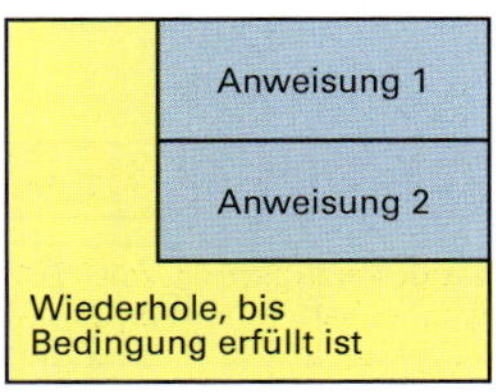	**Wiederholungsblock mit Endebedingung** Die Anweisungen dieses Blockes werden wiederholt, bis die Bedingung erfüllt ist. Die Bedingung wird erst am Ende der Schleife geprüft.	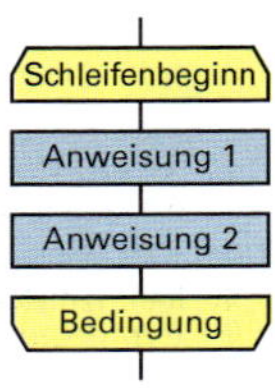	REPEAT *Anweisung 1;* *Anweisung 2;* UNTIL *Bedingung;* END_REPEAT;

Die Farben sind nicht Bestandteil der Sinnbilder, sie dienen hier nur zur Hervorhebung.
SCL von structured control language = strukturierte Steuerungssprache

E

Speicherprogrammierbare Steuerung SPS

Aufbau, Vorgang

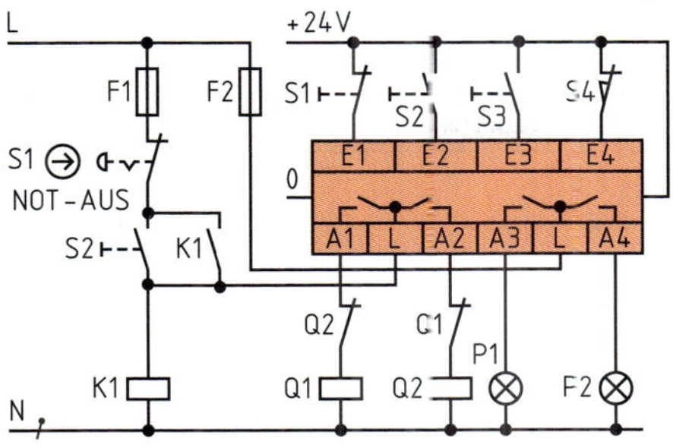

Anschluss an das 230-V-Netz

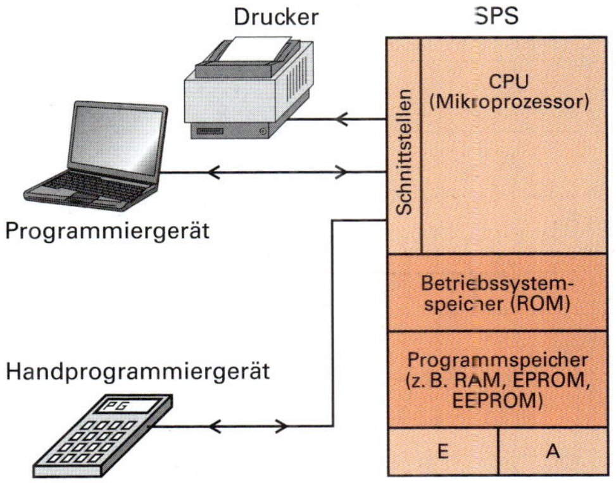

SPS-Baugruppen und periphere Geräte

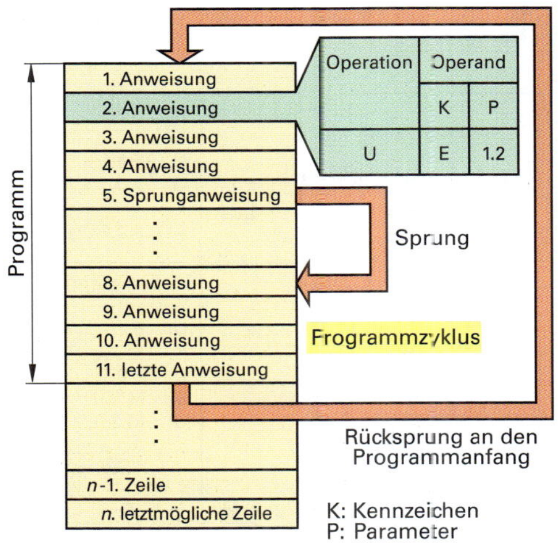

Programmabarbeitung

Begriffe	Erklärung
Maßnahme zur Drahtbruchsicherheit	Schließer erzeugen externe EIN-Signale und Öffner externe AUS-Signale.
Maßnahme zur Erdschlusssicherheit	Die AUS-Signale müssen von Öffnern erzeugt werden. Bei Erdschluss wird der Steuerstromkreis von einer Überstrom-Schutzeinrichtung abgeschaltet.
NOT-AUS-Schaltung	Die NOT-AUS-Einrichtung muss ein mechanischer Schalter sein. Das gilt nicht bei speziellen Sicherheits-SPS.
Verriegelung	Schütze werden z. B. durch gegenseitige Öffner in ihren Steuerstromkreisen verriegelt.
Anwenderprogramm	SPS-Programm zur Lösung der Aufgabenstellung
Ausgabeeinheit A	Verbindet die Steuersignale mit den Stellgliedern, z. B. mit Schützen
AWL	Anweisungsliste, enthält die einzelnen Programmbefehle
Buskopplung	Baugruppe für LAN-Anbindung
Eingabeeinheit E	Verbindet die SPS mit den verschiedenen Signalgebern
Handhabungsbefehle (Handling-Befehle)	Sie steuern die SPS, werden ohne Zeilennummern eingegeben.
KOP	Der Kontaktplan ähnelt dem Stromlaufplan.
FUP	Der Funktionsplan verwendet Symbole der Digitaltechnik.
Merker	Entspricht einem Hilfsschütz, ist ein RAM
FBS	Funktionsbausteinsprache
Programmiergerät	Meist Notebook/Laptop mit Software für KOP, FUP, AWL, SCL, GRAFCET und Simulation
Operandenteil	Kennzeichnet Eingänge, Ausgänge, Merker, Zeitglieder und Adressen
Operationsteil	Legt Signalverarbeitung und Programmorganisation fest
SCL	Structured Control Language oder ST strukturierter Text
GRAFCET	Programmablauf dargestellt als spezieller Funktionsplan nach GRAFCET
Steueranweisung	Besteht aus Operationsteil und Operandenteil
Zähler	Funktionsbaustein, oft eigener Geräte-Einschub
Zeitstufe	Erzeugt Verzögerungszeit, z. B. Einschalt- oder Ausschaltverzögerung
Zykluszeit	Zeit für einen Durchlauf des Anwenderprogrammes

E

Steueranweisungen für SPS

Funktion, Funktionsgleichung	Funktionsplan (FUP)	Kontaktplan (KOP), Erklärungen	Anweisungsliste (AWL)
UND $y_A = e_{01} \wedge e_{02}$	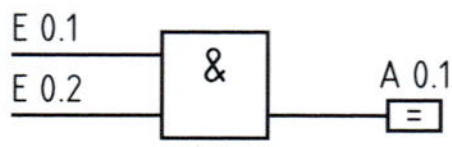	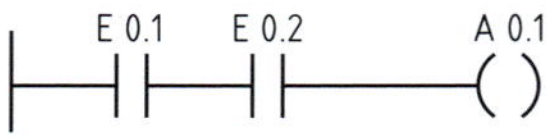	U E 0.1 U E 0.2 = A 0.1
ODER $y_A = e_{01} \vee e_{02}$	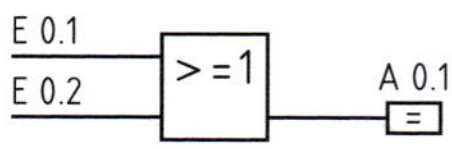	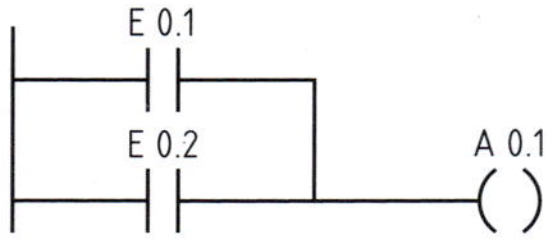	O E 0.1 O E 0.2 = A 0.1
NICHT $y_A = \overline{e}_{01}$	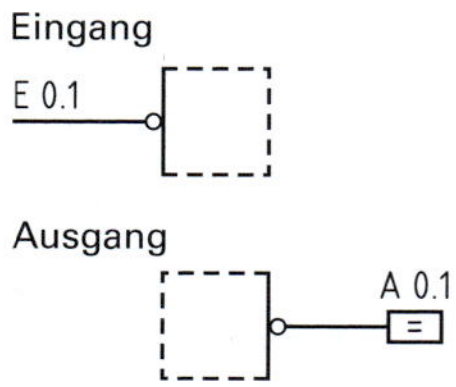	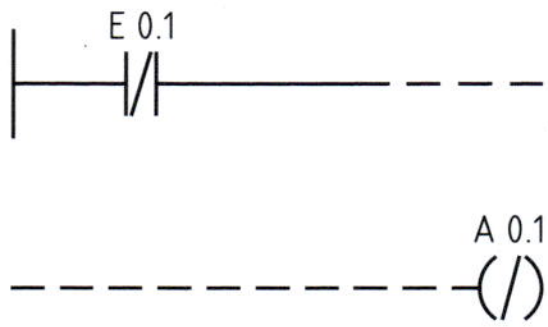	UN E 0.1 .. ... = A 0.1 Invertierung des Ausgangssignals: .. ... UN A 0.1 .. ...
Exklusiv-ODER (Antivalenz, XOR) $y_A = (e_{01} \wedge \overline{e}_{02}) \vee (\overline{e}_{01} \wedge e_{02})$	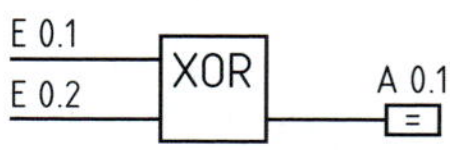	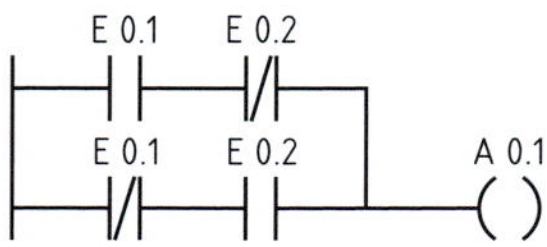	U E 0.1 UN E 0.2 O UN E 0.1 U E 0.2 = A 0.1
Exklusiv-NOR (Äquivalenz, XNOR) $y_A = (e_{01} \wedge e_{02}) \vee (\overline{e}_{01} \wedge \overline{e}_{02})$	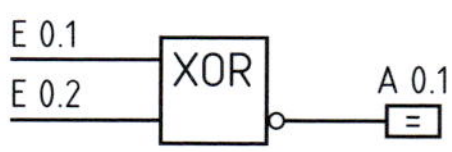	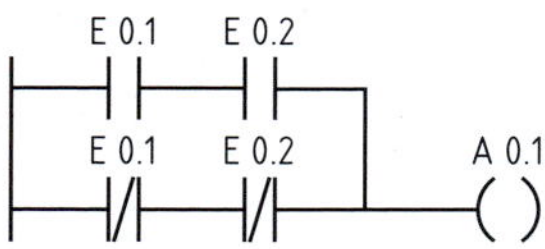	U E 0.1 U E 0.2 O UN E 0.1 UN E 0.2 = A 0.1
Zuweisung (einfache und mehrfache Zuweisung)	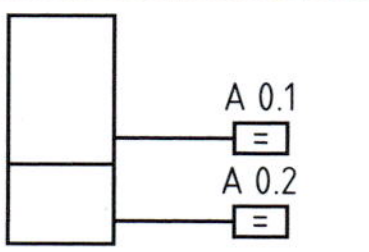	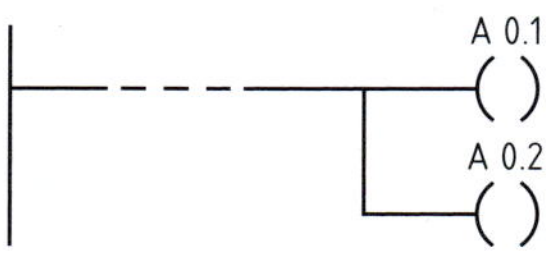	.. .. = A 0.1 = A 0.2
Mittels Klammertechnik ist die ODER-vor-UND-Regel nicht zu beachten. Allerdings wird dadurch etwas mehr Rechenzeit benötigt.	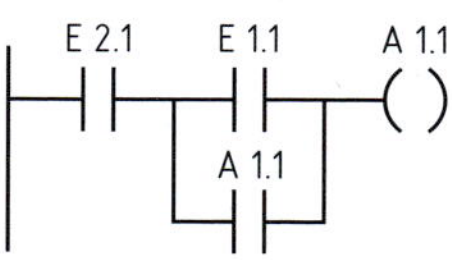	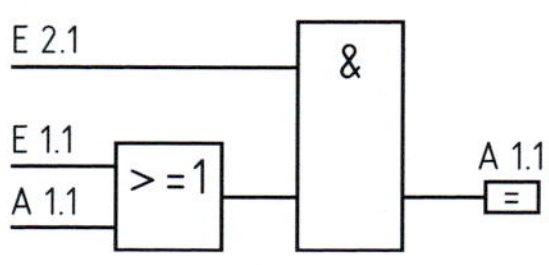	U E 2.1 U(U E 1.1 O A 1.1) = A 1.1
Programmierung mit Speicher: Es dominiert (herrscht vor) die Funktion, die in der AWL nach der nicht dominierenden Funktion steht. • Dominierendes Setzen: oben nach DIN EN 61131-3 • unten nach Siemens S7	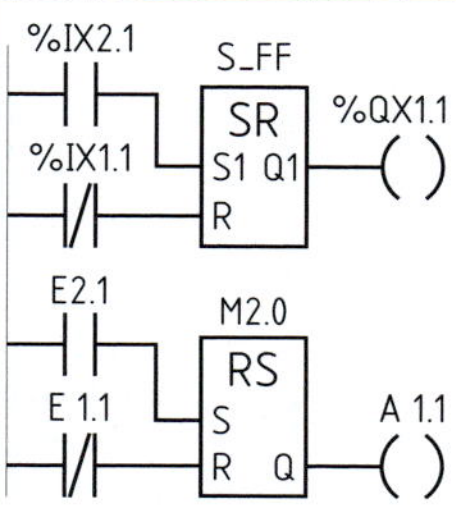	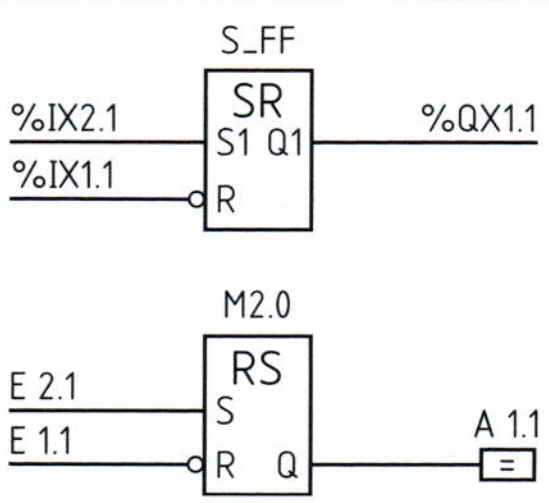	dominierendes Setzen: UN E 1.1 R M 2.0 U E 2.1 S M 2.0 U M 2.0 = A 1.1 (nach Siemens S7)

Bei Siemens-SPS S7 sind die Namen frei zuordenbar, z. B. statt E 0.1 kann „Lampe_1" als globale Variable oder #Lampe_1 als lokale Variable verwendet werden.

E

Steueranweisungen für SPS

Funktionen, Zähler

Funktion	Funktionsplan (FUP)	Kontaktplan (KOP)	Anweisungsliste (AWL)
Addieren	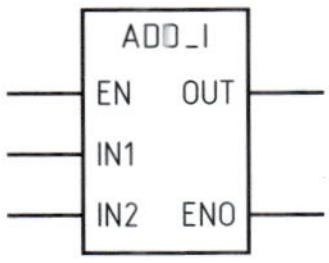	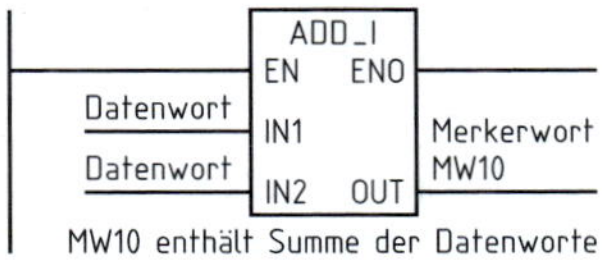	L 50 L 20 +I T MW10 NOP 0
Multiplizieren	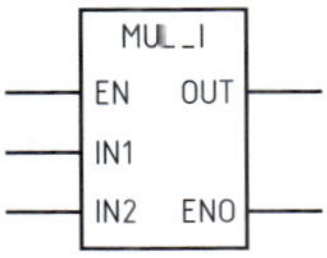	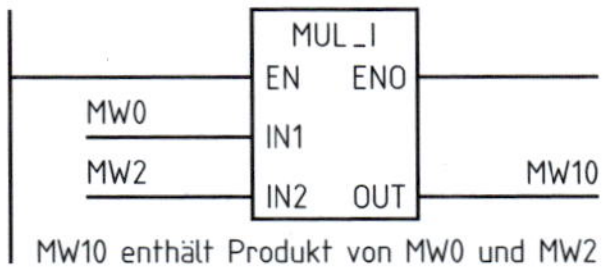	L MW0 L MW2 *I T MW 10 NOP 0
Zählen (Vorwärts-zählen mit Rücksetzen)	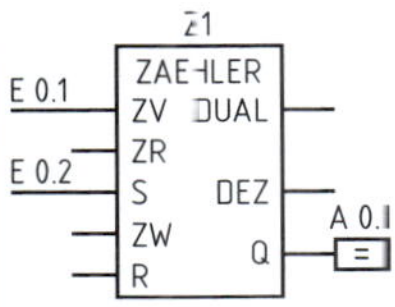	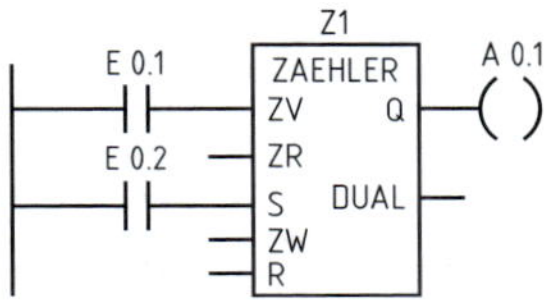	U E 0.1 ZV Z 1 U E 0.1 L K 2020 S Z 1 U Z 1 = A 0.1
Vergleichen	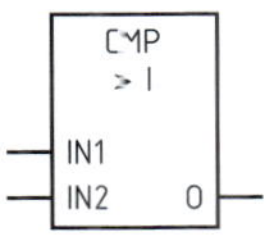	Es werden 6 Vergleichsarten unterschieden: > größer >= größer gleich < kleiner <= kleiner gleich != gleich <>, >< ungleich	U(L E 0.1 L E 0.2 >F) = A 0.1

Steueranweisungen (D Deutsch, E Englisch nach DIN EN 61131-3)

E	D	Bedeutung, Übersetzung, Symbol	E	D	Bedeutung, Übersetzung, Symbol
AND	U	AND ≙ UND-Elemente, &	NOP	NOP	No Operation ≙ Leerschritt
ADD	ADD	Addition	NOT	N	NICHT
CTD	ZR	Counter Down ≙ Zähler-Rückwärts	M	M	Memory ≙ Merker
CAL	BA	Call ≙ Bausteinaufruf	O,OUT	A	Output ≙ Ausgang
CMP	CMP	Compare ≙ Vergleichen	OR	O	OR ≙ ODER-Element, /
COS	COS	Kosinusfunktion	P	I	Pulse ≙ Impuls
CTU	ZV	Counter Up ≙ Zähler-Vorwärts	R	R	Reset ≙ Rücksetzen
DIV	DIV	Division	RL	RM	Reset Latch ≙ Merker rücksetzen
EM	BE	End of Module ≙ Blockende	S	S	Set ≙ Setzen
EN	EN	Enable ≙ Freigabe	SIN	SIN	Sinusfunktion
EP	PE	End of Program ≙ Programmende	SL	SM	Set Latch ≙ Merker setzen
EQ	GL	Equal ≙ gleich, !=	SUB	SUB	Subtraktion
GT	GR	Greater than ≙ größer, >	T	T	Timer, Zeitglied (TON, TOF, TP)
GE	GRG	Greater than or Equal to ≙ größer gleich, >=	TOF	SA	Setze Ausschaltverzögerung
			TON	SE	Setze Einschaltverzögerung
I, IN	E	Input ≙ Eingang	TP	SI	Setze Impuls
			SHL	SHL	Shift Left Bits
JMP	SP	Jump ≙ Sprung, unbedingt	SHR	SHR	Shift Right Bits
L, LD	L, LD	Load ≙ Laden, z.B. L A01 !	:=	=	Zuweisung, =
LT	KL	Less than ≙ kleiner, <	(...)	(...)	Klammern, (...)
LE	KLG	Less than or Equal to ≙ kleiner gleich, <=	*...*	"..."	Kommentarbegrenzung, "..."
MUL	MUL	Multiplikation			

E

Programmstruktur für SPS S7

Programmelement	Erklärung	Bemerkungen
Organisations-bausteine OB OB 1	Organisationsbausteine werden vom SPS-Betriebssystem aufgerufen. Mit ihnen wird die zyklische Programmbearbeitung gesteuert, ferner die Alarmbehandlung. Das Anwenderprogramm besteht aus dem OB 1 und meist noch anderen Programmelementen (Bild). Der OB 1 wird zyklisch vom Betriebssystem aufgerufen und abgearbeitet und nur von alarmbehandelnden OB unterbrochen. www.siemens.com	Unterschieden werden neben dem zyklischen OB 1, Uhrzeitalarme, Verzögerungsalarme, Weckalarme, Prozessalarme, Fehleralarme (z.B. Zeitfehler, Stromversorgungsfehler, CPU-Hardwarefehler) oder Hintergrundzyklus. Dieser besitzt die niederste Priorität bzgl. dem Unterbrechen anderer OB's. Die Prioritäten sind vorgegeben. Von manchen OB's können sie verändert werden. Daneben gibt es noch OB's für Neustart (OB 100) und Wiederanlauf (OB 101). Die Anlauf-OB's werden z.B. nach Netz-EIN vom SPS-Betriebssystem gestartet.
Funktions-bausteine FB	FB's besitzen zugeordnete Datenbausteine (DB) zur Speicherung von Daten (Instanz-Datenbausteine). Ein FB kann auch auf verschiedene DB's zugreifen.	FB's können wiederum FC's, SFB's oder SFC's aufrufen. FB's werden vom SPS-Hersteller erworben oder vom Anwender programmiert.
Funktionen FC	Der Aufruf erfolgt in anderen Programmelementen (Bausteinen). Während dem Programmlauf erzeugte Daten gehen nach dem Programmlauf verloren. Zur Speicherung von Daten muss auf globale Datenbausteine zugegriffen werden.	Anwendung für Steuerungsprogramm und z.B. für mathematische Funktionen (Radizieren = Wurzelziehen, Quadrieren, Logarithmieren, trigonometrische Funktionen). FC's werden vom SPS-Hersteller erworben oder vom Anwender programmiert.
Datenbausteine DB	DB's dienen zur Speicherung von Daten, mit denen das Anwenderprogramm arbeitet. Auf DB's können OB's, FB's und FC's zugreifen. Unterschieden werden Instanz-Datenbausteine und globale Datenbausteine.	In den Instanz-Datenbaustein sind die aktuellen Parameterwerte und statischen Daten der zugeordneten FB gespeichert. Einem FB können mehrere Instanz-DB's zugeordnet sein. Auf globale DB's können alle OB's, FB's und FC's zugreifen.
Systemfunktions-bausteine SFB	SFB's sind Teil des SPS-Betriebssystems. Sie werden vom Hersteller mitgeliefert und können vom Anwenderprogramm aus aufgerufen werden. Für SFB's müssen mit dem Anwenderprogramm zugeordnete Instanz-Datenbausteine angelegt werden.	SFB's gibt es z.B. zum Datenaustausch mit externen Geräten, zum Betreiben externer Geräte (Remotebetrieb).
Systemfunktionen SFC	SFC's sind ebenfalls Teil des SPS-Betriebssystems.	SFC's gibt es z.B. zum Kopieren von Daten, zum Übertragen von Daten von und zu Signalbaugruppen, zum Meldungserzeugen, zum Verändern von Baugruppenparametern, zum Aktualisieren von Uhrzeiten.
Systemdaten-bausteine SDB	SDB's werden nur vom SPS-Betriebssystem ausgewertet. In SDB's sind z.B. Zuordnungslisten bzgl. Peripheriegeräten und Schnittstellen sowie Parameterlisten von Baugruppen mit ihren Voreinstellwerten (Defaultwerten) gespeichert.	Jede CPU besitzt eigene SDB's. Beim Speichern veränderter Voreinstellwerte werden SDB's erzeugt, auf die dann bei Neustart oder Wiederanlauf zugegriffen wird.

E

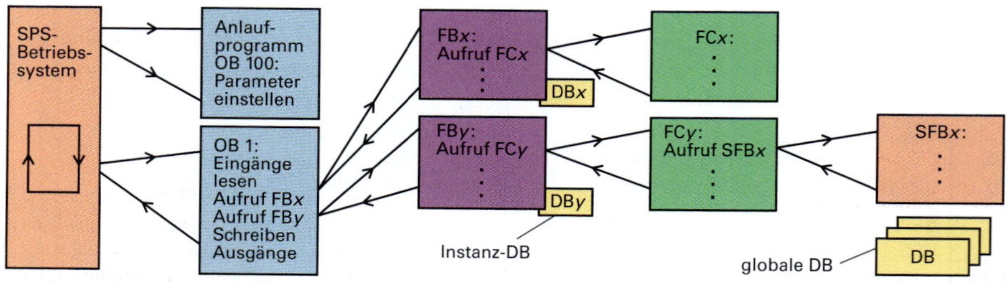

Struktur eines SPS-S7-Programmes

Ablaufsteuerungen mit GRAFCET

Symbol	Beschreibung	Beispiel
	**Anfangsschritt** (Quellschritt, Initialschritt) Das Symbol bedeutet, dass dieser Schritt die Anfangssituation darstellt. Schritte erhalten alphanumerische Kennzeichnungen. Der * in den Symbolen ist durch die jeweilige Schrittnummer zu ersetzen.	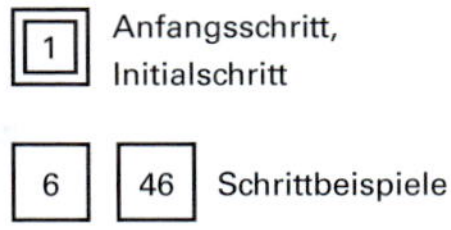
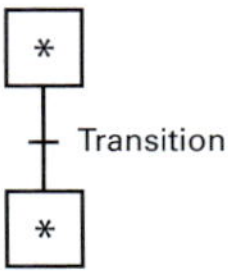	Zwischen zwei Schritten steht eine **Weiterschaltbedingung** (Transition) auf der rechten Seite. Es ist immer nur ein Schritt aktiv. Schritte und Transitionen wechseln sich ab. Kommentare werden in Anführungszeichen angegeben.	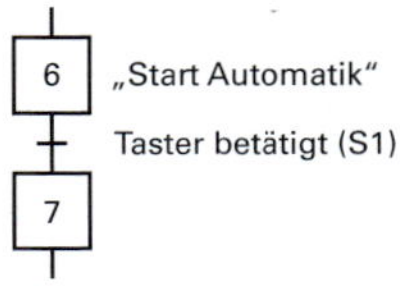
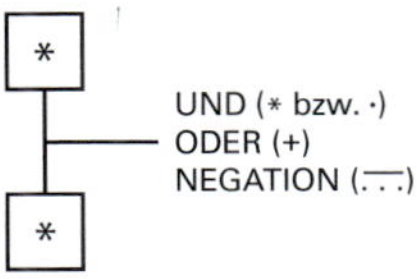	**Transitionsbedingungen** dürfen in Textform, durch grafische Symbole und mithilfe Boole'scher Ausdrücke beschrieben werden. Für Boole'sche Ausdrücke gilt: UND ⇒ *, ODER ⇒ +, NEGATION ⇒ $\overline{X}$	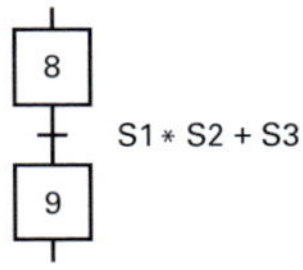
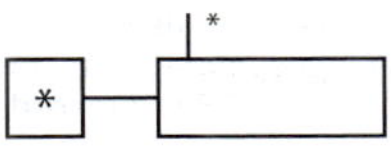	**Aktion mit Zuweisungsbedingung** ist erfüllt, wenn der zugehörige Schritt aktiv und die Zuweisungsbedingung erfüllt ist. Beispiel: Wird der Schritt 5 aktiviert und ist die Zuweisungsbedingung A5 erfüllt, dann wird Schütz K1 aktiv (Wert 1). In allen anderen Fällen ist der Wert „0“.	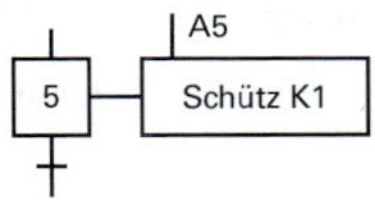
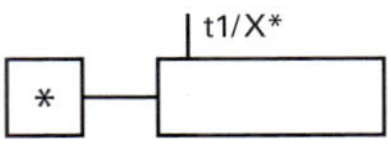	**Zeitliche Transitionen** werden durch eine vorgestellte Zeitangabe beschrieben. Wird im Beispiel Schritt 15 aktiviert, so wird nach Ablauf von 5 s K1 aktiv.	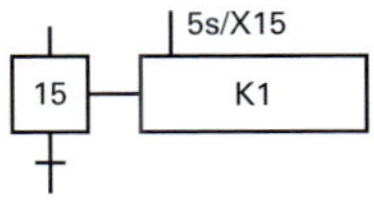
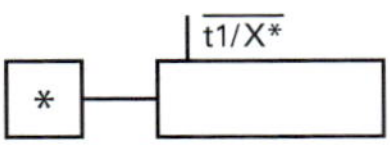	**Zeitbegrenzte Aktion** erhält man durch Negation der Bedingung einer zeitverzögerten Aktion. Im Beispiel wird K1 für 5 s nach Aktivierung des Schrittes 15 aktiv.	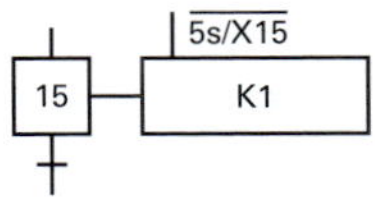
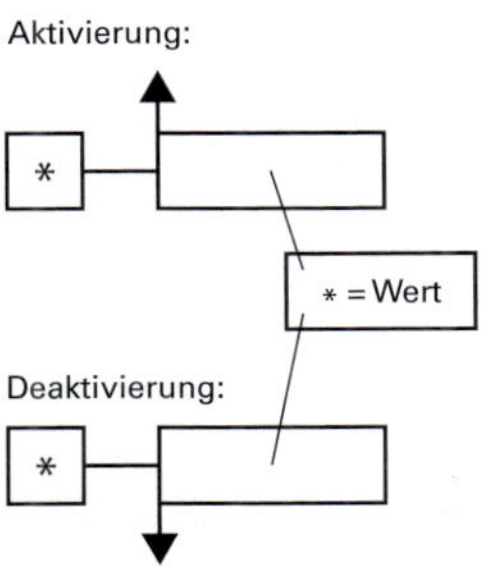	**Speichernde Aktionen** werden zu einem bestimmten Zeitpunkt mit einem Befehl einmal ausgeführt. Ein weiterer Befehl bestimmt die Rücknahme. Man unterscheidet: • Aktion bei Aktivierung des Schrittes • Aktion bei Deaktivierung des Schrittes Beispiele: a) Sobald Schritt 10 aktiv wird, wird das Schütz K1 aktiv (Wert 1). Ist Schritt 10 nicht mehr aktiv, so bleibt der Wert 1 aktiv. b) Schütz K1 wird auf 0 gesetzt, wenn Schritt 15 deaktiviert wird.	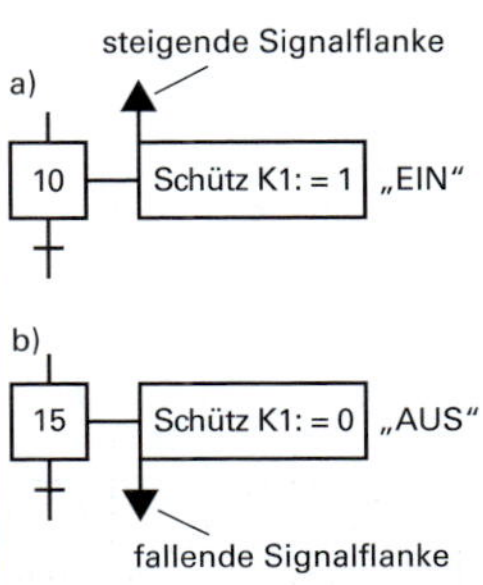

GRAFCET, nach franz. GRAphe Fonctionnel de Commande Étape Transition = Darstellung der Steuerungsfunktion mit Schritten und Weiterschaltbedingungen. Man verwendet GRAFCET für Programmierung und Beschreibung von Abläufen (Schrittketten) in der Automatisierungstechnik.

E

Ablaufsteuerungen mit GRAFCET

Darstellung	Beschreibung
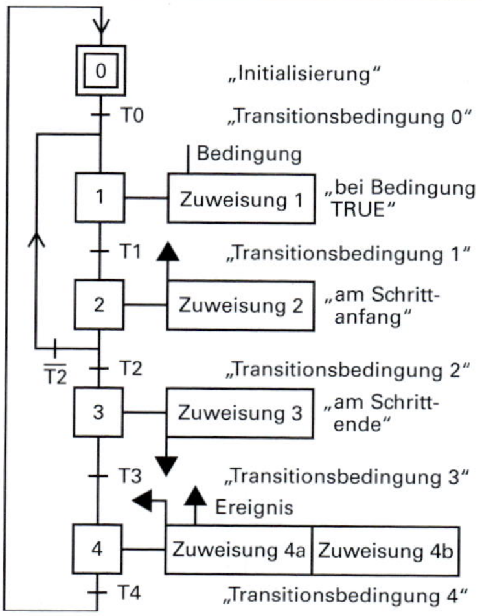	Der GRAFCET startet mit dem ersten Schritt (Initialisierung, doppelt umrahmtes Quadrat). Ist die Transitionsbedingung T0 erfüllt, wird in Schritt 1 die Aktion (Zuweisung 1, hier falls die Bedingung TRUE ist) ausgeführt, solange der Schritt aktiv ist. Soll eine Aktion darüber hinaus wirksam sein, muss die Aktion mit := speichernd markiert werden. Ist T1 erfüllt, wird Schritt 1 deaktiviert und Schritt 2 aktiviert. Dessen Aktion wird wegen des ↑ bei Schrittbeginn ausgeführt. Sprünge und Schleifen sind möglich (hier $\overline{T2}$ nach Schritt 1). Kommentare dürfen im GRAFCET zwischen „“ eingetragen werden. In Schritt 3 wird die Aktion (Zuweisung 3) wegen des ↓ erst am Schrittende ausgeführt. Mehrere Aktionen (Zuweisungen 4a und 4b) eines Schrittes werden neben- oder untereinander gezeichnet. ← bedeutet, dass die Aktion während eines Ereignisses (hier bei steigender Flanke von Ereignis) ausgeführt wird. Nach Erfüllung von T4 erfolgt ein Rücksprung zum Anfangsschritt.
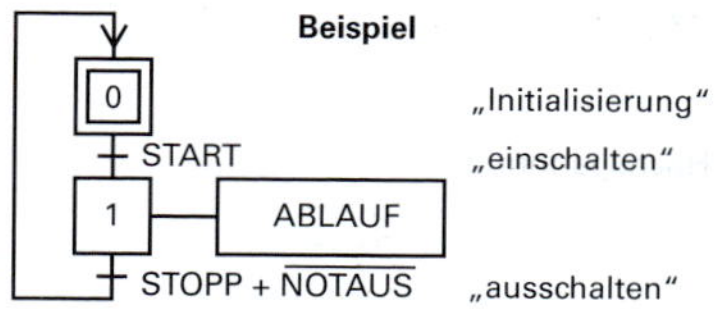	Ist START gleich TRUE, wird Schritt 1 aktiv und setzt ABLAUF auf TRUE. Wird STOPP oder $\overline{\text{NOTAUS}}$ gleich TRUE, wird Schritt 1 deaktiviert und ABLAUF wird wieder FALSE. So steht die Variable ABLAUF weiteren GRAFCETs, z.B. als Ablauf-Bedingung, zur Verfügung.

Operatoren	Beispiele	
+, * bzw. ·	S1+S2, 1B1*2B1	Logisches ODER (+) bzw. UND (*, ·); Es gilt Punkt-vor-Strich.
Überstrich	$\overline{\text{S1}}$·S3	Negation
:=	1M1:=1	speichernd wirkende Zuweisung (Aktion)
(...)	S1·(S2+$\overline{\text{S3}}$)	Gruppierung logischer Ausdrücke durch Klammern
/	2s/2M1/5s, $\overline{\text{4s/X8}}$	Zeitverzögerung/Zeitverlängerung, Zeitbegrenzung

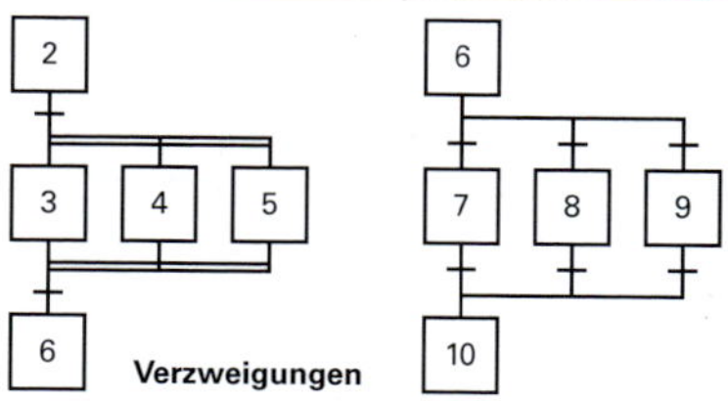	Parallele Ablaufkette: alle Teilabläufe laufen gemeinsam ab, PA wird durch Doppelstriche gekennzeichnet. Erst wenn alle Teilabläufe durchlaufen sind, schaltet eine gemeinsame Transition in den nächsten Schritt. Alternative Ablaufkette: je nach Transitionsbedingungen läuft genau ein Teilablauf ab (gegenseitige Verriegelung).
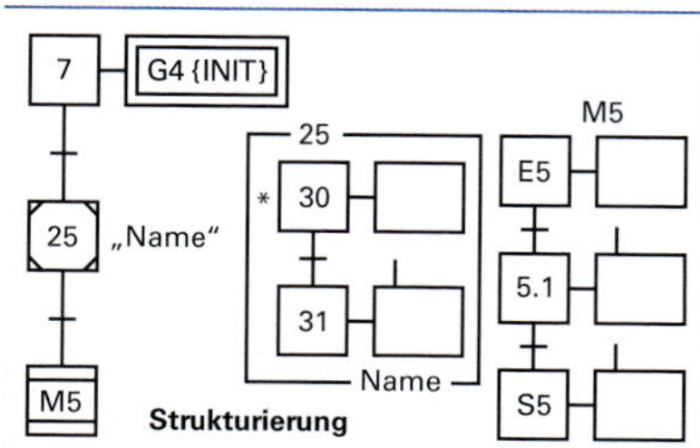	Hierarchie: Werden GRAFCETs in mehrere Teile aufgeteilt, steuert ein übergeordnetes GRAFCET untergeordnete mit Zwangsbefehlen, erkennbar an der Doppellinie. Einschließung: Teilabläufe von GRAFCETs können getrennt gezeichnet und in andere GRAFCETs eingeschlossen werden. Makros dienen zur Strukturierung in Grob-Fein-Ebenen. Makros entsprechen Unterprogrammen und haben einen Einstiegspunkt E und einen Ausstiegspunkt S.

GRAFCET ist nach EN 60848 eine genormte Beschreibungssprache zur Darstellung von Ablaufsteuerungen. Sie ist Nachfolgerin des Funktionsplans (DIN 40719). Die Abläufe sind in Schritte und Transitionen unterteilt. GRAFCET bietet die Möglichkeit, Hierarchien zur exakten Definition von Grob-Fein-Strukturen anzulegen.

E

Hilfsstromkreise

Begriff	Erklärung	Schaltungen, Bemerkungen
Hilfsstromkreis Stromversorgung Transformator	Ein *Hilfsstromkreis* ist ein Stromkreis, der kein Hauptstromkreis ist. *Steuerstromkreise* und *Messstromkreise* sind Hilfsstromkreise. Die *Stromversorgung* des Hilfsstromkreises erfolgt durch AC 50 Hz bis 230 V, AC 60 Hz bis 227 V oder DC bis 220 V. Meist erfolgt sie aus dem Hauptstromkreis, bei DC über einen Gleichrichter. Ein *Transformator* bewirkt die erwünschte *Trennung* vom Hauptstromkreis. Bei SELV oder PELV muss das ein Sicherheitstransformator sein.	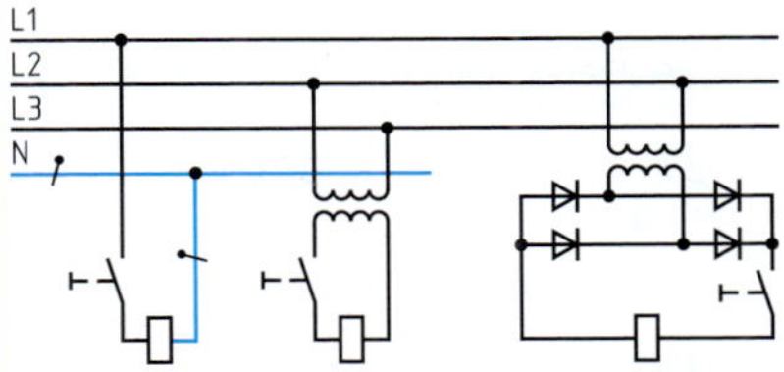 **Stromversorgungen für den Hilfsstromkreis**
Trennung vom Hauptstromkreis Überstrom-Schutzeinrichtung	Die Transformatoren müssen beim Drehstromnetz eingangsseitig (primärseitig) an zwei Außenleiter angeschlossen sein. Hilfsstromkreise ohne Trennung vom Hauptstromkreis muss man an einen Außenleiter und den Neutralleiter anschließen. Ungeerdete Hilfsstromkreise erfordern eine Isolationsüberwachungseinrichtung. Überstromschutz dient nur dem Kurzschlussschutz.	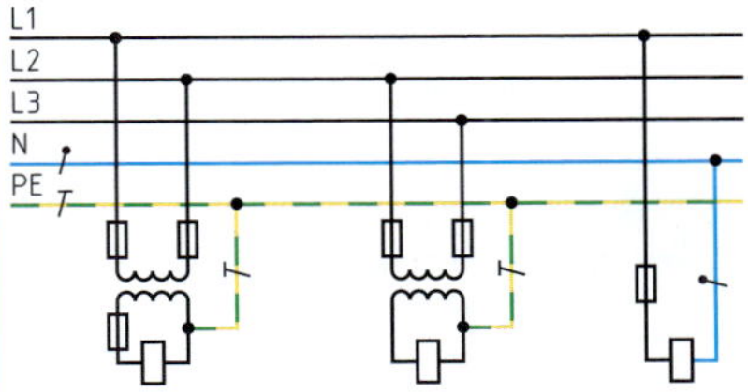 **Anordnung der Überstrom-Schutzeinrichtungen**
Messstromkreis Direktmessung Wandlermessung	Bei direktem Anschluss von Messstromkreisen an den Hauptstromkreis sind anzuwenden: • Überstrom-Schutzeinrichtungen zum Kurzschlussschutz oder • kurzschluss- und erdschlusssichere Verlegung, z.B. Mantelleitung, Verlegung nicht in der Nähe von brennbaren Stoffen Bei *Spannungswandlern* muss die Ausgangsseite (Sekundärseite) geerdet und gegen Kurzschluss gesichert sein. Bei *Stromwandlern* erfolgt nie eine Sicherung gegen Kurzschluss und bei Niederspannung auch keine Erdung.	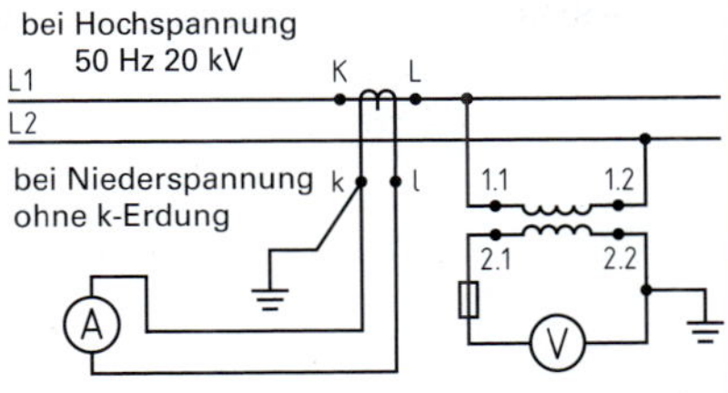 **Wandlermessungen**
Einschalten Abschalten Wirkglieder, z.B. Schützspulen	Hilfsstromkreise müssen so ausgeführt sein, dass ein einzelner Leiterbruch, Körperschluss oder Erdschluss die Anlage in einem sicheren Zustand, z.B. AUS, erhält oder in einen solchen überführt. Deshalb erfolgt das Abschalten durch Öffner und das Einschalten durch Schließer. *Wirkglieder*, z.B. Schützspulen, sind auf einer Seite direkt (ohne Schaltglieder) mit dem geerdeten Leiter zu verbinden. Beim IT-System dürfen Wirkglieder an zwei Außenleiter angeschlossen sein. Dann sind die Außenleiter durch zweipolige Schaltglieder zu schalten. Die Außenleiter sind gegen Kurzschluss zu sichern.	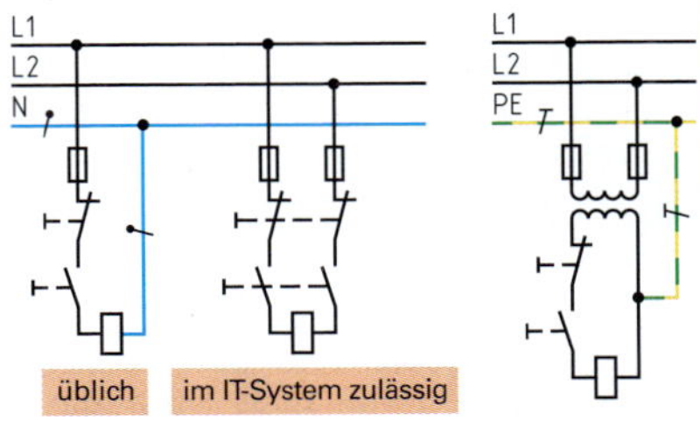 **Anordnung der Taster**
Doppelte Schlüsse (Körperschlüsse, Erdschlüsse)	Hilfsstromkreise müssen auch bei doppelten Schlüssen gegen Fehlschaltungen, z.B. Einschalten ohne Einschaltsignal geschützt sein. Das wird bei geerdeten Hilfsstromkreisen durch Überstrom-Schutzeinrichtungen bewirkt, die beim 1. Körperschluss oder Erdschluss innerhalb von 5 s die Stromversorgung abschalten. Bei ungeerdeten Hilfsstromkreisen muss eine Anzeige den Isolationsfehler optisch und/oder akustisch melden. Der Isolationswiderstand muss je V der Nennspannung mindestens 100 Ω betragen.	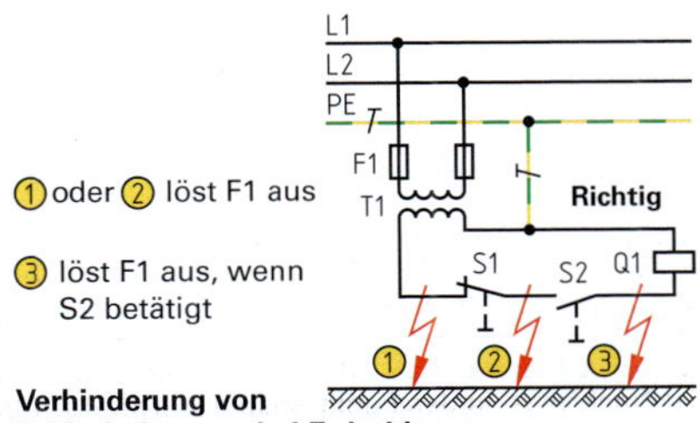 **Verhinderung von Fehlschaltungen bei Erdschluss**

E

Geräte der Steuertechnik

Grenztaster, Befehlsgeräte

Art	Erklärung, Daten (Beispiele)	Bemerkungen, Darstellungen
Grenztaster (Endtaster, Endlagenschalter, Positionsschalter)		
 Druckbolzen  Kugelstößel	Reagiert auf senkrechte Druckbetätigung Bei Rollenstößel, Kugelstößel senkrechtes oder seitliches Betätigen möglich (bis 30° bzw. 15°) Schalten: Druckbetätigung des Bolzens, Stößels • Schaltelemente 1 Schließer, 1 Öffner • Betätigungskraft min. 17 N • Schutzart IP 65 • Betätigungsgeschwindigkeit 1 mm/min bis 1 m/s • zwangsöffnender Kontakt	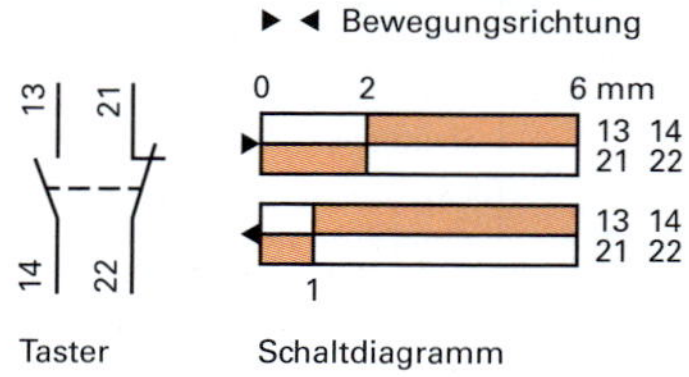
 Rollenhebel	Schalten: Druckbetätigung des Schalthebels • Schaltelemente 1 Schließer, 1 Öffner • Betätigungskraft min. 19 N • Schutzart IP 65, • Betätigungsgeschwindigkeit 1 mm/min bis 1 m/s • zwangsöffnender Kontakt • seitliches Betätigen möglich (bis 40° Schräge)	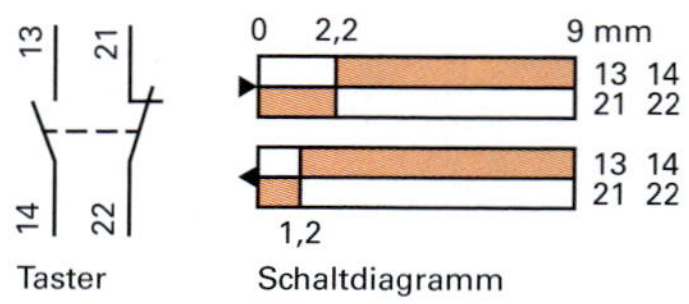
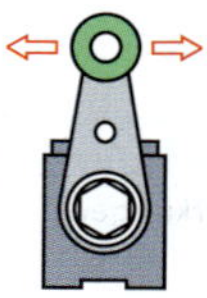 Rollenschwenkhebel	Auch Drehhebel genannt Schalten: Winkelveränderung des Schalthebels • Schaltelemente 1 Schließer, 1 Öffner • Auslenkung bis 90° nach links/rechts • Betätigungsdrehmoment 50,5 Ncm • Schutzart IP 67 • Betätigungsgeschwindigkeit 1 mm/min bis 1 m/s • zwangsöffnender Kontakt (sicher geöffnet in AUS-Stellung)	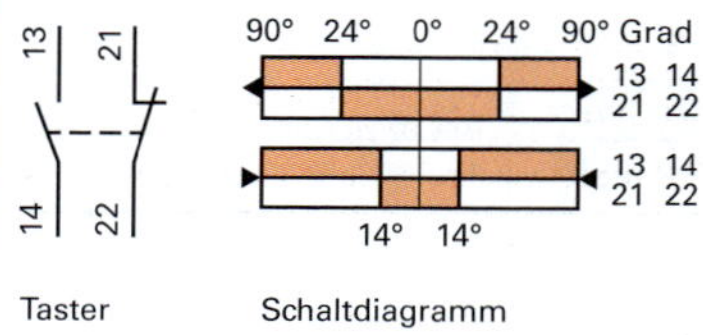
Befehlsgeräte, Farben		
Befehlsgeräte	Beispiele sind Drucktaster, Schlagtaster mit Rastung, Wahlschalter, Hauptschalter, Leuchttaster.	Je nach Einsatz des Befehlsgerätes sind den Betätigungsflächen Farben zuzuordnen.
Not-Halt-Befehlsgerät	• Schaltelemente 1 Schließer, 1 Öffner • Betätigungskraft 9 N • Schutzart IP40 • zwangsöffnender Kontakt	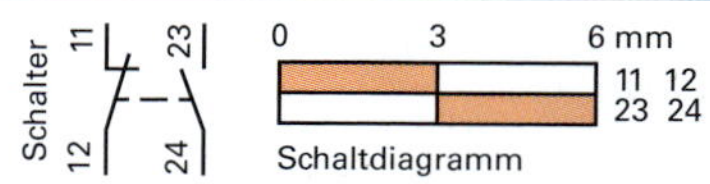
	• Schaltelemente 1 Schließer, 1 Öffner • Schaltwinkel 55° • 1 Stößel • Schutzart IP65 • zwangsöffnender Kontakt	
	• 2 Schaltelement-Paare je 1 Schließer, 1 Öffner; gesamt 2 Schließer, 2 Öffner • Schaltwinkel 35° links/rechts • 2 Stößel • Schutzart IP65 • zwangsöffnender Kontakt	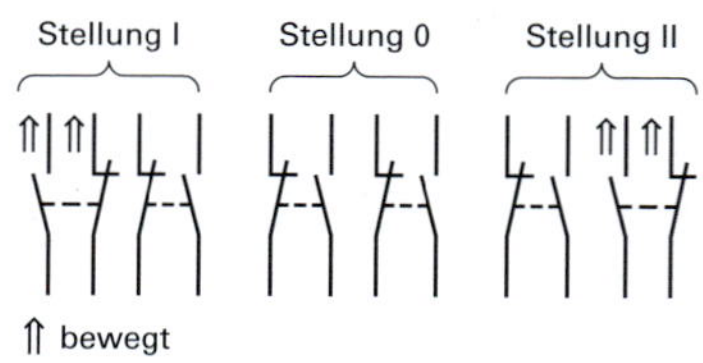
Schlüsselwahltaster	Schlüsselwahltaster können nur durch Einstecken eines Schlüssels bedient werden, z.B. bei Inspektionen, Instandsetzungen.	
Farben für Befehlsgeräte, Leuchtmelder	● Rot – Gefahr, Notfall ● Grün – Normalbetrieb ● Gelb – anormaler Betrieb ● Blau – Handlung notwendig ○ Weiß – keine besondere Bedeutung ● Grau – keine besondere Bedeutung ● Schwarz – keine besondere Bedeutung	Rot: Sofortiges Ausschalten der Anlage erforderlich Gelb: Anlage nicht in Betrieb, z.B. bei Reparaturarbeiten Blau: Rückstellfunktion, Aktivität einleiten, jedoch keine Gefahr Weiß: z.B. für Start/EIN Schwarz: z.B. für Stopp/AUS

E

Geräte der Steuertechnik

Schütze

Diagramm, Schaltung	Erklärung	Bemerkungen
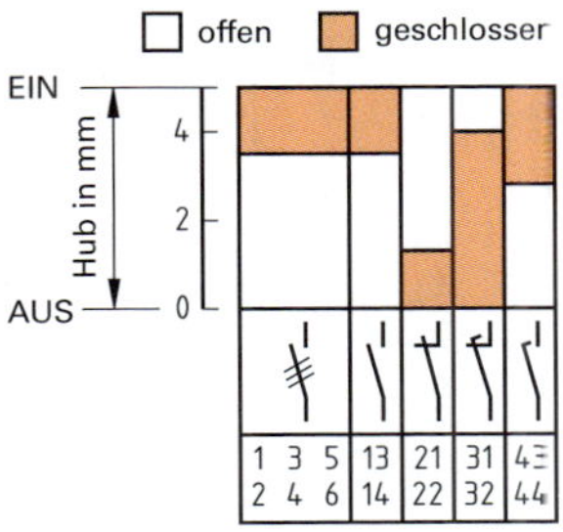 **Schaltdiagramm eines Schützes**	Elektromagnetische Schütze enthalten: Erregerspule, beweglichen Anker, feste und bewegliche Schaltstücke. Beim *konventionellen Antrieb* wird die Schützspule direkt mit der Steuerspannung angesteuert, bei *elektronischem Antrieb* liegt vor der Spule eine Elektronik (kleinerer Steuerstrom, breiter Bereich der Steuerspannung). Meist öffnen zuerst die Öffner der Hilfskontakte, dann schließen die Schließer der Hilfskontakte, dann die Schließer für den Hauptstromkreis.	Wechselstromschütze werden durch AC gesteuert, Gleichstromschütze durch DC. AC-Steuerung verursachen Brummen, DC-Steuerungen sind geräuschlos nach dem Schaltvorgang. Schütze haben für den Hauptstromkreis meist drei Schaltstrecken 1-2, 3-4, 5-6 und für die Hilfsstromkreise (Steuerstromkreise) mehrere Hilfskontakte. Hilfsschütze sind kleine Schütze mit mehreren Hilfskontakten zum Steuern des Erregerstromes von großen Schützen.
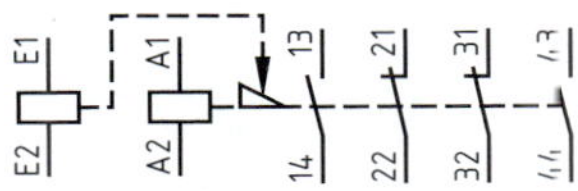 **Verklinkbares Hilfsschütz**	Verklinkte Schütze werden eingesetzt, wenn nach Ausfall der Steuerspannung die Schaltstellung erhalten bleiben soll. Nach Anlegen der Steuerspannung verklinken sie mechanisch.	Zum Entklinken muss ein Spannungsimpuls an die Anschlüsse einer Entklinkspule E1-E2 gelegt werden. Meist ist über eine Betätigungstaste auch Entklinken von Hand möglich.

Grundschaltung von Schützen

Hauptstromkreis, Schaltfunktion	Hilfsstromkreis, Schaltfunktion	Benennung, Bemerkungen
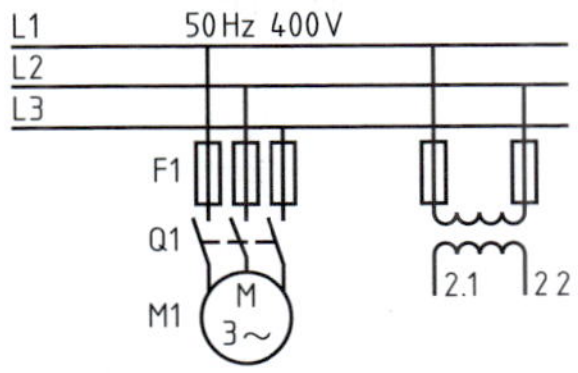	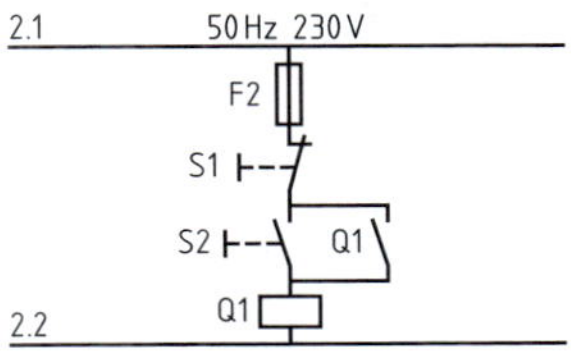	*Schütz mit Haltekontakt* Betätigung von S2 bringt Q1; Q1 schaltet M1 ein und hält sich über den Haltekontakt (Schließer) Q1; Betätigen von S1 führt zur Abschaltung von Q1 und damit von M1 (übliche Grundschaltung der Schützschaltungen)

Schutzbeschaltung der Erregerspule (Schützspule)

aufsteckbarer Entstörbaustein	Eignung	Verlauf von Spulenstrom (rot) und Spulenspannung (blau)	Erklärung
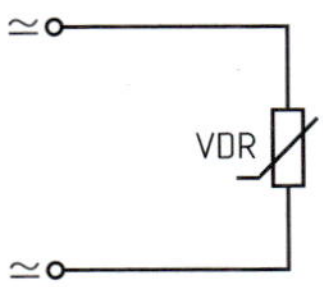	AC und DC, verpolungssicher	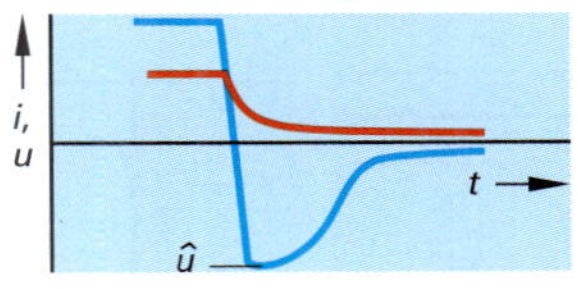	Die Schutzbeschaltung der Spulen dient der Verringerung der Ausschalt-Induktionsspannung, die zur Zerstörung der Elektronik führen kann. Hier kleine Abfallverzögerung
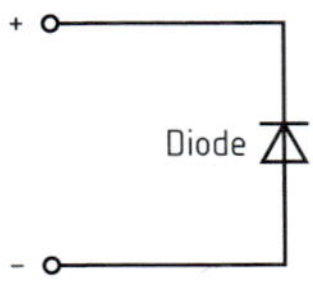	DC, nicht verpolungssicher	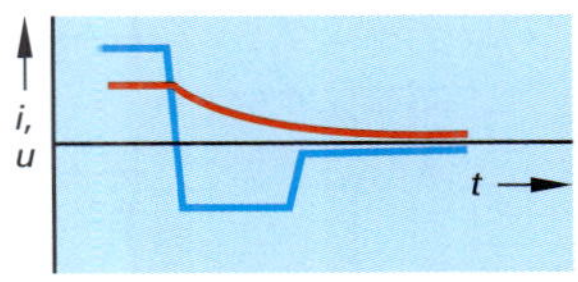	Schaltung mit Diode ist bei DC-Antrieb zuverlässig Der Anschluss muss der Polung der Spannung entsprechen. Die Schaltung führt aber zu großer Abfallverzögerung.
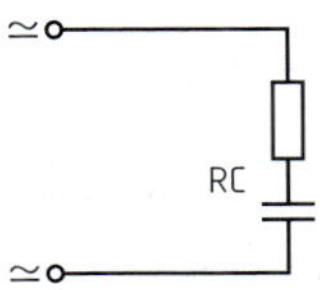	AC und DC, verpolungssicher	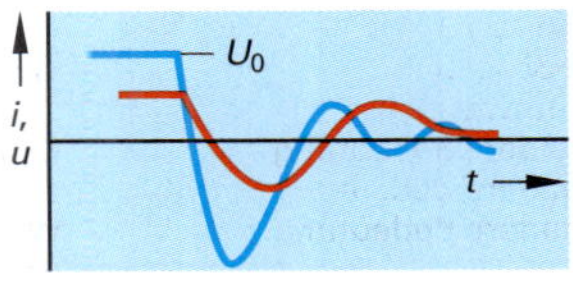	Schaltung ist für AC sehr gut geeignet, sie muss aber zur Spule genau bemessen sein. Deshalb ist nicht jeder RC-Baustein für jede Spule geeignet. Kleine Abfallverzögerung

Schützschaltungen und Motorschutz

Art	Hauptstromkreis	Steuerstromkreis
Schützschaltung mit thermischem Überstromrelais	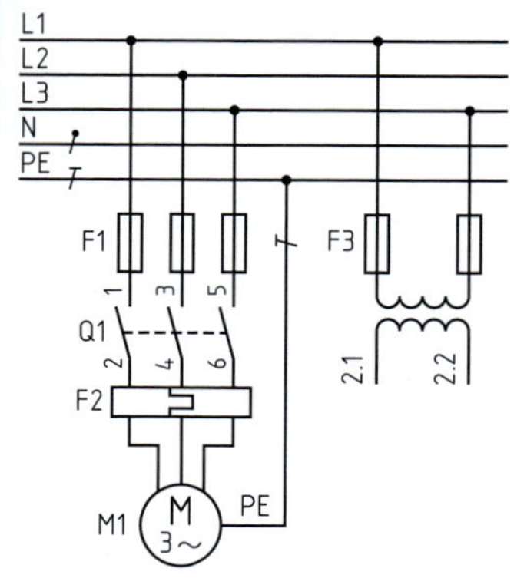	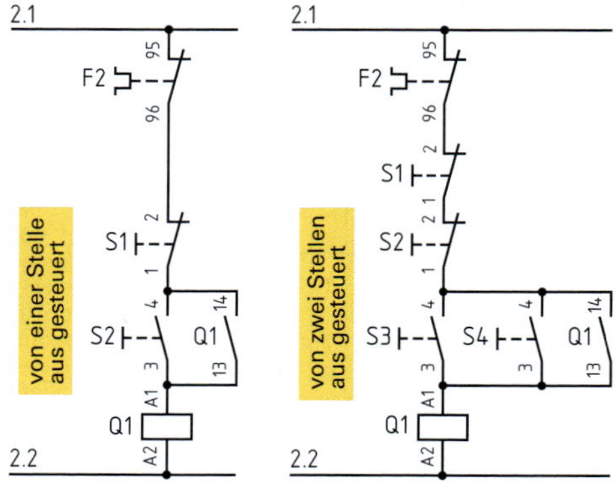
Wendeschützschaltung	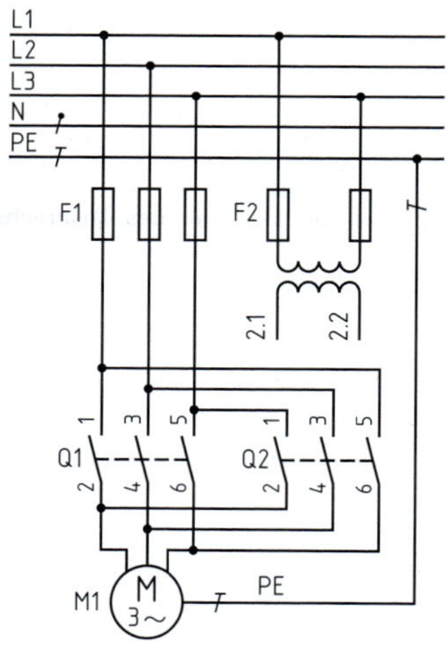	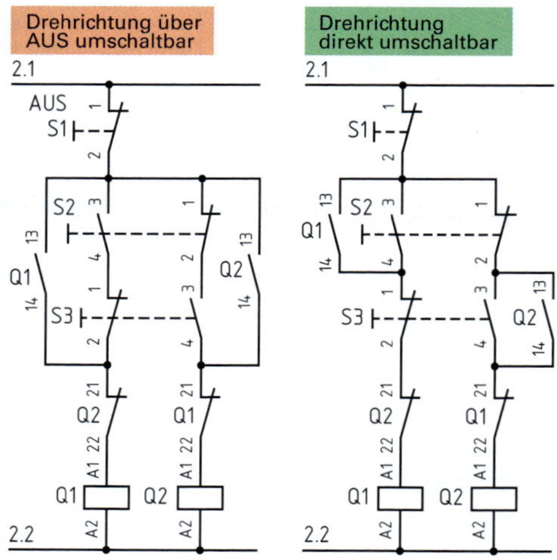
Automatische Stern-Dreieck-Schützschaltung mit Überstromrelais (Für Anordnung von F2 gibt es weitere Möglichkeiten)	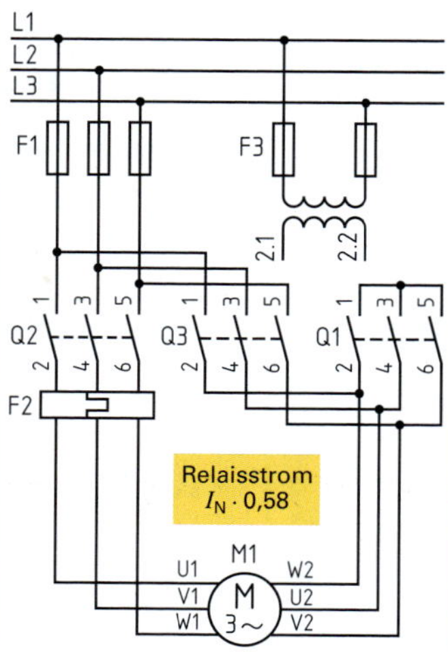	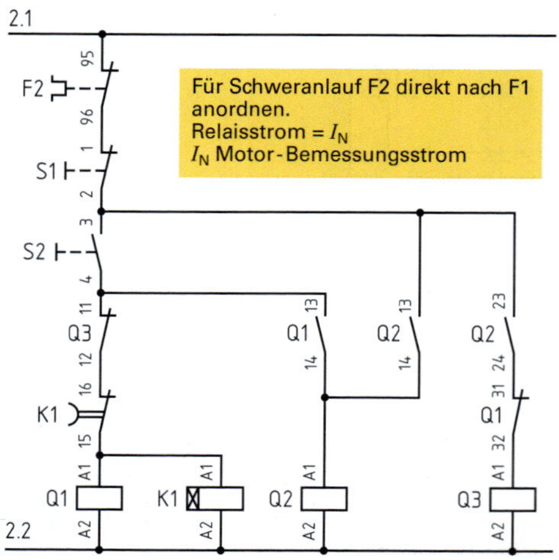

E

Schützschaltungen und Motorschutz

Motorschutzeinrichtung, Schaltung	Auslösekennlinie	Wirkungsweise
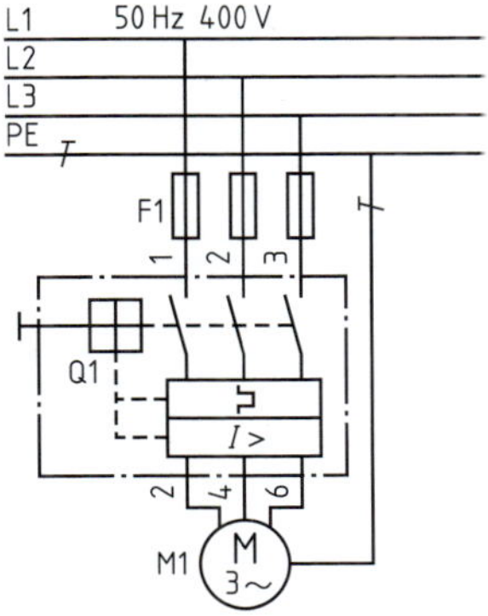 **Motorschutzschalter mit thermischem und elektromagnetischem Auslöser**	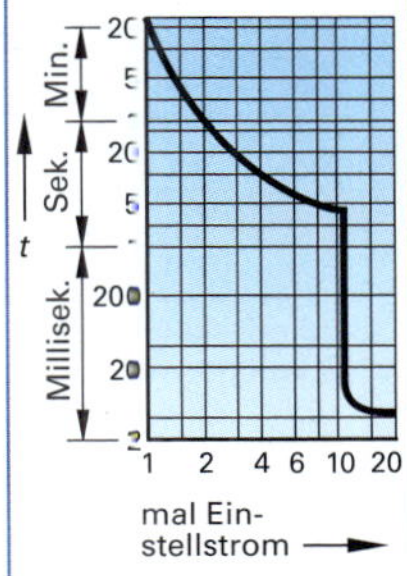	*Motorschutzschalter* überwachen die Wicklungstemperatur indirekt über die Stromaufnahme des Motors. Bei zu hoher Stromaufnahme auch nur eines Stranges der Motorwicklung wirkt die thermische Auslöseeinrichtung (Bimetallauslöser) auf ein Schaltschloss ein, das dann allpolig abschaltet. Der Ansprechstrom kann eingestellt werden. Die Auslösung erfolgt verzögert. Die Auslösezeit hängt von der Stromstärke ab und liegt meist im Minutenbereich, selten im Sekundenbereich. Motorschutzschalter sind meist zusätzlich mit einem elektromagnetischen Auslöser ausgerüstet, der die Anlage bei Kurzschluss schützt. Die elektromagnetische Auslösung spricht beim 11-fachen Bemessungsstrom I_N innerhalb von einigen Millisekunden an. Bei Motorschutzschaltern für Drehstrom, die an einphasiger Wechselspannung betrieben werden, sind alle Kontakte in Reihe zu schalten.
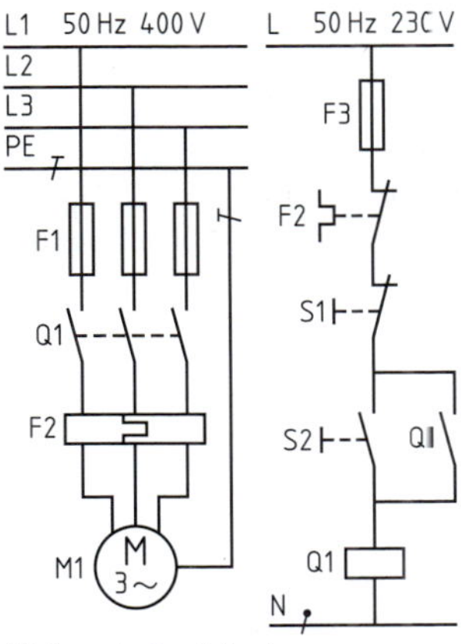 **Motorschutzrelais als Bimetallrelais**	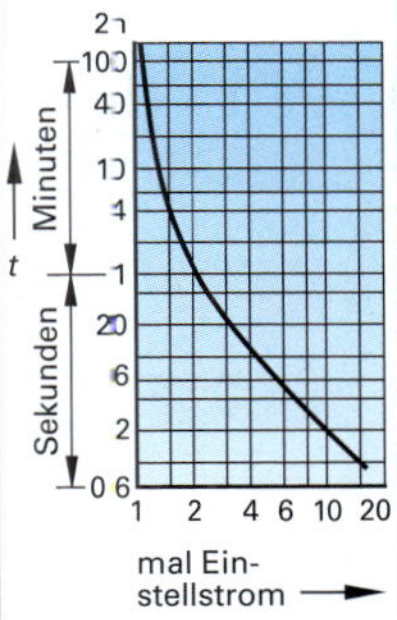	*Motorschutzrelais* überwachen die Wicklungstemperatur indirekt über die Stromaufnahme des Motors. Die Leiterströme fließen durch Widerstände, die in Reihe zur Motorwicklung geschaltet sind und die Bimetallstreifen erwärmen. Bei Erreichen des Ansprechstromes wird der Steuerstromkreis des Schützes Q1 von F2 geöffnet und der Motor dadurch allpolig vom Netz abgetrennt. Mit einer Einstellvorrichtung kann man den Ansprechstrom einstellen. Motorschutzrelais werden mit und ohne Wiedereinschaltsperre bzw. auch mit einer Umschaltmöglichkeit geliefert. Die Sperre lässt sich von Hand lösen. Motorschutzrelais werden bis I_N = 70 A verwendet. Bei der Motorschutzeinrichtung mit *Wandlerrelais* können Ströme bis etwa I_N = 600 A indirekt überwacht werden. Bei kleineren zu überwachenden Stromstärken, z.B. 35 A, wird der Außenleiter mehrmals durch den Wandler geschleift.
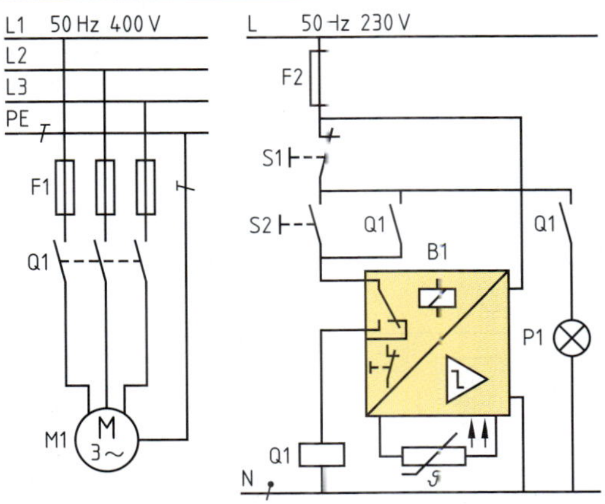 **Thermistor-Motorschutz**		Der *Thermistor-Motorschutz* überwacht mit temperaturabhängigen Widerständen, z.B. PTC, direkt die Wicklungstemperatur des Motors. Je nach Kaltwiderstand des PTC können bis zu neun PTC in Reihenschaltung in die Ständerwicklung eines Motors eingebaut werden. Die PTC-Schaltung steuert über eine Transistorverstärkerschaltung mit Kippverhalten ein Ausgaberelais an, das seinerseits das Hauptschütz steuert. Bei thermischer Auslösung und bei Ausfall einer Leiterspannung fällt das Hauptschütz ab. In beiden Fällen wird die Störung optisch angezeigt. Das Hauptschütz kann über den Taster S2 oder eine Rücksetztaste von B1 wieder eingeschaltet werden, wenn die Auslöseursache beseitigt ist.

E

Sensor-Anschlusstechnik

Anschlussarten

Art, Begriffe	Darstellungen	Aderfarben und Anschlussziffern	Erklärungen
Gepolte Zweidraht-systeme	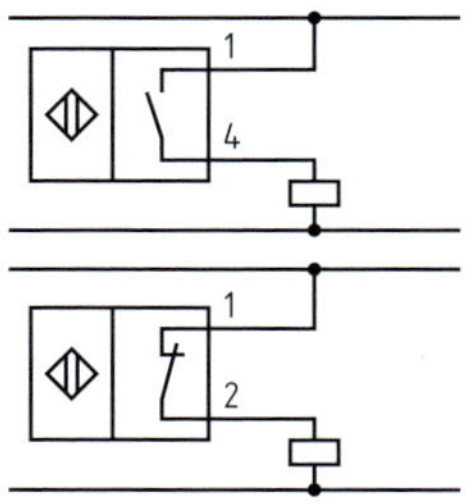	Schließer BN 1 BU 4 Öffner BN 1 BK 2 Schließerkennzeichnung: NO von normally open Öffnerkennzeichnung: NC von normally closed	Bei Gleichspannung wird die PNP-Technik (plusschaltend) und die NPN-Technik (minusschaltend) im Schaltelement verwendet, oft mit eingeprägtem Strom I_N (Sensor nach der Namur[1]). Namur-Sensoren haben vier Stromzustände, die analog zuordenbar sind: Kurzschlussstrom, Betriebsströme $I_1 \approx 30\,\%$ und $I_2 \approx 60\,\%$ von I_N und Leerlauf.
unipolare Zweidraht-systeme	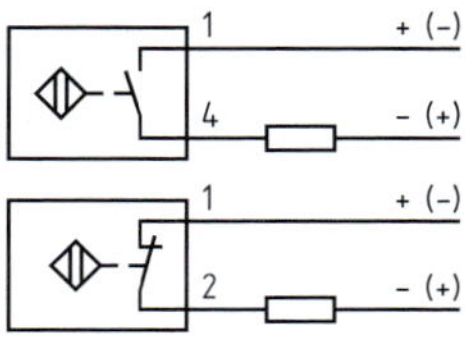	Unipolarer Schließer Gleiche Farben[2] 1 4 Unipolarer Öffner Gleiche Farben[2] 1 2	Der Halbleiterausgang ist plus- und minusschaltend (PNP/NPN). Die Last kann in jeder Anschlussleitung liegen. BN Brown BU Blue
Dreidraht-systeme	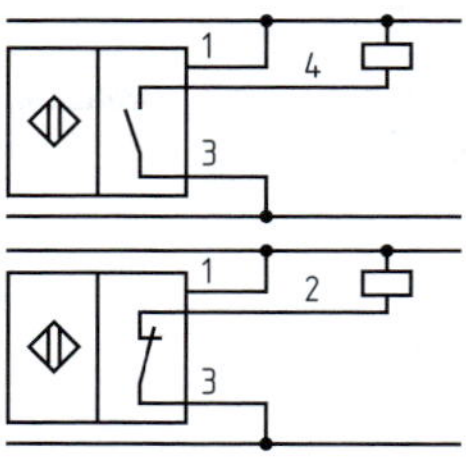	Schließer L+ BN 1 L– BU 3 BK 4 Öffner L+ BN 1 L– BU 3 BK 2	Dreidrahtsysteme gibt es in PNP-Technik oder NPN-Technik mit Öffnern und Schließern. Verwendung z.B. bei Näherungssensoren, Drucksensoren BK Black
Vierdraht-systeme	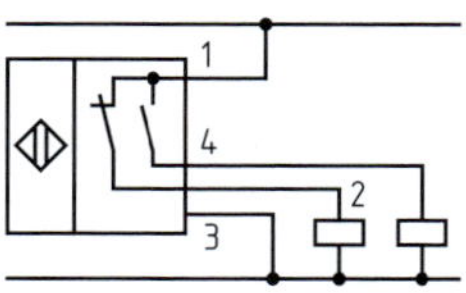	L+ BN 1 L– BU 3 Schließer Ausgang BK 4 Öffner Ausgang WH 2	Vierdrahtsysteme gibt es in PNP-Technik oder NPN-Technik mit Öffnern, Schließern und Wechslern. Schließerausgang 4 Öffnerausgang 2
Geräte-/Kabelstecker M12	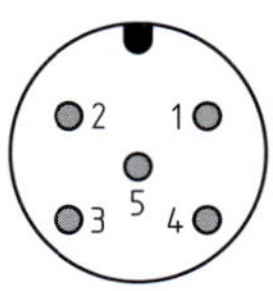	BN 1 WH 2 BU 3 BK 4 GY 5	M12-Steckverbindungen werden für 3-polige, 4-polige und 5-polige Sensoren verwendet. WH White GY Grey
Anschluss-spannungen	Gleichspannung 10 V bis 30 V 10 V bis 55 V 20 V bis 250 V	Wechselspannung 20 V bis 110 V 90 V bis 250 V 20 V bis 250 V	Gleich-/Wechselspannung 10 V bis 360 V 15 V bis 250 V
Sensor-Symbole	 Allgemein  induktiv	 kapazitiv	 optoelektronisch  Ultraschall

[1] Namur von **N**ormen**a**rbeitsgemeinschaft für **M**ess- **u**nd **R**egelungstechnik in der Chemischen Industrie
[2] jede Farbe, außer Gelb, Grün oder Grüngelb

Berechnungsformeln für drehende elektrische Motoren

Motorart	Berechnungsformeln		
alle drehenden Motoren (MS, MA, M=, M~)	**Drehmoment** an Riemenscheibe $M = F \cdot r$	**Winkelgeschwindigkeit** $\omega = 2 \cdot \pi \cdot n$ **mechanische Leistung** $P_{mec} = \omega \cdot M$	**Wirkungsgrad** $\eta = \frac{P_{mec}}{P}$
	Elektrische Leistungsaufnahme ist zu berechnen aus U, I, $\cos\varphi$ nach den Formeln Seite 473 für DC, Seite 476 für AC, Seite 488 für 3AC.		
ein- und mehrphasige Synchronmotoren (MS)	**Drehfelddrehzahl** $n_s = \frac{f}{p}$	**Drehzahl, Umdrehungsfrequenz** $n = n_s$	**Polzahl** $z = 2 \cdot p$
einphasige und mehrphasige Asynchronmotoren (MA ~, MA 3~)	**Drehfelddrehzahl** (siehe oben) **Stromstärke** bei Drehstrommotoren $I = \frac{P_{mec}}{\eta \cdot \sqrt{3} \cdot U \cdot \cos\varphi}$ bei Einphasenmotoren $I = \frac{P_{mec}}{\eta \cdot U \cdot \cos\varphi}$	**Läuferfrequenz** $f_L = \frac{f \cdot s}{100\,\%}$ $f_L = f - \frac{f \cdot n}{n_s}$	**Schlupf** $s = \frac{(n_s - n) \cdot 100\,\%}{n_s}$ **Drehzahl, Umdrehungsfrequenz** $n = \frac{f}{p}\left(1 - \frac{s}{100}\right)$
Gleichstrommotor, fremderregt oder Nebenschlussmotor	**Ankerspannung** $U_a = U_i + (R_a + R_v) \cdot I_a$ **induzierte Ankerspannung** $U_i \approx \frac{P_{mec}}{I_a}$	**Ankerstrom im Lauf** $I_a = \frac{P_{mec}}{\eta \cdot U_a}$ **Ankerstrom im Stillstand** $I_{St} = \frac{U_a}{R_a + R_v}$	**Drehzahlabnahme** $s = \frac{(n_0 - n) \cdot 100\,\%}{n_0}$ **Erregerstrom** $I_e = \frac{U_e}{R_e}$
DC-Reihenschlussmotor	**Stromstärke** $I = \frac{P_{mec}}{\eta \cdot U}$	**Strom im Sillstand** $I_{St} = \frac{U}{R_e + R_v + R_a}$	**Drehmoment** $M = \frac{C_M}{n^2}$

C_M	Drehmoment-Koeffizient der Maschine	n	Drehzahl, Umdrehungsfrequenz	U	Netzspannung
$\cos\varphi$	Wirkfaktor, Leistungsfaktor	Δn	Abnahme in % gegenüber Leerlauf	U_a	Ankerspannung
F	Kraft	n_0	Leerlaufdrehzahl	U_e	Erregerspannung
f	Netzfrequenz	n_s	Drehfelddrehzahl	U_i	induzierte Spannung
f_L	Läuferfrequenz	P	elektrische Leistung	U_{Str}	Strangspannung
I	Stromstärke	P_{mec}	mechanische Leistung	z	Polzahl ($z = 2 \cdot p$)
I_a	Ankerstrom	p	Polpaarzahl	Δ	Delta, Zeichen für Differenz
I_e	Erregerstrom	R_a	Ankerwiderstand	η	Eta, Wirkungsgrad
I_{st}	Ankerstrom im Stillstand	R_e	Erregerwiderstand	φ	Phi, Phasenverschienung zwischen U und I
M	Drehmoment	R_v	Vorwiderstand	ω	Omega, Winkelgeschwindigkeit
M_{st}	Moment im Stillstand	s	Schlupf in %		

E

Konventionelle Gleichstromantriebe

vgl. DIN EN 60034-8

Schaltung | Erklärung | Formeln

Allgemeines

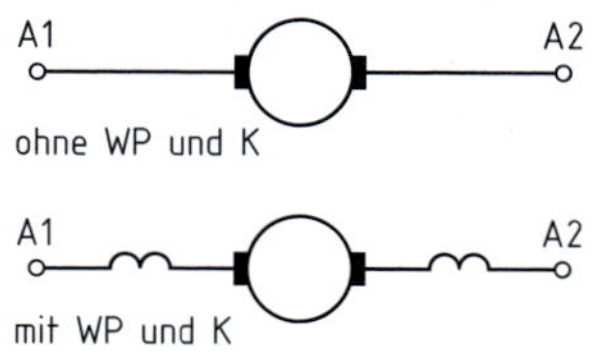

Der Ankerkreis A = A1A2 besteht aus der Ankerwicklung R_{AW}, den Bürsten B und, soweit vorhanden, der aufgeteilten Wendepolwicklung WP und/oder Kompensationswicklung K. Zum Anlassen kann man einen Stellwiderstand R_v in den Ankerkreis schalten.

$$R_A = R_{AW} + R_B + R_{WP} + R_K$$

Die Anschlüsse A1 und A2 stehen für den Ankerkreis, bei Bedarf also einschließlich Wendepolwicklung WP und Kompensationswicklung K.

Reihenschlussmotor

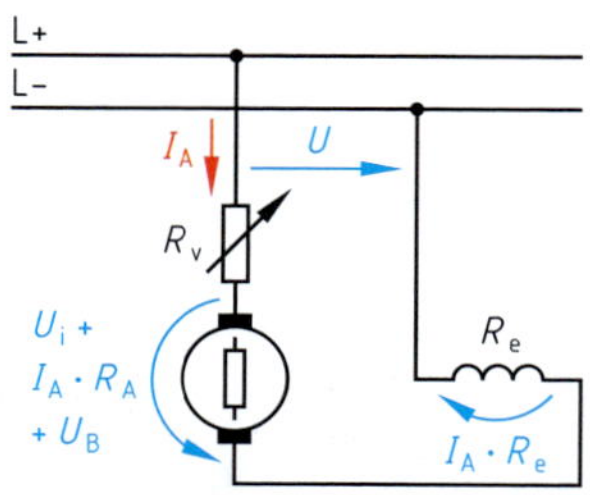

Anwendung in der Kfz-Technik für Steuerungen, Anlassmotoren, Antriebe von Kleinfahrzeugen, z.B. Gepäckkarren, sowie als Antriebsmotor für Schienenfahrzeuge, z.B. Straßenbahnen.
Mit geblechtem Ständer ist der Motor im Prinzip für AC geeignet, z.B. für Elektrowerkzeuge und ursprünglich für elektrische Bahnen.

Im Betriebsfall (mit $R_v = 0$)

$$U = U_i + U_B + I_A \cdot (R_A + R_e)$$

Zum Anlassen (mit $U_i = 0$)
$U = U_B + I_2 \cdot (R_A + R_e + R_v)$

$$R_v = \frac{U - U_B}{I_2} - R_A - R_e$$

Fremderregter Motor

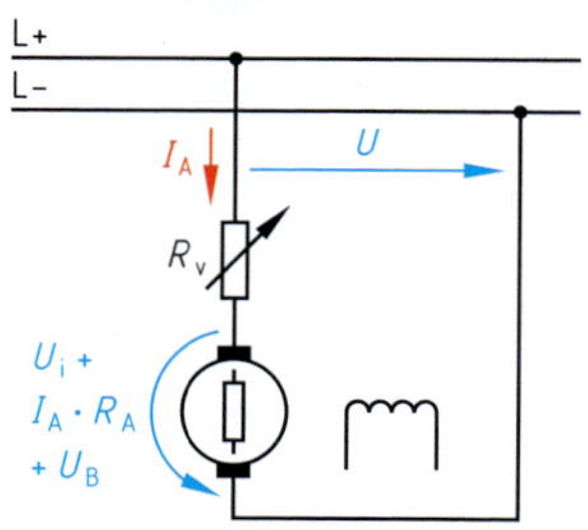

Die Magnetisierung des Ständers erfolgt hier durch Permanentmagnete oder durch eine aus einer fremden Stromquelle gespeiste Erregerwicklung.
Der Motor war vor der Umrichtertechnik der einzige Motor für steuerbare Antriebe. Einfache Elektronik, aber Kollektor und Bürste empfindlich.

Im Betriebsfall

$$U = U_i + U_B + I_A \cdot R_A$$

Zum Anlassen (mit $U_i = 0$)

$$R_v = \frac{U - U_B}{I_2} - R_A$$

Nebenschlussmotor

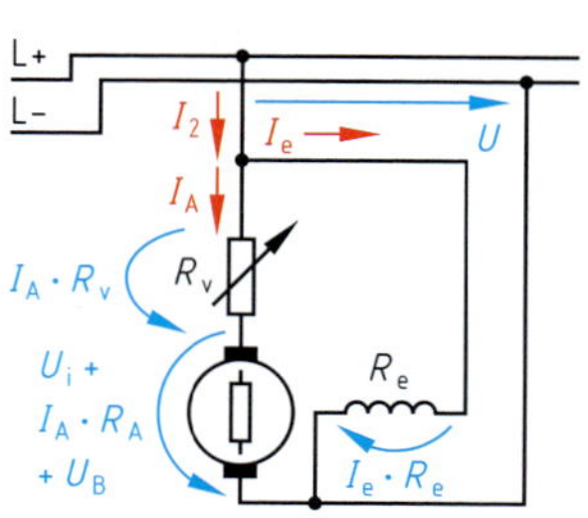

Die Erregerwicklung (Feldwicklung) wird an dieselbe Stromquelle wie der Ankerkreis angeschlossen. Dadurch ist das Verhalten wie beim fremderregten Motor (Nebenschlussverhalten). Der Motor erfüllte ursprünglich die Aufgaben, die jetzt Drehstrommotoren und fremderregte Motoren wahrnehmen.

Im Betriebsfall

$$I = I_A + I_e \qquad U = I_e \cdot R_e$$

Zum Anlassen

$$R_v = \frac{U - U_B}{I_2 - I_e} - R_A$$

- I Strom in der Zuleitung
- I_A Strom im Ankerkreis A1A2
- I_e Erregerstrom
- I_2 höchstmöglicher Einschaltstrom
- R_A Ankerkreiswiderstand
- R_{AW} Ankerwicklungswiderstand
- R_e Widerstand Erregerwicklung
- R_B Bürstenwiderstand
- R_K Widerstand der Kompensationswicklung
- R_v Anlasswiderstand
- R_{WP} Widerstand Wendepolwicklung
- U Netzspannung
- U_B Spannung an den Bürsten
- U_i induzierte Spannung

Hinweis: Mit A1 und A2 wird am Klemmenbrett der Maschine der gesamte Ankerkreis gekennzeichnet, also – soweit vorhanden – mit Kompensations- und Wendepolwicklung. Entsprechend ist hier mit R_A der gesamte Ankerkreis zu verstehen.

E

Leistungsschilder von drehenden elektrischen Maschinen

Leistungsschilder von Motoren, Generatoren, Umformer

Feld	Erklärung
1	Firmenzeichen
2	Typenbezeichnung der Maschine
3	Stromart
4	Arbeitsweise (z. B. Motor, Generator)
5	Maschinennummer der Fertigung
6	Schaltart der Ständerwicklung bei Synchron- und Induktionsmaschinen, und zwar (siehe folgende Tabelle)
7	Bemessungsspannung, Nennspannung
8	Bemessungsstrom, Nennstrom
9	Bemessungsleistung (Abgabe); bei Synchrongeneratoren in kVA oder VA, sonst in kW oder W
10	Einheiten kW, W, kVA, VA
11	Betriebsart (entfällt bei S1 = Dauerbetrieb) und Bemessungsbetriebszeit bzw. relative Einschaltdauer Beispiel: S2 30 min S3 4% ED

Feld 6:

Phasenzahl	Schaltung	Zeichen
1 ~	offen	|
	mit Hilfsstrang	⊥
3 ~	unverkettet	|||
3 ~ verkettet in Schaltung	Stern	Y
	Dreieck	△
	Stern mit herausgeführtem Mittelpunkt	⅄
6 ~ verkettet in Schaltung	Doppeldreieck	✡
	Sechseck	⬡
	Stern	✱
2 ~	unverkettet	$\|^2$
	verkettet, allgemein, z. B. in L-Schaltung	L
n ~	unverkettet	$\|^n$

Feld	Erklärung	
12	Bemessungsleistungsfaktor λ bzw. $\cos\varphi$ Bei Synchronmaschinen ist das Zeichen u (untererregt) anzufügen, wenn Blindleistung aufgenommen werden soll.	
13	Drehrichtung (auf die Antriebseite gesehen): → (Rechtslauf) ← (Linkslauf)	
14	Bemessungsdrehzahl Außerdem angegeben: bei Motoren mit Reihenschlussverhalten die Höchstdrehzahl n_{max}; bei Generatoren, die von Wasserturbinen angetrieben werden, die Durchgangsdrehzahl n_d der Turbine; bei Getriebemotoren die Enddrehzahl n_z des Getriebes	
15	Bemessungsfrequenz, Nennfrequenz	
	bei Schleifringläufer	bei Gleichstrommaschine und Synchronmaschine
16	„Läufer" bzw. „Lfr"	„Erreger" bzw. „Err"
17	Schaltart, wenn keine 3 AC-Schaltung	–
18	Läuferstillstandsspannung in V	Bemessungserregerspannung in V
19	Läuferstrom	Erregerstrom
	in Bemessungsbetrieb; Angabe entfällt, falls Ströme kleiner als 10 A	
20	Thermische Klasse (Seite 522); Gehören Ständer und Läufer zu verschiedenen Klassen, wird zuerst die Klasse des Ständers, dann die Klasse des Läufers angegeben (z. B. E/F).	
21	Schutzart, z. B. IP 23	
22	IE-Klasse; Gewicht in Tonnen (t) Gewichtangabe entfällt, wenn ≤ 1 t	
23	Zusätzliche Vermerke, z. B. VDE 0530/ …, Kühlmittelmenge bei Fremdbelüftung und bei Wasserkühlung	

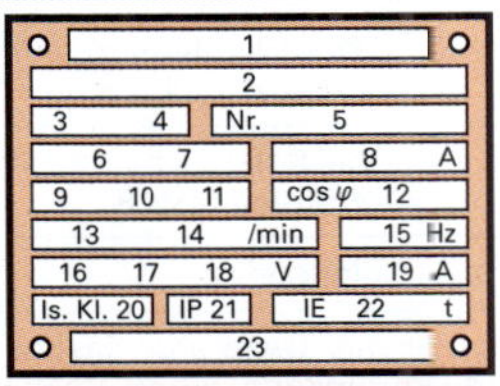

Wird die Wicklung einer Maschine neu gewickelt oder umgeschaltet, so muss zusätzlich ein weiteres Schild mit Firmenbezeichnung, Jahreszahl und gegebenenfalls neuen Angaben angebracht werden.

(Leistungsschilder von Transformatoren siehe Seite 520, 521).

E

Leistungsschilder von Kleingeräten mit elektrischen Maschinen

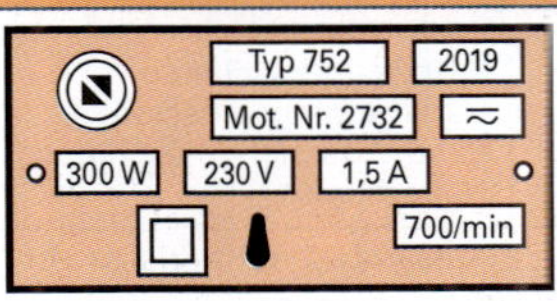

Leistungsschild einer Handbohrmaschine

Bei Kleingeräten (wie tragbaren Elektrowerkzeugen, Staubsaugern, Küchenmaschinen, Tonbandgeräten) wird kein genormtes Leistungsschild verwendet. Die Inhalte folgender Felder sind aber meist auf dem Leistungsschild angegeben:

Felder 1, 2, 3, 6, 7, 11, 14, 15 (teilweise).

Außerdem sind anzugeben:

- Bemessungsaufnahme in W
- bei Schutzklasse II Symbol ⧈
- ein Symbol für die Feuchtigkeits-Schutzart, z. B. 🌢

Drehstrommotoren

<table>
<tr><th rowspan="2">Motorart</th><th rowspan="2">Synchronmotor</th><th colspan="2">Asynchronmotor</th></tr>
<tr><th>Schleifringmotor</th><th>Käfigläufermotor</th></tr>
<tr><td>Schaltzeichen und Anschluss für Rechtslauf
(F1F2 entfällt bei Dauermagneterregung)</td><td>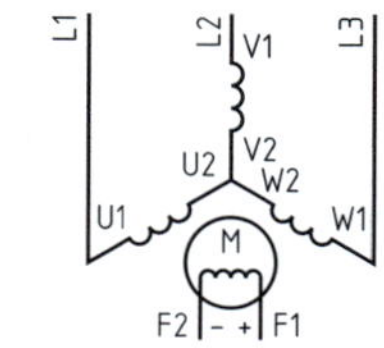</td><td>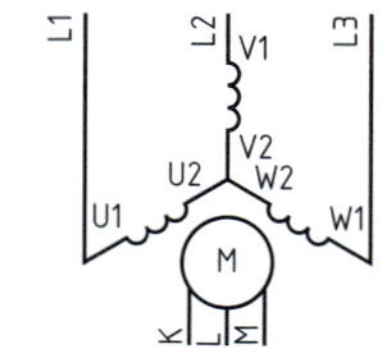</td><td>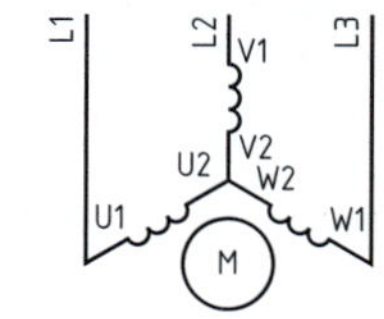</td></tr>
<tr><td>Drehmomentkennlinien</td><td>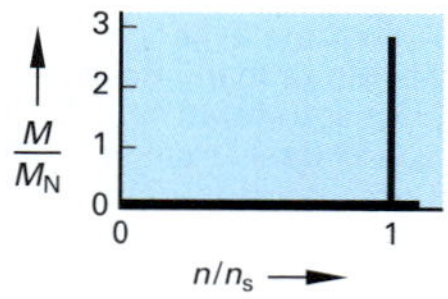</td><td>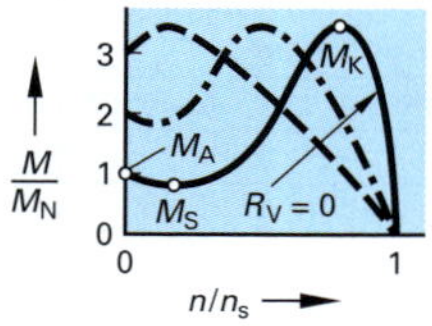</td><td>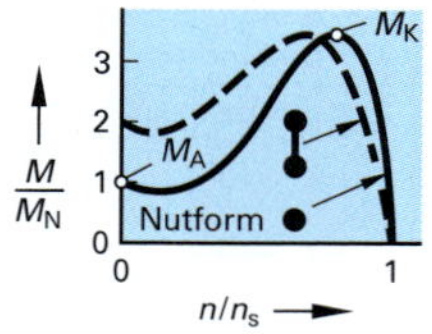</td></tr>
<tr><td>Drehrichtungsumkehr</td><td colspan="3">Durch Vertauschen zweier Außenleiter</td></tr>
<tr><td rowspan="2">Schaltung an den Anschlussklemmen</td><td colspan="2">Der Ständer ist wie beim Käfigläufermotor anzuschließen.</td><td rowspan="2">bei Sternschaltung
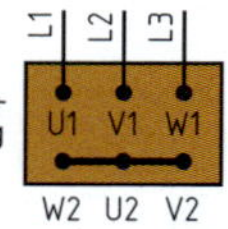
bei Dreieckschaltung
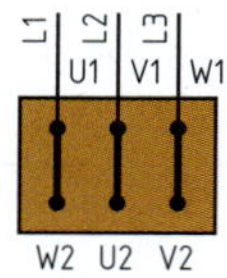</td></tr>
<tr><td>Läuferanschluss
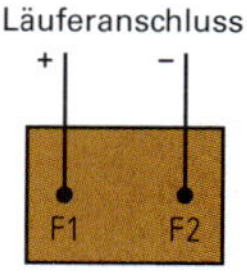
Entfällt bei Dauermagneterregung</td><td>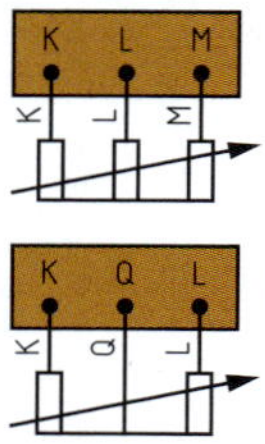
Läufer in Y oder Δ
Läufer in V (zweiphasig)</td></tr>
<tr><td>Häufigstes Anlassen</td><td>bei Anlaufkäfig:
direktes Einschalten ohne Erregung</td><td>Anlasswiderstände im Läuferkreis</td><td>direktes Einschalten (falls möglich bei Einstellung für niedrige Drehzahl)</td></tr>
<tr><td>M_A / M_N</td><td>0,5 bis 1
mit Anlaufkäfig</td><td>kleine Motoren bis 4,
große Motoren bis 2</td><td>0,4 bis 2</td></tr>
<tr><td>I_A / I_N</td><td>3 bis 7</td><td>≈ 1
bei Anlauf mit M_N</td><td>3 bis 7</td></tr>
<tr><td>Kurzzeitige Überlastbarkeit</td><td>1,5- bis 4-fach</td><td>1,6- bis 2,5-fach</td><td>1,6- bis 3-fach</td></tr>
<tr><td>Steuern der Drehzahl</td><td>Steuern der Frequenz durch FU (Frequenzumrichter)</td><td>Läuferzusatzwiderstände</td><td>Polumschaltung,
Frequenzsteuerung</td></tr>
<tr><td rowspan="2">Drehzahlstellbereich</td><td>bis 1:∞ bei Servomotoren
bis 1:10 bei Schiffsantrieben</td><td>bei Läuferzusatzwiderständen bis 1:3</td><td>bei Polumschaltung mit 4 Stufen bis 1:8</td></tr>
<tr><td colspan="3">bei Frequenzsteuerung mit Umrichter bis 1:100, mit Drehzahlregler bis 1:∞</td></tr>
<tr><td>Elektrisches Bremsen ohne zusätzliche Bremse</td><td>Nutzbremsung durch Betrieb als Generator
Mit Anlaufkäfig auch Gegenstrombremsung</td><td colspan="2">Nutzbremsung durch Betrieb als Generator, insbesondere bei Polumschaltung; Verlustbremsung durch Gegenstrombremsung sowie durch Speisen des Ständers mit Gleichstrom oder Einphasenwechselstrom</td></tr>
<tr><td>Anwendungsbeispiele</td><td>Servomotoren, Kolbenverdichter, Umformer, Propellerantriebe auf Schiffen</td><td>Hebezeuge, Förderanlagen, Verdichter, Steinbrecher</td><td>Werkzeugmaschinen, Verarbeitungsmaschinen, Landwirtschaftsmaschinen, Hebezeuge</td></tr>
</table>

I_A Anzugsstrom, I_N Bemessungsstrom, M Drehmoment, M_A Anzugsmoment, M_K Kippmoment, M_N Bemessungsmoment, M_S Sattelmoment, n Drehzahl, Umdrehungsfrequenz, n_s Drehfeldzahl (synchrone Drehzahl), R_V Anlasswiderstand, ∞ unendlich

E

Einphasen-Wechselstrommotoren

Motorart	Asynchronmotoren mit Käfigläufer	Drehstrom-Käfigläufermotor in Steinmetzschaltung	Universalmotor
Schaltzeichen und Anschluss für Rechtslauf	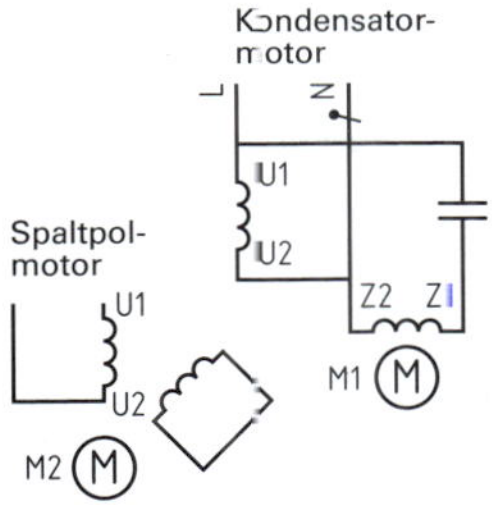	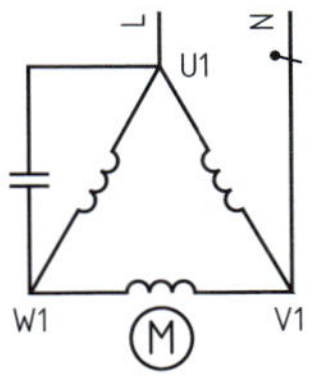	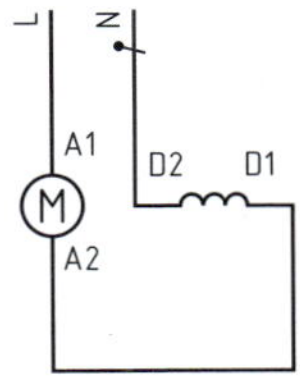
Drehmomentkennlinie	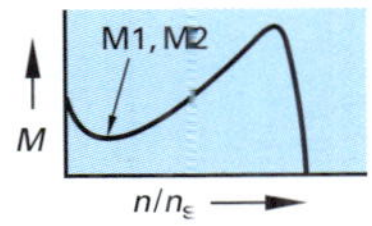	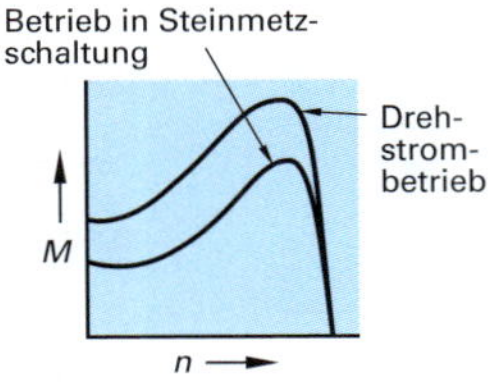	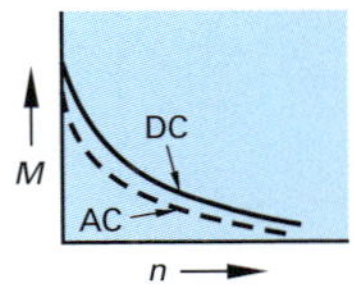
Drehrichtungsumkehr	Spaltpolmotor M2 meist nicht umschaltbar. Kondensatormotor M1: Umpolen der Hilfswicklung Z1 Z2	Kondensator am anderen Netzleiter anschließen	Umpolen des Ankers A1 A2 oder der Erregerwicklung (Feldwicklung) D1 D2
Schaltung an den Anschlussklemmen beim Kondensatormotor	Rechtslauf 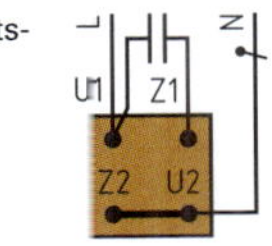 Linkslauf 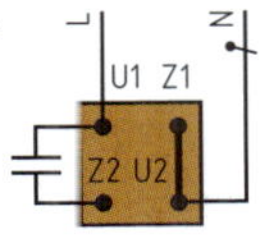	Rechtslauf 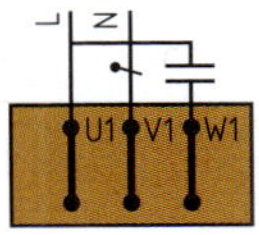 Linkslauf 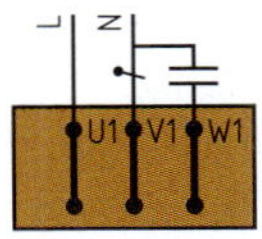	Rechtslauf 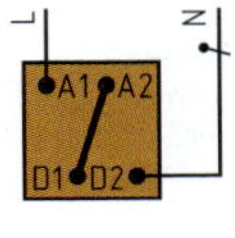 Linkslauf 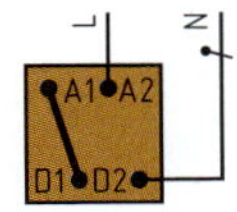
M_A/M_N Anzugsmoment / Bem.moment	M1: ohne Anlaufkondensator 0,3 bis 0,5 mit Anlaufkondensator bis 3,5 M2: bis 0,5	0,2 bis 0,7 abhängig von der Kondensatorkapazität	bis 3 abhängig von der Spannung
I_A/I_N Anzugsstrom / Bem.strom	M1: bis 5 **M2: bis 2**	2 bis 5 abhängig von der Kondensatorkapazität	bis 4 abhängig von der Spannung
kurzzeitige Überlastbarkeit	M1: bis 2,5-fach M2: bis 1,5-fach	bis 2,2 x Bemessungsleistung	bis 3 x Bemessungsleistung
Steuern der Drehzahl durch	Polumschaltung, Frequenzsteuerung, bei Frequenzsteuerung mit Umrichter und Drehzahlregelung bis 1 : ∞		Ankerparallelwiderstand
	Änderung der Anschlussspannung z. B. mit Thyristoren, Vorwiderständen, Stelltransformatoren		
Drehzahlstellbereich	1:2 bis 1:4 geregelt bis 1:1000	1:2	1:10 bis 1:50
elektrisches Bremsen	Gegenstrombremsung (nur beim Kondensatormotor)	Gegenstrombremsung, Polumschaltung beim Herunterschalten	nicht üblich
Anwendungsbeispiele	Maschinen aller Art, z. B. Werkzeugmaschinen	Umwälzpumpe, Ölbrenner	Haushaltsmaschinen, Büromaschinen

E

Gleichstrommotoren

Motorart	Fremderregter Motor (Motor mit Nebenschlussverhalten)	Reihenschlussmotor	Dauermagneterregter Doppelschlussmotor
Schaltzeichen und Anschluss für Rechtslauf (mit Anlasser, ohne Feldsteller, z. T. ohne Wendepol- und Kompensationswicklung)	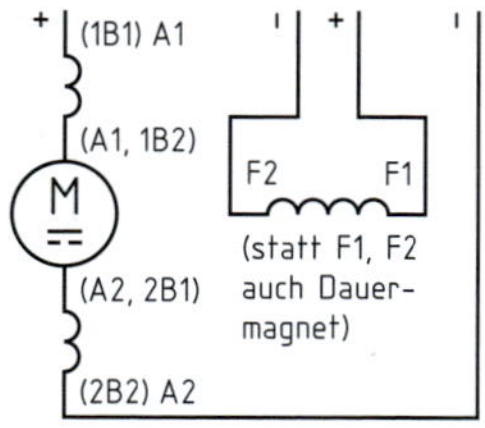	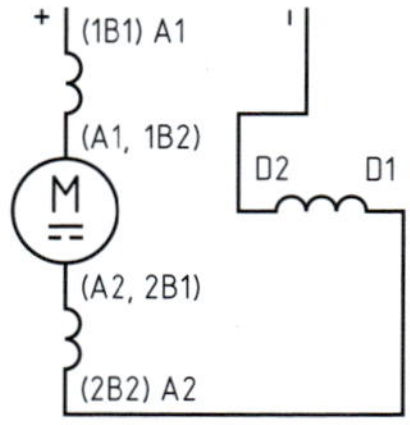	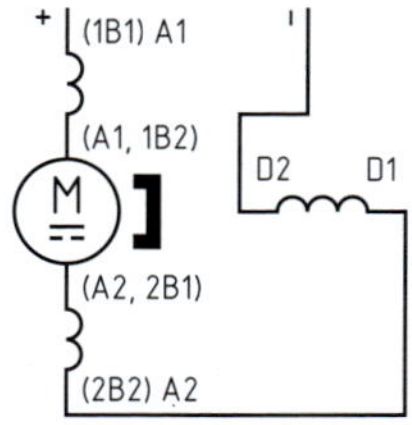
Drehmomentkennlinien	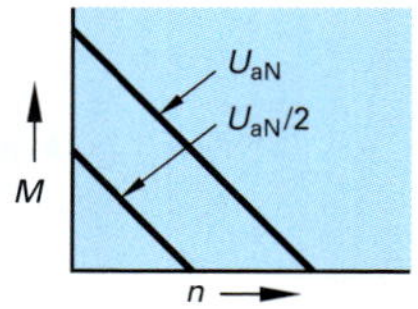	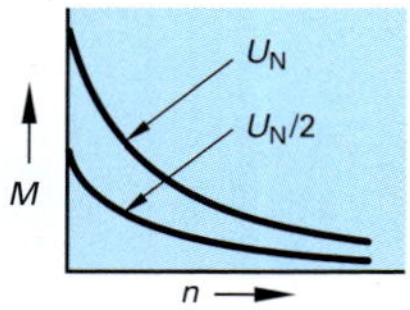	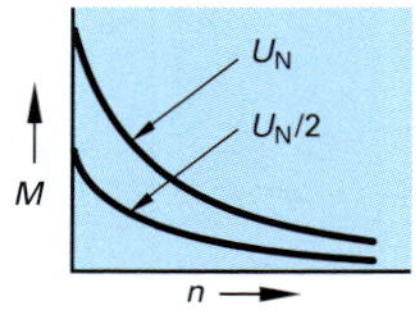
Drehrichtungsumkehr	Umpolen der Reihenschaltung von Ankerkreis A1A2 mit Wendepol- und Kompensationswicklung oder Umpolen der Erregerwicklung (Feldwicklung)		
Anlassen	Durch Verkleinerung der Ankerspannung, und zwar beim fremderregten Motor bei voller Erregerspannung		
Schaltung an den Anschlussklemmen (Am Klemmenbrett stehen A1 und A2 für den gesamten Ankerstromkreis.	fremderregter Motor mit Erregerwicklung 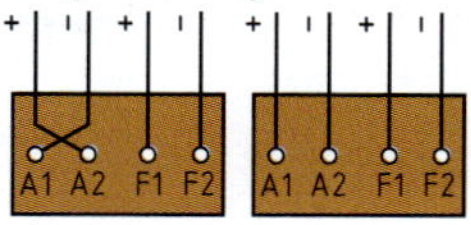 für Linkslauf für Rechtslauf fremderregter Motor mit Dauermagneterregung 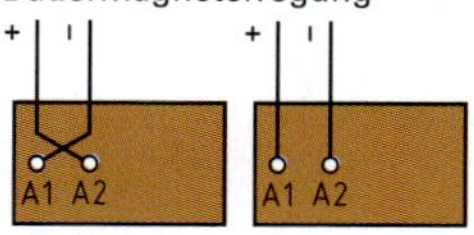 für Linkslauf für Rechtslauf	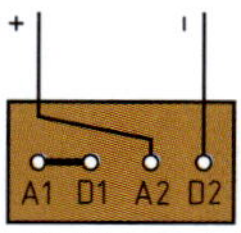 für Linkslauf 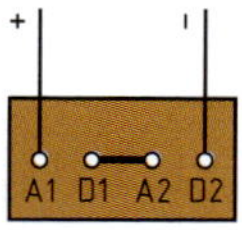 für Rechtslauf	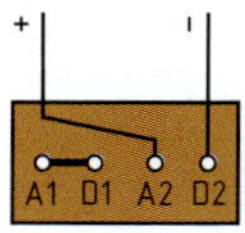 für Linkslauf 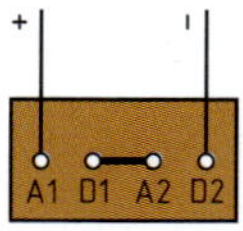 für Rechtslauf
Anzugsmoment, Anzugsstrom	Je nach Anlassschaltung bis zum 2,5-fachen Bemessungswert (Nennwert)		
kurzzeitige Überlastbarkeit	unkompensiert: bis 1,8-fach kompensiert: bis 2,2-fach	bis 2,5 x Bemessungsleistung	unkompensiert: bis 1,8-fach kompensiert: bis 2,2-fach
Steuern der Drehzahl	Unterhalb der Bemessungsdrehzahl: Durch Verkleinern der Ankerspannung Oberhalb der Bemessungsdrehzahl: Durch Verkleinern der Erregerspannung		
Drehzahlstellbereich	Bei Verkleinern der Ankerspannung, ohne Regler bis 1:10, mit Regler bis 1:∞ Bei Verkleinern der Erregerspannung (Feldstellung) bis 3:1		
elektrisches Bremsen	Gegenstrombremsung z. B. durch Umschalten des Ankers Nutzbremsung (Energierücklieferung) durch Betrieb als Generator		
	Widerstandsbremsung	Nutzbremsung mit parallelgeschalteter Erregerwicklung, sonst Widerstandsbremsung	Widerstandsbremsung
Anwendungsbeispiele	Werkzeugmaschinen, Förderanlagen	Elektrische Fahrzeuge, Hebezeuge, Anlassmotoren für Kraftfahrzeuge	Werkzeugmaschinen, Walzwerkantriebe

M Moment, M_N Bemessungsmoment, *n* Drehzahl, *U* Spannung, U_{aN} Ankerbemessungsspannung, U_N Bemessungsspannung

E

Anlassen von Kurzschlussläufermotoren

Prinzip

Ursache	Bedingung	Folgerung
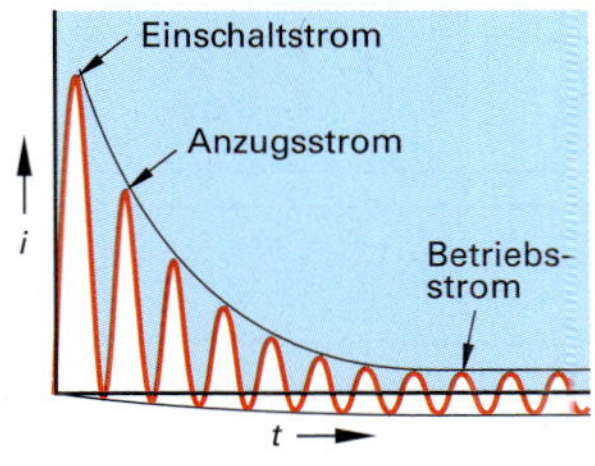 **Stromverlauf**	Anschluss an das öffentliche Niederspannungsnetz nach TAB **Motorenart – Bedingung** Einphasenmotoren – Scheinleistung nicht über 1,7 kVA Drehstrommotoren – Anzugsstrom nicht über 60 A oder Scheinleistung bis 5,2 kVA bei gelegentlichem Schalten	Bei Drehstrom-Kurzschlussläufermotoren mit einer Bemessungsleistung von mehr als 4 kW muss beim Einschalten die Spannung heruntergesetzt sein, damit der Einschaltstrom, der bis zum 10-Fachen des Bemessungsstromes betragen kann, begrenzt bleibt. Der Einschaltstrom sinkt im selben Verhältnis, wie die Spannung herabgesetzt wird. Dagegen nimmt das Kraftmoment etwa quadratisch ab, bei halber Spannung also auf ein Viertel.

Anlaufschaltungen

Schaltung	Erklärung	Bemerkungen
Direktes Einschalten	Einschalten z. B. mit Motorschalter, elektromagnetischem Schütz oder Halbleiterschütz	Am öffentlichen Netz bei Drehstrommotoren bis 4 kW möglich
Einschalten mit Stern-Dreieck-Schalter	In der Sternschaltung beträgt der Einschaltstrom nur ein Drittel des Einschaltstroms der Dreieckschaltung	Am öffentlichen Netz für Bemessungsleistung bis 11 kW; Bemessungsleistung und Moment sind in Y nur ein Drittel der Werte in △.
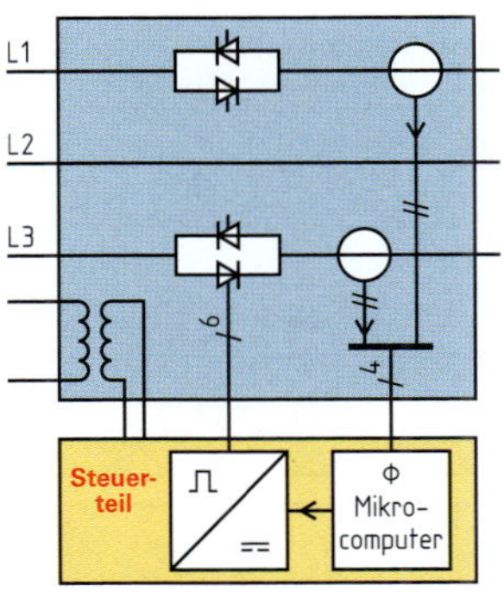 **Elektronischer Motorstarter**	Der *Steuerteil* enthält einen Mikrocomputer und eine Steuereinheit zur Erzeugung der Impulse für die IGBTs oder Thyristoren. Die Motorstarter haben meist zwei oder drei Antiparallelschaltungen von IGBTs oder Thyristoren. Elektronische Motorstarter erhöhen während der Anlaufzeit mittels An- oder Abschnittsteuerung die Spannung an den Motorklemmen von etwa 4% auf 10% der Bemessungsspannung des Motors. **Elektronische Motorstarter trennen wegen der Halbleiter nicht sicher vom Netz. Es muss deshalb immer ein Schalter mit Trennvermögen vorgeschaltet sein, z. B. Leitungsschutzschalter.**	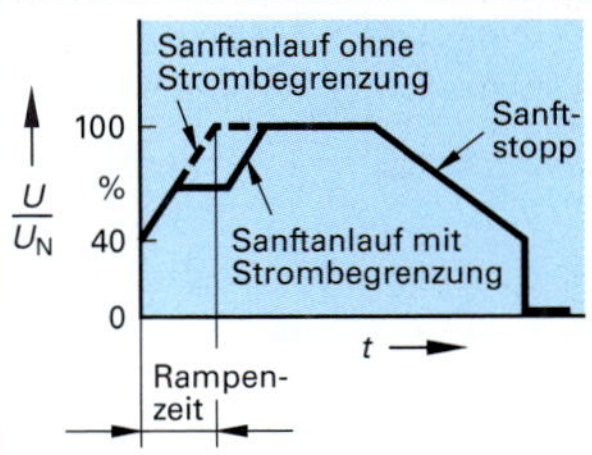 **Spannungsverlauf beim elektronischen Motorstarter** Geeignet am öffentlichen Netz für Drehstrom-Kurzschlussläufermotoren bis zu einer Bemessungsleistung von 15 kW.
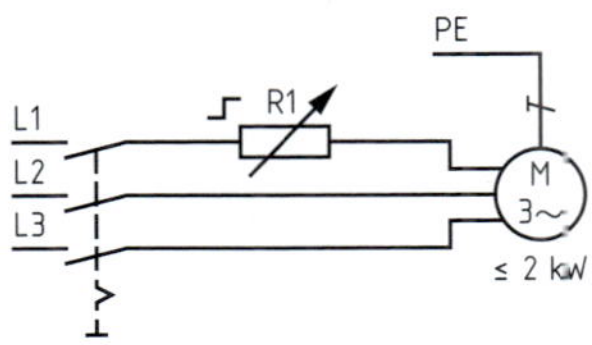 **Kusa-Schaltung**	Herabsetzung der Spannung durch drei Drosselspulen oder drei Wirkwiderstände; Bei Drehstrommotoren mit der Angabe Y 400 V kann am 400-V-Netz ein Sternpunktanlasser, auch als Flüssigkeitsanlasser mit Elektrolyt, verwendet werden. Für Motoren bis 2 kW kann die Kusa-Schaltung (Kusa von Kurzschlussläufer-Sanftanlauf) mit nur einem Widerstand verwendet werden.	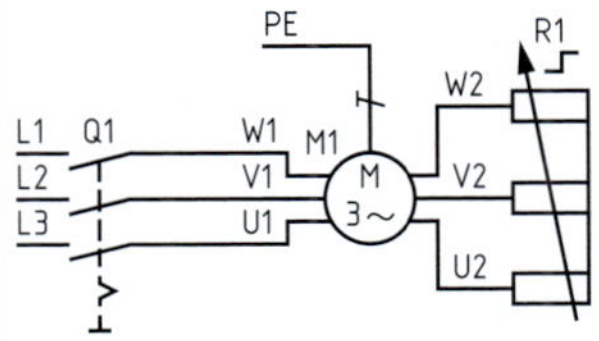 **Schaltung mit Sternpunktanlasser**
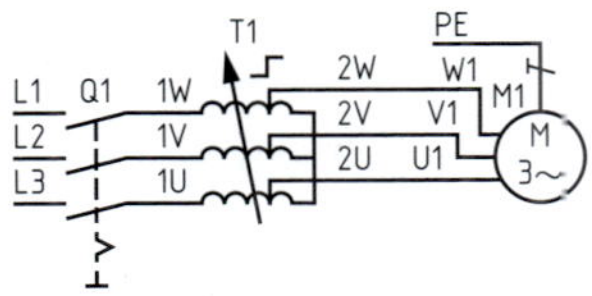 **Schaltung mit Anlauftransformator**	Herabsetzung der Spannung durch einen stellbaren Drehstromtransformator, meist in Sternschaltung; Der Einschaltstrom aus dem Netz wird dabei herabgesetzt durch die kleinere Spannung und durch die Stromübersetzung des Transformators.	Mit Anlauftransformatoren können Drehstrom-Kurzschlussläufermotoren bis zu einer Bemessungsleistung von 15 kW angelassen werden. **Nachteilig beim Anlassen mit Transformator zum Herabsetzen der Anlaufspannung sind die hohen Anschaffungskosten.**

E

Kompensation der Blindleistung

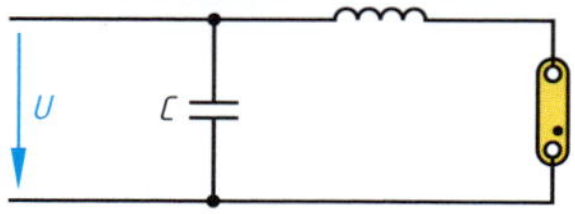

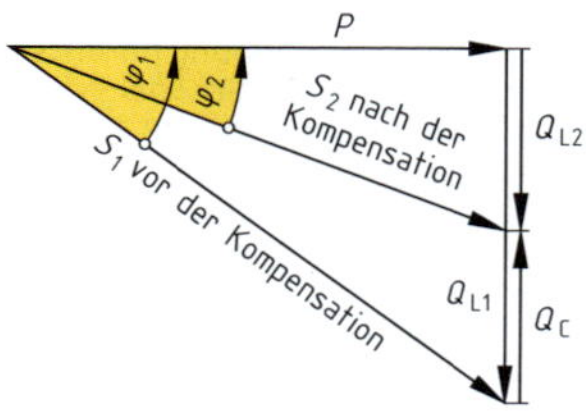

Parallelkompensation

$$S_1 = \frac{P}{\cos\varphi_1}$$

$$Q_{L1} = S_1 \cdot \sin\varphi_1$$

$$Q_C = P \cdot (\tan\varphi_1 - \tan\varphi_2)$$

$\sin\varphi = \sin(\arccos\varphi)$

$$S_2 = \frac{P}{\cos\varphi_2}$$

$$Q_{L2} = S_2 \cdot \sin\varphi_2$$

$$Q_C = Q_{L1} - Q_{L2}$$

$\tan\varphi = \tan(\arccos\varphi)$

Parallelkompensation
bei Einphasenwechselspannung:

$$\omega = 2\,\pi \cdot f$$

$$C = \frac{Q_C}{\omega \cdot {U_{bC}}^2}$$

$$C = \frac{3\,000}{f}\,\frac{\mu F \cdot Hz}{kvar}\left(\frac{230\,V}{U_{bC}}\right)^2 \cdot Q_C$$

Bei 50 Hz/230 V sind zur Kompensation 60 mF/kvar erforderlich, bei 50 Hz/400 V nur 20 µF/kvar.

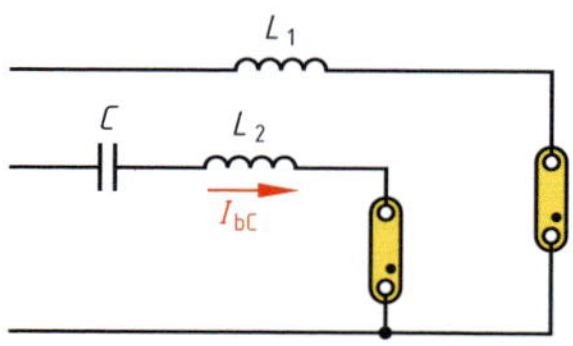

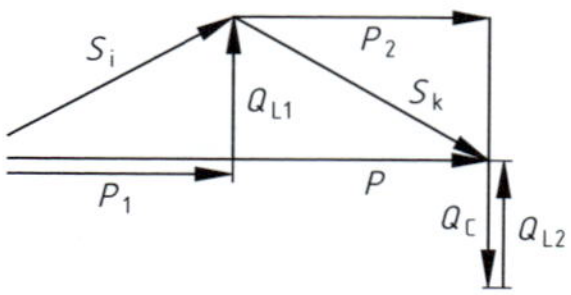

Reihenkompensation

Hinweis zur Reihenkompensation:

Eine Reihenkompensation auf $\cos\varphi = 1$ ist wegen der Spannungsüberhöhung an den Bauteilen nicht möglich. Deshalb wird z. B. bei der Duoschaltung von Leuchtstofflampen der Kondensator so gewählt, dass der kapazitive Zweig der Schaltung den kapazitiven Phasenverschiebungswinkel φ_k besitzt. φ_k ist etwa gleich groß wie der induktive Phasenverschiebungswinkel φ_i im induktiven Zweig, aber entgegengesetzt: $\varphi_k \approx -\varphi_i$. Dadurch geht φ der gesamten Schaltung gegen null.

Reihenkompensation
bei Einphasenwechselstrom:

$$C = \frac{{I_{bC}}^2}{\omega \cdot Q_C}$$

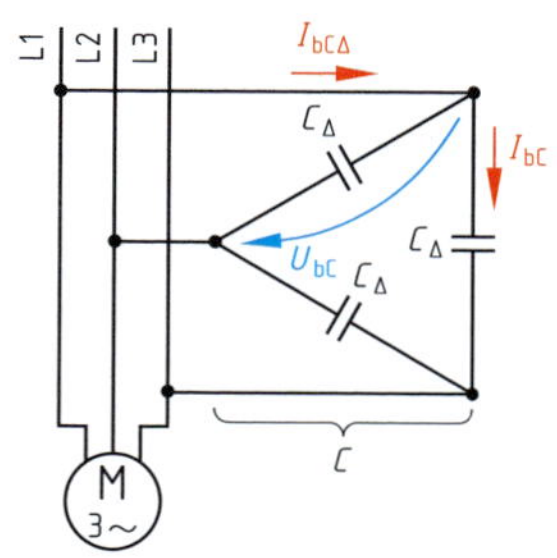

Einzelkompensation bei 3 AC

Bei Kondensatoren in Y:

$$U_{bC} = \frac{U}{\sqrt{3}}$$

$$C_Y = \frac{1}{3} \cdot C$$

$$I_{bCY} = I_{bC}$$

Bei Kondensatoren in △:

$$U_{bC} = U$$

$$C_\triangle = \frac{1}{3} \cdot C$$

$$I_{bC\triangle} = \sqrt{3} \cdot I_{bC}$$

Die Berechnung von Q_C und C erfolgt wie bei Einphasenwechselstrom.

E

C	berechnete Kapazität der Kompensationskondensatoren
$C_\triangle$	Kapazität eines der in △ geschalteten Kondensatoren
C_Y	Kapazität eines der in Y geschalteten Kondensatoren
f	Frequenz
I_{bC}	Kondensatorstrom
$I_{bC\triangle}$	Leiterstrom zur Kondensatorbatterie in △-Schaltung
I_{bCY}	Leiterstrom zur Kondensatorbatterie in Y-Schaltung
L	Induktivität
P	aufgenommene Wirkleistung
Q_C	kapazitive Blindleistung
Q_L	induktive Blindleistung
S	Scheinleistung
S_i	Scheinleistung im induktiven Zweig
S_k	Scheinleistung im kapazitiven Zweig
U_{bC}	Spannung an den Kondensatoren zur Kompensation
U	Netzspannung (Leiterspannung) des Drehstromnetzes
φ	Phasenverschiebungswinkel
φ_i	induktive Phasenverschiebung
φ_k	kapazitive Phasenverschiebung
△	Dreieckschaltung
Y	Sternschaltung

Bedeutung der Indizes 1 und 2:

1 vor der Kompensation
2 nach der Kompensation

Bedeutung weiterer Formelzeichen aus den Bildern erkennbar

8 Arbeitsschutz

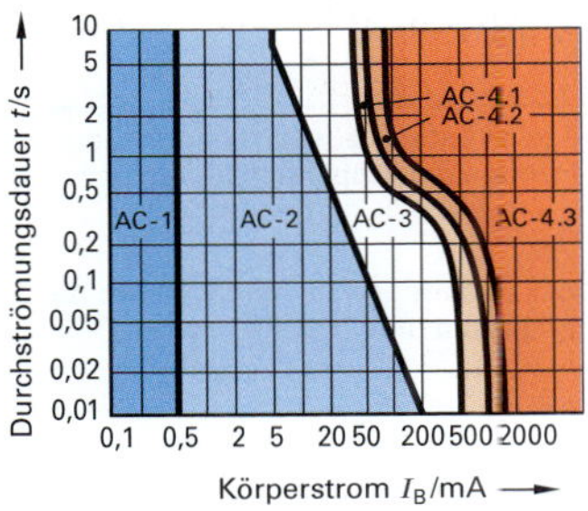

Normen

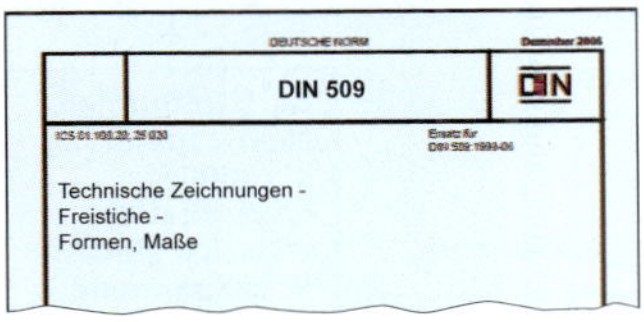

A

Erste Hilfe am Arbeitsplatz

Begriff	Erklärung	Bemerkungen
Grundregeln	Für Verunfallte ist grundsätzlich ärztliche Hilfe notwendig und es ist der Rettungsdienst zu verständigen. Nach § 323 c des Strafgesetzbuches droht demjenigen Strafe, der bei einem Unglücksfall vorsätzlich nicht Hilfe leistet, obwohl dies erforderlich und ihm zuzumuten ist.	Bei einem Unfall ist mitzuteilen: 1. Wo ist der Unfallort? 2. Was ist passiert? 3. Wie viele Verletzte/Erkrankte? 4. Welche Art von Verletzungen/Erkrankungen? 5. Wem können Rückfragen gestellt werden?
Notrufnummern	Der Rettungsdienst hat die einheitliche Rufnummer: **112** (Feuer- und Rettungsleitstelle) und **110** (Polizeileitstelle).	Weiterhin gibt es je nach Bundesland oder Unternehmen noch andere Rufnummern.
Aufzeichnung von Erste-Hilfe-Leistungen	Jede Erste-Hilfe-Leistung am Arbeitsplatz muss aufgezeichnet und mindestens fünf Jahre aufbewahrt werden.	Aus den Aufzeichnungen müssen Zeit, Ort, Hergang des Unfalls, sowie Art und Umfang der Verletzung hervorgehen.
Ersthelfer	In Unternehmen von 2 bis 20 Arbeitnehmern, die bei der Berufsgenossenschaft (BG) versichert sind, ist ein Ersthelfer zu bestellen. Bei mehr als 20 Arbeitnehmern sind in Verwaltungs- und Handelsbetrieben 5%, in allen anderen Betrieben 10% der Belegschaft als Ersthelfer auszubilden.	Ersthelfer werden in einem Erste-Hilfe-Lehrgang durch besondere Organisationen, z.B. das Deutsche Rote Kreuz oder der Malteser Hilfsdienst, ausgebildet. In allen betrieblichen Bereichen muss mindestens ein Ersthelfer anwesend sein.
Sanitätsraum	Ein Sanitätsraum ist erforderlich bei mehr als 1 000 Arbeitnehmern; bei mehr als 100 Arbeitnehmern, wenn besondere Unfallgefahren gegeben sind, auf Baustellen mit mehr als 50 Arbeitnehmern.	Erste-Hilfe-Mittel, z.B. Verbandskästen und Tragen, werden üblicherweise im Sanitätsraum aufbewahrt. Die Anzahl der Verbandskästen wird durch die Anzahl der Beschäftigten bestimmt.
Elementarhilfe	Erforderlich bei Bewusstlosigkeit, Atemstillstand, Kreislaufschwäche oder Schock, Blutungen und Verbrennungen	Elementarhilfe ist eine sofortige und notwendige Hilfe bei Unfällen.
Atemstillstand	Wenn keine Atmung feststellbar ist, wird die Atemspende angewandt. Dazu wird die Atemluft in Mund oder Nase des Verunglückten geblasen.	Atemwege eventuell zuvor reinigen und mit beiden Händen den Kopf nach hinten drücken.
Kreislaufschwäche, Schock	Schockzeichen sind schwacher Puls, blasse und feuchtkalte Haut. Notwendig sind Hochlagern der Beine und Schutz gegen Wärmeverlust.	Im Schockzustand stets einen Helfer beim Verletzten lassen und Zuspruch geben.
Blutungen	Stillen durch Druckverband, dabei Wunde mit steriler Auflage abdecken. Bei Schlagaderblutungen (Blut spritzt stoßweise) ist Abdrücken erforderlich.	Abbinden nur in schwersten Fällen, wenn die Blutung nicht anders zu stoppen ist. Abdrücken erfolgt durch einen in den Verband eingebundenen Gegenstand.
Verbrennungen	Behandlung, z.B. Eintauchen, mit reichlich kaltem Wasser	Entfernen der Kleidung nur unter größtmöglicher Hautschonung (Infektionsgefahr).
Herz-Lunge Wiederbelebung	2x Atemspende zu Beginn, 30x Herzdruckmassage, 2x Atemspende, 30x Herzdruckmassage usw. Lagerung auf dem Rücken, Unterlage flach und hart. Druckpunkt: Die Handballen der übereinander gelegten Hände werden auf das untere Brustbeindrittel gesetzt.	Das eigene Körpergewicht wird mit gestreckten Armen auf den Brustkorb des Verletzten übertragen. Eindrucktiefe mindestens 4 cm bis 5 cm Anzahl der Drücke je Minute: 50 bis 60

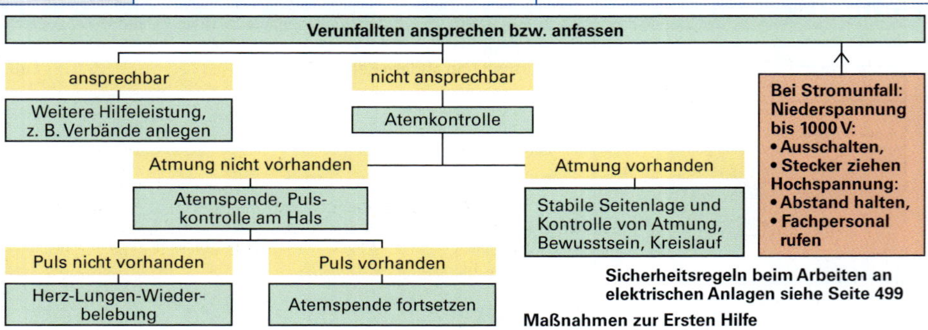

Sicherheitsregeln beim Arbeiten an elektrischen Anlagen siehe Seite 499

Maßnahmen zur Ersten Hilfe

A

Persönliche Schutzausrüstung PSA

Aufbau	Beschreibung	Bemerkungen
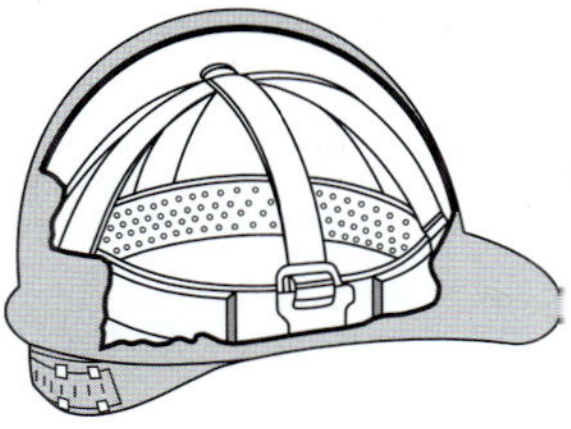 **Kopfschutz**	Die Schale wird aus thermoplastischen oder duroplastischen Kunststoffen hergestellt. Die Innenausstattung besteht aus einem korbähnlichen Gebilde, welches die auf die Helmschale einwirkenden Kräfte verteilt und dämpft. Zusatzkennzeichen: AC 440 V bei Gefährdung durch kurzfristigen Kontakt mit Wechselspannung bis 440 V.	Benutzung, wenn mit Kopfverletzungen durch pendelnde, herabfallende, umfallende oder wegfliegende Gegenstände oder durch lose hängende Haare zu rechnen ist, z. B. bei Installationsarbeiten im Hausrohbau. Weitere Informationen: www.bgfe.de
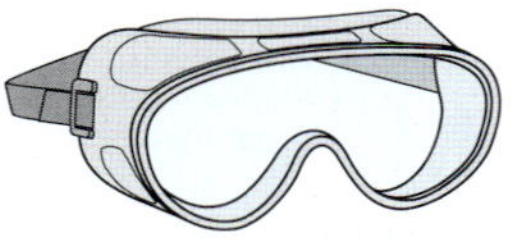 **Augenschutz/Gesichtsschutz**	Sichtscheiben bestehen aus Sicherheitsglas oder Kunststoff und müssen auswechselbar sein. Sichtscheiben der Klasse 3 (optische Klasse 3) nur für gelegentliche Arbeiten ohne große Anforderungen an die Sehleistung.	Benutzung, wenn mit Augen- oder Gesichtsverletzungen durch wegfliegende Teile, Verspritzen von Flüssigkeiten oder durch gefährliche Strahlung zu rechnen ist, z. B. Meißelarbeiten, Wechsel von NH-Sicherungen, im Bereich von Lasern.
 **Gehörschutz**	Kapselhörschützer mit • festem Dämpfungsmaß • pegelabhängiger Schalldämmung zur besseren Wahrnehmung von Sprache • Kommunikationseinrichtung Verformbare Gehörschutzstöpsel aus polymerem Schaumstoff zum einmaligen Tragen • Bügelstöpsel für häufigere Wechsel	Benutzungspflicht: • in gekennzeichneten Lärmbereichen, z. B. Werkshallen mit großen Stanzen und Pressen • bei Arbeitsverfahren mit Schallpegeln ab 90 dB(A) • bei bestimmten Arbeitsverfahren, für die die Berufsgenossenschaft eine Tragepflicht erlassen hat Hörschäden ab 80 dB(A) möglich. Innenohrschaden nicht heilbar. Mechanische Schäden (Taubheit) ab 120 dB(A).
 **Fußschutz**	Sicherheitsschuhe sind mit Zehenkappen ausgestattete Schuhe. Kennzeichnungskategorien für Lederschuhe: • S1: geschlossener Fersenbereich, antistatisches Material • S2: wie S1, zusätzlich verringerter Wasserdurchtritt • S3: wie S2, zusätzlich Durchtrittsicherheit und profilierte Laufsohle	Benutzung, wenn mit Fußverletzungen durch Stoßen, Einklemmen, umfallende, herabfallende Gegenstände, durch Hineintreten in spitze oder scharfe Gegenstände zu rechnen ist, z. B. bei Installationsarbeiten im Hausrohbau. Schuhsymbol für Arbeiten in Anlagen bis AC 1 000 V/DC 1 500 V: 1000 V DIN 1000 V DIN EN
 **Körperschutz**	Enganliegende Overalls, Bundjacken und Latzhosen aus Naturfasern, z B. Baumwolle, und Handschuhe Schutzanzüge zum Schutz gegen elektrische Körperströme und teilweise auch gegen Einwirkung eines Störlichtbogens sind auf Anlagen bis AC 500 V und DC 750 V begrenzt. Der Oberflächenwiderstand antistatischer Schutzanzüge darf 10^9 Ω nicht überschreiten	Benutzung, wenn mit oder in der Nähe von Stoffen gearbeitet wird, die zu Hautverletzungen führen oder durch die Haut in den menschlichen Körper eindringen Ferner Benutzung bei Gefahr von Verbrennungen, Verätzungen, Verbrühungen, Unterkühlungen, Stich- oder Schnittverletzungen und elektrischen Durchströmungen, z. B. beim Wechseln von NH-Sicherungen

A

Arbeits- und Umweltschutz

Gefahren und Belastungen am Arbeitsplatz (Auswahl)

vgl. BGI/GUV-I 8700

Gefährdung	Beispiele	Gefährdung	Beispiele	Gefährdung	Beispiele
mechanische, kinetische Energie	Quetsch-, Scher-, Einzugstellen; scharfe Kanten, Schneiden; kippende, herabfallende Teile; umherfliegende Späne; Stolperfallen, Sturz	**Schwingungen, Strahlung**	Lärm (Seite 585), Ultraschall, Vibrationen, Laserstrahlung, UV-Strahlung, Infrarotstrahlung, Röntgenstrahlung, Gammastrahlung	**Psychischer Druck**	Arbeitsdruck, Zeitdruck, Stress, unzureichende Arbeitsorganisation, fehlende Qualifikation, Überqualifikation
Gefährdung	**Beispiele**	**Gefährdung**	**Beispiele**	**Gefährdung**	**Beispiele**
Elektrischer Strom	Spannung, Stromstärke, Lichtbögen, elektrische Felder, elektrostatische Aufladung	**Klima**	Lufttemperatur, Luftfeuchte, Luftgeschwindigkeit, (Zugluft)	**Brand und Explosion**	explosionsfähige Atmosphäre, Explosivstoffe, brennbare Stoffe
Gefährdung	**Beispiele**	**Gefährdung**	**Beispiele**	**Gefährdung**	**Beispiele**
Gefahrstoffe	Flüssigkeiten, Gase, Dämpfe, Nebel[1], Stäube[1], Rauche[1], Feststoffe	**Physische Belastungen**	schwere dynamische Arbeit, einseitige dynamische Arbeit, Haltungsarbeit	**Sonstige**	Überdruck, Unterdruck, heiße Medien, heiße Oberflächen, biologische Gefährdungen, Beleuchtung

Gefahrstoffe am Arbeitsplatz (Auswahl)

Tätigkeit	Gefahrstoff	Gefährdung	Schutzmaßnahmen
Zerspanung	Kühlschmierstoffe bzw. darin enthaltene Additive	• Einatmen vernebelter Aerosole • Kontakt mit der Haut kann zu allergischen Reaktionen führen.	Verwendung von Kühlschmierstoffen gem. TRGS 611[2] oder Umstellung auf Minimalmengenschmierung Hautschutzmittel verwenden
Wartung/ Reparatur	Reinigungs-, Testbenzin	• leichtentzündlich • reizt die Haut • Dämpfe lösen Benommenheit aus.	Rauchverbot, Zündquellen fernhalten Schutzhandschuhe tragen gute Arbeitsplatzbelüftung
Wartung/ Reparatur	Aceton	• leichtentzündlich • reizt die Augen • spröde Haut bei Hautkontakt • Dämpfe lösen Benommenheit aus.	Rauchverbot, Zündquellen fernhalten gute Belüftung, Absaugung Schutzhandschuhe tragen Raumbelüftung auch am Bodenbereich
Löten	Flussmittel enthalten z.B. Fluorverbindungen	• Fluoride sind sehr giftig, selbst in geringer Konzentration ätzend. • Gefährdung von Augen und Schleimhäuten	Schutzhandschuhe tragen Augenschutz tragen Rauchabzug am Entstehungsort
Schweißen	Schweißelektroden enthalten diverse Metalloxide Dämpfe und Rauch enthalten Kohlenmonoxid, Kohlendioxid, Ozon u.v.a.	• Vergiftungsgefahr durch Einatmen • reizt die Atemwege • krebserregend • Gefahr der sog. Staublungenerkrankung oder Lungenödem	Schweißrauch und -dämpfe nah am Entstehungsort absaugen und abführen Räume gut belüften evtl. vorhandene Werkstück-Schutzüberzüge vorher entfernen
Kleben	Industrieklebstoffe, Schraubensicherungen	• reizt Augen und Atemwege • gesundheitsschädlich beim Einatmen	Berührung mit Haut und Augen vermeiden, Schutzhandschuhe und Schutzbrille tragen nur in gut belüfteten Bereichen verarbeiten
Schleifen	Metallstäube, Fluor und Phenol	• krebserregend • Embryoschädigend • allergische Reaktionen	beim Nass- und Trockenschleifen Schleifstäube nahe am Entstehungsort absaugen

[1] werden als Aerosole zusammengefasst [2] TRGS – Technische Regeln für Gefahrstoffe

Arbeits- und Umweltschutz

Gefahrstoffverordnung

vgl. GefStoffV: 2010-01

Schutz vor Gefahren und Belastungen am Arbeitsplatz

Der Schutz des Mitarbeiters vor den Gefahren am Arbeitsplatz ist seit 1993 durch die Gefahrstoffverordnung gesetzlich geregelt. Der **Arbeitgeber** hat die Pflicht dafür zu sorgen, dass die Bestimmungen der Gefahrstoffverordnung verbindlich eingehalten werden.

Für den **Mitarbeiter** ist es wichtig zu wissen, welchen Gefahren er ausgesetzt ist und wie er sich davor zu schützen hat.

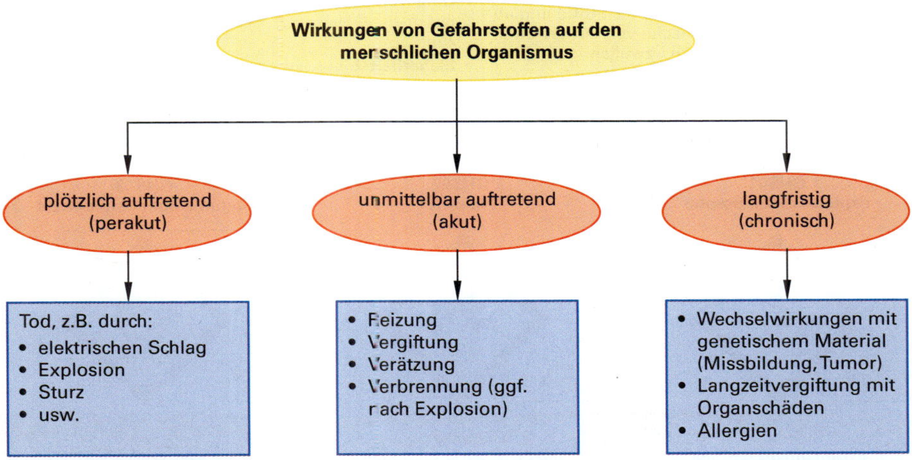

Inhalte der Gefahrstoffverordnung (Auszug)

Abschnitt	Inhalt
Gefährlichkeits-merkmale §3	Der Arbeitgeber hat vor dem Einsatz eines neuen Stoffes zu prüfen, ob es sich um einen Gefahrstoff im Sinne der Gefahrstoffverordnung handelt und wenn ja, ob er durch einen Stoff mit geringerem Risiko ersetzt werden kann. Es handelt sich um einen Gefahrstoff im Sinne der Gefahrstoffverordnung, wenn dieser explosionsgefährlich, brandfördernd, entzündlich, giftig, gesundheitsschädlich, ätzend, reizend, sensibilisierend, krebserzeugend, fortpflanzungsgefährdend, erbgutverändernd ist oder eine Gefahr für die Umwelt darstellt.
Kennzeichnungspflicht §4	Gefährliche Stoffe, Zubereitungen oder Erzeugnisse sind auch bei der Verwendung entsprechend zu kennzeichnen. Kennzeichnung bedeutet immer Gefahr!
Sicherheitsdatenblatt §5	Hersteller oder Importeure müssen detaillierte Auskunft über die Gefährlichkeit aller Inhaltsstoffe ihrer Produkte geben. Zumindest bei der Erstlieferung muss das Sicherheitsdatenblatt unaufgefordert mitgeliefert werden. Die Sicherheitsdatenblätter stehen meist auf den Internetseiten der Erzeuger zum Herunterladen bereit.
Gefährdungs-beurteilung §6	Der Arbeitgeber hat die Pflicht zu prüfen, ob die Gesundheit des Beschäftigten gefährdet und seine Sicherheit gewährleistet ist. Er muss prüfen, ob ein Gefahrstoff durch einen weniger gefährlichen ersetzt werden kann. Außerdem muss er die Arbeitsplatzgrenzwerte (kurz: **AGW**) ermitteln. Diese wurden früher als MAK-Werte bezeichnet (MAK = maximale Arbeitsplatzkonzentration).
Schutzmaßnahmen §8 – §11	Lässt sich der Umgang mit gefährlichen Stoffen und Zubereitungen nicht vermeiden, so hat der Arbeitgeber folgende **Rangfolge der Schutzmaßnahmen** sicherzustellen: • Verhindern der Freisetzung von Gefahrstoffen (z.B. Kapselung) • Gefahrstoffe an der Entstehungsstelle abführen (z.B. Absaugung) • Geeignete Schutzmaßnahmen ergreifen (z.B. gute Raumbelüftung) • Persönliche Schutzausrüstung (PSA) zur Verfügung stellen
Unterweisungspflicht §14	Der Arbeitgeber muss die Beschäftigten durch die Erstellung einer **Betriebsanweisung** auf die Gefahren am Arbeitsplatz hinweisen und die Schutzmaßnahmen erläutern. Mündliche Unterweisungen auf Basis der Betriebsanweisung ergänzen diese. Die Betriebsanweisung ist immer arbeitsplatzbezogen und muss stets auf dem aktuellen Stand gehalten werden.

A

Global Harmonisiertes System (GHS)

vgl. CLP[1]-Verordnung (EG) Nr. 1272/2008

Verordnungen und Zielsetzung

Es gilt ein international vereinheitlichtes System für die Kennzeichnung von Gefahrstoffen in Deutschland. Reinigungsmittel, Pflegemittel, Pflanzenschutzmittel und Chemikalien, von denen eine gesundheitsbeeinträchtigende Gefahr ausgeht, werden international mit einem Warnsymbol (rote Raute mit einem schwarzen Symbol) versehen.

Die EG-Verordnung Nr. 1272/2008 schreibt die verbindliche Einführung ab 1.12.2010 für Stoffe und ab 1.6.2015 für chemische Gemische vor. Für die alten Gefahrbezeichnungen gelten zweijährige Übergangsvorschriften.

Kennzeichen des Systems

- Neun Gefahren-**Piktogramme**, jeweils mit einem Code (z.B. GHS01, Tabelle unten)
- Das **Symbol** ist die bildliche Darstellung und die Beschreibung der Gefahr.
- Signalwort **Gefahr** warnt vor gravierenden Gefährdungen
- Signalwort **Achtung** weist auf geringere Risiken hin
- **Gefahrenhinweise**, sog. H-Sätze[2], geben genauere Hinweise zur Gefahr, z.B. „verursacht schwere Augenreizung".
- **Sicherheitshinweise**, sog. P-Sätze[3], informieren, welche Risiken bestehen und wie z.B. bei Vergiftungen reagiert werden sollte.

Gefahren-Piktogramme mit Code, Symbol, Signalwort und Erläuterung

GHS01
explodierende Bombe

Gefahr
explosionsgefährlich

GHS02
Flamme

Gefahr
leicht-/hochentzündlich

GHS03
Flamme über einem Kreis

Gefahr
brandfördernd

GHS04
Gasflasche

Achtung
komprimierte Gase

GHS05
Ätzwirkung

Gefahr
ätzend (Zerstörung der Haut)

GHS06
Totenkopf mit gekreuzten Knochen

Gefahr
giftig/sehr giftig (u.U. tödlich)

GHS07
Ausrufezeichen

Achtung
gesundheitsgefährdend (Reizung, Allergie)

GHS08
Gesundheitsgefahr

Gefahr
gesundheitsschädlich (u.U. krebsauslösend)

GHS09
zerstörte Umwelt

Achtung
umweltgefährdend

A

[1] **CLP** = **C**lassification, **L**abelling and **P**ackaging of Chemical Products. CLP ist die europäische Umsetzung von GHS.

[2] **H**azard Statement, [3] **P**recautionary Statement

Sicherheitsfarben, Verbotszeichen

Sicherheitsfarben, Übersicht

vgl. DIN EN ISO 7010 / A7 (2017-08)

Kategorie	E	F	M	P	W
Farbe	grün	rot	blau	rot	gelb
Sicherheitsaussage	Rettungszeichen	Brandschutzzeichen	Gebotszeichen	Verbotszeichen	Warnzeichen
Bild mit Registernummer	E001 	F001 	M001 	P001 	W001 
Bedeutung	Notausgang links	Feuerlöscher	Allgemeines Gebotszeichen	Allgemeines Verbotszeichen	Allgemeines Warnzeichen

Verbotszeichen

vgl. DIN EN ISO 7010

P001  allgemeines Verbotszeichen, nur in Verbindung mit Zusatzzeichen verwenden	P002  Rauchen verboten	P003  keine offene Flamme; Feuer, offene Zündquelle und Rauchen verboten	P004  für Fußgänger verboten	P005  kein Trinkwasser	P006  für Flurförderfahrzeuge verboten
D-P006  Zutritt für Unbefugte verboten	P007  kein Zutritt für Personen mit Herzschrittmachern oder implantierten Defibrillatoren[2]	P010  Berühren verboten	P011  mit Wasser löschen verboten	P012  keine schwere Last	P013  eingeschaltete Mobiltelefone verboten
P015  Hineinfassen verboten	P017  Schieben verboten	P018  Sitzen verboten	P019  Aufsteigen verboten	P020  Aufzug im Brandfall nicht benutzen	P022  Essen und Trinken verboten
P023  Abstellen oder Lagern verboten	P024  Betreten der Fläche verboten	P027  Personenbeförderung verboten	P031  Schalten verboten	P033  nicht zulässig für Nassschleifen	P034  nicht zulässig für Freihand- und handgeführtes Schleifen

[1] Technische Regeln für Arbeitsstätten (ASR Arbeitsstättenregelung)
[2] Gerät zur Beseitigung von Herzrhythmusstörungen

A

Sicherheitskennzeichnung

Warnzeichen vgl. DIN EN ISO 7010 (2014-05) und ASR[1] A1.3 (2013-02)

W001  allgemeines Warnzeichen, nur in Verbindung mit Zusatzzeichen verwenden	W002  Warnung vor explosionsgefährlichen Stoffen	W003  Warnung vor radioaktiven Stoffen oder ionisierender Strahlung	W004  Warnung vor Laserstrahl	W005  Warnung vor nicht ionisierender Strahlung	W006  Warnung vor magnetischem Feld
W007  Warnung vor Hindernissen am Boden	W008  Warnung vor Absturzgefahr	W009  Warnung vor Biogefährdung	W010  Warnung vor niedriger Temperatur (Frost)	W011  Warnung vor Rutschgefahr	W012  Warnung vor elektrischer Spannung
W013  Warnung vor Wachhund	W014  Warnung vor Flurförderzeugen	W015  Warnung vor schwebender Last	W016  Warnung vor giftigen Stoffen	W017  Warnung vor heißer Oberfläche	W018  Warnung vor automatischem Ablauf
W019  Warnung vor Quetschgefahr	W020  Warnung vor Hindernissen im Kopfbereich	W021  Warnung vor feuergefährlichen Stoffen	W022  Warnung vor spitzem Gegenstand	W023  Warnung vor ätzenden Stoffen	W024  Warnung vor Handverletzungen
W025  Warnung vor gegenläufigen Rollen	W026  Warnung vor Gefahren durch das Aufladen von Batterien	W027  Warnung vor optischer Strahlung	W028  Warnung vor brandfördernden Stoffen	W029  Warnung vor Gasflaschen	D-W021  Warnung vor explosionsfähiger Atmosphäre[2]

[1] Technische Regeln für Arbeitsstätten (ASR)
[2] aus DIN 4844-2 (2012-12)

Sicherheitskennzeichnung

Gebotszeichen

vgl. DIN EN ISO 7010 (2014-05) und ASR[1] A1.3 (2013-02)

M001  allgemeines Gebotszeichen	M002  Anleitung beachten	M003  Gehörschutz benutzen	M004  Augenschutz benutzen	M005  vor Benutzung erden	M006  Netzstecker ziehen
M007  weitg. undurchlässigen Augenschutz benutzen	M008  Fußschutz benutzen	M009  Handschutz benutzen	M010  Schutzkleidung benutzen	M011  Hände waschen	M012  Handlauf benutzen
M013  Gesichtsschutz benutzen	M014  Kopfschutz benutzen	M016  Maske benutzen	M017  Atemschutz benutzen	M018  Auffanggurt benutzen	M019  Schweißmaske benutzen
M020  Rückhaltesystem benutzen	M021  vor Wartung oder Reparatur freischalten	M022  Hautschutzmittel benutzen	M023  Übergang benutzen	M024  Fußgängerweg benutzen	M026  Schutzschürze benutzen

Rettungszeichen

vgl. DIN EN ISO 7010 (2014-05) und ASR[1] A1.3 (2013-02)

E001  Notausgang (links)	E002  Notausgang (rechts)	E003  Erste Hilfe	E004  Notruftelefon	E007  Sammelstelle	E008  Notausgangsvorrichtung (Zerschlagen einer Scheibe)
E009  Arzt	E010  Automatisierter externer Defibrillator[2] (AED)	E011  Augenspüleinrichtung	E012  Notdusche	E013  Krankentrage	E018  Öffnung durch Linksdrehung

[1] Technische Regeln für Arbeitsstätten (ASR)

[2] Gerät zur Beseitigung von Herzrhythmusstörungen

A

Sicherheitskennzeichnung

Brandschutzzeichen

vgl. DIN EN ISO 7010 (2014-05) und ASR[1] A1.3 (2013-02)

F001

Feuerlöscher

F002

Löschschlauch

F003

Feuerleiter

F004

Mittel und Geräte zur Brandbekämpfung

F005

Brandmelder

F006

Brandmeldetelefon

Kombinationszeichen

Schalten verboten

Warnung vor Hochspannung

Kombinationszeichen für Fluchtwege oder Notausgänge mit den entsprechenden Richtungsangaben durch Pfeile

Erste Hilfe im Sanitätsraum

Verbot! Das Dach darf nicht betreten werden.

Löschdecke zur Brandbekämpfung

Warnung vor giftigen Gasen

[1] Technische Regeln für Arbeitsstätten (ASR)

A

Berührungsarten, Stromgefährdung, Fehlerarten

Berührungsarten

vgl. DIN VDE 0100-410

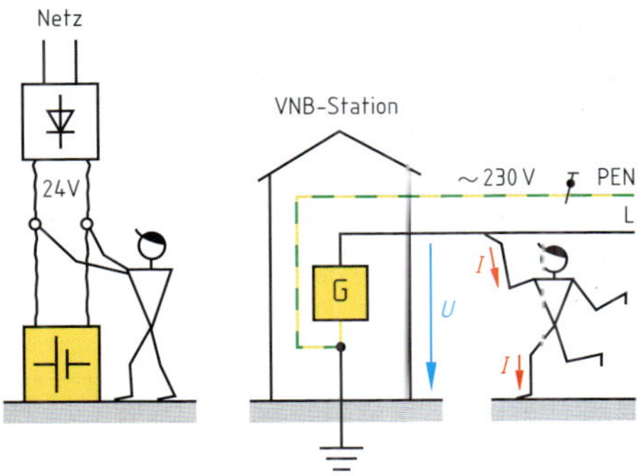

Direktes Berühren

Direktes Berühren: Berühren eines aktiven Teiles, z.B. eines blanken Außenleiters **(Bild links)**

Indirektes Berühren: Berühren eines leitenden Betriebsmittelkörpers, der infolge eines Fehlers („Schlusses") eine Berührungsspannung führt **(Bild unten)**

Basisschutz nennt man den Schutz gegen direktes Berühren. Er wird meist durch Isolieren oder durch Umhüllen aktiver (unter Spannung stehender) Teile bewirkt.

Fehlerschutz nennt man den Schutz gegen indirektes Berühren (Schutz gegen Berühren von erst durch einen Fehler unter Spannung gesetzten Teilen).

Zusätzlicher Schutz schützt beim Versagen der Schutzeinrichtung.

Bei allen Anlagen und Betriebsmitteln müssen Basisschutz, Fehlerschutz und meist zusätzlicher Schutz erfüllt sein.

Stromgefährdung

vgl. VDE V 0140-479-1

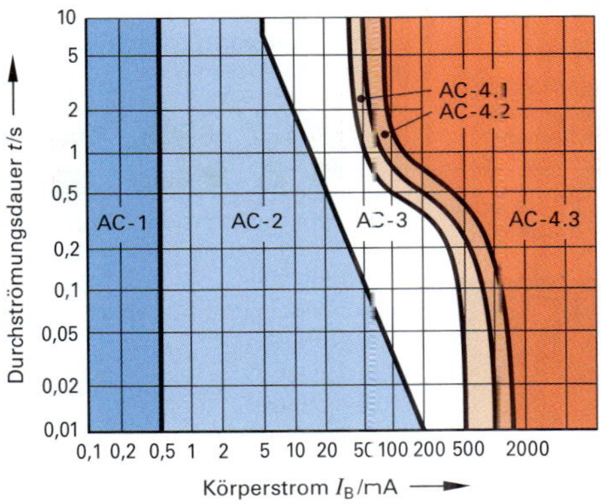

Sicherheitskurven nach VDE V 0140-479-1 für AC 50 Hz von Hand zu Hand oder linker Hand zu einem Fuß

Zone	Physiologische Wirkung
AC-1	Normalerweise keine Wirkung
AC-2	Meist keine schädliche Wirkung
AC-3	Meist kein organischer Schaden Krampfartige Muskelreaktionen möglich und Schwierigkeiten beim Atmen
AC-4.1	Wahrscheinlichkeit von Herzkammerflimmern, ansteigend bis etwa 5 %
AC-4.2	Wahrscheinlichkeit von Herzkammerflimmern, ansteigend bis etwa 50 %
AC-4.3	Wahrscheinlichkeit von Herzkammerflimmern, über 50 %
AC-4	AC-4 beseht aus den Bereichen AC-4.1, AC-4.2, AC-4.3.

In kleinen Strombereichen hat erst die dreifache Gleichstromstärke dieselbe Wirkung wie ein Wechselstrom.

Fehlerarten

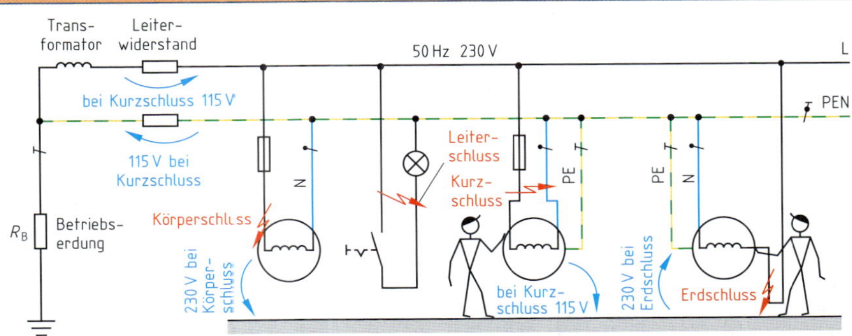

Indirektes Berühren der Spannung bei Körperschluss, Kurzschluss und Erdschluss ohne ordnungsgemäße Schutzmaßnahmen gegen indirektes Berühren

Schutzmaßnahmen

Begriff	Ansicht	Erklärungen
Basisschutz durch Isolierung	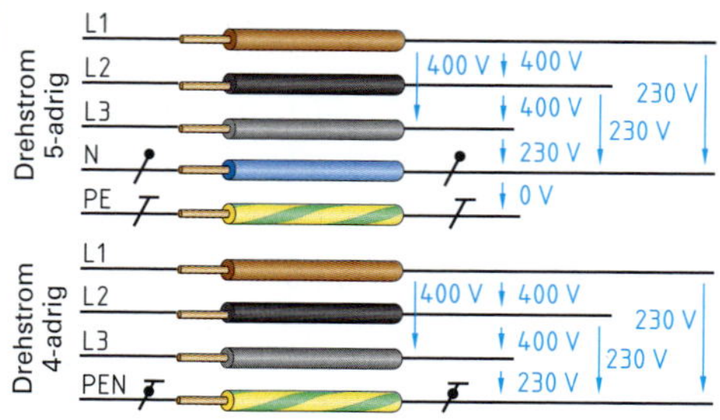	Der Basisschutz ist der Schutz vor elektrischem Schlag, wenn in einer elektrischen Anlage kein Fehler vorliegt. Der Basisschutz verhindert direktes Berühren unter Spannung stehender Teile. Schutz durch Isolation wird z.B. bei Leitungen und Kabeln eingesetzt. Die stromführenden Außenleiter L1, L2, L3, der stromrückführende Neutralleiter N und der Schutzleiter PE werden farblich unterschieden.
Basisschutz durch Abdeckung und Umhüllung	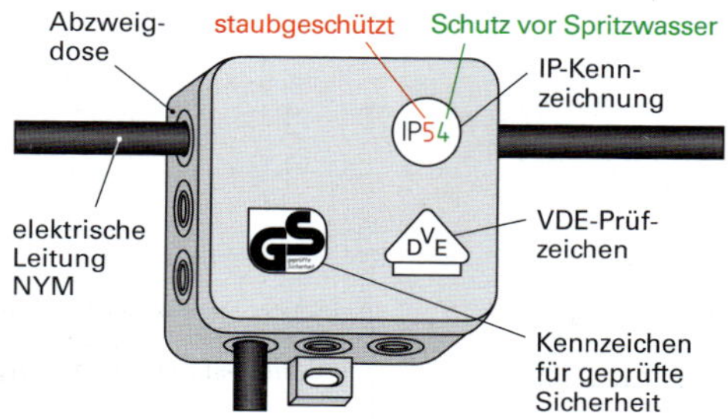	Schutz durch Abdeckung oder Umhüllung wird z.B. erreicht, wenn eine Verdrahtungsstelle von Leitungen durch eine Abzweigdose geschützt ist. Diese enthält neben dem VDE-Prüfzeichen eine IP-Kennzeichnung, z.B. IP 54. Ist die erste der beiden Ziffern 2 oder größer, liegt Basisschutz vor, weil ein Zugang mit einem Finger von 12 mm Durchmesser ausgeschlossen wird.
Fehlerarten	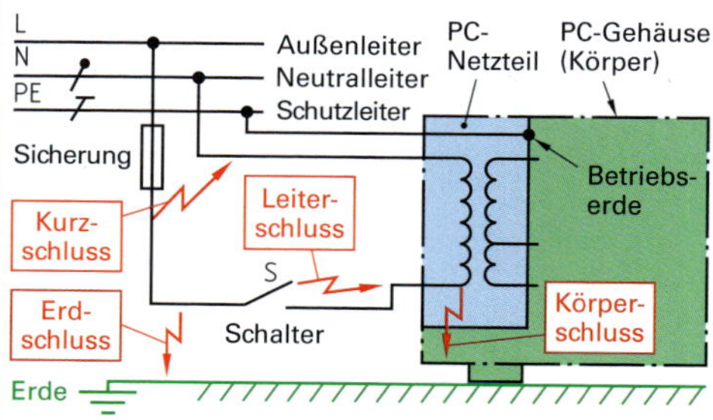	Liegt in einer elektrischen Anlage ein Fehler vor, reicht zum Schutz vor elektrischem Schlag der Basisschutz nicht mehr aus. Man unterscheidet die Fehler • Kurzschluss • Erdschluss • Leiterschluss • Körperschluss Beim Leiterschluss liegt im Gegensatz zum Kurzschluss der Verbraucher im Fehlerstromkreis.
Fehlerschutzarten	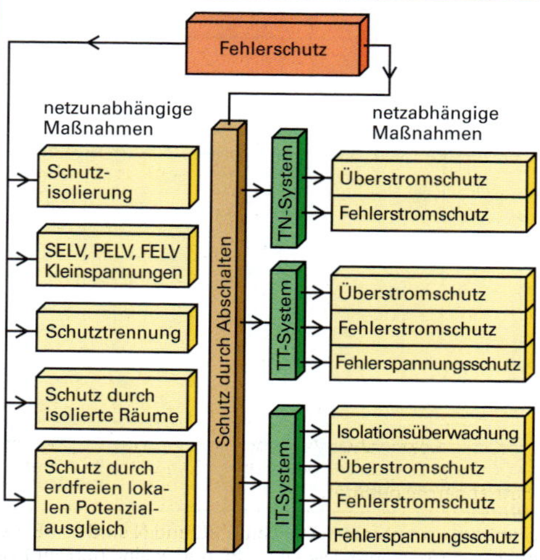	Der Fehlerschutz heißt Schutz vor elektrischem Schlag unter Fehlerbedingungen in einer elektrischen Anlage. Netzunabhängiger Fehlerschutz funktioniert ohne Schutzleiter und schützt Personen vor indirektem Berühren, z.B. über das Gehäuse eines elektrischen Gerätes bei einem Körperschluss. Der Begriff Körper wird für Mensch, Tier und für leitfähige Geräteteile verwendet. Beim netzabhängigen Fehlerschutz wird indirektes Berühren durch Abschalten im Fehlerfall verhindert. Die Abschaltung muss in Stromkreisen mit Steckdosen bei Spannungen von 230 V innerhalb von 0,4 s erfolgen. Es ist doppelte oder verstärkte Isolierung vorgeschrieben.

A

Verteilungssysteme (Netzformen)

Begriff	Ansicht	Erklärungen
TN-S-System	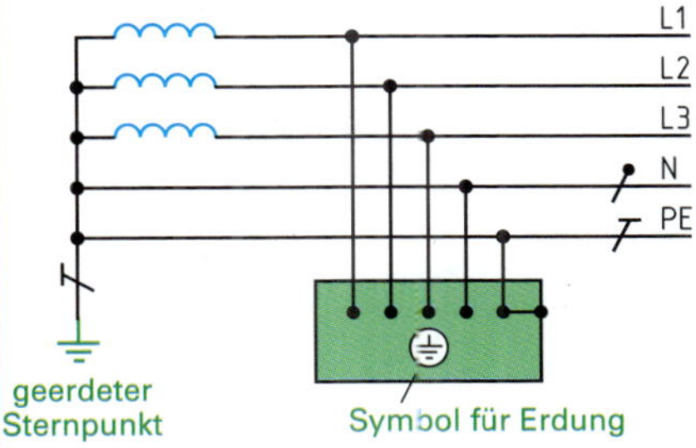	Ein Verteilungssystem beschreibt die Form eines Netzes, z.B. die Drehstromversorgung mit dem TN-S-System, bestehend aus drei Außenleitern L1, L2, L3, dem Neutralleiter N und dem Schutzleiter PE. Bei den verschiedenen Systemen ist z.B. festgelegt, wie ein Betriebsmittel der Geräteschutzklasse 1 geerdet wird, um Fehlerschutz bei indirektem Berühren zu gewährleisten. Ziel ist die Abschaltung innerhalb 0,4 s bei Spannungen bis 230 V und eine effektive maximale Berührspannung von 50 V.
TN-C-System	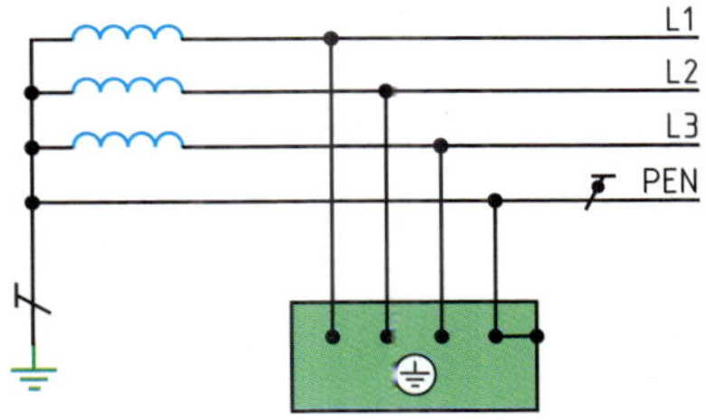	Im Unterschied zum TN-S-System sind beim TN-C-Netz der Schutzleiter PE und der Neutralleiter N zum Nullleiter PEN vereinigt, d.h., der Nullleiter übernimmt die Stromrückführung des Neutralleiters und die Schutzfunktion des Schutzleiters. Die Mischform beider Systeme heißt TN-C-S-System. In allen drei Systemen sind stets Überstromschutzeinrichtungen und teilweise FI-Schutzeinrichtungen vorgeschrieben.
TT-System	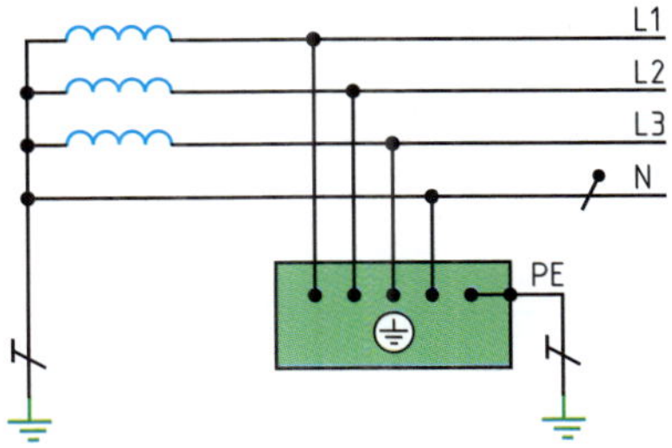	Beim TT-System werden die Betriebsmittel der Geräteschutzklasse 1 über einen Erder direkt mit Erde verbunden. Das System besitzt keinen Schutzleiter. Im Fehlerfall, z.B. einem Körperschluss, fließt der Fehlerstrom über die Erde zum geerdeten Sternpunkt des Netzes. Es ist meist eine FI-Schutzeinrichtung notwendig, da die Überstromschutzauslöseorgane meist nicht ausreichen. Das TT-System wird z.B. bei Baustellen verwendet.
IT-System	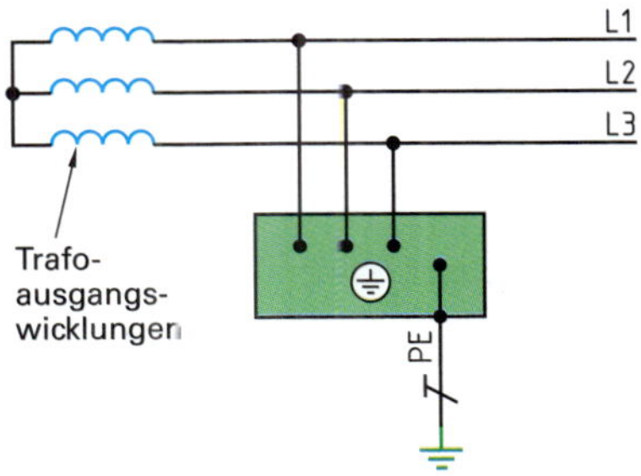	Beim IT-System ist das Netz nicht geerdet, sondern gegen Erde isoliert. Die Körper der Betriebsmittel werden direkt geerdet. Eine Isolationsüberwachung meldet das Auftreten eines Körperschlusses. Erst bei einem zweiten Fehler wird das Netz durch Überstromschutzorgane oder Fehlerstromschutzorgane abgeschaltet. Das IT-System kommt dort zum Einsatz, wo auch im Fehlerfall die Aufrechterhaltung der Stromversorgung notwendig ist, z.B. in Operationssälen.

Systemkennzeichnung	1. Stelle	T I	von terrestrial = irdisch. Der Sternpunkt des Netzes ist geerdet. von insulated = isoliert. Der Sternpunkt des Netzes ist gegen Erde isoliert.
	2. Stelle	T N	Die Körper der elektrischen Betriebsmittel sind direkt geerdet. von Netzerdung. Die Körper der elektrischen Betriebsmittel sind über das Netz (Betriebserde) geerdet.
	3. Stelle	C S	von combined = kombiniert. Die Leiter PE und N sind zu PEN kombiniert. von separated = getrennt. Die Leiter PE und N sind getrennt verlegt.

A

Netzunabhängiger Fehlerschutz

Begriff	Ansicht	Erklärung
Schutzklasse II, Schutzisolierung 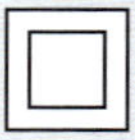	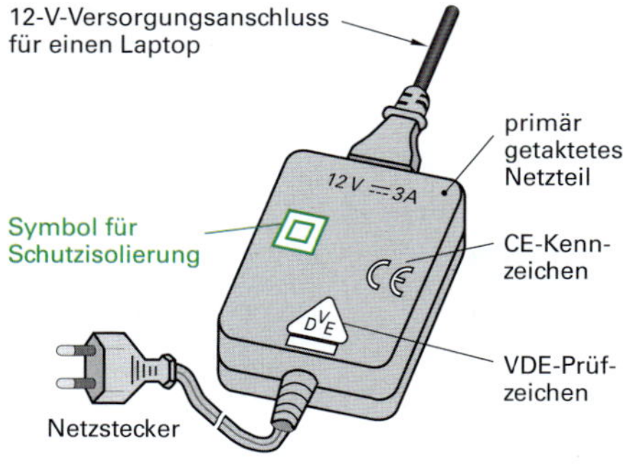	Schutzisolierung wird durch doppelte oder verstärkte Isolierung hergestellt. Schutzisolierte Geräte, z.B. das Netzteil eines Laptops, sind mit dem Symbol für Schutzisolierung gekennzeichnet. Das Gehäuse (Körper) ist vom elektrischen Teil vollständig isoliert und besteht meist ganz aus Kunststoff. Die Netzstecker der Geräte verfügen über keinen Schutzkontakt und die Netzleitung ist 2-adrig. Bei sichtbaren Gehäuseschäden dürfen die Geräte nicht mehr benutzt werden. Schutzisolierte Geräte dürfen nicht mit dem Schutzleiter PE des Netzes verbunden werden.
Schutztrennung 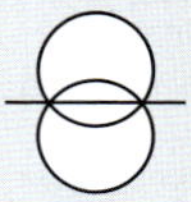	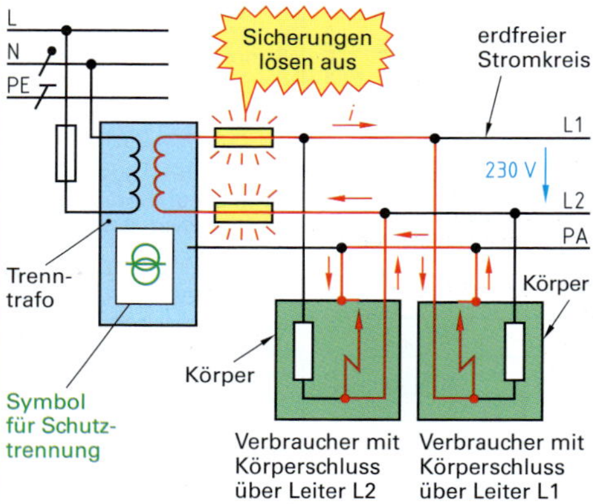	Bei der Schutztrennung werden Verbraucher über Trenntrafos vom Netz galvanisch getrennt. Die Trenntrafos führen das Symbol für Schutztrennung. Die ausgangsseitigen Leiter L1 und L2 sind gegen Erde potenzialfrei. Ortsveränderbare Trafos müssen schutzisoliert sein. Wo Schutztrennung nicht vorgeschrieben ist, dürfen an einen Trenntrafo mehrere Verbraucher angeschlossen werden, wobei ein ungeerdeter Potenzialausgleichsleiter PA die Körper der Verbraucher verbindet. Im Fehlerfall **(Bild)** werden dann die Sicherungen ausgelöst.
SELV 	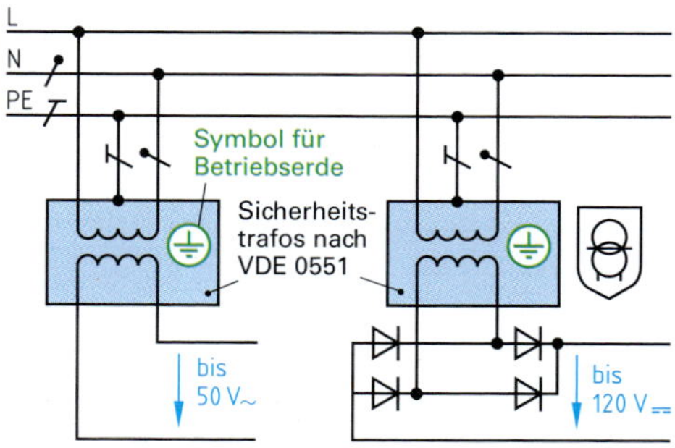	SELV (von Safety Extra Low Voltage = Sicherheitskleinspannung), verwendet Sicherheitstransformatoren oder Akkumulatoren mit Wechselspannungen bis 50 V oder Gleichspannungen bis 120 V. Die Körper der Trafos sind mit Betriebserde (PE) verbunden **(Bild)**. Ausgangsseitig müssen die Trafos galvanisch vom Netz getrennt sein. Das SELV-Netz darf nicht geerdet werden.
FELV, PELV 	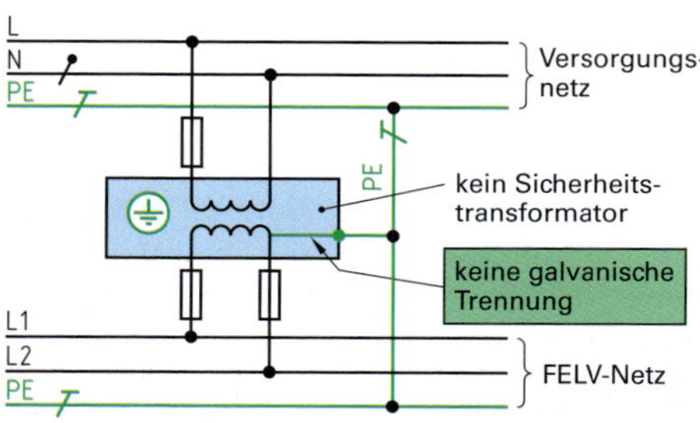	Die Schutzmaßnahmen PELV (P von Protected = Schutz), also Schutzkleinspannung, und FELV (F von Functional), also Funktionskleinspannung unterscheiden sich gegenüber SELV-Netzen bezüglich der galvanischen Trennung vom Versorgungsnetz und der Erdung. Bei PELV dürfen der Stromkreis und die Körper der Verbraucher geerdet sein. FELV-Netze haben keine galvanische Trennung gegenüber dem Versorgungsnetz **(Bild)**.

A

Differenzstromgeräte

Begriffe	Erklärungen	Schaltung, Ansicht
Bedeutung Abschaltung Über-wachung	Differenzstromgeräte sind die wichtigsten Geräte zur Erzielung einer sicheren und gefahrarmen Stromversorgung. Sie bewirken im Fehlerfall die Abschaltung und im Betrieb die laufende Überwachung der Anlage.	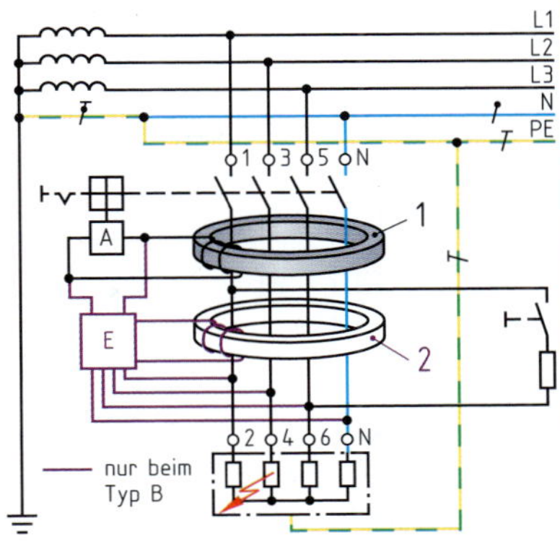 **Aufbau einer RCD** www.doepke.de
Funktion Summen-strom-wandler Eisenkern Induktion RCD RCM Gleichfeld Hall-Generator Fehler-anzeige Bemes-sungs-ströme	Den Strom erhält die Anlage durch Leiter, die durch den Kern eines Summenstromwandlers geführt sind. Solange kein Isolationsfehler gegen PE bzw. Erde vorhanden ist, heben sich die Stromwirkungen im Eisenkern auf. Fließt aber ein Teil des Stromes über Erde als Differenzstrom $I\Delta$ zurück, so wird der Eisenkern magnetisiert. Bei $I\Delta$ als AC oder pulsierendem DC wird in der Wicklung des Eisenkernes 1 eine Wechselspannung induziert. Diese Spannung führt beim RCD (Residual Current protective Device = Fehlerstromschutzschalter) zur Abschaltung und beim RCM (Residual Current Monitor = Reststrom-Überwacher) zur Anzeige des Fehlers. Ist $I\Delta$ ein „glatter" DC aus einem AC-Stromkreis **(Bild unten rechts)**, entsteht im Eisenkern ein magnetisches Gleichfeld. Dieses wird bei Geräten vom Typ B in einem Eisenkern 2 in eine Spannung umgesetzt, z. B. mittels Hall-Generator. Die Spannung bewirkt wie beim Typ A Abschalten der Stromversorgung oder Anzeige des Fehlers. **Bemessungsströme** I_N: 25 A, 40 A, 63 A **Bemessungsdifferenzströme** $I\Delta_N$: (10 mA), 30 mA, 0,1 A, 0,3 A, 0,5 A (Klammerangabe nur beim Typ A)	**Sonderformen:** RCBO = RCD mit Overload Breaker = RCD mit LS-Schalter, CBR für I_N über 63 A (Schalter mit RCU = Fehlerstrom-Auslöser) 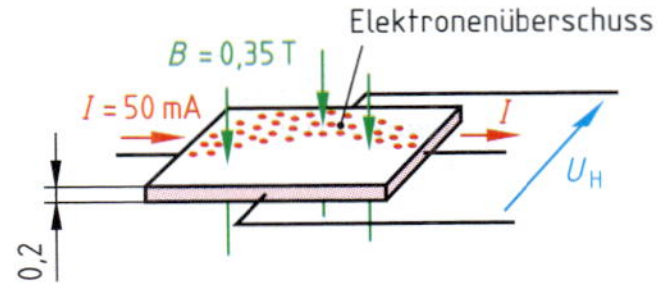 **Prinzip des Hall-Generators mit N-Leiter**
Fehler-ströme Typen Angabe der Typen am Gerät Selektivität Verzöge-rungen **Hinweise**	Gewöhnlich treten bei einem Isolationsfehler in AC-Anlagen oder 3 AC-Anlagen AC-Fehlerströme $I\Delta$ auf. In derartigen Stromkreisen mit Elektronik, z. B. bei einem Umrichter mit Gleichstrom-Zwischenkreis, entstehen je nach Fehlerort Fehlerströme $I\Delta$ als AC, als pulsierende DC oder als „glatte" DC (nicht auf null gehende DC, **Bild**). Je nach $I\Delta$ nimmt man Geräte vom Typ A oder Typ B, außerhalb Deutschlands auch vom Typ AC. Der Typ ist auf der RCD bzw. RCM als stilisierte Form des $I\Delta$ angegeben. Selektive Geräte mit Kennzeichnung S schalten bei einem Fehler verzögert ab, solche mit K kurze Zeit verzögert. Geräte vom Typ F sind für Lasten bestimmt deren Fehlerströme Mischfrequenzen enthalten können, z. B. bei einphasigen Umrichtern. 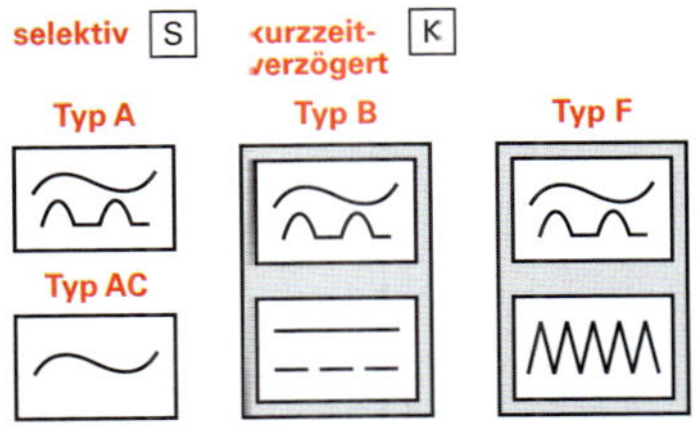 **Kennzeichnungen an Differenzstromgeräten**	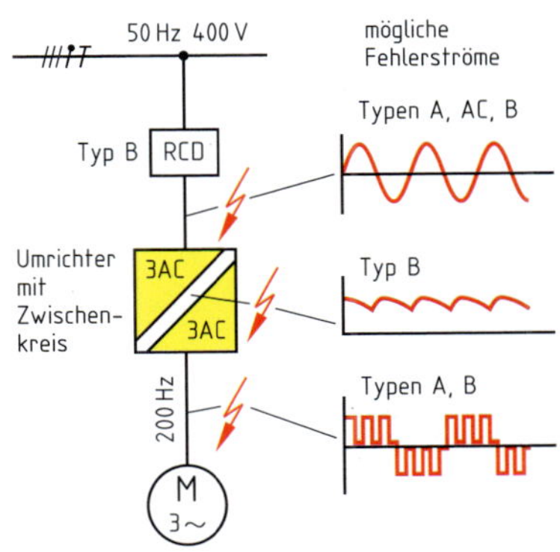 **Stellen möglicher Fehlerströme bei einem Umrichter** **Hinweise** • Differenzstromgeräte, z. B. RCDs, sind in DC-Netzen nicht verwendbar. • Typ-A-Geräte darf man nicht netzseitig vor Typ-B-Geräte schalten.

AC	Alternating Current	RCD	Residual Current protective Device	I_N	Bemessungsstrom
DC	Direct Current	RCM	Residual Current Monitor	I_Δ	Differenzstrom, Fehlerstrom
CBR	Circuit Breaker RCU	RCU	Residual Current Unit	$I_{\Delta N}$	Bemessungs-Differenzstrom

Fehlerschutz durch automatische Abschaltung der Stromversorgung

vgl. DIN VDE 0100-410

Schaltung, Formeln	Erklärung	Ergänzung

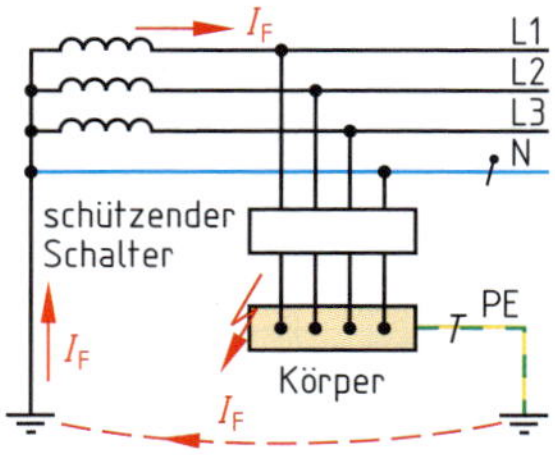

Fehlerschutz durch Abschaltung der Stromversorgung

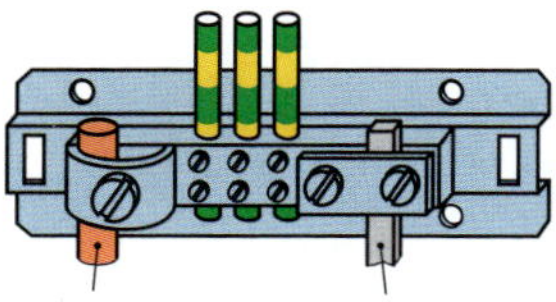

Schutzpotenzialausgleich über die Haupterdungsschiene

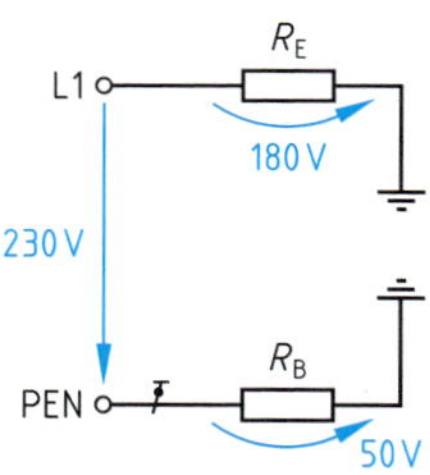

Spannungen am 230-V-Netz im Fehlerfall

Spannungswaage

$$\frac{R_B}{R_E} \leq \frac{50\,V}{U_0 - 50\,V}$$

R_B Gesamterdungswiderstand des PE

R_E Erdübergangswiderstand der metallischen Systeme

Wenn die Spannungswaage nicht erfüllt ist, so liegt kein TN-System vor, sondern ein TT-System. Das ist bei einem Vierleiternetz dann erfüllt, wenn der Neutralleiter nicht ausreichend oft geerdet ist.

Der Fehlerschutz durch Abschaltung der Stromversorgung ist im TN-System und im TT-System die häufigste Schutzmaßnahme. Dabei sorgt ein elektronischer Schalter, z. B. eine RCD (Fehlerstrom-Schutzeinrichtung) oder ein Leitungsschutzschalter, für das Abschalten, sobald im Schutzleiter PE ein genügend starker Strom auftritt, z. B. durch einen Körperschluss **(Bild)**. Dieser Schutz erfordert im TN-System bei der Errichtung von Anlagen eine *Schutzerdung*.

Wenn Strom im PE auftritt, ist eine Spannung am PE in der gesamten Anlage vorhanden und tritt deshalb an allen angeschlossenen metallischen Körpern auf. Es muss nun dafür gesorgt werden, dass diese Spannung nicht eine gefährliche Höhe erreicht und in kurzer Zeit abgeschaltet wird. Das erfolgt durch einen *Schutzpotenzialausgleich über die Haupterdungsschiene* und durch Abschalten in kurzer Zeit.
Durch den Schutzpotenzialausgleich haben allerdings die metallischen Systeme Einfluss auf die Höhe der am PE im Fehlerfall auftretende Spannung. Der Erdübergangswiderstand R_E dieser Systeme und der gesamte Erdungswiderstand R_B des PEN bzw. PE sind im Fehlerfall in Reihe geschaltet **(Bild)**. Da die Spannung zwischen PE und Erde nicht höher sein darf als 50 V, müssen 180 V = U_0 – 50 V an R_E liegen. Das dadurch festliegende Verhältnis zwischen R_B und R_E wird als *Spannungswaage* bezeichnet **(Formel links)**.

Im TN-System sind die VNB (Verteilungsnetzbetreiber) verpflichtet, die Spannungswaage einzuhalten. Deshalb wird der PEN-Leiter bzw. der PE möglichst oft geerdet, z. B. durch Fundamenterder bei jedem Hausanschluss (Seite 161).

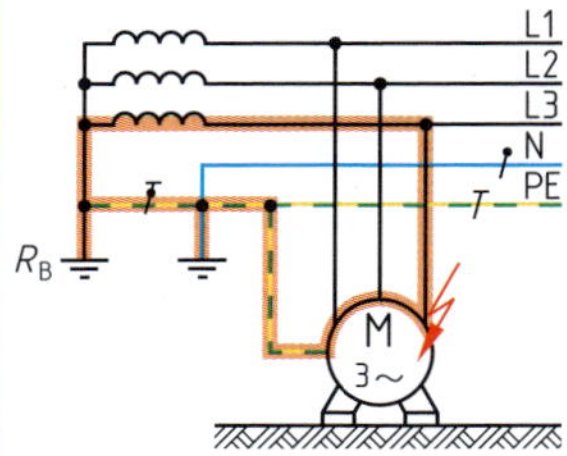

Schutzerdung über PE

Schutzerdung erfolgt durch Verbinden aller metallenen Körper der Betriebsmittel über den Schutzleiter PE mit dem Erdungssystem.

Schutzpotenzialausgleich erfolgt durch Verbinden aller metallischen Systeme durch Schutzpotenzialausgleichsleiter PB über die Haupterdungsschiene mit dem Erdungssystem und dem PE.

Maximale Abschaltzeiten

Bereich	Abschaltzeit bei AC	Abschaltzeit bei DC
Endstromkreise mit $I_N \leq 32$ A im TN-System		
50 V < $U_0 \leq$ 120 V	0,8 s	–
120 V < $U_0 \leq$ 230 V	0,4 s	≤ 5 s
230 V < $U_0 \leq$ 400 V	0,2 s	0,4 s
U_0 > 400 V	0,1 s	0,1 s
Verteilungsstromkreise oder I_N > 32 A	≤ 5 s	≤ 5 s
Endstromkreise mit $I_N \leq 32$ A im TT-System		
50 V < $U_0 \leq$ 120 V	0,3 s	–
120 V < $U_0 \leq$ 230 V	0,2 s	0,4 s
230 V < $U_0 \leq$ 400 V	0,07 s	0,2 s
U_0 > 400 V	0,04 s	0,1 s
Verteilungsstromkreise oder I_N > 32 A	≤ 1 s	≤ 1 s

Die geforderten Abschaltzeiten beim TT-System sind kleiner als beim TN-System, da die Spannungswaage nicht eingehalten ist. Dadurch kann im Fehlerfall eine Schutzleiterspannung von über 50 V auftreten, und zwar auch an Körpern, deren Stromkreis fehlerfrei ist.

I_F Fehlerstrom, I_N Nennstrom, Bemessungsstrom, R_A Anlagenerderwiderstand, R_B Erderwiderstand aller parallelen Erder des Netzes, R_E kleinster Widerstand fremder leitfähiger Teile mit Erdkontakt, U_0 Nennspannung Außenleiter gegen Erde

A

Fehlerschutz durch automatische Abschaltung der Stromversorgung

vgl. DIN VDE 0100-410

Schaltung, Formeln	Erklärung	Ergänzung, Daten

Automatische Abschaltung durch RCD im TN-S-System

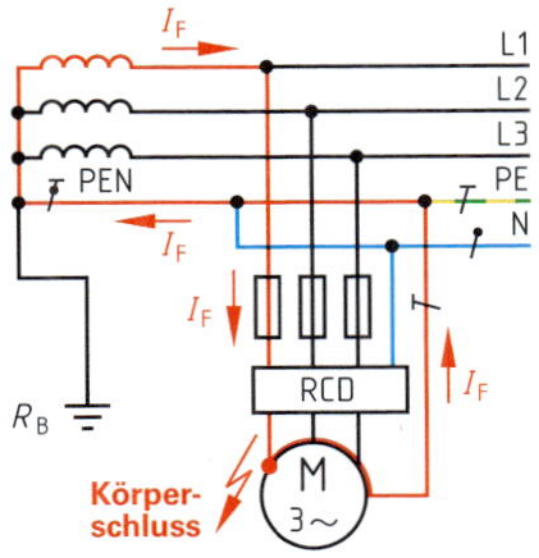

Schutz durch RCD im TN-S-System

Fehlerstrom für RCD

$$I_F \geq I_{\Delta N}$$

Anlagenerderwiderstand für RCD

$$R_A \leq \frac{50\,V}{I_{\Delta N}}$$

Im Fehlerfall muss der Fehlerstrom mindestens so groß sein wie der Bemessungsdifferenzstrom der RCD. Dies ist im öffentlichen Netz für RCDs immer erfüllt, da der VNB dafür sorgen muss, dass die „Spannungswaage" (vorhergehende Seite) eingehalten ist.

Anstelle einer RCD dürfen auch deren Sonderformen RCBO (RCD mit Overload-Broker) oder CBR (Leitungsschutzschalter) oder Leistungsschalter mit Residual Current Unit (RCU) eingesetzt werden.

Nicht zulässig ist eine Verwendung von RCDs im TN-C-System, da dann ein Fehlerstrom nicht erfasst werden kann. Überstrom-Schutzeinrichtungen sind erforderlich zum Schutz gegen Überlast und nicht zum Fehlerschutz.

Automatische Abschaltung durch RCD im TT-System

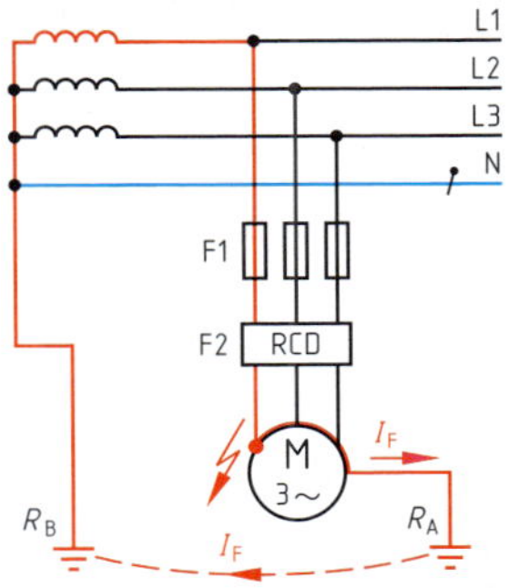

Schutz durch RCD im TT-System

Hier muss der Anlagenerderwiderstand R_A so klein sein, dass beim Bemessungsdifferenzstrom höchstens 50 V am metallischen Körper auftreten.

Automatische Abschaltung durch Überstrom-Schutzeinrichtung im TN-S-System

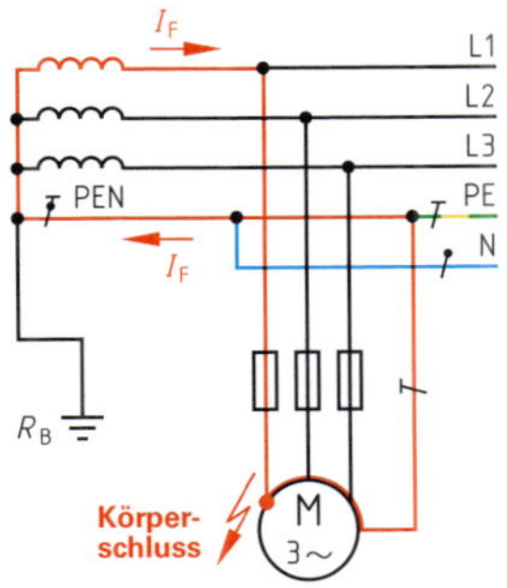

Fehlerschutz durch Überstrom-Schutzeinrichtungen im TN-S-System

Fehlerstrom für LS-Schalter

$$I_F \geq I_a$$

Schleifenimpedanz

$$Z_S \leq \frac{U_0}{I_a} \qquad Z_{Sm} \leq \frac{2}{3} \cdot \frac{U_0}{I_a}$$

Ursprünglich erfolgte der Fehlerschutz durch die wegen des Überlastschutzes ohnehin vorhandenen Überstrom-Schutzeinrichtungen, meist Leitungsschutzschalter (LS-Schalter). Der Fehlerstrom muss hier mindestens so groß sein wie der Auslösestrom der Überstrom-Schutzeinrichtung (Auslösestrom Seite 515). Deshalb muss vor Inbetriebnahme die Impedanz der Fehlerschleife gemessen werden. Nach der Messung nach Formel 4 muss geprüft werden, ob das Messergebnis der Forderung entspricht. Die Bedingung für Z_{Sm} folgt aus der Bedingung für Z_S, weil die Messung von Z_{Sm} nicht im betriebswarmen Zustand möglich ist.

Überstrom-Schutzeinrichtungen sind als Fehlerschutz nur wirksam, wenn ihr Abschaltstrom vom meist 3- bis 10-fachen Nennstrom zustande kommt. Das trifft bei „schleichenden Kurzschlüssen" nicht zu. Wenn ein schleichender Schluss zwischen Außenleiter und Neutralleiter entsteht, erfolgt die Abschaltung nur, wenn ein *Brandschutzschalter* vorhanden ist.

Automatische Abschaltung durch Überstrom-Schutzeinrichtungen im TT-System

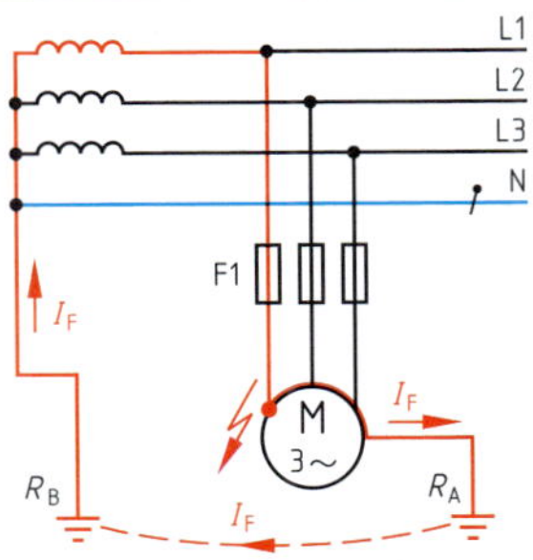

Fehlerschutz im TT-System durch Überstrom-Schutzeinrichtungen

Der Auslösestrom I_a der Überstrom-Schutzeinrichtung ist je nach Typ ein Vielfaches von dessen Nennstrom (Seite 514). Diese Art von Fehlerschutz ist kaum erreichbar, weil die links angegebene Bedingung für I_F erfüllt sein muss und damit R_A sehr klein ist.

I_a Auslösestrom des LS-Schalters (Leitungsschutzschalter), I_F Fehlerstrom, $I_{\Delta N}$ Bemessungsdifferenzstrom, R_A Anlagenerderwiderstand, U_0 Nennspannung Außenleiter gegen Erde, Z_S Impedanz der Fehlerschleife (betriebswarm), Z_{Sm} gemessene Impedanz der Fehlerschleife im kalten Zustand

A

Weitere Schutzmaßnahmen

vgl. DIN VDE 0100-410

Schaltung | Erklärung | Ergänzungen

Weiterer Fehlerschutz

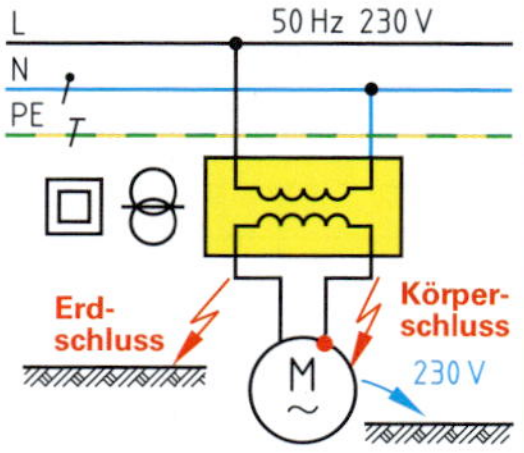

Schaltung mit Trenntransformator bei Erdschluss

Schutztrennung
Der Fehlerschutz erfolgt hier durch Trennung vom Netz, meist mittels Trenntransformator nach VDE 0550.

- Die Ausgangsspannung muss sein ≤ 500 V, sie ist meist 230 V.
- Aktive Teile dürfen nicht mit Erde oder anderen Stromkreisen verbunden sein.
- Körper der Verbrauchsmittel dürfen nicht an PE angeschlossen sein.
- Flexible Leitungen müssen an Stellen mit mechanischer Beanspruchung sichtbar sein.

Die Schutztrennung ist bei einem Erdschluss unwirksam **(Bild)**. Deshalb darf im Allgemeinen an eine Ausgangswicklung des Transformators nur ein Verbrauchsmittel angeschlossen sein.

Transformatoren mit mehreren Ausgangswicklungen erlauben im Allgemeinen den Anschluss mehrerer Verbrauchsmittel.

In fachlich überwachten Anlagen kann eine Ausgangswicklung mehrere Verbrauchsmittel speisen, wenn zusätzliche Maßnahmen getroffen werden (folgende Seite).

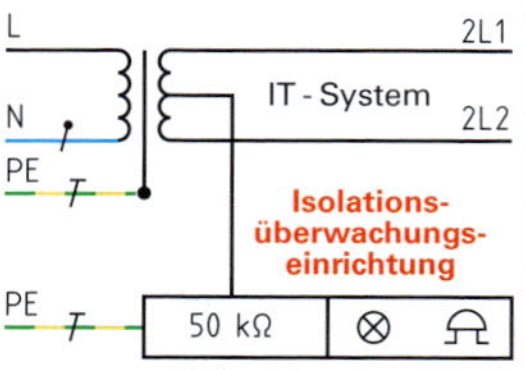

Prinzip von Schutz durch Meldung im IT-System

Schutz durch Meldung
Dieser Schutz ist im IT-System (Seite 575) möglich. Der Endstromkreis wird durch einen nicht geerdeten Transformator gespeist. Eine *Isolationsüberwachungseinrichtung* gibt beim 1. Fehler nur ein optisches und akustisches Signal. Damit ist Zeit gewonnen, um den Fehler zu beheben. Erst bei einem 2. Fehler erfolgt die Abschaltung, z.B. durch RCD; Anwendung bspw. in Krankenhäusern.

Der nach dem 1. Fehler fließende Strom I_d enthält den Ableitstrom der Anlage einschließlich seines kapazitiven Teils. Deshalb kann die Anlage nicht umfangreich sein, weil sonst auch ohne Fehler abgeschaltet wird.

Bedingung bei AC	**bei DC**
$R_A \cdot I_d \leq 50\,V$	$R_A \cdot I_d \leq 120\,V$

R_A Widerstand Erder + PE
I_d Fehlerstrom beim 1. Fehler

Zusätzlicher Schutz

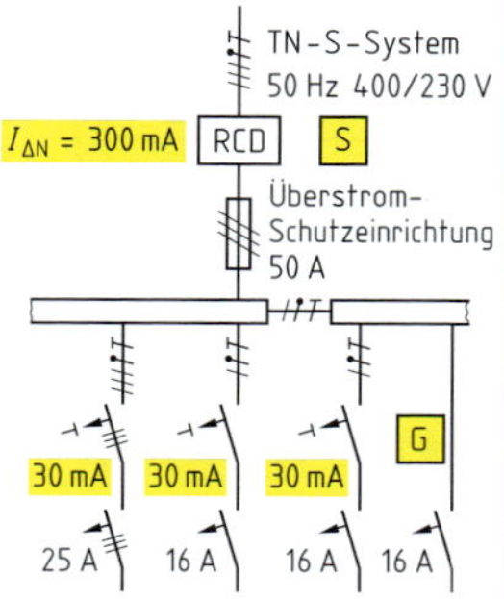

Zusätzlicher Schutz durch RCDs mit $I_{\Delta N} \leq 30$ mA

Zusätzlicher Schutz durch RCDs mit $I_{\Delta N} \leq 30$ mA
Dieser zusätzliche Schutz soll beim Versagen des Basisschutzes und/oder des Fehlerschutzes oder bei Bedienungsfehlern *zusätzlich* schützen. Dieser Schutz ist für manche Anlagen bindend und nur für die anderen freiwillig.

Dieser Schutz ist nicht als alleiniges Mittel des Schutzes gegen elektrischen Schlag zulässig, sondern nur als Ergänzung. Insbesondere wird dabei der Basisschutz nicht überflüssig.

Der zusätzliche Schutz durch RCD mit $I_{\Delta N} \leq 30$ mA muss bei Neuanlagen oder grundlegenden Änderungen angewendet werden:

- bei Steckdosenstromkreisen mit $I_N \leq 20$ A für die Benutzung durch Laien
- bei Endstromkreisen im Außenbereich mit $I_N \leq 32$ A für tragbare Betriebsmittel

Damit dient der zusätzliche Schutz durch RCDs vor allem den Benutzern von tragbaren Verbrauchsmitteln.

DIN VDE 0100-410 empfiehlt für die genannten Stromkreise RCBO (RCD mit LS-Schalter).

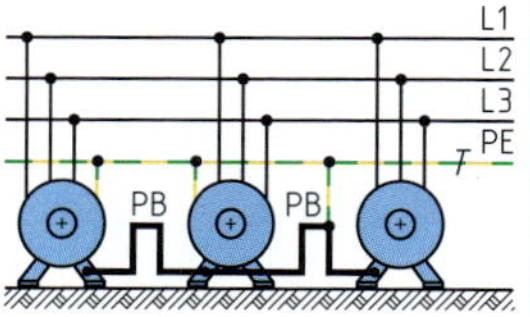

Zusätzlicher Schutz durch Schutzpotenzialausgleich

Zusätzlicher Schutz durch Schutzpotenzialausgleich
Dieser Schutz ergänzt den Fehlerschutz. Er muss alle gleichzeitig berührbaren Körper und fremde leitfähige Teile einschließen. Diese werden miteinander durch Schutzpotenzialausgleichsleiter verbunden, also evtl. zusätzlich zu den vorhandenen PE-Verbindungen.

Wenn Zweifel an der Wirksamkeit des zusätzlichen Schutzpotenzialausgleichs bestehen, ist durch Messung nachzuweisen, ob zutrifft:

im AC-System	$R \leq 50\,V/I_a$
im DC-System	$R \leq 120\,V/I_a$

Der zusätzliche PB ist mit PE zu verbinden.

I_a Abschaltstrom, bei RCD $I_{\Delta N}$, I_d Strom nach dem 1. Fehler, I_N Bemessungsstrom, $I\Delta_N$ Bemessungsdifferenzstrom, R Widerstand vom Schutzpotenzialausgleich, R_A Widerstand von Erder und PE

Weiterer Fehlerschutz in fachlich überwachten Anlagen

Schutzart	Schaltung, Anlage	Erklärung
Schutz durch nicht leitende Umgebung	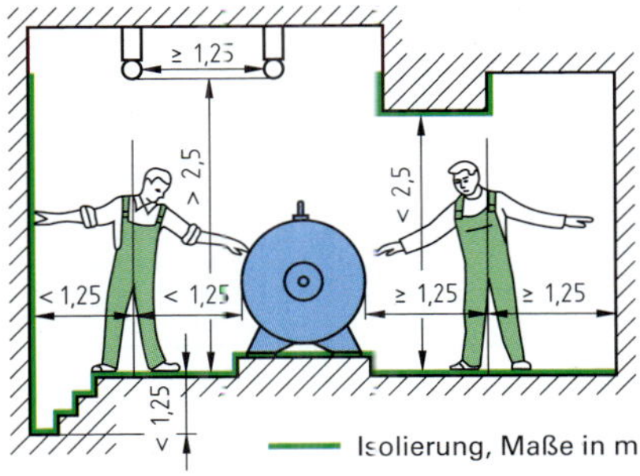 **Nicht leitende Umgebung**	In fachlich überwachten Anlagen (siehe unten) • muss der Basisschutz erfüllt sein. • kann der *zusätzliche* Schutz durch RCDs für Steckdosenstromkreise entfallen. • können alle allgemeinen Maßnahmen zum Fehlerschutz sowie die folgenden angewendet werden. **Schutz durch nicht leitende Umgebung** Leitfähige Körper müssen so angeordnet sein, dass Personen nicht gleichzeitig zwei Körper oder einen Körper und ein fremdes leitfähiges Teil berühren können. Die Isolierung muss mechanisch fest sein und eine Prüfspannung von 2 kV aushalten. Der Ableitstrom darf nicht größer als 1 mA sein. Die Isolationsimpedanz Z_x des Fußbodens und der berührbaren Wände darf nicht unterschreiten: • 50 kΩ bei Nennspannung bis 500 V • 100 kΩ bei Nennspannung über 500 V
Messung des Isolationswiderstandes	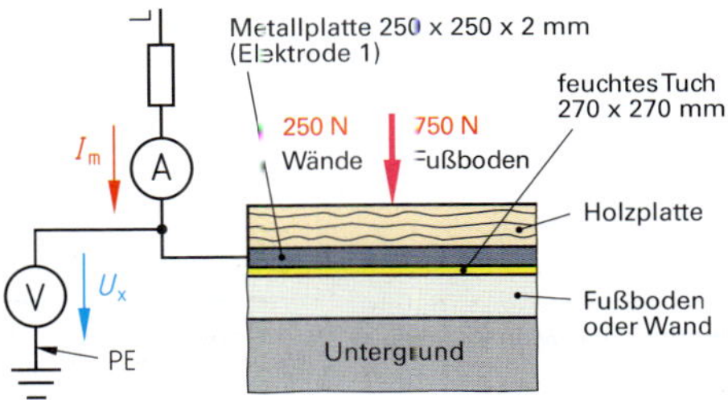 **Messung der Isolationsimpedanz**	**Isolationsimpedanz** Messung **(s. Bild)** $Z_x \geq \frac{U_x}{I_m}$
Schutztrennung mit mehreren Verbrauchsmitteln	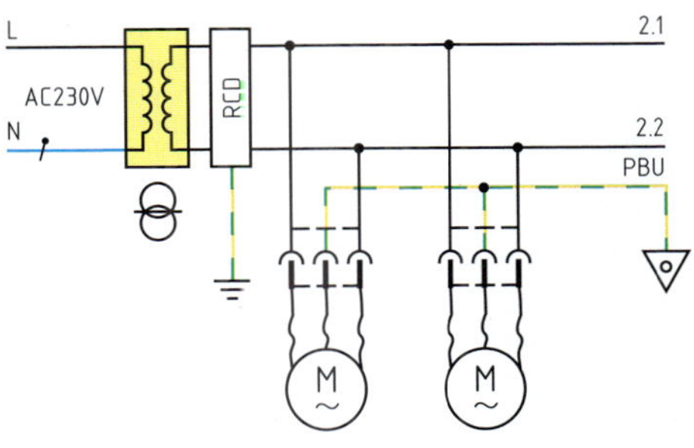 **Schutztrennung mit Schutzpotenzialausgleich**	**Schutztrennung mit mehreren Lasten** • Getrennter Stromkreis muss mechanisch geschützt sein, z. B. durch Isolierrohre • Körper sind über ungeerdete, isolierte Schutzpotenzialausgleichsleiter PBU zu verbinden. • Beim Auftreten von je einem Fehler in verschiedenen Außenleitern muss die automatische Abschaltung erfolgen. • Die Leitungslängen des getrennten Stromkreises sollen 500 m nicht übersteigen, weil sonst über die Ableitströme Verbindung zur Erde erfolgt. • Das Produkt aus Leitungslängen und Nennspannung soll wegen der Ableitströme 100 kVm nicht übersteigen.
Schutz durch örtlichen, erdfreien Schutzpotenzialausgleich	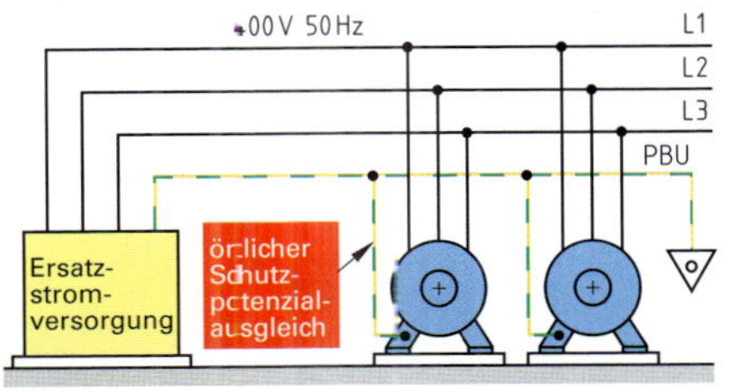 **Fehlerschutz bei einer Ersatzstromversorgung**	**Schutz durch erdfreien örtlichen Schutzpotenzialausgleich** • Gleichzeitig berührbare Körper und fremde leitfähige Teile müssen über PBU verbunden sein. • Personen müssen vor Potenzialunterschieden geschützt sein, z. B. beim Betreten. Dieser Schutz wird auch in nicht fachlich überwachten Anlagen, z. B. Schwimmbädern, angewendet, aber nur als „zusätzlicher Schutz" neben üblichem Basisschutz und Fehlerschutz.

Fachlich überwachte Anlagen (kein Normbegriff) sind Anlagen, die „von Elektrofachkräften oder elektrotechnisch unterwiesenen Personen betrieben und überwacht werden" (Normbegriff aus VDE 0100-410).

Prüfen von elektrischen Geräten

Vorschriften

DIN VDE 701	DIN VDE 702	BGV2 A2
Diese Norm enthält die Vorschriften zur Instandsetzung, Änderung und Prüfung elektrischer Geräte.	Diese Norm enthält die Vorschriften zu den Wiederholungsprüfungen von elektrischen Geräten.	Diese Unfallverhütungsvorschrift der Berufsgenossenschaft schreibt die Zeitabstände fest, in denen ortsveränderliche Betriebsmittel, Verlängerungsleitungen, Geräteanschlussleitungen und Steckverbindungen geprüft werden müssen.

Zu prüfende Gerätearten	Vorzunehmende Prüfungen
Laborgeräte, Mess-, Steuer- und Regelgeräte, Geräte zur Spannungserzeugung, Elektrowerkzeuge, Elektrowärmegeräte, Leuchten, Elektromotorgeräte, Geräte der Unterhaltungstechnik, Geräte der Informationstechnik, Geräte der Kommunikationstechnik, Verlängerungsleitungen, Geräteanschlussleitungen	Sichtprüfung, Messung des Schutzleiterwiderstandes, Messung des Isolationswiderstandes, Messung des Ersatzableitstromes, Messung des Schutzleiterstromes, Messung des Berührungsstromes, Funktionsprüfung, Dokumentation der Prüfung

Prüffristen nach BGV2 A2

Frist	gültig für
3 Monate	Baustellen
6 Monate	Richtwert
mindestens 1 Jahr	bei geringer Fehlerhäufigkeit in Betriebsstätten
mindestens 2 Jahre	Büros

Prüfgerät SECUTEST S2 für DIN VDE 0701-0702 und 0751

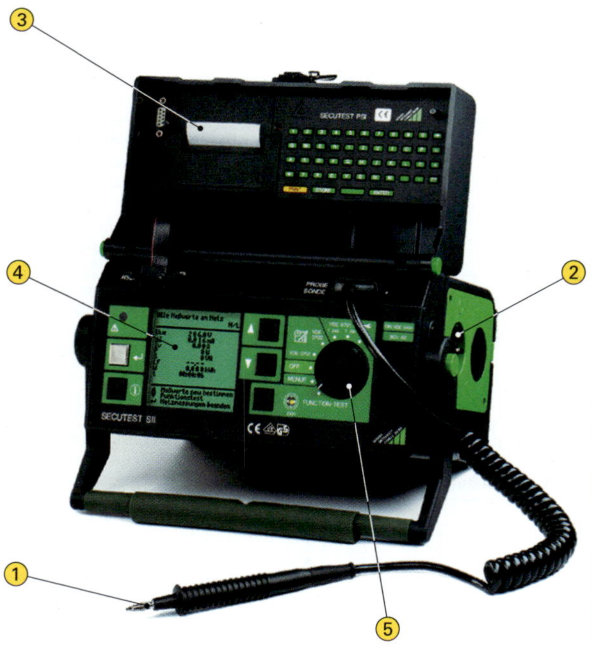

① Sonde mit Prüfspitze
② Prüfdose
③ Druckermodul
④ LCD-Anzeigeeinheit
⑤ Funktionsschalter

Quelle: „Gossen Metrawatt“

Die Prüfungen sind in der Regel von einer Elektrofachkraft durchzuführen. Bei Verwendung von geeigneten Geräten kann die Durchführung der Prüfung auch eine elektrotechnisch unterwiesene Person übernehmen.
Mit Universalprüfgeräten sind alle notwendigen Messungen durchzuführen.
Optional erstellen einige Geräte eine Bewertung der Prüfergebnisse. Weiterhin lassen sich auch gerätespezifische Prüfabläufe und Protokolle speichern.

Auszüge aus Original-Prüfprotokoll:

Allgemeines Setup

➤ speichern
Grenzwerte . . .
Modem . . .
Prüfablauf . . .
Protokolle . . .
Service . . .

▲▼ auswählen
↵ ändern

Alle Messwerte am Netz
N/L

U_{LN}	206.0 V
ΔI	0.016 mA
I_V	0.00 A
P	0 W
S	0 VA
LF	– –.– –
W	0.000 kWh
t	00:00:06

▲ Messwerte neu bestimmen
▼ Funktionstest
↵ Netzmessungen beenden

A

Prüfen von elektrischen Geräten

Art der Prüfung und Grenzwerte	Erklärung	Messschaltung

Messen des Schutzleiterwiderstandes

Prüfen, ob eine Parallelverbindung besteht!

Länge der Anschlussleitung	Maximalwert
bis 5 m	0,3 Ω
je weitere 7,5 m	0,1 Ω
maximal	1,0 Ω

Der Schutzleiterwiderstand wird zwischen den Schutzkontakten bzw. dem Schutzleiteranschluss und jedem berührbaren leitfähigen Teil des Gerätegehäuses gemessen. Der Schutzleiterwiderstand umfasst den Widerstand der Anschlussleitung sowie den Übergangswiderstand der Steck- und Klemmverbindungen.

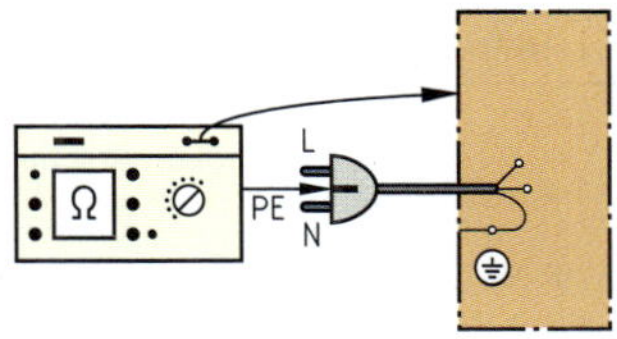

Messen des Isolationswiderstandes

Schutzklasse	Mindestwert
I	0,3 MΩ bis 2 MΩ
II	2 MΩ
III	0,25 MΩ

Der Isolationswiderstand wird zwischen dem Schutzleiter (Schutzklasse I), bzw. berührbarem leitfähigen Gehäuse (Schutzklasse II) und den kurzgeschlossenen Netzanschlüssen gemessen. Der Isolationswiderstand darf die Grenzwerte nicht unterschreiten!

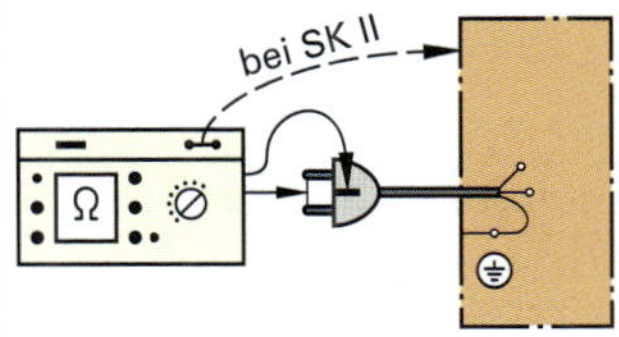

Messen des Schutzleiterstromes

Gerät	Grenzwert
Allgemein	3,5 mA
P > 3,5 kW Heizelemente	1 mA/kW Heizleistung

Höchstwert 10 mA

Nach bestandener Prüfung des Schutzleiterwiderstandes und des Isolationswiderstandes erfolgt die Messung des Schutzleiterstromes mit Netzspannung.
Der höchste Messwert ist als Messergebnis zu betrachten!

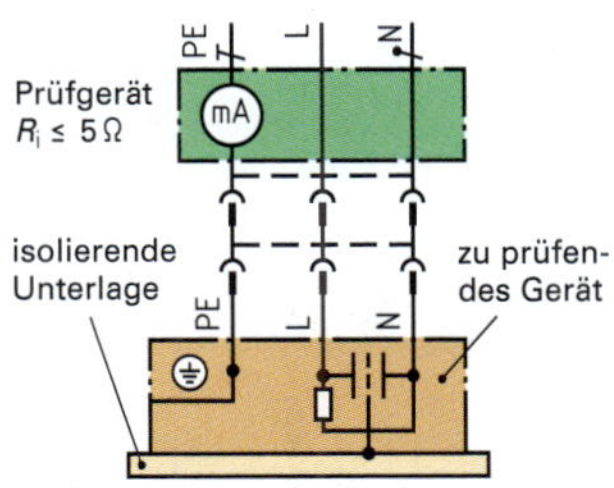

Prüfling isoliert aufstellen!

Messen des Berührungsstromes

Der Berührungsstrom darf nicht größer als 0,5 mA sein.

Diese Messung ist bei Geräten der Schutzklasse II durchzuführen, wenn z.B. bei Geräten der Informationstechnik keine Betriebsunterbrechung möglich ist bzw. der Isolationswiderstand nicht gemessen werden kann.

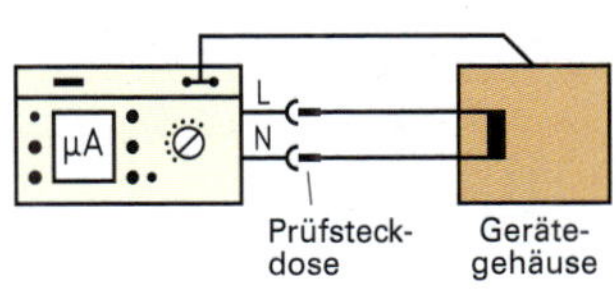

Auswertung, Beurteilung, Dokumentation

- Das Gerät muss alle Einzelprüfungen bestehen und sollte entsprechend gekennzeichnet sein, z.B. durch eine Prüfplakette.
- Der Betreiber ist über Geräte, die die Prüfung nicht bestanden haben, zu informieren. Dabei ist das Gerät deutlich als unsicher zu kennzeichnen, z.B. durch eine entsprechende Plakette.

Prüfplaketten

Schutzklasse I: Geräte mit Schutzleiteranschluss
Schutzklasse II: Geräte ohne Schutzleiteranschluss
Schutzklasse III: Geräte, die nur mit Schutzkleinspannung betrieben werden

A

Schutzarten elektrischer Betriebsmittel

Alphanumerische Kennzeichnung zur Angabe der Schutzart

Kennbuchstaben IP	Schutz gegen Berühren und gegen Eindringen von Fremdkörpern und Wasser IP (International Protection) = Internationale Schutzart		
Erste Kennziffer	**Berührungsschutz (Personenschutz) Fremdkörperschutz (für Betriebsmittel)**	**Zweite Kennziffer**	**Wasserschutz**
IP 0X	Kein Berührungsschutz Kein Fremdkörperschutz	IP X0	Kein Wasserschutz
IP 1X	Handrückenschutz Schutz gegen Fremdkörper ≥ ∅ 50 mm	IP X1	Schutz gegen senkrecht fallendes Tropfwasser
IP 2X	Fingerschutz (Prüffinger, ∅ 12 mm, l = 80 mm) Schutz gegen Fremdkörper ≥ ∅ 12,5 mm	IP X2	Schutz gegen schräg fallendes Tropfwasser (15° gegen die Senkrechte)
IP 3X	Werkzeugschutz (Zugangssonde, ∅ 2,5 mm, l = 100 mm) Schutz gegen Fremdkörper ≥ ∅ 2,5 mm	IP X3	Schutz gegen Sprühwasser (bis 60° gegen die Senkrechte)
IP 4X	Drahtschutz (Zugangssonde, ∅ 1,0 mm) Schutz gegen Fremdkörper ≥ ∅ 1,0 mm	IP X4	Schutz gegen Spritzwasser
IP 5X	Drahtschutz (wie IP 4X), staubgeschützt	IP X5	Schutz gegen Strahlwasser
IP 6X	Drahtschutz (wie IP 4X), staubdicht	IP X6	Schutz gegen starkes Strahlwasser
		IP X7	Schutz gegen zeitweiliges Untertauchen
		IP X8	Schutz gegen dauerndes Untertauchen
		IP X9K	Schutz gegen Hochdruck-, Dampfstrahlreinigung

Wird nur eine Kennziffer für den Schutzgrad gebraucht, so wird die andere durch ein X ersetzt.

Dritte Stelle	Zusätzlicher Berührungsschutz	Vierte Stelle	Ergänzende Buchstaben
A	Handrückenschutz (Zugangssonde, ∅ 50 mm)	H	Hochspannungs-Betriebsmittel
B	Fingerschutz (Prüffinger, ∅ 12 mm, l = 80 mm)	M	Geprüft, wenn bewegliche Teile in Betrieb sind
C	Werkzeugschutz (Zugangssonde, ∅ 2,5 mm; l = 100 mm)	S	Geprüft, wenn bewegliche Teile im Stillstand sind
D	Drahtschutz (Zugangssonde, ∅ 1,0 mm; l = 100 mm)	W	Geprüft bei festgelegten Wetterbedingungen

Die dritte und vierte Stelle sind fakultativ (freigestellt).

Sinnbilder zur Angabe der Schutzart

Sinnbild	 Tropfwasser-geschützt	 Regen-geschützt	 Spritzwasser-geschützt	 Strahlwas-sergeschützt	 Wasser-dicht	 Druckwas-serdicht	 Staub-geschützt	 Staub-dicht
Beispiel: IP	X1	X3	X4	X5	X7	X8	5X	6X

Wassereinwirkung beim Wasserschutz

 Tropf-wasser, senkrecht	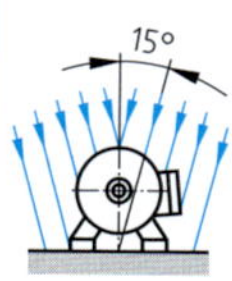 Tropfwasser, schräg	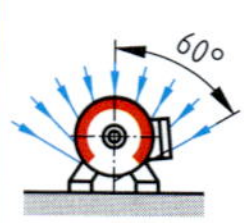 Sprühwasser	 Strahlwasser, aus allen Richtungen	 Überfluten	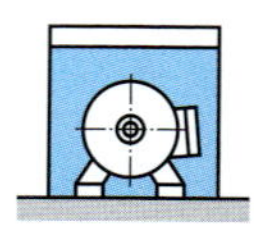 Untertauchen zeitweilig	Untertauchen dauernd	 Hochdruck-Dampfstrahl-reinigung
X1	X2	X3	X5	X6	X7	X8	X9K

Kennzeichnung schlagwetter- und explosionsgeschützter Betriebsmittel

 Allgemeine Kennzeichnung für Schlagwetterschutz oder Explosionsschutz	Nach der allgemeinen Kennzeichnung wird bei Schlagwetterschutz EExI und bei Explosionsschutz EExII gesetzt. Daran wird die besondere Schutzart durch einen Kleinbuchstaben angehängt. Dabei bedeuten:	d druckfeste Kapselung e erhöhte Sicherheit i_a, i_b Eigensicherheit o Ölkapselung p Überdruckkapselung q Sandkapselung

A

Schall und Lärm

Schalltechnische Begriffe

Begriff	Erläuterung	Begriff	Erläuterung
Schall	Schall entsteht durch mechanische Schwingungen. Er breitet sich in gasförmigen, flüssigen und festen Körpern aus.	Lärm	Unerwünschte, belästigende oder schmerzhafte Schallwellen Die Schädigung ist abhängig von der Stärke und Dauer der Einwirkung.
Schalldruckpegel	Der Schalldruckpegel ist ein Maß für die Lautstärke bzw. die Intensität des Schalls.	Frequenz	Schwingungen je Sekunde (Einheit: 1 Hertz = 1 Hz = 1/s). Tonhöhe steigt mit Frequenz. Frequenzbereich des menschlichen Ohres: 16 Hz bis 20000 Hz
Dezibel	In Dezibel (dB) werden logarithmische Vergleichsgrößen angegeben. Der gemessene Schalldruckpegel wird zum kleinsten, vom menschlichen Ohr noch wahrzunehmenden Schalldruck ins Verhältnis gesetzt. 0 dB entspricht der Hörschwelle. Eine Steigerung von 3 dB entspricht einer Verdoppelung der Schallleistung (Energiegröße).	dB(A)	Das menschliche Ohr empfindet verschieden hohe Töne mit gleichem Schalldruckpegel verschieden stark. Um den Gehöreindruck vergleichbar zu machen, werden Filter eingesetzt, z. B. Filter A → dB(A) dämpft tiefe Töne stark und verstärkt hohe Töne schwach. Eine Zunahme von 10 dB(A) wird vom Menschen als Verdoppelung der Lautstärke empfunden (psychologische Größe).

dB(A)-Werte

Schallart	dB(A)	Schallart	dB(A)	Schallart	dB(A)
Beginn der Hörempfindlichkeit	4	Normales Sprechen in 1 m Abstand	70	Schwere Stanzen	95…110
Atemgeräusche in 30 cm Abstand	10	Werkzeugmaschinen	75…90	Winkelschleifer	95…115
Flüstern	30	Schweißbrenner, Drehmaschine	85	Discomusik	110…115
Leise Unterhaltung	50…60	Schlagbohrmaschine, Motorrad	90	Düsentriebwerk	120…130

Lärm- und Vibrations-Arbeitsschutzverordnung

vgl. LärmVibrationsArbSchV

Messgrößen für den Lärm:
- **Tages-Lärmexpositionspegel:** durchschnittliche Lärmentwicklung, gemittelt über Acht-Stunden-Schicht
- **Spitzenschalldruckpegel:** Höchstwert des Schalldruckpegels, z. B. verursacht durch Explosion oder Knall

Durch den Arbeitgeber zu ergreifende Maßnahmen, bei Erreichen bzw. Überschreiten der Auslösewerte

untere Auslösewerte (u. A.): Tages-Lärmexpositionspegel = 80 dB(A) oder Spitzenschalldruckpegel = 135 dB(C)		**obere Auslösewerte (o. A.):** Tages-Lärmexpositionspegel = 85 dB(A) oder Spitzenschalldruckpegel = 137 dB(C)	
untere Auslösewerte werden erreicht oder überschritten	• Informations- und Unterweisungspflicht der Mitarbeiter über gesundheitliche Beeinträchtigungen	obere Auslösewerte werden erreicht oder überschritten	• Kennzeichnung der Lärmbereiche • Regelmäßige Vorsorgeuntersuchungen sind Pflicht • Gehörschutz ist Pflicht.
untere Auslösewerte werden überschritten	• Gehörschutz muss zur Verfügung gestellt werden • Vorsorgeuntersuchung muss angeboten werden	obere Auslösewerte werden überschritten	• Lärmminderungsprogramm muss erstellt und durchgeführt werden. Ziel: Reduzierung des Schalldruckpegels um 5 dB(A)

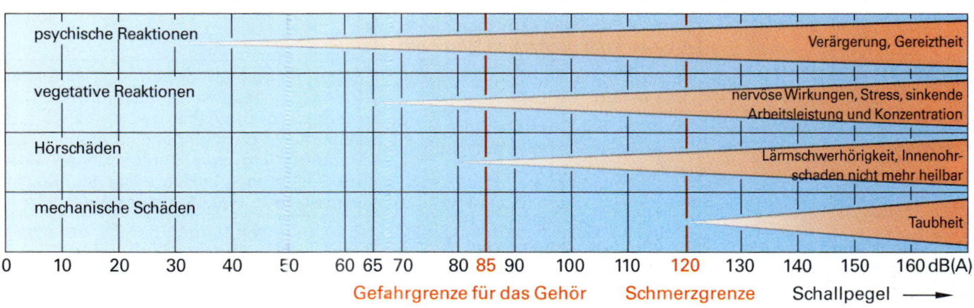

Normen und andere Regelwerke

Normung und Normbegriffe

Normung ist eine planmäßig durchgeführte Vereinheitlichung von materiellen und nichtmateriellen Gegenständen, wie z. B. Bauteilen, Berechnungsverfahren, Prozessabläufen und Dienstleistungen, zum Nutzen der Allgemeinheit.

Normbegriff	Beispiel	Erklärung
Norm	DIN 509	Eine Norm ist das veröffentlichte Ergebnis der Normungsarbeit. Beispiel: DIN 509 mit Formen und Maßen von Freistichen bei Drehteilen und Bohrungen
Teil	DIN 30910-2	Normen können aus mehreren in Zusammenhang stehenden Teilen bestehen. Die Teilnummern werden mit Bindestrich an die Norm-Nummer angehängt. DIN 30910-2 beschreibt z. B. Sinterwerkstoffe für Filter, während die Teile 3 und 4 Sinterwerkstoffe für Lager und Formteile beschreiben.
Beiblatt	DIN 743 Bbl 1	Ein Beiblatt enthält Informationen zu einer Norm, jedoch keine zusätzlichen Festlegungen. Das Beiblatt DIN 743 Bbl 1 enthält z. B. Anwendungsbeispiele zu den in DIN 743 beschriebenen Tragfähigkeitsberechnungen von Wellen und Achsen.
Entwurf	E DIN EN 10027-2 (2013-09)	Normentwürfe werden zur Einsicht und Stellungnahme veröffentlicht. Die Neufassung DIN EN 10027-2 (2015-07) mit Werkstoffnummern für Stähle lag der Öffentlichkeit z. B. von September 2013 bis Februar 2014 für Einsprüche als Entwurf vor.
Vornorm	DIN V 45696-1 (2006-02)	Eine Vornorm ist das Ergebnis einer Normungsarbeit, das wegen Vorbehalten nicht als Norm herausgegeben wird. DIN V 45696-1 enthält z. B. technische Maßnahmen bei der Gestaltung von Maschinen, die Ganzkörper-Schwingungen auf den Menschen übertragen.
Ausgabedatum	DIN 76-1 (2004-06)	Zeitpunkt des Erscheinens, welcher im DIN-Anzeiger veröffentlicht wird und mit dem die Norm Gültigkeit bekommt. Die DIN 76-1, welche Freistiche für metrische ISO-Gewinde festlegt, ist z. B. seit Juni 2004 gültig.

Normenarten und Regelwerke (Auswahl)

Art	Kurzzeichen	Erklärung	Zweck und Inhalte
Internationale Normen (ISO-Normen)	ISO	**I**nternational **O**rganisation for **S**tandardization, Genf (O und S werden in der Abkürzung vertauscht.)	Den internationalen Austausch von Gütern und Dienstleistungen sowie die Zusammenarbeit auf wissenschaftlichem, technischem und ökonomischem Gebiet erleichtern
Europäische Normen (EN-Normen)	EN	**E**uropäische **N**ormungsorganisation CEN (Comunité Européen de Normalisation), Brüssel	Technische Harmonisierung und damit verbundener Abbau von Handelshemmnissen zur Förderung des Binnenmarktes und des Zusammenwachsens von Europa
Deutsche Normen (DIN-Normen)	DIN	**D**eutsches **I**nstitut für **N**ormung e. V., Berlin	Die nationale Normungsarbeit dient der Rationalisierung, der Qualitätssicherung, der Sicherheit, dem Umweltschutz und der Verständigung in Wirtschaft, Technik, Wissenschaft, Verwaltung und Öffentlichkeit.
	DIN EN	Deutsche Umsetzung einer europäischen Norm	
	DIN ISO	Deutsche Norm, deren Inhalt unverändert von einer ISO-Norm übernommen wurde.	
	DIN EN ISO	Norm, die von ISO und CEN veröffentlicht wurde, und deren deutsche Fassung als DIN-Norm Gültigkeit hat.	
	DIN VDE	Druckschrift des VDE, die den Status einer deutschen Norm hat.	
VDI-Richtlinien	VDI	**V**erein **D**eutscher **I**ngenieure e. V., Düsseldorf	Diese Richtlinien geben den aktuellen Stand der Technik zu bestimmten Themenbereichen wieder und enthalten z. B. konkrete Handlungsanleitungen zur Durchführung von Berechnungen oder zur Gestaltung von Prozessen im Maschinenbau bzw. in der Elektrotechnik.
VDE-Druckschriften	VDE	**V**erband **d**er **E**lektrotechnik Elektronik Informationstechnik e. V., Frankfurt am Main	
DGQ-Schriften	DGQ	**D**eutsche **G**esellschaft für **Q**ualität e. V., Frankfurt am Main	Empfehlungen für den Bereich der Qualitätstechnik
REFA-Blätter	REFA	Verband für Arbeitsstudien REFA e. V., Darmstadt	Empfehlungen für den Bereich der Fertigung und Arbeitsplanung

Sachwortverzeichnis

C

D

L

M